Découvrez l'histoire par les archives de presse

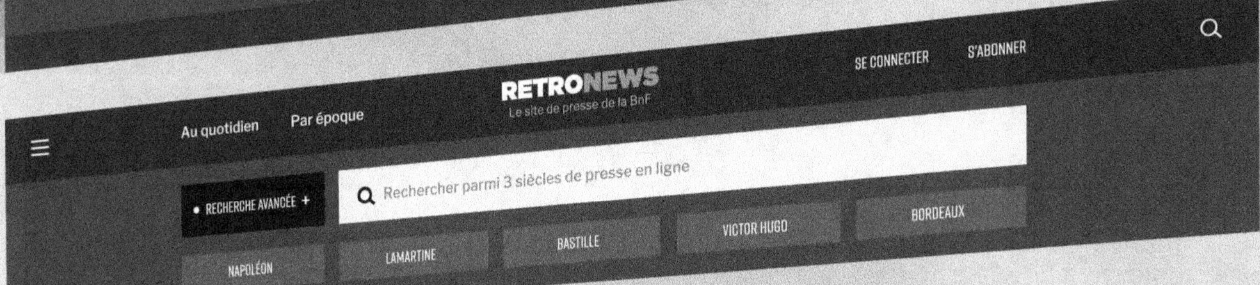

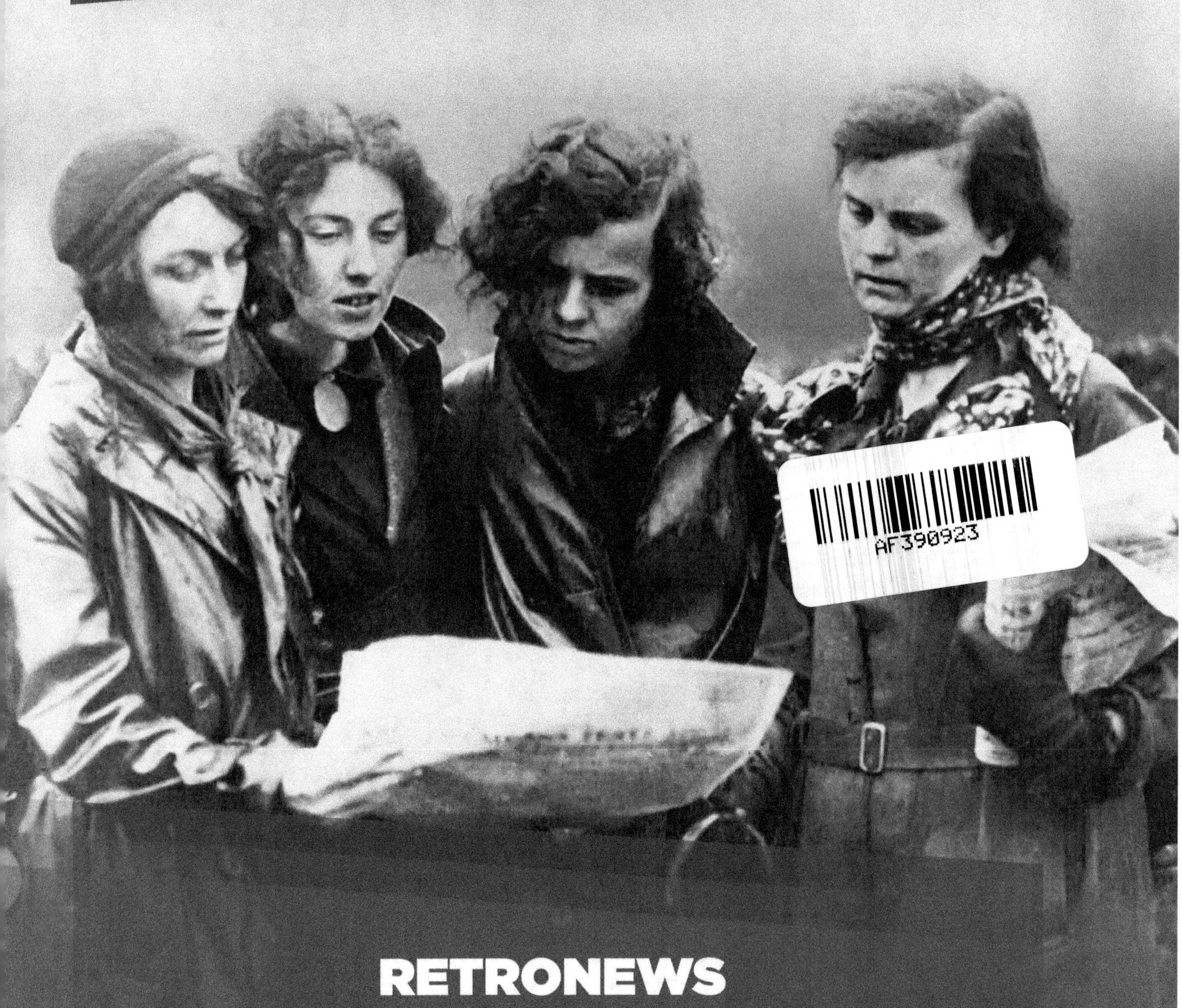

RETRONEWS

Le site de presse de la BnF

www.retronews.fr

LES

TROIS RÈGNES DE LA NATURE

PARIS. — IMPRIMERIE DE WIESENER ET Cᵢₑ.

12, RUE DELABORDE, 12.

LES
TROIS RÈGNES

DE LA NATURE

LECTURES D'HISTOIRE NATURELLE

RECUEIL PUBLIÉ

SOUS LA DIRECTION DU DOCTEUR J.-C. CHENU

DEUXIÈME ANNÉE

PERRUCHE ONDULÉE.

PARIS

LIBRAIRIE DE L. HACHETTE ET Cie

BOULEVARD SAINT-GERMAIN, N° 77

1865

7 Janvier 1865.   **N° 54. — 15 centimes.**

Ce Recueil paraît une fois par semaine. — On s'abonne à Paris, à la Librairie L. HACHETTE et Cⁱᵉ, boulevard Saint-Germain, n° 77.
Les abonnements se prennent du 1ᵉʳ de chaque mois. — Paris, six mois, 4 fr.; un an, 8 fr. — Départements, six mois, 5 fr.; un an, 10 fr.

LE CHEVREUIL — *Variétés de couleur.* — *Erreurs de Buffon.* — *Le paysan de la Queue et les gendarmes.*

Le Chevreuil, *Cervus capreolus*, Linné, était désigné par les Grecs sous le nom de Dorcas. Très-commun aujourd'hui dans les forêts des environs de Paris, ce gracieux animal est remarquable par la rapidité de sa course et l'élégance de ses mouvements.

« Le Chevreuil, dit Buffon, a plus de grâce, plus de vivacité et même plus de courage que le Cerf; il est plus gai, plus leste, plus éveillé; sa forme est plus arrondie, plus élégante et sa figure plus agréable; ses yeux surtout sont plus beaux, plus brillants et parais-

1. — HALLALI DE CHEVREUIL.

sent animés d'un sentiment plus vif. Ses membres sont plus souples, ses mouvements plus prestes; il bondit sans effort avec autant de force que de légèreté. Sa robe est toujours propre, son poil net et lustré; il ne se roule jamais dans la fange comme le cerf; il ne se plaît que dans les pays les plus élevés, les plus secs, où l'air est le plus pur. Il est encore plus rusé, plus adroit à se dérober, plus difficile à suivre; il a plus de finesse, plus de ressources, d'instinct. » Ce portrait est tracé de main de maître; aussi ne suis-je que plus étonné de la conclusion du parallèle qu'il constitue. Après avoir établi, comme on vient de le voir, les supériorités physiques du Chevreuil sur le Cerf, on attend en vain quelques lignes plus bas, la même prééminence dans l'ordre moral; loin de là, l'illustre naturaliste déclare, à deux reprises différentes, que le Chevreuil est *moins noble* que celui auquel il le compare. Il est bien à regretter que M. de Buffon ne soit plus de ce monde, pour que nous puissions apprendre de lui ce qu'il entendait par le mot noblesse. J'avais cru jusqu'ici que la noblesse était, chez les animaux du moins, la réunion de certaines perfections soit dans la forme, soit dans l'intelligence, soit dans le cœur; et je comprends difficilement comment celui de ces animaux chez lequel ces perfections se trouvent développées à un degré supérieur, peut être subordonné à un autre animal qui ne les possède qu'à un degré inférieur. Après le bilan que je viens de reproduire, quels avantages le Cerf peut-il conserver sur celui qu'on lui oppose? La grosseur du corps, la hauteur du bois tout au plus. Serait-ce sur ces privilèges que M. de Buffon a établi les titres du Cerf à la noblesse? En pareil cas, il serait de bon goût d'en contester la valeur en maintenant au Chevreuil la première place dans les prédilections des amis des hôtes de nos bois; il en est le plus gracieux, le plus séduisant, comme aussi celui qui mérite le mieux l'intérêt des cœurs sensibles. Cet honnête ménage, dont les amours ont commencé avec la vie et ne finissent que par la mort, qui conserve la pureté bourgeoise de ses mœurs, au milieu des débordements passionnés dont les grands et les petits de la forêt lui donnent l'exemple, auquel suffisent les joies paisibles de la paternité, qui pousse le dévouement conjugal jusqu'au sacrifice de l'existence, sera toujours l'objet de la sympathie de l'observateur; sa grâce, l'élégance de son port, la perfection de ses formes et surtout son regard, qui a la profondeur mystérieuse de ce regard de femme, dans lequel, a dit un poète, on trouve tout ce qu'on cherche, conserveront le privilège de faire connaître quelquefois le remords à l'âme réfractaire de ses bourreaux.

Le Chevreuil est un animal indigène. Il a vraisemblablement existé chez nous du temps où l'Auroch et l'Élan hantaient les immenses et sombres forêts qui couvraient presque entièrement le territoire de la vieille Gaule; la rigueur du froid, l'excès de la chaleur sont également défavorables à sa multiplication : il est rare dans les pays méridionaux et ne s'y conserve que dans les montagnes; la Suède en avait encore un certain nombre du temps de Buffon, mais ils y sont devenus de plus en plus rares. Les contrées moyennes, la France, l'Allemagne, etc., sont celles où l'on trouve les Chevreuils en plus grand nombre. Ils existaient autrefois dans presque tous les bois de notre pays. Malheureusement, et bien qu'on ne puisse pas les accuser d'avoir pris part à nos discordes civiles, les Chevreuils sont les victimes ordinaires de nos révolutions, et chaque secousse sociale ressuscite pour eux le régime de la terreur. Ce fut ainsi qu'en 1830, en 1848, les forêts domaniales devinrent le théâtre de véritables massacres, dans lesquels disparurent les deux tiers du gibier rassemblé au prix de tant de soins et de tant de peine.

Nous avions du moins la consolation de penser que ceux qui tuaient sans miséricorde Poules et Coqs, Chevrettes et Brocards, n'étaient pas des chasseurs; c'était un peuple dans l'ivresse toujours fort brutale de son triomphe, et fort empressé de jouir d'un de ces droits du souverain, que les gouvernants du moment lui abandonnaient afin qu'il ne songeât pas à réclamer les autres. Mais, quelque temps après, la chasse de ces mêmes forêts ayant été mise en adjudication, la boucherie se continua, régularisée sans doute, mais cette fois sans excuse. C'étaient les adjudicataires eux-mêmes, tous propriétaires, bourgeois patentés, ayant pignon sur rue et champ au soleil, amis de l'ordre et gens sensés, qui se complurent à parfaire l'œuvre de destruction de leurs devanciers! Les conservations de Fontainebleau et de Villers-Coterets furent complétement dépeuplées. On cita et on envia peut-être un heureux tireur qui tua treize Chevreuils en un seul jour, dans un canton dont son bail le constituait propriétaire pour neuf ans. Si l'amodiation se fût prolongée pendant une ou deux années, il ne fût peut-être pas resté un couple de ces animaux dans ces grands centres giboyeux. Le calme rendu aux hommes s'étendit, Dieu merci, aux bêtes, et l'espèce Chevreuil put réparer l'immense brèche qui avait été faite dans ses rangs; elle est plus abondante aujourd'hui en France qu'elle ne l'a été depuis quarante ans; et il est peu de bois de quelque étendue où elle ne soit représentée.

Lorsque le Chevreuil est parvenu à toute sa croissance, sa taille varie de soixante à quatre-vingts centimètres; il a de un mètre à un mètre quinze centimètres de longueur depuis l'extrémité du museau jusqu'à, non pas la naissance, mais la place de la queue; il pèse de vingt-cinq à trente kilogrammes. Ces différences résultent des contrées qu'il habite et du sol qui le nourrit; sur les plateaux, dans les pays de plaine où le voisinage immédiat des gagnages lui fournit une alimentation abondante et facile, et ne le contraint pas à de longs parcours quotidiens, il est plus grand, d'un corsage plus épais et plus chargé de venaison que dans les bois montueux, accidentés, ou que sur un terrain maigre où les rameaux de quelques arbustes, les pousses des ronces, une herbe sèche et peu succulente forment le fonds de sa nourriture; en revanche, dans ces dernières demeures, sa chair acquiert une délicatesse qu'elle n'a jamais dans les contrées où il est plus gros.

Le Chevreuil a la tête bien proportionnée; il la porte haute et avec coquetterie. Il a les oreilles grandes, très-mobiles, un peu velues en dedans; le cou long et élevé; les jambes sèches, délicates en apparence, sont très-musculeuses; son jarret est fort et vigoureux, son pied très-fourchu. Il n'a point de queue; le bouquet de poils jaunâtres que, dans certaines parties de l'Allemagne, le chasseur qui a tué un Chevreuil attache à son chapeau, est une sorte de pinceau qui se trouve, mais placé différemment, chez le mâle comme chez la femelle.

Il y a des Chevreuils dont le poil est d'un roux foncé, d'autres sont d'une belle couleur marron. Une lettre adressée à Buffon par M. le comte de Mellin, lui signalait une variété de Chevreuils complétement noirs dans la forêt de Danneberg du duché de Lunebourg. Suivant M. Hartig, on voit aussi des Chevreuils couleur gris perle, blancs et mouchetés. On en a tué de ces diverses robes dans la belle forêt de Compiègne. Bechstein parle des mêmes variétés; il affirme de plus avoir vu des produits du croisement du Chevreuil avec la Chèvre et le Mouton. Quelle que soit la nuance de sa robe, elle est uniforme sur tout le corps, à l'exception des faces internes des membres; elle s'éclaircit à la partie postérieure des cuisses, où se dessine, précisément à l'endroit que devrait occuper la queue, un large disque blanc très-caractéristique et qui fournit au chasseur un éclatant mais mauvais point de mire. Cette sorte de disque est moins apparente chez le Chevreuil roux que chez le brun, parce que chez celui-là il est jaunâtre au lieu d'être blanc. Les couleurs sont beaucoup plus variées dans la tête et leur ensemble est très-harmonieux; la bouche, depuis les extrémités jusqu'aux naseaux, est teinte d'un noir très-pur, qui fait ressortir la blancheur du menton, se fond avec les tons fauves du reste de la tête, et, en raison de l'éclat extraordinaire des yeux de l'animal, lui donne un peu cette physionomie que prend le visage d'une femme à demi masquée.

Chez le Chevreuil comme chez le Cerf, le mâle seul a la tête chargée de bois; ces bois n'atteignent jamais le développement auquel ils parviennent dans cette dernière espèce; ils ont rarement plus de quinze ou vingt centimètres de hauteur. Rarement aussi chacun d'eux se trouve chargé de plus de trois ou quatre andouillers. La tête du Chevreuil se garnit dans la seconde année de son existence. Les bois ont alors, comme chez le Cerf, la forme de dagues et lui font appliquer également le nom de *Daguet*, au lieu de celui de *Chevrillard*, par lequel on le désigne, tant que les dagues ne sont pas sorties des éminences osseuses qui avaient commencé à apparaître sur son os frontal dès l'âge de six mois. —Lorsque le Daguet a deux ans, les dagues tombent, et, lorsqu'elles repoussent, chacune d'elles jette un andouiller en avant, à environ six centimètres de la meule; le second andouiller, qui vient l'année suivante, se dirige en arrière. A cinq ans, il a au moins trois andouillers et quelquefois quatre sur chaque perche et il devient alors Chevreuil dix cors ou vieux Brocard.

Les indications du nombre des andouillers sont insuffisantes pour déterminer l'âge du Chevreuil: on le reconnaît mieux à la grosseur des meules et des dagues, à la profondeur des perlures et surtout au rapprochement des meules sur l'os frontal. Loin de continuer à pousser, à mesure que vieillit l'animal, les deux éminences osseuses qui servent à la fois de base et d'alvéole au bois du Chevreuil, les pivots ou *apophyses*, s'usent dans leur travail annuel, diminuent et s'abaissent à la longue. Ces apophyses, chez un vieux Chevreuil comme chez un vieux Cerf, sont devenues si plates que la meule semble s'appuyer sur le front directement et sans intermédiaire. M. Joseph Lavallée affirme que l'on peut apprécier sûrement l'âge d'un Chevreuil à l'état de sa dentition : « Elle a lieu, dit-il, chez les Chevreuils de même que chez les Moutons. Leurs huit dents tombent et repoussent successivement; les deux médianes tombent la deuxième année. Les deux dents qui se trouvent à côté de celles-là tombent dans le courant de l'année suivante. La quatrième année voit se renouveler la troisième paire; enfin les dernières disparaissent et se reproduisent dans la cinquième année. » En voilà autant qu'il est nécessaire, car la distinction de l'âge des Chevreuils n'a, après cinq ans, qu'un intérêt de curiosité; du moment où ils sont parvenus au rang de Chevreuils dix cors, et même lorsqu'ils ont poussé leur quatrième tête, leur chair est uniformément dure et coriace et réclame un égal degré de mortification pour être mangeable. Dans un bois de Chevreuil, les gouttières sont plus nombreuses que dans le bois du Cerf, mais les perlures sont moins accentuées; elles ne sont ordinairement très-saillantes que sur les côtés inférieurs et postérieurs des dagues.

Presque constamment dans les deux Faons que la Chevrette a mis bas, il s'est trouvé un mâle et une femelle, et ces deux Faons qui grandissent ensemble constituent toujours un nouveau ménage que ne troubleront ni les ardeurs de l'un ni l'inconstante coquetterie de l'autre. Il y a certainement une nuance de sentiment dans cet attachement exemplaire du Brocard pour la compagne que les hasards de la naissance lui ont donnée, car cet attachement survit à la saison des amours, et le dévouement du mâle à la femelle, comme celui de la femelle au mâle, n'est pas plus vif pendant le temps du rut qu'à toute autre époque de l'année. Tandis que le Lièvre s'isole de la Hase fécondée; tandis que le Cerf vit indifférent au milieu de ses nombreuses concubines maintenant dédaignées, et des autres Cerfs qui ont été ses rivaux, le Chevreuil semble connaître le prix d'une affection unique et sans partage; cette affection remplit suffisamment sa vie; non-seulement il ne recherche point la société de ses semblables, mais il ne veut, à son bonheur, d'autres témoins que les enfants que le mois de mai lui a donnés.

Il y a dans cette union presque constante du frère et de la sœur, chez les Chevreuils, le plus solide argument qui puisse être opposé aux adversaires des alliances consanguines. On a le droit de leur objecter que, si le *in and in* était réellement en horreur à la nature, si la consanguinité était une cause constante d'abâtardissement de la race, elle aurait, étant pratiquée depuis tant de siècles dans cette espèce, fini par produire des Chevreuils gros comme des rats. Je suis moi-même partisan de cette doctrine, autant par ce que j'ai appris des autres, que depuis que des expériences personnelles sur des Chiens m'ont démontré que le *sang dans le sang* avait toujours pour résultats l'appauvrissement du sang, l'amoindrissement de la taille et des facultés; aussi ai-je cherché quelles pouvaient être les raisons de cette exception évidente à ce que je considère

1. — Cerf a sourcils, mâle et femelle. *Cervus suverciliaris*. Gray.
Brésil.

2. — Chasse en battue.

comme une loi, et voici ce que j'en pense : l'inconvénient de l'union consanguine n'existe pas et n'a jamais existé dans l'état de nature proprement dit, puisque Dieu a refusé aux animaux le discernement instinctif qui pouvait les leur faire éviter, puisque dans certaines espèces, au contraire, telles que le Chevreuil et quelques oiseaux, il les a favorisées, en les faisant naître, pour ainsi dire, appareillés. En domestiquant les animaux,

4. — Cerf cochon. *Cervus porcinus*. Zimmermann.
Inde. Ceylan. Assam.

5. — Brocard, Chevrette et Faons. *Cervus capreolus*. Linné.

l'homme les associait à ses misères; il les rendait accessibles aux maladies, susceptibles des tares héréditaires qui sont la conséquence d'une vie factice : le travail qu'il leur imposait devant, non-seulement en usant leurs forces, mais en affaiblissant leur organisme, en désorganisant l'appareil musculaire, se répercuter dans leurs produits, il était donc nécessaire que le sang d'animaux moins malheureusement influencés vînt compenser ou réparer la déperdition des forces, les défectuosités de la structure qui s'étaient accusés chez d'autres. Afin de stimuler l'insouciance du maître qu'elle leur donnait, elle a interdit ce qu'elle avait primitivement autorisé, et, généralisant l'effet de l'union consanguine, chez les quadrupèdes domestiqués, elle a voulu ce que nous voyons tous les jours, que cette consanguinité devînt une cause permanente de décadence, même lorsque les reproducteurs étaient sains et parfaitement conformés. Il est bien entendu, cher lecteur, que vous prendrez ma solution du problème pour ce qu'elle vaut.

Buffon prétend que la saison des amours commence vers la fin d'octobre pour le Chevreuil, et que son rut finit avant le 15 novembre. L'assertion n'est pas d'une exactitude parfaite, et c'est avec regret que plus je vais en avant dans nos causeries, plus je trouve à constater que ce grand maître de l'histoire naturelle a étudié ceux même des animaux qu'il avait autour de lui, — un peu plus loin il raconte que les Chevreuils pullulaient dans les bois de Montbard, — par les yeux d'agents, *ad hoc* commissionnés, lesquels avaient fait du cabaret du bourg le théâtre ordinaire de leurs observations. Ce qu'il y a de plus fâcheux dans ces... erreurs, c'est que, patronées par le nom d'un grand homme, elles ont été consciencieusement reproduites par le plus grand nombre de ceux qui se sont mêlés d'écrire sur les bêtes, après lui.

J'ai dit, plus haut, qu'il y avait une nuance de sentiment dans l'attachement du Brocard et de la Chevrette l'un pour l'autre ; la nature, positive dans tout ce qu'elle organise, n'a sans doute pas admis que ce sentiment fût suffisant pour river les liens qu'elle entendait établir entre l'un et l'autre ; appréciant l'influence que les appétits matériels conservent sur le sexe auquel appartient le Brocard, elle a voulu que la satisfaction prolongée de ces appétits pesant sur les mouvements de son cœur, achevât de le conquérir à la monogamie ; en d'autres termes, elle a autorisé, dans l'espèce, un rut factice et improductif, qui commence dès le milieu du mois d'août. Tous les écrivains allemands qui ont parlé du Chevreuil ont signalé ce rut qui, en raison de ses résultats constamment négatifs, constitue un véritable phénomène. « Dans ces derniers temps, dit Baudrillart, on s'est assuré par des expériences réitérées que, dans l'accouplement du mois d'août, les Chevrettes ne se donnent au mâle que par force, et qu'il n'en résulte point de fécondation. On n'a point trouvé dans un grand nombre de Chevrettes tuées après cette époque, la trace d'une seule fécondation accomplie, bien qu'il soit impossible de nier que les Brocards n'aient déjà poursuivi les femelles avec ardeur, et qu'ils ne les aient

saillies. » Le rut véritable, dont celui-ci n'a été que le prélude, ne commence pas à la fin d'octobre d'une manière aussi absolue que Buffon a bien voulu le dire : dans les montagnes et dans les pays froids, ce n'est que dans le courant du mois de novembre, — en décembre d'après M. Hartig, qu'il ressent l'aiguillon de l'amour.

Le docteur Pangloss n'était point aussi paradoxal que le souhaitait Voltaire ; tout est vraiment bien, et dans le meilleur des mondes ici-bas, pour les bêtes du moins, la nature est la plus prévoyante des mères ; elle n'a pas voulu que le faon qui va naître grelotât sur un linceul de neige. Dans les contrées où l'hiver se prolonge au delà du temps qu'elle assigne à la gestation, elle a reculé l'époque de la fécondation, et cela, bien que la précocité de ce même hiver semblât devoir en hâter l'heure. Le rut du Chevreuil est relativement paisible : il ne fatigue pas les échos du bruit de lugubres *raiements* comme le cerf ; il ne promène pas à travers la forêt ses ardeurs insensées, il ne livre pas de sanglants combats, il ne dissémine pas ses transports entre les dix beautés d'un harem ; il n'a pas, comme lui encore, des désirs toujours satisfaits, qui renaissent toujours inassouvis. Pendant les amours imparfaits du mois d'août, il s'est montré accessible à la jalousie ; si quelque veuf, si quelque déclassé s'est montré dans le voisinage de la Chevrette récalcitrante, il s'est vengé sur lui de la résistance que celle-ci opposait à ses feux. Au mois de novembre, tout entier aux jouissances d'un amour partagé, il ne sait ni haïr, ni envier ; on dirait qu'il a oublié qu'il existait d'autres créatures de son espèce ; il faut qu'il soit provoqué, pour qu'il daigne s'arracher à son bonheur ; au printemps, il chasse ses petits désormais assez forts pour se passer des soins de leur mère et des siens, il s'isole avec sa compagne ; il ne semble pas trouver de solitude assez solitaire pour abriter ses amours.

Cet état d'effervescence se prolonge pendant trois semaines : lorsqu'elle est calmée, les Chevrillards se rapprochent du père et de la mère, la famille se trouve de nouveau constituée en horde ; elle restera réunie deux ou trois mois encore, jusqu'à ce que les jeunes Chevreuils éprouvent eux-mêmes le besoin de se consacrer l'un à l'autre.

Quelque temps après, le Brocard perd ses bois ; chez quelques-uns ils sont tombés pendant le rut ; et cette perte immédiate ou simultanée, démontre la corrélation qui existe entre les organes sexuels et ces ornements de la virilité chez le Chevreuil. Les amours honnêtes et tranquilles n'ont point épuisé ses forces, et l'insuffisance de la nourriture ne l'empêche point de refaire sa tête pendant l'hiver. Vers la fin du mois de janvier elle est complète. Deux pointes couvertes d'une peau brune et veloutée, ont commencé à se montrer au-dessus de deux éminences qui couronnent l'os frontal, que Buffon appelle des apophyses et que les piqueurs nomment des pivots. Ces excroissances se développent, grandissent assez rapidement et s'élèvent à l'abri de cette peau. Pendant tout le temps qu'elles mettent à se développer, loin d'avoir la consistance et la densité auxquelles elles arriveront plus tard, elles sont molles et sensibles; si on les brise, la rupture des vaisseaux qui les alimentent donne du sang; le Chevreuil se rend un compte fort exact de la délicatesse qu'affecte alors le refait; il marche la tête basse, et il a la précaution de ne pas la heurter aux branches. Lorsque le bois a acquis tout son développement, les vaisseaux sanguins qui les alimentaient de substance organique s'atrophient et disparaissent, la peau se dessèche, et le Chevreuil *touche au bois*; comme le Cerf, il se frotte contre un baliveau, pour se débarrasser de cette peau, qui, malgré l'insensibilité naissante de sa tête, paraît lui occasionner quelques démangeaisons.

Buffon s'élève contre le préjugé qui veut que le bois des Cerfs et des Chevreuils se teigne de la sève des bois auxquels ils ont touché, devenant roux, s'ils se sont frottés contre des hêtres ou des bouleaux; brun, s'ils ont touché à des chênes, et noirâtre, si ce sont des charmes ou des trembles, et la raison qu'il lui oppose est péremptoire : « Je ne puis me persuader, dit-il, que ce soit la véritable cause de cet effet, ayant eu des Cerfs privés et enfermés dans des enclos où il n'y avait aucun arbre, et où, par conséquent, ils n'avaient pu toucher au bois, desquels, cependant, la tête était colorée comme les autres. » A propos du Chevreuil, il ajoute cet autre argument : « Il touche au bois dans le mois de mars, avant que les arbres commencent à pousser; ce n'est donc pas la sève du bois qui teint la tête du Chevreuil : cependant elle devient brune, à ceux qui ont le pelage brun, et jaune, à ceux qui sont roux; par conséquent cette couleur du bois ne vient, comme je l'ai dit, que de la nature de l'animal et de l'impression de l'air.»

La Chevrette porte pendant cinq mois et demi, — cinq mois et huit jours ou vingt et une semaines, suivant Bechstein et Hartig ; — elle met bas dans le cours du mois de mai, quelquefois au commencement de juin. A ce moment, elle se sépare du Brocard, et, comme agitée par le pressentiment des dangers que va courir sa progéniture, elle cherche les endroits les plus fourrés, les buissons les plus épais pour se recéler. Elle produit ordinairement deux petits, quelquefois trois. « J'ai prins Chevreulle, dit Gaston Phœbus, qui avait cinq Faons dans le corps. » Mais ces cas de fécondité ne se produisent qu'à l'état d'exceptions. Bechstein fait un tableau assez curieux de la manière dont la Chevrette se délivre, lorsque la parturition est laborieuse : dès qu'elle ressent les douleurs, elle se couche d'un côté, de façon à cacher presque entièrement sa tête dans ses cuisses, se tourne en rond, saisit de sa bouche un pied du jeune Faon, et, pendant les dernières douleurs, le tire assez pour que la tête passe à moitié; ensuite, elle saisit le second pied, et le tire de manière

à faire sortir le petit tout à fait. Lorsque le second se présente, elle se retourne de l'autre côté et procède de la même manière. Enfin elle saisit le *placenta* à l'instant où il se présente, et le mange en totalité. Elle se relève, et se met à lécher et à nettoyer ses petits, qui, dès la première heure de leur existence, essaient de se tenir sur leurs jambes et de téter leur mère. Les Faons du Chevreuil sont venus au monde avec la livrée; leur pelage est d'un rouge brun, avec des taches blanches. Ils restent au liteau pendant sept à huit jours; cependant s'ils étaient inquiétés dans leur asile, ils auraient déjà assez de force pour suivre leur mère à quelque distance; le père rejoint bientôt; quelquefois aussi les jeunes Chevreuils de l'année précédente reviennent à leurs parents et restent encore avec eux, jusqu'au rut d'août où la séparation est définitive. La mère allaite les nouveaux-nés pendant quatre mois; sous l'influence de la maternité, elle montre pour défendre sa progéniture une énergie que l'on serait loin d'attendre d'un animal aussi timide. Si l'ennemi qui se présente n'est point d'une force disproportionnée à la sienne, elle le charge hardiment, l'attaque en face, et le frappe de ses pieds de devant jusqu'à ce qu'elle parvienne à l'écarter. Très-souvent, en pareille circonstance, le Brocard se joint à la Chevrette et repousse l'agresseur à grands coups d'andouillers. Le Renard, lorsque renonçant à la surprise, il essaie de la force ouverte, s'en tire rarement à son honneur. Contre le Loup, le plus terrible ennemi des Chevreuils, toute résistance serait inutile, aussi la pauvre bête a-t-elle recours à la ruse. La sienne ne lui est point spéciale; une communauté de tendresse maternelle inspire, à la Perdrix et à elle, une communauté de tactique. Si un Loup, si un homme, — elle les confond dans la même appréhension, ce qui n'est pas flatteur pour notre espèce, — se dirige du côté du liteau où sont les Faons, elle les quitte, se donne à vue, fuit lentement en affectant de courir avec peine, et en leur donnant ainsi l'espoir d'une proie facile, elle parvient souvent à les attirer loin de ses chers enfants. Lorsque le fusil, le braconnage ou les bêtes fauves ont détruit un des membres de ces ménages exemplaires, l'autre reste longtemps solitaire et conserve le souvenir du défunt ou de la défunte, jusqu'à ce qu'un autre déclassé comme elle ou comme lui, lui propose d'associer leurs regrets. Cependant, comme il ne faut pas surfaire les vertus des animaux, j'avouerai qu'il se rencontre, par-ci par-là, des Brocards immoraux qui se laissent prendre aux attraits de la polygamie et introduisent le luxe d'une doublure dans leur intérieur.

Les Chevreuils ne raient pas aussi fréquemment ni avec autant de force que le Cerf; leur voix est claire, brève, plus grave dans le mâle que dans la femelle. Lorsqu'ils sont blessés, ils font entendre une sorte de bramement plaintif; les jeunes Chevreuils ont un cri particulier que savent imiter les braconniers, pour attirer la mère.

Les Chevreuils d'une forêt se cantonnent, si leurs demeures leur plaisent; s'ils y trouvent la nourriture qui leur convient, ils y restent et y reviennent, non-seulement lorsqu'ils ont été chassés, mais lorsque panneautés, ils ont été transportés dans un autre canton; ils se tiennent dans les diverses parties de leurs demeures suivant les saisons; ils habitent les taillis les plus épais et les plus fourrés en hiver; en été, les plus ombragés et les plus frais; ils préfèrent généralement le versant des collines à leurs sommets et aux vallons, les lieux secs à ceux qui sont humides. — Ils vont rarement au gagnage, préfèrent la nourriture que les bois leur fournissent; les feuilles tendres, les pousses de ronce, etc., aux céréales en herbe ou en grains : ils donnent cependant quelquefois dans les avoines et dans les trèfles, mais leur dent est toujours bien plus à redouter pour les jeunes taillis, pour les semis de leurs demeures, que pour les champs cultivés des environs. Ils mangent également les glands, les faines, les pommes sauvages et même les champignons. M. Hartig leur assigne des habitudes gastronomiques; il prétend qu'ils savent découvrir et déterrer dans la terre, les truffes dont ils sont fort avides. Au printemps, ils se jettent avec avidité sur les jets tendres et savoureux de la bourdaine, et, cette nourriture chargée de sève, fermentant dans leur corps, les enivre et leur fait perdre l'instinct

6. — BASSET A JAMBES TORSES.

de la conservation. Le Chevreuil alors quitte ses cantons, traverse, comme affolé, les plaines qu'il rencontre, se montre aux abords des villages, se relaisse jusque dans les jardins, et parfois se fait ou prendre ou tuer.

Il y a deux ou trois ans, un homme du village de la Queue, dans le département de Seine-et-Marne, revenait chez lui dans cet état de jubilation bachique, qui fait d'un simple mortel, l'égal des dieux. Notre homme s'en allait, battant non pas les murailles, mais les tas de pierres, lorsqu'à deux kilomètres du bourg, au moment où il essayait de recouvrer son équilibre qu'un malencontreux fossé avait gravement compromis, il aperçut à dix pas de lui un animal, au pelage fauve, qui lui parut endormi. C'était un Chevreuil qui, sous l'influence pernicieuse du *brout*, était venu induire les passants en tentation. Sans se laisser attendrir par la similitude de leurs situations réciproques, recouvrant immédiatement ce qu'il lui fallait de raison pour calculer la valeur de l'aubaine, — il n'y a rien de tel que la cupidité,

pour dégriser les ivrognes, — il le saisit et s'en empara. N'ayant point d'armes pour le mettre à mort et tenté peut-être par le prix supérieur que la marchandise vivante conserve sur celle qui ne l'est plus, il lui attacha les pattes avec un mouchoir, et, l'ayant chargé sur ses épaules, il essaya de l'emporter. Malheureusement ces préparatifs, dissipant les vapeurs des pousses de bourdaine, avaient aussi rendu au Chevreuil le sentiment de sa situation : il se débattit si bien, qu'il fallut poser le fardeau par terre pour aviser. Le paysan était inventif; il ôta sa blouse, fit passer la tête du Chevreuil par le collet, en noua les manches autour du cou de l'animal, et, en rapprochant le bas en forme de sac, il se trouva avoir improvisé une camisole de force qui devait paralyser tous les mouvements du prisonnier. Il venait de terminer ces dispositions, lorsqu'il entendit une voix railleuse lui demander s'il avait besoin d'aide : en se retournant, il vit deux gendarmes qui, sans autre préambule, lui déclarent un procès-verbal; — il paraît que, plus heureux que nous, qui y laissons notre supériorité humaine, le Chevreuil ne perd point dans l'ivresse ses droits au beau titre de gibier. — Le braconnier improvisé avait beau protester de son innocence, l'un des gendarmes enregistrait sur son carnet, les noms, prénoms et qualités du délinquant, tandis que l'autre s'occupait à rendre le captif à la liberté. Malheureusement, celui-ci, dans l'élan de l'acte généreux qu'il allait accomplir, en combina mal les incidents; il commença par dénouer les nœuds du mouchoir qui enserraient les pattes de l'animal, et celui-ci ne fut pas plus tôt débarrassé de ses entraves, que, renversant son libérateur, il s'élança dans la direction du bois, un peu gêné dans sa marche par la blouse qu'il n'avait pas eu le temps de restituer à son propriétaire, mais cependant, assez rapidement, grâce aux nombreux accrocs que ses sabots y pratiquèrent, pour enlever à ce dernier l'espoir de la recouvrer promptement. Je vous laisse à penser quel dut être l'étonnement de la Chevrette lorsqu'elle vit son conjoint revenir à elle sous ce déguisement. Quant à l'autre ivrogne, j'ignore si la perte de sa blouse lui fut comptée dans son procès comme circonstance atténuante.

(La suite prochainement.)

LES TROIS RÈGNES DE LA NATURE

LECTURES D'HISTOIRE NATURELLE.

14 Janvier 1865.　　　　　　　　　　　　　　　　N° 55. — 15 centimes.

Ce Recueil paraît une fois par semaine. — On s'abonne à Paris, à la Librairie L. HACHETTE et Cie, boulevard Saint-Germain, n° 77.
Les abonnements se prennent du 1er de chaque mois. — Paris, six mois, 4 fr.; un an, 8 fr. — Départements, six mois, 5 fr.; un an, 10 fr.

LES VAUTOURS. — *Plusieurs types : Les Condors, les Cathartes, les Vautours, les Gypaètes et les Serpentaires.
— Catharte Urubu et Catharte Aura.*

Les Vautours rendent à l'homme d'immenses services; leur rôle consiste à faire rapidement disparaître les cadavres putréfiés dont l'accumulation produirait, surtout dans les contrées chaudes du globe, la peste et la mort. Ces oiseaux, dit Esquiros, dont les poètes, en cela fort mal inspirés, ont fait un objet de dégoût, et qu'ils représentent comme le type de la bassesse associée à la gloutonnerie, sont, au contraire, les bienfaiteurs du genre humain. Le sentiment universel a été injuste envers eux, comme il l'est généralement envers les professions dégoûtantes, mais utiles, qui entretiennent la salubrité des villes; cependant les Vautours,

1. — VAUTOUR FAUVE OU GRIFFON. *Vultus fulvus.* Gmelin.
Europe. Asie. Afrique.

2. — VAUTOUR CHASSE-FIENTE. *Vultus Kolbi.* Daudin.
Europe. Asie. Afrique.

ces croque-morts non salariés, ne disparaîtraient point sans amener, par leur absence, les plus tristes calamités.

Ces oiseaux se montrent néanmoins quelquefois plus délicats dans le choix de leur nourriture : ainsi, en Égypte, dans la saison où les crocodiles viennent pondre leurs œufs dans le sable, les Vautours guettent les femelles de ces animaux, et, à peine se sont-elles retirées, qu'ils fondent sur le rivage, et, à l'aide de leur bec, découvrent les œufs et les dévorent.

Il y a, dans la famille des Vautours, des types particuliers qui permettent d'établir plusieurs groupes :

On distingue les Condors, dont nous avons déjà fait l'histoire et dont nous donnons encore quelques figures, les Cathartes, les Vautours, les Gypaëtes et les Serpentaires ; ces deux derniers groupes s'éloignent du type Vautour pour se rapprocher des Aigles et des Faucons.

CATHARTES.

La vue des Cathartes est perçante et étendue, et leur odorat beaucoup moins sensible qu'on ne le suppose ; ils souffrent la privation de nourriture avec une patience extraordinaire, et ils ont assez de force pour soutenir très-longtemps leur vol à une grande hauteur sans se fatiguer ; leur tête semble un peu petite, relativement au volume du corps, parce qu'elle est nue, ainsi que le cou ; d'amples narines, qu'aucune membrane ne recouvre, sont placées sur le haut du bec, qui est très-fort, se prolonge en ligne droite jusqu'à la pointe qui, seulement, est crochue ; ce bec d'ailleurs est plus grêle que celui des vrais Vautours ; l'œil n'est ni grand, ni enfoncé, ni couvert par une saillie de l'orbite, comme celui des aigles et des faucons. La paupière est grosse et sans cils ; le tarse est arrondi, robuste et couvert de petites écailles ; les doigts sont allongés et naturellement étendus : les trois antérieurs sont unis par une membrane jusqu'à la première articulation, et le postérieur très-court. Les ongles, quoique forts, ne sont ni très-aigus, ni très-recourbés, ni aussi longs que ceux des oiseaux de rapine, et nullement rétractiles ; les Cathartes ne se servent pas plus de leurs ongles que de leurs doigts pour saisir leur proie. Les ailes, dans l'état de repos, se soutiennent mal ; elles se rétrécissent beaucoup du côté du corps, et, dans le vol, elles prennent une forme arrondie, parce qu'elles sont à peine dépassées par la queue, dont les douze pennes sont un peu courtes, coupées carrément et à barbes nombreuses. La troisième et la quatrième penne des ailes sont les plus longues.

Les Cathartes proprement dits, au nombre de deux espèces seulement, l'Urubu et l'Aura, sont exclusivement propres au nouveau continent. C'est uniquement pour obéir aux principes de distribution géographique en zoologie, qu'on en a séparé deux autres espèces, que nous restituons à ce genre, le Catharte percnoptère ou Alimoche, et le Catharte moine ou pilifère, dont on a fait le genre Percnoptère, et qui n'appartiennent qu'à l'ancien continent ; ils sont identiques aux Cathartes par les caractères zoologiques et par leurs habitudes. Le genre comprend donc quatre espèces : les deux premières américaines, la troisième répandue dans l'Europe méridionale et orientale, en Asie et en Afrique, la quatrième enfin spéciale à l'Afrique.

Les Cathartes ont beaucoup d'analogie avec les Vautours, mais ils sont moins gros et moins robustes. Ils sont protégés par les lois au Chili et surtout au Pérou, et seulement par l'usage en Orient. Leurs habitudes sont tellement familières, qu'on les voit n'éprouver nulle crainte et vivre comme des oiseaux de basse-cour au milieu des rues et sur les toits des maisons. Leur utilité est d'autant mieux appréciée, dans l'Amérique équatoriale, si chaude, que le pays est habité par la race espagnole, et que ces oiseaux semblent seuls chargés du nettoyage des voies publiques et de la propreté des abords des habitations, qu'ils débarrassent des charognes et des immondices de toute sorte que l'incurie des habitants sème au milieu d'eux.

L'odeur des Cathartes est excessivement fétide. Tous sentent mauvais ; ils ne crient point ; ils marchent à pas pesants, et leur corps se soutient horizontalement ; ils prennent leur essor avec quelque peine et après avoir fait plusieurs sauts. Ils tournoient ensuite dans les airs pendant plusieurs heures, pour découvrir les charognes sur lesquelles ils s'abattent, sans jamais attaquer le plus petit oiseau ni le plus faible mammifère. Ils perchent sur les plus gros arbres ou sur les anfractuosités des rochers, le cou un peu rentré dans les épaules ; ils vivent généralement seuls ou par paires ; mais ils se réunissent en troupes dans les villes, ou pour s'acharner sur les animaux morts, dans les lieux éloignés des habitations. Leur ponte annuelle est de deux œufs, qu'ils déposent sur quelques bûchettes négligemment posées au sommet des rochers.

CATHARTE URUBU, *Cathartes Urubu*, VIEILLOT. — L'Urubu est, sans contredit, le plus commun de tous les oiseaux de proie, et il est en apparence plus sociable que les autres vulturidés. Il n'est pas rare d'en voir des centaines réunis sur un seul cadavre. Sa familiarité et les services qu'il rend aux villes lui donnent le droit de cité. Sa chair, infecte, n'est pas mangeable, et il est dégoûtant au point de faire craindre de le toucher ; aussi l'on ne tire aucun parti ni de sa peau ni de ses plumes. Il est rare de voir les habitants, même dans les villes où les lois ne le protègent pas, chercher à lui faire du mal ; il multiplie à l'infini partout, tandis que le Condor et le roi des Vautours deviennent de plus en plus rares.

L'Urubu, selon ses habitudes citadines, campagnardes ou sauvages, car il faut bien faire cette distinction, passe la nuit soit sur les branches inférieures des gros arbres, soit sur les assises des rochers ou des falaises, soit sur le faîte des maisons, soit même sur les buissons, lorsqu'il ne trouve pas d'arbre. Sans aimer réellement la société, il est cependant rare de le rencontrer seul. On le voit, le plus souvent, en nombre sur le même arbre ou sur le même toit. Il revient toujours au même gîte, et les arbres sur lesquels il perche se reconnaissent facilement, tout couverts qu'ils sont d'une fiente blanchâtre, qui les fait promptement périr. Dans l'attitude du repos, on voit cet oiseau, la tête rentrée dans les épaules, le bec horizontal, les pattes verticales, et les ailes légèrement pendantes, position qui lui donne un air stupide et disgracieux. L'Urubu est, de tous les oiseaux diurnes, celui qui se couche le plus tard, car il vole encore au crépuscule, et cependant il est aussi le plus matinal de tous. En cas de mauvais temps et de pluie, il reste au gîte quelques moments de plus, secouant la tête par intervalles, et, si la faim ne le presse pas, il s'y tient toute la journée; mais, quand il fait beau, c'est au petit jour qu'il prend son essor. A-t-il en réserve, quelque part, une proie entamée de la veille, il s'y rend à l'instant et déjeune. N'a-t-il, au contraire, aucune provende assurée, il parcourt d'un air circonspect les environs de sa demeure, s'élevant quelquefois très-haut, comme pour s'assurer s'il n'apercevra pas au loin quelque réunion de ses semblables. S'il ne voit ou ne rencontre rien, il va de suite s'abattre sur une muraille, sur une barrière, sur un poteau, sur l'arbre le plus voisin de quelque habitation, et là, il regarde attentivement autour de lui, restant quelquefois immobile pendant des heures entières, pour ne s'envoler que lorsqu'un autre Urubu plus fort vient le débusquer, ou s'il découvre quelque proie aux environs. Lorsqu'il est campagnard, il passe presque toute la journée près des habitations, et couche dans les bois voisins.

L'Urubu, plus que tout autre oiseau, peut rester fort longtemps sans manger; mais s'il arrive qu'à portée de l'observatoire qu'il s'est choisi, on tue un Bœuf ou un Mouton, il descendra soudain et viendra disputer aux Chiens les intestins de l'animal. Il sera bientôt suivi d'autres Urubus, de sorte qu'en peu d'instants la place où la victime a été vidée se trouve nettoyée. On voit même souvent les Urubus attendre que quelque besoin fasse sortir les habitants d'une maison, pour se repaître de leurs déjections.

Comme le Condor, ils suivent sur les côtes maritimes les troupes d'Otaries ou de Phoques ou les innombrables volées d'oiseaux de mer qui couvrent quelquefois de grandes portions de la côte à certaines époques. Lors de la descente, sur le Paraguay et sur le Parana jusqu'à Buenos-Ayres, de ces immenses radeaux chargés de marchandises, et qui portent assez de bestiaux pour la nourriture de leurs équipages, l'Urubu suit ces radeaux en troupes nombreuses, et s'arrête avec eux dans l'espoir de manger quelques morceaux de chair ou les restes du repas des rameurs, qui couchent habituellement à terre.

Dans l'Amérique du Nord, les Cathartes vont par troupes et s'associent quelquefois au nombre de vingt, quarante et plus. Ainsi, ils explorent le pays en vue l'un de l'autre, et découvrent une immense étendue de terrain. Une troupe de vingt Urubus peut sans peine explorer une surface de plus de dix kilomètres, d'autant mieux qu'ils volent en décrivant de larges cercles, s'entrecoupant souvent l'un l'autre, et formant une longue chaîne dont les anneaux ne sont pas interrompus. Les uns se tiennent haut, les autres bas; aucun recoin ne leur échappe, et dès que l'un d'eux découvre une proie, il se met à voler autour, et, par l'impétuosité de ses mouvements, semble en donner avis à ses voisins, qui le suivent immédiatement et se voient eux-mêmes successivement suivis par tous les autres : le plus éloigné se précipite, comme le reste, en droite ligne, vers le lieu indiqué par la direction des autres, et tous arrivent sans s'écarter, paraissant obéir à cette finesse olfactive qu'on leur accorde si gratuitement et sur de fausses apparences. Quand l'objet ainsi découvert est gros, récemment mort, et revêtu d'une peau trop coriace pour pouvoir être entamé facilement et dévoré de suite, ils patientent et s'établissent dans le voisinage, perchés sur des rochers, sur de hauts sommets dénudés, d'où ils sont facilement aperçus par d'autres Cathartes, qui comprennent ce que cela veut dire, et viennent attendre aussi leur part du festin. L'arrivée soudaine de ces nouveaux venus semble justifier encore la finesse olfactive de ces oiseaux, tandis que c'est la vue seule qui les dirige. C'est ainsi qu'Audubon a vu, vers le soir, près du cadavre d'un Bœuf, des centaines de Cathartes assemblés, alors que le matin du même jour il n'avait aperçu sur le même Bœuf que deux ou trois de ces oiseaux. Plusieurs des derniers arrivés venaient très-probablement de huit ou dix kilomètres en cherchant une proie, et ils se sont abattus sur celle indiquée par le rassemblement, auquel se joignent aussi des individus d'une autre espèce, le Catharte Aura, dont nous parlerons plus loin. Urubus et Auras restent autour de la grosse proie; quelques-uns viennent de temps en temps l'examiner, l'attaquent aux endroits les plus accessibles, et attendent que la corruption l'ait entièrement envahie. Alors toute la troupe se met à l'œuvre, offrant le plus dégoûtant tableau; les plus forts chassent les plus faibles, et ceux-ci, à leur tour, harassent les autres avec toute la rancune et l'animosité d'un estomac affamé. On les voit sauter sur la carcasse, la quitter avec un lambeau bientôt englouti, l'assaillir de nouveau, entrer dedans, s'y disputer des morceaux déjà en partie engloutis par deux ou trois becs en présence, puis siffler avec fureur, et à chaque instant vider leurs larges narines des matières qui les bouchent et les empêchent de respirer. Bientôt on ne voit plus qu'un squelette. Aucune partie de peau ou de chair n'a été trop dure, tout est déchiré, avalé, et il ne reste que des os bien nettoyés, autour desquels stationnent forcément les plus gorgés, à peine capables de remuer les ailes. A ce moment, l'observateur peut approcher et voir souvent les Cathartes mêlés à des Chiens, qui ont été attirés par l'odeur. Audubon a vu des Cathartes travailler à un bout de la carcasse, tandis que des Chiens déchiquetaient l'autre bout. Mais qu'il survienne un Loup, ou mieux encore un couple de Pygargues pourvus d'un suffisant appétit, et sur-le-champ place leur est faite, jusqu'à ce que leurs besoins soient satisfaits.

Le repas fini, la plupart des Cathartes gagnent lentement les plus hautes branches des arbres voisins, et y restent jusqu'à complète digestion. Seulement, de temps en temps, ils ouvrent les ailes, soit à la brise soit au soleil, pour se rafraîchir ou se réchauffer. Le voyageur peut passer au-dessous d'eux sans qu'ils y prennent garde, ou, s'ils le remarquent, ils essaient de s'envoler, ou, repliant doucement leurs ailes, le re-

3. — SARCORAMPHE CONDOR. Jeune femelle.
Amérique sud

4. — SARCORAMPHE CONDOR. Jeune mâle.
Amérique sud.

5. — SARCORAMPHE CONDOR. Mâle adulte.
Amérique sud.

6. — SARCORAMPHE CONDOR. Femelle adulte.
Amérique sud.

gardent passer, pour ne se mettre en mouvement que lorsqu'ils y sont poussés par la faim Cela dure souvent plus d'un jour, et on les voit partir les uns après les autres. Alors ils s'élèvent à une immense hauteur, tracent dans les airs des spirales ou des cercles gracieux ; parfois ils s'arrêtent, planent pendant quelques instants et reprennent leur majestueux essor, s'élèvent encore, et l'observateur, dont l'œil suit leur ascension dans

1. — VAUTOUR DE RUPPELL. *Vultus Ruppellii*. Natterer.
Europe. Asie. Afrique.

8. — SARCORAMPHE CONDOR. Mâle. Troisième année.
Amérique sud.

9. — CATHARTE URUBU. *Cathartes Urubu*. Vieillot.
Amérique.

10. — GYPAETE BARBU. *Gypaetus barbatus*. Cuvier.
Europe. Afrique.

l'espace, ne distingue bientôt plus que quelques points noirs qui ne tardent pas à disparaître complétement. Dans l'Amérique du Sud, les mêmes instincts amènent les mêmes scènes ; mais les compétiteurs affamés changent. Ainsi, lorsqu'un Catharte Urubu aperçoit dans la campagne le cadavre d'un animal, il se met de suite en devoir de l'entamer par les yeux, par la bouche ou par les autres orifices; mais il n'est pas longtemps seul. Comme toujours, d'autres Urubus se joignent immédiatement à lui, avec des Caracaras, autres oiseaux dont nous parlerons bientôt. Une journée suffit pour en rassembler des bandes nombreuses et jalouses. Les plus affamés cherchent à chasser les autres à coups de bec. Leur lutte présente un spectacle assez singulier; ils sautent continuellement les uns contre les autres, et, de loin, on croirait qu'ils dansent. Quand ils sont parvenus à détacher un morceau trop gros pour être avalé, d'autres le saisissent par l'extrémité pendante, et chacun tire de son côté. Il faut entendre alors les cris de la bande: ce sont des croassements rauques, assez semblables à ceux des Corbeaux d'Europe. On les voit aussi, sans motifs apparents, s'élever tous à la fois de quelques pieds, comme par un saut, et retomber de suite sur leur proie. Quand ils sont très-nombreux, les plus avides s'acharnent sur l'animal; les autres, en bien plus grand nombre, perchent patiemment sur les arbres des environs, ou tournoient, à diverses hauteurs, dans les airs, se préparant au repas, et attendant leur tour. Le tournoiement dont nous venons de parler est, dans ce cas, pour l'habitant des campagnes, un signe certain qu'il va trouver la pièce de bétail qui lui manque et dont il ignorait le sort.

Les Cathartes ont souvent occasion de dévorer de jeunes animaux vivants dans les environs des grandes exploitations. Cependant on peut dire que rarement ils les attaquent : ils se contentent le plus souvent de ceux qu'ils trouvent morts dans la campagne. D'Orbigny a vu en Patagonie des réunions extrêmement nombreuses d'Urubus. On avait tué, dans un seul établissement, douze mille têtes de bétail, pour les saler, dans l'intérêt d'une opération commerciale. Pendant cette boucherie de quelques mois, les os, encore assez garnis de chairs, avaient été entassés au bord du Rio-Negro, et attirèrent un grand nombre d'Urubus et de Caracaras, que devait séduire une si riche et si facile curée. Aussi les carcasses en étaient-elles incessamment couvertes, et notre voyageur n'a pas cru exagérer en évaluant à plus de dix mille le nombre de Cathartes agglomérés sur ce point.

Accoutumés que sont les Urubus, par les priviléges qu'on leur accorde, à demeurer aux environs des villes et des villages, dans l'Amérique méridionale et dans les États du Sud de l'Amérique septentrionale, ils les quittent rarement et pourraient être considérés, dit Audubon, comme formant une espèce à part, essentiellement différente, quant aux mœurs, de ceux qui résident continuellement loin des habitations. Habitués à ce qu'on les nourrisse, ils sont encore plus paresseux ; tout mouvement pour eux est une fatigue, et la faim seule peut les faire descendre du toit de la cuisine dans la rue, ou suivre les rares voitures de la voirie. Cependant dans les lieux où, comme à Natchez, le nombre de ces parasites est si grand que toutes les ordures de la ville ne peuvent leur suffire, on les voit accompagner jusqu'à destination les charrettes de vidanges, en sautillant joyeusement et témoignant l'impatience d'un grand appétit.

Audubon croit que les Cathartes ainsi attachés aux villes ne sont pas aussi portés à la multiplication que ceux qui habitent plus constamment les lieux sauvages, ou bien que les couples producteurs s'éloignent à l'époque de la ponte. Il a, en effet, remarqué d'abord la diminution du nombre de ces oiseaux dans les lieux habités lorsque vient le moment de la reproduction, et enfin il a constaté que plusieurs individus, bien connus de lui pour être positivement des citadins, ne quittaient en effet la ville en aucun temps et ne nichaient jamais.

La familiarité des Urubus est extrême. D'Orbigny en a vu, dans la province de Mojos, lors des distributions de viandes faites aux Indiens, leur enlever des morceaux au moment même où ils venaient de les recevoir. A Concepcion de Mojos, au moment d'une de ces distributions, un Indien le prévint qu'il allait voir un Urubu des plus effrontés, bien connu des habitants, parce qu'il avait une patte de moins. On ne tarda pas, en effet, à le voir arriver et montrer toute l'effronterie annoncée. On assura au naturaliste voyageur que cet oiseau connaissait parfaitement l'époque de la distribution, qui avait lieu tous les quinze jours dans chaque mission ; et, la semaine suivante, étant à la mission de Magdalena, distante de vingt lieues de celle de Concepcion, à l'heure même d'une distribution semblable, il entendit crier les Indiens, et reconnut l'Urubu boiteux, qui venait d'arriver. Les chefs des deux missions ont garanti à d'Orbigny que cet oiseau ne manquait jamais de se trouver aux jours fixés dans l'une et dans l'autre résidence. Ce fait prouverait un instinct assez développé et une mémoire assez rare chez les oiseaux.

Audubon va plus loin relativement à l'appréciation de l'instinct des Urubus, car il n'hésite pas, dans le cas particulier que voici, à le considérer comme touchant de très-près au raisonnement. Pendant une de ces fortes rafales qui, au commencement de l'été, se déchaînent si fréquemment dans la Louisiane, il vit une troupe de Cathartes accomplir une singulière manœuvre. Assurément ils avaient deviné que le courant qui déchirait tout au-dessus d'eux ne consistait qu'en une simple nappe d'air, car ils s'élevèrent obliquement à l'encontre, avec une grande puissance, et, glissant à travers l'impétueux tourbillon, parvinrent à le surmonter, pour reprendre, au-dessus de lui, leur course paisible et élégante.

On doit également remarquer, dans ces oiseaux, la faculté que leur a donnée la nature de discerner le moment où un animal blessé va mourir. Dès qu'ils en aperçoivent un malade ou languissant, ils s'attachent à lui, le suivent sans relâche, jusqu'à ce que, la vie l'ayant tout à fait abandonné, ils n'aient plus qu'à le dépecer. Un vieux Cheval accablé de misère, un Bœuf, un Daim embourbé au bord d'un lac, où le timide animal s'est enfoncé pour échapper aux Mouches et aux Moustiques, si insupportables dans les chaleurs, deviennent un spectacle attrayant pour les Cathartes, qui spéculent sur leur détresse. Ils s'assemblent immédiatement, et, si la pauvre bête ne peut se remettre sur ses jambes, ils s'établissent autour d'elle et attendent le moment opportun pour la dépecer. Cependant ces mêmes oiseaux passeront souvent au-dessus d'un Cheval bien portant, d'un Porc ou d'un autre animal couché par terre et se réchauffant immobile au soleil, comme s'il était mort, sans qu'ils s'en occupent le moins du monde!

La marche de l'Urubu est grave et lente; il allonge beaucoup les jambes pour faire de grands pas; mais, quand il est pressé d'arriver sur une proie ou de se sauver, il saute des deux pieds à la fois, surtout s'il veut s'envoler. En général, il marche peu. Son vol est quelquefois élevé, lorsqu'il cherche pâture ou qu'il sent l'approche de l'orage; mais ordinairement il est bas et bruyant. L'Urubu diffère beaucoup de l'Aura pour le vol; car il plane rarement et ne peut parcourir un grand espace sans mouvoir ses ailes, tandis que l'Aura plane tout à fait, comme la Buse. Lorsque le temps est à l'orage, l'Urubu s'élève en tournoyant, en troupes nombreuses, à une grande hauteur,

11. — CATHARTE AURA. *Cathartes Aura.* Illiger.
Amérique.

et se perd alors dans les nuages, d'où quelquefois il se laisse tomber comme une flèche et avec grand bruit jusqu'auprès du sol, puis il reprend tranquillement son vol ordinaire ou recommence à monter, en tournoyant, pour aller rejoindre ses compagnons, qui l'attendent dans les airs. Pendant la pluie, il se pose sur les branches inférieures des arbres, et cherche à se mettre à l'abri. Les ailes basses, la tête enfoncée dans les épaules, il attend le retour du beau temps, va se placer alors au faîte d'un arbre, sur le pignon d'une maison, se tourne du côté du vent et étend ses ailes, qu'il tient des heures entières à moitié ouvertes, sans se fatiguer. Rien de plus singulier que de voir, après un orage, un grand nombre d'Urubus rangés en ligne sur une maison, ayant tous les ailes ouvertes pour les faire sécher; et quand, au contraire, il fait grande chaleur, on les voit également ouvrir les ailes pour recueillir le peu de fraîcheur que peut donner la circulation de l'air.

Il serait facile de faire contracter à cet oiseau des habitudes de domestication; mais il est rare que les habitants veuillent s'en donner la peine, d'autant plus qu'ils l'ont en horreur, à cause de son odeur forte et nauséabonde. Cependant d'Orbigny en a vu de domestiques dans quelques maisons. De son côté, d'Azara, pendant plus d'un an, en a vu aussi un que l'on nourrissait dans une habitation; il était d'une grande douceur, savait distinguer son maître, et l'accompagnait à de grandes distances en volant au-dessus de sa tête, et se posant quelquefois sur sa voiture. Il venait toujours lorsqu'on l'appelait, et jamais il ne se joignait à ceux de son espèce pour prendre sa part de leur nourriture. Un autre, également privé, accompagnait son maître dans des voyages jusqu'à Montévidéo; il se tenait et dormait en dehors de la voiture; mais quand il voyait qu'elle prenait le chemin de la maison, il se hâtait de la devancer, et annonçait ainsi à la maîtresse du logis le retour de son mari. Enfin Audubon en a élevé et conservé un grand nombre pour les soumettre à ses expériences sur l'odorat des Vautours.

CATHARTE AURA, *Cathartes Aura.* Illiger.

L'Aura est beaucoup moins commun que l'Urubu. Rarement en voit-on des bandes de plus de vingt-cinq ou trente. Il vit plus retiré, se nourrit de gibier mort, de Serpents, de Lézards, de Grenouilles et de Poissons qu'il trouve rejetés sur les bancs de sable des rivières et des bords de la mer. Il est plus coquet dans sa tenue, plus propre et mieux fait que l'autre. Son vol est plus vif, plus élégant; quelques battements de ses larges ailes lui suffisent pour s'enlever de terre, et alors on le voit planer en faisant un simple mouvement, tantôt d'un côté, tantôt de l'autre; et c'est avec une telle lenteur qu'il incline et ramène sa queue pour changer de direction, qu'en le suivant longtemps des yeux, on serait tenté de le prendre pour un cerf-volant. Le bruit que font les Cathartes en glissant obliquement du haut des airs vers la terre, rappelle celui de nos plus grands Faucons, lorsqu'ils tombent sur leur proie. Mais quand ils approchent du sol, et n'en sont plus qu'à une centaine de mètres, ils ne manquent jamais de ralentir leur vol, pour passer et repasser en tournoyant, et bien examiner le lieu où ils vont descendre.

L'Aura supporte mal le froid; pendant les chaleurs de l'été, quelques-uns seulement poussent leurs excursions jusque dans les États du nord et du centre de l'Union, et ils reviennent généralement à l'approche de l'hiver. Ils conservent un grand attachement pour certains arbres qu'ils ont choisi comme perchoirs; Audubon croit même qu'ils franchissent des distances considérables pour y revenir tous les soirs. En se posant, chaque individu cherche à se faire belle place, et occasionne un trouble général; et souvent, quand il fait nuit, on entend leurs sifflements, qui indiquent qu'ils se disputent les meilleures places.

Ces arbres qu'ils préfèrent, situés généralement au milieu des marais, sont principalement de grands cyprès morts. Cependant ils perchent fréquemment avec les Urubus, et alors c'est sur les plus gros tas de bois de charpente qu'on trouve amoncelés dans les champs et dans le voisinage des habitations. Quelquefois aussi le Catharte Aura perche sur une grosse branche, contre le tronc de quelque arbre bien garni de feuilles; et, dans cette position, Audubon en a tué plus d'un en chassant au clair de lune, et les prenant pour des Dindons.

Dans l'Amérique du Sud, ils se préparent à nicher dès le mois de novembre, et dans le Mississipi, la Louisiane, la Géorgie et la Caroline, dès le commencement de février, ce qui est commun avec la plupart des oiseaux de proie. C'est sans doute l'acte le plus remarquable de leur existence. Ils s'assemblent par troupes

11. — Jalons d'une route dans les Pampas.

de huit ou dix, mâles et femelles, se posent sur de grosses souches, et manifestent le plus vif désir de se plaire mutuellement. Les mâles s'occupent du choix d'une compagne, et quand leur goût est fixé, chaque couple s'envole loin des autres, pour ne plus se mêler ni s'associer avec le reste de la bande, du moins tant que leur couvée ne sera pas en état de les suivre.

Ces oiseaux ne bâtissent pas de nid, et cependant ils sont très-attentifs à bien placer leurs œufs, au nombre de deux seulement. Ceux de l'Urubu, d'un ovale allongé et légèrement pointu, ont sept centimètres et demi de grand diamètre sur cinq centimètres de petit. Ils sont d'un blanc sale, légèrement verdâtre, semé de taches d'un brun violet, irrégulières, de grandeur variable, le plus souvent arrondies, en plus grand nombre sur le gros bout que sur l'autre. Les œufs de l'Aura en diffèrent peu; ils sont oblongs, pointus à l'une de leurs extrémités, et ont huit centimètres environ de grand diamètre sur cinq centimètres et demi de petit diamètre; ils sont d'un blanc bleuâtre, agréablement marqués de larges taches d'un rouge brun, plus ou moins foncées, très-distantes les unes des autres, et bien plus rapprochées du gros bout que du petit. Indépendamment de ces grandes taches, toute la surface est couverte de taches également espacées et très-peu apparentes, d'un beau violet.

(La suite prochainement.)

Paris. — Imprimerie WIESENER et Cⁱᵉ, rue Delaborde, 12.

LES TROIS RÈGNES DE LA NATURE

LECTURES D'HISTOIRE NATURELLE.

21 Janvier 1865.

N° 56. — 15 centimes.

Ce Recueil paraît une fois par semaine. — On s'abonne à Paris, à la Librairie L. HACHETTE et Cⁱᵉ, boulevard Saint-Germain, n° 77.
Les abonnements se prennent du 1ᵉʳ de chaque mois. — Paris, six mois, 4 fr.; un an, 8 fr. — Départements, six mois, 5 fr.; un an, 10 fr.

SUITE DU CHEVREUIL. — *Durée de sa vie.* — *Braconnage.* — *Conseils aux gardes.* — *Chasse aux Chiens courants.* — *Chasse en battue.* — *Chasse à courre.*

Le Chevreuil, comme toutes les bêtes fauves, viande pendant la nuit : durant le jour, tantôt il rumine ou dort à la reposée, tantôt il erre dans ses cantons en prenant quelque nourriture. Quoique plus timide que le Cerf, il se montre plus souvent que lui ; sa curiosité domine son effroi ; si cet effroi n'est pas extrême, il s'arrête un instant pour observer celui qui l'a inquiété. La soif n'est un besoin pour lui que dans les excessives

1. — CHASSE DU CHEVREUIL AUX CHIENS COURANTS.

sécheresses ; la rosée et la pluie, dont les feuilles sont imprégnées, sa nourriture toujours aqueuse, suffisent à le désaltérer.

La durée de sa vie paraît être de douze à quinze ans ; il s'apprivoise aisément, devient familier, mais ne vit jamais longtemps en captivité, si on ne lui donne pas une femelle, et si on le renferme dans une enceinte de peu d'étendue : ces domestications du Chevreuil ont encore l'inconvénient d'exposer celui qui le possède à d'assez graves accidents. Si ce Chevreuil est un Brocard, au temps du rut, il devient sujet à de nombreux caprices ; il attaque les femmes, les enfants, quelquefois les hommes; les poursuit en les daguant et les meurtrit de coups de pieds, toujours dangereux s'il parvient à les renverser. On prévient ce danger en le castrant, alors il reste doux et inoffensif; cette opération arrête le développement et la chute de ses bois, qui deviennent gros, mais spongieux et comme moussus à leur surface, et surtout à leur base, dont les côtés internes se confondent et forment une masse irrégulière qu'on prendrait pour une mousse qui se serait développée sur le crâne. J'ai vu un Chevreuil dans ces conditions, au château d'Allières en Normandie; il était gai, mutin, d'une humeur fort égale. La vie sauvage lui était devenue si indifférente, qu'il sortait souvent du parc pour exécuter de longues pointes dans la forêt de Perseigne qui était contiguë, et revenait à ses amis. Ce pauvre eunuque paraissait être un objet d'horreur pour ses semblables. Maintes fois il revint de ses promenades, reconduit un peu brutalement par quelque Brocard indépendant que l'excès de sa colère affranchissait de sa timidité, et qui devenait assez audacieux pour pénétrer dans les jardins à la suite de celui qu'il chassait.

Des bois de plusieurs centaines d'hectares d'étendue sont toujours nécessaires pour que la multiplication du Chevreuil atteigne des proportions considérables; on la favorise, en ayant soin que la tranquillité de ces bois soit troublée le moins possible, en détruisant les Renards, en restant plusieurs années sans tirer aucun Chevreuil, en ne tuant plus tard que les Brocards; en s'abstenant de chasser trop souvent au Chien courant dans la partie des bois que l'on veut peupler; enfin, et surtout, en garantissant la population naissante de la griffe des braconniers, plus à redouter pour elle que celle du Renard et du Loup. Au mois de novembre, au moment du rut, ces messieurs savent attirer le Chevreuil en imitant le sifflement plaintif de la Chevrette. Au mois de juillet, ils spéculent sur la tendresse passionnée de la mère pour sa progéniture. Le *mi-mi* du Faon amène la pauvre bête à quelques pas de l'embuscade. Cette dernière chasse est encore plus destructive que la première, car, privé prématurément de la protection maternelle, l'orphelin devient une proie facile pour les carnassiers. Si le Chevreuil ne sort que rarement du bois pour se rendre au gagnage, l'affût n'en est pas moins à redouter pour lui, car, pour viander, il suit constamment les passées qu'il affectionne. Les

1. — BASSETS A JAMBES TORSES.

gardes doivent visiter en été, les clairières, les carrefours, les places à charbon; en hiver, les parties de bois où les ronces sont abondantes; les indices ordinaires leur révéleront le poste de l'affûteur, et ils pourront établir une embuscade dans les environs. Lorsque le dégel a commencé d'amollir la neige, lorsqu'elle cède sans bruit sous les pas, il est bon d'exercer une surveillance incessante, car les Chevreuils, qui éprouvent alors d'assez grandes difficultés à marcher, se laissent approcher d'assez près pour être tirés, et il est facile d'aller droit à leur reposée en suivant leurs traces. — Dans le département des Ardennes, où l'étendue des forêts rend la répression difficile, on tue tous les ans une grande quantité de Chevreuils à l'aide d'un procédé, qui se rapproche beaucoup de celui que l'on employait en Bretagne pour la chasse nocturne de la Bécasse. Quatre à cinq individus, armés de fusils, se réunissent. L'un d'eux est muni d'une de ces clochettes que l'on attache au col des vaches avant de les lâcher dans les bois. Ils cherchent sur la neige une voie de Chevreuil : lorsqu'ils l'ont trouvée, les tireurs cernent l'enceinte dans laquelle la rentrée est indiquée.

L'homme à la cloche marche dans le pied du Chevreuil, et par le bruit de la sonnette il indique, de temps en temps, à ses compagnons, la direction dans laquelle il avance. On fouille successivement plusieurs enceintes, jusqu'à ce que l'on arrive à celle où le Chevreuil est rembûché. Trompé par le tintement monotone que l'habitude lui a rendu familier, celui-ci ne bondit ordinairement que lorsqu'il aperçoit le chasseur, auquel il fournit ainsi l'occasion de faire feu de ses deux coups. S'il échappe, l'homme fait résonner sa sonnette à tour de bras; l'animal épouvanté s'enfuit sans songer à tenter un hourvari et va passer où il est attendu. J'espère, pour l'honneur des Ardennes, que les gardes de ce pays font preuve de plus de sagacité que le Chevreuil, qu'ils savent comprendre, au moindre bruit de clochette, que nul de leurs compatriotes n'a été assez ennemi de sa propriété, pour envoyer ses bestiaux brouter la neige, et qu'ils ne laissent que bien rarement échapper l'occasion de constater une aussi agréable multiplication de délits. Le *collet*, voilà le grand destructeur des Chevreuils, voilà ce qui entrave la propagation de l'espèce. La vigilance des gardes peut seule en avoir raison. Les passées du Chevreuil leur sont aussi familières qu'aux braconniers; ils feront bien de les visiter le plus souvent qu'il leur sera possible. Il est bon de les prévenir qu'il ne serait pas prudent à eux de s'affranchir de toute précaution en cheminant dans ces passées. Les braconniers utilisent quelquefois le *collet* ou *bricole* simple contre le Chevreuil, mais ils emploient le plus souvent le *collet à rejet*, dont il est toujours prudent de se méfier lorsque l'on se promène sous bois. Ce collet se compose d'un fil de laiton du plus gros numéro; il est attaché à un gaulis gros comme le bras. Ce gaulis a été courbé de force, pour s'engager sous un crochet qui le maintient en forme d'arc; les mouvements que fait l'animal pour échapper à la fatale cravate, dégagent le gaulis qui, se redressant avec la vivacité d'un ressort, devient une potence. En 1862, un garde de la forêt d'Amboise fut pris dans un de ces engins; il eût été pendu haut et court si, par un hasard providentiel, son fusil, se trouvant enserré dans le collet en même temps que la tête du pauvre diable, n'eût amorti l'effet de la terrible étreinte.

Il n'y a guère que deux manières de chasser le Chevreuil : aux Chiens courants, et en battue. La chasse en battue est assez facile, quand on a de bons rabatteurs qui ne craignent pas les rouces et surtout conservent bien leurs distances; mais il faut beaucoup de chasseurs en retour, car le Chevreuil pousse rarement au front de la battue; il fait vingt ou trente

pas en avant des rabatteurs dont les cris l'affolent et se jette rapidement à droite ou à gauche, quand il ne force pas leur ligne, et, dans ce cas, les chasseurs qui gardent les derrières ont beaucoup plus de chances que ceux qui sont en avant. Les Chevrettes seules viennent le plus souvent passer sur la ligne principale, parce que, généralement plus ménagées, elles sont plus confiantes.

Pour en finir d'un coup avec les procédés interlopes qui tiennent bien plus du braconnage que de la chasse, j'ajouterai que l'on peut *routailler* le Chevreuil comme le Sanglier, le rembûcher avec un limier, puis le rapprocher *à la muette*, et enfin le réveiller d'un coup de fusil dans sa reposée. Quelques écrivains, et entre autres M. Ch. Jobey, dans un livre charmant tout récemment publié, ont affirmé que l'on tuait plus facilement un Chevreuil avec un Basset du plus petit modèle, qu'avec des Chiens d'un grand pied. C'est là une simple théorie, que l'expérience ne justifie pas toujours, et je soupçonne ceux qui la préconisent de ne l'avoir pas souvent tentée. Dans un bois de peu d'étendue, où un Chevreuil s'est relaissé ou cantonné, qu'il abandonnera aussitôt qu'il aura été mis sur pied par un Chien grand ou petit, le procédé peut être praticable, mais ce n'est là qu'une exception. Les grandes forêts sont les demeures ordinaires des Chevreuils, et là, avec la timidité qui le caractérise, le Chevreuil prend des partis habituels, devant un Chien du plus mince format : les enceintes y sont toujours trop étendues pour que l'on ait pu garder tous les passages; s'il échappe à ce premier danger, l'animal entraîne son adversaire assez loin pour que les abois de celui-ci ne soient plus utilement entendus de ceux qu'ils doivent guider; si le Basset est de haut nez et tenace, le Chevreuil se forlonge; le Chien commence par rabâcher sur une voie de plus en plus refroidie, puis s'ennuyant de chanter sans accompagnement, il empaume gaiement une piste plus positive, et lorsque les chasseurs retrouvent leur meute, la bête qu'elle poursuivait s'est métamorphosée en Lapin; voici comment, le plus souvent, les choses se passent. Laissons donc à chaque Chien sa spécialité; aux Bassets, la gent Lapinière, à la chasse de laquelle le prédestinaient ses aptitudes tant morales que physiques, et si nous voulons tuer des Chevreuils, prenons ce qu'on appelle des Chiens courants. Lorsqu'il ne s'agit que de tuer, comme pour le Lièvre, la race, la taille, le nombre des Chiens importent peu, pourvu qu'ils soient de pied à suivre l'animal dans ses refuites, à ne se laisser arrêter ni par l'épaisseur des broussailles, ni par les grandes parties de bois garnies de bruyères ou de genêts; pourvu aussi que les qualités de l'odorat soient chez eux assez développées, pour qu'ils puissent en revoir sur les terrains les plus arides; il faut enfin qu'ils aient la sagacité et l'expérience qui leur seront nécessaires pour démêler des ruses souvent compliquées.

Si vous les réunissez en assez grand nombre pour former une espèce de meute, la menée sera plus belle, plus bruyante; vous ne cesserez que rarement d'entendre votre chasse, et, par conséquent, il vous faudra beaucoup de bonne volonté pour la perdre; les défauts seront plus vite relevés. Si vous n'en avez que trois ou quatre à découpler, et si ces Chiens sont d'une vitesse médiocre, vos chances de tirer seront doublées, parce que le Chevreuil à son retour se fera battre plus longtemps dans son canton, parce qu'il rusera davantage, et que c'est surtout lorsqu'il ruse, qu'il s'offre aux coups du chasseur. Quant à des Chiens qui gardent le change, vous n'avez point à vous en soucier, puisque, à moins que vous ne réserviez les Chevrettes, l'essentiel pour vous est une paire de cuissots de Chevreuil qui courent devant vos Chiens. Que vous disposiez de vingt ou seulement de deux de ces Chiens, il ne doit point être question pour vous de détourner l'animal que vous entendez chasser : vous commencez par garnir de tireurs les passages de l'enceinte où vous supposez les Chevreuils,— ceux qui sont situés à mi-côte sont les meilleurs, et je n'ai pas besoin de les recommander aux vétérans; — puis le chasseur qui conduit la meute, les découple du côté opposé à celui où se sont pla-

4. — Cerf ponctué. *Cervus punctulatus*. Gray.
Californie.

cés ses camarades et foule le bois à la billebaude. Il est très-rare que le Chevreuil, à son lancer, se fasse battre dans son canton, parce qu'il a presque constamment besoin de détourner les Chiens de sa Chèvre ou de ses Faons ; qu'il se donne volontiers; qu'il n'a, dans son effroi, qu'un souci, celui de les emmener loin de là, le plus promptement et le plus rapidement qu'il pourra. Il n'en sera plus de même à son retour, soit qu'il soit fatigué, soit qu'il espère que les siens auront vidé l'enceinte ; et, c'est précisément là ce qui rend presque absurde l'infaillibilité prônée du Basset, puisqu'avec lui, il n'y a jamais de retour, que si le hasard s'en mêle. Lorsque le Chevreuil a traversé, celui qui remplit le rôle de piqueur suit ses Chiens pour les maintenir dans la voie, — ce rôle est ordinairement envié par tous ceux qui ont le jarret solide, parce qu'il fournit de fréquentes occasions de

5. — Cerf nemorivague. *Cervus nemorivagus*. F. Cuvier.
Brésil.

vider son escopette; — les autres prennent les devants, et se choisissent de nouveaux postes. Il faut autant que possible se donner l'avantage du vent, c'est-à-dire attendre le Chevreuil dans un endroit où le vent arrive de la direction que l'on a supposé que l'animal devait prendre; d'abord parce qu'on entend mieux les Chiens, que l'on n'est pas exposé à une faction désobligeante dans le cas où ceux-ci auraient exécuté un hourvari à la suite de leur victime, et enfin parce que le Chevreuil, étant doué d'un odorat très-subtil, éventerait presque certainement le chasseur, toutes les fois qu'il ne serait pas poussé très-vivement.

Lorsque le Chevreuil randonne dans un canton, les arrières sont aussi bons que les devants, et quelquefois il n'est pas maladroit de se placer à l'endroit même où l'animal a déjà passé, car, confiant dans la sûreté du chemin qu'il a déjà parcouru, il le choisit très-souvent encore pour opérer son retour. Lorsqu'il se fait battre dans une enceinte, beaucoup de chasseurs se postent sous bois, dans cette enceinte même, cachés par une cépée, et devant une clairière, et ces chasseurs-là ne sont jamais les plus malavisés.

Après avoir tenu une ou deux lieues de forêt, quelquefois moins, et quelquefois davantage, le Chevreuil, comme le Lièvre, revient toujours à son lancer, où il se fait battre quelque temps. C'est là que l'ont attendu les chasseurs que leur abdomen ou leur expérience ont empêché de courir; c'est presque toujours là qu'il trouve la mort.

On trouvera dans ce que je dirai de la chasse au Chevreuil à *courre*, quelques indications sur les ruses du Chevreuil et sur les défauts qui en sont la conséquence, défauts qui devront être relevés, même lorsqu'il a été décidé à l'avance que l'on découplerait le *quatrième relais*, parce que c'est un sûr moyen de former de bons Chiens.

Si l'on tient à les voir passer rapidement bacheliers-ès-Chevreuil, il ne faut jamais oublier d'acquitter la dette que l'on vient de contracter envers eux, et stimuler leur émulation par une distribution immédiate des prix. On ouvre l'animal, on le vide, et on abandonne au moins les entrailles aux collaborateurs dont la patte a tiré les marrons du feu. Si l'on n'était que médiocrement avide de ce plat de fondation de classiques dîners de chasse, et qui se confectionne avec le foie, le cœur et les poumons du Chevreuil tué dans la matinée, on a le droit de les faire figurer dans le régal; je puis vous certifier que les Chiens ne s'en plaindront pas, et je vous préviens que, non moins positifs que nous, ils auront à l'avenir d'autant plus d'enthousiasme qu'ils se sauront directement intéressés dans l'affaire. Quant aux *daintiers*, vulgairement appelés rognons, j'apprécie trop haut la valeur de ce bijou gastronomique, pour vous en conseiller l'abandon en faveur de qui que ce soit. On peut témoigner sa satisfaction à ses Chiens sans semer des perles devant eux. Glissez-les sournoisement dans votre poche, en prenant garde de ne point être aperçu d'un de vos amis, avec lequel vous seriez forcé de partager cette friandise, hélas! trop exiguë. Seulement, tâchez de ne pas les y oublier pendant quinze jours, comme il arriva à un de mes compagnons, parce que cela pourrait compromettre la fraîcheur et l'arôme de votre vêtement.

Une dernière observation sur le tir du Chevreuil : généralement les chasseurs sont aussi prodigues de gros plomb avec lui qu'ils l'ont été avec la Perdrix; on les voit bonder leurs fusils des numéros les plus colossaux; s'ils osaient ils lui feraient l'honneur d'un boulet de canon. Ils emploient les chevrotines, par exemple, qui tuent rarement le gibier, mais qui, en revanche, atteignent et estropient souvent un ami, ce qui est bien une compensation : du n° 4 dans le coup droit, du n° 2 dans le coup gauche, en voilà autant qu'il en faut pour rouler un Chevreuil à toutes les portées. J'en ai tué et souvent vu tuer avec du beaucoup plus petit plomb.

La chasse à courre du Chevreuil se classe à côté de celle du Lièvre par les difficultés qu'elle présente. En raison du fond, de la multiplicité de défenses de cet animal, il ne me semble pas moins digne que le Cerf d'un équipage de premier ordre.

Pour le forcer avec certitude, *en tout pays*, il faut des Chiens qui réunissent les qualités du nez à celles de la vitesse et de la tenue; si je dis *en tout pays*, c'est qu'après avoir entendu parler de meutes qui prennent de meute à mort tout Chevreuil qu'elles ont lancé, j'ai constaté, tant dans les forêts accidentées du Perche normand, que dans les Ardennes, que d'excel-

6. — Cerf a larges oreilles. *Cervus auritus.* Gray.
Brésil.

7. — Cerf muntjac. *Cervus muntjac.* Linné.
Sumatra.

lents équipages, parfaitement créancés et conduits, amenaient à peine un hallali sur trois attaques, et que j'aime mieux supposer l'influence du sol sur la vigueur du Chevreuil, attribuer la mollesse de ses défenses à une configuration particulière du terrain, que de soupçonner la véracité de mes confrères. Les bâtards me paraissent dans les meilleures conditions pour chasser le Chevreuil, aussi bien que pour forcer le Lièvre, parce qu'ils le conduisent avec assez de rapidité, pour ne point lui laisser le temps d'accumuler ses ruses, parce qu'ils sont doués d'un odorat assez fin pour le rapprocher sûrement lorsque, après un défaut, la voie est devenue légère. Tous les Chiens, du reste, goûtent cette voie avec ardeur. Un auteur allemand, que j'ai déjà cité, Bechstein, attribue à ce goût du Chien pour la piste du Chevreuil, une cause fort originale, mais d'une propreté assez douteuse pour que je lui laisse la responsabilité de ses expressions elles-mêmes :

« Le Chevreuil, dit-il, a, entre les cornes des pieds de devant, au milieu de la fourche, un creux entouré d'un bord saillant, et qui distille incessamment une matière grasse, d'une odeur forte, et semblable à celle du vieux fromage, ce qui fait que les Chiens suivent si volontiers sa voie. »

J'ai consciencieusement cherché, en commençant cette causerie, la raison qui avait pu déterminer Buffon à décider que le Chevreuil serait moins noble que le Cerf, et maintenant que je ne cherche plus, voilà que je la trouve : ce fut probablement cette infirmité peu ragoûtante.

Lorsque l'on chasse à forcer, comme je ne peux pas supposer que l'on veuille courir autre chose qu'un Brocard, il est nécessaire de le détourner. Toute autre manière de procéder peut occasionner des embarras et une grande perte de temps, parce que devant un nombre de chiens assez considérable, les deux animaux partiront souvent de compagnie, et que l'on est exposé à avoir deux chasses, lorsque après avoir couru quelque temps, ou dès le lancer, ils se sépareront. On rembûche le Chevreuil, à trait de limier, comme le Cerf; mais sa connaissance par le pied est toujours difficile à établir, même pour les veneurs les plus expérimentés. Le Brocard, surtout après sa quatrième année, a les pinces plus rondes, le talon plus gros, la jambe plus large, les os mieux tournés que la Chevrette; celle-ci a le pied creux, les côtés plus tranchants, les pinces plus pointues; les pinces des pieds de derrière, toujours serrées chez les mâles, se trouvent élargies chez les femelles, qui ayant à porter chaque année, sont aussi pesantes de l'arrière-main que de l'avant-main. Les fumées du Brocard ou *moquettes* sont aiguillonnées comme celles du Cerf et peuvent encore servir à les distinguer; l'indice le plus certain de la présence du Brocard consiste dans les *régalis*, c'est-à-dire dans les places où il a gratté la terre et que l'on trouve toujours dans ses demeures.

Quoi qu'il en soit, ces connaissances fort essentielles dans le cours de la chasse, pour parer aux inconvénients du change, le sont beaucoup moins lorsqu'il s'agit de lancer le Chevreuil, puisqu'en raison de ses habitudes, il est presque constamment accompagné de sa Chèvre. Ce qui est important, c'est que le piqueur se soit assuré qu'il y a réellement un Brocard courable dans le couple ou dans la horde; si les revoirs sont mauvais, il ne doit pas hésiter à chercher à le voir par corps, dût-il le mettre debout. S'il n'est pas serré de près, quelquefois le Chevreuil ne vide pas même l'enceinte et ne perce jamais beaucoup en avant. Que l'on frappe à une brisée ou bien que l'on découple sur une voie, je crois prudent, à moins que l'on n'ait des connaissances très-positives d'un Brocard isolé, de rapprocher ou d'attaquer, avec deux ou quatre des chiens les plus vieux et les plus sages de la meute, et de ne découpler les autres que lorsque l'on aura acquis la certitude que l'animal n'est point accompagné ou bien que la Chevrette s'est séparée de lui.

Le Chevreuil balance très-rarement à son lancer; il fuit rapidement et assez droit, prend de grands devants, et comprenant à merveille que la vitesse seule ne pourrait pas toujours assurer son salut, il ruse aussitôt qu'il a distancé les chiens. Sa ruse la plus ordinaire est un hourvari; il commence par embrouiller ses voies, revient assez loin sur son contrepied, se jette à droite et à gauche par l'élan le plus vigoureux que puissent lui fournir ses jarrets et se relaisse sur place. Comme le sentiment qu'il laisse derrière lui est toujours fort intense, en faisant exécuter rapidement un retour à la meute aussitôt qu'elle paraît à bout de voie, ce défaut serait toujours et infailliblement relevé. Mais dans toute forêt où se trouvent des fossés mouillés et des ruisseaux, la ruse se complique; le Chevreuil les choisit pour emmêler ses voies, et un hourvari exécuté en pleine eau est loin d'être commode à débrouiller. Les bois entrecoupés de gorges profondes et au fond de chacune desquelles une fraîche naïade murmure sa chansonnette, sont indubitablement plus chers aux poètes qu'aux veneurs. Aussitôt que le Chevreuil a reconnu l'efficacité de ce bain de pieds, il en décrète la permanence, il n'en sort plus que juste pendant le temps qui lui est nécessaire pour passer d'un ruisseau à un autre ruisseau. C'est à y perdre le peu de patience et de latin que l'on possède. — Je ne crois pas trop m'avancer en affirmant que les contrées où l'on force si promptement et si sûrement les Chevreuils, sont parfaitement dénuées de cours d'eau. Aussitôt qu'un défaut se dessine sur ces rives fatales, il faut immédiatement descendre de cheval, se séparer en deux bandes, dont chacune prend avec elle ou la moitié de la meute, ou seulement quelques chiens de tête, et suivre en même temps les deux bords du ruisseau, en remontant son cours, puis si on ne trouve rien dans cette direction, en le descendant, c'est-à-dire en foulant tour à tour les avants et les arrières comme à la chasse du Lièvre, appuyer modérément les chiens par des requêtes, les maintenir à votre portée dans l'attente du relancer, marcher avec précaution de peur d'enlever les voies et explorer de l'œil les endroits où le fonds est vaseux et où l'on peut parvenir à revoir de l'animal. En procédant de la sorte, on remet presque toujours le Chevreuil sur pied; mais que de temps perdu! Et le temps, pour lui, c'est la vie; pour vous, c'est une triste retraite.

Le Chevreuil sait encore, comme le Lièvre, choisir les endroits secs, arides ou peu couverts et pierreux pour croiser ses voies; mais, à moins qu'il ne se soit forlongé, ses pistes conservent toujours assez d'odeur pour être démêlées par la meute. Après ce que j'appellerai les hourvaris humides, rien n'est plus fréquent que le change et rien n'est plus à redouter. Comme je l'ai dit plus haut, après avoir fait une pointe en forêt, après avoir tenté plus ou moins de ruses, le Chevreuil se décide toujours à revenir à son lancer. Lorsque le retour se dessine franchement, il faut serrer les chiens de très-près, et si un défaut se produit dans la première des enceintes ou dans ses alentours, on doit s'attendre à un change. «Le Cerf prémédite le change, dit M. d'Houdetot, le provoque, l'impose; le Chevreuil l'accepte de sa compagne : ici le dévouement, là l'égoïsme. »

En effet, dans la plupart des changes de Chevreuil, c'est la femelle elle-même qui se donne aux Chiens et prend la place du Brocard; s'il est revenu à ses demeures, c'est qu'il a voulu retrouver cette autre lui-même, pour lui demander. aide; et, comme il n'est point exposé à se voir refuser l'immense sacrifice qu'il réclame, il faut dès lors, et sans plus attendre, chercher à en prévenir l'accomplissement en recouplant une partie de la meute, aussitôt qu'on s'est aperçu qu'elle balance, et de façon à conserver sous le fouet ceux des Chiens qu'on laissera requêter et à les rompre rapidement lorsque la pauvre Chèvre bondira devant eux; la substitution peut s'être opérée sans que les veneurs s'en soient aperçus. Peu de Chiens gardent le change du Chevreuil; cependant on rencontre par-ci par-là quelques vieux grognards qui, lorsqu'ils sont pénétrés du sentiment de leur Brocard, ne se laissent point abuser par le dévouement de sa compagne. Si d'eux-mêmes ils ne viennent pas au retour, on reconnaît du moins à la tiédeur de leur menée, qu'il y a quelque chose qui cloche; on cherche à se rappeler dans quelles conditions s'est opéré le dernier relancer : il a dû être vif, mouvementé, assourdissant, si la bête de meute en a fait les frais, parce que, confiant dans sa ruse, le Brocard a attendu, flâtré dans son buisson, que les Chiens fussent sur lui pour repartir, et qu'un à vue en soit résulté; tandis que, si la meute a accepté le change, cela aura toujours été avec quelque mollesse, la Chevrette se donnant à eux d'assez loin. Au premier doute, il faut chercher à en revoir, soit par le pied,

soit même par corps, rompre les Chiens, s'ils sont dans une voie nouvelle, et les ramener au lieu où le change s'est opéré, et que l'on foule en décrivant des cercles concentriques tour à tour sur les devants et sur les arrières.

Nous trouvons dans le *Livre de la ferme*, remarquable publication de M. Joigneaux, chez l'éditeur V. Masson, un exemple de la sûreté avec laquelle une meute garde le change, et nous croyons devoir le citer : « L'équipage de MM. de Danne chassait un Chevreuil dans la forêt de Berset, près du Mans; l'animal avait battu l'eau et s'était forlongé; cependant quelques Chiens de tête se récriaient encore et suivaient la voie, quand tout à coup, à vingt pas des chasseurs, un Brocard traverse une allée; une douzaine de Chiens empaumant la voie s'élancent à sa poursuite entraînant la meute; les jeunes Chiens passent l'allée, mais nous voyons alors les anciens, après avoir goûté la voie, s'arrêter dans une charroyère sans faire nulle attention à la chasse qui continuait. Les Chiens flanaient, sentaient aux branches; plusieurs même, avouons-le, profitaient de ce temps d'arrêt pour lever la patte contre les baliveaux; enfin il était clair que la voie n'était pas trouvée bonne par Garland et l'élite de l'équipage. Il y avait change; après avoir fait couper les jeunes chiens, on reprit la voie où les vieux l'avaient laissée; nous vîmes alors le même Garland se réjouir et remuer la queue. Pendant plus de trois cents pas, ce fut sa tenue, tout en suivant sa voie; puis, peu à peu s'échauffant, il fit entendre un léger gémissement, comme un bruit sourd, puis enfin il causa , et, en effet, au même instant, le piqueur revoyait sur la terre plus humide en cet endroit, le pied de notre Chevreuil. Sur ce, un vigoureux bien aller retentit sous la futaie; la chasse reprit toute son entraînante ardeur et au bout d'une heure, nous sonnions l'hallali. — Règle générale : quand les Chiens tombent en défaut, la tête couverte, c'est-à-dire sous bois, on doit penser que le Chevreuil a fait voie sur voie un hourvari, puis un bond, et après s'est flâtré comme un lièvre. C'est alors qu'il faut prendre les arrières, puis fouler l'enceinte avec persistance, car le Chevreuil se laisserait plutôt fouailler que de repartir, surtout lorsqu'il est sur ses fins. »

Un Chevreuil, chassé de meute à mort, résiste pendant quatre ou cinq heures à des chiens de vitesse moyenne. J'en ai pris un au bout de sept heures, et cette chasse n'est pas celle dont je me souvienne avec le moins de satisfaction. Avec des Chiens d'un grand pied, il est généralement pris après deux heures de courre; en employant des relais, il peut ne pas prolonger sa défense pendant plus d'une heure; mais en pareil cas, il a été bien plutôt gagné en vitesse que forcé. Comme le fait très-judicieusement remarquer M. d'Houdetot, il faut se garder d'enregistrer au compte des Chevreuils forcés, tous ceux qui ont été étranglés par les Chiens. Il arrive souvent à un Chien de surprendre dans un retour, un Chevreuil qui tient opiniâtrément dans l'endroit où il s'est relaissé et de le porter bas. Le piqueur Clamart partage sur ce point l'opinion de M. d'Houdetot; il dit que rien n'est plus fréquent que de voir un Chevreuil, lorsqu'il a été malmené, se laisser approcher et prendre par un Chien isolé.

Il est toujours aisé de reconnaître que le Chevreuil de chasse est sur ses fins; ses allures se dérèglent, son talon seul appuie sur la terre. Ses randonnées se raccourcissent, il se relaisse à chaque instant, n'ébauche que timidement ses hourvaris familiers; il marche la tête basse et les jambes raidies, effaré, haletant. Les abois de la meute se rapprochent de plus en plus. La mort vient; il tente un dernier effort pour échapper à ce spectre que l'instinct des bêtes leur montre aussi redoutable, qu'à nous notre raison. Un fossé est devant

1. — BROCARD, CHEVRETTE ET FAON.

lui, il essaye de le franchir; mais ses jarrets ont perdu leur élasticité merveilleuse; à peine s'ils soutiennent ce corps qui, le matin même, franchissait halliers et buissons avec une gracieuse souplesse, que seule surpassait la légèreté de l'oiseau; il s'abat lourdement dans la fange. Un des chiens de tête s'est élancé, y roule avec lui et le saisit à la gorge; le Brocard pousse un rauque braiement. Adieu à la vie qu'il n'a pas le temps d'achever : vingt mâchoires d'acier mordent sa chair palpitante, vingt museaux éraillent ses flancs, s'abreuvent du sang que le cœur n'a pas cessé de distribuer, et les sons éclatants de la trompe annoncent à la Chevrette que le compagnon de sa vie a vécu! Pauvre Brocard! pauvre Chevrette!

G. DE CHERVILLE.

Paris. — Imp. WIESSNER ET Cᵉ, rue Delaborde, 12.

Ce Recueil paraît une fois par semaine. — On s'abonne à Paris, à la Librairie L. HACHETTE et Cᵢᵉ, boulevard Saint-Germain, nº 77. Les abonnements se prennent du 1ᵉʳ de chaque mois. — Paris, six mois, 4 fr.; un an, 8 fr. — Départements, six mois, 5 fr.; un an, 10 fr.

PREMIÈRE SUITE DES VAUTOURS. — *Catharte Alimoche et Catharte Piléifere.* — *Expériences d'Audubon.* — *Vautours proprement dits.* — *Mœurs, caractères.*

Des deux espèces de l'ancien continent, l'une, Catharte Percnoptère ou Alimoche, se trouve sur presque toutes les côtes de la Méditerranée, et surtout sur la côte d'Afrique, et elle devient d'autant plus commune qu'on se rapproche de l'Orient. L'autre, Catharte Moine ou Piléifère, se rencontre au Sénégal, et l'on ne connaît pas parfaitement les limites géographiques qui doivent lui être assignées.

Les Cathartes de l'ancien continent sont peu farouches, en Afrique surtout, et se laissent facilement approcher par le chasseur, mais il faut les tirer avec du gros plomb, pour les faire tomber sur le coup. Levaillant était pres-

1. — CATHARTE ALIMOCHE. *Cathartes percnopterus.* Cuvier.
Europe. Asie. Afrique.

2. — VAUTOUR ARRIAN. *Vultur monachus.* Linné.
Europe. Asie. Afrique.

que toujours obligé de les faire suivre après les avoir blessés, parce qu'ils allaient mourir quelquefois fort loin du lieu où il les avait tirés. Il n'a pas campé une seule fois chez les Namaquois qu'il n'ait été visité chaque jour par ces oiseaux. Il lui arrivait de tirer plusieurs fois sur le même et de le blesser grièvement, sans que cela rebutât le Catharte, qui revenait toujours à la charge pour dérober à ses gens la viande qu'ils faisaient sécher ou fumer en plein air. Faute de chair, le Percnoptère se nourrit de Lézards et de petits Serpents ; il ne dédaigne même pas les Vers de terre et les insectes qui recherchent la fiente des bestiaux. Enfin il s'accommode de tout, et Levaillant n'a même quelquefois trouvé dans le jabot de ceux qu'il tuait que des excréments de Bœuf ou d'autres animaux. Nous avons tué un bon nombre de Percnoptères pendant notre séjour à Constantinople, dans les jardins du vieux sérail que nous habitions; ils se donnaient rendez-vous sur les vieux murs et s'offraient facilement à nos coups, pendant les voyages qu'ils faisaient le matin de la côte d'Asie, où ils trouvaient encore des animaux abandonnés et en putréfaction, à la côte d'Europe, où les corvées de nos soldats suppléaient à la malpropreté des Turcs. Mais les habitants du quartier de Sainte-Sophie s'alarmèrent, et comme notre but n'était pas la destruction d'animaux si utiles dans un pays aussi sale, mais bien le désir d'enrichir notre collection de quelques-uns de ces oiseaux, les Percnoptères n'eurent plus rien à redouter. Notre ami Lesson, enlevé malheureusement aux sciences qu'il cultivait avec tant de succès, a soulevé une émeute à Lima pour avoir tué un de ces oiseaux, qu'il tenait à ajouter aux riches collections qu'il rapportait. Quiconque, à Lima ou à Ariquipa, tue un Urubu, est condamné à une amende de cinquante piastres ou deux cent cinquante francs.

Les œufs de l'espèce de l'ancien continent sont de forme et de couleur très-variables, et mesurent de six centimètres et demi à sept centimètres de grand diamètre sur quatre à cinq de petit; ils sont blancs, avec quelques grosses taches brunes couronnant le gros bout; quand leur forme est plus arrondie, ils sont uniformément teintés de brun rouge, comme nous le verrons sur des œufs de Caracaras et de Faucons. Quelques variétés, provenant d'Égypte, sont grivelées de petites et grandes taches, qui, au lieu d'être de couleur brune ou brun rouge, sont du violet foncé le plus pur, ce qui leur donne, dans la série, un aspect étrange. Ceux de l'Algérie sont généralement beaucoup plus petits que ceux d'Europe, ne mesurant que six centimètres sur cinq de diamètre. Enfin un de ces œufs, venant des Indes orientales, offre à peine, sur un fond d'un blanc pur, quelques fines grivelures plus serrées et plus rapprochées au gros bout.

Les Cathartes, avons-nous dit, ne construisent pas de nids. Le plus souvent ils déposent leurs œufs dans un trou de rocher ou dans les anfractuosités des falaises qui bordent fréquemment les grandes rivières en Amérique, ou bien au milieu des marais profonds, mais toujours au-dessus de la ligne des plus grandes eaux; ils cherchent quelques gros arbres creux, soit debout, soit à terre, et les œufs sont déposés sur la vermoulure du bois, quelquefois immédiatement à l'entrée du trou, d'autres fois à plus de vingt pieds dans l'intérieur. Le père et la mère couvent à tour de rôle et se nourrissent l'un l'autre, ce que chacun d'eux fait en dégorgeant immédiatement, devant celui qui est sur le nid, tout ou partie du contenu de son estomac. L'éclosion des petits demande trente-deux jours. Un épais duvet les recouvre complétement à leur naissance; ce duvet, blanc, long et frisé comme dans toutes les autres espèces d'oiseaux de proie, contraste avec la couleur noire de leur face, et leur donne une physionomie des

plus originales: à cette première période et pendant près de deux semaines, les parents les nourrissent en leur dégorgeant aussi, mais dans le bec, les aliments presque digérés, à la manière du Pigeon commun. Après quelques jours, le duvet s'allonge et devient plus rare et d'une teinte plus foncée, à mesure que l'oiseau grandit. Au bout de trois semaines, les Cathartes paraissent gros pour leur âge, et pèsent plus d'une livre, mais ils sont excessivement gauches et engourdis. Ils peuvent alors lever leurs ailes encore en partie recouvertes de gros tuyaux; ils les traînent presque toujours à terre, et toute leur force se porte sur leurs longues jambes et sur leurs pieds.

Qu'un étranger ou un ennemi s'approche d'eux à ce moment, ils se mettent à siffler, et font comme un Renard ou un Chat qui s'étrangle; puis ils se gonflent et sautent de côté et d'autre, aussi lestement qu'ils peuvent. C'est également ce que font les parents, si on les inquiète pendant l'incubation; ils s'envolent seulement à quelques pas et attendent le départ de celui qui les trouble, pour se remettre à leur devoir. Quand les jeunes sont devenus plus forts, le père et la mère se contentent de jeter la nourriture devant eux; mais malgré tout le mouvement qu'ils se donnent, ils parviennent rarement à pousser aux champs leur paresseuse progéniture. Le nid devient si fétide, avant que ceux-ci l'aient définitivement abandonné, que si l'on était contraint de demeurer auprès seulement une demi-heure, on courrait risque d'être suffoqué. On pense généralement qu'ils préfèrent la chair corrompue à toute autre; c'est une erreur: toute viande leur convient, pourvu qu'ils puissent la mettre en morceaux à l'aide du bec, et ils l'avalent aussitôt, fraîche ou non. Ce que nous avons dit de leur habitude de tuer et de dévorer de jeunes animaux le prouve suffisamment. Mais il arrive souvent que ces oiseaux sont forcés d'attendre jusqu'à ce que l'enveloppe ou le cuir de la proie puisse céder à l'effort de leurs mandibules. Audubon vit un jour le cadavre d'un grand Crocodile entouré de Cathartes, et la chair du monstre était presque décomposée avant que les oiseaux eussent pu parvenir à entamer sa rude peau; de sorte que, quand l'attaque devint possible, ils restèrent tout désappointés devant des chairs liquéfiées.

Les Cathartes n'ont pas, comme les Aigles et les Faucons, le pouvoir d'enlever leur proie tout d'une pièce avec leurs griffes; ils n'emportent que les entrailles, et encore par lambeaux, qui leur tombent du bec. S'il leur arrive alors d'être pourchassés par d'autres oiseaux, ce simple fardeau rend leur vol très-lourd, et les force à reprendre terre presque immédiatement.

Les Cathartes Urubu et Aura n'ont pas de zone distincte d'habitation, car on les rencontre depuis l'hémisphère nord jusque dans les parties les plus australes de l'Amérique; on les voit également depuis les plaines ou les rivages de la mer jusqu'aux régions les plus élevées. Il est vrai qu'ils ne se trouvent dans ces dernières localités qu'accidentellement et de passage, n'y faisant jamais leur séjour habituel. L'Aura seul, qui, relativement à l'Urubu, paraît plus spécial à l'Amérique du Sud, a été rencontré aux îles Malouines par Garnot et Lesson.

Nous terminerons l'histoire des Cathartes en citant les expériences dont ils ont été l'objet de la part d'Audubon, pour s'assurer de la prédominance de l'odorat sur la vue chez les Vautours, question si souvent agitée et dont nous avons déjà dit un mot. On sait que nous avons admis, au contraire, la prédominance de la vue sur l'odorat, dont nous trouvons à peine la trace chez ces oiseaux. Nous laisserons parler notre grand naturaliste :

« Quand vous aurez vu, comme moi, dit-il, le Catharte Aura suivant de près et avec un soin pénible la lisière des forêts, explorant les sinuosités des criques et des rivières, planant au-dessus des vastes plaines, plongeant son œil perçant dans toutes les directions, aussi attentif que le fut jamais le plus noble Faucon pour découvrir la proie qui lui convient; lorsque, ainsi que moi, vous l'aurez vu mainte et mainte fois passer au-dessus d'objets bien propres à exciter son vorace appétit sans en avoir aucune connaissance, parce qu'ils étaient cachés; lorsqu'enfin vous aurez observé l'avide Catharte, poussé par la faim ou plutôt par la famine, se précipitant comme le vent et descendant en cercles rapides dès qu'une charogne a frappé ses regards, alors vous renoncerez à cette vieille croyance si profondément enracinée, à savoir que cet oiseau possède la faculté de découvrir la proie à une immense distance à l'aide de l'odorat. J'ai eu beaucoup de peine à renoncer à mes anciennes croyances; cependant, après avoir vécu plusieurs années parmi ces Cathartes, du temps de mes courses à travers les États-Unis; après m'être assuré par mille et mille observations qu'ils ne sentaient nullement quand j'approchais d'eux, caché par un arbre, même à quelques pas, tandis qu'au contraire, dès que, de cette distance ou de bien plus loin, je me montrais à eux, ils s'envolaient avec tous les signes de la plus vive frayeur, je dus enfin abandonner ma première idée, et je m'engageai dans une série d'expériences ayant pour but de me démontrer, à moi du moins, jusqu'à quel point existait cette finesse d'odorat, et si même il était vrai qu'elle existât. J'en consigne ici le résultat; chacun pourra ainsi conclure et juger combien il est facile de se laisser abuser par les assertions d'hommes qui, avec leur air d'assurance, n'ont cependant jamais rien vu, ou qui se sont contentés des récits d'individus se souciant eux-mêmes fort peu d'observer la nature de près.

« *Première expérience.* — Je me procurai une peau de daim entière jusqu'aux sabots, et je la bourrai consciencieusement d'herbes sèches, de façon à la remplir même plus que dans l'état naturel. Je laissai le tout sécher et devenir aussi dur que du vieux cuir, puis je la fis porter dans un vaste champ où on l'étendit sur le flanc, les jambes déjetées deçà et delà, comme si l'animal était mort et déjà en putréfaction. Alors je me retirai à environ cent mètres, et quelques minutes étaient à peine écoulées qu'un Catharte, aux aguets à une assez grande distance, ayant aperçu le daim, vola directement vers lui et s'abattit à quelques pas. De suite je m'avançai, toujours caché par un gros arbre, jusqu'à une cinquantaine de mètres, d'où je pouvais parfaitement observer l'oiseau. Il s'approcha de la peau, jeta sur elle un regard de méfiance, puis sauta dessus, leva la queue et se vida librement, ce que tous les oiseaux de proie à l'état sauvage font généralement avant de manger. D'abord il s'en prit aux yeux, qui étaient ici deux globes d'argile séchée, durcie et peinte; il les attaqua l'un après l'autre, sans pourtant rien y faire que les déranger un peu. Enfin, cette partie ayant été abandonnée, l'oiseau se porta sur l'autre extrémité, et là, se donnant encore plus de mouvement, il parvint à déchirer les coutures et à tirer quelques poignées de fourrage et de foin. Mais, pour de la chair, il n'avait garde d'en trouver ni d'en sentir : et cependant il s'opiniâtrait à en découvrir là où il n'y en avait pas la moindre trace. Après des efforts réitérés, tous sans profit, il prit son vol, et, s'étant remis à explorer les environs du champ, je le vis soudain tournoyer, puis descendre et tuer un petit Serpent jarretière (*coluber saurita*) qu'il avala. Après quoi il se renvola encore, recommença à planer, passa et repassa plusieurs fois très-bas, au-dessus de la peau bourrée, comme au désespoir d'abandonner un morceau de si bonne mine.

« Ainsi voilà un Catharte qui, à l'aide du sens prétendu si extraordinaire de l'odorat, n'est pas capable de découvrir qu'il n'y avait sous cette peau ni chair fraîche, ni chair corrompue, et qui, du premier coup d'œil et d'une distance considérable, peut apercevoir un petit serpent à peine gros comme le doigt, et sans aucune odeur! Cela me donnait à réfléchir, et j'en conclus que les facultés visuelles étaient, chez lui, bien supérieures aux facultés olfactives.

« *Deuxième expérience.* — Je fis traîner à quelque distance de ma maison un Porc qui venait de mourir, et que l'on jeta dans un ravin profond d'une vingtaine de pieds, où le vent soufflait très-fort. Ce ravin était obscur, rempli de broussailles et de grands roseaux. C'est là que j'ordonnai à mes gens de cacher l'animal, en recourbant les roseaux sur lui, et je l'y laissai deux jours, pensant bien que cela intriguerait Urubus, Auras ou autres, et qu'ils viendraient voir ce que ce pouvait être. On était alors au commencement de juillet, c'est-à-dire à une époque où, sous ces latitudes, un cadavre se corrompt et devient extrêmement fétide en très-peu de temps. D'un moment à l'autre je voyais des Cathartes cherchant pâture passer par-dessus le champ et le ravin dans toutes les directions; mais aucun ne découvrit le Porc qui y était caché, bien que, sur ces entrefaites, plusieurs Chiens lui eussent rendu visite et s'en fussent copieusement repus. Je voulus moi-même m'en approcher, mais l'odeur en était si insupportable à vingt pas à la ronde que j'y renonçai, et les restes, tombant d'eux-mêmes en putréfaction, finirent par s'affaisser complétement.

3. —Vautour de Californie, jeune femelle. *Vultur Californianus.* Audubon.
Californie.

4. — Vautour de Nubie, jeune. *Vultur Nubicus.* Smith.
Nubie. Abyssinie.

5.—Vautour de Californie. *Vultur Californianus.* Audubon.
Californie.

6. — Vautour royal. *Vultur Ponticerianus.* Latham.
Indes orientales.

« Je pris alors un jeune Porc, et, d'un coup de couteau dans la gorge, je le saignai sur la terre et l'herbe; puis, l'ayant traîné à la même place que le premier, je le fis couvrir de feuilles et j'attendis le résultat. Les Cathartes aperçurent la trace du sang frais, et, s'étant abattus, la suivirent jusque dans le ravin, où ils découvrirent l'animal, qu'ils dévorèrent sous mes yeux, quoiqu'il n'eût point encore d'odeur.

« Ce n'était pas assez pour moi de ces expériences cependant si décisives.

« Ayant trouvé deux jeunes Urubus de la taille de petits poulets, que le duvet recouvrait encore et qui avaient plutôt l'air de quadrupèdes que d'oiseaux, je les emportai chez moi, les mis dans une grande cage en vue de tout le monde, dans la cour, et me chargeai moi-même de leur donner à manger. Je les fournis

7. — Vautour occipital, jeune. *Vultur occipitalis.* Burchell.
Afrique.

8. — Vautour arrian. *Vultur monachus.* Linné.
Europe. Asie. Afrique.

9. — Vautour fauve ou Griffon. *Vultur fulvus.* Gmelin.
Europe. Dalmatie.

10. — Vautour indien. *Vultur indicus.* Scopoli.
Asie.

abondamment de Pics à tête rouge et de Perroquets que je tuais, en aussi grand nombre que je voulais, sur des mûriers où ils cherchaient leur nourriture.

« Mes deux élèves les déchiraient par lambeaux, à grands coups de bec et en les tenant sous leurs pieds. Au bout de quelques jours, ils étaient si bien habitués à mes visites que, lorsque j'approchais de leur cage, les mains pleines du gibier que je leur destinais, ils commençaient aussitôt à siffler et à gesticuler, presque à la manière des jeunes Pigeons, et se présentaient mutuellement le bec comme s'ils s'attendaient à recevoir la nourriture l'un de l'autre, ainsi qu'ils l'avaient reçue de leurs parents. Deux semaines s'écoulèrent, les plumes noires paraissaient et le duvet diminuait. Je remarquais un accroissement extraordinaire des pattes et du bec, et les trouvant propres à mes expériences, je fermai avec des planches trois des côtés de la cage, ne laissant que le devant garni de barreaux, pour qu'ils pussent voir au travers. Je nettoyai, lavai, sablai la cage afin d'enlever toute mauvaise odeur résultant de la chair corrompue qu'elle contenait, et, sur-le-champ, je cessai de me présenter par devant comme j'avais coutume de le faire lorsque je voulais leur donner à manger. Je m'en approchais souvent nu-pieds; et je reconnus bientôt que, quand je ne faisais pas de bruit, les jeunes oiseaux continuaient à rester droits, sans bouger et silencieux, jusqu'à ce que je me fusse montré par le devant de leur prison. Plusieurs fois il m'arriva de prendre un Écureuil ou un Lapin, de lui ouvrir le ventre, de l'attacher à une longue gaule, avec les entrailles pendant librement, et, dans cet état, de le placer par derrière leur cage; mais c'était en vain : ils ne sifflaient ni ne remuaient, tandis que, quand je présentais le bout de la gaule devant la cage, à peine avait-il paru par le coin que mes oiseaux affamés sautaient et faisaient tous leurs efforts pour atteindre le morceau. Cela fut souvent répété avec de la viande soit fraîche, soit corrompue, mais toujours appropriée à leur goût.

« Complétement satisfait pour mon compte, je cessai ces expériences, et néanmoins je continuai à nourrir les deux Cathartes jusqu'à leur entier développement. Alors je les lâchai dans une cour attenante à la cuisine, pour qu'ils pussent y ramasser tout ce qu'on leur jetterait; mais bientôt leur voracité causa leur mort : les petits Cochons ne leur échappaient pas lorsqu'ils se trouvaient à leur portée; jeunes Canards, Dindons et Poulets étaient pour eux une tentation si continuelle, que le cuisinier, ne pouvant veiller constamment sur eux, les tua l'un et l'autre pour mettre un terme à leurs déprédations.

« Pendant que je tenais mes deux Cathartes en captivité, je fus témoin d'un fait assez curieux. Un Catharte déjà vieux, planant par hasard au-dessus de la cour au moment où j'expérimentais avec ma Perche et mes Écureuils, aperçut la proie et s'abattit sur le toit d'un hangar, près de la maison; de là il descendit à terre, se dirigea tout droit vers la cage et s'efforça d'attraper la viande qu'il voyait à l'intérieur. Je m'approchai avec précaution, il recula un peu; mais, quand je me retirai, il revint; et, chaque fois, mes deux captifs manifestaient le plus vif empressement envers le nouveau venu. Je donnai l'ordre à quelques nègres de le pousser doucement vers l'étable et de tâcher de l'y faire entrer, mais il ne voulut pas. Enfin, après plusieurs tentatives, je parvins à l'enfermer dans cette partie du hangar où l'on dépose les graines de coton, et là je le pris. Comme

je le reconnus bientôt, le pauvre oiseau était devenu si maigre que c'était uniquement à son état de misère que j'avais dû de pouvoir m'en emparer. Je le mis en cage avec les jeunes, qui, tous deux, commencèrent à sauter autour de lui et à lui faire accueil, en gesticulant de la façon la plus grotesque; mais le vieux, tout déconcerté de se voir en prison, leur répondit par de grands coups de bec. Craignant qu'il ne les tuât, je les retirai d'avec lui et le rassasiai complétement. A force de jeûner, il avait pris un tel appétit qu'il mangea trop et mourut étouffé.

« J'aurais encore à citer, dit Audubon en terminant, beaucoup d'autres faits indiquant que le pouvoir olfactif dans ces oiseaux a été singulièrement exagéré, et que, s'ils peuvent sentir à une certaine distance, ils peuvent aussi voir, et de beaucoup plus loin. Je demanderai à toute personne ayant observé les mœurs des oiseaux pourquoi, si les Cathartes sentent leur proie d'une telle distance, ils perdent tant de temps à la chercher, eux qui naturellement sont si paresseux que, lorsqu'ils ont trouvé de la nourriture dans quelque endroit, ils ne le quittent jamais, ne se déplaçant juste que de ce qu'il faut pour la prendre. »

Comme cet habile observateur, nous croyons ces expériences très-concluantes, et nous nous reprocherions de ne pas avoir profité de l'occasion pour leur donner toute la publicité qu'elles méritent, en France surtout, quoiqu'elles datent déjà de loin. Nous ne renonçons cependant pas, lorsque des faits contradictoires se présenteront, à les relater avec le même soin, s'ils peuvent fournir une exception quelconque aux expériences d'Audubon.

VAUTOUR, *Vultur*. Linné.

Les caractères généraux des vrais Vautours sont d'avoir la tête et le cou plus ou moins nus, ou dénués de plumes et revêtus d'un duvet court et peu serré, ou garnis de caroncules charnues. Le plus souvent la partie inférieure du cou est bordée de plumes dites collaires, formant un rebord, et toutes allongées et acuminées. Les yeux sont à fleur de tête. Le bec est droit, plus ou moins robuste, comprimé sur les côtés, à mandibule supérieure fortement crochue : la mandibule inférieure est droite, arrondie et légèrement inclinée vers la pointe. Les narines sont ovales ou oblongues, percées obliquement sur les bords de la cire. La langue est cartilagineuse, un peu aplatie et pointue, souvent bifide à son extrémité. Leur corps est épais, robuste, oblong, terminé par une queue généralement courte, composée de rectrices égales, et par conséquent coupée presque carrément. Les ailes sont pointues, très-longues, dépassant l'extrémité de la queue et presque constamment à demi étendues, dans le repos ou dans la marche. La quatrième rémige est la plus longue, la première la plus courte : les tarses sont robustes, réticulés, ou garnis de petites écailles, nus ou emplumés, munis d'ongles faibles et peu longs par rapport à la taille. On compte douze ou quatorze rectrices.

Les Vautours, dont le nom est passé dans le langage figuré, sont des oiseaux voraces, affamés, poltrons, dont le goût dépravé se contente plutôt de charognes que d'animaux vivants, qu'ils n'osent attaquer. Cependant ils ne dédaignent point la chair palpitante, comme on le dit communément ; mais, ainsi que les autres vulturidés, ils ne cherchent jamais à dévorer que quelques jeunes animaux sans défense et éloignés de leurs parents.

Ce qui distingue surtout les Vautours des Aigles ou des autres espèces belliqueuses de rapaces, dont il sera question dans de prochains articles, c'est une série de caractères accessoires qu'il est important de ne pas négliger : au repos, les Vautours sont toujours dans une position demi-horizontale, qui peint la défiance. L'Aigle, au contraire, se tient fièrement dans la position redressée, il a le sentiment de sa force et de son courage. Le vol des vautours est pesant et lourd. A peine peuvent-ils prendre leur essor quand ils sont rassasiés ; et, ce qui leur est particulier avec les Cathartes, c'est qu'ils sont réduits à dévorer leur proie sur place, et qu'ils ne peuvent point l'enlever avec leurs serres trop faibles, ainsi que le pratiquent plus ou moins facilement tous les autres oiseaux de proie.

11. — Vautour indien. *Vultur indicus.* Scopoli.
Asie.

Écoutons Buffon peignant à grands traits les habitudes des Vautours : « L'on a donné aux Aigles le premier rang parmi les oiseaux de proie, non parce qu'ils sont plus forts et plus grands que les Vautours, mais parce qu'ils sont plus généreux, c'est-à-dire moins bassement cruels ; leurs mœurs sont plus fières, leur démarche plus hardie, leur courage plus noble, ayant au moins autant de goût pour la guerre que d'appétit pour la proie. Les Vautours, au contraire, n'ont que l'instinct de la basse gourmandise et de la voracité, ils ne combattent guère les vivants que quand ils ne peuvent s'assouvir sur les morts. L'Aigle attaque ses ennemis ou ses victimes corps à corps ; seul il les poursuit, les combat, les saisit : les Vautours, au contraire, pour peu qu'ils prévoient de résistance, se réunissent en troupes comme de lâches assassins, et sont plutôt des voleurs que des guerriers, des oiseaux de carnage que des oiseaux de proie ; car, dans ce genre, il n'y a qu'eux qui se mettent en nombre, et plusieurs contre un ; il n'y a qu'eux qui s'acharnent sur les cadavres, au point de les déchiqueter jusqu'aux os : la corruption, l'infection les attire au lieu de les repousser. Les Faucons, les Éperviers et jusqu'aux plus petits oiseaux montrent plus de courage, car ils chassent seuls, et presque tous dédaignent la chair morte et refusent celle qui est corrompue. Dans les oiseaux comparés aux quadrupèdes, le Vautour semble réunir la force et la cruauté du Tigre avec la lâcheté et la gourmandise du Chacal, qui se met également en troupes pour dévorer les charognes et déterrer les cadavres, tandis que l'Aigle a le courage, la noblesse, la magnanimité et la munificence du Lion. »

Frédéric Cuvier, beaucoup plus positif, fait observer, avec infiniment plus de raison, que, si les Aigles se nourrissent de proie vivante, attaquent leur victime avec impétuosité, la déchirent et la dévorent toute palpitante, et, confiants par instinct dans leur force, ne paraissent connaître que très-faiblement le sentiment de la crainte ; les Vautours, au contraire, ne se nourrissent que de proie morte ; quelques espèces, mais seulement quand elles sont poussées par la faim, attaquent les animaux les plus faibles, et toutes fuient à la moindre apparence de danger. Ces différences de mœurs, associées dans notre esprit aux différences de physionomie qui caractérisent les oiseaux de ces deux familles, font que les Aigles sont devenus pour nous les emblèmes de la force et du courage, tandis que les Vautours ne nous représentent que la faiblesse et la lâcheté. Les Aigles, il est vrai, sont portés par leur instinct à attaquer les animaux vivants qui pourraient se défendre ; mais ils sont tellement supérieurs à ces animaux par leur force, ils courent si peu de dangers dans la lutte que quelquefois ils peuvent avoir à soutenir ; même, quand ces dangers existeraient, ils sont si peu capables de les prévoir, et, s'ils les connaissent, si peu portés à les braver, que jamais estime ne fut plus injustement acquise que celle que nous leur accordons. Il est également vrai que les Vautours vivent au milieu de tous les autres oiseaux sans jamais les attaquer ; mais c'est par instinct qu'ils le font, parce qu'ils n'ont aucun goût pour la chair vivante et que c'est de la chair morte surtout qu'il leur faut. Il n'y a donc pas plus de lâcheté au Vautour brun, au Condor, au Lœmmergeier, qui sont des oiseaux de dix à quinze pieds d'envergure, à ne pas attaquer un Pigeon ou un Lapin, qu'il n'y a de courage à un Aigle royal ou à une Harpie, armés de leur bec crochu et de leurs griffes acérées, à se jeter sur ces animaux. Les uns et les autres obéissent à leur nature. Ils remplissent aveuglément leur destinée ; et les sentiments qui les animent ne ressemblent pas plus à ceux que nous éprouvons ;

lorsque nous bravons ou que nous fuyons un danger dont nous avons apprécié l'étendue, que leurs facultés morales et intellectuelles ne ressemblent aux nôtres.

Nous ferons remarquer encore combien ces mots, dont le sens est tout moral : noble, généreux, cruel, etc., font naître d'idées fausses lorsqu'on les applique aux animaux. En vain l'on prétexterait qu'il n'ont été employés et ne doivent être pris que dans un sens figuré, que poétiquement, l'erreur qui en résulte n'en existerait pas moins, et, quoi qu'on puisse dire, la poésie n'embellit l'erreur qu'aux yeux de ceux qui ne connaissent pas le charme de la vérité. Un sentiment de faveur ou de défaveur est intimement lié en nous à ces mots qui expriment des penchants pour lesquels nous avons de l'estime ou

12. — AIGLE DE VERREAUX. *Aquila Verreauxii*. Lesson.
Afrique.

du mépris, et ce sentiment, nous le reportons sur les êtres que ces mots désignent. Or, rien ne serait plus faux que de haïr les Vautours parce qu'ils seraient bassement cruels, que de mépriser les Milans ou les Buses parce qu'on les croirait immondes et lâches, que d'estimer les Aigles et les Faucons parce qu'on jugerait que la noblesse est leur partage! Les uns comme les autres remplissent fatalement le rôle qui leur a été imposé par la nature; ils travaillent au maintien de l'ordre et de l'harmonie sur notre terre, et cette tâche est assez belle. Au surplus, s'il fallait absolument se prononcer sur la part que ces oiseaux prennent à l'économie de ce monde, sur l'utilité du rôle qu'ils y jouent, sur les services qu'ils rendent à l'homme, je ne sais si les Aigles et les Faucons l'emporteraient sur les Vautours ou les Buses.

Paris. — Imprimerie WISSENER ET Cᵉ, rue Delaborde, 12.

LES TROIS RÈGNES DE LA NATURE

LECTURES D'HISTOIRE NATURELLE.

4 Février 1865. N° 58. — 15 centimes.

Ce Recueil paraît une fois par semaine. — On s'abonne à Paris, à la Librairie L. HACHETTE et Cⁱᵉ, boulevard Saint-Germain, n° 77. Les abonnements se prennent du 1ᵉʳ de chaque mois. — Paris, six mois, 4 fr.; un an, 8 fr. — Départements, six mois, 5 fr.; un an, 10 fr.

INFLUENCE DE LA GELÉE SUR LA VÉGÉTATION. — *La plante considérée comme un thermomètre.* — *Expansion de l'eau qui se congèle; elle crève les parties vertes, fait éclater le tronc des arbres.* — *Feuilles végétales et feuilles métalliques.* — *Fruits broyés par la grêle.* — *Nécessité d'abriter les plantes gelées contre les rayons du soleil.* — *Réveil de la végétation.* — *Action préservatrice de la neige.* — *Toison végétale.* — *Influence du froid sur la dispersion géographique des plantes.*

La nature a revêtu depuis trois mois la triste livrée de l'hiver; à l'exception des forêts de sapin, qui ont seules conservé leur aspect, les arbres de nos campagnes ont perdu leur feuillage, et préservent sous leur dure écorce ce qui leur reste de chaleur et de vie. Parmi les animaux qui nous entouraient, les uns ont émigré sous un climat plus chaud, les autres se sont enfoncés dans le sol, retirés dans les cavernes ou cachés au fond des eaux;

1. — Traîneau de Rennes.

d'autres encore se sont couverts de poils plus serrés et plus rudes, pour mieux résister au froid; la terre même, atteinte à son tour, n'est plus qu'un champ dévasté, blanchi il y a quelques jours par la neige, coupé de collines nues et de fleuves glacés; et des trois règnes de la nature, chacun a payé à la marche fatale du temps son tribut annuel et nécessaire. Aux premières chaleurs du printemps, l'Hirondelle reparaîtra dans nos champs; les animaux quitteront leurs abris; mais les plantes, que la nature a fixées au sol, et qu'aura tuées le froid trop intense de l'hiver, ne se ranimeront plus. Désorganisées par le contact glacial d'une atmosphère sans cesse agitée par les vents, ou d'une terre durcie profondément par la gelée, on verra leurs rameaux se flétrir, leurs troncs se fendre et leurs racines se pourrir dans le sol ; effets inévitables que renouvellent certains hivers exceptionnels, surtout dans le Midi, et qui désespèrent de temps à autre nos cultivateurs, souvent, hélas! trop ignorants du passé pour savoir craindre l'avenir et comprendre le présent. Chaque espèce végétale, pour vivre, exige des conditions spéciales, dont la science, faute d'en pouvoir expliquer la nécessité et la variabilité, se borne à constater la nature et l'importance : la première de ces conditions est la jouissance d'une température qui s'élève assez haut en été, et ne descende pas trop bas en hiver. Nous aurons sans doute occasion, durant l'été prochain, de traiter ici de l'influence qu'exerce à ce point de vue la chaleur; nous examinerons seulement aujourd'hui la manière dont agit le froid, et surtout la gelée, sur la végétation.

Chaque plante est comme un thermomètre qui a son zéro particulier, au dessous duquel la vie s'éteint dans ses tissus. Nous n'avons pas la prétention de faire comprendre dans son essence cette action générale du froid, mystérieuse comme tous les actes produits par une cause naturelle dans les êtres vivants. Il en est de la plante frappée par le vent du Nord comme du matelot dont le navire s'arrête surpris par les glaces du pôle : tous deux s'engourdissent d'un sommeil qui anéantit peu à peu les fonctions, et aboutit fatalement à la séparation des éléments que gouvernait la vie. Toutefois, la plante a, pour résister à ce genre de mort, une faculté spéciale, qu'elle tire de sa constitution ; elle est composée de parties indépendantes, qui peuvent périr isolément : le rameau sur la branche, la branche sur le tronc, et quelquefois le tronc lui-même sur un système radical vigoureux, d'où partiront au printemps suivant, véritables individus nouveaux, des rejets chargés de continuer la vie de l'ensemble. On comprendra bien mieux cette localisation des effets physiques quand nous aurons exposé spécialement ceux que produit la congélation sur les tissus végétaux, ce que nous ne pouvons faire avant d'avoir rappelé sommairement ce qui se passe dans la formation comme dans la fusion de la glace.

Lorsqu'une quantité donnée d'eau se congèle, elle augmente subitement de volume, et un litre, par exemple, de ce liquide, placé dans ces conditions, remplira un volume de plus d'un litre. C'est en vertu de cette propriété que les carafes les plus solides se brisent quand l'eau gèle dans leur intérieur; la force d'expansion développée alors est irrésistible; elle fait éclater les pierres les plus dures, mais poreuses, et les enveloppes les plus épaisses. En outre, les glaçons produits par la solidification de l'eau, et que l'on observe le matin sur les vitres des croisées ou sur les feuilles des plantes, sont allongés et aigus, de sorte qu'ils peuvent aisément dilacérer les parois des cavités dans lesquelles ils se forment. Or, le tissu végétal, considéré du moins dans ses parties vertes et tendres, est constitué par des cavités membraneuses, sortes de vessies gonflées et pleines d'eau, enveloppées par un épiderme mince qui les sépare seul de l'atmosphère. Lorsque l'eau gèle dans ces cellules, elle les brise et les déchire.

M. Martins a observé au Jardin de Montpellier, et après des nuits froides, des cristaux de glace sous l'épiderme de deux végétaux bien remarquables : l'un, originaire des hauts plateaux du Mexique, l'*Agave americana*, qui développe avec une rapidité prodigieuse un vrai candélabre garni de fleurs ; l'autre l'*Opuntia ficus indica* (Figue de Barbarie), sorte de *Cactus* dont les rameaux sont transformés en articles aplatis donnant naissance aux fleurs. Quant au tissu endurci qui compose le bois des végétaux, il ne court pas les mêmes dangers, car les cellules en sont intérieurement revêtues de couches solides qui en doublent et en fortifient les parois; aussi l'action de la gelée sur lui est-elle différente : ce tissu est disposé en séries longitudinales interrompues par des rayons partant du cœur de l'arbre, et plus délicats dans leur structure : l'eau pénètre dans ces rayons, s'y congèle, et fait éclater les diverses tranches de l'arbre, comme un coin que l'on enfoncerait dans son épaisseur. Il ne faudrait pas croire cependant que les parties atteintes par la gelée soient inévitablement détruites ; souvent l'élasticité dont sont douées les parois membraneuses des cellules les protége, en leur permettant de céder à la pression ; et l'on rencontre parfois des arbres fendillés par l'action d'un hiver antérieur, et qui ont continué de vivre malgré cela. Quoi qu'il en soit, il est bien certain que l'influence de la congélation, dans le cas que nous venons d'examiner, sera d'autant plus pernicieuse que le végétal soumis à cette influence sera plus humide. C'est là ce qui explique l'action désastreuse des gelées précoces ou tardives, qui surprennent en automne un tissu encore parcouru par un reste de sève, ou au printemps de jeunes bourgeons gonflés par le premier travail d'accroissement.

La glace ne nuit pas seulement aux parties aériennes des plantes lorsqu'elle se solidifie dans leur intérieur, mais aussi lorsqu'elle fond à leur surface. En effet, pendant cette fusion, elle absorbe, pour passer à l'état liquide, une quantité considérable de chaleur, et les tissus sous-jacents, qui en ont fourni une partie, tombent subitement à une température extrêmement basse, bien inférieure au zéro du thermomètre végétal sur lequel nous avons insisté plus haut. Cette influence s'exerce localement sans que les parties voisines puissent la combattre en réchauffant, par leur propre chaleur, le point refroidi; car le refroidissement est instantané, et le calorique ne se propage que très-lentement dans le tissu végétal.

Lorsqu'une branche est introduite au printemps dans une serre chaude, le reste de l'arbre demeurant exposé au froid, cette branche développe ses bourgeons plus tôt que les autres, auxquelles elle ne transmet pas la chaleur qui vivifie. En vain une feuille couverte de givre reçoit-elle sur quelques parties l'influence du soleil levant; ces parties ne cèdent que lentement la chaleur et la vie qu'elles reçoivent aussi trop lentement pour empêcher la mort des points voisins que détruit la glace fondante. Un Oranger observé par M. Martins pendant le dégel du matin, a perdu toutes ses feuilles dans sa portion tournée vers l'est. Enfin quand l'eau froide résultant de la fusion s'évapore, elle absorbe dans cet acte physique une nouvelle quantité de calorique qu'elle soustrait encore en partie à la malheureuse plante.

La désorganisation exercée sur les jeunes fruits par les grêles du printemps s'explique par les mêmes influences; il faut même y joindre la dureté des grêlons, qui brisent les parties vertes et tendres qu'ils frappent.

Il résulte évidemment de l'action exercée sur la plante par la fusion de la glace que plus le réchauffement sera lent aux premiers rayons du soleil, plus la plante sera protégée. On arrive à reconnaître ainsi cette singulière conséquence, que pendant l'hiver ce n'est pas tant contre le froid qu'il faut garantir la plante, mais contre le soleil. La plupart des abris employés dans les cultures, murs, toiles, tentes, paillassons, revêtements de paille, ne sont pas seulement imaginés pour soustraire les végétaux au froid de la nuit et empêcher le dépôt de givre sur leurs feuilles, mais aussi pour tempérer, surtout dans les contrées méridionales, les premières ardeurs du jour. M. Durieu de Maisonneuve s'est heureusement inspiré de la connaissance de ces faits pour sauver un Palmier nain cultivé au jardin botanique de Bordeaux. Ce Palmier (*Chamœrops humilis*) spontané sur toute la côte d'Algérie, où ses racines profondes sont un obstacle perpétuel au défrichement, et où ses fibres servent à confectionner le crin végétal, croît encore dans l'Espagne méridionale, aux îles Baléares, à Nice, à Gênes; mais la rigueur de l'hiver le tue même en Provence et au pied des Pyrénées, à moins de soins particuliers. M. Durieu, voyant un matin qu'un pied de ce Palmier était complétement gelé, fit jeter immédiatement une couverture sur l'arbre, qui fut préservé.

Étudions maintenant comment agit le froid sur ce vaste système enfoui dans le sol, système que l'on désigne collectivement sous le nom de racines et qui présente à l'examen des branches, des rameaux, des ramuscules, enfin une série de divisions presque aussi multipliées que celles du système aérien. C'est dans ces parties souterraines que se concentre pendant l'hiver la vie de l'arbre; ce sont elles qui enverront au printemps une séve attiédie et bienfaisante, puisée par elles dans le sein de la terre échauffée aux rayons du soleil. Les racines sont en effet préservées contre le froid par la terre qui les renferme, d'autant mieux qu'elles pénètrent plus profondément. Quand une forte gelée s'est produite à la surface du sol, il lui faut en moyenne, d'après les travaux si justement estimés de M. Quetelet, six jours pour produire son effet à un pied de profondeur, douze jours à deux pieds et dix-huit jours à trois pieds. La lenteur de ce refroidissement, comme celle du réchauffement qui lui succède, est pour les racines, d'après ce que nous avons exposé plus haut, une condition évidemment très-salutaire; d'autant plus que si la chaleur du jour vient compenser les effets de l'abaissement nocturne de la température, la terre se réchauffant en quelques heures, la gelée ne pourra atteindre les racines. Ainsi, à Bruxelles, les fortes gelées se font sentir ordinairement à un demi-mètre, à Montpellier seulement à 0,15 de profondeur dans la terre. Ainsi donc déjà, à 0,30 au-dessous du sol, les racines des plantes qui passent l'hiver en plein air à Montpellier, trouvent toujours une température supérieure à zéro. Cette chaleur terrestre, jointe à l'intermittence du froid de l'atmosphère, que réchauffe la chaleur du jour, explique pourquoi certains arbres, qui ne supportent pas les hivers de Paris, résistent très-bien à ceux de Montpellier, bien que pendant la nuit le thermomètre descende quelquefois plus bas dans la seconde de ces deux villes. A Paris, en effet, les froids sont plus continus, chaque nuit froide n'est pas suivie d'un jour de soleil; la gelée pénètre dans le sol, où elle atteint les racines des végétaux délicats et entraîne leur perte radicale.

La part que prend le sol dans la protection des racines dépend beaucoup de la nature des terres dont il est constitué. M. Martins a commencé dernièrement sur ce sujet des expériences du plus grand intérêt, à cause des applications qu'on en fera certainement à la culture. Il fit creuser dans une plate-bande huit trous qu'il remplit d'autant de sortes différentes de terres, dans lesquelles il plaça autant de thermomètres, avec les précautions indiquées pour l'exactitude des observations scientifiques. Il reconnut ainsi que le froid nocturne ne pénètre pas dans les diverses espèces de terre avec une même rapidité; qu'il se propage très-lentement dans la terre de bruyère, laquelle se réchauffe aussi plus lentement que les autres terres; que la terre argileuse rouge se refroidit très-rapidement à la surface et ressent en profondeur les effets de la chaleur plus promptement que ceux du froid. Examinons un instant les applications de ces faits. La terre de bruyère paraît faite exprès pour la culture des plantes délicates, en raison de la lenteur avec laquelle elle s'affecte des variations de température; quant à la terre argileuse, elle recouvre les collines des environs de Montpellier, où l'on plante la Vigne et l'Olivier, végétaux dont les racines pénètrent profondément dans le sol et ne sont pas troublées par les variations de la surface; aussi est-il sans exemple que des Oliviers aient péri en entier sur ces collines; la souche ne meurt jamais et l'arbre repousse du pied.

Ce n'est pas seulement à la protection des racines que servent les propriétés du sol, mais aussi à celle des graines, véritables œufs végétaux dont la conservation lui est confiée, et qu'un froid trop rigoureux ferait périr. On voit par là que le froid de l'hiver agit non-seulement sur les plantes vivaces, en détruisant leurs organes, mais aussi sur les plantes annuelles, en détruisant leur postérité.

L'excès de température que le sol possède ordinairement sur l'atmosphère, pendant l'hiver, a pour résultat de réchauffer un peu le tronc des arbres qui en sortent. En effet, les expériences de MM. Alph. de Candolle et de La Rive ont montré que chez les végétaux la chaleur se transmet mieux dans le sens des fibres du bois ; cela explique comment les arbres tirent toujours du sol, en hiver, un peu plus de chaleur qu'ils n'en cèdent à l'atmosphère, et comment Dutrochet a pu constater une élévation d'une fraction de degré dans leur tissu, dont il comparait la température à celle de l'air. Ces phénomènes, il est vrai, ne sont que faiblement appréciables, et c'est surtout en déterminant le réveil de la végétation que la chaleur du sol agit sur les plantes vivaces, au moment de l'ascension de la sève. Alors, comme la chaleur pénètre lentement les couches supérieures du sol, et que quelquefois la gelée persiste encore dans la profondeur quand la surface est dégelée, les racines des grands arbres ne ressentent l'influence vernale qu'après celle des plantes herbacées, moins enfoncées en terre ; aussi, après les hivers rigoureux, les arbres sont-ils généralement en retard de quelques jours sur la végétation qui les environne.

De même que les abris artificiels défendent contre le froid les parties aériennes des végétaux, de même la neige protége leurs parties souterraines en s'accumulant sur le sol. Elle fond pendant la chaleur du jour, se glace de nouveau pendant la nuit, et préserve des variations de température les couches même superficielles du sol. Les plantes alpines vivaces, situées à la limite des neiges perpétuelles, restent quelquefois plusieurs années ensevelies sous leur blanc linceul, et quand celui-ci disparaît pour quelques mois, enlevé par un été plus chaud, elles épanouissent aussitôt leurs fleurs, pour s'engourdir dès que l'hiver étendra de nouveau son manteau sur elles. Mais l'influence de la neige est quelquefois funeste d'une autre façon, parce qu'elle cause une réverbération très-intense de la lumière solaire. Cette réverbération, bien connue des voyageurs qui ont parcouru les steppes glacées de la Sibérie, et auxquels elle affecte singulièrement la vue, détermine un réchauffement trop vif des tiges gelées qui percent la neige, et par suite des accidents analogues à ceux que nous avons décrits plus haut. Pour les éviter, M. Basiner, naturaliste russe, a conseillé d'asperger la neige de terre, de cendre ou de toute autre matière propre à empêcher la réflexion de la lumière, ou bien encore d'envelopper les végétaux de paille ou d'autres corps, mauvais conducteurs du calorique.

Il résulte de tous les faits que nous venons d'étudier, que le froid agit sur la végétation de manières très-diverses. Tantôt il tue le végétal tout entier, et cela dépend directement de son intensité. Ainsi le Citronnier (*Citrus Limonium*, Risso) et le Câprier (*Capparis spinosa*, Linné), végétaux si importants par leurs usages domestiques, et qui sont sur le littoral méditerranéen l'objet de cultures spéciales, ont supporté à Montpellier des froids de 7°, 5 ; et ils ont péri dans la même ville

pendant l'hiver de 1853-54, où le thermomètre descendit seulement à 10°. Ils paraissent en conséquence avoir leur limite de température, ou, si l'on veut, leur zéro particulier, à 8° environ du thermomètre centigrade. L'Oranger et l'*Opuntia ficus indica* sont encore plus sensibles ; ils ont péri dans les mêmes conditions, malgré des soins particuliers. En 1820, un hiver exceptionnellement rigoureux fit périr dans le midi de la France non-seulement les Citronniers et les Orangers, mais encore presque tous les Oliviers, ces végétaux si importants, auxquels nous consacrerons prochainement un article spécial. On trouve dans une collection de Mémoires rassemblés par Bosc, nombre de documents officiels relatifs à ce désastre; il en ressort clairement que certaines variétés d'Olivier ont résisté au froid bien mieux que d'autres, et que les Oliviers placés sur des côteaux secs ont été généralement épargnés. La raison de ce dernier fait est implicitement contenue dans les explications précédentes. En effet, ces côteaux sont recouverts d'une légère couche de terre végétale, qui se dessèche en été; les arbres plantés dans ce terrain perdent de bonne heure l'eau nécessaire à leur végétation, et quand le froid les saisit, il ne trouve plus en eux l'humidité alors si pernicieuse.

La gelée peut agir seulement sur certaines parties d'un végétal, sur les bourgeons, sur les rameaux de l'année ou sur le tronc. Son influence est bien redoutée par les arboriculteurs, dont le principal espoir est dans le bourgeon naissant. Quand elle fait périr, pour ainsi dire périodiquement, ceux de l'année, la plante n'arrive jamais à fleurir, bien qu'elle continue à végéter. Dans ce cas, l'action désorganisante atteint seulement les parties jeunes, dont les cellules ne sont pas suffisamment indurées. Telle est la cause qui empêche beaucoup de végétaux de prospérer dans nos climats, et particulièrement le Ricin. Ce végétal, si connu pour les usages médicaux de son huile, herbe gigantesque dans nos jardins, forme des bois en Afrique : il existe même à Villefranche, près de Nice, un petit bois de Ricins abrité des vents du nord par quelques collines. Dans nos contrées, le Ricin ne peut devenir vivace, parce que la tige en est détruite par le froid au bout d'un an de végétation. Cependant, si l'on butte à l'automne la terre à la base de la plante, de manière à la protéger contre le froid, elle conserve assez de vitalité pour entrer de nouveau en végétation au printemps, et son tissu se lignifie ensuite de manière à défier dorénavant les rigueurs de l'hiver. C'est une expérience que M. Moquin-Tandon a faite avec succès au Jardin des Plantes de Toulouse.

Quelquefois la mort des extrémités de l'arbre paraît due non-seulement à leur plus grande délicatesse de structure, mais aussi à l'action d'une température plus basse. La température, en effet, diminue dans l'atmosphère à mesure que l'on s'y élève, et les parties supérieures d'un arbre sont à cet égard dans une condition pire que les parties inférieures. Voilà pourquoi certains arbres ne souffrent que quand ils sont arrivés à une

certaine hauteur, alors que leur conservation paraissait
assurée ; cela n'est pas très-rare sur certaines espèces
d'arbres verts, dont on forme des pépinières, et dont
les flèches terminales sont détruites presque simultanément dans le même hiver : accident extrêmement
grave en arboriculture, car ces arbres ne peuvent reproduire une nouvelle flèche, et l'on ne peut obtenir à
son défaut que le remplacement de l'axe en déviant un
des rameaux latéraux de sa direction naturelle.

Quand la gelée attaque le tronc, elle y produit quelquefois des désordres considérables sans le tuer irrévocablement. On sait que les troncs de nos arbres sont
formés par une succession de couches concentriques
régulièrement emboîtées les unes dans les autres ; il
s'en forme ordinairement une nouvelle chaque année
par les progrès de la végétation, et leur nombre indique
alors l'âge de l'arbre. On rencontre parfois une de ces
couches noircie et désorganisée, accident qui empêche d'employer le bois abattu pour le travail de la
menuiserie ; c'est le résultat d'une gélivure après laquelle
l'arbre a continué de vivre ; de nouvelles couches se
sont formées sur la couche détruite qu'elles ont emprisonnée dans leur intérieur. De Candolle, en 1789,
rencontra une fois un arbre ainsi altéré dans sa structure ; il eut l'idée de compter les couches produites
depuis l'accident ; elles étaient au nombre de quatre-
vingts ; or, l'année 1709 avait été marquée par un hiver
extrêmement rigoureux. A ce point de vue, chaque
arbre indique son âge.

Quand la tige aérienne est morte de froid, de nouvelles tiges peuvent, comme nous l'avons déjà dit,
partir de la souche ; c'est ce qui a lieu souvent
dans le midi de la France pour le *Passiflora cærulea*,
qui appartient au singulier genre des fleurs dites *Fleurs
de la Passion*, à cause des formes de leurs parties, dans
lesquelles une allégorie touchante voit la reproduction
des instruments qui ont servi au supplice de notre
Rédempteur.

Nous avons déjà insisté sur les moyens de protection,
artificiels ou naturels, à l'aide desquels la plante peut
résister au froid. Les moyens artificiels, connus de tout
le monde, sont les diverses sortes d'abris ; nous en
avons expliqué l'action ; elle est souvent des plus remarquables, et favorise singulièrement l'activité de la
végétation. M. Alphonse de Candolle a cité le fait
suivant :

« Plusieurs branches d'un arbre étant exposées à
l'air libre et les autres abritées par un mur, on voit sur
la partie abritée les feuilles pousser plus vite et les
fleurs s'ouvrir plus tôt. » Les moyens de protection
naturels sont ces duvets frais et chauds dont la nature s'est plu à entourer les bourgeons d'une foule
de plantes ; on connaît surtout ceux des Saules, dont
souvent les jeunes feuilles, soyeuses au toucher, deviennent plus tard parfaitement lisses, quand le bourgeon est développé et n'a plus besoin de protection.

Quelquefois c'est la plante entière qui se couvre de
cette espèce de toison végétale, particulièrement dans
le voisinage des fleurs ; cela se remarque surtout, comme
on pouvait le prévoir, sur les espèces qui habitent les
régions froides. Certaines plantes qui se modifient en
croissant sur les parties les plus élevées des montagnes,
présentent alors un duvet plus abondant, en même
temps qu'une taille plus courte : ce rapetissement qui
augmente en raison de la diminution de la température, devient une loi générale chez les végétaux.
Ainsi l'un des plus grands végétaux connus, le Courou-
pite ou *Boulet-de-canon*, ainsi nommé à cause du volume
de ses fruits, croît dans les parties basses de l'Amérique
centrale, où il dépasse de beaucoup la cime des forêts ;
et le Palmier qui s'avance le plus au Nord, en Europe,
dernier vestige de la végétation arborescente, est un
Palmier nain. Les arbres des régions les plus froides,
le Bouleau et diverses espèces de Saules, nourriture des
Rennes en Laponie, se rabougrissent de manière à ne
plus former que des broussailles quand ils arrivent aux
limites de leur végétation. Un fait analogue existe en
Abyssinie pour un arbre des basses montagnes de ce
pays , le Cousso (*Brayera abyssinica*), dont les pa-
nicules de fleurs sont très-généralement employées
comme vermifuges ; sur les cimes des montagnes où il
parvient, il est réduit à l'état de buisson. Cette influence
exercée par le climat sur les êtres qui l'habitent, agit
aussi sur le règne animal, et même sur l'homme ; les
peuplades dégénérées de la Laponie en sont des exemples frappants ; elles sont en effet aussi chétives et
rapetissées que les végétaux qui les entourent (*Salix
arbuscula* Linné ; *Salix Lapponum*, etc.)

La différence de la température, et surtout le défaut de chaleur, avec les désastres qu'amène la gelée,
sont les causes principales qui règlent la distribution des plantes à la surface du globe. On sait que cette
distribution paraît fort régulière quand on l'envisage
d'un coup d'œil général, et que l'on s'élève par exemple
de la base au sommet d'une haute montagne de l'Amérique tropicale ou de l'Inde. On trouve en raccourci,
sur une hauteur de 4,000 mètres, les mêmes modifications végétales échelonnées de l'Équateur au cap Nord
sur une distance de 71° environ de latitude, et l'on
constate plusieurs zones nettement tranchées : d'abord
la zone des Palmiers, caractérisée par les Fougères arborescentes, les Orchidées parasites, des Lianes de diverse
nature, les Bambous, etc., zone qui se subdivise elle-même
en plusieurs autres ; puis celle des forêts où dominent
les Chênes, celle des arbres verts, enfin une zone nue où
croissent seulement des graminées et des plantes gazon-
nantes ; enfin plus haut la limite, et les neiges éter-
nelles, le pôle de la montagne. Si l'on gravit un des
grands massifs de nos Alpes, on verra apparaître sur
les premières pentes des plantes plus ou moins différentes de celles de nos champs, des Aconits, plusieurs
espèces d'Armoises, de Seneçons, de Saxifrages, etc.;
après avoir côtoyé des Noyers, on traversera des bois de
Châtaigniers ; plus haut ceux-ci disparaîtront, et les

bois se composeront de Chênes, de Hêtres, de Bouleaux; mais les Chênes disparaîtront les premiers, vers 800 mètres, les Hêtres un peu plus loin, vers 1,000 mètres; ensuite on ne verra plus que des arbres verts (le Sapin, le Mélèze, le Pin commun), qui s'arrêtent eux-mêmes à des étages successifs; le Pin Cembro s'observe quelquefois encore dans l'espace d'une centaine de mètres : au dessus de cette limite, les arbres s'abaissent pour former des taillis; nous citerons comme exemple une espèce d'Aulne, l'*Alnus viridis* Linné. C'est alors que le voyageur se verra entouré par des buissons d'un arbrisseau qui caractérise si bien une région des Alpes qu'on l'appelle Laurier-Rose des Alpes, le *Rhododendron*, qui cesse plus haut à son tour, et fait place à d'autres plantes plus basses encore, dépassant peu le niveau du sol, et qu'on désigne sous le nom d'alpines, plantes presque toutes vivaces, ce qu'on devait prévoir, puisqu'il suffit pour détruire les plantes annuelles qu'une année défavorable ait empêché la maturation de leurs graines, et que ce cas doit se présenter assez fréquemment sous un climat aussi rigoureux. Enfin, plus on s'élève, plus la végétation s'éparpille et s'appauvrit, choisissant pour s'abriter les anfractuosités des rochers; plus haut encore ces rochers ne portent plus que des Lichens, dont les croûtes varient à peine la teinte monotone de leur surface.

Il serait assez curieux d'examiner ici, avec quelques détails, les limites que le froid oppose à l'extension de certaines espèces particulièrement intéressantes.

L'Olivier est limité en France par une ligne étendue de Carcassonne à Montélimart, et que l'on prolongerait d'une part jusqu'aux Pyrénées, d'autre part jusqu'aux montagnes de la Savoie. Il ne dépasse guère 400 mètres en hauteur. Cette limite définit une région botanique naturelle, la région des Oliviers.

Le Maïs, d'après la limite tracée à la fin du siècle dernier par Arthur Young, était cultivé seulement au Midi d'une ligne partant de la Gironde pour se diriger sur Bourges, et de là sur Strasbourg; maintenant les progrès de l'agriculture ont fait reculer la limite, parallèlement à elle-même, d'environ trente lieues. En Bretagne, le Maïs ne mûrit guère, et ne peut servir que de fourrage. A Paris, on en a essayé maintes fois la culture, et le succès a toujours été incomplet, variable suivant la température et la saison. On cultive généralement cette céréale entre Heidelberg et Francfort ; plus au nord-est, l'élévation du terrain y met obstacle ; mais on retrouve les champs de Maïs au-delà des Carpathes.

La culture de la Vigne en France a pour limites extrêmes les environs de Vannes dans le Morbihan, et de Redon, dans l'Ille-et-Vilaine ; de là la limite se dirige vers le département de la Mayenne, et passe approximativement par les Andelys, Compiègne et Laon ; en Belgique, elle s'arrête entre Liége et Maëstricht. En descendant le Rhin, on remarque de beaux vignobles entourés de côteaux, mais les conditions favorables à cette culture cessent à la hauteur de Bonn. On faisait jadis du vin potable à Kœnigsberg, comme en Angleterre ; mais on y a renoncé depuis que les facilités de communication permettent de faire venir à bon compte le vin des contrées méridionales ; tout au moins ce n'est plus qu'un amusement de propriétaires riches. Il y a de véritables vignobles en Bohême, en Moravie et en Hongrie ; à Mohilen sur le Dniester, à Krementschug sur le Dnieper, ainsi que sur les bords du Don, jusqu'à Tcherkask ; mais, même dans le midi de la Russie, on est obligé de courber les ceps de Vigne ou d'en enterrer la base pendant l'hiver, afin de les mettre à l'abri du froid, ainsi qu'on le fait pour les Rosiers dans les Ardennes. Dans le centre de l'Asie, il existe çà et là des vignobles dans des localités basses et où la population s'est agglomérée ; il y en a dans la capitale du Bouddhisme, à Lhâ-Ssa. On cultive encore la Vigne en grande quantité aux environs de Pékin, mais on y couvre les ceps pendant l'hiver avec du fumier.

Le Houx (*Ilex aquifolium* Linné) s'avance jusqu'au 58e degré de latitude dans les Iles Britanniques, jusqu'au 62e degré 1/2 en Norwége, de là en Danemark, et des confins du Mecklembourg et de la Poméranie, la limite de l'espèce se dirige presque en droite ligne vers le sud-ouest jusqu'au Rhin, près de Bonn ; elle passe de là à Heidelberg, puis elle se rapproche du 48e degré de latitude et le suit jusque près de Vienne ; elle descend au 40e degré au bord de la mer Noire ; enfin elle remonte au midi du Caucase.

Il y a, sur la distribution de ces plantes, comme de beaucoup d'autres que nous aurions pu citer, deux remarques générales à faire : c'est qu'elles s'élèvent beaucoup en latitude sur les bords de la mer, et s'abaissent au contraire, en sens opposé, lorsqu'elles s'approchent du centre du continent. Cela est un effet direct de la température des régions littorales, beaucoup plus égale, moins chaude en été et moins froide en hiver, que celle des régions intérieures, et à l'intensité du froid qui sévit d'autant plus pendant l'hiver, sur le même degré de latitude, que l'on s'avance davantage vers l'est en partant de nos côtes occidentales. Les raisons physiques de ces faits sont d'ailleurs trop étrangères à notre sujet, pour que nous en parlions ici ; disons seulement que ce sont elles qui permettent au Myrte et à l'Arbousier de croître spontanément sur un point des côtes d'Irlande.

Le froid n'est pas, il est vrai, la seule cause qui limite, du côté du nord, l'extension de la plupart des végétaux : l'humidité et la sécheresse jouent aussi un rôle important à cet égard.

Mais si la distribution actuelle des végétaux est, jusqu'à un certain point, gouvernée par celle de la température, à bien plus forte raison peut-on affirmer que la chaleur a complètement réglé la géographie botanique des époques antérieures à la nôtre. On sait que l'homme est le dernier venu sur la terre, et que le sol recèle dans ses flancs et par couches successives les vestiges innombrables des êtres, soit animaux, soit végétaux, qui ont précédé son apparition. Parmi ces vestiges, les plus abondants et en partie les mieux connus sont ceux de l'époque immédiatement antérieure à celle de l'homme.

A cette dernière époque, pour nous borner à quelques faits, les Protéacées, Laurinées et autres végétaux propres maintenant à la Nouvelle-Hollande, vivaient sur le sol méridional de la France, comme en témoignent les restes nombreux qu'on retrouve encore chaque jour. Mais les glaciers descendus du pôle ou des Alpes, et un refroidissement général des terres qui sont aujourd'hui notre Europe, détruisirent complétement cette végétation, que l'œil patient de l'investigateur exercé peut seul reconnaître aujourd'hui dans les pétrifications où elle a laissé son empreinte.

3. — Scierie mécanique dans une forêt de sapins. D'après une photographie.

Si le froid restreint l'extension des espèces, il peut quelquefois la favoriser par un mode de transport qui peut avoir de l'importance dans les régions septentrionales, au moyen des glaces flottantes. Les navigateurs des mers polaires ont souvent rencontré des glaçons chargés d'une masse énorme de débris mêlés de terre et de graines. Des plantes végètent sur ces débris, comme sur les pierres amoncelées qui arrêtent les glaciers des Alpes, et le glaçon, venant à échouer sur une côte éloignée, y dépose, pour ainsi dire, les plantes qui se répandent ensuite hors de l'eau; les graines enchâssées dans ces blocs se trouvent jetées, par la fonte de la glace, dans des courants qui peuvent les transporter encore plus loin.

L'espace nous manque pour tirer des faits rapportés précédemment les conséquences qu'ils renferment pour l'acclimatation des végétaux; nous en parlerons plus tard.

FOURNIER.

Paris. — Imprimerie WIESNER ET Cᵉ, rue Delaborde, 12.

LES TROIS RÈGNES DE LA NATURE

LECTURES D'HISTOIRE NATURELLE.

11 février 1865.   N° 59. — 15 centimes.

Ce Recueil parait une fois par semaine. — On s'abonne à Paris, à la Librairie L. Hachette et Cⁱᵉ, boulevard Saint-Germain, n° 77.
Les abonnements se prennent du 1ᵉʳ de chaque mois. — Paris, six mois, 4 fr.; un an, 8 fr.— Départements, six mois, 5 fr.; un an, 10 fr.

2ᵉ Suite des Vautours. — *Observations de Levaillant.* — *Diverses espèces de Vautours.* — *Le Gypaëte ou Vautour aigle.* — *Ses habitudes, sa force, son audace.*

Nous avons fait connaître les opinions admises sur les facultés des diverses espèces de Vautours : nous les avons toutes rapportées sans chercher à les affaiblir, et l'on nous permettra bien d'ajouter, avec Lesson, que, dans les vues sages de la nature, tout a été disposé pour le mieux; que ces vices et ces vertus que nous prêtons aux animaux sont enfants de nos préjugés; que ce que nous appelons magnanimité du Lion et de l'Aigle, n'est souvent que la bienveillance de l'estomac rassasié d'un animal essentiellement carni-

1. — Vautour oricou. *Vultur auricularis.* Daudin
Afrique. Shoa.

2. — Vautour d'Angola. *Vultur (gypohierax) angolensis.* Gray.
Fernando-Po.

vore et sanguinaire; que la lâcheté du Vautour ne peut pas plus être réputée bassesse que l'audace de l'Aigle ne peut être réputée magnanimité. La nature a voulu des carnassiers pour arrêter la trop grande multiplication de certains animaux, et établir une sorte d'équilibre; elle a voulu aussi des espèces pour purger la terre des cadavres de ceux que la mort naturelle ou accidentelle laisse exposés à une putréfaction nuisible à tous. Les uns et les autres remplissent les fonctions qui leur ont été départies avec la vie. On se figure difficilement, dans nos régions tempérées, avec quelle rapidité les cadavres se décomposent dans les contrées très-chaudes, et les émanations dangereuses qu'ils répandraient inévitablement seraient des causes incessantes d'épidémies.

Les Vautours se réunissent souvent aussi en bandes nombreuses, et leur voracité les rend quelquefois téméraires. Levaillant avait tué, en Afrique, deux Buffles, et présidait au dépeçage de ces animaux, dont il faisait pendre les quartiers de viande aux branches des arbres qui entouraient ses tentes pour les faire sécher aux rayons d'un soleil brûlant. Tout à coup il se vit entouré par une bande de Vautours qui enlevèrent les morceaux de chair, malgré ses efforts pour chasser ou pour détruire les déprédateurs à coups de fusil. A peine l'un d'eux tombait-il frappé d'une balle qu'un autre prenait sa place.

Un autre voyageur anglais qui marchait depuis quelques jours, en Abyssinie, à la tête d'une petite armée, parle du nombre considérable de ces oiseaux, qu'il compare au sable de la mer. Ils se montrèrent à lui plus courageux que ne le sont d'ordinaire certaines autres espèces de la même famille, car il vit un jour l'un de ces oiseaux étendre à terre un Aigle qui s'était faufilé par hasard dans une bande de Vautours assemblés pour dévorer des hommes tués pendant une bataille que s'étaient livrée deux tribus. Aussi ne faut-il pas s'étonner que, dans l'Inde, ces oiseaux passent pour être doués d'un instinct prophétique, qu'ils pressentent les combats et sont avertis de la mort des animaux.

En Afrique, si un chasseur tue quelque grosse pièce de gibier qu'il ne peut emporter sur l'heure, et qu'il l'abandonne un instant, à son retour il ne la retrouve plus; mais, à sa place, il voit une bande de Vautours, et cela dans un lieu où il n'y en avait pas un seul un quart d'heure avant. C'est ce que Levaillant, dans ses voyages, a éprouvé lui-même plusieurs fois, de la part des Vautours, soit de l'Oricou, soit d'autres espèces, car tous ces immondes carnivores se réunissent et se mêlent dans cette circonstance. La première fois qu'il fut victime de leur voracité, il était à bout de ressources, ce qui rendit la leçon très-désagréable. Levaillant avait tué trois Zèbres; satisfait de sa chasse, il retourna à son camp, dont il était éloigné d'une lieue, et commanda un chariot pour les enlever. Les Hottentots, plus habitués que lui aux rapines des Vautours, lui dirent que ce voyage leur paraissait inutile, parce que les Zèbres seraient dévorés avant leur arrivée. On partit néanmoins, mais à peine approchait-on que l'on vit de loin l'espace rempli de Vautours. Les Zèbres étaient dépecés; il n'en restait que les gros os, et cependant les Vautours arrivaient encore, et de tous côtés; il y en avait plus de mille. Curieux d'observer comment pouvait sitôt arriver un si grand nombre de Vautours, Levaillant se cacha un jour dans un buisson après avoir tué une grande Gazelle, qu'il laissa sur place; dans un instant il vint des Corbeaux qui voltigèrent au dessus de l'animal en croassant; en moins d'un demi-quart d'heure, il arriva des Milans et des Buses; un instant après il aperçut, à une prodigieuse hauteur, des oiseaux qui descendaient toujours en tournoyant, et il ne tarda point à reconnaître des Vautours. Les plus pressés s'abattirent sur la Gazelle; mais il ne leur donna pas le temps de la dépecer, et sortit de son buisson; les Vautours reprirent lourdement leur vol et en rejoignirent d'autres qui, arrivant de tous côtés, semblaient sortir du ciel; l'enlèvement de la Gazelle les fit bientôt disparaître tous.

Une bande de Vautours en expectative sur un point est quelquefois une indication utile pour le voyageur. Elle l'avertit du voisinage d'un Lion, d'un Tigre ou d'une Hyène. Lorsqu'un de ces animaux a tué quelque grand quadrupède, les Vautours, qui l'ont aperçu, arrivent aussitôt, et toujours en nombre, et le voyageur prévenu se tient sur ses gardes. Mais ces oiseaux timides, ne se sentant pas le courage de disputer une proie, montrent dans cette occasion toute la timidité de leur caractère; car, n'osant faire usage de leur force, de leurs armes, de la masse du corps, de l'avantage du vol, ni même de celui du nombre, on les voit se poser respectueusement à quelque distance de l'animal féroce, attendant qu'il ait fini son repas et que sa retraite leur permette de dévorer les restes qu'il leur abandonne. Les Hottentots et les colons du Cap de Bonne-Espérance, bien instruits, par l'expérience, de l'habileté des Vautours à découvrir une proie et de leur voracité, n'abandonnent jamais une grosse pièce de gibier qu'ils ne peuvent emporter sur leur dos sans l'avoir cachée sous un tas de branches et de feuillages, ou même sans l'avoir provisoirement enterrée, et, malgré cette précaution, il leur arrive souvent de ne trouver à leur retour qu'un squelette; car les Corbeaux, plus hardis, travaillent d'abord à découvrir l'animal, et les Vautours, rassurés par leur présence, ont bientôt entièrement dévoré leur proie. On voit que les Hottentots se méfient plus de la vue perçante des Vautours que de la finesse de leur odorat, et il faut s'en rapporter à leur appréciation et à leur expérience. Aussi ce que nous avons dit des Cathartes peut s'appliquer aux Vautours; et nous ne reviendrions pas à la question si nous n'avions à communiquer deux observations, l'une qui confirme la supériorité de la vue sur l'odorat, et l'autre qui prouve cependant que le sens olfactif n'est pas sans finesse chez ces oiseaux.

Le docteur Franklin, en traversant, comme Levaillant et tant d'autres, les immenses déserts de l'Afrique, où ne se rencontre pas un brin d'herbe qui puisse attirer un animal vivant, et où, par conséquent, les oiseaux de proie n'ont aucun motif de faire leur ronde, a été deux ou trois fois témoin d'une scène qui a éveillé son attention. Si, par hasard, un des chameaux ou toute autre bête de somme appartenant à la caravane dont il faisait partie venait à succomber, on l'abandonnaît, et, en moins d'une demi-heure, on découvrait dans les airs une multitude de petits points qui se mouvaient lentement en décrivant des cercles. En peu de temps les points grossissaient, et cela à mesure qu'ils descendaient en spirale vers la terre : on reconnaissait des Vautours. L'odeur que pouvait répandre ce cadavre non encore décomposé n'était pas assez forte pour les attirer ou les guider, et cependant ils arrivaient de tous les côtés à la fois.

Un pauvre émigré allemand, qui vivait seul dans une chaumière, avait fait une provision de viande qu'il ne put faire cuire, parce qu'il tomba sérieusement malade et qu'il resta plusieurs jours sans connaissance. Cette viande se putréfia, et l'odeur se répandit même au dehors de la chaumière. Les Vautours du voisinage arrivèrent bientôt les uns après les autres, et attirèrent l'attention des voisins, qui pensèrent que l'Alsacien, qu'il n'avaient pas vu depuis plusieurs jours, était mort. On pénétra dans la chaumière; le malade vivait encore, mais l'odeur repoussante de sa chambre s'expliqua dès qu'on découvrit la viande en putréfaction. Il est évident que, dans ce cas, l'odeur seule a attiré les Vautours qui rôdaient sans doute dans le voisinage.

Les Vautours ne méprisent pas le cadavre du Crocodile ; mais, comme ces reptiles sont recouverts d'une véritable cuirasse, trop forte pour être brisée et ouverte par le bec ou par les ongles, les Vautours sont quelquefois obligés d'attendre longtemps que cet obstacle cède de lui-même par suite de la décomposition intérieure. Mais ils sont souvent déçus dans leurs espérances, comme nous l'avons déjà vu au sujet des Cathartes, car la chair se trouve alors dans un état si avancé, qu'elle coule sur le sol en un fluide immonde.

Le Vol des Vautours est plutôt remarquable par sa continuité que par sa rapidité. Ils se tiennent sur leurs ailes pendant un temps considérable. La nature n'a généralement donné la vitesse qu'aux oiseaux de proie qui poursuivent des animaux vivants. Les ongles allongés du Vautour ne lui permettent guère d'enlever les charognes dans son nid. La plupart de ces oiseaux dévorent la viande morte sur place, et l'emportent dans leur jabot pour la dégorger dans le bec de leurs petits. Lorsqu'ils sont repus, lorsqu'ils ont dépecé le corps d'un animal, soit pour leur couvée, soit pour eux-mêmes, le bas de leur œsophage se gonfle outre mesure, sous forme d'une grosse vessie qui fait saillie entre les plumes. Ils demeurent alors immobiles pendant des heures entières et la tête appliquée sur le jabot.

Un caractère qui distingue les Vautours des autres oiseaux de proie, c'est, nous l'avons déjà dit, la nudité de la tête et d'une partie du cou, qui sont seulement recouverts d'un duvet court. On a cru voir dans cette nudité une précaution de la nature. Plongeant sans cesse, non-seulement le bec, mais la tête tout entière dans des masses de matière putréfiée, ces oiseaux ne pouvaient avoir de plumes sur la tête ni sur le cou,

comme les Aigles et les Faucons, car ces plumes, sans cesse humectées par la pourriture, auraient, en se collant les unes aux autres et en séchant, fort incommodé ces animaux.

Les Vautours se plaisent sur les rochers élevés et inaccessibles ; c'est là qu'ils établissent leur aire, mais on les voit descendre dans les plaines pendant l'hiver. On n'est pas d'accord sur le nombre de leurs œufs, qui paraît varier selon les espèces. En Sardaigne, le docteur Franklin a vu ces oiseaux construire un nid d'un mètre et plus de diamètre, sur de très-hauts arbres. Ces nids contenaient deux et quelquefois trois œufs, plus gros que ceux de l'Oie. Ces œufs sont d'une forme plus constamment ovalaire qu'arrondie, parfois ovée ; à coquille d'un grain épais, dure et rude au toucher, blanche et légèrement bleuâtre, irrégulièrement poreuse, mate et sans reflet, tantôt unie et sans tache, ce qui est le plus ordinaire chez le Vautour fauve; tantôt clairsemés, surtout au gros bout, de taches de couleur brun de Sienne, formant des points plus ou moins arrondis ; souvent recouverts irrégulièrement de larges taches de cette couleur, comme chez le Vautour Oricou; ou enfin entièrement couverts de taches brunes, fines, d'un violet pâle ou cendré, comme chez le Vautour de Nubie. Leurs dimensions sont de neuf centimètres de grand diamètre et de six centimètres de petit.

Dans les ménageries, les Vautours font généralement une assez triste figure, et ils répandent autour d'eux une odeur infecte. Mais, à l'état de nature, c'est tout autre chose. Libre, le Vautour a sa beauté. Il faut voir ces oiseaux perchés dans les lieux sauvages, auxquels ils donnent une sombre poésie. Leur attitude rêveuse, leurs yeux baissés, leur tête ensevelie dans leurs épaules, tout leur donne un air mystérieux. Le docteur Franklin en a rencontré plus d'une fois sur les grands pins morts ou sur les cyprès. Ils restent là quelquefois perchés pendant des heures entières, les ailes ouvertes. Quelques voyageurs croient que les Vautours prennent cette position, fatigante en apparence, pour que l'air puisse souffler sur toutes les surfaces de leur corps et emporter l'odeur infecte qu'ils répandent.

Les Vautours ne sont ni aussi stupides ni aussi lâches qu'on le croit assez généralement. Un ami du docteur Degland a vu un Vautour cendré vivant en captivité depuis plusieurs années, et qui répondait à la voix de son maître; il ne craignait pas les Chiens qui cherchaient à le mordre. Une autre personne de la connaissance de M. Bouteille, le savant ornithologiste du Dauphiné, en a pendant longtemps possédé un, qui s'était rendu familier au point de venir demander sa nourriture. Cependant il s'est échappé une fois, et il a blessé cruellement deux hommes qui le suivaient. Cette espèce est très-redoutée des pâtres des Aldules.

Les Vautours sont originaires des contrées chaudes du globe. A mesure qu'on s'éloigne de ces contrées, ils ne se rencontrent plus qu'en petit nombre. C'est ainsi que, sur une douzaine d'espèces, trois seulement sont propres à l'Europe. La limite de leur distribution géographique est pourtant plus reculée que ne l'avaient cru les anciens naturalistes. On voit exceptionnellement des Vautours même en Angleterre. En 1826, rapporte le docteur Franklin, près de Bridgewater, dans le So-

3. — Vautour chassefiente. *Vultur kolbi.* Daudin.
Europe. Afrique.

4. — Catharte aura. *Cathartes aura.* Illiger.
Amérique septentrionale.

5. — Catharte pilifère. *Cathartes piliferus.* Bonaparte.
Afrique.

6. — Vautour de Nubie. *Vultur Nubicus.* Smith.
Afrique méridionale.

mersetshire, un oiseau étrange, inconnu, avait été remarqué à terre sur une route. Poursuivi, il prit son vol et se porta à environ trois kilomètres de la mer, puis il s'abattit sur le rivage, où il fut tué d'un coup de feu. Il venait de se gorger de la chair d'un Agneau mort, et ce repas copieux fut sans doute la cause de sa perte, car son vol alourdi ne lui permit pas de s'élever hors d'une portée de fusil. Un autre Vautour, à en juger par la description des gens de la campagne, fut vu, quelques jours après, non loin du même endroit où le premier avait été tué; mais il échappa à la poursuite des chasseurs.

1. — YPAÈTE BARBU. *Gypaetus barbatus*. Brehm
Varietas meridionalis. Afrique.

2. — VAUTOUR CHAUVE. *Vultur calvus*. Gray
Nepaal.

3. — VAUTOUR FAUVE. *Vultur fulvus*. Brisson
Varietas occidentalis. Europe.

4. — GYPAÈTE BARBU. *Gypaetus barbatus*. Jeune. Brehm
Varietas meridionalis. Afrique.

On observe une différence de mœurs entre ceux de ces oiseaux qui vivent dans les contrées très-chaudes et ceux qui habitent des climats plus tempérés. En Europe, les Vautours gîtent, durant la belle saison, sur les montagnes les plus hautes et les plus désertes, tandis que, en Égypte et dans d'autres contrées de l'Afrique ou de l'Asie, ils s'approchent sans crainte des endroits habités, se répandent au point du jour dans les villes et les villages, et prennent tranquillement leur repas au milieu des rues. Ce contraste de mœurs ne saurait tenir à une différence de température. Il faut plutôt en chercher la cause dans l'hospitalité qu'ils rencontrent chez les uns, et les coups de fusil qui les attendent chez les autres. Dans les chaudes cités de l'Orient, les Vautours sont protégés, encouragés, on pourrait presque dire honorés. Ils font partie du service public et semblent avoir conscience de leur utilité. Aussi, dans ce cas, se montrent-ils bons princes et familiers avec les habitants. Entourés de marques de bienveillance, ils accomplissent avec la plus grande confiance leur fonction, qui consiste à débarrasser la voie publique des immondices et des charognes. En Europe, au contraire, où les hommes se chargent de ces fonctions, les Vautours sont poursuivis et tués comme un objet d'aversion ou de curiosité. De là leur défiance, de là leur vie cachée dans les sombres et inaccessibles retraites des montagnes.

Les Vautours des contrées relativement froides émigrent au commencement de l'hiver, et vont chercher des climats plus chauds. Une bande considérable de Vautours cendrés, ou Arrians, a passé aux environs d'Angers en octobre 1839. On évalua à plus de cent le nombre d'individus qui la composaient, et l'on en tua trois. Une autre bande, plus considérable encore, assure-t-on, s'y était également fait voir en octobre 1837. Elles venaient l'une et l'autre du nord, et se dirigeaient vers les Pyrénées.

Le plus commun des Vautours est le Vautour fauve, ou Griffon (*Vultur fulvus*, Brisson), qui compte au nombre des espèces d'Europe; on le trouve dans les contrées méridionales et orientales, dans les Alpes et les Pyrénées, en Espagne, en Sardaigne, en Grèce, etc. Les caractères qui le distinguent sont : — Tête et cou garnis d'un duvet court et d'un blanc sale; — une collerette de plumes effilées d'un blanc roussâtre; — plumes des parties supérieures d'un gris isabelle plus ou moins foncé, celles des parties inférieures tirant sur le roux; — bec livide; cire couleur de chair; — iris noisette; — pieds gris; — les jeunes, tachetés de brun; — taille 1ᵐ 10 à 1ᵐ 20.

Le Vautour cendré, plus connu sous le nom de Vau-

tour Arrian (*Vultur monachus*, Linné), est aussi quelquefois désigné sous les noms de Vautour noir, de Vautour moine, de Vautour d'Arabie; c'est le grand Vautour de Buffon. Il a les caractères suivants : — Tête et cou couverts d'un duvet brun touffu et laineux; — nuque et devant du cou nus et d'une teinte livide bleuâtre; — une fraise de plumes effilées et contournées à la base du cou; — plumage entièrement brun, plus foncé chez les vieux; — pointe du bec et ongles noirs; base du bec et cire violacées; — iris brun; — pieds gris-livide, bleuâtres; — les jeunes, plus fauves; — taille, 1ᵐ 20.

On distingue plusieurs autres espèces de Vautours, que nous ne décrirons pas, nous bornant à donner de nombreuses figures qui permettront de saisir les différences, et d'apprécier la valeur d'espèces souvent nominales.

GYPAETE. *Gypaetus*. Storr.

L'esprit d'association diminue chez ceux des vulturidés qui, plus forts, mieux armés, attaquent quelquefois des proies vivantes. C'est une exception que va nous offrir l'étude des mœurs du Gypaëte.

Ce bel oiseau, dont la taille dépasse celle des plus grands Aigles, habite toutes les chaînes de montagnes de l'ancien monde, mais il n'est pas aussi commun que les Vautours. On le rencontre, en Europe, dans les Pyrénées et dans les Alpes. Il est redouté des

11. — VAUTOUR DU BENGALE. *Vultur Bengalensis*. Gray. Inde.

bergers, dont il trompe souvent la surveillance. Il est beaucoup plus commun en Afrique, où il se rapproche parfois des villes.

Le nom de cet oiseau exprime bien le rang intermédiaire qu'il occupe, par ses formes et ses habitudes, entre le Vautour et l'Aigle. Le nom de Gypaëte est composé de deux mots grecs qui signifient *Vautour-Aigle*. Ce rapace forme, en effet, le trait d'union entre les deux familles. Quoique bien armé, il n'a ni le bec ni la serre de l'Aigle. L'Aigle enlève toujours sa proie; le Gypaëte, plus robuste, l'enlève bien aussi, mais seulement quand le danger ne lui permet pas de la dévorer sur place. Enfin, il a les yeux petits et à fleur de tête, les serres peu puissantes du Vautour, et les tarses emplumés de l'Aigle.

Si, comme les Vautours, les Gypaëtes se gorgent parfois de chairs en putréfaction, ils préfèrent cependant les proies vivantes. Dans les Alpes, cet oiseau est connu sous le nom de *Lœmmergèier* (Vautour des

Agneaux). Il attaque en effet les Agneaux, les Chèvres, les Moutons, les Chamois, et même, s'il faut en croire certains récits, les hommes endormis et les enfants. Le Gypaète détruit aisément les petits animaux, car son bec, quoique allongé, est dur et fort ; mais il n'en est plus de même quand la lutte s'engage avec des animaux d'une grande taille. Dans ce cas il a recours à la ruse. Fondant à l'improviste sur quelque animal qui paît ou se repose au bord d'un précipice, le Gypaète l'attaque avec furie, le harcèle, bat l'air de ses grandes ailes, agite ses serres autour des cornes de l'animal effaré, éperdu, et le force à se précipiter dans l'abîme, où il s'élance à sa suite et le dévore.

Bruce raconte un trait qui prouve l'audace du *Læmmergeier*. Attiré par les préliminaires du dîner que préparaient les domestiques de sa caravane au sommet d'une haute montagne, un Gypaète apparut et finit par s'abattre sans façon près du cercle que formaient les voyageurs. Les naturels, effrayés, coururent aux armes, c'est-à-dire à leurs lances et à leurs boucliers. Après une tentative inutile pour s'emparer de la viande qui cuisait, l'oiseau se contenta d'enlever dans ses serres un morceau de mouton accroché à peu de distance, et partit sans se presser. Encouragé sans doute par ce premier succès, il revint quelques minutes après ; mais il fut victime de son audace et tué d'un coup de fusil.

12. — GYPAÈTE BARBU. *Gypaëtus barbatus alpinus.* Daudin. Europe.

Il n'y a pas longtemps que les naturalistes sont complétement renseignés sur cet oiseau de proie, le plus grand de ceux qui habitent l'Europe. Buffon lui-même l'a confondu avec le Condor. Un naturaliste suisse, Steinmüller, est le premier qui en ait donné une description satisfaisante, que d'autres complétèrent, et parmi lesquels nous citerons Temmink. Mais le dernier mot n'était pas dit ; c'est au docteur Tschudi que nous le devons, et il a ajouté à ses observations personnelles les renseignements certains qu'il a pu obtenir des chasseurs montagnards.

L'organisation de cet énorme oiseau est très-vigoureuse. Ses muscles pectoraux sont extraordinairement larges et forts ; sa puissance digestive est remarquable ; il digère facilement de gros os. On a trouvé dans l'estomac d'un de ces oiseaux, au moment où il venait d'être tué, une côte de Renard, la queue tout entière de cet animal, la cuisse d'un Lièvre, plusieurs omoplates et une grosse pelotte de poils. L'estomac d'un

autre Gypaète, tué par le docteur Schinz, contenait un gros fragment de l'os du bassin d'une Vache, un tibia entier et une côte de Chamois, un grand nombre d'os plus petits, des ergots de Coqs et une masse de poils. Les os sont digérés par couches, et le sabot d'un Cheval, les os du pied d'une Vache, ne résistent pas à l'action de son suc gastrique, action qui se prolonge même quelque temps après la mort ; car, dans un Gypaète tué pendant qu'il mangeait un Renard et ouvert seulement trois jours après, on a trouvé la tête du Renard ayant subi l'effet d'une première digestion.

Il n'est pas facile de bien observer les habitudes du Gypaète, connu aussi sous le nom de Vautour des Alpes, car ce n'est pas sans danger qu'on parvient à le suivre sur les rochers escarpés qu'il habite. Il prend son vol le matin pour explorer les lieux où, la veille, il a trouvé quelque bonne proie, et s'élève à une grande hauteur pour embrasser plus d'espace. Sa vue est excellente et son odorat plus fin que celui des autres vulturidés. Veut-il saisir une victime, il plie subitement les ailes et tombe sur elle de tout le poids de son corps. Si c'est un animal de taille moyenne, comme un Lièvre, un Agneau, un Chien, un Renard et même un Blaireau, il l'emporte sur les rochers, souvent à une grande distance ; mais, s'il ne peut l'enlever, il en déchire vivement quelques lambeaux, dont il se gorge, et il reviendra

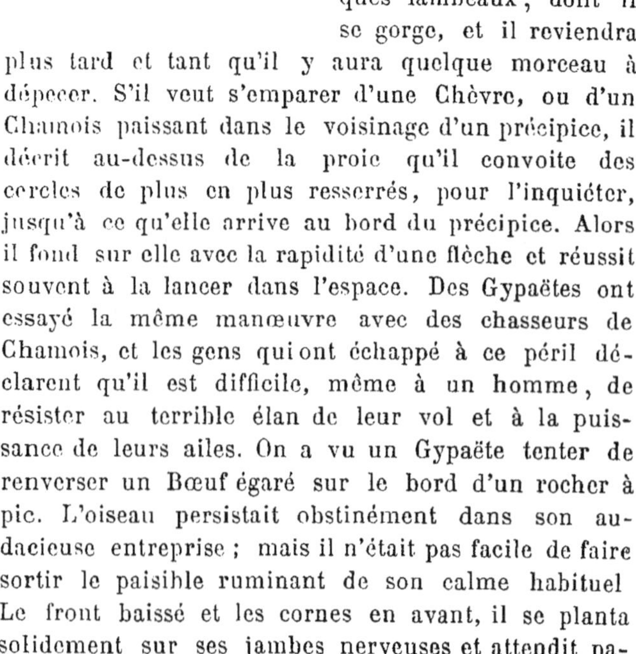

plus tard et tant qu'il y aura quelque morceau à dépecer. S'il veut s'emparer d'une Chèvre, ou d'un Chamois paissant dans le voisinage d'un précipice, il décrit au-dessus de la proie qu'il convoite des cercles de plus en plus resserrés, pour l'inquiéter, jusqu'à ce qu'elle arrive au bord du précipice. Alors il fond sur elle avec la rapidité d'une flèche et réussit souvent à la lancer dans l'espace. Des Gypaètes ont essayé la même manœuvre avec des chasseurs de Chamois, et les gens qui ont échappé à ce péril déclarent qu'il est difficile, même à un homme, de résister au terrible élan de leur vol et à la puissance de leurs ailes. On a vu un Gypaète tenter de renverser un Bœuf égaré sur le bord d'un rocher à pic. L'oiseau persistait obstinément dans son audacieuse entreprise ; mais il n'était pas facile de faire sortir le paisible ruminant de son calme habituel Le front baissé et les cornes en avant, il se planta solidement sur ses jambes nerveuses et attendit patiennent que le Gypaëte eût reconnu l'inutilité de ses efforts.

Le Gypaëte se laisse difficilement approcher, et pour le tirer il faut le surprendre ou l'attendre à l'affût. On le prend assez facilement au piège amorcé. Les paysans piémontais l'attirent dans une fosse étroite au fond de laquelle ils placent un Cheval mort; il se gorge alors tellement que la difficulté qu'il éprouve pour prendre son vol, ajoutée à la voracité qui lui fait oublier sa prudence habituelle, permet de le prendre ou de le tuer dans la fosse.

On accorde une prime à celui qui tue un de ces oiseaux, qui sont aujourd'hui beaucoup plus rares qu'autrefois. On sait, à n'en pas douter, qu'on tuait encore dans les Alpes, il y a soixante ou quatre-vingts ans, cent cinquante ou deux cents Gypaëtes par an. Dans le canton des Grisons, l'heureux chasseur porte sa capture de maison en maison, comme chez nous on porte un loup, pour se faire donner une récompense.

13. — Gypaëte barbu précipitant un Mouflon du haut d'un rocher.

Le Gypaëte est parfois victime de sa témérité. Le docteur Tschudi, que nous citerons souvent, a été témoin du fait suivant. Auprès d'Alpnach, dans l'Unterwalden, tout à côté d'un endroit appelé le Trou-du-Dragon, un Gypaëte avait pris un Renard et l'emportait tout vivant. Mais maître Renard se débattit si bien qu'il finit par saisir son ravisseur au cou et le serra si fort qu'il le força à descendre à terre plus vite qu'il ne voulait. L'oiseau se tua en tombant, et le Renard dégagé de son étreinte, s'enfuit à toutes jambes, emportant de son excursion aérienne un souvenir qu'il ne dut pas oublier de sitôt. Le même observateur cite plu-

sieurs exemples d'enfants enlevés par des Gypaëtes, entre autres la délivrance presque miraculeuse d'une petite fille ainsi enlevée et qui, depuis lors, reçut le nom de *Geïer*-Anne. L'événement fut consigné sur les registres d'une paroisse de l'Oberland bernois auprès de laquelle ce fait eut lieu, et l'héroïne vivait encore il y a une dizaine d'années.

Un fait plus récent et plus malheureux est rapporté par M. Moquin-Tandon. Nous le ferons connaître dans un prochain numéro.

(La suite au numéro suivant.)

Paris. — Imprimerie WIESENER ET Ce, rue Delaborde, 12.

LES TROIS RÈGNES DE LA NATURE

LECTURES D'HISTOIRE NATURELLE.

18 février 1865.

N° 60. — 15 centimes.

Ce Recueil paraît une fois par semaine. — On s'abonne à Paris, à la Librairie L. Hachette et Cⁱᵉ, boulevard Saint-Germain, n° 77.
Les abonnements se prennent du 1ᵉʳ de chaque mois. — Paris, six mois, 4 fr.; un an, 8 fr. — Départements, six mois, 5 fr.; un an, 10 fr.

3ᵉ Suite des Vautours. — *Le Serpentaire ou Messager.* — *Ses habitudes, ses combats.* — *Le Serpentaire protecteur des Tisserins.* — *Doutes sur l'existence de deux espèces.*

M. Moquin-Tandon assure qu'il y a une vingtaine d'années, deux petites filles, dans le voisinage d'Alesse, canton de Vaud, l'une âgée de cinq ans, l'autre de trois, jouaient ensemble lorsqu'un de ces oiseaux se précipita sur la première, et, malgré les cris de sa compagne et l'arrivée de quelques paysans, elle fut emportée. D'actives recherches faites sur les rochers des environs n'eurent pour résultat que la découverte de l'aire qui contenait deux petits, et près de laquelle on trouva un soulier et un bas de l'enfant au milieu d'un tas d'ossements de Chèvres et d'Agneaux.

Si les Gypaètes n'attaquent pas habituellement

1. — Serpentaire oriental. *Gypogeranus orientalis.* J. Verreaux.
Afrique.

2. — Gypaète barbu. Jeune. *Gypaetus barbatus.* Cuvier.
Afrique.

l'homme, ils ne craignent pas cependant de le faire pour défendre leurs petits. Un jour, dans le canton de Glaris, un ouvrier résinier aperçut une aire au sommet d'un roc. Il y grimpa et trouva deux jeunes Gypaètes. Notre homme s'en empara, leur lia les pattes, les jeta sur son épaule, et il opérait sa descente quand, aux cris des prisonniers, les parents mâle et femelle arrivèrent et l'attaquèrent avec fureur. Ce ne fut qu'en se servant habilement de sa hache qu'il les tint à distance, encore l'escortèrent-ils jusqu'au village de Schwanden, à quatre lieues de là.

Le fameux chasseur de chamois, Joseph Scherrer, d'Aunnon, sur le Wallensie, grimpa une fois, pieds nus et son fusil sur l'épaule, jusqu'à une aire qu'il soupçonnait devoir contenir des petits. Avant qu'il eût atteint le but, le Gypaète mâle se montra, et le chasseur, s'arrêtant sur un talus, le tua facilement. Scherrer rechargea son arme et continua son ascension ; mais au moment où il arrivait à l'aire, la femelle se précipita, furieuse, sur lui, le saisit à la hanche avec ses serres et chercha à le jeter en bas du rocher, tout en lui portant de terribles coups de bec. La position du chasseur était des plus périlleuses, obligé qu'il était de se cramponner d'une main au revers du précipice sans pouvoir faire usage de son arme ; cependant il eut assez de présence d'esprit pour dégager son fusil et le diriger d'une main sur le corps de l'oiseau, qui ne lâchait pas prise. Le Gypaëte tomba mort au milieu des rochers. Scherrer, de retour avec ses prises, reçut une prime de cinq florins et demi, et il en fut quitte pour de profondes blessures au bras et à la hanche.

Comme la plupart des rapaces, le Gypaëte peut vivre longtemps en captivité. Le professeur suisse Scheitlin en garda un pendant plusieurs années ; mais ce n'est pas sans danger, car ces animaux conservent toujours leurs instincts. Le fait suivant, rapporté en 1840 par M. Crespon, dans son *Ornithologie du Gard*, en est la preuve. « Depuis plusieurs années, dit-il, je possède un Gypaëte vivant, qui n'est pas redoutable pour les autres oiseaux de proie qui se trouvent dans la même volière que lui. Mais il n'en est pas de même pour les enfants, sur lesquels il s'élance en étendant ses ailes et en leur présentant la poitrine comme pour les en frapper. Dernièrement, j'avais lâché cet oiseau dans mon jardin. Épiant le moment où personne ne le voyait, il se précipita sur une de mes nièces, âgée de deux ans et demi. L'ayant saisie par le haut des épaules, il la renversa. Heureusement que ses cris nous avertirent du danger qu'elle courait ; je me hâtai de lui porter secours. L'enfant n'eut que la peur et une déchirure à sa robe. »

Ceux des gros oiseaux de proie, tels que les Vulturidés, dont les serres ne sont ni assez recourbées ni assez aiguës pour leur permettre d'accrocher leur proie et de l'enlever à la manière des Aigles, atteignent le même but d'une autre façon. Ils se servent de leur bec fort et crochu pour saisir une proie un peu lourde, et d'un coup de tête en arrière ils la jettent entre les épaules, où elle se place dans le creux formé par les ailes.

3. — SERPENTAIRE. *Gypogeranus serpentarius.* Illiger.

Quelques naturalistes croient à l'existence de deux espèces de Gypaëtes, l'une d'Europe, à plumage blanc en dessous, tandis que chez celle d'Afrique les mêmes parties sont couleur de rouille. Sauf cette différence de couleur de la gorge, du cou et des parties inférieures, ces oiseaux sont identiquement les mêmes. Ceux qui ne reconnaissent qu'une seule espèce, disent avec raison que la couleur ocracée des individus d'Afrique n'est pas fixe, qu'elle disparaît en mouillant les plumes et en les frottant avec un linge, ce qui est prouvé par les expériences qui ont été faites. Cette coloration d'emprunt serait due à la nature des terrains et à la couleur des rochers sur lesquels ces oiseaux fixent leur résidence.

Ceux, au contraire, qui croient à l'existence de deux espèces, trouvent que celle d'Afrique diffère encore par un autre caractère. Les plumes de la partie postérieure du cou sont épineuses et semblent formées d'une tige sans barbe. Serait-ce bien là un caractère suffisant, et le frottement fréquent du cou contre les rochers ne peut-il le produire ? cette question est encore pendante. Enfin, on a remarqué que les individus des Alpes, comparés à ceux des Pyrénées et de la Sardaigne, sont d'une plus forte taille, ce qui, suivant quelques auteurs, parmi lesquels nous citerons le prince Ch. Bonaparte, constituerait une troisième espèce. Quoi qu'il en soit, la femelle se distingue du mâle par une taille plus forte, les soies de la base du bec et les plumes tibiales moins longues. Les jeunes ont un plumage plus foncé dans toutes ses parties et qui s'éclaircit graduellement chaque année.

La ponte du Gypaëte est généralement de deux œufs, de même forme que ceux des Vautours. Ils sont d'un brun uniforme pâle, avec quelques raies ou taches d'un brun beaucoup plus foncé et presque rouge, tels sont généralement ceux de l'Algérie ; ou d'un brun-violet pâle uniforme, tels sont ceux d'Europe. Il est à remarquer que ceux de l'Algérie sont généralement plus petits que ceux d'Europe ; ils ont huit centimètres de grand diamètre et six centimètres et demi de petit. C'est d'après une fausse indication que, dans l'*Encyclopédie*, nous avons attribué au Gypaëte un œuf blanc ; nous nous empressons de rectifier cette erreur.

Serpentaire, *Gypogeranus*. Illiger.

Ce genre est représenté par une seule espèce connue sous plusieurs noms : *Messager*, à cause de la rapidité de sa marche; *Serpentaire*, parce qu'elle ne mange que des reptiles et principalement des Serpents; et enfin *Secrétaire*, à cause des plumes qu'elle porte derrière le cou, et qui rappellent assez bien la plume que les commis aux écritures mettent derrière l'oreille.

Jusqu'à l'époque du voyage de Levaillant en Afrique, l'absence d'observations exactes et les rapports incertains des voyageurs avaient empêché les naturalistes de voir dans cette espèce un oiseau de proie armé d'un bec épais, crochu, et d'ailes robustes, qui lui servent à assommer les reptiles comme avec une massue. Cet oiseau est cependant bien un rapace diurne par la forme de son bec, par celle de son corps et par ses instincts; mais il est modifié comme devait l'être un oiseau de rapine fait pour se nourrir de reptiles; ses ongles sont émoussés par suite de ses habitudes plutôt terrestres qu'aériennes, car il vole très-rarement. Il est, en un mot, dans tout son ensemble, ce que devait être un oiseau de proie terrestre, destiné à modérer la multiplication des reptiles qui abondent dans les diverses régions de l'Afrique. Par la longueur de ses tarses et par d'autres détails d'organisation, il a aussi des rapports avec certains échassiers, tels que les Grues et les Ci-

1. — Serpentaire, Jeune.

3. — Cigogne commune.

gognes; et c'est dans cet ordre que quelques auteurs ont voulu le placer. Illiger a bien compris cette double affinité, en créant pour cet oiseau le nom générique *Gypogeranus*, qui signifie Vautour-Grue; c'est un Vautour échassier.

Le Serpentaire a en effet la jambe et surtout le tarse très-longs, pour élever son corps et le garantir de la morsure venimeuse des Serpents, qui sont sa principale nourriture. Privé en quelque sorte de serres, si utiles aux autres rapaces, il a en compensation des ailes munies de proéminences osseuses arrondies, qui constituent, avec son bec vigoureux, de puissants moyens d'attaque et de défense. Sa course est rapide; pour l'accélérer, il ne se sert point de ses ailes, qu'il réserve pour le combat. Surprend-il un Serpent loin de son gîte, le reptile s'arrête, se redresse et cherche à intimider l'oiseau par le gonflement extraordinaire de sa tête et par un sifflement aigu. C'est dans ce moment que le Serpentaire emploie tous ses moyens; il développe une de ses ailes, la ramène devant lui, et la transforme en bouclier qui couvre ses jambes et la partie inférieure de son corps. Le Serpent s'élance; l'oiseau bondit, frappe, se jette en arrière, saute en tous sens, et revient au combat en présentant toujours à la dent venimeuse de son adversaire les plumes solides de son aile; et pendant que celui-ci épuise sans succès son venin sur des pennes insensibles, il lui détache avec l'autre aile de vigoureux coups, dont l'action est puissamment augmentée par les proéminences osseuses dont nous venons de parler. Enfin le reptile, étourdi d'un coup d'aile, chancelle et cherche à fuir; mais il est vivement saisi et lancé en l'air à plusieurs reprises, jusqu'au moment où il n'est plus à redouter. Le vainqueur lui brise le crâne à coups de bec, et l'avale le plus souvent tout entier. S'il est trop gros, il le dépèce en l'assujettissant sous ses doigts. Des piquants aigus, comme ceux du Jacana et du Kamichi, seraient sans effet sur la peau lisse et le corps arrondi des Serpents; des nœuds osseux et durs remplacent avantageusement ces piquants chez le Serpentaire; des coups réitérés et donnés avec force étourdissent le reptile et lui brisent la colonne vertébrale du premier qu'il reçoit. C'est ainsi que procède le Serpentaire en liberté, et c'est à peu près de la même manière qu'il se conduit en domesticité. On peut en voir un à la ménagerie du Muséum, malheureusement il a perdu une patte. Un autre de ces oi-

6 — VAUTOUR OCCIPITAL. *Vultur occipitalis*. Burchell. Asie. Afrique.

7 — VAUTOUR DE RUPPELL. *Vultur Ruppelli*. Natterer. Afrique.

5 — CATHARTE AURA. *Cathartes Aura*. Linné. Amérique.

8. — GYPAÈTE BARBU. *Gypaetus barbatus*. Cuvier. Afrique.

seaux, vivant aussi dans le Jardin zoologique de Londres, il y a déjà près de trente ans, a donné lieu à la description suivante, qui ne manque pas d'intérêt. « Le Serpentaire, avec ses jambes grêles, sa culotte de velours, sa physionomie circonspecte, sa démarche insinuante, son air de dignité mêlée de réserve et de finesse, a quelque chose de merveilleusement aristocratique. S'il y a dans sa conduite un huitième de courage, il y met sept huitièmes de finesse. Faites pénétrer un reptile d'espèce ordinaire dans le parquet qu'il habite : d'abord le Serpentaire observe patiemment son ennemi; rien ne révèle la violence de l'émotion qui le domine.

10. — Catharte Alimoche. *Cathartes Percnopterus.* Temminck.
Europe. Asie. Afrique.

11. — Vautour occipital. Jeune. *Vultur occipitalis.* Burchell.
Asie. Afrique.

12. — Catharte Urubu. *Cathartes Urubu.* Vieillot.
Amérique.

13. — Vautour de Ruppell. Jeune. *Vultur Ruppelli.* Natterer.
Afrique.

L'œil étincelant et fixe, il demeure immobile jusqu'au moment favorable; alors il tombe sur sa proie, l'écrase sans pitié, la serre vigoureusement, et la frappe de l'aile et du pied. Aussitôt il se redresse en vainqueur, sans quitter prise et toujours en garde. Bientôt, avec son bec, il porte sur la tête du reptile agonisant un coup terrible, qui est souvent le coup de grâce. Mais sa prudence ne l'abandonnera pas; son œil vigilant ne se détachera point de l'ennemi. A chaque nouvelle blessure qu'il fait, le Serpentaire a soin de se détourner et de se mettre à l'abri des retours de celui qu'il terrasse, jusqu'au moment où il est rassuré par l'immobilité complète de sa victime. Seulement alors il commence paisiblement son repas, et dévore son ennemi avec une grâce remarquable. »

C'est avec cet instinct mêlé de courage et de prudence qu'il pourvoit à sa subsistance au milieu des sables de l'Afrique. Sa taille svelte, ses longues jambes défendues par des écailles impénétrables, la vigoureuse défense qu'il peut faire avec ses ailes, le mettent à même de vaincre les plus redoutables reptiles du continent africain. On le voit souvent, tenant un Serpent dans son bec, s'enlever avec lui, le laisser retomber, le reprendre encore pour l'étourdir par une nouvelle chute, et l'achever sans craindre la moindre résistance. En captivité, ses instincts s'émoussent, deviennent plus vulgaires; son histoire alors ne dit plus les exploits du désert, et constate seulement la guerre que l'esclave fait aux parasites de toutes sortes qui s'introduisent dans les jardins et les cours des habitations.

Le Serpentaire en liberté se nourrit aussi de Lézards, moins dangereux à combattre, de petites Tortues, qu'il avale tout entières après leur avoir brisé le crâne. Il ne dédaigne même pas les insectes et les Sauterelles. A l'état de domesticité, il se nourrit de toute espèce de viandes crues ou cuites, et mange même des poissons. Levaillant l'a vu maintes fois avaler de jeunes Poulets et de petits oiseaux avec toutes leurs plumes; et il a remarqué que toujours il avait soin de les faire entrer dans son bec la tête la première. Cependant il ne pense pas que, libre, il attaque les oiseaux; du moins on n'en cite pas d'exemple.

L'un des Serpentaires qu'avait tués ce voyageur avait dans son jabot vingt-et-une petites Tortues entières, dont plusieurs avaient près de cinq centimètres de diamètre, onze Lézards de seize à vingt centimètres de longueur, trois Serpents longs de cinquante centimètres, un grand nombre de Sauterelles et d'autres insectes, dont plusieurs étaient même si intacts qu'il put les conserver dans ses collections. Les Serpents, les Lézards et les Tortues avaient tous un trou dans la tête. Il trouva aussi dans l'estomac du même oiseau une pelote grosse comme un œuf d'Oie; elle n'était composée que de vertèbres de Serpents et de Lézards, d'écailles de Tortues, d'ailes et de pattes de Sauterelles, et enfin d'élytres de plusieurs Scarabées. Cet oiseau, comme le font presque tous les rapaces diurnes et nocturnes, rejette par le bec toutes ces dépouilles qu'il ne digère pas.

On a remarqué que c'est dans le courant de juillet que les Serpentaires s'apparient. La jalousie devient alors entre les mâles une cause de combats opiniâtres;

ils se frappent du bec et des ailes pour se disputer une femelle, qui se rend toujours au vainqueur. Ils construisent un nid plat, en forme d'aire, comme celui de l'Aigle, et le placent, à hauteur d'un mètre, au centre du buisson le plus touffu du canton qu'ils ont choisi pour domaine. Ce nid est garni intérieurement de laine et de plumes; sa dimension est au moins d'un mètre de diamètre; il est arrangé fort habilement. Les branches sont disposées de manière à servir de base à l'édifice; elles poussent de tous côtés des jets qui montent bientôt plus haut que le nid et forment une espèce de rempart circulaire qui le dérobe à la vue. Le mode de nidification varie suivant les localités; celui que nous venons d'indiquer se remarque aux environs du Cap et dans les plaines où la végétation a peu de vigueur; mais, vers la côte de Natal, Levaillant a vu leur aire placée sur les arbres les plus élevés, et il fait remarquer que, là aussi, ces oiseaux se retirent tous les soirs sur les arbres pour y passer la nuit. Le même nid sert longtemps au même couple, qui, comme les Aigles, habite seul un domaine fort étendu. La ponte est de deux, et souvent de trois œufs, d'un blanc laiteux, avec de fines grivelures brunes à peine apparentes et entremêlées seulement au gros bout de quelques taches rares, irrégulières, d'un brun plus foncé. La forme de ces œufs est en rapport avec celle du corps du Serpentaire; elle tient le milieu entre celle des œufs de Vautour et celle des œufs d'Échassier. C'est une confirmation nouvelle de ce que nous avons dit de la forme des œufs d'oiseaux de tous les ordres. Ainsi cette forme est ovée et se rapproche beaucoup de l'ovoïconique, caractère distinctif de l'œuf des Échassiers. Leurs dimensions sont de sept à huit centimètres comme longueur, sur cinq centimètres et demi de largeur à la partie la plus renflée.

Les petits sont longtemps hors d'état de prendre leur essor; leurs tarses longs et grêles, sur lesquels ils ont d'abord beaucoup de peine à se soutenir, sont la cause de ce retard; et on les trouve encore dans le nid, quoiqu'ils aient tout leur développement. Ils ne peuvent bien courir qu'à l'âge de quatre à cinq mois, et, jusqu'à ce moment, ils marchent en s'appuyant sur le talon du tarse, ce qui leur donne fort mauvaise grâce, tandis qu'à l'état parfait ces oiseaux ont la démarche aisée, le port noble et les mouvements pleins de dignité. En temps ordinaire, le Serpentaire marche avec calme et assurance; mais, au besoin, sa course est d'une vitesse extrême. Se voit-il poursuivi, il a plus de confiance dans ses jambes que dans ses ailes. Il faut, pour l'obliger à prendre son vol, le surprendre à courte distance ou le poursuivre à cheval au grand galop; mais alors il s'élève peu et redescend aussitôt qu'il se voit hors de danger, pour recourir à ses jambes.

Le Serpentaire est très-méfiant et singulièrement rusé; on ne l'approche que difficilement à portée de fusil; et, comme on ne le rencontre guère que dans les plaines les plus arides et les plus découvertes, lieux que fréquentent de préférence les animaux dont il fait sa proie, il s'y trouve en sécurité ; aussi le chasseur remarqué par lui doit-il renoncer au projet de le joindre. Il faut employer la ruse : cet oiseau revient toujours dans les mêmes cantons, et, lorsqu'on en a reconnu un qu'il fréquente d'ordinaire, il faut s'y rendre avant le jour, se cacher dans un buisson bien touffu et y rester jusqu'à ce qu'il se présente à bonne distance. Il faut, pour cette chasse, s'armer de beaucoup de patience, ne pas faire le moindre mouvement, et le buisson dans lequel on se cache doit être même bien fourré ; sans ces précautions, l'oiseau, très-clairvoyant, a bientôt découvert le chasseur. Levaillant dit même qu'il n'a réussi à tirer de Serpentaires, encore n'en a-t-il tué que cinq pendant tout son séjour en Afrique, qu'en prenant le soin de ternir le brillant du fusil et de ses batteries avec le sang d'un animal fraîchement tué. C'est la méthode qu'emploient généralement les colons du Cap ; le terne du bronze ordinaire est insuffisant lorsqu'ils veulent approcher même des Gazelles.

Appariés, le mâle et la femelle se séparent rarement, et on les trouve presque toujours ensemble. Pris jeune, cet oiseau s'apprivoise facilement et devient même familier. Si on a soin de le bien nourrir, il ne fait aucun mal aux oiseaux de basse-cour ; dans le cas contraire, son appétit n'a aucune considération. Il n'est pas méchant et semble aimer la paix pour lui comme pour les autres ; car, s'il y a quelque bataille dans la basse-cour qu'il habite, on le voit aussitôt accourir pour séparer les combattants. Beaucoup de colons, au cap de Bonne-Espérance, élèvent de ces oiseaux, autant pour maintenir la paix parmi les volailles de diverses espèces que pour détruire les reptiles et la vermine.

Nous avons dit que, comme presque tous les oiseaux de proie, un couple de Serpentaires ne souffre jamais aucun autre individu de la même espèce dans le canton qu'il a choisi. Mais, en revanche, les petits oiseaux, et principalement les diverses espèces de Tisserins, choisissent le voisinage de leur domicile pour y établir leurs nids, qu'ils suspendent même quelquefois autour de l'aire ; il semblerait que ces petits oiseaux cherchent, en agissant ainsi, à se mettre sous la protection des maîtres du canton. Ils sont en effet bien inspirés, car les Serpents, qu'ils redoutent et dont ils seraient victimes partout ailleurs, ne peuvent les attaquer impunément autour du nid de leurs protecteurs. C'est à M. J. Verreaux que nous devons cette communication intéressante sur les habitudes des Tisserins et la bienveillance des Serpentaires à leur égard.

Ce doyen de nos voyageurs et ses frères ont possédé, pendant leur séjour au cap de Bonne-Espérance, un grand nombre de Serpentaires, et depuis bien des années ils ont proposé d'introduire cet oiseau dans nos colonies françaises. En 1826, ils décidèrent M. Freycinet à prendre plusieurs couples de Serpentaires pour les transporter à Cayenne, où il se rendait comme gouverneur. Pendant quelques années ils ont pu croire au succès de leur idée, mais bientôt ils ont appris que des colons peu intelligents avaient tué ces utiles oiseaux. Le docteur Lherminier, en 1832, avait aussi introduit le Serpentaire aux Antilles, notamment à la Guadeloupe, où le Serpent trigonocéphale, si redoutable, est très-commun ; mais cette importation n'a pas eu plus de succès, sans doute à cause de la même ignorance des services que peut rendre cet oiseau, si bien apprécié au Cap, que chaque maison a, faut-il dire, le sien.

Nous résumerons l'histoire du Serpentaire en disant qu'il est caractérisé par un bec crochu et fort comme celui des Aigles, par un long tarse, par des plumes inégales qui forment, sur le derrière du cou, une sorte de huppe pendante qu'il peut hérisser à volonté, et enfin par une queue très-étagée dont les deux plumes centrales sont très-longues et traînent à terre pour peu que l'oiseau les tienne obliquement. L'œil est grisâtre ; il est très-ouvert et garni de sourcils noirs ; l'arcade sourcilière elle-même est très-prononcée. Le bec est fendu jusque sous les yeux ; la gorge est large et extensible, ainsi que la peau du cou. Le jabot est d'une ampleur considérable et peut contenir une quantité prodigieuse de nourriture. Le plumage du Serpentaire mâle adulte est gris bleuâtre sur la tête, le cou, la poitrine et généralement tout le manteau ; cette teinte est nuancée de brun roux sur les couvertures des ailes ; les grandes pennes sont noires. La gorge et la poitrine sont blanchâtres ; le dessous de la queue est d'un blanc teinté de roussâtre ; le bas-ventre est noir, mêlé de roux ou de blanc ; enfin, les plumes des jambes sont d'un beau noir rayé imperceptiblement de brun. La base du bec et la peau nue des yeux sont d'un jaune plus orangé au dessus de l'œil. Le bec est couleur de corne noirâtre, ainsi que les ongles, qui sont courts et émoussés. Les doigts, très-épais, sont, ainsi que le tarse, couverts de larges écailles d'un brun jaunâtre ; les pennes de la queue sont en partie noires, et prennent toujours plus de gris à mesure qu'elles s'allongent ; elles sont toutes terminées par une partie blanche ; les deux médianes sont nuancées de brun vers l'extrémité, où elles portent une tache noire. Les taches terminales blanches disparaissent quelquefois par suite de frottement. La huppe, qui se relève à volonté, est généralement composée de dix plumes très-apparentes, implantées deux à deux, les plus courtes sur le haut du cou et les longues à sa partie moyenne. Ces dernières sont noires, surtout à leur bord externe ; d'autres sont mélangées de gris et de noir ; toutes ont des barbes étroites qui s'allongent un peu vers l'extrémité. La taille du Serpentaire varie entre un mètre et un mètre quinze ou vingt centimètres.

Nous ne sommes entrés dans ces détails de description que pour constater l'uniformité de la livrée, sauf l'intensité des couleurs, sur les individus du Sud et des régions orientales de l'Afrique. On propose, en effet, l'établissement de deux espèces, l'une que nous venons de décrire et qui est du sud de l'Afrique, tandis que l'autre est de l'orient du même continent. Cette dernière, nommée par M. J. Verreaux Serpentaire oriental, présenterait des différences dans la disposition des plumes occipitales et dans la nuance plus claire du plumage.

Déjà M. Ogilby a distingué le Serpentaire de la Gambie de celui du Cap, d'après des caractères différentiels qu'on retrouve aussi chez les individus du Nil blanc et du Kordofan. En effet, chez ces derniers, les plumes de la huppe sont implantées de chaque côté de la tête et de la partie postérieure du cou, de manière que, s'écartant à droite et à gauche à la volonté de l'animal, elles forment une sorte d'éventail renversé, encadrant le cou jusqu'à plus de moitié de sa longueur; tandis que la plupart des individus du cap de Bonne-Espérance ou du sud de l'Afrique ont ces mêmes plumes placées tout autrement. Ce n'est plus une huppe dans le sens rigou-

14. — Caracara du Brésil. *Polyborus Brasiliensis.* Vieillot.
Amérique méridionale.

reux du mot, mais une espèce de crinière simple, sur le prolongement de la nuque, et dont chaque plume se trouve régulièrement superposée à la partie médiane et postérieure du cou. Cette sorte de huppe cervicale est simple chez les individus du Sud et double chez ceux des régions orientales.

Si nous classons cet oiseau parmi les Vulturidés et à leur suite, c'est que, partageant l'opinion de d'Orbigny, nous considérons le Serpentaire comme formant la transition la plus naturelle des Vulturidés aux Falconidés, qui vont suivre. Les Caracaras, qui dans la classification se trouvent en tête des Falconidés, ont de nombreux rapports d'organisation et de mœurs avec le Serpentaire ; ils forment évidemment un genre voisin, ca-

ractérisé également par la forme du bec sans dentelure, par la nudité du tour des yeux, et même par la huppe, remplacée, chez certains Caracaras, par des plumes frisées, tandis que certains autres ont la faculté de relever à volonté les plumes de la partie postérieure de la tête. Un autre rapport se trouve encore dans la nudité du tarse ; enfin le Serpentaire est plutôt omnivore que carnassier, et il est surtout marcheur. Il est, en un mot, l'analogue, en Afrique, des Caracaras américains, qui habitent également les terrains secs et arides, et la longueur proportionnelle du tarse ne peut être invoquée comme une objection sérieuse à ce rapprochement.

O. Des Murs.

Paris. -- Imprimerie Wirsener et Cie, rue Delaborde, 12

LES TROIS RÈGNES DE LA NATURE

LECTURES D'HISTOIRE NATURELLE.

25 Février 1865.   **N° 61. — 15 centimes.**

Ce Recueil paraît une fois par semaine. — On s'abonne à Paris, à la Librairie L. HACHETTE et Cⁱᵉ, boulevard Saint-Germain, n° 77.
Les abonnements se prennent du 1ᵉʳ de chaque mois. — Paris, six mois, 4 fr.; un an, 8 fr. — Départements, six mois, 5 fr.; un an, 10 fr.

Cavernes à ossements de l'époque quaternaire. — Co-existence de l'Homme et des grands Mammifères de cette époque en France et dans les autres parties de l'Europe. — Mœurs des aborigènes aux divers âges de pierre. — Unité de l'espèce humaine. — Divers peuples qui ont dû se succéder en Europe. — Légendes pré-historiques de l'Amérique.

Nous avons parlé, dans un précédent article, des silex taillés du diluvium, et établi comment, ces restes de l'industrie de nos premiers pères se rencontrant dans des couches qui ne paraissent pas avoir été dérangées depuis l'époque où le continent européen reçut son relief actuel, il fallait conclure à la contemporanéité de notre espèce et des grands Carnassiers ou Herbivores qui peuplèrent la terre après la période tertiaire, avant les temps quaternaires.

Si l'Homme est un animal qui sait se faire des instruments, dans le cas où il a disparu, on retrouvera son œuvre, inimitable, toujours une, quoique infiniment variée. Lors donc que, dans un endroit défini, on rencontre des traces de son travail, la démonstration de son existence est suffisante. Or, c'est par milliers que nous avons déjà compté les témoignages du travail de la première époque de l'Homme, de son enfance industrielle. Mais les incrédules voulaient plus ; ils opposaient toujours des fins de non-recevoir à la multiplicité des découvertes et des preuves, car, pour les carrières à ciel ouvert, en France notamment, il manquait à la constatation de l'Homme antédiluvien cet argument direct et éclatant de la présence d'un fossile humain. Nous avons vu la persévérance de M. Boucher de

Fig. 1.— Coupe de la partie inférieure de la caverne de Gailenreuth, en Franconie, d'après Ludwig. On y trouve des plantes et les animaux qui s'en nourrissaient, Ours, Lion, Tigre, Hyène, Loup et autres carnassiers, le tout dans un limon d'odeur fétide recouvrant du calcaire dur. On a trouvé plus de 800 animaux en 90 ans. Ces grottes servaient d'habitation, dans une de leurs parties, aux Ours, dans l'autre aux Hyènes, animaux qui n'habitaient pas en commun.

Perthes récompensée par la rencontre, le 28 mars 1863, à Moulin-Quignon-lez-Abbeville, d'une moitié de mâchoire inférieure humaine, associée à des haches en silex, dans une couche reconnue positivement quaternaire et vierge de tout remaniement.

Cette exhumation, appuyée par une note que lut M. de Quatrefages à l'Académie, fit une sensation universelle.

M. Falconer, éminent paléontologiste anglais, publie dans le *Times* une *leçon de prudence* à l'adresse des géologues français, qui se laissent tromper par des imposteurs. M. de Quatrefages réclame une enquête pour décider de l'authenticité de la mâchoire. M. Falconer se rend à l'invitation, et, sous la présidence de M. Milne-Edwards, s'ouvre à Paris une conférence dans laquelle huit savants des deux nations discutent avec toute la rigueur scientifique le sujet en litige. Des notabilités de la science aident de leurs lumières les huit membres de la commission.

Deux séances sont consacrées à l'étude des haches que M. Falconer soupçonnait de fabrication récente. La conclusion est pour leur antiquité. Procédant alors à l'examen de la mâchoire et des échantillons de la couche noire de Moulin-Quignon, l'on reconnaît qu'il y a identité entre la matière constitutive du dépôt et la gangue colorée par du fer et du manganèse qui adhère à cet os ; qu'il n'y a pas eu application factice de ladite gangue; que cette *limonite brune manganésifère*, présentant sur divers points un éclat métallique, est une œuvre inimitable de la nature ; enfin que cette substance terreuse remplit non-seulement les alvéoles, mais aussi une cavité produite par la carie partielle d'une molaire restée en place, qu'elle bouche le trou mentonnier et obstrue l'entrée du canal dentaire, cimentant çà et là de l'argile, des débris de silex et des grains arrondis de quartz hyalin.

A la demande des juges anglais, la mâchoire fut alors sciée verticalement, de façon à mettre à nu le fond de l'alvéole occupée par la dent unique qui était restée en place : une grande partie de la surface de la portion antérieure de l'os, ainsi séparée du reste du maxillaire, fut, à plusieurs reprises, lavée fortement avec de l'eau chaude et une brosse. Au moyen de ces lavages, on parvint à enlever la presque totalité de la gangue. Les deux faces (ou *tables*) de l'os étaient très-compactes, et le diploé (ou tissu aréolaire osseux intermédiaire) paraissait peu altéré ; mais la racine de la dent implantée dans son alvéole était encroûtée de grains ferro-manganésiques, ainsi que la partie correspondante de la cavité alvéolaire. On remarqua même dans l'intérieur du canal dentaire un léger enduit de sable grisâtre différant complétement de la gangue noire extérieure, ce

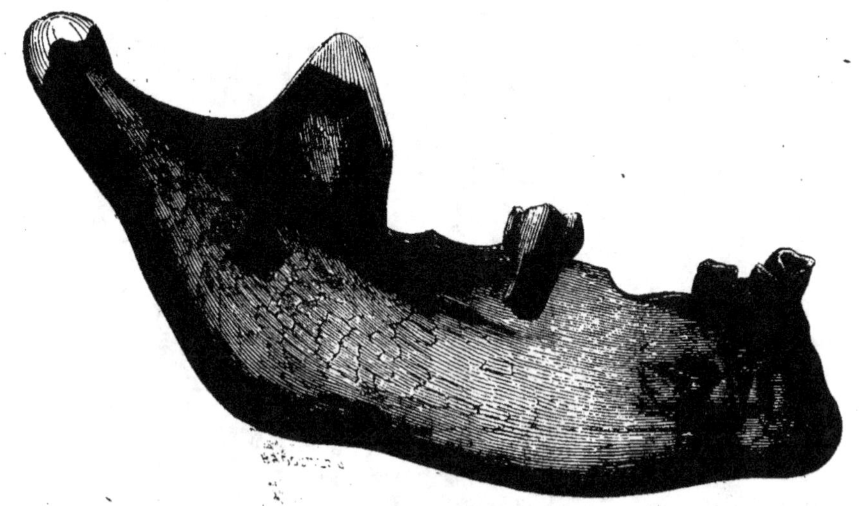

Fig. 2. — Mâchoire humaine trouvée à Moulin-Quignon, par M. Boucher de Perthes, le 28 mars 1863. D'après l'original du Muséum de Paris.

qui semblait également accuser l'authenticité de la mâchoire.

Pour être plus convaincus encore, les huit juges se rendirent à l'improviste à Moulin-Quignon avec une dizaine d'autres savants ; ils y firent mettre à vif la section de la carrière, constatèrent la couche noire ayant servi de gangue et les quelques lits de sable grisâtre identique à celui du canal dentaire, et trouvèrent même en place plusieurs haches analogues à celles de M. Boucher de Perthes. Enfin on reconnut d'un commun accord que les couches de Moulin-Quignon sont bien du diluvium et non un terrain meuble de pente. L'origine diluvienne de la mâchoire était ainsi démontrée pour tous les esprits impartiaux et non prévenus.

Depuis, M. Boucher de Perthes a trouvé à Moulin-Quignon une nouvelle mâchoire inférieure et un crâne (1864).

— Nous devions ces quelques détails à nos lecteurs par suite du laconisme forcé de la fin de notre précédent article. Ajoutons que M. Ponzi (1) a signalé de même, dans le travertin des environs de Tivoli et de Monticelli, au milieu de nombreux ossements d'Hyènes, de Chiens, de Chats, de Bœufs, de Cerfs, de Chevaux, deux dents bien authentiquement humaines. Dans une couche rouge subordonnée à ce travertin blanc de la région caprine, on a rencontré également des débris humains associés à ceux de la faune gigantesque du quaternaire.

Nous allons nous occuper actuellement des cavernes et montrer qu'elles avaient fourni des débris humains bien avant les carrières du diluvium.

On nomme *cavernes* les excavations, grottes, fentes naturelles existant dans le sol avant la période quaternaire ; elles se rencontrent dans tous les terrains, depuis les roches de transition des époques primaires jusqu'aux sédiments tertiaires. Partout elles renferment des restes de la faune quaternaire. A quelque pays qu'elles appar-

(1) *Bulletin de la Société géologique*, vol. XVII, p. 431, 1860.

tiennent, elles ont été remplies par les alluvions locales, sableuses ou argileuses, du diluvium, enveloppant les débris des animaux de l'époque.

Ainsi, aucun rapport d'âge entre le contenant et le contenu, et cependant on ne connaît pas de cavernes présentant d'autre faune que la faune quaternaire.

Ces grottes sont généralement tapissées de gracieux pendantifs nommés *stalactites*, en carbonate de chaux mi-cristallin amené par les infiltrations des eaux météoriques (fig. 3, 4). A ces piquants qui hérissent le plafond, et dans lesquels l'imagination du touriste se complaît à voir toutes sortes d'images, correspondent en général des *stalagmites*, se dressant du plancher comme pour rejoindre les colonnes supérieures correspondantes. Les grottes artificielles ne présentent pas ces décorations variées, ainsi les anciennes carrières de Vernon (Eure), ainsi les vastes souterrains que nous visitions récemment dans la craie de Maestricht, en Hollande. De plus, les antres quaternaires correspondent le plus souvent à l'inclinaison des couches, et quelquefois leurs parois ou leur entrée ont été arrondies et lissées par des courants d'eau.

Fig. 3. — Grotte de Sundewig, en Westphalie (d'après Ludwig), avec stalactites et stalagmites. Le limon ossifère y est, comme dans la plupart des grottes, recouvert par un glacis stalagmitique de carbonate de chaux cristallin très-dur.

Le sol des cavernes, fréquemment recouvert d'un enduit stalagmitique, présente généralement plusieurs couches : une inférieure, faite de graviers ; une supérieure constituée par du limon gris ou noir, gras au toucher sur le terrain, friable après dessiccation, mélangé de sable, de glaise, de calcaire. Les ossements peuvent abonder dans cette couche ; ailleurs ils prédominent dans l'inférieure, transformée parfois en vraie *brèche osseuse*. Les ossements des Mammifères quaternaires sont horizontaux et bien conservés quand l'animal a vécu sur place ; si c'est un courant diluvien qui les a apportés, ils se montrent roulés, pêle-mêle, mutilés, décomposés, superposés par ordre de densité. Leur couleur est généralement celle de la roche contenante.

L'étude des cavernes est au reste un des problèmes les plus ardus et les plus complexes de la géologie. Ici l'on ne saurait agir avec trop de prudence, conclure sans un examen approfondi ; la succession des couches est souvent irrégulière ou difficile à saisir ; la stratigraphie ou superposition des assises est tout autre ici que là, les pluies, en s'infiltrant sans cesse par le sol surplombant ou par les fissures, ou bien des courants d'eau ayant pu, à certains moments, envahir la grotte. Bien d'autres causes encore ont été susceptibles de remanier les couches, de mêler les sédiments inférieurs et supérieurs, d'amener en contiguïté des ossements de dates très-différentes, ne présentant pas le même degré de fossilisation, de décomposition, de friabilité, de coloration, etc. Aussi est-il dans certains cas difficile de préciser les circonstances qui ont présidé à l'introduction, à la répartition des ossements recueillis.

Les cavernes à ossements, souvent véritables caravansérails de générations quaternaires nombreuses, peuvent avoir été remplies d'ossements soit en dehors de l'action humaine, soit par l'homme. Dans le premier cas, deux ordres de phénomènes ont pu s'accomplir :

1° Selon l'opinion de Cuvier (1), de Buckland (2), les cavernes s'ouvrant à l'extérieur étaient habitées par des Hyènes, des Ours, des Lions, qui, en s'éteignant génération par génération, ont laissé dans ces grands ossuaires, leurs débris mêlés à ceux de leurs victimes. Les os des Carnassiers sont alors intacts, ceux des Herbivores se montrent rongés, attaqués par la dent des bêtes fauves, et l'on recueille beaucoup de *coprolites* ou excréments fossilisés, d'Hyènes notamment. Le tout a été ultérieurement enfoui ou non par les eaux, quand tel a été le mode de remplissage des cavernes. On n'y rencontre guère de traces humaines ; cependant, à certains temps l'Homme pouvait y venir chercher refuge, et les grands Mammifères se trouvent ainsi mêlés à ses débris ; puis, quand, l'été par exemple, il se retirait, l'antre servait à nouveau de repaire aux Carnassiers qui y entraînaient encore des Herbivores entiers ou par carcasses et lambeaux pour les y dévorer à loisir.

2° Comme le voulaient trop exclusivement Goldfuss (3), Schmerling, Marcel de Serres (4), les mêmes

(1) *Recherches sur les ossements fossiles*, 1825.
(2) *Reliquiæ diluvianæ.*
(3) *Ossements fossiles des cavernes de Liége*, 1833.
(4) *Essai sur les cavernes à ossements*, 1838.

eaux qui amenaient le limon argileux ou les galets ont pu charrier les ossements des cavernes; celles-ci sont alors généralement d'abord difficile, ou bien trop étroites pour que les animaux y aient pu pénétrer ou circuler; les os s'y montrent roulés ou dispersés comme les coquilles ou les éléments de la roche; quand on rencontre des débris humains, ils participent aux mêmes caractères.

Nous arrivons au second mode de remplissage des cavernes, le plus intéressant à notre point de vue, le seul dont nous nous occuperons dans ces articles.

Quand les cavernes ont été fréquentées régulièrement par l'Homme, elles sont assez spacieuses et éclairées; on y rencontre des produits d'une industrie grossière et primitive, des silex taillés, les blocs qui les ont fournis, des flèches, harpons, hameçons, poinçons en os d'Ours, en bois de Cerf, de Renne, des débris de

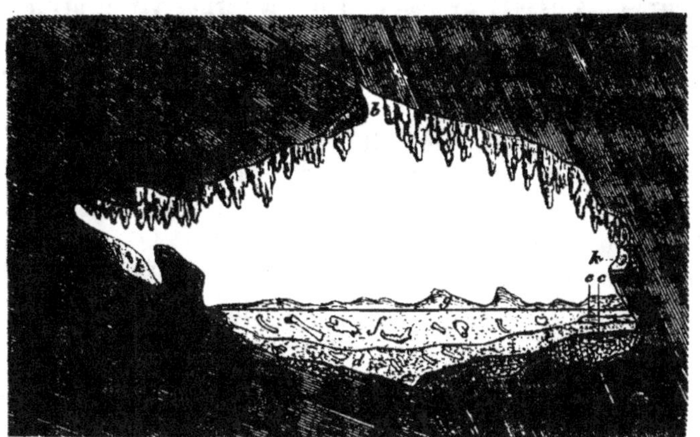

Fig. 4. — Coupe de la caverne de Lombrives (d'après M. Rennes).
A calcaire jurassique disloqué. BB faille visible dans toute l'étendue de la caverne. C couche de très-gros cailloux roulés. D petits cailloux roulés épars dans un sable grossier, le tout cimenté par un calcaire cristallin. E même couche en une argile plastique. F limon ossifère occupant le sol de la caverne. K limon ossifère dans les cannelures des parois. G croûte stalagmitique. H stalactites.

ces bois ou os jetés au rebut, un grand nombre d'ossements d'herbivores tailladés, cassés, fragmentés, fendus et coupés en long avec l'intention évidente d'en extraire la moelle (une des nourritures favorites encore de certaines peuplades sauvages actuelles, comme nous le dirons plus loin), des os percés pour colliers, amulettes ou trophées, des coquilles comestibles marines ou terrestres, des débris de poissons, du charbon ou des emplacements d'anciens foyers, des cendres, des résidus de poteries, des objets gravés ou sculptés, etc.

Quand les couches sont bien intactes, on ne saurait nier l'évidence et l'authenticité de ces restes pré-historiques : on a voulu prétendre que les os avaient été travaillés après coup. Mais il a été reconnu qu'il est impossible d'ouvrer avec autant de netteté des ossements enfouis quelque temps. Les traces et empreintes trouvées sur les ossements fossiles n'ont pu être faites, par conséquent, que sur des os frais, non dépourvus de leur matière animale. Il est même à remarquer que les divers ustensiles de l'industrie primitive de l'Homme ne sont jamais fabriqués en ivoire : il semble que nos pères avaient observé combien l'ivoire est plus difficile à travailler, plus cassant, moins durable que les os ou les cornes.

Quelques cavernes ont certainement servi non pas d'asile, de refuge à l'Homme, mais de lieu de sépul-

ture ; nous en donnerons plus loin pour exemple celle d'Aurignac et de Saint-Jean d'Alcos. A côté des ossements humains, on y recueille alors des instruments divers de l'industrie primitive, apportés comme présents funéraires, comme souvenirs de chasse, comme trophées : les ossements de mammifères ne manquent pas, mais ils sont entiers, comme si les parents du mort avaient amené·là des animaux soit pour accomplir un dernier sacrifice, soit pour préparer des provisions alimentaires destinées au voyage dans la vie future, soit enfin en commémoration du repas des funérailles.

M. Lyell (1) rapproche les rites funèbres de ces premiers temps de ceux des tribus indiennes du Mississipi, décrits par John Cawer, en 1766, reproduits par Schiller dans ses *Poëmes et Ballades*, et traduits en français par M. Charles Meaux-Saint-Marc.

Entonnez le chant funéraire,
Apportez le dernier cadeau,
Mettez tout ce qui peut lui plaire
Auprès du mort dans le tombeau.

Déposez d'abord à sa tête
La hache terrible en sa main,
Puis un quartier d'ours, sa conquête;
Les morts font un si long chemin !

Puis le couteau tranchant, rapide,
Qui de son ennemi gisant
Scalpait la chevelure humide
Et la peau du crâne sanglant;

Puis dans sa main, pour qu'il s'en peigne,
Les couleurs dont il fut épris,
Qu'éclatant de rouge il atteigne
Le grand royaume des esprits.

Les sépultures de l'âge des pierres taillées diffèrent des sépultures historiques de l'époque des *tumuli* et *dolmen* par l'absence même des silex polis, et parce que les cadavres n'y sont pas complets, les os étant au contraire le plus souvent épars.

— L'Homme antédiluvien, tel que nous le font connaître les cavernes, présentait, dans nos pays, un angle facial assez ouvert, un crâne bien développé et d'un

(1) *Ancienneté de l'homme prouvée par la géologie*, traduction Chaper, 1864.

moins bel ovale que le nôtre ; ses dents avaient pour caractère spécial de s'user jusqu'à la racine, même chez les individus âgés, sans se carier ; *telle est au moins la remarque faite par Schmerling pour les cavernes de Liége, et répétée depuis dans quelques localités du sud de la France* (fig. 5, 6). Un fait important, c'est que l'aborigène de nos pays appartenait à une race brachycéphale (à tête courte) et de petite taille, dont les Lapons, les Samoyèdes, les Esquimaux semblent aujourd'hui les derniers représentants (1), relégués qu'ils sont dans ces pays du Nord où se trouve confiné aussi le Renne, si répandu alors en France. Sans que ces études aient pu résoudre encore le problème qui divise les monogénistes et les polygénistes, il devait exister déjà du reste plusieurs races ou variétés : ainsi, M. Boué, derrière l'Aar, dans le pays de Baden, a rencontré des têtes à front aplati, fait dont nous reparlerons plus loin, et M. Lund, au Brésil, signale de même des crânes rappelant le type américain.

Certaines peuplades étaient également plus avancées

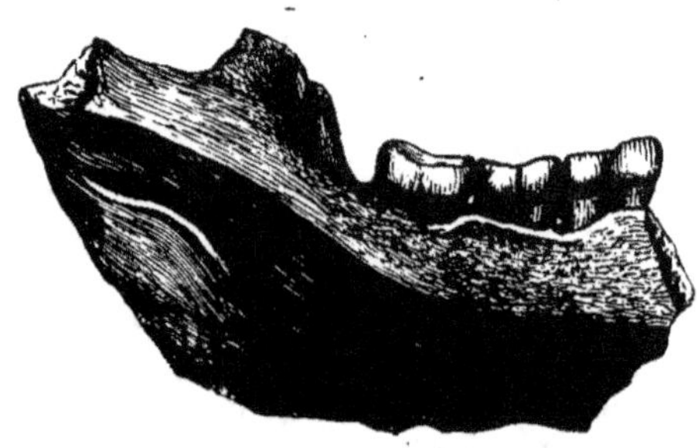

Fig. 5. — Portion de mâchoire inférieure humaine, avec trois dents très-usées, trouvée dans la caverne de Lombrives, avec des débris de l'Ours des Pyrénées, d'Aurochs, de Cerf et d'un petit Bœuf d'espèce perdue (M. Rames).

dans leur industrie; témoin celle d'Aurignac, comparée notamment aux aborigènes de Saint-Acheul, ses contemporains. Cependant, à quelques différences près, c'était partout la même manière de travailler le silex ou les os. De même, en Amérique, de quelque côté qu'on porte ses regards, des États du nord au-delà du Darien, sur plus de mille lieues d'étendue, presque toujours les monuments que rencontre l'antiquaire affectent la même forme pyramidale, au faîte d'une colline

<hr>

(1) M. Tremaux a cherché à démontrer à l'Académie des sciences, en mars et avril derniers, que *tel sol, telle race*, et que l'immutabilité des diverses races n'est vraie que s'il n'y a pas déplacement de leurs représentants. « La carte géologique de l'Europe, dit M. Tremaux (4 avril), nous montre que la plus grande surface de terrains primitifs correspond à la Laponie, qui possède aussi le peuple le plus inférieur. » Or le climat n'est-il pas autrement influent que la composition géognotique du terroir? La réponse serait certaine si l'on venait à démontrer qu'il y a eu, par suite des modifications de la température dans l'Europe centrale, refoulement au nord et du Lapon et du Renne. M. Tremaux paraît de notre avis quand il écrit : « Le blanc devient nègre selon le milieu qu'il habite et sans le concours de causes antédiluviennes. »

artificielle, ordinairement à deux ou trois assises, et présentant au sommet une surface beaucoup plus grande que dans les pyramides d'Égypte, au point qu'elle supporte souvent d'autres édifices.

Autant du moins qu'on peut en juger par les produits variés de son industrie grossière, dans laquelle l'esprit des archéologues a su ressaisir quelques traits de mœurs curieux à constater ici dès l'abord, l'Homme des cavernes vivait principalement de chasse : il s'attaquait à l'Ours, à l'Hyène, au grand Chat (ou Lion) de cette époque, soit pour sa sûreté personnelle, soit pour demander à leurs squelettes les matières premières de la fabrication des armes ou ustensiles divers alors en usage. La peau de ces Carnassiers servait de vêtement (1); et les os longs étaient entaillés ou coupés par des biseaux de pierre pour la recherche de la moelle dont les aborigènes de l'époque paraissent avoir été très-friands : plus souvent, au reste, ce sont les os des grands herbivores qu'on trouve fendus pour l'extraction de la moelle.

Fig. 6. — Molaire inférieure humaine usée jusqu'à la racine. Caverne de Lombrives.

Ces peuplades aborigènes n'étaient d'ailleurs pas cannibales, et elles n'incinéraient pas leurs morts, bien que connaissant l'usage du feu.

L'agriculture était inconnue, l'architecture et sans doute la menuiserie; ces trois connaissances ne paraissent qu'aux derniers temps de l'âge de la pierre brute, à l'époque de l'Auroch, alors que le Chien commence à vivre en servitude. Jusque-là, le Chien, le Chat, le Cheval n'étaient pas encore domestiques (2); l'Homme chassait ces animaux, s'en nourrissait, ou enlevait leurs dents pour en faire des ornements, des colliers, des amulettes, des trophées, objets construits presque toujours sur le même type, et paraissant très-estimés de ces premiers sauvages. Je dis *sauvages*, comme les Grecs disaient *barbares*, les Espagnols *sauvages américains;* mais, en vérité, des gens vivant en tribu, ayant une industrie, des premières notions de céramique, de sculpture, de dessin, un respect tel pour les morts que les sacrifices humains, comme les pratiquaient plus tard les Celtes, n'étaient peut-être pas connus, ne sont guère des sauvages, bien que vivant de chasse et habi-

<hr>

(i) On a remarqué près des cornes des entailles qui paraissent avoir été faites pour détacher la peau.

(2) On juge que ces animaux sont domestiques quand leurs os sont entiers, bien conservés, ni cassés en long ni travaillés.

tant dans ces forêts dont l'étendue devait être immense, et la végétation plus luxuriante qu'il est possible de la rêver.

Les os cassés ou travaillés étant, avec les silex, les épaves les plus fréquentes de l'humanité primitive, dans les cavernes, nous nous y arrêterons quelques instants (1). On a prétendu, et récemment encore, à l'Académie des sciences, M. Eug. Robert prétendait que les fragments de défense ou de mâchelières d'Éléphant portant l'empreinte d'un travail humain, provenaient de débris d'ossements recueillis par l'Homme dans le sol « où ils gisaient depuis des milliers d'années, transportés dans les cavernes pour y être essayés comme substance aussi rare que remarquable par la finesse et la blancheur de son tissu. » Ces objets auraient été ramassés « comme les pierres précieuses que roulent les torrents. » Mais, ainsi que nous le disions plus haut, l'examen attentif de ces os prouve qu'ils ont été exploités à l'état frais. Le même auteur ne comprend pas que des hommes aussi délicats que ceux qui passent pour avoir habité les cavernes, des hommes aussi faibles de corps, aient pu habiter des antres où ils eussent été exposés à se trouver, d'un moment à l'autre, face à face avec des hôtes aussi peu sociables que devait l'être l'Ours colossal à front bombé. Il semble, du reste, que l'absence absolue de toute représentation soit d'Éléphant, soit de Rhinocéros, soit d'Hippopotame, sur des pierres schistoïdes ou sur des os de Renne, de Bœuf, etc., est la meilleure réfutation qu'on puisse faire d'une contemporanéité entre eux et les Hommes qui sont venus les premiers peupler les Gaules. A cette dernière objection, répondons qu'il y a quelques années à peine que les cavernes sont fouillées : est-il certain qu'on ne trouvera pas des gravures ou sculptures représentant des Ours ou Éléphants? D'ailleurs, pourquoi l'Homme primitif, contemporain des Éléphants et des Ours, aurait-il su déjà représenter la nature, parler aux yeux et à la vue par ces empreintes, comme le savait l'Homme bien plus récent qui coexista avec le Renne ?

N'insistons pas autrement et cherchons si réellement l'Homme compatriote soit des Ours, soit du Renne, fendait les os de ces animaux pour sa nourriture.

Comme le rappelaient récemment, dans le *Courrier des Sciences*, MM. Garrigou et Filhol, les voyageurs et les missionnaires qui ont donné le récit de leurs voyages dans les régions polaires s'accordent tous à dire que les habitants de ces contrées, Lapons, Esquimaux, Samoyèdes, Kamtschadales, etc., ont encore l'habitude de casser les os longs du Renne pour se nourrir de la moelle, ou bien pour faire avec la moelle et la cervelle un mélange destiné à la préparation des peaux. Le corps de ces os longs est ouvert au moyen d'un instrument tranchant, ou cassé à coups d'instruments contondants, souvent même les os sont complètement broyés. On les travaille ensuite en marteaux, en cuillers, en poinçons, utilisant ainsi ces résidus pour en faire des armes ou des outils.

Cet usage, maintenu depuis l'apparition de l'Homme ici-bas, existait sur toute la surface de l'Europe, aussi bien au temps où l'Ours et l'Éléphant peuplaient nos pays, qu'aux temps plus récents du Renne, de l'Auroch et même de la pierre polie. Ainsi, MM. Filhol et Garrigou ont présenté à la Société géologique de France des os d'*Ursus spelæus*, de *Felis spelæa*, de *Rhinoceros tichorhinus*, travaillés de main humaine, comme nous l'exposerons plus loin. Chacun s'accorde, d'autre part, même M. Eug. Robert, à admettre l'existence des os taillés dans les restes des populations antéhistoriques du Danemark *(Kjœkken-mœddings)*, ou de la Suisse dans les cavernes de l'époque du Renne, et jusque dans les *tumuli* et *dolmen* dits celtiques. Partout une industrie semblable, des os cassés d'une manière uniforme, portant parfois, avec des stries profondes, l'empreinte des dents des Carnassiers qui les ont rongés, souvent même sur le point où une cassure avait déjà été produite de main humaine; d'autres fois, appointis, après cette section, en forme de poinçons, de ciseaux et de divers autres instruments.

Les os cassés de main humaine présentent les caractères suivants, toujours identiques, et qu'il est impossible de méconnaître une fois qu'on les a bien vus :

« 1º *Aspect de la cassure*. La cassure, lorsqu'elle est ancienne, présente la même coloration que le reste de l'os; elle est souvent, dans ce cas, recouverte de la même gangue que lui. Lorsque la cassure d'un os résulte d'un coup maladroitement porté au moment de l'extraction, on la reconnaît à sa couleur plus blanche et plus fraîche que celle de la surface de l'os. On voit facilement que le bord correspondant à la surface extérieure forme une zone plus foncée. Ce dernier phénomène se produit pour les os qui contiennent encore la plus grande partie de leur gélatine. Dans le cas où ils ont perdu leur matière organique, ces os ont une cassure fraîche à couleur uniforme.

« 2º *Forme de la cassure*. Les cassures que portent les os dont nous parlons présentent une uniformité singulière et bien digne de remarque. Les têtes des os longs sont toujours entières, les diaphyses ouvertes longitudinalement, des fragments plus ou moins longs restant attachés aux têtes. Les os courts, phalanges et ver-

---

(1) Dans un précédent article (8 octobre 1861), j'ai suffisamment décrit les silex pour n'y plus revenir. Remarquons que ces travaux premiers de l'Homme prouvent qu'il n'y a pas eu dégénérescence de l'humanité à partir d'un titre primitif dont l'intelligence eût été supérieure ou dont la science eût été d'origine surnaturelle. L'Homme est allé au contraire se perfectionnant : seuls les animaux sont restés avec leur instinct premier, parfait de prime abord. Comme le dit Lamartine dans sa langue harmonieuse :

<blockquote>
L'humanité n'est pas le bœuf à courte haleine,
Qui trace à pas égaux son sillon dans la plaine,
Et revient ruminer sur un sillon pareil :
C'est l'aigle ranimé qui change de plumage,
Et qui monte affronter, de nuage en nuage,
De plus hauts rayons du soleil.
</blockquote>

tèbres, sont en général divisés dans toute leur largeur en deux parties à peu près égales.

« Les cassures des os longs, que nous avons pu étudier sur des milliers de spécimens, nous ont laissé supposer qu'elles étaient faites de deux façons différentes, tantôt avec un instrument contondant, tantôt avec un instrument tranchant.

« Le premier de ces deux procédés, de beaucoup le plus fréquent, se traduit par une série de cassures plus ou moins lisses et à bords non baveux, laissées sur les extrémités articulaires. Le second, bien plus rare, nous a paru indiqué par des cassures très-allongées de la diaphyse, faites sans doute dans le but de tailler les os en poinçons après en avoir extrait la moelle. Ce sont surtout les os les moins épais, par suite appartenant à de petits Ruminants, tels que Chèvres, Moutons, etc., qui présentent les cassures par instrument tranchant. Les os de grands Ruminants paraissent avoir été plus souvent cassés par le premier procédé. Sur ceux-ci l'on voit quelquefois les coups d'instruments contondants; ceux-là portent les entailles produites par les instruments tranchants. Tous sont sillonnés par de nombreuses stries faites sans doute pendant qu'on en détachait les chairs. La régularité des cassures des os courts paraît bien indiquer qu'ils ont été ouverts exclusivement au moyen d'un instrument tranchant. Les entailles produites sur ces ossements par la main de l'Homme ont quelquefois été rongées par les Carnassiers, *ce qui prouve bien que ces os étaient à l'état frais pendant que l'Homme les a travaillés.*

« Du moment où l'on admet que les cassures produites sur ces os l'ont été par une cause violente, il faut voir quelle est cette cause. Personne ne s'arrêtera à l'idée d'une fracture produite pendant la vie de l'animal. L'absence de cal osseux et le simple bon sens nous permettent de passer outre. Ces os ont-ils été cassés dans un courant, par suite des chocs qu'ils auraient reçus des cailloux roulés venant frapper sur eux? Tous les ossements cassés que nous avons pu examiner proviennent de cavernes non remplies par des courants; ils ont été, pour la plupart, recueillis dans des foyers remplis de cendres, où ils étaient en place, suivant toute apparence, depuis le moment de leur dépôt. Des cailloux roulés n'ont été retrouvés qu'au dessous de ces gisements paléontologiques, ou bien ils manquaient complètement. Il faudrait du reste, pour que ces fractures eussent été produites par les chocs imprimés dans un courant, que les os portassent des traces d'usure par roulement et par frottement; les angles des cassures devraient être mousses, les surfaces articulaires usées, altérées, les surfaces osseuses striées et entamées dans tous les sens. Rien de cela n'existe. Les angles sont tranchants, les pointes aiguës, les surfaces articulaires nettes. Tout démontre que les os cassés n'ont pas été roulés. Est-ce la dent des Carnassiers qui a déterminé ces fractures? Non, car il faudrait retrouver les traces des dents sur tous les fragments, et elles manquent presque toujours. Ce n'est que par exception qu'on les

trouve marquées sur les os, et, lorsqu'on les y voit, il est facile de s'assurer que les cassures entamées existaient antérieurement. Nous ne saurions, après cela, trouver une autre cause violente ayant produit le phénomène que nous étudions, que dans des coups portés par la main de l'Homme.

« Ces faits une fois établis, nous ne croyons pas aller trop loin en disant que, toutes les fois que dans un gisement non remanié on trouvera en quantité des ossements présentant le caractère de ceux que nous venons de décrire, c'est-à-dire cassure des diaphyses, avec conservation des têtes, pointes et angles aigus et tranchants, empreintes de dents de Carnassiers ayant entamé les cassures antérieures, absence de traces d'usure par frottement, il sera possible de dire avec certitude que l'Homme a produit ces cassures sur les os frais, et a été le contemporain des animaux auxquels appartenaient ces débris. » C'est sur ces principes que MM. Garrigou et Filhol ont établi la coexistence de l'Homme et de l'*Ursus spelæus*.

L'étude chronologique des travaux entrepris sur les cavernes nous permettra d'établir rigoureusement et de compléter ces premières assertions sur nos aïeux pré-historiques.

Il reste entendu d'ailleurs que nous ne parlons ici que des plus anciens dépôts des cavernes, de ceux qui paraissent contemporains des couches de gravier d'Abbeville et d'Amiens, dont nous avons fait mention dans notre article du 8 octobre dernier. Les sédiments d'une même caverne ne sont effectivement pas synchroniques; les supérieurs peuvent présenter des débris d'animaux domestiques et des traces d'une civilisation assez avancée, si la caverne a continué à être habitée jusqu'aux premiers temps de l'histoire. De plus, les cavernes connues aujourd'hui n'ont pas toutes été comblées simultanément, ne sont pas toutes du même âge. Déjà, nous avons établi plusieurs ères distinctes, subdivisibles chacune en époques: l'ère de la pierre ébauchée ou taillée, l'ère de la pierre polie, l'ère du bronze, enfin l'ère du fer, commençant les temps historiques. A l'âge de la pierre non polie, l'Homme, essentiellement chasseur, a précédé et a vu les grands changements constatés par les géologues dans le relief géographique : cet âge a duré fort longtemps, si l'on songe au développement que paraissent avoir pris les genres Rhinocéros, Éléphant, Hippopotame, et à la longévité générale des espèces. L'âge de bronze, antérieur lui-même à l'occupation par les Romains de la Gaule, de l'Helvétie, de la Bretagne, se distingue par le perfectionnement de l'industrie et des arts d'ornements, par la variété des formes des ustensiles, par le fini et le goût apportés dans la décoration des outils ou instruments divers : c'est l'âge de beaucoup de nos tourbes, et de la plupart des habitations lacustres de la Suisse, dont nous parlerons plus loin. L'Homme cultivait déjà les céréales, il avait déjà su domestiquer certains animaux.

Avec M. Lartet, savant mammalogiste dont nous aurons souvent à admirer les travaux, on peut répartir les cavernes en quatre époques différentes :

1° L'époque des *Ursus spelæus*, des *Hyæna spelæa*, des *Felis spelæa*, la plus ancienne de toutes, antédiluvienne certainement ;

2° L'époque de l'*Elephas primigenius*, du *Rhinoceros tichorhinus* ;

3° L'époque du Renne (*Cervus tarandus*) ;

4° L'époque de l'Auroch (*Bison europæus*) et du *Bos primigenius*.

Les animaux des deux premières époques, esquissés dans notre dernier article au sein du gravier diluvien, ont aujourd'hui disparu ; le genre auquel ils appartenaient se trouve confiné, l'Ours excepté, dans les régions intertropicales. Refoulés peut-être par l'Homme, ils se seront habitués aux nouveaux pays, plus chauds, où ils étaient relégués (1). Plus vraisemblablement, ils n'auront pas pu, comme l'Homme, leur contemporain, résister aux importantes modifications du climat qui signalèrent le commencement de la période diluvienne, et dont les principales causes furent les changements géographiques de hauteur, de profondeur, d'étendue des surfaces émergées, des cours d'eau, des mers ou des glaciers : l'Angleterre, d'abord largement reliée à la France, la Sicile à l'Afrique, la Baltique à l'Océan, furent notamment isolées à tout jamais, pendant que la plus grande partie du Sahara africain et du centre de l'Angleterre émergeait des eaux de la mer. D'après M. Falconer, l'*Hyæna spelæa* se rencontrerait peut-être vivante encore au nord de la Chine : cette Hyène se rapproche de l'Hyène tachetée du Cap, espèce actuelle.

— Les animaux dont le maximum de développement caractérise les deux plus récentes époques vivent encore ou se sont éteints presque de nos jours. Ainsi le Renne (*Cervus tarandus*), si commun dans certaines cavernes relativement récentes, existe aujourd'hui ; il est seulement relégué au nord de l'Europe et de l'Asie (régions polaires arctiques) avec les Lapons et les Esquimaux, dont le type rappelle particulièrement la race de l'Homme des cavernes. César l'a mentionné dans ses *Commentaires*, seulement sur les ouï-dire obscurs des Scythes et des Germains : il avait vraisemblablement quitté déjà l'Europe centrale et occidentale lors de l'invasion romaine, car il n'a pas figuré dans les jeux du Cirque où l'on rassemblait à grands frais les animaux des pays les plus lointains, il n'est pas représenté dans les plus anciennes médailles, il manque dans les *dolmen* et les autres monuments dits celtiques ou druidiques, dans les tourbières, sous les pilotis les plus jeunes des lacs suisses dont nous nous occuperons plus loin, partout où se rencontrent les produits métalliques de l'industrie humaine. Il est assez commun, au contraire, soit dans certaines cavernes relativement récentes, soit dans les dépôts sous-lacustres suisses de l'âge de pierre, soit dans les *Kjœkken-mœddings* du Danemark, sur lesquels nous arrêterons plus loin l'attention.

Le Cheval des cavernes, soit la grande variété, soit la petite, rappelant celui de la Camargue, semble appartenir à l'espèce actuelle (*Equus Caballus*), telle que nous la trouvons en liberté dans les steppes. On le retrouve dans le quaternaire d'Amérique, associé aux Mastodontes et aux Édentés : il a disparu avec ces grandes espèces et n'a été réintroduit dans ce continent que par la conquête espagnole.

Le *Bos primigenius*, de Bojanus (*Bos urus*, Linné), nommé *Urus* par César, est resté plus longtemps dans la Gaule ; il vécut vraisemblablement jusqu'au XIIIe siècle : le dernier aurait été tué en Prusse en 1779. Quant à l'Auroch (*Bison europæus*), qui survécut quelque temps au Renne dans le sud de la France, il existe encore sur un coin bien restreint du globe, dans les forêts de la Lithuanie, des monts Krapachs et du Caucase.

L'action envahissante de l'Homme, le développement successif des sociétés, ont pu contribuer à la récession graduelle et spontanée, au refoulement, à l'expulsion de l'Europe centrale, comme à l'extinction des grands quadrupèdes quaternaires dont nous avons cité les principaux types dans notre dernier article ; mais c'est surtout dans les changements de climats qu'il faut chercher la principale cause de ces modifications de la géographie zoologique, modifications certainement pré-historiques et antérieures à l'emploi des métaux.

(La suite au numéro suivant.)

---

(1) On ne s'accorde pas bien sur la température à l'époque dont nous parlons. Était-elle plus élevée que la nôtre, de manière à fournir, hiver comme été, une verdure suffisante à l'alimentation de tant de Ruminants et de Pachydermes ? Était-elle au contraire plus froide ? Les partisans de cette dernière hypothèse font remarquer que l'Éléphant et le Rhinocéros quaternaires étaient couverts de poils longs et épais, comme pour résister au froid. Ils arguent sur ce Mastodonte trouvé dans l'Amérique du Nord et dont la poche stomacale était encore remplie de feuilles linéaires d'un Conifère, comme si ces animaux emmagasinaient des provisions pour l'hiver ! Le Renne et quelques Rongeurs quaternaires, n'habitent également plus que les contrées septentrionales.

Paris. — Imprimerie WIESENER ET Ce, rue Delaborde, 12.

4 Mars 1865.   N° 62. — 15 centimes.

Ce Recueil paraît une fois par semaine. — On s'abonne à Paris, à la Librairie L. HACHETTE et Cⁱᵉ, boulevard Saint-Germain, n° 77. Les abonnements se prennent du 1ᵉʳ de chaque mois. — Paris, six mois, 4 fr.; un an, 8 fr. — Départements, six mois, 5 fr.; un an, 10 fr.

Cavernes à ossements de l'époque quaternaire. — Coexistence de l'Homme et des grands Mammifères de cette époque en France et dans les autres parties de l'Europe. (2ᵉ article.)

Ce qui caractérise surtout, zoologiquement, les deux premiers âges, que nous avons admis avec M. Lartet, comme toute la faune quaternaire, du reste, c'est l'immense développement spécifique et individuel qu'atteignent les espèces comparées à leurs congénères actuels. Il semble qu'il y a eu pour ces genres, Ours, Hyène, Lion, Éléphant, Rhinocéros, etc., une énergie de force vitale qui ne s'est pas maintenue. Le Lion des cavernes surpasse d'un sixième nos plus grands Lions; nos Hyènes, nos Éléphants le cèdent aussi en taille aux espèces diluviennes. Quant à la remarquable extension de celles-ci, elle était en rapport avec la grande surface occupée par les continents avant les révolutions quaternaires : on le sait en effet, la loi de la répartition géographique des Mammifères établit que la grandeur et la multiplicité de ces animaux sont proportionnelles à la superficie des terres qu'ils habitent; ainsi, les plus volumineux de nos Mammifères actuels habitent les plus vastes sols émergés. Il n'existe plus de nos jours aucun grand Mammifère qui parcoure en liberté des étendues comparables à celles qu'habitaient le Rhinocéros, l'Éléphant, le Bœuf, le Cheval quaternaires, dont on rencontre partout les débris accumulés dans le nord de l'ancien continent, depuis le détroit de Behring même, et sur la côte opposée de l'Amérique, dans la baie d'Eschscholtz, jusque dans les îles Britanniques.

On comprend que toutes les cavernes n'offrent pas superposées des couches représentant les quatre époques

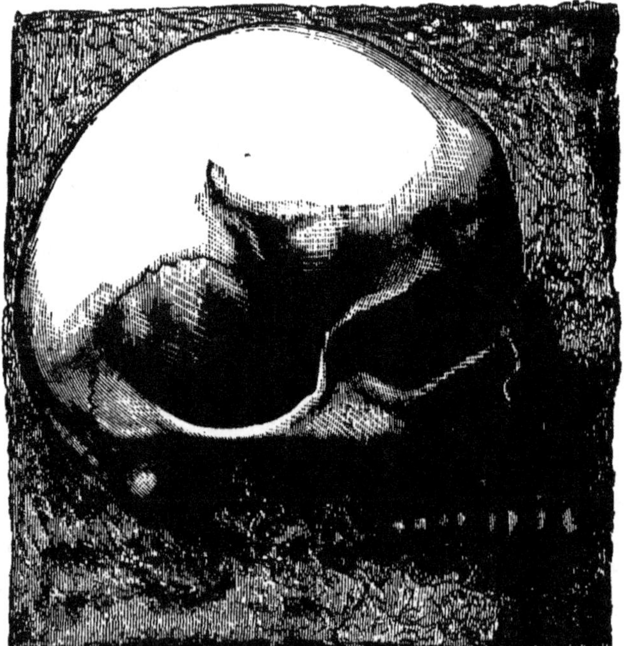

Fig. 1. — Tête humaine de la caverne de Lombrives.

que nous avons admises : tel est cependant le cas de celle du Maz-d'Azil, où la couche inférieure renferme l'Ours et le Lion des cavernes (une phalange d'Ours est percée de main humaine), la suivante des Rhinocéros et des Mammouths, la dernière des Rennes.

— Ces généralités émises, nous donnerons à nos lecteurs, comme pièces justificatives, l'historique des travaux les plus authentiques entrepris sur les cavernes à débris humains. Nous aborderons d'abord les cavernes de la France, qui sont d'ailleurs de beaucoup les mieux étudiées; c'est dans le centre ou le sud qu'existent les plus curieuses de ces excavations, notamment dans le Languedoc et le Périgord. Les principales *stations humaines* de l'étranger seront ensuite l'objet d'un examen superficiel. On remarquera que la plupart des cavernes aujourd'hui connues, et surtout que les plus riches d'entre elles appartiennent à l'âge où le Renne pullulait en Europe. Nous citerons les grottes de Lherm, Lombrives, Bouichéta, comme remontant à l'âge de l'Ours des cavernes, celle de Lourdes à l'âge de l'Aurochs, ainsi que les plus anciennes habitations lacustres de la Suisse.

M. Tournal, de Narbonne, fut le premier qui signala l'association, dans les cavernes, des ossements de l'homme avec les animaux d'espèces éteintes (1827). Dans la grotte de Bize, à la montagne Noire, près Narbonne (Aude), il fut assez heureux pour recueillir, au milieu d'une couche non dérangée, des dents et des os humains, des « fragments de quartz pyromaques à angles très-vifs » (haches et silex), des bois de Renne façonnés et ornés de lignes anguleuses, des os longs de Renne ou d'Aurochs fragmentés pour l'extraction de la moelle, un nombre considérable d'éclats, des coquilles terrestres ou marines encore comestibles, Moules *(Mytilus edulis)*, Peignes *(Pecten jacobæus)*, Escargots *(Helix nembralis)*, ayant souvent servi d'ornements, des débris de poterie grossière, etc. C'était là, à n'en pas douter, un lieu où l'Homme de l'âge de pierre, spécialement de notre troisième époque (époque du Renne), venait chercher refuge, dévorer sa proie, fabriquer ses instruments. Cette caverne de Bize a été étudiée depuis par beaucoup de géologues, qui ont confirmé les découvertes de M. Tournal. M. Marcel de Serres, et tout récemment M. Gervais, professeur à Montpellier, y ont décrit une Antilope, qui semble à M. Gervais le Chamois disparu depuis de ces contrées, et de nombreux couteaux en silex, etc.

Confiant dans ses découvertes, M. Tournal divisa la période géologique moderne, qu'il nomme *anthropœienne* (ἄνθρωπος, homme), en deux sous-périodes, *antihistorique* et *historique*, cette dernière remontant à peu près à 7,000 ans, lors de la construction de Thèbes. On n'en continua pas moins à se renfermer dans une négation commode, dispensant de tout examen.

Deux ans plus tard (1829), M. J. de Christol publia sa notice sur les ossements fossiles de la caverne de Poudres (Gard) : dans des lits non remués, à la voûte de la grotte, il avait rencontré des ossements humains mêlés à des restes d'Ours, d'Hyène des cavernes, de *Rhinoceros tichorhinus*, de Bœuf, de poterie grossière faite avec de l'argile non lavée, simplement séchée au soleil. M. Émilien Dumas a repris depuis avec soin l'exploration de cette grotte : il a trouvé pêle-mêle avec des débris d'*Ursus spelæus*, de Lion des cavernes *(Felis spelæa)*, de Rhinocéros, de *Bos primigenius*, des instruments en silex, des charbons, enfin des débris de squelette humain ayant appartenu à des individus de petite taille.

Ces découvertes, qui n'avaient pu ébranler la conviction préconçue de Cuvier, sont aujourd'hui incontestables.

En 1849, M. J. Beaudouin décrivait la caverne de Balot, près Châtillon (Côte-d'Or), comme lui ayant fourni des restes d'animaux quaternaires associés à des silex taillés.

En 1857, M. Gervais faisait connaître, dans la caverne de Pontil, près Saint-Pons (Hérault), l'existence d'ossements de Rhinocéros, *Ursus, Bos*, mêlés à des couteaux en silex taillés, à des restes d'anciens foyers creusés avec les schistes talqueux des montagnes environnantes, à divers instruments en corne de Cerf ou en os analogues à ceux des premières habitations lacustres de la Suisse ou des *Kjœkkenmœddings* du Danemark : une portion basilaire de bois de Cerf paraissait notamment avoir été destinée à servir de poignée à des armes de pierre. Les sédiments supérieurs de la caverne contenaient des haches *polies*, indiquant le *dernier* âge de pierre, l'une en jade, minéral encore employé à

Saint-Pons comme pierre de touche, et même des objets réputés caractéristiques de l'âge de bronze, anneau en argent sans soudure, pointe de lance en bronze.

La caverne de Laroque, près Ganges (Hérault), a fourni également à M. Gervais quelques ossements humains mêlés à des os d'animaux diluviens.

M. A. Fontan (1858) a signalé dans une grotte sise à Massat, près Saint-Gaudens (Ariége), à 100 mètres au-dessus de la vallée, la présence de dents humaines et d'ustensiles humains gisant pêle-mêle avec des débris de Carnassiers, de Ruminants et de Rongeurs, parmi lesquels dominaient une quantité considérable d'Ours, d'Hyènes, de grand Chat des cavernes, toutes espèces éteintes, de Chamois, de Bouquetin, etc.

Dès 1858, M. le marquis de Vibraye fit connaître le résultat des fouilles qu'il avait entreprises avec persévérance dans la grotte d'Arcy, au sud de Vermanton (Yonne). Cette grotte, traversant un petit promontoire de calcaire jurassique contourné par la Cure, se compose d'une suite d'antres se succédant en chapelet et tapissés de gracieuses stalactites qui ont toujours appelé l'attention des touristes. Buffon l'avait déjà étudiée en 1740, Robineau-Desvoidy en 1853 : le premier, par suite d'un examen trop superficiel, avait attribué l'origine de ces grottes à d'anciennes carrières. Au-dessus de la brèche osseuse constituant le sous-sol de la caverne, M. de Vibraye a rencontré, dans la grotte des Fées notamment, d'anciens foyers creusés en forme d'entonnoirs ou cônes renversés, au fond de chacun desquels se montrait un vase en terre grossière recouvert extérieurement de quelques vagues impressions en guise d'ornement : ces poteries ont conservé la trace d'une carbonisation évidente, et elles étaient pleines de cendre. Autour d'elles, des flèches, fers de lance et couteaux en silex taillé, des os et bois de Cerf ouvrés, des débris de Renard, de Sanglier. La brèche osseuse, rouge, ou *couche inférieure*, d'ailleurs bien intègre, a fourni une mâchoire humaine associée à des restes d'*Ursus spelæus*, d'*Hyæna spelæa*, de *Rhinoceros tichorhinus*. Dans cette couche rouge, les os de Renne abondent ; tous portent des traces d'un instrument ou d'une fracture intentionnelle ; ils sont mêlés à de nombreux débris de silex, à des couteaux de pierre taillée d'un travail assez parfait ; enfin, M. de Vibraye y a signalé un poinçon en os finement aiguisé, un quartz grenu poli et portant des traces d'incisions, un cristal de roche paraissant avoir servi de couteau. Nous avons trouvé nous-même dans la grotte d'Arcy, en 1860, une flèche en bois de Renne à côté de nombreux ossements d'herbivores quaternaires. Depuis (1864), M. de Vibraye a indiqué dans la même grotte un calcaire saccharoïde usé par le frottement, et un casse-tête en roche amphibolique dont l'ère celtique ne répudierait pas le travail.

En 1861, M. Lartet publia un travail remarquable sur la coexistence de l'Homme et des grands Mammifères fossiles. Il y décrivit notamment un foyer et une sorte de cimetière de l'époque des Ours et Hyènes des cavernes. Ce lieu de sépulture, sis à Fajoles, près Aurignac (Haute-Garonne), dans le calcaire nummulitique (fig. 2), était resté jusqu'en 1852 masqué par les cendres et les éboulis de la montagne. En le faisant aborder avec précaution par les ouvriers chargés des fouilles, M. Lartet rencontra, au dehors de la grotte, sous un mince recouvrement de terre meuble, une couche de cendre et charbon contenant des grès empruntés à l'autre côté de la vallée et rougis par le feu, des silex arrondis et taillés à facettes, considérés comme des pierres à frondes ou projectiles, une centaine de couteaux et éclats en silex taillé, un nodus ayant servi à façonner sur place des lames détachées par le choc, un poinçon en corne de Chevreuil, sans doute pour percer la peau épaisse dont les Hommes usaient alors comme vêtement, des lames en bois de Renne rappelant les lissoirs dont les Lapons se servent pour aplanir les coutures grossières de leurs vêtements de peau, des ornements en coquillages. Citons encore une grande quantité d'Herbivores, dont les os longs ou a moelle étaient fendus, évidemment de main humaine, et dont la partie spongieuse semblait rongée après fracture par les Carnassiers, qui ont laissé ici de nombreux coprolites. Ces os, cassés ou fragmentés de la même façon, quelques-uns roussis ou carbonisés, d'autres présentant des entailles ou raclures faites avec un instrument tranchant pour l'ablation des ligaments, appartenaient à l'*Elephas primigenius*, au *Rhinoceros tichorhinus*, au *Bison europæus* (Aurochs), au Cheval, au Sanglier, au grand Cerf d'Irlande *(Megaceros hibernicus)*; il y avait, du reste, des débris attestant que l'Homme mangeait également la moelle des Carnassiers, *Ursus*, *Felis*, *Hyæna*, Chat sauvage, Loup, Renard. Jusque-là, on n'avait recueilli aucun ossement humain ; pénétrant plus avant dans cette ancienne *station humaine*, on fut arrêté par une grande plaque de grès fermant presque verticalement l'entrée de la grotte. Dans celle-ci, on trouva dix-sept individus humains, dont le squelette était accroupi, courbé sur lui-même, comme dans les sépultures celtiques. Autour d'eux gisaient des os de Lion, Hyène, Cheval, Bœuf, entiers, sans traces de dents de Carnassiers, des couteaux en silex, un instrument en bois de Renne appointé par un bout et taillé par l'autre en biseau, un manche fabriqué avec le merrain d'un bois de Renne, et présentant un trou destiné à recevoir

une arme quelconque, une dent canine d'*Ursus spelæus*, sur laquelle était sculptée une tête d'oiseau, précieux spécimen de l'art antédiluvien, dix-huit plaques testacées, blanches, empruntées à des *Cardium* et percées d'un orifice comme si elles avaient servi de bracelet.

Ainsi que l'a remarqué M. Lartet, on avait là sous les yeux un lieu de sépulture où les parents apportaient, pour accomplir certains rites funéraires, des objets d'art, les armes ou les ornements affectionnés du défunt, des amulettes, des trophées, des animaux entiers ou abattus ; puis, après le sacrifice ou le festin de funérailles, ils fermaient l'accès de la grotte par la dalle précitée, si bien que les bêtes fauves rôdant aux alentours ne pouvaient dévorer ou ronger que les débris restés au dehors. Il existait déjà un respect pour les morts tel qu'ils étaient ensevelis soigneusement et que le repas funéraire se célébrait hors du caveau sépulcral.

M. Cazalis de Fondouce a fait connaître à l'Académie des sciences (18 juillet 1864) une nouvelle caverne funéraire, à Sorgue, près Saint-Jean-d'Alcos (Aveyron), mais d'âge plus récent, de l'âge du Renne, comme la grotte de Bize. Elle est située au flanc sud d'un petit coteau dolomitique ; c'est une anfractuosité du rocher dans laquelle les premières populations du pays ensevelissaient leurs morts. « Ces restes humains se rapportent au type européen le plus pur ; il y en a parmi eux qui ont dû appartenir à des individus âgés et d'autres à des enfants ; on n'a trouvé avec eux aucun instrument en métal, mais de nombreux silex taillés se rapportant à un travail déjà assez avancé, quelques hachettes en jade et en serpentine, des amulettes en pierre, des anneaux de colliers ou de bracelets en test de coquillages comme ceux d'Aurignac, quelques os de Mammifères travaillés et des débris de poteries grossières simplement séchées au soleil.

« On y recueille peu d'ossements d'animaux, et il n'y en a point parmi ceux-ci qui se rapporte à des espèces perdues, de sorte que la sépulture de l'âge de la pierre de Saint-Jean-d'Alcos vient se ranger à côté des cavernes dont a parlé M. Gervais dans sa Note insérée dans les *Comptes rendus de l'Académie* du 1er février 1864. Les seules espèces animales que j'ai pu y déterminer sont le Cerf, le Blaireau, le Lapin. Je n'ai pu y découvrir, soit à l'extérieur, soit à l'intérieur, aucune trace de charbon, ni aucun indice du repas des funé-

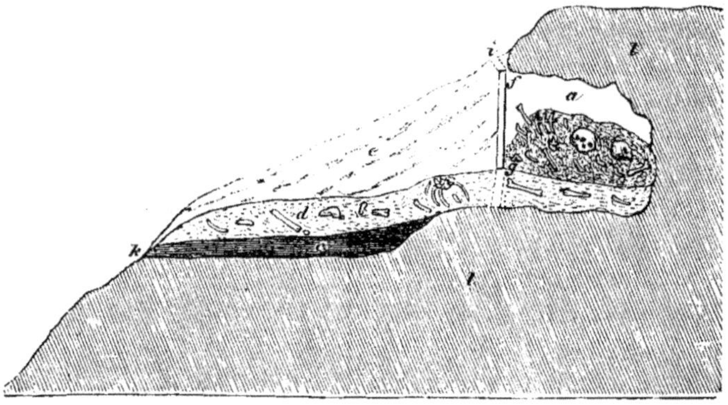

Fig. 2. — Coupe d'une partie de la colline de Fajoles passant par la grotte funéraire d'Aurignac (M. Lartet). — A partie de la caverne où l'on a retrouvé les dix-sept squelettes. *B* lit de terre rapportée, de 60 cent. de hauteur : dans l'intérieur de la grotte, il contenait quelques os humains, des os entiers d'espèces vivantes et éteintes, et un assez grand nombre d'objets travaillés. *C* lit de cendres et de charbon de bois, de 15 cent. d'épaisseur, avec des os de Mammifères éteints et récents, brisés, brûlés et rongés ; il s'y trouvait aussi des pierres de foyer et des objets travaillés ; pas d'ossements humains. *D* dépôt contenant des objets analogues et un peu de cendres disséminées. *E* talus formés de déblais venant de la partie supérieure de la colline. *FG* plaque de pierre qui fermait la grotte ; *Fi* terrier de Lapin qui amena fortuitement la découverte de la grotte. *HK* terrasse primitive sur laquelle s'ouvrait la grotte. *L* calcaire nummulitique de la grotte de Fajoles.

railles signalé à la caverne sépulcrale d'Aurignac; mais, comme pour celle-ci, les parents et les amis des morts avaient, sinon fermé complétement, du moins considérablement rétréci l'ouverture de la cavité. Pour cela, on avait déposé au devant de l'entrée deux grandes dalles en croix, qui ne laissaient qu'une ouverture triangulaire n'ayant qu'un mètre à la base. De ces dalles, l'une était dolomitique comme la roche de la colline, l'autre était calcaire et avait dû être portée d'assez loin; cette dernière, équarrie pour servir de seuil au four du propriétaire de la grotte, a encore, après avoir été ainsi réduite, 1m75 de long sur 1 mètre de large, et 0m20 d'épaisseur. Quant à la cavité elle-même, elle a 5 mètres de profondeur sur 6 mètres de largeur et 2 mètres de hauteur *maxima*.

« Il me paraît intéressant de faire observer combien les populations primitives ont légué à celles qui leur ont succédé le souvenir et le culte, devenus inconscients, des lieux qu'elles ont habités. Au-dessus de la caverne de l'âge de pierre, le monticule dans lequel elle se trouve se termine par un tertre gazonné dont le sol renferme des sépultures gallo-romaines. A 300 mètres au sud, le château démantelé de Saint-Jean-d'Alcos témoigne des luttes du moyen-âge, et d'humbles chaumières, qui s'appuient contre ses vieux remparts, abritent aujourd'hui les familles des paysans qui cultivent le sol rocailleux et aride du Causse, qu'ont foulé, dans les siècles passés, les populations même les plus anciennes de nos pays. J'ajouterai que les populations primitives ont laissé de nombreuses traces de leur séjour dans cette partie du département de l'Aveyron qui avoisine le Larzac et sur le Larzac lui-même. » On y trouve de nombreux dolmens se rapportant tous ou presque tous à l'âge de la pierre polie, des menhirs et d'autres monuments de cette même époque post-quaternaire que je me propose de décrire plus tard pour compléter ce qui se rapporte à l'enfance de l'humanité dans nos pays.

En 1862, M. Rames fit paraître d'intéressantes observations sur l'*Homme fossile des cavernes de Lombrives et de Lherm* (Ariége). La caverne de Lherm (canton de Foix), dont le plan avait été dressé antérieurement par M. l'abbé Pouech, est, comme celle de Lombrives (dont nous avons donné la figure dans notre dernier

Fig. 3. — Avant-dernière molaire inférieure droite de Bœuf, trouvée dans le limon des grottes latérales de la caverne de Lombrives.

Fig. 4. — Prémolaire inférieure gauche de Cerf, trouvée dans les mêmes conditions. (M. Rames.)

article), un riche ossuaire qui fournit tout d'abord, dans une couche limoneuse supérieure, recouverte par un glacis stalagmitique, des débris de squelette

et d'industrie humaine entourés de restes d'*Ursus priscus*, *d'Equus*, *de Bison*, *de Cervus elaphus*, etc. (fig. 3, 4). Les os humains, de tout âge et de tout sexe, étaient brisés et pêle-mêle avec ceux des Carnassiers et des Herbivores : ils ont dû être charriés par des eaux tumultueuses et introduits dans la caverne, soit déjà décharnés (ils sont alors roulés comme des galets), soit, s'ils sont entiers et frais, encore revêtus de chairs protectrices dont la putréfaction ultérieure a communiqué à la couche une odeur infecte. Cette couche était d'ailleurs vierge de tout dérangement. Les débris humains, examinés avec soin, avaient les mêmes caractères physiques et chimiques que les autres os; ici et là, semblable couleur, légèreté, sonorité, friabilité, happement à la langue, etc. (fig. 5, 6, 7).

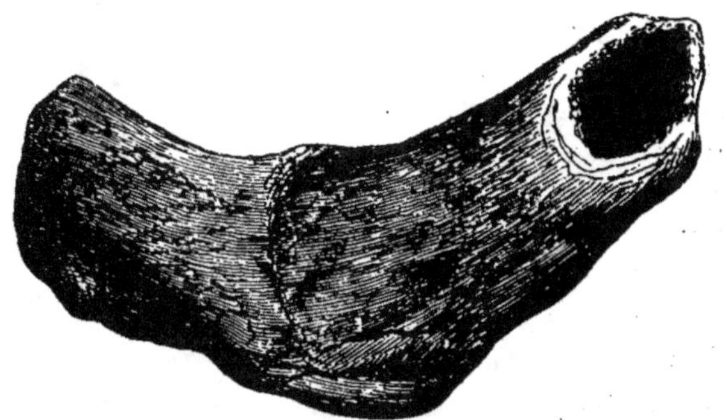

Fig. 5. — Fragment de fémur humain roulé, de la caverne de Lombrives. (M. Rames.)

Le lit rouge sous-jacent présenta les restes de nombreuses légions de Carnassiers des cavernes, Hyènes, Ours (M. Garrigou en a recueilli 16 crânes entiers, et 250 canines), Lion, des ossements d'*Ursus priscus (arctos*, Linné; Ours brun des Pyrénées), de Chien, de Cerf, etc., des incisives, des molaires, une omoplate, des phalanges d'Homme. Quelques-uns de ces débris de nos

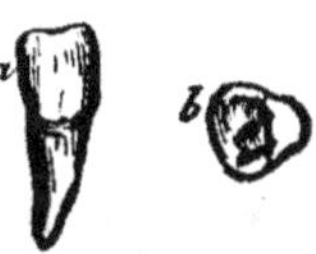

Fig. 6-7. — Caverne de Lherm.

A incisive supérieure humaine présentant le même degré de fossilisation et les mêmes conditions de gisement que les dents d'Ours et d'Hyène, parmi lesquelles elle a été trouvée dans une même couche de limon sous la croûte stalagmitique. (Salle de gauche.) — B prémolaire de lait humaine trouvée dans les mêmes conditions que la canine.

premiers pères étaient recouverts par une stalagmite très-dure. Il nous faut ajouter des coprolites (excré-

Fig. 8. — Dents canines de Chien percées d'un trou, trouvées dans le limon des grottes latérales de la caverne de Lombrives. (M. Rames.)

ments fossilisés) d'Hyène, des parcelles de charbon, des couteaux de quartzite, des éclats triangulaires en quartz, des canines de Chien percées d'un trou pour bracelet (fig. 8), une lame en os d'*Ursus spelæus* pointue par un bout, taillée en biseau de l'autre pour être emmanchée (fig. 9), trois crânes d'Ours présentant des fractures consolidées par un cal osseux, ou, sur les pariétaux, des traits délicats certainement dus à un instrument tranchant (probablement, le muscle temporal était un mets recherché). MM. Rames et Garrigou signalent encore une certaine quantité de mâchoires d'*Ursus spelæus* transformées ingénieusement en arme agressive et défensive, en instrument pour bêcher la terre, etc. (fig. 10). Les branches ascendantes de ces maxillaires avaient été enlevées; quant au corps de l'os, il se trouvait aminci, taillé en pointe à partir de sa moitié ou de son tiers antérieur. On avait ainsi un manche facile à tenir. La partie de l'os la plus épaisse conservait une canine enchâssée, en place, et constituait une arme redoutable. La branche dentaire était, en outre, couverte sur ses deux faces de nombreuses stries fines et délicates, telles qu'un instrument tranchant les produirait *sur un os frais*. Enfin, les bords de cette branche se montrent ébréchés d'une manière étagée, ou bien forment des arêtes vives.

M. Rames cite enfin des mâchoires inférieures d'*Ursus*

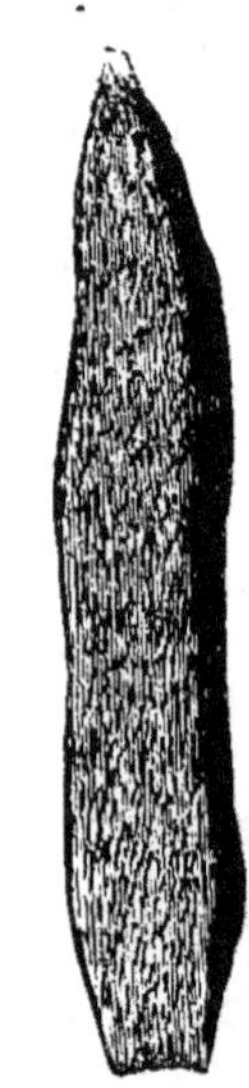

Fig. 9.
Caverne de Lherm (M. Rames) Éclat d'un os long d'Ours des Cavernes, taillé de main d'homme. Le bord de cet instrument est soigneusement aiguisé, la pointe est usée par le travail, l'extrémité inférieure est façonnée en biseau. Trouvé dans le limon, sous la couche stalagmitique. (Salle de droite.)

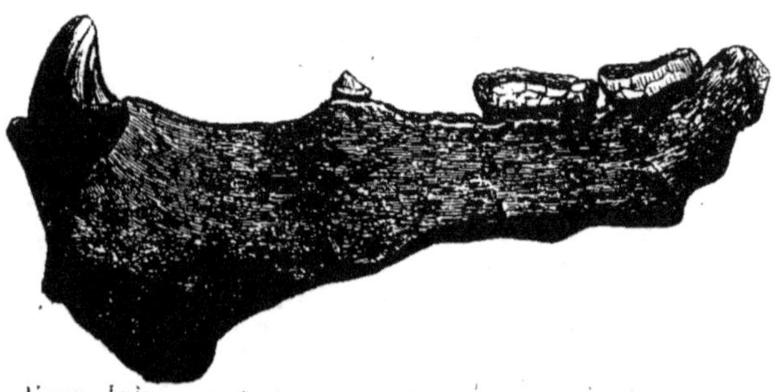

Fig. 10. — Caverne de Lherm. (M. Rames.)
Demi-mâchoire d'*Ursus spelæus*, façonnée par l'Homme. Le corps a été taillé afin que la main puisse le saisir facilement. Trouvé dans le limon, sous la couche stalagmitique. (Salle de droite.)

spelæus percées de trous pour être suspendues en manière de trophées. — Ici nous avons une caverne du premier âge. Pendant une partie de l'année, l'Homme y habitait, y dépouillait le produit de sa chasse, y fabriquait ses armes et outils; mais, quand il abandonnait ce lieu de refuge, l'Hyène dévorait les restes des repas ou bien se fixait à son tour dans la grotte. Puis sont venues les eaux quaternaires, qui ont formé le dépôt confus dont nous parlions d'abord.

Dans le même département, à la caverne de Bouicheta, M. Garrigou a rencontré une mâchoire inférieure de grand *Felis* taillée comme les maxillaires de Lherm (fig. 11), c'est-à-dire dont la partie postérieure,

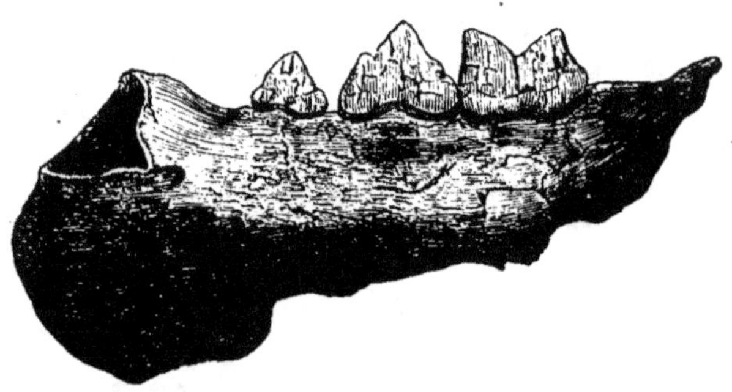

Fig. 11. — Demi-mâchoire de *Felis spelæa*, façonnée, trouvée au sein du limon, avec des ossements humains, de beaux spécimens de mâchoires travaillées d'Ours, et des os de *Rhinoceros tichorhinus* fragmentées par l'Homme, puis rongées par les Hyènes. (Caverne de Bouicheta.)

très-régulièrement enlevée, sans doute pour être plus facilement tenue à la main, formait avec leur canine menaçante une arme redoutable ou un instrument utile pour gratter la terre; des mâchoires d'Ours façonnées de même; des humérus et des tibias de *Rhinoceros tichorhinus*, dont la diaphyse (ou corps) porte une série d'empreintes résultant de coups destinés à la fracture (fig. 12); des os de Bison fendus longitudinalement pour l'extraction de la moelle, etc. La grotte du Maz-d'Azil (Ariège) a fourni à M. Garrigou une phalange d'Ours des cavernes percée de part en part.

Dans le département de la Vienne, M. Joly Leterme trouva, au fond de la caverne de Savigné, dont l'époque remonte à celle du Renne, des débris de charbon, des os travaillés, des flèches barbelées, un métatarsien de Renne portant gravée la silhouette de deux *Cervus tarandus*. Ici l'industrie est plus avancée; nous sommes presque au temps des amas de coquilles comestibles du Danemark et des plus anciennes habitations lacustres de la Suisse. Il faut ranger synchroniquement la caverne décrite par M. Fontan à Massat (Ariège), à 20 mètres au-dessus de la vallée : on y

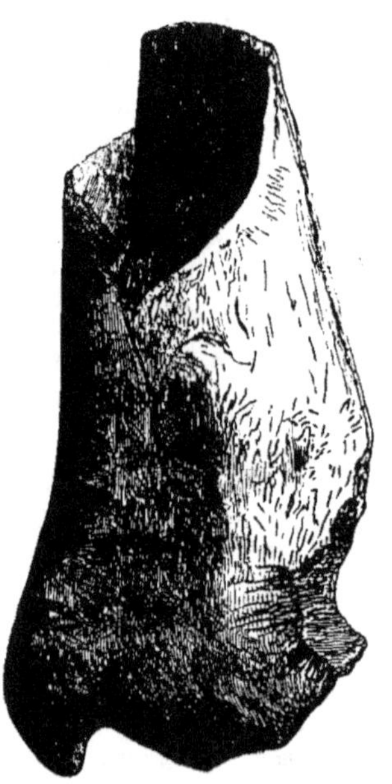

Fig. 12. — Caverne de Bouicheta.
Os de *Rhinoceros tichorhinus*, d'abord fragmenté par l'Homme, puis rongé par les Hyènes. Trouvé dans le limon avec des fragments humains.

recueillit des flèches barbelées, avec cannelures destinées sans doute à recevoir du poison; des harpons en bois de Cerf, une aiguille en os d'Oiseau, un andouiller de Cerf percé d'un trou et portant gravée une tête d'Ours, beaucoup d'*Helix nemoralis*, etc.

En 1862, MM. A. Milne Edwards et Ed. Lartet publièrent dans les *Annales des sciences naturelles* la description de la grotte de Lourdes (Hautes-Pyrénées), habitée par l'Homme aux deux époques du Renne et de l'Aurochs, d'après MM. Garrigou et Martin. De gros blocs calcaires, rapprochés les uns des autres vers l'entrée de la grande salle, reposent sur la couche de cailloux roulés. Entre ces blocs étaient des masses de cendres et de charbon dont on retrouvait aussi les indices dans différents points de la caverne. Des quantités de silex taillés, des ossements et des bois de divers Cerfs travaillés et taillés en instruments ou en armes, enfin quelques os sculptés gisaient pêle-mêle avec les cendres. Dans le niveau supérieur on a récolté des restes de Renard, de Cheval, de Sanglier, de Cerf, de Chamois, de Bouquetin, de Renne, d'Aurochs, de Bœuf, de Chèvre, de Mouton, de Taupe, de Campagnol, d'Oiseaux : les ossements de tous ces animaux sont cassés comme ceux des *Kjœkkenmœddings*, des cavernes de l'Ariége, des habitations lacustres de la Suisse. Quelques-uns étaient rongés par un Carnassier, le Chien sans doute. La présence de l'Aurochs, l'existence du Chien à l'état domestique, la conservation de la presque totalité de la gélatine dans les os, la découverte d'une sculpture délicate, font rapporter cette couche supérieure à l'âge de l'Aurochs, *le dernier des temps de la pierre taillée*. L'inférieure, par la grande quantité de ses bois ou os de Renne, par la grossièreté des objets travaillés ou des silex taillés, l'absence d'os rongés par le Chien, la disparition de la gélatine des os, le happement de ceux-ci à la langue, paraît remonter à l'âge du Renne. Ici l'Aurochs existe encore, mais plus rare; les dents du Cheval sont plus abondantes que celles du Bœuf et du Renne. D'ailleurs les os de ce dernier Ruminant prédominent. La diaphyse de ces os est toujours divisée, les têtes seules étant entières. Cette couche inférieure a fourni à MM. Garrigou et Martin plus de quatre cents silex travaillés, quatre-vingt-dix objets en bois de Cerf ou de Renne ou en os façonnés.

La caverne d'Izeste (Basses-Pyrénées), celles de Bruniquel (Tarn-et-Garonne), des Eyzies (Dordogne), des Espalugues (Hautes-Pyrénées), de Savigné (Vienne), la partie supérieure de la grotte du Maz-d'Azil (Ariége), appartiennent également à l'âge du Renne. Quelques mots sur la première, nommée également caverne d'Espalungue par MM. Garrigou et Martin, et ouverte dans un calcaire crétacé gris, fétide à la cassure. L'entrée, à 30 mètres au-dessus du fond de la vallée, est haute et spacieuse, elle est tournée au nord-nord-est. A quelques mètres de cette ouverture, là où la voûte est élevée, où la lumière pénètre encore (la température y est de 9°), une tranchée de 1 mètre de profondeur sur 3 de large a montré une couche de terre argileuse contenant des débris de charbon. Au-dessous un lit pétri d'ossements, devenant plus bas une brèche ferrugineuse très-dure et reposant sur des cailloux roulés. Les ossements prédominants appartiennent à un Cheval de grande taille; puis viennent les débris de Renne, d'un petit Cheval, de *Bos primigenius*, de Cerf, de Bouquetin, de Chamois, d'*Ursus arctos*, de Chèvre, de Renard, d'Oiseaux. Avec eux, un cinquième métatarsien gauche d'Homme, blanc, happant à la langue et enveloppé d'une gangue ferruginéo-calcaire comme les autres os. Ajoutons 200 petits silex taillés, les éclats provenant de leur fabrication, les noyaux desquels on les a retirés, des os ou bois de Renne travaillés grossièrement. Relativement à ces objets façonnés, l'industrie qu'ils révèlent est moins avancée que dans le centre de la France, où nous avons vu les os taillés en flèches barbelées, en poinçons, en aiguilles à chas, puis soigneusement polis. « Ici, continuent MM. Garrigou et Martin, la civilisation paraît fort en retard. Sur 200 kilogrammes d'ossements que nous avons retirés de la caverne, nous n'avons trouvé qu'un seul instrument poli. Il est fait d'un os long, probablement de Ruminant, légèrement arrondi à une extrémité et apointi à l'autre, et offre une certaine ressemblance avec un tranchet. Les autres os, qui portent des traces de travail intelligent, sont taillés et non polis; l'usage seul paraît avoir émoussé leurs arêtes ou leurs pointes. Ce sont des poinçons de formes et de dimensions très-variables, des pointes triangulaires de flèches ou de lances : sur quelques-unes de ces dernières pièces on voit une échancrure au bord opposé à la pointe principale; des sortes de spatules en bois de Cerf et en os ayant une extrémité taillée et non polie suivant une surface plane; d'autres objets, taillés en formes arrondies, et qui sont probablement des instruments ébauchés ou dont l'usage nous est encore inconnu; quelques-uns des bois de Renne fragmentés portent des entailles et des stries.

« Parmi ces bois de Renne, deux sont intéressants pour la manière dont ils ont été taillés. Le premier comprend la base du bois, le premier andouiller et une longueur de 15 centimètres sur le corps du bois. Cette dernière partie est apointie grossièrement; tenu à la main, l'ensemble forme une arme défensive solide et redoutable. Le second bois provient d'une partie palmée et comprend un andouiller apointi; c'est peut-être un fragment de crampon. Les silex venant de la grotte d'Espalungue ont également une forme moins finie que ceux de Bruniquel et de la Dordogne. Les grands silex taillés sont fort rares; nous n'en avons trouvé qu'un seul de 12 centimètres, ayant la forme d'un fer de lance; tous les autres ont des dimensions bien inférieures et des formes assez mal définies. »

Tous les os longs sont fragmentés, la diaphyse est divisée dans toute sa longueur, l'épiphyse seule est intacte, les bords de la fracture sont nets et dirigés toujours de même.

« Les faits que nous venons d'énumérer rapidement nous conduisent à assigner à la brèche osseuse d'Espalungue une antiquité plus grande que celle des brèches de Bruniquel et de la Dordogne, bien qu'elles appartiennent toutes à l'âge du Renne. Les objets travaillés dans la grotte d'Espalungue se rapprochent beaucoup plus, par leur forme et la grossièreté de leur façon, des objets trouvés dans la caverne de l'âge de l'Ours que de ceux recueillis dans les gisements de l'âge du Renne. Si l'on se rappelle que l'étude des progrès de la civilisation a joué un grand rôle dans le choix des divisions admises pour la période quaternaire, et si l'on remarque en outre le faible développement relatif du Renne, on admettra sans doute avec nous que la station d'Espalungue représente une sorte de passage des premières époques quaternaires à l'âge du Renne, ou, en d'autres termes, l'origine de ce dernier. »

Plus au nord de la France, l'abbé Bourgeois signalait, dans la brèche osseuse de Vallières (Loir-et-Cher), des coprolites d'Hyène, des ossements d'*Hyæna spelæa*, de *Rhinoceros tichorhinus*, mêlés à des silex taillés rappelant ceux d'Amiens. Nous avons dit, dans notre article du 8 octobre 1864, que le département de Loir-et-Cher avait en outre fourni dans le sous-sol ou bien à la surface, et ramenés par les travaux de la culture, beaucoup de silex taillés : couteaux, hachettes, pointes de lances, boules ou rognons ayant fait l'office de marteaux pour obtenir ces éclats.

J'allais terminer pour la France, quand je m'aperçois que je n'ai pas parlé du squelette de la Denise, ni des cavernes du Périgord. Une des questions qui embarrassa le plus longtemps le monde géologue, c'est l'authenticité de l'Homme fossile du volcan de la Denise, près le Puy-en-Velay, dans la France centrale. Dès 1844, M. Aymard avait trouvé, sous une brèche volcanique, dans une gangue de tuf scoriacé, le squelette de deux Hommes isolés de tout autre fossile. En contournant la montagne, M. Aymard avait observé, dans une brèche identique, des débris de Bœuf, de Cheval, d'Éléphant, de Rhinocéros, de Cerf, et même de Mastodonte, *Mammifère réputé jusque-là pliocène*. On crut longtemps à une supercherie de la part d'un ouvrier intelligent, ou à un enfouissement postérieur à la formation de la roche. Mais M. Aymard fit remarquer que, dans cette partie du bassin de la Loire, il n'y a pas de diluvium, pas de traces d'anciens glaciers, et qu'il n'est dès lors pas étonnant de trouver des débris humains ainsi isolés. M. Pomel, après avoir dit ces ossements apocryphes, s'est rendu à l'évidence. De nombreux géologues de mérite, français et anglais, sont allés sur le terrain, et il est certain aujourd'hui qu'il n'y avait pas eu méprise. L'Homme a vu les dernières éruptions volcaniques de la France centrale, il a été çà et là victime de leurs déjections. Ce fait est important, car *il recule encore de quelques siècles la date d'apparition de nos pères sur le globe :* comme nous le dirons en terminant, l'Homme ne serait pas seulement contemporain des animaux prédiluviens, il aurait coexisté avec l'*Elephas meridionalis*, l'*Hippopotamus major*, le Mastodonte, animaux *pliocènes*, c'est-à-dire de l'époque tertiaire supérieure.

Nous ne pouvons mieux achever ce résumé succinct qu'en analysant à grands traits l'ouvrage récent sur les *Cavernes du Périgord*, de M. Lartet, l'illustre mamma-

logiste qui s'est acquis, par l'étude des cavernes, la même considération que M. Boucher de Perthes par ses recherches dans les carrières de diluvium. La grotte des Eyzies, près Tayac (Dordogne), ouverte dans le calcaire crétacé supérieur, à 35 mètres au-dessus du lit de la Beune, et de l'âge où prédominait le Renne, a pour plancher une brèche ou amalgame osseux, qui fournit beaucoup d'ossements portant des traces, des entailles ou des rayures faites par des instruments tranchants, des aiguilles ou alènes en bois de Renne, finement travaillées et percées d'un chas, des débris de charbon, des *nuclei* (blocs-matrices), d'où avaient été détachés par percussion des éclats et lames en silex taillés sur des plans divers et à diverses intentions, des espèces de mortier en galet granitique, — peut-être employés à fournir du feu en faisant tourner rapidement, dans la cavité de ces cailloux, un bâton de bois sec, comme le font certaines peuplades de l'Amérique du Sud, — des grattoirs en silex à tête arrondie ou taillée à petites facettes obliques, ou à tête double, quelques-uns préparés pour être emmanchés, de petites lames très-effilées, quelquefois aplaties, triangulaires, en poinçon, des flèches en bois de Renne sur le côté desquelles des saillies ou entailles paraissent avoir été destinées à recevoir une substance vénéneuse comme dans les flèches barbelées des sauvages, des harpons en os d'Oiseau, une vertèbre lombaire de jeune Renne percée par une flèche en silex, un sifflet construit dans une première phalange de Renne, deux plaques de schiste quartzifère assez dur, gravées de profil, probablement avec la lame aiguë d'un silex taillé ou avec la pointe d'un cristal de quartz, et représentant un Élan, premier exemple de gravure sur pierre, — une défense d'Éléphant travaillée, une canine de Lynx percée à la racine d'un trou de suspension, un métacarpien de *Felis spelæa* portant de nombreuses stries artificielles, etc. A ces objets ouvrés nombreux se trouvaient mêlés des os de Chamois, de Bœuf, de Bouquetin, de Cheval, d'Écureuil, de Lièvre, d'Oiseaux, de Poissons. Enfin, MM. Lartet et Christy recueillirent eux-mêmes un fragment de mâchoire humaine, paraissant avoir appartenu à un individu de petite taille.

Dans plusieurs vallées du même pays, le long des escarpements ou adossées aux roches en saillie et surplombantes, existent des accumulations de restes de la nourriture des aborigènes, sortes de *Kjœkkenmœddings*, constitués ici non de coquilles marines, mais d'innombrables ossements de Rennes, Aurochs, Cheval, toujours fendus et brisés, accompagnés de silex taillés. Les os, sans moelle, sont intacts, d'où l'on conclut à l'absence de Chiens domestiques qui auraient utilisé ces restes, comme dans les amas semblables que nous présentera le Danemark. Nous avons vu d'ailleurs (fig. 8) que le Chien était alors la proie de l'Homme.

MM. Lartet et Christy ont rencontré, dans la station de la Madeleine, commune de Sarlat (Dordogne), un dépôt osseux de trois mètres d'épaisseur, où existait un crâne humain, une demi-mâchoire et plusieurs os longs, présentant le même aspect extérieur, les mêmes altérations organiques que les ossements d'animaux. Il est vraisemblable que cet ossuaire est *antérieur* à la sépulture d'Aurignac, car la description donnée plus haut de ce lieu funéraire indique de la part de l'Homme une sorte de culte pour les morts ; à l'âge du Renne, les cadavres n'étaient pas délaissés avec les résidus de cuisine, et près d'eux on plaçait des objets à signification symbolique qu'on ne trouve pas à la Madeleine.

A Laugerie-Basse, sur les bords de la Vézère, les habiles explorateurs que nous citons ont découvert une vraie fabrique d'armes et d'outils en bois de Renne : les os ouvrés y sont de tout âge, soit ceux de mue, soit ceux adhérents encore à la tête de l'animal ; ils portent souvent la trace d'un sciage. Avec eux, il a été recueilli beaucoup d'aiguilles en bois de Renne, percées d'un chas ; elles paraissent avoir été destinées à coudre la peau des animaux avec les tendons de Renne fendus et finement divisés, comme le font encore les Esquimaux ; de nombreux canons de Renne de cette station portent, près de leur articulation, la marque des entailles faites pour en détacher les tendons. Parmi les divers instruments recueillis, certains étaient ornés de sculptures en relief difficiles à définir, ou entaillés de lignes sinueuses : quelques empaumures ou merrains de bois de Renne présentaient aussi la représentation de divers animaux gravés au simple trait, quelquefois sculptés en relief ou en ronde-bosse d'une main sûre et exercée ; deux tiges notamment, ayant servi d'armes, étaient d'élégantes sculptures détachées tout d'une pièce du merrain du bois de Renne et « d'un travail véritablement étonnant eu égard aux moyens d'exécution que pouvaient avoir ces peuplades dépourvues de l'usage des métaux.

« Une race humaine a donc vécu dans le Périgord en même temps que le Renne, l'Aurochs, le Bouquetin, le Chamois, espèces dont certaines sont présentement refoulées dans les latitudes extrêmes et d'autres à peine représentées par de rares descendants sur les cimes des Alpes et des Pyrénées. Ces animaux n'étaient pas domestiqués. Les métaux étaient inconnus. Les armes étaient tantôt de pierre simplement taillée, tantôt en os ou en cornes d'animaux. La nourriture était fournie par la pêche et la chasse, surtout la chasse du Renne et du Cheval. Il existait déjà un certain degré de culture des arts, un certain luxe, un certain goût pour les ornements. » (LARTET et CHRISTY.)

Nous nous arrêtons ici pour la France. Tout en nous limitant aux cavernes avec débris de l'Homme ou de son industrie, nous pourrions citer encore bien des travaux, par exemple les recherches consciencieuses de notre ami et lecteur M. A. de Rochebrune sur les grottes de la Dordogne et des Charentes, recherches dont nous espérons la prochaine publication. Dans ces départements, comme l'observait M. de Vibraye, on trouve mélangés aux cendres et débris de charbon, ou empâtés dans des brèches osseuses résistantes, « des milliers d'instruments de silex, et une multitude d'objets d'os travaillés : aiguilles d'une grande finesse artistement perforées, poinçons, hameçons, flèches barbelées, cuillers ayant pu servir, en raison de leur forme, à l'extraction de la moelle, poignards en bois de Renne, ornements par entailles ou ménagés en relief sur les ossements ; bien plus encore, la représentation d'animaux dessinés à la pointe sur des fragments de bois ou de mâchoires de Renne ; la représentation du Cerf et de la Biche, du Cheval et du Bœuf, d'une Loutre ou d'un animal à crinière épaisse dont la tête manque, enfin de plusieurs Oiseaux et Poissons. Les gisements ou stations de Taye et de Tussac (Dordogne) ont en outre fourni des granites équarris ou arrondis sur les bords, évidés au centre, ayant eu sans doute pour destination de broyer les grains. »

Il y a quelques mois, MM. Brouillet et Meillet, faisant des fouilles dans les cavernes de Chaffaud, près la Rochelle, le long de la Charente, découvraient des vestiges des premiers essais de l'industrie humaine : pointes en silex de cinq à huit centimètres de long ; lamelles tranchantes de silex et de jade mesurant vingt à vingt-cinq centimètres ; petits outils en forme de grattoirs, semi-circulaires, plats d'un côté, concaves de l'autre, et sur le dos desquels a été ménagée une saillie donnant prise et en rendant l'usage facile, quelques-uns adaptés à des bouts en corne de cerf ; fragments de silex aplatis et ébréchés, ayant l'air d'une scie mal façonnée, morceaux de quartz durs et compactes qui rappellent les marteaux dont se servaient les tailleurs de pierre à fusil ; osselets transformés en aiguilles sans trous, poinçons à rainures dans lesquels on pouvait coucher un fil ; os grossièrement sculptés, représentant des figures, *le soleil*, *la lune* et même *un essai d'écriture*, certainement bien antérieur à celle des Phéniciens, depuis importée en Grèce.

La place me manque pour citer d'autres travaux plus récents. M. Victor Chatel m'a fait connaître, à Campandré (Calvados), des tombelles avec cendres, charbons et nombreux silex taillés : grattoirs, lames, *profils* (c'est-à-dire silex dont les bords présentent un profil grossier d'homme ou d'animal). Je pourrais aussi citer la découverte par le docteur Léveillé, au Grand-Pressigny (Indre-et-Loire), d'un *atelier d'instruments en silex* où l'on compte par milliers, sur 5 à 6 hectares, ces épaves de l'industrie humaine. Mon ami de Rochebrune m'a fait connaître un *atelier* semblable dans la Charente. Mais ces gisements de silex à fleur de terre me semblent plus récents que l'époque des cavernes ; on y trouve, en effet, des haches *polies;* je renvoie leur examen à mes articles sur l'Homme post-diluvien et celtique.

Émile GOUBERT.

(La suite au prochain numéro.)

Paris. — Imprimerie WIESSNER et Cⁱᵉ, rue Delaborde, 12.

LES TROIS RÈGNES DE LA NATURE

LECTURES D'HISTOIRE NATURELLE.

11 Mars 1865.

N° 63. — 15 centimes.

Ce Recueil paraît une fois par semaine. — On s'abonne à Paris, à la Librairie L. HACHETTE et Cⁱᵉ, boulevard Saint-Germain, n° 77.
Les abonnements se prennent du 1ᵉʳ de chaque mois. — Paris, six mois, 4 fr.; un an, 8 fr. — Départements, six mois, 5 fr.; un an, 10 fr.

Cavernes à ossements de l'époque quaternaire. — Coexistence de l'Homme et des grands Mammifères de cette époque hors de la France. — Quelques aperçus philosophiques et ethnographiques. (3ᵉ article.)

Les recherches sur l'Homme fossile, quaternaire, à l'étranger nous arrêteront peu de temps; nous nous occuperons plus spécialement de la Grande-Bretagne, de la Belgique, de l'Allemagne, de la Suisse et du Danemark. Les cavernes à ossements des autres pays, celles de la Sicile exceptées (1), ont été peu explorées encore.

M. Austen, un des premiers, signala, dans des grottes du Devonshire, des ossements d'Hommes mêlés à des restes d'Éléphants, de Rhinocéros, d'Ours, de grands *Felis*, à des flèches et des couteaux en pierre. Vers 1855, MM. Falconer et Prestwich fouillèrent avec soin la caverne de Brixham, près Torquay (comté de Devon). Au-dessus du gravier, au-dessous de la croûte stalagmitique, dans un limon ocreux, ils rencontrèrent des silex taillés mêlés à des débris d'*Elephas primigenius*,

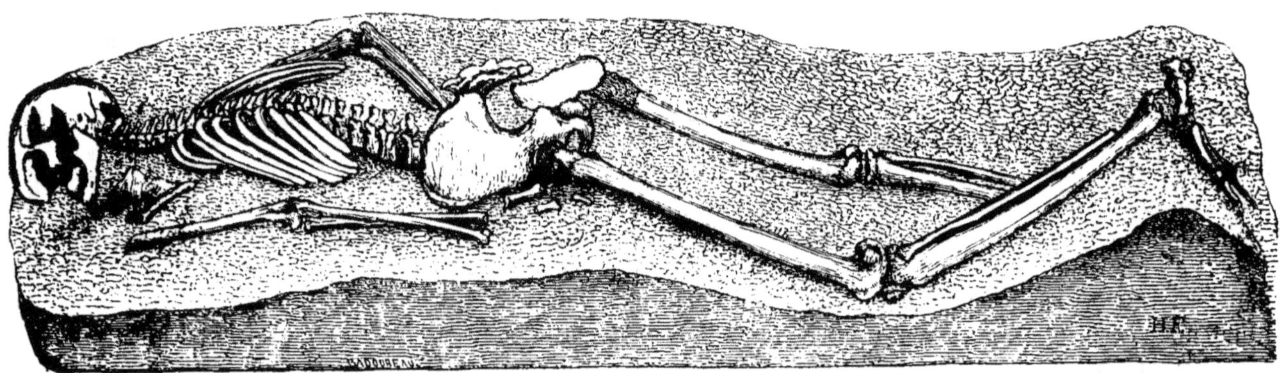

Fig. 1. — Femme gauloise (type Celte), trouvée en 1845 dans une fissure du gypse, à la plâtrière de M. Paintendre (Pantin). D'après l'original visible dans la galerie d'anthropologie du Muséum. (Les portions noires du crâne correspondent à des parties accidentellement détruites.)

Rhinoceros, Ursus, Hyæna, Felis, mais sans ossements humains.

Depuis, M. Falconer trouva dans les cavernes de la péninsule de Gower (Glamorganshire, Galle méridionale) des ossements humains associés à l'*Elephas primigenius*, animal que nous savons presque contemporain des Ours, des Chats, des Hyènes des cavernes. En janvier 1862, M. Royd Dawkins rendit compte à la Société géologique de Londres du résultat de ses recherches à Wokey-Hole, près Wells Somerset; une caverne qu'il venait d'exploiter avec M. Williamson lui avait fourni, dans une couche rouge limoneuse, des silex taillés, deux pointes de flèche en os, de nombreux débris de Rhinocéros, de Mammouth, d'Hyènes, du grand Chat ou Lion des cavernes (*Felis spelæa*), etc., tous animaux éteints pendant la période pré-glaciale de Philipps.

Enfin, et pour ne citer que les faits saillants, à Lhandelie-Lhandilo, on a trouvé un crâne humain avec des restes d'Ours, de Cerf, d'Élan, etc.

Les *crannoges* ou habitations lacustres de l'Irlande, sont moins connues que celles de la Suisse, dont elles sont contemporaines. C'étaient des îles artificielles, palissadées, dont le bois semble avoir été travaillé avec

(1) Faisons réserve également pour les travaux de Lund (Edimbourg, *New philosophical journal*, 1844), qui, après avoir observé au Brésil plus de huit cents cavernes, finit par rencontrer dans une grotte les ossements de plus de trente individus humains intimement mélangés avec les Carnassiers, les Pachydermes, les Ruminants quaternaires de l'Amérique méridionale. Il pense que la race de ces temps pré-historiques était la même que celle qui habitait encore l'Amérique au temps de la conquête espagnole. — En Sicile, on a trouvé des pierres taillées dans la caverne de Maccagnone (1859, MM. Anca et Falconer), dans la *grotta Perciata* et dans celle de *San Theodoro*, près Palerme.

des ciseaux de pierre émoussée, et sur lesquelles vivaient quelques peuplades des derniers temps quaternaires. En étudiant les débris actuels de ces campements, on est conduit à penser qu'on les « formait de madriers de chêne horizontaux, portant des poteaux verticaux de chêne de 1 m. 80 cent. à 2 m. 50 cent. de haut, assemblés à mortaise, et reliés entre eux par des entre-coisés de chêne, jusqu'à ce qu'on eût ainsi constitué une enceinte circulaire (1). »

— Les cavernes de la Belgique orientale sont depuis longtemps célèbres par les *Recherches sur les ossements fossiles des cavernes de la province de Liége*, publiées en 1833 par le docteur Schmerling. A une époque où la question était encore l'objet du dédain général, où n'avaient guère encore paru que les travaux précités de MM. Tournal et de Christol, il signala dans la caverne d'Engis un crâne humain, dont la face seule manquait, gisant avec des dents de Rhinocéros, d'Ours, d'Hyène, de Cheval, des silex et os taillés, dans un limon non remanié, recouvert par une brèche osseuse de 1 mètre et demi d'épaisseur et formée de restes de petits animaux. Au fond de la même grotte fut recueilli un autre crâne, un maxillaire supérieur, des vertèbres, une clavicule, des phalanges, un cubitus et un radius humains. Le limon de la caverne d'Engihoul fournit à Schmerling, et depuis à M. Malaise, de nombreux débris humains, mais fragmentés, roulés, dispersés par les eaux diluviennes comme les restes des grands Mammifères associés : avec ces ossements existaient des couteaux et flèches en silex, des os taillés, des os de Poissons aiguisés en pointe, etc. Schmerling, dont il faut sans crainte recommander la lecture, ne craignait pas d'écrire en 1833 :

« J'ai abandonné les hypothèses établies jusqu'à pré-
« sent, et j'ai fini par conclure que ces restes humains
« ont été enfouis dans ces cavernes à la même époque,
« et, par conséquent, par les mêmes causes qui y ont
« entraîné une masse d'ossements de différentes es-
« pèces éteintes..... Quant aux silex, ils sont d'une lon-
« gueur et d'une largeur variable ; ils ont une face
« plate et une autre triangulaire, les faces étant à
« peu près de même dimension ; les bords externes
« sont très-tranchants, mais les extrémités sont ob-
« tuses. Ce qui prouve que ces silex ont été longue-
« ment exposés aux influences atmosphériques avant
« d'avoir été enfouis dans les cavernes, c'est qu'ils
« sont tous couverts d'une croûte blanchâtre, qui, dans
« quelques-uns, que j'ai brisés, ne dépasse pas l'épais-

(1) *Ancienneté de l'homme*, par Lyell, p. 31

« sœur d'une ligne, tandis que le centre est d'un gris
« bleuâtre. La forme de ces silex est tellement régu-
« lière qu'il est impossible de les confondre avec ceux
« que l'on rencontre dans la craie et dans le terrain
« tertiaire. Toute réflexion faite, il faut admettre que ces
« silex ont été taillés par la main de l'Homme et qu'ils
« ont pu servir pour faire des flèches ou des couteaux. »

Plus récemment, le professeur Spring, de l'Université de Liége, a signalé dans une caverne, à Chauvaux (province de Namur), des ossements humains qu'il regarde comme *postérieurs* à ceux de Liége et au diluvium, antérieurs du reste au temps des Celtes ; ils étaient mêlés dans une brèche osseuse à des débris d'animaux domestiques et de chasse, Cerfs, Bœufs, Moutons, Chevreuils, Sangliers, Chiens ou Renards, Martres, Lièvres, etc., à des cendres végétales, à de petites portions d'argile calcinée ou briques. Enfin M. Van Beneden (Académie, 20 décembre 1864) a trouvé un crâne humain dans une caverne des bords de la Lesse.

— En Allemagne, la caverne la plus intéressante est certainement celle de l'escarpement de Néanderthal, près Dusseldorff (fig. 2) ; elle a fourni un crâne, couvert de ces cristallisations arborescentes nommées *dendrites*, et qui

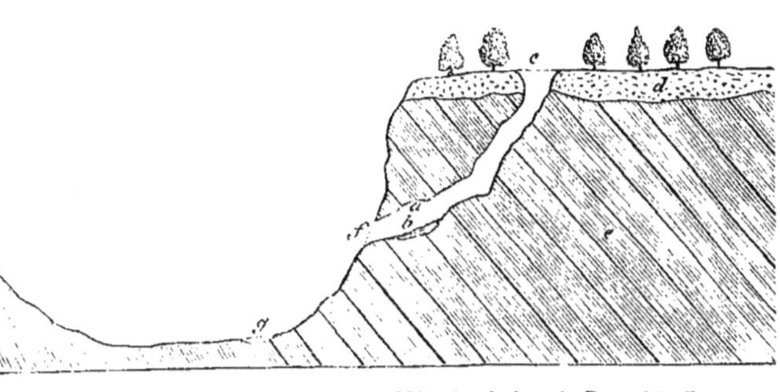

Fig. 2. — Coupe de la caverne de Néanderthal, près Dusseldorff.
A. Excavation à 18 mètres au-dessus de la Dussel et à 30 mètres au-dessous de la surface *c d*. B. Limon couvrant le sol de la caverne ; le crâne fut trouvé presque à sa partie inférieure. B C. Fente mettant la grotte en communication avec l'extérieur. D. Limon sableux superficiel. E. Calcaire dévonien. F. Terrasse ou saillie du rocher. G. La Dussel, cours d'eau.

fut l'objet d'une étude attentive. L'épaisseur des os en est remarquable ; les saillies et les dépressions musculaires y sont très-accentuées ; les arcades sourcilières sont largement développées, comme dans le crâne des *tumuli* de cette dernière période de la pierre ébauchée trouvé à Borreby (fig. 3). Le front est déprimé, fuyant (1), ce qui implique un faible volume des lobes antérieurs du cerveau, tout en rappelant la configuration craniométrique des grands Singes anthropomorphes. Le professeur Schaffhausen a cherché à démontrer d'ailleurs que ce squelette de Néanderthal ne s'écartait pas du type humain moyen par ses proportions, et ne saurait être invoqué en faveur de la théorie des transitions entre l'Homme et le Singe (fig. 4, 5) : telle n'est cependant pas l'opinion d'une illustre école anglaise qui accepte la paternité du Singe, dans un temps, il est vrai, très-reculé. La société anthropologique de Paris se refuse, jusqu'ici à compter le Gibbon et le Chimpanzé au nombre de nos ancêtres : comme le disait récemment

(1) Peut-être ce front fuyant était-il dû à quelque coutume de toilette. Un reste de barbarie, qui se retrouve non-seulement chez les sauvages océaniens, mais même sur quelques coins de la Normandie, de la Bretagne, du Limousin, du Poitou, de la Haute-Garonne, fait, de nos jours même, déformer la tête des enfants en pétrissant leurs os encore tendres au moyen de coiffes plus ou moins rigides et diversement serrées selon la forme réputée la plus belle (têtes annulaires, bilobées, en lune, etc.). On produit ainsi beaucoup d'idiots, d'épileptiques, de fous, en atrophiant le cerveau par la déformation de sa boîte osseuse.

M. Gratiolet aux conférences de la Sorbonne : « Dans le corps de l'Homme existent des facultés qui sont propres à l'Homme, qui ne sont absolument qu'à lui : le Singe le plus semblable à l'Homme par son organisation cérébrale n'en offre pas même un vestige. » Je discuterai dans un autre article cette brûlante question de l'*Homme-Singe*.

Les crânes de la caverne d'Engis, rapportés à tort, comme ceux de Chauvaux, à la race éthiopienne, diffèrent assez du crâne de Dusseldorff pour faire admettre deux variétés humaines, dans l'Europe occidentale, pendant la période postpliocène. Ils se rapprochent du type caucasique ; ils sont dolichocéphales (à tête allongée), le front est assez bombé, les arcades sourcilières bien développées (fig. 4, 5). Je donne, comme comparaison, le squelette trouvé à Pantin, *dans une fissure* de la pierre à plâtre, conservé au Muséum, regardé à tort comme fossile, et que M. Serres rapporte à la race celtique.

— Nous arrivons actuellement aux dépôts quaternaires du Danemark, sur lesquels M. Morlot a plus spécialement appelé l'attention (1). Deux sortes de dépôts doivent ici nous occuper, les tourbes et les *Kjœkkenmœddings*. M. Streenstrup a réparti les tourbes du Danemark en trois âges.

1° Age de pierre, ou du Pin de Corse (*Pinus sylvestris*).

Cette tourbe contemporaine, pour nous, des premiers temps de l'Aurochs, c'est-à-dire *plus récente que la plupart de nos cavernes françaises* (celle de Lourde exceptée), a fourni, avec des instruments en silex, des crânes d'une race petite, à tête ronde, à sourcils saillants, rappelant celle d'Aurignac et de la France centrale ;

2° Age du bronze, ou du Chêne (*Quercus robur*).

Les crânes sont ici plus allongés, ils indiquent une variété de plus haute taille ; ils sont associés à des épées, des boucliers en bronze, ce qui suppose une industrie avancée, sachant extraire l'étain et le cuivre. (Nous reviendrons dans un autre article sur cet âge et le suivant.)

3° Age du fer, ou du Bouleau (*Betula verrucosa*).

Au premier de ces âges remonte l'origine des *Kjœkkenmœddings* (amas de débris de cuisine), tertres dans lesquels les aborigènes des derniers temps de la pierre taillée ont accumulé des quantités considérables d'Huîtres (*Ostrea edulis*), mollusque ne pouvant plus vivre dans la Baltique à cause de la salure trop faible des eaux actuelles, de Moules (*Mytilus edulis*), de Clovis (*Cardium edule*), de Bigorneaux (*Littorina littorea*), et autres Mollusques comestibles, qu'on trouve associés à de nombreux ossements de Bœufs sauvages (*Bos primigenius*), de Daims, de Chevreuils, de Castors, espèce depuis longtemps disparue du pays, de Phoques, de Pingouins, relégués aujourd'hui au Groënland, d'autres Oiseaux, de Poissons, notamment de Poissons de haute mer (Morue, Hareng), qui prouveraient l'usage de canots. La plupart des os de grands Mammifères sont brisés pour l'extraction de la moelle. Ajoutons des haches, couteaux et autres instruments en silex, des ustensiles en corne ou en os, des fragments de poterie, du bois carbonisé, de l'ambre. Aucune trace de céréales.

— Quant aux anciennes habitations lacustres (*pfahlbauten*) de la Suisse, elles ont été, dans ces derniers temps, l'objet de recherches multipliées de la part des archéologues helvétiens (1). Dans les parties basses du rivage de plusieurs lacs (Zurich, Bienne, Genève, Neufchatel, Constance), on a trouvé d'anciens pilotis en bois ayant servi de support à des villages entiers. *Les plus anciens* remontent aux *derniers temps* de l'âge de la pierre ébauchée ; leurs habitations semblent avoir été construites sur des plates-formes élevées au-dessus des eaux, et en communication avec le littoral par des ponts de bois ou de bateaux. On y a rencontré beaucoup de bois carbonisé, comme si ces villages avaient péri par le feu, des poteries informes, des ustensiles divers en pierre, ambre, corne ou os ; le silex paraît avoir été pris au sud de la France, l'ambre à la Baltique, le jade (substance verte du genre amphibole) à l'Orient. Comme le remarque M. Lyell, ces villages devaient rappeler ceux du lac Prasias, en Thrace (520 avant Jésus-Christ), décrits par Hérodote (2), et les huttes des Papous de la Nouvelle-Guinée. — Les silex taillés sont, du reste, déjà mêlés de silex polis : en un mot, il s'agit ici d'une civilisation

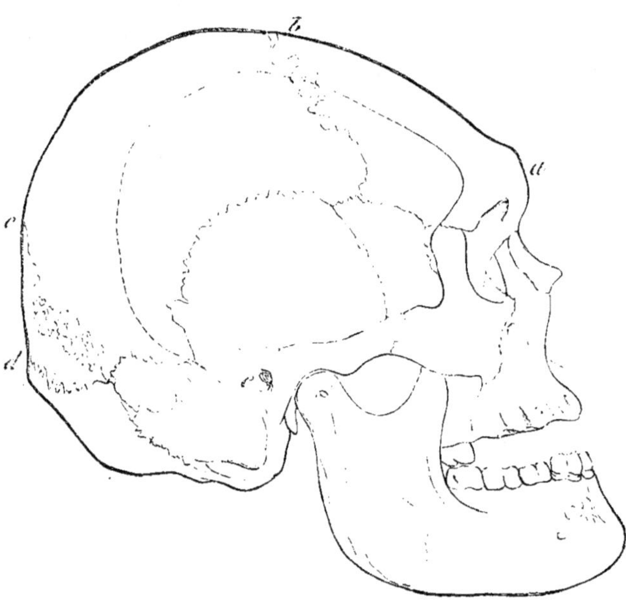

Fig. 3. — Crâne associé à des instruments de pierre, trouvé à Barreby (Danemark), et contemporain des *Kjœkkenmœddings* (d'après Lyell) : Le trait *a d* indique la partie correspondante au crâne mutilé de Néanderthal. A. Arcade sourcilière. B. Suture du frontal et du pariétal. C. Sommet de la suture de l'occipital avec le pariétal. D. Protubérance occipitale externe. E. Trou auditif. — Il serait intéressant de comparer ce crâne à celui de Moulin-Quignon.

(1) *Bulletin de la Société Vaudoise des sciences naturelles*, t. VI, Lausanne, 1862.

(1) Voyez notamment Troyon, *Indicateur d'histoire et d'antiquités suisses*, 1855 ; Lubbock (*Annales des sciences nat.*, 1862).

(2) Livre V, ch. XVI.

beaucoup plus avancée qu'à l'époque des cavernes proprement dites.

Les principes astringents de la tourbe ou de l'humus des grands lacs ont conservé jusqu'à nous, sur quelques-uns de ces anciens emplacements de bourgs, de précieux débris végétaux. Ainsi, à Wangen (lac de Constance), à côté de haches en serpentine et en diorite, on a recueilli des fragments de lin tressé ou tissé, des parties carbonisées de tiges de blé, des grains d'orge, des gâteaux ronds en pain grossier, des morceaux de filet de pêche, des noyaux de prunes sauvages, des noisettes, des épis d'*Hordeum hexastichon*, espèce qui accompagne les momies d'Égypte. L'Homme, *en Suisse au moins*, n'était pas seulement agriculteur à ces dernières époques de l'âge de la pierre ; il avait su domestiquer le Bœuf, le Mouton, la Chèvre surtout, un Chien de taille moyenne, employé probablement déjà pour la chasse. Enfin, les plus anciennes habitations ont fourni également une grande quantité d'os (tous les os longs fendus pour l'extraction de la moelle) de Cerf, de Chevreuil, gibiers plus recherchés

mille ans aux livres sacrés des Indous, postérieurs eux-mêmes à la langue aryane, la mère des langues indiennes et indo-européennes. M. Lyell, au congrès de Bath, en 1864, fait remonter à 100,000 ans l'époque quaternaire caractérisée par l'extension des glaciers.

La place me manque malheureusement pour parler des grottes de la Vénétie, de l'époque des *Ursus spelæus*, sur lesquelles M. Lioy a appelé, en janvier dernier, l'attention de l'Académie.

Arrivé ainsi à la fin de la tâche que nous nous étions proposée, nous croyons avoir démontré que l'apparition de l'Homme sur cette terre a de beaucoup devancé les traditions historiques, et que nos pères ont eu pour contemporains ces grands animaux si multipliés à la surface du sol après l'époque tertiaire, dans les premiers temps diluviens, animaux dont il ne reste presque plus aujourd'hui un seul représentant. Aucun être n'a montré une enfance plus longue que l'espèce humaine, aucun n'a mis autant de siècles à se développer et à ma-

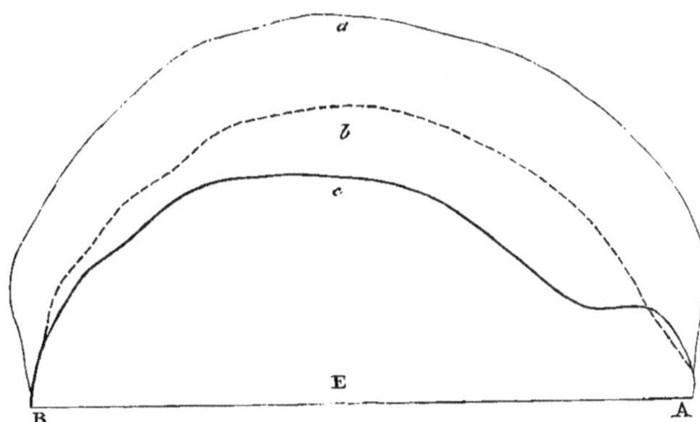

Fig. 4. — Profils du crâne d'un Chimpanzé adulte, de celui de Néanderthal et de celui d'un Européen (d'après Lyell), ramenés au même diamètre absolu pour mieux faire ressortir leurs différences relatives. La région sourcilière du crâne de Néanderthal est moins proéminente sur la ligne médiane où tous les contours sont supposés pris. A. Glabelle. B. Protubérance occipitale, correspondant au niveau inférieur des lobes cérébraux postérieurs.

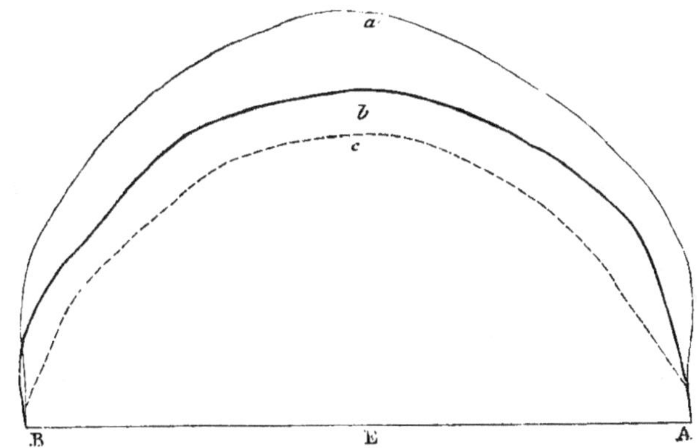

Fig. 5. — Profils des crânes d'Engis et de Néanderthal, comparés à celui d'un naturel de Port-Adélaïde (Australie), ramenés à la même longueur absolue pour mieux comparer leurs proportions. E. Position du trou auditif ; A et B (comme dans la fig. 4).

alors que le Bœuf et le Mouton, de Renard, d'Ours des Pyrénées et des Alpes (*Ursus arctos*), de Blaireau, d'Hermine, de Chat sauvage, d'Écureuil, de Castor, de Sanglier, Bouquetin, Chamois, etc. Les Poissons sont assez rares. Un crâne humain a été recueilli au milieu de ces débris, à Meilen (lac de Zurich).

Dans la Suisse centrale et occidentale existent des pilotis moins détériorés appartenant à l'âge des instruments de bronze. L'Élan, l'Ours, le Castor, le Cerf, le Chevreuil, l'Aurochs, les Tortues d'eau douce tendent alors à disparaître ou du moins deviennent rares. Je reparlerai plus au long de l'archéologie suisse à propos de l'Homme celtique.

MM. Morlot, Mortillet et Troyon ont, par des essais de calculs, fait remonter l'âge de bronze à quatre mille ans, l'âge de pierre à cinq ou sept mille ans ; mais ces chiffres nous paraissent beaucoup trop faibles en vérité, si l'on songe que certains linguistes accordent déjà quinze

nifester ses caractères propres, ceux qui devaient lui assurer la suprématie sur la nature.

Nous résumerons donc en quelques mots ces articles. Nos lecteurs se le sont dit déjà, le doute n'est plus possible, sur ce point inconnu, nié ou controversé tant de fois, la haute antiquité de l'Homme. Anatomistes et linguistes, monogénistes et polygénistes se réunissent ici pour reconnaître l'origine anté-glaciaire de nos premiers ancêtres. L'Homme en Europe, et notamment dans le centre ou le midi de la France, a été évidemment le compatriote de toute la faune prédiluvienne. Son avénement est de beaucoup plus ancien qu'on ne l'admettait jusqu'en ces derniers temps. L'Homme a traversé toute la période quaternaire ; il a été le témoin, souvent la victime, des grands changements climatériques de ces temps anté-traditionnels ; il a vu se creuser nos vallées, se retirer les glaciers qui couvraient une si vaste partie de l'Europe, des continents s'émerger, d'autres disparaître sous les eaux.

L'âge de la pierre taillée n'est d'ailleurs pas un ; par la prédominance des animaux comme par le développement de son état industriel ou artistique, il faut le diviser en plusieurs époques, toutes antérieures aux temps de la pierre polie et des métaux, que nous étudierons dans d'autres articles, cette fois purement archéologiques.

Il en a été de cette question de l'Homme quaternaire comme du thème des pierres météoriques, ces échantillons que le monde céleste envoie à notre terre. D'après le mépris des *vrais* physiciens pour ce qui ne cadre pas avec les principes reçus, l'incrédulité des savants du xviiie siècle refusait d'admettre l'opinion du peuple que c'étaient des *pierres de foudre*, des *pierres de tonnerre*. Du moment où, selon la remarque de Lemery, on ne trouve pas ces bolides dans les lieux où le tonnerre éclate, il fallait conclure, avec le célèbre Mussenbroeck, que l'histoire des pierres tombées du ciel était un conte fait à plaisir; et tous les progrès de la physique rendaient les physiciens de plus en plus réfractaires à la vérité. Aujourd'hui, qui oserait douter de l'exactitude de l'interprétation populaire, devenue scientifique et classique?

— Resterait une grande question. L'Homme ne serait-il pas plus ancien encore? n'aurait-il pas apparu à l'époque pliocène (tertiaire supérieur)? Nous l'avons déjà donné à entendre en parlant du squelette du volcan de la Denise. De plus, on a trouvé ses débris avec ceux de l'*Ursus spelœus*; or cet Ours existe dans le pliocène de Norfolk et d'Auvergne. Enfin M. Desnoyers, dont l'article *Caverne* du nouveau *Dictionnaire universel des sciences naturelles* est si intéressant à lire, a remarqué que certains os de la sablière de Saint-Prest, près Chartres (Eure-et-Loir), caractéristiques du tertiaire supérieur (*Elephas meridionalis, Rhinoceros etruscus*), portent des entailles de mains d'Homme, entailles observées également sur les ossements contemporains du Val d'Arno. Mais enfin, on n'a pas encore signalé dans le pliocène la présence de haches ni (l'Homme de Denise excepté) d'ossements humains, et, comme la prudence est la principale règle en géologie, nous croyons devoir encore suspendre notre jugement sur cette question.

D'ailleurs, si l'Homme est jamais reconnu d'origine tertiaire supérieur (ou pliocène) il est bien certain, c'est pour nous un axiome, qu'*il n'est pas anté-tertiaire*. Les conditions du climat et du sol n'auraient pas permis son existence aux époques secondaires, les vallées notamment, même les plus anciennes que nous connaissions, remontant aux temps tertiaires.

— Resterait enfin une discussion du plus haut intérêt, l'origine des races qui peuplent l'Europe. On sait que depuis la découverte des langues de l'Inde, faite au siècle dernier par W. Jones et Anquetil-Duperron, on a mis hors de conteste la parenté de tous les idiomes parlés en Europe (sauf le basque, le finois, le madyar et le turc), avec le zend et le sanscrit, qui, eux-mêmes, dérivent d'une langue primitive nommée *aryane*. De

la parenté des langues on a conclu sans hésitation à la filiation des races, et l'origine asiatique des Pélasges, des Germains, des Celtes, des Slaves, etc., a passé dans la science comme un article de foi; l'ordre des migrations, des envahissements successifs de ces conquérants asiatiques faisait seul question. En même temps que leur langue, ces envahisseurs auraient importé leur civilisation, leur religion, leurs lois.

Tel était jusqu'ici l'état de ce thème: 1° Une seule espèce humaine (1). 2° L'humanité a dû apparaître par des tribus primitives plus ou moins nombreuses, et dont les individus étaient en âge de se suffire à eux-mêmes. 3° De ces tribus, les plus importantes, par l'extension qu'elles prirent, auraient été les Aryas. M. Adolphe Pictet a fait pour ces derniers de la paléontologie linguistique, selon son expression. La langue d'un peuple étant le reflet de ses pensées, l'image fidèle de ses mœurs, de ses habitudes, de ses connaissances, retrouver les mots d'une langue c'est reconstituer un peuple. Or, dans tous les idiomes européens, sauf le basque, on remarque qu'un même radical représente un même objet. On en a conclu que tous ces idiomes dérivent d'une même langue primitive, modifiée selon le génie particulier de chaque peuple. Puis, comparant ces langues européennes au sanscrit et au zend, on a découvert dans ces deux idiomes des mots tout à fait semblables, des ressemblances continuelles, surtout avec le grec, le latin, le lithuanien. Il y eut donc, continue notre ami M. Gustave Flourens (*Revue des cours scientifiques*, 23 janv. 1864), un peuple primitif qui parla un langage souche des langues sacrées de l'Inde, de la Perse et de nos langues européennes, langage perdu aujourd'hui, mais qu'on peut rétablir en prenant dans toutes ces langues secondaires les radicaux qu'elles offrent en commun. Nous arrivons ainsi à la connaissance des mots dont se servaient les Aryas, et, par suite, des idées que représentaient ces mots, de l'état de civilisation, de l'histoire de ce peuple pasteur, aux mœurs douces, très-intelligent, brave, très-bien doué.

Les livres zends, les védas (bibles des Indous), auxquels M. Chavée attribue quinze mille ans d'existence, enfin les livres sacrés de la Perse, donnent pour berceau à ce peuple l'*Ariane de l'origine (Airyana vaëga)*, au nord du plateau de l'Iran; c'est l'ancienne Sogdiane et Bactriane (Boukharie actuelle, dans le Turkestan), pays peu connu aujourd'hui, et dangereux pour le voyageur à cause de la perfidie des Ouzbecks qui l'habitent. Sorties d'Asie, les tribus aryanes vinrent s'établir en Grèce, où elles rencontrèrent les Araméens (Danaüs, Cécrops, Cadmus). Les dissensions politiques et l'insuffisance du territoire amenèrent de nombreuses mi-

(1) Nous discuterons dans un article ethnographique spécial l'origine et la filiation des diverses races humaines beaucoup plus longuement qu'il est possible de le faire ici. Nous aborderons également en détail la question des rapports anatomiques de l'Homme et du Singe.

grations des Grecs sur le littoral de la Méditerranée. Enfin, de tous les Aryas, ce sont les Gaulois qui sont allés le plus loin, peuplant la France et l'Angleterre, refoulant vers les Pyrénées les Araméens déjà établis dans le sud de la Gaule (Ibériques, Aquitains, Ligures, Euskes ou Basques).

Ces faits, réputés classiques, sont de l'histoire, bien que reconstitués en partie d'après la tradition. Pour revenir à la partie géologique et archéologique de notre sujet, les Hommes dont nous trouvons les restes dans les cavernes ou le diluvium de la France étaient-ils des Aryas? Évidemment non. Appartenaient-ils aux Araméens? Nous en doutons, malgré l'importance que nous soupçonnerons plus loin aux Basques proprement dits. En tous cas, pour nous, ces tribus n'avaient rien de commun avec les peuplades asiatiques qui vinrent plus tard se mêler avec elles, et sans doute, par suite de leur supériorité intellectuelle, les anéantir en partie ou les refouler vers le Nord, comme les Espagnols ont fait pour les Américains, les Anglais pour les Australiens.

Au reste, et pour rentrer même dans le domaine de la tradition, est-il bien certain seulement que les Aryas, dont on est allé jusqu'à nier l'existence, soient nos premiers pères? Depuis 1839, un savant géologue de Bruxelles, M. d'Omalius d'Halloy, s'est même toujours élevé contre l'hypothèse de notre origine asiatique. Un fait que ce doyen des géologues européens a mis en relief, c'est l'impossibilité de retrouver aujourd'hui en Asie des peuples aux yeux bleus et aux cheveux blonds, qui seraient la souche des races européennes, et sur ce point, nulle réponse satisfaisante ne lui a été faite; il est difficile de comprendre comment une race qui aurait donné naissance à toutes celles qui ont peuplé l'Europe, aux Grecs, aux Romains, aux Germains, ait disparu sans laisser aucune trace. A la vérité, quelques peuplades nomades au teint clair ont été signalées, et parmi elles les *Siapush* du haut Indus et les Ossites du Caucase; mais ces tribus sont presque tout à fait inconnues, et les vagues indications qu'on en a données ne permettent pas de les rattacher à nos races. D'ailleurs, aussi loin que nous pouvons remonter dans le cours des âges historiques, nous trouvons l'Europe habitée par des races semblables à celles que nous y voyons aujourd'hui, et les migrations des peuples semblent se limiter d'une contrée à l'autre. Enfin, M. d'Omalius pense que la langue et la civilisation ariennes peuvent avoir été importées du nord-ouest d'Europe dans l'Hindoustan tout aussi bien qu'en Asie, importées d'Europe en Asie tout aussi bien que d'Asie en Europe. La perfection d'une langue semble, dit-il, indiquer le voisinage d'une civilisation plutôt que le berceau d'une race. Il est vrai que ce dernier argument nous paraît inexact, et M. Chavée, revendiquant pour la linguistique le premier rang dans l'anthropologie, a montré que les langues parlées en Europe offrent des altérations en quelque sorte régulières, dont on possède maintenant les lois; en sorte qu'il est possible de remonter, par des formes de plus en plus parfaites, à la primitive. Si l'aryaque avait pris naissance en Europe, ce serait là qu'on le retrouverait dans sa forme la plus pure.

M. Broca, prenant, à la Société d'anthropologie, la parole au nom de l'anatomie, et regardant comme secondaire l'unité des langues, admet qu'il y a eu en Europe des autochthones, antérieurs à l'invasion des conquérants qui ont introduit leur idiome dans nos pays. Ces conquérants étaient en petit nombre, car, ainsi que je viens de l'énoncer, les races que nourrit aujourd'hui l'Europe ne diffèrent pas sensiblement de celles qui la peuplaient dans les temps les plus reculés. Venaient-ils d'Asie? Seul, un savant étranger, M. Prunner-Bey, a développé, notamment au moyen de la mythologie comparée, les éléments scientifiques sur lesquels repose la doctrine de l'origine asiatique des races peuplant actuellement l'Europe, à l'exception des Ibères et des Basques. M. Prunner-Bey fixe la patrie primitive des Aryas, avec Lassen et Pictet, au sud de la mer Caspienne. Il signale ensuite la nécessité d'un habitat commun pour les peuples grecs et latins, en se basant sur le fait que les vocables appliqués à l'agriculture sont les mêmes dans les deux rameaux de l'aryaque, tandis qu'ils sont très-variés dans les autres rameaux. Les Gréco-Italiotes descendent des Phrygiens, qui paraissent être les premiers émigrants ariens ou iraniens; plus tard, l'un des deux rameaux helléniques se fixa en Ionie, tandis que l'autre alla en Grèce. Quant aux Celtes, des traditions irlandaises et galloises les font venir de l'Est, ainsi que les Brythons, dont les Kymris seraient les descendants; il en fut de même pour les Pictes, et, plus récemment, pour les Gaulois, les Germains, les Goths, les Slaves, les Scandinaves, les derniers venus, selon M. Prunner, de cette immense immigration de l'Orient en Occident.

Ainsi, invasion asiatique certaine dans l'âge des traditions, mais par des rameaux différents et sur un sol déjà occupé par des indigènes appartenant aux époques diluviennes vraisemblablement, pour nous du moins. Parmi les documents sur lesquels repose la preuve de l'existence d'une race antérieure aux conquérants ariens figurent les ossements humains, à crâne brachycéphale, des cavernes, et même, en arrivant plus près de nous, les squelettes recueillis autour des tombeaux de l'âge de la pierre polie, tombeaux dans lesquels on ne trouve aucune trace de métal, — sauf en Allemagne où le fer s'est toujours montré associé aux objets en pierre polie, si bien que M. d'Omalius fait de ce pays le berceau de la race qui propagea la civilisation en Europe avant l'invasion orientale. — A cet âge de la pierre lisse, où le Renne, si répandu dans les derniers temps de la pierre ébauchée, vivait peut-être encore dans nos contrées, il n'y avait d'autre animal domestique que le Chien, les habitations lacustres de la Suisse faisant seules peut-être exception. Avec les âges du cuivre et du bronze, caractérisés par les crânes dolichocéphales, apparaissent de nombreux animaux domestiques. Venaient-ils d'Asie? Selon Geoffroy Saint-Hilaire, sur quarante espèces, trente-cinq sont cosmopolites, mais originaires de l'Asie centrale, c'est-à-dire importés peut-être par les Aryas.

Nous poserons, en terminant, le problème suivant : hypothèse d'ailleurs toute personnelle et à laquelle nous n'attachons pas autrement d'importance. Les Basques ou Euskes, dont la langue est l'Euskara, et qu'on rattache à la division araméenne, partout refoulée par l'invasion des Aryas en Europe, constituent aujourd'hui un faible débris de populations anciennes sans doute nombreuses, survivant seul à ce grand naufrage dans un coin bien restreint de l'Europe. L'ethnographie et l'histoire basques sont à faire. Le crâne basque est brachycéphale, tout en paraissant pouvoir être dolichocéphale chez quelques sujets. Les linguistes, de leur côté, s'accordent à avouer l'impossibilité de rattacher l'idiome basque à l'aryaque et à aucune des langues parlées en Europe. Eh bien! les Basques, avec leur petite taille, leurs muscles robustes, leur légèreté à la course, leur fractionnement en petites tribus, ne seraient-ils pas les restes, peut-être prêts à s'éteindre, de certaines races humaines anté-historiques, comme le Lapon confiné au nord avec son Renne, et ainsi que certains animaux de la Faune quaternaire, Aurochs, Hyène des cavernes, Ours des Pyrénées, etc., ont conservé jusqu'à nos jours des représentants aussi épars que peu nombreux?

Il est bien certain de même que la linguistique ou l'archéologie permettront de reconnaître un jour, dans certaines peuplades de l'Amérique, refoulées, elles aussi, par les migrations de la race blanche venue d'Europe, les derniers types de l'Homme qui fut en Amérique le vrai *diluvii testis*. — Puisque j'ai parlé de l'Amérique, je veux fermer avec elle cette série d'articles sur le terrain quaternaire. Là, comme en Grèce, comme chez les Juifs, comme chez tous les peuples, on trouve dans les plus vieilles traditions le vague souvenir, malheureusement altéré par les couleurs poétiques des légendes, de ces grands changements climatériques, de ces vastes inondations qui faillirent détruire la race humaine, comme ils amenèrent l'anéantissement, graduel d'ailleurs, de beaucoup d'espèces animales. Il nous suffira, pour édifier nos lecteurs à ce sujet, de reproduire les passages suivants de la conférence récemment faite aux soirées scientifiques de la Sorbonne, sur les antiquités de l'Amérique centrale, par le célèbre voyageur et l'abbé Brasseur de Bourbourg. (*Revue des Cours littéraires*, 1864).

Le Yucatan, dans l'Amérique centrale, offre cette particularité remarquable qu'il n'a ni rivières, ni fontaines, ni sources; dans cette grande péninsule, la seule eau qu'on trouve, c'est l'eau du ciel, qu'on recueille soigneusement pendant la saison des pluies, se prolongeant de la fin de mai à la fin d'octobre. En revanche, on y trouve une multitude de lacs et d'étangs invisibles, situés à une grande profondeur, dans des grottes de forme extraordinaire, et qu'on croirait alimentés par des rivières souterraines. Au rapport du voyageur américain Stéphens, le sol de cette contrée, qui recouvre un si grand nombre de cavernes, est composé de pétrifications et de coquillages, annonçant qu'une portion considérable du Yucatan, surtout dans le nord-ouest, n'est qu'une vaste formation fossile récente. À une époque géologiquement récente, une partie de cette contrée était recouverte des eaux de la mer, qui se seraient retirées d'un côté, en engloutissant les terres qui réunissaient la péninsule aux Antilles. De même, on sait que, dans les premiers temps de la période quaternaire, l'Angleterre s'est trouvée séparée de la France, Gibraltar de l'Afrique, l'Italie de la Sicile, etc.

Les traditions antiques s'accordent ici avec les observations géologiques : elles contiennent ce fait intéressant, qu'autrefois le Yucatan était réuni aux îles de Cuba et d'Haïti. Dans les deux pays, il y est mentionné qu'un cataclysme sépara ces îles du continent en faisant disparaître des terres immenses. Ce cataclysme paraît lié au soulèvement des Cordillères des Andes, et en effet, on trouve dans les légendes du Mexique, du Pérou, de la Bolivie, de la Nouvelle-Grenade, indication de ce fait, que l'Homme aurait été témoin de la formation et de l'éruption de ces volcans, comme il paraît avoir été la victime des déjections anciennes des volcans de l'Auvergne. Le souvenir en était conservé, au temps de la conquête espagnole, chez un grand nombre de populations d'une civilisation déjà avancée, échelonnées du Mexique au Pérou, tout le long des Cordillères.

Dans le royaume de Quito, aujourd'hui république de l'Équateur, on disait qu'à l'origine des temps l'Homme avait été menacé d'une inondation extraordinaire. Des prophéties, rapportées par les prêtres et les sages du temps, annonçaient que la race humaine presque entière serait détruite. Or, dans ce temps, trois frères furent avertis, d'une manière particulière, qu'en fuyant dans un canton du pays qui leur fut désigné, ils trouveraient le moyen de se mettre à l'abri de ce déluge dont le récit rappelle tant celui de Noé et de la Grèce. C'était une colline peu élevée ; ils s'y étaient à peine établis, que les flots commencèrent à gronder autour d'eux de toutes parts. Ce qu'il y a d'extraordinaire, ajoute le chroniqueur, c'est qu'à mesure que l'inondation s'élevait, la colline montait *comme une barque* au-dessus des eaux et finit par devenir une très-haute montagne.

Quand le danger fut passé, les trois frères se trouvèrent seuls au sommet de cette montagne : la race humaine entière avait été anéantie. N'ayant plus de vivres, ils cherchèrent autour d'eux comment ils pourraient s'en procurer. Un jour, ils s'étaient aventurés dans le voisinage de leur retraite, espérant trouver quelques animaux échappés comme eux à l'inondation : quel fut leur étonnement de voir des mets apportés dans leur cabane pendant cette absence! Pour pénétrer le mystère, l'un d'eux resta au logis caché dans un coin. Il vit trois Aras qui, descendant d'un arbre voisin, vinrent apporter dans la cabane du maïs et des viandes. Un des frères, instruit de l'aventure, employa la ruse pour se saisir des Aras; et la légende ajoute que ces Oiseaux s'étant changés en *trois* femmes, celles-ci s'unirent aux trois frères et que de cette union sortit toute la race qui peupla depuis le royaume de Quito.

En Amérique, ainsi qu'en Europe, la plupart des légendes et des traditions populaires liées à d'antiques événements ont toutes ainsi une importance historique très-grande, — bien qu'il reste à établir avec certitude les rapports certains du diluvium biblique ou traditionnel avec les diverses phases du diluvium géologique. Quant à l'Ara, il paraît un des symboles du soleil; on trouve son image sur beaucoup de monuments américains anciens, et ces monuments eux-mêmes, en forme de pyramide, comme nous le disions plus haut, sont reconnus comme ayant été élevés dans le pays après l'inondation, en mémoire des grottes et des montagnes où les débris du genre humain se seraient sauvés au moment de ces grands cataclysmes. Si bien qu'en Amérique, comme en Europe, la première population, avec l'industrie que nous lui soupçonnons déjà aujourd'hui, fut réellement autochthone.

Me permettra-t-on une autre légende, recueillie au Pérou? Un berger conduisant des troupeaux de Lamas, à peu de distance de la mer, avait remarqué qu'un de ces animaux pleurait depuis quelques jours et ne mangeait pas comme les autres. Interrogé sur sa mélancolie, l'animal répond : «Ne vois-tu pas les signes du temps? N'as-tu pas compris que d'ici à peu les eaux de la mer couvriront tout le pays? Si tu ne prends promptement tes précautions, nous périrons tous avec toi. Retire-toi sur la colline voisine, conduis-y tes troupeaux, et c'est là que nous serons sauvés tous ensemble. » Le pasteur s'était à peine installé sur cette hauteur, où déjà avant lui une foule d'animaux étaient venus chercher asile, que l'inondation arrivait du côté de la mer Pacifique, à la suite d'une secousse formidable qui avait ébranlé la terre; et, tandis que les flots montaient vers la colline, *la colline montait également.* Quand l'inondation s'arrêta, le berger et ses bestiaux se trouvaient sur une des plus hautes montagnes du globe; la colline, qui appartenait auparavant à la région des terres chaudes, était devenue froide. Elle est située dans les régions les plus glacées des Andes, près Huara-

cheri, à trente lieues de Lima, à plus de 10,000 pieds au-dessus de l'Océan. L'abbé Brasseur de Bourbourg a trouvé cette légende dans un manuscrit fait par un curé de Huaracheri, sur le dire des Indiens de sa paroisse, et conservé à la bibliothèque de Madrid. Les Indiens auraient montré à l'auteur, dans la montagne, des preuves irrécusables que ce pays avait appartenu anciennement aux climats les plus tempérés du Pérou.

Sur le point de terminer cette dernière digression, j'entends votre curiosité bien légitime réclamer de ma bonne volonté quelques éclaircissements sur la destinée de l'Homme. « Vous nous avez fait entrevoir l'origine de notre espèce, me dites-vous, que penser de sa fin? » Si je fais abstraction de la foi chrétienne, deux solutions se présentent : ou l'Homme périra, ou il ne périra pas. — J'avoue mon embarras, bien que les hypothèses ne manquent pas. Pour les uns, des révolutions immenses dans la distribution des mers; pour les autres, un abaissement trop fort de la température par suite du refroidissement du noyau central; pour d'autres, la disparition de l'atmosphère et de l'eau absorbées graduellement par les roches, peut-être comme pour la Lune, etc., etc. Puis, pourquoi, l'Homme anéanti, la Terre le serait-elle également? — Faut-il croire que l'espèce humaine est impérissable, tout en pouvant présenter des modifications résultant des changements du climat? Autrement dit, notre globe en est-il arrivé à une période d'équilibre tel que des modifications pourront survenir sans doute dans la distribution des eaux et des continents, changements lents ou brusques qui détruiront peut-être des millions d'Hommes, sans faire disparaître l'espèce, les volcans servant notamment de soupapes de sûreté pour contrebalancer les dangers imminents du feu central?

Si je parlais, je ne pourrais que me lancer dans le féerique domaine des hypothèses, et j'ai cherché à m'en écarter dans ces articles sur l'Homme quaternaire. Il est de ces grands problèmes que l'Homme actuel ne saurait résoudre et que nos successeurs ne résolveront peut-être pas mieux. Mieux vaut s'abstenir, les discussions sont futiles. Avouons notre impuissance, comme nous la confessons tous les jours en physique, en chimie, en physiologie, dans l'interprétation de la vie, ce grand mot ou cette force mystérieuse à laquelle je crois sans la comprendre; en astronomie même, puisque nous savons tous que Mars a une atmosphère et de l'eau sans pouvoir conclure si cette planète plus que les autres astres s'est trouvée dépourvue d'animaux ou d'êtres humains; en mathématiques, enfin, où les vérités passent à l'état d'axiomes, quand elles ne peuvent être rigoureusement démontrées (par exemple, le postulatum d'Euclide, qui sert cependant de base à la théorie des parallèles et par conséquent à tout l'édifice de la géométrie).

Émile Goubert.

Paris. — Imp. Wiesener et Cⁱᵉ, rue Delaborde, 12.

LES TROIS RÈGNES DE LA NATURE

LECTURES D'HISTOIRE NATURELLE.

18 Mars 1865.   N° 64. — 15 centimes.

Ce Recueil paraît une fois par semaine. — On s'abonne à Paris, à la Librairie L. Hachette et Cie, boulevard Saint-Germain, n° 77.
Les abonnements se prennent du 1er de chaque mois. — Paris, six mois, 4 fr.; un an, 8 fr. — Départements, six mois, 5 fr.; un an, 10 fr.

La Bécasse. — *Encore une erreur de Buffon.* — *D'où vient la Bécasse ?* — *Ses passages.* — *Chasse a la Bécasse.*

« La Bécasse, dit Buffon, est peut-être de tous les gibiers de passage celui dont les chasseurs font le plus de cas, tant à cause de l'excellence de sa chair que de *la facilité qu'ils trouvent à se saisir de ce bon Oiseau stupide.* » Et plus loin : « La Bécasse est d'un *instinct obtus* et d'un *naturel stupide.* »

J'en demande pardon au naturaliste grand seigneur, mais il a été mal renseigné, ou bien il aura écrit ce chapitre en un jour de mauvaise humeur où les caméristes du château de Montbard avaient peu congruement repassé ses manchettes inspiratrices, et il s'est vengé sur l'innocente Bécasse de la négligence de ces

1. — Bécasse. *Scolopax rusticola.* Linné.
Europe. Cosmopolite.

péronnelles ; il a calomnié sur la foi de Bélon et d'un ridicule préjugé populaire. Un *instinct obtus* à la hardie voyageuse qui, dans les ténèbres d'une nuit pluvieuse, retrouve sûrement sa route par-dessus les mers et les continents ; qui, franchissant des centaines de lieues d'un coup d'aile, va droit à l'hivernage que cet *instinct obtus* lui indique ; à ce baromètre emplumé dont les oracles, un peu plus sûrs que celui de Calchas, prédisent, plusieurs jours à l'avance, les plus légères variations de la température, et qui a toujours déménagé avant que la gelée lui donne violemment son congé ! En vérité, monsieur le comte, vous n'y avez pas songé !

Pendant le cours de votre longue existence, la fantaisie ne vous est donc jamais venue de vous promener, le fusil au poing, dans vos magnifiques bois de Montbard, pour étudier, sans intermédiaires, les mœurs de ce monde des bêtes dont vous étiez devenu l'immortel historien ? S'il en avait été autrement, vous vous seriez bien gardé d'affirmer le *naturel stupide* d'un Oiseau qui plus d'une fois vous eût donné du fil à retordre ; il vous serait arrivé comme à nous de vous laisser abuser par l'astucieuse tactique de ses crochets, de la quêter laborieusement bien loin du taillis où elle était allée chercher un asile ; comme nous, maintes fois vous eussiez vu l'odorat et la sagacité de vos Chiens mis en déroute par l'adresse avec laquelle elle embrouille ses voies, lorsqu'elle s'est décidée à ne plus prendre son vol ; enfin, en pratiquant davantage les nobles *déduits* de saint Hubert, vous n'eussiez jamais été exposé à formuler cette injurieuse hérésie que les disciples de ce grand saint auront quelque peine à pardonner à votre mémoire, à savoir que leurs prédilections pour la Bécasse doivent être attribuées à la facilité qu'ils trouvent à *s'en saisir !* Vos sensations personnelles vous auraient appris que c'est le contraire qui est exact, en principe comme dans ce fait particulier : que les jouissances et par conséquent les préférences d'un véritable chasseur se produisent en raison directe des difficultés qu'il rencontre pour s'emparer d'un gibier ; enfin, que s'il classe la Bécasse au premier rang dans ses ambitions, c'est précisément parce qu'il ne lui a jamais semblé qu'il fût commode et facile de *s'en saisir* comme vous l'affirmez.

Cette conclusion, Buffon l'a évidemment déduite de l'aveugle confiance avec laquelle la Bécasse donne dans tous les piéges qu'on lui tend ; mais ne faudrait-il pas alors généraliser la réputation qu'il lui prête et l'étendre au plus grand nombre des Oiseaux. Chaque année, des milliers de Grives sont arrêtées dans des lacets assez naïfs, et le spectacle quotidien de douzaines de leurs sœurs suspendues aux tresses de crin du tendeur n'a jamais dégoûté une Grive des graines de sorbier ; les Ramiers et les Bizets donnent dans les pantières avec non moins de constance que la Bécasse ; et quelle qualification faudrait-il donc décerner au chanteur par excellence, au Rossignol, qui, en plein midi, sous les yeux, à dix pas de l'oiseleur, vient s'engager comme un fou dans le trébuchet préparé, armé sous ses yeux ? Ce ne sont pas les Oiseaux qu'il faut accuser de stupidité, parce qu'ils auront obéi à la loi souveraine de leurs besoins ; si quelque chose est à constater, c'est la merveilleuse industrie de l'Homme, qui a laborieusement étudié tous ces besoins, ainsi que les instincts de ces Oiseaux, pour percevoir la dime de ses tributaires.

Je comprends difficilement comment un écrivain sérieux a pu reproduire presque sérieusement le procédé de chasse qu'indique Bélon et qu'il intitule *Folâtrerie :* « Un homme, dit-il, couvert d'une cape couleur de feuilles sèches, marchant courbé sur deux courtes béquilles, s'approche doucement, s'arrêtant lorsque la Bécasse le fixe, continuant d'aller lorsqu'elle recommence à errer, jusqu'à ce qu'il la voie arrêtée la tête basse ; alors, frappant doucement de ses deux bâtons l'un contre l'autre, la Bécasse s'y amusera et affolera

tellement que le chasseur s'approchera d'assez près pour lui passer un lacet au cou ! »

M. de Crac, lui aussi, bien connu des chasseurs, avait découvert un moyen aussi simple qu'ingénieux de prendre des Bécasses. Il allait au bois armé d'un marteau et d'une écumoire, et s'installait dans une passée en tenant le second de ces outils élevé au-dessus de sa tête. Aussitôt qu'une Bécasse arrivait, elle engageait son bec dans un des trous de l'écumoire, et, v'lan ! en deux coups de marteau, M. de Crac ayant rivé ce bec de l'autre côté de son ustensile, l'Oiseau y demeurait attaché ! On pouvait prendre de la sorte, disait-il, autant de Bécasses qu'il y avait de trous dans l'écumoire ! C'était séduisant, et cependant, plus scrupuleux que Buffon, les auteurs de nos plus humbles manuels de chasse n'ont pas consenti à vulgariser cette méthode.

La Bécasse est celui de tous nos gibiers qui a le plus souvent alimenté la controverse des naturalistes modernes et des écrivains chasseurs. D'où vient la nocturne voyageuse lorsqu'elle tombe dans nos bois avec les premières brumes de l'hiver ? Où retourne-t-elle après nous avoir rendu sa visite du printemps ? Pour approfondir le secret des itinéraires de cet humble Oiseau, la curiosité humaine a dépensé autant d'encre et de papier que s'il s'était agi de déterminer les révolutions d'une planète.

Nous ne nous élèverons pas contre cette interminable polémique ; à notre gré, la Bécasse a sur les astres une supériorité incontestable, celle de figurer royalement à la broche. Quoi qu'il en soit, les uns ont voulu qu'elle nous arrivât du nord, les autres ont désigné dans l'est ses grands milieux de concentration. Chaque année, au passage d'automne, des Bécasses viennent se briser la tête contre les phares de nos côtes, et toujours du côté nord-ouest, dit M. d'Houdetot, qui en a tiré cette conséquence, qu'elles venaient exclusivement du nord-ouest.

Un autre écrivain a fixé à l'ouest le point principal de départ de ces Oiseaux ; il nous a donné à entendre que cet intelligent volatile pourrait bien avoir quitté les cyprières de l'Ohio et du Mississipi, fait assaut de vitesse avec les paquebots transatlantiques, lutté de sobriété pendant cette longue traversée avec les passagers de quatrième classe, dans le seul but de répondre par son empressement à la singulière estime dans laquelle nous le tenons.

Il me semble que toutes ces diverses opinions se justifient, à l'exception de la dernière, bien entendu, et que la Bécasse, qui va partout, vient de partout.

Buffon fixe les demeures d'été des Bécasses aux sommets des Alpes et des Pyrénées ; si on généralise les présomptions de Buffon, on arrive, je crois, à la vérité. En raison de son organisation particulière, la Bécasse ne peut exister que dans certaines conditions du sol et de la température ; il lui faut un terrain doux, assez meuble pour que son bec puisse le fouiller à une profondeur de deux ou trois pouces, une atmosphère assez surchargée d'humidité pour que la terre se maintienne en cet état ; ces conditions, elle les trouve sur les versants des grandes montagnes et dans certains pays septentrionaux, dans les bois marécageux de la Pologne et de la Russie, de l'Islande, de la Norwége, comme sur les sommets de la Suisse, du Tyrol et de la France. Ces contrées étant les premières atteintes par le froid, en raison soit de leur altitude, soit de leur position géographique, les Bécasses des montagnes descendent dans les plaines, et celles des forêts du nord, du nord-est et du nord-ouest se dirigent en même temps vers le sud, où la gelée n'a point encore cristallisé les eaux et durci la terre.

La Bécasse est un Oiseau solitaire. Hors la saison des couvées, on ne la trouve que par hasard dans le voisinage immédiat d'une autre Bécasse. Elles se rencontrent, mais ne s'associent presque jamais pour faire route. Deux fois j'ai eu la bonne fortune de pouvoir en observer un passage : sur une vingtaine de ces Oiseaux, deux ou trois seulement paraissaient aller de conserve, les autres se succédaient à quelques minutes de distance. Il est donc probable que, lorsqu'on les trouve réunies en un assez grand nombre sur le même point, c'est que quelque accident, un vent contraire, une bourrasque, les auront successivement forcées de faire halte au même endroit. C'est ordinairement dans les premiers jours d'octobre, par les vents d'est et de nord-est, que les Bécasses nous arrivent. On les trouve alors dans la plupart des bois humides, à proximité des prairies, des pâturages ; elles y restent jusqu'à l'approche des gelées, et avancent alors de plus en plus vers le sud, où elles vont prendre leurs véritables quartiers d'hiver. Cependant celles d'entre elles qui ont fixé leur gîte temporaire dans un bois abrité et dans les environs de quelque source tiède peuvent séjourner chez nous beaucoup plus longtemps. Vers le mois de mars elles opèrent leur mouvement rétrograde, s'arrêtent à peu près aux mêmes étapes qu'au passage d'automne, bien qu'elles ne se remisent pas aux mêmes expositions ; puis, après un nouveau séjour dont la durée est variable, elles regagnent leurs montagnes ou les contrées solitaires et humides où elles sont nées.

Dans le cours du voyage elles se sont murmuré leurs premiers mots d'amour ; on les voit voler au crépuscule du matin et du soir, et se poursuivre en faisant entendre un petit cri particulier qui paraît être une parole d'affection, en *croulant*, disent les chasseurs. Les Bécasses sont monogames ; le mâle participe avec la femelle à l'éducation de leur couvée, et témoigne, dit-on, d'un grand attachement pour ses petits. Celle-ci fait son nid par terre, dans les herbes, quelquefois entre des racines ou adossé à un tronc d'arbre ; elle y pond

quatre ou cinq œufs, oblongs, un peu plus gros que des œufs de Pigeon, d'un jaune roussâtre et marbrés d'ondes d'une légère teinte bistrée ; la durée de l'incubation dure de dix-sept à dix-huit jours ; tant qu'elle se prolonge, le mâle ne quitte pas la femelle ; on le trouve presque toujours couché auprès d'elle et reposant son long bec sur le dos de sa compagne ; les petits courent aussitôt après leur naissance. Ils sont alors couverts d'une espèce de duvet qui leur tient lieu de plumes ; les ailes se garnissent longtemps avant le reste du corps. Je parlais tout à l'heure de l'attachement des Bécasses pour leur progéniture, et, en effet, on raconte que lorsque les petits Bécasseaux sont menacés, le père et la mère les placent sous leur gorge, et, les retenant avec leur bec, les emportent à de grandes distances.

La Bécasse niche en France à des hauteurs moyennes, pourvu que le bois où elle s'établit lui offre la fraîcheur et l'humidité qui lui sont indispensables. Dans son *Traité de la chasse à tir*, M. Joseph Lavallée affirme qu'il se trouve des Bécasses en tout temps dans la forêt de Compiègne, et, qu'en quelque saison qu'on en demande, les gardes sont sûrs d'en rejoindre. Un ancien garde et piqueur, dont l'expérience est établie par cinquante ans d'une pratique constante, et qui paraît doué d'un grand esprit d'observation, Clamart, parle des Bécasseaux, dans son livre, en homme qui en rencontre chaque année dans les Ardennes où il habite, et il fournit même des renseignements très-circonstanciés sur la manière de les chasser. Moi-même j'ai tenu dans mes mains de jeunes Bécasses encore couvertes de leur duvet, qui avaient été prises dans un parc des environs de Bellême ; le père et la mère avaient niché à six ou sept cents mètres du château, dans un taillis de dix ans, très-épais. Il est donc probable que les Bécasses font leur ponte dans les forêts de la région moyenne beaucoup plus souvent qu'on ne le croit généralement, et que, si on ne signale pas plus souvent leurs couvées, c'est que les fourrés, les parties solitaires où elles se réfugient pour s'acquitter des soins de la maternité, sont rarement traversés pendant l'été.

Touriste à la façon des Anglais, la Bécasse semble consulter sa fantaisie autant que les nécessités de son existence dans ses déménagements multipliés. A l'époque de ses passages, un mouvement de la girouette, un souffle dans l'air, une imperceptible gelée blanche, tout lui est prétexte pour plier bagage et se mettre en route. Il est un autre point par lequel elle ressemble encore à la race anglo-saxonne : elle est méthodique comme un enfant d'Albion. Elle a dans l'air comme sur la terre ses passées qu'elle affectionne, elle a ses heures pour vermiller, pour se livrer aux ablutions qu'elle accomplit aussi religieusement qu'un musulman ; il faut même que l'aiguille du cadran soit arrivée à une certaine inclinaison pour qu'elle trouve une phrase tendre à adresser à la Bécasse pour laquelle son cœur a palpité.

Chaque soir, au moment précis où l'on distingue la première étoile, elle prend son vol, elle se rend aux fontaines, aux ruisseaux, aux ornières des chemins où elle va boire et se laver les pattes et le bec, après quoi elle gagne les prés et les champs humides où elle passe la nuit à chercher sa nourriture ; au point du jour elle fait une seconde station au bord de l'eau, et elle rentre dans son bois, où la journée se passe pour elle à dormir la tête sous l'aile ou à ramasser quelques Vers dans les environs de l'endroit où elle se tient ; au printemps, le souci de ses amours l'absorbe, elle emploie tout le temps du crépuscule à pourchasser une

compagne, et elle va beaucoup plus rarement aux fontaines.

La Bécasse est un Oiseau crépusculaire ; ses gros yeux de jais la servent aussi médiocrement pendant le jour que dans les ténèbres, et c'est sans doute en raison de l'imperfection de sa vue que les Espagnols l'appellent quelquefois la *Gallina Ciega*, la Poule aveugle, et les Toscans l'*Acceggia*, qui vient d'*Accera*, l'aveuglée ; la nature a compensé la faiblesse de ce sens chez elle par le développement des sens du toucher et de l'odorat. Pendant la nuit, lorsque la fraîcheur a fait sortir les

2. — Chasse de la Bécasse au taillis.

Vers de leurs souterrains, la Bécasse, en courant dans l'herbe ou sur les feuilles, sent les Lombrices frétiller sous ses pattes et en fait sa proie. « Elle semble, dit Buffon, avoir dans son bec un organe spécial approprié à son genre de vie ; la pointe en est charnue plutôt que cornée, et paraît susceptible d'une espèce de tact propre à démêler l'aliment convenable d'avec la terre fangeuse. Ce bec est rude, barbelé aux côtés vers son extrémité, et creusé sur sa longueur de rainures profondes ; la mandibule supérieure forme seule la pointe arrondie du bec, en débordant la mandibule inférieure qui est comme tronquée et vient s'adapter en dessous par un joint oblique. » Un odorat d'une délicatesse extrême vient en aide à cet instrument si bien approprié à son but, lorsque pendant le jour la Bécasse est forcée de cher-

cher sa nourriture à la surface du sol. Dans son *Histoire naturelle de l'Espagne*, M. Bowles décrit les manœuvres qu'emploie la Bécasse pour découvrir et saisir les Vers dans la terre ; il a observé ces Oiseaux dans une volière du château de Saint-Ildephonse. « Il y avait, dit-il, une fontaine qui coulait continuellement pour entretenir le terrain humide, et au milieu, des arbrisseaux pour la même fin. On apportait des gazons frais, les plus garnis de Vers que l'on pouvait trouver ; ces Vers avaient beau se cacher, lorsque la Bécasse avait faim, elle les sentait à l'odorat, plantait son bec dans la terre, jamais plus haut que les narines, en tirait les Vers, et, levant le bec en l'air, elle l'étendait dans toute sa longueur et avalait doucement de cette façon sans aucun mouvement de déglutition. Toute cette opération se faisait en un instant, et le mouvement de la Bécasse était si égal, si imperceptible qu'elle paraissait ne rien faire. Je n'ai pas vu qu'elle ait manqué une seule fois son coup ; c'est pour cela et parce qu'elle ne plantait jamais son bec que jusqu'à l'orifice des narines que je conclus que c'est l'odorat qui la guide pour chercher sa nourriture. »

Le plumage sombre de la Bécasse est remarquable par l'harmonie de ses nuances et par la finesse des tons

3. — Chasse de la Bécasse en Bretagne.

fauves dont il se compose. Dans son *Ornithologie passionnelle*, Toussenel a dit de ce plumage : « C'est une riche bigarrure de plaques noires et de bandes longitudinales sur un fond roux ; c'est la couleur type du gibier de plume, s'il en existe une. » La femelle est un peu plus grosse que le mâle, son plumage est plus terne, et, d'après Temminck, on peut encore la distinguer au plus grand nombre de taches blanches que l'on trouve sur ses couvertures alaires.

En France nous distinguons trois espèces de Bécasses,

la grosse, la commune et la moyenne. La première est
d'un cinquième plus forte que la seconde, son plumage
est d'une nuance foncée, ses pattes ont une couleur de
chair très-caractéristique; les teintes bistrées tournent
au noir, les lignes couleur feuille morte, au fauve
obscur chez la plus petite, les pattes et les pieds sont
bleuâtres. Un écrivain belge, qui sous le pseudonyme
de Sylvain, a publié un [illegible] à la Bécasse,
où l'expérience [illegible] la sagacité de
l'observateur se [illegible] très-spirituel [illegible]
boutades, ne rec[illegible] de Bécasses, [illegible]
grosse et la petite [illegible] et [illegible] que toutes les
variétés de Bécasse ne [illegible] qu'une seule [illegible]
même espèce qui varie [illegible] les lieux qu'elle
habite; il n'hésite [illegible] différences de [illegible]
taille et de couleur [illegible] ces Oiseaux
aux influences locales et [illegible] celle d'une
alimentation plus ou moins [illegible]
abondante. Cette opinion [illegible]
me paraît d'autant [illegible]
fondée, qu'en y prenant [illegible]
attention on pourrait [illegible]
marquer les mêmes dis-
semblances chez notre Perdrix indigène, dont la [illegible]
taille et le coloris du plumage ne laissent pas [illegible]
de varier d'une manière [illegible]
assez appréciable selon la
qualité des terrains qu'elle
habite.

L'albinisme est assez
commun chez la Bécasse;
on tue des Bécasses entiè-
rement blanches, blanches et ombrées, de gris ou de
marron; une autre variété [illegible] remarquable par sa
nuance isabelle relevée de [illegible]hures d'un marron
clair; Buffon attribue ce phénomène à une dégénération différente du changement du noir en blanc
qu'éprouvent les animaux dans le Nord, et cette dégénération dans l'espèce de la Bécasse est, dit-il, assez
semblable à celle du nègre-blanc dans l'espèce humaine.

Tous les chasseurs tuent des Bécasses, mais combien
en est-il qui la chassent? combien en est-il, surtout, qui
sachent la chasser? Son passage est tellement inconstant, elle s'arrête en si petit nombre dans nos bois du
centre, que bien peu de nos confrères se décident à pratiquer spécialement ce sport, le premier de tous ceux
qui ont le gibier à plume pour objet, et cela autant
en raison de la rareté de la Bécasse que des difficultés
qu'il faut surmonter pour la rejoindre. On en abat quelques-unes dans les battues; les gardes, les chasseurs
au Chien courant se trouvent encore assez souvent favorisés d'une bonne fortune qui se classe naturellement
dans la catégorie de ces hasards providentiels que
M. d'Houdetot a intitulés le *Quine du chasseur*.

Ce n'est que dans certaines contrées, étapes privilégiés
de tous les passages, dans les Ardennes, les Vosges, le Jura
et les Alpes, en Bretagne, en Alsace, en Vendée, que l'on
rencontre de dignes appréciateurs de la haute valeur
cynégétique de la Bécasse, qu'elle devient le gibier de
prédilection et le but des excursions de quelques disciples de saint Hubert. Cette prédilection, la Bécasse la
[illegible] devons lui recon-
[illegible] miques, celui de
[illegible] pied de l'éga-
[illegible] préférence, de
[illegible] ves qui ont été
[illegible] signe de tomber
[illegible] pourrait même
[illegible] aphorisme de
[illegible] *à être écorché vif*;
[illegible] finités de la Bécasse
sont [illegible] pour le sarreau
de toile et pour la veste de
[illegible] car elle figure bien
[illegible] dans le ha-
[illegible] sportsmen in-
[illegible] paysans et bra-
[illegible] que dans l'élé-
[illegible] arnassière de nos
[illegible]

Il est vrai que les pre-
[illegible] lui tendent des piè-
[illegible] toute sorte; ils
[illegible] les bois de *col-
[illegible]* et de *rejets*, ils placent
[illegible] panthères dans ses pas-
[illegible] ils la traquent sur la
[illegible] dans les airs, tan-
dis que les autres n'utilisent contre elle qu'un fusil,
arme souvent inefficace dans les fourrés impénétrables où il s'agit de s'en servir. En Bretagne, elle
était si commune il y a une trentaine d'années,
qu'un de ces Oiseaux ne se payait pas plus de six
sous. On exploitait contre elles un procédé assez
bizarre et dont une de nos vignettes donnera à
nos lecteurs une idée plus parfaite que toute notre
prose ne saurait le faire. On utilisait à son détriment la prédilection qu'elle manifeste pour les cantons où les Cerfs ont pâturé, où elle trouve sous les
bousards de ces animaux une ample meisson de Vers
et d'insectes, et l'espèce de stupeur dans laquelle l'apparition soudaine d'un feu dans la nuit plonge tous
les Oiseaux qui l'aperçoivent. Deux Hommes se réunissaient pour explorer la forêt : l'un était muni d'une
lanterne et d'une sorte d'épuisette fixée à un manche
assez long; l'autre secouait une sonnette dont les tinte-
ments monotones étaient destinés à rassurer l'Oiseau, à
lui donner à supposer que les pas qu'il entendait
étaient ceux d'une horde de Cerfs; on l'approchait ainsi
d'assez près, et, avant qu'ébloui des clartés que l'on
projetait sur lui, il eût songé à prendre son vol,

8. — BÉCASSE. Scolopax rusticola. Linné.

il se trouvait enserré entre les mailles du filet.

Dans les contrées que j'ai citées comme spécialement favorisées par les passages de la Bécasse et dans quelques cantons forestiers, on la chasse au Chien d'arrêt; mais je ne saurais trop répéter que cette chasse est laborieuse, pénible, féconde en déceptions; qu'il faut être doué d'une notable dose de feu sacré pour apprécier sa réelle supériorité sur les autres chasses. Si la perspective d'une journée employée à disputer la semelle de vos bottes aux étreintes des terres marécageuses et vos vêtements aux caresses des épines et des ronces ne vous épouvante pas; si vous avez reçu du ciel le double don d'un jarret d'acier et d'un cœur de bronze; si vous êtes insensible à la fatigue et à la mortification de la bredouille; si vous vous montrez disposé à admettre, comme devant être le principe fondamental de vos jouissances futures, que ces jouissances croîtront et se multiplieront en raison directe des difficultés vaincues, armez-vous d'un fusil court, facile à manœuvrer dans les fourrés les plus épais, et mettez-vous en campagne.

Au passage d'octobre on trouve des Bécasses dans presque tous les bois indistinctement : le voisinage des habitations ne leur est point antipathique; elles se remettent dans les parcs de peu d'étendue. J'en ai vu une l'année dernière qui s'était cantonnée dans les bosquets d'un jardin de cinq hectares et qui séjourna pendant une semaine à deux cents mètres des maisons du village de Chenevières-sur-Marne. Les écrivains cynégétiques ont désigné certains taillis comme étant l'objet des préférences de la Bécasse, malheureusement sans entente préalable, car chacun d'eux recommande des bois d'un âge différent. Je suis encore sur ce point de l'avis de Sylvain, et je crois avec lui que tous ont raison et qu'aucun d'eux n'a tort : les qualités du sol, l'abondance des Vermisseaux qu'il renferme, la facilité de l'alimentation, déterminent les prédilections de l'Oiseau, qui ne se préoccupe que secondairement de la taille et de la physionomie des bois, s'il réunit les conditions qu'il recherche. Cela est si vrai, que certains cantons restent cantons à Bécasses, quelle que soit la hauteur de la coupe; que non-seulement on en rencontre chaque année dans ces hôtelleries, si heureusement achalandées, mais encore qu'elles ne seront jamais sans hôtes tant que durera le passage, c'est-à-dire qu'une nouvelle débarquée prendra presque immédiatement la place qu'une autre Bécasse, continuant son voyage, vient de laisser vacante.

Ne vous arrêtez donc pas à ces distinctions théoriques des demeures de la Bécasse; cherchez-la dans les taillis de toute grandeur ; en revanche, souvenez-vous qu'un Oiseau aussi susceptible aux variations de l'atmosphère doit conformer le choix de son habitation à l'état de la température. Par un temps humide, il faut la quêter sur les coteaux exposés au midi, dans les taillis couverts, dont le sol est garni d'une couche de feuilles mortes, sans négliger les parties de bois où quelques touffes de bruyères ménagent à ces épicuriennes de merveilleux abris pour faire la sieste.

Après une petite gelée, par la sécheresse à la suite de vents impétueux, descendez dans les vallons, fouillez les bois bas et marécageux, suivez le cours des ruisseaux qui, entre une double fortification de ronces, serpentent dans les gorges des forêts. Rappelez-vous surtout qu'il a été entendu que vous avez fait doubler de tôle votre veste et vos *inexprimables*, et gardez-vous bien de laisser un hallier, si hérissé qu'il se présente, sans l'explorer, car ce sera précisément dans celui-là que, depuis le point du jour, l'objet de vos convoitises aura établi son domicile.

Un excellent Chien peut ne chasser que très-médiocrement la Bécasse : elle dort beaucoup plus qu'il vous arrive, il est possible qu'il n'ait pas piété dans sa retraite, l'odeur des voies qu'il a suivies ne trouve nul sentiment là où elle se tient, et les broussailles, les herbes, les ronces où elle se recèle, interceptent les émanations de son corps; il est donc nécessaire que votre auxiliaire soit essentiellement entreprenant et buissonnier pour poursuivre sa quête dans tous les fourrés, pour fouiller successivement tous les abris sans en oublier aucun. Les Chiens, dont un poil court ne protége pas suffisamment l'épiderme, se rebutent aisément à ce travail; ceux qui s'y prêtent le plus volontiers sont les Épagneuls et les Griffons. N'allez pas croire que les deux qualités que je viens d'énumérer suffisent à faire un bon Chien de Bécasse. Quoi qu'en ait dit M. de Buffon, chasser la Bécasse n'est jamais une petite besogne pour les Chiens aussi bien que pour les Hommes, et le Chien qui arrive à y gagner la qualification d'excellent peut être considéré comme le phénix de son espèce; encore n'est-ce jamais qu'à la suite d'une longue pratique, et avec deux chevrons sur sa patte, qu'il y parvient.

Quoi qu'il en soit, je suis trop poli pour ne pas supposer que votre camarade saura se conduire en Chien de bonne compagnie, incapable de forfaire à l'honneur de sa race, en forçant un arrêt; par conséquent, et pourvu que vous ayez pris la précaution de munir son collier d'un grelot, vous devez, sans le laisser s'éloigner à des distances considérables, ne pas redouter de le perdre de vue : une Bécasse qui n'est point effarouchée tient ferme et se laisse ordinairement approcher.

Après un second vol, les choses ne se passeront pas toujours de la même manière, et de son côté le compagnon de vos travaux se trouvera mis aux prises avec des difficultés sur lesquelles nous reviendrons tout à l'heure.

Nous avons donc admis que votre Chien battait l'estrade dans un rayon de trente à cinquante pas autour de vous ; vous-même avancerez à bon vent et en décrivant des zigzags, absolument comme si vous battiez une luzerne ou un trèfle, mais avec plus de précautions

6. — Passage de la Bécasse.

encore. Le tintement du grelot vous mettra au fait de toutes les allées et venues de votre camarade, que de temps en temps vous rappellerez à vous. Quelques chasseurs blâment l'emploi de cette sonnette dont, selon eux, le bruit insolite effaroucherait le gibier. Je ne m'en suis jamais aperçu; mais, la grande science de la vie consistant, deux maux étant donnés, à choisir le moindre, mieux vaut mettre quelques Bécasses à l'éveil que d'être exposé à retrouver, après huit jours de recherches, un excellent Chien, comme celui que je vous suppose, mort de faim dans son attitude vis-à-vis d'une Bécasse également décédée d'inanition. Lors donc que vous verrez ou que vous reconnaîtrez par le silence du grelot que votre Chien doit être en arrêt,

allez à lui à pas mesurés, sans vous presser, et tout en approchant de lui, cherchez à reconnaître, par la situation qu'il occupe, celle où se trouve la Bécasse et par conséquent la direction qu'elle prendra en s'envolant; en même temps choisissez vous-même la position qui vous semblera la plus favorable à votre tir. Ces précautions sont indispensables : pour avoir négligé la dernière, j'ai vu un jour une Bécasse sortir littéralement de mes bottes, sans qu'il me fût possible de la saluer. Un misérable gaulis se trouvait pris entre ma poitrine et mon bras droit, et chaque fois que j'essayais d'épauler, je me déchirais la joue à son écorce.

(La suite prochainement.)

Paris. — Imprimerie WIESENER ET Cⁱᵉ, rue Delaborde, 12.

25 Mars 1865. N° 65. — 15 centimes.

Ce Recueil paraît une fois par semaine. — On s'abonne à Paris, à la Librairie L. HACHETTE et Cie, boulevard Saint-Germain, n° 77
Les abonnements se prennent du 1er de chaque mois. — Paris, six mois, 4 fr.; un an, 8 fr.—Départements, six mois, 5 fr.; un an, 10 fr.

SUITE DES POISSONS COUVEURS. — *Voracité de l'Épinoche.* — *L'Épinochette.* — *La Spinachie.* — *Le Chabot.* — *Le Meeschgaling.* — *Le Gobie noir.* — *Le Lompe.* — *Le Syngnathe ou Aiguillette, et l'Hippocampe.*

Les Épinoches ne sont pas du tout effrayées du bruit ni du jaillissement de l'eau, elles sont plutôt réjouies de ce fait qui attire leur attention sur une bonne proie. Aussi, en un instant, le Ver sera-t-il le centre d'une masse compacte de ces petits Poissons, roulant les uns sur les autres, faisant à qui mieux mieux, chacun pour soi, tous les efforts possibles pour attirer le Ver. Si, à ce moment, vous tirez brusquement le Ver de l'eau, vous aurez à coup sûr pris deux Épinoches, chacune d'elles tenant une des extrémités du Ver et la tenant si bien qu'elle ne l'a pas lâchée en se sentant entraînée hors de son élément. Vous pourrez répéter ce procédé autant

1. — LA SPINACHIE. *Gasterosteus spinachia*. Linné.

de fois qu'il vous amusera, et, comme les Épinoches n'apprennent même pas à leurs dépens la modération dans leur appétit, vous pourrez en prendre une grande quantité et les avoir parfaitement vivantes et bien portantes pour les mettre dans votre aquarium.

On peut encore les prendre par centaines avec un simple filet à Papillons en se contentant de laisser étendre le filet dans l'eau, de faire pendiller le Ver au-dessus de l'anneau d'ouverture, et de lever par degré le Ver en tirant le filet de manière à prendre toute la bande dans ses mailles.

En remontant un peu plus haut le long du ruisseau

où vous m'avez trouvé si occupé, je vous montrerai un endroit où j'ai pris pendant l'hiver des Épinochettes enfouies sous les feuilles et parmi la vase où elles étaient comme engourdies, se laissant sortir de l'eau collées sous la surface inférieure des feuilles sèches et ne recouvrant leur vivacité que dans l'eau de notre boîte au vif. Il faut vous dire que l'Épinochette, quoique munie de dix épines sur le dos, est le plus petit Poisson sans contredit de notre pays : parvenu à toute sa croissance, elle mesure 3 à 4 centimètres de longueur.

Toute petite qu'elle est, l'Épinochette a une robe assez variée. Son dos est vert, son ventre et ses côtés sont argentés et piquetés de petits points noirs. Quant à ses nageoires, elles sont si petites et si transparentes que c'est à peine si on les voit dans l'eau. On les aperçoit cependant, à cause de leur mouvement de giration semblable à celui de l'Épinoche; mais il faut y regarder de bien près pour voir que ces nageoires sont teintes de jaune léger. L'Épinochette ne porte pas de plaques osseuses sur les côtés : la forme générale de son corps et de ses épines, la position des nageoires et surtout leur jeu caractéristique, suffisent et au delà pour la faire reconnaître de la famille des Gastérostós.

Plus délicate que l'Épinoche, l'Épinochette se cantonne dans certains endroits d'un ruisseau ou d'un cours d'eau; elle en infeste quelquefois les bords, tandis que le milieu en est privé; elle ne s'accommode pas non plus de l'eau de mer.

L'Épinochette bâtit un nid semblable à celui de l'Épinoche; mais au lieu de le construire au fond de l'eau, elle le place entre les tiges des plantes aquatiques,

2. — Le Gobie noir ou Boulereau. *Gobius Niger*. Linné.

à l'aisselle d'une feuille de roseau. Le mâle couve, élève et défend ses petits de la même manière que l'Épinoche à trois épines et les autres espèces voisines de nos étangs et de nos ruisseaux. La dimension de son nid est naturellement proportionnée à sa taille, mais les matériaux sont les mêmes.

Comme caractère, l'Épinochette ne semble pas aussi querelleuse que l'Épinoche : j'en ai longtemps gardé dans un aquarium au milieu d'autres Poissons sans qu'elles les attaquassent. Elles se réunissaient en une petite troupe, dans un coin, près de la surface de l'eau et au milieu des feuilles des plantes, et elles restaient là immobiles pendant la plus grande partie du temps. Seulement, quand un Limaçon d'eau passait à leur portée, elles cherchaient à saisir ses cornes, les prenant pour de petits Vers.

Maintenant que nous avons passé en revue les mœurs intéressantes des Épinoches de nos ruisseaux, nous allons étudier un Poisson, de la même famille encore, mais qui habite exclusivement la mer. On lui donne le nom de Spinachie ou Épinoche à quinze épines. Comme vous le voyez, elle est beaucoup plus grande que notre Épinoche d'eau douce; mais, en la regardant attentivement, elle conserve, dans la forme générale de son corps, dans la coupe de ses nageoires et surtout celle de sa queue, dans l'air de férocité brutale de son œil, un aspect caractéristique de famille que personne ne peut récuser chez tous les Gastérostés.

Elle forme, en effet, une des espèces les plus curieuses.

Commençons par décrire sa belle robe. Elle est, comme celle de toutes les Épinoches, changeante et brillante en certaines occasions. Elle varie avec une singulière rapidité, et devient sombre ou claire suivant les émotions de l'individu. Ainsi l'un d'eux fut si alarmé quand on le prit, qu'il échangea sa parure brillante contre une teinte pâle, jaune et brune, qu'il garda au moins huit heures, au bout desquelles, soudainement, il reprit son éclat primitif.

La Spinachie construit un nid pour ses œufs et le garde avec autant de soin et d'intrépidité que les espèces que nous venons d'étudier.

Les matériaux dont elle le compose sont formés de brins d'herbes délicates ou d'algues pourpres. Ces brindilles sont attachées par une espèce de fil de matière animale qui les maintient en une masse de forme allongée, à peu près du volume du poing. Les œufs, très-gros et d'une couleur ambrée, ne sont point placés tous ensemble dans le creux du nid; mais ils sont distribués en petits paquets à travers la masse générale. Ces nids se trouvent au reste sur plusieurs endroits de nos côtes au printemps et en été; ils sont ordinairement placés dans de petites flaques d'eau herbeuses et rocheuses, entre les jetées ou auprès des balises. Le fil qui leur sert de trame pour réunir les morceaux de conferves et de fucus est remarquable par son excessive longueur; il est contourné et enlacé dans toutes les directions imaginables. Il est aussi fin que de la soie ordinaire, solide et un peu élastique. Sa couleur est blanchâtre, et il semble formé par une sécrétion albumineuse. Mais d'où vient ce fil? Qui le sécrète? Est-ce la Spinachie pendant la saison de la ponte? Si c'est elle, quel organe spécial possède-t-elle dans ce but, organe qui manque aux autres Épinoches et n'a pas été reconnu chez la Spinachie?

Telles sont les questions que suggère la construction de ce nid avec des matériaux si singuliers. Tout porte à croire que la Spinachie est elle-même le pro-

a. — Le Syngnathe ophidion. *Syngnathus ophidion*. Linné.

ducteur du fil qui lui sert à tisser son nid, car la position des amas d'œufs, que leur avancement différent démontre avoir été pondus successivement, fait voir que les premiers ont été déposés au milieu des branches du fucus au commencement de sa croissance. A mesure que la plante pousse, ses branches entourent les œufs, et en même temps la Spinachie les tisse, les lie, et incorpore dans son tissu les parties qui flottaient et se couchaient au-dessus de l'amas d'œufs primitif.

Je vais emprunter à *Couch* une seconde description du curieux ouvrage de l'Épinoche de mer, persuadé que tout ce qui se rapporte au travail maternel de ces petits Poissons trouvera toujours intérêt et attention. Ce naturaliste rencontra un nid de Spinachie à l'extrémité d'un morceau de vieux cordage : « C'était, dit-il, un très-singulier exemple de dextérité constructive et de patience que la forme de ce nid qui confondait mes connaissances et s'est profondément gravé dans mon souvenir. L'endroit choisi par le petit animal était le bout désagrégé d'un cordage dont les torons séparés pendaient environ à une brasse au-dessous de la surface, sur une profondeur de quatre à cinq brasses, et où les matériaux n'avaient pu être apportés certainement que d'une seule manière, c'est-à-dire *avec la bouche du Poisson et d'une distance d'au moins* **10** *mètres.*

Ces matériaux se composaient de l'agrégation habituelle de toutes sortes de fragments d'algues vertes et rouges, mais ils étaient si bien nattés ensemble en un creux formé des fils entrelacés du cordage, que la masse constituait une boule oblongue à peu près de la grosseur du poing. Dans cette boule étaient déposés des amas d'œufs éparpillés et attachés par-ci par-là dans l'intérieur au moyen d'un fil animal passant dans toutes les directions, tandis que le cordage lui-même formait un recouvrement total de l'ensemble.

Il est à peine supposable qu'un nid pareil puisse être

l'ouvrage d'un seul couple de Poissons, car les œufs, pris chacun à part, sont gros au moins comme de la graine de radis, et les amas collectifs disséminés semblent tout à fait disproportionnés avec la taille des parents. On pourrait seulement expliquer ce fait par la remarque bien connue que les œufs des Poissons acquièrent généralement une assez forte augmentation de volume par l'absorption de l'eau après qu'ils sont pondus ; ce qui montre combien ce fluide exerce d'influence sur le développement successif des petits. L'embryon de ce Poisson se trouve dans le même cas que celui de beaucoup d'autres et ne présente pas une ressemblance absolue avec ses parents, et il semble probable qu'il doit subir une certaine série de métamorphoses avant d'arriver à son entier développement. »

Un nid de Spinachie fut visité pendant trois semaines, chaque jour, et les parents furent trouvés invariablement à leur poste, le gardant sans relâche. Ils allaient et venaient autour, l'examinaient en tous sens, se retiraient un instant, puis revenaient aussitôt recommencer leur inspection. Plusieurs fois il arriva qu'on mit exprès les œufs à découvert, en enlevant une partie du nid ; mais sitôt que le fait était constaté par le père, il prenait les plus grandes peines pour recouvrir ses œufs au

1. — Le Syngnathe acus. — Syngnathus acus. Linné.

plus vite. Au moyen de sa bouche, les bords de la déchirure étaient bientôt ramenés en dessus, et les autres parties étaient tournées autour de leur point d'attache pour fermer l'orifice, jusqu'à ce qu'il fût parvenu à soustraire de nouveau les œufs à la vue.

Souvent, pour réparer le dégât, le pauvre Poisson avait besoin de beaucoup de force ; alors il enfonçait son museau dans le nid jusqu'aux yeux et donnait des secousses violentes jusqu'à ce qu'il eût fait tenir l'objet qu'il voulait arranger. Pendant qu'il était si occupé, il se laissait prendre à la main, mais repoussait toute attaque faite contre son nid, et ne quittait jamais son poste de vigilance, voltigeant sans cesse autour du nid, et s'arrêtant quelquefois pour l'éventer au moyen de ses nageoires.

Maintenant, nous allons abandonner la famille des Épinoches ; mais je n'en ai pas encore fini avec les Poissons couveurs, et il est probable que beaucoup d'espèces emploient le même moyen pour sauver leur progéniture ; mais leurs nids sont encore inconnus.

Il faudrait, pour acquérir des données plus nombreuses sur ces mœurs si difficiles à observer, construire des aquariums d'étude convenablement disposés. On trouve dans la plupart des rivières un affreux petit Poisson ayant une tête énorme pour son corps ; ce petit Poisson est le Cottus Gobio, et dans sa famille, celle des Cottes, nous allons encore trouver quelque exemple d'amour paternel et de dévouement à ses enfants. Vous le voyez, ce n'est pas aux plus belles espèces que la nature donne toujours les plus beaux sentiments.

Le *Cottus Gobio* porte en français le nom de Têtard, et mieux de Chabot. D'après Fabricius et Pennant, il dépose ses œufs au milieu d'une cavité qu'il creuse dans le sable, et ne la quitte qu'avec répugnance. Quand les petits sont éclos, il les défend avec beaucoup de courage contre l'attaque des autres Poissons.

Parmi les Poissons d'eau douce de nos climats, je n'en connais pas d'autres qui fassent des nids, car je ne puis faire rentrer dans cette catégorie les sillons que creusent dans le sable les Barbeaux, les Truites et les Saumons, pour y pondre des œufs qu'ils abandonnent ensuite. Mais, en Amérique, dans les solitudes de la Pensylvanie, on trouve dans les eaux de la Susquehannah, un Poisson nidificateur. Ces animaux, auxquels les sauvages *Lénapes* donnent le nom de *Meeschgaling,* rassemblent de petites pierres et les alignent de manière à en faire des abris, des espèces de digues, dans lesquelles ils déposent leurs œufs à l'abri des attaques de leurs ennemis.

Mais si de l'eau douce vous voulez bien revenir avec moi à l'eau de mer, nous allons trouver plusieurs

5. — Le Synonathe typble. *Syngnathus typhle.* Bloch.

exemples nouveaux de la prévoyance maternelle chez les Poissons, et, chose bien remarquable, ce sont toujours — jusqu'à présent — les espèces que nous regardons comme les plus laides et comme les plus dépourvues de grâces, qui offrent l'exemple de ces mœurs si admirables!

Le Gobie noir, le *Phycis* des anciens, est un petit Poisson très-laid et assez abondant sur les côtes de la Méditerranée. Il aime les endroits rocheux et les pierres auxquelles il s'attache au moyen de ses deux nageoires ventrales réunies en espèce de disque. Au mois de mai, ce petit Poisson creuse dans la vase ou dans l'argile, au pied des rochers, des trous dans lesquels il construit son nid qui communique ainsi avec la mer. Il y amasse des débris d'algues et de zostères, et le mâle, comme celui de l'Épinoche, ayant fait seul tout ce travail, se tient aux environs de son terrier, guettant les femelles prêtes à pondre. Quand il en aperçoit une, il la force à entrer dans le nid pour déposer ses œufs. Il passe dessus en frétillant, et commence à en prendre soin, à les veiller, jusqu'à ce que les petits soient éclos. Quand ceux-ci sont sortis de l'œuf, il les défend avec un grand courage et les nourrit jusqu'au moment où ils peuvent se passer de lui, ce qui conduit jusqu'au milieu de l'été. Aussi voit-on le vieux mâle, d'un noir complet, conduire la troupe d'enfants, plus pâles que lui, à la pâture dans les prairies d'algues où il leur montre à s'emparer des insectes et des petits Crustacés dont tous font leur nourriture.

Tout à côté des Gobies, comme espèce, nous trouvons encore un autre Poisson d'une taille bien plus considérable, puisque le premier n'a que 15 centimètres de longueur, tandis que le second en a souvent plus de 40. Ce Poisson, nommé *Lompe* ou *Lièvre de mer*, a donné lieu à une polémique des plus violentes sur ses mœurs conjugales. On a prétendu qu'il ne s'attachait qu'à une seule femelle et que le couple élevait ensemble les petits *qui naissaient* de leurs œufs. Lacépède s'élève contre cette croyance, qu'il traite de fable, et qu'il explique en disant que le Lompe ayant les deux nageoires ventrales réunies en une espèce de disque avec lequel il fait le vide, se fixe ainsi aux rochers, sous les saillies desquels il se place pour éviter ses ennemis et pour trouver plus facilement les Vers marins dont il aime à se nourrir, ou pour surprendre avec plus d'avantage les petits Poissons dont il fait sa proie. On doit avoir observé plus d'une fois deux Lompes placés ainsi l'un à côté de l'autre et longtemps immobiles sur les rochers ou le sable des mers. On les aura supposés mâle et femelle, et l'on aura pris leur voisinage et leur repos pour une incubation partagée.

Voici du reste le récit de Fabricius contre lequel s'élève Lacépède, comme nous venons de le voir: Le Lompe approche des côtes du Groënland dans les mois d'avril et de mai pour frayer; les femelles précèdent les mâles et déposent leurs œufs sous les plus grandes algues ou dans les fentes des rochers. Le mâle approche alors et s'attache aux rochers d'une manière si solide qu'il laisse à leur surface l'impression produite par l'humeur visqueuse de ses nageoires ventrales. Ceci fait, il commence à veiller sur ce dépôt sacré et le défend contre tout ennemi avec le plus grand courage. Si l'Homme le dérange ou lui fait quitter la place, il ne s'éloigne guère des œufs, ne les perd pas de vue, et y retourne le plus vite possible. Le Loup de mer, si bien armé, hasarde lui-même sa vie en approchant du nid du Lompe, car celui-ci, malgré la petitesse comparative de ses dents, est capable de s'attacher au cou de son adversaire et de lui faire une blessure mortelle.

Mais voici que les observations du vieux Fabricius ont reçu une confirmation nouvelle par G. Johnston, par Yarrell, par Wood, et par beaucoup d'autres observateurs modernes. En Angleterre, on donne au Lompe le nom de Coq et Poule *Paidle;* or ce nom donné par les pêcheurs des côtes d'*Écosse*, où ce Poisson est très-commun, prouve bien que les mœurs de l'animal leur sont parfaitement connues. Voici ce qui résulte des plus récentes observations.

Le Coq et la Poule frayent vers la fin de mars ou le commencement d'avril. A cette époque, la Poule s'approche de la côte et dépose ses œufs sur les rochers et sur les herbes marines, là où descend le plus la basse mer. Ces œufs sont de couleur jaune ou rosée, de forme globulaire, et le frai d'une seule femelle remplirait un grand bol formant à peu près le volume d'un œuf de Cygne. Le Coq alors vient couvrir les œufs, et reste à les couver, ou auprès d'eux, jusqu'à ce que les petits soient éclos. En cela l'avis des pêcheurs est unanime.

A ce moment, le Lompe devient un animal brave et querelleur, ne permettant à aucun autre habitant de la mer de passer dans le voisinage de son dépôt, et, quand il y est forcé, le mordant cruellement au moyen de ses dents courtes mais très-fortes.

Mais ce n'est pas encore là le fait le plus curieux des mœurs de cet intéressant Poisson. Elles offrent une certaine analogie avec celles du Sarigue. Les petits, en effet, à peine nés, *se fixent eux-mêmes sur les côtés et le dos de leur père,* qui gagne, ainsi chargé, les mers profondes et de plus sûres retraites!

Je ne veux pas abandonner ce singulier animal sans parler de sa forme; elle est des plus grotesques; elle se rachète cependant par la couleur de son corps sans écailles, mais qui, au sortir de l'eau, brille des plus belles couleurs, et fait l'admiration des spectateurs par un mélange inimitable du bleu céleste le plus pur, de l'indigo et du saphir, au pourpre, à l'orangé et au jaune le plus brillant. Le mâle est plus petit que la femelle, qui est ornée d'une robe

.— Le Chabot. Cottus gobio. Linné.

si différente par son éclat, que les pêcheurs faisaient de chacun des deux une espèce différente.

Bien loin d'avoir la forme svelte et élégante des Épinoches, le Lompe est disgracieux dans toutes ses parties. Une sorte de bave sort de sa bouche, son corps est visqueux, et cependant, dans les ports de l'Écosse et des Orcades, sa chair s'estime immédiatement après celle du Turbot. Le Lompe est un habitant de nos mers de l'Europe et de l'Amérique du Nord.

C'est avec intention que nous avons gardé pour la fin les plus extraordinaires de nos Poissons couveurs des côtes de France. Personne, en voyant sur le sable, quand on prend des bains de mer, un petit animal brun de la grosseur et de la longueur d'un crayon ordinaire, et pointu aux deux bouts, sans nageoires apparentes, — car elles sont si fines qu'elles disparaissent contre son corps, — ne se douterait qu'on passe à côté d'un émule du Sarigue, et cependant, rien n'est plus vrai. J'ai dû photographier moi-même l'un de ces singuliers animaux, pour mieux en faire comprendre la forme.

Le *Syngnathe* ou *Poisson-pipe* ou encore *Aiguillette de mer*, présente, comme on peut le voir, une disposition de bouche, de bec, — je ne sais lequel dire, — tout à fait singulière; sa bouche, située à l'extrémité d'un tube formé depuis l'œil par le prolongement des os de la tête, est placée si anormalement, que la mâchoire inférieure

7. — Le Lompe. *Cyclopterus lumpus.* Linné.

semble presque un opercule à charnière, destiné à fermer l'extrémité d'un tube. Tout l'animal est brun pâle, marqueté régulièrement de belles taches transversales brun foncé, et enfin, pour que rien dans cet animal ne ressemble aux autres de la même classe, son corps, au lieu d'être aplati ou arrondi, est à six pans ou *hexagonal*, et de petites écailles denticulées forment les arêtes de chacune des facettes de son corps.

Bien que bizarre dans sa structure, il l'est encore plus dans ses mœurs. Le mâle, — notez bien encore ce point, à savoir que dans les Poissons, à l'inverse des autres animaux, c'est constamment à un mâle qu'incombent les soins de la maternité, — le mâle, dis-je, diffère beaucoup de la femelle; son ventre, de l'anus à la queue, est plus large, et porte, à peu près aux deux

tiers de sa longueur, deux replis minces et mous qui se ferment l'un sur l'autre et lui forment ainsi une poche ou espèce de faux ventre analogue à celui des Opossums. Et voici que l'analogie continue, car les Syngnathes frayent en été et la femelle place ses œufs dans la poche ventrale du mâle. Comment se fait cette opération? Comment la femelle fait-elle passer ses œufs de son ventre dans la bourse sous-caudale du mâle? On ne le sait pas.

Mais le fait est patent. En examinant, en été, quelques-uns de ces petits animaux, on trouve constamment des œufs chez ceux qui ont la poche et jamais chez ceux qui n'en ont pas. Les premiers sont des mâles, cela a été bien constaté, et les seconds des femelles. En séparant les plis de la poche sous-caudale, et l'ouvrant pour en étudier l'intérieur, on y voit plusieurs œufs gros et jaunes, et parmi eux des dépressions qui indiquent la place des œufs dont le Poisson s'est débarrassé depuis peu de temps; car les germes se développent les uns après les autres; on trouve des œufs qui en contiennent sur le point de naître à côté d'autres dont l'enveloppe déchirée laisse voir le petit.

Les Syngnathes adultes ne se contentent pas de faire éclore ainsi les œufs dans une poche couveuse spéciale; ils ont encore un grand attachement pour leurs petits, et cette poche est très-probablement aussi un lieu de refuge où se retirent les jeunes à l'approche d'un danger. Car les pêcheurs m'ont assuré que quand on vient de prendre un Syngnathe, qu'on ouvre sa poche et qu'on secoue les petits dans la *mer*, ils restent auprès du bateau au lieu de se sauver au loin; et si, en ce moment, on remet le père à l'eau, tous viennent à l'instant rentrer dans leur retraite.

Nous avons sur nos côtes cinq ou six espèces de ces Syngnathes qui ont les mêmes mœurs; l'une d'elles, cependant, n'a pas de poche fermante, et le mâle s'attache sous le ventre les œufs sur huit ou dix rangs et les porte ainsi avec lui, les couvant jusqu'à leur éclosion. Dans une troisième espèce plus petite, l'*Aiguillette Serpent*, le mâle n'a pas non plus de poche subcaudale, mais il place les œufs de la femelle dans de petites cavités hémisphériques qu'il porte de chaque côté du ventre, et au mois d'août chacune de ces petites capsules contient un œuf de la grosseur et de la couleur d'une graine de moutarde.

On trouve également l'*Aiguillette à museau étroit*, plus mince et plus longue que la précédente, et sans nageoire à la queue, qui se termine, comme celle d'un reptile, en pointe effilée.

Ce Syngnathe, comme l'*Aiguillette vermiforme*, qui est encore plus petite, présente les mêmes singularités que nous venons d'indiquer; les œufs sont attachés à la surface de l'abdomen des mâles. Les petits mêmes présentent un singulier phénomène de transformation analogue à celui de quelques Batraciens à leur état transitoire. Quand ils naissent, ils ont une membrane caudale qui s'étend en dessus et en dessous en forme de nageoire, et ils portent également des pectorales. En vieillissant, toutes ces nageoires sont absorbées, et il n'en reste que la portion juste nécessaire pour constituer une petite dorsale. Parmi les Poissons, je ne connais que le Saumon chez lequel on puisse indiquer un fait semblable.

Il me reste encore à parler d'un petit monstre qui rentre dans la même catégorie des Poissons couveurs. Celui-là, vous en avez peut-être vu de secs que l'on conserve dans les collections d'histoire naturelle; on l'appelle le *Cheval marin* ou *Hippocampe*. Le fait est que son profil bizarre rappelle un peu les lignes d'une tête de Cheval fantastique. Les femelles et les mâles ne se ressemblent pas. Voici les différences : la femelle a une petite nageoire au ventre, qui, chez elle, est plus *coupé* que celui du mâle. Rien d'étonnant à cela; celui du mâle forme, comme chez les Syngnathes, une poche dans laquelle il enferme les œufs de la femelle pour les couver et les faire éclore.

Tout est bizarre et anormal dans ce Poisson, le plus curieux de tous ceux que nous avons étudiés : les yeux sont indépendants l'un de l'autre, et la queue est prenante comme celle des Serpents ou des Singes. Il ressemble aux Marsupiaux par sa poche ventrale, aux Caméléons par ses yeux indépendants et mobiles sur des pédoncules, et aux reptiles par sa queue qui lui sert à se fixer aux algues dans une position verticale.

Quel incompréhensible mystère que le mélange, dans quelques animaux de chaque ordre, des caractères les plus opposés en apparence, et départis à d'autres organismes rangés dans un ordre souvent très-éloigné! Combien ces plans unificateurs de la nature, fondant les créatures les unes dans les autres, démontrent l'inanité des classifications humaines, pourtant si utiles, et qui certes sont une des plus belles conceptions du cerveau de l'Homme! Mais combien il reste à faire!

Telles sont les intéressantes observations que j'ai pu recueillir sur les Poissons couveurs actuellement connus. N'est-il pas bien vrai qu'après une étude comme celle que nous venons de faire ensemble, il est tout simple d'aimer la nature non-seulement pour ses beautés sublimes, mais encore pour les admirables leçons que ses mille voix donnent à notre âme!!!

« Si la feuille du Chêne, lorsqu'elle est grande comme l'oreille de la Souris, dit à l'Indien que le temps est venu de semer le maïs; si l'oiseau qui paraît au printemps, crie en gazouillant au-dessus de sa tête : *Hackileck! hackileck! Va semer ton grain! va semer ton grain!* les oiseaux, les fleurs les feuilles de nos climats murmurent aussi bien des choses à l'oreille de ceux qui sauraient les entendre. »

Puisque de simples pêcheurs ont bien pu, par leurs observations, faire revivre les procédés de multiplication des Poissons, perdus et oubliés depuis longtemps, n'est-il pas naturel de penser que d'autres pêcheurs ont observé les mœurs de beaucoup d'espèces encore inconnues? Les Poissons de nos rivages ont certainement des histoires aussi intéressantes, peut-être plus étranges encore; elles sont inconnues; pourquoi?

Il faudrait que les savants allassent, comme Audubon, Wilson, Gould, Verreaux, observer sur place les secrets de la nature, au lieu de vouloir les deviner ou même les dénaturer dans leurs cabinets, ou bien que les voyageurs fussent des savants. Malheureusement les premiers se décident difficilement à quitter leurs fauteuils, les seconds n'ont pas tous les qualités qui doivent donner du prix à leurs observations.   H. DE LA BLANCHÈRE.

*. — CHEVAL MARIN OU HIPPOCAMPE.

LES TROIS RÈGNES DE LA NATURE

LECTURES D'HISTOIRE NATURELLE.

1er Avril 1865.　　　　　　　　　　　　N° 66. — 15 centimes.

Ce Recueil paraît une fois par semaine. — On s'abonne à Paris, à la Librairie L. HACHETTE et Cie, boulevard Saint-Germain, n° 77.
Les abonnements se prennent du 1er de chaque mois. — Paris, six mois, 4 fr.; un an, 8 fr. — Départements, six mois, 5 fr.; un an, 10 fr.

AUTRUCHE. — Les Oiseaux géants. — La famille des Brévipennes. — L'Autruche d'Afrique et d'Arabie. — Sa description. — Son organisation. — Fables auxquelles elle a donné lieu. — La vue, l'ouïe, le goût, la voracité de l'Autruche, l'odorat. — Régime alimentaire. — Impressions que font sur l'Autruche les changements de temps. — Sa force musculaire.

Cuvier, dans sa description de la *Ménagerie du Muséum*, commence en ces termes l'histoire de l'Autruche : « L'Autruche est le plus grand de tous les oiseaux. » Restreinte à la nature vivante, cette assertion est probablement exacte aujourd'hui ; elle ne l'était peut-être pas du temps de Cuvier.

On croit, en effet, avoir acquis la certitude qu'il existait à la Nouvelle-Zélande, il n'y a peut-être pas plus

AUTRUCHE D'AFRIQUE. *Struthio camelus.* Linné.

de dix à douze ans, un oiseau auprès duquel l'Autruche « paraîtrait un oiseau fort petit. » Rien ne prouve même qu'il n'y vive pas encore aujourd'hui.

La date de son extinction, si l'espèce a disparu, se déduit avec une exactitude suffisante de l'état de pièces conservées et soumises, dans le courant de l'année dernière, à la Société linnéenne de Londres, par M. Alldis.

Ces pièces consistent en un grand nombre d'ossements représentant presque en entier un squelette de *Moa* (c'est le nom de cet oiseau), auquel adhèrent des cartilages, des tendons et des ligaments dont plusieurs ont encore une certaine élasticité.

La découverte en a été faite près de Dunedin, dans l'intérieur de l'île, par des gens en quête de toute autre chose. — C'étaient des chercheurs d'or — et les os ont été rencontrés dans une situation qui fait supposer que le Moa est mort en place sur son nid. Sous son squelette on a trouvé, en effet, les ossements de quelques petits. Le tout était enfoui dans un sable mouvant.

On s'étonnera peut-être que la nature vivante soit assez incomplétement connue pour qu'un animal aussi peu ordinaire soit resté jusqu'à présent ignoré des naturalistes. Mais si on réfléchit aux explorations géographiques qui sont encore à faire en Asie, en Afrique, en Océanie, on comprendra que les découvertes en histoire naturelle ne peuvent être épuisées. Que serait-ce donc si nous faisions entrer en ligne de compte les profondeurs des mers ! Et même combien de contrées visitées par les voyageurs sont loin d'avoir été sérieusement étudiées au point de vue de leurs productions ! L'intérieur de la Nouvelle-Zélande est précisément du nombre des régions imparfaitement explorées ; et, comme les oiseaux de la tribu des Autruches sont très-peureux et fuient l'approche de l'Homme, on ne peut regarder comme impossible qu'on trouve un jour des Moas vivants.

L'assertion de Cuvier ne paraîtra plus seulement douteuse ; on la jugera tout à fait erronée si on fait entrer en ligne de compte les documents paléontologiques dont la science a acquis la possession depuis la mort de l'illustre naturaliste.

Toute gigantesque qu'elle soit, l'Autruche n'a que sept à huit pieds de haut, tandis que, d'après les calculs d'Isidore-Geoffroy Saint-Hilaire, l'*Epiornis* en avait de neuf à douze ! Celui-ci n'est découvert que depuis 1851, encore ne le connaît-on que par quelques ossements et par ses œufs, dont quelques-uns ont six fois la capacité d'un œuf d'Autruche ; il y en a même de plus grands. Cependant, si on en croit un savant italien, M. Bianconi, qui vient de communiquer ses recherches à l'Académie des Sciences de Paris, ce colosse volait ; c'était un Vautour, le même auquel Marco Polo, dans ses *Voyages*, donne le nom de *Ruc*, et qui a été regardé jusqu'ici comme un animal fantastique. M. Bianconi fonde son opinion sur la conformation d'un des os du pied de l'Épiornis. L'état de conservation des œufs et des os prouve que la disparition de cet animal ne peut avoir eu lieu qu'à une époque très-voisine de la nôtre ; on ne trouve d'ailleurs les œufs et les os que dans des sables tout à fait superficiels.

C'est donc à peine si l'on peut dire que l'Épiornis appartient à la paléontologie. Il en est autrement du *Dinornis*, autre oiseau, ainsi nommé par M. Richard Owen. On en connaît plusieurs espèces, dont l'une avait plus de quatre mètres de haut ; le Dinornis est bien franchement fossile, quoiqu'il soit géologiquement récent. C'est dans le diluvium de la Nouvelle-Zélande qu'on en rencontre les débris, et ils y abondent.

Pénétrons plus profondément dans le passé, et à la partie inférieure du terrain tertiaire, nous trouvons le *Gastornis Parisiensis*, oiseau gros comme un Cheval, qui nageait comme un Cygne et dormait debout sur une patte comme une Cigogne. Il a été découvert en 1855.

Ces colosses étaient cependant encore de taille médiocre en comparaison de l'oiseau prodigieux qui paraît avoir vécu dans l'Amérique du Nord, à l'époque bien autrement reculée où les grès conchyliens du Massachussets se déposaient. Nous n'avons de lui que les empreintes de ses énormes pieds sur le sol humide. Le pas ordinaire de l'Autruche a 50 centimètres, celui de l'oiseau du Massachussets mesure 1 mètre 20.

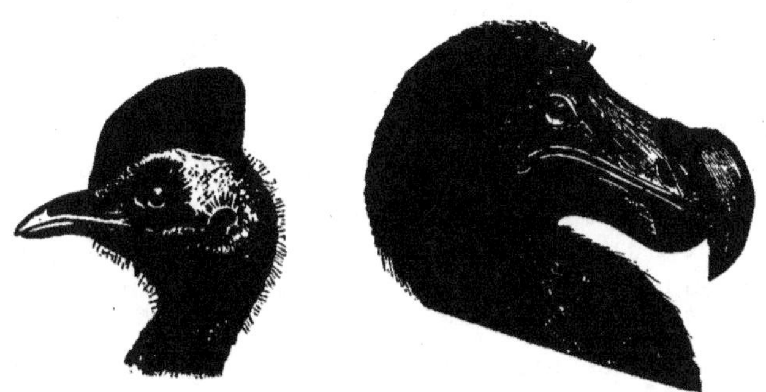

TÊTE DE CASOAR A CASQUE.   TÊTE DE DRONTE.

APTÉRYX.

Concluons que la taille de l'Autruche n'est point un fait exceptionnel.

L'absence ou plutôt l'état rudimentaire des ailes et leur incapacité absolue comme organe de vol, sont ce qui frappe le plus en elle après ses proportions. Mais ce caractère ne lui appartient pas exclusivement. Il est propre également au *Dromée*, ou *Casoar à casque*, qui habite l'Inde ; à l'*Emeu*, ou *Casoar sans casque*, qui habite l'Australie ; à l'*Aptéryx*, qui habite la Nouvelle-Zélande, et chez lequel il est même porté à un degré plus exagéré encore ; enfin il a appartenu au *Dronte* ou *Dodo*, qui vivait à l'île de la Réunion (Bourbon) il y a un peu plus d'un siècle, et qui a si complétement disparu de cette île que l'on n'en a plus retrouvé que le bec et les pattes.

Le Casoar, l'Aptéryx et le Dronte ne sont pas d'ailleurs les seuls oiseaux que signalent la brièveté et l'impuissance de leurs ailes ; mais ce sont les seuls que nous devions citer ici, parce que ce sont les seuls qui aient quelques rapports de forme avec l'Autruche.

On les réunit tous dans un même groupe. Linné avait placé l'Autruche parmi les Gallinacés, Cuvier l'a mise parmi les Échassiers. Du groupe auquel elle appartient, les uns font une famille, les autres un sous-ordre : le sous-ordre ou la famille des *Brévipennes* (ailes courtes).

Il convient de n'attacher à ces questions qu'une importance secondaire. Quelle que soit la solution à laquelle on s'arrête, il s'y mêlera toujours de l'arbitraire.

Ne voit-on que la longueur et la nudité des jambes, l'élévation des tarses, l'Autruche se rapproche des Échassiers ; mais quel Échassier a des ailes rudimentaires ? Voit-on ses habitudes et son régime, l'Autruche est un Gallinacé. Comme les Gallinacés, elle vit sur les terrains secs ; comme eux, elle est omnivore ; sa pesanteur, son jabot énorme, son gésier puissant, la forme de son bec sont encore des traits de ressemblance avec les oiseaux de cet ordre.

Il y a donc autant de raisons de mettre l'Autruche avec les Gallinacés, comme le voulait l'auteur du *Systema naturæ*, que de la mettre avec les Échassiers, comme le veut l'auteur du *Règne animal*, et même il y en a peut-être davantage. Mais qu'on la mette avec les uns ou avec les autres, elle ne sera nulle part tout à fait à sa place, parce qu'on n'a pas encore découvert de système de classification qui exprime tous les rapports que les êtres vivants ont entre eux, et de bons esprits doutent même qu'on y arrive jamais.

Il ne faut donc demander à la méthode que des approximations, et s'en servir pour pénétrer plus loin qu'elle ne peut aller elle-même dans la connaissance de ces affinités multiples des êtres qui sont le fond et l'objet même de la science. Sachons de chacun d'eux tout ce que l'étude peut nous en apprendre, et prenons aisément notre parti de ne pouvoir, si la nature des choses s'y oppose, exprimer, en mettant chaque production zoologique à une place donnée, tout ce qu'il y a en elle, ni même tout ce que nous en avons appris. L'important n'est pas d'aligner des noms, mais de pénétrer les choses. C'est ce que nous allons essayer de faire d'abord pour l'Autruche d'Afrique et d'Arabie, c'est-à-dire pour l'Autruche proprement dite, et ensuite pour l'Autruche d'Amérique ou *Nandou*, dont certains ornithologistes font une espèce, d'autres même un genre distinct de l'Autruche d'Afrique.

Ces deux espèces ou ces deux genres se distinguent l'un de l'autre par les caractères suivants :

L'Autruche n'a que deux doigts à chaque pied, tandis que le Nandou en a trois.

Un seul des doigts de l'Autruche, l'interne, est muni d'ongle ; tandis que tous les doigts du Nandou en ont un.

L'Autruche mâle est d'un beau noir mêlé de blanc ; chez la femelle, le noir est remplacé par du gris uniforme. Le Nandou a le même plumage dans les deux sexes.

Enfin, l'Autruche d'Amérique est de moitié plus petite que l'autre.

AUTRUCHE D'AFRIQUE.

L'Autruche d'Afrique et d'Arabie a sept à huit pieds de haut : un corps volumineux, massif, à dos bombé, couvert de grandes plumes flottantes, terminé par une queue en forme de panache, monté sur des jambes hautes d'un mètre et plus, et portant un cou aussi long que les jambes ; une toute petite tête ; de très-gros pieds ; tels sont, dans la physionomie de l'Autruche, les traits qu'embrasse même de loin le regard le moins attentif.

Autruche d'Afrique.

S'approche-t-on, on voit que la tête est chauve et plate, l'œil grand et vif, le bec court, mousse et déprimé, le cou mince, revêtu d'un duvet gris ; que les plumes qui couvrent le corps sont larges et molles, à demi frisées, lustrées, d'une couleur et d'un éclat magnifiques chez le mâle ; que les ailes, composées elles-mêmes de plumes à tiges flexibles, sont hors de toute proportion avec les dimensions de l'animal ; qu'elles ne peuvent évidemment servir au vol et qu'elles ne sont là en quelque sorte que pour mémoire. Si on examine une de ces plumes, on reconnaît, en effet, que leurs barbules ne s'accrochent pas ensemble, comme chez presque tous les autres oiseaux.

Continuant ces observations de détail, on constate que les cuisses sont revêtues à leur face externe d'un duvet gris comme celui du cou et dénudées en dedans, et si les cuisses et le cou sont rouges, c'est qu'on voit l'animal en temps de rut. Enfin, les tarses sont nus, le pied ne s'appuie que sur les dernières phalanges, et le doigt externe est plus court que l'autre.

L'Autruche se met-elle en marche, nous sommes aussitôt frappés de la souplesse de ce grand corps ; son long cou se balance, son tronc prend une sorte de mouvement de tangage, ses tronçons d'ailes s'ouvrent comme pour prendre le vent, et l'aisance de sa démarche, l'élasticité de son pas, l'étendue et la vitesse de ses enjambées nous ont bientôt appris que l'Autruche est aussi généreusement douée comme animal terrestre qu'elle est déshéritée comme animal aérien. Personne n'ignore, d'ailleurs, que cet oiseau est un des marcheurs les plus rapides qui existent, le plus rapide peut-être, car si, lorsqu'on le chasse, il savait diriger sa fuite en ligne droite, le meilleur Cheval serait incapable de le forcer.

Jetons maintenant un regard sur l'organisation interne de l'Autruche, et nous reconnaîtrons que le même être, qui tient à la fois, comme on vient de le voir, de l'ordre des Gallinacés et de celui des Échassiers, se rapproche, en outre, quoique de fort loin, d'une classe voisine de la sienne, celle des mammifères, et que tout en restant oiseau, il s'y rattache par d'autres caractères encore que par ses habitudes exclusivement terrestres.

Partim avis, partim quadrupes, dit le père de la Zoologie, Aristote. Oiseau : l'Autruche l'est encore même par ses membres supérieurs, où le type ornithologique se montre cependant si affaibli ; les os de ses ailes ont en effet à peu près la même forme que chez

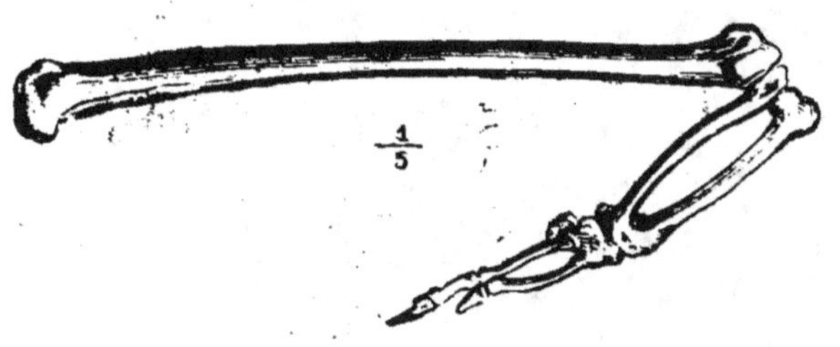

Os de l'aile de l'Autruche.

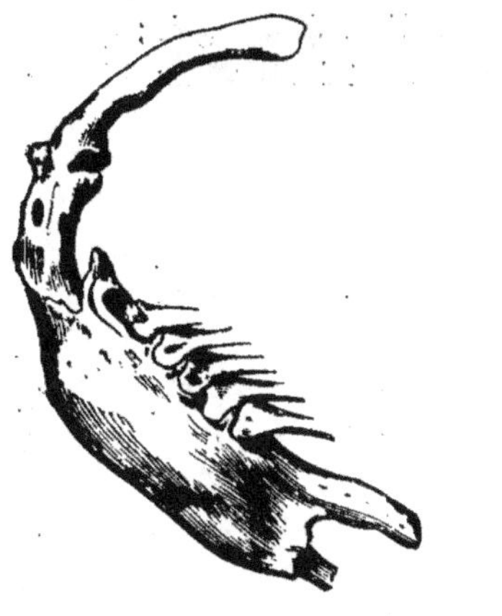

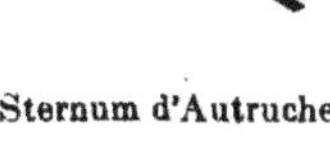

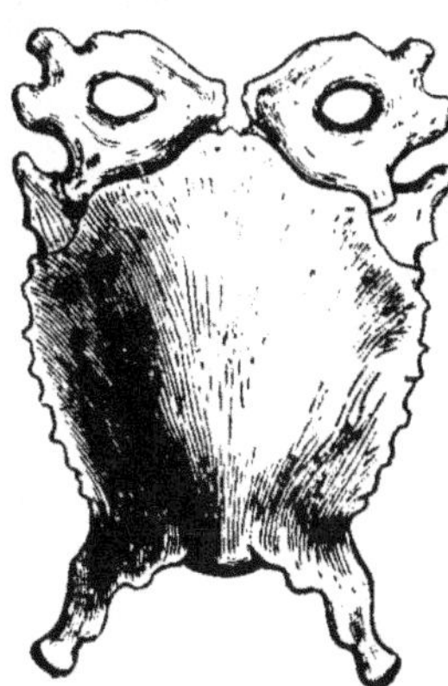

Sternum d'Autruche.   Sternum d'Autruche.

les oiseaux ordinaires ; mais elle n'a point, comme ceux-ci, deux clavicules, la fourchette manque, et le sternum ne supporte pas cette crête proéminente, cette espèce de quille, le *bréchet*, qui ménage une si large

attache aux muscles moteurs de l'aile ; le sternum est lisse, large, bombé, en forme de cuirasse.

L'Autruche a un rudiment de diaphragme ; c'est un de ses traits mammalogiques ; ses organes génito-urinaires, étudiés par Geoffroy-Saint-Hilaire, vont nous en offrir d'autres. Le rectum se dilate en un grand cloaque où l'urine s'amasse comme dans une vessie, et l'Autruche est le seul oiseau qui excrète l'urine séparément des excréments, qui sont secs et noirs, arrondis comme ceux des Moutons, mais enduits d'une matière blanchâtre comme ceux de tous les oiseaux. Nous avons dit que le pied ne s'appuie sur le sol que par les dernières phalanges ; c'est le cas des Pachydermes et des Ruminants ; organisé pour fouler le sable du désert, ce pied rappelle par sa conformation celui du Chameau. L'Autruche s'accroupit comme celui-ci ; comme lui, elle a des callosités aux endroits où son corps porte quand elle se repose à terre, et toutes ces circonstances, jointes sans doute à une certaine ressemblance de son dos voûté avec la bosse de cet animal, — ressemblance à laquelle Thévenot s'est mépris, — et à la communauté de l'habitat, lui aura valu son nom d'*Oiseau-Chameau* ; car le mot *strouthos*, racine du mot Autruche et de tous les noms que cet oiseau porte dans les langues européennes, ne signifie pas autre chose.

Ajoutons, avec Buffon, que l'orifice des oreilles, qui est à découvert, que la mobilité de la paupière supérieure, et que la forme des yeux sont encore autant de traits de ressemblance entre l'Autruche et les mammifères ; mais ne disons pas avec lui qu'elle leur ressemble encore en ce qu'elle a le corps couvert, en certaines places, de poils plutôt que de plumes ; ceci est une erreur, ainsi qu'on le verra plus loin.

On comprend qu'un animal aussi singulier ait donné lieu à bien des fables. « Il n'y a guère de sujet d'histoire naturelle qui ait fait dire autant d'absurdités que l'Autruche, » écrivent Buffon et son collaborateur Gueneau de Montbéliard. Les Arabes la croyaient issue du Chameau et d'un oiseau. Suidas lui donnait un cou et des pieds d'Ane. G. Warren en fait un oiseau aquatique. Les Arabes prétendent qu'elle ne boit jamais. Léon l'Africain lui refuse le sens de l'ouïe. On a dit qu'elle se nourrissait principalement de bois, de pierre et de fer. Aldrovande la représente, dans une de ses planches, savourant un fer à cheval. On a été jusqu'à prétendre qu'elle avalait des charbons ardents. Marmol, dans sa *Description de l'Afrique*, dit qu'elle digère le fer rouge. « Je ne nierais pas même qu'ils n'avalassent quelquefois du fer rouge, écrit Buffon dans l'article qu'il consacre à ces animaux, pourvu que ce fût en petite quantité, et je ne pense pas avec cela que ce fût impunément. » On en a fait la plus mauvaise des mères : *Struthio dura est in pullos suos quasi non sint sui.* On lui a refusé toute intelligence, au point de ne savoir pas même chercher son salut dans la fuite : « Et, dit Belon, si d'aventure elle trouve un buisson, l'on dit qu'il est si sot oyseau, que se cachant seullement la teste, pense que tout le reste du corps en est sauveté. » Belon avait pris cela dans Pline; Kolbe le répète dans sa *Description du Cap de Bonne-Espérance.* Une pierre extraite de son estomac procurait de bonnes digestions à celui qui la portait suspendue à son cou. Mais assez de fictions; voyons les faits.

L'Autruche a le sens de la vue très-développé; elle voit, dit-on, à deux lieues. Elle entend également fort bien, aussi ne l'approche-t-on jamais que par surprise.

Il en est tout autrement du goût, et le défaut de finesse de ce sens, joint à la voracité et à l'instinct commun parmi les oiseaux, qui la porte à introduire des corps durs dans son estomac pour augmenter la force de trituration de cet organe, fait qu'en captivité du moins elle avale sans discernement tous les objets, quelle qu'en soit la nature, qu'on lui présente ou qui se trouvent à portée de son bec. Le bois, les os, la pierre, les métaux, le verre, le papier, des pièces de monnaie, des clous, tout lui est bon. A peine saisi, l'objet est lancé dans la gorge par un brusque mouvement en arrière.

M. Henri Aucapitaine rapporte que le bureau des affaires arabes, à Cherchell, possédait une Autruche parquée dans une cour intérieure : « Chaque soir, dit-il, nous nous amusions à lui faire manger les vieux papiers, les enveloppes, les fragments de journaux, qu'elle engloutissait avec un appétit tout à fait réjouissant. »

Le voyageur Richardson a vu, dans une ville d'Afrique, où elle errait en liberté, une Autruche qui, selon ses expressions, « ramassait toutes choses comme un chiffonnier. »

MM. Verreaux racontent qu'au Cap, une des Autruches qu'ils possédaient avala, coup sur coup, un gros morceau de savon et un bougeoir en cuivre qui fut rejeté quelque temps après et aplati.

Chasse à l'Autruche.

On montrait des Autruches à Saint-Quentin : Un monsieur, sur la poitrine duquel resplendissait une belle chaîne d'or, s'étant approché jusqu'à portée du bec d'un de ces oiseaux, vit en un clin d'œil sa chaîne et sa montre passer du cou et du gousset de leur propriétaire dans l'estomac du glouton animal.

Une Autruche conservée à la ménagerie du Muséum d'histoire naturelle avait dans le corps, quand elle mourut, près d'une livre de pierres, de morceaux de fer ou de cuivre et des pièces de monnaie à demi usées. Vallisnéri disséqua un de ces animaux ; voici l'inventaire des objets qu'il y trouva : des cordes, des pierres, du verre, du cuivre, du fer, de l'étain, et par-dessus le tout, un morceau de plomb, le dernier avalé, qui ne pesait pas loin d'une livre. Un individu ouvert par Perrault avait avalé 70 doubles (monnaie de cuivre) réduits à peu près aux trois quarts par leur séjour dans l'organe robuste qui les contenait. Perrault attribuait leur usure à une action mécanique. Vallisnéri, au contraire, sans exclure l'action du frottement, voyait là un effet particulièrement chimique. C'est cette opinion qui est la vraie. Cuvier la confirme en ces termes : « Les morceaux de fer qu'on a trouvés dans son estomac — il s'agit d'une Autruche qui avait vécu à la ménagerie — n'étaient pas seulement usés, comme ils auraient pu l'être par la trituration avec d'autres corps durs, mais ils avaient été évidemment rongés par quelque suc, ce que l'on voyait surtout par l'inégalité des gerçures que ce suc avait produites..; les fragments de clous... présentaient tous les marques d'une vraie corrosion. »

Le plus souvent ces écarts de régime n'ont point d'inconvénient grave ; une Autruche avait un clou implanté dans les parois du gésier ; chez une autre, deux clous étaient logés dans l'épaisseur du mésentère, où ils n'avaient pu arriver qu'en perforant l'estomac, et ils avaient provoqué une concrétion verdâtre très-dure qui les encroûtait entièrement ; ni l'un ni l'autre de ces animaux ne s'en portait plus mal. Mais il est arrivé souvent, à ceux du moins qu'on a tenu en captivité, d'être victimes de leur avidité. On cite une Autruche qui mourut parce qu'elle avait avalé une grande quantité de chaux vive. La ménagerie de Paris possédait depuis une douzaine d'années un couple magnifique ; on s'attendait à le voir se reproduire, quand, une pierre étant tombée sur le toit vitré qui les abritait, le mâle et la femelle s'empressèrent d'avaler le verre cassé qui leur déchira les entrailles. Dans le même établissement, une Autruche a succombé en trente-quatre jours à la suite d'une indigestion de 500 grammes de clous. M. le docteur Berg, chirurgien de la marine au Sénégal, en cite une « qu'une énorme clef de magasin » a tuée de la même façon. Au bout de vingt jours, quand l'animal mourut, la clef n'avait pas diminué de volume, mais elle était fortement tordue.

Cet instinct singulier, dont nous rapportons les effets, n'est point aussi extraordinaire qu'il le paraît à première vue. Remarquons d'abord que l'habitude de se charger l'estomac de matières dont elle ne peut se nourrir n'est pas particulière à l'Autruche, et nous savons que cette habitude est parfaitement motivée. Est-ce le volume de ces corps qui sera pour nous un sujet d'étonnement ? Non, si nous avons égard au volume de l'oiseau. Sera-ce dans leur nombre ? Pas davantage, puisque l'énergie des facultés digestives de l'Autruche, énergie qu'on a pu apprécier par ce qui précède, et qui s'exerce sur ces corps eux-mêmes, promptement détruits, exige qu'ils soient fréquemment renouvelés.

Ce n'est pas que nous prétendions nier la voracité de l'Autruche. Mais cette voracité chez un animal assujetti, par son habitat, à de continuelles alternatives de disette et d'abondance, est un trait d'harmonie. Un tel animal doit manger beaucoup quand il le peut, afin de pouvoir longuement jeûner quand il le faut. C'est qu'il économise une grande partie de ce qu'il consomme ; il l'emmagasine, sous forme de graisse, dans ses tissus, comme en un grenier où il puisera quand la terre lui refusera ses fruits. Aussi l'Autruche engraisse-t-elle fort vite ; et ce grand mangeur est un des animaux qui supportent le mieux l'abstinence. Il est vrai que sa gloutonnerie est sans objet dans nos parcs, où la subsistance de chaque jour lui est assurée, et c'est parce que nous ne lui voyons pas d'objet que nous en sommes choqués. Mais l'Autruche n'a pas été faite pour vivre dans les ménageries, et l'instinct, qui est une propriété de l'espèce, ne peut immédiatement se régler, dans les individus auxquels nous faisons des conditions factices d'existence, sur le nouveau genre de vie auquel nous les assujettissons. Voyons l'Autruche dans le milieu que la nature lui assigne, et nous reconnaîtrons aussitôt la sagesse de la disposition où nous trouvions presque une anomalie.

L'odorat, quoique fort obtus, paraît plus développé que le goût. On dit avoir constaté que l'éther, l'ammoniaque et plusieurs essences affectent les Autruches à distance.

Parlons du régime. L'herbe est, à l'état sauvage comme en captivité, leur nourriture favorite ; mais à la végétation aromatique et salée du désert, elles associent constamment les Mollusques, les Insectes et les Reptiles. Un rapport adressé de Laghouat à la Société zoologique d'acclimatation dit qu'elles mangent les Rats, les Gerboises, les Serpents, les Lézards et les Limaces ; il ajoute qu'elles sont très-avides de Sauterelles. Au Cap, il arrive à celles que les fermiers élèvent d'avaler de petits Poulets. M. Aucapitaine rapporte que les Mollusques formaient le mets de prédilection de l'Autruche dont il a été question plus haut. L'habile chef de la Pépinière centrale du gouvernement, à Hamma, près d'Alger, M. Hardy, paraît croire que l'Autruche n'avale pas les matières animales au même titre que les matières les moins assimilables, et d'après lui elle serait exclusivement herbivore. Il en juge par une expérience à la vérité pleine d'intérêt et dont nous parlerons tout à l'heure, mais enfin il n'en juge que par des cas particuliers, observés en captivité, et il est évident qu'il se trompe. —Dès qu'ils sont sortis de l'œuf les Autruchons font la chasse aux Insectes et aux petits Reptiles, et il paraît qu'ils s'en nourrissent exclusivement. On s'accorde à dire que les Autruches supportent de longs jeûnes : cela doit être, le désert ne peut avoir pour habitants que des êtres endurcis à toutes les privations, mais on ne s'accorde pas sur les limites du temps pendant lequel elles peuvent rester sans manger ; il paraît probable que ces limites varient selon les temps, les lieux (il ne faut pas oublier que l'Autruche est un nomade), et aussi selon que l'animal est libre, privé ou captif ; en un mot, selon le régime.

Si l'on compulse les rapports envoyés à la Société zoologique de divers points de l'Afrique et résumés avec talent par M. le docteur Gosse, de Genève, on est d'abord très-frappé de voir ces rapports différer entre eux, et souvent de la manière la plus notable sur presque tous les points. Qu'il s'agisse du régime de l'Autruche, de son caractère, de ses mœurs conjugales, de la construction du nid, de son emplacement, de l'époque de la ponte, du nombre des œufs, de leur arrangement, de la durée et des circonstances de l'incubation, de la proportion numérique des sexes, de la manière dont l'Autruche est affectée par les changements de temps, de la durée de sa vie ; ces rapports sont en contradiction les uns avec les autres. Mais le plus souvent la contradiction n'est qu'apparente, et pour peu qu'on y réfléchisse, on se convainc qu'à part quelques faits mal observés et quelques cas individuels mal à propos généralisés, les nombreuses divergences des rapports attestent simplement les changements que, pour se plier aux variations des temps et des lieux, l'Autruche, dans ses pérégrinations, est contrainte d'apporter à ses habitudes; de sorte que, loin de se contredire, ces rapports se complètent. C'est que les habitudes d'une espèce, surtout lorsqu'il s'agit d'une espèce errante, n'ont point, dans tous leurs détails, un caractère de fixité absolue. Une foule de cas particuliers s'écartent de la règle; l'écart étant d'ailleurs renfermé dans de certaines limites, au moins pour de longues périodes de temps, sans quoi la notion de l'espèce n'aurait aucune base réelle. En un mot, en cette matière nos formules n'ont que la valeur de moyennes.

Les Autruches supportent parfaitement la soif, et c'est encore ce que leur habitude eût permis de prévoir. Mais rien n'est plus faux que de dire qu'elles ne boivent pas. MM. Verreaux les ont vues s'abreuver dans la rivière des Éléphants. M. le général Daumas rapporte même qu'il leur arrive de faire plusieurs journées de marche à la recherche de l'eau. On dit que celles qui ont été privées d'eau pendant longtemps montrent une joie extraordinaire à l'approche de l'orage; on les voit alors courir en tous sens les ailes étendues, tourner sur elles-mêmes et enfin s'élancer du côté des éclairs. Au Cap, en pareille occasion, des Autruches captives, en proie à une sorte de délire, se jettent parfois avec violence contre les murs blanchis de l'enceinte, que leur exaltation les empêche de voir. Celles de notre ménagerie boivent souvent, en été, trois litres d'eau par jour. Cuvier note qu'elles s'arrosent souvent avec leur eau et se roulent ensuite à terre, « ce qui, ajoute-t-il, annonce un grand besoin de se baigner. » L'Autruche sauvage se baigne en effet ; on la voit entrer dans les mares assez peu profondes pour qu'en s'y couchant elle puisse avoir la tête hors du liquide ; mais elle ne nage pas. Un voyageur anglais dans l'Afrique australe, M. Gordon Cumming, dit qu'elles aiment le sel à la folie. Elles viennent, en compagnie d'Antilopes, lécher le sel qui se dépose sur les bords des bassins salants qu'on rencontre fréquemment dans cette partie de l'Afrique.

L'orge est la nourriture que semblent préférer celles que les Arabes n'envoient pas au pâturage; la ration quotidienne qu'on leur donne à la ménagerie consiste en un litre d'orge et 500 grammes de pain. Le régime auquel on les astreint est donc exclusivement végétal; or nous venons de voir que les Autruches sont omnivores. De plus, elles aiment les plantes aromatiques et salées du désert dont elles sont nécessairement privées dans nos établissements; enfin « elles aiment le sel à la folie,» et nous ne leur en donnons jamais. Un régime aussi radicalement différent de celui qui leur convient ne saurait-il être pour quelque chose dans ce manque de discernement avec lequel l'Autruche engloutit tout ce qu'elle rencontre? Ne chercherait-elle pas, en absorbant ces proies étranges, à tromper un besoin inassouvi? La même dépravation du goût s'observerait-elle au même degré, si, comme le font les Arabes pour les Autruches captives, nous faisions seulement entrer des os broyés dans l'alimentation de ces oiseaux? Si peu fourni en objets mobiliers que le soit un nomade africain, il paraît peu vraisemblable qu'il admette à vivre familièrement sous sa tente un animal dans l'estomac duquel il serait constamment exposé à voir disparaître tout ce qui peut y entrer. Je voudrais donc qu'on fît dans une ménagerie l'expérience d'associer les matières animales aux matières végétales dans l'alimentation de l'Autruche. Encore, pour se flatter de voir celle-ci aussi peu différente que possible de ce qu'elle est dans l'état de nature, faudrait-il la placer dans des conditions d'espace autres que celles que l'exiguïté de nos établissements zoologiques contraint à leur faire.

Puisqu'il est de nouveau question du sens du goût chez l'Autruche, je ferai remarquer que la prédilection qu'elle montre pour certains aliments ne permet guère d'admettre qu'elle soit presque absolument privée de ce sens. Les Sauterelles et l'Asphodèle sont au nombre des mets favoris de celles qui vivent à l'état sauvage. Nous avons vu que l'Autruche observée par M. Aucapitaine aimait particulièrement les Mollusques; on vient de noter le goût de l'espèce pour le sel. Que ces préférences soient déterminées par un instinct à la satisfaction duquel ne se mêle point le plaisir de la gustation, c'est ce dont il est naturel de douter.

La force musculaire de l'Autruche est extraordinaire. Livingstone raconte qu'il lui arrive, étant poursuivie par des Chiens, de briser d'un coup de pied l'échine de celui qui la serre de trop près. M. Édouard Verreaux a vu un nègre mourir d'un coup de pied d'Autruche reçu dans la poitrine. Un chasseur arabe, dont il sera question tout à l'heure, faillit avoir un sort semblable. On trouve souvent aux alentours des nids de ces oiseaux des Chacals tués à coups de bec ou à coups de pied. On prétend qu'elles peuvent, tout en courant, lancer derrière elles et à une distance considérable des pierres très-lourdes. Buffon le conteste, Cuvier le maintient, M. le docteur Berg le nie. Le fait existe; mais comme l'a fait observer si judicieusement M. le docteur Chenu, l'Autruche, à de vives allures, ne lance pas volontairement plus de pierres que ne le fait un Cheval au galop sur une route cailloutée; le mode de pression du sol par les pieds déplace des pierres et les lance en arrière.

Ce qui donne la mesure de la force de l'Autruche, c'est son emploi comme monture ; il remonte à l'antiquité. On sait que les Autruches montées figuraient dans les spectacles du cirque romain. On lit dans l'*Histoire générale des Voyages* qu'un voyageur anglais, Moore, rencontra dans le Sahara un Arabe qui traversait tout le désert à cheval sur une Autruche. Les exemples de ce genre abondent. Nous nous arrêterons seulement à celui que cite Adanson dans son *Voyage au Sénégal,* et qui se rapporte à deux Autruches qu'on élevait depuis deux ans au comptoir de Podor.

Quoique jeunes, elles avaient à peu près la taille des plus grosses, et elles étaient si fortes que deux petits noirs étaient montés sur la plus grande : « Celle-ci, —

dit Adanson, — n'eut pas plutôt senti ce poids, qu'elle se mit à courir de toutes ses forces et leur fit faire plusieurs fois le tour du village, sans qu'il fût possible de l'arrêter autrement qu'en lui barrant le passage. »

Adanson avoue que cet exercice lui plut tant qu'il voulut de nouveau s'en donner le spectacle.

« Je fis monter un nègre de taille sur la plus petite et deux sur la plus grosse. Cette charge ne parut pas disproportionnée à leur force ; d'abord elles prirent un petit galop des plus serrés ; ensuite, lorsqu'on les eut excitées, elles étendirent leurs ailes, comme pour prendre le vent, et s'abandonnèrent à une telle vitesse

Autruche d'Amérique.

qu'elles semblaient perdre terre. »

M. Édouard Verreaux raconte, au contraire, qu'ayant monté une forte Autruche captive dans un hangar, cet oiseau avait eu de la peine à le porter. Mais cette expérience n'infirme nullement les témoignages contraires. M. Gosse fait observer avec raison que la faculté qu'a l'Autruche de porter des poids très-considérables par rapport à son volume tient vraisemblablement à ce qu'elle remplit d'air ses sacs aériens, ce qu'elle ne peut faire qu'étant à la course et excitée, conditions qui ne sont pas remplies dans un enclos.

Victor Meunier.

(La suite prochainement.)

Paris. — Imprimerie Wiesener et Cᵉ, rue Delaborde, 12.

LES TROIS RÈGNES DE LA NATURE

LECTURES D'HISTOIRE NATURELLE.

8 Avril 1865.   N° 67. — 15 centimes.

Ce Recueil paraît une fois par semaine. — On s'abonne à Paris, à la Librairie L. HACHETTE et Cⁱᵉ, boulevard Saint-Germain, nᵒ 77.
Les abonnements se prennent du 1ᵉʳ de chaque mois. — Paris, six mois, 4 fr.; un an, 8 fr. — Départements, six mois, 5 fr.; un an, 10 fr.

LES CANARDS SAUVAGES, MACREUSES, SARCELLES ET HARLES. — *Migrations, mœurs, prudence.* — *Espèces nombreuses.* — *Le Canard ordinaire ou Col vert.* ANAS DOSCHAS, *de Linné.* — *Observations d'Audubon.*

« L'Homme, dit Buffon, a fait une double conquête lorsqu'il s'est assujetti des animaux habitants à la fois des airs et de l'eau. Libres sur ces deux vastes éléments, également prompts à prendre les routes de l'atmosphère, à sillonner celles de la mer, ou à plonger sous les flots, les oiseaux d'eau semblaient devoir lui échapper à jamais, ne pouvoir contracter de société ni d'habitudes avec nous, rester enfin éternellement éloignés de nos habitations et même du séjour de la terre. »

Peut-être la conquête des oiseaux d'eau présente-t-elle

1. — CANARD MANDARIN (SARCELLE) DE LA CHINE. *Querquedula galericulata.* Linné.

un caractère plus merveilleux encore : ce qui me frappe le plus dans l'œuvre de leur domestication, ce qui me paraît la plus éclatante manifestation de la puissance humaine, c'est la scission que nous sommes parvenus à opérer, d'une espèce en deux fractions qui continuent de vivre côte à côte, qui conservent l'identité du plumage, des mœurs, des habitudes, celles de l'indépendance exceptées, et cela sans que la fraction qui s'est laissé asservir cède jamais à la contagion de l'amour de la liberté.

L'acclimatation préalable peut développer un nouvel instinct chez l'animal domestiqué : violemment exilé de la terre natale, exposé à des rigueurs atmosphériques contre lesquelles la nature ne l'avait pas défendu, sevré de ses aliments ordinaires, il pressent que la protection de l'Homme dans cette existence factice, — l'esclavage, — devient une des conditions de sa conservation. Dans la domestication de l'oiseau indigène, rien d'analogue : point de ces nécessités fatales qui perpétuent l'assujettissement; il vit dans les milieux de son espèce; la voix de ses frères les indomptés vient le chercher jusque sous le toit qui abrite sa servitude, provoquer ses remords ou stimuler ses appétits de libre espace; un coup d'aile suffit à l'affranchir. Mais le sceau de l'Homme est sur le Canard, et de la fange où il barbote, cet associé presque volontaire du roi de la création dédaigne désormais les voûtes étoilées, les grandes nappes murmurantes et leurs encadrements de joncs et de roseaux verdoyants.

Il y a dans cette oblitération complète de l'instinct d'indépendance chez l'espèce la plus libre, la plus farouche, la plus vagabonde, un grand enseignement : elle démontre que la main qui a façonné les êtres les a disposés à venir à notre voix se grouper pacifiquement autour de nous, que bien d'autres que les sept ou huit races aujourd'hui domestiquées attendent que nous leur donnions le signal du ralliement et qu'elles ne nous feront pas défaut le jour où nous nous déciderons à les conquérir, au lieu de régner sur elles.

Il n'est peut-être pas de point du globe où l'on ne rencontre le Canard ; il est partout, d'un pôle à l'autre, sur les nouveaux continents aussi bien que sur les anciens. Le capitaine Cook l'a signalé à la côte de Diémen, au détroit de Magellan, à Otahiti; Anson l'a trouvé à Tinian, le docteur Livingstone sur les lacs intérieurs de l'Afrique australe ; il se montre par milliers à toutes les latitudes de l'Amérique; nul oiseau n'a été répandu sur cette terre avec autant de profusion. Espèce de *transition*, qui a servi à la Providence à ménager par une gradation insensible le passage de la classe des Poissons à celle des Oiseaux, elle était probablement plus nombreuse et plus variée dans la période qui précéda l'apparition des Mammifères sur la terre, alors que le domaine des eaux, s'étendant à l'infini, faisait du monde un immense marécage sur lequel le Palmipède seul pouvait prendre pied. Peut-être pouvons-nous, sans abuser des présomptions, attribuer la supériorité numérique que nous constatons aujourd'hui à cette diffusion antérieure à l'apparition des autres oiseaux, aussi bien qu'à la rusticité et aux instincts sauvages des Canards.

De passage dans la plupart des régions, non-seulement chaudes, mais tempérées, ils ont pour véritable patrie les contrées hyperboréennes, dont les rigueurs de climat interdisent la conquête à l'Homme. C'est là qu'ils passent l'été et élèvent leurs familles; ils y sont concentrés en quantités que notre imagination a peine à concevoir. Les rivières de la Sibérie, de la Laponie, les côtes du Spitzberg et du Groënland en sont littéralement couvertes. « Je ne crois pas, dit un voyageur, qu'il y ait au monde un pays plus abondant en Canards, Sarcelles et autres oiseaux d'eau que la Laponie;

au mois de mai, leurs nids s'y trouvent en telle abondance que le *désert* en paraît rempli. »

Jeunes et vieux restent dans le pays natal jusqu'à ce que les premiers froids leur donnent le signal de l'émigration annuelle. Les éclaireurs de la grande armée apparaissent chez nous dans la première quinzaine d'octobre, tantôt plus tôt, tantôt plus tard, suivant le plus ou le moins de précocité des frimas. Ils arrivent par bandes d'autant plus multipliées et plus compactes que l'invasion de l'hiver a été plus soudaine.

Pour accomplir leurs traversées, ils se tiennent à de grandes hauteurs ; ils volent en colonnes triangulaires comme les Oies. Celui qui tient la tête fend l'air et facilite le travail de ceux qui le suivent : lorsque celui-ci se sent fatigué, il passe à l'arrière-garde et un autre prend sa place. Ils paraissent apprécier fort judicieusement les avantages de cet ordre de marche, car ils le réservent pour leurs voyages de long cours; dans leur passage d'un étang à un autre étang, ils volent ordinairement en file simple, ou irrégulièrement groupés comme la plupart des oiseaux.

Une méfiance extrême caractérise toutes les variétés de l'espèce; avant de s'abattre sur un point, ils décrivent d'immenses courbes concentriques dans ses alentours, s'abaissent comme s'ils étaient décidés à prendre terre, se relèvent, continuent de tracer leurs spirales dans les airs, et ne descendent définitivement que lorsqu'ils ont parfaitement reconnu la station, et qu'ils se sont assurés que le lieu ne recèle aucun ennemi.

Cette prudence se renforce d'une tactique systématique dont on les voit rarement s'affranchir. Qu'ils aient fait choix d'un étang ou d'une rivière pour faire halte, ils s'abattent toujours loin des rives et ne s'en rapprochent que lorsque la tranquillité de ces rives leur a démontré qu'ils pouvaient le faire sans danger.

Qu'ils dorment sur l'eau, qu'ils s'ébattent ou qu'ils mangent, il est toujours difficile de les surprendre ; non pas que j'admette qu'ils aient perfectionné le système défensif jusqu'à instituer des sentinelles, chargées de surveiller les environs et de donner l'alarme, mais parce que dans une bande il est naturellement des individus moins absorbés que leurs compagnons par le soin de prendre leur nourriture, moins engourdis par le sommeil, et que l'exquise délicatesse des sens de ceux-là suffit à la protection de la bande.

Aux approches de la nuit, ils quittent les eaux où ils ont passé la journée, soit pour poursuivre leur itinéraire, soit pour se rendre au gagnage, tantôt dans les champs de blé, tantôt dans d'autres marais où ils connaissent des bas-fonds. Il n'y a d'absolu dans cette habitude que le besoin de changer de résidence pendant la nuit; j'ai vu des Canards s'abattre en plein jour dans un blé, j'en ai trouvé au fond des forêts par un temps doux et humide, j'en ai vu quitter un étang pour aller descendre sur un autre étang, à deux kilomètres à peine de leur point de départ.

Malgré son humeur inquiète et vagabonde, le Canard

séjourne dans nos eaux jusqu'à ce que le froid ait gagné nos latitudes. Alors la plupart des bandes s'enfoncent vers le sud où d'autres bandes les ont déjà précédées. Il en reste toujours un certain nombre dans notre pays ; ces bandes se contentent de fuir devant la gelée, allant aux rivières lorsque les eaux stagnantes sont recouvertes de leur couche de cristal, gagnant les fleuves lorsque les rivières elles-mêmes sont solidifiées, enfin trouvant dans la mer un dernier asile. En pareil cas, les forêts deviennent leurs seuls gagnages, ils y glanent les glands dont ils sont très-friands.

Lorsque la chute des neiges coïncide avec des gelées intenses, leur existence devient très-précaire ; ils affluent vers les cours d'eau que leur rapidité préserve de la congélation, aux sources tièdes, à l'embouchure des grands fleuves et sur les bords de la mer. Les souffrances qu'alors ils endurent, les besoins contre lesquels ils ont à lutter, triomphent de leurs instincts de ruse et de défiance, et on en fait de grandes destructions.

Le mouvement rétrograde des Canards commence quelquefois dès le mois de février, ordinairement au mois de mars ; les grandes bandes triangulaires se montrent de nouveau, mais cette fois tournant la pointe de leur flèche vers le nord. Les unes passent, les autres s'arrêtent une fois encore.

Comme les Bécasses, pendant le cours de ce voyage de retour, ils préludent à la pariade : à chaque station, la troupe se fractionne ; les couples s'isolent, cherchent dans les oseraies, dans les touffes de joncs, dans les méandres tortueux de quelque ruisseau, un abri contre les jaloux. Alors l'impérieux besoin se montre, pour cette espèce comme pour bien d'autres, le grand pourvoyeur de la mort. Tout entiers aux ardeurs qui les envahissent, les pauvres oiseaux oublient le soin de leur conservation et le chasseur en profite.

Tous les Canards ne remontent pas vers le Nord ; il en reste toujours une certaine quantité dans nos pays. Buffon prétend que ce sont des oiseaux que quelques circonstances ont empêchés de suivre le gros de l'espèce : il les qualifie de traîneurs. Je crois au contraire la détermination volontaire et parfaitement indiquée par la nature. L'agglomération d'une famille aussi immense sur un point, aussi vaste qu'on le suppose, à l'époque où l'éducation des petits impose à chacun des êtres qui la composent le besoin d'une nourriture spéciale, n'a pu entrer dans les décrets de la Providence ; elle a entendu disséminer une espèce si considérable dans tous les lieux où cette espèce trouverait les conditions d'humidité du sol et de température qui lui sont nécessaires. Ce qui le prouve, c'est qu'il n'est pas un étang bien fourni de joncs, et à l'abri de la sécheresse, qui ne soit choisi par un de ces oiseaux pour faire sa ponte ; ce qui le démontre encore mieux, c'est qu'ils reviennent tous les ans dans celui qui réunit ces mêmes conditions, et que presque tous les Canards indigènes appartiennent à la même variété, à celle du Canard ordinaire, Canard franc, Canard à col vert.

Quoi qu'il en soit, vers le 15 mars, tous ceux qui doivent se naturaliser chez nous sont accouplés ; cela n'a pas toujours été sans lutte préalable. Très-ardents à cette époque, les mâles, lorsque leur nombre dépasse celui des femelles, se les disputent avec acharnement et se livrent de véritables combats. Lorsque la force a consacré leur union, ils se mettent en quête d'un établissement.

Buffon dit : « Le mâle paraît s'occuper du lieu propre à placer le produit de leur union ; il l'indique à sa femelle, qui l'agrée et s'en met en possession. » Je crois qu'il entre un peu de fantaisie dans ce détail. Avec un oiseau aussi méfiant que le Canard, une observation aussi minutieuse doit présenter quelques difficultés. Ils choisissent ordinairement une touffe de joncs, au fond des roseaux et dans un lieu à l'abri de l'invasion des eaux ; ils la disposent en forme de nid en courbant les brins d'herbe ; ensuite ils garnissent de paille, de bruyère, ou même de mousse, le fond de l'emplacement, et étendent sur ce premier lit un moelleux matelas de duvet que la femelle s'arrache de dessous le ventre. Peut-être ce duvet est-il fourni par le mâle, dont la mue coïncide avec la fin de la pariade et le commencement de l'incubation, tandis que la mue de la femelle ne s'opère qu'au mois de juin, après la nichée. Ces oiseaux étant destinés à faire leur ponte dans des milieux froids et humides, il ne serait pas extraordinaire que la Nature ait établi pour eux une loi spéciale.

A ce moment les instincts méfiants de ces oiseaux augmentent de toute l'étendue de la sollicitude dont ils entourent, à l'avance, leur progéniture ; si l'étang sur lequel ils se sont établis est troublé par le va-et-vient des bateaux, si les joncs qui l'entourent ne leur paraissent point une retraite sûre, ils n'hésitent pas à aller placer le berceau de leur famille dans quelque bruyère des alentours, quelquefois à s'approprier un vieux nid abandonné par des Pies ou des Corneilles au haut d'un chêne.

La femelle pond de huit à douze œufs d'un blanc verdâtre ; le vitellus de ces œufs est d'un jaune très-rougeâtre. La durée de l'incubation est de trente jours ; pendant toute cette période, la femelle ne quitte ses œufs que pour aller chercher sa nourriture ; et chaque fois qu'elle les délaisse, elle a le soin de les recouvrir avec le duvet. Le mâle ne la remplace pas sur ses œufs, mais il rôde dans les environs du nid pendant la durée de l'incubation, comme pour la protéger et l'avertir de l'approche du danger.

Les jeunes canards vont à l'eau presque en sortant de leur coquille ; ils ne rentrent plus au nid qu'ils ont quitté, nagent autour du père et de la mère, qui veillent sur eux et leur distribuent les vermisseaux, les insectes, les petits poissons, les herbes aquatiques qui semblent être leur première nourriture. Lorsque le nid se trouve placé à quelque distance des eaux ou sur un point élevé, les Canards prennent leurs petits avec leur bec et les transportent un à un dans l'étang. En pareil cas, ils prennent de très-grandes précautions pour ne pas être aperçus. « J'ai vu il y a quelques années, dit le docteur Francklin, dans le Jardin zoologique de

HARLE COURONNÉ (Mâle et femelle). *Mergus cucullatus*. Linné.

CANARD MORILLON (Mâle et femelle). *Anas fuligula*. Linné.

CANARD DE MICLON (Mâle et femelle). *Anas glacialis*. Linné.

SARCELLE D'HIVER. *Querquedula crecca.* Bonaparte.

CANARD GARROT. *Anas clangula.* Linné.

CANARD DE MICLON. *Anas glacialis.* Linné.

CANARD HUPPÉ. *Anas sponsa.* Linné.

CANARD EIDER. *Anas mollissima.* Linné.

DOUBLE MACREUSE. *Anas fusca.* Linné.

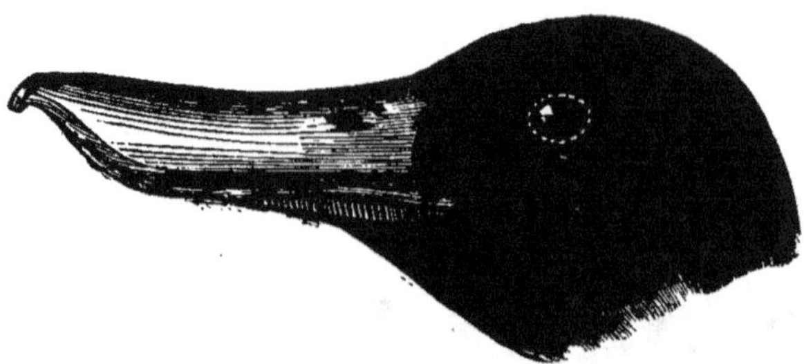

SOUCHET COMMUN. *Anas clypeata.* Linné.

CANARD DE STELLER. *Anas Stelleri.* Pallas.

CANARD MUSQUÉ. *Anas moschata.* Linné.

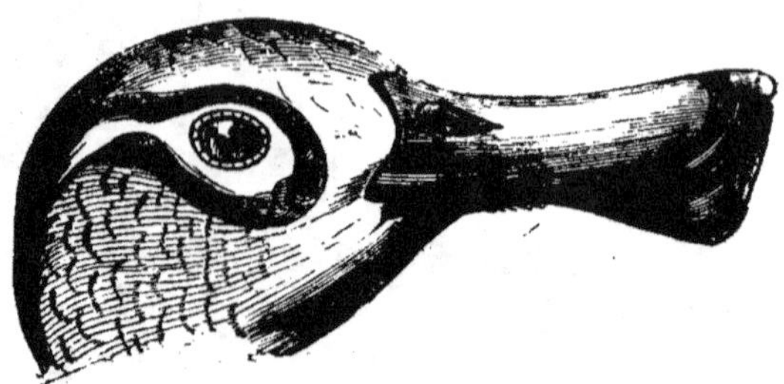

CANARD A BEC MEMBRANEUX. *Anas strepera.* Gray.

Regent's-Park, le nid d'un Canard sauvage sur le toit d'un cottage recouvert en chaume et situé au bord de l'eau. Le gardien avait ordre de voir comment les jeunes s'y prendraient pour descendre à terre. Les rusés oiseaux mirent en défaut sa surveillance, car tous ils disparurent un matin, au moment où lui et sa famille étaient à l'église. » Chaque soir la Cane rassemble sa couvée et se retire avec elle sur quelque partie sèche du rivage, où elle les réchauffe sous ses ailes. Elle manœuvre à peu près comme la Perdrix pour les préserver du péril qui les menace; elle va au-devant du Chien qui se montre en battant des ailes et en jetant de grands cris; ne prend son vol qu'au moment où il s'élance sur elle, et donne ainsi à sa jeune famille le temps de se blottir dans les herbes ou de gagner à la nage le rivage opposé.

Les Canetons sont nés couverts d'un duvet jaunâtre, que les plumes remplacent peu à peu, d'abord sur les parties inférieures et en contact avec l'eau, et ensuite sur le dos. Celles des ailes se développent très-lentement. Dans cet état, le jeune Canard sauvage s'appelle *Halbran*, nom qui paraît dériver de l'allemand *Halbuy-Unter*, Demi-Canard. Ce n'est qu'après trois mois, vers la fin de juillet ou le commencement d'août, qu'ils sont en état de prendre leur essor. On les voit voleter le matin et le soir au-dessus des joncs, essayant leurs ailes et augmentant de jour en jour l'étendue de leurs circuits. Ils sont alors parvenus aux deux tiers de leur grosseur, très-gras, et la délicatesse de leur chair les fait fort justement rechercher; aussi, est-il important de ne point différer de leur donner la chasse; ces mêmes plumes des ailes, jusque-là si lentes à se montrer, acquièrent alors très-rapidement leur ampleur; aussitôt qu'elles seraient assez fortes pour porter les Halbrans d'un étang à l'autre, ils deviendraient aussi difficiles à rejoindre que de vieux Canards.

Mergus merganser. Linné.

Malacorhynchus membranacus. Swainson.

On distingue parmi les Canards sauvages les espèces à bec aplati ou vrais Canards, et celles à bec effilé ou Harles. Tous ont le bec garni sur ses bords d'une rangée de lames proéminentes, plus ou moins apparentes, minces, transversales, et qui, comme les fanons de la baleine, paraissent destinées à retenir la proie saisie dans l'eau. La forme du bec présente encore d'autres différences suivant les espèces, comme on peut le voir sur les types dont nous donnons la figure, et nous en parlerons en détail dans un autre article sur les aptitudes diverses des oiseaux.

La langue des Canards est généralement épaisse, charnue, plus ou moins dentelée sur ses bords, et terminée par un onglet corné plus dur que le reste de l'organe.

La voix si extraordinaire de ces oiseaux s'explique par une sorte de tambour osseux placé à la partie inférieure du larynx.

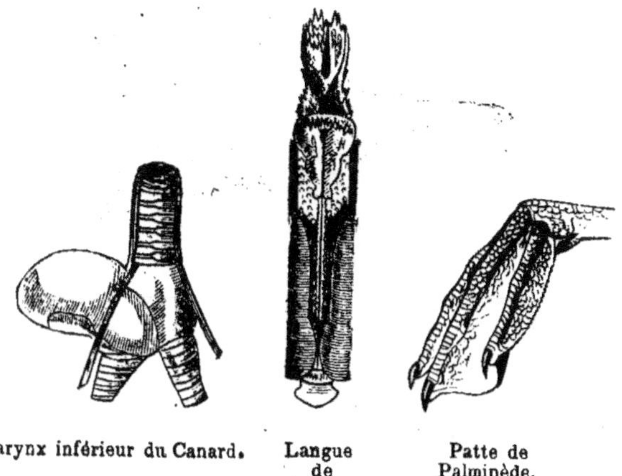

Larynx inférieur du Canard.   Langue de Canard.   Patte de Palmipède.

Nous décrirons plus loin la chasse particulière que l'on fait aux Halbrans; nous devons commencer par dire quelques mots des nombreuses espèces de nos Canards sauvages.

CANARD SAUVAGE. *Anas Boschas.* LINNÉ.

Ce Canard, connu aussi sous le nom de Col vert, l'*Anas boschas* des anciens, est la souche de nos Canards domestiques; il est aussi celui que nos chasseurs rencontrent le plus fréquemment sur nos étangs et sur nos rivières. Le mâle de cette variété est remarquable par la belle nuance d'un vert d'émeraude de sa tête et de son col; par l'anneau d'un blanc pur qui termine cette espèce de domino, par les magnifiques tons de brun pourpré que présente son poitrail. Son dos est très-finement rayé de blanc et de noirâtre sur un fond d'un gris roux; les pennes des ailes sont grises avec une bande blanche et une autre d'un bleu velouté à reflets métalliques qui forment ce qu'on appelle *le miroir;* la queue est grise, liserée de blanc, excepté aux quatre plumes du milieu; le ventre est d'un blanc sale avec des lignes transversales brunes. La femelle est toujours plus petite que le mâle; son plumage est d'un gris brun, tacheté de noir, de brun et de blanc. Ses ailes ont le miroir, comme celles du mâle, mais l'éclat de sa coloration est chez elle beaucoup moins vif que chez celui-ci. Elle s'en distingue encore par l'absence de plumes relevées en boucles sur le croupion. L'un et l'autre ont le bec d'un jaune verdâtre, légèrement aplati dans sa partie supérieure, l'iris d'un brun clair, les jambes et les pattes d'une belle couleur orangée. Quelques Canards domestiques ressemblent beaucoup par le plumage aux Canards sauvages. Avec un peu d'expérience on distinguera toujours celui-ci, à son col qui est plus grêle, à ses pattes qui sont plus menues, dont les ongles sont plus noirs, et surtout à la membrane de ses pieds, moins rugueuse et plus douce au toucher.

L'albinisme se présente fréquemment chez les Canards domestiques, mais aussi quelquefois à l'état sauvage; en effet, M. Baillon a vu plusieurs fois passer des

Canards parfaitement blancs avec des troupes de sauvages, et Salerne parle d'un Canard de la même nuance albine qui fut tué en Sologne.

Quand il s'agit d'un oiseau aussi ardent que le Canard, que l'on a vu, à défaut de femelles de sa race, s'allier à des Poules; en présence des points de similitude que ses nombreuses variétés ont entre elles, il est permis de supposer que la plupart des variétés ne sont que des métis du Canard commun, tantôt avec ses congénères sauvages, et tantôt avec des Canards domestiques. On est d'autant plus fondé à l'admettre que le volume de ces sous-variétés dépasse celui du Canard ordinaire, et que le développement des proportions est la conséquence ordinaire du croisement.

Le Canard sauvage est si facile à apprivoiser, qu'il

qu'on n'avait pas longtemps à aimer. Chaque matin, lorsque la fille de basse-cour avait ouvert le poulailler, la bande des jeunes Canards, dédaigneuse des eaux de fumier, prenait son vol; elle commençait par faire, à plusieurs reprises, le tour du château, puis, agrandissant son essor, elle se lançait au-dessus de la vallée, la sillonnait dans tous les sens de ses capricieuses spirales, tantôt rasant les cimes des futaies séculaires, tantôt s'éloignant à perte de vue, tantôt encore disparaissant dans les nuages, toujours insatiable de libre espace. De sa chambre, où la retenait déjà le mal cruel qui devait l'enlever, la jeune fille ne tardait jamais à s'apercevoir de l'équipée des incorrigibles vagabonds. Elle descendait en toute hâte, elle courait au jardin, ses beaux cheveux blonds flottant au vent, son blanc vi-

CANARD SAUVAGE. *Anas boschas.* LINNÉ.

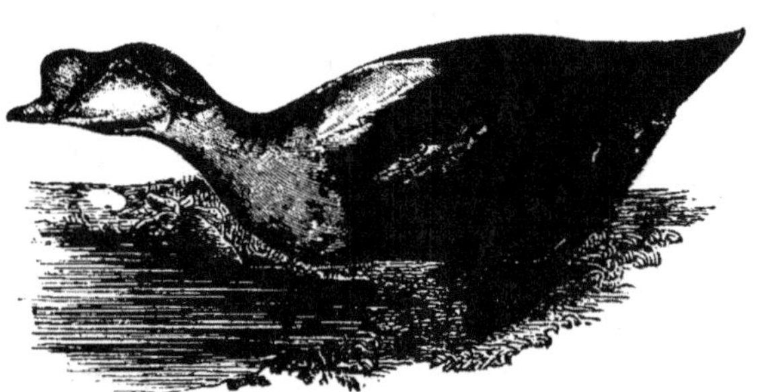

CANARD A TÊTE GRISE. *Anas spectabilis.* LINNÉ.

y a vraiment lieu de s'étonner que les hommes aient été si longtemps avant de domestiquer un oiseau aussi utile. La chasse au marais devait être bien productive dans ces premiers âges du monde, pour que l'idée d'avoir, à demeure, un salmis à sa disposition ait mis des siècles à éclore.

En enlevant des œufs dans un nid de Canards sauvages, en les plaçant sous une Poule, on amène la couvée à bien; plus robustes que les Canetons domestiques, les jeunes indépendants réclament moins de soins. Ils ne sont pas plus farouches que ceux-ci et viennent comme eux à la main qui les nourrit. Cependant l'attrait de la liberté est trop irrésistible pour qu'il ne soit pas toujours prudent de prémunir ses élèves contre les tentations, soit en leur coupant, soit en leur brûlant les ailes. Je proclame toutefois que la reconnaissance est quelquefois, chez les Canards sauvages, une chaîne qu'ils ne se décident point à briser : j'en ai vu qui témoignaient d'un attachement dont peu de leurs frères civilisés eussent été susceptibles; faisons les honneurs de cette supériorité de sentiments à la noble indépendance de leur origine. C'était en 1847, au château d'Aunay, en Normandie. Il y avait là, à cette époque, une ravissante jeune fille, un de ces êtres angéliques que le ciel ne se décide jamais à tenir longtemps en exil. Elle avait élevé une bande de Canards sauvages que le garde de son père lui avait apportés, et elle les aimait, comme on aime lorsque la voix qui est en nous, nous a dit

sage empourpré par l'émotion, elle s'arrêtait sur la pelouse et jetait son cri d'appel. A cette voix aimée, si loin que se trouvât la bande indisciplinée, elle entamait une courbe qui la rapprochait du château ; on voyait les fuyards ralentir le mouvement de leurs ailes, s'abaisser progressivement, enfin, glissant diagonalement dans les airs, venir tomber aux pieds de leur jeune maîtresse en la saluant de leurs cris joyeux. J'ai assisté depuis lors à des scènes de toute espèce, il n'en est pas qui m'aient plus doucement remué que celle-là.

J'entends quelquefois accuser certains oiseaux et certains animaux d'être indomptables, mais je n'en crois rien. Si nous échouons souvent lorsque nous entreprenons de les familiariser avec nous, c'est uniquement parce que nous apportons dans cette tâche les prétentions à l'omnipotence qui nous caractérisent. Pris dans cet étau que nous nommons les affaires sérieuses, nous avons la fatuité de penser que le regard distrait que nous accordons de temps en temps à l'être que nous entendons apprivoiser, sera une compensation suffisante aux renoncements que nous exigeons de lui, que ses dédains pour d'aussi maigres avances constitueraient un crime de lèse-majesté : nous devrions savoir que les bêtes sont de mauvais courtisans. La meilleure preuve des excellentes dispositions de l'animal à se soumettre, c'est que les enfants réussissent toujours où nous avons été impuissants, et cela simplement parce qu'ils se donnent corps et âme, cœur et esprit à celui qu'ils veulent conquérir ; peut-être aussi en raison de la secrète, mais irrésistible sympathie qui pousse les petits, les faibles, les humbles à se serrer les uns contre les autres et à s'aimer. Il est bien entendu que je ne range pas au nombre des enfants ces jeunes Torquemadas qui font sur de misérables oisillons l'apprentissage de ce qui se nomme la science de la vie ; ceux-là ne sont pas des enfants, ce sont des petits hommes.

Il serait curieux, dit Audubon (1), de savoir à quelle époque cette espèce fut pour la première fois domestiquée ; mais la solution de ce problème est une entreprise dans laquelle je n'ose m'aventurer, et je me borne à dire qu'en le prenant à cet état de domestication, le Canard est connu de tout le monde. Jeune, c'est un excellent manger, et plus tard il donne des œufs qu'on prise également.

Maintes fois il m'est arrivé de m'emparer des jeunes que la mère, inquiète et précautionneuse, conduisait, pour plus de sûreté, à quelque ruisseau ; et souvent j'en ai tué, de ces pauvres petits, encore incapables de voler, mais si dodus, si tendres et si pleins de jus, que je doute si, comme moi, vous ne leur eussiez pas donné de bien loin la préférence même sur le fameux Canard de Vallisnéri.

Canard Pingouin. Canard col vert à poitrine déprimée, d'après un vélin du Muséum.

Regardez-le, ce beau mâle flottant sur le lac : il redresse sa tête, qui brille d'un vert d'émeraude ; son œil couleur d'ambre étincelle à la lumière ; même de cette distance il vous aperçoit, et il soupçonne que vous n'avez pas de bonnes intentions à son égard, car il voit un fusil dans vos mains, et trop souvent il a entendu l'effrayante détonation. Aussitôt il ramène ses pieds sous son corps, en détache sur l'eau deux coups vigoureux, ouvre les ailes, pousse quelques bruyants *quack, quack,* et vous dit adieu.

En voici un autre devant vous, sur le bord de ce ruisseau murmurant. Que ses mouvements sont vifs et légers, comparés à ceux de ses frères qui se traînent si

gauchement dans votre basse-cour ! combien ses formes sont plus gracieuses, quel autre lustre sur tout son plumage ! C'est que l'oiseau que vous avez chez vous descend d'une race d'esclaves, et ses facultés natives sont abâtardies ; ses ailes s'exercent si rarement, qu'elles peuvent à peine le soulever de terre ; mais celui qui naît et reste libre, sur qui la main de l'Homme n'a pas pesé, le Canard des marais enfin, voyez comme son vol est puissant et avec quelle rapidité il disparaît au-dessus des bois.

Voyez-les sauter hors de l'eau pour courber les têtes pesantes des hautes herbes. Malheur au Limaçon qui se rencontre sur leur passage ! D'autres barbotent dans la vase et font la guerre aux Sangsues, Grenouilles et Lézards qu'ils ont à portée de leur bec. Les plus vieux courent dans les bois et se remplissent le jabot de faînes et de glands, sans dédaigner de se le garnir, chemin faisant, de quelques Souris qui, effrayées de l'approche de ces maraudeurs, se hâtaient de regagner leur trou. Et pendant tout ce temps, leur caquetage vous assourdirait, si vous étiez plus près d'eux.... Mais soudain il a cessé ; quelque chose d'extraordinaire les menace, et tous à la fois ils sont devenus silencieux. Les cous s'allongent, les têtes se dressent, et d'un regard inquiet ils explorent les environs. Heureusement ce n'est rien : ce n'est qu'un Ours qui, non moins qu'eux, friand de glandée, laboure avec son museau les feuilles tombées nouvellement, ou qui retourne une vieille souche pourrie pour y chercher des Vers ; et les Canards, de plus belle, se remettent à la besogne.... Mais un autre bruit s'est fait entendre, et cette fois bien plus alarmant : c'est celui que fait un chasseur. L'Ours lui-même se dresse sur ses pattes de derrière, renifle l'air, et, avec un sourd grognement, rentre au galop dans les profondeurs de sa cannaie. Les Canards battent en retraite vers l'eau, se réfugient au centre du marais et, ne hasardant plus que quelques cris à demi étouffés, ils attendent que se montre au loin l'objet de leur terreur.

(La suite au prochain numéro.)

---

(1) *Scènes de la nature,* traduction d'Audubon, par Eugène Bazin. Ce charmant livre, trop peu connu, devrait se trouver dans toutes les bibliothèques.

Paris. — Imprimerie WIESENER et Cᵉ, rue Delaborde, 12.

LES TROIS RÈGNES DE LA NATURE

LECTURES D'HISTOIRE NATURELLE.

15 Avril 1865.   **N° 68. — 15 centimes.**

Ce Recueil paraît une fois par semaine. — On s'abonne à Paris, à la Librairie L. HACHETTE et Cⁱᵉ, boulevard Saint-Germain, n° 77.
Les abonnements se prennent du 1ᵉʳ de chaque mois. — Paris, six mois, 4 fr.; un an, 8 fr. — Départements, six mois, 5 fr.; un an, 10 fr.

LES CANARDS SAUVAGES (2ᵉ article). — *Suite des observations d'Audubon.* — *Coloration accidentelle rose.* — *Canard siffleur.* — *Pilet.* — *Chipeau* — *Souchet.* — *Milouin.* — *Millouinan.* — *Petit Milouin.* — *Garrot.*

« Les mâles, en brillants séducteurs, s'adressent à la première cane qu'ils jugent digne de leur attention ; ils lui promettent une fidélité inviolable, une affection à toute épreuve; ce qui ne les empêche pas de renouveler ailleurs leurs protestations, dès qu'il s'en rencontre une autre à leur goût. Regardez celui-ci; comme il étale avec complaisance, et dans toute sa beauté, le plumage soyeux qui lui orne la tête! comme il fait jouer la lumière sur les miroirs de ses ailes, tandis que son babil doucereux exprime l'extrême ardeur de sa tendresse! Tantôt à l'une, tantôt à l'autre, il adresse son admiration et ses flatteries, et de là, des querelles, des raccommodements, que suivent bientôt de nouveaux dédains. Enfin, pour mettre un terme à ces manœuvres, les femelles s'éloignent et cherchent une place sûre où déposer leurs œufs, et vont leur couvée. Elles amassent autour d'elles une grande quantité d'herbe sèche assez négligemment arrangée en forme de nid, dans lequel sont déposés de dix à douze œufs; puis elles s'arrachent elles-mêmes leur duvet le plus moelleux, l'étendent sous les œufs, et commencent la longue tâche de l'incubation, pour ne l'interrompre qu'à de courts intervalles, lorsque le besoin de nourriture se fait trop impérieusement sentir.

Enfin, après trois semaines, la vie s'annonce par de faibles cris sous la coquille, et la nouvelle famille, faisant un violent effort, paraît au jour. Qu'ils sont gentils, pendant que de leur bec si tendre encore, ils démêlent et assèchent leur léger duvet! Mais déjà, s'alignant l'un après l'autre, voyez-les suivre leur heureuse mère, qui les conduit à l'eau où ils se baignent et plongent aussitôt, comme pour exprimer toute leur joie d'avoir reçu le jour. Bien loin de là, sur un autre marais, se tient à l'écart le mâle fatigué et amaigri; père dénaturé, jamais il n'eut souci de sa progéniture; sans regrets, il a pu délaisser sa femelle, qu'autrefois il semblait tant aimer! Que lui importent ses cruelles inquiétudes et la peine qu'elle a dû ressentir en se voyant si complétement abandonnée? A elle seule, d'abord la lourde charge des œufs, et maintenant les soins et les anxiétés pour cette nombreuse et innocente couvée, qu'elle voudrait défendre et faire prospérer aux dépens de sa propre vie! Elle les guide, ces chers petits, le long des rives couvertes d'herbe, dans les endroits peu profonds, et leur apprend à saisir les Insectes qui voltigent en abondance, les Mouches, les Moustiques et les Scarabées étourdis, qui tournoient ou serpentent à la surface. A la moindre apparence de danger, ils prennent leur élan, se dirigent vers le bord, ou plongent et disparaissent. Au bout de six semaines, ceux qui ont échappé à la gueule vorace des Poissons et des Tortues, commencent à être passablement gros; les tuyaux leur poussent aux ailes, le corps se revêt de plumes; mais aucun n'est encore en état de voler. Ils savent déjà se procurer la nourriture, en enfonçant la tête et le cou dans l'eau, ainsi qu'ils continueront de le faire par la suite; à ce moment aussi ils sont devenus bons pour la table, et leur chair est non moins délicate que savoureuse. Enfin, quand les feuilles commencent à changer de couleur, les jeunes Canards prennent librement l'essor, et c'est alors que les vieux mâles rejoignent le reste de la troupe.

Les pionniers du Mississipi en élèvent un grand nombre qu'ils prennent très-jeunes, et qu'une année suffit

CANARD COL VERT. *Anas boschas.* Linné.

pour apprivoiser entièrement. Les couvées qu'on en obtient sont supérieures même à celles des Canards sauvages, mais seulement pour la première ou la seconde année ; après quoi, elles dégénèrent et ne donnent plus que des Canards ordinaires. Les Hybrides provenant de l'espèce sauvage et du Canard de Moscovie sont de grande taille et fournissent un manger excellent. Quelques-uns de ces métis restent plus ou moins vagabonds, ou même redeviennent tout à fait sauvages. A l'état domestique, ils produisent aussi avec la Macreuse et le Chipeau.

J'ai vu des nids de Canards sur de grosses souches brisées, à trois pieds de terre et dans le milieu d'une cannaie, à plus d'un mille de l'eau. Une fois, je trouvai dans les bois une femelle à la tête de sa jeune couvée, que sans doute elle acheminait vers l'Ohio ; mais elle m'avait aperçu la première et s'était cachée parmi les herbes, ayant autour d'elle toute sa famille. Quand je voulus approcher, ses plumes se hérissèrent, et elle se mit à siffler en me menaçant, comme aurait pu faire une Oie ; pendant ce temps, les petits décampaient dans toutes les directions. J'avais un Chien de première qualité et parfaitement dressé à prendre les jeunes Oiseaux sans leur faire aucun mal. Je le lançai sur leurs traces ; aussitôt la mère s'envola, mais en affectant de se soutenir à peine et semblant prête à tomber à chaque instant. Elle passait et repassait devant le Chien, comme pour le troubler dans ses recherches et en épier le résultat ; et quand les Canetons, l'un après l'autre, m'eurent été rapportés et que je les eus mis dans ma gibecière, où ils criaient et se débattaient, elle vint d'un air si malheureux se poser tout près de moi, par terre, roulant et culbutant presque sous mes pieds, que je ne pus résister à son désespoir. Je fis coucher mon Chien, et avec une satisfaction que comprendront ceux-là seulement qui sont pères, je lui rendis son innocente famille, et m'éloignai. En me retournant pour l'observer, je crus réellement apercevoir dans ses yeux une expression de gratitude ; et cet instant me procura l'une des plus vives jouissances que j'aie de ma vie éprouvées, en cherchant à surprendre les secrets de la nature au milieu des bois.

Dans les lieux peu fréquentés, les Canards volent, pour chercher leur nourriture, le jour comme la nuit ; mais quand ils sont troublés par des coups de fusil, ils ne sortent guère que la nuit ou vers le soir et au lever du soleil. Dans les temps très-froids, ils remontent les cours d'eau, et se retirent même aux petites sources où on les rencontre en compagnie de la Bécasse. Souvent, après de fortes pluies, on les voit chercher des Vers sur les champs de blé ; et quand arrive la fin de l'automne, ils aiment à pâturer sur les rizières de la Géorgie et des Carolines. J'ai lieu de croire que ces oiseaux accomplissent alors une seconde migration, car c'est par milliers qu'ils viennent, de l'intérieur, fondre sur les plantations de riz. Dans les Florides, il y en a parfois de telles multitudes, que l'air en est obscurci, et

le bruit qu'ils font en s'élevant des vastes savanes ressemble au roulement du tonnerre. Lors de mon séjour chez le général Hernandez, dans la Floride orientale, ces Canards étaient si nombreux, qu'un nègre, que ce gentleman avait pris à son service comme chasseur, en tuait à lui seul de cinquante à cent vingt par jour, et en entretenait ainsi toute la plantation.

Le vol du Canard sauvage est rapide, fort et bien soutenu. D'un seul coup d'aile il s'enlève de terre, aussi bien que de l'eau, et monte perpendiculairement pendant dix ou quinze mètres, ou même, quand il part du milieu d'un bois, jusqu'à ce qu'il soit au-dessus de la cime des plus grands arbres ; après quoi, il prend son essor et se dirige horizontalement. En cas d'alarme, il ne manque jamais de pousser plusieurs *quack, quack* ; mais si rien ne l'épouvante, il reste silencieux en s'envolant. Quand il passe en l'air pour quelque destination lointaine, le sifflement de ses ailes s'entend d'une distance considérable, particulièrement pendant le calme des nuits. Son vol peut, je pense, être estimé à raison d'un mille et demi par minute ; et s'il veut en déployer toute la puissance, et qu'il s'agisse d'un long voyage, je crois fermement qu'il peut faire cent vingt milles à l'heure.

Ce Canard est omnivore dans la véritable acception du mot. Tout lui est bon pour satisfaire son excessive voracité ; propre ou non, il engloutit ce qui se rencontre : vieux rebuts, tripaille, poisson pourri, aussi bien que reptiles et petits quadrupèdes. Les noix et les fruits de toute espèce lui sont un régal, et on l'engraisse promptement avec du riz, du blé ou d'autre grain. Il est, en général, si goulu, que souvent j'en ai vu deux tiraillant et se disputant pendant plus d'une heure la peau d'une Anguille que l'un avait déjà en partie avalée, tandis que le camarade tenait ferme à l'autre bout. Ils gobent aussi très-adroitement les Mouches, et ont l'habitude de piétiner la terre humide pour en faire sortir les Vers. »   (Audubon, traduction d'Eugène Bazin.)

Observations adressées a la Revue zoologique, *sur la coloration accidentelle rose des Canards sauvages, par le comte* Tizenhauz de Vilna.

Parmi un nombre considérable de Canards sauvages qu'on m'avait apportés, le 13 juillet 1846, j'en remarquai trois qui avaient le front, les joues, et toutes les parties inférieures, depuis le bec jusqu'à la pointe de la queue, teintes d'un beau rose tirant sur le carmin. C'est particulièrement sur deux Sarcelles *(Anas crecca)* de l'année, qui avaient déjà pris toute leur croissance et leur livrée de jeune âge, que la couleur était plus intense ; le troisième *(Anas boschas)*, vieux Canard en mue, à cause de son plumage rembruni et lustré, n'offrait pas la même beauté de coloration.

Mon premier soin fut d'abord de prendre des informations sur l'endroit où la chasse avait eu lieu, et de questionner les chasseurs sur les circonstances relatives à ce qu'il m'importait le plus de connaître. C'est ce qu'ils firent, en m'assurant n'en avoir jamais vu ni tué de pareils à ceux que j'examinais avec sollicitude. Cependant, peu satisfait de leur aveu, il me restait encore un doute à éclaircir; je pris donc de l'eau chaude chargée de savon, et un linge blanc avec lequel je frottai assez rudement le plumage; mais il n'en fut pas déteint, et pas le moindre vestige de couleur rose ne se manifesta sur le linge; je dirai plus, les dépouilles que je conserve depuis un an n'ont éprouvé, quoique exposées à la lumière du jour, aucune dégradation d'intensité.

Me rappelant toutefois que, seul, le professeur Naumann avait signalé ce phénomène, tandis que tous les auteurs anciens et modernes l'ont passé sous silence, j'eus recours à son ouvrage, et j'y trouvai la relation que voici : « Cette couleur, dit le consciencieux naturaliste allemand, provient d'un gros Pou de bois (*Blattlaus*) noirâtre, qui se tient attaché aux feuilles des saules,— surtout à celles de l'espèce nommée *salix aurita*, — et dont l'estomac ainsi que les intestins sont remplis d'un suc rouge pourpré.

M. Naumann présume que les Canards ne s'en nourrissent pas, mais qu'en parcourant les oseraies ils se frottent contre les branches des buissons, et écrasent parfois ces insectes, qui les teignent de leur suc sanguinolent.

Dans l'intention de vérifier ce fait, je me rendis le lendemain sur les lieux mêmes où mes Canards roses furent tués. C'était une grande mare formée par la fonte des neiges, bordée d'oseraies, située au milieu d'une forêt, mare qui n'était ordinairement alimentée que par les eaux pluviales.

Je cherchai pendant plusieurs heures, mais en vain, les Pous mentionnés. Pas un seul ne s'étant offert à mon investigation, il fallait y renoncer, lorsque par un heureux hasard mon regard vint à s'arrêter sur quelque chose de rouge que j'aperçus au bord de l'eau, à travers la verdure des joncs et des glaïeuls. En écartant ceux-ci, je vis distinctement une petite bauge ou gîte tapissée de racines filamenteuses de saule, qui, de blanchâtres comme elles le sont d'ordinaire, avaient acquis une teinte pourprée par l'incubation journalière et réitérée des Canards qui venaient s'y reposer; or, cette teinte des racines prouve incontestablement que le principe colorant rouge provient d'une combinaison de la *salicine* avec la transpiration animale, favorisée peut-être par l'action de l'humidité et de l'oxygène, ou d'autres circonstances que nous ignorons encore.

Il reste maintenant à expliquer pourquoi ces Canards colorés de rose sont rares à ce point, que, de temps immémorial, on n'en ait entendu parler, et que des générations entières de chasseurs n'en aient pas conservé la moindre tradition.

A mon avis, ce n'est seulement que par un été très-chaud, très-sec, et avec le concours des circonstances locales que cette coloration peut s'opérer; or, c'est précisément ce qui s'accorde avec le fait actuel; car le niveau de l'eau contenue dans la mare ci-dessus mentionnée, faute d'être entretenu par les pluies, descendit de plus d'un pied au-dessous de son état normal, et laissa à nu le chevelu des racines des saules environnants. Les Canards, comme je l'ai dit plus haut, en ont profité pour passer la nuit, et se reposer, dans le courant de la journée, sur des paquets de ces racines. J'ai découvert plusieurs gîtes, tous plus ou moins teints de rose, tandis que les racines qui n'avaient point éprouvé de contact avaient conservé leur couleur naturelle. Ce qui vient encore à l'appui de ma conjecture, c'est qu'au pourtour d'une autre mare, également garnie de saules et peu distante de la première, mais alimentée par une source vive et, par conséquent, remplie d'eau jusqu'au bord, je ne vis que des gîtes ordinaires foulés dans les herbes. J'ajouterai qu'une nichée de jeunes Canards que j'y trouvai encore n'était pas colorée de rose.

Mon intention n'est certainement pas de vouloir contredire l'opinion du professeur Naumann, mais seulement de démontrer que, dans la nature, le même phénomène peut se produire par des voies et des moyens différents. Cependant, j'avouerai que je n'ai pas été plus heureux dans mes recherches ultérieures sur l'existence des insectes cités par cet auteur, et que jamais mes Chiens de chasse, après avoir battu les oseraies, ne sortaient, comme les siens, souillés de rouge de la tête aux pieds, *et comme ensanglantés;* car, apparemment, cette espèce de cochenille ou de puceron ne se trouve point dans nos contrées.

Enfin ne pourrait-on pas supposer que le même principe colorant agit également sur le plumage de quelques autres Oiseaux aquatiques; par exemple sur celui du *Milouin à cou rose* de M. Lesson, et surtout des *Larus Francklinii* et *Larus Rossii* de Richardson, Oiseaux qui perdent leur belle teinte carminée en hiver?

Canard siffleur. *Anas Penelope.* Linné.

Le *Canard vingun*, ou gingun, ou Canard siffleur, est une des variétés dont les migrations nous amènent les bandes les plus considérables; on le connaît, en Picardie, sous les noms d'*Oigne* ou *Oignard;* les Bretons l'appellent le *Pin-ru*, ce qui signifie tête rouge dans le dialecte celtique. L'épithète de siffleur lui vient de son cri, fort différent du kan-kan des autres Canards, et qui n'est qu'un sifflement aigu et prolongé. Aux époques du passage, on distingue parfaitement les bandes de Vinguns dans les airs, à ces sifflements qu'ils font entendre en volant.

Le Vingun est un peu moins gros que le Canard commun. Son bec est bleuâtre, étroit, très-court et légèrement recourbé à son extrémité; les pattes sont de la même couleur que le bec: le sommet de la tête est d'un ton grisâtre au milieu de deux plaques d'un fauve marron qui descend jusque sur le col ; le dos, le croupion et les plumes scapulaires sont vermiculés de lignes noirâtres sur un fond blanc, irrégulières mais très-harmonieuses de tons ; le ventre est blanc et les deux côtés du cou et des épaules d'un beau roux pourpré ; les flancs sont rayés de gris et de blanc ; la queue, d'un noir changeant en vert doré avec un peu de blanc à la partie supérieure, est en dessous d'un

CANARD ARLEQUIN. *Anas histrionica*. Linné.

PETIT MILOUIN OU CANARD A IRIS BLANC. *Anas nyroca*. Gmelin.

CANARD CHIPEAU OU RIDENNE. *Anas strepera*. Linné.

CANARD PILET. *Anas acuta*. Linné.

CANARD GARROT. *Anas clangula*. Linné.

noir foncé ; les ailes grises, leur miroir vert doré dans un encadrement d'un noir de velours. — Toujours plus petite que le mâle, la femelle reste grise ; il est bien difficile de la distinguer des jeunes mâles, qui n'acquièrent qu'au mois de mars leur livrée définitive. Au premier passage, on peut encore la confondre avec les vieux mâles de l'espèce, et ceux-ci avec les jeunes, car ces oiseaux sont à cette époque dans la mue et ont perdu la parure qui les caractérise.

Les Vinguns donnent dans la plupart des étangs et des rivières de l'intérieur ; cependant ils passent en quantités bien plus considérables à l'embouchure des fleuves et sur les côtes ; alertes et remuants, toujours en éveil, ils sont encore plus difficiles à surprendre que le Canard ordinaire.

Voici ce que dit M. Baillon de cet oiseau : « Les vents

Canard millouinan. *Anas marila.* Linné.

Canard Souchet. *Anas clypeata.* Linné.

Canard siffleur. *Anas Penelope.* Linné.

Canard milouin. *Anas ferina.* Linné.

Canard morillon. *Anas fuligula.* Linné.

du nord et du nord-est nous amènent les Canards siffleurs en grandes troupes. Ils se répandent dans nos marais ; une partie y passe l'hiver, l'autre va plus loin vers le midi.

« Ces oiseaux voient très-bien pendant la nuit, à moins que l'obscurité ne soit totale ; ils cherchent la même pâture que les Canards ordinaires. Plus le vent est rude, plus on voit de ces Canards errer. Ils se tiennent très-bien à la mer et à l'embouchure des rivières malgré le gros temps et sont très-durs au froid.

« Ils partent régulièrement vers la fin de mars, par les vents du sud ; aucun ne reste en Picardie ; je pense qu'ils se portent dans le nord, n'ayant jamais vu ni leurs œufs ni leurs petits. »

Le *Siffleur huppé*. — Moins commun que le Vingun, ce Canard siffleur se trouve cependant assez fréquemment sur nos rivières ; il est remarquable par les plumes hérissées qui lui servent d'aigrette ; ces plumes, ainsi que les joues, la gorge et le tour du cou, sont d'une belle nuance rousse ; son iris et son bec, d'un rouge vif, suffiraient encore à le distinguer.

CANARD PILET. *Anas acuta*. Linné.

Le *Canard pilet* ou *Canard à longue queue* est le *Penard* des Picards, le *Bouis* des Provençaux : on lui donne encore les surnoms de *Canard faisan*, de *Faisan de mer*, de *Canard paille-en-queue* ; ces surnoms désignent suffisamment le trait distinctif de sa conformation, mais il y a un peu d'exagération à comparer les deux étroits filets qui lui servent d'appendice au magnifique développement caudal du Faisan. Quoi qu'il en soit, c'est un bel oiseau, qui tient du Canard par son volume, de la Sarcelle par la distribution des couleurs de son plumage, et ce qui sépare de l'une et l'autre espèce par l'allongement de son cou grêle et mince, par les bandes blanches qui s'étendent des deux côtés de ce cou, et qui de loin font l'effet de deux rubans.

Le Pilet arrive dans nos contrées au mois de novembre et en même temps que les Vinguns, pour nous quitter au mois de mars avec ces derniers. Ils paraissent avoir une prédilection particulière pour la vallée qui s'étend d'Amiens à Saint-Valery et pour l'embouchure de la Somme ; c'est toujours là qu'on en tue le plus grand nombre. Si l'intensité du froid le contraint à abandonner ses parages favoris, il avance dans l'intérieur des terres et ménage d'excellentes aubaines aux chasseurs de ces contrées, car sa chair est plus tendre et plus délicate que celle du Canard ordinaire. Le Pilet figurait au nombre des aliments réputés maigres, dont on pouvait se permettre l'usage sans rompre l'abstinence. Magné de Marolles nous apprend que les Chartreux de Paris en faisaient une grande consommation. Pauvres Chartreux ! heureusement il n'y a que la foi qui nous sauve.

CANARD CHIPEAU. *Anas strepera*. Linné.

Le *Ridenne* ou *Canard Chipeau* arrive également en France au mois de novembre, mais il nous quitte le premier et remonte vers le nord dès les premiers jours du mois de février. Plus craintif que les autres Canards, il se montre rarement pendant le jour, et ne cherche sa nourriture que le matin et le soir, et quelquefois s'il a été inquiété, pendant la nuit. Mais comme il s'associe fréquemment avec les Vinguns pour voyager de conserve, on en tue assez souvent avec ces derniers. Le Ridenne a la tête finement mouchetée de brun noir et de blanc, la teinte noirâtre dominant sur le sommet de la tête et le haut du col. Son bec est long, recourbé et noir, l'iris d'un brun clair, les pieds d'une nuance argileuse avec les membranes noires ; les flancs et le dos sont festonnés de brun et de noir ; le miroir de ses ailes se compose de trois bandes, l'une blanche, l'autre noire, et la troisième d'un marron rougeâtre. La femelle est plus petite et moins nettement nuancée que le mâle ; elle a le dos d'un brun noirâtre tout uni, la poitrine rousse et tachée de brun, le dessous de la queue gris ; elle prend beaucoup de roux en vieillissant. Les Ridennes sont des plongeurs très-habiles : tirés sur l'eau, ils évitent parfaitement le coup de fusil.

CANARD SOUCHET. *Anas clypeata*. Linné.

Le *Canard souchet* ou *rouge* est fort commun sur la Seine et sur la Marne, où on le désigne sous le nom de *Rouge de rivière*. Le Souchet est fort reconnaissable à son bec épaté, arrondi, élargi à son extrémité et qui lui a valu encore les surnoms de *Canard cuillère* et de *Canard spatule*. Il est plus petit que le Canard ordinaire, mais son plumage, quoique de nuances bien différentes, lutte de vivacité et d'éclat avec le plumage de celui-ci. Il a la tête et le haut du cou d'un beau vert à reflets violets, le reste du cou et la poitrine blancs, le ventre roux, le dos d'un noir verdâtre, les couvertures de l'aile, près de l'épaule, d'un bleu d'ardoise très-tendre, le miroir d'un vert bronzé ; la couleur de son bec varie avec l'âge : jaune dans la première année, il devient noir à mesure que l'oiseau avance en âge. Son iris a la couleur de l'or ; ses jambes et ses pieds sont d'un rouge orangé. « Les Souchets, ainsi que les vieux Ridennes, dit M. Baillon, conservent quelquefois leurs belles couleurs pendant la mue ; il leur vient des plumes colorées en même temps que les grises dont ils se couvrent après la saison des pontes. » La femelle n'a que des couleurs obscures, elle est d'un gris blanc mélangé de roux et de noir. Cependant M. Baillon affirme encore que lorsqu'elle vieillit elle prend quelquefois la livrée des mâles, comme quelques Poules faisanes ; mais chez la femelle du Souchet, la tête et le cou conservent toujours leur livrée primitive.

Plusieurs ornithologistes affirment que les Souchets habitent les lacs et les rivières des pays septentrionaux, et l'assertion me semble fort hasardée. Il me paraît tout à fait improbable que le Souchet ait, comme les autres variétés de Canards, des centres de concentration dans le nord, puisqu'il est fort rare qu'il se montre chez nous pendant l'hiver, qu'il y arrive bien rarement avant le mois de février, au retour évidemment de son hivernage sous de plus chaudes latitudes, et que, si tous ceux qui passent à cette époque ne s'établissent pas dans notre pays, un assez grand nombre du moins reste dans nos étangs, dans nos marais, et y effectue sa ponte. Les observations de M. Baillon me semblent justifier mes présomptions. Cependant, après avoir établi que les Souchets craignaient et fuyaient le froid, que ceux qui étaient nés dans notre pays émigraient dès le mois de septembre, M. Baillon avance que ceux de ces oiseaux qui disparaissent en mars, au souffle du vent du nord, gagnent le midi ; et sur ce point je me permettrai de ne point être de son avis. Les oiseaux sont ménagers de leurs coups d'ailes et fort insensibles aux charmes du tourisme. Admettre que, partis en septembre pour les contrées méridionales, revenus en février dans nos régions, les Souchets se décident à retourner sur leurs pas quinze jours après leur arrivée et sans avoir eu le temps d'ouvrir leurs malles : c'est faire trop bon marché de leur logique. Il me paraît plus rationnel de conclure que ceux de ces oiseaux qui ont stationné en février dans les marais de la Picardie les abandonnent en mars pour se répandre à droite ou à gauche, et même en avant, mais non pas pour retourner en arrière, pour nicher, en un mot, dans la zone à la fois humide et tempérée qui commence à la mer du Nord et s'étend jusqu'à la Seine.

Le Souchet fait son nid dans les roseaux, au bord d'un étang, et toujours dans un lieu peu praticable. La femelle pond, dans ce nid, de huit à douze œufs d'un roux pâle. On n'est pas d'accord sur la durée de l'incubation ; Salerne la croit de vingt-huit à trente jours ; Buffon croit qu'elle ne doit pas être de plus de vingt-quatre à vingt-cinq jours, vu que ces oiseaux tiennent le milieu entre les Canards et les Sarcelles quant à la taille.

Les petits naissent couverts d'un duvet tacheté ; avec leur bec presque aussi large que leur corps, ils sont, dit M. Baillon, d'une laideur extrême ; ce qui n'empêche point le père et la mère d'avoir pour eux autant de tendresse que s'ils étaient les Antinoüs du genre Canard, et de les défendre avec une incroyable énergie contre les attaques des Oiseaux de proie.

M. Hébert compare le cri du Souchet au craquement d'une crécelle à main agitée par petites secousses ; le battement de leurs ailes, lorsqu'ils s'enlèvent, produit encore un bruit tout particulier. Il vit de Vermisseaux qu'il ramasse pêle-mêle avec la fange, à l'aide de sa large spatule ; les bords de ce bec sont garnis d'une espèce de frange dentelée qui retient les insectes en laissant échapper la boue qui les a contenus ; ils mangent aussi les petits Poissons et les Grenouilles. Au retour de leur émigration annuelle, ils ont conservé leur embonpoint, ce qui est le contraire des autres espèces, et indique qu'ils avancent assez loin vers le sud pour ne pas souffrir de l'hivernage ; leur chair est tendre et délicate, elle conserve sa couleur rosée même après la cuisson, ce qui lui a valu son surnom de *Rouge* bien plutôt que la teinte roussâtre du dessous de son corps.

CANARD MILOUIN. Anas ferina. Linné.

Le *Canard Milouin* ou *rouget* est la variété la plus multipliée dans nos climats après celle du Canard ordinaire ; presque aussi gros que celui-ci, le Milouin s'en distingue par son corps court et ramassé, par sa tête

plus volumineuse, par sa démarche plus lourde, aussi bien que par les couleurs caractéristiques de son plumage. Sa tête et les deux tiers de son col sont d'un brun marron qui a l'éclat soyeux de la peluche ; ce domino coupé en rond au bas du cou est suivi par une bande noire ou brune qui forme cercle sur la poitrine et le haut du dos ; l'aile est grise, lavée de noir ; de petites lignes noires ondulent sur le fond gris-perle des flancs ; l'iris est noisette ; le bec large, épais, taillé en biseau, est couleur de plomb à sa base, et noir à la pointe ; les pieds, également couleur de plomb foncé avec des ongles noirs ; la femelle est plus petite que le mâle ; au lieu de la belle couverture rousse de la tête et du cou, elle ne présente que quelques taches de cette couleur ; chez elle, les petits zigzags qui rayent transversalement les flancs du mâle sont remplacés par de larges taches brunes.

Le Milouin, appelé *Rougeot* en Bourgogne, *Cataroux* en Provence, indiqué par Belon sous le nom de *Cane à tête rousse*, arrive en France, au mois d'octobre, par troupes de vingt à quarante individus, qui voyagent en peloton serré et sans former des triangles comme les Oies et les autres Canards. On en tue beaucoup à la hutte, mais on les tire très-difficilement à découvert, car ils exagèrent encore les précautions que prennent les autres Canards avant de descendre sur les eaux, ne s'abattent que sur les vastes étangs et toujours au large, après s'être assurés qu'ils n'ont à redouter aucune embûche ; ils s'envolent à la moindre alerte et même sans cause et par la seule impulsion de leurs instincts méfiants, reviennent après un vol, sans se fixer davantage. Le plus souvent ce sont ces manœuvres elles-mêmes qui fournissent l'occasion de leur envoyer un coup de fusil ; si le chasseur a la patience de les attendre dans une embuscade, il est rare que leurs allées et venues ne les amènent pas à sa portée.

Le Milouin se mêle souvent aux bandes de Vinguns, de Morillons, de Ridennes et de Canards ordinaires, et dans ce dernier cas, on parvient un peu plus aisément à le surprendre, en le guettant, à la chute du jour, sur les étangs et les petites rivières.

Il effectue son second passage au mois de mars, mais séjourne alors beaucoup moins longtemps chez nous que le Canard ordinaire, et sans s'apparier comme celui-ci, ce qui me paraît indiquer qu'il fait sa ponte dans les régions les plus septentrionales vers lesquelles il continue de se diriger.

Quelques ornithologistes distinguent trois variétés dans l'espèce du Milouin : le *Milouin à cou roux*, le *Milouin brun* et le *Milouin noir* ; d'autres supposent que ces dissemblances de plumage doivent être attribuées à l'âge de l'Oiseau, qui n'acquiert sa brillante livrée qu'à son premier printemps.

CANARD MILLOUINAN. Anas marila. Linné.

Le *Millouinan* ou *Canard du Nord* est beaucoup plus rare que l'espèce précédente. Je l'ai rencontré sur la Marne, à quatre lieues de Paris; mais cet individu provenait peut-être des lacs du bois de Boulogne et de Vincennes, dont quelques hôtes vont chaque année se faire tuer sur les grands cours d'eau des environs. Le Millouinan est de la taille du Milouin, et quoique de couleurs différentes, son plumage présente les mêmes dispositions. Au lieu d'être roux, le domino du Millouinan est d'un beau noir à reflets cuivreux; il enveloppe la tête et le col, se sépare à son milieu par une section d'un roux sombre formant anneau, et va finir en s'arrondissant sur le dos et sur la poitrine. Le ventre est d'un blanc pur, le manteau très-finement vermiculé de noir sur fond gris-perle; son bec est moins long et plus large que celui du Milouin, mais il est, ainsi que les pattes, de la même couleur gris de plomb.

CANARD PETIT MILOUIN. *Anas nyroca.* Gmelin.

Le *petit Milouin*, connu aussi sous les noms de Sarcelle d'Égypte, de *Canard à iris blanc*, n'est pas beaucoup plus gros qu'une Sarcelle ordinaire; il voyage par paires, arrive en novembre, ne séjourne pas chez nous, et ne reparaît qu'au printemps, de passage pour retourner aux régions arctiques, qui semblent être sa patrie. Le petit Milouin a la tête et le col d'une belle couleur fauve, avec une tache blanche sous le bec; ce bec est noir bleu ainsi que les pieds; le ventre est d'un brun terne, rehaussé de roux sur les flancs; le reste du plumage noirâtre à reflets pourprés. Comme dans toutes les espèces, la femelle diffère du mâle par les teintes beaucoup plus foncées de son plumage.

CANARD GARROT. *Anas clangula.* Linné.

Salerne désigne le *Garrot*, ou *Canard* glaucion, sous le nom de *Canard aux yeux d'or*, qui le caractérise parfaitement, car son iris a tout l'éclat de ce métal; il est plus petit que les espèces précédentes, et n'a que

Chasse au marais.

quarante-huit centimètres du bec à la queue; il se distingue aussi nettement des autres Canards par les dessins et les nuances de son plumage que par sa taille. Vu à certaine distance, ce plumage semble uniquement composé de noir et de blanc, ce qui lui a encore valu le surnom de *Canard Pie*, qu'on lui donne dans quelques provinces. La tête du Garrot paraît plus volumineuse qu'elle ne l'est réellement, en raison de la faculté qu'il possède de redresser les plumes qui la recouvrent. Ces plumes sont d'un beau noir à reflets verts et cuivrés; elles forment un capuchon qui s'arrête au tiers du cou; deux petites taches blanches posées aux deux coins du bec donnent au Garrot une physionomie très-remarquable; le dos, le croupion et la queue sont d'un noir de jais; les grandes plumes des ailes, le bas du col, la poitrine et le ventre sont blancs; les pattes jaune-orangé; les membranes qui relient les doigts s'étendent jusqu'aux ongles et les recouvrent.

La femelle n'a point les deux taches caractéristiques; elle est également plus petite que le mâle; sa tête est brune et son col gris; la disposition du plumage reste la même, mais les parties noires chez le mâle sont chez elle plus faiblement colorées, soit en gris, soit en brun.

Le Garrot voyage par petites troupes; son vol est bas, mais rapide; il arrive en novembre, descend sur la plupart de nos étangs, séjourne en France jusqu'à ce que le printemps le rappelle dans sa patrie, la Suède, la Norwége, la Laponie. Il se montre toujours en plus grande abondance sur le littoral que dans l'intérieur des terres, et fournit un large contingent aux captures annuelles des huttiers de la Picardie, de la Normandie, et des Landes. Moins méfiant que les Canards des autres espèces, il se laisse plus aisément approcher dans le marais; cependant il est, de toutes les espèces, la plus difficile à apprivoiser.

(La suite prochainement.)

Paris. — Imprimerie WIESENER et Comp., rue Delaborde, 12.

22 avril 1865.　　　　　　　　　　　**N° 69. — 15 centimes.**

Ce Recueil paraît une fois par semaine. — On s'abonne à Paris, à la Librairie L. HACHETTE et Cⁱᵉ, boulevard Saint-Germain, n° 77.
Les abonnements se prennent du 1ᵉʳ de chaque mois. — Paris, six mois, 4 fr.; un an, 8 fr. — Départements, six mois, 5 fr.; un an, 10 fr.

SUITE DE L'AUTRUCHE. — *Sa vitesse.* — *Instincts.* — *Amour des petits.* — *Courage du mâle.* — *Sociabilité.* — *Apprivoisement.* — *Polygamie.* — *Nidification.* — *Incubation.* — *Reproduction de l'Autruche à la pépinière du Gouvernement, à Alger.* — *Chasse et Élève.* — LE NANDOU OU AUTRUCHE D'AMÉRIQUE. — *Ses caractères distinctifs,* — *Mœurs.* — *Ponte et Incubation.* — *Chasse.* — *Acclimatation.*

La vitesse de l'Autruche ne le cède point à sa force. Cuvier dit qu'elle surpasse celle de tous les animaux connus. « Elle est telle, ajoute-t-il, que ceux qui montent l'Autruche sans en avoir pris l'habitude sont bientôt suffoqués, faute de pouvoir reprendre leur ha-lcine. » C'est ce qui faillit arriver à un habitant de Paris, M. Notré, qui, se trouvant à Marseille en 1819, et pesant alors 60 kilogrammes, monta une Autruche mâle d'Égypte de grande taille; « elle lui fit faire une course si étourdissante, qu'il s'en souvient encore

NANDOU D'AMÉRIQUE. *Rhea americana.* Latham.

aujourd'hui avec effroi; heureusement il avait embrassé étroitement le cou de l'animal, qui finit par s'arrêter dans des broussailles. » Adanson dit que les deux Autruches dont on vient de parler, quoique n'ayant pas pris toute la force que donnent l'âge et la liberté, et bien que chargées d'un poids considérable, « eussent laissé bien loin derrière elles les plus fiers Chevaux anglais qu'on eût mis à leurs trousses. » Xénophon raconte que dès que Cyrus fut entré en Arabie, les cavaliers persans donnèrent la chasse aux « Moineaux de la grande espèce (nom que les Grecs donnaient aux Autruches), mais que personne n'en prit, et qu'on renonça bientôt à les poursuivre. En effet, dit l'historien, elles s'éloignaient beaucoup en fuyant à la course à l'aide de leurs pieds et se soulevant avec leurs ailes dont elles se servaient en guise de voiles. » C'est cependant à la chasse qu'on les force, mais on n'y réussit qu'en y mettant de l'industrie. D'après le général Daumas, cinq chasseurs s'associent pour courir l'Autruche ; ils disposent leurs Chevaux à la distance d'une lieue les uns des autres, de manière à établir cinq relais, et ce n'est que le cinquième cavalier qui parvient à la joindre. Livingstone, parlant de ce qu'il a vu, dit qu'on ne distingue pas plus les jambes d'une Autruche qui court à toute vitesse qu'on ne voit les rayons d'une roue de voiture entraînée par un galop rapide. Elle court à la manière de la Perdrix, tendant le cou obliquement en avant, agitant ses ailes, qui, lorsqu'elle a le vent arrière, lui servent puissamment à accélérer sa course, et frappant l'air de l'une ou de l'autre de ces deux rames pour opérer de fréquents changements de direction.

M. Gosse a cherché à apprécier numériquement cette vitesse. Il base son calcul sur ce que M. Daumas rapporte de ces cinq relais établis de lieue en lieue par les chasseurs d'Autruche, qui ne la forcent que passé le dernier relais. Un Cheval arabe de race, faisant une lieue en huit ou dix minutes, les quatre premiers Chevaux font donc quatre lieues en trente ou quarante minutes, et l'Autruche fait le même trajet en un temps encore moindre, ce qui, rapporté à l'heure comme unité, donne une vitesse de six lieues à sept lieues et demie. Cependant Livingstone évalue plus haut encore la vitesse de l'Autruche : se servant d'une montre à secondes, il a compté trente pas en dix secondes, ce qui, en admettant quatre mètres par longueur de pas, donne quarante-trois kilomètres, c'est-à-dire de dix à onze lieues par heure.

L'Autruche brille moins par l'intelligence, mais elle ne mérite en aucune façon la réputation de stupidité que les auteurs lui ont faite à l'envi les uns des autres. C'est un oiseau doux, gai, pacifique, vigilant, éminemment sociable, et auquel ne manquent, quoi qu'on en ait dit, aucun des instincts de la famille. Un voyageur déjà cité, M. Cumming, surprit un jour une troupe de douze Autruches, qui n'étaient pas plus grosses que des Pintades : « La mère, dit-il, chercha à nous tromper à l'instar du Canard sauvage; elle partit étendant ses ailes, puis se laissa tomber à terre comme si elle eût été blessée, tandis que le mâle s'éloignait sournoisement avec les petits dans une direction opposée. »

Livingstone a rencontré plusieurs fois de jeunes couvées allant sous la conduite d'un mâle « qui s'efforçait de paraître boiteux, afin de détourner sur lui l'attention des chasseurs. »

On lit dans les *Chevaux du Sahara* que lorsque les chasseurs s'emparent de petits, sous les yeux du mâle, « celui-ci, alors agité à l'excès, manifeste la plus vive douleur; » mais il ne se borne pas toujours à gémir ; il a du courage. »

Voici un trait qui le prouve; il est raconté dans un rapport adressé de Géryville à la Société zoologique. « Si-Djelloul-Ben-Hamza et son frère Si-Mohammed-Ben-Si-Hamza, chassant un jour l'Autruche, rencontrèrent les traces de toute une famille conduite par un mâle et deux femelles. Arrivé le premier en vue des Autruches, Si-Mohammed tira un coup de feu et blessa une des femelles. Le mâle se précipita alors sur lui et frappa à coups de pied le poitrail de son cheval, qui, effrayé, renversa son cavalier et prit la fuite. L'Autruche tourna alors ses coups contre Si-Mohammed et ne l'abandonna que privé de connaissance, et en voyant venir Si-Djelloul au secours de son frère. »

La timidité excessive qu'on leur reproche n'est elle-même qu'un résultat de la chasse incessante qu'on leur fait. Celles qu'on tient en captivité ne sont pas timides le moins du monde. Celles qui ne connaissent point l'Homme ne le sont pas. Richardson raconte qu'étant arrivé sur le plateau d'Hamala, où les Autruches ne sont pas inquiétées, il eut le beau spectacle d'une troupe de onze de ces oiseaux paissant tranquillement à peu de distance comme autant de brebis et ne montrant aucune disposition à s'enfuir.

J'ai dit qu'elles sont très-sociables. On en rencontre parfois dans le désert des troupes de deux à trois cents; elles se mêlent aux Girafes, aux Couaggas, aux Zèbres et aux Antilopes. Cette sociabilité rend leur apprivoisement très-facile. Dans le pays de Sennaar, d'après Lapanouse, on les élève dans les maisons comme ailleurs on élève de la volaille. Les fermiers des environs du Cap laissent les leurs pâturer dans le voisinage, et jamais elles n'essayent de fuir. Chez les Abiades (Sahara), des troupeaux de vingt à trente individus suivent le bétail aux pâturages et rentrent chaque soir avec lui. Un voyageur a vu, à Esné, des Autruches, qui appartenaient au gouverneur, se promener librement dans la ville et dans les environs, visiter les marchés et rentrer le soir au palais. Elles sont dociles, familières, attachées à leurs maîtres et à leur domicile. Elles vivent sous la tente avec les Chiens, les Chevaux, les Chameaux et les enfants, jouent avec ceux-ci, suivent les Chameaux dans les déménagements et les Chevaux à la chasse. » Elles sont fort gaies et folâtrent avec les cavaliers, les Chiens, etc.,—lit-on dans l'ouvrage du général Daumas. —Passe-t-il un Lièvre, tous les Hommes s'élancent à sa poursuite, l'Autruche s'émeut, se précipite du côté où se dirige la course et prend part à la chasse. » Cet attachement et cette obéissance s'obtiennent en traitant l'Autruche avec douceur. Il faut la caresser souvent quand elle est jeune, prendre garde de l'effrayer et ne jamais la brusquer. On cite des Autruches qui ayant été données, et emmenées fort loin de leur domicile, sont revenues chez leur premier maître.

Il y a une époque où, chez le mâle du moins, cette humeur pacifique fait place à un caractère violent; c'est l'époque des pontes. Il arrive alors, dit-on, que les mâles éprouvent des accès de rage qui en rendent l'approche difficile, et parfois même leurs maîtres auraient été dans le cas de se défendre contre eux à coups de pierre, de bâton et même de fusil. Au nord de l'Équateur, la saison des pontes commence vers la fin de l'automne et dure jusqu'au printemps ; son époque et sa durée dépendent du degré de fertilité de l'année: dans tous les cas, elle tient beaucoup de place dans la vie de l'Autruche. Les Arabes disent même que si la nourriture est abondante, cette période agitée se prolonge pendant une grande partie de l'année. C'est alors que le mâle prend au cou et aux cuisses cette teinte rosée qui vient de l'activité acquise par la circulation ; il se met à la poursuite de sa femelle, et, fermant le bec, ramassant le cou dont le haut se dilate prodigieusement, il fait entendre coup sur coup des cris rauques, gutturaux, qui ressemblent si bien au rugissement du Lion, quoique plus faibles, que les Hottentots s'y trompent, et qu'un des employés de la Ménagerie de Paris s'y est mépris plusieurs fois la nuit. M. Hardy confirme le fait. La femelle, moins ardente, fuit devant le mâle. La poursuite dure de quatre à cinq jours, pendant lesquels le mâle ne boit ni ne mange : la femelle ne se sépare du mâle et ne le quitte que lorsque l'éducation des petits est terminée.

L'Autruche est polygame; elle l'est en captivité et elle l'est dans l'état de nature, du moins quand elle le peut : le fait de mâles réduits accidentellement à une seule femelle aura donné lieu à l'opinion que l'espèce est monogame. L'accroissement est assez rapide : le mâle est adulte dès l'âge de deux à trois ans, et la femelle pond à deux ans des œufs encore petits, mais féconds.

Les deux sexes prennent part à la confection du nid. Les uns disent que ce nid est établi sur un terrain plat, les autres sur un terrain peu élevé ; ceux-ci en des lieux découverts, ceux-là en des endroits entourés d'alfa ; ces différences sont évidemment liées aux conditions locales : le nid est creusé dans le sable à coups de bec; le sable enlevé est disposé tout autour en rebord saillant ; extérieurement est pratiquée une rigole pour l'écoulement des eaux. L'aire a un peu plus d'un mètre de diamètre. La ponte est précoce ou tardive, selon le plus ou le moins d'abondance des aliments, et même selon leur qualité. Toutes les femelles de chaque ménage déposent leurs œufs dans le même nid : il s'y en trouve quelquefois jusqu'à soixante. Chaque œuf pèse en moyenne un kilogramme et demi, et équivaut à environ vingt-cinq œufs de Poule ; d'autres œufs sont placés en dehors du nid, souvent dans de petites cavités creusées exprès. Quelle est leur destination ? Ceci est une découverte du voyageur Levaillant, à qui nous devons les premières notions exactes que nous

ayons eues sur l'Autruche. « J'appris de ce sauvage, écrit-il, ce que mes Hottentots eux-mêmes ignoraient, ce qui n'est point connu des naturalistes..., et ce que j'ai eu plus d'une fois dans la suite l'occasion de vérifier, savoir, que l'Autruche place toujours à portée de son nid un certain nombre d'œufs proportionné à celui qu'elle destine à l'incubation : ces œufs, n'étant pas couvés, se conservent frais assez longtemps, et l'instinct prévoyant de la mère les destine à la première nourriture de ceux qui vont éclore : l'expérience m'a convaincu de la vérité de cette assertion ; et toutes les fois que j'ai rencontré des nids d'Autruche, plusieurs œufs en étaient séparés comme à celui-ci. » Le récit de Levaillant est confirmé par ce qu'un indigène, Achmed, maréchal des logis aux spahis, disait, en 1856, à M. Aucapitaine : « Au moment, disait-il, où les jeunes sont éclos, la mère va chercher un des œufs *surnuméraires*, le casse et en fait absorber la nourriture à ses petits. » Suivant d'autres indigènes, elle conduirait ses petits près des œufs nourriciers et les leur ferait percer. Le rapport envoyé de Géryville à la Société géologique prétend en outre que si l'Autruche vient à casser un des œufs qu'elle couve, elle le remplace par un des œufs du dehors. Livingstone dit, d'après les indigènes de l'Afrique australe, que les œufs *surnuméraires* ont pour but de subvenir aux besoins des premiers nés, « afin de leur permettre d'attendre que les autres soient éclos et qu'ils puissent aller tous ensemble chercher pâture ailleurs : » explication qui ne manque pas de vraisemblance, l'éclosion des petits ayant lieu successivement.

L'incubation commence en effet dès le premier jour de la ponte ; les deux sexes y prennent part ensemble ou tour à tour, selon les circonstances. Levaillant, ayant trouvé un nid contenant trente-huit œufs « en un tas, » outre treize « distribués plus loin, chacun dans une petite cavité, » se mit en embuscade dans un buisson. « Je n'y fus pas longtemps, raconte-t-il, sans voir arriver une femelle qui s'accroupit sur les œufs; et pendant le reste du jour, que je passai dans ce buisson, trois autres se rendirent au même nid ; elles se relevaient l'une après l'autre ; une seule resta un quart d'heure à couver, tandis qu'une nouvelle venue s'y était mise à côté ; ce qui me fit penser que quelquefois, et peut-être dans les nuits fraîches et pluvieuses, elles s'entendent pour couver à deux et même davantage. Le soleil touchant à son déclin, un mâle arrive qui s'approche du nid pour y prendre place, car les mâles couvent aussi bien que les femelles. Je lui envoyai ma balle qui l'étendit mort; le bruit du coup fit lever celles-là, qui, dans leur effroi, cassèrent plusieurs œufs..... »

L'incubation a lieu le jour, ou la nuit seulement, selon le degré de la température ambiante ; le mâle, dit-on, fait la garde pendant la nuit autour de la nichée, et les cadavres de Chacals qu'on rencontre dans le voisinage témoignent de sa vigilance autant que de sa force ; l'éclosion des petits a lieu successivement, ainsi que j'en ai déjà fait la remarque. On s'accorde assez généralement à dire que le nombre des femelles est double de celui des mâles. Le volume des petits, au moment de la naissance, est celui d'une petite Poule. Ils se nourrissent d'Insectes, de petits Reptiles, dans les premiers temps de leur vie. Ils paraît qu'ils restent avec leurs parents jusqu'à l'âge adulte.

On s'accordait, jusque dans ces derniers temps, à dire que l'Autruche ne se reproduit pas en captivité. L'honneur d'avoir démontré le contraire appartient à M. Hardy, qui n'a mené cette belle expérience à bien qu'à force de persévérance et d'adresse.

La pépinière centrale d'Alger possédait une troupe d'Autruches. Les mâles, beaucoup plus nombreux que les femelles, étaient en guerre continuelle. L'enclos était, en outre, assez resserré; pendant dix années que les choses restèrent en cet état, les femelles ne pondaient même point.

Des dons successifs réduisirent la bande à quatre individus, deux de chaque sexe, qui, en 1852, furent parqués dans un enclos de 16 mètres de diamètre. Le nombre des mâles restreint, l'espace agrandi eurent des conséquences presque immédiates; les femelles commencèrent à pondre vers le milieu de janvier; un nid fut creusé à coups de bec dans un sol d'un mélange très-dur de pierres de décombres et de gravier. Les ailes pendantes et frémissantes, les deux sexes prenaient part à ce rude travail. Mais aucun œuf ne fut pondu dans le nid; c'était un fossé circulaire de 1ᵐ,20 à peu près de diamètre; après celui-là, d'autres nids furent construits; la ponte dura jusqu'au milieu de mars, pendant deux mois environ; mais tous les œufs furent disposés et abandonnés en diverses parties de l'enclos. Une deuxième ponte eut lieu en septembre, et toujours sans plus de résultats. Les mêmes phénomènes se reproduisirent pendant quatre années consécutives. Était-ce l'étroitesse du parc? la fréquentation du lieu? Le parc était placé au milieu d'une des principales allées de l'établissement. Était-ce la dissension qui régnait entre les mâles, dont l'un avait cependant fini par imposer à l'autre son autorité? Évidemment les circonstances continuaient d'être défavorables. Il faut dire aussi qu'en raison de la nature du terrain, le nid retenait l'eau. Mais enfin la question avait fait assez de chemin pour que l'expérimentateur ne se décourageât pas.

En décembre 1856, M. Hardy mit un des couples dans un parc d'un demi-hectare, en partie couvert d'arbres et d'arbustes et abrité à l'ouest par un bâtiment élevé. Le mois suivant (janvier 1857), les Autruches creusèrent un nid au milieu de l'endroit le plus touffu de leur domaine. Le 15, la ponte commença. Les deux premiers œufs furent abandonnés dans le parc; mais tous les suivants, au nombre de neuf, furent déposés dans le nid. C'était un grand point de gagné. Enfin l'incubation commença dans les

premiers jours de mars. Tout faisait donc présager un heureux résultat; par malheur, une semaine après vinrent des pluies abondantes prolongées, et l'eau pénétra dans le nid. Il était creusé dans une argile ocreuse qui se changea en une espèce de mortier dans lequel les œufs étaient empâtés. Les Autruches abandonnèrent le nid.

Alors M. Hardy fit apporter du sable. On le jeta à l'endroit choisi par les oiseaux, on en forma un large monticule. On fit plus: afin d'inspirer toute sécurité aux Autruches, on entoura ce monticule à distance d'une haie de paillassons qui empêchaient les regards d'arriver jusqu'à lui.

Ces soins furent récompensés dans l'année même. Vers la mi-mai (1857), les Autruches établirent un nouveau nid au sommet du monticule, et, peu de temps après, la seconde ponte commença. Les oiseaux commencèrent, dans les derniers jours de juin, à garder le nid quelques heures par jour; puis, à partir du 2 juillet, ils couvèrent régulièrement. Le 2 septembre, on eut la joie d'apercevoir un petit qui se promenait autour du nid. Quatre jours après, les parents, cessant de couver, s'occupèrent exclusivement du nouveau-né. On examina les œufs abandonnés : les uns étaient clairs, les autres contenaient des fœtus morts. L'instinct les avait donc avertis qu'il était inutile de continuer l'incubation. L'Autruchon s'éleva parfaitement; à la date de la communication de M. Hardy (juin 1858), ayant alors moins de dix mois, il était aussi grand que père et mère. C'était un mâle.

Il était donc démontré que l'Autruche procrée en captivité. L'année suivante (1857), on obtint de plus beaux résultats. Le 18 janvier de cette année, la même femelle se remit à pondre : deux œufs abandonnés, douze autres déposés dans le nid. L'incubation commença dans les premiers jours de mars. La femelle fut d'abord seule à couver. Plus tard le mâle partagea le travail avec elle. Vers la fin, c'est lui qui faisait les plus longues séances. Chaque fois que l'un de ces animaux relayait l'autre, il examinait les œufs, les retournait, en changeait quelques-uns de place. Un œuf fut rejeté du nid dans les premiers jours de la couvaison ; on s'assura qu'il était clair. Enfin, le 11 mai, plusieurs Autruchons sortirent leurs têtes de dessous les ailes du couveur ; le 13 au matin, le mâle et la femelle, quittant le nid, menèrent à la promenade une bande de neuf petits, les plus jeunes marchant d'un pas encore incertain, les plus âgés courant et becquetant les herbes, tous revêtus d'un duvet long et épais mêlé de plumes rudimentaires raides, sans pennules, ayant de la ressemblance avec les poils du porc-épic. Le père et la mère veillaient sur eux avec la plus grande sollicitude. C'est sous les ailes du père qu'ils s'abritèrent quand vint la nuit, et il en fut de même les nuits suivantes. On leur offrit divers aliments : les salades eurent leur préférence. Des deux œufs restés dans le nid, l'un était gâté, l'autre contenait un petit mort.

Je dirai quelques mots du couple laissé en 1856 dans cet enclos de 16 mètres de diamètre, où les quatre animaux avaient vécu ensemble pendant plusieurs années. Ce couple fut transféré, le 5 avril 1858, dans un parc spacieux, ombragé, où l'on avait à l'avance (c'est à cause de cette particularité curieuse que je mentionne l'expérience) déposé dans un nid douze œufs pondus par la femelle de ce couple. Les deux oiseaux furent plusieurs jours à s'habituer à cette nouvelle demeure. « Ils ne s'approchaient pas du nid, écrit M. Hardy, et le regardaient avec une sorte de méfiance. Je les y habituai en faisant déposer leur nourriture tout auprès. Pendant ce temps, la femelle pondit deux œufs à travers le parc; je les fis ajouter aux douze du nid. Peu à peu elles se mirent à contempler les œufs et à s'en approcher. Elles les examinaient avec la plus grande attention, elles les touchaient alternativement du bec, comme si elles eussent voulu les compter. Enfin, au bout de trois jours, le mâle se mit sur les œufs, et commença à les couver. » C'est donc le mâle qui cette fois se mit le premier sur le nid.

L'expérience de M. Hardy, répétée depuis dans le Jardin zoologique de San-Donato, appartenant à M. le prince Demidoff, a donné des résultats analogues.

Considérons maintenant l'Autruche sous le rapport

Nandou de d'Orbigny. *Rhea pennata.* D'Orbigny.

des services que l'Homme en tire. C'est pour se procurer leurs plumes, leur chair, leurs œufs et leur graisse que les Arabes les chassent et qu'ils les élèvent.

La graisse joue un très-grand rôle dans la thérapeutique africaine; on l'emploie contre les douleurs aiguës. Elle passe, en outre, pour un manger délicat.

Les plumes, qui, indépendamment de leurs autres usages, trouvent un si gracieux emploi dans la parure des femmes, forment un objet important de commerce. Une belle peau d'Autruche se vend actuellement dans le Soudan de 80 à 90 francs.

Isidore Geoffroy-Saint-Hilaire dit que la chair de l'Autruche, qu'il classe parmi les *Oiseaux de boucherie*, est saine. Cuvier se borne à dire que la chair des jeunes, lorsqu'elles sont grasses, « peut se manger. » Cependant les employés de la Ménagerie s'étant partagé le couple qui, comme il a été dit plus haut, mourut pour avoir avalé des fragments de verre, les trouvèrent excellentes. Je lis dans un dictionnaire que les Européens mangent de cette viande à Oran et qu'ils lui trouvent de l'analogie avec celle du Bœuf. Livingstone la compare à la chair de la Dinde coriace, encore faut-il que la bête soit « en bon état de graisse. »

L'incertitude est bien plus grande en ce qui concerne

la valeur culinaire des œufs. — Cuvier : « On a préparé deux de ces œufs à la Ménagerie et on leur a trouvé un goût préférable à celui des œufs de Poule. » — M. Hardy : « Quoique ces œufs aient un goût moins délicat que les œufs de Poule, ils sont cependant parfaitement mangeables. » —Livingstone : « Les œufs d'Autruche ont un goût désagréable ; il faut l'appétit dévorant qui vous tourmente au désert pour les manger avec plaisir. » —Levaillant : « Malgré la voracité de mon appétit et le *goût exquis* de ce mets nouveau, je ne pus en manger que la moitié. » Cette moitié d'œuf équivalant, d'après le voyageur, à une douzaine d'œufs de Poule, on comprend qu'il s'en soit tenu là. Voici comment cet œuf avait été préparé : « On enleva la calotte de l'un de ceux qui m'étaient réservés, on y introduisit un peu de graisse, après l'avoir enterré à moitié dans des cendres brûlantes ; et, le remuant avec une petite cuiller de bois, on en fit ce qu'on appelle un œuf brouillé. » Levaillant nous raconte que les Hottentots ne mangent pas seulement les œufs frais : « Plusieurs de mes gens, après avoir ôté le petit qu'ils trouvaient dans le leur, faisaient une omelette du reste ; je les examinais en les plaisantant sur ces fins ragoûts d'œufs couvis ; je ne pouvais croire qu'ils ne fussent pas infectés ; j'en voulus goûter : sans la prévention qui m'aveuglait, je ne leur aurais pas trouvé de différence avec le mien, et j'en aurais mangé tout comme eux. »

M. Hardy a remarqué qu'une femelle produit un plus grand nombre d'œufs quand on les lui enlève au fur et à mesure de la ponte que quand ils sont laissés dans le nid. Nous voyons dans la relation de Livingstone que les indigènes de l'Afrique australe ont fait la même observation qu'ils mettent à profit : ont-ils découvert un nid, de temps en temps ils en enlèvent un œuf, en prenant de grandes précautions pour n'être pas vus et pour ne pas éveiller les soupçons de la mère, et ils lui font ainsi prolonger sa ponte de plusieurs mois. »

M. Hardy conclut de l'expérience faite à Alger que le poids total des œufs pondus annuellement par une Autruche peut s'élever à 78 kil. ; c'est le poids de 1,200 œufs de Poule d'Espagne et de 1,650 œufs de Poule bédouine.

Un mot sur l'emploi de l'Autruche comme animal porteur. On connaît ses qualités à cet égard. Restait une question : celle de savoir comment on parviendrait à guider l'Autruche. M. Gosse pensa que le sens de la vue pourrait en fournir le moyen ; il avait déjà eu l'occasion de voir qu'on arrête l'Autruche en lui bouchant les deux yeux à la fois. Il fit cette expérience qui ne présente pour le moment qu'un intérêt de curiosité. Il parvint à fixer de chaque côté de la tête d'une Autruche (c'était au Jardin des Plantes) deux obturateurs mobiles ; or chaque fois qu'une de ces œillères fut appliquée sur l'un des yeux, l'animal se dirigea du côté de l'œil resté découvert. On aurait donc, au besoin, un moyen simple et facile de diriger l'Autruche.

Isidore Geoffroy-Saint-Hilaire pense que l'acclimatation en serait très-avantageuse, mais qu'elle présenterait des difficultés extrêmes.

On ne s'accorde pas sur la vie de cet oiseau. Les uns la limitent à sept ou huit ans ; les autres la portent à un siècle, évaluations qui ne méritent pas plus de confiance l'une que l'autre.

LE NANDOU OU AUTRUCHE D'AMÉRIQUE.

Le Nandou se distingue de l'Autruche par le nombre des doigts, qui est de trois à chaque pied, par la présence d'un ongle à chacun de ces doigts, par sa taille moins élevée, enfin, par son habitat, cet oiseau appartenant exclusivement à l'Amérique du Sud.

Ces différences établies, nous ne trouvons plus guère que des ressemblances à constater entre le Nandou et l'Autruche, et, après avoir donné l'histoire de celle-ci, nous pouvons être bref sur le compte de l'autre.

Ainsi, tout ce qui a été dit des organes des sens de l'Autruche s'applique au Nandou. Le goût, en particulier, présente les mêmes aberrations. M. le docteur Vavasseur, qui a passé une quinzaine d'années dans la république de l'Uruguay, l'une des contrées où l'on rencontre aujourd'hui le plus grand nombre de Nandous, dit avoir trouvé dans leur estomac du bois, du cuir tanné, des cailloux du volume d'une grosse noix, des boutons de métal, des fragments de boucles en fer et en cuivre, des bouts de corne, et, une fois, un morceau de fer gros comme le petit doigt et long de 8 à 10 centimètres, provenant d'un mors de cheval.

Quant au régime, le même observateur s'est assuré qu'il se compose principalement d'insectes, de vers, de mollusques terrestres, d'herbes de diverses sortes, surtout de graminées, de graines, et, à l'occasion, de lézards, de petits serpents et de petits rongeurs.

Il ajoute qu'en domesticité l'on nourrit les jeunes avec de menus morceaux de viande fraîche, coupée selon la longueur des fibres, du maïs, du pain et du sucre. On nous les montre entrant hardiment dans les habitations, en parcourant toutes les pièces, regardant avec curiosité tout ce qui s'y passe et s'occupant presque sans discontinuer d'attraper des mouches, dont ils sont très-friands. Ces oiseaux sont donc franchement omnivores, contrairement à l'opinion de Buffon, qui regardait comme probable « que s'ils mangent quelquefois de la chair, c'est ou parce qu'ils sont pressés par la faim, ou, qu'ayant le sens du goût et l'odorat obtus comme l'Autruche, ils avalent indistinctement tout ce qui se présente. » Nous insistons sur ce point, parce que la certitude acquise, quant au Nandou, dissipe les doutes qui subsistaient encore relativement à l'Autruche. Il semble permis, en effet, d'étendre à l'un ce que l'on sait du mode d'alimentation de l'autre, surtout lorsque la similitude du régime est attestée par un si grand nombre de faits. Il y aurait, par conséquent, convenance à associer la viande aux herbages dans la nourriture de ceux de ces oiseaux qu'on élève dans les ménageries ; l'accès qu'on donne aux Nandous à l'intérieur des habitations indique, d'ailleurs, qu'on n'a pas à craindre de leur part cette convoitise qu'excite chez les Autruches captives la vue de tout objet brillant ; cela ne viendrait-il pas de ce qu'un régime omnivore donne satisfaction à leurs appétits ?

L'uniformité se soutient d'ailleurs dans les détails. Ainsi, on se rappelle que l'Autruche observée par M. Aucapitaine avait un goût particulier pour les mollusques, et on vient de voir que les mollusques entrent également dans l'alimentation du Nandou. Parmi les insectes que celui-ci recherche, on note spécialement une petite espèce de Sauterelle qui fourmille dans les plaines herbues des bords de la Plata, et l'on a vu que les sauterelles sont au nombre des mets favoris de l'Autruche d'Afrique. Ces prédilections prouvent que le sens du goût n'est pas nul chez les Nandous, de même que leur éloignement pour la chair des grands animaux qui meurent dans les champs prouve qu'ils ne sont pas dépourvus d'odorat : « Jamais, dit M. Vavasseur, le Nandou n'approche de ces charognes qui font les délices des Urubus et des Caracaras. »

La force de cet oiseau, quoique inférieure à celle de l'Autruche, est très-grande. On cite un jeune homme qui, s'étant trop approché d'un Nandou blessé, en reçut une ruade qui lui brisa les deux os de la jambe. Je ne sache point qu'on l'ait jamais monté ; évidemment, il ne porterait pas un poids aussi considérable que son analogue africain. Sa vitesse à la course est également considérable. On a dit, et Buffon le répète, que, dans l'impossibilité de forcer ces oiseaux, les sauvages en sont réduits à leur tendre des pièges. Il est certain, cependant, que les Indiens et les Gauchos, armés de leurs lassos, les forcent à cheval, et sans avoir besoin d'employer des relais, ce qui prouve que le Nandou est bien moins vite que l'Autruche ; comme celle-ci, il fait, en fuyant, des voltes subites, s'aidant pour cela de l'une ou de l'autre de ses ailes.

C'est un oiseau doux, pacifique, sociable, timide, facile à apprivoiser, s'attachant à son maître et à son domicile. Il est répandu dans tout le vaste espace compris, d'une part, entre le nord du Brésil et le sud de la Patagonie, et, de l'autre, entre l'Océan et la Cordillère des Andes. D'après Buffon, on le trouverait dans les forêts ; mais, il paraît, au contraire, qu'on ne le rencontre que dans les plaines découvertes. Il était autrefois très-nombreux au Paraguay, où on lui a fait une guerre si active, qu'il y est devenu rare. Les Nandous vivent par bandes de quinze à vingt femelles conduites par un seul mâle. Nous avons montré l'Autruche sauvage paissant au milieu d'Antilopes, de Couaggas et de Zèbres ; on voit, de même, les Nandous chercher leur nourriture au milieu des bœufs, des chevaux et des moutons. Comme l'oiseau d'Afrique, celui d'Amérique se laisse aisément approcher dans toutes les régions où on ne lui donne pas la chasse ; la vue de l'Homme ne l'effraye point, il vient paître jusque dans le voisinage des habitations ; partout, au contraire, où on les inquiète, ils deviennent méfiants, font bonne garde, et il est difficile de les surprendre.

La saison des pontes commence vers la fin de l'hiver, ce qui répond aux mois de juillet et d'août. « On entend alors de tous côtés, dans la campagne, dit l'observateur déjà cité, une sorte de ronflement sourd qu'on ne saurait mieux comparer qu'à celui que produit le jouet connu sous le nom de diable ; seulement, il est beaucoup plus fort. C'est le cri d'appel du mâle. » Vers la fin d'août, on trouve épars, çà et là dans l'herbe, des œufs isolés, ce qui nous rappelle une habitude de l'Autruche libre ou captive. Le nid consiste aussi en un trou large, arrondi, peu profond. Mais on dit que le Nandou ne se donne pas la peine de le creuser et qu'il utilise ceux que les taureaux font avec leurs pieds de devant pour s'envelopper de nuages de poussière. L'espèce bovine ayant été introduite dans ces régions par les Européens, nous aurions donc là un exemple des changements que les habitudes d'une espèce peuvent éprouver sous l'empire de circonstances nouvelles. Il paraît que le Nandou garnit quelquefois de paille ce trou d'emprunt ou préparé par lui. Le nombre des œufs qu'on y trouve est ordinairement de vingt-cinq à trente, mais il n'est pas rare de le voir s'élever à soixante et même à quatre-vingts, ce qui prouve bien encore que chez l'Autruche du nouveau monde, comme chez celle de l'ancien, toutes les femelles de chaque ménage déposent leurs œufs dans le même nid. Ces œufs sont allongés, lisses et d'un blanc jaunâtre.

Nous avons vu que Buffon regardait comme douteux que l'Autruche mâle se chargeât de l'incubation ; le fait lui paraissait même « contraire à l'ordre de la nature : » — « le fait est vrai, pourtant, déclare M. Flourens, dans l'édition de Buffon annotée par lui, c'est le mâle qui couve. » M. Flourens est ici l'écho de l'opinion générale dans les contrées qu'habite le Nandou. Cependant M. Vavasseur a plusieurs fois surpris des femelles sur leurs nids ou conduisant des bandes de petits. Comme pour l'Autruche, l'éclosion est successive ; les petits sont, en naissant, couverts d'un duvet très-doux, jaunâtre, avec des bandes brunes ; c'est la livrée des jeunes canards. Ils courent aussitôt sortis de l'œuf et cherchent immédiatement leur nourriture.

Les jeunes Nandous s'apprivoisent non moins aisément que les jeunes Autruches. Même pris à la chasse, où l'on s'en empare en jetant sur eux un poncho, qui est le manteau en usage dans le pays, ils deviennent promptement familiers et se font si bien à leur nouvelle condition, qu'après leur avoir mis aux pattes, pendant quelques jours, des entraves qui les empêchent de courir, on peut les laisser tout à fait libres. Devenus grands, ils vont paître jusqu'à une demi-lieue de l'habitation. Jamais ils ne manquent de rentrer dans la journée, à l'heure habituelle du repos, ni de revenir le soir prendre la place où ils ont l'habitude de passer la nuit. Ils suivent leurs maîtres comme des chiens et vivent en très-bonne harmonie avec les oiseaux de basse-cour.

Les Indiens les chassent pour leur chair quand la viande et le gibier font défaut et pour leurs plumes ; celles-ci n'ont point d'emploi dans la parure, on s'en sert prosaïquement pour faire des plumeaux. Avec la peau du cou, garnie de son duvet, les Gauchos fabriquent de petites bourses ; la préparation consiste simplement à faire sécher la peau et à l'assouplir par un long frottement entre les mains. M. Vavasseur dit que la chair des jeunes est assez bonne, quoique d'un goût prononcé, mais que celle des adultes est coriace et des plus désagréables ; il ajoute que les chiens n'y touchent jamais. Quant aux œufs, quoique moins délicats que ceux de poule, ils sont bons et d'une grande res-

NANDOU A GRAND BEC. *Rhea macrorhyncha.* Gould.

source pour les gens de la campagne ; aussi la trouvaille d'un nid est-elle regardée comme une heureuse aubaine. Ils se conservent très-longtemps ; on en fait de grandes provisions : Isidore Geoffroy Saint-Hilaire mettait le Nandou au nombre des animaux qu'il y aurait intérêt à naturaliser et à domestiquer en France. Son acclimatation ne présenterait pas de difficulté. En 1855, on en voyait à Madrid un qui y vivait depuis vingt-huit ans. Il supporte très-bien notre climat. Lord Derby l'a vu se reproduire chez lui, en Angleterre ; ce qui n'a rien de surprenant, puisque cet oiseau vit en Patagonie. Son caractère doux et sociable rend l'apprivoisement facile ; toute nourriture lui étant bonne, il n'exigerait aucun soin ; il faudrait seulement lui donner de l'espace. Le Nandou nous donnerait ses plumes et ses œufs ; dois-je ajouter : sa chair ? Elle serait de peu de ressource, si on en croit M. Vavasseur, « mais, dit Buffon, on pourrait perfectionner cette viande en élevant de jeunes Toujous (un des noms du Nandou),... les engraissant et employant tous les moyens qui nous ont réussi à l'égard des Dindons, qui viennent également des climats chauds et tempérés du continent américain. »   Victor MEUNIER.

On décrit comme distinctes, les trois espèces dont nous donnons la figure d'après les planches du Journal de la Société zoologique de Londres.

Paris. — Imp. WIESENER ET Cᵉ, rue Delaborde, 12.

Ce Recueil paraît une fois par semaine. — On s'abonne à Paris, à la Librairie L. HACHETTE et Cⁱᵉ, boulevard Saint-Germain, n° 77.
Les abonnements se prennent du 1ᵉʳ de chaque mois. — Paris, six mois, 4 fr.; un an, 8 fr. — Départements, six mois, 5 fr.; un an, 10 fr.

LE SANGLIER ET LE COCHON DOMESTIQUE. — *Mœurs.* — *Habitudes.* — *Chasse.*

Nous avons éprouvé une certaine répugnance à réunir le second de ces animaux au premier dans le même article; quoique cousins germains, leur description nous entraînera dans des développements d'un genre tout différent, et puis, il faut bien l'avouer, l'historiographie du second n'a rien de bien séduisant. Cependant, une appréciation plus réfléchie a eu raison de nos scrupules et nous a décidé à passer outre, bien plus que la communauté d'origine, qui seule frappe tout d'abord. Nous avons envers le Cochon des torts dont le plus

Sanglier, Laie et Marcassins.

grand n'est pas de le mettre au saloir; il a gravement à se plaindre de notre espèce, au nom de laquelle il n'est que trop juste que nous fassions amende honorable aujourd'hui.

Les animaux domestiques ont tous plus ou moins gagné au contact de l'Homme, le Cochon seul y a perdu; avant de l'immoler sur ce que l'on nous permettra d'appeler l'autel de la gastronomie, la civilisation l'avait déshonoré. Sous l'influence de cette civilisation, la rustique insouciance pour le plus ou moins d'élégance de son habit de crin est devenue de la malpropreté, sa brusquerie de l'hébétation, son robuste appétit une immonde gloutonnerie. Il n'était pas beau, mais sa laideur avait un caractère de force sauvage, d'indomptable énergie qui atténuaient la grossièreté de sa structure; il ne devait pas séduire, mais il pouvait effrayer, ce qui est encore un triomphe; la domestication l'a réduit à devenir le type de l'ignoble; en un mot, de Sanglier qu'il était, elle en a fait le Cochon, et la métamorphose est assez peu à l'avantage de la bête, pour que nous compensions par quelques égards les désagréments qu'elle a pour elle, pour que nous n'affections pas de sots dédains pour des vices qui sont notre œuvre et dont nos artistes en charcuterie savent, d'ailleurs, tirer un si bon parti. Du reste, nous le répétons, le Sanglier et le Cochon ne sont qu'un même animal; ils se croisent entre eux et leurs produits sont féconds; il est à présumer que, rendu à la vie indépendante et sauvage, ce dernier retrouverait, après quelques générations, tous les caractères de la race primitive. Nous allons donc les examiner dans ce qui leur reste de commun, avant de passer à la description autobiographique de chacun d'eux.

La nature tend invariablement à l'unité dans son œuvre; cette œuvre est complète, et il semble qu'elle n'ait pas voulu y voir un vide sans le combler, qu'elle ait tenu à ce que cette œuvre s'enchaînât dans son ensemble sans aucune espèce de solution de continuité. Nous faisions remarquer, à propos des Canards, que des créations intermédiaires ménageaient toujours les passages d'un ordre aux animaux d'un autre ordre, des Poissons aux Oiseaux et des Oiseaux aux Quadrupèdes; on doit donc s'attendre à rencontrer également des êtres pour ainsi dire composites, qui sont destinés à servir de transition aux familles et aux espèces entre elles.

Le Sanglier doit être considéré comme un de ces êtres qui, réunissant les caractères essentiels d'ordres divers, ne peuvent cependant être rangés dans celui-ci plutôt que dans celui-là, et doivent être regardés comme le chaînon qui les rattache les uns aux autres. « Par le nombre de ses dents, par l'allongement de ses mâchoires, par l'unité de son estomac, il tient des *solipèdes*, et cependant il n'est pas un *solipède*, puisque non-seulement il a le pied divisé, mais qu'il en diffère par d'autres points; il n'est pas davantage un *pied fourchu*, puisque ses doigts cornés sont au nombre de quatre, que la structure des os de son pied n'est point celle des *pieds fourchus*, qu'il a des dents en haut comme en bas et qu'il ne rumine pas; on ne peut pas plus le classer parmi les fissipèdes, bien qu'il leur ressemble par la forme des jambes et le nombre des produits, puisque deux de ces quatre doigts sont rudimentaires et point assez allongés pour pouvoir l'aider dans sa marche. »

En écrivant ces observations, Buffon ne s'est pas contenté de pressentir l'insuffisance de la division d'Aristote, la nécessité d'une classification nouvelle; il a démontré dans une de ses meilleures pages combien, pour concevoir l'admirable harmonie de la nature, il était indispensable de l'étudier dans son ensemble bien plutôt que dans ses détails. « Ce n'est point, dit-il, en resserrant la sphère de la nature, en la renfermant dans un cercle étroit, qu'on pourra la connaître; ce n'est point en la faisant agir par des vues particulières qu'on saura la juger, ni qu'on pourra la deviner; ce n'est point en lui prêtant nos idées qu'on approfondira les desseins

de son auteur. Au lieu de resserrer les limites de sa puissance, il faut les reculer, les étendre jusque dans l'immensité; il faut ne rien voir d'impossible, s'attendre à tout, et supposer que tout ce qui peut être est. Les espèces ambiguës, les productions irrégulières, les êtres anormaux cesseront, dès lors, de nous étonner et se trouveront aussi nécessairement que les autres dans l'ordre infini des choses; ils remplissent les intervalles de la chaîne, ils en forment les nœuds, les points intermédiaires, ils en marquent aussi les extrémités. Ces êtres sont pour l'esprit humain des exemplaires précieux, uniques, où la nature, paraissant moins conforme à elle-même, se montre plus à découvert; où nous pouvons reconnaître des caractères singuliers et des traits fugitifs qui nous indiquent que ses fins sont bien plus générales que nos vues, et que si elle ne fait rien en vain, elle ne fait rien non plus dans les desseins que nous lui supposons. »

D'après ces prémisses, Buffon voyait dans le Sanglier une espèce unique, isolée, existant solitairement sans être voisine d'aucune autre espèce qu'on puisse regarder comme principale et comme accessoire. Ces présomptions ne sont pas complétement justifiées : le Sanglier est effectivement le seul animal de ce genre qui existe dans notre Europe, mais, dans les autres parties du monde, on lui a découvert de fort proches voisins zoologiques, voisins dont il se rapproche par le nombre des doigts, par la disposition et l'allongement des canines, et il s'est trouvé très-légitimement classé dans l'ordre des *Pachydermes*, c'est-à-dire des animaux à peau épaisse.

Nous n'en avons pas fini avec les singularités de l'organisation du Sanglier et du Cochon. « La graisse de ces animaux, dit Buffon, est différente de celle de presque tous les mammifères, non-seulement par sa consistance et sa qualité, mais aussi par sa position dans le corps de l'animal. La graisse de l'Homme et des animaux qui n'ont point de suif, comme l'Homme et le Cheval, etc., est mêlée avec la chair assez également ; le suif, dans le Bélier, le Bouc, le Cerf, ne se trouve qu'aux extrémités de la chair ; mais le lard du Cochon n'est ni mêlé avec la chair, ni ramassé aux extrémités de la chair ; il la recouvre partout et forme une couche épaisse, distincte et continue entre la chair et la peau, comme chez la Baleine et les autres animaux cétacés. Encore une singularité, même plus grande que les autres : c'est que le Cochon ne perd aucune de ses premières dents. Les autres animaux, le Cheval, l'Ane, le Bœuf, la Brebis, la Chèvre, le Chien et même l'Homme, perdent toutes leurs premières dents incisives ; ces dents de lait tombent avant la puberté et sont remplacées par d'autres. Dans le Cochon, au contraire, ces dents ne tombent pas; elles croissent même pendant toute la vie. Il a à la mâchoire inférieure et en avant six dents incisives et tranchantes; mais, par une imperfection sans autre exemple dans la nature, les six dents qui, à la mâchoire supérieure, correspondent à celles-là, sont longues, cylindriques, émoussées à la pointe, et leurs extrémités ne s'appliquent que très-obliquement sur celles de la mâchoire inférieure. »

Puisque nous en sommes aux dents de cet animal, finissons-en avec elles; ces dents sont au nombre de quarante-quatre, douze incisives, seize machelières et quatre canines. Les quatre dents canines ont une forme spéciale et caractéristique : celles de la mâchoire inférieure s'allongent, se relèvent en forme de croissant, plus ou moins recourbé, suivant l'âge, et atteignent quelquefois une longueur de 12 à 15 centimètres. Plus courtes, celles de la mâchoire supérieure forment un angle droit avec les premières, qui deviennent une arme d'autant plus redoutable qu'elles sont aiguisées et maintenues tranchantes par un frottement continu avec les secondes. La Laie n'a que des rudiments de défenses; chez le Cochon domestique, ces défenses n'atteignent que très-rarement aux proportions qu'elles affectent chez le Sanglier; enfin, ces défenses s'atrophient et ne dépassent point les lèvres chez le mâle qui a subi la castration.

Sanglier et Cochon sont omnivores. Pour le dernier, le doute n'existe pas, puisque, dans certaines porcheries, dont je me garderai bien de vous recommander les produits, on les nourrit presque exclusivement de rebuts de viande. Quant au premier, plus d'une observation a démontré qu'il mangeait de la chair toutes les fois qu'il en trouvait l'occasion, et que, sans remonter à Daubenton, qui a découvert des plumes et des pattes d'oiseau dans l'estomac d'un Sanglier, beaucoup de poils de chevreuil et quelques lambeaux de la peau de ce dernier animal dans un autre, tous les gardes vous diront qu'ils les redoutent à peu près autant que les loups pour leurs faons de chevreuil et leurs poules faisanes.

Le Sanglier, soit sauvage, soit domestique, est largement réparti dans les anciens continents; en Asie, en Afrique, aussi bien qu'en Europe. L'Amérique en était dépourvue, mais elle avait le *Pécari*, variété dont nous nous occuperons plus tard, et qui est très-voisin du Sanglier. Ceux de ces derniers animaux que l'on rencontre dans les forêts du Nord et dans les îles américaines, ne sont que des Cochons noirs abandonnés par les navigateurs et revenus à la vie sauvage.

On trouve encore le Cochon dans presque toutes les îles de l'Océanie, mais cette race est celle de la Chine ou de Siam, remarquable par la succulence de sa chair et l'excellent goût de sa graisse.

Il n'est pas un de nos lecteurs qui n'ait, dans sa vie, aperçu un Cochon, fût-ce un Cochon pendu à l'étal d'un charcutier; la conformation de cet animal peut donner une idée de celle du Sanglier; elle est la même, à ces différences près, que le second est plus court, plus ramassé que le premier, que les os maxillaires de sa hure sont plus largement développés, que cette hure est elle-même plus longue et plus forte; qu'il est plus court sur pattes, que ces pattes sont incomparablement plus nerveuses, enfin, que ses formes ne sont jamais défigurées par l'empâtement. Mais ce qui le distingue essentiellement, ce sont les oreilles et le pelage : les oreilles du Cochon sont molles, inclinées, pendantes, signe caractéristique de dégénération; celles du Sanglier sont petites, droites, pointues, très-mobiles : le poil du Cochon, surtout de celui des pays septentrionaux, est d'une nuance blanchâtre, assez clairsemé pour laisser dominer la teinte rosée de la peau, le Sanglier est revêtu d'une épaisse cuirasse de soies dures et droites, dont la consistance semble plus cornée que laineuse, colorées en brun, en roux et en gris lorsqu'on les considère une à une, mais dont la masse présente une teinte brune uniforme et se nuance de roussâtre à la gorge, aux aisselles, au ventre et à l'intérieur des cuisses. Le Sanglier est le seul de tous ses congénères qui ait entre ces soies un poil plus court, très-souple, frisé à peu près comme de la laine, et dont la couleur varie entre le jaunâtre, le gris et le noir, suivant les parties de son corps où il se trouve.

Là s'arrêtent les points de similitude que l'on peut trouver entre le Sanglier et l'hôte de nos basses-cours; par les mœurs, par les habitudes, par le caractère, jamais animaux ne furent plus profondément divisés.

J'avais résolu d'attendre que j'en eusse fini avec l'histoire naturelle du Sanglier pour parler des termes techniques en usage dans le vocabulaire de la chasse; mais je m'aperçois que je n'arriverai jamais jusque-là sans avoir scandalisé les veneurs qui pourraient me lire et qui seraient gens à m'en faire un gros péché; je donnerai donc ces mots techniques à mesure qu'ils se présenteront, et je commencerai par demander grâce pour celui d'oreilles que j'ai indifféremment employé pour désigner l'appareil auditif du Cochon et du Sanglier, et qui, appliqué à celui-ci, constitue un crime de lèse-science cynégétique. Les oreilles d'un Sanglier sont des *écoutes*.

Le Sanglier habite nos forêts, mais il n'est sédentaire que dans celles qui ont une certaine étendue, et encore les abandonne-t-il quelquefois. Il y a une vingtaine d'années, ils avaient complétement et presque simultanément disparu de nos bois du Centre et de l'Ouest, il y a cinq ou six ans, ils y sont revenus en grand nombre. On avait trouvé d'excellentes raisons pour motiver leur désertion : les éclaircies pratiquées dans les fourrés, l'extirpation des houx, les chemins de fer, etc., etc.; leur réapparition a été plus difficile à expliquer, et cela me fait supposer qu'ils avaient bien plutôt obéi aux inspirations de leur humeur inquiète et vagabonde qu'à un calcul quelconque, et qu'il faut en revenir au vieux dicton : *le Sanglier n'est qu'un hôte.*

Ils sont des hôtes désagréables pour les bois giboyeux, et de redoutables voisins pour les cultivateurs riverains des forêts où ils se cantonnent. En hiver, au printemps, le Sanglier vit, il est vrai, de racines de toutes espèces et principalement de celles de la fougère;

il est *à la fouge,* disent les veneurs ; il mange encore les Vers, les Taupes, les Reptiles, le gibier que son agilité relative lui permet de saisir ; au besoin, il se contente de dîner d'une charogne, mais tout cela n'est que faute de mieux, et aussitôt qu'il peut se rassasier à moins de frais et d'une façon plus agréable, il n'a garde d'y manquer. Chaque nuit, il sort des bois pour aller *faire ses mangeures* dans les champs cultivés, et comme, jusqu'à un certain âge, ces animaux vont par troupes, les dégâts qu'ils y causent sont toujours très-considérables. Le rut des Sangliers commence à la fin du mois de novembre ; les plus vieux sont les premiers à en ressentir l'influence ; ils se livrent alors des combats non moins furieux que les cerfs, et les vaincus resteraient souvent sur le champ de bataille, si, dit Leverrier de la Conterie, « la nature n'avait pourvu au salut de ces animaux, en leur plaçant sur les épaules, où ils ont ordinaire de se porter des coups affreux, une peau extrêmement épaisse que nous nommons *armure* et que rarement une balle même à la force de percer. » La durée de la gestation est de quatre mois chez la Laie ; elle se retire dans une des parties les plus isolées et les plus

Chasse du Sanglier.

couvertes de la forêt pour mettre bas ses petits, dont le nombre varie depuis huit jusqu'à quinze.

Les jeunes Sangliers, ou plutôt les Marcassins, naissent couverts d'un pelage particulier que l'on nomme *la livrée.* Cette livrée forme des bandes qui s'étendent tout le long du corps, depuis la tête jusqu'à la queue, et qui sont alternativement de couleur fauve clair et de couleur brune ; une autre soie plus foncée descend du garrot et se prolonge sur le dos. La Laie reste dans son fort avec ses Marcassins pendant trois ou quatre mois ; elle est, à cette époque, sans cesse aux aguets, et, en raison de la finesse de son ouïe et de son odorat, il est fort difficile de la surprendre. Si ses petits sont attaqués, elle les défend avec un courage, avec un acharnement sans égal, non-seulement contre les Loups et les Chiens, mais contre l'Homme lui-même. M. Lavallée raconte qu'un bûcheron ayant enlevé un Marcassin, fut attaqué par la Laie et forcé de se réfugier dans un baliveau ; celle-ci se mit à couper avec ses dents le pied de l'arbre, et elle eût fini par le jeter bas, si on ne l'eût elle-même abattue de plusieurs coups de feu. Cependant, un ancien piqueur, Clamart, qui a publié les observations puisées dans une pratique de cinquante années, prétend que seule entre toutes les femelles des autres animaux, la Laie chassée ne retourne pas à ses Marcassins : « Ce sont ceux-ci, dit-il, qui, si jeunes qu'ils soient, vont la rejoindre en prenant la fuite dès qu'ils n'entendent plus le bruit de la chasse. » Quelle que soit l'autorité de Clamart, j'ai peine à croire à ce fait qui se concilie si peu avec l'attachement maintes fois prouvé de la Laie pour sa progéniture.

A quatre mois, les raies longitudinales de la *livrée* du Marcassin commencent à s'effacer; il prend alors une teinte uniforme, quoique beaucoup plus claire que celle du Sanglier; plus âgé, il prend alors le nom de *bête rousse*, qu'il conserve jusqu'à l'année suivante. Guidés par l'instinct qui leur montre la sûreté dans leur nombre, ces jeunes animaux restent réunis aux Laies et à leurs frères de l'année suivante; on les dit alors *bêtes de compagnie* ou *bêtes noires*. A deux ans et demi, au temps du rut, ils s'en séparent définitivement, et c'est alors seulement qu'ils ont droit au titre de Sanglier; à cette époque, ils sont des *ragots*. Lorsqu'ils ont trois ans faits, ils deviennent des Sangliers à leur *tiers-an*, à quatre ans des *quartanniers*, et plus tard on les appelle *grands vieux Sangliers*, *Sangliers solitaires* ou tout simplement *solitaires*. A deux ans, les canines commencent à dépasser les lèvres, les *défenses* rejoignent les *grais*; c'est ainsi que l'on nomme ces deux dents de la mâchoire supérieure qui font l'office de pierres à

Chasse du Sanglier en Espagne.

aiguiser. « Au ragot, dit Leverrier de la Conterie, les *défenses* n'excèdent les *grais* qu'environ d'un petit doigt; au Sanglier à son *tiers-an* de deux doigts, au quartannier de trois doigts. N'oubliez jamais que dans le Sanglier à son *tiers-an*, et dans le *quartannier*, ces armes sont on ne peut plus meurtrières. Lorsqu'un Sanglier est ce qu'on appelle vieux Sanglier, il ne peut plus faire de mal, parce qu'alors ses défenses se tournent en forme de croissant, la pointe vers les yeux : on le nomme Sanglier *miré* et même *contre-miré*, quand elles sont complétement contournées; mais, en revanche, il foule du boutoir si terriblement fort que ses coups sont plus souvent mortels que les blessures faites avec ses incisives. A cet âge, il a les dents bien moins blanches et bien moins tranchantes que le Sanglier à son *tiers-an*, qui n'a pas encore eu le temps de les émousser et de les gâter à la *fouge* et dans les racines. »

Le lieu où se repose le Sanglier se nomme *bauge*; c'est là qu'il passe la plus grande partie de ses journées; comme le Cochon, il aime à se rouler dans la fange, à se *souiller*, disent les veneurs, probablement en raison de la chaleur de son sang ou pour se débarrasser de la vermine qui le tourmente; aussi, choisit-il de préférence pour se *bauger* les endroits marécageux de la forêt, ou tout au moins leur voisinage. Qu'ils soient isolés ou qu'ils vivent en compagnie, ces animaux sont toujours très-méfiants et très-rusés; leur vue n'est pas remarquable, mais leur ouïe est d'une finesse extraordinaire, et leur odorat n'est pas moins sûr; aussi ont-ils toujours le soin de prendre le vent pour *aller à leurs mangeures*, et, quelle que soit l'abondance de la provende, jamais le plaisir de manger ne leur fera oublier le soin de leur sûreté. Dans les années où les faines et les glands sont en abondance, les Sangliers quittent rarement leurs couverts, soit qu'ils préfèrent cette nourriture à toute autre, soit qu'ils aient conscience qu'ils s'exposent à moins de dangers en s'en contentant; alors ils engraissent et atteignent le plus haut degré de *porchaison* auquel ils puissent arriver; mais cette alimentation les échauffe considérablement, et, comme au temps du rut, ils deviennent plus dangereux pour les Chiens et pour les chasseurs.

De tous nos animaux européens, le Sanglier est celui dont la poursuite présente le plus d'attrait. La chasse du Cerf a sans doute son caractère de grandeur qui, dans certains esprits, doit lui assigner le premier rang, mais c'est en raison de ce même caractère qu'elle ne se trouve pas du goût de tout le monde; la chasse du Loup, et par loup, ce sont des vieux loups que j'entends parler, se complique de difficultés si grandes, qu'elle reste nécessairement dans les attributions de quelques équipages d'élite. La chasse du Sanglier est plus à la portée de tous, et il n'en est pas qui soit susceptible de passionner le chasseur à un égal degré, puisqu'il n'en est pas qui lui réserve d'aussi profondes et d'aussi multiples émotions.

On s'abuserait étrangement en jugeant de la résistance qu'un Sanglier peut fournir à la poursuite d'une meute d'après la mollesse et le peu de vigueur de l'hôte dégénéré de nos basses-cours. Moins rapide que le Cerf, mais plus robuste, le Sanglier marche cependant avec une vitesse que l'on serait loin d'attendre d'un animal aussi massif; rien ne l'arrête, rien ne le dérange dans sa fuite; il fait sa trouée dans les fourrés les plus épais, dans les haies les plus épineuses, les plus solidement entrelacées; il dédaigne de se jeter de côté pour éviter de heurter les gaulis, il les courbe, s'il ne les brise pas; et il va ainsi d'un train égal et soutenu pendant une journée entière. Il n'est pas rare, dans les fastes de la vénerie, qu'un *rayot*, qu'un Sanglier à son *tiers-an* ait fourni un courre de huit à dix heures devant des Chiens de vitesse moyenne. Devant un équipage ainsi composé, la plupart du temps, s'il s'arrête, c'est encore plus par ennui que par fatigue. Ces abois qui retentissent derrière lui sont devenus insupportables; il veut livrer bataille pour se débarrasser de cette nuée de criards importuns, ou tout au moins les châtier. Cette confiance dans sa force est si absolue, qu'un vieux Sanglier, un solitaire, dédaigne souvent de quitter sa bauge, même devant une vingtaine de Chiens d'attaque; les sons de la trompe, les coups de fusil sont parfois nécessaires pour le décider à marcher, et encore ne va-t-il jamais loin sans s'arrêter. Que le *ferme* soit volontaire, ou que le Sanglier ait été rejoint par une

meute plus vite que lui, c'est là un de ces spectacles que l'on n'oublie jamais lorsqu'une fois on en a été le témoin. C'est un véritable combat, jamais un assassinat, et dans lequel la défense est toujours digne de l'attaque.

Que l'on me cite beaucoup de Sangliers qui aient été portés bas par une meute seule et sans aide? Il se retranche devant un arbre, devant un rocher, et le combat commence sur le terrain qu'il s'est choisi, combat terrible, au moins pour les Chiens. Ses petits yeux jettent des flammes, son poil hérissé double le volume de son corps; ses défenses choquent ses grais avec un bruit étrange, sinistre; de son énorme poitrine sort un souffle puissant que l'on entend à de grandes distances; il est monstrueux et il est superbe de résolution et d'audace. Les Chiens forment un large cercle autour de lui, et jettent aux échos des abois particuliers qui font palpiter le cœur de tous les chasseurs; tantôt, immobile, il semble défier ses ennemis, tantôt il piétine dans un cercle étroit avec une agilité indicible, et tantôt enfin, las d'attendre, il s'élance, charge à droite, charge à gauche, ayant un coup de boutoir pour tous les coups de dents, refoulant les masses d'assaillants, les couchant les uns sur les autres, le ventre ouvert, les entrailles pendantes, se débarrassant des plus vaillants qui se sont pendus à ses écoutes, sans se laisser plus décourager par l'acharnement que par le nombre de ses adversaires; tellement enivré de sa fureur meurtrière, qu'il ne recule plus même quand l'Homme est devant lui, quand l'œil béant de la carabine, qui va vomir la mort, croise son regard; il tombe aussi fièrement, aussi intrépidement qu'il a combattu; et son dernier soupir, entre ses dents contractées, est encore une menace.

On chasse le Sanglier comme le Chevreuil, à cheval et à forcer, à cheval ou à pied pour le tirer. Dans certains départements et particulièrement dans ceux de l'Est et du Nord, on se sert contre lui de Chiens spéciaux, de Mâtins qui le coiffent et fournissent ainsi au chasseur le moyen de tuer l'animal, soit au couteau, soit avec une carabine. Enfin on le chasse encore à l'affût et en battue. L'équipage que l'on emploie contre le Sanglier se nomme le *vautrait*.

Il y a une vingtaine d'années, il était assez rare de rencontrer des meutes capables de forcer un Sanglier sans l'adjonction de ce relais décisif et suprême que l'on appelle *fusilio*; aujourd'hui que le croisement de nos vieilles races avec les Chiens anglais a donné à nos équipages la vitesse d'allures qui leur faisait défaut, les vautraits sont beaucoup plus nombreux, et chacun d'eux enregistre par douzaines des prises sur lesquelles la critique ne saurait trouver à s'exercer. Le plus remarquable de tous nos vautraits actuels, est sans contredit celui de M. le comte d'Osmond : non-seulement les Chiens qui le composent sont d'un assez grand pied pour qu'il y ait avec eux peu de retraites manquées à sonner, mais, et malgré leur origine britannique, ces Chiens ont assez de gorge pour fournir une belle menée ; de plus, le maître d'équipage se fait un point d'honneur de servir au couteau toutes les bêtes qu'il donne à courir à sa meute. Il faudrait rechercher dans les légendes de l'Allemagne pour trouver l'équivalent de ce qui se raconte de merveilles de la demeure à laquelle son propriétaire a donné le nom significatif de *la Vénerie*.

La chasse mixte, celle qui emploie les Chiens courants, mais qui autorise l'usage du fusil, compte infiniment plus d'adeptes que la Vénerie proprement dite. Que l'on chasse à tir ou à forcer, que l'on se serve même de Mâtins, le Sanglier est un de ces animaux que l'on ne saurait attaquer à la *billebaude* et qu'il faut détourner avant de donner aux Chiens. Le Sanglier se juge par ses *traces*, par ses *boutis*, par son *souil* et par sa *bauge*. Dans le langage de la Vénerie, le mot *trace* signifie, non pas, comme on pourrait le croire, l'empreinte des pas, mais le pied lui-même du Sanglier ; les *boutis* sont les endroits qu'il a foulés et fouillés de son boutoir ; le *souil* est l'empreinte que son corps a laissé dans l'endroit marécageux où il s'est mis au frais ; nos lecteurs sont déjà au fait de la signification du mot bauge.

Le Sanglier se détourne à trait de limier, comme le Cerf, comme le Loup ; mais avant de le chercher, il faut d'abord se rendre compte de ses habitudes, qui varient suivant les saisons. A la fin de l'été, et pendant les deux premiers mois de l'automne, ils se tiennent dans les environs des meilleurs gagnages où ils ont passé leur nuit ; à cette époque de l'année on en a des connaissances dans toutes les mares, dans tous les endroits marécageux de la forêt, car ils ne rencontrent alors aucune flaque d'eau sans s'y *souiller*. A la fin d'octobre, et pendant le mois de novembre, ils quittent peu les couverts qui leur fournissent des glands, des faines et des noisettes ; quelquefois ils passent même la journée sous les futaies et dans les taillis de coudriers ; ils sont alors fort difficiles à remettre, car, se sentant hors de leurs demeures ordinaires, ils partent d'effroi à la moindre émanation hostile que leur apporte la brise. Pendant le rut, comme ils sont toujours en mouvement à la recherche des Laies, on en revoit partout ; en hiver, ils se recèlent dans les fourrés les plus épais, les plus inaccessibles, autant pour se refaire de l'épuisement qui succède à leurs fureurs, que parce qu'ils y trouvent les racines, seule nourriture qu'ils puissent rencontrer.

Lorsque le limier s'est rabattu sur une voie de bon temps, il est nécessaire de pouvoir s'assurer que cette voie est bien celle d'un Sanglier, et ensuite de déterminer le sexe et l'âge de l'animal auquel elle appartient. Non-seulement le Sanglier ne se méjuge jamais, comme le Porc domestique, c'est-à-dire qu'il met toujours sa trace de derrière dans l'empreinte de sa trace de devant, mais tandis que les pinces du second sont toujours usées et arrondies, celles du premier conservent leur forme et la netteté de leurs arêtes ; le Porc appuie plus du talon que de la pince, le dessous de la sole charnu. Le Sanglier, se caractérise encore par la grosseur du pied de devant, qui dépasse de beaucoup celle du pied de derrière.

Les allures sont plus grandes chez le mâle que chez la femelle ; le premier, gêné par ses *suites*, ne met pas exactement la trace de derrière dans celle de devant comme la Laie, mais un peu sur le côté, et cet écartement augmente à mesure qu'il avance en âge ; celle-ci donne rarement des *gardes* (ce sont les ergots postérieurs du Sanglier) dans la terre ; les pinces de ses traces de devant sont plus ouvertes, la sole et le talon plus étroits. Ce sont les *gardes* qui servent principalement à préjuger de l'âge du Sanglier ; elles marquent faiblement chez la bête de compagnie, mais plus l'animal vieillit, plus il devient bas jointé, plus ses *gardes* s'élargissent, s'abaissent et s'écartent. La peau, entre les *gardes* et les talons, dit M. Lavallée, se plisse en rides transversales ; lorsque le Sanglier donne des gardes en terre, le sol conserve l'empreinte de ces rides, et on peut juger de son âge à leur profondeur. Les traces des quartanniers et des vieux Sangliers sont, en outre, beaucoup plus grandes et plus larges que celles des Ragots et des Sangliers à leur tiers-an ; les pinces en sont rondes et grosses, les coupants des côtés sont usés et ont perdu leur tranchant ; leur talon est large et usé, la sole moins pleine ; ils vont les pieds souvent ouverts. On rencontre des Sangliers qui ont un ongle plus long que l'autre et courbé en croissant ; ces sortes de pieds se nomment *Pigaches* et forment une connaissance fort utile dans le cas où les Chiens viendraient à prendre change.

La profondeur des *boutis*, que l'on rencontre toujours en rapprochant un Sanglier, peuvent encore fournir une appréciation de sa taille : plus ces boutis sont larges et profonds, plus la hure qui les a faits est grosse et longue. On ne saurait les confondre avec les travaux du Porc domestique, qui fouille la terre çà et là, à droite et à gauche, tandis que le Sanglier vermille droit devant lui, et toujours plus profondément. L'examen du *souil* et de la bauge donne encore la mesure de la grosseur du Sanglier : « On juge de sa taille, dit Leverrier de la Conterie, à la sortie du souil, parce qu'il touche de son corps aux branches et aux herbes auxquelles il laisse de la fange dont il est couvert, à une hauteur qui indique s'il est grand ou petit. Une remarque singulière sur sa méchanceté, c'est que, si, à la sortie du souil, il trouve un arbre, il ne manque pas de se frotter contre, et, en le quittant, il y donne un ou deux coups de défenses ; tous ne le font pas : aussi faut-il grandement se méfier de ceux qui le font. »

Toutes les remarques qui peuvent fournir des indications de l'humeur probable de l'animal auquel on aura affaire ne doivent pas être plus négligées que celles qui vous donnent connaissance de son état civil, non-seulement en raison de la tactique que l'on doit adopter pour les donner aux Chiens, mais aussi en raison des précautions à prendre pour les rembûcher. Un vieux Sanglier, confiant dans sa force et dans la solidité de ses défenses, peut être détourné de court; il y a peu de danger qu'il quitte sa bauge avant d'y être contraint : mais tous n'ont pas cette placidité intrépide ; un Sanglier craintif a toujours, même dans son fort, le nez et l'oreille au guet ; au moindre soupçon, il détale, et il faut se garder de s'approcher de trop près et l'enfermer dans une grande enceinte. Le premier est rentré tard et d'assurance; il a suivi, ou tout au moins longé les chemins, et, bien qu'il fasse grand jour, il s'est fréquemment arrêté pour *boutir* sous les futaies : le second a regagné ses demeures deux ou trois heures avant l'aurore; il s'est souillé dans les mares qu'il a rencontrées, mais ses boutis sont rares et imparfaits.

Lorsque l'on chasse à forcer, on dispose au moins un relais dans les refuites présumées ; les plus certaines sont les différents forts de la forêt; l'animal choisira toujours les fourrés les plus épais pour se faire battre. On peut placer un relais aussi sur sa rentrée du matin, car s'il débûche, il est toujours présumable que ce sera dans cette direction. Lorsque ces dispositions sont prises, on découple les Chiens d'attaque qui seront d'autant plus nombreux que le Sanglier est présumé plus redoutable par sa force ou sa hardiesse. Attaquer de tels animaux à petit bruit, c'est s'exposer de gaieté de cœur à voir périr misérablement ses meilleurs Chiens. Si, ayant fait tête dans sa bauge, il est parvenu à renvoyer les premiers assaillants, il ne se décidera plus à déloger, et cette bauge se trouve la plupart du temps dans un fourré si impénétrable que la meute est décimée, sans qu'il soit possible à un fusil de mettre fin à ce triste drame. Une fois que les Chiens ont goûté la voie et que le rapprocher commence, le piqueur doit sonner et appuyer les Chiens en se tenant derrière eux; après le lancer, il continuera encore à suivre du plus près qu'il lui sera possible. Je sais bien que le conseil est autrement facile à donner qu'à mettre en pratique, si le terrain est accidenté et surtout si la menée est rapide, mais il a plus d'importance que dans la chasse de tout autre animal. Je disais tout à l'heure que le Sanglier choisissait les taillis les plus épais pour ses refuites; ce sera également dans ces fourrés qu'il se décidera à faire tête aux Chiens, parce que son instinct du nombre lui enseigne qu'à leur abri l'avantage devient un danger pour ses ennemis, qui ne pourront l'attaquer en masse, tandis que lui pourra les détruire en détail. Aussitôt qu'un ferme se dessine, chasseurs et piqueurs doivent rejoindre en toute hâte, soit pour décider l'animal à repartir, soit pour le servir au milieu des Chiens, s'il y a lieu.

Le Sanglier perce droit et ruse peu; le sentiment qu'il laisse derrière lui est si fort, surtout lorsqu'il a couru pendant quelque temps, que les changes sont à peu près le seul défaut qu'il y ait à redouter, et encore, avec des Chiens bien créancés dans cette voie, le retour est-il bien vite obtenu. Comme le Cerf, comme le Chevreuil, il bat les eaux qu'il rencontre, mais il y tient les abois beaucoup moins fréquemment que ces deux animaux. On s'aperçoit qu'il est malmené quand il cesse de percer en avant pour se faire battre dans la même enceinte, et c'est alors que le change se présente le plus souvent et qu'il offre le plus d'inconvénients, car le moindre répit qu'il se ménage de la sorte lui suffit pour reprendre quelques forces et prolonger sa résistance. Si la meute se maintient dans sa voie, il ne tarde guère à se trouver réduit au ferme définitif. Des chasseurs, les uns le daguent au milieu des Chiens; d'autres, moins aventureux, en finissent à distance d'un coup de fusil. Les premiers sont les héros de la vénerie, les seconds en sont les simples soldats ; mais, par une anomalie assez étrange, le peu d'accidents dont j'ai eu connaissance avaient toujours pour victimes des hommes à la carabine. Le courage et l'audace sont décidément les plus sûrs de tous les spécifiques.

(La suite prochainement.)

Laie et Marcassins.

Paris. — Imprimerie WIESENER ET Cᵉ, rue Delaborde, 11.

LES TROIS RÈGNES DE LA NATURE

LECTURES D'HISTOIRE NATURELLE.

6 Mai 1865.   N° 71. — 15 centimes.

Ce Recueil paraît une fois par semaine. — On s'abonne à Paris, à la Librairie L. HACHETTE et Cⁱᵉ, boulevard Saint-Germain, n° 77.
Les abonnements se prennent du 1ᵉʳ de chaque mois. — Paris, six mois, 4 fr.; un an, 8 fr. — Départements, six mois, 5 fr.; un an, 10 fr.

LE SANGLIER ET LE COCHON DOMESTIQUE (suite).

Nous avons dit que nous avions eu connaissance de peu d'accidents arrivés à la chasse au Sanglier, et, en effet, ils sont bien moins nombreux qu'ils sembleraient devoir l'être en raison du nombre de Chiens qui en reviennent blessés et de ceux qui n'en reviennent pas du tout. D'abord il en est des Sangliers, ainsi que des Hommes, qui, comme on vient de le voir, sont fort inégalement partagés sous le rapport de la bravoure, et puis, les plus braves de ces animaux ont leurs saisons pour être plus ou moins braves, comme nous-

COCHON DE LA CHINE.

mêmes nous avons nos jours, ainsi que l'affirmait M. de Turenne, un expert dans la matière ; enfin, pour peu que la meute soit aguerrie, c'est toujours sur les pauvres et braves Chiens que se portent les efforts du monstre, puisque monstre il y a. Harcelé par leurs abois, coiffé par les uns, tenaillé à un endroit infini- ment plus sensible par quelque vieux routier de leur bande, il a perdu la plus grande somme des facultés de riposte qui le caractérisent. En revanche, je ne conseillerais à personne de tenter de daguer un animal qui tiendrait les abois au milieu de Chiens mous et peu mordants. Avec une meute qui se contenterait du rôle que jouent les témoins dans une rencontre, je doute que l'expérimentateur s'en tire à son honneur et gloire.

Dans la petite vénerie, c'est-à-dire dans la chasse à tir avec des Chiens courants, on n'attaque pas à la billebaude, parce que ces Chiens étant dans le pied de tous les animaux, on serait exposé à courir derrière un Chevreuil, un Renard et même un Lièvre, tout aussi bien que derrière un Sanglier, et cependant, malgré tout l'avantage que l'on y trouverait, il est bien rare que l'on se décide à faire le bois dans les règles. On cherche une voie de bon temps, et aussitôt qu'on l'a trouvée, et quelle qu'elle soit, on la fait goûter à un Chien de recri qui s'approche. Lorsque cette voie s'échauffe, lorsque l'on juge que l'on approche de la bauge, les tireurs cernent l'enceinte s'ils sont assez nombreux, ou gardent les passages, on découple le reste de la petite meute et on lance. Si l'animal n'est pas tué en sortant de ses demeures, les chasseurs gagnent au pied, prennent les devants en se portant aux endroits que leurs connaissances du pays et des habitudes du gibier leur indiquent comme étant les plus favorables. D'autres piquent derrière les Chiens pour les appuyer et les soutenir en cas de ferme. On peut suivre cette chasse à cheval avec un fusil à la botte, ce qui permet de se transporter plus rapidement d'un point à un autre ; lorsqu'on est arrivé à l'endroit où l'on pense que la bête passera, on attache son cheval sous bois à un arbre et à quelque distance du lieu que l'on a choisi pour se poster.

Dans la chasse à l'aide de mâtins, le Sanglier doit avoir été détourné par un limier et remis d'aussi près que possible. Ordinairement, des tireurs cernent l'enceinte sur laquelle on a brisé, et la meute de mâtins, parmi lesquels il se trouve toujours deux ou trois Chiens courants pour maintenir la voie, est découplée. Tant que l'animal tient les forts, les Chiens ne sauraient le rejoindre ; mais aussitôt qu'il se hasarde sous les futaies ou dans un gaulis un peu clair-semé, ils sont sur lui et le coiffent de dent de maître. Pour la description du dénoûment d'une chasse en ce genre, je cède la parole à Clamart, le vieux praticien, qui nous déclare, sans aucune espèce de forfanterie, dans son petit livre, que tant au couteau qu'au fusil, il n'a pas tué moins de 300 Sangliers pendant le cours de sa longue carrière : « Quand je voyais, dit-il, qu'un gros Sanglier, arrivé sur ses fins, allait devenir dangereux pour mes Chiens, voici comment je m'en débarrassais. Si, blessé, il prenait la fuite devant les Chiens en faisant ferme de temps en temps, je lui tirais mon premier coup à balle en dessous de l'épaule; si, fortement blessé, il ne pouvait plus prendre fuite, et néanmoins était encore trop dangereux, je m'en approchais avec précaution et je le tirais sous l'oreille ; souvent alors il me chargeait moi-même et je le tirais au front; mais si je jugeais qu'il n'était plus trop dangereux, je commandais à mes Chiens de le coiffer; dès qu'il l'était, passant bien vite derrière lui, je l'*acheva-*

lais d'un saut, saisissant en même temps ses deux oreilles, et puis, échappant de la main droite, je le saignais à la gorge comme on fait pour un Cochon. Une fois qu'on est monté sur le Sanglier, il ne peut plus vous blesser. »

Un des moyens les plus simples pour tuer, ou plutôt, suivant l'énergique expression de Le Verrier de la Conterie, pour *assassiner* un Sanglier, est de se servir d'un limier; on renferme le Sanglier dans une enceinte cernée par des tireurs; puis le valet de limier, tenant son Chien au trait, le rapproche à la *muette* et tâche de le tirer dans la bauge; si le Sanglier s'effraie et part, la voix du Chien, que son maître encourage, indique aux tireurs la direction que prend la bête; si le Sanglier échappe aux tireurs, le limier est remis sur la voie, qu'il recommence à rapprocher secrètement jusqu'au premier fort où l'on supposera qu'il peut s'être remis et que les tireurs enveloppent de nouveau. Ce procédé s'appelle *routeiller un Sanglier.*

Les battues amènent toujours la destruction de quelques Sangliers; elles sont d'autant plus productives que le temps est plus froid et que la neige couvre la terre, parce que non-seulement on connaît mieux les endroits où ces animaux se sont remis, parce que l'on est à peu près sûr de les trouver abrités contre le vent, dans les bruyères, les épines, les genêts des côtes exposées au midi, mais parce qu'ils sont alors plus disposés à se lever devant les traqueurs. Les tireurs doivent être placés à bon vent, sur la ligne vers laquelle marchent les rabatteurs et en équerre de chaque côté de cette ligne; il est encore essentiel que quelques-uns d'entre eux gardent les arrières, car si la battue ne se mène pas à grand bruit, c'est souvent par là que les Sangliers essaieront de s'échapper. Dans des fêtes de cette espèce, l'exagération de la prudence n'est jamais un luxe que l'on soit tenté de reprocher à ses compagnons; la grenaille qui garnissait leurs fusils était toujours une connaissance désagréable à entamer, mais il vous restait du moins quelque chance de pouvoir leur rendre la pareille en semblable occasion; mais quand ce sont des balles qu'ils vous envoient, vous n'avez pas toujours le temps de leur dire merci. Ce qu'il y a de plus fâcheux dans ces diables de projectiles, c'est que le tireur le plus expérimenté ne saurait jamais répondre de la direction qu'ils vont suivre. C'est une pierre, une pointe de rocher, le nœud d'un chêne, qu'ils rencontrent et qui a suffi à les faire dévier à droite ou à gauche de la ligne de leur trajectoire, à aller chercher une victime parmi ceux auxquels ils n'avaient pas été destinés. Est-il un chasseur qui n'ait à ce propos un drame lugubre à raconter? Donc, si vous tenez à ne pas grossir la nomenclature de ces histoires funèbres, n'oubliez pas que vous devez rester le ventre à l'enceinte dans laquelle marchent les traqueurs. Ne point quitter votre poste, ne tirer que lorsque le gibier a dépassé de cinq à six mètres la ligne des tireurs, et, pour peu que vous ne soyez pas sûr de la parfaite rectitude de cette ligne, le Sanglier de Calydon lui-même passât-il dans vos culottes, abstenez-vous.

Le Sanglier doit se viser au défaut de l'épaule s'il traverse, au poitrail ou dans la tête s'il vient sur le chasseur; partout ailleurs une balle simple est très-souvent impuissante à l'arrêter; cependant, et malgré cette inefficacité fréquente, la balle franche doit toujours être préférée aux lingots, balles mariées, etc., qui fournissent un tir irrégulier et dévient toujours considérablement de la ligne droite. La balle cylindrique à pointe d'acier est d'un effet tout-puissant lorsqu'elle est projetée par un canon rayé ou par une carabine à tige; dans des canons lisses elle devient un véritable lingot, elle produit les mêmes effets, elle offre les mêmes inconvénients que ce dernier projectile. J'ai vu des carabines à deux coups, à rayures et à tiges, fabriquées par Devismes, qui étaient des merveilles de précision, et avec lesquelles la balle à pointe d'acier trouait même l'armure du Sanglier.

Lorsque le Sanglier tombe sous une balle, rechargez toujours votre fusil avant d'aller à lui; tant que les membres, en se roidissant, ne vous auront pas fourni le certificat de son décès, restez prêt à porter une seconde fois le fusil à l'épaule. Cette méfiance est autorisée avec un animal chez lequel la vie est si tenace; que de chasseurs sont revenus penauds pour avoir cédé trop tôt à l'ivresse du triomphe! La plus jolie historiette de ce genre que je connaisse est racontée par Alexandre Dumas dans ses Mémoires : « C'était dans la forêt de Villers-Coterets, où les gardes s'étaient réunis pour opérer une destruction de bêtes noires; l'un d'eux tire un Sanglier à son tiers-an et le roule comme un lapin; les autres gardes arrivent à son hallali et le trouvent assis sur sa proie, au beau milieu du chemin, et allumant sa pipe avec la satisfaction goguenarde d'un heureux vainqueur. Comme sa réputation de bon tireur était loin d'être établie, un mauvais plaisant veut lui ménager un trophée qui perpétue le souvenir de ce haut fait; il tire son couteau, tranche la queue du défunt au ras des fesses et en décore la boutonnière de son compagnon; mais, rafraîchi par cette saignée intempestive, le soi-disant mort se relève, culbute celui auquel il servait de siége et disparaît dans le taillis, sans laisser au saloir du pauvre homme d'autre gage que cette vrille un peu maigre. »

L'affût du Sanglier réussit assez ordinairement, surtout pendant l'été et l'automne; on les attend, soit dans les champs où ils vont faire leurs mangeures, soit à la rentrée ou à la sortie du bois; dans les uns comme dans les autres de ces postes, il est nécessaire d'être à bon vent, car ces animaux conservent leur méfiance même pendant la nuit.

La chair du Sanglier ne saurait se classer au nombre des friandises; les gastronomes, qui font profession de rechercher les vigoureuses saveurs de la venaison, peuvent seuls trouver un mets délicat dans les filets et les jambons d'une bête de compagnie; ces mêmes morceaux, lorsqu'ils proviennent d'un vieux Sanglier, sont toujours durs et coriaces; ce n'est jamais qu'après un assez long séjour dans un bain de vin blanc assaisonné d'épices et d'herbes aromatiques, que la dent peut les entamer. La hure est un plat fort distingué, mais je présume qu'elle n'est aussi recherchée, que parce que l'animal qui en a fait les frais y figure pour une moindre part, en un mot, parce qu'il y entre plus de *sauce* que de *poisson*.

Pris jeune, le Sanglier s'apprivoise aisément, il s'attache à son maître et devient familier; mais cette familiarité a ses inconvénients; il caresse un peu de la même façon que l'Ours de la fable; et s'il n'écrase pas la tête de son maître sous prétexte de délivrer celui-ci des importunités d'une mouche, du moins lui arrive-t-il fort souvent de le culbuter en lui prouvant combien il l'aime. Avec un animal aussi brutal et doué d'une telle force de projection, il est prudent de se méfier des gentillesses que son affection lui inspire.

Certains animaux éprouvent une profonde répulsion pour celui des leurs qui s'est laissé asservir; leur fière indépendance proteste contre l'esclavage par leurs dédains pour celui qui a subi le joug. J'ai vu un Chevreuil assez apprivoisé pour qu'on le laissât errer à sa fantaisie dans les environs du château qu'il habitait, et qui était vigoureusement ramené au logis par quelques-uns de ses congénères sauvages, chaque fois qu'il avait tenté d'agrandir le rayon de son école buissonnière. Bien que les deux races soient depuis longtemps séparées, ainsi que nous le verrons tout à l'heure, le Sanglier n'a rien perdu de ses affinités pour ses cousins germains, les Porcs domestiques. Les Cochons qu'on laisse errer dans les bois entretiennent, et surtout à certaines époques de l'année, d'excellents rapports avec les Sangliers qui les habitent; ceux-ci font mieux: dans le temps du rut, si les laies sont rares, ils viennent quelquefois chercher fortune dans le voisinage même des habitations.

L'industrie n'aurait, du reste, rien à gagner à ce retour à la race primitive; les Cochons qui en proviennent sont plus petits, plus haut jambés que les Cochons ordinaires; ils n'engraissent que difficilement, fournissent peu de lard, et leur indiscipline, autant que leur turbulence, les rend incommodes.

« Les naturalistes, dit Geoffroy-Saint-Hilaire, ont longtemps fait descendre nos races porcines de notre Sanglier. Mais la domesticité du Cochon remonte a une époque extrêmement reculée dans l'Orient, et surtout dans l'extrême Orient; témoin les prohibitions du *Deutéronome* et divers passages de l'antique *Chou-King*. Selon le premier de nos sinologues, la domesticité du Cochon daterait, pour la Chine, au moins de quarante-neuf siècles.

«C'est donc manifestement des Sangliers d'Orient, et non des nôtres, qu'il y a lieu de faire descendre le Cochon, ou du moins la plupart de ses races. L'histoire nous conduit incontestablement à cette conclusion, comme l'ont reconnu Link et Dureau de la Malle. Quant à l'histoire naturelle, si elle n'a pas de faits qui puissent la mettre hors de doute, du moins n'en a-t-elle pas non plus qui l'infirment. Le *Sus scrofa* d'Europe, et les Sangliers orientaux se ressemblent à ce point qu'on n'a pas encore pu en déterminer les différences spécifiques. Il ne peut donc exister aucune raison zoologique de rapporter les races porcines au *Sus scrofa* plutôt qu'au *Sus indicus* et autres Sangliers orientaux. »

Cette vénérable antiquité de la domestication du Sanglier n'a point eu, pour cet animal, d'autres résultats que de confirmer sa dégénérescence, de la rendre plus absolue. Non-seulement il y a perdu la vivacité, l'énergie, l'indomptable courage, la finesse de l'ouïe,

la délicatesse de l'odorat qui caractérisent le type primitif, mais il n'a trouvé aucun bénéfice moral dans son asservissement. Lourd, obèse, paresseux, hébété, insensible aux coups, à peine s'il distingue la main qui le nourrit, à peine si l'on ose dire de lui qu'il existe; c'est une machine à produire du lard, et rien de plus. Nous le constatons une seconde fois, cette dégradation est l'œuvre de l'Homme : nous n'avons pas tout à fait traité le Cochon comme ces Oies, auxquelles nous clouons les pattes sur une planchette, que nous condamnons au régime de la chaleur et de l'obscurité, afin d'augmenter le volume de leur foie, mais peu s'en faut, en vérité. En isolant le père, nous avons détruit le sentiment social, si

POTAMOCHÈRE A PINCEAU. *Potamochærus penicillatus.* Gray.
Afrique occidentale.

PHACOCHÈRE D'ÉTHIOPIE. *Phacochærus ethiopicus.* Cuvier.
Afrique orientale et méridionale.

fortement accusé dans son espèce; nous l'avons parqué dans une étable, la plupart du temps trop étroite, nous l'avons laissé croupir sur un fumier infect; le seul de ses instincts que nous nous soyons souciés de cultiver est celui de la gloutonnerie, qui devait finir par atrophier ses facultés naturelles : de mieux doués que lui n'eussent pas résisté à l'épreuve. Ce qu'il y a de plus déplorable dans le traitement que nous lui infligeons, c'est que ce traitement est aussi contraire aux véritables principes de l'économie rurale qu'à nos devoirs envers les êtres qui nous servent. Le régime de la stabulation continue n'est nullement nécessaire à l'engraissement du Cochon; la qualité de sa chair est toujours en raison de la propreté avec laquelle il aura été tenu pendant sa vie : nos campagnards ont intérêt à s'affranchir de l'insouciance traditionnelle à laquelle ils se croient tenus à son égard, à lui faire une petite

part dans les soins qu'ils ne refusent pas à d'autres animaux.

Cet abâtardissement héréditaire est cependant loin d'avoir détruit tout germe d'intelligence chez le Cochon domestique, et son hébétement est presque toujours l'œuvre de l'éducation qui l'attend; dans sa jeunesse il est gai, vif, alerte, susceptible d'amitié et de reconnaissance pour ceux qui ne dédaignent pas de s'occuper du pauvre paria. Faire de ce citoyen de la basse-cour l'hôte de l'appartement, le génie familier du salon ou de la chambre à coucher, était une excentricité qui devait tenter les amateurs du paradoxe; il s'en est trouvé pour l'essayer, et presque tous ont vu l'élève répondre aux espérances qu'ils avaient fondées sur son éducabilité. Alexandre Dumas a raconté l'histoire d'un Cochon que M. Harel et Mlle Georges avaient pris pour commensal, et cela avec une verve, avec un humour qui pourraient bien s'égarer si j'essayais de les faire passer par ma plume; aussi prendrai-je la liberté de renvoyer aux mémoires de l'éminent écrivain ceux de mes lecteurs qui se trouveraient affriandés par l'anecdote.

« Un célèbre gourmand, dit un spirituel conteur, Grimod de la Reynière, avait apprivoisé un Cochon, et son estime pour lui avait pris des proportions épiques; il était dressé à le suivre, et dans les jours de gala, il le faisait dîner à sa table, à la place d'honneur, solidement attaché dans un fauteuil. La nuit, cet animal affectionné couchait sur un matelas, et un garçon, spécialement attaché à sa personne, avait soin, chaque matin de le laver, de le peigner, de le brosser. »

Le docteur B. Francklin cite un trait caractéristique de l'intelligence du Cochon, lequel nous semble assez amusant pour mériter d'être reproduit.

« Nous avions, dit-il, un Cochon à bord de notre vaisseau, et aussi un Chien. Le Chien et le Cochon furent de suite bons amis. Ils mangeaient ensemble dans le même plat, ils se promenaient ensemble sur le pont et se couchaient côte à côte au soleil. Le seul chapitre de la vie domestique sur lequel ils ne fussent point toujours d'accord était celui du logement. Le Chien jouissait d'une niche pour lui seul, le Cochon n'avait rien de semblable. Cependant ce dernier avait la notion et le sentiment de son droit : chaque soir il allait

Pécari a collier. *Dicotyles torquatus*. Cuvier.
Brésil.

Cochon domestique. *Sus scrofa*. Linné.

donc jeter un coup d'œil sur la place : si le Chien était en possession des lieux, il montrait les dents à l'indiscret Cochon, qui respectait alors un droit d'antériorité établi sur de pareils arguments; si, au contraire, il arrivait que le Cochon fût le premier occupant du bouge, le Chien ne pouvait parvenir à le déloger.

« Un soir que le vent n'avait cessé de souffler pendant toute la journée, qu'il commençait à faire humide, tout le monde disait sur le vaisseau : Nous allons avoir une mauvaise nuit. La mer s'agitait avec une violence extrême. Je vis le Cochon qui glissait et tombait en marchant sur le pont; car le vaisseau, secoué par le roulis, inclinait de côté et d'autre. Enfin, l'animal, peu solide sur ses pattes, jugea qu'il était prudent de s'assurer un logement pour la nuit. Mais, hélas! Toby avait été précisément du même avis que le Cochon, et maintenant Toby se tenait fièrement retranché dans sa maison. « Umph! Umph! » fit le porc en jetant un coup d'œil mélancolique sur le ciel noir, et en prêtant l'oreille au bruit du vent. Mais Toby, nullement touché par le sort et par les plaintes gutturales de son

camarade, trouva bon de se tapir dans sa loge. A la fin, le Cochon dut se soumettre; il fit un tour ou deux sur le pont, comme pour reconnaître l'endroit le plus chaud, ou le moins froid, mais se dirigea réellement vers une assiette d'étain dans laquelle avaient été des pommes de terre. Il prit l'assiette dans son groin et la porta sur le pont à un endroit où le Chien pût bien la voir, mais pourtant à quelque distance du chenil. Alors, tournant sa queue vers le Chien, il se mit à faire semblant de manger : il fallait le voir remuer le plat d'étain avec grand bruit et développer une action de mâchoires forcenée. — Quoi! se dit Toby, le Cochon aurait-il trouvé quelques vivres? Et il leva les oreilles et regarda vers l'endroit d'où partait ce bruit de bombance. Toby ne put se contenir plus longtemps. Je le vis alors se précipiter sur le pont, afin de faire vis-à-vis au Cochon, poussant son nez dans l'assiette vide. Celui-ci saisit cet instant, partit comme un trait, et se trouva pelotonné dans la niche avant même que le Chien eût eu le temps de voir s'il y avait, oui ou non, de la nourriture dans l'assiette. »

Au point de vue alimentaire, le Cochon est sans contredit le plus important de nos animaux domestiques; non-seulement il figure pour une part considérable dans la consommation générale, mais il est la nourriture pour ainsi dire exclusive des classes laborieuses et surtout des populations rurales : aussi est-il à regretter qu'il ne soit pas partout l'objet de soins plus intelligents, et surtout que nos agriculteurs se montrent si insoucieux du choix de la race lorsqu'il s'agit de peupler leur porcherie. Les Anglais restent nos maîtres sur ce point : par des croisements judicieux et poursuivis, par une nourriture spéciale, ils sont parvenus, non-seulement à perfectionner sa chair, mais à *fabriquer* une espèce dans laquelle les proportions de cette chair et du lard se trouvent accrues sans que les os aient sensiblement augmenté de volume, et qui a encore la faculté de se prêter à l'engraissement beaucoup plus tôt que la race ordinaire; qui donne, en un mot, à moins de frais, une somme de produits plus considérable. Cette créature véritablement artificielle a vu, dans son embonpoint excessif, s'effacer toutes les formes primitives du Sanglier dont elle dérive; c'est un monstre à la structure carrée, dont la tête disparaît sous une triple couche de graisse, et dont le ventre traîne jusqu'à terre.

Afin de donner à nos lecteurs une idée de la considération dont le Cochon jouit auprès des agronomes, je leur demanderai la permission de placer ici une anecdote assez originale et peu connue. « Un de nos grands hommes de guerre, auquel les préoccupations de la gloire ne firent jamais oublier les bienfaits de la paix; qui, sous des dehors soldatesques et rustiques, réunissait un rare bon sens, une grande finesse de l'esprit à un véritable patriotisme, à un intelligent dévouement au progrès, le maréchal Bugeaud revenait d'Algérie, dont il était gouverneur général, et s'en allait dans son cher Périgord. Il s'arrêta à Perpignan, où commandait alors, en qualité de général de division, un officier également prédestiné au premier rang de notre hiérarchie militaire, et qui était bien connu par son culte excentrique pour la réglementation et par ses boutades disciplinaires.

Le maréchal était à peine descendu de sa chaise de poste, qu'il recevait la visite du général; il n'eut pas plutôt annoncé qu'il comptait séjourner pendant deux ou trois jours à Perpignan, que celui-ci lui proposait de lui donner le lendemain le spectacle d'une petite guerre. Affirmer que la proposition dut enthousiasmer un homme qui peut-être venait d'Isly en droite ligne, je ne l'oserais en vérité; mais le maréchal se souvint sans doute de l'oncle Toby, et ne voulut pas décourager un descendant du héros de Tristam-Shandy, en lui refusant la satisfaction d'avoir enfourché le dada héréditaire devant un connaisseur; il accepta. Je n'assurerai pas davantage qu'il trouva un plaisir extrême au divertissement; ce qui est certain, c'est qu'il fit bonne contenance, et qu'il répondit toujours par un sourire approbateur au général lorsque celui-ci lui exposait les savantes dispositions qu'il avait prises, les habiles manœuvres sur lesquelles il comptait pour repousser l'ennemi. Cependant, au plus fort de l'action, le général s'étant éloigné pour présider lui-même au changement de front d'un bataillon qui figurait une des divisions de son armée, revint bientôt et ne trouva plus le maréchal où il l'avait laissé. Bien que celui-ci n'eût jamais passé pour partager les singularités du tempérament de Henri IV, cette disparition momentanée s'expliquait trop facilement pour que l'on y fît quelque attention; mais, après un quart d'heure, une certaine impatience s'empara du général, qui expédia aides de camp, officiers d'ordonnance dans toutes les directions, à la recherche de l'illustre déserteur. Tous revinrent avec la même réponse : personne n'avait aperçu le maréchal, et le petit dépit du général commençant à se changer en inquiétude, il se lança lui-même à la découverte, et il fut bientôt plus heureux que ses officiers. Au moment où il franchissait un petit chemin creux, il découvrit le vainqueur d'Isly, mais dans une position si étrange, dans une si singulière société, que n'étaient le grand uniforme et le fameux képi, il eût hésité à le reconnaître. Le maréchal Bugeaud était assis sur un des revers du chemin, côte à côte avec une espèce de rustre, habillé d'une blouse, coiffé d'un madras surmonté d'un chapeau crasseux, armé d'un grand fouet; autour d'eux grouillait, grognait, geignait, criait, broutait, picorait un troupeau assez respectable des pachydermes dont nous écrivons l'histoire, et dont les façons toutes familières semblaient aussi agréables au héros africain que la causerie de leur conducteur déguenillé.

Le général en rougit pour son supérieur, il poussa son cheval au milieu de la bande, sans s'inquiéter si cette charge à fond ferait ou non des éclopés.

Que faites-vous donc, monsieur le maréchal? s'écria-t-il; l'ennemi est en pleine déroute; je vous attends pour faire déborder sa gauche par un rapide mouvement de conversion de ma droite, et changer sa défaite en déroute. Le bon maréchal secoua sa tête grise et chenue; — Pardonnez-moi de vous avoir un peu oublié, mon cher général, mon excuse sera dans l'excellente compagnie dans laquelle vous m'avez trouvé. Tenez, continua-t-il en saisissant un des Cochons par la patte et en le retenant malgré ses cris, regardez un peu cette bête-là : tâtez ces jambes, comme c'est ferme et serré! Voyez ces reins, quelle largeur, quelle solidité! du lard partout, mais pas plus qu'il n'en faut; ce sont en vérité des animaux magnifiques! Et dire que le brave garçon qui les mène trouve le moyen, tout en gagnant sa vie, de donner cette belle, cette bonne marchandise à raison de 65 centimes le kilo. C'est inimaginable en vérité! Ne souriez pas, mon cher général, c'est plus intéressant que la petite guerre et même que la grande; nourrir les hommes m'a toujours semblé autrement méritant que de les tuer. Était-ce une leçon que le maréchal entendait donner à son futur collègue? Voulait-il prendre sa revanche de la distraction que celui-ci lui avait imposée? On peut supposer l'un et l'autre, et cependant, en se reportant aux goûts sérieusement agricoles qu'il a toujours conservés, on est fondé à croire qu'il était sincère dans son enthousiasme pour le marchand de Cochons.

La truie est susceptible de produire dès l'âge de dix mois; mais on attend généralement qu'elle ait deux ans; les portées précoces sont peu nombreuses, et les petits qui en proviennent restent faibles et quelquefois rachitiques. La durée de sa gestation est de quatre mois, elle met bas au commencement du cinquième; le nombre de ses petits est, comme dans la race canine, très-souvent supérieur à celui de ses mamelles; cette disproportion des êtres à nourrir avec les sources où ils puiseront la vie n'existe que dans les animaux que la nature semble avoir prédestinés à exister sous la tutelle de l'Homme. La truie, qui n'a que douze mamelles, met bas jusqu'à dix-huit et vingt petits.

Un des caractères les plus remarquables de l'oblitération des facultés du Cochon domestique se trouve dans l'insensibilité maternelle de la truie : tandis que la laie du Sanglier affronte la mort pour sauver ses marcassins, passe à l'état de bête féroce lorsque quelque danger les menace, la truie se régale quelquefois de sa progéniture. Le fait n'est pas général, cependant il est toujours prudent de la surveiller pendant les premiers jours, et surtout de lui donner largement à manger pour éviter qu'elle ne succombe à la tentation d'imiter Saturne. Dès l'âge de quinze jours, le petit Cochon peut être mangé; à l'état de Cochon de lait, il constitue un plat très-recherché dans nos départements de l'Est et du Nord. Si la portée est nombreuse, on ne laisse pas plus de huit à neuf nourrissons à la mère; à cinq semaines, on les sèvre.

Le Cochon est omnivore; toute nourriture lui convient; les légumes, les grains, le son, les pommes de terre, les glands, les faines, les fruits, la chair crue ou cuite, mais il s'en faut de beaucoup que ces aliments soient également favorables à la qualité de sa chair. La meilleure viande de Cochon provient de ceux de ces animaux qui ont reçu une nourriture exclusivement végétale, qui ont été pendant la première partie de leur existence au libre parcours, soit dans les forêts, soit dans les champs, et qui, pendant la période de l'engraissement, sont tenus sans litière dans une étable pavée dans laquelle on ne laisse séjourner aucune ordure; je le répète : il ne faut pas se payer de mots pour sembler indifférent à la malpropreté dans laquelle il végète, l'éleveur a un intérêt très-positif à en prendre soin.

Il n'est pas tout à fait exact de dire que le Cochon ne nous est utile qu'après sa mort; dans quelques pays on lui demande des services spéciaux. Dans les contrées qui produisent la truffe, on a recours à la subtilité de son odorat pour découvrir ce précieux cryptogame. Le chasseur de truffes se met en campagne, tenant à la main une corde, dont l'autre extrémité se rattache à une patte de derrière du Cochon qu'il a destiné au rôle d'auxiliaire, portant sur son épaule une houlette, et deux sacs, l'un vide pour recevoir le butin, l'autre rempli de pommes de terre. Arrivé dans le bois, l'homme marche doucement en se laissant précéder de quelques pas par son collaborateur; aussitôt qu'il voit celui-ci donner du groin dans le sol avec une vivacité, un acharnement qui démontrent qu'il est un aussi digne appréciateur que nous-mêmes des mérites gastronomiques de ce comestible, il l'écarte, il fouille la terre, et s'empare de la précieuse et mystérieuse production. Quant à celui qui l'a trouvée, la part qui lui est faite ressemble assez à la rétribution qui attend tous les inventeurs ici-bas; pour ne pas le décourager, on lui jette une pomme de terre.

Blaze parle d'une truie qui était dressée à la chasse et arrêtait aussi ferme que le meilleur Chien. Tout méridional et tout chasseur qu'était Blaze, sa véracité ne saurait ici être soupçonnée, car, de son côté, le docteur Francklin affirme qu'un de ses amis avait donné la même éducation à un Porc et qu'il s'en servait en guise de chien d'arrêt, et il ajoute : « Un Cochon savant a été, en Amérique et à Londres, le héros de plusieurs représentations théâtrales. Composer le nom d'une personne présente avec un alphabet mobile déposé à terre, et dont il tirait les lettres, une à une, dans l'ordre indiqué par l'orthographe du nom, lire l'heure à une montre et exprimer cette heure sur un cadran de papier en posant son groin sur les chiffres, tous ces tours et bien d'autres étaient exécutés avec une adresse irréprochable. Peut-être existait-il entre ce Cochon savant et son maître une entente par signes; mais toujours est-il que pour comprendre ces signes et les lier à une action, le Cochon avait besoin d'intelligence.

Ces dispositions à la culture des arts d'agrément ne sont rien, si on les compare aux inappréciables services que les Cochons rendent aux habitants des deux continents américains en détruisant les Serpents qui les infestent. Ce n'est point la philanthropie, c'est uniquement la gastronomie qui détermine les Cochons à déclarer une guerre acharnée aux reptiles, ils sont très-friands de leur chair : en même temps, comme la nature les a pourvus d'une peau assez épaisse pour être à l'épreuve des crochets, comme la cuirasse de lard qui les enveloppe ne se prête pas à l'infiltration du venin dans l'organisme, ils sont parfaitement insoucieux des morsures des plus terribles Serpents, tels que le Serpent à sonnettes, le Serpent noir, etc., etc.

Aussitôt qu'un pionnier qui s'est enfoncé dans les vastes solitudes a fait choix du terrain sur lequel il compte s'établir, son premier soin est de donner la liberté à ses Porcs, qu'il charge de nettoyer les environs de ces hôtes redoutables et qui s'en acquittent en conscience. Non-seulement ils les cherchent et les découvrent dans leurs retraites, mais d'aussi loin que le Cochon entend le bruit caractéristique du Serpent à sonnettes, ses oreilles se redressent, son petit œil s'allume, son groin aspire la brise, et il s'élance dans la direction du reptile avec l'enthousiasme que l'odeur du rôti communique toujours à un estomac affamé. Le Serpent se refuse rarement au combat ; il siffle, il fait sonner les clochettes de sa queue, mais le Cochon semble s'animer à cette musique guerrière, il se précipite le premier sur son ennemi, le piétine, et parvient toujours, au

Sangliers des bord de l'Amour.

prix de quelques morsures pour lui très-insignifiantes, à le séparer en deux ou trois tronçons ; ces tronçons, il les savoure à loisir, et cela avec une béatitude qui pourrait nous inspirer l'envie d'en goûter

Nous parlerons bientôt des espèces voisines du Sanglier, *Potamochère*, *Phacochère* et *Pécari*, dont nous ne donnons aujourd'hui qu'une figure.

G. DE CHERVILLE.

Paris. — Imprimerie WIESENER ET Cⁱᵉ, rue Delaborde, 1¹.

13 Mai 1865.

N° 72. — 15 centimes.

Ce Recueil paraît une fois par semaine. — On s'abonne à Paris, à la Librairie L. HACHETTE et Cⁱᵉ, boulevard Saint-Germain, n° 77. Les abonnements se prennent du 1ᵉʳ de chaque mois. — Paris, six mois, 4 fr.; un an, 8 fr. — Départements, six mois, 5 fr.; un an, 10 fr.

LES CASOARS. — LE CASOAR A CASQUE. — *Description.* — *Organisation.* — *Régime.* — *Mœurs.* — LE CASOAR DE LA NOUVELLE-HOLLANDE. — LE CASOAR DE BENNETT. — LE CASOAR BICARONCULÉ. — LE CASOAR UNIAPPENDICULÉ. — *Mœurs et incubation.* — *Amour des petits.* — *Anecdotes.* — *Résistance du Casoar aux intempéries.* — *Sa reproduction en France et en Angleterre.* — *Acclimatation.* — *Services qu'il rendrait.* — LE DRONTE ou DODO.

Le Casoar est classé aussi dans la famille des Brévipennes. C'est le plus grand des oiseaux après le Nandou, qui vient, pour la taille, immédiatement après l'Autruche. Les formes générales sont les mêmes que chez ces deux oiseaux : un corps volumineux, des tarses élevés, de gros pieds, un long cou, une petite

CASOAR A CASQUE. *Casuarius galeatus.* Vieillot.

tête. Mais le Casoar est plus trapu, moins élégant ; ses jambes et son cou sont moins allongés, ses tarses plus épais, ses pieds plus gros et son bec plus fort. D'ailleurs même fond d'organisation ; et malgré la présence de sacs aériens, le type de l'oiseau est plus dégradé encore chez le Casoar que chez les deux premiers. Ainsi, ses plumes ont des barbes si peu garnies de barbules qu'on les prendrait pour des crins. Ses ailes, encore plus courtes que celles de l'Autruche, sont représentées par quelques tiges cornées, très-effilées. L'Autruche ne peut se servir de ses ailes pour voler, le Casoar ne peut se servir des siennes même pour l'aider à courir, ce qui ne l'empêche cependant pas d'être un coureur très-rapide. Il n'a pas, comme l'Autruche, un grand cloaque où s'amasse l'urine, et en cela il s'éloigne moins qu'elle des autres oiseaux; il n'a pas non plus, comme elle, une troisième poche stomacale placée entre le jabot et le gésier. Comme ceux du Nandou, ses doigts sont au nombre de trois, tous dirigés en avant, et munis d'ongles.

Chez lui les organes des sens nous offrent une répétition de ce que nous avons vu chez l'Autruche. Il avale tout ce qu'il trouve; seulement, il rend beaucoup plus promptement que l'Autruche ce qu'il a pris parce qu'il a des intestins excessivement courts. Il lui arrive d'avaler des œufs de poule sans les casser et de les rendre intacts. Ses mœurs sont à peu près aussi les mêmes; tandis que l'Autruche représente la famille des Brévipennes en Afrique et que le Nandou la représente dans l'Amérique du Sud, le Casoar se trouve entre ces deux continents depuis l'extrémité méridionale de l'Australie jusque dans l'Archipel indien et la presqu'île de l'Inde au delà du Gange. On en connaît plusieurs espèces : les plus remarquables sont le Casoar à casque et le Dromée. Il paraît qu'une espèce, désignée sous le nom de *Dromaius alter*, s'est éteinte depuis le commencement de ce siècle.

CASOAR A CASQUE.

CASOAR A CASQUE.

Le Casoar à casque habite l'Inde au delà du Gange, les Moluques, Java, Sumatra, la Nouvelle-Guinée et surtout les forêts de l'île de Céram. Il n'est nulle part aussi multiplié que l'Autruche, ce qui tient vraisemblablement, comme le dit Buffon, à ce que les Indes sont beaucoup plus peuplées que l'Afrique. C'est le plus grand des Casoars. Son nom spécifique lui vient d'une proéminence osseuse qui surmonte sa tête et s'étend depuis la base du bec jusqu'au vertex; aplatie sur les côtés; cette proéminence, qu'on compare à un casque, est entièrement formée par l'os frontal et protégée par une enveloppe cornée. Ses plumes, d'un brun noir et luisant, sont de simples tiges plates, garnies de barbes courtes, roides, écartées les unes des autres, tombantes et complétement dépourvues de barbules. La plupart de ces plumes sont doubles, chaque tuyau donnant naissance à deux tiges. Celles du dos et du croupion, plus longues que les autres, cachent entièrement la queue, réduite à des pennes très-courtes. A la place de l'aile, on voit, de chaque côté, cinq pennes plus grosses, longues, rigides, creuses, terminées en pointe et en forme de baguettes. Ce sont les pennes de l'aile devenue instrument d'attaque et de défense; le squelette de l'aile est de moitié plus court encore que celui de l'Autruche.

La tête est, ainsi que la partie supérieure du cou, recouverte d'une peau nue, colorée en haut d'un bleu azuré et en bas de couleur rouge orangé. Le bec est aplati sur les côtés, un peu arqué, très-dur, et chaque mandibule est échancrée latéralement. L'œil, surmonté d'un arc de poils noirs en forme de sourcils, est petit, et l'iris est d'un jaune clair. Sur le cou, dont la surface est ridée et verruqueuse, s'insèrent en avant, comme chez le Dindon, deux appendices tombants (caroncules, fanons ou barbillons), qui sont également colorés. Ces appendices atteignaient près de un pied de long dans un individu acquis par M. de Montigny et provenant de Bornéo.

Son casque, la nudité et la coloration de sa tête et de son cou, la dureté de son regard, son bec robuste, son plumage, plus comparable à une peau d'ours ou de sanglier qu'à celle d'un oiseau, les piquants qui remplacent ses ailes, ses formes trapues, l'épaisseur de ses tarses, la grosseur de ses pieds, ses ongles longs et forts, — celui du doigt interne beaucoup plus long que les autres, — tout concourt à donner l'idée d'un animal farouche, brutal, d'une vigueur peu commune, et dont la colère ne serait pas sans danger. En effet, son caractère ne dément pas sa physionomie; c'est un oiseau irascible et violent. Un Casoar, qui vivait à la Ménagerie, sauta, un jour, par-dessus les barrières de son enclos et déchira à coups d'ongles les **jambes** d'un homme qui se trouvait là. Cuvier dit que les gens **mal** habillés et les habits rouges l'irritent. Il frappe de son pied en avant et en arrière ; il se sert aussi des piquants auxquels ses ailes sont réduites ; on l'a vu fondre sur son gardien, la poitrine en avant et les piquants redressés. Un Casoar, dans un accès de colère, se jeta avec tant de violence contre la clôture de son parc qu'il se tua. Malgré ces dispositions peu aimables, on réussit néanmoins sans trop de peine à l'apprivoiser.

On le nourrit dans les ménageries avec du pain, environ trois livres, des pommes, des carottes, et il boit de trois à cinq litres d'eau par jour. Il est très-friand d'œufs de Poule. Buffon dit que lorsque, après avoir avalé un œuf, le Casoar le rend intact, il l'avale une seconde fois et qu'alors il le digère très-bien. Il avale aussi volontiers de jeunes Poulets et de jeunes Canards, il les avale quelquefois en passant, dit Cuvier. On a vu que l'Autruche est sujette à la même inadvertance ou à la même préméditation ; mais, pour le peu que ces petites bêtes se débattent, le Casoar les laisse échapper. Cela tient à une difficulté de préhension. On sait d'ailleurs que la conformation de sa langue ne lui permet pas de se nourrir de grains. Les anciens auteurs disaient qu'il n'avait pas de langue ; il en a une petite et frangée en crête de coq.

Cuvier rapporte qu'il a différents cris ; le plus ordinaire est *hou hou*, prononcé faiblement et comme de la gorge ; si on le contrarie, il grogne à la manière du **Cochon** ; d'autres fois il baisse la tête, appuie son casque contre un obstacle, gonfle sa gorge, et, tremblant de tous ses membres, produit un bourdonnement semblable au bruit d'une voiture ou à un tonnerre lointain.

Ses habitudes, peu connues, doivent avoir beaucoup d'analogie avec celles de l'Autruche. Il court très-vite, jetant à chaque pas ses pieds en arrière comme s'il ruait. Pour exprimer l'allure de cet oiseau lorsqu'il fuit, Valentyn dit qu'il a l'air tout à la fois de danser et de voler. Il paraît que les Indiens afœroges le prennent à la course. Lorsque poursuivi par des chiens il se voit au moment d'être pris, il lui arrive de frapper mortellement à coups de pied ceux des assaillants qui se jettent des premiers sur lui. On dit qu'il vit par couples. La femelle, de même couleur que le mâle, pond de 3 à 4 œufs, moins gros et plus allongés que ceux de l'Autruche. — On n'est pas fixé sur la part que les deux sexes prennent à l'incubation. Il est certain que le mâle couve au moins dans certains cas. Valentyn parle d'un Casoar qui fut surpris par ses gens, étant couché sur 3 œufs. Les petits naissent au bout de 28 à 30 jours. Ils sont alors couverts d'un duvet d'un roux clair mêlé de gris et conservent assez longtemps cette livrée ; le casque ne se développe qu'avec l'âge.

Les Indiens prétendent que le Casoar ne témoigne aucun souvenir des mauvais traitements qu'on lui inflige, ce qu'ils regardent comme un effet de son peu de mémoire, car ils ont une pauvre idée de son intelligence. D'après **Cuvier**, il serait domes-

CASOAR DE LA NOUVELLE-HOLLANDE.

CASOAR DE BENNETT. Jeune.

tiqué à Amboine, ce que Isidore Geoffroy regarde comme douteux. Le Casoar a été apporté en Europe, en 1597, par un capitaine hollandais, qui l'avait reçu d'un prince javanais, comme un oiseau rare et curieux. On en a vu depuis très-fréquemment en Europe; le Muséum en possède de nombreuses dépouilles. Son nom est une contraction du malais Cassuwaris; le nom d'Emen lui a été donné par les Portugais.

CASOAR DE LA NOUVELLE-HOLLANDE.

Le Casoar de la Nouvelle-Hollande ou Dromée, na-

guère très-multiplié sur tout le littoral australien et dans les îles voisines, a été refoulé par les progrès de la colonisation au nord du continent, où il est encore assez commun. Il a entièrement disparu de la terre de Diémen et de la Nouvelle-Galle du Sud. Un peu moins grand que le précédent, sans casque, sans caroncules, le Dromée a le bec déprimé, le plumage brun, des plumes plus barbues que celles du Casoar à casque : pas d'éperon à l'aile dont rien ne trahit l'existence, les ongles à peu près de même longueur à tous les doigts; tel est le signalement de cette espèce.

Ses habitudes nous sont un peu moins connues que

CASOAR DE BENNETT. *Casuarius Bennetti*. Gould.

celles du Casoar à casque. Il vit en troupes nombreuses dans les vastes plaines australiennes, où on le chasse avec des Chiens courants, mais non sans peine ni sans péril. Sa nourriture se compose d'herbages, de racines et surtout d'insectes. En domesticité on lui donne des légumes, des grains et surtout du pain. Nous avons vu l'Autruche mâle partager avec la femelle les soins de l'incubation, et le Nandou mâle prendre une part plus grande que l'autre sexe à ce travail; chez le Casoar de la Nouvelle-Hollande, c'est l'époux qui se charge seul de la confection du nid, de l'incubation et de la conduite des petits. Il y a en Afrique des sauvages qui affectent de garder le lit et de faire les malades quand

leurs femmes viennent d'être mères; ce qui n'est pour eux qu'une singulière comédie est une réalité pour le Dromée. La femelle ne se mêle plus de rien dès qu'elle a pondu. C'est ce qu'on a observé à la ménagerie du Muséum ainsi qu'en Angleterre. M. Bennett de Brockham Lodge, ayant reçu de Sidney, en 1860, une paire de Casoars, la femelle pondit dès l'année suivante. Les œufs avaient été déposés dans une cabane; le mâle les roula dehors avec son bec, et comme on les réunit plusieurs fois à la place où il les avait pris, il ne se lassa pas de les transporter hors de la cabane. On finit par lui céder, et il couva. Malheureusement, sept semaines après, un intrus l'ayant dérangé, il abandonna son nid.

Les œufs, soumis pendant les vingt-quatre heures suivantes à une chaleur artificielle, furent transportés avec de grandes précautions au Jardin zoologique de Londres, où il y avait un mâle qui demandait à couver; il ne se fit pas prier pour se mettre sur les œufs, et, la semaine suivante, on vit quatre jeunes rompre leurs œufs et en sortir.

Il y a cependant des exceptions qui peut-être sont le fait de la captivité. Ainsi, au rapport de M. Graells, en 1861, au parc royal du Retiro, à Madrid, une femelle a seule couvé, ne quittant le nid qu'une demi-heure chaque jour pour aller manger; on la vit plusieurs fois se lever pour chasser le mâle à coups de bec. A Caen, en 1856, M. Le Prestre eut de même dix œufs qui furent couvés par la femelle; le mâle se bornait à faire bonne garde autour du nid. Deux ans après, le même observateur eut seize œufs qui furent, au contraire, couvés par le mâle. A la ménagerie du Muséum on a vu celui-ci réunir les œufs au fur et à mesure de la ponte, les recouvrir de sable et de paille et ne commencer à couver que lorsque la ponte fut terminée. L'incubation dura soixante-deux jours, pendant lesquels il ne prit aucune nourriture; sa vie s'entretenait

Casoar (*Dromée*) de la Nouvelle-Hollande. *Casuarius Novæ-Hollandiæ*. Latham.

aux dépens de la graisse qui, dans cette espèce, s'accumule autour des viscères abdominaux. La chaleur du nid s'éleva de 38 à 45 degrés; aussitôt sortis de l'œuf, les petits se mirent à courir et à chercher leur nourriture; ceux qu'on vit éclore au Retiro ne mangèrent, au contraire, que le lendemain de leur naissance. Ces petits sont rayés de brun et de blanc, d'une physionomie intelligente, tout vifs et très-familiers; leur voix est douce et plaintive; ils suivent comme de petits Chiens les personnes qui en prennent soin.

M. Ramel, qui a habité l'Australie, rapporte une anecdote qui montre combien ces oiseaux sont attachés à leur progéniture, à leurs maîtres et à leur domicile. Un colon, fixé sur les bords de l'Avoco-Rives, avait pris et apprivoisé un jeune Dromée, qui, devenu adulte, disparut tout à coup. Trois mois après (on était alors dans la saison des pluies, et la rivière grossit subitement), on aperçut sur la rive opposée l'oiseau qu'on croyait perdu, entouré de ses douze petits. Il paraissait tout embarrassé à la vue du cours d'eau, changé en torrent, qui le séparait de sa demeure; comment livrer cette jeune famille à des eaux impétueuses? Longtemps on le vit hésiter. Enfin, prenant son parti, il entre dans la rivière, la traverse tout entière, revient à son point de départ, et, certain dès lors que la tâche qu'il va entreprendre n'est pas au-dessus de ses forces, il prend un de ses enfants sur son dos, lui fait franchir le torrent, le dépose aux pieds de son maître qui contemple cette scène, court chercher un autre de ses petits, puis un troisième, et ne s'arrête qu'après avoir mis toute cette chère famille en sûreté.

Cet amour paternel est encore démontré par le même voyageur. Traversant à cheval une vaste plaine, il aperçoit un Dromée suivi d'une demi-douzaine de jeunes; à son aspect tous prennent la fuite, mais en bon ordre, le père formant l'arrière-garde. M. Ramel avait avec lui un beau levrier dressé à la chasse du Kanguroo: l'animal s'élance, s'empare d'un des petits, et, contraint par la furieuse attaque du père de lâcher prise, il en saisit un autre, mais il est de nouveau terrassé par le Dromée, qui lui saute sur le dos et le frappe de ses pattes; il se relève, veut prendre un troisième petit, et une troisième fois il est vigoureusement frappé. Heureusement pour lui, l'arrivée de son maître mit toute la compagnie en déroute.

M. Ramel dit que le Casoar de la Nouvelle-Hollande voit très-imparfaitement les objets qu'il a devant lui à une certaine distance; l'oiseau se tromperait même au point de prendre des gens à cheval pour des animaux de son espèce. Notre auteur, étant à cheval, voit un jour

CASOAR UNIAPPENDICULÉ. *Casuarius uniappendiculatus.* Gould.

de très-loin trois Dromées; il essaye de s'en approcher: bientôt, un des animaux se détache du groupe et s'avance innocemment à la rencontre du voyageur, qui s'arrête; le Casoar arrive à quinze pas: c'était une vieille femelle. Là, elle s'arrête à son tour, commençant à se douter de sa méprise; elle tourne la tête, regarde de côté, et, suffisamment édifiée, s'enfuit comme un trait, poursuivie par les Chiens qui la forcèrent avant la fin du second mille, non sans combat, car lorsque leur maître arriva, l'un d'eux, celui qui s'était trouvé le premier à l'attaque, avait la trachée-artère à nu et son corps n'était qu'une plaie. Le Casoar de la Nouvelle-Hollande est doué d'une résistance extrême aux intempéries. « Nous avons vu à la ménagerie du Muséum, dit Isidore Geoffroy, un de ces oiseaux se tenir constamment dans son parc par tous les temps: les froids les plus rigoureux, les pluies les plus abondantes, pas plus que le soleil le plus ardent, ne pouvaient le décider à chercher un abri dans sa loge. » Il couche sur la neige, s'en laisse recouvrir. « J'ai vu plus d'une fois sur le dos des Casoars, rapporte M. Florent Prévost, une couche de neige congelée séjourner pendant plusieurs jours sans qu'ils semblassent s'en apercevoir. » D'après ces données, on ne s'étonnera pas qu'on soit parvenu à faire reproduire cet animal dans notre climat. C'est au naturaliste que je viens de citer que revient le mérite d'avoir été un des premiers à mener à bien cette intéressante expérience. Ayant acheté à Londres, en 1845, deux femelles âgées d'un an, il les amena à Paris. Quatre ans après, lorsque ces animaux furent acclimatés après avoir passé sans en souffrir deux hivers à la pluie, à la neige et au froid, on les mit dans le même parc avec un mâle de la même espèce qui se trouvait déjà depuis longtemps à la ménagerie. L'espoir d'une reproduction se réalisa en 1851. Dix œufs couvés par le mâle avec une persévérance remarquable, du 8 mars au 10 mai, donnèrent trois petits très-vigoureux que le mâle éleva. Le problème était donc résolu, quoique les conditions dans lesquelles on avait dû se placer eussent été des plus défavorables ; le naturel inquiet et craintif de ces oiseaux exigerait, en effet, qu'on les mît dans un lieu isolé et tranquille.

Dans l'année même où M. Florent Prévost obtenait ce succès, la ménagerie de lord Derby voyait également naître les premiers Casoars éclos en Angleterre. Les œufs furent couvés artificiellement. On obtint six petits qui parvinrent à l'âge adulte.

Il est donc évident que l'acclimatation et la domestication du Casoar de la Nouvelle-Hollande ne présenteraient pas de difficultés ; d'un autre côté, l'acquisition de cet oiseau serait précieuse à plusieurs titres.

CASOAR BICARONCULÉ. *Casuarius bicarunculatus.* Gould.

D'abord sa chair est excellente ; celle de l'adulte a le goût du Bœuf ; celle du jeune, plus blanche et plus tendre, tient le milieu entre le Coq d'Inde et le Porc. Elle est très-estimée en Australie. Un de ces oiseaux étant mort au Jardin zoologique en 1860 (il était assez âgé, à en juger par ses pattes), sa viande fut accommodée de deux façons ; un beau filet de 3 kilogrammes fut mariné pendant deux jours et cuit à la casserole, à peu près comme le bœuf à la mode ; une autre partie de viande fut rôtie, une troisième bouillie : tout fut trouvé excellent. Les auteurs de l'expérience sont MM. Bufz de Lavison et Vavasseur ; le premier s'en est fait le rapporteur ; voilà pour la qualité. La cuisse d'un Casoar ne pèse pas moins de 10 kilogrammes ; voilà pour la quantité ; on voit qu'il mérite le titre d'oiseau de boucherie. Celui dont il vient d'être question pesait 37 kilogrammes, il atteint tout son développement en quinze ou dix-huit mois. Sa graisse, très-abondante, est fine et bonne à tous les usages ; elle peut, dit-on, se conserver pendant un grand nombre d'années sans rancir. Enfin, les œufs, à coquille de couleur vert clair, sont très-délicats, d'un goût exquis, et chacun d'eux en vaut douze de Poule.

Mais le Casoar n'est pas seulement un oiseau alimentaire ; sa peau sert à faire des tapis précieux ; la dépouille de celui qui est mort et qu'on a mangé au Jardin zoologique a été vendue 100 francs.

Voilà qui suffirait pour rémunérer bien des soins : or, le Casoar n'en demande aucun ; « placé sur nos terres sans culture — écrit M. Florent Prévost — dans les landes, sur la lisière des forêts, sur de vastes bruyères, il y trouverait facilement sa nourriture. »

Le *Dromaius atter*, ainsi nommé par Vieillot, est plus petit que le précédent, et se distingue par un plumage plus soyeux, de couleur noirâtre, et une huppe de plumes fixées au sommet de sa tête. Il a été découvert dans l'île Decrès, en 1803, par Péron, qui en a rapporté deux individus morts qu'on peut voir encore dans la Galerie de zoologie.

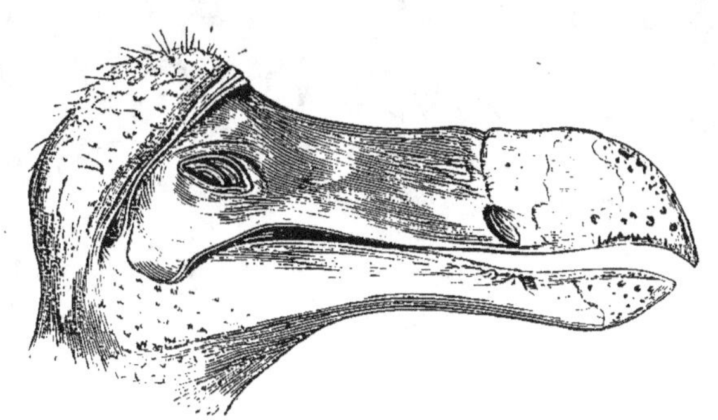

Dronte, espèce éteinte de l'Ile de France.

Freycinet, a cherché à recueillir tous les souvenirs des habitants de cette île sur l'existence du Dronte, qui n'est réellement connu que par des restes fort incomplets conservés dans les collections du musée d'Oxford. Un nègre, fort âgé, du quartier Saint-Joseph (Bourbon), près de la rivière du Rempart, a pu assurer avoir beaucoup entendu parler de cet oiseau pendant son enfance et dire qu'il se trouvait encore dans cette partie de l'île dans les premières années de l'existence de son père.

La stupidité et la pesanteur de ces oiseaux, auxquels la nature aurait refusé les organes du vol et de la natation, ne leur permettant pas de se soustraire à la poursuite des hommes, ils devaient promptement disparaître de localités où ils n'étaient l'objet d'aucune protection.

Linné avait formé pour cet Oiseau singulier, et qui a tant préoccupé les naturalistes de tous les pays, le genre *Didus*, et il croyait même à l'existence de trois espèces, qu'il distinguait sous les noms de *Didus ineptus*, *Didus solitarius* et *Didus nazarenus* ; mais ces espèces sont établies sur de mauvaises descriptions d'un même animal, et tout porte à croire que les îles de Maurice et de Bourbon n'ont jamais eu que la seule espèce décrite d'abord par Clusius et

LE DRONTE OU DODO DE L'ILE DE FRANCE.

Cet oiseau paraît avoir disparu vers la fin du dix-septième siècle. Les récits des voyageurs qui ont pu en voir les derniers représentants sont très-incomplets et même contradictoires. Tout ce qu'on sait de plus positif, c'est qu'il était désigné à l'île Maurice sous les noms de Dronte, Dodo, Cygne à capuchon. C'est un oiseau massif, impropre au vol, à bec long et crochu, dont la chair fétide ne pouvait servir au ravitaillement des navires et que sa pesanteur, en l'empêchant de fuir, a livré au brutal plaisir de destruction, si commun chez les matelots. Un ancien gouverneur de l'île Bourbon, M. de

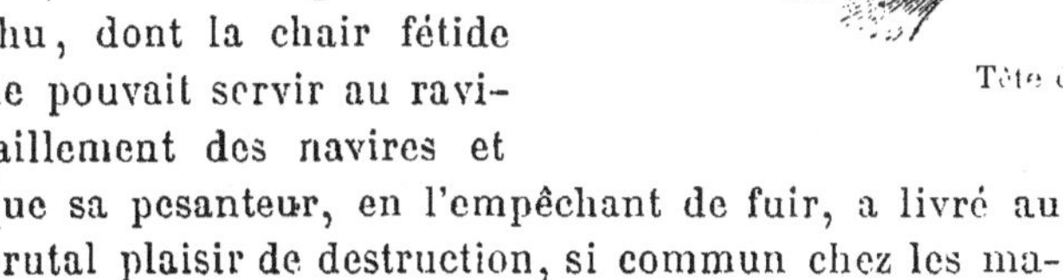

Tête de Dronte.

dessinée par un Hollandais faisant partie de l'équipage qui découvrit l'Ile de France en 1598.

VICTOR MEUNIER.

Paris. — Imprimerie WIESENER ET Cᵉ, rue Delaborde, 12

LES TROIS RÈGNES DE LA NATURE

LECTURES D'HISTOIRE NATURELLE.

20 Mai 1865. N° 73. — 15 centimes.

Ce Recueil parait une fois par semaine. — On s'abonne à Paris, à la Librairie L. Hachette et Cie, boulevard Saint-Germain, n° 77.
Les abonnements se prennent du 1er de chaque mois. — Paris, six mois, 4 fr.; un an, 8 fr. — Départements, six mois, 5 fr   n an, 10 fr.

La Bécassine.

La Bécassine ressemble à la Bécasse par la configuration de sa tête, par la forme et la longueur de son bec, mais c'est tout et c'est beaucoup moins que ne promet son nom de petite Bécasse.

Elle en diffère par son plumage et encore plus par ses mœurs et par ses habitudes. Oiseau essentiellement crépusculaire, la Bécasse consacre la nuit à sa véritable existence et par conséquent au soin de chercher sa nourriture, aussi bien qu'à ses pérégrinations à travers le monde. Bien que l'on retrouve chez la Bécassine la

Chasse à la Bécassine.

convexité lenticulaire qui caractérise l'œil de la Bécasse, ses habitudes sont au moins aussi diurnes que nocturnes. Elle vole pendant la nuit, mais le plus souvent elle profite d'un jour bas, sombre, pluvieux ou obscurci par le brouillard, pour effectuer ses passages; les Bécassines vivent de Vermisseaux comme les Bécasses, mais cette nourriture est pour elles moins spé-

cialc; on trouve presque toujours des résidus de végétaux dans leur estomac, probablement les chevelus de quelques plantes aquatiques; enfin, et ceci seul suffirait à établir entre elles une profonde ligne de démarcation, la Bécasse habite les bois, la Bécassine est une hôte du marécage.

L'espèce Bécassine semble encore plus largement répandue sur le globe que celle de la Bécasse ; on l'a trouvée à toutes les latitudes, à Cayenne, au Chili, au cap de Bonne-Espérance, dans la Nouvelle-Zélande, aussi bien qu'en Sibérie, en Suède, en Norwége, au Canada. En Europe, les terres humides du nord et de l'est semblent sa véritable patrie ; ce n'est que là qu'un sol dont l'humidité résiste aux chaleurs des étés, lui fournit une assez grande abondance de nourriture pour qu'elle puisse élever sa famille. Cependant, au passage du printemps, soit fatigue, soit empressement de jouir des joies de la maternité, quelques couples de Bécassines restent dans nos étangs et y font leur ponte.

Il y a plusieurs variétés de Bécassines : les plus communes sont la Bécassine ordinaire, la double Bécassine, et la Sourde.

Je commencerai par décrire la Bécassine ordinaire, dont la taille me fournit un point de comparaison, à l'aide duquel les deux autres espèces se caractérisent plus nettement encore que par leur plumage.

La Bécassine ordinaire est de la grosseur d'une Grive de vigne ; sa tête est noire, rayée de trois bandes longitudinales d'un roux très-accentué. Cette disposition se retrouve sur le dos et sur la couverture des ailes, dont le fond, d'un brun noirâtre, présente des raies fauves semblables à celles de la tête ; la gorge est grise, la poitrine fauve, le ventre blanc ; le gris de la gorge se reproduit sur les flancs, où il se zèbre de bandes transversales d'une nuance noirâtre ; le bec est d'un jaune brun dans les deux tiers de sa longueur, noir, déprimé et rugueux à son extrémité ; le bout de la langue se termine par une pointe comme chez les Pics, et cette pointe peut lui servir à percer les vers qu'elle rencontre en fouillant la vase ; les pattes et les pieds sont d'un gris verdâtre. Son cri est très-caractéristique ; il tient un peu du bêlement du Chevreau, mais il est plus aigu ; elle jette ce cri au départ, mais alors il est moins accentué, plus bref et ressemble à un sifflement.

La Bécassine double n'est pas, comme son nom l'indique, deux fois grosse comme la Bécassine ordinaire, mais on peut dire qu'elle est plus grosse d'un tiers seulement ; elle se rapproche de la Tourterelle des bois par les proportions de la taille. Il existe peu de dissemblance entre les couleurs et les dispositions du plumage des diverses Bécassines ; cependant, dit le docteur Chenu, la Bécassine double a seize pennes à la queue et la baguette de la première remige est blanchâtre, tandis que la Bécassine ordinaire n'a que quatorze pennes et que toutes les baguettes des remiges sont brunes. En revanche, non-seulement la première diffère de la seconde par son vol qui est direct et moins accidenté, mais elle est infiniment plus rare, et on la rencontre bien plus souvent sur les bords des rivières et des eaux vives que dans les marais proprement dits.

La Bécassine sourde, *Beccot*, *Jacquet*, *Deux pour un*, car tous ces sobriquets lui ont été donnés, est la lilliputienne de l'espèce ; sa grosseur dépasse à peine celle d'une Alouette ; son bec est proportionnellement plus court que celui des autres Bécassines ; les nuances de son plumage sont plus tranchées ; le fond en est d'un noir presque pur et à reflets violets, et les bigarrures d'un roux tendre et doré se détachent avec beaucoup de vivacité sur cet encadrement ; deux raies longitudinales blanchâtres partent du bec et s'étendent jusqu'à l'occiput ; entre l'œil et le bec on remarque encore une petite ligne noire ; enfin les habitudes de la Sourde suffiraient à la caractériser ; elle se lève difficilement, part sous le nez du Chien, d'un vol direct et sans crochets, et se remet le plus souvent à peu de distance.

La Bécassine n'est point un oiseau solitaire hors la saison de la ponte, comme la Bécasse : elle voyage sinon par compagnies, du moins par bandes. J'ai observé un de ses passages : c'était sur les hauteurs de l'Ardenne belge, il pouvait être quatre heures du soir ; grâce à une éclaircie dans les nuages, et bien qu'elles restassent à une hauteur considérable, on les apercevait distinctement. Elles venaient du nord, allaient avec le vent et se succédaient par troupes de trente à quarante, qui semblaient voler de conserve, bien qu'il y eût une distance de quelques centaines de mètres entre chacune des émigrantes. Aucune ne descendit sur les excellents marais au milieu desquels je me trouvais ; elles continuèrent leur route vers l'ouest et sans doute jusqu'aux polders de l'Escaut. Dans ses haltes, lorsqu'elle se cantonne, la Bécassine est rarement isolée ; cependant, on les lève toujours à quelques pas les unes des autres, probablement parce qu'elles se ménagent, en se divisant ainsi le terrain, l'espace qui est nécessaire à leur nourriture. M. de Buffon a prétendu que l'on ne rencontrait jamais plus de trois ou quatre Bécassines réunies ; c'est une erreur. Au mois de novembre, après une gelée blanche, je les ai vues rassemblées par centaines, dans des prés mouillés. Elles étaient très-farouches et ne se laissaient point aborder ; aussitôt qu'une d'entre elles avait crié, tout le vol s'enlevait presque simultanément comme une bande d'étourneaux.

Je disais plus haut que les Bécassines faisaient quelquefois leur ponte en France ; les particularités de la pariade de ces oiseaux ont été moins étudiées que celles qui concernent la Bécasse dont les amateurs de *Crôule* ont surpris tous les mystères. Cette pariade est tardive ; ce n'est qu'au mois de juin que l'on trouve des nids de Bécassines : elles recèlent ce nid dans une touffe de joncs, sous une souche d'aune ou de saule, et toujours dans un endroit où le terrain offre assez peu de consistance pour que les hommes ou les bestiaux ne puissent pas venir les troubler. Ce nid, composé d'herbes sèches et de plumes arrangées sans beaucoup d'art, contient quatre ou cinq œufs, un peu renflés, assez piriformes, d'un gris olivâtre, clair et parsemés de taches les unes rousses, les autres gris foncé.

Les petits quittent leur berceau aussitôt après avoir brisé leur coquille ; leur bec est si mou que le père et la mère doivent, pendant quelque temps, récolter pour eux et diviser les vermisseaux dont ils les nourrissent.

Le nombre des Bécassines qui nichent dans l'Europe occidentale est toujours assez restreint ; mais les premières gelées d'octobre les chassent de leurs marais de la Silésie, de la Norwége, de la Lithuanie ; elles nous arrivent en quantités considérables, et se répandent sur les bords de nos eaux stagnantes et dans nos prés humides.

Contrairement aux habitudes de la plupart des oiseaux, la Bécassine *pique dans le vent*, c'est-à-dire marche avec le vent au bec, ou vent debout. C'est toujours ainsi qu'elle se lève devant le chasseur ; et cependant, d'après les observations que de M. de Rylé veut bien me communiquer, il semble que ce système de navigation n'est point absolu pour la Bécassine, qu'il n'est pour elle soit un moyen de défense, soit une conséquence de la nécessité d'assurer son essor ; qu'après quelque temps son vol rentre dans les conditions normales, qu'elle effectue ses longues traversées avec le vent arrière comme les autres migrateurs, celles de l'automne avec les brises du nord et du nord-est, celles du printemps avec les vents du sud et du sud-ouest.

Les migrations de la Bécassine ne sont point aussi complètes que celles de certaines espèces, telles que la Caille. La Providence se montre dans les infimes détails de l'itinéraire d'un humble oiseau, aussi bien que dans les lois qui dirigent les astres à travers l'espace : les lieux où la Bécassine peut trouver sa nourriture étant nécessairement circonscrits, il y aurait eu pour elles péril de famine à les pousser sur les mêmes points du globe. Ses haltes dans notre pays sont nécessairement soumises à l'influence de la température ; tant que cette température se mantient au-dessus de zéro, elle exploite, au profit de son estomac, nos marais où nous l'exploitons au profit du nôtre ; quelles que soient les rigueurs de nos hivers, il reste toujours quelques-uns de ces oiseaux dans le voisinage des sources chaudes ; d'autres, en plus grande quantité, se contentent de fuir devant la gelée et reviennent à leurs cantonnements, aussitôt que la terre amollie se prête de nouveau aux conditions de leur subsistance ; le plus grand nombre descend jusqu'aux marais de l'Europe méridionale et de l'Afrique septentrionale. Au mois de mars la grande armée des Bécassines, se repliant sur elles-mêmes, nous rend sa seconde visite.

Les Bécassines ont-elles diminué en nombre depuis cinquante ans ? L'opinion générale répond affirmativement ; M. Marion presque seul se prononce négativement dans la question. Cependant, déjà au temps de Buffon, cette diminution de l'espèce était signalée ; aujourd'hui je la crois flagrante. Je l'attribue, non pas à la multiplication des engins de destruction et de la gent chasseresse, mais tout simplement aux progrès de la gastronomie ; sa contagion a gagné de proche en proche ; sur ce point, il n'est plus de Scythes aujourd'hui ; en dépit du proverbe, *nul n'est prophète en son pays*, les compatriotes de la Bécassine s'inclinent comme nous devant les mérites transcendants de cet aimable oiseau, et ils profitent de cette certitude ultra-respectueuse pour atta-

cher pas mal de lacets de crins aux roseaux des marais, où elle croyait, la pauvrette, élever paisiblement sa progéniture. Il me semble impossible que cette guerre d'embûches, au foyer même de la reproduction annuelle, n'ait pas éclairci les rangs à l'heure de l'émigration. Cependant M. Marion est un observateur trop consciencieux pour que je conteste un fait qu'il avance ; je suis donc prêt à reconnaître que les Bécassines passent dans ses marais des Landes en aussi grande quantité que par le passé, mais j'ajoute que le fait **peut** parfaitement se concilier avec l'autre fait que je signale. Dix hôtelleries étant données pour une ville, si vous en supprimez la moitié, le nombre des voyageurs peut également se restreindre de moitié, sans que les aubergistes qui subsistent aient vu diminuer leurs recettes. Or c'est à peu près là ce qui s'est passé pour les marais en France. On en a desséché un arpent sur deux, il n'y aurait rien d'extraordinaire à ce que l'arpent qui reste parût aussi achalandé que par le passé.

Quand il s'agit de battre la plaine ou de se promener dans les bois, pourvu que vous n'ayez pas sacrifié à la fantaisie de vous affubler d'une de ces impossibilités que préconisent les gravures de modes, peu importe comment vous serez habillé et chaussé. Au marais, où nous allons tout à l'heure chercher les Bécassines, c'est une autre affaire : vous vous trouverez exposé à des dangers contre lesquels certaines précautions sont indispensables. Ces dangers sont multiples : je parlerai d'abord des accidents de toute espèce ; ici c'est une grande baignoire qui se révèle en forme de chaussetrappe sous un gazon du vert le plus appétissant, là ce sont des culbutes sur et sous la glace, la rencontre d'un sable mouvant, etc., etc. A ces accidents vous n'avez guère à opposer que votre sang-froid, votre adresse et surtout votre heureuse étoile ; avec tout cela on s'en tire au moins quelquefois. Vient ensuite un danger moins pittoresque, moins poétique que ceux que je viens de signaler ; en revanche il est beaucoup moins éventuel, et quelle que soit la chance qui vous favorise ordinairement, il est à peu près certain que vous ne lui échapperez pas. Il est d'autant plus redoutable, que rien ne le signale, que rien n'avertit de son imminence, que déjà il vous tient par un bras ou par une jambe avant que vous ayez songé à lui. Comme toutes les enchanteresses, la chasse à la Bécassine présente une coupe à ceux qu'elle veut séduire. Toussenel a célébré les enivrements de la liqueur, je vous nommerai la goutte d'amertume qui reste au fond : elle s'appelle le rhumatisme. Ne souriez pas : non-seulement on en meurt, mais on en souffre, ce qui est bien pis. J'ai vu la cruelle agonie d'un ami qui n'était coupable que d'avoir trop aimé la Bécassine, et depuis lors je deviens toujours soucieux lorsque je sens la première goutte de l'eau traîtresse d'un marais s'infiltrer entre le cuir de mes bottes. Je ne vous affirmerai pas que des précautions hygiéniques, un choix judicieux de vêtements et de chaussures puissent conjurer la chute de cette épée de Damoclès, je mentirais ; mais avec le marais, comme avec le ciel, il est des accommodements ; vous pouvez vous arranger de façon à ne pas vous trouver trop rudement éprouvé.

La flanelle est de rigueur, aussi bien que les bas de laine. Gardez-vous cependant de pécher par l'exagération de la couverture ; n'oubliez pas que la poursuite des Bécassines dans le marécage est ordinairement un travail des plus fatigants. La fange, et surtout la fange tourbeuse, adhère fortement aux chaussures, ce n'est souvent qu'au prix de véritables efforts que l'on parvient à arracher son pied à ses étreintes, et pour avoir trop craint le froid, il arrive souvent que l'on a trop chaud. La pleurésie n'est pas seule à redouter en pareil cas ; la transpiration dilatant les pores, ils absorbent alors à souhait les gaz et l'humidité, et le rhumatisme peut entrer par une porte ouverte à deux battants. Couvrez-vous donc de vêtemens à la fois chauds et souples, dont l'épaisseur sera proportionnée aux fatigues que vous prévoyez et surtout à la nature de votre tempérament.

Ce sont surtout les extrémités inférieures qu'il est important de garantir, et ce sont elles que l'on parvient le plus difficilement à préserver de tout contact avec l'élément qui n'a jamais mieux mérité l'épithète de perfide, que lui décernent les poëtes. A moins que vous ne chassiez dans des marais superlativement civilisés, les bottes sont de rigueur et la hauteur de leurs tiges se proportionnera à la profondeur de l'eau dans laquelle vous aurez à marcher. Qu'elles soient de cuir noir ou jaune, peu importe, pourvu que ce cuir soit solide, doux, homogène, pourvu qu'il ait été cousu avec des précautions minutieuses. Le fabricant que vous aurez

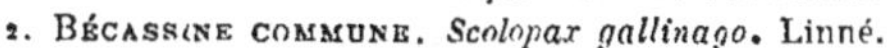

1. Bécassine sabine. *Scolopax sabinii.* Temminck.
2. Bécassine commune. *Scolopax gallinago.* Linné.

Bécassine ponctuée. *Scolopax punctata.* Gould.

honoré de votre confiance n'hésitera probablement pas à vous garantir l'imperméabilité de sa marchandise ; ne vous y fiez qu'à moitié ; cette imperméabilité vous ne l'obtiendrez qu'en ayant pour elles ces soins délicats et continus que vous réservez à vos armes, presque un culte. Tous les traités de chasse ont leur panacée, laquelle défie l'humidité, sur le papier. L'axonge, le suif, la graisse de bœuf, la cire jaune, l'essence de térébenthine et le caoutchouc sont les éléments ordinaires de ces spécifiques dont les proportions seules varient suivant l'auteur. Je ne nie pas leur excellence, mais je m'inscris contre leur persistance : ils ont leurs heures pour remplir leur office, tandis que l'eau est toujours prête à s'acquitter du sien. J'ai essayé de toutes les recettes, de toutes je me suis dégoûté, et j'ai pris le parti de faire appliquer sur les coutures de mes bottes de marais un enduit en caoutchouc, que l'on renouvelait de temps en temps, et lequel, combiné avec d'énergiques frictions d'huile de pied de bœuf, m'a semblé le plus sûr des préservatifs. J'ai encore à votre service un expédient héroïque, et qui offense quelque peu la délicatesse, bien qu'il jouisse d'une grande considération dans certains pays, et qu'il soit des mieux portés chez les Cosaques ; il consiste à enduire ses jambes et ses pieds d'une couche d'un corps désagréablement odoriférant, de suif, puisqu'il faut l'appeler par son nom. Rien de plus efficace que cette doublure contre l'action délétère de l'humidité. Quelles que soient les précautions que vous aurez prises, dans quelques conditions que vous ayez chassé, ne négligez jamais, en rentrant, de vous frictionner vigoureusement avec un alcool qui ranimera la circulation et ramènera la chaleur à la peau. L'eau de Cologne ne sera nullement déplacée, pour peu que vous ayez utilisé la recette que je viens de vous fournir.

Les Chiens d'arrêt, quelle que soit leur race, sont aptes à chasser la Bécassine, qui se tient presque toujours dans les parties du marais où ces Chiens peuvent atteindre en barbotant et sans avoir besoin de se mettre à la nage ; cependant, comme il arrive quelquefois qu'un oiseau frappé va tomber au milieu de l'étang, il est nécessaire que l'auxiliaire ait été façonné au rapport à l'eau, et surtout que son maître se soit attaché à vaincre la répugnance que souvent lui inspire le contact de la Bécassine, aussi bien que celui de la Bécasse ; dans la causerie dont ce dernier oiseau a fait les frais, j'ai indiqué comment on parvient à triompher de cette répugnance. Il est encore essentiel que le Chien dont on se servira soit souple et soumis. En plaine, une compagnie de Perdrix est toujours retrouvée ; au marais, une Bécassine qui s'est levée trop loin pour avoir été tirée, ne s'arrête qu'au marais voisin, c'est-à-dire fort souvent à une distance considérable. J'ai encore remarqué qu'aussitôt que quelques-uns de ces oiseaux ont jeté leur *mi-mi* dans les airs, les autres Bécassines restées dans les joncs devenaient inquiètes et tenaient moins ferme devant l'arrêt ; il est donc essentiel que le Chien, en s'emportant, ne les fasse pas partir inutilement.

Le Chien n'échappe pas plus que le maître aux conséquences de la chasse au marais, une robuste constitution ne le préserve pas de son influence. Vers l'âge de six ou sept ans, après quatre ou cinq années d'exercice, les douleurs l'envahissent, et bientôt ses membres perclus ont peine à soutenir le poids de son corps. Contre ce terrible mal, tous les remèdes sont à peu près inutiles ; j'ai essayé tous les moyens sur un vaillant Chien, victime de son ardeur au marais ; je n'ai réussi, je crois, qu'à ajouter une torture à ses tortures. D'autres affections viennent encore compliquer cet état déjà si grave. Dans la torpeur où végète le Chien rhumatismé, la plénitude des fonctions digestives, persévérant sans déperdition dans l'organisme, produit une surabondance

Double Bécassine. *Scolopax major*. Gmelin.

Bécassine sourde. *Scolopax gallinula*. Linné.

d'humeurs qui, se portant ordinairement vers la tête, amènent la cécité ou la surdité et quelquefois toutes les deux. On a, il est vrai, la ressource de s'en débarrasser en le délivrant radicalement de tant de souffrances, mais beaucoup de chasseurs ont une répugnance que je comprends à payer d'une balle les services d'un vieux et fidèle serviteur ; il faut donc diminuer autant qu'il dépend de soi les chances d'infirmités prévues que ses travaux au marais lui font courir, en se montrant ménager de ses forces et de sa santé, en lui permettant de se chauffer devant un bon feu lorsqu'il rentre mouillé ; enfin en le faisant vigoureusement étriller avec un bouchon de paille ou une brosse de chiendent avant de le renvoyer au chenil.

Ce bavardage préliminaire vous impatiente, et vous préférez de beaucoup la causerie de la poudre à la mienne. Cette ardeur est de bon augure, et je vous en félicite, cependant je vous demande encore cinq minutes d'indulgence.

Avant d'aller plus loin, nous avons une question des plus graves à résoudre. Prendrons-nous le vent pour entrer dans le marais ? Nous déciderons-nous à le parcourir en ayant ce vent en poupe ? Hippocrate dit oui, Galien dit non, et les professeurs ès-science de la chasse ne sont pas plus d'accord sur ce point que s'ils étaient d'illustres médicastres. Établissons le diagnostique de la situation : la Bécassine ayant l'habitude de piquer dans le vent, si nous l'abordons dans ces conditions, on filera droit devant elle et sans se détourner ; si, au contraire, nous l'avons prise à rebrousse poil, c'est-à-dire en ayant nous-mêmes le vent au dos, lorsqu'elle sera montée dans les airs, les conditions de son vol la contraindront à faire ce que les marins appellent, je crois, une *abattée*, et, pour se donner le vent debout, à se rapprocher du chasseur et à lui présenter le travers. Magni de Marolles, et après lui quelques écrivains, ont préconisé les avantages de cette dernière méthode ; d'autres, qui sont des autorités non moins incontestables, MM. d'Houdetot, Lavallée, etc., se sont ralliés aux vieux principes, et je crois qu'ils ont raison.

Le travail du Chien sur un gibier de haut fumet, comme la Bécassine, est assez attrayant pour balancer les jouissances que l'on peut trouver à tirer quelques pièces de plus, et j'en conclus, qu'à moins d'impossibilité absolue, le chasseur ne doit jamais renoncer à donner le vent à son Chien.

Ce surcroît de pièces à tirer est-il, d'ailleurs, aussi certain que Magné de Marolles et les siens le donnent à entendre? Mes expériences personnelles sont loin de m'avoir démontré l'infaillibilité du système : si la matinée est favorable, si les Bécassines tiennent, elles se lèveront d'autant plus près de vous qu'elles auront plus tardivement le sentiment de votre approche, elles vous partiront d'assez près pour que vous puissiez les ajuster à votre aise; si elles sont *légères*, comme nous disons, et que vous chassiez avec le vent arrière, elles s'envoleront d'autant plus loin que la brise leur portera plus tôt le bruit de vos pas, et comme elles voient parfaitement en prenant leur essor, comme elles ont le nez aussi long au moral qu'au physique, neuf fois sur dix elles exécuteront leur virage autour de vous dans un rayon assez étendu pour rendre votre bordée parfaitement inoffensive. Reste l'incident des crochets de la Bécassine; ils sont incontestablement plus faciles à déjouer avec un oiseau qui se présente par le flanc qu'avec celui qui file directement devant le chasseur; mais avec quelques leçons de cet incomparable professeur qu'on appelle *la bredouille*, direct ou oblique, le crochet de la Bécassine ne sera plus qu'un jeu pour vous.

Si vous m'en croyez, nous entrerons donc dans le marais comme nous entrerions dans un regain de trèfle ou de luzerne, c'est-à-dire le vent dans le nez et le nez dans le vent.

Ne vous pressez pas, même pour marcher; au marais toute précipitation est non-seulement dangereuse, mais exténuante; s'il vous prenait la fantaisie d'y apporter les traditions de ces forcenés qui, supposant que le gibier se conquiert à la course comme la main de la belle Atalante, se lancent à travers la plaine avec des façons de courlis, je ne vous donnerais pas dix minutes pour être fourbu.

Si vous ne connaissez pas le terrain, avancez avec une prudence exagérée jusqu'à la méfiance, et si vous le connaissez, méfiez-vous encore. Figurez-vous que vous braconnez dans un parc sur les murs duquel vous avez lu cette horripilante inscription : ICI IL Y A DES PIÉGES A LOUPS, mais avec cette différence qu'ici le traquenard ne s'adresse pas seulement à votre imagination, qu'il est réel.

Je vous ai arrêté à temps; vous vous étiez laissé séduire par l'innocente physionomie d'un assez vaste espace circulaire, auquel une herbe fine, serrée, d'un vert d'émeraude, prêtait les apparences du plus solide des terrains, et vous alliez y poser le pied; mais c'est surtout au marais que les apparences sont trompeuses. Cette oasis dans ce milieu fangeux, c'est un *mollin*, une *morte*, comme on dit dans diverses provinces; c'est-à-dire un gouffre d'une boue liquide, sans consistance,

dans lequel l'imprudent disparaît quelquefois sans retour; auquel le plus souvent il échappe, mais dans quel état, grand Dieu! Généralement, au marais, il ne faut accueillir que sous bénéfice d'inventaire toute verdure qui proteste contre les tons fauves des herbes flétries des alentours. Cette teinte insolite est l'indice d'une source tiède, autour de laquelle le terrain sera nécessairement peu compacte.

Si, malgré vos précautions, un accident vous arrive, tâchez de ne pas perdre la tête : si vous pouvez vous souvenir (en de semblables moments, on ne peut pas tout ce que l'on voudrait), si vous pouvez vous souvenir, dis-je, que dans une morte, l'absorption sera d'autant plus lente que le corps à absorber présentera plus de surface, rien n'est désespéré. Maintenez-vous le plus horizontalement qu'il vous sera possible, comme si vous vouliez vous mettre à la nage, et dans cette position, essayez de gagner la terre ferme par des mouvements lents et réguliers. Je reconnais qu'il faut une certaine énergie pour aller, pour ainsi dire, au-devant de cette terrible fange. Nous avons pour le limon auquel nous sommes prédestinés, une horreur instinctive qui domine notre raison et qui paralyse nos forces lorsque nous sentons son contact avec nos yeux qu'il semble vouloir éteindre, avec notre bouche que ses flots immondes paraissent vouloir fermer avant l'heure; mais le salut est à ce prix.

Les fontaines sont moins à redouter: en plaçant son fusil en travers, en enfonçant les canons dans la terre, on parvient, la plupart du temps, à trouver un point d'appui suffisant pour en sortir sans aide.

Le sol de tous les marais ne se ressemble pas; quelquefois il est uni, le plus souvent les racines des joncs forment çà et là de petits monticules, espèces d'îlots qui émergent d'une vingtaine de centimètres du fond vaseux du marécage. Lorsque ces îlots ne sont pas assez rapprochés pour que vous puissiez enjamber de l'un à l'autre, posez le pied sur le faisceau des racines qui est toujours résistant et avancez dans l'attitude du colosse de Rhodes. Après un quart d'heure de cette gymnastique, vous reconnaîtrez que ma recommandation de ne pas trop vous couvrir n'était point superflue. Si vous êtes forcé de mettre le pied sur la vase, courbez les roseaux des alentours avec la semelle de votre botte, afin de vous ménager ainsi une sorte de plancher sur le bourbier. Ce plancher sera-t-il toujours suffisamment préservateur? Hélas! je ne saurais vous le promettre, mais les monticules dont je viens de vous parler vous assurent au moins un siége des plus confortables, dans le cas, assez fréquent, où l'immersion ayant dépassé la hauteur de vos bottes, vous éprouveriez le besoin de sortir du bain de pied que leur imperméabilité menace de rendre continu.

Ces petites aventures sont les désagréments du métier; groupés sur le papier, ils affectent des proportions plus inquiétantes que dans la réalité; au grand air, avec des Bécassines autour de soi, il n'est pas de chasseur qui ne se fasse une paire d'échasses avec ses dédains pour contempler ces accidents comme ils méritent de l'être.

Ne permettez pas à votre Chien de s'écarter à de grandes distances, non que je mette la fermeté de son

Double Bécassine.

arrêt en suspicion, mais parce que, comme vous venez de le voir, les grandes allures vous sont interdites, et que, si près que votre collaborateur soit de vous, il vous faudra toujours un certain temps pour le rejoindre.

Aussitôt que l'attitude de l'animal vous indique qu'il a un oiseau devant lui, marchez dans sa direction, mais sans vous hâter plus que tout à l'heure ; une préoccupation nouvelle doit s'ajouter aux préoccupations de sûreté que je vous indiquais, celle de vous trouver d'aplomb à chaque pas qui vous porte en avant, car d'instant en instant, la pièce peut s'élancer dans les airs,

Bécassine sabine.

et un tireur qui oscille sur sa base ne saurait être sûr de son coup, sans compter qu'il est exposé lui-même à faire la culbute.

Tout en cherchant des Bécassines, vous êtes exposé, ne l'oubliez pas, à rencontrer des gibiers que vous ne cherchez pas, Canards, Sarcelles, Hérons, Judelles, Grives, Bihoreaux, etc., sans compter ces captures accidentelles qui font événement dans l'histoire naturelle, et qui méritent à leur auteur une mention honorable

dans le journal du département. Au marais, il faut s'attendre à tout et ne s'étonner de rien ; témoin le merveilleux coup double que fit, il y a quelque vingt ans, notre confrère en Saint-Hubert Léon Bertrand, dans les roseaux des étangs de Saclay, sur une Bécassine et

Bécasse.

sur une Biche, et qui plus est, sur une Biche qui portait au col une faveur rose.

Si, comme je le suppose, vous chassez avec un fusil à système, le seul convenable pour la chasse au marais, parce qu'il est le seul qui se charge aisément lorsque le tireur a de l'eau jusqu'aux genoux, vous aurez une cartouche du plomb numéro 8 ou numéro 9 dans le coup droit, et dans le coup gauche, une cartouche de numéro 6. Non-seulement cette dernière suffira pour parer à la plupart des éventualités que je vous signale, mais vous l'utiliserez encore, soit sur les Bécassines qui se lèvent ou qui passent à plus de trente mètres de vous,

Bécassine sourde.

soit pour redoubler à longue portée sur ceux de ces oiseaux qui auront échappé à votre premier coup.

À son départ, et en prenant sa direction, la Bécassine exécute deux, quelquefois trois crochets assez brusques, assez rapides pour dérouter des chasseurs partout ailleurs très-habiles : quelques auteurs recommandent d'attendre, pour faire feu, qu'elle ait achevé de prendre son essor ; d'autres admettent qu'on peut la tirer pendant ces crochets. Je pense qu'il ne saurait y avoir de règles sur ce point. Si l'oiseau est rapproché du tireur, il n'y a nul inconvénient à le laisser filer, puisqu'un seul grain des plus petits plombs suffit, le plus souvent pour l'arrêter ; si, au contraire, la Bécassine est partie à distance, il me semble qu'il faut lâcher la détente aussitôt qu'elle se présente devant le guidon et sans se soucier des irrégularités de son vol.

Il en est du tir de la Bécassine comme de celui du Lapin, on n'y excelle qu'à la longue et à la suite d'une pratique continue ; les supériorités qui s'y produisent me paraissent, en outre, le résultat d'aptitudes spéciales, qui sont un don du ciel. On naît tireur de Bécassines comme on naît poëte, comme on naît rôtisseur. Toussenel affirme que ces mortels privilégiés sont marqués d'un signe particulier au visage ; je ne leur ai point vu d'auréole, mais j'y crois. Chez ceux que j'ai rencontrés, le coup de fusil est, pour ainsi dire, instinctif ; aux doux frissons de l'air fouetté par l'aile de l'oiseau, une sorte de commotion électrique jetait l'arme à l'épaule, le coup était parti avant que le chasseur eût songé à viser, et vingt fois, trente fois de suite, la Bécassine était ployée. Je suis assez fier de pouvoir affirmer que ce sont à peu près là les seuls de mes semblables que j'aie toujours considérés avec une basse envie.

Le marais doit se battre aussi méthodiquement et avec le même soin que les remises de la plaine ; la Bécassine ordinaire se lève aisément, souvent trop aisément, cependant elle a ses caprices. Quant à la Sourde, si votre Chien a passé près d'elle sans l'éventer, vous lui marcherez sur les pattes avant qu'elle se décide à détaler.

Les passages du printemps sont à peu près aussi abon-

Chasse à la Bécassine dans les tourbières.

dants que ceux de l'arrière-saison, mais à cette époque la Bécassine a perdu l'aimable embonpoint qui faisait d'elle un des plus exquis de nos gibiers ; elle n'est plus que l'ombre de ce qu'elle était quelques mois auparavant, et le chasseur fera œuvre pie en la respectant, en la laissant aux soins de la reproduction qui la réclament ; cette magnanimité est d'autant plus nécessaire que, je le répète, l'espèce s'amoindrit dans des proportions inquiétantes, que nous ne sommes plus au temps où Belon pouvait dire en parlant d'elle : « C'est un gibier si fréquent en temps d'hiver, que nous n'avons quasi vu rien de plus commun par les plaines des pays méditerranés ; » qu'en face de cette animation flagrante, il serait peut-être prudent d'étendre à la Bécassine la protection dont la loi couvre la propagation des oiseaux indigènes, c'est-à-dire de prononcer la clôture de la chasse au marais à l'époque à laquelle commence la pariade des oiseaux qui le traversent ou l'habitent.

Tout a été dit sur les mérites transcendants de la chair de la Bécassine, et je n'apprendrais rien de nouveau à nos lecteurs en les célébrant à mon tour ; je ne leur ferai pas l'injure de supposer qu'ils ignorent qu'elle ne se vide pas plus que la Bécasse, et que ses intestins, étalés sur une rôtie croustillante et dorée, constituent une de ces friandises de gastronomie qu'un homme qui se respecte doit savourer avec le recueillement dont elle est digne.

On prétend que la Sourde est un mets plus délicat encore que la Bécassine ordinaire ; je ne me prononcerai pas : la nuance est difficile à saisir ; et je suis convaincu que devant le jury dégustateur auquel on soumettrait la question, la cause ne serait jamais entendue et le procès éternellement à revoir.

F. de Cherville.

Paris. — Imprimerie Wissener et Ce, rue Delaborde, 12.

LES TROIS RÈGNES DE LA NATURE

LECTURES D'HISTOIRE NATURELLE.

27 mai 1865. N° 74. — 15 centimes.

Ce Recueil paraît une fois par semaine. — On s'abonne à Paris, à la Librairie L. HACHETTE et Cⁱᵉ, boulevard Saint-Germain, n° 77. Les abonnements se prennent du 1ᵉʳ de chaque mois. — Paris, six mois, 4 fr.; un an, 8 fr. — Départements, six mois, 5 fr.; un an, 10 fr.

LES CANARDS SAUVAGES (3ᵉ *article*). — *Canard Morillon.* — *Tadorne.* — *Eider.* — *Macreuses.* — *Canard musqué.* — *Harles.*

CANARD MORILLON. *Anas fuligula.* Linné.

Le *Morillon* ou *petit Pilet* a plus d'un point de ressemblance avec le Garrot. Son œil est jaune comme celui de ce dernier, mais d'un ton tirant sur le verdâtre : il est de plus petite taille encore, blanc et noir comme lui ; mais chez le Morillon, le noir domine et prend des reflets métalliques aussi bien sur le corps que sur la tête. Il se distingue du Garrot par son bec large, légèrement recourbé à son extrémité et d'un gris bleuâtre ; par ses pieds, qui sont noirs en dehors, rougeâtres en dedans, aussi bien que leurs membranes ; par une huppe qui part du sommet de la tête et descend sur son col ; chez le Morillon, le ventre et le haut des épaules seuls sont blancs ; les ailes noires sont coupées par une bande blanche. La femelle n'a point de huppe, et ses nuances sont toujours plus effacées et sans reflets.

Le Morillon se trouve en hiver sur la plupart de nos étangs et de nos rivières ; il hante non-seulement les marais de nos côtes, mais la mer, et les pêcheurs le prennent quelquefois dans les filets qu'ils ont préparés pour les Macreuses. Comme le Milouin et le Garrot, le Morillon marche mal et avec peine ; mais aussi il est excellent nageur, et sait, presque aussi bien que le Plongeon, éviter le coup de fusil en disparaissant sous les eaux. Il n'est pas extrêmement farouche, on l'aborde aisément sur les étangs. Lorsqu'il a été levé, il est bon de suivre la direction qu'il va prendre, car il ne fait jamais de longues volées et se remet souvent à peu de distance.

CANARD TADORNE. *Anas tadorna.* Linné.

De toutes nos espèces de Canards, voici la plus remarquable par sa taille, par la beauté et l'élégante variété de son plumage, et par ses singulières habitudes de nicher sous terre, habitude que l'on ne retrouve, je crois, que chez deux autres oiseaux, l'Hirondelle de rivages et le Martin-Pêcheur. Les anciens connaissaient le Tadorne sous le nom de *Vulpanser* — Oie-Canard. — Tous l'ont décrit. Il était au nombre des Oiseaux sacrés de l'Égypte ; il figure dans les hiéroglyphes, où il représente le dévouement de la mère à son enfant ; en effet, Ælien attribue au Vulpanser l'instinct de s'offrir au chasseur pour le détourner de ses petits, et l'assertion d'Ælien est fondée. Aristote parle du Tadorne comme d'un oiseau que les Grecs élevaient en domesticité ; Athénée classe ses œufs au second rang pour la délicatesse, et Pline vante l'excellence de sa chair : « *Suaviores epulas, olim, Valpansere non noverat Britannia.* »

Le Tadorne est plus gros et plus haut jambé que le Canard ordinaire ; son bec rouge, et dont l'onglet et le tour des narines est noir, présente une forme particulière : fortement cintré dans sa partie supérieure, se creusant en concavité près de sa racine, il se relève horizontalement à son extrémité, de façon à former une sorte de cuillère arrondie et circulairement bordée d'une rainure assez profonde. Bien que le plumage du Tadorne ne se compose que de trois nuances, le noir, le blanc et le jaune cannelle, il est du plus grand éclat, en raison de l'opposition de tons qui résulte de leur juxta-

CANARD TADORNE. *Anas tadorna.* Linné.

position. Sa tête est revêtue d'un capuchon d'un noir lustré de vert, qui s'arrête à moitié du col, au-dessus d'un collier d'un blanc pur; une bande cannelle, qui va en s'élargissant, part du dos et descend sur la poitrine, où elle forme plastron; au-dessus des ailes et de chaque côté du dos, dont le fond est blanc, s'étend une bande noire; les ailes sont noires, nuancées de vert brillant sur leur milieu; le bord externe des pennes voisines du corps est d'un jaune cannelle, le bord interne blanc; la nuance cannelle se retrouve au bas-ventre; l'iris est brun, les pieds et leurs membranes couleur de chair; la base du bec est garnie, à l'époque des pariades, d'un tubercule rouge sanguin, qui s'efface et diminue de volume dans le cours de l'été. La femelle a la livrée du mâle, mais ses nuances sont plus ternes et sans reflets; elle est aussi plus petite que celui-ci.

Le Tadorne se rencontre rarement dans l'intérieur des terres, et seulement à l'époque des passages, ou lorsque quelque tempête a tourmenté les côtes où il se tient pendant l'hiver, où il niche pendant l'été. L'espèce n'est pas particulière à l'Europe; on la retrouve en Amérique, sur les mers Australes, comme sur l'océan Boréal; à son second voyage, Cook a observé le Tadorne sur la terre de Diémen. Comme il s'habitue aisément à la captivité, il est appelé à devenir un des plus beaux ornements de nos pièces d'eau; les lacs de nos bois parisiens, les bassins des Jardins des Plantes et d'Acclimatation en montrent plusieurs exemplaires, qui font assaut de familiarité pour obtenir quelques miettes de pain des promeneurs.

M. Baillon a fourni à Buffon des notes très-intéressantes sur les habitudes souterraines du Tadorne; nos lecteurs nous sauront gré de reproduire des observations qui révèlent un instinct supérieur chez cet oiseau.

« Le printemps, dit-il, nous amène des Tadornes, mais toujours en petit nombre. Dès qu'ils sont arrivés, ils se répandent dans les plaines de sable dont les terres voisines de la mer sont ici couvertes; on voit chaque couple errer dans les garennes qui y sont répandues, et y chercher un logement parmi ceux des Lapins. Il y a vraisemblablement beaucoup de choix dans cette espèce de demeure, car ils entrent dans une centaine avant d'en trouver une qui leur convienne. On a remarqué qu'ils ne s'attachent qu'aux terriers qui ont au plus une toise et demie de profondeur, qui sont percés contre des ados ou monticules, et en montant, et dont l'entrée, exposée au midi, peut être aperçue du haut de quelque dune fort éloignée.

« Les Lapins cèdent la place à ces nouveaux hôtes, et n'y rentrent plus.

« Les Tadornes ne font aucun nid dans ces trous; la femelle pond ses œufs sur le sable nu; et lorsqu'elle est à la fin de sa ponte, qui est de dix à douze pour les jeunes, de douze à quatorze pour les vieilles, elles les enveloppe d'un duvet blanc, très-soyeux et très-épais dont elle se dépouille.

« Pendant la durée de l'incubation, qui est de trente jours, le mâle reste assidûment sur la dune; il ne s'en éloigne que pour aller, deux ou trois fois dans le jour, chercher sa nourriture dans la mer. Le matin et le soir, la femelle quitte ses œufs pour le même besoin : alors le mâle entre dans le terrier surtout le matin, et lorsque la femelle revient, il retourne sur sa dune.

« Dès qu'on aperçoit au printemps un Tadorne ainsi en vedette, on est assuré d'en trouver le nid; il suffit pour cela d'attendre l'heure où il va au terrier. Si cependant il s'en aperçoit, il s'envole du côté opposé, et va attendre sa femelle à la mer. En revenant, ils volent au-dessus de la garenne, jusqu'à ce que ceux qui les inquiètent se soient retirés.

« Dès le lendemain du jour de l'éclosion des canetons le père et la mère conduisent les petits à la mer et s'arrangent de manière qu'ils y arrivent ordinairement lorsqu'elle est dans son plein. Cette attention procure aux petits l'avantage d'être plustôt à l'eau, et de ce moment, ils ne paraissent plus à terre. Il est difficile de concevoir comment ces oiseaux peuvent, dès le premier jour de leur naissance, se tenir sur un élément dont les vagues en tuent souvent de vieux de toutes les espèces.

« Si quelque chasseur rencontre la couvée dans ce voyage, le père et la mère s'envolent; celle-ci affecte de culbuter et de tomber à cent pas; elle traîne sur le ventre en frappant la terre de ses ailes, et par cette ruse attire vers elle le chasseur.

« Les petits Tadornes ont en naissant le dos blanc et noir et le ventre très-blanc; bientôt ils perdent cette première livrée et deviennent gris; alors le bec et les pieds sont bleus. Vers le mois de septembre ils commencent à prendre leurs belles plumes, mais ce n'est qu'à la seconde année que leurs couleurs ont acquis tout leur éclat.

CANARD EIDER. *Anas mollissima.* Linné.

C'est ce magnifique oiseau qui fournit ce duvet si doux, si léger et si chaud, connu sous le nom d'Eider-don ou duvet d'Eider, et qu'on a désigné ensuite sous le nom d'édredon. L'histoire de ce Canard, dit Audubon (1), doit être un objet de grand intérêt pour quiconque s'occupe de l'étude de la nature : la forme déprimée de son corps, la singulière configuration de son bec, la couleur remarquable de son plumage, le prix de son duvet comme article de commerce, tout, jusqu'aux lieux où on le trouve, mérite de fixer notre attention; aussi tâcherai-je de ne rien laisser ignorer de ce qui le concerne, en tant du moins que j'ai pu m'en instruire par mes propres observations.

D'après l'ornithologiste Degland, l'Eider habite les régions du cercle arctique, l'Islande, le Groënland, le Spitzberg, Terre-Neuve, etc., et il est de passage en France et en Allemagne; mais, le plus ordinairement, les Eiders que l'on voit chez nous et sur les lacs de la Suisse sont des femelles, des jeunes ou des mâles en mue.

(1) *Scènes de la nature,* traduction par E. Bazin.

Audubon, auquel nous allons encore emprunter quelques observations, dit que l'Eider arrive sur les côtes de Terre-Neuve et du Labrador vers le 1er mai, une quinzaine avant que les eaux du golfe de Saint-Laurent soient libres de glaces. On n'y en voit aucun durant l'hiver; et les rares habitants de ces contrées saluent avec joie leur apparition, parce qu'elle leur annonce le retour de la saison nouvelle. À ce moment, ils passent en longues files, quelques pieds seulement au-dessus de la glace ou de la surface des eaux, longeant les rives élevées et le bord des baies intérieures et des îles, comme s'ils cherchaient à retrouver les lieux où ils ont niché, ou peut-être ceux dans lesquels l'année précédente ils sont eux-mêmes éclos. Ils se tiennent alors par couples et semblent être dans leur plumage complet. Au bout de quelques jours, qu'ils emploient à se reposer sur les rivages faisant face au sud, la plupart gagnent les îles qui bordent la côte; les autres cherchent où établir leurs nids, soit dans les crevasses des rochers, soit sur la lisière des bois de pins rabougris, sans qu'aucun s'avance à plus d'un mille dans l'intérieur. Comme je l'ai dit, ils ne vont alors que par couples, et commencent bientôt à bâtir.

Au Labrador, c'est vers la dernière semaine de mai qu'ils commencent à travailler à leurs nids. Quelques-uns sont construits sur des îles, à côté de maigres touffes d'herbe; d'autres, sous les basses branches des pins, et là on en trouve cinq, six, et quelquefois huit ensemble, sous le même buisson. Beaucoup sont placés sur la pente des rochers qui se projettent à quelques pieds au-dessus de la limite des hautes eaux; mais jamais personne de ma société, y compris les matelots, n'en a vu à une grande élévation. Enfoncés en terre autant que possible, ils se composent d'herbes marines, de mousses et de brindilles sèches, croisées et entrelacées avec assez de soin, pour donner un air de propreté à la cavité centrale, qui n'excède guère cinq pouces en diamètre. La ponte commence aux premiers jours de juin, et tant qu'elle dure, le mâle ne quitte pas sa femelle. Les œufs, déposés sur la mousse et les herbes, sans aucun duvet, sont généralement au nombre de cinq à sept, et beaucoup plus gros que ceux du Canard domestique. La coquille, lisse et d'une forme ovale et régulière, présente une couleur uniforme d'un vert olive pâle. La durée de l'incubation ne m'est pas exactement connue. Lorsqu'on laisse la femelle tranquille et que ses œufs ne sont ni ravis ni détruits, elle ne niche qu'une fois par saison; et du moment qu'elle se met à couver, le mâle l'abandonne. À peine a-t-elle fini de pondre, qu'elle commence à s'arracher un peu de duvet de dessous le ventre, et répète chaque jour la même opération. Elle étend ce duvet autour et au-dessous des œufs, et quand elle quitte le nid pour aller manger, elle les en recouvre, précaution suffisante, sans doute, pour les maintenir chauds, mais qui ne les garantit pas de tout danger: le grand Goéland à manteau noir, écartant le léger édredon, sait bien les trouver et les sucer.

Dès que les petits sont éclos, la mère les mène à l'eau,

n'y en eût-il qu'à un mille de là, et dût la traversée être pleine de difficultés pour elle-même comme pour sa jeune famille. Quand il arrive que le nid se trouve sur des rochers dominant l'eau, l'Eider, ainsi que le Canard huppé, prend ses petits l'un après l'autre dans son bec, et les dépose doucement sur leur élément favori. Je désirais beaucoup trouver un nid placé au-dessus d'un lit de mousse ou d'autres plantes, pour voir si la mère les laisserait tomber d'eux-mêmes de cette hauteur, ce que le Canard huppé ne craint pas de faire en pareil cas; mais malheureusement je manquai d'occasion pour m'en instruire. On ne peut se figurer tous les soins qui, pendant quelques semaines, sont prodigués à ces pauvres petits. La femelle Eider les range autour d'elle avec sollicitude, et les conduit aux eaux peu profondes, où ils apprennent à se procurer la nourriture en plongeant; parfois, quand ils sont fatigués et trop loin du rivage, elle s'enfonce sous l'eau et les reçoit sur son dos où ils se reposent quelques minutes. À l'approche de leur cruel ennemi, le grand Goéland, elle bat l'eau de ses ailes et la fait rejaillir de tous côtés, comme pour l'étourdir ou l'aveugler, et se dérober plus facilement à sa vue; alors, à un cri particulier qu'elle pousse, les petits plongent dans toutes les directions, tandis qu'elle tâche d'attirer le danger sur elle seule, en feignant d'être blessée. D'autres fois, elle s'élance hors de l'eau sur l'agresseur, et souvent avec tant de force et de courage, que lui-même, honteux et battu, se trouve heureux de pouvoir en être quitte en s'échappant. Alors elle revient se poser près des rochers parmi lesquels elle espère rejoindre sa famille que son doux appel a bientôt réunie à ses côtés. Plusieurs fois, j'ai vu deux femelles s'attacher l'une à l'autre, sans doute pour assurer une protection plus efficace à leur chère couvée; et il est rare, en effet, qu'en face de cette alliance défensive, le Goéland se hasarde à assaillir ces mères prudentes.

Quand ils ont une semaine, les petits sont d'un gris de souris foncé, et chaudement recouverts d'un duvet doux et épais. Leurs pieds, à cet âge, paraissent proportionnellement très-grands et forts. Vers le 20 juillet ils étaient tous éclos et croissaient rapidement. Ils n'avaient encore qu'une quinzaine de jours, que déjà on ne pouvait les prendre qu'avec peine, si ce n'est lorsqu'il faisait grand vent, et qu'ils abandonnaient la mer, pour se réfugier à l'abri des rochers, dans les eaux basses de quelques baies. On peut aisément les élever, pourvu cependant qu'on en ait le soin convenable. Ils s'apprivoisent très-bien et s'attachent au lieu spécial qu'on y réservé pour eux.

Audubon ne fait pas de doute que cette espèce, si on parvenait à la domestiquer, ne fût une excellente acquisition, tant sous le rapport de ses plumes et de son duvet, que pour sa chair comme article de table; et il est persuadé qu'on obtiendrait, sans trop de difficulté, ce résultat si désirable. En captivité, l'Eider se nourrit de diverses espèces de grains, ainsi que de farine trempée, et sa chair alors devient délicieuse.

Lorsque la femelle est surprise sur son nid, elle s'enlève d'un seul coup d'aile; mais lorsqu'elle voit l'ennemi à une certaine distance, elle commence par faire quelques pas, puis s'envole. Qu'on passe auprès d'elle sans l'apercevoir, ce qui peut très-bien arriver, quand le nid est placé sous les branches rampantes d'un arbre nain, elle ne bouge pas, lors même qu'elle vous entendrait causer. Souvent on a ainsi trouvé des nids en levant

CANARD GLOUSSANT. *Anas glocitans*. Pallas.

CANARD EIDER, variété.

CANARD CASARCA. *Anas casarca*. Linné.

CANARD SIFFLEUR HUPPÉ. *Anas rufina*. Pallas.

CANARD MACREUSE. *Anas nigra*. Linné.

les branches des pins; et l'on n'était pas moins surpris que le Canard, qui partait tout à coup en poussant un grand cri. Dans ce cas, on le voyait parfois se reposer à quinze ou vingt mètres, puis marcher boitant et traînant les ailes, comme pour attirer l'ennemi à sa suite. Plus souvent cependant ils volaient à la mer, où, réunis en troupes nombreuses, ils attendaient que leurs importuns visiteurs fussent éloignés. Quand nous en poursuivions sur notre bateau, et qu'ils avaient leur famille autour d'eux, ils nous laissaient venir à portée de tirer ; et alors, feignant d'être fatigués ou malades, ils semblaient faire effort pour s'envoler, battant l'eau de leurs ailes à demi ouvertes, tandis que les petits plongeaient ou couraient à la surface avec une agilité merveilleuse, puis, au bout de cinquante ou soixante mètres, s'enfonçaient tout à coup sous l'eau, pour ne repa-

HARLE BIÈVRE. *Mergus merganser*. Linné.

CANARD TADORNOIDE. *Anas tadornoides*. Gould.

CANARD MARCHAND. *Anas perspicillata*. Linné.

HARLE PIETTE. *Mergus albellus*. Linné.

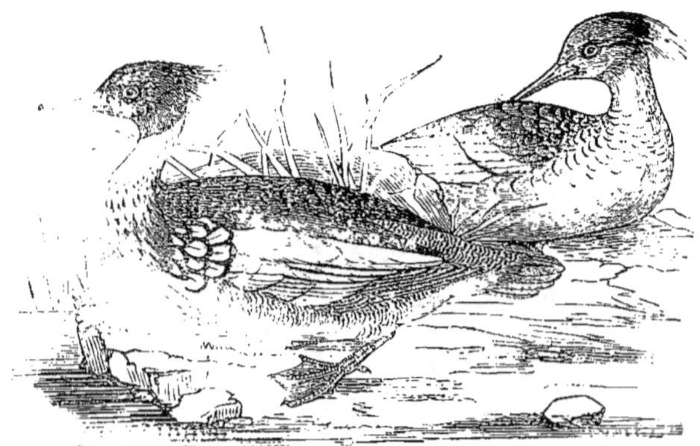

HARLE HUPPÉ. *Mergus serrator*. Linné.

raître qu'une minute et par intervalles. Dès l'instant que la couvée était dispersée, la mère prenait son essor ; et là se terminait notre chasse.

Le vol des Eiders est ferme et puissant. Ils s'avancent fréquemment en battant des ailes, et faisant onduler leurs files, suivant les inégalités mêmes de la surface des vagues au-dessus desquelles ils passent à la hauteur de quelques mètres, et rarement à plus d'un mille du rivage. On s'est assuré que la rapidité de leur vol était d'environ quatre-vingts milles par heure.

Ils plongent avec une agilité remarquable, peuvent rester longtemps sous l'eau, et vont souvent chercher leur nourriture à une profondeur de huit à dix brasses, sinon plus. Cependant, lorsqu'ils sont blessés, ils s'épuisent bientôt par suite des efforts qu'ils font pour plonger, et un bateau bien manœuvré peut les gagner de vitesse en une demi-heure. Il en est de même quand ils commencent à se fatiguer, car alors ils nagent presque à fleur d'eau, et on les tue facilement d'un coup de perche ou d'aviron.

Il faut une bonne charge pour tuer un Eider, et l'on en vient à bout plus facilement pendant que l'oiseau est en l'air que lorsqu'il nage. Sur le rivage, il vous voit venir de très-loin, et s'envole avant que vous soyez à sa portée. Parfois vous pourrez le surprendre, tandis qu'il nage sous de grands rochers; et si vous vous y prenez bien, vous aurez grande chance de le tuer; mais lorsqu'il vous a d'abord aperçu, il plonge si vite que, pour cette fois, vous pouvez dire que votre coup est manqué.

Macreuses ou Fuligules.

Macreuse commune. *Anas nigra*. Linné.

Nous avons dit, au commencement de ces articles, que le Canard était une espèce de transition qui avait servi à la nature à ménager, par une gradation insensible, le passage de l'ordre des Poissons à celui des Oiseaux, en même temps que l'Ornithorhynque, le Casoar et l'Autruche devenaient les liens par lesquels elle rétablissait l'unité entre les Oiseaux et les Mammifères; dans aucune espèce du genre, ce caractère intermédiaire n'est aussi sensible que dans la Macreuse. Chez la Macreuse, l'organisme de l'Oiseau se complique d'aptitudes à nager et à voler que l'on ne rencontre à égal degré que chez des Poissons; fille des eaux, elle passe sa vie à leur surface, sommeille bercée sur la crête des vagues, et va chercher sa nourriture dans les profondeurs de l'océan. Les autres Canards se plaisent autant à sillonner les espaces infinis de l'atmosphère que les ondes; pour eux la navigation est le repos, le vol reste la jouissance âpre et profonde. Pour la Macreuse, les ailes ne sont qu'un appendice de l'appareil de locomotion par excellence, les rames trapues et puissantes; elle ne s'en sert que pour fuir un danger pressant ou pour se transporter un peu plus rapidement d'un point sur un autre, mais toujours comme à regret et en rasant de ses pattes pendantes cette mer dont elle ne se décide point à se séparer. Quant à la terre, elle

la dédaigne bien autrement : elle ne se résigne à la toucher que lorsqu'une tempête inclémente la pousse malgré elle au rivage, ou lorsque la grande voix de la nature lui dit au printemps que l'heure est venue de chercher pour son nid des assises moins compromettantes que le flot sur lequel elle se balance. La poétique des anciens avait bien le sentiment de cette existence exclusivement aquatique, lorsqu'elle faisait naître la Macreuse dans un coquillage ou dans les épaves pourries de quelque navire naufragé.

La taille de la Macreuse approche de celle du Canard ordinaire, mais elle est plus courte et plus ramassée. Le plumage est d'un beau noir chez le mâle; d'un noir mal teint chez les vieilles femelles, complétement gris chez les femelles de l'année, ce qui a valu à ces dernières, en Picardie, le surnom de *Grisettes*. Le mâle se distingue encore par deux tubercules jaunes et rouges placés à la base du bec, et par le renflement de cette partie; les paupières sont de cette même couleur; les pieds et les ongles sont d'un brun noirâtre.

Les Macreuses arrivent sur nos côtes vers le mois d'octobre par des vents du nord et du nord-ouest, et en troupes innombrables; elles se tiennent tantôt au large et tantôt à la côte, suivant l'aire dans laquelle souffle le vent. Vues à une certaine distance, ces bandes prodigieuses apparaissent comme de larges taches noires sur l'océan; l'effet est d'autant plus étrange, que, par instant, on cesse complétement de les apercevoir,

parce qu'elles ont l'habitude de plonger presque simultanément pour aller chercher sur les hauts-fonds les coquillages et les petits Crustacés qui composent leur nourriture. Méfiantes et rusées, elles se laissent difficilement approcher, surtout par un temps calme; la Macreuse est encore au nombre des gibiers que l'Église autorisait en temps d'abstinence; l'exception est cette fois parfaitement justifiée, car sa chair est si coriace, d'un goût si platement marécageux, qu'il n'y a point pire pénitence que d'être condamné à en manger.

Double Macreuse. *Anas fusca*. Linné.

La *double Macreuse* ou *grande Macreuse* se trouve quelquefois sur les côtes de la Picardie et de la Normandie; elle est d'une taille presque double de celle de la Macreuse ordinaire; elle a une tache blanche de chaque côté de l'œil, et sur l'aile une bande blanche, faisant miroir; enfin, elle diffère encore de la Macreuse par les couleurs jaune en dedans et rouge en dehors de ses pieds, et par le noir de ses ongles et des membranes qui unissent ses doigts.

La *Macreuse à large bec*, très-commune à la baie d'Hudson et à toutes les latitudes américaines, se montre quelquefois sur les côtes de l'Angleterre pendant l'hiver; elle aborde la terre avec beaucoup moins de répugnance que la Macreuse ordinaire, descend dans les prairies dont elle pait l'herbe à la façon des Oies. Elle est de la grosseur du Canard ordinaire; elle diffère des deux espèces précédentes par son bec largement aplati à son extrémité et bordé d'un filet de couleur orangée qui, remontant jusqu'aux yeux et les entourant, figure assez bien une paire de lunettes d'or.

CANARD MUSQUÉ. *Anas moschata*. Linné.

L'Europe ne connaît généralement cette espèce qu'à l'état domestique. S'il fallait s'en rapporter aux surnoms qui lui ont été appliqués pour déterminer son origine, notre embarras ne serait pas médiocre. Belon l'appelle *Canard de Guinée*; Aldovrande, qui prétend qu'on les apportait du Caire en Italie, les désigne le nom de *Canards de Barbarie* ou de *Lybie*; Albin le nomme *Canard de Moravie*; Gessner et Salerne, *Cane d'Inde*; cette dernière appellation semble seule justifiée; le Canard musqué vient du Brésil,

CANARD PONCTUÉ. *Anas punctata*. Gould.

il a été importé chez nous au XVIᵉ siècle. C'est un magnifique oiseau, au plumage noir, à reflets métalliques sur le dos, et coupé d'une large tache blanche sur la couverture des ailes; il se caractérise dans la saison des pariades, par une large plaque de peau, d'un rouge éclatant, qui couvre ses joues, s'étend autour des yeux et vient former sur la racine du bec une caroncule que Belon compare à une cerise, et par le bouquet de plumes qui forme huppe derrière sa tête. La femelle n'a ni huppe ni caroncule. Le Canard musqué est à peu près de la grosseur d'une Oie sauvage; il est bas sur pattes, ses pieds sont épais, leurs ongles sont gros, celui du doigt inférieur est recourbé; la mandibule supérieure du bec est dentelée, elle se termine par un onglet très-tranchant. La variété albine est commune dans cette espèce.

Les Canards musqués existent au Brésil et dans les savanes noyées de la Guyane : « Ils nichent, dit Buffon, sur des troncs d'arbres pourris, et la mère, aussitôt que les petits sont éclos, les prend l'un après l'autre avec le bec et les jette à l'eau, où les Caïmans en font de très-grandes destructions. » Ils sont, paraît-il, très-méfiants et se laissent difficilement approcher.

Le Canard musqué domestique devient familier, cependant sa servitude est trop récente pour avoir complètement oblitéré ses instincts d'indépendance. Dans une basse-cour, il est aussi remarquable par la majestueuse gravité de ses allures que par la supériorité de sa taille. A défaut de femelles de son espèce, il se rapproche des autres Canards, surtout dans la saison des pariades; mais, aussitôt que la toute-puissante influence du printemps a cessé de se faire sentir, il s'isole volontiers de ses compagnons de captivité. Si on le laisse libre, il ira chercher la rivière à des distances assez considérables, passera une partie de la journée tantôt à donner la chasse aux petits Poissons, à récolter le frai, dont il est très-friand, tantôt à regarder couler l'eau dans une attitude mélancolique et recueillie, et, le soir venu, il reviendra ponctuellement à son gîte.

Comme je viens de le dire, il se croise aisément avec les Canards ordinaires et produit des métis très-remarquables par le développement de leurs proportions, autant que par la supériorité de leurs qualités alimentaires. Buffon vante l'excellence de la chair du Canard musqué : elle peut effectivement paraître telle aux indigènes de l'Amérique, que l'usage de la viande de Caïman a familiarisés aux senteurs du musc, mais elle excitera toujours une certaine répugnance chez les estomacs qui n'ont point été soumis à cette alimentation préparatoire.

CANARD DE LA VALLISNÉRIE. *Anas Valisneria*. Wilson.

Le *Canard de la Vallisnérie*, est le *Canvas-Back* ou Canard-Cheval des Américains, dont M. Charles Bonaparte a fait le sous-genre *Oxyura*, à cause de sa queue pointue. Voici ce que le capitaine Mayne-Reid dit de ce Canard, l'espèce la plus estimée des Américains : « Nul n'a plus grande réputation parmi les chasseurs et les gourmands. Sa chair, délicate et savoureuse, est universellement appréciée, et les amateurs de bonne chère la mettent au-dessus de celles de toutes les créatures ailées, à l'exception peut-être de l'Ortolan et du Faisan des prairies.

« Le Canvas-Back n'est pas de grande taille, son poids dépasse rarement trois livres. Il a la tête couleur marron foncé et la gorge noire, tandis que le dos et la couverture des ailes présentent une surface d'un gris bleuâtre, rayée et tachetée de façon à ressembler, très-imparfaitement cependant, à un tissu de toile, et c'est là ce qui lui a valu le surnom populaire de Canvas-Back, dos de toile à matelas.

« Le Canvas-Back est un oiseau de passage, comme la plupart des oiseaux aquatiques d'Amérique. Il descend, à l'automne, des environs de la baie d'Hudson, et il regagne ces régions septentrionales au printemps. Dans son passage aux États-Unis, on ne le rencontre que rarement sur les lacs d'eau douce; la vaste baie de Chesapeake est sa station favorite. Près de l'embouchure des rivières qui se jettent dans cette baie, on rencontre des flaques d'eaux stagnantes, favorables à la production d'une certaine plante du genre *Vallisneria*, graminée oléagineuse qui s'élève de plusieurs pieds hors de l'eau, se couvre de feuilles d'un vert foncé, et dont la racine est blanche et tendre. Le Canvas-Back se nourrit exclusivement de cette racine, à laquelle une certaine ressemblance de forme et de saveur a fait donner le nom de céleri sauvage. »

Le vol des Canards de la Vallisnérie, ajoute Audubon, bien que rappelant par sa pesanteur celui de nos plus grosses espèces de mer, est puissant, rapide, par moments très-élevé et bien soutenu; ils nagent enfoncés dans l'eau, surtout quand ils redoutent quelque danger, et probablement pour être toujours prêts à disparaître en plongeant, exercice auquel ils sont des plus experts; ils fendent l'eau avec une extrême agilité, mais se meuvent lourdement sur terre. Toutes les grosses

CANARD EIDER. *Anas mollissima.* Linné.

espèces de Canards cherchent la pâture de compagnie, mais se séparent quand elles s'envolent.

HARLES. — Les Harles diffèrent des Canards par un bec cylindrique, effilé, dentelé en scie sur ses bords et par des formes généralement plus sveltes. Le nom ancien de Mergus, donné à ces oiseaux, vient de ce qu'ils ont presque toujours le corps sous l'eau lorsqu'ils nagent, et ne laissent que leur cou et leur tête hors de l'eau. Les Harles, se nourrissant exclusivement de Poisson, viennent rarement à terre où rien ne les attire; ils nagent avec une grande rapidité, plongent souvent, peuvent rester fort longtemps submergés et ne reparaissent à la surface que loin du point où ils ont plongé. Les dentelures de leur bec étaient indispensables pour serrer et retenir la proie glissante qu'ils viennent de saisir. Leurs membres postérieurs, placés encore plus en arrière que chez les Canards, décèlent leur plus grande aptitude pour la vie aquatique. Ils ont d'ailleurs à peu près les mêmes habitudes que les Canards, et, à part une plus grande sauvagerie, tout ce que nous avons dit des uns peut s'appliquer aux autres.

On ne connaît qu'un petit nombre d'espèces de Harles; nous citerons le Harle bièvre ou grand Harle, *Mergus merganser* de Linné, à huppe courte et touffue; le Harle huppé, *Mergus serrator*, Linné, à huppe longue et composée de plumes effilées; le Harle couronné, *Mergus cucullatus*, Linné, à huppe formée de deux rangées de plumes relevées en disque; enfin le Harle piette, petit Harle ou Nonnette, *Mergus albellus*, Linné, à huppe plus reculée vers l'occiput.

(La suite prochainement.)

Paris. — Imprimerie WIESENER ET Cᵉ, rue Delaborde, 12.

3 Juin 1865.   N° 75. — 15 centimes.

Ce Recueil paraît une fois par semaine. — On s'abonne à Paris, à la Librairie L. Hachette et Cie, boulevard Saint-Germain, n° 77. Les abonnements se prennent du 1er de chaque mois. — Paris, six mois, 4 fr.; un an, 8 fr. — Départements, six mois, 5 fr.; un an, 10 fr.

DES SENS CHEZ LES OISEAUX.

Le système nerveux des oiseaux est généralement peu développé, et les différences qu'il présente n'ont d'importance qu'autant qu'on compare le volume du cerveau à celui du corps dans les divers ordres de la classe. Cette comparaison donne des proportions très-singulières ; ainsi le cerveau de l'Autruche n'est guère plus gros que celui du Coq. L'Oie et le Dindon ont un cerveau très-petit. Mais la disproportion de l'encéphale avec la masse du corps est surtout remarquable, dit Virey, dans l'ordre entier des oiseaux de rivage, et se

Pic Levaillant. *Picus Levaillanti.* Malherbe.
Mâle, femelle et jeune.

Perroquet masqué. *Eos semilarvata.* Gray.
Perroquet cyanogène. *Eos cyanovena.* Gray.

reconnaît au premier aspect à la petitesse de leur tête ; ce sont aussi les plus sauvages et les moins susceptibles de domesticité. Dans l'ordre des rapaces, la masse cérébrale augmente sensiblement parmi les Faucons, par exemple ; mais toutefois cette augmentation n'est bien appréciable que chez les oiseaux nocturnes, dont la tête est fort volumineuse. Il n'existe que très-peu d'animaux dont la tête ait plus de capacité et dont le cerveau soit plus volumineux que chez les Perroquets, et aussi chez les petits oiseaux granivores et insectivores. Chez eux, la proportion de la masse cérébrale, relativement au poids du corps, est pour le moins aussi forte que chez l'Homme.

L'encéphale, vu par sa partie supérieure, est formé de deux hémisphères, sans circonvolutions et sans corps calleux, grande commissure qui réunit ces hémisphères chez les animaux de la première classe, et de deux couches optiques, du cervelet et de la moelle allongée. La forme des hémisphères varie assez suivant les familles : chez les passereaux, ils sont ordinairement longs et larges, et couvrent tout à fait les lobes optiques. Chez les rapaces, au contraire, ces derniers font saillie sur les côtés et en arrière, et sont remarquables par leur largeur. Chez plusieurs palmipèdes, le Canard, par exemple, ils sont un peu oblongs. Le cervelet n'a qu'un lobe comprimé latéralement, avec un petit appendice sur ses côtés. La moelle épinière se prolonge jusque dans les os coccygiens, et présente, à la hauteur des vertèbres sacrées, un renflement produit par l'écartement de ses cordons postérieurs.

La distribution des nerfs dans les divers organes est la même que dans les autres animaux, et nous n'avons à signaler que le volume assez considérable des nerfs optiques.

L'anatomiste Carus divise les sens en deux classes : ceux qui agissent au contact immédiat de l'objet, et ceux qui agissent à distance et ne sont susceptibles que de perceptions médiates.

La première classe comprend : 1° le *toucher*, sens pour le rapport mécanique de la masse; 2° le *goût*, sens pour le rapport chimique ; 3° le *sens de la chaleur*, pour le rapport thermo-électrique.

La seconde classe comprend : 1° l'*ouïe*, ou sens pour le mouvement interne et la vibration de la masse qui se propage à travers des milieux extérieurs; 2° l'*odorat*, ou sens pour les émanations et les changements de composition d'une masse , dans les milieux qui entourent l'être sentant; 3° la *vue*, ou sens pour la tension photo-électrique de la masse, c'est-à-dire pour celle qui produit la lumière dans les milieux intérieurs.

Si nous examinons chacun de ces sens en ce qui concerne les oiseaux, nous ne les trouvons pas classés dans le même ordre que chez les mammifères, et nous admettons aussi un sixième sens sous le nom de thermo-barométrique ou électrique.

En effet, comme l'a reconnu Buffon, chacun des sens chez l'Homme peut être classé dans l'ordre suivant : le toucher, le goût, la vue, l'ouïe et l'odorat ; tandis que chez l'oiseau les sens sont placés comme il suit : la vue, l'ouïe, le sens thermo-barométrique ou électrique, le toucher, l'odorat et le goût. Nous parlerons d'abord des cinq sens déjà connus, et nous terminerons par ce que nous avons à dire du système nerveux par le sens thermo-électrique.

« Le sentiment, dit Buffon, ou plutôt la faculté de sentir, l'instinct, qui n'est que le résultat de cette faculté, et le naturel, qui n'est que l'exercice habituel de l'instinct, guidé et même produit par le sentiment, ne sont pas, à beaucoup près, les mêmes chez les différents êtres ; ces qualités intérieures dépendent de l'organisation en général, et en particulier de celle des sens. » Or, les diverses facultés dont jouissent les animaux de percevoir les impressions des agents extérieurs sont loin de présenter chez tous, même ceux des classes supérieures, un égal degré de développement, et l'on ne connaît pas d'êtres dont les sens soient tous doués d'une haute perfection. L'Homme lui-même n'en possède, à proprement parler, qu'un seul très-développé : celui du toucher, qui, à la vérité, est aussi délicat que l'imagination peut se le figurer. Chez la plupart des mammifères, c'est l'odorat qui a la priorité sur les autres sens, et il présente chez certains d'entre eux, le Chien, par exemple, son maximum de perfection. Au reste, cette classe d'animaux paraît généralement mieux

douée que celle des oiseaux sous le rapport des fonctions de la vie de relation.

En effet, si, à certains égards, la nature s'est montrée généreuse envers les oiseaux, soit en leur accordant de puissants moyens de locomotion, soit en les munissant d'appareils respiratoires propres à une action énergique, elle les a assez peu favorisés sous le rapport des sens, et la *vue* est chez eux la seule de ces facultés qui soit très-développée. Les plumes recouvrant tout le corps rendent les fonctions du *toucher* presque nulles. Quant au *goût*, s'il est généralement peu délicat, cela tient évidemment au petit nombre de papilles nerveuses réparties sur les divers points de la langue et du palais, organes d'une consistance souvent cartilagineuse et presque cornée. De plus, les glandes parotide et sous-maxillaire' manquent chez les oiseaux, lesquels n'ont d'autres glandes salivaires que les deux sub-linguales, sécrétant un liquide visqueux destiné à faciliter la déglutition. Enfin, la mastication, qui fait une grande partie de la jouissance du goût, manque aux oiseaux. D'ailleurs, des facultés gustatives très-prononcées doivent nécessairement déterminer des goûts plus ou moins manifestes pour telle ou telle nourriture; or, chez des animaux souvent obligés de vivre un peu de tout , comme le sont beaucoup de passereaux, de gallinacés, d'échassiers et de palmipèdes, il fallait que le sens du goût ne pût éprouver des sensations très-délicates. Tout le monde a vu les Poules domestiques, les Pigeons, les Dindons et quelques autres volatiles de nos basses-cours, manifester une égale appétence pour la nourriture animale ou végétale ; et cependant leur appareil digestif est celui d'oiseaux bien plus granivores qu'omnivores. Les Autruches ont les fonctions du goût encore moins parfaites, et semblent en outre dénuées en partie d'un instinct si général chez les animaux, celui de la conservation : elles avalent souvent en assez grande quantité des clous, des cailloux, etc.; c'est avec une véritable avidité qu'elles se saisissent de tous les menus objets blancs ou brillants qu'elles peuvent atteindre. La ménagerie du Muséum a perdu plusieurs de ces oiseaux qui avaient avalé de petits morceaux de verre laissés maladroitement à leur portée.

De ce qui précède, il ne faudrait point cependant conclure à une loi générale, et supposer que tous les oiseaux, sans exception, ne perçoivent les saveurs que d'une manière très-imparfaite. On peut au contraire en citer plusieurs qui paraissent très-bien les distinguer, et, de ce nombre, sont évidemment, en première ligne, les oiseaux à langue musculeuse. Qui n'a remarqué que les Perroquets, par exemple, dont la langue est forte, épaisse, charnue, montrent une préférence non équivoque pour telle ou telle nourriture ? Lorsqu'on leur donne quelque friandise, ils la mangent lentement, la conservent longtemps dans leur bec, semblent la palper de la langue, en un mot, la *goûter* avec satisfaction. D'autres oiseaux à langue moins charnue que celle des Perroquets manifestent néanmoins des goûts plus ou moins marqués dans leur régime alimentaire. Audubon a donné des détails pleins d'intérêt sur la préférence évidente du Pygargue à tête blanche pour la chair du Cygne. Plusieurs oiseaux icthyophages ne pêchent que certaines espèces de poissons, ce qui dénote évidemment chez eux des goûts particuliers. Divers passereaux ne recherchent que telles espèces d'insectes : par exemple, l'Engoulevent, qui fait aux Hannetons une guerre meurtrière, s'attaque de préférence à la petite espèce blonde et velue (*Melolontha solsticialis*) : il les avale tout entiers et l'on trouve souvent de ces scarabées vivants dans son estomac, ainsi que l'a constaté M. Florent Prevost. Le Martin roselin (*Acridotheres roseus*, de Vieillot) ne vit presque que de Sauterelles, surtout de l'espèce désignée par les entomologistes sous le nom de Criquet voyageur (*Acridium migratorium*) : on le rencontre toujours à la suite des bandes innombrables de cet insecte, qu'il accompagne dans ses migrations. Les *Drongos* ne se nourrissent guère que d'Abeilles. Les Scolytes et quelques autres insectes xylophages constituent presque à eux seuls l'alimentation des Pics. Il résulte même des observations de M. Brodrips que certains oiseaux, les *Toucans*, bien que dépourvus d'une langue charnue, et connus au contraire par la singularité de cet organe, — qui, chez eux, est mince et divisé sur les côtés en filaments ressemblant aux barbes d'une plume, — possèdent néanmoins une faculté gustative très-développée. Ce naturaliste anglais rapporte qu'un *Toucan Ariel*, qu'il avait en captivité, témoignait par la vivacité et la bizarrerie de ses mouvements, par un léger frémissement des ailes et un claquement particulier de ses mandibules, qu'il choquait l'une contre l'autre, toute la satisfaction qu'il éprouvait lorsqu'on lui donnait à manger quelque petit passereau vivant. Ayant tué sa proie, il la plumait proprement, apportant dans la préparation de son festin tous les soins d'un gourmet ; puis, afin de mieux déguster sa nourriture favorite, il portait fréquemment contre son palais, à l'aide de sa langue plumeuse, des lambeaux de chair encore palpitants qu'il semblait savourer avec délices.

Peut-être n'est-il pas inutile, en parlant des fonctions du goût, de rappeler que ce n'est point, ainsi que l'ont avancé certains ornithologistes, parce que les Cathartes et quelques autres petits vulturiens préfèrent la chair corrompue, qu'ils attendent souvent qu'un cadavre soit en putréfaction pour le dévorer. Ils n'agissent de la sorte que forcément, et lorsque ce cadavre est celui d'un Bœuf, d'un Cheval ou de tout autre animal à peau trop épaisse et trop résistante pour être entamée par leur bec médiocrement acéré, ils attendent alors que la décomposition ait ramolli ce tégument protecteur. Mais s'ils découvrent quelque plaie sur une partie du corps de leur proie, quelque écorchure de la peau qui leur permette de la déchirer facilement, ils savent très-bien en profiter pour commencer immédiatement leur festin.

Les fonctions de l'odorat chez les oiseaux, bien que généralement plus développées que celles du goût, sont néanmoins très-loin d'avoir la perfection qu'on leur reconnaît chez la plupart des mammifères. Les rapaces, qui, de tous les oiseaux, semblent avoir été le mieux favorisés sous le rapport de l'olfaction, ne perçoivent cependant les odeurs qu'avec une facilité toute relative, et il paraît aujourd'hui démontré que les diverses espèces de Vautours sont rarement attirés par les émanations des cadavres, mais que, doués d'une vue excellente, ils aperçoivent tout simplement leur proie du haut des airs. Ce qu'il y a de certain, c'est qu'on les voit souvent accourir auprès d'un animal mort trop récemment pour répandre quelque odeur putride. Qu'en broutant l'herbe maigre des rochers, une Chèvre ou un Mouton fasse un faux pas et roule au fond d'un précipice, immédiatement, de tous les points de l'horizon surgissent les Vautours affamés, qui, décrivant dans les airs des spirales immenses, viennent successivement s'abattre autour du cadavre mutilé. Là où tout à l'heure pas un de ces voraces oiseaux n'était en vue, il s'en trouve une multitude, vociférant à l'envi en l'honneur du festin qui les rassemble.

La raison du peu de sensibilité de l'odorat chez les oiseaux est du reste tout aussi facile à entrevoir que celle de leur goût et de leur toucher imparfaits. La membrane pituitaire ne présente chez eux que fort peu d'étendue. En second lieu, chacun sait que de l'humidité de cette muqueuse dépend beaucoup sa sensibilité : si les Chiens se passent très-fréquemment la langue sur le nez, c'est afin de s'humecter la pituitaire, qui, chez eux, tapisse même l'extérieur de l'appareil nasal ; celui-ci peut ainsi acquérir un degré de sensibilité extrême, qui faisait dire à Buffon que le Chien voit par l'odorat. Chez les oiseaux, au contraire, la muqueuse pituitaire est presque toujours dans un état d'humectation insuffisant pour jouir d'une grande délicatesse de perception. Notons cependant qu'on voit chez plusieurs d'entre eux une sorte de mucosité sortir accidentellement des narines. Spallanzani a même observé que chez l'Aigle un écoulement assez abondant de cette matière a lieu pendant la déglutition.

Quant aux autres parties de l'appareil nasal, elles n'offrent rien de remarquable. Les narines, qui s'ouvrent toujours à la base du bec, varient de forme et de dimensions dans toutes les espèces ; elles sont en général ellipsoïdes. Quelques oiseaux les ont recouvertes d'une sorte d'opercule ou d'écaille cartilagineuse. Le *Philédon*, gentil passereau australien, grand amateur de miel, comme l'indique son nom, fournit un exemple de cette disposition singulière. Chez les Drongos, oiseaux assez voisins des Merles, les narines sont entourées de plumes et de longs poils qui forment de véritables moustaches.

L'organe de l'*ouïe*, qui doit maintenant nous occuper, est infiniment moins compliqué chez les oiseaux que chez les mammifères. On sait que chez ces derniers l'appareil auditif est constitué par une série de cavités qui sont :

1° L'*oreille externe* ou *pavillon*, sorte de cornet cartilagineux destiné à recueillir les ondes sonores ;

2° L'*oreille moyenne* ou *tympan*, cavité traversée par une chaîne d'osselets, fermée au moyen de deux mem-

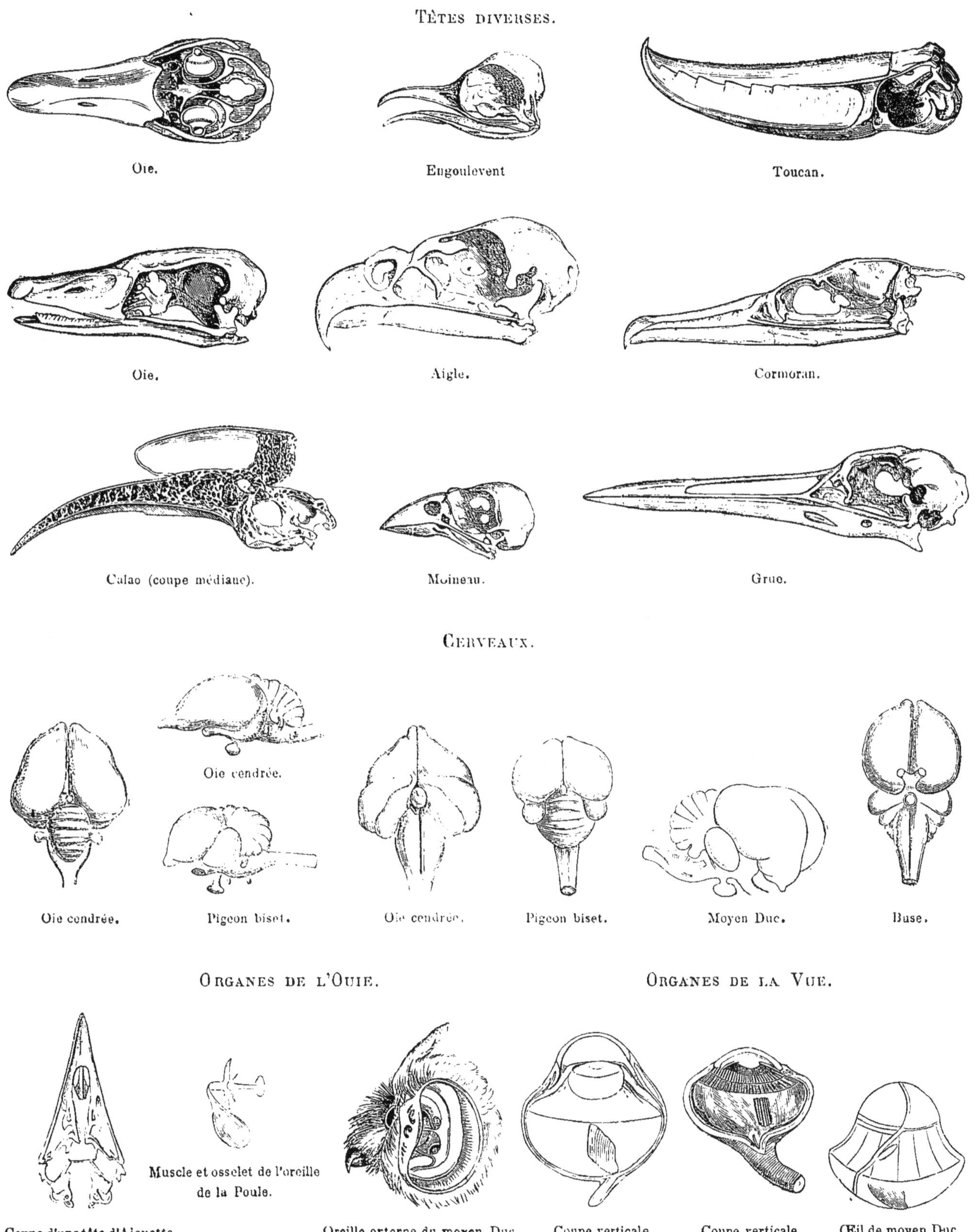

branes sèches et rappelant par cette disposition une caisse de tambour ;

3° Enfin, l'*oreille interne* ou *labyrinthe*. Cette dernière cavité, organe essentiel de l'audition, est de forme très-irrégulière et divisée en plusieurs loges qui sont : le *vestibule*, les trois *canaux demi-circulaires* et le *limaçon*.

Dans la classe des oiseaux, l'oreille externe manque totalement, et toute la partie antérieure de l'appareil

ORGANES DU TOUCHER.

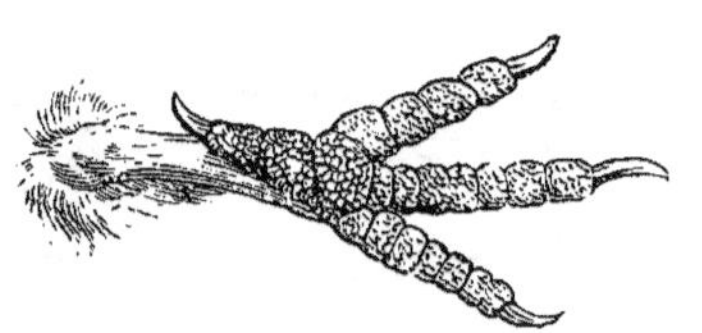

Patte de Pigeon.

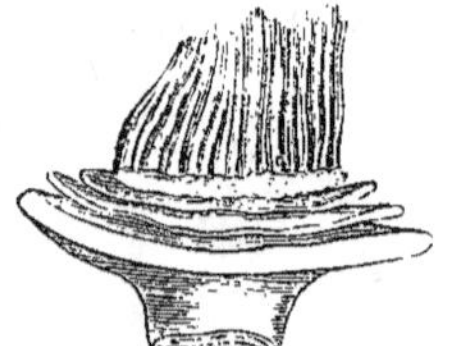

Peigne fortement grossi.

ORGANES DE LA VUE.

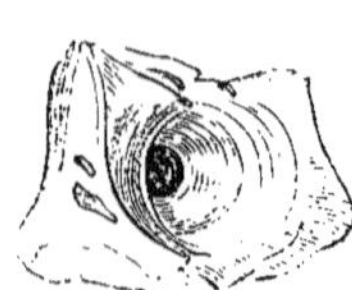

Membrane nyctitante.

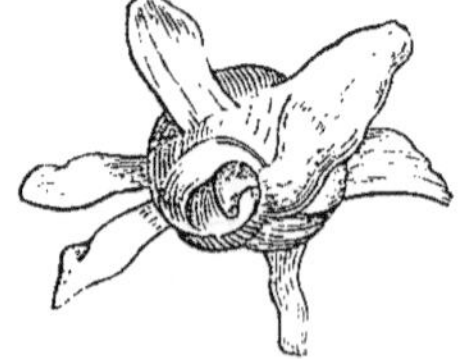

Muscles de l'œil et de la membrane nyctitante.

APPAREIL LINGUAL ET LANGUES DIVERSES.

Os lingual et hyoïde de Perroquet.

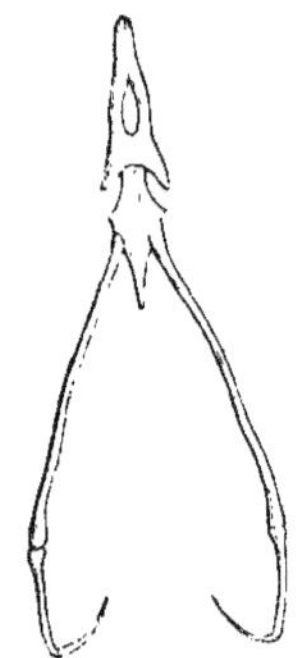

Os lingual et hyoïde d'Aigle.

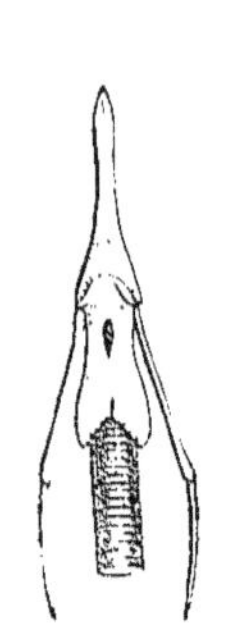

Langue et os hyoïde de Tourterelle.

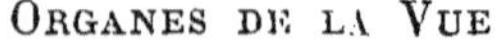

Toucan.

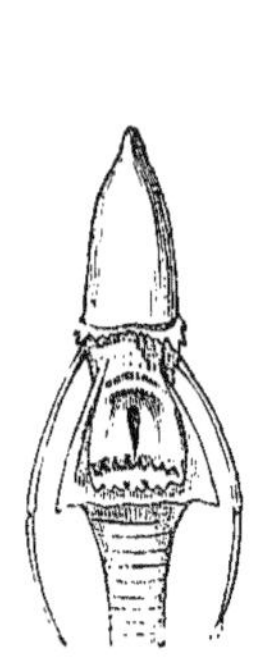

Langue de Paon.

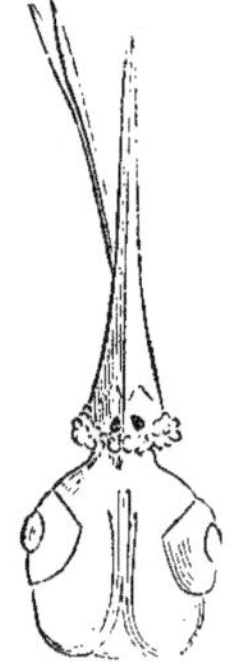

Langue de Colibri.

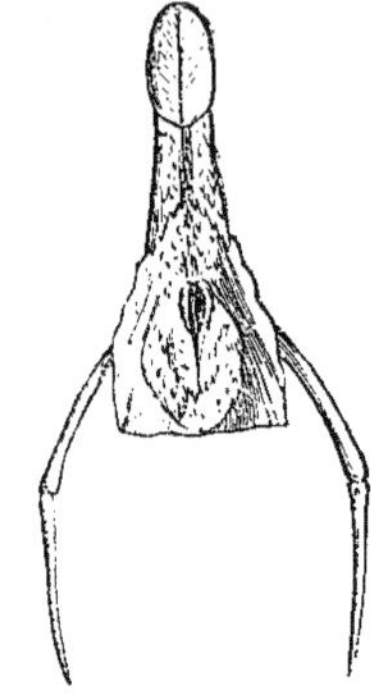

Langue de moyen Duc.

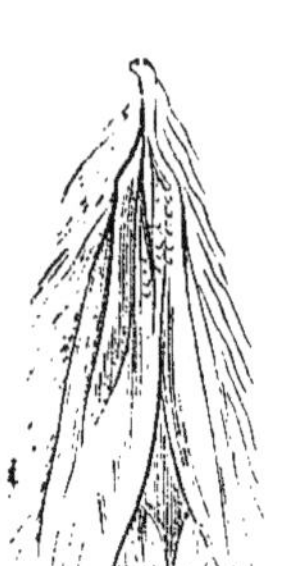

Pélican.

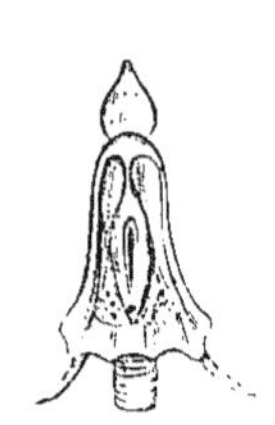

Martin-pêcheur.

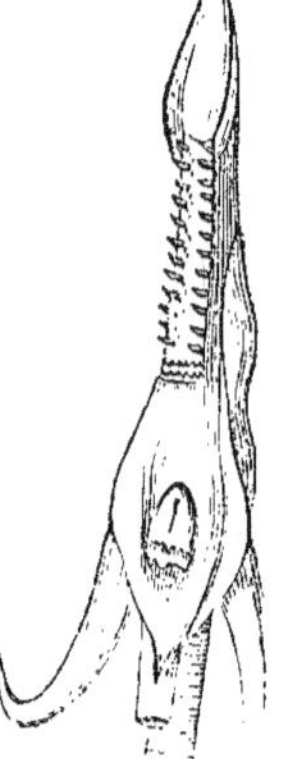

Flammant.

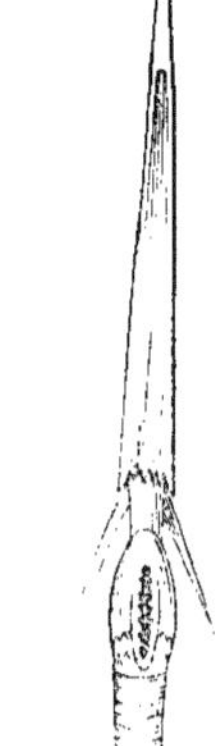

Merle.

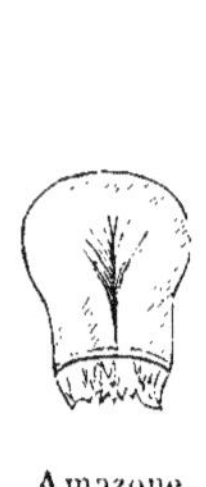

Grèbe.

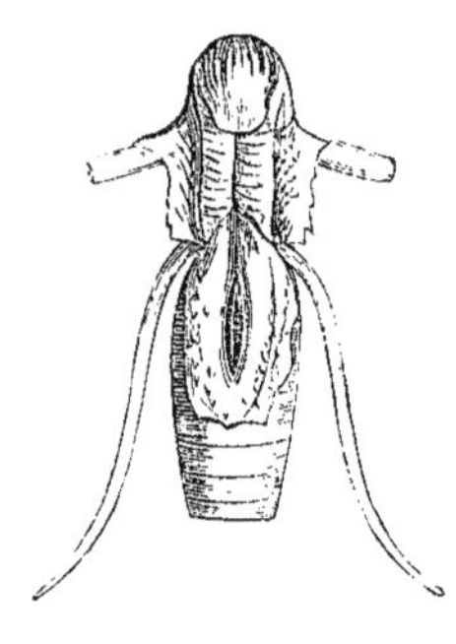

Amazone.

Ara.

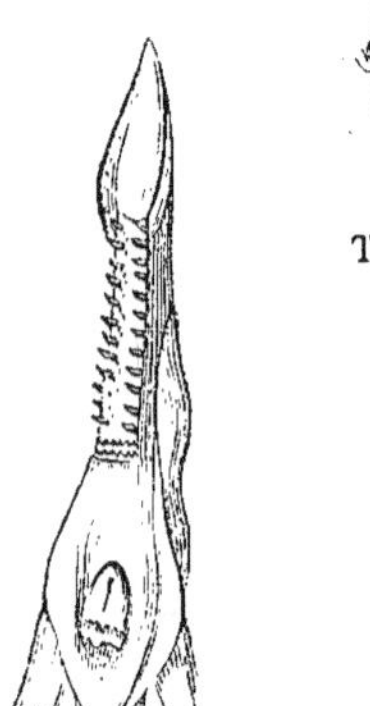

Engoulevent.

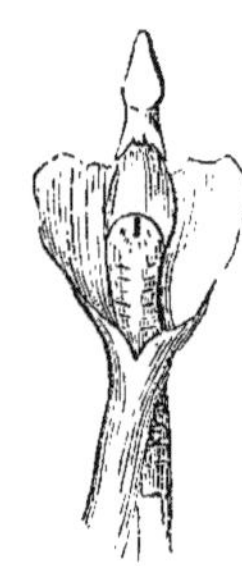

Gros-bec.

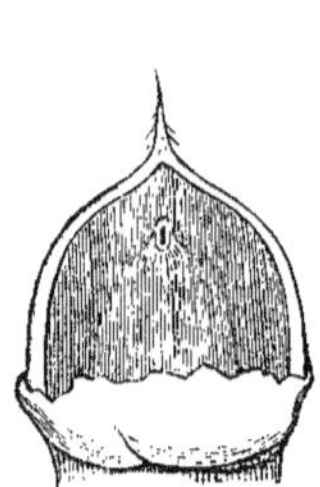

Podarge.

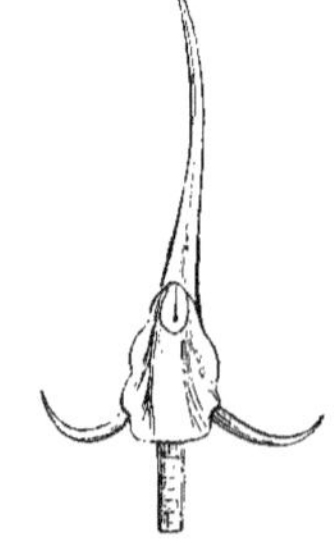

Souï-manga.

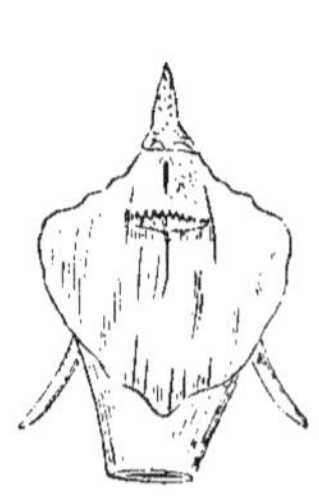

Martinet.

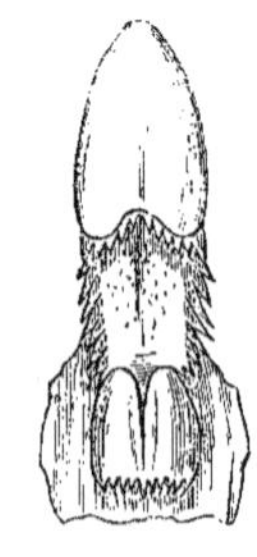

Hocco.

auditif ne se compose que d'un tube membraneux, dont l'orifice n'est point saillant à l'extérieur ; la *chaîne*

des osselets n'est représentée que par un seul os ; enfin, le *limaçon* est très-peu développé, particularité qui nuit évidemment beaucoup à l'audition, puisque c'est dans cette cavité que s'épanouit le nerf auditif chargé de percevoir les vibrations de l'air et de les transmettre au cerveau.

Il est certain toutefois que l'ouïe est plus parfaite chez les oiseaux que l'odorat, le goût et le toucher. La preuve en est dans la facilité avec laquelle beaucoup d'entre eux retiennent les sons et les répètent si exactement qu'ils copient toutes les inflexions, tous les tons de la voix humaine et de nos instruments. On ne saurait vraiment refuser *de l'oreille* à ces charmants petits musiciens qui peuplent les bois et les forêts, ni surtout à cette espèce si curieuse du genre Merle, désignée par les naturalistes sous le nom de Polyglotte et que les Anglo-Américains appellent l'Oiseau moqueur (*the Mocking bird*), parce qu'il possède un talent merveilleux pour contrefaire non-seulement le chant des autres oiseaux, mais encore le cri de tous les animaux, et, pour ainsi dire, tous les divers bruits qu'il a pu entendre. D'après Audubon, le cri habituel de cet oiseau a une expression triste ; mais, quand vient l'époque de la nidification, le chant du mâle acquiert une mélodie ravissante. Ce chant n'est d'abord qu'un thème simple, que peu à peu l'oiseau module, gradue, varie à l'infini, en y introduisant les sons les plus harmonieux de la nature, le bruissement des feuilles, le murmure du ruisseau, le grondement de la cataracte. Mais ce n'est encore qu'un prélude. Perché sur une branche non loin de sa compagne, les ailes étendues, sa queue mouchetée de blanc déployée en éventail, le Moqueur se livre à un frétillement bizarre et reprend son ramage charmant en y introduisant des accents imitatifs plus variés encore : on y reconnaît le gémissement de la Colombe, le caquet de la Poule, le sifflement parodié des autres Merles ses congénères. Puis revient le thème primitif sur un diapason différent et avec des nuances mieux accusées ; mais, au beau milieu d'une phrase habilement cadencée, le folâtre chanteur s'arrête pour se livrer à de nouveaux caprices d'imitation d'une originalité plus grande encore qu'auparavant : l'aboiement du Chien, le beuglement du Bison, le glapissement du Renard, le miaulement du Chat-cervier, le cri aigre du Hibou, dont les accents se trouvent si fidèlement reproduits, qu'en plein jour les petits oiseaux prennent la fuite, comme devant leur ennemi nocturne, après le coucher du soleil.

L'organe de la *vue*, chez les oiseaux, est loin de présenter des vices de conformation analogues à ceux que nous avons constatés dans le siége des autres sens. Ce fait n'avait point échappé aux anciens, chez qui la vue de l'Aigle était déjà proverbiale. Du reste, bien que l'on cite plus fréquemment cet oiseau que tout autre, pour sa vue perçante, il est bien loin d'être le seul qui jouisse de cette belle faculté ; l'appareil visuel de tous les oiseaux est, au contraire, un véritable modèle de perfection organique que l'on ne rencontre dans aucune autre classe du règne animal, et c'est ce que nous allons étudier rapidement.

D'abord, chez eux, le globe de l'œil est relativement beaucoup plus volumineux que chez les autres animaux. La rétine, sur laquelle viennent se dessiner les objets extérieurs, est très-épaisse, et, outre cette membrane, qui est un épanouissement du nerf optique tapissant la surface interne de la choroïde, il en existe une autre qui s'étend du fond de l'œil vers le cristallin : c'est un prolongement nerveux désigné sous le nom de *peigne* et que la plupart des physiologistes regardent comme destiné à amplifier la faculté visuelle. Les mouvements musculaires de dilatation ou de contraction de l'iris permettent à la pupille d'acquérir au besoin de grandes dimensions. Ainsi, on a calculé que, chez les oiseaux nocturnes — qui, à la vérité, possèdent cette faculté de dilatation au plus haut degré, la pupille peut recevoir cent fois plus de lumière en certains moments qu'en d'autres. La convexité de la *cornée transparente* et l'aplatissement du cristallin, dans l'état habituel de l'œil, sont aussi très-remarquables chez les oiseaux, et en particulier chez les rapaces. Mais la forme de ces fractions de l'appareil visuel est très-modifiable suivant la volonté de l'oiseau, et c'est précisément à cette faculté que ce dernier doit l'étendue de sa vue : grâce à un certain nombre de plaques osseuses, disposées circulairement dans l'épaisseur de la cornée opaque, et mises en action par les muscles nécessaires aux mouvements de l'œil, la convexité de la cornée et de l'humeur cristalline se trouve facilement augmentée ou diminuée ; or, comme ces deux milieux transparents remplissent l'office de lentilles, c'est-à-dire qu'ils servent à réfracter les rayons projetés sur la rétine, de la courbe tracée par leur surface dépend leur puissance de réfraction. Il en résulte que l'oiseau, qui est *myope* quand il regarde des objets peu éloignés, se rend *presbyte* quand, s'élevant dans les airs, il est obligé de voir de loin.

Tous les rapaces d'ailleurs jouissent d'une vue merveilleuse ; et, sans aller chercher d'exemples hors d'Europe, nous pouvons citer notre Faucon Crécerelle ou Émouchet, dont tout le monde a pu observer les allures dans nos campagnes. Ce petit oiseau de proie, fort gourmand de Pigeons, et par cela même poursuivi à outrance par les propriétaires ruraux, est souvent obligé de se contenter d'un gibier plus modeste ; aussi le voit-on chasser du matin au soir. Dès que les premiers rayons du soleil viennent dorer la cime de l'arbre ou les vieilles ruines qui lui ont servi de retraite pendant la nuit, la Crécerelle dresse la tête, secoue les ailes, pousse un petit cri strident et prend son essor. D'abord elle décrit avec vitesse une courbe ascendante ; mais bientôt les battements de ses ailes se ralentissent ; le cou tendu, elle vole sur place ; c'est qu'une proie est déjà en vue, peut-être un Mulot regagnant son trou, ou tout simplement une grosse Sauterelle séchant ses ailes amollies par la rosée de la nuit. Cependant cette proie a subitement disparu ; la Crécerelle alors continue son ascension. Elle s'élève rapidement, jetant dans les airs sa note aiguë : bientôt elle ne semblera plus qu'un atome dans la voûte éthérée. On pourrait la croire décidée à quitter à tout jamais cette terre, quand, soudain, un bruit comparable au sifflement d'une flèche fendant l'air se fait entendre ; c'est la Crécerelle qui s'abat comme un plomb sur la proie redevenue visible.

Ce n'était pas assez que l'œil présentât chez les oiseaux une admirable conformation de ses parties essentielles ; il fallait encore que les organes destinés à le protéger contre les agents extérieurs fussent également remarquables par leur disposition. Outre les deux paupières, dont l'inférieure est la plus grande, les oiseaux en ont une autre disposée verticalement à l'angle interne de l'œil, et qui peut recouvrir la cornée pour protéger l'appareil visuel contre une lumière trop vive. C'est cette membrane translucide, désignée sous le nom de *membrane clignotante*, qui permet à l'Aigle de regarder fixement le soleil.

Il n'est guère possible d'étudier attentivement les mœurs et les habitudes des oiseaux sans être amené à supposer que ceux-ci ne sont pas seulement mis en relation avec le monde ambiant par les cinq sens dont l'existence est reconnue chez tous les animaux des classes supérieures, mais qu'ils possèdent encore certaines facultés analogues sur lesquelles la science se tait, et qui mériteraient de fixer l'attention des physiologistes.

On sait, par exemple, que dans tout le genre Bécasse l'extrémité du bec est marquée de petites piqûres qui disparaissent peu après la mort de l'oiseau par la rapide dessiccation de cette partie de l'organe. Ces inégalités, qui rappellent volontiers celles d'un dé à coudre, ne seraient-elles pas le siège d'un sens inconnu jusqu'ici ou tout du moins d'une variété de celui de l'odorat ? On serait tenté de le croire lorsqu'on examine soigneusement, et du vivant de l'oiseau, l'extrémité de ses mandibules qui paraissent alors recouvertes d'un tégument ayant beaucoup de ressemblance avec la muqueuse qui enveloppe extérieurement le nez des Chiens. Dans tous les cas, on ne peut s'empêcher d'admirer l'instinct merveilleux grâce auquel les Bécasses et les Bécassines, sans cesse occupées à fouiller la vase pour y chercher des annélides ou de petits mollusques, leur principale nourriture, ne le font jamais en vain et tombent toujours sur une proie.

Ne pourrait-on pas encore attribuer à un sens particulier cette perspicacité prodigieuse avec laquelle plusieurs oiseaux, mais principalement les Pigeons, savent toujours retrouver leur demeure, dans quelque direction et à quelque distance qu'on les en éloigne. Abandonnés à eux-mêmes, on les voit immédiatement s'élever très-haut dans les airs, décrire quelques circonvolutions d'un diamètre de plus en plus grand, comme pour s'orienter, puis soudain prendre leur essor en ligne droite dans la direction de leur gîte habituel. L'Homme a su tourner à son profit l'instinct admirable de ces oiseaux, et, plus d'une fois, il s'est servi de Pigeons en guise de courriers, petits messagers dont la rapidité n'était pas la moindre qualité. Belon rapporte que les mariniers de l'Égypte et de l'Archipel grec emmenaient avec eux dans leurs voyages des Pigeons qu'ils rendaient à la liberté en arrivant à leur destination. Ces oiseaux retournaient au point de départ du navire et annonçaient aux familles de l'équipage que la traversée avait été heureuse. En 1574, au siége de Harlem, le prince d'Orange fit usage de Pigeons messagers, auxquels il dut la conservation de cette importante place forte ; par reconnaissance, il exigea que ces oiseaux fussent nourris aux frais de la ville, dans une volière d'honneur, et qu'à leur mort on les embaumât pour être conservés à l'hôtel de ville, comme un monument historique. Avant l'établissement de la télégraphie privée, en Belgique et en Hollande, on se servait fréquemment de semblables courriers pour faciliter les opérations de bourse, en transportant les cotes des fonds d'une capitale à l'autre. Aujourd'hui, dans certaines contrées de l'Orient, on utilise encore les Pigeons pour le transport des messages diplomatiques et confidentiels, ou pour lesquels on a besoin d'une grande célérité. La rapidité de pareils courriers tient vraiment du prodige : telle est, en effet, la puissance du vol chez ces oiseaux, qu'on a tué à New-York des Pigeons de passage dont le gésier contenait du riz si peu altéré par le travail de la digestion, que son ingestion ne devait pas remonter à plus de six heures ; or, comme ce riz n'avait pu être mangé que dans la Caroline, il en résulte que les petits voyageurs avaient franchi une distance de 400 milles en l'espace de six heures, soit 100 kilomètres à l'heure.

C'est évidemment grâce à une faculté analogue au merveilleux instinct d'orientation dont les Pigeons sont doués, que tous les oiseaux voyageurs accomplissent chaque année ces émigrations si curieuses à étudier, et pendant lesquelles on les voit se diriger, sans la moindre incertitude, vers le but de leur voyage.

SENS THERMO-ÉLECTRIQUE ET THERMO-BAROMÉTRIQUE.

Nous sommes d'autant plus porté à admettre pour les oiseaux un sixième sens thermo-électrique et thermo-barométrique, que nous trouvons incomplètes et insuffisantes les causes indiquées jusqu'ici comme déterminantes des migrations si remarquables de ces animaux.

Carus a proposé pour l'Homme l'établissement d'un sixième sens (sens de la chaleur). « C'est à tort, dit l'anatomiste allemand, que l'on confond en un seul, le sens à l'aide duquel nous apprécions la chaleur et celui qui nous fait juger la manière dont les corps remplissent l'espace. J'éprouve évidemment des sensations tout à fait différentes quand j'approche ma main du feu et quand je la pose sur un corps solide ; quand, en un mot, je me sers du toucher pour apprécier la température ou la forme d'un corps. De ce que ces deux sortes de sensations sont perçues par un seul organe, la peau, il ne s'ensuit pas qu'elles ne constituent qu'un seul sens, une seule manière de sentir ; c'est seulement une preuve que ces sensations sont perçues par des sens d'un degré peu élevé, puisqu'ils ne sont pas séparés et isolés l'un de l'autre. »

Si nous n'adoptons pas complétement les vues du savant anatomiste, nous acceptons du moins la dernière partie de ses conclusions, et nous considérons comme peu élevés dans l'échelle de la sensibilité les sens non isolés les uns des autres : tels sont, chez les oiseaux, l'odorat, le goût et le toucher. En effet, nous avons vu le goût et l'odorat se confondre sur les papilles de la partie postérieure de la langue ; le goût et le toucher, et peut-être l'odorat, avoir un siége commun à l'extrémité du bec d'un assez bon nombre d'espèces ; le toucher isolé seulement aux faces plantaires des pattes, mais certainement et naturellement émoussé et peu délicat sur des parties si souvent en contact avec le sol.

Il n'en est pas ainsi du sens thermo-barométrique ou

du départ. Cet agent peut-il être autre chose que l'état atmosphérique ou météorologique? Le siége de cette perception peut-il être localisé, ou est-il répandu sur toutes les surfaces internes et externes du corps? Nous pensons que toutes les parties qui sont en contact immédiat avec l'air atmosphérique, plumes, poumons et sacs aériens, organes particuliers aux oiseaux, et dont nous parlerons bientôt, subissent l'influence de cet élément et produisent le trouble, l'inquiétude et l'agitation qui rendent le départ indispensable.

Nous ne croyons pas que les indications fournies par un patient observateur de Manchester, M. Blackwall, soient de nature à infirmer notre opinion. Cet ornithologiste, dans un Mémoire fort curieux sur les oiseaux de passage dans le comté qu'il habite, dit qu'il a noté jour par jour l'arrivée ou le départ de telle ou telle espèce,

Pic occipital. *Picus occipitalis*. Vigors.

Pic crécerelle. *Picus tinnunculus*. Wagler.

sens général, sens universel, comme Virey l'a désigné il y a déjà au moins soixante ans. L'organisation si exceptionnelle des oiseaux, l'ampleur de la respiration et la dispersion dans presque toutes les parties du corps de l'air inspiré, les rendent excessivement impressionnables aux variations atmosphériques ou météorologiques. C'est à cette sensibilité qu'ils doivent la faculté, non pas de prévoir, mais de pressentir les changements thermo-barométriques. Les sensations qu'ils éprouvent alors éveillent bien certainement l'instinct qui les décide, dans l'intérêt de la conservation de l'espèce, à quitter des régions troublées pour passer dans des régions plus calmes. Ils n'attendent pas le moment où une nourriture abondante leur fera absolument défaut, comme nous le dirons en parlant des migrations ; ils partent ayant encore leur existence assurée pour quelque temps ; ils partent, non pas isolément, mais en bandes plus ou moins nombreuses, et à la fois de plusieurs points souvent éloignés les uns des autres. Il faut donc que l'impulsion qui les pousse ait une cause générale; il faut encore que l'agent, mystérieux pour nous, qui les dirige, leur indique le moment opportun

en même temps que l'état quotidien de la température et du temps, et il présente des tableaux fort intéressants pour la science. Il a constaté que les oiseaux arrivent à une époque où la température est plus froide qu'elle ne l'était au moment de leur départ. Cherchant à expliquer le fait, il a cru devoir attribuer au besoin de se garantir des maladies de la mue l'instinct qui les détermine à changer de lieu pour se rendre en des climats plus favorables au développement de leurs nouvelles plumes. Nous mettons de côté l'erreur relative à ce genre de mue, car, dans leurs migrations, les oiseaux erratiques, et ce sont ceux-là seuls dont s'est occupé l'observateur de Manchester, ne changent pas assez de latitude pour trouver une différence bien notable dans le climat du pays où ils se rendent. Ensuite, ou nous nous trompons fort, ou cette observation, étendue aux oiseaux réellement migrateurs ou voyageurs, tels que les Martinets, les Hirondelles, les Cailles, les Grues, les Cigognes, les Oies, etc., viendrait singulièrement à l'appui de notre opinion, puisqu'il en résulterait un véritable pressentiment dû à une perception électrique ou barométrique.   RAVERET-WATTEL.

Paris. — Imprimerie WIESENER ET Cⁱᵉ, rue Delaborde, 12.

10 Juin 1865. N° 76. — 15 centimes.

Ce Recueil paraît une fois par semaine. — On s'abonne à Paris, à la Librairie L. HACHETTE et Cie, boulevard Saint-Germain, n° 77. Les abonnements se prennent du 1er de chaque mois. — Paris, six mois, 4 fr.; un an, 8 fr. — Départements, six mois, 5 fr.; un an, 10 fr.

LE LOUP.

Le Loup est le seul grand carnassier de nos forêts, et cette situation exceptionnelle n'a pas été sans influence sur la détestable réputation dont il jouit dans nos campagnes. Partout où régnent les grands destructeurs, Lions, Tigres, Panthères, Jaguars même, c'est à peine si l'on daigne élever ce pillard à la dignité de bête féroce : dans nos climats tempérés, où le Loup exerce son petit emploi en chef et sans partage, les méfaits de ce réfractaire de la civilisation ont pris des proportions légendaires. En réalité, redoutable au

VIEUX LOUPS ET LOUVARTS. *Canis Lupus.* Linné.

gibier gros et moyen, le Loup ne l'est pas moins aux troupeaux qui hantent les pâturages, mais il faut que ses entrailles aient été cruellement tenaillées par la faim pour qu'il se décide à attaquer l'Homme. Il apprécie fort exactement ses forces, subordonne même son appétit aux règles d'une stricte prudence, et se résigne à vivre de crapauds ou de grenouilles avant de se lancer dans une campagne hasardeuse contre le roi de la création ; en un mot, c'est un larron sanguinaire, ce n'est pas un audacieux bandit.

Cependant la nature l'a très-généreusement partagé sous le rapport de la puissance musculaire ; la force de ses mâchoires est considérable, celle des parties antérieures de son corps est surprenante. Un Loup galope en soulevant un mouton de taille moyenne, beaucoup plus aisément que ne le fait un chien qui rapporte un lièvre ; quant à la vigueur de son jarret, je ne pense pas trop m'avancer en affirmant qu'elle est sans égale ; la fuite reste toujours sa défense la plus sûre. Sa prédilection pour ce moyen d'échapper à ses ennemis, l'a fait accuser de lâcheté par Buffon, qui a toujours le tort de juger les bêtes au point de vue des sentiments humains. La lâcheté du Loup n'est que de la logique : si la lutte est inégale, il choisit ses armes les plus sûres, et se bat à la course. « Lorsqu'il tombe dans un piége, dit le grand naturaliste, il est si fort et si longtemps épouvanté, qu'on peut le tuer sans qu'il se défende, ou le prendre vivant sans qu'il résiste. » A mon gré, cette stupeur ne démontre que l'excès de confiance qu'il avait dans lesdites armes; il est naturel qu'il soit découragé lorsqu'il les sent réduites à l'impuissance. Un animal réputé indomptable, l'illustre *Rigolo* par exemple, devient doux comme un agneau aussitôt qu'on voile ses yeux : faut-il, lui aussi, le taxer de lâcheté?

Le Loup n'a pas été moins favorisé dans la répartition des qualités des sens que dans celle de la force; sa vue est perçante, son odorat exquis, son ouïe d'une délicatesse infinie. Si heureusement doué pour nous nuire, justifié du reproche de lâcheté, comment le Loup ne nous est-il pas plus redoutable? Pourquoi ne traite-t-il pas les femmes et les enfants qui mettent le pied sur ses domaines, comme il traite les simples agneaux, puisque, aussi bien que ceux-ci, les premiers sont incapables de lui présenter une sérieuse résistance? Ne craignez pas que j'attribue cette courtoisie à la générosité assez problématique du Loup, ni que je fasse les honneurs de cette épouvante à la majesté du faciès humain. Je ne vois dans ce respect, qu'une conséquence de l'instinct, non pas de l'instinct primordial, mais de l'instinct acquis, aussi transmissible que le premier, quoi qu'en disent les savants et comme le démontre l'exemple du chien qui arrête de race. Les ancêtres de ces animaux ont appris, à leurs dépens, que toute rencontre avec cet autre animal au visage plat et qui se promène sur ses pattes de derrière était malsaine; que, tout mal organisé qu'il fût pour la bataille, le susdit animal avait toujours à son service quelque rubrique d'acier ou de plomb, qui faisait pencher la victoire de son côté avec une constance décourageante pour les Loups, et, cette observation ils l'ont transmise à leur postérité, laquelle, comme le sage, a pris le parti de s'abstenir dans le doute. Ce qui démontre combien cette soi-disant pusillanimité des Loups de notre pays est la conséquence d'un instinct, c'est que leurs congénères des contrées sauvages sont loin de se montrer aussi débonnaires. « Dans la Tartarie chinoise, dit M. d'Houdetot, les Loups attaquent plus volontiers les hommes que les animaux : on les voit, quelquefois, traverser au galop des troupeaux de moutons sans leur faire le moindre mal, tandis qu'ils se précipitent toujours sur le berger. » Linné, de son côté, affirme que plus on avance vers les solitudes du Nord, et plus les Loups sont méchants. Enfin je trouverai encore un argument dans la férocité qui caractérise l'animal, lorsque celui-ci s'est affranchi de cette terreur native. Gaston Phœbus déclare que le Loup n'hésite plus à attaquer l'Homme, une fois qu'il a goûté de sa chair, et les aventures du *Loup Courtaut* et de la bête du Gévaudan prouvent combien cette allégation était fondée. Heureusement ces Loups trop instruits ne sont qu'une très-rare exception; on les traite assez rigoureusement pour confirmer les générations qui se succèdent dans le salutaire effroi qui leur a été transmis par leurs aïeux.

En présence des difficultés qu'ils rencontraient pour découvrir et déterminer le Chien primitif, quelques naturalistes ont prétendu se tirer d'embarras en faisant descendre nos Chiens, tantôt du Loup, et tantôt d'un croisement de ce dernier animal avec le Chacal ou même l'Hyène. Il y a entre le Loup et le Chien assez de différences, non-seulement morales, mais physiques, non-seulement de caractère mais de forme, pour démontrer le peu de fondement de cette supposition. Le Loup et le Chien sont, il est vrai, susceptibles de se mêler par le croisement, mais les mulets qui en résultent deviennent improductifs après un certain nombre de générations. En même temps, si, comme on l'affirme, le Chien devait être considéré comme un Loup domestique, lorsque ce Chien se trouverait de nouveau rendu à l'état de nature, il redeviendrait Loup, comme en de semblables conditions, le Cochon redevient Sanglier. Ce n'est point là ce qui se passe dans les pays où des Chiens fugitifs ont peuplé les jungles et les forêts d'une race sauvage qui conserve son type caractéristique, vit à côté de l'espèce Loup, ne se mêle, et ne se fond pas avec elle.

Cette disparition absolue de l'espèce primitive n'est pas d'ailleurs un fait isolé en zoologie. On ne trouve pas plus de Chevaux, de Chameaux, que de Chiens à l'état vraiment sauvage, et cependant, personne ne s'aviserait d'en conclure que le Cheval est le produit du croisement de quelques espèces congénères. La seule conclusion qui me semble résulter de cette disparition, serait, que le Créateur, ayant destiné ces animaux à devenir nos auxiliaires, les a moins largement pourvus des instincts de la défense, et que l'Homme a pu détruire ceux d'entre eux qu'il ne s'était pas appropriés.

Je disais plus haut que le Loup était susceptible de se croiser avec le Chien. La possibilité de cette union a été longtemps niée, en se fondant autant sur l'insuccès des expériences que sur l'invincible antipathie qui sépare les deux espèces. « Un jeune chien, dit Buffon, frissonne au premier aspect du Loup; il fuit à l'odeur seule, qui, quoique nouvelle, inconnue, lui répugne si fort, qu'il vient en tremblant, se ranger dans les jambes de son maître : un Mâtin qui connaît ses forces se hérisse, s'indigne, attaque le Loup avec courage, et fait tous ses efforts pour se délivrer d'une présence qui lui est odieuse; jamais ils ne se rencontrent sans se fuir ou se combattre, et se combattre à outrance, jusqu'à ce que mort suive. » Quelle que soit cette inimitié instinctive, non-seulement la volonté humaine est parvenue à opérer le rapprochement, mais il est démontré que quelquefois il se produit volontairement à l'état de nature, entre le Loup et la Chienne; il est beaucoup plus rare entre le Chien et la Louve, mais je crois que mon éminent confrère, M. d'Houdetot, va trop loin en le niant absolument. « Le Loup, dit-il, qui fait la rencontre d'une Chienne folle, la dévore.... ou, par exception, selon ses appétits, fait l'aimable avec elle : cela s'est vu; mais entre Chien et Louve, le rapprochement, je le répète avec une foi profonde, doit être impossible.

L'amour triomphe de tout, hormis de la haine et *de la peur !* »

Le spirituel et charmant écrivain doit avoir aujourd'hui une bien haute opinion de la toute-puissance de cet impérieux sentiment, car de récentes communications adressées au *Journal des Chasseurs*, par MM. le comte d'Esterno et le marquis de Courcival me paraissent établir que l'amour triomphe même de la haine, même de la peur, en un mot que le Chien peut se croiser avec la Louve. Voici la lettre de M. de Courcival :

« Dans une forêt, non loin de chez moi, une Louve privée d'époux a trouvé bon de se laisser suivre par un fort Mâtin du voisinage; plusieurs enfants sont advenus. Il n'en est resté que deux dont une Louve-Chienne, qui a eu une grande lignée, laquelle a été prise par nous dans un ancien trou de blaireau. Il y avait six petits, trois noirs et trois fauves. Un de ces petits noirs a été élevé par un de mes amis, et est maintenant un animal tenant plus du Chien de Terre-Neuve que du Loup. Un autre de mes amis est venu, il y a deux ans, pour chasser cette Louve : quand les deux Chiens de rapprocher sont arrivés près d'eux, elle les a reçus en aboyant comme une Chienne. Cet ami a retiré ses Chiens et s'en est allé. Dans une autre forêt de la Mayenne, une Louve s'est éprise des charmes d'un Chien couchant noir et blanc; ce Chien, que son maître croyait perdu, est rentré au logis après cinq jours d'absence; et il a été trouvé par un ouvrier de la forêt une portée de jeunes Chiens-Loups de diverses couleurs. J'ai eu une Louve noire, qui est maintenant empaillée chez moi; elle jappait absolument comme un Chien. Un fils du docteur Chenu, président de la Société de chasse de Lahoussaie-Crécy, a tué cet hiver un Loup complétement noir et qu'au premier moment il aurait pu prendre pour un Chien, s'il n'avait été en vue en même temps que sa mère Louve et de frères dont le pelage était aussi plus foncé que celui des Loups ordinaires. Dans le même mois, la Société de Lahoussaie-Crécy a tué quatre Loups : le Loup noir dont nous venons de parler et trois de ses frères plus semblables au Loup par le pelage. La mère Louve seule les accompagnait et l'on n'a pas vu le père. Suivant toute probabilité, ce père était un Chien de Nangis tué, dit-on, par son maître, cultivateur du pays, et qui, ayant bien reconnu la Louve, tira sous bois sur l'animal qui marchait avec elle. »

Le Loup diffère du Chien par l'aspect de la tête qui, chez lui, se rapproche quelque peu de celle du Renard, par la forme des os et surtout par la position des cavités de l'œil, toujours placées obliquement, tandis qu'elles sont horizontales dans l'espèce canine. Il a les oreilles droites, pointues, très-mobiles; son corps a moins de souplesse que celui du Chien. Cependant il ne faut pas ajouter foi à ce préjugé populaire qui donne au Loup des côtes placées en long, lesquelles l'empêcheraient de se doubler sur lui-même. Aristote a également avancé cette petite absurdité, en réduisant les sept vertèbres du cou de cet animal à une seule. La

longueur de son corps varie de trois pieds et demi à cinq pieds, comptés depuis le bout du museau jusqu'à l'extrémité de la queue; cette queue est longue d'un pied, légèrement recourbée et garnie de poils épais et touffus; le poids du corps varie de 35 à 45 kilogrammes, rarement il pèse plus de cent livres. Son pelage est rude et épais; la couleur des poils qui le composent varie non-seulement suivant l'âge, les saisons et le climat, mais même aussi parmi les Loups d'un même pays. « Un Loup noir, dit M. Lavallée, a été tué au mois de novembre 1849, par M. de Champchevrier, dans le département d'Indre-et-Loire; M. de Greffulhe a pris au piége un Loup *nankin*, à Fontainebleau, et l'a offert au Muséum d'histoire naturelle. » En hiver, la teinte ordinaire du poil des Loups est fauve foncé; ces poils sont noirs à leurs extrémités; considéré dans son ensemble, le pelage du Loup paraît d'un gris fauve qui se fonce en se rapprochant de l'échine, et s'éclaircit un peu sous le ventre et aux faces internes des cuisses. Il blanchit dans la vieillesse; dans les contrées boréales, le pelage du Loup devient également blanc pendant l'hiver, comme celui de la plupart des animaux de ces régions. Le cri du Loup est un hurlement sinistre, qu'on n'oublie jamais lorsqu'une fois on l'a entendu dans le lugubre silence d'une nuit d'hiver.

Le rut des Louves commence, selon la température du moment, à la fin de janvier ou dans le mois de février, et dure environ quinze jours. Comme dans tous les animaux sauvages, ce sont les plus vieilles qui ressentent les premières ces influences printanières; les jeunes Louves tardent un peu plus à les éprouver. Les mâles, qui n'ont point de rut marqué, éventent de fort loin les Louves et les suivent en se livrant entre eux à des combats acharnés. La belle, suivie d'une meute de soupirants, fuit longtemps, finit par lasser le plus grand nombre, et se dérobe avec son préféré.

La durée de la gestation chez la Louve a donné lieu à de nombreuses contradictions. Buffon, acceptant un peu légèrement l'opinion de Dufouilloux et de Leverrier de la Conterie, a assigné une durée de cent jours à cette gestation; M. Hartig déclare qu'elle est de neuf à dix semaines; M. Sonnini assure qu'elle est d'environ soixante-douze jours. En réalité, la Louve porte comme les Chiennes, pendant un espace de temps qui varie de soixante-deux à soixante-six jours; elle met bas à la fin de mars, pendant le mois d'avril, quelquefois seulement au commencement de mai. Lorsqu'elle est près de mettre bas, elle cherche un gîte sûr pour sa future famille; elle choisit ordinairement l'excavation d'un rocher, le creux de quelque arbre vermoulu, la gueule d'un terrier de Renard ou de Blaireau, presque toujours un emplacement où l'épaisseur du fourré garantira sa portée contre toute surprise. Si, en raison des allées et venues des passants, ou de la présence des bûcherons dans les forêts, elle ne rencontre pas d'endroit qui lui présente les conditions de sécurité qu'elle désire, elle préférera la plaine au bois, et ce sera au milieu des blés qu'elle choisira son gîte. Elle aménage le berceau avec beaucoup de prévoyance et de soins, le garnit de mousse, de laine, rend la couche plus chaude et plus moelleuse avec le poil qu'elle s'arrache sous le ventre. Le nombre des petits est de quatre à six, M. Lavallée dit neuf; ils naissent les yeux fermés; ce n'est que le dixième jour que leurs paupières s'entr'ouvrent; ils sont alors remarquables par le développement exagéré que semblent avoir leurs oreilles relativement à la grosseur de leur tête; leur couleur est d'un gris fauve sans aucune tache blanche.

Le dévouement de la Louve à ses petits est à peu près le seul sentiment dont cet animal soit susceptible; aussi ce sentiment est-il chez elle poussé à l'extrême, comme si l'énergie de celui-là devait la dédommager de l'absence des autres. Ce que l'éducation de la portée lui coûtera d'inquiétudes et de peines est inimaginable. Elle a conscience des dangers qui la menacent elle-même, mais elle a cessé de trembler pour elle, elle concentre toutes ses appréhensions sur sa progéniture. Flatrée sur le ventre à quelque distance de la retraite où reposent les Louveteaux, interrogeant sans cesse la brise à l'aide des doubles facultés de son ouïe et de son odorat, ne craignant plus au moindre bruit anormal de s'avancer en reconnaissance, elle veille avec cette infatigable persévérance que seule la tendresse maternelle peut inspirer. De temps en temps, elle se rend à son nid, écarte la mousse, les feuilles sèches dont elle a recouvert sa grouillante postérité et lui présente ses mamelles. Lorsque les petits sont repus, elle rétablit leur abri avec des précautions minutieuses, et si habilement qu'on ne saurait le reconnaître à quelques pas de distance, et elle retourne à son poste d'observation.

On peut supposer que lorsque la nuit est venue, c'est bien plutôt à la nécessité d'entretenir la source de vie dans ses mamelles qu'à sa faim, qu'elle cédera en s'écartant. Elle part, son agilité merveilleuse lui permet de franchir rapidement d'incroyables distances, car c'est surtout en ce moment qu'elle choisit pour ses rapines un théâtre éloigné du canton qu'elle habite; elle tue, elle mange à la hâte, et revient plus vite encore, harcelée par la terreur de ne plus retrouver dans le gîte le précieux dépôt qu'elle lui a confié. Si quelque danger imminent se révèle, si seulement elle reconnaît dans le voisinage immédiat du liteau, les traces de son ennemi le plus redoutable, l'Homme, elle n'hésite pas; elle saisit les uns après les autres les petits dans sa gueule et les transporte à des distances considérables. Un sabotier découvrit un matin une portée de Loups dans un buisson. Cet homme, tremblant de voir accourir la mère, n'eut pas le courage d'enlever les petits qu'il avait mis à l'air; il courut à la loge avertir ses compagnons; ils revinrent en force; mais bien qu'il fît grand jour et que l'absence n'eût pas duré plus d'une heure, déjà la Louve avait enlevé quatre Louveteaux des cinq que son nid contenait.

Souvent le Loup partage avec la Louve le soin de préserver et plus tard celui d'élever leur descendance. Il arrive encore quelquefois que deux mâles aident la même femelle, et ces ménages à trois vivent en fort bonne intelligence. Cependant, Leverrier de la Conterie affirme que cette réunion du Loup à la Louve n'est nullement imposée à celui-ci par les suggestions de la paternité : « C'est une erreur, dit-il, d'avoir écrit que le Loup pourvoyait à la nourriture des Louveteaux si la Louve est tuée; il les laisse mourir de faim. Cela est si peu vrai que, lorsque la Louve apporte la pâture à ses petits, le Loup la dévalise; et si elle n'a rien dans la gueule, il la lui flaire pour voir si elle n'a point fait d'abat. S'il s'aperçoit qu'elle en ait fait quelqu'un, il prend son contre-pied pour y aller. »

La Louve allaite ses petits pendant près de deux mois; avant de les mettre au régime du carnage, elle les nourrit avec de la viande qu'elle a préalablement mâchée et mélangée de sucs salivaires. Après ce temps, les Louveteaux peuvent marcher; alors la mère leur apporte quelques pièces de gibier, des Oies, des Canards, qu'elle déchire et qu'elle leur partage. Bientôt les petits sont assez forts pour suivre leurs parents dans de courtes expéditions; ceux-ci les initient à leur futur métier en leur apprenant à chasser.

M. Lavallée a fort judicieusement établi que les différents degrés de croissance du Loup, et par suite les diverses dénominations qu'on lui donne, ne pouvaient avoir d'autres bases que les règles de la dentition chez cet animal. « Pour moi, dit-il, j'appelle Louveteaux les petits qui conservent encore leurs dents de lait; celles-ci tombent chez le Loup, de même que chez le Chien, vers le sixième mois. Ils sont Louvarts tant que le travail de la seconde dentition s'opère chez eux, c'est-à-dire de six à onze ou treize mois, et même jusqu'à vingt, selon qu'ils sont plus ou moins précoces. Lorsque la seconde dentition est achevée, ils sont adultes, en état de reproduire, et doivent alors prendre le nom de Loups. Alors ils se séparent de leurs parents et pourvoient d'eux-mêmes à leur existence. Après leur deuxième année accomplie, ils sont vieux Loups. » La jeune Louve ne devenant adulte que d'avril à juin, n'éprouve pas l'influence du rut pendant la première année de son existence; ce n'est qu'au mois de février suivant, c'est-à-dire à la fin de sa deuxième année, qu'elle subit cette influence.

Les Loups échappent à la plupart des affections morbides qui, chez les Chiens, ne paraissent avoir été que la conséquence de la domestication de ceux-ci. La rusticité de leur existence suffit à les entretenir en santé. Cependant ils sont sujets à la gale et à la rage; mais cette dernière et terrible maladie, que l'on commence à considérer comme un résultat de l'exagération de la continence, bien plutôt que comme celui de la privation d'eau, est heureusement beaucoup plus rare chez les Loups que chez les Chiens.

Le Loup est largement répandu sur tous les continents; on le trouve en Asie, dans l'Afrique septentrionale, dans l'Amérique du Nord aussi bien qu'en Europe. Il s'est prodigieusement multiplié en Russie, en Pologne, dans les provinces Roumaines. L'Angleterre est la seule terre du vieux monde qui soit parvenue à se débarrasser complétement de cet hôte redoutable. Il y a quarante ans cependant on les vit reparaître dans la Grande-Bretagne. D'où venaient-ils? On a prétendu que ces nouveaux Léandres, qu'aucune Héro n'attendait sur l'autre rive, avaient traversé le détroit; mais ce fabuleux exploit me semble impossible; il me paraît plus présumable qu'ils provenaient d'animaux échappés de quelque ménagerie, et dont les méfaits isolés purent se dissimuler pendant assez longtemps pour leur permettre de se propager. Il va sans dire qu'ils furent promptement détruits.

Les naturalistes ont prétendu que, même entre eux, les Loups n'étaient pas sociables; l'humeur farouche de cet animal a inspiré à Buffon les lignes suivantes : « Le Loup est l'ennemi de toute société; il ne fait pas même compagnie à ceux de son espèce. Lorsqu'on les voit plusieurs ensemble, ce n'est point une société de paix, c'est un attroupement de guerre, qui se fait à grand bruit, avec des hurlements affreux, et qui dénote un projet d'attaquer quelque gros animal, comme un Cerf, un Bœuf, ou de se défaire de quelque redoutable Mâtin. Dès que leur expédition militaire est consommée, ils se séparent, et retournent en silence à leur solitude. »

Je crois cette appréciation quelque peu exagérée. Un certain espace est nécessaire pour fournir à l'existence du Loup, aussi bien qu'à celles de toutes les bêtes de proie, grandes et petites, et il le devient d'autant plus, que la présence et la surveillance de l'Homme resserrent davantage le cercle des déprédations; c'est là, je crois, le secret de cet amour de la solitude. Dans les pays moins peuplés d'Hommes, non-seulement en Amérique, mais dans les provinces Roumaines, mais en Russie, les Loups ne me semblent nullement affectés de cette horreur pour la société de leurs semblables. Le Loup a pour tributaires les animaux domestiques, aussi bien que ceux qui peuplent nos forêts. Lorsque le gibier est abondant, et dût-il pour l'atteindre, dépenser beaucoup de peines et de fatigues, il le préfère au bétail, non par suite de quelque prédilection gastronomique, mais parce qu'il sait que cette rapine est moins compromettante que l'autre. Le plus souvent il saisit sa proie par surprise; quelquefois il chasse comme le Chien en suivant les foulées à l'aide de son merveilleux odorat, mais sans crier. Il arrive aussi qu'il se donne un associé dans ces sortes d'entreprises, la Louve très-ordinairement : tandis que le mâle mène la voie, celle-ci s'embusque et attend l'animal au passage. Si la population des bois lui fait défaut, si pendant une ou deux nuits la chasse a été infructueuse, s'il est sollicité par le voisinage de quelques troupeaux, il s'aventure dans la campagne, et malheur, non-seulement aux Moutons et aux Chèvres, mais aux Vaches et même aux Chevaux qui auront passé la nuit au pacage; malheur surtout aux Chiens qui errent à l'aventure. La nuit est toujours tombée lorsqu'ils quittent leurs abris, ils font ordinairement une pointe considérable et ne se mettent en quête qu'à une ou deux lieues de leur canton, battant

l'estrade de tous côtés à la recherche d'une proie; s'ils ne la trouvent pas, ils viennent rôder autour des habitations et surtout des fermes isolées, cherchent à pénétrer dans les bergeries et ne reculent nullement devant l'effraction.

« J'ai vu, raconte Blaze, l'endroit par où un Loup s'était introduit pour voler une Chèvre. Il avait démoli le seuil de la porte qui renfermait la pauvre bique; ce seuil était en briques maçonnées avec du ciment; tout cela ne faisait qu'un corps dur. L'animal, avec ses pattes, avec ses dents, avait tout renversé, il avait creusé un trou assez grand pour entrer dans la cabane et repasser avec la Chèvre. » S'il parvient à pénétrer dans une bergerie ou dans un parc de Moutons, il y fait un horrible carnage, s'enivre du sang qu'il répand, et dans ce qu'on pourrait appeler la folie de la mort, tue pour tuer. J'ai vu onze Moutons qu'en moins de dix minutes un Loup avait étranglés avant de songer à assouvir sa faim sur l'un des cadavres qu'il avait faits.

Les proies vivantes lui faisant défaut, il se contentera, au besoin, d'une charogne, mais il ne s'en approchera qu'avec méfiance, qu'en usant de précautions infinies, après s'être assuré que ce régal de circonstance n'a pas servi à dissimuler quelque piége. Si cette triste ressource vient elle-même à lui manquer, il se nourrira de Rats, de Mulots, de Grenouilles; c'est là l'unique et très-involontaire service que le Loup rende à l'espèce humaine. Enfin, et pourvu qu'il trouve de l'eau pour apaiser la soif qui sans cesse le dévore, il pourra soutenir sans trop souffrir une abstinence de quatre ou cinq jours. En raison même de cette faculté, il peut absorber d'énormes quantités de nourriture lorsqu'il est à même de rompre le jeûne. Dans les environs de la forêt de Perseigne, en Normandie, une Pouliche de deux ans ayant été abattue par un Loup, ce Loup se trouva avoir prélevé sur la culotte de sa victime un beefsteack dont les plus modestes évaluaient le poids à quinze ou vingt livres. Bien qu'il fût vieux Loup, M. le marquis de C...., qui l'avait rembuché, n'hésita pas à l'attaquer, convaincu qu'il était que ses Chiens rejoindraient facilement un animal alourdi par un tel amas de victuailles. Après une heure de courre, il s'aperçut que tout en trottant, la bête de meute se débarrassait de la surcharge, soit par une simple contraction musculaire de l'estomac, soit peut-être à l'aide du procédé dont les Romains ne se faisaient pas faute, lorsqu'ils désiraient dîner deux fois, et comme sa meute était composée de Chiens d'un pied médiocre, le Loup ne tarda point à se forlonger.

Le Loup a encore d'autres habitudes qui lui sont communes avec le Chien; il mange couché comme celui-ci; comme celui-ci, il sait encore se ménager des ressources pour le lendemain, gratte la terre, y pratique un trou dans lequel il dépose ses provisions et n'oublie pas de les recouvrir pour en dissimuler la présence. « A certain jour, dit Clamorgan, moy alant à la court, passant par la forest de Sainct-Germain, j'aperceu un pied de Cerf qui estoit hors du sable, lequel je feis tirer, et en eus une espaule entière qui avoit été mise en terre la nuict précédente. » Mais le Chien est un faux sage, auquel la soupe du lendemain fait le plus souvent oublier ses économies de la veille, tandis que l'impérieuse pression du besoin doit sûrement ramener le Loup à ses trésors.

On a fait au Renard tous les honneurs de l'instinct de ruse ; le Loup pourrait, à bon droit, en revendiquer une bonne part. « S'il est question d'attaquer un troupeau, une bergerie, dit M. Lavallée, l'un des Loups s'efforce d'attirer les Chiens à sa poursuite et de détourner l'attention du berger, et pendant que les gardiens sont éloignés, les autres Loups se jettent sur les brebis restées sans défense.... »

De son côté, Elzéar Blaze, le grand anecdotier, raconte une historiette qui démontre que les facultés de la tactique sont aussi familières à cet animal que la force et la violence : « Un de mes oncles, dit-il, avait un superbe dogue qui déjouait toutes les ruses des Loups. Couchant la nuit avec les Moutons, lorsqu'un Loup arrivait près du parc, il était bientôt terrassé. Armé d'un collier de fer, il ne craignait point leurs dents meurtrières, et toujours il était vainqueur. Certain jour un Loup se présente, et Castor court après lui ; le Loup entre dans le bois, Castor le suit ; mais trois autres Loups, embusqués, sortent de leurs repaires, et fondent sur le pauvre Chien qu'ils dévorent. Voilà un calcul, un plan de campagne, une exécution bien préparée. Le meilleur général d'armée ne pouvait pas faire mieux. »

Quelles qu'aient été les péripéties de la chasse de la nuit, repu ou le ventre vide, le Loup reprend la direction de son fort une heure avant l'aube. Cependant s'il avait trouvé, s'il s'était ménagé quelque carnage plantureux, il se relaissera dans quelque bosquet des alentours, afin de ne point perdre les bénéfices de sa trouvaille ou de ses peines ; mais après une seconde nuit et un second festin, il écoutera bien plutôt les inspirations de la prudence que les suggestions de son appétit, et s'éloignera pour ne plus revenir. Lorsque la neige recouvre la terre, on peut, en suivant les voies d'un Loup, se rendre compte de l'énorme quantité de terrain qu'il a tenu en quelques heures. C'est dans cet entraînement pour ainsi dire permanent, bien plus que dans sa force musculaire, qu'il faut chercher le secret de la vigueur et de la rapidité avec laquelle cet animal franchit des distances considérables.

La sagesse des nations n'est point infaillible et les proverbes se trompent quelquefois : il en est un pour affirmer que les *Loups ne se mangent pas entre eux*, et sur ce point, et malgré les affirmations de Sonnini, il est à peu près démontré que les Loups n'ont rien à reprocher aux hommes, et qu'à l'occasion ils dévorent bel et bien celui d'entre eux qui est blessé, tout au moins. Ce *cannibalisme* du Loup a été observé en Russie, où on fait à cet animal une chasse spéciale, dont nous parlerons plus tard, et qui permet de les observer de fort près, lorsqu'eux-mêmes ils se sont rassemblés pour chasser. Blaze, qui a beaucoup chassé le Loup en Pologne,

raconte que lorsqu'il n'avait pas de cheval mort pour se faire un appât, il employait le cadavre d'un Loup tué la veille, que les camarades du défunt n'hésitaient jamais à dévorer. Je ne vois point pourquoi les Loups ne se mangeraient pas, puisqu'il est démontré que le meilleur, le plus heureusement doué des animaux, le Chien lui-même, peut bien, à l'occasion, faire curée de l'un de ses semblables.

J'ai déjà signalé, d'après Gaston Phœbus, ses appétits de chair humaine : aux époques des grandes guerres, les Loups ordinaires, aussi bien que les Loups-cerviers, convoyent les armées, comme les requins, les navires sur l'Océan. Les batailles sont ses fêtes : lorsque le canon a fait son œuvre, que la nuit est venue, que tant d'intrépides combattants ne sont plus représentés ici-bas que par les noires silhouettes des monticules d'une terre fraîchement remuée, le sinistre pillard arrive à l'odeur du carnage, se glisse dans la plaine, reprend au tombeau le dépôt qui lui avait été confié et se gorge de ces tristes restes. Alors, comme je le disais plus haut, affranchis de la terreur que l'Homme leur inspire, ces animaux peuvent devenir vraiment redoutables. « Pendant les horribles guerres des Bourguignons et des Armagnacs, les Loups s'étaient tellement multipliés en France, que dans le journal d'un bourgeois de Paris sous les règnes de Charles VI et de Charles VII, on trouve qu'ils dévorèrent, entre Montmartre et la porte Saint-Antoine, quatorze personnes en une semaine. » (Lavallée.) Telle était leur audace en temps de guerre, et on ne doit pas oublier qu'à cette époque, les années étaient rares qui se passaient sans batailler. Même dans les circonstances ordinaires, leur multiplication était menaçante pour les habitants des campagnes ; tout contribuait à la favoriser : l'étendue des forêts, plus considérable qu'aujourd'hui, le peu de routes dont elles étaient percées, le nombre des fauves qui les peuplaient, et enfin l'habitude du libre pacage qui offrait aux Loups des proies faciles. Aussi leur destruction fut-elle toujours l'objet de mesures exceptionnelles.

« La première disposition qu'on rencontre à cet égard dans nos lois, dit M. Lavallée, est celle des capitulaires de Charlemagne : ils ordonnent aux comtes d'entretenir dans le chef-lieu de leur juridiction deux veneurs chargés de se livrer à la destruction des Loups ; d'aider et de favoriser toutes les entreprises qui auraient pour but la poursuite de ces carnassiers. Une prime était payée par le domaine royal, pour chaque tête qui lui était apportée. Plus tard, lorsque l'administration des provinces eut changé de forme, des dispositions analogues continuèrent à exister, et l'on trouve encore dans les registres des dépenses publiques à cette époque un chapitre intitulé *Pro lupis et lupellis captis*. Quelques historiens attribuent à Philippe-le-Long une ordonnance qui autorise les louvetiers à percevoir, sur chaque ménage résidant dans le rayon de deux lieues de l'endroit où ils détruisaient un Loup, une taxe de deux deniers parisis pour chaque Loup et de quatre deniers pour une Louve avec ses petits n'étant pas encore en âge de nuire. Mais les auteurs de droit, en général, ne font remonter cette institution qu'au temps de Charles VI, et la charte qui l'établit porte la date de 1404.»

Ce fut François Ier qui décida que tous les offices de Louvetiers relèveraient de la couronne et les plaça sous le commandement direct du grand Louvetier, dont la charge fut plus tard réunie à celle de Grand veneur. Dans son succinct mais très-remarquable résumé de la législation de la Louveterie, M. Lavallée donne la liste de tous les seigneurs qui furent investis de cette dignité, dont le dernier titulaire fut un comte d'Haussonville. La révolution supprima toutes les charges, y compris celles de Grand veneur et de Grand louvetier; mais bientôt on reconnut la nécessité d'organiser la destruction des Loups, et cette nécessité devint l'objet d'ordonnances nouvelles. Un arrêté du Directoire exécutif (19 pluviôse an V) autorisa les corps administratifs à permettre aux particuliers qui avaient des équipages propres à la chasse des animaux nuisibles de se livrer à cette chasse sous l'inspection et la surveillance des agents forestiers. Le même arrêté, reproduisant une partie des dispositions de l'article 6 de l'ordonnance de 1602, ordonne des battues générales dans les forêts ci-devant royales, pour y détruire les Loups, les Renards et les Blaireaux.

C'était le beau temps des bandits de toute espèce; le nombre des Loups s'était tellement accru pendant la tourmente révolutionnaire, que le 5 messidor de la même année, on était encore forcé de s'occuper d'eux. Les Conseils promulguaient une loi qui, se motivant sur les dévastations que ces animaux commettaient dans les départements, décidait que les fonds accordés aux administrations départementales pour la destruction des Loups seraient alloués au ministre de l'intérieur, et fixait de nouveau le chiffre des primes accordées à ceux qui les avaient tués.

Dans l'origine ces primes avaient été :

de 300 livres pour une Louve,

de 250 livres pour un Loup,

de 100 livres pour un Louveteau.

La loi du 5 messidor les réduit :

à 50 francs pour une Louve pleine,

à 40 francs pour le Loup,

à 20 francs pour le Louveteau.

Les services que l'institution de la Louveterie était appelée à rendre aux habitants des campagnes ne devaient pas échapper à l'organisateur par excellence, à l'empereur Napoléon Ier. Un décret du 8 fructidor 1804 plaça la Louveterie dans les attributions du Grand veneur et chargea ce dignitaire de la reconstituer sur de nouvelles bases; en vertu de cet arrêté, un règlement du 22 mars 1805 institua les lieutenants de louveterie : ces fonctions gratuites et honorifiques obligeaient celui qui les acceptait à entretenir à ses frais un équipage composé d'un piqueur, d'un valet de chiens, de deux valets de limiers, de dix chiens courants et de quatre limiers. Il dirigeait et commandait les chasses ou battues ordonnées par le préfet sur la demande soit du

conservateur des forêts, soit du lieutenant de louveterie lui-même. En échange et comme dédommagement de ces obligations, afin, dit l'ordonnance, de leur permettre de tenir leurs Chiens en haleine, ils avaient le droit de chasser à courre, deux fois par mois, dans les forêts domaniales de leur arrondissement, le Chevreuil-brocard, le Sanglier et le Lièvre; il leur était interdit de tirer aucun de ces animaux, excepté dans le cas où chassant un Sanglier, celui-ci ferait tête aux Chiens. Le 20 août 1814, le gouvernement royal rendit un nouveau règlement qui reproduisait sans les modifier essentiellement toutes les dispositions de celui de 1805 et tarifait de nouveau les primes accordées à titre d'encouragement pour la destruction des Loups. Ces primes se trouvent ainsi fixées à :

18 francs pour une Louve pleine,

15 francs pour une Louve non pleine,

12 francs pour un Loup,

6 francs pour un Louveteau.

La Révolution de 1830 enleva aux louvetiers le privilége dont ils jouissaient en compensation des dépenses que leur occasionnait l'entretien de leur équipage. Les forêts de l'État furent mises en location, et les lieutenants de louveterie perdirent le droit d'y chasser. Cependant l'institution a survécu; je ne pense pas qu'il soit d'arrondissement un peu forestier où la lieutenance de louveterie soit sans titulaire.

La louveterie n'a pas toujours été à l'abri des médisances. Déjà, en 1559, on accusait les louvetiers de propager l'espèce au lieu de la détruire, afin de grossir le chiffre des contributions qu'ils avaient à prélever sur les habitants du canton, en raison du nombre d'animaux dont ils l'avaient délivré. Les lieutenants de louveterie, nos contemporains, sont restés parfaitement à l'abri de tout soupçon de vénalité; on n'a pas supposé que la perspective de voir se multiplier les primes de 15 francs (!) exerçât sur eux une fâcheuse influence; mais il s'est trouvé des gens pour prétendre que la passion pour la chasse, qui caractérise la plupart de ces messieurs, contre-balançait singulièrement leur zèle dans le rigoureux accomplissement de leurs fonctions ; qu'ils voulaient bien tuer les Loups, mais qu'ils redoutaient un peu, en se montrant trop impitoyables envers le beau sexe de l'espèce, de couper court à leurs plaisirs et de faire de leurs charges une sinécure. On pourrait considérer ces allégations comme calomnieuses, si on ne devait pas bien plutôt les envisager comme une mauvaise plaisanterie. La Louveterie a rendu de très-sérieux services à l'agriculture et aux habitants de nos campagnes; il suffit, pour s'en rendre compte, de jeter les yeux sur les relevés des animaux détruits, lesquels sont annuellement publiés dans les journaux spéciaux. Dans sa *Petite Vénerie*, M. d'Houdetot établit, en prenant pour base une moyenne de vingt-cinq ans, que 1,200 Loups sont annuellement tués en France. Ces Loups sont répartis en 300 vieux Loups, 200 Louves, et 700 Louveteaux; et, ceci est concluant, la moitié de ces destructions est du fait des lieutenants de louveterie.

Il en est du Loup comme du Renard, tous moyens sont bons qui nous délivrent de cette engeance; ce serait duperie que de se targuer de magnanimité envers de semblables larrons. Leurs méfaits incessants, l'état de rébellion ouverte dans lequel ils vivent appellent toutes les rigueurs du code de Lynch : l'affût, les piéges, l'empoisonnement même sont autorisés contre ces mécréants.

Je ne puis cependant vous dissimuler l'horreur que m'inspire l'art des Locuste et des Médicis, même lorsqu'il est cultivé au profit des Loups. Le poison est l'arme des plus vils et des plus lâches; si misérable que soit celui contre lequel on l'emploie, elle reste odieuse. D'ailleurs, le hasard entre toujours pour quelque chose dans les combinaisons de cette sorte et l'on connaît ses façons de ménager l'imprévu dans le dénoûment, à l'instar de MM. les fabricants de mélodrames. Deux coupes étant posées sur la table et dont une seule contient le poison des Borgia, il y a dix à parier contre un, que la victime innocente et persécutée mettra la main sur le poison, tandis que le traître, que le monstre qui, durant cinq actes, a entassé sur sa tête des Ossa et des Pélion d'indignations, se tonifiera l'estomac avec un verre d'un vin aussi généreux qu'inoffensif. Quels

Chasse au Loup en battue.

que soient les attrayants déguisements de la strychnine, de la vératrine, etc., etc., la plupart du temps le Loup auquel ces petits ingrédients ont été destinés passera calme et indifférent, et ce sera quelque brave et honnête Chien qui se trouvera puni de crimes que jamais il n'a songé à commettre. Je sais bien que c'est l'intention et non le meurtre lui-même que la morale réprouve et que la loi condamne ; mais, en me plaçant au point de vue de celui qu'une erreur a rayé du nombre des vivants, je trouve que *ne l'avoir point fait exprès* devient une assez pauvre excuse. J'estime la vie du moindre Chien beaucoup plus haut que la légitime punition de deux Loups chargés de crimes, et, pour mon compte, je n'userai jamais d'un mode de châtiment devant lequel amis et ennemis sont égaux, je ne m'en remettrai point à la fortune du soin de distinguer avant de frapper, c'est un *Colin-Maillard* trop dangereux.

Des considérations d'un ordre plus positif peuvent contribuer à faire réprouver le poison : vous eût-il mangé plus de vingt Moutons, je ne suppose pas que l'idée que votre voleur se tord et se débat en ce moment dans d'effroyables coliques vous procure jamais beaucoup d'agréments; cette destruction incertaine et ténébreuse n'a pas même l'attrait d'une vengeance, tandis que la poursuite du bandit vous aurait réservé des plaisirs dont le moindre serait certainement celui d'assister à son agonie.

(*La suite prochainement.*)

Paris. — Imp. WIESENER ET Cᵉ, rue Delaborde, 12.

LES TROIS RÈGNES DE LA NATURE

LECTURES D'HISTOIRE NATURELLE.

17 Juin 1865.   **N° 77. — 15 centimes.**

Ce Recueil paraît une fois par semaine. — On s'abonne à Paris, à la Librairie L. HACHETTE et Cⁱᵉ, boulevard Saint-Germain, n° 77.
Les abonnements se prennent du 1ᵉʳ de chaque mois. — Paris, six mois, 4 fr.; un an, 8 fr. — Départements, six mois, 5 fr.; un an, 10 fr.

Le Loup (Suite).

On pourrait modifier comme il suit un proverbe bien connu : « Dis-moi quelle bête tu chasses et je te dirai qui tu es! » Ses prédilections pour tel ou tel gibier sont en vérité le véritable critérium de la valeur cynégétique d'un disciple de saint Hubert. Aux chasseurs de raccroc, le Lièvre et la Perdrix; aux veneurs exceptionnels, le Loup. Le Loup est la chasse favorite de tous ces maîtres illustres dont les Foudras, les d'Houdetot auront fait passer la gloire à la postérité ; leur culte pour elle est assez exclusif pour que nous soyons autorisés à lui donner le pas sur la chasse du Cerf lui-même, ce royal gibier. En raison autant de cette supé-

Chasse du Loup aux Chiens courants.

riorité que je constate, que de l'utilité de la destruction, les traités de la chasse du Loup n'ont pas plus manqué aux temps anciens qu'à notre époque.

En 1566, le capitaine Jean de Clamorgan composait un livre sur les moyens de se débarrasser de ces ennemis de la maison rustique; en 1613, le curé Gruau donnait de nouvelles instructions pour combattre l'animal qui, à cette époque, était encore considéré comme un fléau public ; en 1642, Robert Monthois publiait sa *noble et furieuse chasse au Loup*, traité de chasse plus pratique que les précédents et dans lequel mainte observation révèle le chasseur de premier ordre et démontre qu'il n'était point un hableur, celui qui ose terminer son opuscule par ces paroles : « Je ne cognois personne vivante qui ait fait mourir plus de Loups que moi. »

A côté de ces ouvrages les écrivains cynégétiques proprement dits, Gaston Phœbus, du Fouilloux, Salnove, Sélincour, Leverrier de la Conterie, de l'Isle du Moncel, faisaient au Loup une large part dans leurs écrits; enfin, de nos jours, un veneur de premier ordre, M. le baron Lecoulteux de Canteleu a écrit sur cette chasse un traité qui se recommande comme le résumé le plus complet des instructions des devanciers et des observations personnelles que l'auteur a puisées dans une pratique intelligente et passionnée.

Dès l'an 1471, la Couronne de France avait son grand Louvetier dans la personne de Jacques de Rosbarch; mais Henri IV fut le premier de nos rois qui posséda un équipage pour la chasse du Loup. Les procédés de destruction usités aux XVIᵉ et XVIIᵉ siècles se trouvent décrits dans les quatre instructions dont se compose l'opuscule de Robert Monthois, et dont voici les titres : « La manière de remettre les Loups et de les prendre à course de Leuriers. — Pour prendre le Loup sans Chiens et le faire marcher au triquetrac droict aux harquebusiers. — Pour attirer le Loup au carnage par traînées. — Pour prendre le Loup aux pans et bricoles. »

De ces méthodes, la première était la seule qui eût quelque ressemblance avec notre chasse à courre, et encore ne s'exécutait-elle qu'en attirant les Loups, à l'aide d'un carnage, sur un terrain assez découvert pour qu'il fût possible de le donner à vue aux Lévriers. Même à dater de Louis XIII, qui, en raison de ses prédilections, avait considérablement renforcé sa Louveterie personnelle, les hallalis de vieux Loups devaient être peu fréquents. Voici ce que dit à ce propos la *Vénerie normande* : « Forcer un vieux Loup n'est pas chose impossible, mais fort rare et très-difficile. Quiconque est assez riche pour entreprendre de le faire avec les Chiens courants seuls, doit commencer par former un équipage de cent Chiens de bonne taille et de bonne race à chasser le Loup; ensuite, gager *au double* deux excellents piqueux, deux bons valets de limier, quatre valets à cheval, et garnir son écurie de vingt-cinq à trente bons coureurs. »

Ce dénombrement des forces nécessaires fournit la mesure des difficultés que l'on avait à vaincre pour accomplir ce tour de force, tant que l'on n'employait au courre du Loup que les Chiens de nos races indigènes, lesquels, sans l'adjonction de Lévriers, étaient incapables de gagner la bête de meute de vitesse.

« Il n'est pas sans exemple, dit M. Lavallée, qu'on ait forcé de vieux Loups. On peut citer en cette matière les succès de MM. d'Hancourt et d'Ivry. Voici comment ils procédaient. Leur meute se composait d'un peu plus de soixante Chiens. Le premier jour, lorsqu'on avait détourné un vieux Loup, ils allaient frapper aux brisées avec une vingtaine de Chiens seulement; ils chassaient toute la journée, et, lorsque la nuit survenait, ils faisaient leurs brisées et reprenaient tous leurs Chiens. Pendant ce temps, le reste de la meute, couché dans des fourgons garnis de bonne paille, et traîné par de vigoureux attelages, avait suivi la chasse de loin, et venait rejoindre les chasseurs à la couchée. Souvent le Loup avait conduit la chasse dans des pays perdus, à quarante ou cinquante kilomètres du point d'attaque. Mais on prenait gîte où l'on pouvait, on bivouaquait s'il le fallait, et l'on passait la nuit tant bien que mal. Dès que l'aube était venue, on retournait aux dernières brisées, on déshardait les plus vigoureux des Chiens qui avaient

chassé la veille, pour rapprocher le Loup; puis, dès qu'ils l'avaient mis sur pied, on donnait vingt Chiens nouveaux. Lorsque ceux-ci avaient bien goûté la voie, on recouplait ceux de la veille, et on les remettait dans un fourgon. Les veneurs montaient sur des chevaux frais, qu'on avait amenés pendant la nuit : le plus souvent on ne s'apercevait pas le second jour que les forces du Loup eussent diminué. Le soir on procédait de la même manière et on recommençait le lendemain. C'était le troisième jour. Alors le Loup laissait voir la fatigue qu'il ressentait d'une si terrible guerre : la fréquence de ses retours offensifs contre la meute prouvait qu'il était sur ses fins. Quelquefois il essayait de se forlonger, ou bien il cherchait un refuge jusqu'au milieu des habitations. Enfin, lorsqu'on était certain qu'il commençait à faiblir, on découplait tous les Chiens qui s'étaient reposés dans les fourgons, et ceux-ci ne tardaient pas à le rejoindre et à l'étrangler. Mais quelquefois aussi, lorsque l'animal était très-vigoureux, il durait un jour de plus. »

Depuis l'introduction en France des Chiens anglais, ce qui était fort rare du temps de Leverrier de la Conterie; ce qui, il y a vingt-cinq ans, n'était possible qu'à des veneurs doués de vigueur, de ténacité et de fortunes exceptionnelles, est devenu assez commun. Il n'est pas d'années où, dans nos départements du Centre et de l'Ouest, quelques vieux Loups ne soient dûment et loyalement portés bas par une meute composée, non pas des Chiens dont je viens de parler, mais des produits du croisement de ces Chiens avec celle de nos races qui était la plus remarquable par ses aptitudes pour la chasse du Loup.

Tous les Chiens ne chassent pas le Loup. J'ai cité des faits qui démontrent qu'entre les deux races le rapprochement est possible; mais ces rapprochements ne sont que l'exception et n'infirment nullement l'antipathie profonde et vivace qui les sépare; cette antipathie se traduit, le plus souvent, dans l'espèce canine, par la terreur. Mieux doués que nous sous ce rapport, les animaux n'ont pas besoin d'un acte de guerre pour distinguer l'ennemi de leur espèce; ils le reconnaissent à une odeur spéciale, caractéristique, dont leur instinct a la prescience, et qui les remplit d'épouvante, même dans leur plus jeune âge, même lorsqu'ils la sentent pour la première fois. Un Cheval sur lequel on essaye de charger le cadavre d'un Loup se cabre, se défend et lutte longtemps avant de se résigner à cet odieux contact; la plupart des jeunes Chiens prendront la fuite lorsque la brise leur apportera les émanations d'un Loup; s'ils ne fuient pas, ils se réfugieront dans les jambes du maître, le poil hérissé, l'œil hagard, tremblants, donnant tous les signes de l'effroi.

Tous les Chiens courants ne sont pas exempts de cette crainte instinctive, tous ne sont pas disposés à aborder franchement la voie du Loup. J'en ai vu, qui semblaient aguerris par mainte campagne contre la bête noire, et qui mettaient bas et se détachaient de la meute aussitôt que celle-ci commençait à rapprocher un peu chaudement la piste d'un Loup. Sur ce point, la transmission héréditaire elle-même n'est pas infaillible : dans une portée provenant d'un Chien et d'une Chienne tenus constamment dans la voie du Loup, il peut se trouver des réfractaires qui, à la première rencontre, se comporteront aussi médiocrement que le dernier Chien briquet. Toutefois ce cas est assez rare pour que le premier soin de celui qui forme un équipage doive être de se préoccuper des aptitudes des ascendants des Chiens dont il entend le composer.

C'est parmi les Chiens du Poitou, de la Saintonge, les Vendéens, et particulièrement les Vendéens à poil dur, que se rencontrent les meilleurs Chiens de Loup. Mais ces Chiens, rapprocheurs admirables, sont généralement, et même les derniers, d'un pied médiocre; ils manquent peu de Louvarts, mais l'honneur de forcer les grands Loups, je devrais peut-être dire de gagner les grands Loups de vitesse, est réservé aux produits du croisement dont je parlais tout à l'heure, et dans lesquels les qualités de haut nez et de gorge de la race française se trouvent alliées à la rapidité et au fonds du Chien de pur sang anglais. Avec la première de ces compositions de meutes, comme il est plus aisé de suivre et de prendre les devants qu'avec la seconde, on a, il est vrai, la ressource de tenter de raccourcir d'un coup de fusil le grand Loup que les Chiens auraient lancé; mais c'est encore là une chance très-hasardeuse, avec un animal qui fait peu de retours, perce, débûche, change de forêt et la plupart du temps se forlonge.

Dans la chasse du Loup, la quête est à peu près aussi incertaine que l'hallali. Les bêtes noires et fauves ont leurs demeures et leurs gagnages; soir et matin elles vont et viennent des premières aux seconds, se dérangent peu de leurs passages. Avec quelque expérience des bois qu'habitent ces animaux, on est à peu près certain de les détourner; les Cerfs, les Chevreuils, les Sangliers mêmes, sont presque des bourgeois méthodiques et rangés; le Loup représente le bohème, l'*irrégulier* du monde des bêtes; son souper dépend autant du hasard que de son industrie; il est bien rare que ce hasard lui soit favorable deux jours de suite au même lieu. D'ailleurs il sait qu'il importe à sa sûreté d'apporter quelque variété dans le choix du théâtre de ses déprédations; c'est l'*a b c* de la tactique de tous les bandits. Lorsque le soir il se met en campagne, le Loup bat l'estrade dans un rayon de vingt-cinq à trente kilomètres, quelquefois davantage, et tantôt au sud, et tantôt au nord; il se relaisse dans un bosquet, loin de son fort, s'il a découvert dans les environs, soit un carnage, soit une proie pour la nuit suivante, ou bien encore si le jour est trop près de paraître, si ses demeures ordinaires sont trop éloignées pour qu'il puisse les regagner avec sécurité. En raison de ce vagabondage d'existence, du petit nombre de ces animaux qui subsistent dans nos forêts, il n'est pas toujours facile de trouver une voie de Loup, encore moins d'en rencontrer une qui soit du bon temps et permette de le rembûcher; aussi est-il aujourd'hui bien peu d'équipages exclusivement consacrés à la chasse du Loup; la plupart des veneurs le chassent concurremment avec le Sanglier, ne le quêtent qu'à l'état de Louvart, ou lorsqu'il s'est signalé par quelques abatis, ou enfin lorsqu'une heureuse fortune les conduit sur une bonne piste.

Le Loup se juge par le pied, par les *déchaussures*, égratignures qu'il fait, comme le Chien, à la terre après s'être vidé, et enfin par ses *laissées*. Le pied du Loup ressemble au pied d'un Chien de forte taille; cependant, avec quelque expérience, il est facile de les distinguer. Le Loup ne se méjuge pas, son pied de devant est considérablement plus gros que celui de derrière; s'il marche au trot, celui-ci se trouvera placé à trois largeurs de doigt du premier; ses allures sont plus allongées, plus assurées; le Chien va le pied ouvert, celui du Loup est serré; enfin le Loup a le talon plus large, plus gros, plus détaché du reste du pied que le Chien; ce talon forme trois fossettes toujours très-nettement dessinées pour peu que le revoir soit favorable. Le pied du Louvart se confond bien plus facilement avec la trace d'un Chien; il faut beaucoup de pratique pour le reconnaître. En effet, ses allures sont chancelantes, il se méjuge souvent, son pied n'a pas encore le développement caractéristique de son espèce, il est aussi long qu'il est gros. En raison de la faiblesse de ses muscles, proportionnellement à la grosseur de son corps, il ouvre les doigts en marchant, ses ongles sont menus et pointus, au lieu d'être courts et usés comme chez un vieux Loup. La Louve a le pied plus long et plus étroit que son mâle, ses ongles sont plus faibles, son talon moins large, mais c'est surtout à ses *laissées*, à ses déchaussures qu'on la distingue.

Ces *laissées*, Louves et Loups les jettent ordinairement au milieu d'un carrefour; les premiers, comme certains Chiens, ont l'habitude de rechercher quelque éminence, quelque protubérance végétale pour en faire les dépositaires du superflu de leur nourriture ; c'est une pierre, une taupinière, un petit buisson, une grosse touffe d'herbe. J'ai cherché quelles pouvaient être les raisons de cette prédilection singulière, mon imagination n'est point parvenue à les découvrir. — Quoi qu'il en soit, ce sont ces lieux qu'il faut explorer dans la quête : si on y découvre des *laissées*, si ces *laissées* sont dures et compactes, on est deux fois assuré que c'est à un Loup que l'on aura affaire; la Louve, moins raffinée que son époux, se met au milieu du chemin, ses *laissées* n'ont point la consistance de celles du mâle, elles sont molles et en plateaux ; presque à côté des unes et des autres, on voit les *déchaussures*, témoignage de la satisfaction que leur a causé l'accomplissement de cette importante opération ; celles du mâle sont bien plus profondes, plus accentuées que celles de la femelle, qui se contente d'effleurer la terre ou le gazon. Lorsqu'on détourne avec un limier, le Chien donne connaissance du sexe de l'animal en se rabattant sur un buisson contre lequel le Loup aura levé la cuisse, et en le flairant du haut en bas.

Lorsque l'on veut rembûcher un vieux Loup, soit pour le donner à courir aux Chiens, soit pour le tirer en entourant l'enceinte, il est nécessaire d'être au bois de grand matin, surtout en hiver. Leverrier de la Conterie recommande de se tenir aux écoutes, le long des lisières de la forêt, avant le jour, « afin, dit-il, d'entendre l'aboi des Mâtins des villages et des fermes, qui, par un cri singulier, marquent qu'ils sentent le Loup, qu'il est ou qu'il va vers tel endroit, ce qui détermine à se mettre en quête de ce côté-là dès que l'on part revoir. »

Il est toujours aisé de connaître si c'est sur un Loup que le limier se rabat; son poil se hérisse sur l'échine, il n'agite pas sa queue, gronde sourdement, donne quelques signes d'agitation et de colère qui, quelquefois, vont jusqu'à mordre les branches qui ont conservé les traces du passage de son ennemi. Aussitôt que l'on a trouvé une voie de bon temps, il faut tâcher d'en revoir par le pied, faire l'enceinte par les grands devants, s'assurer qu'il n'est pas sorti de son enceinte.

« Robert Monthois indique les connaissances suivantes pour juger si le Loup dont on fait suite a vidé la première enceinte : « Le veneur doibt bien remarquer si, arriuants à l'orée d'un bois, ils n'ont gratté la terre et faict des estricades à quelque place verte; car cela estant, ils sont asseurement passés dans vn autre bois, et s'esloigneront de là. Mais quand à leur arrivée, ils font leur entrée couuertement et par vn fuyant caché, soit dans vn petit ou grand bois, il faut espérer qu'ils y sont demeurez : au contraire, si entrans ils enfilent vne carrière ou pied sente, il y a danger qu'ils sont passez dans un autre bois. »

On ne doit jamais songer à le rembûcher de trop près, car, neuf fois sur dix, il prendrait l'éveil, et se déroberait avant l'attaque; aussi, et toujours dans le but de ne pas l'inquiéter, est-il prudent de demander au contre-pied de l'animal les renseignements dont on a besoin sur son âge et sur son sexe.

La *Vénerie normande* indique les moyens de distinguer les Loups qui se trouveraient atteints de la rage : « On juge, ou du moins on conjecture qu'un Loup est enragé, quand on voit qu'il ne tire pas droit dans ses voies et qu'il ne va qu'en balançant, ce qui vient de la faiblesse que lui cause le mal et du défaut de nourriture dont on ne s'aperçoit pas, en faisant suite de lui, qu'il ait aucunement pris, quoiqu'il ait passé proche des villages et même près des voieries; et que, après être allé et venu sans aucune règle dans sa marche, il se soit relaissé dans une simple haie, dans quelque petit boqueteau, ou dans les roseaux qui se trouvent à la queue d'un étang, éloigné de la forêt, où il demeurera jusqu'à ce qu'il soit pris d'un nouvel accès; pour ne pas exposer un équipage, il faut chasser un pareil Loup à trait de limier, et le tuer à coups de fusil. »

Lorsqu'on a un vieux Loup au rapport, que l'on veuille le courir, que l'on veuille le tirer soit devant les Chiens, soit en battue, il est essentiel d'aller aux brisées sans perdre une minute, et d'observer un religieux silence en s'y rendant. Il ne faut pas oublier que le Loup ne dort jamais non-seulement que d'un œil, mais que d'une oreille, et que le moindre bruit suffit à lui faire quitter son liteau. Nous reviendrons sur ce point lorsque nous parlerons de battues. Quelle que soit la vitesse des Chiens que l'on emploie pour forcer un Loup, il est bien rare qu'ils parviennent à le prendre de *meute à mort*; il faut donc envoyer des relais de Chiens et de Chevaux aux refuites les moins incertaines; on attaque avec vingt Chiens au moins, en sonnant et en appuyant au cri de *harlou*. Ordinairement, dès le lancer, l'animal perce droit devant lui, et n'hésite pas à débûcher s'il connaît d'autres forêts à distance. Il ruse peu; mais il suit volontiers les chemins et sa voie est si légère et si susceptible de se refroidir promptement que pour peu qu'il ait de l'avance, les défauts sont à craindre; aussi faut-il piquer à la queue des Chiens, de façon à les soutenir et à les aider dans ces défauts. La plus fréquente de ses ruses est un hourvari à la suite duquel il a changé de direction. Quand un Loup est sur ses fins, il cherche un retranchement à l'abri duquel il se dispose à vendre chèrement sa vie; il s'accule contre une roche, dans un trou de Blaireau ou de Renard et se défend contre la meute avec une vigueur, une opiniâtreté qui ne ressemblent guère à cette couardise qui, selon quelques auteurs, le caractériserait dans la défaite.

La plupart des chasseurs de petite vénerie, et ce ne sont pas ceux qui détruisent le moins de Loups, le chassent à cheval, le fusil à la botte, en prenant les devants pour le tirer. Ils détournent rarement; lorsqu'ils ont trouvé une voie, ils rapprochent l'animal à l'aide de deux ou trois Chiens de très-haut nez; si cette voie est de bon temps, ils parviennent à lancer, et, s'ils sont bien montés, s'ils ont une connaissance approfondie du pays à quatre ou cinq lieues à la ronde, il leur arrive encore assez souvent de sonner un victorieux hallali. Mais ces rapprochers de Loups sont extrêmement hasardeux. Il m'est arrivé, par un temps de bonne neige, en compagnie d'un de mes amis, avec deux excellents *rapprocheurs* du Poitou pour auxiliaires, de marcher pendant six heures consécutives sur une voie de Loup et d'arriver, à quatre heures du soir, à un liteau vide et froid.

Si la chasse du Loup est un peu trop éventuelle et hasardeuse, celle au Louvart pèche peut-être par l'excès contraire, car dans les sept à huit premiers mois de son existence, il y a peu de chance pour qu'il échappe à une meute bien créancée, cette meute ne fût-elle que d'une douzaine de Chiens. Mais si les grandes péripéties de la chasse d'un vieux Loup lui font défaut, la chasse du Louvart rachète ce médiocre inconvénient par des attraits généralement fort appréciés des Louvetiers. Elle est le plus sûr moyen d'amener leurs Chiens de remonte à se déclarer; le Louvart se contentant de randonner comme un Lièvre dans son enceinte, n'expose jamais ceux qui le poursuivent à coucher en pays perdus; enfin elle procure souvent trois, quatre et même cinq hallalis successifs, ce qui n'est point un petit divertissement lorsque la bête de meute est un aspirant à la profession de Loup. C'est ordinairement pendant les mois de septembre et d'octobre que l'on se décide à faire justice des Louvarts; plus tôt ils ne seraient pas courables, plus tard ils auraient assez d'haleine et de vigueur pour percer et se forlonger devant des Chiens d'un pied médiocre.

La présence d'une portée de Louveteaux dans un bois se révèle par la multiplicité des coulées et des portées que l'on aperçoit dans l'herbe, par les nombreux débris de volailles et d'animaux que l'on rencontre en pénétrant dans le fourré. Au mois de septembre on en revoit facilement dans les environs du canton qu'ils tiennent; ils ont déjà chassé, et, soit gourmandise, soit précocité des dispositions cynégétiques, ils se hasardent volontiers, même en plein jour, sur les lisières pour y découvrir de nouveaux échantillons de ces volailles sur lesquelles ils ont fait leurs premières armes; puis, il fait chaud, ils ont soif, ils ignorent que la première vertu de leur profession est de se montrer insensible à ces misères, et avec la naïve confiance de la jeunesse, ils vont aux mares comme un ivrogne irait au cabaret.

Pour chasser le Louvart on découple à la brisée si on l'a détourné, sur sa voie la plus récente, si on veut le rapprocher; le plus souvent on se contente de fouler à la billebaude l'enceinte dans laquelle on le suppose. Aussitôt que les Chiens ont lancé, on les appuie, mais sans piquer de trop près, car, le Louvart exécutant un retour chaque fois que la menée le conduit aux lisières de son buisson, il serait à craindre que la meute n'outre-passât la voie si on la pressait très-chaudement.

Très-souvent il arrive que les veneurs sont étonnés de la résistance extraordinaire qu'ils trouvent dans un Louvart de six à sept mois; puis, lorsque ledit Louvart est pris, la facilité, la promptitude avec laquelle on vient à bout des Louvarts, frères du défunt, et qui cependant paraissent aussi forts, aussi bien constitués que le premier, sont encore une cause de stupéfaction. Voici le secret de cette anomalie dans les défenses.

Ce n'est pas seulement le Louvart de meute qui a été promené par les Chiens pendant deux heures et davantage, ce sont tous les Louvarts qui se trouvaient dans le buisson et qui tour à tour ont donné change à la meute; de telle sorte que si un seul a été forcé, les autres se trouvent déjà si malmenés, qu'ils ne peuvent faire autrement que de se rendre aussitôt qu'ils sont successivement attaqués.

Quelques écrivains ont fait les honneurs de ces changes au dévouement fraternel; il m'en coûte de déshériter les bêtes, même dans la personne des Loups, des bénéfices de cette délicatesse de procédés, mais la vérité a ses devoirs, *dura lex sed lex*. Je vous engage donc à n'ajouter qu'une foi médiocre à ce sentimentalisme de cet animal dans sa jeunesse, et voici ce que vous pouvez présumer : si la Louve ne se trouve pas dans le buisson, ou si les angoisses de ses entrailles maternelles ne lui ont pas fourni assez d'audace pour se donner elle-même aux Chiens ou pour rallier et entraîner une partie de sa progéniture, les misérables Louvarts, étourdis de ces abois, pleins d'épouvante à l'apparition de cette meute qu'ils entrevoient à travers les cépées passant comme un tourbillon, vont et viennent effarés dans l'enceinte, et par conséquent croisent presque à chaque instant la voie de celui de leurs frères que les Chiens conduisent. Peu de ceux-ci gardent change sur le Loup, la substitution s'opère sans que les veneurs s'en aperçoivent davantage; un Louvart tout frais se trouve chassé au lieu de celui dont les forces commençaient à faiblir, mais le change est l'effet d'un simple hasard, et ce Louvart devient bête de meute jusqu'à ce qu'un autre hasard lui fournisse un remplaçant.

Si la Louve est dans les environs, les choses ne se passeront pas toujours ainsi : plus les Louvarts seront jeunes, plus énergiquement elle se dévouera à leur salut. Chez les animaux, la tendresse maternelle se mesure toujours à la faiblesse des petits. Tantôt faisant la part du feu, se résignant non sans déchirement de ses entrailles, elle abandonnera un ou deux de ses enfants à la dent de leurs ennemis et s'efforcera d'entraîner les autres loin de ce lieu funeste; tantôt, s'offrant volontairement aux Chiens, perçant et débûchant aussitôt qu'elle se sent suivie, elle les emmènera eux-mêmes à d'assez grandes distances pour conjurer le péril. Cette défense est de toutes la plus à appréhender. Aussitôt que l'animal chassé file droit, gagne du pied, prend un parti de grand Loup, il faut se hâter de rompre les Chiens, les ramener au buisson et requêter jusqu'à ce qu'on soit parvenu à remettre sur pied les Louvarts. La confiance de la Louve dans cette tactique est si grande qu'elle la met en œuvre plusieurs fois et même lorsqu'elle a été déjouée. J'ai vu une Louve qui entraîna trois fois nos Chiens à plus d'une lieue, bien que trois fois on eût réussi à les arrêter. Enfin, et surtout lorsque les petits ne sont encore que Louveteaux, après que deux ou trois d'entre eux ont été étranglés, il n'est pas sans exemple qu'une Louve qui, invisible, n'a rien perdu des sanglantes péripéties de ces assassinats, devienne assaillante et se précipite sur les Chiens.

Lorsqu'un Louvart est pris, il faut toujours le faire fouler aux Chiens, et surtout à ceux qui ne seraient pas encore parfaitement déclarés; ils témoignent ordinairement une grande répugnance à le piller, et il est bon d'insister et de les amener à surmonter leur crainte et leur dégoût soit par l'exemple des vieux Chiens, soit en les caressant et en les encourageant.

Aucun Chien ne fait curée de chair de Loup, mais la plupart la mangent sans trop se faire prier lorsqu'elle est cuite. C'est un bon moyen de les confirmer dans la voie de cet animal et de leur donner de la confiance; le Chien est trop intelligent pour s'épouvanter d'un Croquemitaine qui de temps en temps fait les frais de son pot-au-feu. Voici, d'après le *Dictionnaire des Chasses*, la façon de l'accommoder et d'en faire un régal digne des Chiens, sinon des dieux: « Il faut emporter le Loup au logis, le dépouiller et le vider, et laver la tête à laquelle on laisse la peau et les oreilles. On sépare en quatre quartiers que l'on fait rôtir avec le reste du corps dans un four bien chaud. Pendant que le tout rôtit, on met dans un baquet quantité de petits morceaux de pain ; on jette dessus les quartiers du Loup, également coupés en menus morceaux au sortir du four. On verse sur ce mélange de grandes chaudières d'eau bouillante, dans laquelle on a jeté trois à quatre livres de graisse. Lorsque ce potage est bien trempé et refroidi, on le renverse sur une grosse toile. Alors on ouvre le chenil et on sonne la curée. Lorsque les Chiens ont mangé cette mouée, on les conduit à trente pas de là, où se trouve la carcasse du Loup, on leur en présente la tête au bout d'une fourche; on les excite de la trompe et de la voix; ils n'hésitent pas à se précipiter dessus et à la dévorer à l'envi les uns des autres.

Dans la prohibition des Lévriers, la loi de 1844 n'a pas même excepté ceux que l'on pourrait employer contre le Loup. Cette exception n'eût pas eu, il est vrai, sa justification aujourd'hui ; cette chasse ne pouvant se pratiquer que dans les pays découverts, peu boisés, et le petit nombre de Loups qui subsistent en France ne quittant qu'accidentellement les grandes forêts, elle est devenue impraticable. Cependant et ne fût-ce que comme curiosité historique, ce mode de destruction, si usité jadis, me semble mériter une mention ; pour fournir à nos lecteurs une idée de ce qu'il était, j'emprunterai la description qui en est donnée par la *Vénerie normande*, qui n'est elle-même que la reproduction de la première instruction de Robert Monthois.

« Pour faire cette chasse, une demi-douzaine de bons Chiens courants suffit avec dix Lévriers partie mâles et partie femelles, parce que les mâles font quelquefois difficulté de piller les Louves qui sont en chaleur. De ces dix Lévriers on fait cinq laisses, dont deux *dextries* ou *coteresses*, deux de *flanc* et une de *front* ; cette dernière est formée de deux Lévriers les plus forts et les plus vigoureux.

« Le jour que l'on veut chasser, qui ne peut guère être qu'un jour de fête, à cause de la quantité de monde dont on a besoin pour mettre autour du bois, ce qu'on appelle *défenses*, on détourne les Loups le matin, et, après la messe, on assemble, sans bruit, beaucoup de peuple autour du buisson où ils sont détournés. Quand tout le monde est à sa place, chacun fait la conversation avec son voisin, ce qui empêche le Loup d'en sortir, parce que de tous les côtés il entend un bruit sourd et confus.

« On place deux laisses *coteresses* le long de la haie du bois, à deux ou trois cents pas l'une de l'autre, et selon que le terrain le permet. A chaque laisse il y a un homme à pied pour la tenir et un homme à cheval pour l'accompagner à toute bride quand elle est lâchée. Au milieu du cours, vis-à-vis de ces deux laisses, on place de chaque côté, et à distance égale, sous de petites tentes de toile noire ou derrière un buisson, les deux laisses de *flanc* avec chacune un homme pour les servir, enfin à l'extrémité du cours et entre les quatre laisses ci-dessus, comme pour terminer un triangle, sera placée la laisse de *front*, avec un homme, sous une tente, dont il se couvrira lui et ses Chiens. Ceci fait, on retire les

gens qu'on avait placés entre les deux laisses *coteresses* pendant qu'on plaçait les Chiens, on s'en sert pour renforcer les *défenses*, ce qui termine les préparatifs. Alors le signal se donne; les *défenses* ne l'ont pas sitôt entendu, qu'elles se mettent à crier sans cesse. Le piqueur de son côté, frappe à la brisée et lance le Loup. Lorsqu'il entend les Chiens à ses trousses, il tourne autour de son buisson, et cherche quelquefois à sortir du côté des *défenses*; mais, comme il entend huer d'une façon épouvantable, il prend le parti de fuir par le cours où il n'entend aucun bruit, et qui se trouve placé à bon vent de lui. Dès qu'il est un peu avancé dans le cours, ceux qui servent les laisses *coteresses* les lâchent en queue, et les deux hommes à cheval, qui sont destinés à les accompagner, les suivent à toutes jambes, en effrayant le Loup par leurs cris, ce qui le fait avancer de plus en plus dans le cours. Lorsqu'il présente l'épaule aux deux laisses de flanc, ceux qui les tiennent les lâchent aussitôt. Quand celui qui tient la laisse de front voit les quatre autres serrer de près le Loup en queue, alors, il s'avance et lâche la sienne en tête : de cette façon, le compère se trouve obligé de renoncer à la fuite, et de mettre toute sa défense dans ses dents dont il se sert courageusement. »

Robert Monthois dit, en terminant son instruction : « J'ay pratiqué ceste sorte de chasse avec un bon succès en Arthois, signament après la paix de Veruin : et assisté à en prendre plus de soixante par an et quelque fois quatre ou cinq par jour, et les auions presques extirpez en l'an 1630. »

Quelquefois, avec le même système de battue menée à grand bruit, on remplaçait les Lévriers par des *rets*, filets de huit pieds de haut, de quatre à cinq cents pieds de longueur, faits de fortes cordelettes teintes en vert, montés sur des cordes en guise de *maîtres* et tendues comme les panneaux. Leverrier de la Conterie attribue à du Fouilloux l'invention des *rets*, assertion un peu hasardée, puisque nous avons vingt preuves que les anciens s'en servaient contre les grands animaux, et celle des *lassières*, ce qui, en revanche, pourrait bien être vrai. La *lassière* était une bourse à Lapin, proportionnée à la taille et à la force du Loup, que l'on tendait à des brèches laissées à une haie assez forte, assez résistante pour que ces animaux ne pussent la traverser ; on les poussait dans les *lassières* en cernant le bois dans lequel il s'était relaissé. Aujourd'hui, la *lassière* doit être reléguée dans les musées cynégétiques, avec les arbalètes et les arquebuses à mèches ; bien que la ficelle qui servait à confectionner ces *lassières* dût être, dit du Fouilloux, de la grosseur du doigt d'*une jolie femme*, je crois qu'elle risquerait fort de tomber en charpie avant qu'un Loup du dix-neuvième siècle se décidât à s'y bourser.

De tous les procédés de destruction employés contre ces animaux, la battue est certainement le plus efficace; cependant, il faut bien le reconnaître, c'est celui qui réussit le plus rarement, et cela parce que les chasseurs français, comme Arnal dans je ne sais plus quel vaudeville, sont sur ce point d'excellents professeurs, qui n'exécutent pas; parce que si nous comprenons la théorie de la battue avec l'intelligence qui nous caractérise, notre tempérament s'oppose à ce que nous parvenions à la mettre en pratique. J'ai assisté à pas mal de battues, jadis, en qualité de lieutenant de Louveterie, j'ai été appelé à en diriger quelques unes pour lesquelles les autorités avaient convoqué le ban et l'arrière-ban des tireurs de la contrée, et, je n'hésite pas à le déclarer, plutôt que d'affronter de nouveau cette cruelle épreuve, je me résignerais à présider une séance de feu *le Club des Femmes!*

Les armes hétéroclites qui ressuscitent dans ces circonstances solennelles et dont le seul aspect vous fait trembler pour les jours de celui qui les porte, ne seraient rien encore, n'était l'esprit d'insubordination qui règne généralement dans la petite armée que MM. les maires vous expédient. Le Loup n'est qu'un prétexte, tous les braves gens qui sont venus là pensent beaucoup moins à le tuer qu'à se divertir, et comme le Français, né malin, s'amuse surtout des mots agréables que son intarissable faconde lui fournit, nul d'entre eux ne se décide à renoncer aux bénéfices de son esprit et de sa verve. Ce serait en vain que le pauvre Louvetier conjurerait ses soldats de mettre des sourdines à leur belle humeur, il y perdrait son latin, le bon Dieu y perdrait son tonnerre. La distribution des postes est encore plus tumultueuse, et lorsque l'on est parvenu à garnir tant bien que mal les refuites, lorsque les traqueurs se sont mis en marche, le désordre pour se traduire d'une autre manière, n'en est pas moins caractéristique. Si les causeurs se trouvent maintenant trop distancés pour se communiquer leurs drôleries, ils peuvent se dédommager en faisant jaser la poudre, et ils n'y manquent pas; il semble qu'ils se croiraient déshonorés s'ils rentraient chez eux sans avoir vidé leur espingole; les détonations crépitent, les balles sifflent et ricochent, le double zéro grésille dans les branches; il y en a pour tout ce qui se montre sur la ligne, Renards, Chevreuils, Lièvres, Lapins, jusqu'aux Merles (historique). Il y en a même pour les Hommes, je devrais dire surtout pour les hommes; le Loup seul n'a point sa part dans cette distribution de projectiles, parce que, averti de longue date de ce qu'on lui voulait, il a jugé prudent de se dérober.

On m'accusera d'exagération, et cependant j'en appelle à mes confrères, n'y a-t-il pas quelquefois, même dans les battues où les tireurs sont des chasseurs expérimentés et des gens du monde, plus d'un trait par lequel elles se rapprochent de ce grotesque tableau. Sur le chapitre des battues, nous avons beaucoup à apprendre de nos voisins d'outre-Rhin, et peut-être devrions-nous dans ces réunions, surtout lorsqu'elles ont pour but la destruction d'animaux dangereux ou nuisibles, emprunter aux Allemands les règlements qui, en maintenant l'ordre et la discipline, préviennent les accidents et assurent que les peines que l'on se donne ne seront pas perdues.

Lorsqu'on projette une battue aux Loups, il est toujours bon de détourner ces animaux; si on traquait au hasard, et si on n'abordait pas en entrant au bois l'enceinte dans laquelle ils se trouvent, le bruit des traqueurs dans des buissons, même éloignés de son fort, l'inquiéterait et le mettrait sur pied. Mais pour le traquer, on le rembûche de loin, et on se contente de s'assurer qu'il n'est pas sorti de la partie de bois dans laquelle il est entré. Les battues de Loups ne doivent pas être entreprises avant dix heures du matin, parce que, et surtout en été et en automne, ces animaux sont inconstants dans leurs heures de rentrée. Le rendez-vous doit être fixé à distance du bois; si les tireurs sont nombreux, ils se rendront autour de l'enceinte par des chemins différents, et toujours, je le répète, dans le plus grand silence; ces tireurs seront portés à bon vent, à trente ou quarante pas les uns des autres, tant sur la ligne qui fait face à la partie du bois de laquelle viendront les traqueurs, qu'en équerre à droite et à gauche.

Les traqueurs ne doivent se mettre en mouvement que lorsque tous les tireurs sont placés. Avant de se séparer, le louvetier doit avoir calculé le temps qui lui sera nécessaire pour garnir les passages, réglé sa montre sur celle du chasseur qui dirigera les traqueurs, et être convenu avec celui-ci qu'il ébranlera sa colonne à une heure désignée, de façon à n'avoir pas à donner le signal de la marche par un coup de trompe ou de cornet, comme cela se pratique dans les battues ordinaires.

Clamart, un des plus habiles et des plus expérimentés tueurs de Loups de notre temps, qui, dans sa longue carrière, n'a pas abattu moins de quatre cents de ces animaux, pense que les traqueurs doivent se borner à faire du bruit autour de l'enceinte, mais sans y pénétrer. « C'est à tort, dit-il, que pour le Loup quelques chasseurs font entrer les traqueurs dans l'enceinte; cela est même cause que, souvent, le Loup sortant trop vite, les chasseurs ne peuvent pas bien le tirer à son passage sur la ligne, ou même qu'il se dérobe entre les traqueurs quand, ne se voyant pas bien les uns les autres dans le bois, ils ne forment plus une ligne régulière. Au premier coup de voix des traqueurs, le Loup se lève et il se dirige avec précaution au simple trot vers la ligne des chasseurs; alors il est facile à tirer. »

L'observation de Clamart est très-fondée; cependant, le Loup marchant avec précaution, comme il le dit lui-même, il se peut qu'il évente les tireurs placés en équerre; alors, s'apercevant que les refuites sont gardées même du côté où il n'entend aucun bruit, il entrera en méfiance, et se décidera peut-être soit à attendre, soit à tenter un retour sur les traqueurs. Je crois donc qu'après quelques minutes de cette immobilité bruyante, les traqueurs devront entamer leur mouvement en avançant à peu de distance les uns des autres, et de façon à conserver leur alignement.

Le Loup se tire avec du plomb double zéro, et à balle franche, le plomb dans le coup droit, la balle dans le coup gauche.

S'il est un animal contre lequel l'affût soit autorisé, c'est bien le Loup : cependant cette méthode n'étant fructueuse que pendant les mois les plus rigoureux de l'année, alors que les ci-devant Faons et Marcassins peuvent faire d'honorables défenses, que les bestiaux tiennent l'étable, les Moutons la bergerie, que les Oies s'écartent peu du fumier de la ferme, et que par conséquent les Carnassiers affamés sont réduits à se sustenter des charognes qu'ils rencontrent, je dois prévenir mes lecteurs que ce rude métier d'affûteur leur procurera au moins autant de pleurésies que de peaux de Loups. J'en ai tâté, et après trois séances, j'ai dû me contenter de rapporter chez moi un bon rhume et un pauvre diable de hibou qui avait eu la malencontreuse inspiration de se laisser affriander par mon carnage. Quoi qu'il en soit, et comme je respecte même les goûts que je ne partage pas, je vais indiquer à ceux qui seraient tentés de courir les risques que je signale les deux méthodes d'affût qui me paraissent les plus heureusement combinées. La première de ces méthodes est classique, elle appartient à la *Vénerie normande*.

On choisit, à mille ou douze cents pas de la forêt, un lieu sec et dans les environs duquel il n'y ait ni haies ni arbres. On creuse trois petites fosses en pied de marmite autour de l'endroit où on placera le carnage, de façon à pouvoir choisir, pour se poster, celle de ces fosses qui se trouvera être à bon vent de ce carnage.

Ces fosses doivent être assez profondes pour couvrir l'affûteur jusqu'aux épaules ; le reste du corps se dissimule sous une petite tente basse, de toile noire ou brune, dans laquelle un trou pratiqué permet de passer le canon du fusil, et on achève de s'abriter en plaçant devant soi des chardons ou des brins de fougère. Quand tout est préparé, on coupe un morceau de carnage que l'on attache avec des harts (jamais de cordes) à la croupière d'un cheval, et que l'on promène, autant que possible le nez dans le vent, dans un chemin peu fréquenté de la forêt, ou, ce qui vaut mieux encore, sous les couverts. Après avoir fait mille à douze cents pas, le porteur de l'appât revient par un autre sentier à l'endroit que l'on a disposé comme je l'ai indiqué, coupe ou détache son hart et s'éloigne. Tout ceci a dû se faire aux approches de la nuit, et à une époque où la lune se lève vers neuf ou dix heures du soir ; c'est à cette heure que l'affûteur doit se glisser dans son trou, armé non-seulement de son fusil, mais d'une bonne dose de patience.

L'autre méthode est beaucoup plus raffinée ; c'est à Clamart que je l'emprunte. « Je choisis, dit le vieux praticien, un terrain à certaine distance des habitations et de préférence un lieu marécageux, long et large d'environ vingt mètres ; j'enterre au milieu un tonneau que j'entoure, à la distance d'un pied, d'une espèce de haie d'épines haute de trois pieds ; j'y traîne quatre

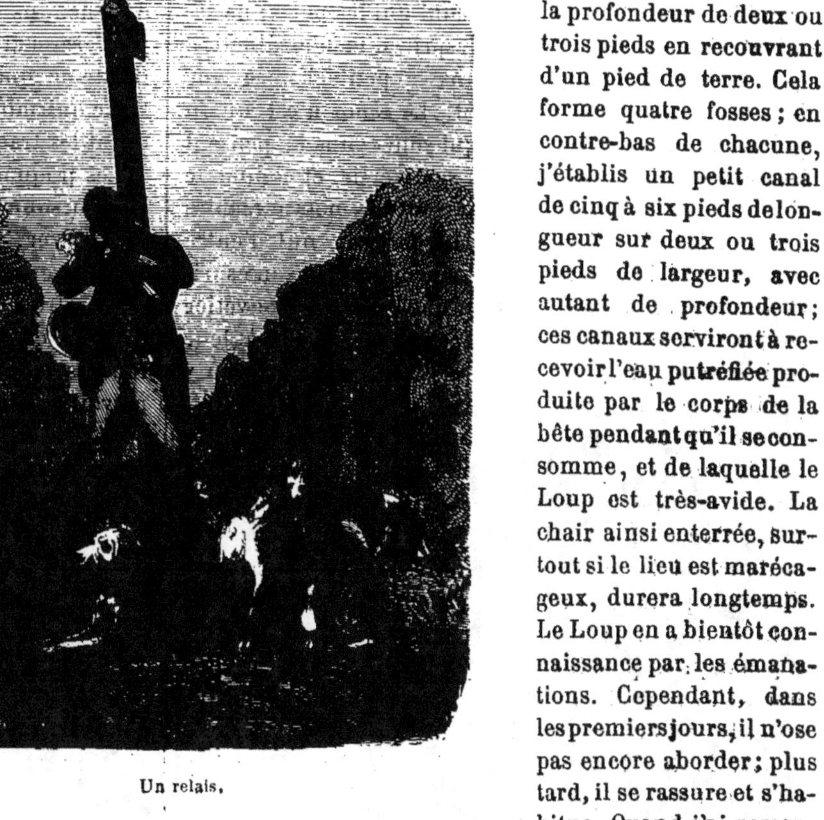

Un relais.

bêtes mortes, que j'enterre aux quatre côtés, à la profondeur de deux ou trois pieds en recouvrant d'un pied de terre. Cela forme quatre fosses ; en contre-bas de chacune, j'établis un petit canal de cinq à six pieds de longueur sur deux ou trois pieds de largeur, avec autant de profondeur ; ces canaux serviront à recevoir l'eau putréfiée produite par le corps de la bête pendant qu'il se consomme, et de laquelle le Loup est très-avide. La chair ainsi enterrée, surtout si le lieu est marécageux, durera longtemps. Le Loup en a bientôt connaissance par les émanations. Cependant, dans les premiers jours, il n'ose pas encore aborder ; plus tard, il se rassure et s'habitue. Quand j'ai remarqué qu'il a gratté, mangé à la bête et bu de l'eau putréfiée, un soir où il y a clair de lune je me place dans mon tonneau. De onze heures du soir à une heure du matin, le Loup accourt au galop et sans défiance, l'odeur des bêtes mortes qui lui arrive de tous les côtés l'empêchant de m'éventer. Il se met à manger tranquillement et je le tue. » Si j'avais une vingtaine d'années de moins, j'essaierais probablement de cette combinaison de haut goût, dont le profond machiavélisme me paraît garantir l'infaillibilité.

Je ne ferai pas à mes lecteurs la mauvaise plaisanterie de décrire à leur intention les moyens de prendre les Loups aux piéges ; piéger et surtout piéger le Loup, est une science dans laquelle on ne devient maître qu'à la suite d'une longue pratique et en s'aidant d'observations aussi intelligentes que minutieuses ; les bons *piégeurs* sont rares, même parmi ceux dont c'est la profession.

G. DE CHERVILLE.

Paris. — Imprimerie WISSNER et C⁹, rue Delaborde, 12.

LES TROIS RÈGNES DE LA NATURE

LECTURES D'HISTOIRE NATURELLE.

24 Juin 1865.   N° 78. — 15 centimes.

Ce Recueil parait une fois par semaine. — On s'abonne à Paris, à la Librairie L. HACHETTE et Cᵢᵉ, boulevard Saint-Germain, n° 77.
Les abonnements se prennent du 1ᵉʳ de chaque mois. — Paris, six mois, 4 fr.; un an, 8 fr. — Départements, six mois, 5 fr.; un an, 10 fr.

Coup d'œil sur l'unité de la matière. — Equilibre naturel. — Transformation incessante de la matière. — Antagonisme des animaux. — Parasitisme. — Le Pou du Pou de l'Abeille. — Invasions naturelles. — Migrations et invasions. — Migrations nuisibles à l'homme. — Campagnols. — Economes. — Lemmings. — Criquets voyageurs. — Migrations utiles. — Oiseaux. — Reptiles. — Poissons. — Mollusques. — Insectes. — Ravageurs des forêts et des moissons. — Ichneumonides. — Auxiliaires de l'homme et contre-poids naturels des insectes ravageurs.

Si nous jetons autour de nous un regard scrutateur, cherchant à décomposer et à grouper les objets qui forment la nature extérieure, nous les rangeons instinctivement et sans effort dans les grandes divisions des trois règnes naturels. Les animaux remplissent le règne animal ; les plantes, le règne végétal ; l'eau, l'air, la terre, les pierres, le règne minéral. Mais alors une question plus embarrassante surgit dans notre esprit :

BOSTRICHE TYPOGRAPHE. *Bostrichus typographus.*
De grandeur naturelle et son travail ainsi que celui de ses larves. — Insecte grossi.

Par quoi se distinguent ces trois règnes divers ? quels sont les *criteriums* naturels qui ont aidé à notre classification instinctive ? quoi de commun entre ces règnes ? quelles différences présentent-ils ? Sous le regard attentif de l'observateur, le premier nous apparaît doué du mouvement et de la vie ; le second, de la vie sans le mouvement, tandis que le troisième n'a que l'être et ne montre ni la vie ni le mouvement propre.

Telles sont les différences apparentes et bien tranchées que révèle l'examen des choses extérieures ;

mais ce n'est pas encore tout ce qu'on peut y découvrir. L'esprit humain ne s'arrête pas dans sa marche investigatrice; après avoir étudié les ensembles, il descend aux détails : après avoir réuni, il sépare, il dissèque, il analyse ; et, plus loin il pousse cette étude intime, plus il acquiert la conviction de l'unité de la matière. L'homme arrive ainsi pas à pas à l'une des plus belles et des plus grandes conceptions que jamais son cerveau ait pu renfermer, celle de l'identité de la molécule ou plutôt de l'unité de l'atome.

En dehors, en effet, de ces dissemblances toutes externes et non intimes qui ont servi à former les trois règnes naturels, tout dans l'univers n'est-il pas soumis aux mêmes lois de la création? Évidemment, nous sommes obligés de le reconnaître. Et c'est une des plus grandes conquêtes de la science analytique moderne, que d'avoir constaté que les forces chimiques et les agents physiques exercent à chaque instant leur action, *toujours la même*, sur tout ce qui existe.

Les grandes lois naturelles sont immuables: elles conservent, sans intermittence, une valeur toujours la même; mais quoiqu'elles agissent partout, elles le font d'une manière entièrement dissemblable dans ses effets; quelquefois même elles s'équilibrent et se contre-balancent, et parfois enfin, elles semblent se détruire réciproquement. De même que nous voyons, dans les réactions chimiques, deux corps se combiner et perdre chacun leurs propriétés constitutives pour donner naissance à un troisième doué de réactions différentes, de même nous voyons les forces naturelles s'unir ou se combattre pour faire naître des agents entièrement dissemblables à elles.

Remarquons cependant que quand nous disons que deux corps *perdent* leurs propriétés spécifiques, nous employons un mot inexact : ces corps n'ont rien perdu: éléments constitutifs d'une combinaison, ils ont seulement masqué momentanément leur *être particulier*. Aussi la chimie nous apprend-elle qu'en les rendant à leur première forme par la décomposition du combiné, ils reparaissent avec toutes leurs qualités premières et essentielles. Il faut donc conclure de ceci que les propriétés d'un corps sont *inhérentes à sa substance*, à *son entité*, mais qu'elles se modifient ou se suspendent toutes les fois que ce corps change chimiquement de constitution. Quel magnifique champ d'expériences est donc ouvert à l'homme placé — bien imparfaitement instruit encore — au milieu du jeu de ces forces et de ces affinités dont les sciences ne lui ont encore dévoilé qu'une bien faible partie!

Si nous étudions, dans ce sens, l'action des forces physiques et chimiques qui s'exercent sans relâche autour de nous, nous ne tardons pas à voir que ces forces ne suffisent pas à tout expliquer et qu'une autre existe encore, celle-ci plus intense, plus active peut-être encore que ces deux-là, et régissant tout un monde sur lequel les deux premières ne s'étendent qu'à titre de forces secondaires. Cette force, vous l'avez nommée, lecteur, c'est la *force vitale*. — Mais qui la

connaît? Tout le monde la sent; mais qui la définit? Bien plus, peut-on la définir? — Car souvenons-nous que le règne minéral n'a été appelé le *monde des êtres inorganiques* que par opposition au *monde des êtres organisés*, lesquels composent le règne animal et le règne végétal dans leur immense et vivant ensemble.

Il nous faut donc définir ce qu'est un organe, puisque c'est par là que nous distinguons la nature *vivante*, ou *animée*, de la nature *inanimée*. Cette définition n'est pas possible en prenant pour exemple les animaux si complexes qui vivent, naissent et meurent autour de nos demeures habituelles ; mais si, aidés des puissants moyens optiques que la science met à notre portée, nous descendons dans l'échelle des êtres jusqu'aux moins compliqués, nous nous apercevons que ces êtres, *cependant organisés*, se simplifient de plus en plus et arrivent, en fin de compte, à n'être qu'une ou plusieurs *cellules*. Qu'est-ce donc que la cellule?—Elle-même est complexe, puisqu'elle comprend une enveloppe résistante contenant soit un liquide, soit un solide, mais, en tous cas, un corps différent de l'enveloppe au point de vue chimique et physique. La cellule, qui est la base de l'organe, l'unité de l'aggrégation de ses parties, est-elle donc la *monade*, à laquelle la vie est inhérente? Car, pour que la vie existe, il n'est pas besoin d'un animal complexe ou d'une plante complète : une simple *cellule monaire* vit!—Elle vit!— elle croît! — elle enfante! — elle meurt!

Qu'est-ce alors que la mort? Question profonde, mais qui nous mène à l'inconnu sitôt que nous voulons sonder les abîmes de l'unité! — La *vie*, c'est l'action combinée et simultanée d'un certain nombre de forces dont nous ne connaissons que la plus faible partie. La *mort*, c'est la fin de ce concert; c'est le commencement de la soumission de la matière à la force chimique des affinités seules.

La *différence* unique entre la nature animée ou organique, et la nature inorganique consiste donc dans l'activité de la cellule. Le cadavre d'un animal, les restes d'une plante morte sont inertes comme la roche qui les supporte ; comme elle, ils reviennent bientôt à leurs éléments primitifs et simples, sous l'action seule des forces atmosphériques dont la physique et la chimie nous donnent la clef.

Ces considérations sont peut-être bien graves et bien austères pour le caractère du cadre où nous écrivons; mais, outre qu'il n'est jamais inutile de présenter au lecteur des idées grandes et fécondes par leur simplicité, ces réflexions ont leur raison d'être dans le sujet que nous allons traiter, et, si nous étudions d'une manière si générale et si élevée les phénomènes naturels de la vie en elle-même, c'est que, tout à l'heure, nous aurons à invoquer cette force inconnue dont nous voulons constater, non plus le jeu régulier, mais les débordements. C'est alors seulement que nous verrons qu'à certains moments elle domine toutes les autres par son exubérance et vient détruire l'*équilibre* auquel nous sommes habitués. Il est donc nécessaire, que pour étudier les remèdes accessibles aux faibles forces de l'homme quand il lutte contre des phénomènes aussi grandioses, que nous sachions, sinon le pourquoi, au moins le comment de ces invasions subites d'êtres animés qui, sans raison apparente, éclatent, montent comme une marée menaçante, se déchaînent —puis décroissent et disparaissent, afin que tout rentre à son niveau habituel. Spectacle frappant, d'une sauvage énergie, et qui rappelle les marées terribles ou les inondations, dans leur cours d'abord progressif puis décroissant!

Depuis la création du monde, les corps de la nature échangent entre eux des principes divers qui, faisant temporairement partie des uns et des autres, acquièrent, dans chacun d'eux, des propriétés nouvelles. Grâce à cet échange, un certain équilibre se maintient, pendant un temps plus ou moins long, parmi les animaux et les végétaux destinés à vivre ensemble, et les uns par les autres, dans le même pays. Comment se fait-il que cet équilibre puisse être rompu?

Aucune molécule ne se crée, comme aussi aucune ne se perd, et cependant nous voyons, à chaque seconde du temps qui nous contient, surgir de nouvelles plantes, naître de nouveaux animaux, de même que nous voyons apparaître de nouveaux nuages et tomber de nouvelle pluie sur la terre. Telle est l'image de la vie, de la création incessante, tandis que partout, — à côté et au milieu d'elle, — l'image de la mort apparaît, terrassant à chaque instant sous sa main les animaux, et les plantes qui animent le monde.— Or, que sont toutes ces morts, sinon des changements d'existence?—Les forêts dépouillent chaque automne leurs cimes du feuillage qui les couronne, les cadavres des animaux tombent dans des places ignorées, les plantes meurent sur le sol qui les porte... eh bien! toute cette matière, organisée naguère, maintenant inerte, va rendre à l'eau, à l'air et au sol les éléments qu'elle leur avait empruntés pour un temps.

Sous l'empire de quelles circonstances se peut donc produire un défaut d'équilibre au sein d'un milieu si parfait dans sa transmutation et si régulier dans ses mouvements d'échange? C'est à cette question que commence à peu près l'inconnu.

Chaque jour des invasions diverses se montrent aux regards de l'homme; invasions non-seulement du règne animal sur le règne végétal, mais du règne animal sur lui-même et du règne végétal dans le même sens. Il n'est pas besoin aller chercher bien loin des exemples qui abondent en tous lieux: les invasions de rongeurs, les apparitions d'insectes constituent l'envahissement et, par suite, la destruction du règne végétal par le règne animal, tandis que les cas si nombreux de parasitisme observés non-seulement sur les mammifères, sur les oiseaux, sur les poissons, mais encore sur les insectes, représentent bien l'invasion du règne animal par lui-même, et que la maladie de la vigne et celle des pommes de terre nous font voir que le règne végétal trouve souvent dans son sein ses plus terribles ennemis. Bien plus, à mesure que les moyens d'observation scientifique se perfectionnent et permettent à nos regards de pénétrer plus avant dans les mystères des organismes divers, nous voyons ce champ de l'inconnu s'ouvrir devant nous, livrer peu à peu ses secrets, et nous faire ainsi réfléchir profondément à ceux qu'il nous cachera si longtemps encore.

Un exemple choisi au hasard suffit pour faire voir non-seulement que les cas de parasitisme existent partout, en tout et sur tout, mais qu'ils sont par eux-mêmes plus compliqués que les naturalistes ne le pensaient naguère.

Un habile observateur, M. Bertsch, aidé d'un microscope de son invention et des ressources de la photographie, est parvenu à reproduire le parasite des Abeilles. Rien de mieux. Jusqu'à ce jour, on savait que les insectes, même les plus petits, nourrissaient, comme l'homme et comme la plupart des mammifères, un certain nombre d'espèces d'animaux particuliers à leur nature. Ainsi donc, grâce au pouvoir amplifiant de son microscope, notre savant ami put étudier en détail le parasite de l'Abeille.....

Mais bientôt, que découvre-t-il sur lui?.... Un autre parasite! et non-seulement il le voit, mais bien plus, il le photographie!.... Et, en examinant cet animal, dont la forme bizarre semble le rêve d'une imagination en délire, on se demande où finit cette série d'êtres superposés?—Puis, on revient sur soi-même, et l'on s'interroge pour savoir où elle commence?

Nous ne voulons qu'effleurer cette matière, puisque nous devons, dans cette étude, nous occuper, non du parasitisme normal, mais seulement du *parasitisme anormal*, exubérant, foudroyant, si l'on peut dire, qui constitue ce que l'on appelle les invasions. Ces phénomènes sont d'autant plus frappants, qu'ils ont pour cause des animaux dont l'organisation est placée plus bas dans l'échelle des êtres, et par conséquent dont le mode de reproduction est entouré de plus de voiles. C'est le cas des grandes et subites invasions d'insectes, qui apparaissent tout à coup comme une marée envahissante, dévastent tout sur leur passage, et disparaissent laissant la désolation derrière eux.

C'est encore le cas de certaines invasions lentes, continues, étendant leurs ravages sans que rien puisse les entraver dans leur marche. Au nombre de ces épidémies, nous ne pouvons oublier *la maladie noire*, qui, depuis 1743, sévit sur la plupart des arbres du Midi, et qui, chaque année, étend ses ravages d'une manière de plus en plus inquiétante.

Les arbres se couvrent d'une crasse noire dont l'épaisseur varie; cette poussière s'incruste dans les moindres interstices et remplit les rugosités de l'écorce, les sinuosités des feuilles. D'abord sèche, puis friable, elle forme, au mois de juillet, un enduit visqueux, gluant, mielleux, qui tombe en pluie noire sur le sol.

Et tous ces ravages ne sont que l'œuvre d'un insecte, d'un *Coccus*, qui, sous sa taille microscopique, nous semble une poussière, et est susceptible de multiplier avec une effrayante rapidité, puisque chaque femelle pond de deux à quatre mille œufs, qui ne demandent que quinze jours pour éclore! Aussi ne doit-on pas s'étonner qu'un arbre soumis à la succion d'une poussière d'insectes semblables s'épuise et meure bientôt, laissant couler sa séve par les innombrables piqûres que ses bourreaux lui ont faites.

Ce n'est pas tout encore, il est nécessaire, pour mettre un certain ordre dans les phénomènes que nous allons étudier, de distinguer deux modes différents dans la marche des invasions naturelles. Les unes, telles que celles des forêts par certains insectes, doivent conserver le nom d'*invasion*, — car l'animal envahissant naît, croît, augmente sur le lieu même des ravages qu'il cause, —

tandis que nous choisirons le mot de *migration* pour caractériser les phénomènes d'une invasion subite d'animaux complets, arrivés à toute leur croissance, et s'abattant dans un lieu quelconque pour y causer leurs dégâts. Dans cette classe nous rangerons les apparitions de rongeurs du Nord, les nuages de Sauterelles, etc., etc.

Hâtons-nous de le dire, cette classification ne portera pas un grand jour sur les moyens que l'homme peut mettre en œuvre pour opposer une résistance efficace à de pareils ennemis. Ni les invasions, ni les migrations ne peuvent jusqu'à ce jour être combattues d'une manière efficace; c'est tout au plus si quelques palliatifs ont pu être appliqués aux invasions proprement dites, ainsi que nous le faisons voir dans notre travail sur les

PYRALE DES CÔNES. *Tortrix strobilana.*
Chenille et Papillon grossis et de grandeur naturelle.
Coupe d'un cône d'épicea pour voir le travail de la Chenille.

Ravageurs des forêts. La nature est plus forte que l'homme contre ces dérangements d'équilibre qu'elle seule a les moyens de faire rentrer dans le niveau commun. Pour les insectes ravageurs des bois, c'est un autre insecte qui se charge de la victime, et elle ne lui fait jamais défaut : les moyens qu'il emploie sont sûrs et ne lui demandent qu'un peu de temps.

Quant aux migrations, elles commencent sans raisons connues, elles se dirigent sans voies déterminées, et elles finissent par l'extinction naturelle de la vie chez la totalité ou la plupart des êtres qui les composent. Sans aucun doute, un jour viendra où l'on saura d'où viennent les Sauterelles ravageuses, où elles ont pu naître et multiplier à l'infini; on saura comment pullulent les Lemmings, par quel signal ils peuvent se réunir, comment ils conduisent leurs hordes immenses, et quel est leur but en entreprenant ces voyages dans lesquels ils ne colonisent point et où la plupart d'entre eux trouvent la mort.

La famille des Campagnols (*Arvicolæ*), — petits mammifères rongeurs voisins des Rats, — offre des exemples très-remarquables de la propension irrésistible de certaines espèces pour les migrations. Cette famille renferme des espèces sédentaires, telles que celle de notre petit *Rat des champs*, dont le bon la Fontaine fit le commensal du Rat de ville; celle des Ondatra, gros Rats-Castors qui habitent le Canada, et celle du Rat-d'eau que nous rencontrons sur les bords de toutes les eaux de la France et de la plus grande partie de l'Europe. Ces animaux, soit dit en passant, n'ont de *Rat* que le nom et s'en distinguent par un assez grand nombre de caractères, dont le principal est d'être exclusivement granivore ou herbivore, tandis que le Rat est omnivore et plutôt même carnivore que toute autre chose.

Il n'est pas sans intérêt d'examiner avec quelques détails les mœurs des espèces voyageuses; elles nous montreront combien la force de l'homme et celle des agents dont il dispose est faible en face de celle de la nature. Parmi les Campagnols proprement dits, on connaît, au Kamtschatka, en Daourie et dans les autres provinces de l'Asie septentrionale, une espèce nommée l'*Économe*. Ce petit animal se construit une habitation remarquable, dans laquelle il accumule des provisions de racines, préparées et coupées de manière à pouvoir s'empiler commodément et sans perdre d'espace, car il a le talent de garder tout cela à l'abri de la moisissure et de la corruption dans un magasin spécial creusé en terre, voûté, matelassé de mousse et n'ayant pas moins de 30 centimètres de diamètre sur 10 à 12 centimètres de hauteur.

La multiplication de ces animaux ne semble pas extraordinairement active; chaque couple ne produit que deux à trois petits, et cependant quand, vers le milieu de l'été, tous sentent le besoin de partir, il s'en trouve des multitudes telles que deux heures suffisent rarement au défilé de leurs colonnes. Au moment de se mettre en route, tous se préviennent. — Comment?—Nul ne le sait, mais le fait existe et est hors de doute; l'assemblée est d'abord tumultueuse et indisciplinée, mais peu à peu l'ordre s'y établit, la colonne se forme, elle s'oriente vers le couchant, puis elle se met en marche. Alors on peut la comparer sans exagération à un torrent qui descend des montagnes, avec cette différence que les Économes étant une fois partis, rien ne peut interrompre leur marche ou les faire dévier de la ligne d'orientation

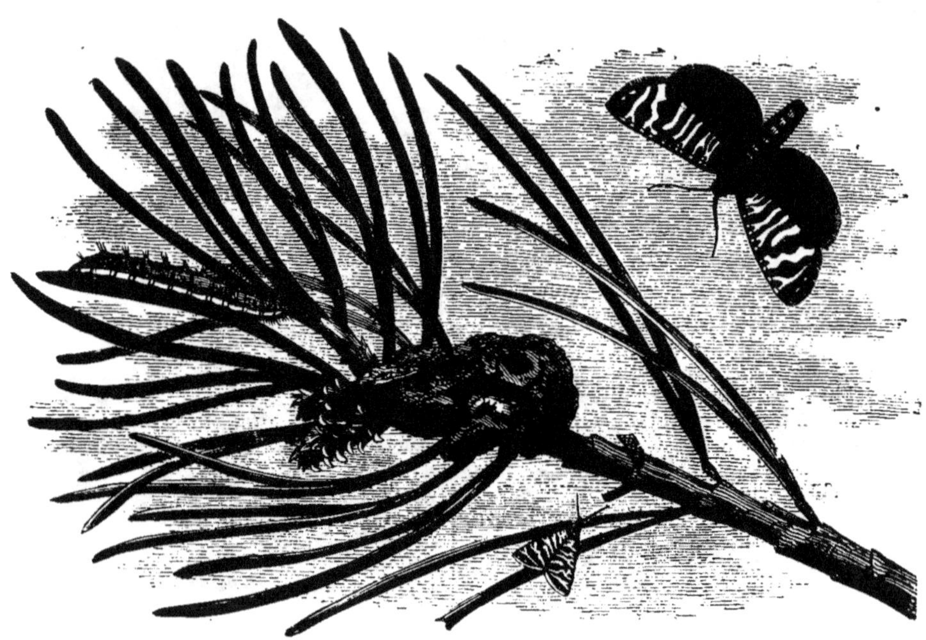

PYRALE DE LA RÉSINE. *Tortrix resinaria.*
Chenille et Papillon grossis. — Papillon de grandeur naturelle.

convenue. Les lacs, les rivières, les bras de mer même ne leur font point obstacle; ils les traversent résolûment à la nage, poussés par la force aveugle et mystérieuse qui les lance en avant. En sortant de l'eau, la troupe fait halte pour se sécher, mais déjà les rangs se sont éclaircis et de larges trouées y ont été faites par la dent des poissons voraces et par le bec des oiseaux de proie.

Ainsi, toujours marchant, sans trêve, sans relâche, ils font 500 lieues de suite, dévastant tout sur leur passage; car il faut vivre, et dans la disette tout est bon; puis arrivés au golfe d'Ochotsk, aux environs du fleuve Penshina, ils rebroussent chemin. Octobre est arrivé, avec lui la famine complète; il faut retourner au pays, où l'on arrive en bien petit nombre, pour recommencer quand la nation se sera reconstituée à nouveau.

Les Lemmings, Campagnols tout voisins de ceux-ci, mettent à peu près dix ans à préparer une invasion, et dirigent au contraire leur migration vers le Midi. Gros comme des Rats et revêtus d'un pelage agréablement mélangé de noir et de jaune, ces animaux partent des montagnes de la Laponie, leur patrie, et marchent, comme les Économes, sans que rien les détourne. Au lieu de s'avancer en une seule armée, les Lemmings se divisent en plusieurs colonnes parallèles, mais les obstacles n'arrêtent pas plus ceux-ci que les Économes. Les montagnes sont franchies, les rochers escaladés, les rivières traversées, sans que l'ordre de la marche soit interrompu. C'est un large ruban de créatures vivantes qui se plie à toutes les exigences des reliefs du terrain, mais ne se rompt pas pour cela. Partout où il se déroule, la terre est semblable au champ que le feu a dévasté; rien n'y demeure, arbres, herbes, plantes, tout est englouti.

Arrivés à un certain point vers le Midi, point qui varie pour chaque migration, ils rétrogradent et retournent, en bien petit nombre, à leurs montagnes natales, sans laisser un seul traînard établi dans les pays qu'ils ont traversés. On a cherché à trouver une certaine coïncidence entre les grandes migrations de ces animaux et la venue des hivers très-rigoureux; avertis par un instinct (sens thermo-électrique et thermo-barométrique), dont on a d'autres exemples, ils fuiraient devant l'hiver qui les menacerait, par sa longueur et sa force, de mort à l'épuisement de leurs provisions. Cette raison n'est pas suffisamment établie pour qu'on y ajoute une foi absolue; c'est pourquoi ces migrations demeurent encore un mystère impénétrable.

Il en est de même de la migration des Sauterelles qui viennent jusqu'en France dévaster plusieurs de nos provinces du Midi.

Ces animaux — qui portent le nom de Criquets voyageurs (*Acridium migratorium*), et se distinguent des Sauterelles surtout par des ailes très-développées, — multiplient en grand nombre dans les parties les plus chaudes de l'ancien monde. Vers la fin de l'été, les insectes parfaits apparaissent en troupes innombrables; ils sortent on ne sait d'où; l'année précédente, on en avait vu quelques-uns, pas plus qu'à l'ordinaire, et, cette année, on en est inondé. Tout cède à leur voracité; sous leurs mâchoires d'acier, les corps les plus durs, les écorces, les troncs d'arbres, sont dépecés et triturés.

En face de moyens de destruction semblables, que peuvent durer les représentants modestes du règne végétal? Tout disparaît, le désert se fait...

La troupe alors s'enlève sur ses ailes puissantes, obéissant à un signal donné, — car tous les Criquets s'enlèvent ensemble et forment un nuage immense qui obscurcit le soleil; — et va porter au loin le ravage et la famine. Après plusieurs stations semblables, tous les insectes meurent, empestant l'air de leurs cadavres accumulés, et pas un ne regagne sa patrie. Ils n'y songent même pas; ils sont partis sous l'impulsion de la faim, du besoin de changer de lieu, d'un instinct incompréhensible; car, si au lieu de s'agglomérer ainsi, ils se disséminaient sur une plus grande étendue de pays, leur nourriture serait assurée, puisqu'ils mangent indistinctement tous les végétaux, et leurs dégâts, ainsi éparpillés, ne seraient point irrémédiables. Dans nos pays tempérés, les Criquets sont très-communs dans les prés dont ils rongent l'herbe; ils mangent aussi les feuilles d'arbres; mais dispersés sur un assez grand espace, ils ne se constituent jamais en migration, tandis que, dans le Midi, ce fait ne se montre que trop souvent.

Tels sont les exemples les plus frappants des migrations nuisibles à l'homme, et ne passons pas à un autre ordre d'idées sans remarquer une dernière fois qu'il n'est pas en son pouvoir d'opposer quelque arrêt à ces fléaux, puisque les plus fortes barrières naturelles sont impuissantes à les refouler.

Arrêtons-nous un instant aux migrations utiles à l'homme à titres différents, afin de ne pas quitter ce sujet sans en avoir indiqué succinctement toutes les faces. Les oiseaux émigrent, poussés par des causes diverses et dont quelques-unes sont à peu près connues; les Hirondelles et les autres insectivores suivent leur proie que l'hiver anéantit dans nos climats; en général, ces migrations sont, ou indifférentes à l'homme ou utiles, en faisant passer à sa portée des oiseaux qu'il ne peut atteindre que dans ces moments-là, et qui lui sont utiles comme nourriture, comme industrie ou comme agrément. De plus, les migrations des oiseaux sont régulières, annuelles, suivant les saisons, et arrivant presque à jour fixe; elles ne varient que par le plus ou moins grand nombre d'individus qui les composent. Ce ne sont donc pas, à proprement parler, des phénomènes du même ordre que les migrations des Lemmings et des Criquets.

Tout le monde sait que le Merle, le Rossignol, la Fauvette, le Coucou, l'Hirondelle, le Martinet, le Pluvier, la Grue, le Héron, la Cigogne, le Cygne et une foule d'autres, changent de contrée suivant les saisons. A l'automne, quand les insectes manquent, nous voyons partir d'abord le Martinet, puis le Loriot, l'Ortolan, l'Hirondelle, le Rouge-gorge et d'autres qui remplissaient nos bois et nos villes de leur gazouillement et de leurs chants. Les uns se réunissent en plus ou moins grand nombre, comme les Hirondelles et les Ortolans, d'autres s'en vont isolément, comme le Loriot, le Coucou, et quittent l'Europe tempérée pour les pays plus chauds du Midi ou de l'Afrique septentrionale.

Ce n'est pas tout: à la suite des insectivores, nous voyons chaque année s'exécuter un mouvement moins marqué, mais cependant appréciable chez les espèces qui se nourrissent de semences; ainsi les Alouettes, les Pinsons, les Bouvreuils, le Verdier, etc., oscillent autour d'un point central tempéré, montant vers le nord en été, descendant vers le sud en hiver, et cédant ainsi la place aux Baccivores, qui oscillent, eux, de la même manière, autour de la moyenne température du Nord, et reviennent à l'automne manger les baies que l'été a mûries sur les arbustes de nos climats. Tout le monde reconnaît dans ces voyageurs les Grives, les Étourneaux, les Rolliers et les Casse-noix. A leur suite, et fuyant devant les gelées, qui solidifient les marais où ils doivent vivre, nous voyons arriver les Échassiers : le Pluvier, le Vanneau, la Bécasse, la Bécassine, les Chevaliers et mille autres qui doivent peupler la solitude des étangs, des rivières et des ruisseaux, dont les eaux se peuplent, un peu plus tard, de l'immigration par nuage des Canards de mille espèces, et des arrivées solitaires de la Sarcelle et de la Poule d'eau.

Les Reptiles ne donnent lieu à aucune observation de migration solitaire ou simultanée; mais il n'en est pas de même des Poissons dont les migrations doivent compter au nombre des bienfaits de la nature en faveur de l'humanité. La Morue, le Merlan, le Hareng, l'Alose, la Sardine, l'Anchois, l'Eperlan, le Maquereau, le Thon portent chaque année l'abondance et la richesse aux rivages qu'ils abordent, sans que l'on sache quelle cause puissante leur fait ainsi parcourir l'immensité des mers. Tout porte à croire que le besoin de la reproduction n'est pas étranger à ces grands mouvements, car il est hors de doute que ce mobile est la cause des migrations des Saumons et de l'Esturgeon dans les grands fleuves. Telles sont les nombreuses migrations utiles à l'homme parmi les poissons. Elles sont contrariées et détournées quelquefois par des migrations parallèles d'espèces voraces, telles que les bandes de Squales, de Dorades, de Marsouins, d'Espadons, etc., qui souvent chassent de leur route ordinaire les bancs des poissons faibles qu'ils harcèlent et déciment sans relâche.

Les Mollusques, eux, n'offrent aucun phénomène constaté de migration ; mais les ravages des Tarets dans nos ports et nos chantiers prennent quelquefois le véritable caractère d'une *invasion* soudaine et d'autant plus redoutable que les lieux ne permettent pas toujours l'application du seul remède qu'on ait trouvé d'une efficacité incontestée. Ce remède, c'est l'application de l'eau douce qui est mortelle au Taret, mollusque marin.

Nous arrivons enfin aux insectes dont les invasions vont seules nous occuper en terminant, puisque nous avons vu plus haut un exemple frappant de leurs migrations dans les mœurs des Criquets.

Chaque plante sur la terre nourrit une ou plusieurs espèces d'insectes, et chacun de ces insectes possède *son* ennemi et souvent *ses* ennemis. On peut donc se faire, dès à présent, une idée sommaire de l'immense échange d'existences qui s'exécute sans relâche autour de nous. C'est ainsi que l'équilibre naturel existe ; que les productions végétales suffisent, et au delà, aux besoins des espèces animales maintenues les unes par les autres dans de justes limites de reproduction.

Comment concevoir alors que cet équilibre admirable puisse se rompre, et qu'on voie tout à coup certaines espèces prendre un développement effrayant et devenir de véritables fléaux ! Nul ne le sait, à vrai dire. Si nous portons notre attention sur les insectes ravageurs des plantes, nous pourrons supposer que leur multiplication exubérante a été favorisée par une saison dont les mauvais temps ont coïncidé avec les époques où les insectes n'avaient rien à en redouter ; que certains milieux de production ont été plus communs dans un pays que dans un autre; par exemple, que dans certaines forêts résineuses, l'abondance des *chablis*, des *vieilles souches* et des *arbres dépérissants* a été la cause déterminante d'une génération d'insectes ravageurs plus facile et partant plus nombreuse que d'habitude.

Sans aucun doute, il est impossible de nier l'action favorable de ces causes ; mais, doit-on croire qu'elle est suffisante et que seule elle a agi ? Certainement, non, car si elle était prépondérante, elle eût exercé une action continue et croissante, tandis que les invasions ont toujours le caractère de phénomènes subits, inattendus, débutant violemment, pour atteindre, pendant un certain temps, un maximum supérieur encore, puis décroître et disparaître pour revenir au bout d'un temps variable et surtout indéterminé.

D'autres causes existent donc. Et, sans croire, comme on le faisait autrefois, à la génération spontanée des insectes, on peut arriver à reconnaître que le défaut d'antagonisme entre les espèces suffit à amener ces grandes apparitions.

Si nous reportons maintenant, des forêts, nos regards sur les moissons, nous rencontrons un spectacle semblable; les Teignes, l'Alucite, apparaissent ; infimes papillons nocturnes, étendant leurs ravages de manière à menacer de famine des départements entiers. Des Coléoptères d'un côté (*Saperda, Calamobius,* etc.), des Hyménoptères de l'autre (*Céphus, Chlorops,* etc.), travaillent sans relâche, qui sur les fleurs, qui sur les chaumes, qui sur l'épi ! Et chaque céréale a non-seulement ses espèces nuisibles et ennemies tant qu'elle est sur pied, mais elle en rencontre d'autres dès qu'elle a fourni à l'homme le tribut des grains pour lequel il la cultive. Les Charançons, les Calandres sont là, l'invasion est encore imminente, et ce n'est qu'au prix d'immenses sacrifices et de dépenses considérables que l'homme sauve la récolte qui doit nourrir ses enfants.

Heureusement qu'à côté des animaux de toutes espèces qui vivent d'insectes la nature a placé la grande famille des Ichneumonides, — pauvres petits insectes eux-mêmes — dont la plupart sont d'une excessive petitesse, d'une ténuité incroyable, et dont les services cependant ne peuvent être trop appréciés ; car, tout petits qu'ils sont, ces insectes forment le contre-poids qui sauve l'homme de la famine et de la mort en bien des cas.

Le nombre des espèces d'Ichneumonides doit donc, par cela même, être énorme. Effectivement, on en trouve dans tous les pays, et, partout, ils jouent le même rôle, venant au secours de l'agriculture en détruisant les millions de Chenilles et de larves qui anéantiraient, en nombre d'endroits, toute végétation. Sans vouloir empiéter ici sur les études que nous ferons des *Ravageurs des forêts* et des *Ravageurs des moissons,* études dans lesquelles nous examinerons en détail les mœurs si curieuses de ces petits hyménoptères, nous voulons cependant esquisser les moyens dont la nature les a armés pour leur grande œuvre de destruction.

A l'état d'insecte parfait, les Ichneumonides se trouvent sur les fleurs, mais à l'état de larve, ils vivent aux dépens d'autres insectes, et dans l'intérieur de leur corps. On voit les femelles toujours en mouvement parcourir les feuilles, les plantes, elles vont, viennent, courent avec une vivacité singulière, agitant vivement leurs antennes et furetant entre les feuilles, dans les moindres trous des écorces, partout où elles espèrent faire une heureuse rencontre. Chaque espèce a sa manière spéciale de déposer son œuf dans l'animal où il doit trouver sa nourriture, de l'y enfoncer d'un seul coup, sans hésitation, à l'endroit voulu, juste, et cela avec la rapidité de l'éclair. Suivant que l'Ichneumon est armé d'une tarière courte ou longue, forte ou faible, courbe ou droite, il va chercher la proie de ses petits jusque sous les écorces, dans la terre, etc., et partout, sans la voir, guidé par un admirable instinct, il place son œuf au point précis où il doit être mis.

En quelque endro que soit cachée la victime désignée, la tarière a conduit, dans son intérieur, l'œuf à la place qu'il doit occuper. Cet œuf a été déposé dans le tissu adipeux de la Chenille, victime dévouée à la dent de l'insecte qui doit naître, mais gardez-vous de croire que cette Chenille soit tuée pour cela. Le plus souvent elle ne s'aperçoit même pas de la piqûre qu'elle subit, — du moins ses mouvements ne l'indiquent point, — mais il faut ajouter que la tarière qui laisse passer les œufs dont nous parlons est souvent presque invisible tant elle est ténue. L'œuf se développe, la larve éclôt, se nourrit de la graisse de la Chenille, puis enfin la tue en dévorant ses muscles et ses organes intérieurs. Et tout cela se passe au moment où l'insecte va se métamorphoser en chrysalide, puis, bientôt après,

BOSTRILE CHALCOGRAPHE. *Bostrichus chalcographus.*
Coupe du tronc pour mettre le travail à nu.

en Ichneumon, lequel recommencera, sans relâche, la même série de métamorphoses merveilleuses.

Non-seulement les Chenilles des Lépidoptères sont ainsi la proie des Ichneumonides, mais les larves des Hyménoptères, celles des Diptères, les Araignées, les Pucerons, mais tous ces animaux ont leurs Ichneumonides, ennemis acharnés à leur perte. Admirable moyen d'équilibre qu'il n'est pas donné à l'homme d'imiter, mais qu'il doit arriver dans l'avenir à asservir à sa volonté.

Que l'homme *développe* donc, par une intelligente protection et des soins efficaces, les agents destructeurs que, dans son merveilleux système de transmutation, la nature oppose toujours aux espèces envahissantes. Qu'il cesse, sous prétexte de chasse, de détruire niaisement les oiseaux insectivores par milliers, et qu'il apprenne surtout, et le plus tôt possible, à discerner parmi les insectes ses amis de ses ennemis.

Le jour ne peut être loin où la Nécessité, grande et fatale loi du Progrès, forcera l'homme des champs et l'horticulteur à élever les Ichneumonides, les Chalcidites et les Scirpes en domesticité, — comme il ne sait aujourd'hui élever qu'un bien petit nombre d'insectes, — et lui indiquera le moment où il devra lancer ces cohortes armées à la rencontre des ennemis. Chaque printemps verra se renouveler alors les meurtrières batailles des animaux civilisés contre les envahisseurs sauvages, et nul doute que la victoire ne demeure au bon droit; mais, il ne faut pas se le dissimuler d'avance, ce résultat ne sera pas atteint sans de longs et de persévérants efforts.   H. DE LA BLANCHÈRE.

Paris. — Imprimerie WIESENER ET Cᵉ, rue Delaborde, 12.

LES TROIS RÈGNES DE LA NATURE

LECTURES D'HISTOIRE NATURELLE.

1er Juillet 1865.

N° 79. — 15 centimes.

Ce Recueil parait une fois par semaine. — On s'abonne à Paris, à la Librairie L. HACHETTE et Cⁱᵉ, boulevard Saint-Germain, n° 77.
Les abonnements se prennent du 1er de chaque mois. — Paris, six mois, 4 fr.; un an, 8 fr. — Départements, six mois, 5 fr.; un an, 10 fr.

LES RAVAGEURS DES FORÊTS.

Invasion des forêts par les insectes. — Mangeurs de bois. — Mangeurs de feuilles. — Aspect d'une forêt résineuse. —
Ennemis naturels. — Une sapinière dans la montagne. — Ses habitants ordinaires.

Dans un premier article sur l'antagonisme naturel des animaux, nous avons examiné les grandes lois générales des invasions nuisibles et des migrations utiles à l'homme. Pour compléter ces études il faudrait envisager les dégâts que les Ravageurs des moissons causent à l'industrie humaine, nous y arriverons plus tard,

BOMBYCE DU PIN. *Bombyx Pini.*

alors que nous aurons assisté aux terribles invasions des Ravageurs de forêts.

Le fait que nous voulons donc étudier aujourd'hui est celui-ci : à un moment donné, les forêts sont envahies par des insectes en quantités innombrables, lesquels y causent des dégâts énormes et souvent font périr des cantons entiers d'arbres magnifiques. — Quelle est la cause de cette invasion? — Quelle est la marche de ce phénomène? — Quelles sont les mœurs, si curieuses, des plus communes et des plus redoutables espèces parmi ces insectes? — L'Homme a-t-il la puissance de défendre sa propriété contre de telles invasions? — Comment doit-il le faire? — Telles sont les questions qui composent le multiple programme de nos recherches actuelles. Puissions-nous y répondre d'une manière simple et intéressante!

Si nous connaissions parfaitement le mode de développement, les mœurs, les causes favorables ou contraires à la multiplication des insectes nuisibles, nous serions bien plus forts pour préserver ou défendre les forêts contre leurs attaques. Mais, quand nous aurons dit, d'une manière sommaire, que la plupart des insectes qui ravagent les forêts sont d'une très-petite taille ou sont des papillons, nous aurons fait comprendre au lecteur l'immense difficulté qu'on rencontre pour se défendre contre l'invasion de ces êtres presque microscopiques mais en nombre infini, et contre la dissémination de papillons que leurs ailes portent, par myriades, sur toute une contrée. Les moyens destructifs ou palliatifs ne peuvent donc évidemment être que de peu d'énergie, si on les compare à l'étendue du danger, tandis que la connaissance des mœurs de ces animaux doit conduire à trouver des moyens préventifs qui empêcheraient une multiplication excessive.

Malgré toutes les précautions possibles, les insectes apparaissent souvent inopinément dans les forêts en nombre tellement prodigieux, qu'autrefois, — et encore aujourd'hui, parmi les personnes inéclairées, — on attribuait leur production à une création spontanée. On leur donnait ainsi pour berceau les feuilles et les détritus végétaux qui s'accumulent souvent en grande quantité sous les hautes futaies. On peut cependant, par un calcul assez simple, se rendre compte, — jusqu'à un certain point, — de la rapide progression que prend la croissance des insectes quand des circonstances climatériques ou spéciales la favorisent au lieu de l'entraver. Que pendant plusieurs années, ces mêmes causes favorables se renouvellent, et voilà une immense nuée de parasites toute prête à étendre au loin ses ravages.

Supposons que dans une forêt peuplée par le Pin sylvestre, — un magnifique arbre à feuilles persistantes et au tronc rouge comme éclairé par le soleil couchant, — un couple de *Bombyx du Pin* subsiste au milieu de circonstances favorables. Les Bombyx sont des Papillons nocturnes, c'est-à-dire, qui ne volent que la nuit ou au crépuscule. Ils ont généralement le corps gros et obtus, souvent poilu; on les reconnaît aussi à leurs ailes étalées horizontalement ou en toit pendant le repos, et à leurs couleurs généralement ternes, grises, brunâtres ou violettes, plus pâles en dessous. En somme, les vrais Bombyx sont d'assez vilains Papillons et celui du Pin, avec ses ailes marron, n'est pas très-remarquable. Eh bien! au milieu de la forêt où nous supposions tout à l'heure un seul couple, la femelle pondra tous les ans de 100 à 300 œufs; — ce n'est pas beaucoup; cependant, diminuons-en encore le

nombre, — n'en gardons que la moitié: 150, venant à bien. La seconde année, si nous la supposons encore favorable, fournira par ces 75 couples: 11,250 œufs, qui, répartis en 5,625 couples, pondront 843,750 œufs! — Tout ceci sorti d'un *seul couple* de Bombyx! — Si, au lieu de cela, nous en comptons *un cent* ou *un mille*, et quelle est la forêt de pins qui n'en contient pas plusieurs milliers? — nous arrivons au chiffre effrayant de:

843,750,000 œufs!

Ainsi, voilà un canton où vivait inaperçu un millier de Papillons de nuit; un canton qui semblait sain, et qui, en deux ou trois ans, peut-être tout à coup, va nous apparaître inondé d'un nuage de Ravageurs? Mais, hâtons-nous de le dire, nous supposons trois années consécutives de circonstances favorables, exceptionnelles; ce qui, heureusement, paraît rare. — Quelles circonstances sont favorables? — quelles sont nuisibles? Comment reconnaître une saison bonne d'une saison mauvaise? — Il est certain que les causes de production anormale sont très-complexes, et, de plus, il est manifeste que ces causes forment un ensemble dont le détail ne nous est malheureusement que très-imparfaitement connu.

Avant d'aller plus loin même, il est à propos de faire remarquer que l'ensemble de ces milieux favorables ou défavorables n'est pas le même pour tous les insectes ravageurs. On a pu, en effet, facilement reconnaître que les circonstances qui ont la plus grande influence sur l'accroissement de certaines espèces pouvaient être indifférentes ou même nuisibles à d'autres. Cette discordance heureuse, — et qui n'a pas été négligée par les forestiers, — vient de ce que l'ensemble des Ravageurs des forêts doit être séparé en deux groupes de mœurs bien différentes: le premier, renfermant tous les insectes qui rongent l'écorce, le liber, l'aubier ou le bois; le second, comprenant les insectes qui se nourrissent des feuilles, des bourgeons et des autres parties tendres et vertes.

Cette seconde division renferme presque tous les *Lépidoptères* et les *Hyménoptères* des genres *Tenthrèdes* et *Cimbex :* la première est composée de la plupart des *Coléoptères* indigènes et des *Hyménoptères* du genre *Sirex.*

Pour qui n'a pas vu une forêt dans la véritable acception du mot, c'est-à-dire une futaie majestueuse, il est assez difficile de comprendre la grandeur de ce spectacle, et, en même temps, de se faire une idée de l'étendue des ravages que les insectes nuisibles peuvent y causer. Dans toutes les parties de la France se trouvent des taillis de bois feuillus d'essences diverses. Tout le monde les connaît; tout chasseur y est passé, allant à la remise du perdreau dans les jeunes coupes, appuyant ses chiens sous les gaulis, pour y lever un lièvre à l'arrière-saison. Or, à moins d'invasion extraordinaire d'insectes du second groupe, de Chenilles, en général les taillis ont peu à craindre. Les Hannetons y font quelques ravages, mais, en admettant même que *toute une feuille*, c'est-à-dire la fronde d'un printemps soit mangée, la feuille d'août réparerait cela, les brins ne s'accroîtraient, cette année-là, que d'une couche de bois moitié plus mince, et tout serait fini. La grande vitalité des taillis en général, leur âge peu élevé, et surtout le mélange des essences, — on appelle ainsi les arbres d'espèces diverses, — rendent les dégâts la plupart du temps insignifiants.

Mais il n'en est pas de même dans les futaies, et surtout dans les futaies d'essences résineuses. Tout le monde sait que les bois résineux ne repoussent pas de rejets : une fois coupés, la souche meurt. Tandis que, dans les essences feuillues, la plupart des souches peuvent donner lieu à des rejets, soit autour du collet des racines, soit sur les racines elles-mêmes. Ce fait constitue donc une différence radicale dans la direction de ces arbres divers. Les essences résineuses ne peuvent être cultivées qu'en futaie, tandis que les essences feuillues peuvent l'être en futaie ou en taillis.

Ce n'est pas tout ; et, avant de passer outre, il faut que nous fassions remarquer que si une invasion de Ravageurs attaque, au printemps, les feuilles d'un taillis ou d'une futaie non résineuse, la plupart du temps la végétation des premières feuilles y passera, mais la nature, comme nous l'avons déjà fait remarquer, fournira immédiatement une autre frondaison après la disparition du fléau ; ou bien, si le mouvement de la première séve est passé, le bois reprendra sa verdure à la seconde séve du mois d'août, qui, alors, deviendra plus considérable que d'habitude et équivaudra presque à la première. Au lieu de cela, si des Ravageurs attaquent le feuillage d'une forêt résineuse à feuilles persistantes, les faits ne se passent plus dans le même ordre, et les dégâts des insectes sont incomparablement plus grands que tout à l'heure.

Cependant les aiguilles des pins sont souvent la pâture de certaines Chenilles, Or ces organes sont, pour les essences résineuses, les agents nécessaires et principaux de la végétation. Il suffit, pour en demeurer frappé, de se souvenir qu'ils sont persistants et que, par leur travail presque seul les Pins prospèrent dans des sols où les bois feuillus ne pourraient même pas exister, par la raison que ceux-ci puisent dans la terre la majeure partie de leur nourriture, et que ceux-là l'extrayent de l'atmosphère au moyen du travail incessant et non intermittent de leurs feuilles persistantes. La perte de ces organes doit donc être fort préjudiciable à ces arbres et altérer profondément leur organisme, d'autant plus que les bois résineux ne peuvent pas remplacer immédiatement leurs feuilles détruites, comme le font les bois feuillus dont la production foliacée est nombreuse et facile, puisqu'ils ont à l'aisselle de chaque feuille un bourgeon tout prêt à se développer,

Uno avulso, non deficit alter.

d'autant mieux que la destruction même de la feuille renvoie dans les bourgeons la séve qu'elle était destinée à élaborer, séve que le nouvel organe emploie d'abord à son évolution, puis à son développement.

Les bois résineux, au contraire, végètent au moyen des feuilles produites depuis quatre ou cinq années et qui, par conséquent, garnissent les pointes des quatre ou cinq dernières pousses annuelles. Mais si, par l'invasion des Ravageurs, ces feuilles, — peu nombreuses en définitive, — sont détruites, le végétal ne pourra se munir à nouveau de semblables organes que par l'allongement de ses bourgeons terminaux, puisque sa constitution ne lui en fait pousser que de cette manière. Ce ne sera donc que *la dernière pousse seule* qui pourra être munie de feuilles destinées à remplacer celles qui ont été mangées, et cela demandera *un an*. Pendant ce temps l'arbre n'aura eu, pour entretenir sa vitalité, que le quart peut-être, le cinquième souvent, des feuilles dont il avait besoin, et pour revenir à son état normal, en bonne santé, — il ne lui faut pas moins de quatre ou cinq années ; temps au bout duquel sa provision de feuilles sera suffisante.

Tout concourt donc à rendre les bois résineux beaucoup plus sensibles que les feuillus à la perte de leurs feuilles, perte qui, chez eux, ne peut manquer d'entraîner un alanguissement général, un dépérissement marqué et souvent la mort. Mais, cette maladie elle-même nous amène fatalement à parler des *ravages* des insectes du second groupe. Ceux-ci, en effet, n'attaquent presque jamais les arbres sains et en vigoureuse végétation, ils aiment une plante languissante, où le mouvement de la séve est rare et faible, et où l'exubérance des sucs propres ne les gêne point dans le percement de leurs galeries. Or, par le fait même du dépouillement de leurs aiguilles par les *mangeurs de feuilles*, les pins languissants offrent une pâture attrayante aux autres Ravageurs, et deviennent fatalement la proie des *mangeurs de bois*. Malades ou morts, tous les *Xylophages*, tous les *Longicornes* s'y précipitent à qui mieux mieux, et y multiplient à l'envi, jusqu'à ce que, trop nombreux pour vivre sur ces sujets secs et percés à jour, ils soient obligés d'attaquer les arbres sains et bien vivants qui se trouvent dans le voisinage.

Encore ici les pauvres arbres verts ont un grand désavantage sur les arbres à feuilles caduques. Les trous que font les Ravageurs dans l'écorce, pour atteindre le liber ou le bois, sont autant de pores par lesquels s'écoulent les sucs propres, la résine, et qui ne peuvent ensuite se cicatriser par suite des dépôts de matière qui s'y accumulent. Ces pertes continuelles ne tardent pas à épuiser les arbres, hâtent encore leur dépérissement et — fatal cercle vicieux — augmentent d'autant les chances de multiplication des insectes nuisibles !

Nous reviendrons plus tard sur l'étude très-délicate des conditions de culture dans lesquelles les arbres devraient toujours être placés, afin qu'ils conservassent jusqu'au dernier moment une santé assez vigoureuse pour qu'aucun insecte nuisible ne pût les attaquer avec succès. — En attendant, rappelons ici qu'on a reconnu, par des observations et des expériences répétées, que trois grandes causes influent sur la multiplication anormale et désastreuse des Ravageurs de la forêt :

1° La végétation languissante des sujets ; la présence de nombreux arbres morts ou dépérissants, cassé ou coupés et demeurés sur place ;

2° La disparition, par quelque cause que ce soit, des animaux utiles ;

3° L'ensemble des phénomènes de la température, du temps, en un mot, de *la saison.*

Avant d'étudier séparément chacun des deux grands groupes que nous avons établis parmi les insectes nuisibles, sous le nom de *Ravageurs des feuilles* et de *Ravageurs des bois*, nous pouvons, dès à présent, faire quelques remarques générales et

Hylobe du Pin (grossi). *Curculio [Pini.*
— Dimension de l'Insecte à gauche. —

qui, pour ainsi dire, sautent aux yeux. Il est évident, en effet, que si nous considérons la première catégorie des circonstances favorables que nous venons d'énumérer (1°), nous reconnaîtrons que la première est la seule à peu près qui puisse influer sur une anormale production des Ravageurs du bois. La température ne peut avoir évidemment qu'une influence très-secondaire sur les conditions de vie et de croissance d'insectes constamment protégés par l'écorce et les couches lignées qui, le plus souvent, les abritent. Les *Xylophages* pénètrent jusqu'au liber des arbres à travers l'écorce qu'ils percent avec leurs mandibules et y déposent leurs œufs. Les *Longicornes*, les *Sirex* sont armés, eux, à l'extrémité de leur abdomen, d'une tarière propre à percer également les écorces, et au moyen de laquelle ils enfoncent leurs œufs dans le liber et même dans l'aubier, portant ainsi, mais par un moyen différent, leur ponte aux mêmes endroits que les premiers.

Mais, pour que cette opération si curieusement exécutée par eux soit fructueuse, il faut qu'ils sachent

Pissodes noté (grossi). *Pissodes notatus.*
— Dimension de l'Insecte à gauche. —

choisir, entre certaines conditions, celles qui leur sont favorables. Or la nature les leur a indiquées d'une manière si certaine qu'ils ne se trompent jamais. S'ils introduisaient leurs œufs dans des bois d'une végétation vigoureuse, les insectes nés seraient saisis et étouffés, — au moins les *Xylophages*, — par la séve circulant avec force et abondance dans tous les canaux de l'arbre. La résine serait de même un ennemi dont les jeunes larves ne pourraient se défendre ; dans ces cas, une fois nés, ces animaux seraient promptement noyés. Tandis qu'en choisissant de vieux arbres dépérissants ou morts, des individus qui végètent misérablement sur des sols secs et rocailleux, des bois abattus, des bois cassés par les coups de vent, ou de vieilles souches des exploitations précédentes, les Ravageurs trouvent un abri sûr, sans danger, en même temps qu'une nourriture abondante et parfaitement saine pour les conditions de leur existence.

Aussi qu'arrive-t-il ? Les insectes pondent, éclosent, vivent, multiplient dans ces demeures favorites, et leur nombre augmente dans une proportion prodigieuse jusqu'au jour où tous les logements sont pleins et surabondamment habités. La génération prochaine sera obligée d'émigrer. Elle le fera, car il faut vivre. Ne trouvant plus de bois propice, elle attaquera ceux qui le sont moins, les arbres en bonne santé. La majeure partie, la totalité peut-être de ceux qui commencent l'attaque, périssent, mais qu'arrive-t-il ? Les végétaux attaqués s'épuisent par la perte de séve et de résine coulant sous les mille coups de ces ennemis presque invisibles, leur constitution se ruine, ils deviennent faibles et languissants. — Oh ! alors leur perte est assurée ; — la seconde, la troisième génération monte à l'assaut, — le logement est devenu commode, la nourriture convenable et l'arbre mourra au bout de peu de temps, fournissant ainsi aux Ravageurs un relais pour aller en attaquer d'autres et les faire périr, en peu de temps, de la même manière.

Et qu'on ne croie pas qu'il faille pour cela de longues suites d'années. Le mal se propage avec une incroyable vitesse, et ces petits insectes causent une telle mortalité qu'on est obligé d'abattre des pins, par *centaines de mille*, longtemps avant qu'ils soient arrivés à toute leur grosseur : ce qui constitue une perte immense.

Si maintenant nous jetons un coup d'œil sur la seconde catégorie des causes favorables à la multiplication des insectes (2º), nous verrons que la disparition des animaux utiles est plus propice à la multiplication des ennemis du premier groupe qu'à celle des ennemis du second. Au contraire de ce que nous avons vu tout à l'heure, les animaux utiles ont une grande action sur les *Ravageurs des feuilles*, et, par ce nom, nous entendons non-seulement les *Phytophages* simples, c'est-à-dire les amateurs des feuilles seules, mais encore les Ravageurs qui s'attaquent aux bourgeons et aux jeunes pousses.

A la tête des animaux utiles, c'est-à-dire ennemis nés de tous ceux de la première catégorie, nous devons placer les *Hyménoptères*, *Pupivores* et *Fouisseurs*, ainsi qu'un grand nombre de *Diptères*. Il est constaté que sous leur action seule, sans le concours des efforts des hommes, ils parviendraient, en trois ou quatre ans, à se rendre maîtres, — comme nous allons le faire voir un peu plus loin, — des plus grandes invasions de Chenilles. Il est certain que la fécondité des parasites est plus grande que celle des Papillons, quelque considérable que soit celle-ci ; aussi est-ce au moment où l'invasion est dans son plein, au moment où les Chenilles sont les plus nombreuses, qu'il faut s'attendre à les voir disparaître, car, l'année suivante, les Chenilles ne produiront que des parasites et l'on aura peine à retrouver dans la forêt quelques Chenilles égarées de l'espèce qui la ravageait antérieurement.

On peut faire une expérience bien simple et très-intéressante qui corrobore cette théorie ; elle est du reste connue de toutes les personnes qui ont composé une collection de Papillons et qui, pour obtenir des échantillons dans toute leur beauté avec les ailes non froissées, ont élevé des Chenilles pour les voir se métamorphoser et en recueillir les produits. Que l'on prenne, dans une forêt saine, un nombre quelconque de Chenilles des espèces ravageuses, — et il y en a toujours une certaine quantité en campagne, — on les élèvera, et toutes, ou presque toutes, donneront des Papillons ; un très-petit nombre donnera des parasites et surtout des *Ichneumonides*. Mais que, l'année suivante, on remarque quelques dégâts déjà sensibles par le nombre croissant des Chenilles, et que l'on recueille et élève le même nombre d'individus ; cette fois le résultat ne sera plus identique au premier : on obtiendra presque autant d'*Ichneumonides* que de Papillons. La troisième année, la forêt est ravagée, les Chenilles pullulent : c'est une avalanche. Recueillons des Chenilles, élevons-les, à peine aurons-nous un Papillon ; toutes donneront la vie à des parasites.

Qu'arrivera-t-il alors? C'est que les parasites, — *Ichneumonides* et autres, — deviennent, à leur tour, privés des individus qui doivent nourrir leur postérité ; ils meurent sans pouvoir pondre, et les quelques Chenilles tardives qui leur ont échappé repeuplent peu à peu la forêt, jusqu'à ce que les parasites reprennent le dessus et viennent les anéantir. Cette périodicité est très-remarquable, et elle se reproduirait avec une fixité complète si d'autres causes ne venaient pas en détourner le cours. L'abondance des insectivores est une des plus certaines, et les longues pluies survenues au moment des mues détruisent également un grand nombre d'insectes.

NOCTUELLE PINIPERDE (grandeur naturelle). *Noctua piniperda.*
Chenille, Chrysalide, Papillon.

Les *Oiseaux* doivent être classés, après les *Ichneumonides*, au second rang des animaux utiles aux forêts. Presque tous se nourrissent de Chenilles et d'insectes, partiellement, sinon en totalité. La plupart ne nourrit pas ses petits avec autre chose. Tous les Becs-fins sont dans ce cas. Un certain nombre d'oiseaux font une guerre acharnée aux larves et aux insectes parfaits des familles de *Xylophages* et de *Longicornes*, et vont les chercher jusque sous les écorces où ils se retirent.

De ce nombre sont les *Pics*, les *Sitelles* et les *Mésanges*.

Il serait déraisonnable d'attendre, des efforts réunis de ces oiseaux, la destruction totale des Ravageurs des bois, car la fécondité si menaçante de ces insectes n'est point en rapport avec celle des oiseaux ; mais si ces derniers ne peuvent détruire, ils atténuent certainement le mal, et forment une armée de réserve sur laquelle il est juste de compter.

Quant aux Chenilles, tous les *Passereaux*, tous les *Grimpeurs* leur font une guerre continuelle et acharnée, aussi sont-ils extrêmement utiles contre les ravages des insectes qui rongent les parties vertes des bois.

Il n'en est pas de même de l'Hirondelle. Son utilité est au moins contestable.

Tandis qu'elle fait à coup sûr sa nourriture de tous les *Ichneumonides* qu'elle rencontre, elle n'a pas le bec assez puissant pour dévorer les Papillons que les *Ichneumonides* auraient anéantis dans leur postérité. L'Hirondelle est donc nuisible aux forêts, seulement de seconde main, puisqu'elle détruit les destructeurs alliés de l'Homme. Il est vrai, comme circonstance atténuante, qu'on doit lui savoir gré de manger aussi des myriades de Cousins, de Tipules et de Mouches, dont les essaims sont tellement nombreux, dans certains endroits, qu'on est dans l'impossibilité presque absolue d'y séjourner sans en porter des marques cuisantes et beaucoup trop répétées.

Ainsi donc nous admettrons que tous les oiseaux sans exception sont utiles aux forêts ; car si nous les supposons en nombre suffisant, ils mangeront toutes les Chenilles, tous les Papillons, et quoiqu'ils fassent leur proie en même temps de tous les Ichneumons, la forêt se relèvera verte et prospère. Est-ce bien sûr ? Et croyons-nous que la nature ait fait quelque chose d'inutile ? Non.—Jusqu'à preuve contraire, le mal que nous étudions et que nous cherchons à combattre a son utilité certaine. Ces invasions ne constituent pas un mal absolu ; elles ne sont un mal que, relativement, pour l'Homme. Mais si, au lieu de nous occuper des forêts, déjà bien appauvries, de nos pays civilisés, nous considérons les forêts vierges des pays sauvages, ce déboisement entier de certains cantons sera un bienfait. — Qui sait ? — Peut-être sera-t-il l'occasion d'un repeuplement nouveau de cette forêt ? Il sera, dans tous les cas, le berceau d'une prodigieuse quantité d'animaux de toute espèce. Ceux-ci en attirent d'autres et activent ainsi le grand mouvement de transformation de la matière, qui n'est, en définitive, que la manifestation de la vie. L'exaltation de ce mouvement serait-elle donc un mal ?

Après les oiseaux, nous ne devons pas passer sous silence les *Carnassiers chéiroptères*, ou *Chauves-Souris ;* nous devons les mettre au nombre des animaux utiles, car ils détruisent une énorme quantité de Papillons de nuit, qu'ils saisissent au vol très-adroitement. On a eu un exemple remarquable d'une forêt qui était restée parsemée d'arbres creux, surtout de vieux chênes dépérissants ; on exploita ces vieux arbres pour en débarrasser la forêt et que de meilleur bois vînt les remplacer. Les Chauves-Souris disparurent, chassées de leurs retraites habituelles. Jusque-là la forêt avait été tout à fait à l'abri de l'invasion des Chenilles ; mais, dès l'année suivante, celles-ci se multiplièrent et firent de grands ravages.

Nous ne devons pas oublier non plus les animaux sauvages, tels que les *Renards*, les *Martres*, les *Putois*, les *Blaireaux* et autres Carnassiers carnivores qui sont très-utiles, non-seulement parce qu'ils dévorent une assez grande quantité de Hannetons, mais encore parce qu'ils déclarent la guerre à de petits *Mammifères rongeurs* appelés *Mulots*, qui, dans certaines années, font un tort énorme en rongeant les jeunes pousses des bois plantés dans les parties sèches et rocailleuses. Ajoutons-leur les *Hérissons*, la *Taupe*, même le *Sanglier*, qui est grand amateur de Hannetons à l'état de larve.

Pour terminer enfin la liste des auxiliaires de l'Homme contre les Ravageurs, nous ne devons pas omettre de mentionner, parmi les insectes, les chasseurs : *Carabiques, Brachélytres, Coccinelles, Fourmis, Araignées, Pentatomes,* ou *Punaises de bois,* etc.

Arrivons maintenant à l'étude des effets favorables ou nuisibles de la température sur les Ravageurs de la forêt (3°). Si l'on compare les observations météorologiques des années saines et des années meurtrières, on acquiert facilement la preuve que, à la suite d'un hiver sec, les étés secs et chauds sont plus favorables à la reproduction des insectes que les étés pluvieux et froids. On a cependant des exemples d'invasions d'insectes pendant des années froides et pluvieuses ; mais ce fait peut s'expliquer en ce sens que, pourvu que la température soit à peu près constante, les insectes peuvent supporter des températures variant entre elles d'une quantité considérable. Ainsi on a pu congeler à — 50° des œufs de Chenilles sans tuer l'animal. A côté de cette rusticité, la nature a heureusement placé des circonstances où, chez ces animaux, la vie ne tient qu'à un fil.

Au moment des mues, ou métamorphoses, les insectes deviennent aussi sensibles, aussi délicats qu'ils l'étaient peu avant. Les variations un peu brusques de la température, un froid subit, un orage surtout, en détruisent des nombres incroyables. L'électricité libre, circulant à ce moment dans les arbres, paraît fatale à toutes les larves en train de se métamorphoser. Il est donc évident que la température estivale entière n'importe pas, à beaucoup près, autant que celle de la semaine seulement, où s'est opérée la masse des métamorphoses. Dans une année pluvieuse, cette semaine peut avoir été formée de beaux jours, et dans une année chaude, elle a pu coïncider avec une époque de pluie ou de refroidissement brusque. De là abondance ou pénurie de Ravageurs.

La grêle, les vents, agissent aussi comme destructeurs, surtout sur les *Phytophages* : quant aux *Xylo-*

phages, ils sont à l'abri de la plupart de ces influences désastreuses pour leur race.

Il ne nous est pas possible de décrire ici une partie même des insectes qui attaquent les différentes espèces forestières, leur nombre dépasse de beaucoup les limites de ce recueil; pour n'en citer qu'un exemple, Ratzeburg rapporte que le Pin en nourrit à lui seul plus de quatre cents espèces. *Ab uno disce omnes.* Cependant nous voulons passer en revue les principaux, et, pour le faire avec plus de célérité, nous diviserons toutes les espèces de forêts en deux catégories : les *forêts résineuses* et les *forêts feuillues*.

Il est impossible aux personnes qui n'ont pas parcouru les grandes forêts résineuses de se figurer l'aspect grandiose de ces bois. Leur position, presque toujours en montagne, ajoute encore à la majesté du spectacle, et en fait un des plus remarquables qu'il soit,—après la mer,— donné à l'Homme de contempler. La vraie forêt, le sombre domaine des arbres, est la futaie, à quelque essence qu'appartienne son peuplement. Que le Sapin vrai, l'Épicéa, le Pin ou le Mélèze domine, elle n'en est pas moins belle par l'égalité des tiges et l'aspect solennel de ces files de colonnes naturelles dont rien ne vient interrompre la succession, aussi loin que peut atteindre le regard. Pas un, cependant, de ces arbres n'a le même aspect que l'autre; les uns donnent une ombre intense, les autres laissent le soleil arriver jusqu'à la terre. Le vieux Sapin (*Abies pectinata*), le roi de la montagne, le sapin qui lance vers les nuages une tige droite et puissante, se distingue de l'Épicéa (*Abies picea*),— plus grêle que lui, mais aussi élancé, — par ses grandes branches larges et horizontales, qui forment une série d'étages superposés et complètent un toit si parfait que, depuis des centaines d'années, pas une goutte d'eau directe n'a pu tomber au pied de l'arbre qui les porte. Le vieil épicéa, au contraire, a des branches arquées, tandis que ses jeunes rameaux pendent verticalement; il a l'air pleureur, la forme un peu déguenillée, mais il conserve jusque dans l'âge le plus avancé, et mieux que le sapin, sa cime conique ou pyramidale.

Le Pin sylvestre (*Pinus sylvestris*) est remarquable, non par sa hauteur énorme, mais par ses branches verticillées, maigres, à feuilles minces, et si rares que le soleil arrive au sol presque sans rencontrer d'obstacle, et qu'on voit au loin les tons rouges du fût de ces arbres qui semblent toujours éclairés par les lueurs fauves d'un soir d'été.

Sans vouloir pousser plus loin une description qui deviendrait fatigante, rappelons que le sol a une grande influence sur la santé générale des bois, et que cette santé elle-même est une des causes de résistance ou d'abandon aux travaux des Ravageurs. Cependant, pour l'intelligence des remarques qui vont suivre, il est indispensable de rappeler que la croissance de tous ces arbres se fait, en hauteur, par l'allongement du bourgeon terminal de leur tronc. Ce bourgeon produit chaque année une nouvelle pousse qui s'accroît par la multiplication des cellules dans les entre-nœuds.

Chaque branche s'allonge de même au moyen de son bourgeon terminal. Or il est évident que le sapin, l'épicéa, le pin, le mélèze, qui sont pourvus d'une maîtresse pousse, resteront rabougris quand celle-ci viendra à manquer ou à être détruite par une cause quelconque. Il arrive quelquefois, dans ce cas, qu'une nouvelle pousse maîtresse se développe au moyen d'un bourgeon adventif qui se forme à la base de la pousse perdue; mais le plus souvent, par un travail naturel, une des pousses latérales se redresse et prend la place de la pousse maîtresse, non sans laisser à l'arbre un coude qui ne disparaît que bien des années après. Il va sans dire que ce phénomène ne peut avoir lieu que pendant la jeunesse de l'arbre, et qu'il nécessite, pour cette substitution, un arrêt de croissance facilement appréciable. L'épicéa, le mélèze se prêtent parfaitement à ce remplacement; le pin, au contraire, y est réfractaire; coupé jeune, ou privé de sa pousse terminale par la dent des insectes ou celle des moutons, il conserve l'apparence d'un buisson rabougri; sa vie est perdue. Cependant peu d'arbres offrent une croissance aussi énergique: il n'est pas rare de voir, au printemps, le pin sylvestre produire en une semaine un jet terminal de cinquante centimètres, qui sort, jaunâtre, du bourgeon et offre aux insectes une pâture d'autant plus appétissante qu'elle est moins ligneuse et plus gonflée de sucs.

Le touriste qui parcourt une forêt compacte de sapins est toujours étonné de ne voir que des arbres sensiblement de la même grosseur. Or l'explication de ce fait est bien facile à donner. — Le temps ou la main des hommes a fait là un nettoiement semblable. — Si c'est le temps seul qui a agi, les tiges des plants les plus faibles sont mortes les unes après les autres, étouffées par le manque de lumière et se sont affaissées, pourries et décomposées, d'abord par la dent des insectes et ensuite par l'humidité qui s'est infiltrée dans leurs travaux. Si, au contraire, le forestier a pris soin de la culture de cette forêt, il a enlevé peu à peu et suivant un ordre régulier, les plants les plus faibles à mesure qu'ils étaient dominés par les plus forts et avant qu'ils fussent totalement étouffés par eux. De cette manière encore ces arbres ont disparu emportés par une exploitation spéciale. Dans une forêt de sapins, quand le peuplement est toujours homogène, le sol ne porte même pas de broussailles ni de végétaux herbacés. Ces plantes sont reléguées sur les lisières ou au bord des chemins où elles croissent en compagnie du fraisier, des myrtiles et des ronces; quelques mousses, des hépatiques et quelques fougères dans les endroits clairs, telle est la seule parure du sol dans l'intérieur de la forêt. Çà et là quelques monticules de mousse apparaissent; ils recouvrent les vieilles souches des arbres abattus ou tombés pendant les siècles passés, et qui sont si bien décomposées que le voyageur les détruit au moyen du bâton qu'il tient à la main.

Ces grandes forêts résineuses de nos montagnes sont animées par un assez grand nombre d'habitants naturels, cependant elles en contiennent beaucoup moins que les forêts de bois feuillu qui descendent plus volontiers vers les plaines. L'*Écureuil* y sautille de branche en branche, faisant sa provision de cônes pour élever sa famille ; les *Pics Épeiche* et *Épeichette* y jettent au vent les notes criardes de leurs appels ; le *Pivert* leur répond avec les éclats de sa voix effrayée. De temps en temps, au loin, sur les grandes cimes, près des rocs dénudés, le matin au lever du jour, on entend la voix stridente du Coq de bruyère (*Tetras urogallus*), ou celle non moins discordante de la Gélinotte des bois (*Tetras bonasia*). En regardant au ciel, on entrevoit — parmi la cime des arbres — un Aigle (*Aquila fulva*) ; un Épervier (*Falco lithofalco* G m.), planant silencieusement, ou lançant son cri farouche quand il remonte emportant son gibier dans ses serres. L'hôte le plus habituel de la futaie, celui que rencontre à chaque pas le forestier, et qu'il respecte comme un ami qui va jusqu'en haut des arbres chercher la Chenille ravageuse, c'est la *Fourmi* et toutes ses variétés (*Formica ligniperda*). Souvent on y voit aussi le *Mulot*, ou *Campagnol vulgaire* (*Arvicola vulgaris*), en train de creuser les petits terriers en zig-zag où il abrite ses douze petits. Le *Loir* (*Myoxus glis*), au pelage si joli, aux grands yeux noirs éveillés, qui vous regarde passer sur sa branche ; enfin la *Taupe*

BOMBYCE MOINE. *Bombyx monachus.*
Chenilles de deux âges, Chrysalide, Papillon.

(*Talpa Europea*) dont on admire, près des clairières sableuses, le travail souterrain.

Ces grandes étendues de bois donnent asile au Loup, au Renard, au Putois, quelquefois au Cerf, souvent au Chevreuil, rarement au Lièvre, si ce n'est sur la lisière. Tels sont les hôtes de la grande sapinière de nos montagnes, son image est le calme, et sa voix est un silence murmurant, pareil à celui des vagues de la mer sur une plage sableuse.

De toutes les forêts d'essences résineuses, celle du sapin est la plus rustique : les Ravageurs ne l'attaquent presque pas. Celle d'épicea redoute déjà plus d'ennemis ; mais c'est surtout sur celle de pin sylvestre que tous semblent s'être donné rendez-vous pour l'attaquer non-seulement par sa tige, mais par ses feuilles ; tandis que les autres résineux, s'ils livrent leurs tiges, défendent à peu près leurs feuilles. Aussi allons-nous commencer par les *Ravageurs du pin*, et, parmi ceux-ci, choisir d'abord ceux qui s'attachent à la destruction des jeunes pousses terminales et compromettent ainsi l'existence de l'arbre entier.   H. DE LA BLANCHÈRE.

(*La suite prochainement.*)

Paris. — Imprimerie WIESENER ET Cⁱᵉ, rue Delaborde, 12.

8 Juillet 1865.　　　　N° 80. — 75 centimes.

Ce Recueil paraît une fois par semaine. — On s'abonne à Paris, à la Librairie L. HACHETTE et Cᵉ, boulevard Saint-Germain, n° 77. Les abonnements se prennent du 1ᵉʳ de chaque mois. — Paris, six mois, 4 fr.; un an, 8 fr. — Départements, six mois, 5 fr.; un an, 10 fr.

LES RAVAGEURS DES FORÊTS (Suite).

L'Hylobe du Pin. — Le Pissodès noté. — Le Bombyce du Pin et le Moine. — La Noctuelle et l'Arpenteuse. Le Sphinx. — Les Pyrales. — Le Bostriche et l'Hylésine.

Au premier rang, voici l'*Hylobe du Pin*, aussi appelé le *Charançon du Pin (Curculio pini, L.)*. C'est un petit insecte assez laid, muni d'un bec en trompe comme tous les Rhynchophores, auxquels il appartient. Il est

BOMBYCE PROCESSIONNAIRE. *Bombyx processionea.*
Chenilles en marche, Nid, Chrysalide, Cocon et Papillons.

brun avec des poils jaunes, et a environ un centimètre de long. Partout où pousse le Pin, partout se trouve l'*Hylobe*; jamais on ne le trouve sur les bois feuillus, mais il exerce aussi ses ravages sur l'Épicéa. On le voit apparaître par nuées en forêt, vers les mois de mai, juin et juillet, au moment où il est occupé à faire sa ponte dans les vieilles souches, ou même au pied des arbres un peu dépérissants. La petite larve qui croît de ces œufs, ronge le liber du bois s'il est vif, ou l'aubier, et s'y transforme en nymphe.

Jusque-là le mal n'est pas bien considérable ; mais c'est à l'état d'insecte parfait que l'Hylobe va commencer ses ravages. Il se jette dans les jeunes semis, — les plantations surtout, — et préfère les plants qui ont de trois à six ans, mais cependant les attaque tous, au besoin, jusqu'à quinze ans et plus. Là, il monte sur les jeunes Pins, ronge la pousse terminale, les bourgeons, l'écorce des jeunes tiges et des branches, puis passe à un autre arbuste pour recommencer la même opération. Si on approche la main pour le saisir, il se pelotonne et se laisse tomber dans l'herbe. Bien qu'il soit pourvu d'ailes inférieures, il est très-lourd et n'aime pas à voler. Pendant les grandes chaleurs et pendant la fraîcheur de la nuit, il descend parmi les herbes qui sont à terre, soit pour s'abriter du soleil, soit pour éviter le froid. Quand il fait mauvais temps, il se tient sous les branches et surtout celles du bas des jeunes plantes qui sont entourées d'herbes.

Paresseux comme il l'est, l'Hylobe serait très-difficile à atteindre, s'il n'avait pas le mauvais goût d'aimer la terre fraîchement remuée. Aussi, comme il craint en même temps le soleil, on lui prépare, de place en place, un petit guéret, sur lequel on met un morceau d'écorce formant toit. Il y vient se mettre au frais le jour, et à l'abri la nuit. Mais, le matin, de jeunes enfants vont lever ces petits piéges et détruisent un grand nombre d'insectes rassemblés dessous, et s'y tenant immobiles.

En même temps que les dégâts de l'Hylobe, les jeunes Pins ont à souffrir ceux du *Pissodès noté* (*Pissodes notatus*), un peu plus petit que le premier, de couleur brune et blanche, mais beaucoup plus dangereux encore, parce qu'il dévore et comme larve et comme insecte parfait. La larve vit dans les racines des jeunes plants. Le Pissodès, lui, vit sur les pousses terminales. Il a de commun avec l'Hylobe que quand l'un et l'autre n'ont pas le temps de se reproduire avant l'hiver, ils se laissent tomber par terre, s'y glissent sous les mousses ou entre les gerçures de l'écorce auprès des Pins, s'y engourdissent et y passent la saison froide pour se réveiller, se dégeler au printemps, et recommencer leurs ravages.

Nous voici arrivé au plus mortel ennemi du Pin sylvestre. C'est un Papillon de nuit, qui a pris son nom de celui de sa victime ; on le nomme : le *Bombyce du Pin* (*Bombyx pini*). Son corps est marron, trapu et poilu ; ses ailes inférieures brunes, les supérieures grises avec deux petits croissants ou taches blanches, une de chaque côté ; les ailes sont ployées en toit et portent aussi par derrière un chevron jaune brun assez régulier.

Ce Bombyce n'attaque que le Pin, sylvestre, et encore il préfère celui qui a environ une centaine d'années d'âge et qui a végété dans un endroit sec, sablonneux et

chaud. L'insecte paraît à l'état parfait au milieu de juillet, il se tient pendant le jour sur le tronc des arbres, et, quand il fait mauvais temps, il s'abrite entre les profondes gerçures de l'écorce. Au crépuscule, les mâles et les femelles se mettent en campagne et volent toute la nuit. Huit jours après, environ, commence la ponte. Chaque femelle dépose de cent à deux cents œufs, en petits tas de cinquante au plus, qu'elle dissémine, soit entre les crevasses de l'écorce, soit parmi les feuilles en aiguilles des branches les plus basses. La cime des grands arbres ne reçoit ordinairement pas d'œufs. Suivant la température, les œufs mettent de quinze à trente jours à éclore ; aussi, vers le milieu d'août, les jeunes Chenilles sortent-elles et se mettent-elles immédiatement à manger.

Quelquefois si nombreuses que les branches plient sous leur poids, ces Chenilles dévorent ainsi jusqu'aux premiers froids, nuit et jour, sans relâche, sans trève, passant d'un arbre à un autre. Quand elles ont tout épuisé autour d'elles — et il faut à chacune d'elles un millier de feuilles pour arriver à toute sa croissance, — alors que les mauvais temps approchent, ou que l'époque de leurs mues successives arrive, elles descendent des arbres et vont, en octobre et novembre, s'enterrer sous la mousse, le lichen ou le gazon qui couvrent le sol, et là, elles restent dans un trou creusé à la surface du sol qui ne les recouvre pas entièrement. Elles y passent l'hiver engourdies, pour recommencer au printemps suivant, en mars ou avril, suivant qu'il fait beau. Alors elles remontent sur les Pins et mangent, non-seulement les aiguilles, mais encore les jeunes pousses, et tout ce qu'elles peuvent attaquer. Vers la fin de juin, elles sont arrivées à toute leur croissance et représentent alors une grosse Chenille poilue, blanche, marquée de jaune. Elles se métamorphosent en chrysalides dans une coque blanchâtre en soie assez serrée, et qui, dès lors, fait paraître la cime des arbres comme couverte de neige. Vingt jours après, le Papillon sort.

Rien ne peut donner mieux une idée de la prodigieuse quantité de ces animaux que l'expérience suivante : Douée d'un appétit insatiable, chaque Chenille a bientôt épuisé la branche, chaque myriade a bientôt épuisé son canton. Il faut chercher ailleurs le vivre indispensable. — On descend de table et on émigre. — Mais l'Homme est là ; pendant que l'on mange le premier service, il envoie ses ouvriers ; on creuse un fossé autour de la partie attaquée, on travaille jour et nuit, pour être prêt à la fin de ce premier service, car de là dépend le succès. — Or ces fossés ont quarante à cinquante centimètres de profondeur et sont quelquefois d'un énorme développement ; n'importe, le salut de la forêt en dépend.

Plus de feuilles, il faut descendre ; une première descend, une seconde, un mille, cent mille se mettent en marche. On arrive au fossé, on y tombe, et bientôt il *est tellement rempli de Chenilles* que les dernières arrivées peuvent le franchir aussi aisément que si elles étaient sur le sol uni! Heureusement les forestiers surveillent. Les pelles, les balais les rejettent dans la fortification protectrice, et elles y meurent faute d'aliment.

Aucun autre remède n'a pu être trouvé contre l'immense production de ces Papillons quand la forêt en est infestée; le mieux à faire est de laisser les Ichneumons accomplir leur œuvre de destruction. Ce sont les ouvriers les moins chers, la nature en fait seule les frais.

Après le Bombyce du Pin, nous devons parler du Bombyce moine (*Bombyx monacha*), qui est aussi dangereux pour les *pineraies*, mais qui ne se contente pas, comme le premier, de la feuille du Pin sylvestre exclusivement, et qui mange toute espèce de feuillage, celui de l'Épicéa, du Chêne, du Bouleau, celui même du Pommier, des Myrtilles, etc. — Comme le feu, il détruit tout, partout où il passe.

Ce Bombyce est d'un blanc sale avec l'abdomen rose; la Chenille est verdâtre, puis noire avec des points rouges; elle est poilue. Elle éclôt au mois de mai et se tient réunie aux autres pendant cinq à six jours, à la place où étaient les œufs, avant de monter plus haut sur les arbres pour dévorer les aiguilles. Car les œufs ont été déposés en un seul tas oblong de cent cinquante œufs environ, ou en petites pelotes de vingt à cinquante œufs, mais toujours près de terre, dans les gerçures de l'écorce, ou parmi les mousses et les lichens. Ce Papillon, qui arrive à l'état parfait vers la fin de juillet, vole quelquefois en plein jour quand le soleil est vif, mais le plus souvent il reste collé le jour sur la surface des tiges et ne reprend son vol que vers le soir, pour la nuit.

Les Chenilles présentent un phénomène particulier assez curieux; pendant la première moitié de leur accroissement, elles peuvent produire des fils de soie au moyen desquels elles se suspendent, et, aidées du vent, passent ainsi de branche en branche, et d'arbre en arbre. Elles ne mangent que pendant la nuit, et coupent les feuilles en deux parts, ne dévorant que la base et laissant tomber le reste sur le sol, ce qui manifeste immédiatement leur présence sur les arbres. En somme cet animal passe huit mois à l'état d'œuf et deux mois et demi environ à l'état de Chenille.

On ne connaît pas de moyen efficace de détruire ce terrible parasite. Il est impossible de le prendre par la famine, puisque tout lui est bon, et qu'il n'a point besoin de voyager pour se nourrir.

Disons un mot de la *Noctuelle piniperde* (*Noctua piniperda*), petit Papillon qui ressemble un peu aux Bombyces et qui ronge aussi les feuilles; mais dont la Chenille, n'étant pas poilue, est bien plus facilement mangée par les oiseaux. Les Porcs, les Blaireaux, les Renards même se mêlent de sa destruction, et de plus, elle nourrit à elle seule vingt-cinq espèces au moins de parasites Ichneumons ou Diptères. Et cependant elle fait souvent

des dégâts considérables malgré sa petite taille et ses ennemis.

Phalène géomètre ou *Arpenteuse du Pin* (*Geometra pinaria*). Celle-ci est un assez joli petit Papillon jaune à ailes relevées pendant le repos. Il porte de délicates marbrures brunes très-élégantes. La Chenille est verte et jaune, sans poils, sa chrysalide noire. Le mâle, qui est plus brillant que la femelle, vole avec une grande vitesse pendant les plus grandes chaleurs du mois de juillet. Les femelles pondent sur les plus hautes cimes des arbres, et un mois après les jeunes Chenilles sont écloses. Elles ne mangent que la partie inférieure des feuilles, coupant, comme le Bombyce moine, la feuille en deux, et laissant tomber l'autre moitié sur le sol, ce qui produit un énorme gaspillage. Cette Phalène cependant fait moins de dégâts que les autres, parce qu'elle commence à manger tard dans l'année; les bourgeons de l'année suivante sont déjà formés, et il y a chance de salut pour les arbres attaqués.

Les Phalènes donnent naissance aux si curieuses Chenilles nommées *Arpenteuses* ou *Géomètres*, d'après leur mode de progression tout particulier. Ces Chenilles sont dépourvues de pattes à leurs anneaux intermédiaires; aussi, pour avancer, elles sont obligées de courber leur corps en arc et de rapprocher l'une de l'autre les deux extrémités; ceci fait, elles se cramponnent par les pattes de derrière, allongent leur corps, se fixent par les pattes du devant et ramènent les pattes postérieures en les traînant près des antérieures, puis au même moment, recommencent la même série d'opérations et paraissent ainsi arpenter ou mesurer le chemin avec la longueur de leur corps. Cette marche est moins rapide que celle des Chenilles ordinaires, mais encore plus rapide cependant qu'on ne le croirait par la description des mouvements nécessaires pour l'exécuter.

Le *Sphinx du Pin* est un bel insecte violet, avec l'abdomen annelé de violet et de jaune (*Sphinx pinastri*). Sa Chenille est violette à points rouges. Les œufs sont verts, en forme de petites poires, et la chrysalide, brune, ponctuée de points blancs sur le côté, est remarquable par sa corne caudale blanche. Ce Sphinx vit solitaire sur les arbres et n'offre de danger que parce qu'il accompagne les invasions du Bombyce moine.

Il en est de même du Bombyce pinivore (*Bombyx pinivora*), qui ne fait pas d'énormes dégâts, mais est plus nuisible à l'Homme et aux bestiaux qui fréquentent les jeunes pineraies qu'aux arbres eux-mêmes. En effet, la Chenille de ce Papillon est bleue, à *longs poils*, et appartient à la grande classe des Chenilles *processionnaires*. Ces Chenilles se réunissent en société parmi les aiguilles, où elles tissent un nid commun d'où elles sortent en marchant dans un certain ordre qu'elles ne quittent jamais. Nous retrouverons, au reste, une Chenille analogue quand nous étudierons les Ravageurs des bois feuillus.

Malheureusement les poils roides et durs qui revêtent ces Chenilles n'adhèrent que très-peu à leur corps, de façon que la moindre agitation de l'air les fait voler, le moindre frissonnement des feuilles les détache; ces sortes d'aiguilles s'introduisent alors dans la peau des hommes et des animaux où elles causent des inflammations douloureuses, et dans les organes respiratoires où elles occasionnent des accidents très-graves.

Nous arrivons maintenant aux plus petits ennemis des feuilles du Pin. Ce sont les *Pyrales* ou *Tordeuses*, genre de Lépidoptères dont les individus vivent des feuilles et ont le talent de les tordre ou de les rouler en tuyaux qu'ils attachent au moyen de quelques fils de soie et où ils se retirent pour subir leurs mues et leurs métamorphoses.

On en compte un grand nombre d'espèces, parmi lesquelles les plus dangereuses sont : la *Pyrale des bourgeons (Tortrix turionaria)*, la *Pyrale des pousses (Tortrix buoliana)*, et la *Pyrale de la résine (Tortrix resiniana)*.

La *Pyrale des bourgeons* est un joli petit Papillon à ailes bleu-ciel vergetées de jaune, dont la Chenille est jaunâtre, et qui pond, en mai, ses œufs à l'extrémité des jeunes pousses. Les jeunes Chenilles se logent dans les bourgeons, surtout dans le bourgeon terminal et se nourrissent de sa moelle, en y

GÉOMÈTRE DU PIN. *Geometra pinaria*.
Chenille, Chrysalide et Papillon mâle et femelle.

SPHYNX DU PIN. *Sphynx Pinastri*.
Chenille de deux âges, Chrysalide et Papillon.

faisant venir une espèce de galle résineuse dans laquelle elles se métamorphosent.

La *Pyrale des pousses* ressemble extrêmement à celle-ci comme insecte, comme Chenille et comme dégât. Au lieu d'être bleues et jaunes, les ailes du Papillon sont blanches et orange. Bien entendu nous ne parlons que des ailes antérieures, les postérieures, dans toutes les Pyrales, sont brunes ou foncées, mais uniformes.

La *Pyrale de la résine*, elle, a les ailes bleues et marron foncé. La Chenille occasionne une petite galle résineuse à côté de chaque bourgeon et passe l'hiver abritée dans cette maison, d'où elle sort au printemps pour manger, de sorte que sa galle s'accroît, et à la fin de l'été elle a pris les dimensions d'une noix. Ces insectes passent le second hiver comme le premier et se transforment au printemps suivant. Il est fort remarquable que ces petits Papillons mettent deux années à parcourir le cercle entier de leur développement, tandis que d'autres, beaucoup plus volumineux, y arrivent en peu de mois.

Nous laissons de côté un grand nombre d'*Hyménoptères*, qui attaquent la feuille du Pin, pour arriver aux *Ravageurs des bois*, au moins aussi redoutables à cause de la difficulté de s'opposer à leurs ravages longtemps dissimulés.

Parmi eux se placent au premier rang le *Bostriche sténographe (Bostrichus stenographus)* et l'*Hylésine du Pin (Hylesinus piniperda)*.

Nous décrirons, en parlant de l'Épicéa, les mœurs des Bostriches; en ce moment nous allons parler de celles de l'Hylésine, l'un des plus constants ennemis du Pin sylvestre, quand celui-ci est planté dans un médiocre terrain.

L'Hylésine est un petit insecte noir ou marron foncé,

BOMBYCE PINIVORE. *Bombyx pinivora.*
Chenille, Chrysalide, Papillon.

de cinq millimètres au plus de longueur, à prothorax un peu rétréci en avant, ce qui le distingue des Bostriches, ses proches parents, qui ont cette partie aussi large que celle qui porte les élytres. Toute la surface de son corps

PYRALE DES BOURGEONS *Tortrix Turionaria.*
Chenille et Papillon grossis et de grandeur naturelle.

est comme chagrinée. Voici pour la description sommaire de notre petit *Ravageur*. Quant à ses habitudes, elles demandent une explication un peu plus approfondie. Au premier printemps, on voit des Hylésines sous les écorces des Pins. La femelle recherche les souches ou les arbres tombés. Elle aime ceux qui ne le sont pas depuis trop longtemps, sans doute parce que leur liber et leur bois encore imprégnés de séve sont assez succulents pour la tenter, mais ne sont pas assez imbibés pour gêner ses mouvements. Quoi qu'il en soit, si elle n'en trouve pas, ou si toutes les places sont prises, elle se jette sur les arbres debout, et choisit, par un instinct admirable, ceux dont la végétation est le moins active. Comment les reconnaît-elle?

Après avoir trouvé un endroit qui lui convient, la femelle s'enfonce perpendiculairement dans l'écorce jusqu'à ce qu'elle n'ait plus que son abdomen apparent au dehors; en cette position, elle attend le mâle, puis elle continue avec ses mandibules la galerie au travers de l'écorce. Arrivée au liber, l'Hylésine fait un coude brusque, elle remonte dans le sens de la longueur de l'arbre et vers sa cime, creusant une galerie sur les côtés de laquelle elle dépose en moyenne 120 œufs. Les petites larves, qui éclosent en très-peu de temps, continuent les dégâts de leur mère. Elles rongent également le liber qu'elles sillonnent de galeries dont le diamètre croît en même temps que celui de leur corps, et se nourrissent de la substance qu'elles en retirent, en rongeant leur passage. Arrivées à tout leur accroissement, les larves quittent le liber, repassent dans l'écorce qui l'enveloppe et y creusent une petite chambre où elles se transforment en chrysalides.

Tel est le travail meurtrier de la larve; mais nous allons voir que celui de l'insecte parfait est encore plu

PYRALE HERCYNIENNE. *Tortrix hercyciana.*
Chenille et Papillon grossis et de grandeur naturelle

alarmant pour les forêts de Pins qu'il habite. En juillet le petit coléoptère sort, et aussitôt se met à creuser, avec ses mandibules, un petit trou rond, de la grosseur de son corps, à la base des jeunes pousses de 1, 2 ou 3 ans. Une fois entré, il remonte et creuse la jeune tige jusqu'au bourgeon terminal par lequel il sort pour recommencer la même opération sur un autre. Quelquefois, on ne sait pas pourquoi, l'Hylésine, arrivée au sommet du bourgeon, revient sur ses pas, le long de sa galerie, et ressort par où elle était entrée.

Ce travail dure trois mois; quand l'hiver arrive, le petit insecte abandonne les jeunes pousses, se cache au pied des arbres dans la mousse et quelquefois pénètre même dans l'écorce, dans le liber, et jusque dans l'aubier. Sans doute ces précautions lui sont suggérées par la prescience qu'il a de la rigueur de l'hiver à venir. Il n'est pas besoin de s'appesantir sur les dégâts que causent aux malheureux Pins la perte de leurs jeunes pousses surtout de la terminale, qui les empêche de prendre leur croissance. Nous avons fait remarquer que les bourgeons latéraux se développent bien pour en prendre la place, mais l'aspect caractéristique de l'arbre a reçu de l'attaque de son ennemi une atteinte indélébile.

On ne connaît pas de remède un peu certain contre les ravages de cet insecte, — si petit cependant, — mais qui, comme toutes les familles de Xylophages, produit d'énormes dégâts. Il est bon de tenir la forêt propre de tout bois mort; mais quand l'état général est un peu languissant par suite du mauvais fonds sur lequel elle est plantée, il n'y a point de remède efficace que celui radical de changer le peuplement, et ce n'est pas une petite affaire.

Nous nous arrêterons ici dans l'énumération des ennemis du Pin sylvestre, et nous allons passer à ceux des forêts d'Épicéa, ce qui nous donnera l'occasion de dire que cet arbre est beaucoup moins exposé que le Pin, car il ne connaît pas les Ravageurs des feuilles, — c'est déjà un ennemi redoutable de moins, — mais il craint beaucoup, en revanche, les Ravageurs du bois. Nous allons voir comment travaillent les *Bostriches*, dont l'un attaque le Pin, ainsi que nous l'avons dit un peu plus haut. De même que le *Pin* a des insectes parasites attitrés, qui ne se trouvent *que sur lui* ou dans sa substance seule, de même l'Épicéa nourrit son Bostriche exclusif : on le nomme le *Bostriche Typographe* (*Bostrichus typographus*), sans doute à cause de la forme particulière des galeries qu'il creuse et qui, quand on écorce l'arbre, apparaissent sur le liber comme des traces de caractères d'imprimerie. Par la forme spéciale de chaque galerie, on peut toujours, à coup sûr, reconnaître le Xylophage qui l'a construite. Chacun de ces petits animaux mine toujours dans le même sens et de la même manière. Les Bostriches sont plus ou moins gros,

plus ou moins brun marron, mais tous sont de petits insectes qui, à première vue, semblent noirs, recouverts d'une espèce de carapace bombée : ils n'ont guère que trois à cinq millimètres de longueur.

Le Bostriche typographe fait son apparition vers le mois de mai, et s'occupe dès lors à préparer un gîte à ses larves, qui sont blanchâtres avec la tête brune et six petites pattes. Or, cet insecte est assez difficile sur le lieu qui convient à ses petits. Il lui faut, comme à l'Hylésine, un arbre récemment abattu, encore imbibé de sa séve et de ses sucs, ou bien les bûches supérieures des tas de bois. Il aime tellement les arbres qui remplissent ces conditions, que quand il en tombe un dans la forêt, tous abandonnent les arbres sur pied dans lesquels ils avaient commencé leurs travaux, et, en quelques heures, le nouvel arbre tombé est littéralement criblé par ces insectes.

Quand le Bostriche a trouvé un arbre convenable, il commence, avec ses mandibules, à creuser dans l'écorce un petit trou rond légèrement en pente vers le haut. S'il fait chaud, tout va bien, le petit mineur a terminé en une journée, quelquefois en moins de temps, si l'écorce est mince ; mais si le temps est froid, — et, au mois de mai, cela arrive quelquefois, — l'insecte a moins de force, moins d'énergie, et met souvent une semaine à percer son trou. Il le place d'ailleurs à une hauteur considérable, sinon dans la cime, au moins à la naissance des grosses branches.

L'écorce une fois traversée, le Bostriche creuse, sur sa face intérieure, une petite chambre où se rencontrent le mâle et la femelle, et qui sert de point de réunion, non-seulement à un couple d'insectes, mais quelquefois à trois, quatre ou cinq couples. C'est un salon commun d'où partent les galeries particulières qui se dirigent de haut en bas, — c'est l'envers de l'Hylésine, qui monte de bas en haut, comme nous l'avons vu — et dont le nombre dépend de celui des couples d'animaux. Mais le petit architecte ne se borne pas à construire une demeure quelconque, il lui faut de l'air, peut-être même de la lumière. Que fait-il pour cela ? Il munit chacune de ses galeries de deux à cinq trous qui traversent l'écorce tout entière, et s'arrêtent à l'extrême pellicule de l'épiderme extérieur qui fait ainsi l'office d'une vitre, mais d'une vitre perméable à l'air comme un léger tissu de soie. La femelle alors pond soixante à quatre-vingt petits œufs transparents, blanchâtres, et placés chacun dans une petite entaille. Elle les recouvre de vermoulure formée par le bois qu'elle a travaillé et mangé, puis elle meurt.

Dix jours après, les petites larves sont écloses. Elles se mettent immédiatement à l'œuvre et creusent, toujours dans le liber et l'écorce intérieure, des galeries où elles trouvent le vivre et le couvert. Ces galeries secondaires laissent, quand on écorce l'arbre, leur trace imprimée sur l'aubier. Leur diamètre croît comme celui de l'insecte qui les habite, et quand celui-ci est arrivé

PYRALE ÉCAILLEUSE. *Tortrix dorsana.*
Chenille et Papillon grossis et de grandeur naturelle.

à toute sa croissance, il se construit une petite chambre où il se métamorphose. Pour donner le temps à ses téguments de se solidifier, il ouvre alors des galeries irrégulières qui détruisent la symétrie des premiers ouvrages de toute la famille.

En somme, c'est merveille de penser que tout cet immense travail d'une génération de Typographes peut s'effectuer en dix ou douze semaines! Aussi le Typographe s'empresse-t-il de pondre de nouveau, et la seconde génération, sans doute à cause des chaudes nuits de l'été, ne met pas plus de huit semaines à s'élever; mais ces nouveaux individus attendent le printemps suivant pour pondre et passent l'hiver sous la mousse et le mieux cachés qu'ils peuvent dans l'écorce des arbres. Si l'année est défavorable, la première ponte met seize semaines à venir à bien, et il n'y a qu'une génération dans l'année. Il est fort heureux que ces circonstances arrivent souvent, car on s'est assuré que, dans les invasions, un seul arbre contenait plus de

HYLÉSINE DU PIN. *Hylesinus piniperda.*
Insecte de grandeur naturelle et son travail. — Insecte grossi.

vingt-trois mille couples! Que contenait donc la forêt? —Pour qui ne l'a pas vu, il est impossible de se figurer une telle quantité de petits insectes noirs et grouillants; tout ce que l'on peut dire reste au-dessous de la réalité.

Les frais que nécessiterait le combat que l'on peut livrer à cet insecte sont énormes. Il faudrait qu'une forêt n'eût pas d'arbres dépérissants. Cela ne s'est jamais vu. En somme, le Typographe est un ennemi contre lequel on a essayé quelques remèdes palliatifs insuffisants, mais on n'a rien trouvé de certain ni de radical. Nous décrirons, après avoir parlé du Bombyce chalcographe, quelques moyens tentés, tels que les arbres piéges, etc. Quand on a affaire à des ennemis comme les Bostriches, ce sont plutôt des remèdes préventifs que des efforts immédiats qu'il faut rechercher, et les premiers ne se trouvent que dans une culture forestière très-soignée et très-bien appropriée à l'essence et au climat.

(La suite prochainement.)

Paris. — Imprimerie WIESENER ET Cⁱᵉ, rue Delaborde, 1².

15 Juillet 1865.   **N° 81. — 15 centimes.**

Ce Recueil paraît une fois par semaine. — On s'abonne à Paris, à la Librairie L. Hachette et Cᵉ, boulevard Saint-Germain, n° 77. Les abonnements se prennent du 1ᵉʳ de chaque mois. — Paris, six mois, 4 fr.; un an, 8 fr. — Départements, six mois, 5 fr.; un an, 10 fr.

LES RAVAGEURS DES FORÊTS (Suite).

SUITE DES BOSTRICHES. — *Les Ravageurs de l'Épicéa et ceux du Sapin.* — *Les ennemis des bois feuillus.* — *Le Hanneton.* — *Le Cerf-volant.* — *Le Capricorne.* — *Le Bombyce processionnaire.* — *Le Bombyce livrée.* — *Le Culbrun.* — *Le Dissemblable.* — *L'Orgyie pudibonde.* — *La Lichenée bleue.* — *L'odorat du Bombyce de la Ronce.*

A côté du Typographe, et toujours son compagnon fidèle, quoique plus petit que lui, — il n'a que deux millimètres de long, — se place le *Bostriche chalcographe* (*Bostrichus chalcographus*). Ce petit Xylophage est aussi

CAPRICORNE. *Cerambyx heros.*
Grandeur naturelle. — Larve, Nymphe, Insecte mâle et femelle.

nuisible, seulement son travail n'est pas disposé dans le même ordre. De la chambre commune partent, en *rayonnant,* au lieu de descendre, cinq ou six galeries principales sur les côtés desquelles la femelle pond ses œufs. Le travail des larves pénètre souvent jusque dans l'aubier de l'arbre

Combattre l'un de ces Ravageurs terribles, c'est combattre l'autre, car le plus petit recherche de préférence les arbres déjà fatalement atteints par le plus gros. Rien n'est, au reste, difficile comme de se rendre compte du moment exact où commence l'invasion, et cela, pour deux raisons : la première, c'est que les trous d'introduction se trouvent placés très-haut sur l'arbre et sont d'une petitesse qui ne permet pas de les apercevoir; la seconde, c'est que les arbres végètent encore assez longtemps avec leurs mortels ennemis dans les flancs. A mesure que le fléau augmente, les marques du travail des Bostriches deviennent de plus en plus faciles à saisir : les toiles d'araignées qui se trouvent aux pieds des arbres, les mousses, les irrégularités de l'écorce sont saupoudrées d'une fine sciure de bois; les aiguilles de l'arbre tombent, et, comme le feuillage de l'Epicéa est fort épais, cette diminution d'ombrage s'estime assez facilement; mais il est déjà trop tard! Vienne un coup de vent d'ouest secouant les cimes des grandes forêts, et de son souffle puissant, il va emporter à d'énormes distances des nuées de Bostriches empestant le reste de la contrée!

Ce phénomène, parfaitement avéré, et qui, au premier abord, paraît extraordinaire, s'explique d'autant plus aisément que les forêts d'Epicéa attaquées par les Bostriches sont toujours celles qui sont situées en montagnes, sur les pentes sèches exposées en plein midi. Aussi, quand le vent d'ouest prend à revers de semblables versants, il emporte des tourbillons de Bostriches comme des nuées de Sauterelles, les lançant par-dessus les plus hauts arbres de la vallée.

La première opération à laquelle on pense, quand on essaye de combattre les ravages de ces insectes, c'est l'écorcement des arbres attaqués. Cette opération ne réussit que contre les larves et les nymphes, aussi est-elle très-difficile à faire en temps utile. Elle nécessite, bien entendu, l'abattage de l'arbre et n'a aucun effet sur l'insecte parfait. Rien ne le détruit, pas même un séjour prolongé dans l'eau, comme en subissent les billes que l'on flotte. On a essayé l'emploi des arbres-pièges; ce sont des arbres dépérissants que l'on laisse envahir par les Bostriches pour les exploiter en temps utile et détruire tous les Ravageurs qui s'y sont donné rendez-vous. Pour que ce moyen fût efficace, il faudrait que les arbres-pièges fussent très-nombreux et que l'on pût cultiver une forêt comme un jardin, ce qui n'est pas possible.

Impuissance! impuissance! telle est la conclusion de toutes les recherches faites. Impuissance! telle est la devise de l'Homme, quand il doit s'attaquer aux grandes forces *vitales* de la nature.

L'Épicéa possède aussi quelques Ravageurs des feuilles dans la famille des Pyrales, mais les dégâts sont relativement peu considérables auprès de ceux des Xylophages. C'est la *Pyrale hercynienne (Tortrix hercynia)*,

qui creuse les aiguilles à leur base et en détruit un grand nombre. C'est un petit Papillon blanc à taches marron clair; la Chenille est verdâtre. Puis vient la *Pyrale écailleuse (Tortrix dorsana)*, très-joli Papillon un peu plus grand que le précédent, et à marbrures blanches et noires, à Chenille rose. Elle attaque la cime des verticilles et y détermine des écoulements de résine qui affaiblissent beaucoup les arbres.

Enfin, la *Pyrale des cônes (Tortrix strobiliana)* vient aussi apporter son contingent de dégât, en plaçant ses œufs en mai sur les cônes de l'année, que les larves perforent et détruisent, anéantissant ainsi l'espoir de reproduction de l'arbre. La *Pyrale des cônes* a les ailes bleues à marbrures noires et jaunes; la Chenille est citron, presque blanche.

Nous arrivons maintenant au Sapin, le géant des forêts résineuses, et, en outre, le plus sain et le plus robuste de tous les arbres. En fait d'insectes ravageurs, sa rusticité ne lui donne pas de crainte. Un Bostriche cependant l'attaque, mais seulement quand les plants sont maladifs et dépérissants, c'est le *Curvident (Bostrichus curvidens)*, qui est extrêmement petit : il n'a pas plus de deux millimètres et demi. Il travaille de la même manière que les autres Bostriches, seulement ses galeries ont une figure particulière. A partir de la chambre principale, la galerie maîtresse a la forme d'une accolade décrite en travers de l'arbre, perpendiculairement à ses fibres.

Passons maintenant aux forêts de bois feuillus, où nous avons d'autres insectes à étudier et des détails de mœurs tout aussi curieux à relever. Les arbres feuillus, avons-nous dit, sont beaucoup moins dangereusement attaqués par les Ravageurs que les résineux, car ils réparent en quelques mois la perte de leurs feuilles, tandis qu'il faut aux autres plusieurs années : en second lieu, ils cicatrisent aisément les trous et galeries pratiquées dans leurs tiges, tandis que les sucs propres qui découlent des résineux rendent les blessures incurables. Le Chêne, roi de la forêt feuillue, est aussi l'arbre qui souffre le plus des Ravageurs. Son ennemi principal est le Hanneton, dont nous allons écrire l'histoire.

Le *Hanneton commun (Melolontha vulgaris)* n'a pas besoin d'être décrit, tout le monde le connaît; il paraît en avril ou en mai, suivant la température; se tient immobile pendant la journée sur les arbres, s'éveille le soir au crépuscule pour manger et chercher les femelles, après quoi il meurt. Alors commence un travail des plus curieux, par lequel la femelle s'efforce d'assurer la conservation de sa famille. Elle choisit un sol meuble et sec, pas couvert de feuilles, de mousses ni d'herbes, exposé au soleil et convenablement cultivé; puis elle se met en devoir d'y creuser un trou vertical de douze à trente centimètres de profondeur, suivant la difficulté que lui oppose la compacité du terrain.

Elle peut pondre soixante à quatre-vingts œufs en tout; mais, pour ne pas exposer au même danger possible tout l'avenir de sa race, elle ne dépose dans chaque trou que vingt œufs à peu près, les place les uns à côté des autres, les recouvre et recommence le même travail un peu plus loin. On peut penser également que son instinct lui indique qu'un trop grand nombre de larves réunies sur un même point ne trouveraient pas à s'y nourrir et s'affameraient mutuellement. Elle meurt deux jours après; et, au bout de quatre à cinq semaines, les larves éclosent. Elles ont deux à cinq centimètres de long, et forment ce que l'on appelle les *Turcs* ou Vers blancs, si redoutés des jardiniers.

Jusqu'à la fin de l'hiver, ces larves vivent en société, se nourrissent de fumier et des parties à moitié désorganisées des plantes; mais alors elles se séparent et creusent, chacune de son côté, des galeries irrégulières qu'elles poussent à une profondeur de plus d'un mètre dans certains terrains. Partout où elles les rencontrent, elles rongent les racines et le chevelu des végétaux et s'en nourrissent. A mesure qu'elles croissent, leur voracité augmente, elles muent une fois chaque année, vers le mois de juin, et leur vie subterranéenne dure trois ou quatre ans, suivant que la température leur a été plus ou moins favorable. Quand les grands froids de l'hiver se font sentir, ces larves s'enfoncent à une profondeur extraordinaire, de sorte qu'elles sont à l'abri, non-seulement de l'atteinte du froid, mais encore du danger des eaux dans les inondations; ainsi, on a vu l'eau séjourner plus d'un mois sur un sol rempli de larves de Hannetons, sans que celles-ci aient été détruites.

Au moment où l'insecte sent le besoin d'effectuer sa dernière métamorphose, il pousse sa galerie verticale le plus loin possible et pour ainsi dire tant que ses forces le lui permettent, et termine cette galerie par une chambre ovale ou ronde, car il possède le secret d'en rendre les parois solides et dures. Il s'y enferme alors pendant cinq ou six semaines, au bout desquelles l'insecte parfait, le Hanneton, sort de sa chrysalide. En ce moment, il est d'un blanc jaunâtre, mou et sans force: aussi demeure-t-il dans sa chambre natale pendant plusieurs mois, y passe l'hiver et au mois de février commence à remonter et à se rapprocher de la surface. Ses téguments se raffermissent à mesure qu'il accomplit ce trajet qui ne dure pas moins d'un ou deux mois, et, en avril, le Hanneton parfait arrive à la superficie de la terre; c'est de là qu'il prend sa volée, le soir, pour gagner les arbres où il va trouver sa nouvelle nourriture.

Il n'est presque pas besoin de faire l'énumération des dégâts que la larve des Hannetons cause aux plantes de toute espèce; elle est un fléau pour les jeunes semis et les plantations de toutes les essences feuillues ou résineuses; car elle attaque aussi bien le Chêne que l'Épicéa et le Pin sylvestre. Quelquefois les secousses que les Vers blancs impriment aux jeunes plants, sont tellement fortes qu'on voit remuer leur tige. Les arbres attaqués prennent un feuillage terne, les pousses se recourbent vers le sol, et la plante meurt. Les arbres, même dans toute leur croissance, ne sont pas à l'abri de l'attaque des vers blancs, et finissent par périr sous leurs morsures répétées.

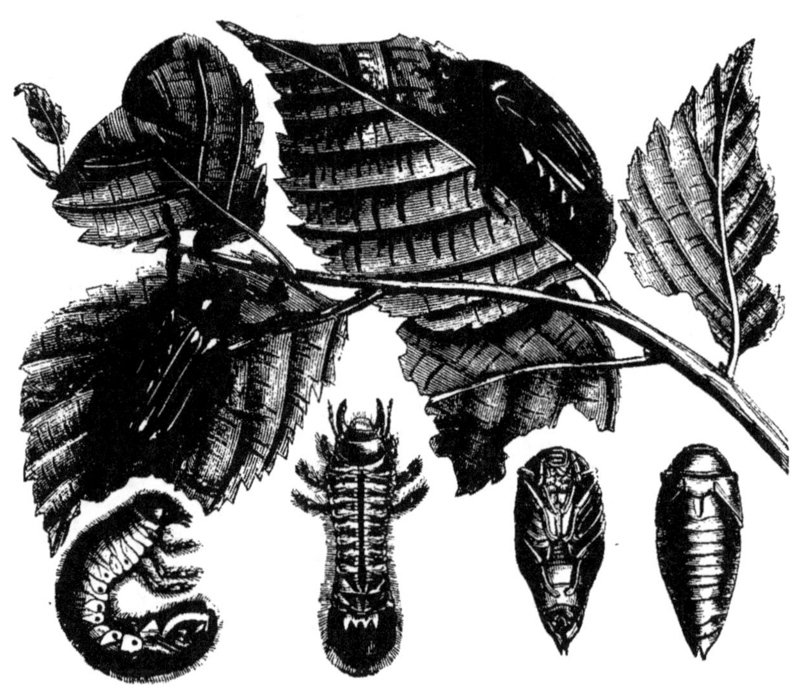

A cet état souterrain, le Hanneton a moins d'ennemis qu'à l'état aérien: quelques *Diptères* vivent en parasite dans le Ver blanc, les *Taupes* le mangent, les Corbeaux, Corneilles, Pics, Alouettes, Bergeronnettes, s'en nourrissent quand elles peuvent le saisir à la surface du sol, ce qui est rare, à moins que les travaux du labour de l'Homme ne l'y aient amené: sans cela il vit à de trop grandes profondeurs pour ne pas être à l'abri de toutes les attaques.

Cependant, un mémoire publié, en 1853, dans le *Journal de la Société d'horticulture de Seine-et-Oise,* semble démontrer que le problème de la destruction facile du terrible Ver blanc a été résolu par M. Marceau. Un des produits qu'on extrait de la houille, la Naphtaline du commerce, fait périr ces animaux. Il suffit d'arroser le terrain avec de l'eau chargée de cette substance, pour asphyxier en quelques heures toutes les larves qu'il renferme, sans altérer en rien les végétaux auxquels il sert de support.

Malheureusement, en admettant que le moyen soit d'une efficacité incontestable, il ne peut être appliqué que sur une échelle très-réduite et seulement pour les jardins. Sans doute ce sera rendre un service signalé à l'horticulture que de la débarrasser de son ennemi le plus redouté ; mais que serait un pareil moyen si l'on devait l'appliquer avec le développement nécessaire que comportent les ravages agricoles et forestiers de la larve du Hanneton ?

Il faut avouer l'impuissance humaine !

A l'état aérien, le Hanneton fournit une nourriture recherchée par beaucoup d'animaux de genres bien différents ; nous n'en nommerons qu'une faible partie en citant : les *Corneilles*, les *Moineaux*, les *Pie-grièches*, les *Pics*, *Engoulevents*, *Hiboux*, *Buses*, *Becs-fins* et *Mésanges*, *Chauves-souris*, *Renards*, *Martres*, *Putois*, *Blaireaux*, *Hérissons*, *Oies*, *Canards*, *Grenouilles*, *Couleuvres*, etc.

trouvent à terre que les mâles épuisés, et quelques femelles par hasard, celles-ci ne restant que très-peu de temps à la surface du sol avant d'y mettre leurs œufs en sûreté, comme nous l'avons vu au commencement de cette étude des mœurs du Hanneton. On remarque assez rarement une succession de plusieurs années très-fécondes en Hannetons, à cause de leur vie souterraine de trois ou quatre ans, qui met souvent le même intervalle entre les apparitions de cet insecte vraiment dangereux. Mais quand ce fait se renouvelle, comme ces animaux sont souvent assez nombreux pour dépouiller entièrement les arbres de leurs feuilles, la privation de ces moyens respiratoires pendant suite les fait infailliblement périr.

BOMBYCE DISPAR. *Bombyx dispar.*
Chenille, Chrysalide et Papillon mâle et femelle.

BOMBYCE LIVRÉE. *Bombyx Neustria.*
Œufs, Chenille, Chrysalide et Papillon.

Pendant que nous nous occupons des insectes à élytres dures auxquels on donne le nom de Coléoptères, nous ne pouvons oublier l'un d'eux, bien connu de tous les enfants, qui l'appellent le *Cerf-volant*, à cause des grandes mandibules saillantes qu'il porte et qui rappellent grossièrement les ramures du bois des Cerfs. Le *Lucane Cerf-volant* (*Lucanus cervus*), est un des plus gros insectes de notre pays ; on le rencontre le soir dans les chemins des bois, où il vole d'un vol lourd

Les plus utiles de tous les ennemis du Hanneton sont ceux qui peuvent le saisir sur les branches, car ils y détruisent les femelles, tandis que les autres ne

et bourdonnant qui ne lui fait jamais parcourir une grande étendue de terrain : il court ainsi à la recherche de sa femelle, qui a les cornes beaucoup moins grandes que lui.

Or le Cerf-volant ne vit à l'état de larve que dans les arbres, surtout dans les Chênes âgés et sur le retour; il y demeure pendant quatre ou cinq années, rongeant et parcourant le bois dans tous les sens, et y creusant

BOMBYCE CUL-BRUN. *Bombyx chrysorrhoa*.
Chenille, Chrysalide, Papillon mâle et femelle.

des galeries de la grosseur du doigt, car la larve, vers la fin de sa carrière, est d'une grosseur analogue à ce terme de comparaison.

Ces mœurs sont également celles d'un autre insecte presque aussi gros que le Lucane, mais dont la forme est plus gracieuse; on le nomme le *Grand Capricorne* (*Ce-*

LUCANE CERF-VOLANT. *Lucanus cervus*.
Larve, Nymphe, Insecte mâle et femelle.

rambix heros). Il est noir aussi, il a le corps plus svelte, les pattes plus longues, et deux grandes antennes noueuses qui, chez le mâle, sont aussi étendues que le corps. La larve de cet insecte est connue sous le nom de *Gros Ver du bois*; elle est d'une dimension aussi considérable que celle que nous venons de voir et fait les mêmes ravages. Ces deux larves ne s'attaquant qu'aux Chênes parvenus à toute leur croissance, c'est-à-dire au moment où ils ont la plus grande valeur, font un tort considérable en rendant impropre à tout service la partie la plus belle où elles établissent ainsi leur demeure.

Terminons cette énumération des ennemis des arbres par la mention des ravages causés aux feuillages par certaines espèces de Chenilles. Au premier rang nous trouvons les *Processionnaires,* qui viennent d'un Bombyce,—espèce de Papillon nocturne nommé *Bombyx processionea,—* et qui font dans les forêts des ravages incroyables, en dépouillant les végétaux de leurs feuilles, absolument comme si les fameuses Sauterelles d'Égypte y avaient passé.

Le Papillon paraît en août et septembre; il demeure pendant le jour immobile sous les feuilles et les branches, et vole au crépuscule. Il est couvert de poils bruns sous l'abdomen et a les ailes grisâtres un peu nuancées de bleu d'une teinte fausse. La femelle pond sur l'écorce une masse de cent cinquante à deux cents œufs qu'elle recouvre de longs poils dont elle dépouille son abdomen. La Chenille qui en vient est d'un gris bleuâtre ou rougeâtre, et présente une toison de poils longs, raides et piquants, d'une excessive finesse. De plus, elle porte sur la ligne médiane du dos des raies transversales et de petits tubercules brun-rouge.

Ces Chenilles vivent toujours en commun; dans leur jeunesse, elles se filent ensemble une toile pour se mettre toutes à couvert; elles changent souvent de domicile jusqu'à la troisième mue, et ne sortent que le soir et dans un ordre régulier et invariable qui leur a valu leur nom de Processionnaires. Une Chenille — peut-être un chef? — marche devant. Comment a-t-il été convenu qu'elle se dirigerait vers un lieu plutôt que vers un autre?—Qui lui indique la direction du pâturage où elle peut mener son armée? — Enfin cette unité marche en tête; elle est suivie de deux, côte à côte, qui forment la seconde file, puis trois forment la troisième, quatre la quatrième, et ainsi de suite en augmentant toujours chaque file d'une unité, ce qui donne à la colonne la forme d'un énorme triangle acutangle s'enfonçant droit devant lui.

Car rien n'arrête cette marche; un obstacle se présente, on le surmonte, ou l'on y tombe, et les rangs un moment dérangés se reforment immédiatement. Quand les feuilles manquent aux Chênes qu'elles ont dépouillés, elles mangent le sous-bois; quand elles n'y trouvent plus rien, elles sortent de la forêt et attaquent bravement les jardins, les moissons, passent sur les murs comme une nappe ou un manteau vivant et grouillant que l'on aurait jeté par-dessus. Cette armée de Chenilles fait l'effet des ondulations d'une étoffe de peluche que le vent soulèverait doucement.

L'habitation des cantons de forêts occupés par les Processionnaires est impossible aux bestiaux et à l'Homme. Les Chenilles perdent sans relâche une grande partie de leurs poils, et à chaque mue, la masse réunie des individus en laisse une énorme quantité sous les toiles-abri. Le vent dissémine ces dangereuses aiguilles, et les animaux contractent, par l'introduction de ces poils dans leur organisme, des inflammations si violentes qu'ils deviennent fous, et entrent dans une espèce de rage qui les rend très-dangereux. L'Homme y gagne une sorte d'inflammation érysipélateuse qui est souvent très-grave, ou des maladies de poitrine dangereuses.

Quand les Chenilles processionnaires ont terminé la troisième mue, elles se filent, avec leur soie, une espèce de sac qu'elles divisent intérieurement en un certain nombre de chambres où chaque Chenille se file un cocon séparé, à la soie duquel elle mêle une partie des poils dangereux dont elle est couverte.

A côté du Bombyce processionnaire, il nous faut ranger le *Bombyce livrée* (*Bombyx Neustria*), l'une des espèces les plus nuisibles aux forêts et aux vergers. Le Papillon est jaunâtre avec une ou deux bandes fauve-brun au milieu des ailes antérieures. La femelle forme avec ses œufs des bagues ou bracelets autour des branches d'arbres, et les laisse ainsi découverts et protégés par un vernis tel qu'ils passent l'hiver sans que l'eau ni le froid leur soient nuisibles. La Chenille est rayée en long de bleu, de brun et de blanc; elle est assez jolie. Une fois écloses, les jeunes Chenilles se rassemblent et se réunissent sur les troncs d'arbres et à l'aisselle des branches, la nuit et le matin. Elles vivent et mangent en commun.

En même temps que ces Bombyces, se montrent deux autres espèces très-communes, le *Bombyce Cul-brun* (*Bombyx chrysorrhea*) et le *Bombyce dissemblable* (*Bombix dispar*), dont les mœurs sont tout à fait analogues entre elles.

Les femelles de l'une comme de l'autre espèce sont remarquables par leur horreur de la locomotion. A peine libres, elles s'occupent de faire leur ponte et de l'habiller chacune avec des poils de couleur différente qu'elles arrachent à l'extrémité de leur abdomen, ou qui, probablement tombent d'eux-mêmes, dans ce but, à l'époque nécessaire. Le Bombyce dissemblable habille son tas d'œufs d'une couverture brune rougeâtre comme le Cul-brun; ces tas diffèrent seulement par la place qu'ils occupent et qui suffit pour faire distinguer l'espèce à laquelle ils appartiennent. En effet, le *B. dissemblable* pond toujours sur le bois, tige ou branches, vers la bifurcation — quelquefois même sur les pierres d'un mur. — Le Cul-brun, au contraire, pond sous les feuilles. Ce dernier paraît en juillet, un mois avant l'autre. Les Chenilles des deux Papillons éclosent en avril; mais celles du Cul-brun ont passé l'hiver entre deux ou trois feuilles qu'elles ont attachées avec de la soie et où elles se sont réunies de dix à vingt ensemble : celles du *Dispar* n'ont pas hiverné.

Les feuilles, moins leur pétiole, les bourgeons d'abord et les fleurs ensuite, tout devient la proie de ces voraces Ravageurs. Les nids du *B. Cul-brun*, étant apparents dans les feuilles nouées ensemble, peuvent être facilement enlevés et détruits pendant l'hiver; c'est surtout contre eux qu'a été faite la fameuse loi d'échenillage de l'an IV, loi si mal exécutée et dont les bienfaits seraient cependant sitôt manifestes, surtout dans les vergers et les jardins.

Ces Bombyces, surtout quand les circonstances spéciales favorisent leur multiplication, se montrent de terribles ravageurs des bois feuillus; mais en temps ordinaire leur quantité demeure à peu près stationnaire, et, s'ils ne font pas un mal énorme aux forêts, ils en causent toujours un très-sensible aux récoltes de nos arbres fruitiers. Leurs déprédations annuelles et constantes forment un véritable impôt régulier, prélevé sur nos richesses agricoles et industrielles, et dont la population des campagnes ne cherche malheureusement pas assez à s'exonérer, tant elle est habituée à le payer. Et cependant aucun impôt n'est moins profitable à qui que ce soit. On temporise donc, on néglige les précautions les plus simples, jusqu'au moment où l'invasion redoutable a lieu, et où les dégâts effrayants éveillent l'attention. Alors la clameur publique avertit l'autorité locale; le pouvoir s'émeut, et le gouvernement envoie des savants pour observer la marche du phénomène, et, en même temps, inventer un remède à ce mal inattendu. Mais les savants, arrivés inopinément au milieu d'une véritable épidémie, ne trouvent rien parce qu'il n'y a rien à trouver, et les remèdes insignifiants essayés n'arrivent que tardivement ou même pas du tout.

Ce n'est pas sur l'heure que de pareilles épidémies se combattent, c'est par un *ensemble de moyens prophylactiques* établis et poursuivis soigneusement et patiemment pendant des années entières. C'est ainsi qu'en 1848 un Bombyce, — dont les apparitions sont d'ordinaire insignifiantes, — ravagea tout à coup cinq ou six communes des environs de Phalsbourg; Garbourg, Hildehousse, Trois-Maisons, Saint-Louis furent entièrement dévastés. Le mal s'étendit même dans les cantons de Saverne et de Sarrebourg, entamant les immenses masses de forêts qui couvrent ce pays. Les Chenilles du Bombyce pudibond (*Orgyia pudibunda*) ont étendu leurs ravages d'un seul coup, sur *quinze cents* hectares! Partout où les Chenilles avaient passé, les arbres demeuraient complétement dépouillés de leurs feuilles; de sorte qu'au commencement de l'automne la forêt semblait aussi nue et aussi dépouillée qu'à la fin de l'hiver. En quelques heures, des cantons entiers étaient dénudés! Les Chenilles tombées par terre et mortes sur place, faute de nourriture, étaient tellement nombreuses qu'elles formaient sur l'herbe une couche qui, en certains endroits, n'avait pas moins de *douze centimètres* d'épaisseur! La putréfaction de ces corps accumulés donnait lieu à une odeur infecte et répandait des miasmes qui faisaient craindre l'invasion de la peste ou du choléra. Heureusement le fléau disparut tout à coup à l'approche de l'hiver. Beaucoup de Chenilles étant mortes de faim, le reste se métamorphosa, et, par une heureuse coïncidence, le temps fut, l'année suivante,

défavorable à la multiplication de cette espèce, et le pays reprit son aspect ordinaire.

Cette invasion est très-remarquable, parce qu'elle a pris fin d'elle-même, sans le recours des Ichneumonides, et par suite d'influences non encore parfaitement déterminées, mais parmi lesquelles doit figurer en première ligne une configuration spéciale des bois attaqués, laquelle n'a pas permis à l'invasion de s'étendre librement et l'a comprimée dans un espace restreint, où elle s'est épuisée elle-même, et enfin l'apparition des premiers froids sérieux. Si l'invasion avait eu lieu au printemps, les phénomènes eussent été probablement tout différents.

Parmi les Ravageurs dont nous avons parlé jusqu'ici ne se trouve pas un seul Papillon doué des belles couleurs que nous sommes habitués à rechercher chez ces insectes, mais qui sont beaucoup moins communes chez les Papillons nocturnes que chez les diurnes; aussi voulons-nous citer une espèce nocturne qui fait exception et se rencontre dans les grandes futaies, qu'elle anime par son vol court, rapide, fulgurant, qui démasque pendant une seconde de splendides ailes inférieures bleu d'azur, rayées de larges bandes d'un noir profond.

Cette Noctuelle (*Catocala Fraxini*) a été nommée la *Lichenée bleue*, parce qu'on croyait — parmi les anciens observateurs — qu'elle se nourrissait du lichen qui croît en abondance sur la tige des arbres de futaie où on la rencontre : mais c'est à tort; les Chenilles des Lichenées se nourrissent de feuilles. L'insecte parfait est, comme la Chenille, tellement semblable aux lichens sur lesquels il se tient, que rien n'est plus difficile que de le distinguer, même de près, et avec toute l'attention possible. Ce Papillon demeure immobile, appliqué étroitement sur l'écorce. Vous passez à côté de lui, il ne remue point. Mais qu'un léger choc contre l'arbre, qu'un mouvement quelconque l'effraie, et il s'élance, déployant sous votre main, ses ailes tricolores et s'enfuit comme une vision..... Il est déjà recollé contre les lichens, sur l'arbre voisin..... Allez-y, vous ne le trouverez pas! Écoutons ce que dit M. Guénée, le chasseur de Papillons, certes expérimenté; il parle d'un Papillon de Lichenée : « Après l'avoir vu se poser sur un tronc à quel- « que distance, j'y courus vivement pour ne pas lui « donner le temps de s'échapper. Là, une recherche « digne de la patience la plus exercée, ne me fit rien « découvrir; je crus m'être trompé et j'examinai les « arbres voisins, et je m'éloignai, de guerre lasse..... « Mais une pierre, que je jetai par dépit, contre le tronc « qui m'avait fait perdre tant de temps, fit partir la « Noctuelle précisément de l'endroit que j'avais le mieux « exploré. Ou bien, si j'avais besoin pour sauter un « fossé, de l'appui de l'arbre malencontreux, mes doigts, « en se posant sur son écorce, glissaient sur un corps « non résistant, et l'animal, atteint involontairement, « s'échappait, en triomphant de ma patience épuisée. »

Nous pourrions mentionner encore une certaine quantité de ces Papillons, dont les mœurs offrent de curieuses particularités, nous ne voulons pas en donner d'autre exemple que celui du *Bombyce de la ronce* (*Bombyx rubi*), qui présente l'exemple d'une finesse d'un des sens poussée à un degré incroyable. Voici l'expérience que chacun peut répéter et qui vaut bien le soin, d'ailleurs peu considérable, qu'elle donne.

Au printemps, on cherche quelques cocons de ces Papillons sur l'arbuste où il aime à vivre, et on les renferme chez soi, en attendant leur dernière métamorphose. S'il en éclôt une femelle, il suffit de la placer sur une fenêtre, *au centre même de Paris*, pour voir bientôt arriver plusieurs mâles qui n'ont pu se développer que dans les champs, et par conséquent à une distance considérable ! Quand on songe à la quantité d'émanations qui se répandent des mille officines d'une ville comme Paris, — quand on pense à la somme si minime de matière volatile que peut émettre un seul Papillon, — on reste confondu devant une perception qui laisse à mille lieues derrière elle les faits les plus curieux de l'histoire des Chiens ! — Au moyen de quel organe le Papillon mâle perçoit-il le sentiment du Bombyce femelle placé dans un milieu si compliqué ? On ne le sait au juste ! Notons en passant que les insectes ne respirent point comme les animaux supérieurs, et que l'air va trouver leur sang à l'intérieur et le

BOSTRICHE CURVIDENTÉ. *Bostrichus curvidens.*
Insecte et son travail, grandeur naturelle. Insecte grossi.

vivifier en passant par des ouvertures membraneuses situées des deux côtés de l'abdomen ! Il semble difficile d'admettre que cette action de l'air, qui ressemble plus à une imbibition qu'à un courant renouvelé, puisse apporter le sentiment d'un objet aussi éloigné. — Enfin, le fait est là, patent, avéré. — Il faut qu'il se trouve *dans l'air immense qui entoure les deux petits animaux* des molécules assez rapprochées l'une de l'autre, et émanant d'*une seule femelle*, pour qu'*une de ces molécules au moins* aille frapper l'odorat du mâle, — non-seulement d'un, — mais de plusieurs !

On pense que les antennes très-pectinées de ce Bombyce pourraient être le siége de cet odorat incomparable.

Un mot encore : c'est parmi les familles des Bombyces, si nuisibles aux forêts et aux arbres de toute nature, qu'il faut chercher tous les Papillons qui fournissent la *soie*, et qui habillent nos dames, en attendant que l'introduction de nouvelles espèces plus rustiques permette à la soie de devenir usuelle comme le lin, le chanvre et le coton. De courageux explorateurs ont fouillé tous les pays dans ce but d'acclimatation; des sériciculteurs dévoués se sont mis à l'œuvre. Espérons que le succès couronnera leurs efforts ! La conquête de la soie commune, à bon marché, sera, à beaucoup de points de vue, une des conquêtes les plus utiles du XIXe siècle, dont la part en ce sens est déjà si belle !

H. DE LA BLANCHÈRE.

Paris. — Imp. WIESENER ET Cᵉ, rue Delaborde, 12.

LES TROIS RÈGNES DE LA NATURE

LECTURES D'HISTOIRE NATURELLE.

22 Juillet 1865.　　　　　　　　　　　　　　　　**N° 62. — 15 centimes.**

Ce Recueil paraît une fois par semaine. — On s'abonne à Paris, à la Librairie L. Hachette et Cⁱᵉ, boulevard Saint-Germain, n° 77.
Les abonnements se prennent du 1ᵉʳ de chaque mois. — Paris, six mois, 4 fr.; un an, 8 fr. — Départements, six mois, 5 fr.; un an, 10 fr.

Les Pouillots (Becs-fins)

—————

Dans tes chansons toujours joyeuses,
Petit Oiseau, que chantes-tu ?
— Je chante mes plumes soyeuses,
Ma liberté, mon bois touffu !
Je chante l'astre qui rayonne
Et ma compagne et mes amours !
Je chante le Dieu qui me donne
Le grain de mil et les beaux jours !...

　　　　　　　　　　　　T. Séguret.

Vers le milieu du genre si nombreux des Fauvettes, la nature a placé un petit groupe d'oiseaux des bois, dont les mœurs sont dignes du plus haut intérêt. Par leur position sériale et ambiguë, ils forment un trait d'union des plus naturels entre les Fauvettes de forêt et les Fauvettes de roseaux, participant naturellement des caractères des unes et des autres, selon que l'on s'approche de l'une ou l'autre extrémité de la petite série qui les renferme. Ce genre des Fauvettes — l'un des plus nombreux en espèces de notre pays — est loin

Pouillot Lusciniole. *Sylvia hippolais.*

Pouillot Véloce. *Sylvia colybite.*

d'être l'un des plus simples dans sa classification, et l'un de ceux sur lesquels les différents naturalistes s'entendent le mieux.

En effet, la place qu'on a assignée à ce groupe d'oiseaux, — Fauvettes en général, — varie considérablement, et n'est pas encore irrévocablement fixée. Dégland et le prince Ch. Bonaparte les rapprochent du genre *Merle*, dont ils font le type de la famille. A nos yeux, au contraire, il n'est point naturel de rassembler ainsi deux oiseaux dont le genre d'alimentation est aussi différent que possible, — l'un *Baccivore*, l'autre *Vermivore*, — et l'organisation également dissemblable, — l'un *marcheur*, et l'autre *sauteur*. — Vouloir, avec le dernier auteur cité, faire entrer dans la même famille les *Mésanges* et les *Fauvettes*, nous semble tout simplement une seconde énormité. Nous serons naturellement amenés à dire quelques mots de ces difficultés quand nous ferons l'histoire des Fauvettes vraies et fausses, de celles qui, — dans la classification ordinaire, sont placées avant et après les *Becs-fins-Pouillots*, dont nous allons esquisser aujourd'hui les mœurs. Le meilleur titre, pour rassembler tous ces petits habitants des bois, c'est le nom de *Sylvies* que leur a donné Lesson en 1831.

Le nom de Pouillot paraît venir de *Pullus, Pusillus,* et désigne un oiseau très-petit.

Le genre des Fauvettes comprend toute cette grande et charmante peuplade de petits oiseaux des bois, des bosquets, des vergers, des jardins, dont les voix plus ou moins sympathiques forment, pour nous, le concert de l'été. Essentiellement amis des arbres sur lesquels seulement ils trouvent leur nourriture, ils ne quittent jamais cette habitation, visitant toutes les fissures des écorces, inspectant le dessous des feuilles, voltigeant auprès des branches, et prennent *au vol* les petites mouches qui veulent fuir à leur approche, manœuvre que le *Grimpereau* exécute lui-même très-bien, quoique s'éloignant beaucoup des oiseaux qui nous occupent et se rapprochant un peu des Pics par ses mœurs, son vol et sa tournure.

Les Fauvettes-Pouillots ne descendent donc à terre que très-rarement. Pour notre part, nous ne les y avons aperçues qu'à l'époque des amours et de la construction de leur nid. A ce moment, il est vrai, toutes leurs habitudes sont bouleversées, et il leur faut bien, à quelque prix que ce soit, se procurer les matériaux du berceau. Or ceux-ci gisent sur le sol; force est donc de les y

B**ec-fin ictérine**. *Sylvia icterina*.

aller cueillir. La répulsion de ces petits oiseaux pour la terre est bien facile à expliquer. La conformation de leurs pattes est telle qu'ils ne peuvent marcher, mais seulement sauter, c'est-à-dire que le mouvement des muscles de leurs jambes n'est pas alternatif, il est simultané. Le saut qui en résulte est fatigant, surtout si le terrain est inégal, à plus forte raison si sa surface est raboteuse.

Les Pouillots,—comme les Fauvettes, au reste,—ont l'œil petit, mais vif, ce qui les distingue des *Traquets* et autres oiseaux éminemment marcheurs qui,—comme le *Merle* et la *Grive*,—ont l'œil très-large et bien ouvert. Cette petitesse de l'œil n'ôte rien à la grâce ni à la beauté de leur tête; elle lui donne peut-être même un petit air de ruse et de malice qui ne messied pas à ces charmants oiseaux.

Terminons l'esquisse de leurs caractères généraux

en disant que les petits Pouillots tiennent du genre auquel ils appartiennent un chant de gorge, variable par espèces, et qui, chez quelques-unes, est remarquable et poussé jusqu'à l'imitation la plus amusante des bruits environnants et surtout du chant des gros et des petits oiseaux du voisinage.

Pauvres petits Pouillots, que de braves Allemands classificateurs ont baptisés du nom impossible de *Phyllopneuste !* Comme si le nom populaire sous lequel tout le monde les connaît ne suffisait pas à les distinguer? Phyllopneuste ! Il faut, en vérité, être fortement pressé du besoin de créer des noms barbares pour en imposer un semblable à l'un de nos plus coquets amis du printemps. A côté des *Roitelets* et des *Troglodytes*, les Pouillots sont les plus petits oiseaux de nos pays. Si vous entrez, au mois de mai, sous la voûte des hautes futaies, vous entendrez, à la cime des grands arbres, une voix flûtée poussant de petits cris terminés par un léger gazouillement. Levez les yeux au ciel, et parmi les feuilles, vous apercevrez voltiger ces petits lutins, verts comme le feuillage qui les entoure et les cache, et alerte comme des Papillons.

Vifs, légers, toujours en mouvement, réunis en troupes ou plutôt en petites familles, les Pouillots aiment la société de leurs semblables, et, quoique querelleurs, se secourent à l'occasion. Quand vous aurez rencontré une petite tribu de ces oiseaux, suivez-la pas à pas, et vous lui reconnaîtrez les mœurs errantes des *Mésanges* et des *Roitelets couronnés*. Toutes ces petites bandes s'avancent dans une direction constante, et cependant variable, d'après la température,—probablement sous la conduite d'un ou plusieurs chefs — les vieux ? — Ces oiseaux ne vont pas vite, visitant, arbre par arbre, tout le bois qui se trouve sur leur chemin; de chaque arbre inspectant toutes les branches, puis les rameaux, enfin les petites brindilles auxquelles ils se suspendent comme les papillons, et sans jamais prendre un moment de repos. Juifs-errants des petits oiseaux, ils semblent poussés par une influence mystérieuse qui ne leur permet pas de s'arrêter. Entrées par une extrémité de la forêt, ces bandes sortent par l'autre. De là elles gagnent quelques haies qui les mènent dans un autre bois, et ainsi de suite jusqu'à ce que le temps des couvées les fixe pour quelques semaines dans l'endroit qu'elles ont choisi.

Remarque extrêmement curieuse! C'est toujours *à terre*, au pied d'un buisson, d'un arbuste, sur le revers d'un fossé, dans ou sous une touffe de joncs ou d'herbe, quelquefois près d'un endroit humide, que les Pouillots, qui passent leur vie à la *cime des grands arbres*, établissent leur nid. Quelle cause peut produire cette apparente anomalie? Ne semblerait-il pas beaucoup plus naturel que le Pouillot établit son nid au milieu des branches où il passe son existence? Que les *Pipis* et les *Bergeronnettes* fassent leur nid à terre, on le comprend; mais que les Pouillots y bâtissent le leur, c'est beaucoup moins compréhensible, d'autant plus que les Fauvettes de bois font leurs nids plus haut qu'eux, quoiqu'elles habitent — comme station ordinaire—des arbres moins élevés, et que les *Rousserolles* ou *Fauvettes de marais*, les bâtissent dans les roseaux à une plus grande distance de terre ou de la surface de l'eau. Nous ne croyons pas que cette habitude ait jamais été expliquée.

Quoi qu'il en soit, nous verrons plus loin,— en étudiant quelques espèces de nos forêts, — combien ces petits architectes savent artistement préparer la demeure de leurs enfants. Le caractère très-distinctif de tout le groupe des Pouillots est d'avoir un plumage verdâtre en dessus et plus ou moins jaune sous le ventre. Le mâle et la femelle ne diffèrent pas par le plumage, et les jeunes, avant la première mue, diffèrent peu des adultes. Il est probable que l'âge a pour effet, chez ces petits oiseaux, de rendre leurs nuances plus claires et plus tranchées tout à la fois.

Comme nous l'avons fait remarquer en commençant, le Pouillot — dont le nom devrait être *Bec-fin vert des arbres* — est un trait d'union naturel entre les vraies et les fausses Fauvettes, entre les hôtes des arbres et ceux des roseaux. Ce fait est si frappant que le petit groupe de nos Pouillots a dû lui-même se diviser en deux sous-groupes, dont l'un fin série des vraies Fauvettes et dont l'autre commence celle des fausses, auxquelles Degland donne le nom de *Rousserolles*. Malheureusement, les classificateurs ont encore affublé ces derniers petits oisillons d'un nom aussi baroque que le premier. Ils les ont appelés *Hippolaïs*, comme si la langue française n'eût pas pu leur fournir un terme plus frappant et plus énergique! Pourquoi ne pas étendre à tout le petit sous-groupe — trois ou quatre espèces au plus, et encore *une* au moins douteuse pour la France ; — pourquoi, dis-je, ne pas étendre à cette petite famille le nom de l'un d'eux que, dans le Nord, on appelle le *Contrefaisant ?* Qui empêcherait de les nommer les *Moqueurs de France*, ou tel autre nom qui semblerait frappant et facile à retenir ? Pourquoi ne pas imiter les Anglais, qui, presque toujours, ont un nom *anglais* pour désigner chaque oiseau et même chaque insecte de leur pays ? Chez nous, la moitié des êtres qui nous entourent n'ont pas de nom, ou du moins les savants n'ont jamais daigné le remarquer ou le rechercher ; ils préfèrent forger de si baroques étiquettes que le bon public va s'éloignant de plus en plus de l'histoire naturelle, qu'il regarde, à bon droit, comme un grimoire dénué de bon sens !

La science dit donc Phyllopneuste et Hippolaïs. Nous, nous dirons, si vous le voulez bien, cher lecteur, *Petit Pouillot* et *Contrefaisant* ou *Moqueur de France*, ce que, dans l'Est, on appelle aussi *Grand Pouillot*.

POUILLOT VRAI *ou* **PETIT POUILLOT.** — Est-il besoin que nous entrions dans un détail extrême du plumage de ces Becs-fins? Nous ne le pensons pas : leur détermination est très-difficile, tant les espèces sont voisines les unes des autres, et tant certains individus se ressemblent. Donnons seulement quelques caractères généraux qui permettent, si l'on prend un de ces oiseaux, de s'assurer que l'on a en sa possession un Pouillot d'abord, puis, à peu près, telle espèce. Au moyen d'un livre spécial ou de la comparaison dans un cabinet d'ornithologie, on arrivera à une détermination certaine.

Le type des Petits Pouillots est le *Fitis*, appelé souvent *Fauvette Fitis*, et dont le nom latin est *Sylvia Trochylus*. C'est un petit oiseau qui n'a pas plus de dix centimètres du bec au bout de la queue, dont le dos est gris-vert comme chez tous ceux de sa race, mais dont le ventre, au lieu d'être jaune, est blanc plus ou moins grisâtre. On y voit cependant quelques flammèches espacées de jaune faible : les jeunes de l'année ont le ventre tout à fait jaune, ce qui les rend très-faciles à confondre avec le *Siffleur* ou *Pouillot des bois*,

Le POUILLOT. *Sylvia trochilus.*

qui, lui aussi, a le ventre jaune, mais qui se distingue du Petit Pouillot, parce qu'il a des ailes d'un centimètre plus longues ; elles dépassent de beaucoup le milieu de la queue ; les autres y arrivent à peu près juste.

La femelle du Petit Pouillot ne se distingue pas du mâle à première vue ; elle est un peu plus petite encore que lui.

Tous les Pouillots ont, pour marque distinctive, un sourcil jaune vif ou jaune clair et une moustache grise foncée, presque noire, partant de la commissure du bec et passant par l'œil, au delà duquel elle s'étend d'une quantité égale à celle située entre le bec et l'œil. Tous ont la queue un peu en poêle, étalée à l'extrémité et légèrement échancrée. Perchés, ils ne la balancent point, ce qui les différencie au premier abord des Sylvains Traquets, Rossignols, Rouges-Gorges, etc. Le faciès de ces petits oiseaux est caractéristique : leur bec mince, aigu, droit, est pointé en l'air, droit devant lui, comme une petite aiguille ; la mandibule supérieure forme un léger crochet aigu tout à fait à l'extrémité.

Perruche a ailes rouges. *Aprosmictus erythropterus.* Gould.

mité. Les pattes sont grêles, minces, longues, les doigts ordinaires : presque tous ont des plumes jaunes au bas

Perruche a cou rouge. *Trichoglossus rubritorques.* Gould.

de leurs jambes, malgré que leur ventre soit gris ou presque blanc.

Le *Petit Pouillot, Fitis* ou *Trochylus,* fait son nid à terre parmi les herbes et la mousse, au pied d'un buis-

son ou sur le revers d'un fossé. Nous devons à l'obligeance extrême de M. le vicomte L. de Tarragon d'avoir

Perruche a épaulettes. *Aprosmictus scapulatus.* Gould.

pu consulter sa magnifique collection d'oiseaux d'Europe et de nids. Celui du Petit Pouillot a été recueilli

Perruche de Brown. *Platycercus Browni.* Gould.

par cet ornithologiste au revers d'un fossé. Il était accroché et construit par l'oiseau entre les brindilles inférieures d'une touffe d'orme abrouti, comme on en voit au bord des bois. Ce nid forme une boule ovale dont le grand diamètre vertical a vingt-cinq centimètres de hauteur, et le petit dix à onze centimètres. Il est bâti au moyen de *feuilles sèches* de charme et

PERRUCHE DISCOLORE. *Lathamus discolor*. Gould.

d'orme reliées par des herbes sèches, sans aucun crin, fil ou toile d'araignée. C'est merveille de voir qu'un

PERRUCHE A QUEUE NOIRE. *Polytelis melanura*. Gould.

pauvre petit oiseau puisse assujettir si solidement une boule de feuilles sèches au moyen de quelques feuilles d'herbes plates !

L'ouverture du nid est tout à fait sur le côté, mais en haut, de façon à laisser au-dessous une grande place pour les petits et à ce que la calotte supérieure du nid,

PERRUCHE A TÊTE BLEUE. *Trichoglossus porphyrocephalus*. Gould.

formée par l'extrémité de l'ovale au-dessus de la porte, soit assez mince. Au dedans, sur quelques plumes

PERRUCHE DE BOURCK. *Euphema Bourki*. Gould.

assez rares, le Petit Pouillot pond cinq à six œufs blancs ou un peu jaunes, marqués de nombreuses taches ou piquetures rouge-brique pâle; ils ont un centimètre de large sur un et demi de long. Tous les *petits* oiseaux ont de *gros* œufs proportionnellement !

De passage en France, le Petit Pouillot n'y demeure pas plus de quatre à cinq mois ; il arrive en avril et repart en août, quelquefois en septembre, suivant la température. Plus la saison avance, plus il se rapproche des vergers et des jardins : on peut dire qu'il arrive à nos demeures en descendant par les grandes forêts.

Tout à côté du *Petit Pouillot*, dont il a le port et la taille, peut être placé le *Véloce*, que l'on appelle aussi le *Collybite* ou la *Fauvette collybite*. De même taille, de même aspect, il a les ailes un peu plus courtes que le *Trochylus*, ce qui ne suffit pas pour le distinguer ; quand on n'a que l'un des deux pour y arriver, il faut comparer la longueur différente des plumes de l'aile chez ces oiseaux très-voisins et très-ressemblants. En général, le Véloce a le ventre plus jaune que le Pouillot ordinaire ou Petit Pouillot. Il arrive en même temps que les autres oiseaux du Eroope, mais ne se mêle pas à eux. Dans la Provence, quelques-uns vivent sédentaires, se donnant rendez-vous — l'hiver — auprès des rivières, des ruisseaux, dont ils habitent les bords couverts de broussailles — ou les jardins abrités, — et forment ainsi des réunions nombreuses que l'on voit voltiger à la recherche des moucherons sur la surface de l'eau. Ce qui prouve que, comme son voisin le Trochylus, le Véloce est entièrement insectivore.

Le Véloce part un peu plus tard que le Petit Pouillot, une semaine à peu près. Il niche au pied des haies, des arbrisseaux, entre les racines des arbres, au milieu des herbes, mais toujours dans un endroit humide ou à peu de distance des lieux où il y a eu de l'eau, comme une mare desséchée, un creux encore humide, etc. Le nid de Véloce que je vais décrire a été, par le petit architecte, accroché entre cinq à six brins d'un petit jonc triangulaire (*Troscart*, *Triylochin palustre*, Linné) commun dans les endroits humides, presque rez-terre, à sept ou huit centimètres. Il est composé de mousse, d'herbes et de feuilles reliées et comme suspendues entre des mailles d'herbes. Il est plus petit que celui du Petit Pouillot ; mais à peu près de la même forme, et s'en distingue par la présence de la mousse qui n'existe pas dans l'autre, lequel est, comme nous l'avons dit, entièrement bâti de feuilles. Le plus grand diamètre de celui-ci n'a que dix-huit centimètres et est vertical. L'ouverture, plus basse que dans le nid du Trochylus, est placée à peine plus haut que moitié, ce qui laisse, au-dessus de la porte, un toit assez épais.

L'intérieur est *complétement* garni de plumes, et le Véloce y pond quatre ou cinq œufs blancs piquetés de noir au gros bout, de même grosseur que ceux du Petit Pouillot.

A la suite de ces deux oiseaux, il nous faut placer le *Pouillot sylvicole* ou *Bec-fin siffleur*. C'est le Sylvain par excellence. Jaune sous le ventre, il a le dessous de la queue d'un *beau blanc nacré*, et, comme nous l'avons dit, la moustache caractéristique du Eroope et les ailes longues. Il est plus grand de un ou deux centimètres que les deux premiers cités. On le trouve très-communément en forêt dans toute la France, surtout dans les grandes futaies feuillues. Il arrive plus tard que les autres, — en mai seulement, — et disparaît plus tôt, — en août. A peine s'il nous donne trois à quatre mois, pendant lesquels il vient élever sa petite famille.

Ce *Bec-fin* est celui que l'on entend siffler de la gorge dans les hautes branches. Pareil à ses congénères, il descend dans la mousse et les feuilles faire, entre les racines, un nid dans lequel il pond cinq à six œufs blancs, un peu ronds et couverts *partout* de piquetures brunes qui s'accumulent au gros bout.

Tout à côté de ce Bec-fin on a placé le *Natterer* ou *Bonelli*, qui s'en distingue assez facilement, parce qu'il a les ailes *courtes*, atteignant à peine le milieu de la queue. Il faut examiner la longueur des pennes alaires ou rémiges pour s'assurer davantage de l'identité de ce Petit Pouillot, qui a un centimètre de moins en longueur que le *Siffleur* auquel il ressemble beaucoup. On le trouve en Anjou très-souvent. Il arrive en même temps que l'*Ordinaire* et repart un peu plus tôt. Son nid est semblable à celui du *Siffleur*, et il pond des œufs en même nombre et presque semblables. La teinte de l'œuf est peut-être plus rousse, les points plus rapprochés ; mais quand les œufs sont isolés, si l'on ne prend pas le père ou la mère dessus, leur vrai nom est très-difficile à déterminer.

Grands Pouillots ou Contrefaisants. — Le type des *Grands Pouillots* est la *Lusciniole* (*Hippolaïs polyglotta*, Degl.), et ce type s'éloigne déjà beaucoup des vrais Pouillots que nous venons d'étudier. Le port des Grands Pouillots, leur taille plus forte, leur air plus hardi, leur bec large, fort, aplati, rappellent les Fauvettes des roseaux. Cet aspect est si frappant que, quoiqu'ils ne fréquentent pas les lieux aquatiques, il est impossible de ne pas les rattacher à la division que forment les espèces dites riveraines.

La *Lusciniole* a le même plumage que les Pouillots, c'est-à-dire le dos gris verdâtre, les plumes des ailes bordées de jaunâtre, et le ventre jaune serin, un peu gris sur les flancs. Les joues sont brun vert ; mais le sourcil jaune n'existe plus, et la moustache est absente ou rudimentaire. Type, avons-nous dit, des Grands Pouillots, la *Lusciniole* est, comme ils le sont tous, un oiseau querelleur, hargneux, acariâtre et farouche, se laissant très-difficilement approcher. Son cri d'appel ressemble à celui de la Mésange et n'est pas plus harmonieux.

Ces oiseaux fréquentent seulement la lisière des bois. On ne les voit déjà plus, comme les Petits Pouillots, les vrais Sylvains, éplucher la cime des grandes futaies; leur taille plus lourde, leur moindre activité, les retient aux lisières des taillis; ils aiment les vergers, les jardins. Ce sont déjà de petits oiseaux voleurs, de petits parasites ailés, car, à la fin de l'été, quand les insectes deviennent plus rares, alors qu'il faudrait plus d'activité pour en assouvir sa faim, ils se rabattent sur les baies et les fruits. Remarquable dégradation de l'espèce qui nous mènera, tout droit, à la bruyante et désagréable *Effarvate!* Mais nous n'en sommes pas encore là. Quoique moins familier que notre ami le *Petit Pouillot*, la *Lusciniole* est encore un très-curieux oiseau, surtout à cause de son chant par lequel elle reprend sur son homonyme plus petit une certaine supériorité.

« C'est au fond des buissons ou sur les branches les
» plus élevées, — dit Millet, dans sa *Faune de Maine-et-*
» *Loire*, — et quelquefois sur un arbre voisin, que le
» mâle, depuis son arrivée jusqu'à la fin de juin, se
» plaît à faire entendre un chant qui ne manque pas
» d'agrément, et qui peut, il nous a semblé, devoir
» être énoncé ainsi : *ptiro, ptiroux, ptiro-ptiro-ptiroux.*
» Ces différentes syllabes, longuement répétées et vive-
» ment exprimées sur des tons différents, sont précé-
» dées de deux ou trois sons flûtés : *treû, treû, treû,* ou
» bien de ceux-ci : *trûi, trûi, trûi.* Outre ce chant, qui
» est celui de l'allégresse, on lui connaît encore un petit
» bruissement ou murmure : *bre, re, re, re,* qui,
» quoique moins prolongé, ressemble beaucoup à celui
» du Moineau, bruissement qu'il ne fait entendre que
» lorsqu'il est agité de quelque crainte. Bientôt après
» l'avoir proféré, le mâle monte à l'extrémité du buis-
» son qui le cachait, ou bien sur un petit arbre voisin,
» afin de mieux reconnaître le danger, et fuit ensuite
» avec sa femelle. »

La *Lusciniole* fait son nid dans les bois, les taillis, sur les arbustes, — un peu plus loin de terre que les Petits Pouillots; — elle choisit quelquefois de grandes plantes. Dans les vignes, elle le pose sur les branches basses des amandiers. Son nid est absolument différent de ceux des Becs-fins que nous venons de décrire, et se rapproche parfaitement de celui des Fauvettes des roseaux. Le nid que nous avons sous les yeux était attaché, à cinquante centimètres de terre, et suspendu *entre* deux brins parallèles et verticaux, comme celui de l'Effarvate entre les roseaux. Au lieu de former une *boule* ovale fermée, il se présente en *coupe* ouverte, mais profonde, de sept centimètres environ d'ouverture. L'extérieur ne porte plus de feuilles d'arbre sèches; il est composé de longues feuilles plates d'herbes, de toiles d'araignées et de laine : au dedans, le matelas est fait de duvet cotonneux de diverses plantes, d'herbes fines et de quelques crins.

La différence entre ce mode de nidification et celui du vrai Pouillot est tellement grande et radicale, si on l'ajoute au port de l'oiseau, à la forme de son bec et à ses mœurs, que l'ensemble de ces caractères justifierait parfaitement l'établissement de cette section en famille spéciale; car elle n'a presque de commun avec les Pouillots que la couleur générale.

La femelle pond quatre à cinq œufs au plus : ils sont violets-roses, oblongs, tachetés de points irréguliers et clair-semés, bruns noirâtres, qui forment quelquefois, par une agglomération fortuite, des traits irréguliers.

La Lusciniole a, comme le Rossignol, le gosier dilatable; quand elle chante, elle le gonfle et elle donne alors tout l'éclat de sa voix.

A la suite et à côté de la Lusciniole, il nous reste à placer le *Pouillot Contrefaisant*, auquel les classificateurs ont donné le nom *d'Ictérine (Sylvia icterina).* Ce Bec-fin est un des plus curieux de la famille. Plus grand encore que la Lusciniole, il a les ailes un peu plus longues. Son dos est, comme celui des autres, gris verdâtre, ses joues brunes; mais il n'a pas de sourcils, pas de moustaches; les plumes des ailes enfin sont bordées de blanc jaunâtre et le ventre jaune pâle avec les flancs un peu cendrés. En somme, le plumage ne les distingue pas suffisamment; il faut avoir recours à la comparaison des plumes de l'aile.

Plus nous avançons, plus nous trouvons des individus qui se rapprochent du bord des eaux. L'*Ictérine* est dans ce cas; elle se tient souvent dans les bosquets humides; mais elle ne dédaigne pas les jardins et même les vergers, quoique élevés et secs. Elle vient faire son nid jusque dans les jardins des villes, et choisit souvent le lilas pour le porter. Elle ne demeure en France que trois mois et demi, arrivant dans la première quinzaine de mai pour nous quitter à la fin d'août.

Dès son arrivée, le mâle, placé au haut d'un arbre ou sur la branche d'un buisson, fait retentir les airs d'un chant très-fort et composé de nombreuses variations. C'est un vrai Rossignol, ou plutôt une Fauvette sonore quand il le veut; mais c'est surtout un *moqueur* de premier ordre, car il contrefait, à s'y méprendre, le chant de tous les oiseaux qu'il entend. Vif et gai, il prend souvent au vol les insectes qui passent à sa portée, et ce caractère lui est commun avec la Lusciniole. Mais il est surtout jaloux de ses semblables, aussi se cantonne-t-il dans un endroit et en chasse-t-il à grands coups de bec, dans des combats acharnés et meurtriers, tous ceux qui tentent d'empiéter sur son domaine. Il veut être seul chantre de son jardin et pouvoir s'y moquer des autres à son aise.

Cependant il est sûr qu'un certain nombre de ces oiseaux restent longtemps errants et cherchent en vain un endroit propice, repoussés qu'ils sont par les conquérants déjà établis; car si l'on tue un de ces *Contre-*

faisants dans l'enceinte de ses domaines, il est, un jour ou deux plus tard, remplacé par un des *Errants*; plusieurs fois de suite ce remplacement peut s'exécuter. Ce qui prouve qu'il existe dans chaque pays une assez nombreuse population flottante de ces oiseaux singuliers.

M. Gerbe a constaté que, non-seulement l'Ictérine se nourrissait d'insectes, mais encore de petits colimaçons, de fruits et de baies. Son nid est en *coupe* comme celui de la Lusciniole auquel elle ressemble à s'y méprendre : les œufs sont également semblables au point de ne pas être sûr de les distinguer sans la présence

MERLES ROUX surpris par un Serpent, d'après Audubon.

des parents. Ils sont un peu plus gros, — environ deux millimètres — et un peu plus longs; mais il faudrait avoir les deux espèces en sa possession pour les comparer, ce qui n'est pas toujours facile.

Tels sont les représentants français de la petite famille des Pouillots. Agréables chanteurs de nos forêts et de nos jardins, ils animent les campagnes de leurs gazouillements et de leurs ébats, mais ils sont loin d'être faciles à déterminer pour le naturaliste; ce qui le prouve, c'est la confusion extrême qui règne dans leur histoire scientifique.

H. DE LA BLANCHÈRE.

Paris. — Imprimerie WIESENER et Cⁱᵉ, rue Delaborde, 12.

LES TROIS RÈGNES DE LA NATURE

LECTURES D'HISTOIRE NATURELLE.

29 Juillet 1865. N° 83. — 15 centimes.

Ce Recueil parait une fois par semaine. — On s'abonne à Paris, à la Librairie L. Hachette et Cⁱᵉ, boulevard Saint-Germain, n° 77.
Les abonnements se prennent du 1ᵉʳ de chaque mois. — Paris, six mois, 4 fr.; un an, 8 fr. — Départements, six mois, 5 fr.; un an, 10 fr.

Les Canards sauvages (4ᵉ article), Sarcelles. — *Chasse aux Canards.*

Les Sarcelles sont le diminutif extrême de l'espèce Canard; elles se rattachent à cette espèce, non-seulement par la coloration et la disposition de leur plumage et par les proportions de leurs formes, mais par leurs mœurs et par leurs habitudes de migration. « La Sarcelle, dit Belon, serait en tout semblable à un Canard, si elle n'était plus petite, et qui se figure un Canard de petite corpulence aura image de la Sarcelle. » Nos basses-cours ont fait une perte regrettable dans cet oiseau : plus gourmets, meilleurs économistes ruraux que nous ne sommes, les Romains avaient domestiqué la Sarcelle, ou du moins, ils étaient par-

Vol de Canards.

venus à la multiplier et à l'engraisser en captivité; Columelle, dans sa *Re rustica*, en témoigne. Je m'étonne que Isidore Geoffroy-Saint-Hilaire ne l'ait pas désignée au nombre des espèces que nous sommes appelés à conquérir, car, s'il est bon de se préoccuper du volume alimentaire d'une espèce, ce n'est pas une raison pour dédaigner les qualités supérieures que nous offre une petite espèce.

Le groupe des Sarcelles présente des variétés fort multipliées, mais la plupart de ces variétés sont étrangères à nos climats.

La nomenclature de nos Sarcelles indigènes reste fort incertaine; Buffon, d'après Ray, établit trois variétés : la *Sarcelle commune*, la *Sarcelle d'été*, et la *petite Sarcelle;* mais quelques naturalistes ont prétendu que l'oiseau décrit par Buffon sous le nom de Sarcelle d'été, était un vieux mâle de l'espèce commune, et lui-même paraît douter de la réalité de sa triple distinction, puisqu'il se montre disposé à ranger cette Sarcelle d'été avec la variété de la petite Sarcelle, et cette concession, si on faisait également droit à la protestation précédente, réduirait ces oiseaux à une seule et même espèce. Il existe cependant dans leur taille et dans leur plumage des différences assez caractérisées pour justifier leur distinction en deux espèces, ainsi qu'il a été indiqué par le docteur Chenu.

Sarcelle d'été. *Anas querquedula.* Linné.

« La Sarcelle d'été, dit ce dernier, est surtout remarquable par les plumes longues et taillées en pointe qui couvrent les épaules et retombent sur les ailes, en rubans blancs au centre et d'un vert noirâtre sur les bords. Le devant du corps présente un beau plastron tissé de noir sur gris et comme maillé par petits carrés tronqués, renfermés dans de plus grands, tous disposés avec tant de netteté et d'élégance qu'il en résulte l'effet le plus piquant. Les côtés du cou et les joues, jusque sous les yeux, sont couverts de petits traits blancs vermiculés sur un fond roux. Le dessus de la tête est noir, ainsi que la gorge ; mais un long trait blanc, prenant sur l'œil, va tomber au-dessous de la nuque. Les flancs présentent des zigzags de gris noirâtre sur un fond blanc. Les couvertures des ailes sont d'un cendré bleuâtre, et le miroir est vert reflétant, bordé de blanc en haut et en bas. Bec noirâtre, pieds gris. La parure de la femelle est plus simple : vêtue partout de gris et de gris brun, à peine remarque-t-on quelques ombres d'ondes et de festons sur sa robe. Sa gorge est blanche, et, de chaque côté de la tête, près du bec, on distingue une tache, blanche aussi ; enfin, une petite bande blanchâtre se prolonge un peu derrière les yeux.

Sarcelline ou Sarcelle d'hiver. *Anas crecca.* Linné.

La Sarcelle d'hiver se distingue de la Sarcelle d'été par sa tête encapuchonnée de roux et des deux côtés de laquelle se détachent deux larges bandes vertes liserées de blanc, qui vont de l'œil à la nuque ; elle en diffère encore par l'absence des longues plumes qui des épaules retombent sur les ailes, et dont elle ne possède que les rudiments ; les maillures de la poitrine sont plus espacées, moins nettes, d'un dessin moins ferme ; le dessus du cou, le dos et les flancs sont gris, très-finement vermiculés de lignes noires ; le miroir est vert, bordé de noir velouté et frangé de blanc. La femelle a la tête et le cou d'un brun clair parsemé de taches noires dont les teintes vont en s'affaiblissant en dessous ; le reste de son plumage est d'un brun cendré taché de blanchâtre à l'extrémité des plumes.

Sarcelles d'hiver et Sarcelles d'été nichent sur les étangs du nord et du centre de l'Europe ; elles les quittent vers les premiers jours d'octobre pour entamer leur mouvement de retraite vers le sud ; quelquefois elles précèdent, quelquefois elles accompagnent l'apparition des premiers Canards. Jamais elles n'affectent dans leur vol les dispositions triangulaires de ceux-ci ; elles traversent l'espace par bandes peu considérables, bien rarement composées de plus de dix ou douze individus, qui volent irrégulièrement groupés et en changeant sans cesse de rang dans le peloton. Elles séjournent assez ordinairement sur nos eaux, jusqu'aux premières gelées ; il faut des hivers d'une douceur extraordinaire pour qu'elles se décident à hiverner sous notre latitude, car elles sont très-sensibles au froid, et ce serait probablement là le plus grand obstacle à leur domestication ; M. Frisch, qui avait nourri quelques couples de ces oiseaux pris jeunes, les perdit tous, dans une seule nuit, à la suite d'un subit abaissement de la température.

Le mois de février nous les ramène : à cette époque de l'année, elles descendent autant sur les rivières que sur les eaux stagnantes, se rassemblent accidentellement en bandes, se montrent le plus souvent réunies par paires ; le mois de mars détermine la pariade, et alors, lorsque chacun a trouvé sa chacune, les ménages s'isolent et mènent de front les amours et les travaux très-sérieux de la nidification.

« Elles cherchent, dit M. Baillon, dans des endroits fangeux et peu accessibles, de grosses touffes de joncs ou d'herbes fort serrées et un peu élevées au-dessus du niveau des eaux du marais ; elles s'y fourrent en écartant les brins qui les gênent, et, à force de s'y remuer, elles pratiquent un petit emplacement de quatre à cinq pouces de diamètre, dont elles tapissent le fond avec des herbes sèches ; le haut en est bien couvert par l'épaisseur des joncs, et l'entrée est masquée par des brins qui s'y rabattent. Dans ce nid la femelle dépose de dix à quatorze œufs d'un blanc un peu sale, et presque aussi gros que les premiers œufs des jeunes Poules. »

Les Sarcelles sont moins craintives que les Canards, elles se laissent assez facilement approcher par les chasseurs ; elles nagent et volent aisément, et plongent encore mieux lorsqu'elles sont blessées.

Chasses diverses aux Canards.

Tous les chasseurs se plaignent de la disparition progressive des Canards sauvages ; ils constatent que leurs passages deviennent plus rares d'année en année, que les bandes apparaissent moins nombreuses. Je pense que la multiplication des engins de destruction n'a qu'une influence secondaire dans ce fait peu contesté, et qu'il convient de l'attribuer avant tout aux profondes modifications apportées depuis cinquante ans dans la physionomie territoriale de l'Europe centrale. On a tant drainé, tant assaini, tant remué la terre, tant brassé le moellon, que les Canards ont certainement le droit de se trouver dépaysés. Ils se piquent les pattes sur un chaume d'avoine, à l'endroit précis où le bon Dieu, peut-être dans le seul but d'encourager leur tourisme, avait ménagé un étang dont les eaux limoneuses, dont les bas-fonds poissonneux réunissaient toutes les conditions de confort qu'ils aiment à trouver dans leurs hôtelleries ; le marais aux sources tièdes, aux herbes succulentes, s'est métamorphosé en une prairie rasée de frais comme un pompier de village en un jour de cérémonie ; l'ondoyant rideau de peupliers à l'abri duquel il était si doux de lisser au soleil ses plumes aux reflets mordorés, a disparu : une affreuse usine le remplace, et les noirs tourbillons que vomit nuit et jour l'obélisque qui la domine poursuivent jusque dans les airs l'oiseau qui s'est enfui effaré. D'innombrables bateaux sillonnent les fleuves, les rivières, dont jusque-là l'Homme lui abandonnait paresseusement la propriété ; l'industrie a tout pris, le progrès a tout envahi : il marchande au Palmipède jusqu'à la touffe des roseaux verdoyants qui abritait ses amours printanières. L'infortuné voyageur a beau chercher en tournoyant au-dessus de la plaine, il ne retrouve rien des solitudes tant vantées, dont les anciens de sa race lui avaient tracé l'itinéraire. Si, par hasard, cédant à la fatigue ou à la faim, il descend sur quelque flaque d'eau oubliée, mille voix sinistres se mêlent au murmure du vent dans les branches, au clapotement de la vague sur les rivages, et troublent son sommeil ou son repas ; c'est la vapeur qui siffle, c'est la scie qui grince, c'est l'enclume qui retentit, c'est un discordant concert qui l'avertit que l'Homme est proche, qui, pour se payer de l'hospitalité que le pauvre émigrant lui demande, exigera probablement de celui-ci qu'il fasse les frais d'un salmis.

Il est impossible que le Canard sauvage ne soit pas plus affecté par cette guerre à la pioche et au tuyau de drainage, qui l'attaque par la famine, que par celle qui se traduit en coups de fusil : il y puise le pressentiment de l'extinction future de sa race, et c'est sans doute là le secret d'une répulsion qu'il ne prend plus la peine de nous dissimuler.

Cependant cet intéressant gibier ne nous a pas encore complétement abandonnés ; il reste heureusement, ou plutôt malheureusement, en France quelques coins de terre où les vols triangulaires s'abattront pendant longtemps encore, aussi multipliés, aussi compactes qu'ils l'étaient partout jadis, et, plutôt que de déplorer les améliorations agricoles dont l'humanité bénéficie, les amateurs de chasse au marais feront sagement de chercher ressource dans une nouvelle application des principes de Mahomet : Mahomet, voyant que la montagne ne se décidait pas à venir à lui, prit le parti d'aller à la montagne. On peut rejoindre les Canards récalcitrants, et, pour aller à eux, il n'est pas besoin de posséder comme le prophète un Cheval de céleste origine ; un wagon de chemin de fer suffit : ce wagon les conduira en Sologne, en Picardie, dans le Cotentin, au besoin dans le département des Landes, où il est bien peu des espèces que nous avons décrites qui ne soient représentées. L'essentiel est de choisir son temps et son heure : aujourd'hui les marais regorgent de Sauvagines, le lendemain ils sont déserts. L'abondance du passage est déterminée par l'abaissement de la température et surtout par les mouvements de la girouette. Lorsque les étangs de l'intérieur sont gelés, la chasse est productive sur les rivières, dans les marécages du littoral, à l'embouchure des fleuves et sur les grèves ; à l'automne, les vents du nord et du nord-est amènent de grandes quantités de gibier ; au printemps, ce sont ceux du sud et du nord-ouest ; les vents d'est sont de tous les plus défavorables.

Les Canards sauvages se chassent de bien des manières différentes ; à vrai dire, chaque province a sa méthode : en Picardie, dans le Cotentin, dans le marais vendéen, le chasseur attend ces Oiseaux à l'abri d'une hutte, et les attire, au moyen d'appelants, sur une mare où il réalise des destructions fabuleuses ; les Landais se servent de leurs petits Chevaux demi-sauvages pour approcher des bandes de Sauvagines sans éveiller leur méfiance ; en Bourgogne et dans le Midi, on les tire au moyen de bateaux fort légers et très-bas de bords, appelés, je crois, *Fourquettes* et *Negues-fols* ; ailleurs on les prend le soir avec des traquenards amorcés d'un épi de blé et placés dans quatre ou cinq pouces d'eau, soit au moyen d'hameçons amorcés avec du mou de Veau et attachés à un cerceau flottant. Nous décrirons ces procédés les uns après les autres avant de passer à la chasse proprement dite, à l'aide du fusil et à découvert, tant sur les étangs que sur les rivières et sur les grèves.

La chasse au Canard a son arme spéciale, la canardière, espèce de fusil de gros calibre dont le canon, longuement développé, ne permet l'écartement du plomb qu'à une certaine distance. Les chasseurs à la hutte, ceux de la Bourgogne et du Midi, se servent de canardières. Le plus souvent ces canardières s'emploient pour le tir du gibier posé et se manœuvrent à l'aide d'une fourchette et quelquefois d'une espèce d'affût ; dans ce cas, elles peuvent atteindre aux proportions d'un fusil de rempart. J'en ai vu une qui avait été fabriquée pour un grand propriétaire de la Sologne et qui consistait en trois canons du calibre cinq superposés, communiquant avec la même cheminée et partant simultanément. Cette canardière pouvait recevoir quatre cents grammes de plomb. Quelques chasseurs au poignet et à l'épaule solides utilisent, pour le tir au vol, des diminutifs de ces mastodontes de l'arme à feu. Avec leurs canardières du calibre huit, ils obtiennent de fort beaux résultats ; mais tous les disciples de saint Hubert n'ont pas les muscles à l'épreuve de pareilles secousses. Pour la chasse au marais proprement dite, l'arme à cartouches doit toujours être préférée au fusil à baguette, parce qu'elle est la seule qui se charge aisément lorsque le tireur est dans l'eau jusqu'aux genoux, parce qu'elle permet de substituer un plomb d'une grosseur supérieure à celui que l'apparition d'un gibier inattendu rend insuffisant. En revanche, je crois que le fusil à baguette doit avoir la préférence pour chasser sur les grèves, où, quelques précautions que l'on prenne, l'action corrosive de l'air marin finit toujours par rouiller les pièces internes du système. Il me

Chasse à l'affût à l'aide de Canards appelants.

Chasse aux Canards à l'aide d'une vache artificielle.

Canard a lobes. *Anas lobata.* Eyton.

Canard Radjah. *Anas Radjah.* Eyton.

Canard austral. *Anas australis.* Gould.

Canard couronné. *Anas mersa.* Pallas.

Canard marbré. *Anas marmorata.* Gould.

paraît encore susceptible de mieux supporter les grandes charges qu'il faut souvent employer contre le Canard et les Oiseaux de mer.

Le chasseur à la hutte peut être mis en parallèle avec le chasseur de Chamois : on vit quelquefois de cette profession, on en meurt presque toujours.

Faire de la nuit le jour, et bien rarement du jour la nuit, passer de longues heures, soit dans une hutte, abri bien insuffisant contre les rigueurs de la température, soit dans un trou creusé dans les rives d'une rivière ou sur les grèves de la mer, et avoir dans ce dernier cas le visage coupé par une bise glaciale, sentir la pluie qui glisse par en haut et l'eau qui s'infiltre par en bas se rapprocher et se rejoindre sur le corps transi; voir chaque nouvelle séance confirmer les droits que l'on a déjà acquis d'être perclus avant l'âge : voilà les priviléges de celui qui fait métier d'attendre les Canards à la passée. Il semble qu'il faut être double, cloué et chevillé de fer pour y résister; point du tout, la passion remplace avantageusement le métal. Quant aux bénéfices qui compensent tant de fatigues et de dangers, n'en parlons pas. Il en est de la chasse industrielle comme des chasses de plaisance : la pierre blanche dont on marque les jours ou plutôt les nuits heureuses en perpétue la mémoire; on ne se lasse jamais de se glorifier de ces événements mémorables, on nombre avec orgueil les douzaines de Canards abattus d'une seule bordée, on cite le jour où le sac à blé regorgeait de victimes; quant aux bredouilles, si multipliées qu'elles soient, qui s'en est jamais souvenu? Les procédés de chasse à la hutte ne se ressemblent pas dans tous les pays de marais, cependant tous les huttiers se servent d'appelants.—Le premier Canard de basse-cour venu n'est pas apte à devenir un appelant, quand même il posséderait la livrée de ses cousins germains les sauvages; mis au piquet, il constituerait un embarras bien plutôt qu'un utile auxiliaire. Les Picards et les habitants du Cotentin ont une race spéciale qui réunit tous les mérites que l'on est en droit d'exiger d'un appelant. Cette race, qui provient sans doute de Canards sauvages récemment domestiqués, a conservé leur plumage caractéristique, la finesse de leurs formes et les facultés de leur vol. Il est assez difficile de s'en procurer, et leur prix est toujours élevé, mais on ne s'expose à aucun dommage et intérêt en essayant une contrefaçon de cette race, en domestiquant des Canards sauvages dont la deuxième ou la troisième génération fournira de passables appelants.

Lorsqu'on est en possession des appelants, il faut choisir le théâtre de leurs futurs exploits et se construire une hutte; les grandes nappes d'eau ne sont nullement propices à ces sortes d'établissements : les Canards sont si méfiants que, même lorsqu'ils ne voient rien, ils soupçonnent quelque chose, et que, si on leur laissait du champ, neuf fois sur dix ils s'abattraient hors de portée. Une mare de cinquante à soixante pas de diamètre est dans d'excellentes conditions d'es-

pace, si le sol est marécageux; on peut, au besoin, en créer une factice en amenant dans une déclivité du terrain l'eau des fossés des alentours. La hutte se construit sur les bords de cette mare, sur un emplacement autant que possible à l'abri de l'humidité, mais qui ne s'élève pas de beaucoup au-dessus du niveau de la surface des eaux, afin de se ménager un tir horizontal, bien autrement meurtrier que le tir qui surplombe. La plupart des huttes du Cotentin sont placées au milieu d'un petit massif de saules, d'osiers ou de tamarix et couvertes en chaume; mais il me semble que l'on doit préférer la construction picarde à celle-là. Dans la vallée de la Somme, la hutte se compose d'une excavation pratiquée dans le terrain et au-dessus de laquelle on place de légères poutrelles que l'on recouvre de plaques de gazon. Ainsi bâties, elles apparaissent à distance, comme de légères proéminences du sol, et rien ne donne à pressentir une embûche dans cette tanière humaine. Des meurtrières sont ménagées sur le devant et sur les côtés de la cabane. L'intérieur peut avoir deux mètres carrés; on en garnit le fond d'un épais lit de paille.

Au mois de novembre, les passages de Canards deviennent ordinairement assez abondants pour qu'on puisse aller à la hutte. On s'y rend le soir, une heure avant la tombée de la nuit, en raison des dispositions assez minutieuses qui restent à prendre. En outre de ses fusils, couvertures et autres *impedimenta*, fort nécessaires, le chasseur a emporté ses appelants avec lui. Les femelles sont revêtues d'un système de bretelles en fort ruban de fil, dont les extrémités, se rejoignant sous le ventre de l'oiseau, se relient à des ficelles de deux ou trois mètres, attachées elles-mêmes à un piquet que l'on enfonce sous l'eau à quelque distance de la cabane. Quelquefois on adjoint à ces faux frères une demi-douzaine de bois peints, assez grossièrement imités, que l'on nomme des étalons. Le chasseur conserve les appelants mâles dans sa hutte pour les faire agir, lorsque le moment sera venu, et enfoui dans sa paille, entortillé dans sa couverture, le nez à sa lucarne et l'oreille au guet, il attend; je dis l'oreille au guet, car ce sera bien plutôt l'ouïe que la vue qui lui révéleront la prochaine apparition des voyageurs; le bruit du vol de l'oiseau que Varron a si justement surnommé *quassagipenna* s'entend de fort loin dans le silence de la nuit.

A l'automne, les vents du nord et du nord-est sont les plus favorables au passage; au printemps, ce sont ceux du sud. Les Canards donnent plus facilement dans les mares par des nuits sombres que par celles qu'éclairent les rayons de la lune.

Aussitôt que le bruit strident de l'atmosphère, fouetté par les ailes des Canards, s'est fait entendre, le huttier devient attentif; il saisit un de ses appelants mâles et le fait crier, afin que ses femelles lui répondent, et, nouvelles Maguelones, attirent ces nouveaux

François Ier dans cet odieux coupe-gorge. Si la bande passe indifférente et sans ralentir son vol, il n'y a rien à faire avec ces gens pressés ; mais si, affriandée par la perspective d'une halte en aussi séduisante compagnie, luttant contre la double tentation de se rafraîchir dans ces eaux et de s'échauffer auprès des nymphes qu'elle aperçoit à leur surface, elle commence à décrire autour de la mare ses immenses spirales, le huttier lance dans les airs le mâle qu'il tenait à la main.

Soudainement rendu à la liberté, l'appelant prend son essor, tournoie lui-même plusieurs fois dans les alentours, vient s'abattre auprès de ses femelles, et, à l'instar des moutons de Panurge, les pauvres diables d'émigrants manquent rarement de suivre un si bel exemple.

Quelques vétérans sont passés maîtres dans cette félonie ; un huttier de mes amis m'a donné ce spectacle en plein jour ; j'ai vu des appelants qui allaient se réunir à la bande convoitée et par d'insidieuses manœuvres la conduisaient sous le plomb de leur maître.

Ce qu'il y a de plus triste dans cette action, c'est que ceux-là même qui la commettent ont conscience de ses conséquences et, partant, de son infamie. Tous les chasseurs à la hutte vous diront que les appelants évitent fort adroitement de rester mêlés avec ceux qu'ils ont amenés dans le guet-apens. La corruption humaine est décidément contagieuse.

Enfin, nous ne sommes pas ici pour philosopher sur ce texte, mais bien pour vous indiquer le moyen de tirer un parti avantageux de la trahison de vos associés ; — c'est du reste ainsi que la plupart des morales se résument. — Si vous avez une canardière à votre disposition, visez haut et tirez au plus épais du groupe ; si vous êtes armé d'un fusil à deux coups, tirez votre premier coup comme je vous l'indique : le second coup, qui atteint les oiseaux au moment où ils ont déployé leurs ailes est ordinairement plus foudroyant que le premier.

Quelques huttiers ont un Barbet chargé de nettoyer le champ de bataille après chaque décharge, mais presque tous attendent le jour pour ramasser leurs victimes ; ils trouvent les cadavres des morts échoués sur la rive, où les blessés se sont également rendus pour agoniser.

La méthode que je viens de décrire est celle des huttiers de haut parage, mais tout le monde ne va pas à Corinthe, tous les chasseurs de marais ne parviennent pas à acquérir pignon sur Marne : les prolétaires de la chasse de la Sauvagine se contentent de creuser un trou au bord d'une rivière ou d'une flaque d'eau, de meubler ce trou d'une botte de paille et de s'y embusquer chaque soir avec trois ou quatre appelants. Si les propriétaires de ces huttes économiques tuent un peu moins de gibier que leurs collègues de l'aristocratie canardière, en revanche, ils récoltent infiniment plus de fluxions de poitrine. Les bords de la Somme sont émaillés d'embuscades de cette espèce, et par certaines nuits de passage, le crépitement de la fusillade dont cette rivière devient le théâtre peut fournir au voyageur attardé une idée approximative de ce que devait être le siége de Sébastopol.

Dans les environs de Bar-sur-Seine, sur les bords de l'Armance, petite rivière dont les eaux ne gèlent point, et coulent au milieu d'un plateau couvert de prairies, on se sert de huttes roulantes dont le système est assez ingénieux pour valoir la peine d'être décrit. Ces huttes, d'un mètre de largeur sur un mètre vingt-cinq centimètres de longueur, ont deux mètres de hauteur ; elles sont construites d'un treillis d'osier enduit de terre, et ont l'apparence d'une ruche gigantesque. Elles n'ont point de plancher : deux rouleaux reliés à deux traverses sur lesquelles le chasseur pose ses pieds font l'office de roues. En sa qualité de torrent, l'Armance déborde presque toujours à l'automne, et les eaux recouvrent les prairies de son littoral ; lorsque ces eaux sont gelées, le chasseur s'enferme dans sa maison portative, la fait glisser sur la glace à l'aide d'un croc et va la placer le long du chenal qui toujours reste libre, à un endroit qu'il juge favorable, ordinairement à l'endroit où un angle du lit de la rivière forme un remous, et là, il attend que les Canards qui descendent avec le courant soient réunis en assez grand nombre pour avoir droit au coup de canardière. Les chasseurs de l'Armance ne se servent point d'appelants.

Vous n'êtes point sans avoir entendu parler de la chasse à la Vache artificielle, et vous l'avez probablement classée côte à côte avec cette célèbre chasse à la citrouille dont un roman de Dumas nous a fourni la description. Vous avez ri trop tôt : la chasse à la Vache artificielle est une réalité : une petite visite au magnifique établissement de MM. Moriceau et Blanchard vous initiera au mécanisme de cet ingénieux appareil, bien mieux que ma plume ne le saurait faire ; je me contente donc de résumer la combinaison.

On exploite la réputation d'innocence dont les Ruminants en général, et les Vaches en particulier, jouissent parmi les Palmipèdes pour déjouer les instincts méfiants de ceux-ci ; en un mot, on se déguise en Vache, pour approcher à portée de fusil des bandes d'Oies ou de Canards sauvages. Le déguisement ne serait rien si on ne possédait pas la manière de s'en servir ; ce n'est pas assez d'entrer dans la peau du quadrupède, il faut savoir se comporter en Vache de bonne compagnie. Lorsqu'on aperçoit une troupe d'oiseaux d'eau dans les prairies, Oies, Canards, Pluviers, Vanneaux, on avance vers elle à pas mesurés et d'un air grave, en lui présentant toujours le flanc et en décrivant des courbes de plus en plus rapprochées ; si les oiseaux, dressant la tête, se mettent à l'éveil, on s'arrête, et, pour occuper ses loisirs, on peut faire semblant de paître ; aussitôt que rassurés par cette éclatante manifestation de l'individualité soupçonnée, ils ont repris leur tranquillité et leurs ébats, on recommence la marche oblique jusqu'à ce qu'elle ait conduit le chasseur assez près de la bande pour la fusiller. Cette chasse est très-productive; toutefois, je comprends que l'on éprouve une certaine répugnance à s'affubler de ce déguisement un peu grotesque; mais peut-être ne faut-il voir dans cette répugnance qu'un de ces préjugés que le progrès nous enjoint de fouler dédaigneusement sous nos pieds. D'ailleurs, comme je dois présumer que vous ne céderez jamais à la tentation de traverser la ville que vous habitez avec cet habit de chasse d'un nouveau modèle, vous ne serez ridicule qu'à vos propres yeux, ce qui veut dire que vous ne cesserez pas de vous trouver charmant. Il est loyal de vous prévenir que la mascarade a ses dangers. Un monsieur de ma connaissance, alléché par les fabuleux abatis qu'un meunier, son voisin, réalisait chaque année de cette façon, acheta moyennant quelques louis le plus beau costume de Vache qui soit jamais sorti des ateliers des célèbres industriels que je vous citais tout à l'heure. Malheureusement, à sa première sortie, il tomba dans un troupeau d'autres vaches qui, elles, n'étaient pas en carton. Cédèrent-elles à je ne sais quelle haine instinctive qui les poussait à venger Io leur ancêtre sur ce nouveau Jupiter, ou bien à l'indignation qu'excitait en elles cette irrévérencieuse parodie? Le monsieur jouait-il son rôle avec tant de naturel, qu'elles virent tout simplement en lui un concurrent sérieux à la pâture? Je ne me permettrai pas d'en décider; ce qui est certain, c'est qu'elles le poursuivirent avec furie, et qu'il ne leur échappa qu'en abandonnant à leurs armes le déguisement sur lequel il comptait pour approvisionner sa cuisine de Canards pendant tout l'hiver.

M. le comte de Reculot, dans une série d'articles très-intéressants, publiés il y a une douzaine d'années dans le *Journal des Chasseurs*, a donné des détails très-minutieux sur la chasse aux Canards telle qu'on la pratique sur la Saône et ses affluents. Je renvoie à ces articles ceux de nos lecteurs qui désireraient une description complète de ces procé-

dés, et j'emprunte celle de Baudrillart, qui a sur la première l'avantage d'être plus succincte.

« Cette chasse se fait avec des bateaux légers, longs, étroits et pointus sur le devant, appelés dans le pays *fourquettes*. Il y en a de trois sortes : la plus petite fourquette, construite en sapin, pour plus de légèreté, n'a que neuf à dix pieds de longueur, deux pieds de large dans le fond et un pied de bord ; les chasseurs lui donnent le nom d'*Arlequin* ou de *nageret*. La moyenne est en planches de chêne ; elle a quatorze ou quinze pieds de long, deux et demi de large dans le fond et un pied de bord. La plus grande, appelée *grosse fourquette*, pareillement en chêne, est de dix-huit ou vingt pieds de longueur, de trois pieds de large au moins dans le fond et de un pied et demi de bord. Celle-ci est faite pour chasser dans les grands vents, contre lesquels les deux autres espèces de bateaux ne tiendraient que difficilement. Un chasseur seul peut monter la première par un temps bien calme ; quant à la seconde, il lui faut un rameur, et pour la troisième, ou grosse fourquette, il en faut souvent deux. Une partie essentielle de l'équipement de ces bateaux consiste

Canard de Barrow. Anas Barrowii. Richardson.

en un fagot du même bois ou de joncs qui se couche en travers à l'extrémité de l'avant où il est fixé par deux chevilles de fer ou de bois. Ce fagot sert à couvrir le chasseur et le rameur, assis à plat sur le fond du bateau : ce même fagot est percé, dans son milieu, d'une sorte de chatière, par laquelle on passe le bout de la canardière, proportionnée aux dimensions de la fourquette dont on se sert, et dont le canon a jusqu'à sept pieds de longueur. Le chasseur suit dans ces bateaux le cours de la rivière, où il trouve de fréquentes occasions de tirer sur des Canards de toute espèce. Le succès de la chasse dépend en grande partie de celui qui conduit le bateau et de son adresse à bien prendre son tour pour approcher le gibier. Un temps calme et sombre est le plus favorable. Lorsque la rivière est débordée, lorsqu'on peut conduire le bateau sur des prairies inondées, un chasseur peut tirer de cette façon de trente à quarante Canards ou Sarcelles dans sa journée. »

(La suite au numéro suivant.)

5 août 1865.   N° 84. — 15 centimes.

Ce Recueil parait une fois par semaine. — On s'abonne à Paris, à la Librairie L. HACHETTE et Cⁱᵉ, boulevard Saint-Germain, n° 77.
Les abonnements se prennent du 1ᵉʳ de chaque mois. — Paris, six mois, 4 fr.; un an, 8 fr. — Départements, six mois, 5 fr.; un an, 10 fr.

LES CANARDS SAUVAGES (MACREUSES, SARCELLES et HARLES) (5ᵉ article). — *Suite des divers modes de chasse.*

M. de Reculot a également décrit une autre chasse, bien autrement originale que celle-ci ; cette chasse a le bord d'un étang pour théâtre. Après s'être embusqué et couvert, le chasseur lâche sur la rive un petit Chien préalablement dressé à la manœuvre, mais surtout pourvu du physique de son emploi, c'est-à-dire roux ou fauve, ressemblant le plus possible à un Renard, car c'est sur cette ressemblance que se base la spéculation.

Le petit Chien va et vient sur les bords; et les Canards n'ont pas plutôt aperçu ce *fac-simile* de l'implacable ennemi de leur race, qu'ils se mettent en branle, se rassemblent, et de tous les coins de l'étang, voguent lentement, mais directement vers le lieu où parade le comédien. Quelques écrivains ont prétendu qu'ils cédaient uniquement à leur curiosité. Ah bien, oui ! Cherchez ailleurs des badauds ! Les Canards, si fins, si mé-

Chasse à la Macreuse en bateau.

fiants, se laisser ' 'ler à un sentiment aussi banal avec cette unanimite, .vec cet enthousiasme ! Je n'en crois rien. C'est bien plutôt leur causticité native qui les détermine; ils ne résistent pas à la tentation de se gausser de ce Renard, assez simple pour avoir compté les surprendre en plein jour et sur leur élément. Il me semble entendre le concert de leurs lazzis : « Eh ! que faites-vous donc là, compère ? Vous avez faim, nous le voyons bien, et vous déjeuneriez volontiers de l'un de nous ? Malheureusement, vous n'avez pas quitté votre terrier d'assez grand matin, mon ami. Gros sommeil et dîner copieux n'est ici-bas le privilége que de quelques-uns, et cela n'a jamais été celui des bêtes. Allons, mon pauvre compère, tâchez de tromper les tiraillements de votre estomac et soyez moins épicurien un autre jour. » Le tout assaisonné de kan-kan qui peuvent bien être acceptés pour des rires rabelaisiens. Mais, hélas ! pour ne perdre aucune des grimaces de leur adversaire déconfit et penaud, ils se sont entassés à vingt pas de lui; un coup de fusil éclate dans la profondeur des joncs

de la rive; fouettée par la mitraille, la bande tourbil-
lonne, un nuage de plumes glisse en légers flocons sur
les nappes vertes de l'étang; arrêtés dans leur essor,
une dizaine de Canards sont lourdement retombés dans
l'eau et se débattent dans les convulsions de l'agonie;
ceux qui ont survécu s'éloignent à tire-d'ailes, ils ont
appris à leurs dépens qu'il était des Renards de plus
d'une espèce.

Pendant que nous en sommes aux chasses spéciales
et exceptionnelles, je dirai quelques mots de celle des
Macreuses; je suis d'autant plus autorisé à la ranger
dans cette catégorie, que cette chasse devrait bien plutôt s'appeler une pêche; voici comment elle est décrite
par M. Baillon, dont le récit figure dans la plupart des
traités de chasse : « La nourriture favorite des Macreuses est une espèce de coquillage bivalve, lisse et blanchâtre, large de quatre lignes et long de dix environ,
dont les hauts fonds de la mer se trouvent jonchés en
beaucoup d'endroits; il y en a des bancs assez étendus
et que la mer découvre sur ses bords au reflux. Lorsque les pêcheurs remarquent que, suivant leur terme,
les Macreuses *plongent aux Vanneaux* (c'est le nom de
ce coquillage), ils tendent leurs filets horizontalement,
mais fort lâches, au-dessus de ces coquillages et à deux
pieds au plus du sable; peu de temps après, la mer, entrant dans son plein, couvre ces filets de beaucoup
d'eau, et les Macreuses suivant le reflux à deux ou trois
cents pas du bord, la première qui aperçoit les coquillages plonge, toutes les autres la suivent, et, rencontrant le filet qui est entre elles et l'appât, elles s'empê-
trent dans ses mailles flottantes, ou, si quelques-unes,
plus défiantes, s'en écartent et passent dessous, bientôt
elles s'y enlacent comme les autres en voulant remonter après s'être repues : toutes s'y noient; et lorsque la
mer est retirée, les pêcheurs vont les détacher du filet
où elles sont suspendues par la tête, les ailes ou les
pieds. J'ai vu plusieurs fois cette pêche. Un filet de
cinquante toises de longueur sur une toise et demie de
large en prend quelquefois vingt ou trente douzaines
dans une seule marée; mais en revanche, on tendra
souvent les filets sans en prendre une seule. »

Le *Dictionnaire général des chasses* indique un certain nombre de procédés pour piéger les Canards sauvages; le plus remarquable, est celui à l'aide duquel on
en prenait autrefois des milliers sur l'étang d'Armain-
villiers, et que l'on pratiquait encore il y a peu d'années à Naples, où le roi Ferdinand avait aménagé
des eaux dans les conditions particulières qu'exige
cette chasse. Voici un aperçu de ce système : divers canaux sinueux se reliaient à un autre canal d'abord plus
large que ceux-ci, mais qui allait en se rétrécissant;
ce dernier canal était couvert d'un immense filet en
forme de berceau et qui se terminait en cul-de-sac
comme une nasse. A l'aide d'appelants, on parvenait à
amener les oiseaux d'eau dans le dernier comparti-
ment.

Les autres piéges sont : le *collet*, la *glanée*; le *traquenard* et la *pince d'Evalski*, avec un épi de blé pour

appât; les *hameurs* (amorces) soit de mou de veau,
soit de Grenouilles ou de petits poissons; enfin les
nappes et la *glu*.

Je ne dirai ni mal ni bien de ces différents piéges;
cependant la véracité me fait un devoir de déclarer que
j'ai essayé de la pince dans un étang où s'abattaient
quotidiennement des centaines de Canards, et que,
bien que j'expérimentasse, non-seulement avec une
douzaine d'instruments de cette espèce, mais encore
avec six petits traquenards, je n'ai jamais pris.....
qu'un Rat d'eau.

La chasse ordinaire, la chasse au fusil et à découvert
du Canard sauvage est loin d'être aussi productive que
le moindre des procédés qui viennent de défiler sous
les yeux de nos lecteurs; en revanche, elle est autrement attrayante, elle présente un intérêt bien plus palpitant: un chasseur véritable n'hésitera pas à lui donner le pas dans ses prédilections sur tous ces affûts
plus ou moins déguisés. Nulle poursuite de gibier n'est
aussi vivement incidentée, aussi féconde en surprises
qui, quelquefois, vont jusqu'au drame; nulle ne demande autant de hardiesse, d'énergie, de solidité de
tempérament et de prudence à la fois; elle reste l'apanage exclusif du chasseur rustique.

Sur quelque terrain que l'on procède, sur les étangs,
les rivières ou les grèves de la mer, il faut un Chien,
car on ne saurait ramasser son gibier sans se mouiller
au moins les pieds. Quoi qu'en aient dit certains
écrivains, il n'y a rien d'absolu dans les aptitudes d'une
espèce pour la chasse au marais. Griffons, Épagneuls et
Braques tiennent également bien l'eau lorsque, dès leur
jeunesse, ils ont appris à l'affronter. Un des Chiens les
plus intrépides que j'aie rencontrés était un grand Braque
blanc et marron, resté au champ d'honneur en essayant
vainement de reprendre pied sur la glace, et retrouvé
quelques jours après, tenant encore dans ses dents
contractées par la mort le Canard cause de son trépas.
Que ce volatile ne vous mette pas en méfiance, le fait
est authentique. Pour chasser spécialement le Canard,
les qualités de l'odorat ne sont que secondaires; il vous
faut, avant tout, un Chien rustique, entreprenant,
aventureux et solide au rapport. Vous le rencontrerez
chez certains Épagneuls, tel que l'Épagneul noir anglais,
dit *Retriver*, tel que l'Épagneul français brun et truité;
vous le trouverez surtout chez les Barbets et les Griffons : ces derniers n'ont pas d'égaux dans ces expéditions qui, dix fois dans un jour, mettront leur vie en
péril ; ils sont plus vigoureux, plus robustes, ils craignent moins le froid que les autres espèces. Au besoin
vous pouvez vous contenter d'un Caniche.

Quel qu'il soit, souvenez-vous qu'il ne saurait être
trop souple et trop soumis. La chasse au Canard est
une guerre de surprises; toutes les ressources, toutes
les ruses, tous les expédients du partisan entrent dans
la pratique du chasseur. S'il veut s'approcher d'une
bande qu'il a signalée, neuf fois sur dix il sera forcé
de ramper, ou tout au moins de se masquer par les
buissons, par les aspérités du terrain; alors le Chien

doit modeler sa marche sur celle de son maître, un signe doit suffire pour le tenir derrière et pour réprimer une ardeur toujours compromettante.

Je suis gastronomiquement de cet avis, qu'une Poule d'eau a toute espèce de droits à cette épithète par laquelle Sainte-Foix qualifiait un déjeuner composé, pour premier et second service, de deux œufs à la coque ; cependant, le jour où les Canards n'ont pas donné, ce triste gibier lui-même a sa valeur ; beaucoup de Chiens se refusent absolument à la rapporter, et l'on voit s'en aller au fil de la rivière une pièce qui, si piteuse qu'elle fût, pouvait sauvegarder l'honneur de la journée. Il est donc essentiel que le Chien rapporte indistinctement toutes les variétés du gibier d'eau, y compris celle qui paraît chatouiller le plus désagréablement ses nerfs olfactifs. Vous parviendrez à vaincre cette répugnance en s'attaquant à elle lorsque l'âge n'a pas encore confirmé les instincts de l'animal.

Certains Chiens ne manifestent pas beaucoup plus d'enthousiasme pour l'eau que pour le rapport de certaines Sauvagines. Généralement, il n'y a que le premier pas qui leur coûte, mais toujours est-il qu'il faut déterminer ce premier pas. Gardez-vous d'employer la violence pour les contraindre à faire connaissance avec un élément qui les effraye, c'est-à-dire de les saisir par la peau du col et de les lancer dans la rivière, car vous auriez changé une appréhension instinctive en une horreur parfaitement justifiée ; cherchez plutôt à triompher de cette appréhension par la ruse, la patience, les encouragements, et amenez votre élève à s'exécuter volontairement si ce n'est pas de bonne grâce. Vous avez plusieurs procédés, également efficaces, pour le déterminer à prendre ses premiers bains ; choisissez celui de ces procédés que vous indique le caractère spécial du sujet. Il en est des Chiens comme des hommes, c'est par leurs passions qu'on les conduit.

Je vous ai donné mon opinion sur le choix de l'arme ; occupons-nous maintenant des munitions. Contre le Canard, la poudre de première qualité est de rigueur ; non-seulement aucun autre gibier n'est protégé par une cuirasse aussi épaisse, aussi résistante, mais dans aucun la vie n'est aussi persistante ; il se défend en plongeant, tant qu'il lui reste la force d'agiter une patte, et, si bon nageur que soit votre collaborateur, il aura toujours quelque difficulté à rejoindre un Canard démonté. Quant au plomb, donnez la préférence au n° 4 pour le coup droit, au double zéro pour le coup gauche ; le premier rassemble suffisamment pour que, de trente à quarante pas, un oiseau aussi gros que le Canard ne passe pas dans ses intervalles ; avec le second et une heureuse chance, vous l'atteindrez quelquefois à de longues portées.

Si vous chassez sur des étangs ou des rivières dont les bords sont couverts de glace, munissez-vous d'un cordeau de longueur suffisante ; vous attacherez ce cordeau au collier de votre Chien avant de le laisser se jeter à la nage ; vous conserverez l'extrémité de ce cordeau qui lui fournira ainsi un point d'appui suffisant pour reprendre pied sur les glaçons. Enfin, et pardonnez-moi cette recommandation qui m'est dictée par ma tendresse pour l'espèce canine, usez de son concours, n'en abusez jamais ; ne l'envoyez pas à l'eau quand il gèle, à moins de nécessité absolue ; n'oubliez pas que le pauvre animal payera de sa santé les petites jouissances qu'il vous procure.

Il est bien peu d'étangs un peu vastes qui n'aient chaque année leur couvée de Canards : si quelques-uns de ces oiseaux ont commis l'imprudence de choisir vos eaux pour élever leur famille, gardez-vous bien d'attendre le mois de septembre pour demander à ces tributaires le prix de votre hospitalité ; pour être décemment acquittée, la carte à payer doit être présentée dès les premiers jours d'août, au moment précis où les Halbrans, essayant de cheminer sans lisières, effleurent soir et matin la cime des roseaux de leurs ailes balbutiantes. Point de grandeur d'âme ! Que les scrupules que pourrait vous inspirer la tendresse de leur âge s'effacent et disparaissent devant la convoitise que doit exciter la tendresse de leur chair ; rien n'endurcit le cœur comme le voisinage de l'estomac. Si vous retardiez de quelques jours cette prise de possession, vous risqueriez fort d'avoir compté sans vos hôtes et le développement, rapide alors, de leurs ailerons si lents à croître. Ce qu'ils en possèdent leur fournit du reste des moyens de défense suffisants pour que le coup de fusil soit honorable. Vous devez avoir à votre disposition un de ces bateaux construits d'un bois très-léger, par conséquent, d'un faible tirant d'eau et glissant aisément non-seulement entre les joncs, mais sur les joncs qui se relèvent derrière eux. Si vous n'en avez pas, achetez une de ces *billes* grossières que la Bourgogne envoie à Paris et que l'on désigne sous le nom de *galoupis*. Vous ne sauriez trouver d'embarcation plus économique et mieux appropriée à l'usage que vous vous en proposez, c'est-à-dire, réunissant deux conditions essentielles et quelque peu difficiles à concilier, la légèreté et la stabilité. Le matin, à la pointe du jour, vous monterez dans votre barque qu'un homme dirigera à l'aide d'une gaffe ; vous commencerez vos pérégrinations dans les roseaux où les Halbrans auront déjà cherché un asile, en serrant autant que possible les bords de l'étang, en faisant battre par votre Chien les parties qui resteront inaccessibles à votre embarcation. Si la Cane s'enlève au milieu de ses petits, dédaignez les enfants et tâchez d'abattre la mère : c'est une tactique un peu barbare, j'en conviens ; mais, qui veut la fin veut les moyens, dit la sagesse des nations. La petite troupe, privée de sa conductrice, devient une conquête facile ; réduits à leurs instincts, les Halbrans ne sauraient trouver les inspirations préservatrices qui déjouent si souvent la sagacité du Chien et la patience du chasseur, les randonnées sous-marines, les plongeons, les hourvaris dans les roseaux, toutes ruses qu'un Canard expérimenté a dans son sac. La fuite sera la seule ressource de ces innocents, et comme leurs ailes sont encore trop faibles pour les transporter au delà des limites de l'étang, leur patrie, vous aurez la satisfaction de les culbuter les uns après les autres. Quelques praticiens surenchérissent sur le procédé : ils bornent leur première expédition au meurtre de la mère, attachent le lendemain une femelle domestique au piquet, et, embusqués dans les roseaux, ils attendent que les appels de leur complice aient rassemblé les orphelins, pour en finir d'un seul coup avec cette jeunesse éplorée. La manœuvre est expéditive, mais je ne vous la recommanderai pas; elle n'est pas digne d'un chasseur.

Ceux de nos lecteurs qui ne redoutent point les inconvénients du bain froid peuvent encore utiliser la méthode suivante :

« Voici, dit M. Hébert, ce que pratiquait un gentilhomme de ma connaissance, à Laon, dans un marais appelé le marais de Chivres, entre Laon et Notre-Dame-de-Liesse. Le fond de ce marais est de sablon vitrifiable qui n'est jamais fangeux. Dans les mois de juin et de juillet, il n'y reste pas de l'eau plus haut que la ceinture aux endroits les plus profonds, et il y croît une sorte de roseaux qui s'élèvent peu, qui ne sont pas fort serrés, et qui servent néanmoins de retraite aux Halbrans. Mon gentilhomme, vêtu d'une simple veste de toile, entrait dans ce marais, accompagné de son garde-chasse et d'un domestique; il avait fait couper les roseaux sur de très-longues bandes de cinq ou six pieds de large, comme des routes dans une forêt ou des canaux

Chasse sur les berges.

dans un marais; il se tenait le long de ces routes pendant que ses gens battaient le marais, et lorsqu'ils tombaient sur quelques bandes de Halbrans, on l'avertissait. Les Halbrans ne sont guère en état de voler avant les premiers jours d'août; ils fuyaient à la nage devant les rabatteurs, qui commençaient toujours par en tuer quelques-uns chemin faisant; c'était au passage que cet habile chasseur les fusillait à son aise; on lui faisait repasser ceux qui s'étaient échappés; autre décharge, et toujours fructueuse, d'autant plus que ces jeunes Canards sont un excellent manger. »

Tout cela n'est que pour peloter en attendant partie : ce n'est vraiment qu'au mois d'octobre que commence l'ère de splendeur de nos marais. Lorsque les feuilles commencent à se teinter de jaune, lorsque les brouillards du matin résistent aux premiers rayons du soleil,

lorsque vous-même, en rentrant de la chasse, vous éprouvez une certaine béatitude à vous serrer autour de la cheminée, là-bas, dans le nord et dans l'est, le signal du grand mouvement périodique est donné; les colonnes immenses se sont ébranlées. Quelques bandes de Sarcelles et de Canards, éclaireurs de la véritable armée, se sont déjà abattues sur nos étangs aussi bien que sur nos rivières. Quand viendront les gros bataillons? Nul ne peut déterminer précisément le jour de leur apparition; cependant ce sera toujours par des vents du nord ou du nord-est.

Visitez tous les matins vos marais, afin de ne point manquer à la fête; c'est une corvée à laquelle on se résigne d'autant plus aisément qu'elle ne reste jamais sans dédommagement.

Montez donc dans votre bateau et faites-vous promener dans les joncs; n'oubliez pas que vous n'avez plus affaire à des Halbrans, mais à des oiseaux madrés qui se rendent un compte fort exact de vos intentions à leur égard, aussi bien que de la distance à laquelle vos projectiles sont dangereux. Placez-vous debout à l'avant, votre arme en main, et que votre conducteur redouble de précautions pour avancer sans bruit.

Souvenez-vous que les Canards que vous abattrez ne vous appartiendront que lorsque le cou inerte de l'oiseau laissera pendre la tête au-dessous de la surface des eaux; pour peu que votre victime manifeste l'intention de se servir de ses rames, n'hésitez pas à lui envoyer du plomb. Retrouver un Canard démonté dans un étang fourni de joncs, autant vaut chercher une aiguille dans une botte de foin.

Lorsqu'un de ces blessés vous aura échappé, revenez le lendemain de grand matin, et fouillez avec un Chien les rives et les parties sèches du marécage; affaibli par la perte de son sang, consumé par la fièvre, le Canard écloppé est devenu sensible au froid, il a quitté les eaux pour se réfugier sur la terre ferme; vous le trouverez chaudement abrité dans quelque épaisse touffe de joncs, et vous vous en emparerez aisément.

Lorsque vous en avez fini avec l'étang, lorsque les Canards qui l'habitaient ont disparu aux quatre points du ciel, battez le marais, les ruisseaux, les canaux, les sources des alentours; nos Palmipèdes ont leurs jours

Chasse à la hutte.

de paresse; quelquefois la sieste est si douce, l'abri leur semble si sûr, que le rapprochement des coups de feu ne les décide pas à quitter la place. A la chasse comme à la guerre, il faut toujours compter un peu sur les hasards.

Les étangs se congèlent bien avant les rivières et les ruisseaux; lorsque nul souffle n'agite l'air, il suffit ordinairement de deux ou trois degrés de froid pour en cristalliser la surface, et alors toute la population aquatique les abandonne. En revanche, on trouve souvent dans leur voisinage des sources tièdes qui résistent à un abaissement considérable de la température, et dont les eaux restent liquides, même lorsque les fleuves sont pris. Ne négligez jamais de les visiter; dans les grands froids, allez-y trois et quatre fois dans la même journée, ce ne sera jamais en vain; ces sources sont alors le théâtre d'un va-et-vient continuel d'oiseaux affamés, privés d'eau, qui viennent à la fois s'y désaltérer et recueillir les herbes aquatiques qui subsistent dans leurs profondeurs.

Quelques précautions que vous ayez prises, le nombre des Canards que vous tuerez en chassant à découvert sera toujours fort restreint. Fussent-ils par milliers sur l'étang, ils auront cherché leur salut dans les airs avant que vous ayez atteint la moitié de l'espace que vous avez à parcourir. Voici un système qui m'a valu d'assez beaux succès :

Durant le cours de l'été, je faisais battre une quantité suffisante de pieux à chacun des quatre points cardinaux de l'étang, et toujours à proximité d'une large clairière, au milieu des joncs. Sur ces pieux, et à trois ou quatre pouces du niveau des eaux les plus hautes, on posait un petit plancher fait de douves de tonneaux ; trois murailles de roseaux donnaient à mes réduits la forme de guérites dépourvues de toit et ouvertes du côté de la terre. Ces roseaux, qu'une légère teinte un peu plus jaunâtre distinguait à peine de ceux qui croissaient dans les alentours, rendaient ma construction très-peu apparente ; on y parvenait à pied sec, à l'aide de fascines de joncs jetées sur le marais. Lorsque je voulais chasser, je choisissais celle de ces huttes qui se trouvait à bon vent au large de l'étang, j'y entrais armé d'une légère canardière et de mon fusil. En même temps le garde montait dans un bateau, du côté opposé à celui où je me trouvais ; il manœuvrait son embarcation doucement, avec beaucoup d'indifférence, et comme s'il se fût bien plus soucié de la pêche que de la chasse, mais en avançant toujours de façon à pouvoir refouler le gibier dans ma direction. Rarement cette tactique a manqué son effet ; un quart d'heure suffisait pour que je visse les Canards déboucher en nageant, ou s'abattre, après un petit vol, dans la clairière où je les attendais. J'étais si parfaitement masqué dans mon embuscade qu'après avoir déchargé ma canardière sur une bande compacte, je trouvais très-souvent l'occasion d'envoyer un ou deux coups de fusil à des oiseaux isolés qui tournoyaient dans les alentours avant de se décider à quitter l'étang, et j'obtenais ainsi les brillants résultats de l'affût sans avoir subi la longue attente qui le rend si souvent insipide.

La chasse sur les étangs est aussi fructueuse au second passage qu'au premier ; mais les oiseaux de printemps, amaigris par les privations et les rigueurs de l'hiver, sont alors une capture assez médiocre. Pour peu que l'on désire posséder quelques couvées de Halbrans, on fera sagement de s'abstenir de poursuivre les Canards et de tirer sur l'étang aussitôt qu'on s'apercevra que ces oiseaux entrent en pariade, c'est-à-dire vers le mois d'avril.

La chasse sur les fleuves et les rivières reste autorisée pendant l'année entière. Aussi, de mars en septembre, sont-ils un agréable voisinage, qui permet de charmer les loisirs auxquels la loi condamne les chasseurs. Dès le lendemain de la clôture ils peuvent se mettre en campagne. Nous sommes en février et déjà, avec les tièdes brises du sud, de vagues effluves du printemps préludent à la résurrection ; déjà la séve engourdie se réveille : les branches grisâtres des coudriers se sont chargées de leurs pendeloques d'un jaune timide, incertain ; les oseraies ont accentué les tons d'or et de carmin de leurs rameaux. Champs et bois sont encore aussi déserts qu'au temps des frimas, mais là-bas, dans le Sud, les grands migrateurs ont déjà entendu le signal du départ ; ils vont frayer au petit peuple ailé le chemin de la véritable patrie, de la terre des amours et de la maternité. Les Oies, les Canards, les Sarcelles, les Souchets nous reviennent par bandes nombreuses ; chaque jour quelques-uns de ces voyageurs feront halte dans les eaux des environs.

Le bateau dont je vous ai conseillé l'emploi sur les étangs ne conviendrait nullement pour ces expéditions à travers les courants ; il vous faut un batelet très-léger, très-étroit, d'un faible tirant d'eau, autant que possible à fond plat et à double avant, pour reculer sans virer, une véritable pirogue de sauvage.

Si vous vous passez de conducteur, asseyez-vous sur le banc du milieu, votre fusil tout armé à vos côtés, votre Chien à l'arrière, où son poids équilibrera convenablement l'embarcation. N'oubliez pas surtout de vous munir d'une fiche d'orme, faisant mât de halage et d'un cordeau, afin de remonter les rapides. Si vous vous accordez le luxe très-justifié d'un nautonier, placez-vous à l'avant, le conducteur à l'arrière, le Chien où bon vous semblera, mais arrangez-vous toujours à faciliter la marche du bateau par son lest.

Tant que vous n'êtes pas sur vos terrains de chasse, pour parler la langue pittoresque des romanciers-trappeurs, vous pouvez naviguer comme bon vous semblera ; mais du moment où vous serez exposé à voir ou à rencontrer votre gibier, que ce soit vous, que ce soit un auxiliaire qui manie les avirons, il est essentiel que celui qui conduit la barque nage en ayant le visage tourné vers l'avant, c'est-à-dire en *déramant*, afin de suivre tous les mouvements des oiseaux et régler sa manœuvre sur la direction qu'ils vont prendre.

Lorsque vous rencontrerez une étendue de joncs à travers lesquels le batelet peut glisser, avancez sans bruit, en ayant le fusil au poing et prêt à être jeté à l'épaule. Aussitôt qu'une pièce de gibier se lève, le rameur doit s'abstenir de toute espèce de mouvement soit du corps, soit des avirons. C'est bien assez des oscillations que vous-même en ajustant imprimerez à la barque, pour risquer de manquer la pièce. On tire mal étant assis, le tir sur un gibier qui revient sur la droite du chasseur et le dépasse est presque impossible. Agenouillez-vous sur votre petit banc ; dans cette posture, le demi-tour soit à droite, soit à gauche deviendra incomparablement plus facile ; si, ce que je ne veux pas admettre, l'attitude vous était assez peu familière pour vous donner des crampes, vous êtes parfaitement autorisé à garnir les ais de chêne d'un coussin aussi douillet que bon vous semblera.

Lorsque les bords de la rivière sont garnis de joncs impraticables au bateau, ou d'oseraies ou de buissons, débarquez le Chien, qui fouille scrupuleusement le fourré, tandis que le bateau le rase le plus silencieusement possible ; au printemps vous y rencontrerez souvent des Canards qui ont cherché l'ombre et le mystère pour soupirer leurs premiers kan-kan d'amour.

Si de loin vous apercevez une troupe de ces oiseaux au milieu de la rivière, s'il n'existe dans les environs ni broussailles, ni jonchées où vous puissiez les amener à se remettre, n'essayez pas de les aborder, ce seraient du temps et des coups d'avirons perdus. Remarquez l'arbre, le buisson, le mouvement de terrain en face desquels ces oiseaux tirent leurs bordées ; amarrez votre bateau à la rive, faites en plaine un large détour et revenez directement sur votre point de repère. Lorsque vous en serez à une centaine de mètres, marchez courbé, en profitant pour vous masquer de tous les accidents du sol, et surtout en étouffant le bruit de vos pas. En semblable occasion , le chasseur rustique n'hésite jamais à se jeter à plat ventre, et à ramper à la façon des sauvages et des Serpents, et, comme jamais il n'a négligé de se donner le vent, il est bien rare qu'il ne parvienne pas à faire une intime connaissance avec ces Canards réfractaires.

Dans les petites rivières, au lit étroit et peu profond, aux rives resserrées, on ne se sert point de bateau, et l'on n'y tue pas moins des Canards. Deux chasseurs marchent sur les bords, l'un sur celui de droite, l'autre sur celui de gauche ; aussitôt que l'un d'eux a signalé des Canards, ils vont à eux d'après la méthode et avec les précautions que je viens d'indiquer ; ils préjugent toujours de la présence du gibier aux endroits où un angle de la rivière détermine un remous, c'est-à-dire qu'ils y arrivent toujours perpendiculairement et après avoir fait un détour dans les terres.

Les grèves sont la terre promise des chasseurs de gibier d'eau ; partout où le flot monte et s'abaisse, c'est un fourmillement d'oiseaux digne de l'Océan, ce grand nourrisseur ; les Canards sont pendant six mois de l'année largement représentés dans cette population innombrable qui grouille sur les rivages, suit avec avidité le reflux qui lui délivre la manne quotidienne, ou se joue sur les vagues et cherche dans l'écume l'épave qui constitue leur provende. Presque tous les Palmipèdes viennent demander aux espaces de l'Océan la sécurité, à ses rochers le frai, les petits poissons, les menus coquillages dont ils se nourrissent.

Généralement ils sont aussi difficiles à aborder à la mer que sur les étangs et les rivières ; cependant, avec un bateau et un patron expérimenté, on parvient encore à tirer Macreuses et Canards ; mais il est essentiel que ce bateau marche sous voiles. L'oiseau, habitué à ne voir aucun danger résulter pour lui de ce déploiement de voile, part de bien moins loin que lorsqu'une barque armée seulement d'avirons s'avance dans sa direction.

L'affût est sur les grèves comme dans l'intérieur des terres le moyen le plus certain de tuer des Canards.

Chaque soir la plupart des oiseaux nageurs quittent la mer, ou les eaux saumâtres de l'embouchure des fleuves pour gagner les eaux douces des prairies et des marais ; c'est ordinairement dans ces eaux douces que les chasseurs du littoral les attendent. Leurs procédés sont ceux des huttiers de Picardie, bien que souvent ils se passent d'appelants. Au point du jour les Canards quittent de nouveau les terres pour retourner à la mer ; ce va-et-vient régulier fournit encore l'occasion de les tirer au passage. On s'embusque soit dans un tonneau enfoncé dans le sable, soit dans une cabane de pierres sèches recouverte de varech, et il est bien rare que la soirée ou la matinée s'écoule sans qu'une bande ne soit venue s'offrir au plomb de l'affûteur. Presque toutes les espèces de Canards ont leurs représentants parmi les victimes. En outre, lorsque le vent souffle à la tempête, la violence des vagues force ces oiseaux à se rendre au marais en plein jour, et on les fusille soit en se cachant dans les réduits dont j'ai parlé, soit en les poursuivant sur les eaux douces des environs.

La domestication du Canard est plus récente que celle de l'Oie. Voici comment M. Isidore Geoffroy-Saint-Hilaire en détermine l'époque : Les incertitudes, dit-il, ne portent que sur la date de la domestication, encore cette date peut-elle être déterminée approximativement. Chez les Romains, à l'époque de Varron, il fallait encore couvrir de filets les enclos destinés aux oiseaux d'eau , *ne possit Anas evolare (de Re rustica,* lib. III, cap. xi). La domestication était donc encore très-incomplète et par conséquent récente à la fin de la république romaine. Rien n'indique d'ailleurs que cette domestication eût même été commencée chez les Grecs.

La sentence du savant naturaliste ne me paraît pas sans appel, mais je voudrais qu'un avocat plus expérimenté se chargeât de la cause, et je me bornerai à lui fournir les éléments de la défense. A une citation très-concluante, on peut opposer une autre citation qui infirme quelque peu celle-là. Columelle est encore plus explicite que Varron : il décrit comme lui l'enclos aux Canards , *Nessotrophium ;* comme lui il recommande l'emploi du filet : « *Ne aut avolandi sit potestas domesticis avibus, aut aquilis, vel accipitribus involandi.* » Mais quelques lignes plus haut on voit qu'il s'agissait d'une race *plus noble* éclose d'œufs dérobés aux nids des sauvages, et qu'une race moins noble existait déjà. La description de Columelle et peut-être celle de Varron s'appliquent donc plutôt à une oisclerie qu'à la basse-cour des Canards ordinaires.

Il est assez étrange que des nombreuses espèces de Canards, deux seulement aient été réduites, le Canard ordinaire et le Canard musqué. Il y a évidemment là une lacune qui ne saurait tarder à être comblée, car, à côté de ces deux espèces, l'alimentation et le plaisir des yeux ont à revendiquer de nombreuses conquêtes.

Chez le Canard domestique, comme chez la plupart des oiseaux asservis, le plumage a perdu ses caractères distinctifs et présente une variété de nuances qui va jusqu'à la confusion. Cependant ces nuances se rattachent toujours à quelque trait de la livrée primitive ; leur germe existe dans un détail de l'ensemble et n'a fait que se développer aux dépens des autres teintes. Cette conséquence de l'asservissement est loin d'être absolue chez le Canard ; très-souvent on retrouve chez le mâle et chez la femelle de nos basses-cours les dessins et le coloris typiques de la race mère, quoique l'éclat de ce coloris ait toujours perdu chez eux de sa vivacité. En revanche, la domesticité lui fait toujours perdre cette finesse de proportions qui prête une sorte d'élégance à ses congénères les sauvages et à laquelle il faut attribuer la puissance et la persistance de leur vol.

Le Canard domestique est un oiseau débonnaire, assez insoucieux de ce qui se passe autour de lui dans la basse-cour. Philosophe pratique , il semble résigné à toutes les tribulations ; tant que ces tribulations ne l'atteignent pas dans cet ordre de jouissances pour la satisfaction desquelles il nous a vendu sa liberté, les jouissances du ventre : sur ce point il est féroce. Lorsqu'il s'agit de s'attribuer la part du lion, — ni plus ni moins, — dans la pitance distribuée à la population emplumée, il affronte le courroux du tyran du lieu, du Coq lui-même, et, si la lutte est toujours pour lui sans gloire, elle ne reste jamais sans profit. A chaque coup de bec de l'autocrate, il fuit lâchement, secoue son croupion ; mais, revenant à la charge par une volte adroite, il réalise une nouvelle conquête au prix d'un nouveau châtiment. Sa voracité est insatiable, tout lui est bon ; les sentines, les noirs cloaques où croupissent les eaux de fumier ne sont pas ses garde-manger les moins recherchés. L'ordre moral a ses lois de gravitation aussi bien que l'ordre physique. Plus on tombe de haut, plus on enfonce avant dans la fange. Au bas de l'échelle de nos domestiqués, nous trouvons le Canard et le Cochon dont la fière indépendance ne manquait pas de grandeur.

Lorsqu'il trouve à sa disposition un bassin vaste de son élément favori, le Canard domestique change de physionomie ; l'oiseau, lourd et gauche, devient vif, alerte, presque gracieux. Il nage avec autant de facilité et d'élégance que ses frères les sauvages, plus aisément peut-être, en raison du développement que le tissu graisseux a pris chez lui ; il plonge, replonge, lisse son plumage et partage ainsi son temps entre la chasse aux petits poissons et les soins à donner à sa toilette ; cette dernière occupation n'est pas seulement dictée par la coquetterie, elle résulte de la nécessité d'entretenir les qualités hydrofuges de son habit, au moyen d'une matière huileuse qu'il recueille avec son bec sur une glande située près de son croupion.

CANARD DISPAR. *Fuligula dispar.* Gould.

Buffon s'élève avec éloquence contre les gens trop curieux de perfections harmoniques, qui médisent du cri du Canard : « Pour tout homme, philosophe ou non, dit-il, qui aime à la campagne ce qui en fait le plus grand charme, c'est-à-dire le mouvement, la vie, et le bruit de la nature, le chant des oiseaux et les cris de la volaille, variés par le fréquent et le bruyant *kan-kan* des Canards, n'offensent point l'oreille et ne font qu'animer, égayer davantage le séjour champêtre ; c'est le clairon, c'est la trompette parmi les flûtes et les hautbois, c'est la musique du régiment rustique. »

Disons encore que l'originalité spéciale des Canards ajoute singulièrement au pittoresque tohu-bohu d'une basse-cour ; friands d'école buissonnière, surtout lorsqu'elle a pour but des eaux vives, ils sont cependant méthodiques comme de vieux bourgeois. Si attrayant que soit le lieu de leurs ébats, si séduisantes que soient les bordées courues à l'ombre des grands saules, sur ce limpide cristal tapissé de longues herbes marines qui ondulent au gré du courant ; si appétissants, si provocateurs que se montrent les petits poissons dans leurs forêts aquatiques, le frai, les insectes sur les larges feuilles des nénuphars, aucune de ces séductions ne saurait leur faire oublier que la ponctualité est la vertu des sages. Lorsque l'heure de la retraite a sonné, ils reprennent d'eux-mêmes le chemin du logis, dans cet invariable ordre de marche que dépeint la chanson dont s'est amusée notre enfance, *titubant* d'autant plus que les panses se sont plus arrondies, mais graves, solennels comme des gens auxquels l'ébriété n'a jamais fait oublier le chemin de leurs lits.

La ponte des femelles commence au mois de mars ; chacune d'elles fournit de quinze à trente œufs, selon qu'on lui permet de couver ou qu'on lui enlève ses œufs à mesure qu'elle les pond. Si à cette époque on la laisse libre, très-souvent, comme la Dinde, elle choisit un endroit écarté pour y déposer ses œufs, ordinairement quelque touffe de joncs au bord des eaux et de préférence dans une île. Si elle parvient à soustraire son nid aux recherches, elle couve assidûment ; souvent on la croit perdue, et, on est agréablement surpris en la voyant reparaître un beau jour escortée d'une jeune famille.

Les Canetons vont à l'eau en sortant de la coquille ; mais, comme dans l'état de domesticité le froid et l'humidité leur sont contraires, il est prudent de les renfermer ainsi que leur mère pendant quelque temps.

On parvient encore mieux à prévenir le danger de ces bains trop hâtifs en les faisant couver par une Poule ; alors la première sortie des élèves devient un spectacle très-curieux. Les Canetons n'ont pas plutôt aperçu leur élément, que leur instinct les y conduit ; ils se poussent, ils se bousculent, ils trébuchent, ils roulent pour l'atteindre à l'envi les uns des autres ; ils s'y précipitent avec une sorte d'ivresse. Bouleversée par cette incompréhensible incartade, la pauvre mère s'élance à son tour vers la rive ; elle repousse les retardataires qui s'efforcent de rejoindre leurs frères ; les plumes hérissées, l'œil hagard, elle glousse avec fureur pour rappeler ses nourrissons indisciplinés, qui, absorbés par les délices d'une première pleine eau, ne l'écoutent guère ; dans son désespoir ou dans sa colère contre ces enfants aux goûts étranges, elle essaye quelquefois de les rejoindre, hasarde une passe, recule épouvantée au seul contact de cet écart où son instinct lui montre la mort, et elle continue sa pantomime désolée jusqu'à ce qu'elle ait reconquis la chère couvée qui, bientôt, mettra de nouveau ses entrailles maternelles à l'épreuve.

G. DE CHERVILLE.

Paris. — Imprimerie WIESENER ET Cⁱᵉ, rue Delaborde, 12.

LES TROIS RÈGNES DE LA NATURE

LECTURES D'HISTOIRE NATURELLE.

12 Août 1865.   Nº 85. — 15 centimes.

Ce Recueil paraît une fois par semaine. — On s'abonne à Paris, à la Librairie L. HACHETTE et Cie, boulevard Saint-Germain, nº 77.
Les abonnements se prennent du 1er de chaque mois. — Paris, six mois, 4 fr.; un an, 8 fr. — Départements, six mois, 5 fr.; un an, 10 fr.

ORGANISATION DES OISEAUX.

Appareil digestif. — Cœur et système vasculaire. — Organes incubateurs.

BALAENICEPS ROI. *Balaeniceps rex.* Gould.

L'appareil digestif des oiseaux comprend le bec comme organe préhenseur ou incisif; la langue comme organe de déglutition, de préhension et de gustation; les glandes sublinguales, buccales et sous-maxillaires, dont le produit humecte la cavité du bec; l'œsophage et sa dilatation désignée sous le nom de jabot; le ventricule succenturié ou estomac glanduleux; le gésier ou estomac musculeux; l'intestin grêle, le gros intestin, les organes urinaires, et enfin le cloaque, orifice terminal commun. Le foie et la vésicule du fiel, le pancréas et la rate, sont des annexes dont nous parlerons au sujet des sécrétions.

L'appareil digestif présente des différences notables suivant qu'on l'examine sur des oiseaux d'ordres, de familles et même de genres différents. Nous ne parlerons ici que des modifications principales, qui sont toujours en rapport avec le genre de nourriture particulier à chaque groupe.

A première vue, la forme extérieure du bec et sa plus

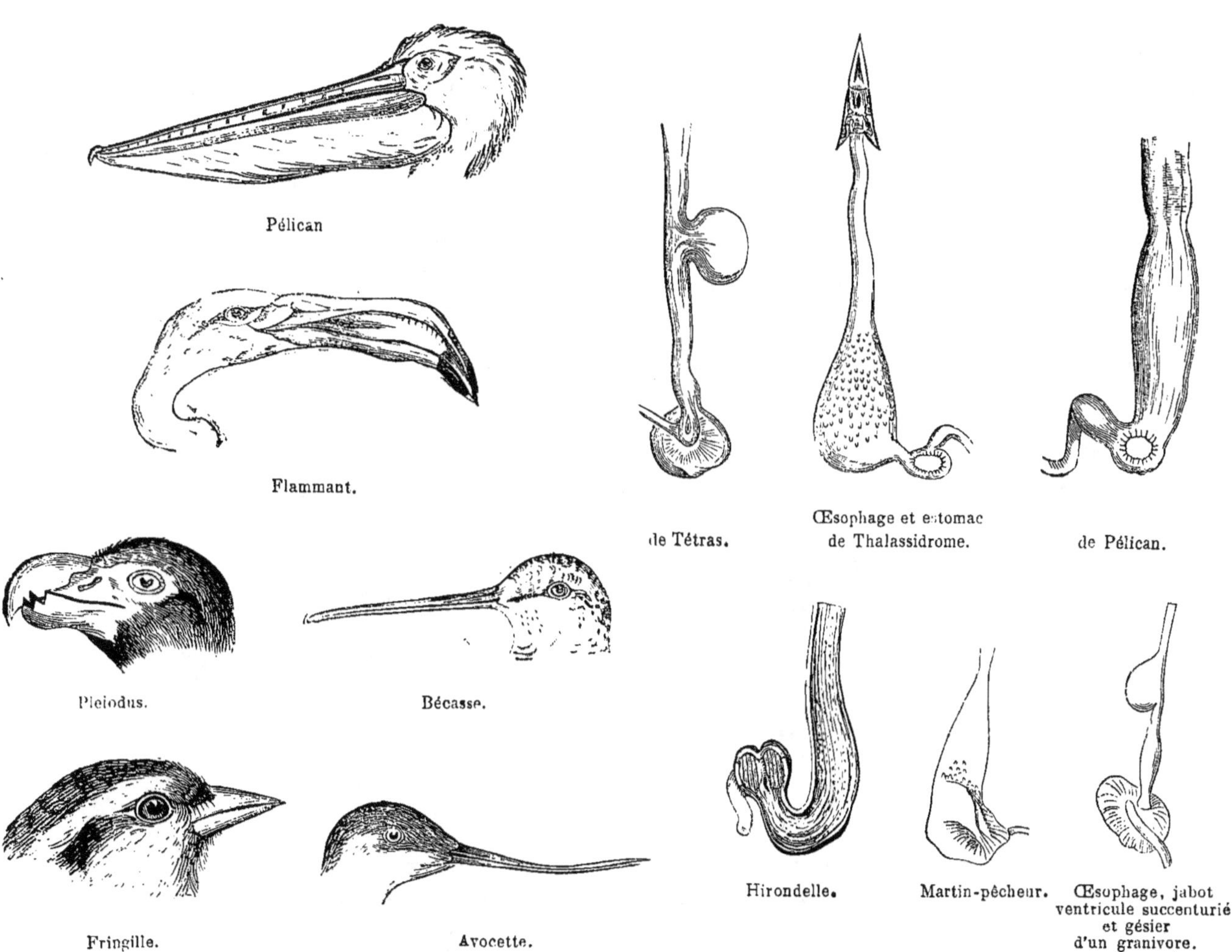

Pélican

Flammant.

Pleiodus.

Bécasse.

Fringille.

Avocette.

Œsophage et estomac
de Tétras.

Œsophage et estomac
de Thalassidrome.

de Pélican.

Hirondelle.

Martin-pêcheur.

Œsophage, jabot
ventricule succenturié
et gésier
d'un granivore.

ou moins grande dureté permettent de dire quel est le genre de nourriture propre à chaque espèce d'oiseaux. La cavité buccale est en parfait rapport avec la forme du bec; elle est plus ou moins ample, et elle présente à sa paroi supérieure plusieurs lignes de papilles allongées et dirigées d'avant en arrière; la mandibule inférieure supporte quelquefois une énorme poche membraneuse, comme on le voit chez le Pélican (fig. 139). L'arrière-bouche est humectée par la sécrétion de glandes nombreuses.

L'œsophage fait suite à la cavité buccale; il est situé à la face antérieure des vertèbres du cou, derrière la trachée-artère et un peu à sa droite. En général, il a beaucoup d'ampleur et d'extensibilité, surtout chez les jeunes oiseaux, qui, sortis encore imparfaits de l'œuf, ont besoin d'être nourris pendant quelque temps par leurs parents; tels sont les Grimpeurs et les Passereaux. Dans ces groupes, l'œsophage forme, à partir de la large cavité du bec et du pharynx, un sac dans lequel les parents introduisent la nourriture qu'ils ont préalablement triturée et humectée.

L'œsophage des rapaces, des échassiers et des palmipèdes conserve toujours une grande ampleur, ce qui permet à ces oiseaux, comme à un grand nombre de poissons et de reptiles, non-seulement d'avaler des animaux entiers, mais encore de régurgiter les aliments qui ont subi déjà un commencement de digestion. Chez les rapaces diurnes et nocturnes surtout, qui avalent leur proie avec plumes et poils qu'ils ne peuvent digérer, la régurgitation était indispensable : aussi trouve-t-on souvent dans les lieux fréquentés par ces animaux des pelotes formées de débris non digérés, plumes, poils et os rendus après la digestion des parties assimilables. Chez les oiseaux, les Hérons, les Cigognes, etc., qui vivent de poissons ou de reptiles dont le corps est allongé et ne peut être toujours complétement introduit au même moment dans un estomac déjà rempli, on trouve souvent intacte la partie de ces poissons ou de ces reptiles encore engagée dans l'œsophage, tandis que la partie qui a pénétré dans l'estomac est décomposée.

L'œsophage présente souvent vers sa partie moyenne une dilatation plus ou moins considérable à laquelle on a donné le nom de *jabot*. On observe cette dilatation

Œsophage du Pigeon, retournés et insufflés, pour voir les modifications de la membrane muqueuse à l'état ordinaire et à l'époque de l'éclosion des petits.

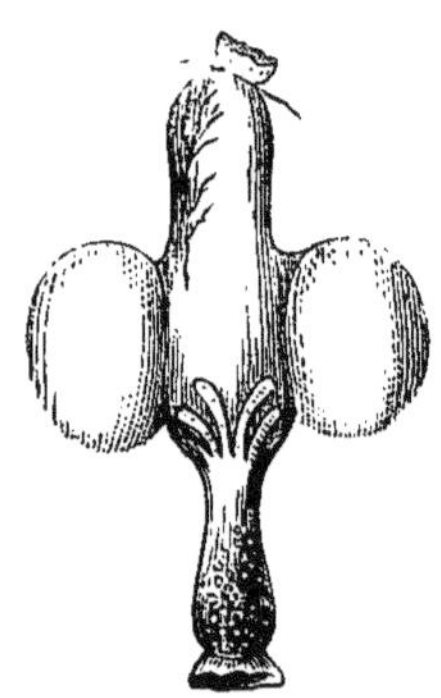
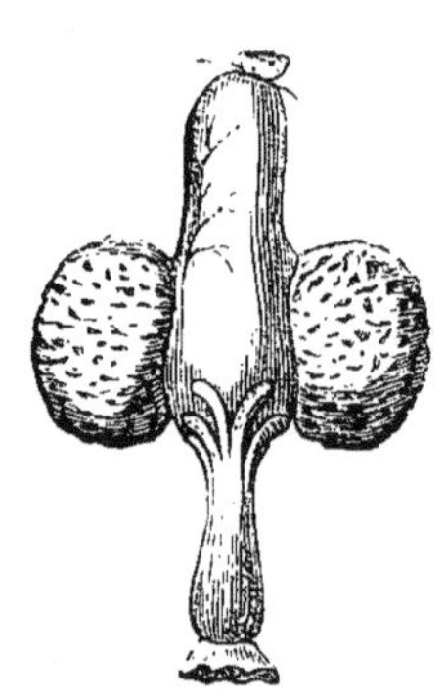

État ordina   État en nourrissant.

principalement chez les oiseaux granivores, que l'on a comparés, sous ce rapport, aux mammifères ruminants. On la rencontre aussi chez les oiseaux carnivores; mais dans ce dernier cas c'est plutôt une dilatation graduelle et uniforme du canal. Elle ne se trouve pas ou n'est que peu apparente chez les grimpeurs, les insectivores, les Autruches, les échassiers et les palmipèdes. Cette poche, ou jabot, est tapissée intérieurement d'une membrane muqueuse qui sécrète en abondance un liquide destiné à ramollir les aliments. Ils y subissent une première décomposition : comme le jabot est ample et que l'estomac, dont nous allons parler, ne l'est pas, il sert de lieu de réserve dans lequel les aliments peuvent être accumulés, et d'où ils passent dans l'estomac à mesure que ce dernier peut les recevoir. C'est du jabot que remonte la nourriture préparée pour les petits. On a constaté depuis longtemps déjà chez les Pigeons un fait très-intéressant, et une modification singulière du jabot

pendant qu'ils nourrissent leurs petits. En temps ordinaire le jabot des Pigeons ne présente rien de particulier; il a, le même aspect que celui de la plupart des autres oiseaux ; mais, pendant l'incubation, les parois membraneuses du jabot s'épaississent, les plis de la muqueuse se prononcent davantage, des glandes nombreuses se développent, deviennent très-apparentes et fournissent en abondance, au moment de l'éclosion, une sécrétion laiteuse qui ne cesse de se produire que lorsque les Pigeonneaux commencent à sortir du nid.

Chez beaucoup d'autres oiseaux, la nourriture donnée en pareil cas aux jeunes a subi une digestion plus avancée, il y a donc lieu de penser qu'elle est rappelée de l'extrémité inférieure de l'œsophage. Le jabot, placé en dehors du thorax, repose sur la fourchette et sur la membrane élastique qui unit les deux branches de cet os. A la suite du jabot, se trouve un rétrécissement peu étendu ou second œsophage qui, peu après son entrée dans la poitrine, se dilate de nouveau, et forme le ventricule succenturié ou de secours, premier estomac glanduleux dont la structure diffère surtout de celle du reste du canal intestinal par le volume et le nombre des glandes rougeâtres qui le tapissent. Ces glandes varient elles-mêmes beaucoup dans leur structure sui-

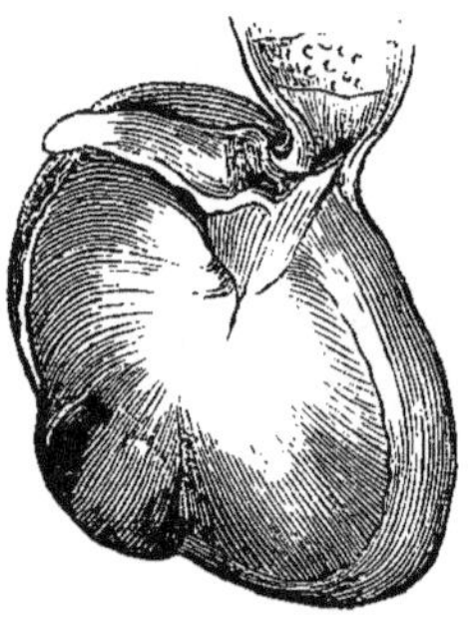

Gésier de Dindon.

vant les ordres ou les familles. Elles sont très-développées, piriformes et bordées de franges libres dans la Salangane, cette petite Hirondelle de Java qui construit ces nids gélatineux si renommés en Chine. En général, elles sont simples chez les oiseaux carnivores, volumineuses et ramifiées chez ceux qui vivent de graines ou de feuilles. Chez ces derniers, le ventricule succenturié, qui prépare le suc gastrique, a généralement des parois plus épaisses, des glandes plus rapprochées et plus développées, quoique assez petites. Chez les premiers et chez beaucoup d'échassiers, le ventricule succenturié est extrêmement large, court, ses parois sont minces, et il se continue d'une manière insensible avec le second estomac ou estomac musculeux (gésier), qui ne diffère du premier que par l'absence de glandes gastriques proprement dites, et par sa couche musculaire, qui peut imprimer un mouvement rotatoire aux aliments. Le gésier, plus ou moins épais, est couvert d'une aponévrose qui est le centre d'où rayonnent les fibres musculaires. Il est situé à gauche au-dessous du foie et fort en arrière dans la cavité abdominale. Le mouvement rotatoire dont nous venons de parler semblerait suffisamment prouvé par la forme arrondie que prennent, dans l'estomac des oiseaux de proie, les corps, plumes, poils et os qu'ils ne peuvent digérer. Mais le fait est complétement démontré par la formation, dans l'estomac du Coucou, de pelotes composées de poils de chenilles, véritables égagropiles tout à fait comparables à ceux qu'on trouve dans l'estomac des Chèvres. Les Chenilles velues dont se nourrissent particulièrement les Coucous ont des poils roides, terminés en fer de flèche et qui pénètrent assez avant dans la membrane muqueuse, où ils demeurent fixés par leurs crochets.

Thalassidrome de Wilson.

Disons en passant que cette disposition accidentelle, qui cesse quelque temps après que les Coucons ne trouvent plus de Chenilles velues, a été considérée, par erreur, comme un état normal de l'estomac de ces oiseaux. Quoi qu'il en soit, tous ces poils sont inclinés dans le même sens, et, pour qu'ils se dirigent tous du même côté, il faut qu'ils reçoivent cette direction du mouvement rotatoire des aliments contenus dans l'estomac.

La structure musculeuse du gésier est surtout bien prononcée chez les oiseaux qui vivent de substances végétales, comme les Pigeons, les Poules, les Dindons, les Oies, les Cygnes, etc. : chez ces animaux, les muscles constituent la plus grande partie de l'estomac ; leurs fibres denses et d'un rouge foncé aboutissent à un centre tendineux très-solide, et, comme la membrane interne ou muqueuse a une texture cornée, le viscère peut agir avec une force extraordinaire sur les substances qu'il est appelé à diviser.

Carus avait été frappé du développement énorme de l'épithélium ou muqueuse du gésier chez le Pétrel glacial. Cela surprend moins quand on sait que cet oiseau est carnivore ; on trouve en effet dans son estomac des débris de bras de Seiche divisés par un appareil composé de saillies coniques, cornées et analogues aux dents des poissons.

Ce fait, le premier de ce genre observé dans l'ordre des palmipèdes, a son analogue et se retrouve dans celui des Pigeons, avec des caractères tout aussi extraordinaires, si ce n'est même plus prononcés. Nous avons eu occasion de le constater, en 1860, sur un oiseau de la Nouvelle-Calédonie. On savait déjà que les vrais carpophages ou Pigeons mangeurs de fruits à noyaux avaient un gésier plus vigoureusement constitué que celui des autres colombidés, chez lesquels cet organe présente une membrane, non-seulement très-robuste, mais encore couverte de petits tubercules cornés, constituant un appareil destiné à la trituration des corps

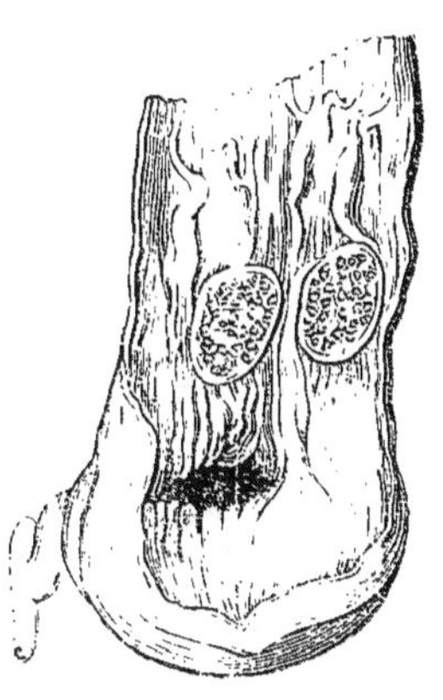

Partie interne de l'estomac
du Héron.

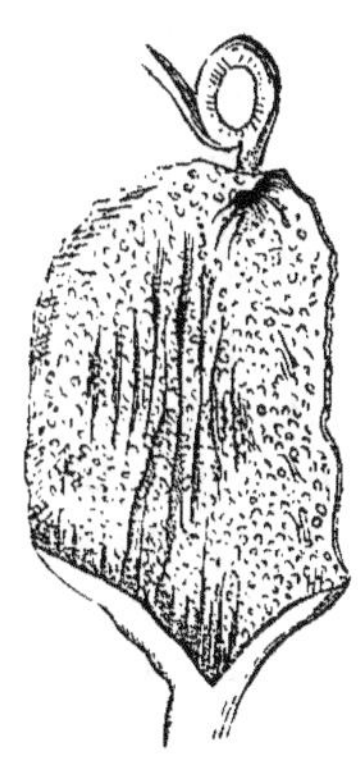

Partie interne de l'estomac
du Puffin.

Ventricule et gésier
de Faucon.

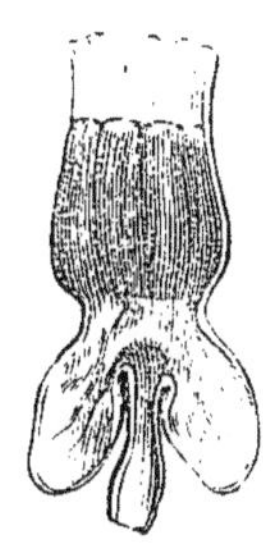

Ventricule et gésier
de Faucon, divisés et vus
à l'intérieur.

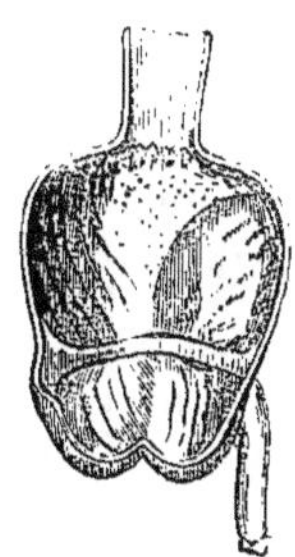

Ventricule de Pic
vu à l'intérieur.

durs renfermés dans les baies dont ces oiseaux font leur nourriture ordinaire.

Chez l'oiseau dont nous parlons et auquel on a donné le nom de *Phænorhine Goliath*, à cause de ses amples dimensions, ce caractère revêt une forme tout à fait anormale. Le gésier, déjà on ne peut plus musculeux par lui-même, a sa surface interne régulièrement couverte, non plus de simples tubercules cornés, mais de pointes véritablement osseuses, comme celles qui se voient à la surface du corps de la Raie bouclée. Ces pointes, en cône aplati, ont cinq millimètres à leur base et cinq ou six millimètres de hauteur ; elles sont inclinées, à droite sur l'une des parois, et à gauche sur l'autre ; de sorte que par le jeu musculaire de l'organe, au premier temps de la digestion, elles s'engrènent les unes dans les autres comme les dents d'une machine à broyer. Lorsque l'organe est entièrement desséché, ces espèces de dents se détachent de la membrane à laquelle elles adhéraient par un pédicule central fibreux qui permettait leur mobilité.

L'estomac musculeux, comme le fait observer Carus, ne se trouve pas exclusivement chez les oiseaux granivores ou herbivores. Il peut se produire jusqu'à un certain point chez les oiseaux de proie quand on les nourrit exclusivement de grains et d'autres substances végétales.

Il est à remarquer aussi que des espèces semblables, comme forme extérieure, diffèrent cependant par la disposition de leur estomac, approprié d'ailleurs au climat qu'elles habitent et à la nourriture dont elles font usage. Ainsi Home a fait voir que l'Autruche d'Afrique *(Struthio camelus)* a un large ventricule succenturié, qui se recourbe de bas en haut, pour s'ouvrir dans un petit gésier très-musculeux ; tandis que celle d'Amérique (*Rhea Americana*) a le gésier plus spacieux, mais formé de parois plus minces, dans lesquelles Carus a constaté la présence d'un appareil glanduleux particulier.

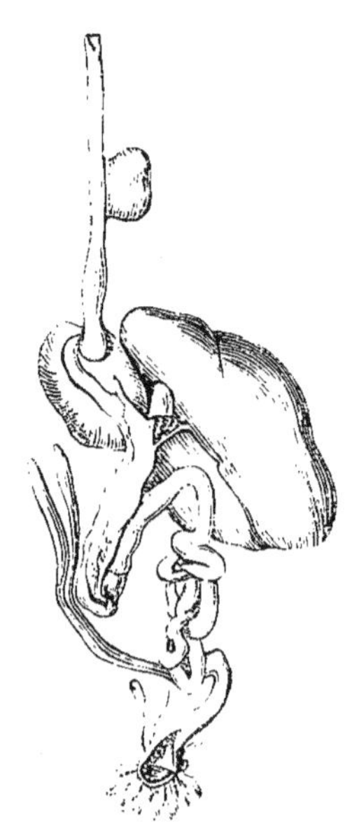

Tube digestif et foie
de la Poule commune.

Un physiologiste a dit que le gésier remplissait des fonctions analogues à celles des dents molaires, tandis que le bec représentait des dents incisives. Quoi qu'il en soit, on sait qu'un grand nombre d'oiseaux ont l'habitude d'avaler beaucoup de petites pierres, afin d'armer en quelque sorte leur estomac de dents étrangères ; et l'on a dû être surpris de voir le gésier supporter, sans inconvénient souvent, mais non toujours sans danger, la présence de morceaux de verre ou de pointes métalliques, qu'il parvient à émousser et à broyer dans un temps assez court. On a observé, dit Buffon, que le seul frottement dans le gésier avait rayé profondément et usé presque aux trois quarts plusieurs pièces de monnaie qu'on avait fait avaler à une Autruche.

L'orifice pylorifique du gésier forme un canal à parois molles et quelquefois assez dilaté pour être considéré comme un estomac accessoire. Les intestins, main-

tenus par un mésentère, ont moins de longueur que chez les mammifères, et le gros intestin est généralement si court, qu'il correspond à peine au rectum de ces derniers. Le canal intestinal est très-court chez la plupart des rapaces. Il a au contraire une longueur extraordinaire chez les Gorfous et Sphénisques, notamment chez le Manchot (*Aptenodytes demersa*).

Les parois musculeuses de l'intestin sont ordinairement fort épaisses, et la plupart du temps la membrane interne est couverte de villosités très-longues, qui en garnissent toute l'étendue, à l'exception seulement des cœcums.

Chez plusieurs palmipèdes, l'Oie par exemple, la partie antérieure du canal intestinal est couverte de plis longitudinaux ondulés, qu'on rencontre fréquemment aussi chez les Passereaux, et qui disparaissent dans les cœcums, où ils sont remplacés par des villosités. Il n'existe dans la plupart des animaux qu'un seul cœcum, qui forme la première partie du gros intestin ; chez les oiseaux, il y en a le plus souvent deux, et leur longueur

Atelornis squammigère. Lafresnaie.

est très-variable. Ils représentent deux appendices vermiformes placés à droite et à gauche de l'intestin. Ils sont très-longs chez les oiseaux qui vivent de substances végétales, comme les Poules, les Faisans, les Paons, les Pintades, les Oies, les Cygnes ; plus courts chez la Chouette, le Coucou, la Bécasse, la Grue, le Pélican, etc. ; plus courts encore chez les Pigeons, les Corbeaux, les Pies-Grièches, les Moineaux, etc. ; très-courts enfin chez les rapaces, les Mésanges, la Cigogne, les Mouettes, etc. Il n'y a qu'un seul cœcum, parfois roulé en spirale, chez le Héron, le Butor, le Harle. On n'en trouve aucune trace chez les Zygodactyles, Perroquets et Pics. Le Martin-pêcheur, la Huppe et le Cormoran en sont aussi privés. On ne connaît que quelques oiseaux granivores, les gallinacés, par exemple, chez lesquels le gros intestin soit séparé de l'intestin grêle par une sorte de valvule.

On sait combien les oiseaux ont contribué et contri-

buent encore tous les jours à la distribution de certaines
plantes à la surface du globe, et, sans parler de notre
Draine, dont les excrétions conservent intactes les baies
de gui qu'elles transportent à grande distance au détriment des arbres sur lesquels elle les dépose, combien
ne pourrait-on pas citer d'autres oiseaux qui ont la
même mission à remplir ! Les Pigeons, surtout ceux
dits *Muscadivores*, qui répandent et multiplient la mus-
cade dans toutes les îles et dans les moindres îlots de

Milan.

la mer des Indes et de l'Océanie; les Pardalottes, et
beaucoup d'autres petits oiseaux qui transportent tant
de plantes parasites sur les arbres des forêts de la Nouvelle-Hollande. La conservation des graines dans le
tube digestif des oiseaux ne dépend, au dire de Carus,
que de l'absence de valvules aux orifices cardiaque et
pylorique, d'ailleurs assez rapprochés l'un de l'autre
pour que ces graines passent dans l'intestin sans avoir
subi d'altérations. Banks assure même que les graines
qui ont traversé le canal alimentaire d'un oiseau ger-
ment beaucoup plus promptement que d'autres.

Peut-être est-ce à une organisation semblable que
les Glaréoles, ces oiseaux si difficiles à classer, doivent de rendre intactes les carcasses des sauterelles,
dont ils sont très-friands. Ces insectes ne perdent en
effet, pendant leur séjour dans le canal intestinal des
Glaréoles, que leurs parties molles internes; leur enveloppe plus ou moins dure n'éprouve aucune altération.
L'observation de ce fait est due à M. Jules Verreaux.

ANNEXES DU TUBE DIGESTIF.

Les sécrétions chez les oiseaux, comme chez tous les
animaux, sont le produit de diverses glandes ou organes
glanduleux, tels que le foie, le pancréas, les reins, etc.,
annexes glanduleuses du tube digestif, et en communication avec lui par des canaux particuliers et plus ou
moins nombreux.

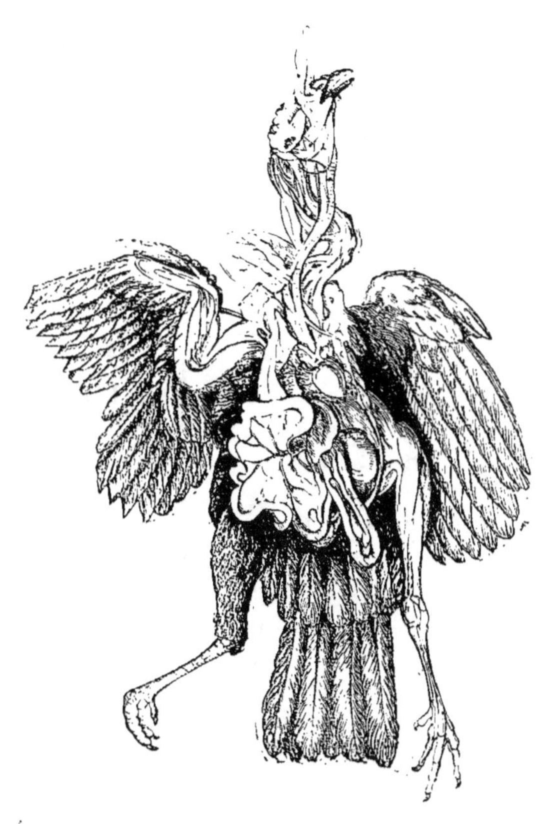

Tube digestif et annexes du Dindon.

Quoiqu'il existe un rapport déterminé entre l'appareil salivaire et celui de la mastication, la sécrétion
salivaire chez les oiseaux consiste généralement plutôt
en un simple mucus qu'en une véritable salive, car
elle est épaisse et visqueuse. Elle a ce caractère chez
la plupart des Fissirostres, les Engoulevents et surtout
les Hirondelles, qui en font un si utile et si constant
usage pour la construction et la consolidation de leurs
nids, et aussi chez les Pies, où elle forme sur la langue
un enduit gluant dont ils se servent pour saisir leur proie.

Les glandes salivaires sont petites, et en plus grand
nombre chez les oiseaux de proie ; mais elles ne sont
chez aucun oiseau plus développées et plus nombreuses
que chez ceux qui vivent de substances végétales.

Le foie est plus volumineux relativement chez ces
animaux que chez l'homme et les mammifères. Composé de deux lobes, il est couvert en avant par le sternum, et s'appuie en arrière sur les poumons, où il est

même retenu par les parois des cellules aériennes qui le tapissent de leurs prolongements. Cet organe varie de grosseur selon les ordres ou les familles. Les échassiers et les palmipèdes sont ceux qui l'ont le plus volumineux, puisqu'il varierait de $\frac{1}{30}$ à $\frac{1}{19}$ du poids du corps; tandis que les rapaces sont ceux qui l'ont le plus petit, son poids ne variant que de $\frac{1}{77}$ à $\frac{1}{73}$ de celui du corps.

La vésicule de fiel n'existe pas chez tous les oiseaux. Carus l'a cherchée en vain dans le Perroquet et le Pigeon; d'autres anatomistes ne l'ont pas trouvée dans la Pintade, la Gélinotte, le Paon et l'Autruche, tandis qu'on l'aurait observée chez les Nandous et le Casoar. Dans le Toucan, cette vésicule est étroite, mais d'une longueur remarquable, puisqu'elle s'étend à presque toute la cavité abdominale, d'après Meckel.

Nous reviendrons sur ce fait assez remarquable de l'absence ou de la présence de la vésicule biliaire chez les oiseaux, en traitant de la coloration de leurs œufs.

On sait que c'est en augmentant la nourriture et en diminuant le mouvement musculaire que l'on parvient chez plusieurs oiseaux domestiques, notamment les Oies, à faire grossir considérablement leur foie, et à convertir sa substance en une masse graisseuse qui conserve à peine les caractères du foie normal.

Le pancréas, dont la sécrétion se verse dans l'intestin, suit les mêmes proportions que le foie dans les diverses familles ornithologiques. Cet organe, situé, chez les oiseaux, dans l'espace formé par l'anse de la circonvolution intestinale, a souvent une grande longueur, et, en général, son volume est aussi plus considérable que dans aucune autre classe du règne animal; très-petit chez les rapaces, il est très-gros chez les oiseaux qui vivent de végétaux.

Les reins, organes sécréteurs de l'urine, sont spongieux, multilobés et d'un brun rouge foncé. Assez petits chez les oiseaux de proie, ils sont plus gros chez les échassiers et les palmipèdes. Chez la Cresserelle, leur poids, comparé à celui du corps, donne $\frac{1}{93}$; il donne $\frac{1}{77}$ chez le Vanneau et $\frac{1}{76}$ chez le Harle. Quel que soit le développement de ces organes, la sécrétion urinaire se réduit à fort peu de chose, et elle est presque nulle dans la plupart des oiseaux, quoique l'on ait reconnu chez presque tous l'existence d'uretères descendant le long de la paroi tergale du bassin; et, comme il n'y a pas de vessie, ces uretères s'ouvrent directement dans le cloaque au bord du rectum.

L'urine ressemble beaucoup à celle des reptiles sauriens; elle contient une si grande quantité d'acide urique, de carbonate et de phosphate calcaires, qu'elle ne tarde pas à se concéder, et forment ordinairement, autour des excréments, un enduit blanc que l'action de l'air convertit bientôt en une masse friable.

L'Autruche et le Casoar sont, d'après Cuvier, les seuls oiseaux qui puissent évacuer séparément leur urine et leurs excréments.

Chez presque tous les oiseaux, il existe sur le croupion, au-dessus des dernières vertèbres caudales, une glande bilobée, plus ou moins développée, mais remarquable par ses proportions, surtout chez les oiseaux d'eau. Cette glande s'ouvre à la surface de la peau et fournit une sécrétion huileuse avec laquelle ces animaux graissent et lustrent leurs plumes. Ils prennent ce corps gras avec le bec et l'étalent aussi habilement qu'on pourrait le faire avec un peigne.

Glande du croupion.

Chez quelques espèces, la sécrétion fournie par la glande du croupion est odorante; le Canard musqué en offre un exemple; chez toutes, ce corps gras, couvrant les plumes, les rend impénétrables à l'eau, qui glisse sur leur surface.

CŒUR ET SYSTÈME VASCULAIRE.

Le cœur des oiseaux ressemble beaucoup à celui des mammifères. Comme chez ces derniers, il est placé sur la ligne médiane et dans l'axe du corps; sa pointe est logée entre les lobes du foie. Il est formé de deux moitiés, gauche et droite, sans communication, et chaque moitié comprend un ventricule et une oreillette en communication directe. Il devait en être ainsi chez des animaux présentant l'appareil respiratoire le plus compliqué et le plus étendu. Aussi le sang qui revient du corps au cœur pour être revivifié par les poumons est-il séparé de celui qui a été revivifié et doit être renvoyé du cœur à toutes les parties du corps. Parmi les vertébrés, les oiseaux et les mammifères seuls présentent cette disposition, qui n'est qu'indiquée chez les reptiles. Mais, chez les oiseaux, le sang s'oxygène ou se

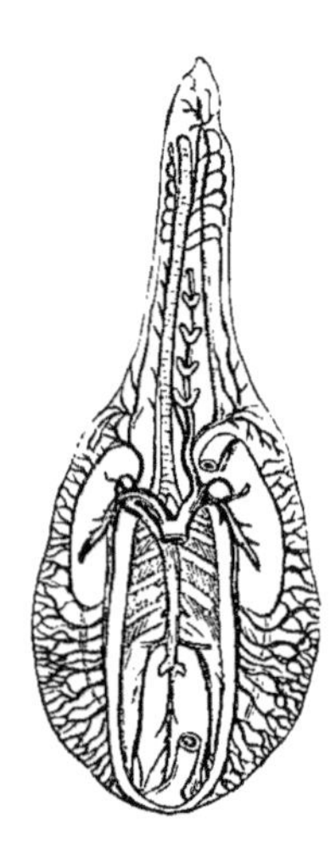

Plexus incubateurs du Grèbe huppé.

revivifie, non-seulement dans les poumons, mais encore dans de nombreuses cellules aériennes répandues dans diverses parties du corps, et dont nous parlerons plus loin; il y a donc chez eux des surfaces bien plus étendues pour le contact de l'air avec les vaisseaux capillaires; c'est un moyen d'oxygénation du sang de plus que chez l'homme et les mammifères.

Nous ne dirons rien de l'appareil vasculaire des oiseaux, lequel, pour la distribution des artères et des veines et leurs ramifications, ne diffère pas de ce qu'on sait des mêmes organes chez les autres animaux vertébrés. Nous parlerons néanmoins d'une disposition vasculaire toute particulière à la peau des oiseaux, et qui se rattache à l'incubation.

Il existe beaucoup de faits dont les causes sont entièrement ignorées : tel est, entre autres, le besoin que paraissent éprouver les femelles des oiseaux à couver. Prenons pour exemple l'espèce la plus commune, la Poule domestique. La Poule qui obéit au besoin de couver se place et reste dans la position de couveuse, alors même qu'elle n'a pas d'œufs sous elle ; et, presque toujours, il faut lui faire violence pour la rendre à ses habitudes ; quelquefois les violences sont inutiles, et la couveuse persiste malgré les privations auxquelles on la soumet. Comment expliquer, dit Daudin, ce soin de tous les oiseaux pour construire un nid et couver leurs œufs avec assiduité et une sorte de tendresse, si nous ôtons à ces industrieux animaux la faculté de prévoir quel sera le résultat de leurs soins ? Comment concevoir cet esclavage auquel ils se condamnent volontairement pendant plusieurs jours de suite, souvent un mois, lors même qu'ils n'ont pu avoir appris que ces œufs doivent donner naissance à des petits ? L'incubation est un mystère pour nous : cependant, s'il est permis de former des conjectures sur les causes qui produisent ce besoin chez l'oiseau, ne peut-on pas le regarder comme une conséquence nécessaire de la loi de conservation de l'espèce ? Une nourriture abondante semble augmenter ce besoin chez nos oiseaux de basse-cour. Les mères paraissent éprouver un vif plaisir pendant l'incubation, et elles nous montrent évidemment par leur persévérance qu'elles prévoient le résultat de leur ponte et de l'incubation.

On sait que la poitrine et l'abdomen des couveuses sont naturellement le siége d'une irritation qui se manifeste lorsque la ponte est terminée ; et l'on produit même artificiellement cet état d'irritation sur les Dindes et les Poules qu'on veut forcer à couver, en leur frottant ces parties avec des orties. Mais on n'avait pas remarqué que cette irritation était indiquée par la présence de taches rouges produites par des réseaux ou plexus vasculaires découverts par Barkow, et désignés par lui sous le nom d'organes incubateurs. Déjà cependant Fober avait reconnu que les Pingouins, les Guillemots et le Macareux arctique, qui ne pondent généralement qu'un seul œuf, avaient une tache sur chaque côté de la poitrine, tandis que les autres oiseaux qui ne pondent aussi qu'un seul œuf ne présentaient qu'une seule tache, et il expliquait la présence de deux taches d'incubation chez les premiers par la nécessité de chauffer leur œuf unique alternativement par l'une et l'autre tache.

Cette observation de Fober, faite sur des oiseaux qui ont tant d'inaptitude à couver par suite de l'organisation incomplète de leur appareil locomoteur, devait conduire à la découverte des mêmes organes chez d'autres oiseaux, et c'est ce qui est arrivé. En effet, Barkow et Nitzsch ont fait de nombreuses recherches, et l'on doit au premier de ces anatomistes la description exacte de l'organe incubateur du Grèbe huppé. Ces plexus, qu'on rencontre sur plusieurs points de la poitrine et du ventre des oiseaux, sont formés d'une multitude d'artérioles fréquemment anastomosées, flexueuses, et d'un nombre correspondant de veines. Ils se trouvent sous la peau, et fournissent du sang en abondance aux parties qui sont destinées à l'incubation des œufs.

A ces organes incubateurs, dont le nombre varie, correspondent extérieurement les taches d'incubation représentées par des portions de peau privées de plumes, et qui s'appliquent sur les œufs pour leur communiquer immédiatement la chaleur nécessaire. Ces taches sont souvent élargies par l'oiseau, qui s'arrache des plumes et du duvet, ainsi qu'on le remarque chez les Oies et les Canards. Elles se remarquent exclusivement chez les femelles dans la plupart des oiseaux qui en sont pourvus, mais elles s'observent exceptionnellement chez le mâle dans le genre phalarope. On sait, en effet, que dans ce genre d'oiseaux aquatiques, c'est sur les mâles que retombent en grande partie le soin de l'incubation.

Pour terminer ce que nous avons à dire du système vasculaire, nous aurions à parler des vaisseaux lymphatiques ; mais nous ne pourrions le faire sans aborder de détails sans intérêt réel pour nos lecteurs, et nous nous bornerons à dire que les oiseaux présentent des vaisseaux lymphatiques dans presque toutes les parties du corps, et que ces vaisseaux même suivent le trajet que les artères.

(La suite prochainement.)

Macareux de Latham.

LES TROIS RÈGNES DE LA NATURE

LECTURES D'HISTOIRE NATURELLE.

19 Août 1865.   N° 86. — 15 centimes.

Ce Recueil paraît une fois par semaine. — On s'abonne à Paris, à la Librairie L. HACHETTE et Cⁱᵉ, boulevard Saint-Germain, n° 77.
Les abonnements se prennent du 1ᵉʳ de chaque mois. — Paris, six mois, 4 fr.: un an, 8 fr. — Départements, six mois, 5 fr.; un an, 10 fr.

ORGANISATION DES OISEAUX (Suite).

Appareil de la respiration. — Sacs aériens. — Organes de la voix et du chant.

APPAREIL DE LA RESPIRATION.

Rien ne distingue mieux la classe des oiseaux de toutes les autres classes de vertébrés que l'étendue de l'appareil de la respiration. Cette fonction, dit Virey, qui domine toutes les autres chez ces habitants de l'air, imprime toute son énergie à leur constitution ; et, si l'on peut dire de quelque corps vivant qu'il est embrasé, consumé du feu de la vie, c'est de l'oiseau qu'il faut parler. L'étendue considérable de ses poumons, l'absence d'un diaphragme, l'existence de nombreux sacs ou réservoirs de l'air, celle de canaux qui distribuent cet air dans toutes les parties du corps, sous la peau, dans les plumes et jusque dans l'intérieur même des os, expliquent sa pétulante mobilité, son énergie, sa chaleur. En effet, de tous les animaux, les oiseaux sont ceux qui développent le plus de chaleur et consomment le plus d'oxygène. La température de leur corps est constamment supérieure à celle des autres êtres vivants; elle dépasse de deux ou trois degrés et plus celle de l'homme.

L'appareil de la respiration se compose d'un larynx supérieur, d'une trachée plus ou moins longue, d'un larynx inférieur, de bronches, de poumons, de sacs aériens et de cellules osseuses. Quelques-unes de ces parties ne se trouvent que chez les oiseaux et seront le sujet de détails fort intéressants.

L'air introduit par les narines traverse l'ouverture nasale postérieure et pénètre dans le larynx par une fente longitudinale (glotte) placée derrière la base de la langue. Des papilles dirigées d'avant en arrière ferment l'ouverture de la glotte pendant la déglutition et remplacent l'épiglotte ou valvule qui se trouve chez l'homme et les mammifères, et sert à empêcher les aliments solides ou liquides de s'introduire dans le canal réservé exclusivement au passage de l'air. Quelques oiseaux seulement ont une épiglotte rudimentaire.

Le larynx supérieur est formé par la réunion de plusieurs pièces cartilagineuses; la principale présente la forme allongée d'un bec d'aiguière et constitue, avec ses accessoires, la première partie d'un tube plus ou moins long, formé

Tantalus loculator, d'après Audubon.

d'anneaux cartilagineux ou osseux souvent très nombreux et réunis par une membrane musculeuse qui favorise la flexibilité, l'allongement ou le raccourcissement du tube. Ce tube est connu sous le nom de trachée ou trachée artère ; il présente quelquefois un renflement ou tambour cartilagineux ou osseux vers son extrémité inférieure ou près de sa bifurcation. La trachée est d'une longueur très-variable, mais qui n'est pas toujours pro-

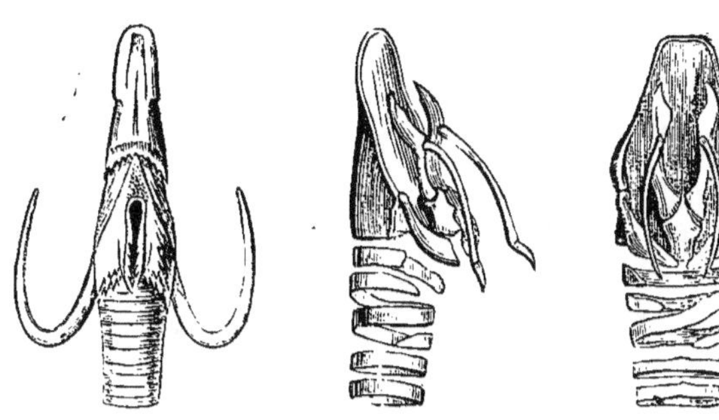

Glotte et partie supérieure
de la trachée de l'Aigle royal.

Cartilages du larynx supérieur
et premiers anneaux de la trachée,
séparés et vus de profil et de face.

portionnée à celle du cou ; quelques espèces ont en effet une trachée contournée et repliée de diverses façons.

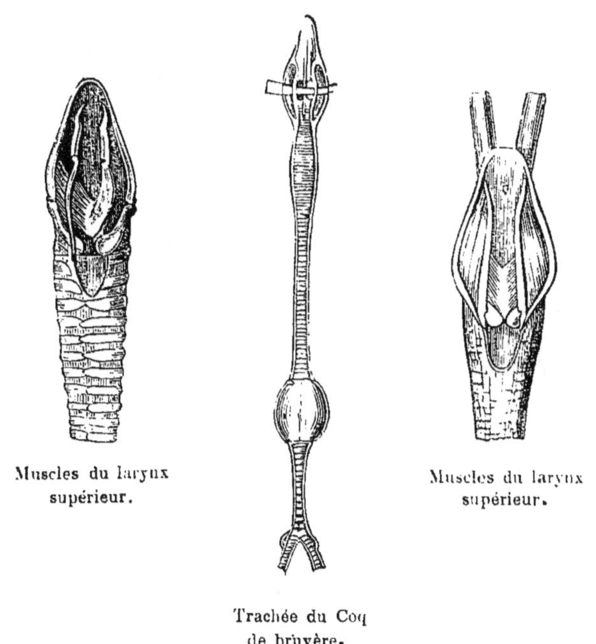

Muscles du larynx
supérieur.

Trachée du Coq
de bruyère.

Muscles du larynx
supérieur.

Les flexuosités dont nous parlons sont toujours plus prononcées chez les mâles ; quelquefois elles sont logées dans la crête du sternum, comme on le voit chez la Grue et le Cygne chanteur, ou seulement placées sous le jabot, comme chez le Coq de bruyère et le Cassican de Kéraudren.

Jusque dans ces derniers temps, on supposait que la trachée ne présentait de flexuosités que chez les oi-

seaux des ordres inférieurs, et le Cassican de Kéraudren était l'unique exception citée parmi les Passereaux ; cependant le Céphaloptère penduligère, découvert, il y a trois ou quatre ans, dans l'Amérique du Sud, fournit une seconde exception avec ce caractère particulier, qu'au tiers de la trachée il existe un renflement considérable, sous forme globuleuse, qui fait ressembler la voix de cet oiseau au mugissement d'un

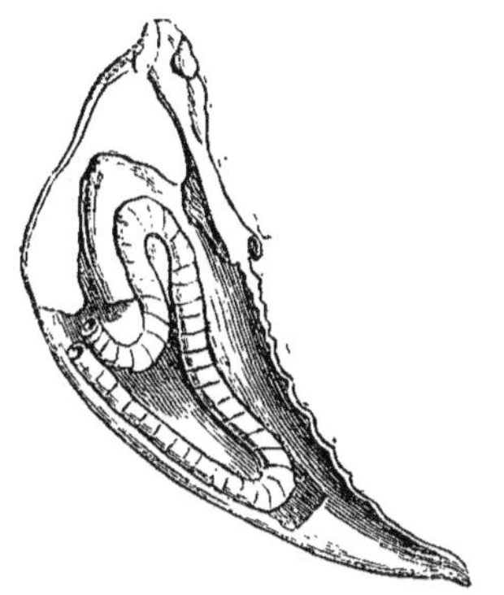

Trachée s'étendant jusqu'à dans la crête
du sternum de la Grue.

bœuf. La largeur et la solidité des anneaux dont la trachée se compose varient aussi beaucoup ; ils sont minces comme des fils et très-flexibles chez les oiseaux chanteurs ; larges et presque osseux chez ceux qui ont une voix rauque et dure ; ils sont même soudés entre eux chez certaines espèces à voix plus forte. Enfin la trachée affecte des formes diverses, et son diamètre peut présenter des inégalités dans l'étendue du tube ; elle peut être plus large au milieu qu'aux extrémités, conique, régulière, dilatée ou rétrécie dans certaines parties. Elle peut être allongée ou raccourcie par des muscles particuliers plus développés chez les oiseaux dont le larynx inférieur n'a pas de muscles propres que chez les oiseaux chanteurs, qui ont, comme nous le verrons, un appareil vocal plus compliqué et plus perfectionné. Le larynx inférieur, que l'on trouve chez les oiseaux seulement, est formé par une membrane tendue à la partie inférieure de la trachée et formant au-dessus ou au niveau de la bifurcation des bronches une sorte de valvule circulaire plus étroite que la trachée dans l'intérieur de laquelle elle fait saillie. Cette membrane, unique et double suivant la position qu'elle occupe au-dessus ou au niveau de la bifurcation, présente une ouverture par laquelle l'air chassé des poumons doit passer en imprimant des vibrations plus ou moins fortes à la membrane et à la colonne d'air en mouvement dans le tube trachéen et même à ses parois. La membrane constituant le larynx inférieur est le plus souvent tendue par de petits muscles dont le nombre varie beaucoup et dont le jeu, combiné avec l'allongement ou le raccourcissement de la trachée, produit des tons variés. Mais cette complication, nous devrions dire cette perfection, ne se rencontre pas chez tous les oiseaux, et leur voix présente des différences extrêmes, qui s'expliquent par des dispositions anatomiques dont nous allons parler.

Parmi les oiseaux dont le larynx inférieur est simple et n'a pas de muscles particuliers, les uns ont vers la partie inférieure de la trachée des tambours ou dilatations osseuses ou membraneuses, et, dans ce dernier cas, soutenus par des arcs osseux, comme on le voit

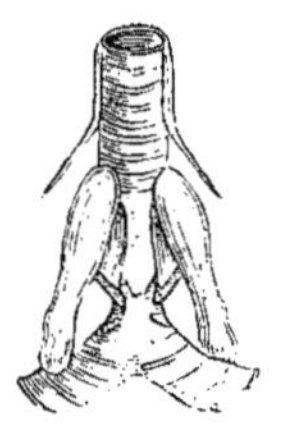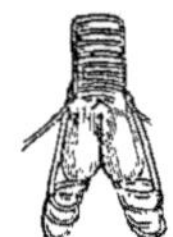

Larynx inférieur
du Perroquet

Larynx inférieur du Rossignol, fortement grossi.

chez les Canards et les Harles : ces dilatations sont beaucoup plus développées chez les mâles, aussi leur voix est-elle beaucoup plus creuse que celle des femelles, qui ont la voix plus aigre et plus aiguë. La discordance dans la voix de ces animaux tient à la position des dilatations à l'origine des bronches et à l'inégalité des membranes et des tambours. Les autres n'ont pas de dilatations, mais les anneaux de la trachée sont plus distants et permettent une compression latérale. Cette disposition et la situation plus élevée de la membrane, qui n'a alors qu'une seule ouverture, expliquent l'acuité du son produit ; le Coq commun en est un exemple. Les oiseaux dont le larynx inférieur a des muscles spéciaux présentent des différences d'autant plus avantageuses à la finesse des sons que l'appareil est plus compliqué et plus flexible ; dans ce cas, l'allongement ou le raccourcissement de la trachée n'apporte pas de modifications sensibles à la voix.

1° Il peut n'y avoir qu'un seul muscle : les Faucons, les Foulques, les Bécasses et presque tous les oiseaux de rivage à bec grêle sont dans ce cas. Mais la position de ce muscle varie beaucoup, et l'organe entier subit l'influence de cette variation et produit autant de voix différentes. Ce muscle, en effet, prend son point d'appui sur le dernier anneau ou sur l'avant-dernier dans les espèces dont nous venons de parler, et il peut le prendre sur les anneaux qui suivent, de sorte que la longueur du muscle correspond à la distance de trois, cinq ou sept anneaux trachéens, comme on le voit chez les Martins-pêcheurs, les Coucous et les Chouettes.

2° Il peut y avoir plusieurs paires de muscles : les Perroquets, par exemple, en ont trois paires, et, quoiqu'ils n'aient pas la voix agréable, ce qui tient à la rigidité de leur trachée, ils peuvent cependant la varier beaucoup pour le ton, l'intensité, et ils arrivent à imiter les sons étrangers et souvent même la voix humaine.

Les oiseaux chanteurs ont jusqu'à cinq paires de muscles ; mais, parmi ces oiseaux, il y a de nombreuses distinctions : les uns, Rossignols, Fauvettes, Serins, Linottes, Alouettes, sont les plus appréciés. Chez eux l'appareil vocal est d'une flexibilité remarquable : aussi leur voix est-elle plus modulée. Les autres, Étourneaux, Merles, ont encore une voix agréable, mais déjà moins flexible ; d'autres enfin, quoique réunissant les conditions organiques nécessaires, croassent plutôt qu'ils ne chantent : ce sont, par exemple, les Pies, les Geais, les Corbeaux.

Pour expliquer ce résultat singulier, il faut remarquer d'abord, dit Cuvier, que les facultés physiques apparentes ne sont pas les seules causes qui déterminent les actions des animaux, et qu'il y en a d'une nature plus délicate, dont on désigne l'ensemble par le nom d'instinct, sans en connaître la nature. Ainsi il est bien clair que c'est l'instinct seul, et non pas la forme de l'instrument musical, qui a déterminé les airs naturels à chaque espèce d'oiseau, puisque ces espèces apprennent à se contrefaire l'une l'autre, et qu'on en a vu plusieurs, dont le chant naturel diffère beaucoup, apprendre avec une facilité presque égale à chanter les airs qui leur sont enseignés par un siffleur, par une serinette, ou même par un autre oiseau. Les oiseleurs ont même observé que les Rossignols, pris très-jeunes, ne chantent jamais aussi bien que les Rossignols sauvages, à moins qu'on ne suspende leur cage à la campagne, dans les lieux où ils puissent entendre ces derniers. D'un autre côté, des oiseaux dont le ramage naturel est assez peu agréable, tels que le Bouvreuil, qui grince comme une scie, ou l'Étourneau, qui a un cri si aigre, peuvent être perfectionnés par les soins de l'homme, et devenir d'assez jolis chanteurs ou siffleurs. Nous en avons de nombreux exemples : il y a aux Tuileries, dans la salle à manger de madame Rollin, dont le goût exquis a rassemblé une infinité de ces petits trésors naturels, un Bouvreuil dont la voix mélodieuse et ravissante surprend toutes les personnes qui l'entendent.

On peut dire en général que les oiseaux compris dans la série des chanteurs sont loin d'avoir des chants ou des voix analogues pour l'agrément, et que si les différences anatomiques qu'ils présentent ne sont pas toujours proportionnées à l'énorme différence dans la voix, cela n'a rien qui doive surprendre. La plus simple modification, parmi celles même qui échappent à l'appréciation anatomique, suffit pour transformer la voix. L'Homme, qui représente un type spécifique qu'on dit parfaitement organisé, offre toutes les nuances possibles dans la voix et peut servir à démontrer qu'indépendamment de la forme organique du larynx, il y a une aptitude musicale particulière qui n'appartient pas à l'espèce, mais seulement à quelques individus, et que cette aptitude même peut se développer par l'éducation ; aussi, quoique tous les oiseaux de la même espèce aient naturellement la même voix, il en est dont le chant est bien supérieur à celui des autres. Parmi les oiseaux dont le larynx a cinq paires de muscles, on trouve un certain nombre d'espèces qui ne donnent jamais que des sons faux ou au moins très-désagréables. Cela tient, dit Cu-

CACATOES. *Cacatua Eos.*

CACATOES. *Cacatua Galerita.*

CACATOES. *Cacatua Leadbeateri.*

CACATOES. *Cacatua sanguinea.*

vier, d'une part, au timbre de leur instrument, et, de l'autre, à ce que la mobilité de leur trachée n'est pas en rapport avec celle de leur larynx inférieur; car on comprend que si la trachée est immobile dans sa longueur et ne peut s'accommoder aux variations de ce larynx, les sons produits seront faux et discordants. On comprend aussi que ces sons seront désagréables toutes les fois que le diamètre des diverses parties de l'organe n'aura pas des dimensions convenables et présentera des renflements ou des rétrécissements. Mais en général

PIC A GORGE JAUNE. *Cloropicus chlorocephalus*. Gmelin

PIC HIRONDINACÉ. *Melampicus hirundinaceus*. Malherbe.

1. 2. 3. PIC TRAPU. *Micropicus concretus*. Temminck.
Mâle, jeune, mâle et femelle.
4. 5. PIC DE HARTLAUB. *Micropicus hartlaubii*. Malherbe.

1. 2. PIC A COLLIER. *Melampicus torqualus*. Audub ,
3. 4.   d°   d°   adultes.   d° à collier. Malherbe.
5. 6.   d°   d°   jeunes femelles.
PIC DE LEWIS. *Melampicus Lewis*. Wilson.

les oiseaux doivent la facilité qu'ils ont de varier les sons et d'imiter plus ou moins grossièrement la voix humaine au nombre de muscles que présente leur larynx inférieur.

Avant de compléter tout ce que nous avons à dire de

la voix des oiseaux, et pour être plus facilement compris, il faut que nous terminions la description des autres parties de l'appareil respiratoire.

L'extrémité inférieure de la trachée se divise en deux branches, qui se dirigent obliquement à droite et à gauche vers les poumons; ce sont les bronches, qui ont à peu près la même organisation que la trachée et qui conduisent l'air dans les poumons et les sacs aériens.

Les poumons des oiseaux représentent deux masses

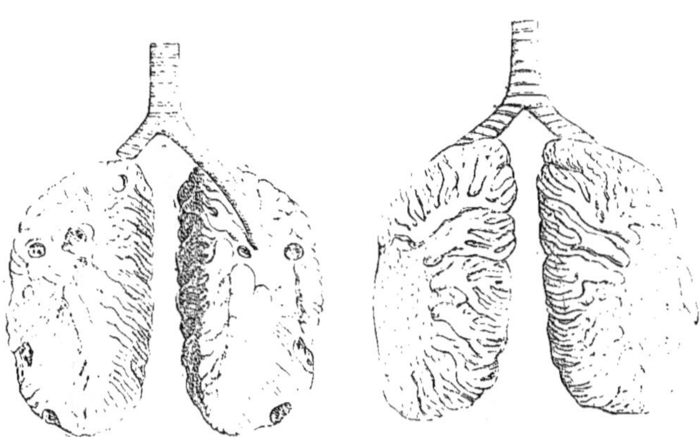

Côté antérieur des poumons et ouvertures
de communication avec les sacs aériens.
d'après Sappey.

Côté postérieur des poumons
et divisions des bronches.
d'après Sappey.

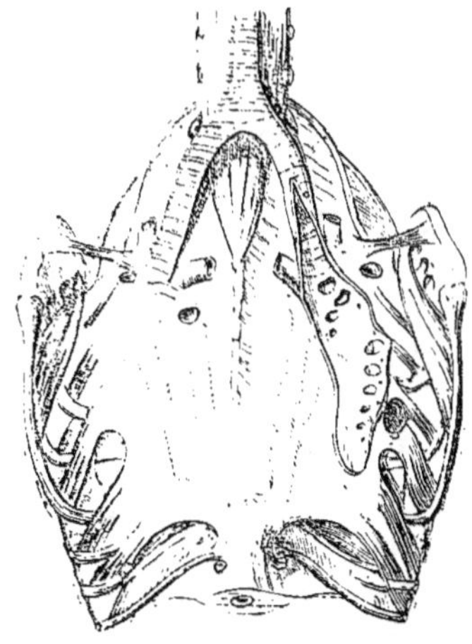

Ouvertures des canaux aérifères.
d'après Sappey.

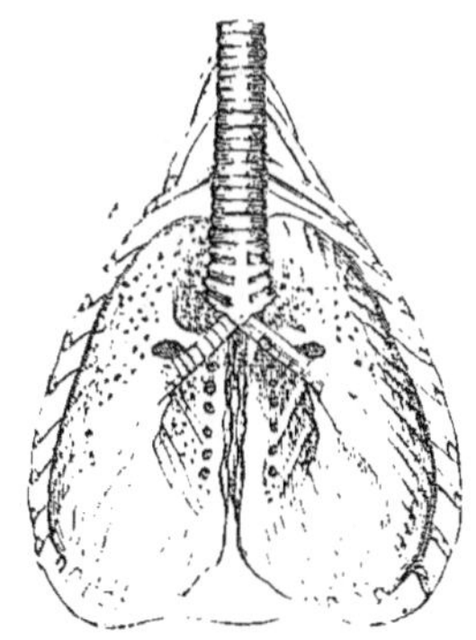

Poumon d'un Pigeon.
d'après Sappey.

aplaties et comme spongieuses, logées à la face dorsale de la poitrine, qu'ils tapissent et sur laquelle ils se moulent, en s'enfonçant dans les intervalles des côtes à droite et à gauche de la colonne vertébrale. Ils diffèrent de ceux des autres animaux surtout par leurs rapports avec les parois postérieures du thorax, auxquelles ils sont fixés, et par leur étendue vers le bassin; leur face antérieure, libre et concave, correspond à des sacs aériens qui viennent s'y appliquer. Séparés l'un de l'autre par la colonne vertébrale, les poumons de l'oiseau sont enveloppés par une membrane (plèvre) qui est plus apparente à

leur face antérieure. L'extrémité de chaque bronche pénètre dans le poumon, qui n'a qu'un seul lobe, et bientôt ne présente plus d'anneaux cartilagineux complets. Le parenchyme du poumon est composé de tissu cellulaire, de canaux aériens et de vaisseaux sanguins ramifiés à l'infini.

Des tubes aériens naissent un grand nombre de ramifications secondaires formant des tubes parallèles qui distribuent l'air sur la surface de chaque cellule pul-

MANUCODE MÂLE.

SIFILET MÂLE.

monaire et établissent ainsi un contact incessant entre l'air inspiré et le sang à revivifier. Pendant l'inspiration, la dilatation des poumons est favorisée par l'écartement des côtes formées de deux pièces et celui du sternum; et, pour remplacer l'action du diaphragme, qui n'existe chez les oiseaux qu'à l'état rudimentaire, on trouve plusieurs faisceaux musculaires qui partent des côtes et quelques ligaments qui fixent ces poumons à la colonne vertébrale; les faisceaux musculaires dont nous venons de parler descendent obliquement vers la partie inférieure des poumons, se relient à la plèvre, et, en se contractant, ils tirent l'organe pulmonaire de haut en bas pour dilater ses cellules et faciliter ainsi l'introduction de l'air dans toutes ses parties. D'autres différences se présentent encore : l'air qui a pénétré dans les poumons des oiseaux n'y est pas retenu complétement dans les limites de l'organe, dont la surface présente de nombreuses ouvertures en communication avec les sacs très-développés dont nous allons parler et même avec les os.

d'une de ces parties suffit pour permettre à l'air chaud contenu de s'échapper au dehors et pour ôter à l'oiseau la faculté de voler. On peut voir aux galeries d'anatomie comparée du Muséum le corps d'un Cygne dont tous les sacs aériens ont été habilement insufflés et mis en évidence par le docteur Sappey.

Cette communication des os des oiseaux avec les poumons a aussi été démontrée par les observations du

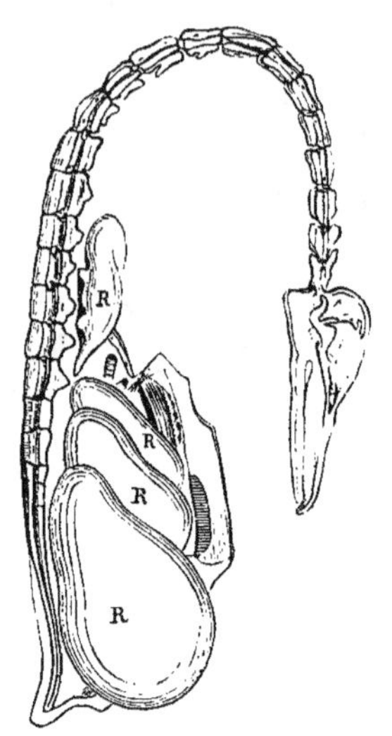

Sacs aériens thoraciques et abdominaux du Cygne, d'après Sappey.

Sacs aériens du cou du Cygne, d'après Sappey.

Épervier. *Falco nisus.* Pallas.

Des prolongements et des replis de la membrane qui tapisse les cavités du tronc et la masse intestinale forment des sacs considérables enveloppant tellement les viscères, qu'on pourrait dire, avec Carus, que toutes les parties internes du corps des oiseaux sont contenues dans les poumons et les sacs aériens. Les ouvertures de communication des poumons avec les sacs aériens sont situées à la face interne et inférieure des premiers, et leur nombre varie de cinq à sept ou neuf. Ces ouvertures ont été découvertes par Perrault, comme l'atteste son travail publié en 1666 dans les *Mémoires* de l'Académie; depuis cette époque, et tout récemment encore, plusieurs anatomistes se sont spécialement occupés de ce sujet si intéressant, et l'on peut dire en général que les principaux viscères sont enveloppés par un ou deux sacs aériens. Il y en a deux autour du foie, un en avant et un en arrière du cœur. Deux ou trois grands sacs abdominaux entourent les organes intestinaux et reproducteurs; il en existe même qui s'étendent au delà du thorax et conduisent de l'air aux clavicules, aux vertèbres du cou, aux humérus, aux fémurs, aux plumes et à presque tous les os du tronc et des membres. Toutes les parties qui en sont pourvues communiquent si bien les unes avec les autres et avec les poumons, qu'en poussant de l'air par un trou pratiqué artificiellement au fémur ou à l'humérus, par exemple, on peut aisément insuffler le corps entier, et que l'ouverture accidentelle

docteur Pouchet. Les recherches de notre savant confrère avaient pour but de constater la présence des corpuscules étrangers introduits avec l'air inspiré dans les organes respiratoires de l'Homme et des animaux. Pour compléter ses curieuses études sur la micrographie atmosphérique, il a examiné les cellules osseuses des oiseaux, et, comme les corpuscules une fois introduits dans les parties creuses des os ne sortent que difficilement à cause de l'immobilité et de l'irrégularité des parois, il y a trouvé de nombreux vestiges de tout ce que l'air peut apporter dans l'appareil respiratoire. Il a en effet constaté que chez les oiseaux qui vivent au milieu des villes et surtout dans l'intérieur des habitations, on trouve, avec une énorme quantité de fécule, des filaments d'étoffes diverses; tandis que chez les oiseaux qui vivent libres dans les forêts, on ne trouve que des débris de matières végétales. Nous verrons bientôt le rôle important que jouent les sacs aériens dans l'exécution du vol des oiseaux; mais nous croyons devoir ajouter quelques mots à ce que nous avons dit de la pneumaticité des os.

L'introduction de l'air dans les os ne se fait pas chez les très-jeunes oiseaux, souvent même les cavités aériennes ne sont pas encore développées quand ils commencent à voler. Cette perméabilité des os n'est pas au même degré dans toutes les familles; elle est plus développée chez le Pélican, la Grue, la Cigogne, plus bornée chez les Râles; mais chez les Calaos, les os des membres sont tous creux, voire même les phalanges onguéales des orteils.

Voici l'indication des parties du squelette dans lesquelles la présence et la facilité d'introduction de l'air ont été constatées.

On remarque dans les parois du crâne, qui sont communément épaisses, mais sans solidité, une multitude de petites colonnes osseuses déliées, et de nombreuses cellules communiquant ensemble, qui se remplissent d'air provenant soit de l'organe auditif, soit des cavités nasales. La structure celluleuse des os du crâne est surtout remarquable dans quelques Chouettes.

Les os de la face et en particulier ceux du bec admettent l'air dans leur tissu cellulaire. Nous l'avons déjà dit en parlant du bec des Calaos et des Toucans. Les cellules de la mâchoire inférieure reçoivent de l'air de l'appareil auditif, et sont en communication avec celles des os du crâne. De tous les os de la face, suivant Nitzsch, il n'y a que les zygomatiques et les sourcilliers qui soient pleins.

Il n'est pas rare que tous les os de l'épaule, surtout les clavicules postérieures ou os coracoïdiens, admettent l'air dans leurs cavités. L'extrémité supérieure de l'humérus, qui est fort large, offre une surface articulaire oblongue et une grande ouverture pour le passage de l'air. Les os de l'avant-bras reçoivent autant d'air dans leur intérieur que les autres os de l'aile. Il n'est pas jusqu'au sternum lui-même, cette plaque osseuse en apparence inerte et passive, qui ne participe à cette faculté.

Tous les os du tronc, à l'exception de la première vertèbre cervicale, ont des cellules aériennes, et sont pourvus de plusieurs ouvertures particulières. Le fémur

HARPIE.

est ordinairement creux, et les ouvertures par lesquelles l'air s'y introduit sont situées au voisinage du trochanter. Cela cependant n'a pas lieu chez tous les oiseaux, et il en est un grand nombre qui n'ont point d'ouverture aérienne en cet endroit : tels sont la plupart des grimpeurs et des passereaux, les gallinacés, le casoar, les échassiers et les palmipèdes. Chez tous, au contraire, le tibia et le tarse sont creux dans toute leur longueur.

On ne s'est pas encore assez occupé de la distinction qu'il y aurait à faire dans les fonctions des sacs aériens et des cellules osseuses pour déterminer la part que ces organes peuvent prendre à l'oxygénation du sang, et celle, plus importante sans doute, qu'ils prennent à la pneumaticité qui permet à l'oiseau d'augmenter ou de diminuer alternativement sa pesanteur spécifique pendant le vol. Toujours est-il que les sacs aériens et les cellules osseuses peuvent être, jusqu'à un certain point, considérés comme des poumons supplémentaires qui mettent le sang en contact avec l'air sur des surfaces beaucoup plus étendues que chez les autres animaux; car cet air essentiel à la locomotion aérienne de l'oiseau, et qui séjourne dans les sacs et les cellules, n'est point encore complétement dépouillé de son oxygène quoiqu'il ait traversé les poumons. On peut comparer le corps de l'oiseau à un ballon rempli d'air et muni d'un appareil locomoteur.

Nous verrons, dans un autre numéro, que ce n'est qu'à l'aide de cet appareil pneumatique qu'on peut s'expliquer la facilité avec laquelle se transportent à de si grandes distances et entreprennent de si longs voyages des oiseaux fort peu organisés en apparence pour le vol, tels que la Caille, et que des oiseaux lourds et massifs, comme les Oies et les Canards, s'élèvent à de si grandes hauteurs.

(La suite prochainement.)

Paris. — Imprimerie WIESENER ET Cᵉ, rue Delaborde, 12.

Ce Recueil paraît une fois par semaine. — On s'abonne à Paris, à la Librairie L. HACHETTE et Cie, boulevard Saint-Germain, n° 77. Les abonnements se prennent du 1er de chaque mois. — Paris, six mois, 4 fr.; un an, 8 fr. — Départements, six mois, 5 fr.; un an, 10 fr.

LES FALCONIDÉS OU FAUCONS. — CARACARAS.

Les *Falconidés* ou *Faucons* se distinguent facilement des *Vulturidés* par leurs formes moins lourdes. Leur tête et leur cou couverts de plumes, leur bec à bords festonnés ou dentelés, leurs serres nerveuses, développées et à ongles rétractiles, sont les caractères les plus saillants. Quelques-uns cependant ont encore la face et une partie de la gorge plus ou moins nues, et établissent le trait d'union qui relie la seconde famille à la première.

AIGLE BATELEUR. *Helotarsus ecaudatus*. Gray. — Afrique méridionale.

Nous aurons souvent l'occasion de remarquer qu'en passant d'un type à un autre, c'est-à-dire d'un ordre ou d'une famille à une autre, la puissance créatrice rappelle dans la série nouvelle qu'elle commence quelques-uns des caractères de celle qu'elle vient de terminer.

Ainsi les Caracaras, conservant quelques-uns des caractères des Vautours, mangent des animaux déjà en putréfaction; les Aigles, les Buses et tous les oiseaux de proie *ignobles* de G. Cuvier vivent un peu de tout. Ils mangent des animaux de toutes les classes et de tous les ordres, et, dans la détresse, ils ne dédaignent même pas les chairs corrompues ; il n'en est plus de même des Faucons et de tous les oiseaux de proie *nobles*, qui, en liberté, ne s'arrêtent pas devant une proie morte.

Cette famille est très-nombreuse et comprend les grands genres suivants :

1° Caracara, *Polyborus ;* πολυδόρος, polyphage.
2° Aigle, *Aquila*.
3° Pygargue, *Pontoaëtus ;* πόντος, mer ; ἀετός, aigle.
4° Spizaète, *Spizaetus ;* σπίζα, épervier ; ἀετός, aigle.
5° Buse, *Buteo*.
6° Milan, *Milvus*.
7° Faucon, *Falco*.
8° Épervier, *Accipiter*.
9° Busard, *Circus*.

tantôt bas, comme chez les Busards, accéléré chez les Faucons, lent et majestueux chez les Buses. A l'exception des Caracaras, que leur genre de vie attache à la terre, les Falconidés ne sont pas marcheurs. Ils s'avancent en sautant, sans développer complétement leurs doigts, sans doute pour ne pas émousser la pointe de leurs ongles crochus et rétractiles. La vue de ces oiseaux a une portée extraordinaire ; pendant le vol le plus rapide, on les voit souvent s'arrêter tout à coup pour fixer une proie très-éloignée d'eux, et fondre sur elle du haut des airs. Ce sont aussi les plus criards de tous les rapaces, les Caracaras surtout, et certaines espèces d'Aigles qui épouvantent tous les autres animaux ; mais quelquefois ces bruyantes clameurs attirent de petits oiseaux qui se liguent contre eux, les poursuivent à

Milan royal. *Milvus regalis.* Brisson. — Europe.

Buse commune. *Buteo vulgaris.* Bechstein. — Europe.

Les noms latins sans étymologie sont les anciens noms de ces oiseaux.

L'indication de ces neuf genres, comprenant chacun des espèces plus ou moins nombreuses, permet de reconnaître qu'il serait difficile d'exposer d'une manière générale les mœurs et les habitudes d'oiseaux groupés dans une famille pour se conformer à la méthode, mais présentant, dans chaque genre, des instincts différents et en rapport avec les détails de leur organisation. C'est donc seulement en faisant l'histoire de chacun de ces genres que nous parlerons des instincts des espèces qu'ils comprennent. Cependant on peut dire que tous ces oiseaux sont chasseurs, carnassiers, et que, sauf de rares exceptions, ils préfèrent les proies vivantes aux proies mortes.

Le vol des Falconidés, plus rapide que celui des Vulturidés, est tantôt très-élevé, comme chez les Aigles,

coups de bec et les contraignent à fuir, compensant par leur nombre l'infériorité de leur force.

La ponte des Falconidés est, en moyenne, de trois à quatre œufs, rarement de six. Leur plumage est un peu plus variable que celui des autres rapaces et présente des différences très-remarquables d'âge et de sexe. Souvent le jeune ne ressemble en aucune façon à l'adulte. Aussi ces différences extraordinaires de plumage et le temps que ces oiseaux mettent à prendre leur livrée d'adulte, les Aigles surtout, expliquent les erreurs ou les incertitudes des naturalistes. Pendant longtemps les divers âges de la même espèce ont été considérés comme des types spécifiques auxquels on a donné différents noms.

CARACARA, *Polyborus*. Vieillot.

Noms tirés du cri de l'oiseau et de ses habitudes polyphages.

Nous croyons, avec d'Orbigny, qu'on peut distinguer, du reste, des Falconidés des oiseaux que leurs mœurs analogues à celles des Vulturidés et leurs principaux caractères doivent nécessairement réunir dans un même groupe; tels sont les Caracaras, que les auteurs ont pen-

CARACARA NOIR. *Ibycter ater*. Swainson. — Amérique du Sud.

CARACARA AMÉRICAIN. *Ibycter americanus*. Vieillot. — Amérique du Sud.

CARACARA CHIMACHIMA. *Milvago chimachima*. Gray. — Amérique du Sud.

AIGLE DU BRÉSIL. *Morphnus urubitinga*. Cuvier. — Brésil.

dant longtemps dispersés dans des genres tout à fait distincts.

Nous caractériserons donc les Caracaras, exclusivement propres à l'Amérique méridionale, ainsi qu'il suit: bec fortement comprimé, non courbé dès sa base, sans dentelure, mais présentant quelquefois un simple sinus ou feston; cire poilue, prolongée, communiquant avec une partie nue, plus ou moins large, qui entoure les yeux; dessus des orbites non saillant, comme chez les Aigles; tarses longs et nus, souvent entièrement, et plus ou moins régulièrement écussonnés; doigts en général plus longs que chez les autres Falconidés, le médian très-long comparativement aux latéraux, tous terminés par des ongles peu arqués, permettant une marche facile, et, le plus souvent, usés ou émoussés à leur extrémité; la troisième rémige la plus longue de toutes; les

CARACARA MONTAGNARD. *Phalcobœnus montanus.* D'Orbigny.
Chaîne des Cordilières.

AIGLE A TÊTE BLANCHE. *Haliætus leucocephalus.* Cuvier.
Amérique du Nord.

AIGLE ROYAL. *Aquila chrysaetos.* Pallas.
Europe.

AIGLE TYRAN. *Spizaetus tyrannus.* Kaup.
Amérique méridionale.

deuxième, quatrième et cinquième presque égales, et donnant à l'aile ouverte une forme tronquée et oblongue. Quelques espèces ont les plumes occipitales frisées; d'autres ont la faculté de les relever; enfin une dernière a deux caroncules ou barbillons sous la mandibule inférieure.

Moins sauvages que les autres Falconidés, les Caracaras ont dû suivre l'espèce humaine dans ses migrations lointaines; aussi les trouve-t-on depuis les terres les plus australes jusqu'à la ligne, et depuis le niveau de la mer jusqu'aux sommets les plus élevés des Andes; mais tous ne sont pas de la même espèce, et chacune de ces espèces, bien qu'ayant de larges limites géographiques, n'en a pas moins sa zone spéciale. Le Caracara vit partout, depuis la zone glaciale, en passant par la zone tempérée, jusqu'à la zone brûlante des tropiques.

FAUCON HOBEREAU. *Falco subbuteo.* Linné.
Europe.

FAUCON PÈLERIN. Alphanet. *Falco peregrinus.* Brisson.
Europe orientale.

C'est un oiseau commun surtout dans les savanes de la Plata, où il est connu sous le nom de *Carrancha*. On le rencontre fréquemment aussi dans les plaines de la Patagonie, et il se trouve en grand nombre dans le désert, entre les rivières Negro et Colorado, sur les points fréquentés par les voyageurs; il attend là les cadavres des

FAUCON PÈLERIN. *Falco peregrinus.* Brisson.
Égypte.

TIERCELET HAGARD DE FAUCON D'ISLANDE.
Falco Islandicus. Brehm. — Islande.

animaux qui meurent de fatigue ou de soif. Enfin il habite aussi les forêts humides et impénétrables de la Patagonie occidentale et de la Terre-de-Feu. On ne le voit jamais s'élever sur les hautes sommités, où il est remplacé par le Caracara montagnard, qui, bien différent du premier, vit exclusivement dans les régions élevées, sèches et arides. Une autre espèce, le Caracara Chimango, vit souvent en compagnie du Caracara ordinaire, dont il a les habitudes et les instincts. Le Caracara Chimachima, au contraire, vit isolé, près des habitations voisines des forêts, ou dans les plaines chaudes intertropicales.

Tous ces oiseaux semblent rechercher la présence de l'Homme. Par leurs habitudes ils remplacent parfaitement nos Corneilles, nos Pies et nos Corbeaux, dont la nature a été prodigue pour tous les pays du monde, mais qu'elle a refusés à l'Amérique du Sud. Compagnon fidèle de l'Indien voyageur, le Caracara l'accompagne de la lisière d'un bois à celle d'un autre, sur le bord des rivières ou dans les plaines, transportant son domicile accidentel partout où l'Homme vient s'établir. Que le sauvage se fixe quelque part et se construise une cabane, le Caracara vient s'y percher, comme pour en prendre possession le premier ; il s'en éloigne peu, prêt à profiter de débris de toutes sortes, et il campe dans le voisinage. Que l'Homme vienne à former de vastes établissements agricoles et s'entoure d'un grand nombre d'animaux domestiques, l'avide assiduité du Caracara devient plus active, en raison de l'espoir mieux fondé qu'il conçoit de trouver dans une riche ferme une pâture encore mieux assurée. Stimulé par cet appât, l'intrépide oiseau ne craindra pas même de s'abattre au milieu des basses-cours, enlevant de jeunes Poulets et profitant de la négligence des habitants pour leur ravir le morceau de viande que, suivant l'usage du pays, ils font sécher au soleil, ou toute autre partie de leur approvisionnement animal. Comme les Cathartes, les Caracaras pourvoient à l'incurie des villageois et des citadins en dévorant les animaux morts et les immondices. Alors, véritables Cathartes à serres prenantes ou modifiés en Vautours à forme d'Aigle, on les voit disputer avec acharnement la possession

AIGLE DU BRÉSIL. *Morphnus urubitinga (longipes)*. Cuvier.
Europe.

CARACARA CHIMANGO. *Milvago chimango*. Gray.
Amérique méridionale.

d'un lambeau de chair à leurs dégoûtants rivaux.

Les Caracaras sont plus ou moins familiers, selon les espèces ; ainsi que les Chimangos, ils fréquentent constamment en nombre les *estancias* et les maisons qui servent de tueries. Si un animal meurt dans la plaine, le Catharte ouvre le banquet, et le Caracara ordinaire et le Chimango mangent les derniers débris de chair et nettoient très-proprement les os. Quoique ces oiseaux mangent ainsi souvent ensemble, ils sont loin de vivre en bonne intelligence : quand le Caracara est tranquillement perché sur une branche d'arbre ou qu'il pose par terre, le Chimango vient fréquemment voler autour de lui, et, dans ses évolutions, il cherche à le frapper de ses ailes ; mais le Caracara reste indifférent à ces hostilités, et s'il paraît y faire attention, c'est seulement par un dérangement ou un balancement de la tête. Bien que les Caracaras s'assemblent fréquemment en grand nombre, ils ne forment pas de bandes ; car, dans les lieux déserts, on les voit le plus souvent isolés ou par paires.

Le Caracara montagnard a le même genre de vie que les précédents, mais il n'habite que les montagnes cultivées et couche sur les rochers ; tandis que le Caracara Chimachima, plus sauvage, se montre seulement par intervalle, pour dévorer des restes d'animaux ou pour attaquer de pauvres bêtes de somme blessées par leur bât, et qui ne peuvent se défendre qu'en se roulant par terre. Tous ces oiseaux suivent et harcèlent les Chevaux et les Mulets blessés au garot ou à la croupe et abandonnés momentanément dans la campagne. Qu'on se figure un pauvre Cheval épuisé par la suppuration, les oreilles basses et le dos courbé, et l'oiseau planant au-dessus de la plaie, qu'il fixe d'un œil avide, et l'on aura une représentation fidèle de ce tableau qu'a si bien décrit le capitaine Head avec son esprit original et son exactitude. Cependant, malgré leur voracité, les Caracaras attaquent rarement un animal bien portant, et leurs habitudes nécrophages ont été constatées, non sans émotion, par les voyageurs qui, obligés de s'arrêter pour prendre du repos dans les plaines désolées de la Patagonie, ont pu voir, à leur réveil, sur chaque tertre environnant, un de ces croque-morts les guettant d'un œil sinistre. Que des chasseurs se mettent en campagne avec leurs Chevaux et leurs Chiens, et bientôt une troupe de ces oiseaux affamés formera leur escorte.

Le jabot découvert du Caracara fait saillie sur sa gorge dès qu'il a mangé; c'est un oiseau indolent, familier, mais poltron. Son vol est lent et lourd : il prend rarement son essor. Deux fois cependant, M. Darwin en a vu un qui glissait à une grande hauteur dans le ciel avec beaucoup d'aisance; il court ou plutôt il sautille, mais avec moins de vitesse que quelques-uns de ses congénères. Sans être généralement bruyant, le Caracara l'est pourtant parfois; il a un cri rauque et particulier qu'on peut comparer au son guttural *g* espagnol suivi d'un double *rr*; quand il pousse ce cri, il élève la tête et la renverse sur le dos.

A ces observations nous pouvons ajouter, d'après d'Azara, que le Caracara mange les Vers, les Sauterelles, les Mollusques et les Grenouilles; qu'il dé-

Cuncuma aguia. *Geranoœtus aguya.* Temminck.
Amérique méridionale.

Faucon de Madagascar. *Polyboroïdes radiatus.* Gray.
Adulte, âge moyen, jeune. — Afrique méridionale.

truit de jeunes Agneaux, comme les Cathartes, au moment où les Brebis viennent de mettre bas, et qu'il poursuit l'Urubu gorgé pour le forcer à vomir la charogne, dont il s'empare aussitôt. Enfin, quelquefois, cinq ou six de ces sales oiseaux se réunissent pour donner la chasse à des Hérons qui viennent de faire leur repas à la rivière, sans doute pour leur faire rendre la nourriture qu'ils ont prise.

Le Chimango est beaucoup plus petit que le Caracara ordinaire. C'est un véritable omnivore; et l'on assure qu'à Chiloë il fait beaucoup de tort aux plantations de pommes de terre, qu'il sait parfaitement trouver quand elles viennent d'être plantées; mais il préfère la chair, et il a généralement le dernier morceau d'un cadavre. On le voit souvent, dans la carcasse d'une Vache ou

d'un Cheval, occupé, comme dans une cage, à déchirer les cartilages intercostaux.

Une autre espèce, le Caracara de la Nouvelle-Zélande, est extrêmement commune aux îles Falkland, et ses habitudes sont à peu près les mêmes; cependant elles sont un peu modifiées par le séjour de cet oiseau sur les rochers du bord de la mer, où ils ont plus souvent l'occasion d'attaquer les animaux vivants et ceux qui sont blessés par les chasseurs. Les officiers du navire *l'Aventure*, qui ont passé un hiver aux îles Falkland, rapportent des exemples extraordinaires de la hardiesse et de la voracité de ces oiseaux. Ils saisirent un jour dans leurs serres un Chien qui était endormi près de son maître, et il n'était pas toujours facile aux chasseurs de les empêcher d'enlever sous leurs yeux les Oies et autres pièces de gibier qui tombaient à quelque distance. Ils attendent et enlèvent les Lapins à leur sortie du terrier. « A bord même du navire, rapporte M. Darwin, ils commettaient continuellement quelque vol ; et

CARACARA CARONCULÉ. *Phalcobænus carunculatus.* Desmurs.
Amérique méridionale.

il fallait faire bonne garde pour les empêcher d'arracher le cuir du gréement, ou d'enlever la venaison suspendue à l'arrière. Ces oiseaux sont curieux, pillards ; ils enlèvent tout ce qui n'excède pas leurs forces, ramassant tout ce qu'ils trouvent par terre. Ils entraînèrent un jour, à près d'une lieue, un grand chapeau noir verni, ainsi que deux de ces bolas dont nous avons déjà parlé, et qu'on emploie ici pour attraper le bétail. Une autre fois, ils enlevèrent un petit compas de Kater dans son étui de maroquin rouge, et l'on ne put jamais le retrouver. » Ils sont en outre querelleurs, très-rageurs, et, quand ils manquent leurs coups, ils mordent l'herbe avec tous les signes de la colère ; leurs

CARACARA AUSTRAL. *Milvago leucurus.* Gray.
Amérique méridionale.

habitudes sont loin d'être sociables. S'ils se réunissent sur la même proie, c'est pour se disputer à chaque instant le moindre lambeau. Leur vol est pesant et gauche, mais, à la différence du Caracara ordinaire, ils courent extrêmement vite. Malgré leur audacieuse familiarité, ils ne font pas leurs nids sur les rochers des deux grandes îles Falkland, mais seulement sur ceux des îlots

qui les avoisinent. Les baleiniers prétendent que la chair de ces oiseaux est très-blanche et bonne à manger ; nous en douterons jusqu'à plus ample information.

Généralement les habitants des pays où se trouvent

ÉPERVIER. *Accipiter nisus.* Pallas.
Europe.

des Cathartes et des Caracaras supportent les premiers avec indifférence et font une guerre à outrance aux seconds, qui, plus légers et plus rusés, savent éviter les piéges et échapper aux poursuites sans devenir pour cela plus sauvages ; car on les prendrait plutôt pour des oiseaux domestiques appartenant au propriétaire d'une ferme que pour des oiseaux de proie ordinairement défiants, et surtout peu habitués à vivre avec l'Homme.

Ces oiseaux nichent quelquefois à terre, mais le plus souvent sur des buissons. Leurs œufs ont la forme ovalaire et arrondie des œufs de Faucon, et les taches qui les couvrent sont d'un brun rougeâtre, et laissent à peine apercevoir le blanc de la coquille. L'œuf du Caracara ordinaire a les plus grands rapports avec celui du Faucon d'Islande ; et celui du Chimango, sauf ses dimensions un peu plus fortes, avec celui de notre Cresserelle. Les dimensions du premier sont de 6 centimètres sur 5 de diamètre ; celles du second, de 4 centimètres 1/2 sur 3 1/2. Leur ponte est de 3 ou 4 œufs, et varie suivant les espèces.   *(La suite prochainement).*

LES TROIS RÈGNES DE LA NATURE

LECTURES D'HISTOIRE NATURELLE.

2 Septembre 1865.   N° 88. — 15 centimes.

Ce Recueil paraît une fois par semaine. — On s'abonne à Paris, à la Librairie L. HACHETTE et Cⁱᵉ, boulevard Saint-Germain, n° 77. Les abonnements se prennent du 1ᵉʳ de chaque mois. — Paris, six mois, 4 fr.; un an, 8 fr. — Départements, six mois, 5 fr.; un an, 10 fr.

1ʳᵉ *Suite des Falconidés.* — PYGARGUES OU AIGLES PÊCHEURS; *Haliætus*, Savigny.

Comme caractères zoologiques, les Pygargues diffèrent à peine des véritables Aigles, mais leur préférence pour le Poisson et leurs habitudes les distinguent assez pour justifier l'établissement d'un genre distinct dans lequel nous plaçons aussi le Balbuzard fluviatile.

Ces oiseaux ne sont cependant pas exclusivement ichthyophages; ils font quelquefois aussi, et suivant les localités, la chasse aux oiseaux d'eau et à d'autres animaux mammifères, qu'ils savent surprendre avec une grande habileté, et ils sont bien loin de négliger les

BALBUZARD FLUVIATILE. *Pandion haliætus.* Bonaparte.
Europe.

AIGLE DE MER. *Haliætus pelagicus.* Pallas.
Asie septentrionale.

chairs mortes et même corrompues. Ils sont remarquables par la portée extraordinaire de leur vue et par la vigueur de leurs serres. Du haut des airs, ils distinguent le Poisson qui nage près de la surface de l'eau, s'élancent avec la rapidité de la flèche, plongent et saisissent leur proie, qu'ils enlèvent dans leurs serres aiguës et éminemment rétractiles; conditions indispensables pour étreindre des Poissons, qui échappent si facilement à la pression. Leur habileté n'est pas toujours à leur profit, car au moment où, fiers de leur succès, ils emportent leur glissante proie, survient un

Aigle qui épiait leurs manœuvres, et qui, leur donnant la chasse, les force à plus de vitesse. Ils lâchent alors le Poisson qui, avant d'avoir touché l'eau, devient la proie du plus fort. La longueur et la rétractilité de leurs serres peuvent aussi quelquefois leur être défavorables, quand, poursuivis, ils ne peuvent dégager assez promptement leurs ongles. Un Aigle pêcheur, dit le docteur Franklin, s'empara, à quelque distance de lui, d'un gros Poisson, trop lourd pour être facilement enlevé; le ravisseur flottait sur sa victime, qui faisait résistance, et, à l'aide de ses ailes, il la dirigea vers le rivage. En abordant, le premier soin de l'oiseau, en cette occurrence, est de dégager ses serres en déchirant la chair dans laquelle elles sont empêtrées ; mais cette fois il ne fut pas assez prompt : des pêcheurs suivaient sa manœuvre pour lui dérober sa victime, et, à leur grande surprise, ils prirent le Pygargue et sa proie.

Othon Fabricius, qui a eu souvent l'occasion d'observer le Pygargue à tête blanche au Groënland, dit qu'il n'est pas rare d'en voir dont les ongles sont tellement entrés et contractés dans la peau cependant bien

AIGLE PYGARGUE. *Haliaetus leucocephalus*. Cuvier.
Amérique du Nord.

dure et bien glissante d'un Phoque, qu'ils ne peuvent se dégager, et qu'ils sont entraînés au fond de la mer.

Les Pygargues font une grande consommation de Poissons ; ils en mangent cinq ou six livres par jour, mais ils en prennent beaucoup plus. Ils semblent savoir que la pêche est incertaine, éventuelle ; aussi font-ils des provisions, surtout quand ils ont une famille à nourrir. Cette surabondance est mise en réserve à peu de distance de leur aire. Les Indiens du nord de l'Amérique connaissent si bien ce détail de mœurs, qu'une aire est appelée, dans leur langage familier, une office, et ils visitent souvent cette poissonnerie toujours bien pourvue, au moins durant la saison des couvées.

Les caractères du genre Pygargue sont : un bec élevé à sa base, recourbé à la pointe, robuste dans toutes ses parties, plus court, relativement à son épaisseur, que celui des Aigles, et plus comprimé sur les côtés, à bords mandibulaires légèrement festonnés ; des narines lunulées, ouvertes obliquement sur le bord de la cire ; des ailes allongées et aiguës, à troisième, quatrième et cinquième rémiges, les plus longues atteignant généralement l'extrémité ou la moitié seulement de la queue, qui est ample et arrondie ; des tarses épais, de la longueur du doigt médian, revêtus de plumes, seulement dans leur moitié supérieure, le reste nu et garni d'écailles.

Ce genre comprend plusieurs espèces ; tout ce que nous dirons des mœurs de la plus remarquable, le Pygargue à tête blanche, s'applique à peu près à toutes les autres.

Si de belles proportions, dit Macgillivray, la force et la rapacité, constituent la noblesse chez les oiseaux de proie, le Pygargue à tête blanche est un noble oiseau, terme qu'emploient généralement les ornithologistes lorsqu'ils font la description de quelqu'un des membres de la nombreuse famille des Faucons ; mais si le courage et la hardiesse sont l'apanage inséparable de la noblesse, cet oiseau a bien peu de droits à ce titre. Ses mœurs tiennent à la fois de celles du Vautour, du Corbeau et de la Mouette. Son genre de vie paraît, en effet, varier suivant les lieux qu'il habite dans l'un et l'autre continent. Il se nourrit en général de bestiaux morts ; aussi le voit-on souvent passer avec rapidité le long des montagnes, pour se repaître des cadavres qui s'y trouvent. D'autres fois, on le voit planer au-dessus des récifs baignés par la mer, pour enlever, soit les Poissons qui s'approchent de la rive, soit les oiseaux aquatiques qui vivent au milieu des plantes marines. Lorsqu'il n'a pu, dans ces parages, se procurer une nourriture suffisante, il enlève la volaille des basses-cours, et quelquefois de jeunes Agneaux dans les parcs des bergeries ; et, s'il est très-pressé par la faim, on le voit attaquer des Biches et des Moutons. M. le professeur Nordmann, d'Odessa, dit que, sur plus de douze individus qu'il a ouverts, il n'a jamais trouvé un Poisson dans leur estomac, mais constamment des débris de petits mammifères et d'oiseaux ; quelquefois, mais plus rarement, des restes de Lézards.

Pendant le repos, le port de cet oiseau n'avait rien de remarquable ; mais, quand il s'anime, son attitude prend une certaine fierté : de ses yeux jaillissent de vives étincelles ; alors il rapproche la tête des épaules et dresse une touffe de plumes aiguës qu'il a derrière le cou. Pour s'élever de terre, il porte le corps en avant, puis, à l'aide de quelques battements d'ailes, il prend son essor en décrivant d'immenses spirales. Son vol est majestueux. Quand les ailes sont complétement développées, elles forment un angle obtus avec la partie postérieure du corps. Dans cette position, l'air seul semble le soutenir et le faire voguer, tant les mouvements de la queue et des ailes sont peu sensibles. Dès qu'il aperçoit sa proie, et pour exprimer sans doute sa satisfaction, il pousse des cris assez semblables au hurlement d'un Chien, et que l'on peut traduire par les

syllabes suivantes : *koulouk, koulouk, koulouk, klouk, klouk.*
Il se précipite, et en un clin d'œil il s'est emparé de sa
victime, qu'il transporte triomphant dans son aire.

Cet oiseau, qu'on ne voit que très-exceptionnellement
sur les côtes de France, se montre rarement aussi en Angleterre ; il fréquente cependant les Hébrides et l'Écosse,
près du lac d'Assynt, entouré de montagnes à chaque instant coupées par une suite de petites vallées, dont chacune a, faut-il dire, son lac peuplé de Truites. Cette
disposition locale semble être faite exprès pour lui ;
jamais personne ne vient l'y troubler, car les bergers
n'approchent point de ces parties rocheuses et accidentées, où ils courraient à chaque instant le risque de perdre de vue leurs troupeaux, qui, d'ailleurs, n'y trouveraient qu'une dure et épaisse bruyère. Les grands versants herbeux sont bien préférables ; non-seulement les
Moutons y trouvent une nourriture saine et abondante,
mais l'Homme y veille facilement sur eux. Le chasseur
de Tétras évite aussi ce district ; il y perdrait ses Chiens,
comme le berger ses Moutons. Le Pygargue peut donc
y vivre sans aucun dérangement. Rien n'est plus curieux
à voir que la chasse qu'il fait aux Poissons : il ne s'attache qu'aux grosses pièces ; et c'est avec ses serres qu'il
les enlève ; son coup est toujours sûr ; il effleure de l'aile
la surface de l'eau et harponne sa victime avec une merveilleuse dextérité.

Si quelque être humain vient explorer le lac, l'oiseau
demeure sur son roc isolé, à l'abri de tout danger
comme de toute inquiétude, puisqu'on ne peut s'approcher de son nid qu'à la nage. Il plane au-dessus de l'eau,
à une distance considérable, comme le Faucon Cresserelle plane sur une souris, quelquefois sans remuer les
ailes, quelquefois décrivant des courbes, tournant la
tête et regardant l'eau. Aperçoit-il une Truite, aussitôt
il ferme les ailes, tombe en ligne droite, comme un
oiseau mort, plonge souvent sous l'eau ou paraît parfois
la toucher à peine ; mais toujours il reprend son essor
tenant un Poisson dans ses fortes serres, disposées de
manière à ne pas laisser échapper sa glissante capture.
Parfois il s'arrête brusquement au milieu de sa chute
précipitée, peut-être parce que le Poisson, changeant
de position, échappe à son atteinte ; il recommence alors
à planer, comme suspendu au milieu des airs, et attend
que sa proie reparaisse. Tous les pêcheurs à la Mouche
savent avec quelle promptitude la Truite s'élance d'une
profondeur de plusieurs pieds pour saisir l'appât presque avant qu'il ait touché l'eau. Le Pygargue, qui plane
à découvert, doit donc être doué d'une rapidité et d'une
adresse incomparables pour s'emparer de ce Poisson,
dont il est si friand.

Nous avons dit que l'Aigle s'emparait quelquefois du
produit de la pêche du Pygargue, mais ce dernier agit
de la même façon avec d'autres oiseaux pêcheurs plus
faibles que lui. C'est ce que Wilson a observé et nous
apprend dans son *Histoire des Oiseaux d'Amérique.*
« Perché sur la plus haute branche de quelque arbre
gigantesque, d'où la vue s'étend au loin sur la côte de
l'Océan, le Pygargue, dit-il, a l'air de contempler tran-

quillement les mouvements de toute la gent emplumée
qui poursuit au-dessous de lui le cours de son active
existence : c'est la blanche Mouette qui se balance mollement dans l'espace ; c'est le Bécasseau qui trotte rapidement sur le sable ; c'est une bande de Canards qui descend le cours de l'eau ; c'est la Grue silencieuse qui, l'œil
au guet, se promène sur la grève ; c'est le Corbeau criard,
et toute cette multitude ailée qui vit par l'infinie bonté
de la généreuse nature. Au-dessus d'eux plane un autre
oiseau qui attire soudain toute mon attention. A la large
courbure de ses ailes, à son immobilité dans l'air, j'ai
reconnu un Balbuzard qui vient de fixer son choix sur
quelque pauvre victime des ondes. Le Pygargue l'a
aperçu plus tôt que moi ; il se balance sur sa branche,

CUNCUMA A VENTRE BLANC. *Haliætus blagrus.* Cuvier.

Philippines. — Cap.

les ailes entr'ouvertes, attendant le résultat. Rapide
comme la flèche, l'objet de son attention se précipite et
disparaît sous l'eau, qui rejaillit. A ce moment le Pygargue allonge le cou et manifeste son impatience. Le
Balbuzard reparaît en se débattant avec sa proie, et
monte dans les airs en poussant un cri de triomphe ;
c'est le signal du départ du Pygargue ; il s'élance et
donne la chasse au pêcheur, qui cherche à fuir, mais
sur lequel il gagne bien vite. Chacun fait force d'ailes ;
ce sont des évolutions aériennes d'une sublime élégance.
Le Pygargue, dont rien n'embarrasse le vol, avance rapidement, il va toucher son adversaire, quand ce dernier jette un cri perçant, cri de désespoir sans doute,
et n'a d'autre parti à prendre que de se débarrasser de
son fardeau. Le Pygargue change alors subitement de
direction, saisit le poisson dans ses serres, avant qu'il

ait eu le temps d'arriver à l'eau, et regagne tranquillement sa demeure. »

Souvent les Pygargues donnent aussi la chasse aux

AIGLE CRIARD. *Aquila nævia*. Brisson.
Europe orientale.

Vautours, et les forcent à dégorger le contenu de leur jabot pour s'en repaître. Audubon en cite un exemple.

LE JEAN-LE-BLANC. *Haliætus albicilla*. Bonaparte.
Europe orientale.

Il explorait le pays, en chasseur, près de la ville de Natchez, sur le Mississipi, lorsqu'il aperçut plusieurs Cathartes qui dévoraient le cadavre et les entrailles d'un Cheval. Un Pygargue survint : tous les Vautours alarmés prirent leur vol, et l'un d'eux avec une portion d'intestin à moitié avalée et l'autre moitié pendante

hors du bec. Le Pygargue se mit à sa poursuite ; le fuyard s'efforçait en vain de débarrasser son estomac, quand le Pygargue l'atteignit, saisit le bout pendant de

AIGLE BOTTÉ. *Aquila pennata*. Brehm.
Europe orientale.

plus d'un mètre, et entraîna ainsi le Catharte, jusqu'à ce que, gênés tous deux par leurs efforts opposés, ils

PYGARGUE LEUCOCÉPHALE. *Haliætus leucocephalus*. Lesson.
Amérique septentrionale.

tombèrent sur le sol, où la lutte ne fut pas de longue durée.

Audubon raconte encore la lutte d'un Cygne avec un Pygargue sur les rives du Mississipi. Le Pygargue était sur la dernière branche du plus haut des arbres du rivage, et dominant l'espace ; il était attentif à chaque bruit lointain. De temps à autre son regard s'abaissait vers la terre ; rien ne pouvait lui échapper, pas même le pas le plus léger d'un faon. Sa femelle, perchée sur le le fleuve ; mais le Pygargue ne daignait y faire aucune attention. Tout à coup, comme le son rauque du clairon, la voix d'un Cygne a retenti, distante encore, mais

HALIAUTOUR DE PONDICHÉRY. *Haliastur leucosternus*. Gray.
Australie.

PANDION A VENTRE BLANC. *Ichthyætus leucogaster*. Gould.
Australie.

rivage opposé du large fleuve, faisait entendre parfois un cri. A ce signal bien connu, le mâle ouvrait en partie se rapprochant. Un cri perçant traverse le fleuve : c'est celui de la Pygargue, non moins attentive, non moins

AIGLE PYGARGUE, jeune. *Haliætus leucocephalus*. Lesson.
Amérique du Nord.

PYGARGUE LEUCOCÉPHALE. *Haliætus leucocephalus*. Lesson.
Amérique méridionale.

ses ailes immenses, inclinait légèrement son corps en avant, et lui répondait par un autre cri comparable à l'éclat de rire d'un maniaque ; puis il reprenait son attitude droite, et de nouveau tout redevenait silence, Canards de toute espèce, Sarcelles, Macreuses et autres passaient devant lui en troupes rapides et descendaient alerte que le mâle. Celui-ci secoue violemment tout son corps, arrange un instant son plumage, comme un athlète qui se prépare au combat. Maintenant le blanc voyageur est en vue ; son long cou de neige est tendu en avant ; ses yeux, vigilants comme ceux de son ennemi, fouillent l'espace, mais c'est en vain ; ses larges ailes semblent supporter difficilement le poids de son corps, bien qu'elles battent l'air incessamment ; il paraît fatigué dans ses mouvements ; ses jambes sont étendues sous sa queue pour en seconder les mouvements. Il approche, et son sort est décidé. Au moment où le Cygne va passer au niveau de l'arbre qui cache le Pygargue, celui-ci s'élance en poussant un cri formidable ; le Cygne l'entend, et il résonne plus sinistre à son oreille que la détonation d'un fusil.

C'est le moment d'apprécier la puissance dont le Pygargue dispose ; il glisse dans l'air comme l'étoile qui tombe, et, rapide comme l'éclair, il fond sur sa tremblante victime, qui, dans l'agonie du désespoir, essaye diverses évolutions pour échapper à l'étreinte de ses serres cruelles. Le Cygne monte, fait des feintes et voudrait bien plonger dans le courant ; mais le Pygargue l'en empêche ; il sait depuis longtemps que, par cette manœuvre instinctive, il pourrait lui échapper, et il le force à rester sur ses ailes, en cherchant à le frapper au ventre. Bientôt tout espoir de salut s'évanouit ; déjà le Cygne se sent affaibli, un reste de vigueur s'éteint devant l'énergie de son ennemi. Il tente cependant encore un suprême effort pour fuir. Mais le Pygargue acharné le frappe en dessous, au bord de l'aile, le presse avec une puissance irrésistible et le précipite obliquement sur le rivage. On peut alors juger de la férocité du Pygargue ; en effet, il semble triompher sur sa proie : de ses serres puissantes il étreint le corps du Cygne, le pétrit et plonge son bec acéré dans les chairs et les entrailles qu'il déchire, et il rugit, c'est le mot, en savourant les dernières convulsions de sa victime. La Pygargue, restée attentive à chaque mouvement du mâle, ne l'a cependant pas secondé dans l'attaque, parce qu'elle comptait autant sur la force du vainqueur que sur la faiblesse du vaincu. Elle vole à la curée, et prend sa part de chair et de sang.

Quelquefois, lorsque des Pygargues, mâle et femelle, en chasse ont découvert une bande de Canards, d'Oies ou de Cygnes, nageant à distance de la rive, et qu'ils veulent s'emparer de l'un d'eux, ils ont recours à une manœuvre assez intelligente et qui exige certaine combinaison. Ils savent parfaitement que les oiseaux d'eau ont l'instinct de plonger à leur approche et d'éviter ainsi leurs atteintes. Aussi commencent-ils par s'élever dans deux directions opposées, au-dessus de la rivière ou du lac sur lequel ils ont aperçu l'objet qu'ils convoitent. Parvenus à une certaine hauteur, l'un d'eux descend à toute vitesse vers la proie ; mais celle-ci, comprenant les intentions de l'ennemi, plonge au moment où il arrive sur elle ; le Pygargue alors se relève et rencontre en chemin sa femelle, qui glisse à son tour vers le pauvre oiseau, juste au moment où il revenait à la surface pour respirer, et qui plonge de nouveau, afin d'échapper aux serres de ce second assaillant. Le premier Pygargue se balance à la place même que l'autre vient de quitter, se précipite une seconde fois, force la victime à plonger encore ; et, la pressant ainsi tour à

tour par des attaques promptes et répétées, ils ont bientôt fatigué le malheureux palmipède, qui tâche de gagner le rivage, dans l'espoir de s'y cacher parmi les grandes herbes. Mais aucun effort ne peut le sauver, car les Pygargues sont là, suivant chacun de ses mouvements ; et, au moment où il approche du bord, l'un d'eux fond sur lui, le tue, et ils le dévorent en commun.

Le Pygargue n'attaque pas l'Homme ; cependant on cite plusieurs faits qui prouvent qu'en certaines circonstances il trouve assez de courage pour faire résistance et devenir agresseur. Macgillivray cite deux combats de ce genre. Dans l'île de Lewis, un chasseur était monté sur un rocher dans l'intention de tirer des Pygargues qui y avaient établi leur aire. Il fut aussitôt assailli par deux de ces oiseaux, qui le frappèrent si vigoureusement de leurs ailes que le chasseur, étourdi et dans l'impossibilité de se servir de son arme, fut obligé de prendre la fuite.

Dans la même île, un couple de Pygargues construisait tous les ans un nid sur les pics élevés qui entourent le loch de Suainebhad. Une pauvre femme ayant un jour, par hasard, mené paître sa vache sur les bords de ce marais, fut attaquée par les deux oiseaux avec tant d'impétuosité que, malgré ses cris et ses efforts, elle fut obligée de fuir, après avoir eu le visage et les épaules horriblement déchirés par les serres de ces audacieux rapaces.

En général, cependant, ces oiseaux sont peu courageux ; ils se bornent à voler autour de la personne qui s'approche de leur aire, et à pousser leurs cris ordinaires en agitant vivement leurs ailes. Il est rare qu'ils attaquent des animaux qui peuvent leur opposer quelque résistance. Le même ornithologiste a néanmoins vu un Pygargue que l'on tenait enfermé dans une grande chambre, au-dessous de l'ancienne bibliothèque de l'Université d'Édimbourg, attaquer avec impétuosité un enfant qui était entré dans cette chambre, et il fallut le concours de plusieurs personnes pour le délivrer. Macgillivray lui-même fut assailli, peu de temps après, par le même oiseau et dans les mêmes circonstances ; mais il le repoussa avec sa canne.

Malgré l'audace habituelle du Pygargue, il perd quelquefois contenance et fuit devant des oiseaux beaucoup plus faibles que lui. Le fait suivant est cité par Levaillant, qui faisait alors ses débuts comme chasseur et comme naturaliste. « J'ai été témoin, dit-il, dans la plaine de Genevilliers, aux environs de Paris, d'une lutte bien inégale qui eut lieu entre une dizaine de Draines et un Aigle Pygargue. Ce dernier, complétement étourdi, s'était réfugié dans une remise, où il restait blotti dans un buisson. Attiré par les cris réitérés et l'agitation continuelle de ces Grives, dont toute la manœuvre m'annonçait quelque chose d'extraordinaire, je m'avançai, et fus surpris de voir qu'elles avaient affaire à un Pygargue. N'ayant point d'armes sur moi, attendu que j'étais sur ce qu'on appelait les *Plaisirs du roi*, et ne pouvant résister à une aussi belle occasion de me procurer un oiseau qui manquait à ma collection, je courus chez moi, ma demeure étant à Asnières, près de l'endroit dont je parle. Là je me munis d'un pistolet chargé à gros plomb (un fusil m'aurait trop exposé), et, regagnant la plaine, j'arrive dans la remise qui renfermait l'objet de mes désirs : je vois mon Pygargue toujours aux prises avec les Draines, qui n'avaient point lâché pied. Alors, bravant l'oreille attentive des gardes et les atroces lois sur la chasse, le cœur palpitant de joie et d'inquiétude, j'approche l'oiseau à dix pas, et de mon coup bien ajusté je l'abats sur place. Aussitôt, enterrant mon arme et cachant mon Pygargue dans les broussailles, je sors de l'enceinte qui recélait mon trésor. L'œil attentif, je regarde autour de moi ; tous les hommes que je vis errants dans la plaine ou sur les chemins me paraissaient croisés de la fatale bandoulière bordée de fleurs de lis... Mais, pour cette fois, la vigilance des gardes fut en défaut. Ne voyant donc rien qui pût me causer quelque inquiétude, je m'empare de ma proie et gagne furtivement ma demeure, où, fier de ma conquête, j'appelle tous mes voisins pour être témoins de mon triomphe. Quoiqu'il y eût loin de cette victoire à celles que je remportai par la suite, notamment lorsque je tuai ma première Girafe, je me rappelle pourtant qu'elle ne me causa pas moins de plaisir. C'est ainsi que dans la vie tout est relatif ; un Pygargue, tué dans les environs de Paris, était un objet tout aussi intéressant pour moi et peut-être même plus extraordinaire qu'une Girafe abattue dans les déserts de l'Afrique : l'un était un géant parmi les oiseaux d'Europe, comme la Girafe l'est parmi les quadrupèdes de son pays. »

Jamais on ne voit les Pygargues aller de compagnie, s'ils ne sont accouplés. Parmi les jeunes de l'année précédente, la femelle est escortée de deux mâles, qui se montrent très-empressés autour d'elle : mais aussitôt que la construction du nid se prépare, un combat décide du sort des deux rivaux. Les deux combattants, suspendus au-dessus de l'abîme, s'entre-choquent, s'enlèvent réciproquement les plumes, se déchirent de leurs serres : chacun, alternativement renversé sur le dos, reçoit le choc de son adversaire, qui fond sur lui ailes déployées. Cette lutte dure rarement plus de vingt minutes, car l'acharnement est si vif, que les forces des combattants sont bientôt épuisées : le vaincu cède la place et va cacher dans la solitude la honte de sa défaite ; tandis que le vainqueur, fier de son triomphe, le bec et les serres souillés de sang, savoure à longs traits les douceurs de la victoire. Tels sont les préludes des amours de cet oiseau. L'attachement du mâle et de la femelle semble continuer jusqu'à ce que l'un des deux meure ou soit tué. Ils chassent pour se nourrir l'un et l'autre et mangent généralement ensemble. Ils ne supportent aucun autre couple dans le canton qu'ils ont adopté. La pariade a lieu de très-bonne heure : elle commence au mois de décembre, en Amérique du

moins. À cette période de l'année, le long du Mississipi ou sur les rives de quelque lac, dans l'intérieur des forêts, on observe le mâle et la femelle manifestant une grande agitation, volant en tous sens, faisant entendre un assez bruyant caquetage, se posant sur les branches mortes de l'arbre au faîte duquel ils préparent leur nid ou le réparent en échangeant des caresses. Dès les premiers jours de janvier commence l'incubation. L'emplacement du nid varie comme les localités et la nourriture qu'elles peuvent fournir. En Amérique, où se rencontrent encore d'immenses forêts vierges, ces oiseaux l'établissent presque toujours sur un grand arbre dépouillé de branches et à une hauteur considérable, mais non pas toujours sur un arbre mort. On n'en voit jamais sur les rochers. L'aire se compose de baguettes longues de trois à cinq pieds, de plaques de gazon, de racines sèches et de mousse. Quand il est terminé, il a bien près de deux mètres de diamètre ; et l'accumulation des matériaux est telle qu'il a souvent deux mètres de hauteur, surtout lorsqu'il a été occupé plusieurs années de suite et qu'il a reçu quelque augmentation à chaque ponte. On l'aperçoit donc facilement de loin sur la fourche d'un arbre nu. Les œufs, au nombre de deux à quatre, plus souvent de deux ou de trois, sont arrondis également aux deux bouts, de forme ovalaire, à coquille d'un blanc bleuâtre, sans aucune tache : leur grand diamètre est de sept centimètres et demi, et leur petit de cinq à six centimètres.

Le Pygargue laisse d'autres petits oiseaux construire leur nid dans les bâtons qui forment la base de l'aire, et ces derniers ne paraissent nullement inquiets du voisinage.

En Europe, et en Écosse particulièrement, ces aires sont presque toujours établies sur les rochers, et exceptionnellement sur des arbres, parce qu'ils n'en trouvent sans doute pas toujours qui leur conviennent. Les Pygargues choisissent les roches les plus écartées, les plus abruptes et couvertes par quelque saillie qui les abrite. À leur naissance, les petits sont revêtus d'un duvet cotonneux, et leur bec et leurs jambes paraissent d'une longueur disproportionnée. Leur premier plumage est d'une teinte grisâtre mêlée de nuances plus brunes de divers tons ; ils ont toutes leurs plumes avant que le père et la mère les poussent hors du nid. Audubon raconte qu'il prit un jour trois petits Pygargues dont le développement était assez avancé pour laisser supposer qu'ils étaient en état de prendre leur vol. Mais ce ne fut pas sans peine qu'il s'en empara, car il fallut abattre l'arbre qui portait le nid, et les petits se sauvèrent à pattes, si vite d'abord qu'on ne pouvait les suivre ; ils furent cependant bientôt fatigués, et on les lia sans résistance. À la vue de plusieurs hommes, le père et la mère n'osèrent pas approcher à portée de fusil. Cependant l'affection du Pygargue pour ses petits est très-vive, mais c'est surtout quand ils sont encore tout jeunes. Il leur apporte chaque jour d'abondantes provisions, qui consistent en poissons, Lapins, Écureuils, Agneaux, Marcassins, Opossums et Sarigues. Un colon de Norfolk, aux États-Unis, en défrichant un bois, trouva, sur un grand sapin mort, un nid de Pygargue contenant des petits. On mit le feu à l'arbre pour ne pas prendre la peine de l'abattre, la flamme s'éleva en peu de temps jusqu'à plus de la moitié du tronc. La Pygargue, tourmentée, tourna autour du feu et s'en approcha au point de brûler une partie de ses plumes; elle revint plusieurs fois à la charge, et brava la mort pour secourir sa jeune famille.

Une fois capables de voler et de pourvoir à leur nourriture, les petits s'éloignent d'abord pendant le jour et reviennent le soir au nid, ou au moins sur les branches de l'arbre qui le supporte. Cela dure quelques semaines, après lesquelles ils s'éloignent définitivement.

Les jeunes Pygargues commencent à chercher une compagne dès le printemps suivant; mais ils ne s'accouplent pas toujours avec un oiseau du même âge : car Audubon a maintes fois observé qu'un Pygargue d'un plumage encore brun s'associait avec un autre ayant la teinte que donnent quelques années de plus, avec la tête et la queue parfaitement blanches. Il tira même un jour un de ces couples, dont l'individu brun, le plus jeune, se trouva être la femelle. Il faut à ces oiseaux, quand on les garde en captivité, quatre ans au moins avant d'avoir leur beau plumage. Audubon a vu deux individus dont le blanc de la tête ne parut qu'à la sixième année.

Ces oiseaux sont si attachés aux cantons où ils ont fait une première fois leur nid, qu'ils passent rarement la nuit à une longue distance, et qu'ils y reviennent les années suivantes.

Pendant leur sommeil ils font entendre une sorte de ronflement sifflant, qui se perçoit à plus de cinq cents pas quand l'atmosphère est calme. Cependant leur sommeil est si léger, qu'il suffit, pour les réveiller, du bruit d'une branche morte écrasée sous le pied du chasseur. Si on tente de les enfumer en allumant des broussailles sous l'arbre qui leur sert de perchoir nocturne, ils partent et s'envolent sans le moindre son de voix, mais ils reviennent le lendemain au même gîte. Ils se montrent rarement dans les régions très-montagneuses, et préfè-

rent les plages de la mer, les rives des grands lacs et les bords des fleuves. Les voyageurs s'accordent à dire qu'ils sont très-communs aux États-Unis, et qu'ils surveillent activement les nids de Ramiers et de Tourterelles pour s'emparer des jeunes au moment où ils font le premier essai de leurs ailes.

Les Pygargues ne se laissent pas facilement approcher, si l'on porte un fusil, et l'on ne parvient à les tirer que par surprise; ils se défient moins du chasseur en bateau ou à cheval; et l'on dit qu'en temps de neige leur vue les sert moins bien qu'en tout autre temps.

Si un Pygargue est blessé, il cherche à s'échapper par de longs sauts répétés, et si on ne le poursuit pas de près, il parvient bientôt à se cacher. Tombe-t-il sur l'eau, il agite fortement les ailes, et parvient souvent ainsi à gagner le rivage, quand la distance n'est pas de plus de quarante ou cinquante mètres. Il se défend à la manière des autres Aigles et des Faucons, en se renversant en arrière pour frapper avec fureur de ses serres tous les objets à sa portée, le bec ouvert, la tête tournant sans cesse pour épier les mouvements de l'ennemi, et les yeux semblant prêts à sortir de leurs orbites.

Le Pygargue à tête blanche a le vol vigoureux, généralement uniforme, et il le prolonge à son gré. Il a la faculté de monter par un vol circulaire, sans un seul battement d'ailes, sans même un seul mouvement apparent de la queue. C'est de cette manière qu'il s'élève jusqu'à perte de vue. Parfois il s'élève seulement à quelques mètres du sol, et part rapidement en ligne droite. Souvent aussi, parvenu à une certaine hauteur, il ferme un peu ses ailes et semble glisser vers la terre, puis tout à coup, et comme changeant d'idée, ou déçu dans quelque espoir, il s'arrête soudain et reprend son premier essor. Quand il descend ainsi, les ailes repliées, la vitesse de son vol produit comme l'effet d'un coup de vent qui traverserait les branches d'un arbre, et l'œil peut à peine le suivre. C'est à Audubon, cet habile observateur, que nous devons la plus grande partie de ces détails.

(La suite prochainement.)

AIGLE D'ABYSSINIE. *Aquila albicans.* Ruppell.
Afrique orientale.

9 Septembre 1865.

N° 89. — 15 centimes.

Ce Recueil parait une fois par semaine. — On s'abonne à Paris, à la Librairie L. Hachette et Cᵢₑ, boulevard Saint-Germain, n° 77. Les abonnements se prennent du 1ᵉʳ de chaque mois. — Paris, six mois, 4 fr.; un an, 8 fr. — Départements, six mois, 5 fr.; un an, 10 fr.

2ᵉ *Suite des Falconidés.* — Balbuzards. — Spizaëtes. — Harpie.

A la suite des Pygargues, et dans le même groupe qu'eux, nous plaçons le Balbuzard, connu aussi dans quelques localités sous le nom de Tappe-à-Bremmes, à cause de ses habitudes. Quoique plus voisin des Aigles sous certains rapports d'organisation, il est loin d'en avoir le port, la fierté, la force et le courage.

Les lieux que le Balbuzard fréquente de préférence ne sont pas les rivages de la mer, mais bien les terres basses et voisines des étangs et des rivières. Tantôt perchés sur des branches basses et très-rapprochées de l'eau,

à la vue du port, entreprend une nouvelle croisière dans l'espoir d'être plus heureux, le Balbuzard recommence son exercice, et, maître d'une nouvelle proie, il parvient enfin à la soustraire à la voracité du Pygargue, surtout lorsqu'elle est moins pesante. Ces pêches et ces combats durent jusqu'au retour du poisson des fleuves à la mer; alors le Pygargue se retire dans les montagnes, où il chasse le gibier, et le Balbuzard se rend sur les bords de l'Océan, où il n'a plus de tribut à payer. Il niche, en général, dans les crevasses des rochers les plus éle-

Balbuzard fluviatile. *Pandion haliætus.* Bonaparte.
Europe.

Faucon pèlerin. *Falco peregrinus.* Gmelin.
Cosmopolite.

tantôt sur de grosses pierres, il attend sa proie, particulièrement le poisson, qu'il saisit dans ses serres, à fleur d'eau ou en plongeant; souvent aussi c'est du haut des airs qu'il le guette. Mais cette proie, dont la pesanteur rend le vol de l'oiseau plus lent et plus pénible, n'est pas toujours son partage; et nous avons vu comment, dans certaines localités, le Pygargue s'y prend pour la lui ravir. C'est ainsi qu'arbitre souverain des grands comme des petits événements, le droit du plus fort, dit Dumont-Sainte-Croix, régit tout l'univers, au haut des airs comme sur la terre et sous les eaux. Mais, de même que le corsaire auquel un ennemi enlève sa prise

vés ou sur de grands arbres; la ponte est de deux ou quatre œufs de forme ovalaire un peu allongée.

La couleur de l'œuf du Balbuzard d'Europe, de même que celui de la Caroline, au lieu d'être d'un blanc uniforme comme celui des Pygargues, est d'un blanc légèrement bleuâtre, élégamment moucheté de taches assez larges d'un brun de bistre plus ou moins violacé, entremêlées de quelques autres taches plus rares, d'un gris bleuâtre très-vaporeux. Celui du Balbuzard à tête blanche de la Nouvelle-Calédonie et de l'Australie a les plus grands rapports de forme et de coloration avec le précédent, quant à la distribution des taches; seulement le blanc est comme teinté de rosé, et les taches sont d'un beau brun violet, entremêlées de taches d'un gris-lilas brillant. Le grand diamètre de l'un et l'autre varie de cinquante-neuf à soixante-cinq millimètres, et le petit, de quarante-quatre à quarante-neuf.

Un caractère particulier aux Balbuzards est d'avoir les doigts pourvus, en dessous, de pelotes rugueuses; chacune de ces rugosités ou granulations se terminant en une saillie cornée plus ou moins pointue ou épineuse.

Le Balbuzard se prend facilement au piége, et voici de quelle manière. On enfonce au bord ou au milieu des eaux ou des étangs de grands et forts poteaux qui dépassent de trois ou quatre pieds la surface de l'eau, et l'on y adapte un piége. L'oiseau, qui a besoin de se poser, soit pour observer le poisson qu'il veut prendre, soit, mieux encore, pour déposer celui qu'il a pris, ne manque jamais de profiter de ces points de station. C'est ainsi que nous en avons vu prendre fréquemment sur les étangs d'Ermenonville et notamment sur ceux encore plus étendus de Mortefontaine. On ne manquait jamais d'en prendre cinq ou six chaque année, à leur passage; le passage d'automne est celui qui en fournissait le plus. C'est par la patte qu'ils se font prendre; bien souvent elle se brise, mais fort souvent aussi elle résiste, et l'oiseau n'a qu'une déchirure insignifiante et peut être conservé vivant. Nous nous en sommes un jour procuré un qu'un des gardes avait pris ainsi au mois de septembre.

Le Balbuzard se trouve dans toutes les parties de notre continent. Il est assez commun en Allemagne et surtout en Suisse. On en tue souvent en Champagne, en Bourgogne, dans les Vosges et dans le midi de la France. On remarque qu'il est de passage, en automne, dans quelques départements du nord-est.

Spizaëte ou Aigle autour. *Spizaëtus*, Vieillot.

Les Spizaëtes peuvent rivaliser avec les Aigles, car ils sont les tyrans de tous les petits quadrupèdes et de tous les oiseaux; ce sont de vrais despotes, qui abusent de leurs serres, de leur bec et de leur agilité pour faire la guerre à tout ce qui les environne et immoler tout ce qui les approche.

Les Spizaëtes peuvent être considérés comme des Aigles destinés à vivre dans les forêts; aussi leur queue est-elle plus longue que celle des précédents, qui vivent sur les rochers. Cette longueur de la queue, qui dépasse toujours les ailes, rapproche ces oiseaux des Autours et des Éperviers. Mais ils ont trop de points de contact et de caractères communs avec les Aigles pour les en éloigner autant.

Les caractères distinctifs des Spizaëtes sont : queue longue et arrondie; ailes recouvrant au plus le premier tiers de la queue; bec presque droit, convexe et crochu à la pointe, comprimé sur les côtés, à bords festonnés et tranchants; commissure du bec d'une grande ampleur; beaucoup d'entre eux ont les plumes occipitales allongées, pouvant se redresser et former une huppe; tarses forts, robustes, plus ou moins emplumés jusqu'à

la naissance des doigts, comme chez les vrais Spizaëtes, ou seulement jusqu'au-dessous du genou, comme chez les Harpies, les Circaëtes et les Urubitingas.

Quel que soit le continent qu'ils habitent, les mœurs et les habitudes de tous ces oiseaux sont les mêmes. Tous vivent généralement de gibier de toutes sortes, qu'ils chassent et tuent eux-mêmes. Ce n'est qu'exceptionnellement qu'on les voit s'abattre sur les cadavres de mammifères, d'amphibies ou de poissons. Tous vont également par paire.

Le nid ou aire d'une des plus grandes espèces du continent africain, le Griffard, *Spizaëtus bellicosus*, établi à la cime des plus grands arbres, et plus rarement sur des rochers escarpés et inaccessibles, est si solide, qu'un homme peut s'y tenir sans crainte de l'enfoncer. Il est composé d'abord de plusieurs perches, plus ou moins longues, suivant la distance des enfourchures des branches sur lesquelles elles doivent porter. Ces dernières traverses sont enlacées en tous sens par des branches flexibles qui les lient fortement ensemble et servent de fondement à l'édifice, surmonté d'une assez grande quantité de menu bois, de mousse, de feuilles sèches, de bruyère et même de feuilles de roseaux, s'il s'en trouve dans les environs. Ce plancher est recouvert d'une couche de petites brindilles sèches, quelquefois de plumes et de laine; et c'est sur ce dernier lit que la femelle dépose ses œufs. Cette aire, ainsi construite, peut avoir quatre ou cinq pieds de diamètre et deux pieds d'épaisseur; sa forme est irrégulière; elle dure indéfiniment et probablement pendant toute la vie du couple, quand aucun accident ne l'oblige à s'éloigner d'un premier établissement. Les débris considérables d'ossements de toutes sortes d'animaux corrodés par le temps, et qu'on rencontre accumulés au pied de l'arbre portant un de ces nids, ainsi que les diverses couches de la surface extérieure du nid lui-même, permettent de voir combien de fois il a été réparé pour les besoins d'une nouvelle ponte. Ce n'est que dans le cas où la localité n'offre point d'arbre convenable au Griffard pour construire son aire qu'il la place sur des rochers. Pendant que la femelle couve, le mâle veille aux besoins communs, lui apporte sa nourriture et chasse pour toute la famille, jusqu'à ce que les petits puissent rester seuls dans l'aire sans courir de danger; car, devenus plus grands, ils exigent des provisions si considérables, que les vieux, suffisant à peine à leur voracité, sont alors obligés de chasser ensemble, afin de satisfaire un appétit aussi extraordinaire que l'est celui des jeunes. Les provisions qu'ils font alors sont telles que des Hottentots assurent avoir vécu, pendant près de deux mois, de ce qu'ils dérobaient chaque jour à deux Griffards, dont le nid était dans leur voisinage.

Levaillant en a conservé pendant quelque temps un vivant, auquel il avait cassé le bout de l'aile en le tirant. Il resta trois jours sans vouloir rien manger, malgré tout ce qu'on put lui offrir; mais aussitôt qu'il fut habitué à prendre sa nourriture, on ne pouvait plus le rassasier; il devenait furieux à la vue d'un morceau de viande, en avalait d'un coup des lambeaux de près d'une livre et n'en refusait jamais, quoique son jabot fût si plein qu'il était forcé d'en dégorger une partie; mais il ne tardait jamais à reprendre ce qu'il avait rendu. Toute espèce de chair était de son goût, même celle d'autres oiseaux de proie; et il s'accommoda fort bien des débris d'un autre Griffard que ce voyageur avait dépouillé.

Lorsque ces oiseaux sont perchés, on les entend de très-loin pousser des cris aigus et perçants, mêlés, de moment à autre, de tons rauques et lugubres, et ils volent à une si prodigieuse hauteur, que souvent on les entend sans qu'il soit possible de les voir. Les Gazelles et les Lièvres sont la proie ordinaire du Griffard. Il fond sur les premières et les tue parfaitement. Mais c'est surtout dans sa haine pour les autres grands oiseaux de rapine qu'il fait admirer son courage : il les poursuit dès qu'il les aperçoit; font-ils résistance, il les combat impitoyablement, les oblige à fuir, et n'en souffre aucun dans le canton qu'il a choisi. Il arrive souvent que des bandes de Vautours et de Corbeaux se réunissent et cherchent à saisir le moment favorable pour s'emparer de l'animal que vient d'abattre le Griffard; mais la contenance intrépide et fière de cet oiseau, posé sur sa proie, suffit pour les tenir à l'écart.

D'autres espèces, plus petites, se contentent de menu gibier, comme les Lièvres, les Canards et les Perdrix ou Francolins. Ainsi le Huppart, *Spizaetus occipitalis*, se met aussi à la poursuite de quelques Corbeaux, oiseaux auxquels il fait une guerre opiniâtre quand ils s'approchent de son nid. C'est surtout après le grand Corbeau, appelé Corbivau, qu'il paraît le plus acharné, parce que, mieux armé et plus hardi, il ose souvent attaquer le Spizaète pour se saisir de sa proie; s'ils sont nombreux, ils cherchent même à s'emparer de son aire pour manger les œufs ou les petits, et souvent toute la couvée devient la proie de ces Corbeaux voleurs; mais ce n'est jamais qu'accablé par le nombre, et après une défense opiniâtre qui a coûté la vie à plus d'un Corbivau, que le malheureux couple se voit réduit à laisser enlever et dévorer ses petits, souvent trop faibles encore pour se défendre autrement que par des cris.

Ceux d'entre les Spizaètes destinés, comme le Blanchard, *Spizaetus coronatus*, à faire la chasse aux oiseaux, ont été doués d'une grande légèreté de vol: une très-longue queue leur sert admirablement bien pour se diriger et suivre les changements de direction qu'exécutent si vivement et si fréquemment les oiseaux qui cherchent à éviter leurs serres; écarts brusques qui, presque toujours, les sauvent des atteintes de tout autre oiseau de rapine, mais qui deviennent inutiles avec les Spizaètes.

C'est à la poursuite des Ramiers que l'on peut admirer l'adresse du Blanchard; il semble chasser de préférence un oiseau dont le vol est le plus rapide et le plus varié; et c'est surtout de celui que Levaillant a nommé *Rameron* qu'il fait sa proie ordinaire. On voit, en Europe, des Faucons, des Hobereaux, des Autours, des Éperviers, poursuivre nos Ramiers; mais on les voit peu réussir dans cette chasse, même en se jetant dans les

volées entières de ces oiseaux. Leurs moyens sont, à la vérité, différents : ces oiseaux poursuivent à tire-d'aile leur proie, et cherchent à l'aborder, soit par-dessus, soit de côté, afin de s'en saisir; le Blanchard, au contraire, mesure son vol, le domine et ne hasarde rien. Le Rameron s'élève au-dessus des grands arbres, et semble s'amuser en volant d'une manière singulière et qui lui est toute spéciale : c'est alors que le Blanchard part de l'endroit où il était en embuscade : et s'il peut arriver sous le Rameron avant que celui-ci ait eu le temps de se précipiter dans le feuillage pour se cacher, c'en est fait de lui : tous ses détours, tous ses mouvements brusques et réitérés deviennent inutiles; son ennemi pare à tout, et semble chercher plutôt à le lasser qu'à le poursuivre. Toujours au-dessous de lui, son unique soin est de l'empêcher de gagner les arbres; et plus tôt le Rameron s'y précipite, plus tôt il est pris; parce que le Blanchard, parcourant pendant le même temps la ligne la plus courte, se trouve toujours au passage, et saisit sa proie au moment où elle croit souvent lui échapper. Ce n'est que lorsque le Rameron bloqué se voit forcé de gagner la plaine que le Blanchard vole droit sur lui, et le prend en un instant, parce qu'alors il est bientôt fatigué; mais il est fort rare qu'il ose quitter le bois, attendu que son unique ressource est d'arriver dans le plus épais des arbres, où les mouvements du Blanchard se trouvent embarrassés.

Levaillant a eu l'occasion d'observer un couple de Blanchards qui était établi près de son camp, dans les bois du délicieux pays d'Anteniquoi. Il les a examinés pendant plus de trois semaines avant de les tuer. Assis au pied d'un arbre, il passait des matinées entières à observer tous leurs mouvements et toutes leurs ruses. Comme, dans ce temps, ils étaient occupés à couver, il était sûr de les retrouver chaque jour dans les mêmes lieux. Quand l'un d'eux s'était saisi d'une proie quelconque, tous les Corbeaux des environs arrivaient par troupes innombrables, criant autour de lui et cherchant à avoir leur part du butin; mais le Spizaète paraissait mépriser ces pillards, qui, n'osant approcher, se contentaient de se jeter sur les débris qui tombaient de l'arbre où le Blanchard dévorait paisiblement sa proie. Quand il se présentait dans le canton un oiseau de rapine quelconque, le Blanchard mâle le poursuivait à toute outrance, jusqu'à ce qu'il fût hors de son domaine. Les plus petits oiseaux seuls pouvaient tous impunément approcher du nid, et là ils se trouvaient même en sûreté contre les attaques des oiseaux de proie d'un ordre inférieur.

L'Aguya, ce Spizaète de l'Amérique méridionale, malgré la variété de sa nourriture, puisqu'il mange même des poissons, a la même passion que le Blanchard d'Afrique pour les Pigeons. Seulement, ces oiseaux n'ayant plus les mêmes habitudes que le Rameron, puisqu'ils passent une grande partie de la journée sur le sol, il se donne moins de peine pour les chasser. Il se précipite sur une troupe qui couvre la terre quelquefois sur plus de dix mille mètres carrés, et s'empare aisément d'un de ces Ramiers, ou bien il fond sur la volée et saisit sa victime au vol.

La Harpie ou Aigle destructeur de l'Amérique du Sud est le plus féroce et le plus redoutable des Spizaètes. Elle n'attaque jamais les oiseaux ; les animaux dont elle se nourrit sont surtout l'Unau et l'Aï, les Sarigues, les Agoutis, les jeunes Faons, et, préférablement à tout, les Singes. C'est dans les forêts inondées des contrées intertropicales de l'Amérique du Sud qu'elle se rencontre et qu'elle fait sa principale résidence, surtout dans celles de ces forêts situées sur le bord des fleuves. Le matin elle vole ordinairement, en tournoyant, le long des rives ;

HALIAUTOUR INDIEN. *Haliastur indicus*. Gray.
Inde.

CIRCAÈTE ÉLÉGANT. *Spilornis rufipectus*. Gould.
Australie.

PYGARGUE LEUCOCÉPHALE. *Haliaëtus leucocephalus*.
Lesson. — Amérique septentrionale.

CIRCAÈTE BACHA. *Spilornis Bacha*. Kaup.
Java.

AIGLE COURONNÉ. *Spizaetus coronatus*. Vieillot.
Afrique méridionale.

mais, soit au vol et du haut des airs, soit au repos et à travers les branches des arbres, la Harpie observe ses victimes, les suit du regard, et cherche à les surprendre au milieu de leurs ébats, surtout si c'est une troupe de Singes, dont les cris ont attiré son attention ; puis, malgré les efforts de ces quadrumanes et leur agilité, elle saisit l'un d'eux, le tue immédiatement en lui brisant le crâne à coups de bec, le dépèce et le dévore.

On rapporte que ces redoutables oiseaux de proie ne craignent pas d'attaquer même les hommes. On assure, en effet, avoir trouvé parmi les débris de leurs repas des crânes humains ouverts à coups de bec. Hernandez affirme que les Harpies attaquent, non-seulement les Hommes, mais les animaux carnassiers que la nature a le mieux armés. Il est certain que leur vigueur, leur audace et leur courage sont extraordinaires.

La Harpie a un mètre cinquante de longueur de l'extrémité du bec à celle de la queue; son bec est long de près de sept centimètres, et fort épais; les ongles des doigts médians sont un peu plus gros et beaucoup plus longs que le doigt d'un homme. Il est certain que, attaquée et blessée par l'Homme, la Harpie ne craint pas de se défendre en se ruant sur lui. D'Orbigny nous fournit un exemple de l'audace et de la vigueur de ce Spizaète.

Dans une reconnaissance géographique, ce savant voyageur naviguait sur le Rio-Securi, l'une des nom-

CUNCUMA DE PORT-NATAL. *Haliætus vocifer*. Cuvier.
Afrique australe.

CIRCAÈTE ZONAL. *Circaetus zonurus*. Kaup.
Inde.

CUNCUMA DE MACÉ. *Haliætus Macei*. Cuvier.
Inde.

AIGLE HARPIE. *Thrasaetus harpia*. Gray.
Guyane.

AIGLE GRIFFARD. *Spizaetus bellicosus*. Kaup.
Afrique australe.

breuses rivières, inconnues jusque-là, qui, descendant de la Cordilière du Cochabamba, en Bolivie, viennent grossir les eaux du Rio-Mamori, l'un des affluents de l'Amazone. La pirogue était conduite par trois sauvages Yuracarès, grands admirateurs de la Harpie; et, justement, on en aperçut une perchée sur les branches basses d'un arbre. D'Orbigny voulait débarquer pour la tirer; mais le terrain était fangeux, et les Indiens, plus alertes, sautèrent les premiers à terre avec leur arc et leurs flèches, la tirèrent et la blessèrent avant qu'il eût pu descendre; elle s'envola, quoique percée d'une flèche, et alla se reposer à peu de distance. Les Indiens la tirèrent encore : elle tomba enfin ; ils l'étourdirent en lui donnant des coups sur la tête, se partagèrent sur le lieu même toutes les plumes des ailes, de la queue et de la tête, qu'ils estiment beaucoup, et commencèrent même à la dépouiller de son duvet ; ils la rapportèrent ainsi toute mutilée, ce qui contraria d'autant plus d'Orbigny que c'était un sujet d'une taille extraordinaire. Regardé comme mort, l'oiseau fut placé dans la pirogue, en face de notre voyageur, qui ne remarqua pas que, revenu de son étourdissement, il reprenait peu à peu, et ne s'en aperçut que lorsque, furieuse et voulant sans doute se venger, la Harpie s'élança violemment sur lui, ne pouvant, par bonheur, se servir avec avantage que d'une seule serre : elle lui traversa l'avant-bras de part en part, dans l'espace interosseux, et lui déchira le bras ; il fallut le secours des Indiens pour lui faire lâcher prise. Au milieu de forêts sauvages, loin de tous soins intelligents et sous l'influence d'une chaleur torride, d'Orbigny eut longtemps la crainte de perdre le bras et même la vie.

Plus d'un motif porte les Indiens Yuracarès à rechercher avec tant de soins les dépouilles de la Harpie et à en faire usage : car du nord au sud du nouveau continent, ce sont toujours les mêmes superstitions pour l'oiseau symbole de la force et du courage, qu'il s'agisse du Condor, de l'Aigle ou de la Harpie. D'abord, c'est un grand honneur pour eux de posséder cette espèce vivante à l'état de captivité, et celui qui est assez heureux pour en avoir une est regardé comme un homme privilégié. D'Orbigny a été à même d'en examiner deux à l'état domestique. Pour se les procurer, les Indiens cherchent à découvrir la retraite que la Harpie se ménage sur le sommet d'un très-grand arbre, au bord d'une rivière ; ils épient l'instant le plus favorable pour s'emparer des jeunes, les transportent dans leurs cabanes, et les femmes mettent le plus grand zèle à les soigner et à les nourrir. Devenus adultes, le martyre des Harpies commence : deux fois par an leur propriétaire leur arrache les grandes plumes de la queue et des ailes pour empenner ses flèches ; et il leur enlève le duvet pour s'en parer dans les grandes occasions. Les Indiens font, pour ainsi dire, ce qu'ils veulent de cet oiseau, malgré sa force et son audace. C'est en quelque sorte pour eux un trésor ; et, s'ils sont obligés de changer de campement, les femmes sont chargées, l'une après l'autre, de porter l'oiseau.

Les plumes de Harpie sont de beaucoup préférées à toutes les autres pour garnir les flèches ; et l'Indien qui n'a pas été assez heureux pour tuer un de ces oiseaux ou pour se procurer des plumes par échange ne passe pas pour un habile chasseur, et reste dans les conditions les plus humbles. Le duvet leur sert seulement dans les grandes occasions, et voici comment ils l'emploient : ils se versent de l'huile de coco sur les cheveux, qu'ils couvrent alors de duvet blanc ; ils ont ainsi une perruque légère et blanche qui est d'un effet très-singulier. D'Orbigny les a vus parés ainsi, dans une visite que lui firent les Indiens des environs du lieu où il avait établi ses tentes, comme au premier homme blanc qu'ils eussent vu sur

les rives du Rio-Securi. Il remarqua aussi qu'ils suspendaient à leur cou les ongles de l'oiseau, comme un trophée dont ils étaient fiers.

En général, les vrais Spizaëtes perchent à la cime des plus grands arbres, dans les campagnes, vers la lisière des bois, pour y attendre une proie au passage ; ils dédaignent les oiseaux, quoiqu'ils en soient assaillis et qu'ils soient étourdis de leurs cris. Pourtant la Harpie couronnée sait faire une chasse assidue aux Tinamous, ces Perdrix de l'Amérique du Sud. Leur vol est étendu, mais lent : pour saisir une proie, ils semblent quelquefois se laisser tomber du haut des arbres, mais, plus habituellement, ils s'élèvent en battant mollement les ailes jusqu'à ce qu'ils soient parvenus à une grande hauteur, et ils tournoient jusqu'à ce qu'ils aient découvert une victime ; alors ils s'abattent presque perpendiculairement, les ailes pliées et sans bruit. Il est rare que l'animal sur lequel ils fondent fasse aucun mouvement : la frayeur le retient ; mais, s'il s'enfuit, soit au vol, soit à la course, les Spizaëtes le suivent et s'en emparent aussitôt.

Nous avons dit que la Harpie était facilement apprivoisée par les Indiens. Il n'est pas rare d'en voir en captivité dans diverses ménageries. Le Jardin zoologique de Londres et celui du Muséum de Paris en ont longtemps possédé de magnifiques individus. Voici le résultat des observations faites par un naturaliste sur l'un de ces oiseaux captifs : « Nous l'avons vu souvent en repos, perché sur son bâton, droit, immobile comme une statue, et complétement insensible aux mouvements, aux cris, aux menaces, au bruit que l'on faisait devant lui pour essayer de l'intimider. On ne pouvait le déterminer à changer son attitude fière et presque méprisante, ni troubler les regards calmes, mais hardis et pénétrants qu'il fixait sur nous ; nous l'avons vu aussi s'acharner sur les pauvres animaux qu'on livrait à son avidité ; ses serres disparaissaient complétement dans leur corps ; son bec était empourpré de sang. A notre approche, il étendait en frémissant ses ailes, comme pour couvrir et cacher sa proie, et son œil irrité exprimait le défi et la menace. Dans toute son attitude il y avait une volonté impérieuse, une puissance qui, à travers les grilles mêmes, inspirait un sentiment d'admiration et de crainte.

Parmi les autres Spizaëtes à tarses nus, les uns, tels que le Jean-le-Blanc, *Spizaetus gallicus*, ne vivent que sur la lisière des bois ou dans les taillis des montagnes ; les autres, tels que le Bacha d'Afrique, *Spizaetus Bacha*, ne se trouvent que dans les pays de montagnes et sur les rochers stériles et brûlés.

Le Jean-le-Blanc, véritable Aigle par la coupe des ailes, par le vol et par les mœurs, s'établit sur les rochers hérissés de buissons, dans les bois environnant l'eau, les champs, les marais et les habitations rustiques. Il trouve en abondance, dans ces lieux, la nourriture qui lui convient le mieux, surtout les oiseaux de basse-cour, les Mulots, les Taupes, les Rats, les reptiles de toute sorte, notamment les Couleuvres, dont il est très-friand, caractère qu'il a de commun avec l'Urubitinga. Dans le nord de l'Europe, le Jean-le-Blanc fait la chasse aux Coqs de bruyère, aux Perdrix et aux Lièvres. Enfin, d'après les observations de M. Gerbe, il se nourrit aussi d'insectes.

Le nid du Jean-le-Blanc est construit tantôt sur les plus hauts sapins ou sur les chênes, tantôt dans des anfractuosités de rochers, ou simplement sur les plus gros buissons épineux qui y croissent, quelquefois près de terre et dans des positions que l'on atteint souvent sans grandes difficultés. La ponte est de deux œufs, et fort souvent se borne à un seul. Cet œuf est de forme presque toujours exactement ovalaire, les deux extrémités étant égales; la coquille est à grain semblable à celui de l'œuf de l'Aigle doré ou royal, d'un blanc légèrement teinté de bleuâtre plus sensible dans sa transparence, et extérieurement poreuse et unie, quoique sans reflet; d'une couleur blanche et généralement sans taches, mais fort rarement ondée par places d'une nuance légèrement jaunâtre, dégénérant quelquefois en taches plus rembrunies assez marquées. Le grand diamètre est de sept centimètres et demi, et le petit de cinq et demi à six centimètres.

Tous les nids que M. Bouteille a eu l'occasion d'examiner en Savoie, pendant l'incubation ou après l'éclosion, comme tous ceux qu'il a reçus, ne renfermaient qu'un seul œuf ou un seul petit. Pendant que la femelle couve, on voit chaque jour le mâle lui apporter dans ses serres des reptiles, et surtout des Couleuvres. Après l'éducation des petits, c'est-à-dire vers la fin de juillet, le mâle, la femelle et le jeune se séparent pour se choisir chacun un poste, afin d'y vivre jusqu'à l'époque de leur départ. Cependant, s'ils s'y voient en danger, ils l'abandonnent pour quelques jours; puis ils s'y montrent de nouveau, mais avec plus de défiance, car on les observe dès lors presque continuellement perchés sur quelque point culminant, d'où ils voient venir de loin les chasseurs. S'ils sont dérangés, ils se répandent dans les champs, autour des marais et des bois, qu'ils n'abandonnent que pour venir planer aux environs des habitations et tâcher, quand tout est tranquille, d'enlever quelque proie. M. Bouteille en a observé de vieux qui parcouraient d'un vol bas, mais bruyant, les broussailles et les roches où se trouvent alors répandues les nichées de Tétras, de Bartavelles et de Perdrix, dont ils font une grande consommation.

Le Jean-le-Blanc fait entendre un sifflement aigu et désagréable. Il le pousse plus fréquemment en captivité qu'en liberté, et presque chaque fois qu'on l'approche. Sa vue lui permet de découvrir de très-haut les plus petits reptiles comme les plus petits mammifères, sur lesquels il fond perpendiculairement. C'est principalement le matin ou le soir, une ou deux heures avant le coucher du soleil, qu'il se livre à la chasse. Il entreprend de temps à autre quelques excursions qu'il prolonge pendant tout le jour, puis il revient, à l'approche de la nuit, à son poste habituel, et se retire pour dormir sur un arbre très-touffu ou dans une fente de rocher. Pris jeune dans le nid et élevé en domesticité, il devient familier. Buffon en a eu un vivant. Il avait été pris jeune au mois d'août 1768, et il paraissait, au mois de janvier 1769, avoir acquis toutes ses dimensions. Cet oiseau a été, de sa part, l'objet des observations suivantes, qui viendront compléter ce que nous en avons déjà dit : Il voyait très-clair pendant le jour, et ne craignait pas la plus forte lumière, car il tournait volontiers les yeux du côté du plus grand jour, et même vis-à-vis le soleil. Il courait assez vite lorsqu'on l'effrayait, et s'aidait de ses ailes en courant. Quand on l'admettait dans la chambre, il cherchait à approcher du feu : mais cependant il n'était pas sensible au froid, puisqu'on l'a fait coucher pendant plusieurs nuits à l'air, dans un temps de gelée, sans qu'il en ait paru incommodé. On le nourrissait avec de la viande crue et saignante : mais, en le faisant jeûner, il mangeait aussi de la viande cuite ; il déchirait avec son bec la chair qu'on lui présentait, et il en avalait d'assez gros morceaux. Il ne buvait jamais quand on était auprès de lui, ni même tant qu'il apercevait quelqu'un : mais, en se mettant dans un lieu couvert, on l'a vu boire, et prendre pour cela plus de précaution qu'un acte aussi simple ne paraît en exiger. On laissait à sa portée un vase rempli d'eau : il commençait par regarder de tous côtés fixement et longtemps, comme pour s'assurer s'il était seul ; ensuite il s'approchait du vase et regardait encore autour de lui ; enfin, après bien des hésitations, il plongeait son bec jusqu'aux yeux et à plusieurs reprises dans l'eau. Il y a apparence que les autres oiseaux de proie se cachent de même pour boire. Cela tient vraisemblablement à ce que ces oiseaux ne peuvent prendre le liquide qu'en enfonçant leur tête jusqu'au delà de l'ouverture du bec et jusqu'aux yeux; ce qu'ils ne font jamais tant qu'ils ont quelque motif de crainte. Cependant ce Jean-le-Blanc ne montrait de défiance que pour boire, car, pour tout le reste, il paraissait indifférent et même assez stupide. Il n'était point méchant, et se laissait toucher sans s'irriter; il avait même une petite expression de contentement : *co-co*, lorsqu'on lui donnait à manger : mais il n'a paru s'attacher à personne.

Lorsque le Jean-le-Blanc est assailli par des oiseaux taquins et criards, comme les Pies, il n'oppose à leurs attaques et à leurs criailleries qu'une parfaite quiétude.

Cet oiseau, du temps de Belon, c'est-à-dire vers la moitié du seizième siècle, était très-commun en France; ce naturaliste en donne une description aussi exacte que naïve : « Les habitants des villages le connoissent, dit-il, à leur grand dommage, et le nomment *Jean-le-Blanc*, car il mange les volailles plus hardiment que le Milan ; il assaut les Poules des villages et prend les oiseaux et connins : car aussi est-il hardi ; il fait grande destruction des Perdrix et mange les petits oiseaux, car il vole à la dérobée le long des haies et de l'orée des forêts, somme qu'il n'y a paîsan qui ne le connoisse. Quiconque le regarde voler advise en lui la semblance d'un Héron en l'air; car il bat des ailes et ne s'élève pas en amont, comme plusieurs autres oiseaux de proie, mais vole le plus souvent bas contre terre, et principalement soir et matin. »

Le Spizaète Bacha ne fréquente que les montagnes stériles et brûlées du pays le plus reculé des Grands-Namaquois, seule partie de l'Afrique méridionale où Levaillant l'ait rencontré, et où il est même peu commun. Il est moins rare dans l'Asie océanienne. Cet oiseau, qui paraît assez se rapprocher des Buses, perche toujours sur le sommet de quelque roche escarpée, d'où il peut guetter et découvrir plus facilement un petit quadrupède très-abondant sur toutes les montagnes de ce pays aride, le Daman ou Clip-dos des colons du Cap; c'est sa chasse habituelle et sa nourriture de prédilection. Levaillant a vu un Bacha, sur la pointe d'une roche, patienter pendant trois heures pour surprendre un Daman. Son immobilité était si complète, qu'on aurait pu croire que c'était un fragment de roche à forme d'oiseau. C'est de cette embuscade que, saisissant l'instant favorable, il se précipite sur l'animal au moment où il sort de son trou; s'il a manqué son coup, on le voit retourner tristement à son poste; et là, comme s'il était confus de sa maladresse, il laisse échapper plusieurs cris lamentables : ces tristes accents semblent peindre ses regrets et sa colère ; mais, un instant après, quittant cette pre-

JEAN-LE-BLANC. *Circaëtus gallicus.* Boié.
Europe. France méridionale.

mière embuscade, il va loin de là s'établir dans un poste, où il se fixe avec la même patience et la même immobilité, jusqu'au moment où, plus heureux ou moins maladroit, il a réussi à se saisir d'un de ces animaux. La victime jette habituellement des cris affreux, qui répandent tellement l'effroi parmi les Damans du voisinage, qu'on les voit alors se précipiter dans leurs vastes souterrains pour n'en sortir de la journée. Lorsque Levaillant était lui-même à la chasse du Daman, dans ces cantons stériles où, manquant de vivres, on était obligé de les tuer pour s'en nourrir, si par hasard un Bacha se saisissait d'un Daman dans les environs, il était inutile d'en chercher d'autres, et il fallait se résigner à attendre pendant trois ou quatre heures avant d'en voir un seul. Aussitôt que le Daman est saisi, l'oiseau l'emporte vivant sur une plate-forme voisine, et là il semble jouir du plaisir de lui déchirer les entrailles. Le pauvre Daman est déjà à demi dévoré qu'on entend encore ses cris de douleur.

Le Spizaète Urubitinga d'Amérique a, à peu de chose près, les mêmes mœurs et les mêmes habitudes que les précédents; seulement, à la différence du Bacha, c'est dans les pays plats entrecoupés de forêts, de marais étendus ou d'eaux stagnantes et de petites plaines qu'il se rencontre. Il perche sur le plus haut des arbres morts ou sur les branches inférieures des gros arbres, et se nourrit principalement de reptiles, de petits mammifères et d'oiseaux. Il s'apprivoise assez bien. D'Azara en a possédé plusieurs vivants. Il en avait pris une fois un adulte, qu'il lâcha dans son logement, où ce rapace demeura huit jours sans prendre de nourriture; mais, l'ayant mis dans la cour, il mangea de la viande, des Rats et des oiseaux; si quelqu'un le regardait, il cessait aussitôt son repas. Il eut aussi l'occasion d'en acheter un tout jeune, car il avait encore beaucoup de duvet blanc.

Ses premières plumes, d'abord foncées, prirent insensiblement une teinte plus claire, et des taches parurent sur sa poitrine; à huit mois il avait pris sa livrée. On le nourrissait avec de la chair crue, et quand il commença à voler, il visita d'abord toutes les cours qui étaient contiguës, ensuite il s'éloigna tant, qu'une fois on le rapporta d'une lieue et une autre fois de trois. Ces absences étaient journalières; mais il ne manquait pas de venir tous les jours de grand matin dans la cuisine prendre sa ration, et il repartait après l'avoir mangée. Ce manége dura pendant un an, jusqu'à ce qu'on l'eût demandé à d'Azara. Il se laissait prendre aisément, sans distinguer les gens de la maison des étrangers, et sans marquer ni affection ni préférence, se montrant constamment indifférent et stupide. Si quelqu'un l'approchait pendant qu'il était occupé à manger, il étendait les ailes, jetait un cri aigu, et cachait sa proie en la couvrant. Jamais il n'offensait ni ne fuyait personne, et jamais il n'attaquait les volailles; cependant l'oiseau adulte que d'Azara avait pris avant celui-ci ne laissait pas de les poursuivre lorsqu'il était affamé.

D'Orbigny a été aussi à portée de voir l'Urubitinga à l'état domestique, venant tous les jours prendre sa nourriture, et passant le reste de la journée à voler sur les maisons et sur les arbres environnants.

(La suite prochainement.)

Paris. — Imprimerie WIESENER ET Ce, rue Delaborde, 12.

LES TROIS RÈGNES DE LA NATURE

LECTURES D'HISTOIRE NATURELLE.

16 Septembre 1865. N° 90. — 15 centimes.

Ce Recueil paraît une fois par semaine. — On s'abonne à Paris, à la Librairie L. Hachette et Cⁱᵉ, boulevard Saint-Germain, n° 77.
Les abonnements se prennent du 1ᵉʳ de chaque mois. — Paris, six mois, 4 fr.; un an, 8 fr. — Départements, six mois, 5 fr.; un an, 10 fr.

3ᵉ *Suite des Falconidés.* — Buses.

Les Buses ont la tête large et grosse, le corps trapu, le bec court, recourbé dès sa base et arrondi en dessus. Elles ont, suivant les espèces, l'espace entre l'œil et la commissure du bec garni de poils rares, ou quelquefois couvert de plumes serrées et coupées en écailles; les bords des mandibules légèrement flexueux; les ailes de longueur variable, aussi longues, ou plus longues que la queue; les tarses courts ou médiocres, nus et réticulés, emplumés à la moitié de la partie supérieure, ou seulement au-dessous du genou, ou même jusqu'auprès des doigts.

Elles sont loin d'avoir le port fier et élancé des Aigles, le courage ou la force musculaire des Faucons, et encore moins le vol élégant des Milans. En liberté comme en domesticité, elles sont indolentes et voraces; elles conservent un air de stupidité plus caractéristique chez

Buse commune. *Buteo vulgaris.* Bechstein.
Europe.

Buse pattue. *Buteo lagopus.* Vieillot.
Cosmopolite.

l'espèce commune que chez les autres, et qui paraît provenir de la sensibilité de ses yeux que blesse le grand jour. Leur nourriture se compose de menu gibier, de volailles, de Serpents, d'insectes, de baies, et principalement de petits mammifères rongeurs, tels que les Campagnols. Elles habitent les bois, les taillis, les prairies marécageuses et les terres plantées d'arbres, sur lesquels elles se reposent pendant des heures entières pour attendre leur proie, qu'elles saisissent à terre par surprise et jamais à tire-d'aile. Elles ont cependant une ouïe très-fine, une grande patience et une ténacité des plus opiniâtres; aussi leur caractère est-il rebelle à l'éducation, et jamais les fauconniers n'ont pu les dresser pour la chasse.

Les Buses sont les rapaces les plus difficiles à décrire exactement, à cause des variétés sans nombre auxquelles elles sont généralement sujettes pendant les différentes périodes de leur vie. Il est assez rare de se procurer deux Buses de la même espèce parfaitement semblables, à moins qu'elles soient absolument du même âge et du même climat. Elles se trouvent dans toutes les parties du monde. Les plus connues parmi celles d'Europe sont la Buse ordinaire, la Buse pattue et la Buse bondrée, dont les auteurs ont fait trois genres distincts; la plus remarquable aussi des espèces africaines est la Buse rounoir ou Jackal, qu'a fait connaître Levaillant.

Pour nicher, la Buse commune, qui est cosmopolite, s'établit dès la fin de mars, en Europe, dans les bois qui couvrent le pied et la pente des montagnes, ou dans les grands bois et les forêts en plaine. Dès le moment où la pariade se forme, le mâle jette des cris rauques, entremêlés de quelques sons aigus chaque fois qu'il revoit sa compagne et chaque fois qu'il prend son vol avec elle. Ils construisent en commun leur nid sur l'un des plus hauts chênes ou sur l'un des sapins les plus élevés du bois qu'ils ont choisi, ou bien encore dans la fente d'un rocher garni de broussailles, ou même au milieu d'une touffe d'herbe ou d'un épais buisson. Formé en dehors avec des bûchettes, en dedans avec des racines, des herbages et des débris de branches, ce nid reçoit, en

Buse bondrée. *Buteo apivorus*. Brisson.
Europe orientale.

mai, deux ou trois œufs, dont la description exige quelques détails. Ces œufs représentent généralement un ovale presque parfait, plus ou moins renflé vers le centre, et ayant rarement l'un des deux bouts sensiblement plus aigu que l'autre. La coquille est d'un grain assez fin, légèrement bleuâtre dans son épaisseur, et extérieurement peu poreuse, unie, mate et presque sans aucun reflet, à couleur d'un blanc très-faiblement bleuâtre, fort souvent unie et sans la moindre tache : c'est alors l'œuf le dernier pondu d'une couvée. Quelquefois l'œuf est maculé de quelques taches rares d'un brun de rouille très-léger, et d'autres d'un gris lilas ressemblant à des gouttes tombées du sommet de l'œuf vers sa base et augmentant graduellement de densité dans le même sens. Tantôt il est légèrement rosé vers le gros bout, clair-semé de nombreux petits points d'un brun rougeâtre et de quelques gouttes plus rares d'un gris lilas vaporeux, se perdant insensiblement dans le fond blanc de la coquille, et plus fréquentes au gros bout qu'à la pointe.

Parfois les mêmes caractères sont beaucoup plus faibles et bien moins prononcés : c'est alors l'œuf de la Buse changeante, *Buteo mutans* de Vieillot, variété rejetée comme espèce par les ornithologistes. On remarque aussi que l'œuf est légèrement ondé de brunâtre et maculé, dans le premier tiers de sa longueur, de taches rares d'un brun rougeâtre, qui se rapprochent graduellement les unes des autres en descendant vers la base, où elles finissent par ne plus figurer qu'une seule teinte uniformément brune. Il est enfin plus ou moins régulièrement et uniformément maculé de taches d'un brun légèrement rougeâtre en forme de gouttes, partant du sommet vers la base, verticalement au grand axe, et augmentant dans ce sens en nombre et en densité, au point de donner à cette dernière portion l'apparence d'une teinte uniformément brune : c'est alors l'œuf de la Buse à poitrine barrée, *Buteo fasciatus* de Vieillot, variété également rejetée comme espèce. Le grand diamètre varie de cinq centimètres deux millimètres à cinq centimètres huit millimètres, et le petit diamètre de quatre centimètres deux millimètres à quatre centimètres sept millimètres. Les œufs de toutes les espèces de Buses d'Afrique, de l'Inde ou d'Amérique, se ressemblent presque tous. Nous en exceptons ceux des Bondrées, dont nous parlerons à part.

Dès les premiers jours d'octobre, et particulièrement à l'époque des premières gelées blanches, la Buse commune abandonne les forêts des montagnes et s'abat dans la plaine autour des bois, des champs, des marais, des lacs et des rivières. Si l'on en voit deux ou trois dans une même localité, il est toujours facile de remarquer, par la distance qui les sépare l'une de l'autre, que chacune a son petit canton, dont elle ne s'éloigne qu'à la nuit tombante, ou quand elle n'y trouve pas à vivre, ou enfin quand elle y est menacée. Elle se montre toujours paresseuse, même lorsqu'elle se dispose à chasser. Pour cela, elle se place sur un tronc découvert ou sur une branche sèche et isolée ; quelquefois elle reste à terre, ou sur une pierre, ou une borne servant de limite. Elle attend ensuite patiemment pendant des heures entières qu'un Rat, qu'un reptile, qu'un volatile passe ou s'arrête devant elle, pour se jeter dessus et le dévorer. Faute de petits oiseaux, de reptiles et de très-petits mammifères, elle se repaît d'insectes, surtout de Sauterelles et de Grillons, quelquefois de Grenouilles, de Crapauds, de poissons morts et d'immondices. Elle ne saisit sa proie qu'à terre, où elle la mange, à moins qu'elle ne s'aperçoive de l'approche d'un autre rapace ou de quelque autre ennemi : dans ce cas, elle l'emporte ailleurs. Néanmoins elle chasse aussi en planant dans les airs, mais toujours d'un vol bas, à cause de la sensibilité de ses yeux, et arrive sur sa proie en suivant une ligne tantôt oblique, tantôt perpendiculaire ou horizontale.

Il est des saisons, néanmoins, où les Buses se réunissent. Nous avons eu fréquemment occasion de les observer par bandes dans certaines contrées incultes et accidentées de la Champagne, vers le milieu de l'automne et peu avant le coucher du soleil, occupées à chasser de petits oiseaux, tels que Pitpits et Alouettes. Après les avoir rabattus au vol vers la terre et les avoir en quelque sorte fascinés, elles se disposent circulairement, en vrais rabatteurs, sur les différentes roches ou aspérités des environs, puis, rétrécissant progressivement leur cercle, elles finissent par s'emparer d'un bon nombre de victimes.

Dans les temps de neige ou après une gelée blanche, la Buse vient s'embusquer, surtout le matin, jusque sur les arbres des vergers et sur ceux les plus voisins des villages, pour y guetter les volailles. Si elle est pressée par la faim, elle se montre plus audacieuse que d'habitude; elle enlève, en plein jour, les Poules qu'elle découvre autour des maisons, le long des sentiers et des haies. Quand elle est chassée des environs des fermes et des hameaux, elle se réfugie pendant le reste de la mauvaise saison dans les prairies, dans les marécages, où les chasseurs la rencontrent pendant la plus grande partie du jour, blottie sur un tronc de saule ou de peuplier, au sommet d'un buisson ou d'une motte de terre. Si un cadavre gît dans la proximité de son poste habituel, on l'y découvre mêlée avec les Corbeaux, qui parfois se réunissent pour la chasser, afin de rester seuls en possession du cadavre. Chaque soir, au coucher du soleil, elle se retire dans un des bois les plus voisins de son canton de jour, et passe la nuit sur la cime d'un chêne ou d'un sapin touffu. Le lendemain, dès que le jour commence à paraître, elle est déjà en station dans les champs, dans les prairies marécageuses qu'elle occupait la veille.

C'est toujours sans peine que l'on parvient à l'élever et à la rendre familière; mais elle conserve, même en liberté, dans son port et sur sa physionomie, un air de stupidité passé en proverbe. Buffon, à l'appui de ses réflexions sur l'instinct ou l'éducabilité des oiseaux, cite le fait suivant, qui lui a été communiqué en 1779 par l'abbé Fontaine de Saint-Pierre de Belesme : « On m'apporta, dit l'abbé, une Buse prise au piége : elle était d'abord extrêmement farouche, et même cruelle ; j'entrepris de l'apprivoiser, et j'en vins à bout en la laissant jeûner et la contraignant à venir prendre sa nourriture dans ma main ; je parvins, par ce moyen, à la rendre très-familière, et, après l'avoir tenue enfermée pendant environ six semaines, je commençai à lui laisser un peu de liberté, avec la précaution de lui lier ensemble les deux fouets de l'aile; dans cet état, elle se promenait dans mon jardin, et revenait quand je l'appelais pour prendre sa nourriture. Au bout de quelque temps, lorsque je me crus assuré de sa fidélité, je lui ôtai ses liens, je lui attachai un grelot d'un pouce et demi de diamètre au-dessus de la serre, ainsi qu'une plaque de cuivre sur laquelle mon nom était gravé. Après cette précaution, je lui donnai toute liberté, et elle ne fut pas longtemps sans en abuser, car elle prit son essor et son vol jusque dans la forêt de Belesme. Je la crus perdue ; mais quatre heures après je la vis fondre dans ma salle, qui était ouverte, poursuivie par cinq autres Buses qui lui avaient donné la chasse, et qui l'a-

vaient contrainte à venir chercher son asile. Depuis ce temps, elle m'a toujours gardé fidélité, venant tous les soirs coucher sur ma fenêtre; elle devint si familière avec moi, qu'elle paraissait avoir un singulier plaisir dans ma compagnie; elle assistait à tous mes dîners sans y manquer, se mettant sur un coin de la table, et me caressait souvent avec sa tête et son bec en jetant un petit cri aigu, qu'elle savait pourtant quelquefois adoucir. Il est vrai que j'avais seul ce privilége; un jour je me promenais à cheval, elle me suivit à plus de deux lieues, en planant. Elle n'aimait ni les Chiens ni les Chats; elle ne les redoutait aucunement; elle a eu souvent, vis-à-vis de ceux-ci, de rudes combats à soutenir; elle en sortait toujours victorieuse; j'avais quatre Chats très-forts que je faisais assembler dans mon jardin en présence de ma Buse, je leur jetais un morceau de chair crue; le Chat qui était le plus prompt s'en

Buse pattue. *Buteo lagopus.* Vieillot. France.

saisissait, les autres couraient après, mais l'oiseau fondait sur le Chat qui avait le morceau, et, avec son bec, elle lui pinçait les oreilles, et, avec ses serres, lui pétrissait les reins d'une telle force, que le Chat était obligé de lâcher sa proie; souvent un autre Chat s'en emparait dans le même instant, mais il éprouvait aussitôt le même sort, jusqu'à ce qu'enfin la Buse, qui avait toujours l'avantage, s'en saisissait pour ne pas la céder; car elle savait si bien se défendre, que, quand elle se voyait assaillie par les quatre Chats à la fois, elle prenait son vol avec sa proie dans les serres, et annonçait par son cri le gain de la victoire; enfin, les Chats, dégoûtés d'être dupes, ont refusé de se prêter au combat.

« Cette Buse avait une aversion singulière : elle n'avait jamais voulu souffrir de bonnets rouges sur la tête d'aucun paysan; elle avait l'art de les leur enlever si adroitement, qu'ils se trouvaient tête nue sans savoir qui leur avait enlevé le bonnet; elle enlevait aussi les perruques sans faire aucun mal, et portait ces bonnets et ces perruques sur l'arbre le plus élevé d'un parc voisin, qui était le dépôt ordinaire de tous ses larcins.

Elle ne souffrait aucun autre oiseau de proie dans le canton ; elle les attaquait avec beaucoup de hardiesse, et les mettait en fuite ; elle ne faisait aucun mal dans ma basse-cour ; les volailles, qui, dans le commencement, la redoutaient, s'accoutumèrent insensiblement pendant elle fut fusillée bien des fois, et a reçu plus de quinze coups de fusil sans avoir aucune fracture ; mais un jour il arriva que, planant dès le grand matin au bord de la forêt, elle osa attaquer un Renard. Le garde du canton, la voyant sur les épaules du Renard, leur

Buse à poitrine noire. *Buteo melanosternum*. Gould.
Australie.

Buse rufipenne. *Buteo rufipennis*. Gould.
Océanie.

Buse Jackal. *Buteo Jackal*. Cuvier.
Afrique méridionale.

Milan d'Australie. *Baza subcristata*. Gray.
Australie.

à elle : les Poulets et les petits Canards n'ont jamais éprouvé de sa part la moindre insulte ; elle se baignait au milieu de ces derniers ; mais, ce qu'il y a de singulier, c'est qu'elle n'avait pas cette même modération chez les voisins. Je fus obligé de faire publier que je payerais les dommages qu'elle pourrait leur causer ; cependant tira deux coups de fusil ; le Renard fut tué, et ma Buse eut le gros os de l'aile cassé ; malgré cette fracture, elle parvint à se soustraire aux yeux du garde, et fut perdue pendant sept jours. Cet homme, s'étant aperçu par le bruit du grelot que c'était mon oiseau, vint le lendemain m'en avertir. J'envoyai faire des recherches sur les lieux, mais elles furent inutiles, et ce ne fut qu'au bout de sept jours qu'il reparut. J'avais coutume d'appeler ma Buse tous les soirs par un coup de sifflet, auquel elle ne répondit pas pendant six jours; mais, le septième, j'entendis dans le lointain un petit cri que je crus être le sien. Je donnai alors un second coup de

BUSE BONDRÉE. *Buteo apivorus*. Brisson.
Europe orientale.

BUSE BRACHYPTÈRE. *Buteo brachypterus*. Cuvier.
Amérique centrale.

POLYBOROÏDE RAYÉ. *Polyboroïdes typus*. Smith.
Madagascar.

AIGLE BATELEUR. *Helotarsus ecaudatus*. Gray.
Afrique méridionale.

sifflet, et j'entendis le même cri; j'allai du côté où je trouvai enfin ma pauvre Buse qui avait l'aile cassée, et qui avait fait plus d'une demi-lieue à pied pour regagner son asile, dont elle n'était pour lors éloignée que de cent vingt pas; quoiqu'elle fût extrêmement exténuée, elle me fit cependant beaucoup de caresses. Elle fut près de six semaines à se refaire et à se guérir de ses blessures, après quoi elle recommença à voler comme auparavant et à suivre ses anciennes allures pendant environ un an, puis elle disparut pour toujours. Je fus bien persuadé qu'elle fut tuée par méprise, car elle ne m'aurait pas volontairement abandonné. »

Non-seulement la Buse est domesticable au point qu'on vient de le voir, mais on est parvenu à lui faire couver tantôt des œufs de Poule, tantôt même des œufs d'Oie, et à les lui faire éclore. M. Yarrel raconte qu'on a réussi à faire éclore des Poulets sous une Buse, dans la ville d'Uxbridge. La Buse dont il est question manifestait le besoin qu'elle éprouvait de faire un nid, en ramassant et tordant ensemble tous les brins de bois sur lesquels elle pouvait mettre le bec ou les griffes. Le maître de la maison eut pitié d'elle; il lui fournit des brindilles et tous les accessoires qui lui étaient nécessaires : l'oiseau solitaire se mit alors sérieusement à la besogne et acheva son nid. On mit sous elle deux œufs de Poule, elle les couva bien et éleva les jeunes Poussins comme une bonne mère. Pour indiquer son désir de couver, elle faisait des trous dans le jardin et brisait ou déchirait tout ce qui se trouvait à sa portée. Chaque année régulièrement elle couvait et faisait éclore des Poulets; en 1831, sa couvée se composait de dix petits. Une fois, son maître, voulant lui épargner ce qu'il croyait être *l'ennui* de couver, plaça sous elle une couvée de Poussins fraîchement éclos; mais elle les tua tous. Le brave homme ne connaissait pas cette loi de l'économie animale, qui fait que l'application des œufs à la poitrine enflammée de l'oiseau est comme un baume qui lui rend son travail d'amour deux fois cher. La Buse traita ces Poussins tout venus comme des intrus; mais jamais bonne Poule de ferme ne fut plus soigneuse des Poussins éclos par ses soins; seulement, quand on lui apportait de la viande et qu'elle la déchirait pour la distribuer à sa famille adoptive, elle paraissait mortifiée de voir qu'après quelques becquetées données dans cette viande, ses Poussins l'abandonnaient pour aller courir après le grain qu'on leur jetait.

Ces incubations par substitution d'espèces ne sont cependant pas toujours heureuses, et tournent parfois au drame. Un ornithologiste qui habite près de la forêt de Fontainebleau a raconté à H. Berthoud le fait suivant, qui ressemble à une histoire faite à plaisir. Cet ornithologiste avait remarqué, à cinq ou six mètres d'un petit étang, le nid d'une Buse au plus touffu des rameaux d'un chêne. L'oiseau de proie, chaque soir, au moment où paraissait le crépuscule, se mettait en chasse avec sa femelle, s'élevait dans les airs, y virait ou y planait, et se laissait tomber tout à coup sur les Mulots, les Couleuvres et les autres petits animaux, qui profitaient eux-mêmes de la chute du jour pour sortir de leur refuge et se procurer leur souper. Bientôt le mâle se montra seul; la femelle ne l'accompagnait que rarement et se hâtait de retourner à son arbre. L'observateur en conclut qu'elle avait pondu et qu'elle commençait à couver. Tout à coup une pensée bizarre lui passa par l'esprit : il prit quatre œufs d'Oie, les enveloppa soigneusement de son mouchoir, arma ses jambes de ces crochets de fer dont les bûcherons se servent pour grimper aux arbres, et se mit à escalader bravement le chêne jusqu'à la hauteur du nid des Buses, qui se trouvaient en ce moment toutes les deux entraînées par la chasse d'une bande de Moineaux à trois ou quatre cents mètres de là. Il prit les œufs, douillettement placés sur une couche de laine et de plumes, et y substitua les œufs d'Oie qu'il avait apportés, puis il se hâta de regagner la terre. Il était temps : les deux Buses, gorgées de butin, revenaient à tire-d'aile.

Rentré dans sa basse-cour, il plaça les œufs de Buse dans le coin du poulailler, où une Oie avait pondu les œufs qui maintenant se trouvaient dans le nid des Buses. Il monta sur le toit de sa maison, disposé en observatoire, et, à l'aide d'un télescope qui s'y trouve à demeure, il dirigea sa vue vers le chêne des Buses. Les deux oiseaux parurent d'abord s'apercevoir qu'on avait touché à leur nid. Ils tournoyèrent avec inquiétude pendant quelques secondes avant d'y entrer; la femelle y pénétra d'abord, retourna deux ou trois fois avec son bec les œufs de l'Oie, finit par se coucher dessus et recommença à couver. Il en fut de même dans la basse-cour. L'Oie se mit consciencieusement à sa besogne, et couva sans soupçonner la substitution d'œufs dont elle était victime. L'incubation se fit convenablement, et un beau jour les Oisillons sortirent de l'œuf.

Dès le matin de ce jour, le mâle veillait sur une branche voisine, la Buse femelle s'abattit sur l'étang, y prit dans ses serres quelques Têtards de Grenouilles, et les apporta à ses soi-disant petits, qui les arrachèrent à la Buse, les froissèrent dans le nid, et, en peu d'instants, engloutirent cette nourriture, appropriée par hasard à leur nature. Soir et matin, la Buse continua

Buse pattue. *Buteo lagopus.* Vieillot.
France.

le même manége. L'étang s'étendait pour ainsi dire au pied du chêne, et foisonnait de Têtards et de petites Grenouilles; il suffisait à la nourrice de baisser son bec ou d'ouvrir ses serres pour en ramasser un grand nombre. Tout allait donc au mieux, quand, à deux ou trois jours de là, les Oisillons commencèrent à éprouver une agitation qui causait à leur mère supposée autant de surprise que d'angoisses; ils se penchaient sur le bord du nid et poussaient des cris mélancoliques en remuant les ailes et en tendant le col vers l'étang. Le plus fort de ces Oisons n'y tint plus : il s'élança, ouvrit les ailes en guise de parachute, et tomba un peu étourdi dans les hautes herbes. Il ne lui fallut pas longtemps pour se remettre. Il se releva bientôt, courut à l'étang et s'y mit à barboter avec un bonheur sans pareil, en appelant ses frères par des cris de joie.

En voyant cette manœuvre, la Buse s'élança à tire-d'aile et voulut arrêter l'imprudent, qui nageait avec plus de volupté que jamais. Il virait de droite et de gauche; il naviguait, la queue au vent et les ailes à demi étendues, sans tenir compte de sa nourrice, qui rasait l'eau, jetait des cris d'alarme et suppliait le nageur de revenir à terre. Une fois même elle voulut employer l'autorité, et se rua sur le désobéissant élève pour le saisir dans ses serres, l'enlever et le ramener au nid; mais l'Oison plongea, disparut sous l'eau, et ne revint se montrer qu'à deux pas de l'endroit où il avait plongé. La Buse, consternée, retourna à son nid. Hélas! elle y trouva la sédition. Les frères du fugitif avaient entendu les cris qu'il poussait en se baignant; ces cris avaient puissamment éveillé leur instinct : rassemblés sur le bord du nid, ils canetaient d'une manière bien humiliante et bien affligeante pour les oreilles de l'oiseau de proie. Enfin l'instinct l'emporta sur la peur; ils s'élancèrent tous les trois, arrivèrent à terre, et coururent rejoindre leur frère dans l'étang. Alors la douleur de la Buse ne connut plus de bornes, et elle se rua à la poursuite des fugitifs. Elle battait l'eau de ses longues ailes, jetait des cris dont l'observateur se sentait ému, tant ils exprimaient de douleur et de tendresse maternelle. A la fin, et après des supplications de plus d'une heure, ses pattes s'embarrassèrent au milieu des herbes de l'étang. Brisée par la fatigue, elle s'empêtra de plus en plus dans ces herbes et dans la vase, et elle finit par rester immobile et inanimée à côté des Oisillons, qui se mirent insoucieusement à becqueter les plumes de celle qui venait de se noyer par amour pour eux.

Un peu avant cette époque, l'Oie à laquelle on avait confié dans la basse-cour les œufs de la Buse les couvait avec sollicitude et comme s'ils eussent été pondus par elle. Un beau matin, pendant que le naturaliste examinait de sa fenêtre les volailles qui s'ébattaient sur le fumier, autour d'une petite mare, il vit la couveuse sortir du nid. Il alla immédiatement visiter le nid avec l'espoir de constater cette étrange éclosion. En effet, quatre petites Buses, couvertes d'un duvet blanchâtre, ouvraient leurs larges becs jaunes, et poussaient des cris significatifs de bon appétit. L'Oie, en entendant ces cris inconnus pour elle, avait quitté le nid, et, cependant, plongée à demi dans la mare, elle appelait les nouveau-nés et les conviait à venir avec elle. Naturellement les jeunes Buses ne bougeaient point, et ne comprenaient rien aux appels de la couveuse. Impatientée, l'Oie quitta la mare, s'approcha de la nichée et finit par soulever les Oisillons à l'aide de son bec. Ils se prirent à crier de plus belle, mais sans se disposer à la suivre. Aussitôt, d'un coup d'aile elle poussa les petites Buses hors du nid, les flaira une à une, les tourna, les retourna dans tous les sens, et les examina avec une attention mêlée de surprise, et quand elle fut bien convaincue que les petits qu'elle avait couvés n'appartenaient pas à son espèce et qu'elle se trouvait victime d'une supercherie, elle se rua sur eux, les frappa à coups de bec, les écrasa sous ses pattes palmées, les saisit l'un après l'autre, alla les porter dans la mare, où elle acheva de les tuer, et elle finit par les manger.

Les Buses sont attirées près de nos habitations et dans les plaines cultivées autant par les Souris, les Taupes, les Rats et les autres animaux proscrits par l'agriculteur, que par le gibier, qu'elles ne dédaignent cependant pas. Depuis longtemps Levaillant a pris leur défense et demandé protection pour elles. Nous ne partageons pas ses idées protectrices, car, à n'en pas douter, si les Buses font moins de tort au menu gibier que l'Épervier et d'autres oiseaux de proie diurnes, elles ne sont pas à épargner, comme les Chouettes et tous les rapaces noc-

Circaète couronné. *Thrasaetus Azaræ.* Kaup.
Amérique méridionale.

turnes, qui ne se nourrissent presque exclusivement que de vermine.

C'est d'après les idées émises par Levaillant que la Buse Jackal trouve toute sûreté auprès des colons du cap de Bonne-Espérance, qui lui ont donné le nom de *Rotte-ranger* ou preneur de Rats. On trouve cette Buse autour de presque toutes les habitations : elle y est familière et pour ainsi dire domestique; elle passe le jour dans les terres labourées, où elle se tient perchée, comme la nôtre, sur la motte la plus élevée ou sur quelque buisson, s'il s'en trouve dans le champ, et c'est de là qu'elle guette tous les petits quadrupèdes qui lui servent de pâture. A l'approche de la nuit, elle revient se percher auprès de la maison, sur les arbres ou sur les haies qui entourent le parc où l'on enferme les bestiaux.

La Buse commune est très-rare en Angleterre; M. Waterton en parle comme d'une race éteinte dans le Yorkshire, et voici ce que le R. P. Lubbock en dit dans sa *Faune de Norfolk :* « De nos jours, la Buse est devenue un oiseau fort rare. Les vieux recueils d'histoire naturelle la représentent comme le plus commun des Faucons. Il n'en est plus ainsi; sa taille et sa paresse la signalent à l'observation, et par conséquent à la destruction. Il est certain que les Buses étaient autrefois très-nombreuses dans les grands bois de chênes de Sussex ; plusieurs vieillards de ce district m'ont assuré qu'ils se rappelaient parfaitement le « *Puttok* » la Buse, surnom que, dans l'ouest du *Weald*, les gens du peuple, qui ont conservé presque intactes la simplicité et les formes du langage de leurs ancêtres saxons, se donnent ironiquement entre eux. »

La Buse bondrée, tout en ayant les mêmes habitudes et la même nourriture que les espèces précédentes, a un goût spécial et très-prononcé pour les Guêpes. Il est à remarquer que la nature a pris un soin tout particulier de mettre cet oiseau à l'abri du danger que ce goût pouvait lui offrir. En effet, chez les autres Buses, l'espace compris entre la commissure du bec et l'œil est garni seulement de quelques poils rares, tandis que la Bondrée a ces mêmes parties couvertes de plumes courtes, écailleuses et très-serrées, qui les mettent à l'abri des piqûres de ces insectes. On voit la Bondrée si occupée à manger ces Mouches, qu'elle se laisse facilement approcher et surprendre. Lorsqu'elle se détermine à fuir, elle franchit rapidement en courant un espace de dix à quinze mètres, prend son vol en silence avec une répugnance visible, rasant la terre comme la Buse ordinaire, et ne s'éloigne pas beaucoup. En Angleterre, comme partout ailleurs, la Bondrée est assez rare, moins cependant que la Buse commune ou le Milan. Elle semble avoir échappé à la guerre d'extermination déclarée depuis si longtemps dans ce pays à tous les oiseaux de proie.

Les œufs de la Bondrée, au nombre de trois ou quatre, se distinguent des œufs de toutes les autres Buses. Ils sont généralement recouverts en entier d'une épaisse couche de brun, variant du bistre au brun rouge, paraissant comme effacé par place, laissant à peine apercevoir le fond blanc de la coquille ; parfois, mais très-rarement, maculés de points brun bistré en forme de couronne sur un fond d'un beau blanc mat. Plus petits que ceux de la Buse commune, ils mesurent : de grand diamètre, quarante-huit à cinquante-huit millimètres, et de petit, quarante à quarante-quatre millimètres.

(La suite prochainement.)

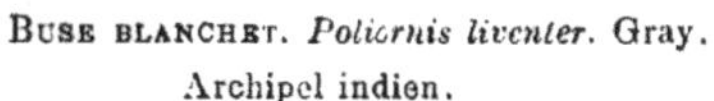

Buse blanchet. *Poliornis livenler.* Gray.
Archipel indien.

23 Septembre 1865.   ●   Nº 91. — 15 centimes.

Ce Recueil paraît une fois par semaine. — On s'abonne à Paris, à la Librairie L. HACHETTE et Cⁱᵉ, boulevard Saint-Germain, nº 77.
Les abonnements se prennent du 1ᵉʳ de chaque mois. — Paris, six mois, 4 fr.; un an, 8 fr. — Départements, six mois, 5 fr n an, 10 fr.

4ᵉ Suite des Falconidés. — MILANS. — FAUCONS.

MILAN. *Milvus.* Cuvier.

Les Milans ne sont armés que de serres peu robustes, et leur bec, sans grande puissance, ne leur permet point de se mesurer même avec des espèces plus petites, mais mieux protégées par les armes que leur a données la nature. Ce bec est donc faible, incliné dès la base, à bords entiers, et garni d'une cire nue, sur laquelle s'ouvrent des narines obliques et elliptiques. Leurs tarses sont courts, minces, scutellés, et plus robustes chez les vrais Milans que chez ceux dont on a fait le genre *Naucler*. Leurs ailes sont très-longues, et leurs troisième et quatrième rémiges sont les plus longues de toutes. La queue, deltoïdale, est formée de douze rectrices; elle est

MILAN ROYAL. *Milvus regalis.* Brisson.
Europe.

MILAN DE LA CAROLINE. *Nauclerus furcatus.* Vigors.
Brésil.

ample, plus ou moins profondément fourchue ou étagée. Leur corps est oblong, teint de diverses couleurs, rentrant toujours dans les tons bruns, noirs, gris et blancs. Leur tête est arrondie, leur cou médiocre, leur langue charnue, épaisse et entière.

Le vol des Milans est très-élevé, d'une grande puissance, facile et très-soutenu. De tout temps, dit Buffon, on a comparé l'homme grossièrement impudent au Milan, et la femme tristement bête à la Buse. Quoique ces oiseaux se ressemblent par le naturel, par les dimensions du corps, par la forme du bec et par plusieurs autres traits de leur organisation, il est néanmoins facile de distinguer le Milan, non-seulement des Buses, mais de tous les oiseaux de proie, par un seul caractère bien apparent : sa queue est fourchue ; les pennes médianes, étant beaucoup plus courtes que les autres, laissent paraître un intervalle qui s'aperçoit de loin et a fait donner à ces oiseaux le surnom d'*Aigles à queue fourchue*. Il a aussi les ailes proportionnellement plus longues que les Buses, et le vol bien plus aisé : aussi passe-t-il sa vie dans l'air. Il ne se repose presque jamais, et parcourt chaque jour des espaces immenses. Ce grand mouvement n'est pas toujours exercice de chasse, ni même de découvertes, car il ne poursuit pas sa proie ; mais il semble que le vol soit son état naturel, sa situation favorite. Il est magnifique dans les airs ; ses ailes longues et étroites paraissent immobiles ; c'est la queue qui semble diriger toutes ses évolutions, et elle agit sans cesse ; il s'élève sans effort, s'abaisse comme s'il glissait sur un plan incliné ; il précipite son vol, le ralentit, s'arrête et reste suspendu ou fixé à la même place pendant des heures entières, sans qu'on puisse apercevoir le moindre mouvement de ses ailes.

On remarque en effet les Milans plus souvent dans les airs que posés à terre. C'est de l'espace parfois immense qui les sépare du sol qu'ils découvrent leur proie, sur laquelle ils se précipitent d'aplomb. Ils ne la poursuivent pas à tire-d'aile, comme les Faucons, mais ils la cherchent à terre ou sur l'eau, en planant et en traversant les airs de diverses façons. Les Levrauts, les Rats, les Tétras, les Perdrix, les reptiles de divers genres et les poissons qui nagent à la surface de l'eau, forment la base de leur nourriture. Ils fondent sur eux en traçant une ligne verticale et avec une extrême vitesse, les emportent dans leurs serres, et vont s'en repaître sur l'extrémité d'un arbre ou d'une roche.

L'habitude de recourir parfois aux cadavres, et le soin qu'ils ont d'éviter la rencontre des autres rapaces, même ceux d'une faible taille, en montant dans des régions supérieures à celles que ces derniers parcourent, n'auraient cependant jamais dû, ainsi que le fait observer M. Bouteille, les faire regarder comme des oiseaux lâches. Il y aurait, en effet, de la témérité de leur part à s'exposer aux assauts que les autres Falconidés, plus avantageusement organisés qu'eux pour la lutte, leur livreraient en toute occasion. Cette réputation ne leur

a été faite que sur la foi de Buffon et d'un de ses correspondants, qui lui écrivait ceci : « Les Milans sont des animaux tout à fait lâches : je les ai vus poursuivre à deux un oiseau de proie, pour lui dérober ce qu'il tenait, plutôt que de fondre sur lui, et encore ne purent-ils y réussir. Les Corbeaux les insultent et les chassent. Ils sont aussi voraces, aussi gourmands que lâches : je les ai vus prendre, à la surface de l'eau, de petits poissons morts et à demi corrompus ; j'en ai vu emporter des Couleuvres dans leurs serres, d'autres se poser sur des cadavres de Chevaux et de Bœufs ; j'en ai vu fondre sur des tripailles que des femmes lavaient le long d'un petit ruisseau, et les enlever presque à côté d'elles. Je m'avisai de présenter une fois un Pigeonneau à un jeune Milan que des enfants élevaient dans la maison que j'habitais ; il l'avala tout entier avec les plumes. » Tous ces faits sont vrais, mais ils ne demandent qu'à être expliqués ou commentés ; et les observations des voyageurs suffiront pour réhabiliter les Milans.

On rencontre plusieurs espèces de Milans en Europe, en Asie, en Afrique et dans l'Australie ; on en rencontre également en Amérique, mais avec quelques modifications, dont nous parlerons. Le Milan parasite, une des espèces africaines, n'a pas, malgré l'assertion de Levaillant, plus de hardiesse que le Milan d'Europe ou Milan royal. La présence des hommes ne l'empêche pas plus que celui-ci de fondre sur les jeunes oiseaux domestiques : il n'y a point d'habitation dans le sud de l'Afrique qui n'ait sa visite à certaine heure du jour. Dans ses voyages, lorsque Levaillant était campé, il en arrivait toujours plusieurs qui se posaient sur les chariots, d'où ils enlevaient souvent quelques morceaux de viande. Chassés par les Hottentots qui l'accompagnaient et le servaient, ils revenaient à l'instant avec une voracité et une audace très-incommodes. Les coups de fusil n'éloignaient point ces parasites ; ils reparaissaient, quoique blessés, invinciblement attirés par la chair qu'ils voyaient préparer, et qu'ils arrachaient pour ainsi dire des mains. Sur les bords des rivières, on voit ce Milan s'abattre du haut des airs et plonger dans l'eau, comme le Milan royal, pour en tirer un poisson, nour-

MILAN NOIR. *Milvus niger*. Brisson.
Afrique.

riture dont ils sont tous deux très-friands. Le Parasite chasse d'ailleurs toute sorte de gibier. Les restes des grands quadrupèdes étaient fort de son goût, et il se rabattait aussi sur les charognes, dont il disputait, même courageusement et avec succès, les lambeaux aux Corbeaux, ses plus cruels ennemis. Ces derniers fuient en vain avec leur proie, le Milan parasite s'acharne à les poursuivre, et les force à la lui abandonner. Il se bat courageusement aussi avec les Buses et les autres oiseaux de proie ou plus faibles ou moins audacieux; et, dans ces combats, il est bien servi par l'habileté de son vol et par la légèreté de ses mouvements, qui l'élèvent, au besoin, à des hauteurs prodigieuses, d'où on l'entend pousser un cri perçant, mais rare.

a beaucoup parlé, dit le docteur Petit, de la voracité et de l'audace des oiseaux de proie en Afrique, et surtout en Égypte; ils n'en ont pas moins ici, et j'en ai plusieurs exemples dans les deux pays. Au Caire, je vis un jour un Milan enlever brusquement, des mains d'une femme arabe, un morceau de pain couvert de fromage, au moment où elle le portait à sa bouche. Au Chizé, en Abyssinie, un autre enleva, sous le nez de mon Chien qui les gardait et s'élança en aboyant après lui, les débris d'un Mouton que l'on venait de tuer. Maintes fois ils le firent aussi sous les yeux de mes gens. Mais ce qui se passa à Adóua, le 4 juin, est plus surprenant encore : Lensoua, mon petit préparateur noir, finissait de nettoyer, assis à terre dans ma cour, un

Quand ces oiseaux ont aperçu un camp, on est sûr de les voir revenir tous les jours, à la même heure, et chaque visite en augmente le nombre. Étant campé à la rivière Gamtoos, où il resta fort longtemps, Levaillant en remarqua un qui venait fidèlement le visiter tous les jours à onze heures du matin et à quatre heures de l'après-midi : il était très-certain que c'était toujours le même, car il lui manquait quatre ou cinq des pennes moyennes d'une aile, ce qui produisait un vide facile à remarquer. Le passage de ces oiseaux dans le même canton, et toujours à peu près à la même heure, a été constaté par ce naturaliste dans le cours de ses voyages; il paraît même que c'est une habitude particulière aux Milans d'Afrique et à ceux d'Europe, car il a remarqué chez ces derniers la même habitude de passer à certaines heures sur les mêmes points, et jamais il n'a manqué de tuer un Milan, dont il avait envie, quand il l'attendait à l'heure et dans le lieu où il l'avait vu rôder la veille.

Le docteur Petit et Quartin-Dillon, dans leur voyage en Abyssinie, de 1838 à 1841, voyage qui a eu pour eux un si fatal résultat, ne sont pas moins explicites : « On

Pigeon qu'il avait mis en peau la veille; il n'y avait plus de chair qu'à la tête. Au moment où il allait la retourner et qu'il tenait cette peau dans ses mains, un Milan fondit sur lui, lui griffa les doigts, et, saisissant la tête du Pigeon, se sauva, laissant le reste de la peau aux mains du pauvre enfant consterné et furieux; peu d'instants après, il revint à la charge et s'empara de poivres rouges qui séchaient au soleil, sans craindre le moins du monde d'être puni de sa témérité. Les Milans planent sur les villes, les villages et les camps en aussi grand nombre que le Catharte Percnoptère au Caire, ou le Catharte Urubu à Dhalac et à Massaoua; à Addonfite, j'en ai vu plus de quatre mille planer ensemble au-dessus de grands daros voisins de l'église. »

Ce qui distingue en effet les Milans parmi les Falconidés, c'est qu'ils se réunissent et vont fréquemment par bandes. C'est ainsi que M. Nordmann, en mars 1834, vit des troupes nombreuses de Milans noirs rôdant par la ville de Moscou, ramassant les débris de cuisine déposés dans les rues; c'est encore ainsi qu'en Bessarabie et au Caucase, il en a vu, mêlés aux Vautours, s'abattre sur des charognes.

Belon a été témoin de leur passage d'Europe en Égypte. Ils s'attroupent et traversent en files nombreuses le Pont-Euxin en automne, et repassent dans le même ordre au commencement d'avril ; ils restent pendant tout l'hiver en Égypte, et sont si familiers, qu'ils viennent dans les villes et se tiennent sur les

MILAN D'AUSTRALIE. *Milvus affinis*. Gould.
Océanie.

MILAN AUSTRAL. *Milvus isurus*. Gould.
Australie.

MILAN NOIR. *Milvus niger*. Brisson.
Afrique.

MILAN DE LA CAROLINE. *Nauclerus furcatus*. Vigors.
Amérique du Nord.

fenêtres des maisons. Ils ont la vue et le vol si sûrs, qu'ils saisissent en l'air les morceaux de viande qu'on leur jette.

Les Milans nichent sur les hêtres, les chênes élevés, les sapins, ou sur d'épais buissons fixés entre les fentes des rochers, parfois sur les rochers eux-mêmes. Le nid est construit avec de petites branches grossièrement réunies, et que recouvrent d'autres branches plus petites, qui sont à leur tour couvertes de racines, d'herbages secs et de mousse. L'intérieur contient toujours deux ou trois œufs presque aussi arrondis que ceux des Faucons, et à surface plus polie que ceux des Aigles. La couleur de ceux du Milan royal est d'un blanc très-légèrement bleuâtre, parsemé de quelques taches rares

ÉLANION BLANC. *Elanus melanopterus.* Bonaparte. — Afrique.

ÉLANION ÉCRIT. *Elanus scriptus.* Gould. Australie.

FAUCON DE PARAMATTA. *Falco frontatus.* Gould. Australie.

d'un brun de Sienne léger, répandues assez uniformément, mais un peu plus nombreuses et plus larges vers le sommet de l'œuf; tantôt à moitié recouverts de taches confluentes allant en diminuant insensiblement

CRÉCERELLE NANKIN. *Tinnunculus cenchroides.* Gray. Australie.

ÉLANION AXILLAIRE. *Elanus axillaris.* Gray. Australie.

pour se perdre confusément dans le blanc de la coquille, tantôt uniformément grivelés ou piquetés de brun sur toutes les parties de leur surface. Ils mesurent généralement de grand diamètre six centimètres, et de petit quatre centimètres et demi, et exceptionnellement quatre centimètres et demi sur quatre. Ceux du Milan noir en différent un peu par une couleur d'un brun un peu plus rougeâtre; leurs diamètres sont de cinquante-deux millimètres sur quarante-trois. Il en est de même de ceux du Milan parasite, dont la teinte est plus foncée, et dont les taches, plus larges et plus accusées, se montrent plus nombreuses, tantôt au sommet, tantôt à la base ; diamètre : cinquante-deux millimètres sur quarante-deux. Mais la forme peut varier et présente quelquefois un ovale allongé de cinquante-cinq millimètres de grand diamètre sur quatre centimètres de petit.

Si, en couvant, la femelle voit le mâle planer dans le voisinage, elle le réclame par de petits cris perçants et terminés par quelques sons langoureux. Celui-ci cède bien vite à l'invitation ; il donne un coup d'aile, plonge en décrivant une ligne perpendiculaire, et s'arrête sur le bord du nid, auprès de sa compagne. En voyant dévaster leur aire, surtout quand il y a des petits, le mâle et la femelle poussent des cris qui sont plus forts et plus aigus que les cris ordinaires ; ils s'élèvent en dessinant avec rapidité des cercles au-dessus du ravisseur, et fondent à chaque instant, l'un après l'autre, avec la célérité du trait, jusque devant leur ennemi, comme s'ils voulaient essayer de le frapper. M. Bouteille fut, en 1844, témoin de ce fait aux environs de Hautecombe, en Savoie, et quelques jours après il fit prendre, dans les mêmes lieux, une autre nichée par un jeune homme de seize ans. Cet intrépide dénicheur, en entendant à son approche les plaintes et les menaces du père et de la mère, ne perdit pas courage ; il déposa sur le roc son chapeau, qui le gênait, et se couvrit seulement la tête de son mouchoir. Le mâle fondit avec impétuosité sur le chapeau, et, malgré les efforts que fit le dénicheur, aussi étonné que vexé, il l'emporta dans les airs et le laissa tomber quelques instants après dans le lac du Bourget.

C'est de ce fait et d'autres analogues que le savant ornithologiste a pris occasion de défendre le Milan de l'imputation de lâcheté, qui lui est depuis si longtemps et si légèrement adressée.

Le fait est que, de tout temps, à tort ou à raison, on a rayé les Milans de la liste des oiseaux nobles. Cette réputation tient à cette circonstance, fondée ou non, que le Milan servait aux plaisirs des princes, qui lui faisaient donner la chasse par des Faucons ou des Éperviers. On voyait, en effet, avec surprise, sinon avec plaisir, cet oiseau, doué de toutes les facultés qui devraient lui donner du courage, ne manquant ni d'armes, ni de force, ni de légèreté, refuser de combattre et fuir devant l'Épervier, beaucoup plus petit que lui, toujours en tournoyant et s'élevant, comme pour se cacher dans les nues, jusqu'à ce que celui-ci l'atteigne, le rabatte à coups d'ailes, de serre et de bec, et le ramène à terre moins blessé que battu, et plus vaincu par la peur que par la force de son ennemi. On voit néanmoins souvent le Milan noir poursuivre à outrance des Corbeaux, des Éperviers et des Crécerelles, lorsqu'ils viennent chercher leur vie auprès de son nid.

De même que les Buses, les Milans ont leurs espèces insectivores à queue plus allongée et plus fourchue ou en ciseaux, comme dit d'Azara, et à ailes plus aiguës. Ils arrivent chaque jour, à la même heure, dans le canton qu'ils ont adopté, et ils en repartent aussi à heure fixe. Et, quoiqu'ils n'attaquent aucun oiseau ni

mammifère, ils savent fort bien se défendre. Ces Milans se nourrissent presque exclusivement d'insectes, de Mantes, et surtout de Sauterelles.

Le Milan est tout aussi éducable que la Buse. Il plairait assez à l'état domestique, s'il ne poussait pas si fréquemment des cris plaintifs, qui fatiguent les personnes à portée de l'entendre. Il se tait, quand on l'enferme avec d'autres rapaces plus dangereux que lui, et sait se tenir à l'abri de leurs attaques en se postant au-dessus d'eux et sur le juchoir le plus élevé. C'est aussi en s'élevant très-haut et au-dessus des Faucons, qui lui livrent un combat quand ils le rencontrent dans l'air, qu'il parvient quelquefois à s'en débarrasser. Il faut bien se garder néanmoins de le renfermer avec les Faucons et des Autours, car ce seraient des querelles incessantes. Il se montre, dans ce cas, au moins très-courtois ou très-prudent : il laisse les autres oiseaux manger avant lui, et ne descend de son perchoir que lorsque ses compagnons de captivité sont repus. Quand on est parvenu à l'apprivoiser, on peut le laisser en liberté, car il se montre assez fidèle à la maison qui le nourrit. Nous possédons, depuis quatre ans, un Milan noir, qui nous a été envoyé jeune des environs de Chambéry. Il lui est arrivé plusieurs fois de faire des absences de deux et trois jours, après lesquelles il revenait en planant gracieusement ou le matin ou le soir, et le plus ordinairement le matin ; ou bien il se dirigeait sur le mur d'enceinte qui entoure nos ruines de Nogent-le-Rotrou, et y passait toute la journée, ne descendant que pour manger. Nous devons avouer cependant que, depuis une certaine absence un peu trop prolongée, nous avons pris le parti de lui couper l'aile. On le nourrit de toutes sortes de viandes crues, de petits oiseaux et de petits mammifères vivants ou morts. Il pousse toujours ce petit cri peu agréable commun aux jeunes dans le nid, lorsqu'il voit de loin apporter sa pitance. Mais il se montre le plus ordinairement bon prince avec les Chats qui viennent lécher, quand ils ne peuvent le prendre, ce qu'il tient sous son bec ou sous ses serres. Il est vrai que, dans ce cas, il prend la précaution, pour se garantir de ces voleurs, de couvrir sa proie de ses ailes en hérissant toutes les plumes de sa tête et de son cou ; mais il ne se montre pas plus méchant pour cela. Il aime beaucoup à se baigner, et c'est avec un frémissement de plaisir qu'il se jette, les pattes les premières, dans l'eau fraîche, pourvu que la profondeur du liquide lui permette de n'y enfoncer que jusqu'aux plumes du ventre : ce qui ne l'empêche pas de chercher à se mouiller tout le dessus du corps.

Tout l'ensemble des habitudes des Milans semble démontrer que, méthodiquement parlant, ils seraient peut-être plus convenablement placés à la suite des Pygargues et des Balbuzards qu'à la suite des Buses. Ainsi, c'est lorsqu'ils sont parvenus, dans leur vol élégant, à une hauteur considérable, qu'ils découvrent sans peine leur proie terrestre ou aquatique. Leur vol est bas ; cependant, lorsqu'ils suivent le cours des rivières ou qu'ils planent au-dessus des lacs, ils saisissent très-habilement les poissons, en décrivant une ligne perpendiculaire ou oblique, selon la distance de laquelle ils s'élancent, et selon la position de leur proie, et ils l'enlèvent avec une dextérité remarquable dans leurs serres.

Faucon, *Falco*. Linné.

Les Faucons, réduits à un certain nombre d'espèces, se trouvent former un genre caractérisé par un bec robuste, conique, recourbé vers la base, muni d'une très-forte dent, quelquefois double, sur le bord de la mandibule supérieure, tandis que l'inférieure est échancrée à la pointe. Les narines sont arrondies et ouvertes sur le bord de la cire, qui est à peu près nue. Leurs tarses sont robustes, emplumés jusqu'au tiers supérieur

avec ses serres puissantes presque en même temps qu'il la frappe ; et, quand elle n'est pas trop lourde, il l'emporte pour la dépecer dans les bois ou sur les rochers.

Tous les caractères du Faucon en font un oiseau admirablement conformé pour la guerre. Quand il apparaît dans les airs, les petits animaux sans défense se retirent frappés de terreur, et les autres oiseaux se cachent en cherchant un refuge dans les fourrés ou près des habitations. C'est leur tyran qui passe.

Comme tous les oiseaux de proie de race belliqueuse, les Faucons ont une existence solitaire. Ils nichent indifféremment, et suivant les localités, disons aussi suivant les espèces, dans les fentes des falaises au bord de la mer, dans les creux des rochers, dans les trous

FAUCON MARBRÉ. *Falco circumcinctus.* Isis. Afrique.

FAUCON DE BARBARIE (Pèlerin). *Falco barbarus.* Linné.

FAUCON UNIFORME. *Falco concolor.* Temminck.

et réticulés. Leur queue est longue et arrondie. Les ongles sont robustes et falciformes ; les ailes ont leur deuxième rémige la plus longue ; la première et la troisième sont échancrées en dedans.

Ils sont répandus dans toutes les régions du monde et forment divers petits groupes nommés : Gerfauts, Faucons, Hobereaux, Crécerelles, Émérillons et Iéracides, ces derniers sans dent mandibulaire. Ce sont les meilleurs voiliers de tous les Falconidés et les ravisseurs par excellence ; ne dévorant leur proie que palpitante ; ne chassant jamais qu'au vol ; suivant même, pendant leurs migrations, les bandes de certains oiseaux voyageurs, au milieu desquels ils choisissent chaque jour leur victime, se mettant ainsi à leur poursuite ou, pour mieux dire, les accompagnant comme plusieurs cétacés ou certains gros poissons accompagnent les innombrables bandes émigrantes de Harengs, etc. Leur vol, soutenu et rapide, se plie à toutes les exigences des diverses circonstances dans lesquelles ils se trouvent. Peu d'oiseaux résistent au Faucon commun. M. S. John en a vu qui enlevaient d'un seul coup la tête d'une Gelinotte ou d'un Pigeon aussi facilement et aussi nettement qu'aurait pu le faire un couteau des mieux affilés. Ce Faucon chasse et poursuit le plus souvent sa proie à tire-d'aile, ou il tombe verticalement sur elle, et la frappe d'un violent coup de poitrine pour l'assommer ou pour la culbuter devant lui ; il la saisit

des mines et des masures, même dans le haut des vieilles tours et des clochers, ou bien sur les arbres : bien rarement, lorsqu'ils s'établissent dans des ruines ou sur des rochers, préparent-ils un lit pour y déposer leurs œufs, dont le nombre varie de trois à six.

L'unité des caractères organiques qui rend les Faucons si remarquables se retrouve d'une manière constante et toute particulière dans la forme et la coloration de leurs œufs. Cette uniformité est telle, qu'à moins de les prendre au nid il y a presque impossibilité de les distinguer spécifiquement autrement que par leurs dimensions, qui sont proportionnelles à la taille de chacune des espèces. Ces œufs sont généralement d'une forme ovalaire parfaite, à coquille d'un grain ordinairement assez serré, recouverte d'un brun variant du bistre au brun rouge et au brun de Sienne, réparti uniformément sur la coquille, tantôt par une série continue de grivelures, tantôt par larges taches ; dans tous les cas laissant très-rarement apercevoir le blanc de la coquille. Tels sont ceux des Faucons Gerfaut et d'Islande, mesurant de 57 à 60 millimètres sur 44 à 47 ; des Faucons Pélerin, Lanier et Iéracide ou Bérigore, mesurant de 50 à 55 millimètres sur 38 à 41 ; des Crécerelle, Crécerellette, Hobereau, Rupicole, Rupicoloïde, Concolore ou Éléonore et Émérillon, mesurant de 34 à 44 millimètres sur 29 à 34.

(La suite prochainement.)

Faucon hobereau. *Falco subbuteo.* Linné. — Europe. Afrique.

Faucon lanier. *Falco lanarius.* Linné. — Europe méridionale.

Faucon crecerelle. *Falco tinnunculus.* Linné — Europe.

Faucon Lanier. *Falco lanarius.* Schlegel. — Europe méridionale.

Faucon berigora. *Falco berigora.* Vigors. — Australie.

Faucon d'Australie. *Falco melanogenys.* Gould. — Australie.

Paris. — Imprimerie WIESENER ET Cᵉ, rue Delaborde, 12.

30 Septembre 1865.   **Nº 92. — 15 centimes.**

Ce Recueil paraît une fois par semaine. — On s'abonne à Paris, à la Librairie L. HACHETTE et Cⁱᵉ, boulevard Saint-Germain, nº 77.
Les abonnements se prennent du 1ᵉʳ de chaque mois. — Paris, six mois, 4 fr.; un an, 8 fr. — Départements, six mois, 5 fr.; un an, 10 fr.

L'ALOUETTE.

L'Alouette. — Oiseau symbolique des Gaulois (Alauda, Galerita.) — Histoire naturelle de l'Alouette. — Le Cochevis. — La Coquillade. — L'Alouette Lulu. — La Calandre. — La Farlouse. — L'Alouette pipit. — La Locustelle, etc. — Chasse de l'Alouette aux gluaux, au traineau, chasse au miroir.

L'oiseau est l'être sympathique par excellence : créature mixte, matérialisée par ses pattes, idéalisée par ses ailes, tenant à la terre par ses besoins, mais sans cesse rappelée par ses affinités à l'immensité des plaines de l'air, il semble le trait d'union entre ce monde et cet éther, vers lequel je ne sais quel vague instinct nous appelle, dans lequel l'Homme a toujours placé le futur domaine de son espèce.

Chasse de l'Alouette au miroir.

Dans la création inférieure, il est le seul qui nous étonne encore, qui toujours excite notre envie. Quels qu'aient été les prodiges de notre industrie, elle n'est jamais parvenue à l'égaler : le plus puissant de nos engins de locomotion doit se montrer bien modeste auprès de cette aile vigoureuse qui, en quelques heures, franchit l'Océan et porte la Frégate d'un continent à l'autre continent. Le scepticisme et l'analyse ont eu raison de bien des prodiges : le plus humble a résisté, l'oiseau. Nous l'avons disséqué, nous avons, un à un, surpris tous les secrets de son merveilleux organisme ; il continue de défier notre superbe ou notre indifférence, et la moindre Hirondelle, qui passe et repasse sous les arches d'un pont en effleurant la surface du fleuve de son corset blanc, nous laisse en proie à une admiration émue, nous force à nous incliner devant la plus sublime formule de la vie ici-bas, nous incite à rêver à la véritable patrie.

Il est donc évident que c'était parmi les hôtes du ciel que les peuples, et principalement les peuples primitifs, devaient, pour la plupart, chercher l'emblème de leur nationalité. Ce fut parmi les rapaces, les dominateurs, les oiseaux de sang et de rapine que presque toutes les nations choisirent leur symbole : il ne pouvait en être autrement à une époque où la force était la loi, où il n'existait pas de milieu entre la tyrannie et l'esclavage, où l'Homme était condamné à tuer s'il ne voulait pas mourir. Cette tendance à se représenter dans une des personnifications de la cruauté et de la violence ne fut cependant pas générale. Le peuple qui avait abattu les aigles orgueilleuses des fils de Romulus dans la poussière même de leur Capitole, dont la farouche indépen-

PIPIT FARLOUSE. *Anthus pratensis.* Bechstein.
Europe.

dance se débattit pendant dix ans sous l'étreinte du genou de César; les vaillants soldats qui, dans l'orgueil de leur indomptable courage, s'écriaient : « Que le ciel tombe pour que nous le soutenions sur le fer de nos piques ! » prenaient pour signe de ralliement l'oiseau du sillon de la patrie, l'Alouette matinale, symbole de leur vigilance, de l'insouciante gaieté qui défie la serre de l'Épervier.

Les soldats que César recruta parmi les vaincus ornaient leur casque de l'emblème national, qui donna son nom à la légion. « *Unam etiam ex Transalpinis conscriptam, vocabulo quoque gallico; Alauda enim appellabatur,* » a dit Suétone. Michelet ajoute : « Et l'Alouette gauloise, conduite par l'Aigle romaine, prit Rome pour la seconde fois. » Belon a été seul à prétendre que le nom de Légion de l'Alouette avait été donné aux soldats gaulois de César, non pas en raison du cimier symbolique de leurs casques, mais parce que les capuchons de leurs surtouts les faisaient ressembler au Cochevis. « Cesar donna nom à une legion *Alauda* qui estoit

Francoyse, pource, selon nostre jugement, qu'ils avoyent de coqueluchons, comme chaperons d'escapucins à la maniere d'un Cochevis. » Les étymologistes sont les plus forcenés ennemis de toute poésie. Pour mon compte, partageant la prédilection de Toussenel pour ce charmant attribut de nos ancêtres : « L'Alouette pacifique et amie du laboureur, l'Alouette qui s'élève en chantant vers le ciel pour reporter à Dieu les bénédictions de la terre, » je regretterais beaucoup de le leur voir enlever. Quoi qu'il en soit, le mot gaulois *Alauda* conquit à Rome son droit de cité avec la légion transalpine et servit à désigner l'Alouette, dont les deux espèces, à huppe et sans huppe, se nommaient indistinctement *Passila, Galerita,* ce dernier mot dérivé de *Galero,* chapeau. Buffon prétend que cette appellation pouvait s'appliquer en effet à l'Alouette proprement dite aussi bien qu'au Cochévis ou Alouette huppée, parce que, dans la première de ces variétés le mâle aurait, dit-il, pendant la saison des amours, la faculté de relever les plumes de derrière sa tête en forme de huppe. Nous nous occuperons de l'Alouette ordinaire avant de passer à la description des espèces qui en dérivent.

L'Alouette est le chantre de la moisson, comme le Rossignol est le chantre du bocage; elle représente l'harmonie, le cantique, la joie, au milieu des cris discordants des Grillons et des Cigales, qui, sans elle, troubleraient seuls le silence des solitudes cultivées, et les fusées de notes vives, alertes, gaiement cadencées, qu'elle laisse tomber du ciel en planant, ne contribuent pas peu à alléger l'impression mélancolique qu'éprouve l'âme du voyageur en traversant ces plaines monotones.

Le chant est chez la plupart des oiseaux la manifestation parlée de l'amour, un épithalame : lorsque le temps consacré par la nature à la reproduction est écoulé, quelques-uns perdent la voix, beaucoup conservent la faculté de jaser, mais perdent absolument celle de chanter; peut-être dédaignent-ils de faire servir aux vulgaires soucis de l'existence l'hymne par lequel ils ont célébré le grand acte. Presque seule, l'Alouette chante quotidiennement du printemps à l'hiver, parce que, du printemps à l'hiver aussi, presque seule, elle conserve le privilége d'aimer; parce que ses ardeurs se prolongeront jusqu'à l'époque où le refroidissement absolu de la température lui aura démontré qu'elle ne saurait plus mener à bien sa couvée.

« L'Alouette, dit Buffon, est du petit nombre des oiseaux qui chantent en volant : plus elle s'élève, plus elle force la voix, et souvent elle la force à un tel point que, quoiqu'elle se soutienne au haut des airs et à perte de vue, on l'entend encore distinctement, soit que ce chant ne soit qu'un simple accent d'amour ou de gaieté, soit que ces petits oiseaux ne chantent ainsi que par une sorte d'émulation et pour se rappeler entre eux. Un oiseau de proie qui compte sur sa force et médite le carnage doit aller seul et garder dans sa marche un silence farouche, de peur que le moindre cri ne soit pour ses pareils un avertissement de venir partager sa proie, et, pour les oiseaux faibles, un signal de se tenir sur leurs gardes : c'est à ceux-ci à se rassembler, à s'avertir, à s'appuyer les uns les autres et à se rendre ou au moins à se croire forts par leur réunion. » Malgré l'autorité de Buffon, je présume qu'il faut chercher la cause de la persistance du chant de l'Alouette dans *l'amour et la gaieté*, sur lesquels il a glissé en s'étendant avec la magie ordinaire de son style sur le besoin qu'éprouvaient les oiseaux faibles de se rassurer par leur réunion, et voici mes raisons : D'abord je ne pense pas que les oiseaux aient été dotés moins largement que l'Homme de l'heureuse insouciance du danger, tant que ce danger n'est pas imminent; en second lieu, non-seulement les Alouettes font plusieurs couvées dans une saison, mais elle est du nombre des oiseaux polygames, et il en résulte que le mâle ne peut point cesser d'adresser ses appels passionnés aux femelles qu'il voit trottinant dans la mer d'épis au-dessus de laquelle il plane. Buffon lui-même, quelques lignes plus loin, signale ce fait caractéristique : « Le mâle s'élève dans l'air, dit-il, en répétant sans cesse son cri d'amour, et embrassant dans son vol un espace plus ou moins étendu, selon que le nombre de femelles est plus petit ou plus grand ; lorsqu'il a découvert celle qu'il cherche, il se précipite. » Enfin, comme nous le verrons plus tard, ces femelles contribuent elles-mêmes, pour une part, à la multiplicité du chant d'Alouettes que l'on entend depuis juin jusqu'en septembre.

Elle fait son nid entre deux mottes de terre sans beaucoup d'art; elle se contente de garnir de quelques herbes, de petites racines la concavité qu'elle a choisie pour pondre; en revanche, elle prend beaucoup de soin pour le cacher dans l'herbe; elle y réussit si bien que la plupart du temps ce nid échappe aux investigations de l'oiseau de proie aussi bien qu'aux recherches de l'Homme. Le nombre des œufs est de quatre à cinq par chaque ponte; ils sont grisâtres, parsemés de petites taches brunes. La durée de l'incubation est de quinze jours; il ne lui faut pas plus de temps pour que les nouveau-nés puissent se passer de ses soins; alors elle recommence immédiatement une autre couvée. Aldovrande et Olina ont fixé à trois le nombre de ces couvées : la première au commencement de mai, la seconde au mois de juillet et la dernière au mois d'août. « Mais, dit Buffon, si cela a lieu, c'est surtout dans les pays chauds dans lesquels il faut moins de temps aux œufs pour éclore, aux petits pour arriver au terme où ils peuvent se passer de leur mère, à la mère elle-même pour recommencer une autre couvée. En effet, Aldovrande et Olina, qui parlent des trois couvées par an, écrivaient et observaient en Italie; Frisch, qui rend compte de ce qui se passe en Allemagne, n'en admet que deux, et Schwenkfeld n'en admet qu'une pour la Silésie. » Peut-être ne faudrait-il point chercher à établir des règles absolues à propos de ce nombre des

couvées, peut-être faut-il supposer qu'il est susceptible de varier suivant l'intensité des chaleurs et la prolongation des beaux jours. J'ai trouvé, vers le 15 septembre, de jeunes Alouettes assez faiblement emplumées pour qu'il fût évident qu'elles étaient écloses depuis le commencement du mois, et on peut, je crois, en conclure que la supposition des trois couvées, sous notre latitude même, n'a rien d'improbable lorsque les circonstances les favorisent.

Tant qu'ils sont à la traîne, les petits se tiennent pendant la journée séparés, mais à peu de distance les uns des autres. Quant à la mère, il semble qu'elle veuille dédommager ses ailes de l'inaction à laquelle les soins de l'incubation l'ont condamnée, se rassasier d'espace en attendant qu'elle en soit encore sevrée : c'est du haut des airs qu'elle veille sur sa progéniture dispersée; elle accomplit son métier de mère nourrice en volant et en

PIPIT VARIÉ. *Anthus variegatus.* Vieillot.

s'abattant de loin en loin tantôt pour rallier ses enfants, tantôt pour leur distribuer leur nourriture.

Il paraît que les Alouettes femelles naissent avec les vertus de la mère de famille; voici au moins ce que raconte Buffon sur ces dispositions à aimer l'enfance même avant d'avoir engendré : « On m'avait apporté dans le mois de mai une Alouette qui ne mangeait pas encore seule; je la fis élever, et elle était à peine sevrée qu'on m'apporta, d'un autre endroit, une couvée de trois ou quatre petits de la même espèce; elle se prit d'une affection singulière pour ces nouveaux venus, qui n'étaient pas beaucoup plus jeunes qu'elle; elle les soignait nuit et jour, les réchauffait sous ses ailes, leur enfonçait la nourriture dans la gorge avec le bec : rien n'était capable de la détourner de ces intéressantes fonctions; si on l'arrachait de dessus ses petits, elle revolait à eux dès qu'elle était libre, sans jamais songer à prendre sa volée, comme elle l'aurait pu cent fois. Son affection ne faisant que croître, elle en oublia, à la lettre, le boire et le manger; elle ne vivait plus que de la becquée qu'on lui donnait en même temps qu'à ses petits adoptifs, et elle mourut enfin, consumée par cette espèce de passion maternelle : aucun de ses petits ne lui survécut, ils moururent tous les uns après les autres, tant ses soins leur étaient devenus nécessaires, tant ces

ALOUETTE PENICILLÉE. *Otocoris penicillata*. Gould.
Labrador. Régions septentrionales.

mêmes soins étaient non-seulement affectionnés, mais bien entendus. » Ce fait est caractéristique, en ce qu'il

ALOUETTE LEUCOTE. *Pyrrhulauda leucotis*. Bonaparte.
Afrique.

démontre que la nature a plus largement réparti les facultés de la tendresse maternelle aux oiseaux qui plu-

ALOUETTE ROUGE. *Alauda erythropygia*. Gray.

sieurs fois dans l'année doivent se livrer aux soins de la reproduction, qu'à ceux qui n'auront qu'une seule couvée à élever.

L'Alouette est très-largement répandue dans presque tous les pays cultivés des deux continents ; Kolbs affirme qu'elle peut exister même dans les terrains incultes qui abonderaient en bruyère et en genévriers. En France, elle

ALOUETTE PÈLERINE. *Otocoris peregrina*.
ALOUETTE LONGIROSTRE. *Otocoris longirostris*.

est partout, mais elle recherche les pays de plaine par-dessus tous les autres. Elle rend d'importants services

ALOUETTE ÉTRANGÈRE. *Murafra cordovanica*.
Afrique.

à l'agriculture, par la quantité de vers, de chenilles, d'œufs de fourmis et de sauterelles qu'elle détruit. L'in-

ALOUETTE MINEUSE. *Certilauda eunicularia*. D'Orbigny.
Amérique.

secte forme la base de sa nourriture ; les graines et les baies n'en sont que le complément. Quel que soit l'attrait des pâtés si justement célèbres dans lesquels elle figure comme principal élément, il est donc à souhaiter que d'énergiques mesures arrêtent la destruction insensée qui se fait de ce précieux oiseau, dans certains départements, pendant l'hiver.

ALOUETTE COMMUNE. *Alauda arvensis.* Linné.

En raison de la continuité des ardeurs amoureuses pour les mâles, de la succession immédiate de plusieurs

ALOUETTE PYRRHONOTE. *Megalophonus pyrrhonotus.* Smith.
Afrique méridionale.

incubations pour les femelles, les Alouettes sont toujours maigres en été : en revanche, elles engraissent

ALOUETTE BIFASCIÉE. *Certhilauda bifasciata.*

rapidement aussitôt qu'elles n'ont plus d'autres soucis que celui de chercher leur nourriture. Leur embonpoint est complet dès les premiers jours d'octobre, elles constituent alors un mets des plus délicats. L'ancienne thé

rapeutique avait cependant cherché une ressource dans la chair de l'Alouette et particulièrement dans celle du Cochevis. « Le Cochevis, dit Belon, ne fut onc beau

ALOUETTE COCHEVIS. *Alauda cristata.* Linné.

coup plus loué pour estre propre à la cuisine; mais plus pour médecine qu'autrement. Dioscoride mesme,

ALOUETTE DE CLOT-BEY. *Ramphocoris Clot-Bey.* Bonaparte.
Algérie.

et duquel Galien l'a apris, comme aussi a fait Pline, dit que le bouillon, dans lequel sont cuictes les Alouet

ALOUETTE D'AMÉLIE. *Macronyx Ameliæ.* De Tarragon.
Port-Natal. Afrique.

tes, ou bien mangées rosties, guérissent la maladie nommée célingue et la cholique. » Linné, au contraire, non-seulement n'a point voulu reconnaître ces vertus à la chair de l'Alouette, mais il a prétendu qu'elle était contraire aux personnes atteintes de la gravelle. Si vous me demandiez mon avis sur cette grave question hygiénique, je vous répondrais que je ne crois pas tant de perfidie dans ce délicat manger, qu'il me semble que vous n'aurez pas à vous en plaindre, pourvu que vous n'en absorbiez pas plus que ne le permettent vos capacités stomachales, auquel cas vous seriez puni par l'indigestion.

Les variations du plumage sont assez fréquentes chez les Alouettes; l'albinisme n'y est pas rare : on trouve donc des Alouettes complétement blanches, d'autres chez lesquelles le blanc forme seulement le fond de la livrée et se mêle de gris, de fauve; on en trouve de noires et de mouchetées de fauve et de noir; mais, comme dans les Perdrix et dans les Cailles, ces diffé-

ALOUETTE NÈGRE. *Alauda tartarica.* Pallas.
Russie.

rences dans la nuance de l'habit sont des accidents qui ne sauraient servir de base à l'établissement de variétés de l'espèce principale.

Avant d'en finir avec l'Alouette commune, il me reste à dire un mot d'une question qui a donné lieu à un certain nombre de controverses, et qui, comme de juste, a été diversement résolue. Les Alouettes émigrent-elles? Est-ce à tort, est-ce avec raison que certains arrêtés ministériels et préfectoraux l'ont classée au nombre des oiseaux de passage? Cette question, Buffon l'avait déjà parfaitement élucidée : « Il est aisé de croire, dit-il, que de très-petits oiseaux, qui s'élèvent très-haut dans l'air, peuvent quelquefois être emportés par un coup de vent fort loin dans les mers, et même au delà des mers. C'est par cette raison que le docteur Hans Slvane en a vu à quarante milles en mer dans l'Océan, et le comte Marsigli dans la Méditerranée... Mais, quoi qu'il en soit, il est certain qu'elles ne passent pas toutes, puisqu'on en voit presque en toute saison dans

notre pays, et que dans la Beauce, la Picardie et beaucoup d'autres endroits, on en prend en hiver des quantités considérables : c'est même une opinion générale dans ces endroits qu'elles ne sont point oiseaux de passage; que si elles s'absentent quelques jours pendant la plus grande rigueur du froid, et surtout lorsque la neige tient longtemps, c'est le plus souvent parce qu'elles vont sous quelque rocher, à bonne exposition, et, comme j'ai dit, près des sources chaudes. »

Cette opinion de Buffon me semble rationnelle; l'Alouette est un oiseau nomade; elle n'est point un oiseau de passage. Lorsque le froid, la neige, l'agglomération d'un nombre trop considérable de ces volatiles sur un même point, leur permet difficilement de trouver leur nourriture, elles se déplacent, changent de canton, elles n'émigrent pas. S'il en était autrement, la loi s'appliquerait à l'espèce entière, et c'est le contraire qui a lieu, puisque, si défavorables que soient les conditions de l'existence, les Alouettes sont à peine parties, que d'autres Alouettes les remplacent, qu'à peine s'aperçoit-on au bout de quelques jours que leur nombre a diminué. On ne saurait nier cependant qu'il n'y ait dans certains pays de véritables passages de ces oiseaux : ces passages, voici, je pense, comment on peut les expliquer. Malgré ses prédilections pour les terres basses, l'Alouette est partout où va la charrue; on la trouve au printemps, dans les champs cultivés des montagnes, sur les plateaux élevés; elle y niche, elle y élève ses couvées. L'hiver venu, l'existence n'est pas seulement difficile dans ces régions, elle y est impossible; aussi les Alouettes, abandonnant les hauteurs, descendent et voyagent jusqu'à ce qu'elles aient rencontré un endroit où l'hivernage se présente dans de bonnes conditions.

LE COCHEVIS.

Un peu plus gris que l'Alouette ordinaire, le Cochevis en diffère encore par l'aigrette dont sa tête est ornée et qu'il a la faculté d'élever, d'abaisser ou d'étendre à son gré; bien qu'il soit bon voilier, il vit moins dans les airs que sur la terre; il est également plus sédentaire que l'Alouette, même en hiver; en outre, il se branche, ce que ne fait jamais l'Alouette commune; un peu à la façon de la Perdrix rouge, il est vrai, c'est-à-dire, sur un tronc, sur une branche assez large pour lui permettre de poser ses pattes à plat et de s'y tenir en équilibre.

Au dire des connaisseurs, le chant du Cochevis est supérieur à celui de l'Alouette. « Le chant des mâles est fort élevé et cependant si agréable et si doux, qu'un malade le souffrirait dans sa chambre (Buffon). » Il est vrai que c'est un concert assez difficile à se procurer; le Cochevis, si jeune qu'il ait été pris, ne s'accommode pas de la captivité et meurt à ce régime. En liberté, il est le premier à saluer l'apparition de l'aurore; quelquefois dans le silence des nuits, il fait entendre de faibles modulations.

Tant que l'Homme n'attente point à son indépendance, le Cochevis manifeste pour lui une certaine sympathie, il ne fuit pas à son approche et hante volontiers les chemins les plus fréquentés; aussi est-il la victime ordinaire des collégiens qui font leurs premières armes sur les grandes routes. C'est encore aux abords des chemins qu'il établit son nid. Buffon prétend que la femelle couve avec beaucoup de négligence, mais qu'il ne faut qu'une chaleur médiocre, jointe à celle du soleil, pour faire éclore les œufs; en revanche, aussitôt que les petits courent dans le sillon, elle devient bonne mère, et ne les quitte que lorsqu'ils sont en état de se passer de ses soins. M. Frisch dit que le Cochevis fait deux pontes par année. L'espèce existe presque partout en Europe; cependant Buffon ne croit pas qu'on la trouve en Suède, parce que sa description manque à la *Fauna suecica* de Linné.

LA COQUILLADE.

Est une variété du Cochevis, décrite par Buffon, assez commune en Provence, et dont la huppe couchée sur l'occiput finit en pointe et se retrousse; d'après lui, cette espèce serait monogame. «Le mâle ne quitte jamais sa femelle; tandis que l'un des deux cherche sa nourriture, c'est-à-dire des insectes, tels que Chenilles, Sauterelles et Limaçons, l'autre a l'œil au guet et avertit son camarade des dangers qui menacent. »

L'ALOUETTE LULU, ou CUJELIER.

L'Alouette Lulu est plus petite que l'Alouette ordinaire; les couleurs de son plumage sont plus effacées, moins foncées dans leurs teintes fauves, moins nettes dans leurs nuances blanches; il perche sur les branches, mais sans les embrasser comme le Cochevis. Elle se sépare encore de l'Alouette ordinaire par sa prédilection pour les terrains couverts de buissons et d'arbustes : on la trouve assez souvent dans les jeunes taillis, ce qui lui a valu le nom d'*Alouette des bois* dans certaines contrées. L'habitude de chanter pendant la nuit est beaucoup plus caractérisée dans cette variété que chez les Cochevis; ce chant nocturne est assez mélodieux, assez puissant pour remplacer celui du Rossignol. M. Hébert a remarqué que les fifres des Cent-Suisses de la garde (Louis XV) imitaient assez exactement le ramage du Cujelier; d'où l'on peut conclure que cet oiseau est commun dans les montagnes de Suises comme il l'est dans celles du Bugey.

Le Cujelier niche dans les champs qui avoisinent les taillis; il ne fait qu'une ponte par an; le nombre de ses œufs est de trois à cinq; cette ponte est également beaucoup plus tardive que celle de l'Alouette ordinaire, ce n'est que vers la fin du mois de mai que sa femelle se place sur ses œufs. Son nid est placé à terre et abrité dans une touffe de gazon. En automne il se rassemble par troupes, comme l'Alouette; comme elle aussi il est fort gras à cette époque et constitue un excellent manger. Le Cujelier s'élève difficilement en cage, ce qui est regrettable en raison du charme de son chant.

LA CALANDRE.

« La Calandre, dit Belon, est une espèce d'Alouette, tellement que, pour avoir la perspective de la Calandre,

ALOUETTE DE HORSFIELD. *Mirara Horsfieldi.*
Australie.

il se faut imaginer une Alouette quasi aussi grande qu'un étourneau. » Cette description si succincte du naturaliste du Mans est cependant parfaite, car la Calandre présente en effet, sous un volume double, la reproduction exacte des formes de l'Alouette, du coloris et des dispositions de son plumage. Commune en Italie, elle se trouve encore dans nos contrées méridionales et principalement en Provence; elle est beaucoup plus rare sous la latitude de Paris, bien qu'on la rencontre quelquefois dans les plaines de la Beauce et de la Brie. Sa voix est forte et agréable. « Elle joint à ses talents naturels celui de contrefaire parfaitement le ramage de plusieurs oiseaux, tels que le Chardonneret, la Linotte, le Serin, etc., et même le piaulement des petits poussins, le cri d'appel de la Chatte, en un mot tous les sons analogues à ses organes et qui s'y sont imprimés lorsqu'ils étaient encore tendres. La Calandre niche à terre comme l'Alouette ordinaire; le nombre de ses œufs s'élève quelquefois jusqu'à six; en revanche, la durée de sa vie paraît plus courte qu'elle ne l'est chez la première.

La Farlouse, ou Alouette des prés.

La Farlouse est une des variétés les moins nombreuses du genre Alouette ; elle est franchement de passage : celles qui ont passé l'été dans nos climats nous quittent à la fin d'août, comme tous les oiseaux qui ont un long trajet à accomplir. Beaucoup plus petite que l'espèce ordinaire, elle s'en distingue encore par la teinte olivâtre du dessus de son corps, laquelle teinte est mélangée de brun dans la partie antérieure, pure dans la partie postérieure ; elle a le ventre d'un blanc plus jaunâtre que l'Alouette commune, avec des taches noires longitudinales sur la poitrine et les côtés ; elle se caractérise surtout par des espèces de sourcils blancs qui s'étendent au-dessus de ses yeux. Son nom d'Alouette des prés lui a été donné à cause de la préférence qu'elle donne aux prairies sur les champs pour établir son nid : le nombre de ses œufs est de quatre à cinq ; elle est monogame. Tant que la femelle couve, le mâle se tient perché sur un arbre du voisinage et vient de temps en temps planer au-dessus du nid en battant des ailes. Le chant de la Farlouse est aussi agréable que celui des variétés précédentes. « Je le trouve cependant un peu triste, dit Buffon, et approchant de celui du Rossignol, quoique moins suivi. » Buffon était bien difficile. La Farlouse se trouve sur presque tous les points de notre territoire.

Chasse de l'Alouette au miroir.

L'alouette Pipit, Pissi. *Anthus pratensis.* Bechstein.
Europe.

« C'est la plus petite de nos Alouettes de France ; son nom allemand, Piep-Lerche, et son nom anglais de Pipit sont évidemment dérivés de son cri, et ces sortes de dénominations sont toujours les meilleures, puisqu'elles représentent l'objet dénommé autant qu'il est possible ; aussi n'avons-nous pas hésité à adopter ce nom de Pipit. On compare le cri de cette Alouette, ou du moins son cri d'hiver, à celui d'une Sauterelle ; mais il est plus fort et plus perçant. L'Alouette pipit est la plus petite de toute l'espèce, sa longueur ne dépasse guère cinq pouces et demi ; elle perche plus facilement que les variétés précédentes ; cependant, comme elles, elle niche à terre et à l'abri d'une touffe d'herbe ; elle se nourrit également d'insectes et de menues graines. Son chant d'amour ne ressemble pas à son cri ordinaire : c'est un gazouillement doux et agréable, que le mâle répète sans cesse en planant. L'Alouette pipit est très-commune au mois de septembre dans les environs de Londres.

La Locustelle.

Encore plus petite que la variété précédente ; elle a des sourcils blanchâtres, comme la Farlouse ; comme celle-ci encore elle recherche les endroits humides pour établir son nid, et particulièrement ceux qui se trouvent ombragés par des saules, ce qui dans certains pays lui a fait donner le nom d'Alouette des osiers.

(La suite prochainement).

Paris. — Imp. Wissener et Cⁱᵉ, rue Delaborde, 12.

LES TROIS RÈGNES DE LA NATURE

LECTURES D'HISTOIRE NATURELLE.

7 Octobre 1865.

N° 93. — 15 centimes.

Ce Recueil paraît une fois par semaine. — On s'abonne à Paris, à la Librairie L. HACHETTE et Cie, boulevard Saint-Germain, n° 77.
Les abonnements se prennent du 1er de chaque mois. — Paris, six mois, 4 fr.; un an, 8 fr. — Départements, six mois, 5 fr.; un an, 10 fr.

LES TÉTRAS.

Disparition prochaine du Grand Tétras en France. — Le Grand Tétras, ou Auerhahn. — Le Tétras à queue fourchue, ou Birkahn. — Leur histoire naturelle. — Leur chasse. — La Grouse, ou Petit Tétras à queue pleine.

Le sentiment de la conservation des animaux utiles existait profond chez les peuples à l'état de nature : ils avaient conscience des devoirs de protection que leur imposait Dieu vers leurs tributaires ; ils usaient sans abuser ; ils redoutaient par dessus tout de tarir la reproduction dans ses sources. Chez les indigènes de l'Amérique septentrionale, la mort d'une femelle dans certaines conditions devenait un deuil public, qu'il

Chasse au Tétras à queue fourchue.

fallait expier par la prière et le jeûne, quelquefois une cause de guerre entre les tribus ; ailleurs, après avoir immolé la victime, le chasseur s'agenouillait, se justifiait, implorait son pardon ; superstition fort touchante et dont le sens moral ne prêtera à rire qu'aux seuls esprits superficiels. Malheureusement, ce respect de l'être qui nous nourrit a disparu chez les sauvages avec toutes les pieuses traditions emportées par un simple contact avec les Européens : dans leur marche, dans leurs conquêtes, les civilisations ont les vices pour pionniers ; avant de régénérer, elles corrompent ; si donc, dans l'état de décomposition morale que nous avons faite, livrés à toutes les misères qui sont les corollaires de l'ivrognerie par laquelle nous les avons asservis, les indigènes américains massacraient le dernier des animaux de leurs forêts, nous n'aurions pas même le droit de les blâmer.

En revanche, lorsqu'en pleine Europe, au dix-neuvième siècle, dit *siècle des lumières*, malgré les avertissements, malgré les supplications de ceux qui possèdent l'intelligence de la véritable mission de l'homme sur la terre, un être, quel qu'il soit, se trouve, par notre faute, effacé de la création, c'est plus qu'une calamité, c'est une honte.

Simple usufruitier du sol, l'homme est tenu de jouir des biens qu'il y trouve, ainsi que le commande la locution usuelle du contrat légal, en *bon père de famille*. Il a droit de dîme sur tout ce qui peuple la terre, les airs et les eaux, mais son droit d'extermination s'arrête aux espèces qui mettraient la prospérité de l'héritage en péril; il ne pourrait sans folie songer à l'étendre à celles qui en sont le bienfait, la joie, la richesse, l'ornement.

Ce sont là des principes d'une telle banalité que, s'il s'agissait des rapports que les individualités ont entre elles, personne ne songerait à en contester l'équité : ce qui oblige l'homme isolé, n'oblige-t-il pas plus virtuellement encore les hommes à l'état collectif? Ce qui serait répréhensible chez un particulier, devient-il donc digne d'éloges par cela seul que la responsabilité en incombe à un peuple tout entier? En s'appliquant aux sociétés, ce qui était la justice et le droit, change-t-il de nature et de nom? Qui oserait répondre affirmativement? D'ailleurs, cette obligation de transmettre intact à ses descendants le dépôt dont soi-même on n'a pas été déshérité, ce devoir de la conservation des êtres utiles, ils sont inscrits dans les livres saints de toutes les religions: bases et germes de toutes les civilisations, ils étaient dans le grand code de la nature avant de passer dans nos lois.

Lorsque les rangs de la création sont menacés d'un nouveau vide, lorsqu'un animal, poisson, oiseau, quadrupède, est tout prêt à son tour de passer à l'état légendaire, et cela dans un pays dont les richesses ornithologiques sont médiocres, il y a lieu de pousser un cri d'alarme et de détresse, et de dire à ceux qui regretteront tôt ou tard cette disparition : Avisez!

L'Outarde est perdue pour nous, exilée par la mise en culture des plaines arides, que nous sommes loin de déplorer, mais longtemps avant que sa réduction et sa domestication l'aient constituée à l'état d'oiseau de basse-cour, et cela nous paraît regrettable pour les générations qui vont se trouver sevrées d'un aliment d'une valeur si exceptionnelle. La Canepétière devient de plus en plus rare; enfin le Tétras de la grande et de la petite espèce, ce royal gibier de nos forêts, ce manger aussi recommandable par son volume que par la distinction de sa chair, n'est plus représenté

que par quelques échantillons bien clair-semés dans quelques-unes de nos montagnes. Encore quelques années, et le Tétras aura vécu pour la France, sans que, dans ce qui le regarde, nous ayons à accuser autre chose que la sottise des chasseurs et l'insatiable cupidité des braconniers.

Il est loin de nous le temps où Belin écrivait : « L'on ne sçauroit passer les monts en aucune saison de l'hyver, qu'on n'en puisse voir es boutiques ou es hostéleries des villages de Savoye ou Auvergne situez par les montaignes. » Aujourd'hui on admire encore de loin en loin quelques grands Tétras chez les héritiers directs des *Chaircuitiers* de Belin; mais non plus chez les *Chaircuitiers* savoyards ou auvergnats : c'est un privilége maintenant réservé à quelques magasins de comestibles de la Babylone, dans laquelle l'industrie de la gueule fait converger ce qu'il y a d'opime dans les productions du monde entier. Combien sont indigènes parmi ces magnifiques oiseaux? A peine le dixième. Dernièrement, un habitant des Vosges, la seule région française, avec le Jura et quelques parties des Pyrénées, où l'on puisse se vanter d'avoir vu voler le grand Coq de bruyère, dernièrement, dis-je, un habitant des Vosges m'assurait qu'il était sans exemple qu'un chasseur de son pays fût parvenu à abattre une demi-douzaine de grands Tétras dans une année. Cette annihilation de l'espèce ne s'applique pas, comme celle de l'Outarde et de la Canepétière, par des défrichements de terres incultes ou marécageuses, par l'accroissement des populations, par la multiplication des agglomérations; la responsabilité de cette disparition revient tout entière à l'inintelligence humaine : les forêts montagneuses, séjour exclusif du Tétras, ne sont ni moins étendues ni moins solitaires; le soleil d'août n'a pas cessé de rougir les baies du myrtille de leurs bruyères; les aigrettes d'émeraude des conifères ne sont pas moins tendres que par le passé. Au souffle tiède du printemps, les branches des coudriers se chargent toujours de ces pendeloques jaunâtres que les Coqs affectionnent; ni les vivres ni le couvert ne leur manquent : ce qui leur aura manqué aux pauvres oiseaux sera un peu de modération chez les chasseurs qui les traquent, un peu de prévoyance chez les possesseurs des bois où ils pullulaient au temps de Belin; faute de l'une et de l'autre, le dernier des Tétras français sera bientôt abattu, et cela lorsque l'Angleterre conserve et propage les siens, concurremment avec les Grouses, dans les montagnes des Highlands; et cela lorsque les traditions conservatrices perpétuent l'Auerhahn dans les forêts de l'Allemagne. Avais-je tort de dire que cette inclémence et cette indifférence sont déplorables et même quelque chose de pis ?

Hâtons-nous donc de parler des Tétras; les morts vont vite par le temps qui court : nous sommes au printemps, saison des amours, et aussi, hélas! saison des fins tragiques pour les Coqs de bruyère. Qui sait si, dans l'heure qui va sonner, le fusil des braconniers nous aurait laissé le prétexte de vous entretenir de ce noble oiseau, à titre de gibier ?

De tous les oiseaux, les Tétras sont ceux dont les dénominations ont le plus varié, et cela, comme le fait remarquer spirituellement Toussenel, sans qu'aucune des applications qui lui ont été décernées soit complétement justifiée. « On n'a jamais pu savoir, dit-il, pour quelle raison Aristote, Pline et les modernes ont donné le nom de *Tétras*, qui veut dire *quatre*, à divers genres d'une famille dont le principal caractère est de gratter le sol et de porter des pantalons de duvet au lieu de culottes courtes. » Le nom de Coq de bruyère ne lui convient pas davantage, puisqu'il n'a point de membrane sous le bec et point d'éperons aux pieds ; que ses pieds sont couverts de duvet et bordés d'une espèce de dentelure ; qu'il a dans la queue deux pennes de plus que le Coq ; que cette queue n'ondoie pas en panache, mais se relève en éventail, comme chez le Paon et le Dindon ; enfin, que son volume est bien plus considérable, qu'il se plaît dans les pays froids, tandis que l'espèce galline proprement dite prospère beaucoup mieux dans les pays tempérés. On pourrait, par les mêmes raisons, contester le titre d'*Auerhahn*, *Coq sauvage*, que les Allemands donnent à la grande espèce, ainsi que celui de *Birkhahn* par lequel ils désignent la petite ; les sobriquets de *Faisan bruyant* et de *Faisan sauvage* ont encore moins leur raison d'être, non plus que celui de *Paon sauvage*. Le seul de ces capricieux baptêmes qui me paraisse s'être passablement inspiré du caractère de l'oiseau est celui dans lequel les Grisons, agissant comme parrains, l'ont appelé *Stolzo*, de l'allemand *Stolz*, qui signifie imposant, fastueux, superbe, et dont un dérivé *Stolziren*, se pavaner, s'applique merveilleusement à la mise en scène de ses grands drames amoureux. Malheureusement, en fait de dénominations ornithologiques comme de beaucoup d'autres choses, il ne suffit pas d'avoir le bon sens pour soi ; le mot *Stolzo* n'a point dépassé les montagnes de la Suisse, et l'oiseau qui nous occupe est resté le Tétras pour les naturalistes, le Coq de bruyère pour les chasseurs.

Les Tétras étaient connus des anciens : « L'oyseau nommé *Tetrix*, ou bien *Ourax* des Grecs, dont Aristote a fait mention, est possible une mesme chose avec le *Tetrao* des Latins, » dit Belin, et il est hors de doute que les deux espèces de *Tetrao* que Pline décrit fidèlement ne soient nos Coqs de bruyère, grand et petit. Ceux que l'on voyait en Italie venaient probablement de l'Apennin et des montagnes du Frioul, où le même Belin déclare qu'ils étaient communs. Cependant il était assez difficilement observé pour que les anciens ornithologistes soient excusables, si, à son occasion, ils se sont abandonnés à leur amour du merveilleux. Encelius, plus poëte que naturaliste, prétend qu'il féconde ses femelles par le bec, et que ce qui s'échappe de ce bec, tandis qu'il module les dernières trilles de ses chants

d'amour, se change en serpents, en perles, en pierres précieuses de toute espèce. Pline prétend qu'il n'a point de langue : cette opinion s'explique par la contraction singulière qui, après la mort de l'oiseau, ramène cet organe dans le gosier. Cette croyance, résultat d'observations trop superficielles, s'est perpétuée jusqu'à nos jours, dans certaines contrées. Un vieux chasseur des Vosges me jurait ses grands dieux que jamais il n'en avait découvert chez les Coqs qu'il avait tués : comme je lui faisais observer que cette absence de langue était difficile à concilier avec la véhémence et l'éclat du chant des grands Tétras : « Monsieur, me répondit mon homme, ils chantent avec leur estomac, comme les ventriloques. »

Ainsi que plusieurs fois déjà je l'ai indiqué, on compte plusieurs espèces : le grand Tétras, *Tetrao urogallus* de Cuvier, *Auerhahn* des Allemands ; le Tétras à queue fourchue, *Tétras Tetrix*, Birkhahn, Coq des bouleaux ; enfin la Grouse, petit Tétras à queue pleine, de Buffon. Toutes les trois sont européennes.

Pour plus d'exactitude, à la courte nomenclature des régions françaises que le grand Coq de bruyère n'a pas complétement abandonnées, j'ajouterai les départements du Rhin, des Alpes et de l'Isère, où l'on peut encore affirmer, de loin en loin, que l'on a rencontré un de ces oiseaux, sans être exposé à passer pour un menteur ; mais c'est là tout ce que nous en possédons. « La fixation du nombre des Coqs de bruyère qui foulent encore, à l'heure qu'il est, le sol inhospitalier de la France, de leur pied léger et pattu, n'exigerait pas de longs calculs. Mettons une centaine de têtes, deux cents si vous voulez, mais n'allons pas plus loin. » C'est Toussenel qui parle ainsi. En revanche, la grande espèce des Coqs de bruyère reste largement représentée en Souabe, en Bohême, en Hongrie et dans plusieurs autres parties de l'Allemagne ; on le trouve encore en Russie, en Norwége et en Écosse ; mais il y est plus rare que le Tétras à queue fourchue. Ainsi que le démontrent ses pattes garnies de fourrure, c'est un oiseau destiné à braver les basses températures et à piéter dans les neiges ; il serait inutile, même dans le pays qu'il habite, de le chercher dans les forêts de la plaine, on ne le rencontre qu'à de certaines altitudes.

Le grand Tétras est aussi remarquable par ses belles formes que par le magnifique coloris de son plumage. C'est un énorme oiseau dont le poids commun varie entre cinq et huit kilogrammes ; son envergure est médiocre, et son vol, bien qu'assez puissant, n'a point les audaces du vol des rapaces ; mais sa physionomie, mais sa prestance respirent cette fierté calme et sereine que donne le sentiment de la force et de l'indépendance. Sa tête et son col sont d'un noir ardoisé, une sorte de plaque d'un bel écarlate garnit la partie supérieure de l'œil ; le bec est fort et tranchant, propre à briser les cônes des sapins dans lesquels il cherche quelquefois sa nourriture ; ce bec est gris-roux chez les jeunes Coqs, il prend chez les adultes la couleur de l'ivoire jauni. Buffon lui donne une huppe, il n'en a pas ; mais, en revanche, le dessous de son bec est garni d'une barbe de plumes noires à reflets chatoyants, qui souvent, lorsque l'oiseau vole, pend complétement et s'aperçoit d'assez loin ; sa poitrine est d'un vert foncé à reflets métalliques, lesquels vont s'effaçant et en diminuant d'intensité sous le ventre, qui reste d'un beau noir ; on remarque sur cette partie de son corps des taches blanches dont le nombre et l'intensité varient suivant l'âge des individus. « Quelques-uns, dit Buffon, prétendent que le Tétras, lorsqu'il est jeune, a beaucoup de blanc dans son plumage, et que ce blanc s'efface à mesure qu'il vieillit. » Des chasseurs des Vosges m'ont assuré que c'était le contraire qui était exact ; que ces taches blanches étaient plus nombreuses et plus nettes chez les vieux Tétras que chez les jeunes. Le dos est brun, ainsi

Tétras a queue Fourchue. *Tetrao tetrix*. Linné.
Nord de l'Europe.

Tétras Auerhahn. *Tetrao urogallus*. Linné.
Alpes et Pyrénées.

Tétras des Saules. *Tetrao salicetis*.
Temminck.

Tétras Gelinotte. *Tetrao bonasia*. Gmelin.
Alpes et Pyrénées.

que les ailes ; les grandes ramiges de ces dernières sont marquées de blanc. Les plumes de la queue sont longues et brunes ; il semble que le nombre de pennes qui la composent soit susceptible de varier. Dans sa *Fauna Suecica*, Linné le fixe à dix-huit ; Schwenckfeld prétend que les mâles n'ont que douze plumes, et M. Brisson, dans son *Ornithologie*, leur en donne dix-huit ; enfin les pattes, courtes et trapues, sont couvertes de poils bruns et épais qui s'étendent jusqu'aux doigts.

La femelle du grand Tétras est incomparablement plus petite que son mâle, les plus grosses pèsent rarement plus de deux kilogrammes. Buffon a encore commis une grosse erreur en lui attribuant une livrée aussi brillante que celle du mâle : « Elle l'emporte sur le mâle, dit-il, par l'agréable variété des couleurs, ce qui n'est point l'ordinaire dans les oiseaux. » C'est à peu près comme s'il prétendait que la Poule-Faisan est plus richement habillée que son Coq, et le surnom de *rousse* que l'on donne à la femelle du Coq de bruyère, dans les Vosges, indique péremptoirement la nuance dominante de son costume. Elle est uniformément tachée de brun foncé et de blanc sur le dos, le dessous de la gorge est roux, le blanc domine dans les parties inférieures ; les plumes de la queue sont assez damées symétriquement de brun et de blanc ; la tête tachetée de roux, de brun et de blanc ; elle a la caroncule sourcillière rouge du Coq, mais moins accusée, moins large ; les torses des pattes sont également garnis de plumes.

Les grands Tétras habitent la partie intermédiaire des versants des montagnes ; bien rarement et seulement lorsqu'il est attiré par des semis de résineux, il s'égare dans les bois qui garnissent leurs dernières ondulations. Il mange les feuilles et les sommités de sapin, de genévrier, de cèdre, de saule, de bouleau, les baies du myrtille, de la ronce et du framboisier sauvage, les fruits du hêtre, les amandes qu'il trouve dans les pommes de pin, etc., etc., etc. Dans sa jeunesse, il est, comme tous les Gallinacés, très-friand d'œufs de

TÉTRAS GROUSE. *Lagopus scoticus.*

Écosse.

TÉTRAS COQ DE BRUYÈRE. *Tetrao urogallus.* Linné.

Alpes et Pyrénées.

TÉTRAS LAGOPÈDE. *Tetrao lagopus albus.* Gmelin.

TÉTRAS DES ROCHERS. *Tetrao rupestris.* Temminck.

fourmis, et recherche les lieux abondants en fourmilières. Ses habitudes sont très-sédentaires, il passe du bois à la bruyère et de la bruyère au bois, mais sans se montrer aux gagnages dans les champs cultivés qui avoisinent les forêts ; très-fort, très-brave, il se défend avec avantage contre les petits carnassiers, et les oiseaux de proie, l'Aigle excepté, ne s'attaquent pas à lui.

C'est vers le milieu du mois de février que les Tétras entrent en amour, et les ardeurs printanières, plus prononcées chez cet oiseau que chez un autre, se prolongent jusqu'au mois de mai, époque où commence la ponte des femelles. « Pendant ce temps-là, la pauvre bête est si fort excitée qu'elle en perd le manger et le boire, et jusqu'à la faculté de voir et d'entendre le péril. »

Il ne faudrait pas croire, cependant, que ces soixante-dix à quatre-vingts jours soient exclusivement consacrés à assouvir les feux dont il est embrasé : le Coq de bruyère, et c'est peut-être le seul point de contact, nettement caractérisé, qu'il ait avec le Coq domestique, est l'oiseau polygame par excellence; ses confrères en polygamie éparpillent leurs tendresses à l'aventure; ils s'en rapportent au hasard du soin de leur ménager des bonnes fortunes, pour lesquelles ils sont toujours prêts; il y a entre eux et les Tétras toute la distance qui sépare les libertins du sectaire; chez les derniers, cette polygamie devient un système; ils ne sauraient aimer qu'un harem; ce harem, il est nécessaire de le rassembler avant de songer de donner l'essor aux appétits qui sollicitent l'oiseau amoureux, et c'est à quoi il emploie une partie de cette longue période d'embrasement annuel.

Maintenant, voyons-le à l'œuvre : un peu avant le jour, à cette heure douteuse où les blanches vapeurs des vallées commencent à se dessiner sur le fond grisâtre du ciel, où les habitants des grands bois, bêtes fauves et bêtes noires, carnassiers et rongeurs, regagnent silencieusement leurs retraites, où les oiseaux n'osent pas encore entonner l'hymne du matin, qui les révélerait à leurs tyrans, le Chat-Huant, l'Orfraie, dont on entend encore le *houlement* lugubre, de la cime de l'arbre où il a passé la nuit, ordinairement quelque pin gigantesque, le Coq de bruyère jette son cri de ralliement aux poules éparpillées dans son canton. Ce cri caractéristique s'entend de fort loin : c'est une explosion véhémente à laquelle succède une série de grincements aigres, saccadés, aigus, semblables au bruit de la pierre à aiguiser sur la faux, et qui se terminent par un *Da capo* du gloussement sourd et grave, qui semble jouer le rôle de ritournelle dans ce singulier chant d'amour. Après chacun de ces appels, il fait une pause de quelques secondes, et il les continue pendant une heure environ, jusqu'à ce que le disque du soleil s'échancre entre les nuages de pourpre de l'Orient.

Durant la première série de ces provocations quotidiennes, il reste, jusqu'à la fin de son chant, sur les parties les plus élevées de l'arbre sur lequel il est perché : plus tard, lorsqu'il aura la certitude que ses sultanes se trouvent dans les alentours, il descend souvent d'un échelon, après chaque couplet de son morceau, afin de se rapprocher du sol où elles l'attendent. En effet, l'invite a été entendue dans les grandes herbes, dans les broussailles, gîte ordinaire des Poules; de tous côtés, elles se sont dirigées, en piétant, vers l'arbre où le seigneur et maître leur assignait rendez-vous; elles gloussent et coquettent autour de la base du grand pin.

« Quand celui-ci qui les a vues ou les a entendues venir, dit Toussenel, juge que l'assistance est assez nombreuse, il descend avec calme et majesté des gradins de son arbre, met pied à terre au milieu de ses vassales, les salue courtoisement, et, sans perdre de temps, les conduit vers une estrade, où tout est disposé pour faire valoir ses agréments extérieurs. C'est là seulement, dans la douce retraite qu'il s'est choisie lui-même et dans l'intimité de son harem, que l'illustre sultan aime

à se révéler dans sa gloire. Il gravit la tribune, la mesure du regard, se hérisse soudain, se huppe, se rengorge, s'ébouriffe, se gonfle, fait feu de toutes ses plumes pour éblouir sa cour. Sa queue s'épanouit en éventail comme celle du Paon, ses ailes traînent et balaient le plancher à la façon de celles du Dindon; il multiplie les allées et les venues, c'est-à-dire les passes et les contre-passes magnétiques, recueillies avidement par des regards de feu et des redoublements de grâces.

« Ces premières rencontres, néanmoins, se bornent à des présentations et à des cérémonies. Après la réception et la parade, le maître congédie poliment ses esclaves, et leur donne rendez-vous pour la séance du soir ou pour celle du lendemain. Aucune n'a garde de manquer à sa promesse, car chacune a dans le cœur l'idée fixe d'être promue, par le libre choix du sultan, au rang de sultane favorite. Au bout de quelques jours, les relations deviennent plus intimes; les Poules, fascinées, entraînées par les mâles attraits et les façons galantes du Coq, abrègent son martyre et couronnent ses feux. »

Cependant l'idylle ne se passe pas toujours d'une façon purement galante et pacifique. Si deux Coqs se sont établis sur le même canton, les jeux sanglants de Mars compliquent la situation, et les batailles sont quotidiennes, jusqu'à ce que le plus faible ou le plus sensé des rivaux se soit décidé à aller recruter ailleurs pour son sérail.

A la fin du mois de mai, au commencement du mois de juin, la ponte est terminée. Le nombre des œufs est très-variable : quelquefois il est de six, quelquefois il est de quatorze. Cette inégalité dans la production n'est pas particulière au grand Tétras, elle caractérise l'espèce tout entière; dans l'Ardenne Belge, où j'ai beaucoup chassé le petit Coq de bruyère ou Tétras à queue fourchue, on attribue la disproportion du nombre des œufs dans les pontes de cet oiseau aux différences d'âge de la femelle; ce nombre augmenterait à mesure que la Poule avancerait en âge pour s'arrêter au chiffre de douze chez les Tétras à queue fourchue, à celui de quatorze chez les grands Coqs de bruyère.

Leur nid est fait sans beaucoup d'art; elles déposent leurs œufs au pied de quelque sapin, dans une touffe de bruyère, et ne prennent d'autres précautions que celle de garnir ce nid de quelques brins de mousse ou de feuilles sèches.

Comme tous les mâles d'oiseaux polygames, le mâle du Coq de bruyère ne partage pas les soins de l'incubation avec une de ses compagnes; épuisé par les transports amoureux auxquels il s'est livré pendant plus de deux mois, il s'isole aussitôt que la ponte est terminé et se recèle dans les grands bois. La femelle couve assiduement ; elle est tellement attachée à ses devoirs maternels, que non-seulement l'apparition d'un homme ou d'un Chien ne la décide pas à quitter son nid, mais qu'elle s'élance quelquefois contre celui qui essaie de lui ravir ses œufs.

Les jeunes Coqs courent en sortant de la coquille comme tous les gallinacés ; les larves d'insectes sont la nourriture presque exclusive de leur premier âge ; la mère les mène à la chasse des fourmilières ; ce n'est que plus tard qu'ils picorent les baies de myrtille qui deviendront le fond de leur cuisine : ils préfèrent le myrtille à fruits rouges, que l'on trouve dans les bruyères, au myrtille à fruits noirs, qui croît presque exclusivement dans les bois ; c'est la première de ces variétés qu'il faudrait propager, si l'on songeait à acclimater quelque part le grand Coq de bruyère aussi bien que le Tétras à queue fourchue.

La durée de l'incubation est de vingt-quatre à vingt-cinq jours. Pendant les premiers mois de leur existence, les jeunes Tétras ont la livrée grise et rousse de la mère ; à la fin d'août, au commencement de septembre, ils subissent leur première mue, et se remplument *maillés*, comme les Faisans et les Perdrix, chaque sexe prenant ses couleurs caractéristiques. Buffon prétend encore que les compagnies restent unies tout le reste de l'année : je ne le pense pas. A dater du mois d'octobre, j'ai presque toujours rencontré les Tétras isolés ; en hiver et surtout par les temps de neige, je les revoyais en bande, mais il me semble improbable que ces bandes, alors toujours assez nombreuses, soient formées des seuls membres de la famille, puisque la plupart d'entre eux sont restés au champ d'honneur.

Le petit Tétras, ou Tétras à queue fourchue, n'a pas été plus heureux que le chef de file de son espèce : fort répandu autrefois dans les montagnes des Pyrénées et de l'Auvergne, il en a complétement disparu ; Toussenel affirme qu'il en reste quelques spécimens sur les versants alpestres du Dauphiné, dans le Jura et le Bugey : je le crois probable, mais je suis certain qu'on ne saurait plus trouver un seul exemplaire de cette espèce dans l'Ardenne française ; le piqueur ardennais Clamart, que j'ai maintes fois cité, n'en parle que par ouï-dire ; un enfant des bords de la Meuse, chasseur intrépide, M. A. Lavocat, m'a maintes fois déclaré que jamais il n'avait entendu parler de Tétras tués dans son département. En revanche, ils se sont conservés en quantités honorables dans certaines parties de l'Ardenne belge, dans l'espace, assez circonscrit il est vrai, qui s'étend de la jolie petite ville de Spa à celle de Saint-Hubert ; ils sont assez multipliés dans les forêts de la rive gauche du Rhin, très-communs en Suède, en Pologne, en Russie et en Écosse.

Plus petit des deux tiers que le grand Coq de bruyère,

d'un volume qui ne dépasse pas celui d'un bon Faisan, d'un poids qui ne va pas au delà de quatre livres, le petit Tétras reproduit la forme et les dispositions du plumage de son congénère de la grande espèce. Cependant, avec tant de points de contact et de similitude, il y a entre ces oiseaux des dissemblances autant extérieures que de mœurs et d'habitudes qui sont assez essentielles pour qu'il soit impossible de considérer celui-ci comme étant la reproduction en miniature de celui-là. Les reflets métalliques du plumage sont plus vifs, plus chatoyants sur la robe du petit Tétras que sur celle du grand Coq de bruyère ; cette robe, moins largement et moins fréquemment maculée de taches blanches, est d'une teinte plus harmonieuse ; le blanc des ailes se trouve en revanche plus étendu et plus net ; la membrane sourcillière est plus étendue et d'un rouge plus carminé. Il se caractérise par cette bifurcation de la queue qui a servi à le dénommer ; les plumes rectrices de sa queue se partagent et s'inclinent mi à gauche et mi à droite, dans la forme de volutes et de façon à former une espèce de lyre.

La femelle de cette variété est également habillée de gris et de roux. — Disons-le en passant, ce n'est probablement pas sans intention que la nature les a condamnées, comme les Poules des Faisans et de plusieurs autres oiseaux polygames, à cette modestie, à cette sévérité d'un costume qui, se confondant soit avec la terre, soit avec les feuilles desséchées, peut servir à les préserver, et assure ainsi la reproduction, tandis que la prodigalité avec laquelle cette même nature répandait sur le plumage des mâles les plus riches couleurs de son écrin, ne témoignerait que de la profonde indifférence que lui inspirait la destinée de ceux-ci.

Le petit Tétras, comme le grand, convoque ses épouses à son de trompe, mais non point, comme celui-ci, du haut d'un minaret ; il se contente d'une tribune plus modeste, ordinairement la branche d'un bouleau. Leurs cris d'appel diffèrent. « Le petit Tétras, dit Buffon, a un cri par lequel il semble articuler le mot allemand *frau*, et qui monte de tierce aux temps des amours ; il y joint alors un autre cri particulier, une espèce de roulement de gosier très-éclatant. »

La femelle choisit pour faire son nid une petite excavation au pied d'un arbre, une touffe de genévrier ou de houx ; la construction de ce nid est toujours informe et ne consiste qu'en quelques feuilles rassemblées. Des écrivains ont prétendu que le nombre des œufs d'une poule de petit Tétras pouvait être de quinze à vingt ; ces naturalistes n'ont exagéré que de moitié : la Poule pond de cinq à six œufs si elle est jeune, de dix à douze si elle est vieille ; on comprend, par conséquent, combien, dans une chasse bien ordonnée, il est important de ne jamais tirer les femelles, puisque ce ne sera qu'à un certain âge qu'elles pourront donner des couvées considérables.

Les jeunes de petit Tétras sont faciles à prendre pendant les deux premiers mois de leur existence ; isolés, privés de l'appui du mâle dans les soins à donner à sa progéniture, la mère a pour cette progéniture une tendresse infinie, mais non point l'admirable instinct avec lequel la Perdrix parvient à préserver la sienne. Lorsqu'on surprend la jeune compagnie, la Poule s'envole, prend terre à peu de distance, revient courageusement en piétant pour rallier ses enfants ; mais hélas ! souvent trop tard, car aussitôt qu'ils se sont sentis abanbonnés, les petits Coqs n'ont plus essayé de se défendre en fuyant, ils se sont rasés dans l'herbe et dans la bruyère, où, avec un bon chien, il est facile de les ramasser vivants les uns après les autres.

Jusqu'à la fin de septembre, les petits Tétras restent en compagnie ; alors ils se débandent. Pendant l'hiver, les mâles se réunissent, les femelles restent isolées ; à cette dernière époque, ils se tiennent peu dans les bois pendant la journée, hantent les bruyères et principalement les bruyères marécageuses, comme il s'en trouve même sur les hauteurs. Pendant qu'ils glanent ou font la sieste aux pâles rayons d'un soleil d'hiver, il reste toujours quelqu'un pour faire sentinelle, et comme ils sont doués d'une ouïe d'une extrême délicatesse, le moindre bruit suffit à donner l'éveil à leur méfiance. Je crois que dans la saison rigoureuse, les petits Tétras accomplissent certaines migrations irrégulières et indéterminées. Dans les Ardennes belges, où je les ai chassés trois années de suite, il m'est arrivé d'en *apercevoir*, et, la plupart du temps, c'était de fort loin, des troupes dont l'ensemble pouvait être de soixante à quatre-vingts oiseaux, éparpillées sur les immenses plateaux couverts de bruyères, que dans les Ardennes on appelle des *fanges* ; cependant, non-seulement tous les versants de la montagne sur laquelle je me trouvais étaient bien loin d'avoir produit un nombre de Tétras aussi considérable, mais je voyais moi-même ces compagnies diminuer et se fondre quand venait janvier, et bien qu'aucun de ceux qui les composaient n'eût été abattu.

Les Tétras de la petite et de la grande espèce sont-ils susceptibles de s'acclimater dans les pays de montagnes autres que ceux dont ils sont autochtones ? est-il possible de les domestiquer ? Buffon a décidé négativement, en s'appuyant sur l'insuccès de nombreuses expériences de ce genre, tentées par le maréchal de Saxe dans son parc de Chambord. D'un autre côté, des propriétaires des environs de Liége m'ont raconté qu'ils avaient inutilement tenté d'introduire le Tétras à queue fourchue dans leurs bois, bien que ces bois fussent fortement accidentés et qu'une distance de quelques lieues seulement séparât ces bois des derniers contre-forts des Ardennes, d'où les oiseaux sur lesquels on expérimentait étaient originaires. Je ne pense pas que l'on doive considérer l'avortement de ces différentes tentatives comme décisif : les essais de Chambord sont peu concluants, en raison du peu d'identité du sol, du climat et des productions végétales de la Sologne avec ceux des contrées montagneuses. Peut-être les expérimentateurs liégeois ont-ils, de leur côté, négligé quelques-unes des précautions préliminaires indispensables à l'œuvre qu'ils se proposaient d'accomplir, comme celle d'ensemencer leurs bruyères de myrtilles ; en tous cas, le voisinage immédiat de la véritable patrie des Tétras, les sollicitations que ce voisinage exerçait sur eux, me semblent avoir joué un grand rôle dans les résultats signalés, et je persiste à croire qu'on parviendrait à acclimater les Tétras dans tous les pays dont les conditions climatologiques se rapprochent des districts ou ils existent.

TÉTRAS RAKKELHAN. *Tetrao medius*. Temminck.

Quant à la seconde des questions que j'ai posées, à celle de la domestication, il y a longtemps qu'elle a été résolue. En Pologne, en Sibérie, on élève en basse-cour, non-seulement le petit Tétras et la Gélinotte, mais l'*Auerhahn* lui-même, et les premiers du moins se reproduisent parfaitement en esclavage. Dans un charmant opuscule où il traite de la chasse du Coq de bruyère avec infiniment de verve et d'humour, un écrivain belge, M. Léon de Thier, a cité deux exemples concluants, de la réduction des Tétras à l'état de domesticité.

(La suite prochainement.)

Paris. — Imprimerie WIESENER ET Cⁱᵉ, rue Delaborde, 12.

14 Octobre 1865.   Nº 94. — 15 centimes.

Ce Recueil paraît une fois par semaine. — On s'abonne à Paris, à la Librairie L. HACHETTE et Cⁱᵉ, boulevard Saint-Germain, nº 77.
Les abonnements se prennent du 1ᵉʳ de chaque mois. — Paris, six mois, 4 fr.; un an, 8 fr. — Départements, six mois, 5 fr.; un an, 10 fr.

LES TÉTRAS (Suite). — ALOUETTES (Suite).

« M. X... m'entraîna sur ses pas, nous pénétrâmes | dans une petite enceinte où croissaient des sapins et

COQ DE BRUYÈRE. *Tetrao lagopus.*

des bouleaux nains, au milieu desquels j'aperçus bientôt, | grands et de petits Tétras.
tout effrayés de notre apparition, plusieurs couples de | « Voilà, dit M. X..., vos hôtes sauvages en excellente

santé, je pense, et qui protestent eux‑mêmes contre l'opinion des savants. Il en est parmi ces Tétras qui vivent dans ma volière depuis plusieurs années. Voyez ces Gélinottes : il y a deux ans que je les garde ici, et je ne sache pas qu'elles aient l'air de se plaindre de ce régime. Cet Auerhahn a été acheté en Suisse à un pauvre diable qui faisait métier de les dénicher. »

« Un de mes amis, ajoute un peu plus loin M. Léon de Thier, M. le baron de Vielsalm, chasseur intelligent et observateur érudit, auquel je dois plusieurs précieux renseignements sur les mœurs des Tétras, a démontré, un des premiers dans notre pays, que le petit Coq de bruyère s'habituait sans peine à la privation de sa liberté. J'en ai vu chez lui de fort beaux specimens. « J'ai tenté, m'écrivait-il dernièrement, de croiser les Poules-Tétras avec les Coqs-Faisans, mais ces maris cruels ont impitoyablement massacré leurs moitiés. Je ne suis pas convaincu, cependant, qu'en les élevant ensemble dès leur jeunesse, on ne parviendrait pas à obtenir de ce croisement de beaux et bons produits. »

J'ai tenu à citer ces passages dans leur entier, afin de combattre une opinion adoptée trop légèrement par les naturalistes, et passée à l'état d'article de foi chez les amateurs qui s'occupent pratiquement de domestication. Je suis convaincu que c'est à ces convictions erronées qu'il faut attribuer le vide regrettable que laissent les Gélinottes et les Coqs de bruyère, dans la magnifique collection de notre Société zoologique d'acclimatation.

Le grand Coq de bruyère se chasse au Chien d'arrêt pendant le mois de septembre. A cette époque de l'année, les instincts méfiants et farouches ne sont pas encore développés chez les jeunes, on peut espérer de les approcher ; mais aussitôt qu'ils ont été levés e surtout tirés deux ou trois fois, ils partent de fort loin, même dans les taillis les plus épais, et ne se laissent arrêter que dans les jours de grands vents. Lorsque le temps est sec, on est à peu près certain de les trouver à terre, tandis que s'il a plu, la plupart du temps il sera branché ; aussi, tandis que le Chien quête à bon vent, le chasseur doit-il toujours examiner attentivement les arbres qu'il rencontre, car, comme les Gélinottes, un Coq perché ne se décide très-souvent à s'envoler que lorsqu'il s'aperçoit qu'il est découvert.

Lorsqu'on chasse les grands Tétras, on ne s'aventure pas au hasard dans le premier canton que l'on rencontre ; on sait le canton qu'ils habitent, et comme ils sont constants dans leurs habitudes, comme il est rare qu'ils changent de demeures, il faut battre lentement, à bon vent et pied à pied, l'enceinte dans laquelle on les suppose, absolument comme si on cherchait une Bécasse à la remise. Cette chasse est très-fatigante, en raison des accidents du terrain sur lequel on manœuvre, de la hauteur des bruyères qu'il faut franchir, de la

tension continuelle de l'esprit, de la nécessité d'avoir constamment l'œil et l'oreille au guet, et le doigt sur la détente de son arme.

Quelques chasseurs se servent d'un roquet auquel ils font quêter le Coq dans les broussailles. Celui-ci s'intimide peu d'un aussi faible ennemi. Il ouvre à peine ses ailes pour se brancher à quelques mètres du sol ; le roquet aboie aux fermes comme s'il s'agissait d'un Écureuil ou d'un Chat, et très-souvent on peut arriver à portée de l'oiseau uniquement préoccupé de son premier visiteur. Les petits épagneuls de Norfolk font des merveilles dans les chasses de ce genre.

Le grand Tétras a beaucoup de fumet, et Chiens d'arrêt ou Choupilles l'éventent de fort loin. Bien que ses pattes soient courtes en proportion du volume de son corps, il court très-vite, mais cependant il ne piète jamais longtemps devant le Chien ; lorsque vous voyez celui-ci précipiter sa menée, vous devez en conclure que le Coq va se lever : en effet, l'élan d'une course rapide lui est nécessaire pour parvenir à prendre son essor ; il s'envole lourdement et avec un bruit si formidable, que l'émotion qu'il produit ainsi chez le chasseur contribue souvent à lui sauver la vie. Lorsqu'il est lancé, son vol est rapide. Cette lourde masse, en fendant l'air, produit un sifflement qui se rapproche de celui du boulet. Il s'élève quelquefois à une grande hauteur, mais rarement il se dirige vers les crêtes du versant qu'il habite, il prend presque toujours sa direction vers les vallées.

En automne, on tire quelquefois le grand Tétras, en appuyant sous bois les Chiens courants. On en tue toujours un certain nombre dans les traques : il est le plus puissant attrait des battues allemandes.

Le grand Tétras est en toute saison un gibier dur à abattre. Sa plume épaisse et serrée, son poitrail garni d'une épaisseur de chair considérable, lui font une cuirasse qui résiste aux plombs des numéros un et deux ; ses os sont gros et durs, et par conséquent également difficiles à briser. Les chasseurs des Vosges le tirent avec la grenaille moulée de quatorze à seize grains par charge ; les braconniers, qui ne l'ajustent que posé, emploient contre lui les chevrotines et même la balle franche.

Je viens de parler des braconniers : en effet, c'est à eux, bien plutôt qu'aux procédés légaux et loyaux de la chasse des honnêtes gens, qu'il faut attribuer la misérable condition d'isolement à laquelle notre grand Tétras indigène se trouve réduit. Si l'indifférence des propriétaires est pour quelque chose dans sa disparition prochaine, sa destruction n'en est pas moins œuvre de braconnage. Alléchés par l'espoir d'un gain considérable, peut-être aussi par les émotions multipliées qui résultent des difficultés qu'ils ont à vaincre, les braconniers des montagnes forestières ne s'acharnent pas moins contre le Coq de bruyère que ceux de nos pays de plaine contre le Lièvre et le Faisan. Ils le prennent au collet à rejet, ainsi que nos dernières Gélinottes; ils l'assassinent au brancher pendant la nuit; ils exploitent surtout les incroyables transports que la saison des amours ramène chaque année pour les Coqs de bruyère; ils s'approchent à pas de loup de l'arbre du haut duquel le pauvre oiseau adresse ses appels passionnés à ses femelles; ils ont soin de choisir pour avancer le moment où le Tétras, s'enivrant lui-même de son chant d'hyménée, devient insensible à tout autre bruit; ils s'arrêtent, ils restent immobiles et comme pétrifiés aussitôt que l'oiseau fait silence, pour ne reprendre leur marche que lorsque le Coq lui-même aura repris son chant; neuf fois sur dix, cette tactique, mise en pratique avec la patiente constance du sauvage, conduit l'homme jusqu'à l'asile, et bientôt le malheureux oiseau tombe foudroyé sur l'emplacement qu'il avait choisi pour théâtre de ses amours.

Le grand Tétras est-il un bon manger ? Hippocrate dit oui, et Galien dit non. Les uns prétendent que sa chair est l'ambroisie dont Jupiter nourrissait les dieux de son Olympe, les autres la déclarent d'une amertume insupportable. Ces deux opinions sont également justifiées, personne n'a tort, et personne n'a raison, d'une façon absolue tout au moins. En automne, lorsque le grand Tétras se nourrit exclusivement d'insectes, de baies de mûres et de myrtille, il peut, pourvu qu'on le laisse convenablement mortifier, s'il n'est plus dans sa tendre jeunesse, fournir un rôti distingué. Sa chair délicate, parfumée, participe des supériorités qu'affectent toutes les variétés du gibier de montagne. En hiver et au printemps, lorsqu'il a traversé le régime des aiguilles et des bourgeons de sapin, c'est tout autre chose : cette alimentation, aussi bien que la violence de ses passions, ont amolli ses fibres et provoqué un amaigrissement notoire; en même temps, l'âcre saveur de la résine qui se distille continuellement dans son estomac est passée dans toute sa personne, et les ressources de l'art culinaire sont impuissantes à la dissimuler.

Inférieur en volume à l'Auerhahn, le Tétras à queue fourchue l'emporte incontestablement sur celui-ci par ses mérites gastronomiques. Les jeunes Coqs de cette espèce, tués au mois de septembre, deviennent un rôt de premier ordre; plus tard, il est nécessaire de les laisser faisander pendant quelques jours pour donner à leur fumet caractéristique le temps de se développer. J'ai entendu recommander de laisser mariner les vieux Coqs dans un bain de lait quotidiennement renouvelé, mais je n'ai pas expérimenté la recette.

Les Tétras à queue fourchue se chassent d'après les mêmes méthodes que les grands Coqs de bruyère, au chien d'arrêt, en battue, etc.; mais, comme les premiers sont toujours plus nombreux que ne le sont les

Auerhahns, leur poursuite est autrement productive et par conséquent incomparablement plus attrayante.

Lorsqu'on ne tarde pas trop à les attaquer, les jeunes compagnies de Tétras se laissent très-facilement aborder, mais il leur suffit d'une quinzaine de jours de répit pour distancer ceux qui prétendent les engouffrer dans leurs carnassières. Dès le 5 septembre, époque à laquelle ouvre ordinairement la chasse en Belgique, ils se montrent déjà farouches et récalcitrants; il faut que le hasard traite le chasseur en camarade pour que celui-ci parvienne à en abattre un ou deux dans une même journée. La loi belge a remédié à cet inconvénient en autorisant temporairement la chasse du Coq de bruyère du moment précis où elle peut-être fructueuse, c'est-à-dire pendant quatre ou cinq jours du dernier tiers du mois d'août. Les jeunes Coqs sont alors de la grosseur d'un bon Poulet, ils pèsent de deux à trois livres; ils commencent à mailler et à prendre la livrée définitive, ils ont assez de pied et d'aile pour offrir une résistance honorable.

Comme pour eux il n'est pas de gagnage, on les quête de grand matin dans les cantons où leur présence a été signalée; cette heure est toujours plus favorable que le milieu du jour, parce que, comme tous les pulvérateurs, les Tétras font la sieste lorsque le soleil arrive à son zénith. Lorsqu'on rencontre la compagnie, la Poule part presque toujours la première; les chasseurs belges se font un point d'honneur de ne jamais la tirer, même à cette époque de l'année où la similitude des plumages semblerait autoriser cette méprise. Les Coquelets s'envolent quelquefois derrière leur mère, mais quelquefois aussi ils ne seront pas tous décidés à prendre leur essor, et il faut toujours fouiller les alentours de l'endroit d'où ils se sont enlevés avant d'aller à la remise. Un Chien de haut nez, souple, docile et surtout expérimenté, est nécessaire pour chasser le petit Tétras comme pour chasser la Bécasse : après un premier vol, les jeunes Coqs se lèvent difficilement, piètent beaucoup, croisant et recroisant leurs voies, se relaissant et se rasant à chaque instant. En revanche, comme généralement alors ils partent les uns après les autres, si l'on est secondé par un bon collaborateur, si l'on est doué de patience ou d'entêtement, si l'on a quelques connaissances des habitudes et des instincts de défense des jeunes Coqs, on parvient souvent à abattre une demi-douzaine de Tétras dans sa séance, ce qui constitue, à mon gré, le plus superbe butin que puisse rêver un chasseur ambitieux.

A l'ouverture générale, on tue encore quelques Tétras, mais en petit nombre; à dater du 15 septembre, il faut se résigner à les admirer de loin. On ne se fait pas une juste idée aussi bien de la finesse de l'ouïe de ces oiseaux que de leur instinct méfiant; à mon arrivée dans l'Ardenne, le Coq de bruyère me monta sur-le-champ au cerveau, et le désir d'*en avoir tué un* passa chez moi à l'état de possession. Malheureusement, je venais un peu tard, et les Tétras ne tenaient plus. La récompense honnête promise au garde avait doté celui-ci d'un acharnement égal au mien : pendant un grand mois, nous consacrâmes de six à huit heures par jour à la poursuite de ce gibier. Hélas ! quotidiennement mes Chiens éventaient au Tétras; le brave Pierre me montrait la trace de leurs pieds dans la boue du marécage, il recueillait à mon intention les plumes qu'ils avaient perdues en faisant leurs ablutions dans leur poussière; deux et trois fois dans chacune de nos journées, j'entendais à cinquante, à cent pas de moi, toujours au plus épais du fourré, le crépitement caractéristique d'un gros oiseau à l'essor, mais jamais, pendant ce mois éternel, et quelles que fussent les combinaisons de haute stratégie que j'inventai, je ne pus parvenir à apercevoir le bout de l'aile ou de la queue d'un seul de ces oiseaux. Ce ne fut que lorsque j'eus sagement renoncé à ce gibier fallacieux, qu'un caprice du hasard se chargea de l'amener au bout de mon fusil; ce ne fut qu'au mois d'août de l'année suivante que je le chassai véritablement.

En Courlande, en Livonie, en Lithuanie, où les petits Tétras sont abondants, on les chasse pendant les mois de mars, d'avril et de mai, à l'aide tantôt d'appelants vivants, tantôt de Tétras empaillés, ou simplement de grossières contrefaçons de l'oiseau, confectionnées d'un morceau de drap noir rembourré de foin ou d'étoupes. Le simulacre artificiel, que l'on nomme une *balvane*, se place au bout d'un bâton que l'on fixe sur un bouleau à portée du lieu que ces oiseaux ont choisi pour leur rendez-vous du printemps. Dès que les Tétras aperçoivent la *balvane*, ils se rassemblent autour d'elle, et, surexcités par la présence de ce nouveau compétiteur aux faveurs de leurs belles, ils se battent entre eux avec un acharnement qui permet de les tuer au fusil ou de les prendre au filet. Avec des appelants ou *balvanes* vivants, ce procédé est encore plus infaillible durant la saison des amours; plus tard, en automne, combinés avec un système de rabatteurs à cheval, ils servent encore à amener les Tétras dans les environs d'une hutte dans laquelle un tireur se trouve embusqué.

G. DE CHERVILLE.

L'ALOUETTE (Suite).

La couleur dominante du plumage de la Rousseline est le roux; sur le dos cette couleur se nuance de brun plus foncé; sa tête roussâtre est rayée de trois lignes brunes, presque parallèles, dont la plus haute passe sous l'œil; la gorge est d'un roux clair qui va se fonçant sur la poitrine; les pennes des ailes et de la queue sont noirâtres bordées de roux. La Rousseline est assez commune dans l'est de la France; elle niche aux bords des eaux; le nombre de ses œufs est de quatre à cinq, comme dans les autres Alouettes.

PIPIT ROUSSELINE.

L'abondance de ce petit gibier, la finesse, la délicatesse de sa chair devaient lui susciter beaucoup d'ennemis. Comme je l'ai dit plus haut, on en détruit chaque année des quantités considérables, trop considérables, puisque la conservation de cet utile oiseau est un élément de prospérité agricole, puisque ces destructions doivent être attribuées au braconnage bien plutôt qu'à la chasse légitime et autorisée. Quelques départements exceptés, où des arrêtés administratifs ont trop légèrement rangé l'Alouette au nombre des gibiers de passage, la loi n'autorise contre elle que la chasse au cullevé et la chasse à l'aide du miroir, dont nous nous occuperons tout à l'heure; mais cette protection reste à l'état de lettre morte, et les neuf dixièmes des Alouettes mises en vente aux marchés de Paris sont le produit du braconnage à l'aide d'engins prohibés et particulièrement du traîneau, qui a beau jeu contre ces oiseaux dans les immenses plaines où presque toujours on néglige la précaution préservatrice de l'épinage. Cet état de choses est d'autant plus regrettable, qu'il n'est presque pas de nuits où des Perdrix ne se trouvent arrêtées dans les filets des traîneurs à l'Alouette, et je n'ai pas besoin d'ajouter que la conscience de ces messieurs n'entre pas en révolte contre l'aubaine que le ciel leur envoie. Cette guerre de nuit n'est pas la seule qui leur soit faite : on emploie contre elles les collets, lacets, nappes, etc., etc.; enfin, par un temps de neige, en balayant un coin de terre et en y semant quelques grenailles, on parvient presque toujours à en abattre une demi-douzaine d'un seul coup de fusil, et la leçon ne profite guère aux survivantes : dix minutes ne se sont pas écoulées, que les pauvres oiseaux affamés s'abattent en aussi grand nombre sur le fatal emplacement ou leurs sœurs ont trouvé la mort.

Buffon décrit une chasse aux gluaux qui se pratiquait de son temps dans la Lorraine française et qui doit trouver sa place ici comme curiosité historique et cynégétique. « On commence par préparer deux mille gluaux : ces gluaux sont des branches bien droites ou bien dressées, longues d'environ trois pieds dix pouces, aiguisées et même un peu brûlées par l'un des deux bouts; on les enduit de glu par l'autre de la longueur d'un pied : on les plante par rangs parallèles dans un terrain convenable, qui est ordinairement une plaine en jachère et où l'on s'est assuré qu'il y a suffisamment d'Alouettes pour indemniser des frais qui ne laissent pas d'être considérables. L'intervalle des rangs doit être tel que l'on puisse passer entre deux sans toucher aux gluaux; l'intervalle des gluaux de chaque rang doit être d'un pied, et chaque gluau doit répondre aux intervalles de gluaux des rangs joignants. L'art consiste à planter ces gluaux bien régulièrement, bien à plomb, et de manière qu'ils puissent rester en situation tant qu'on n'y touche point, mais qu'ils puissent tomber pour peu qu'une Alouette les touche en passant. Lorsque tous ces gluaux sont plantés, ils forment un carré long qui présente l'un de ses côtés au terrain où sont les Alouettes, c'est le front de la chasse : on plante à chaque bout un drapeau pour servir de point de vue aux chasseurs, et dans certains cas pour donner des signaux. Le nombre des chasseurs doit être proportionné à l'étendue du terrain que l'on veut embrasser. Sur les quatre ou cinq heures du soir, selon que l'on est plus ou moins avancé dans l'automne, la troupe se partage en deux détachements égaux, commandés chacun par un chef intelligent, lequel est lui-même subordonné à un commandant général qui se place au centre. L'un de ces détachements se rassemble au drapeau de la droite, l'autre au drapeau de la gauche ; et tous deux, gardant un profond silence, s'étendent chacun de leur côté, sur une ligne circulaire, pour se rejoindre l'un à l'autre, à environ une demi-lieue, au front de la chasse, et former un seul cordon qui se resserre toujours davantage en se rapprochant des gluaux, et pousse toujours les Alouettes en avant.

Vers le coucher du soleil, le milieu du cordon doit se trouver à deux ou trois cents pas du front : c'est alors que *l'on donne*, que l'on marche avec circonspection, que l'on s'arrête, que l'on se met ventre à terre, que l'on se relève, et qu'on se remet en mouvement à la voix du chef. Si toutes les manœuvres sont bien exécutées, la plus grande partie des Alouettes enfermées dans le cordon, et qui, à cette heure, ne s'élèvent pas à plus de trois ou quatre pieds, se jettent dans les gluaux, les font tomber, sont entraînées par leur chute et se prennent à la main.

S'il y a encore du temps, on forme du côté opposé un second cordon de cinquante pas de profondeur et l'on ramène les Alouettes qui avaient échappé la première fois : cela s'appelle revirer. Buffon ajoute que l'on prend quelquefois cent douzaines d'Alouettes dans ces battues; le traîneau des braconniers est certainement moins productif, mais il ne nécessite point ce déploiement de forces que justifierait seule la destruction d'une bête fauve : deux hommes suffisent à la manœuvre d'un filet d'une dixaine de mètres de longueur sur trois mètres de hauteur, dont la base est garnie de bouchons de paille et que l'on promène incliné dans la plaine, de façon à surprendre les Alouettes agglomérées en grand nombre à cette époque de l'année et à laisser tomber sur le vol entier, du moment où les oiseaux prennent leur essor.

La chasse de l'Alouette au cul-levé est un excellent exercice, non-seulement pour les débutants, mais pour les chasseurs qui tiennent à entretenir la sûreté et la rapidité de leur tir. C'est à partir de midi que cette chasse présente les conditions les plus favorables, c'est-à-dire que l'on rencontre le plus d'Alouettes à terre et qu'elles partent de moins loin. On bat la plaine à bon vent et les occasions de faire feu se renouvellent à chaque instant; comme cet oiseau tend à monter dès son essor, il est indispensable de le peu découvrir, c'est-à-dire de viser haut. Autant que possible on doit faire tenir son chien derrière soi, et éviter qu'il ne rapporte ces oiseaux, ce qui lui inspirerait inévitablement l'idée de les arrêter le jour où vous vous proposeriez de chercher un gibier plus sérieux. Arrêter une Alouette n'est pas un crime, mais il est toujours désagréable de voir s'enlever un oisillon lorsque l'on comptait sur une Perdrix tout au moins. La vie nous réserve assez de déceptions pour qu'il ne soit pas nécessaire de se ménager celle-là.

Passons à la véritable chasse de l'Alouette, à la chasse au miroir.

Quelles sont les causes de la singulière attraction que les scintillements du miroir exercent sur les Alouettes?

On a fait les honneurs de ce penchant à une sorte d'instinct de coquetterie féminine, mais ceux qui ont pensé ainsi étaient certainement bien plutôt des poëtes que des chasseurs, et l'image est bien plus pittoresque que sérieuse.

Quelques ornithologistes, à la tête desquels il faut placer Toussenel, attribuent la puissance attractive du miroir sur l'Alouette aux ardeurs passionnées de cette amante du soleil pour les feux éblouissants qui lui rappellent les beaux jours du printemps, et qui la poussent invinciblement vers ce qui n'en est qu'une image bien affaiblie. Pendant longtemps cette opinion m'a semblé la seule qui fût rationnelle; mais la lecture d'une très-remarquable brochure, publiée il y a quelques mois, par M. le commandant Garnier, l'a modifiée dans une certaine mesure. Écoutons M. le commandant Garnier.

« Si, dit-il, nous faisons tourner simultanément et espacés entre eux de douze à vingt mètres :

1° Un miroir flamboyant à toutes glaces;

2° Un miroir à clous brillants;

3° Un miroir poli, bien verni et ciré;

4° Un miroir poli seulement,

« Voici ce que nous observerons invariablement par une belle matinée d'octobre, à gelée blanche ou à givre, avec le vent d'est, qui est, sans contredit, le plus favorable à cette chasse.

« L'Alouette arrivera à tire-d'aile et en silence tout droit sur le premier miroir, mais en planant d'assez loin; puis elle s'abaissera de suite sur le second, qu'elle abandonnera bien vite pour le troisième et surtout pour le quatrième, sur lequel, et de très-près, elle fera le Saint-Esprit, avec un acharnement indicible.

« Quel peut donc être ce motif qui rive, pour ainsi dire immobiles, au-dessus de notre engin, ces oiseaux qui n'entendent plus rien et ne voient plus autre chose ?

« Ce motif, je n'hésite pas à le dire avec une entière conviction, n'est et ne peut être que l'imitation plus ou moins parfaite de l'oiseau planeur, croyant voir au raz de terre planer une de ses semblables : l'Alouette intriguée, se demande sans doute ce qu'elle fait ainsi, et alors, *daltant* au plus près, elle vient l'observer. C'est dès lors à cette vive et profonde curiosité naturelle que nous devons attribuer leur obstination à faire le Saint-

Esprit, leur insouciance au danger du bruit, etc., etc. »

Les lignes qui précèdent indiquent des observations si attentives et si judicieuses, qu'il est impossible de ne point accepter, au moins en partie, les conclusions de M. le commandant Garnier; ces conclusions n'ont qu'un tort à mon gré, celui d'être trop absolues.

Pour le démontrer, c'est dans *la chasse au miroir* elle-même que je puiserai mes arguments : M. le commandant Garnier reconnaît que si l'Alouette plane et *dalte* longtemps sur le miroir terne, qu'elle peut prendre pour une de ses semblables, en revanche, c'est le miroir à facettes brillantes qui l'attire de fort loin, et il le reconnaît si bien que, lorsqu'il passe de la théorie à la pratique, il recommande de faire marcher, espacés de dix à quinze mètres, deux miroirs; l'un très-brillant pour faire venir les Alouettes qui passent au loin; l'autre terne, pour les forcer à planer. Il est donc probable que la vérité pourrait bien se trouver à la fois dans l'opinion de Toussenel et dans celle de l'auteur de la *Chasse au miroir*; c'est-à-dire que l'Alouette cédât à la fois à l'irrésistible séduction que tout rayonnement terrestre exerce sur elle, et à sa curiosité fortement surexcitée. Cela est d'autant plus probable, qu'il n'est pas de chasseur qui n'ait remarqué quelques-uns de ces oiseaux descendant des hauteurs où ils planaient, pour s'abaisser et s'arrêter pendant quelques instants au-dessus d'un fragment de verre miroitant au soleil et quelquefois même d'une goutte de rosée.

Occupons-nous de l'engin principal de cette chasse, avant de passer à l'armement et aux munitions du chasseur.

« Le miroir le plus en usage, dit le *Dictionnaire général* des chasses, se compose d'un morceau de bois pesant, ordinairement du Poirier, de neuf à dix pouces de long sur deux pouces à deux pouces et demi de hauteur et un pouce et demi à deux pouces d'épaisseur à sa base. Les grands côtés sont taillés en biseau pour former deux grands plans inclinés, mais qui ne doivent pas être terminés en vive arête; dans d'autres, au lieu seulement de deux plans inclinés, les côtés sont taillés de manière à en former chacun deux ou trois plus étroits; les deux extrémités sont également taillées en biseau et forment des plans semblables à ceux des grands côtés. Chacun de ces plans est incrusté de divers petits morceaux de glace, mastiqués dans les entailles à l'aide d'un enduit composé de trois parties de poix noire sur quatre de ciment rouge tamisé, le tout fondu ensemble.

« On peint tout le miroir d'une couleur rouge-brun mélangée avec de la colle seulement, en observant bien de conserver le brillant des glaces.

« Ce miroir est percé au-dessous, dans son milieu, d'un trou carré, à la profondeur d'un pouce, dans lequel on fait tenir une tige ronde (la partie qui s'y engage est carrée bien entendu) en fer ou en cuivre jaune, qui est creusée cylindriquement pour recevoir juste une broche en fer fixée au pied, enfouie solidement en terre ; on imprime, à l'aide d'une ficelle manœuvrée à la main et qui s'enroule sur la tige à la surface externe de laquelle elle est arrêtée, un mouvement alternatif de rotation à cette tige qui, tournant ainsi autour de la broche, entraîne avec elle la tige au miroir. »

Ce miroir et celui du commandant Garnier, dont nous parlerons tout à l'heure, sont les seuls dont nous conseillions l'emploi, bien qu'ils nécessitent l'adjonction au tireur d'un auxiliaire dont les fonctions consisteront à maintenir cette machine en mouvement.

On a préconisé il y a quelques années un miroir mécanique qui, marchant seul et en se montant comme une horloge, n'inspirait pas au chasseur l'obligation d'emmener un homme avec lui. Malheureusement cet instrument fonctionne avec des intermittences qui le rendent peu acceptable dans la pratique; il est sujet à se déranger, à se briser ; en outre, au bout d'un certain temps, son mouvement devient d'une lenteur désespérante; on ne saurait avec lui ralentir ou précipiter la rotation, selon que le gibier manifeste plus ou moins d'empressement à descendre. Enfin, à la chasse au miroir, le tourneur est appelé à rendre des services de plus d'un genre. Lorsque le soleil monte sur l'horizon, il arrive souvent que les Alouettes restent à terre; en pareil cas, on peut envoyer son homme battre la plaine, forcer ces oiseaux à reprendre leur essor et se procurer ainsi quelques coups de fusil de supplément.

Le miroir de M. le commandant Garnier ne diffère du premier que par l'absence de glaces; c'est un morceau de bois poli, façonné comme nous l'avons indiqué ci-dessus, de couleur grise ou fauve, c'est-à-dire fait en bois de noyer ou de poirier. Pour ceux de nos lecteurs qui désireraient des indications plus précises sur les dimensions, le poids et les détails de cet instrument, je ne saurais mieux faire que de les renvoyer à ce traité de la chasse au miroir, le plus complet et le plus pratique que je connaisse.

Ce dont le chasseur doit se préoccuper davantage après le miroir, c'est du choix d'un fusil convenable. On comprend combien il serait absurde de se servir d'une couleuvrine, de se ruiner en munitions et de se désarticuler l'épaule pour arriver au meurtre d'un oisillon. Choisissez donc de tous vos fusils le plus léger, celui dont le calibre est le plus petit. Le commandant Garnier recommande le calibre 16; je crois que vous pouvez pousser jusqu'au calibre 20, sans crainte d'amoindrissement dans le chiffre de vos victimes. Ce sera surtout derrière un miroir que vous apprécierez toute la supériorité du fusil à système sur le fusil à baguette, parce que c'est là surtout, lorsque les oiseaux se succèdent sans intervalles au-dessus de l'appeau, que la nécessité de charger instantanément se fait sentir. En outre, le fusil à cartouches s'encrasse moins vite et se nettoie plus facilement que son devancier, ce qui n'est pas une considération de mince importance lorsqu'on est exposé à tirer soixante ou quatre-vingts coups avec la même arme.

Le plomb n° 10 est celui dont se servent la plupart des chasseurs. M. le commandant Garnier signale les n⁰ˢ 11 et 12 comme les meilleurs. Il repousse absolument la cendrée « avec laquelle, dit-il, on tue beaucoup d'Alouettes qui vont mourir au loin. »

Ce n'est qu'à dater du mois d'octobre, à l'époque des premières gelées blanches, lorsque le soleil réjouit plus qu'il ne réchauffe, que les Alouettes commencent à donner au miroir. « La question capitale, dit le commandant Garnier, c'est la direction du vent : par le nord, l'Alouette voyage et ne s'arrête pas; quand le sud règne, elle reste à terre; si l'ouest domine, elle se conduit à peu de chose près comme lorsque le nord souffle; le véritable vent pour réussir au miroir, c'est l'est. Il doit, bien entendu, ne pas être fort, car la condition essentielle du succès, je le répète à dessein, c'est un temps calme, ni chaud, ni froid. »

Les heures les plus favorables sont celles où l'Alouette se tient volontairement dans les airs, depuis le lever du soleil jusqu'à neuf ou dix heures du matin, de trois heures jusqu'à cinq heures le soir.

Le miroir, ou plutôt les miroirs, car d'après ce que je vous disais plus haut, je ne pourrais, sans inconséquence, ne pas vous conseiller, avec le commandant Garnier, l'emploi simultané du miroir à facettes et du miroir poli; les miroirs se placent à quinze ou vingt mètres de l'emplacement que le chasseur a choisi pour se poster, selon le calibre de son fusil et la grosseur du plomb dont il se sert, dans un champ où ces miroirs puissent être aperçus de fort loin, qui se trouve suffisamment garni d'herbes sèches pour dissimuler la couleur et le jeu des ficelles, où ces herbes ne soient pas cependant assez élevées pour intercepter le rayonnement des facettes.

Quelle que soit la fascination que le miroir exerce sur les oiseaux, il n'en est pas moins d'une bonne tactique de se cacher autant qu'il est possible de le faire dans une plaine découverte. Le tourneur se place soit devant, soit à côté du chasseur, s'accroupit ou se couche à plat ventre, le plus au raz de terre possible, de façon à ne jamais gêner celui-ci, lorsqu'il aura à ajuster; le tireur s'assoit ou s'agenouille dans un fossé, un sillon, derrière un tas d'herbes ou de fumier, en se ménageant toutes facilités de tir à droite, à gauche et perpendiculaire.

Lorsque ces dispositions préliminaires ont été prises, les miroirs se mettent en mouvement; il est essentiel que leur rotation ne produise aucun bruit; l'Alouette, presque indifférente au voisinage si rapproché de deux hommes, entre en méfiance lorsqu'elle entend un grincement dont elle ne s'explique pas les causes.

Si toutes ces précautions ont été bien observées, vous verrez bientôt de tous les points de l'horizon les Alouettes se diriger vers vos miroirs; quatre ou cinq de ces oiseaux, planant à la fois, sembleront se disputer la pe-

Chasse à l'Alouette au grand filet

tite satisfaction de curiosité qui va leur coûter la vie; vous n'aurez que l'embarras du choix, et trop heureux si vous savez judicieusement faire le vôtre. On tue beaucoup d'Alouettes au miroir, mais on en manque beaucoup aussi. « Un certain nombre de bons tireurs, dit Deyeux, éprouvent des mécomptes au miroir. Toute la difficulté du tir provient de ce que l'Alouette se recule et s'avance, de telle sorte qu'on se trouve dans les conditions d'un homme qui tirerait posé au moment même où l'oiseau changerait de place. Parfois, en effet, l'Alouette est comme immobile, puis tout à coup elle change d'allures. Dans ces fréquentes oscillations, il faut avoir bien soin de viser toujours le bec, en dédaignant le corps, car il est évident qu'elle ne peut remuer sans prendre de l'avance sur le point de mire; il faut donc que le point de mire prenne de l'avance sur elle. Si elle reste, on la frappera en tête; si elle avance, le coup se trouvera en plein corps. »

G. DE CHERVILLE.

Paris. — Imprimerie WISSENER ET C°, rue Delaborde, 12.

21 Octobre 1865. N° 95. — 15 centimes.

Ce Recueil paraît une fois par semaine. — On s'abonne à Paris, à la Librairie L. HACHETTE et Cⁱᵉ, boulevard Saint-Germain, n° 77. Les abonnements se prennent du 1ᵉʳ de chaque mois. — Paris, six mois, 4 fr.; un an, 8 fr. — Départements, six mois, 5 fr.; un an, 10 fr.

5ᵉ *Suite des Falconidés*. — FAUCONS (Suite).

Le Faucon commun, ou Pèlerin, se reproduit dans nos plus hautes falaises de Normandie et dans celles de la Grande-Bretagne. Il cherche pour cela, dans un endroit élevé, soit une excavation, soit une anfractuosité qui lui offre une surface plane suffisante; voilà son aire, à laquelle il reviendra fidèlement chaque année : c'est là que la femelle dépose ses œufs, au nombre de quatre.

M. Hardy, de Dieppe, qui, depuis plus de vingt ans, étudie et observe ces oiseaux, a fait monter à plusieurs aires : elles étaient semblables ; si donc, comme l'ont indiqué Temminck dans son *Manuel* et M. de Sélys-Longchamps dans la *Faune de Belgique*, ces oiseaux nichent quelquefois sur les arbres, c'est apparemment qu'ils y trouvent un nid tout fait; peut-être un nid de

FAUCON PÈLERIN. *Falco peregrinus*. Gmelin. Cosmopolite. FAUCON GERFAUT. *Falco gyrfalco (Groenlandicus)*. Linné. Islande. FAUCON GERFAUT. *Falco gyrfalco (Islandicus)*. Kaup. — Islande.

Corbeau, comme il arrive même au Jean-le-Blanc dans le nord de l'Europe. Il y a vingt ou vingt-cinq ans, M. Gerbe a eu l'occasion d'observer un Faucon pèlerin qui était venu s'établir en septembre sur les tours de la cathédrale de Paris. Pendant plus d'un mois qu'il y demeura, il prenait tous les jours quelques-uns de ces Pigeons que l'on voit voltiger çà et là au-dessus des maisons. Lorsqu'il apercevait une bande de ces oiseaux, il quittait son observatoire, rasait les toits ou gagnait le haut des airs, puis fondait sur la bande, et s'attachait à un seul individu qu'il poursuivait avec une audace inouïe, quelquefois à travers les rues des quartiers les plus populeux. Rarement il retournait à son poste sans emporter dans ses serres une proie qu'il dépeçait tranquillement et sans paraître affecté des cris que poussaient contre lui les enfants. Il chassait le plus habituellement le soir, entre quatre et cinq heures, quelquefois dans la matinée; le reste de la journée était consacré au repos. Les amateurs aux dépens de qui vivait ce Faucon finirent par ne plus laisser sortir leurs Pigeons, ce qui probablement contribua à le décider au départ.

« Encore aujourd'hui (1860), dit le docteur Franklin, peu de personnes se doutent du grand nombre de Faucons qui existent dans la ville de Londres. On peut en voir souvent sur la tour de Saint-Paul. Il y a quelques années, un couple de ces oiseaux établit, pendant plusieurs printemps consécutifs, son nid et éleva sa couvée, en parfaite sécurité, entre les ailes du dragon doré qui forme la girouette d'une église dans Cheapside. Les mille personnes qui vont et viennent dans ce quartier de la ville pouvaient aisément les apercevoir volant çà et là ou faisant des cercles au sommet de la flèche en dépit du mouvement continuel et criard de la girouette, qui tourne à chaque impulsion de vent. »

Bien que tout oiseau d'une taille médiocre n'ait pas de plus formidable ennemi, c'est surtout de la Gelinotte et du Ptarmigan que le Faucon pèlerin aime à faire sa proie. « Il n'est guère de chasseur en Écosse et en

un Faucon immobile attendant la fortune. Je m'arrêtai pour observer sa manœuvre; déjà deux Canards et une Sarcelle avaient passé près de lui; deux ou trois Canards siffleurs vinrent inopinément à leur tour lui jeter leur défi. Je commençais à croire son estomac garni, lorsque j'aperçus cinq à six Canards sauvages et autant de Canards siffleurs venant de directions différentes et cinglant tous, en droite ligne, vers la rivière sur laquelle ils comptaient s'abattre à une trentaine de mètres du Faucon : mais l'exécution de ce projet n'entrait point dans les comptes de notre oiseau chasseur. Il prit tout à coup son vol et leur coupa la retraite. Pendant quelques secondes, il sembla hésiter sur le choix de sa victime; l'un des Canards, ayant devancé ses compagnons, signa lui-même son arrêt. Se voyant poursuivi, il employa toute son énergie à s'élever par de larges spirales

FAUCON GERFAUT (sors) *Falco gyrfalco*. Linné.
Islande.

FAUCON A VENTRE BLANC. *Falco hypoleucus*. Gould.
Océanie.

Irlande, dit le savant auteur dans ses *Notes sur le gibier ailé*, qui ne se rappelle avoir vu quelque oiseau, blessé par son plomb, saisi et emporté par le Pèlerin. Moi-même, un soir, après une journée brûlante et malheureuse, je rentrais éreinté, lorsqu'un vieux Coq de bruyère se leva devant moi. Pris en défaut, j'eus à peine le temps de tirer à portée : je le touchai pourtant, et quelques plumes flottèrent çà et là ; puis, remarquant que son vol devenait plus difficile, je le suivais du regard pour reconnaître l'endroit de sa chute, lorsqu'une ombre qui passa à mes pieds me fit lever la tête. Je vis un Pèlerin poursuivre le blessé à tire-d'aile et gagner rapidement sur lui. Le pauvre Coq s'efforçait d'atteindre une épaisse bruyère sur le versant de la montagne : il n'en eut pas le temps; le Faucon le joignit et mit fin à sa course. Peu tenté d'aller si loin disputer cette proie à mon heureux rival, je repris mon chemin, trouvant mon fusil trop lourd et mon carnier trop léger. »

« Un jour, ajoute-t-il, que je me promenais au confluent du Birr et du Brosna, sur les confins des comtés du Roi et de Tipperary, je remarquai au haut d'un arbre

pour conserver l'amont sur son adversaire. Ses compagnons profitèrent de cette diversion pour aller se jeter sous l'abri protecteur de la rive. Presque au même instant, le Faucon s'élança sur sa proie; mais, manquant son coup, il se trouva subitement à une distance considérable au-dessous d'elle, et il me parut un instant douteux qu'il pût regagner l'avantage que sa maladresse venait de lui faire perdre. Tandis qu'il cherchait à se rapprocher du Canard, qui, de son côté, tentait de s'élever davantage, les deux oiseaux, dans leur vol circulaire, semblaient souvent se diriger en sens contraire. Toutefois la grande vigueur et la plus grande rapidité de manœuvre du Pèlerin me firent prévoir le résultat final de cette chasse acharnée. Le Canard était alors loin de son élément favori, et chaque évolution diminuait la distance qui le séparait de son ennemi; de plus, ses efforts pour s'élever paraissaient s'affaiblir; enfin, portant sa queue au vent et comptant pour s'échapper sur la rapidité de son vol, il se dirigea vers le marais de Kelleen, suivi de près par le Faucon. Je compris que je n'avais point un moment à perdre si je voulais assister au dénoûment. Je me hâtai de gravir la berge, et j'arrivai juste à temps pour voir le Canard tomber la tête pendante, tandis que le Faucon modérait un moment sa course comme pour jouir du succès de son attaque; mais bientôt il alla s'abattre sur le Canard au milieu d'un grand marais, où, malgré la facilité que j'avais eue de le rejoindre, je le laissai jouir en paix d'une proie qu'il avait si bien gagnée. »

Malgré la mauvaise réputation que Buffon a voulu leur faire d'après des observations incomplètes, les Faucons pèlerins ont toutes les qualités qui font les bons parents. Si la femelle couve seule, le mâle partage avec elle le produit de sa chasse. Dès que les petits sont éclos, ils deviennent l'objet des soins les plus assidus; la mère ne les perd plus de vue; d'un point avancé, d'où elle domine en silence tout ce qui l'entoure, aperçoit-elle

En quittant le nid, les jeunes sont aussi gros que père et mère, et pourraient à la rigueur se passer de leur assistance; néanmoins ceux-ci leur fournissent encore quelques pièces de gibier pendant une quinzaine de jours, et ils s'éloignent bientôt définitivement des jeunes, se dispersent dans les campagnes, descendent parfois dans les vallées à la poursuite des palmipèdes et des échassiers. C'est au moment du passage qu'on les observe quelquefois poursuivant les Canards sauvages. Cette poursuite est assez curieuse, en ce que l'ordre naturel se trouve interverti, le Faucon tâchant de se maintenir, non pas au-dessus, mais au-dessous du Canard, qui, de son côté, fait tous ses efforts pour gagner l'eau, sa seule chance de salut. Où le Faucon ne veut pas frapper sa proie au-dessus de l'eau, où le Canard est doué d'une vigueur musculaire qui lui permet

Faucon de Babylone. *Falco Babylonicus*. Iss.
Orient.

Faucon Jugger. *Falco Jugger*. Gra.
Népaul.

quelqu'un se dirigeant du côté de son aire, une espèce de gémissement prolongé avertit d'abord ses petits qu'ils aient à se blottir au fond de leur trou, ce qui a lieu sans délai; puis tout à coup la voilà qui s'élance avec impétuosité à la rencontre de l'important visiteur, décrit de grands cercles au-dessus de sa tête en poussant ces cris désagréables : *crré crré crré*, communs à tous les Faucons, répétés sans relâche; elle ne cessera de le poursuivre ainsi qu'il n'ait vidé les lieux. Il est rare que le mâle n'arrive pas de suite se joindre à la femelle; leurs cris sont d'autant plus forts que les jeunes approchent davantage du moment de quitter le nid, ce qui a lieu vers le 15 juin; c'est, en effet, le moment où la faiblesse et l'inexpérience de la jeune famille vont l'exposer aux plus grands dangers; et comment des parents n'en auraient-ils pas l'instinct? M. Hardy, de Dieppe, raconte avoir provoqué maintes fois de ces scènes d'angoisse et de colère, même alors que les jeunes avaient, depuis plus de huit jours, fait leurs premiers essais de vol.

de conserver l'avantage qu'il paraît avoir, dans ce cas, sur son impitoyable ennemi. Il est rare qu'on puisse être témoin du dénoûment de cette lutte.

Les jeunes, au contraire, n'abandonnent guère les falaises avant l'automne; quelques-uns même y passent l'hiver s'il est peu rigoureux, mais dès les premiers jours du printemps ils ont disparu. Ils ne reviennent pas l'année suivante; rien de plus rare, sur le littoral de la Normandie, que les individus d'âge moyen; M. Hardy n'en a jamais vu qu'un seul, qui avait été tué en automne dans les environs du Havre. Ils ne reviennent pas davantage alors que l'âge adulte les appelle à l'œuvre de la reproduction. Leur aile vigoureuse les porte rapidement à des distances immenses, et quand une contrée leur offre retraite sûre et gibier abondant ils s'y fixent, oublieux du pays natal : *ubi bene, ibi patria*. C'est ainsi que, selon l'opinion de M. Hardy, ils se répartissent sur la surface de l'Europe. En 1824 ou 1826, cet observateur connaissait six aires sur une ligne de cinq lieues de falaises, tant en amont qu'en aval de Dieppe, et malgré la reproduction annuelle, ce nombre restait toujours stationnaire. Il se mit à leur faire la guerre au moment où leurs petits quittent le nid, seule

de destruction a commencé, il n'y avait plus, en 1844, qu'un seul couple dont M. Hardy prit les œufs au mois d'avril. A son avis, les aires ne devaient désormais être occupées qu'autant que le hasard réunirait sur ces fa-

FAUCON GERFAUT (jeune). *Falco gyrfalco.* Linné.
Norwége.

FAUCON ISLANDAIS. *Falco Islandicus.* Brehm.
Islande.

FAUCON GERFAUT. *Falco gyrfalco.* Linné.
Norwége.

FAUCON ISLANDAIS *Falco Islandicus, candicans.* Schlegel.
Islande.

époqu de l'année où l'on puisse les chasser avec succès. Les couples désunis par la mort de l'un des deux membres se trouvèrent reconstitués au printemps suivant, mais ceux qui furent entièrement détruits n'ont point été remplacés. Depuis plusieurs années que cette guerre

laises, à l'époque des pariades, des individus adultes de sexe différent. Il est donc à craindre, ajoute-t-il, que le Faucon pèlerin ne disparaisse de nos rivages.

Les plus grands et les plus beaux des Faucons sont

les espèces désignées sous le nom de Gerfauts. Ces oiseaux, pour nous servir de l'expression du docteur J. Franklin, sont vraiment magnifiques. Leur queue longue et étalée dépasse noblement leurs ailes. Leur

la couleur de son plumage. Chaque plume en particulier perd graduellement une partie de sa teinte fauve primitive, et le bord blanc s'élargit d'année en année. Chez les Gerfauts parvenus à la maturité, la livrée est

FAUCON ISLANDAIS. *Falco Islandicus.* Brehm.
Islande.

FAUCON NOIR. *Falco subniger.* Gray.
Australie.

FAUCON OCCIDENTAL. *Falco occidentalis.* Gould.
Australie.

FAUCON PÈLERIN (jeune). *Falco peregrinus.* Gmelin.
Cosmopolite.

couleur, comme celle des autres Faucons, varie beaucoup selon les individus. Ces différences paraissent plutôt fondées sur l'âge de l'oiseau que sur un caractère de race. Dans sa jeunesse, le Gerfaut est presque entièrement brun. L'âge amène une succession de changements dans

presque entièrement blanche, et bariolée seulement de quelques lignes brunes.

Le Gerfaut se place par sa taille entre l'Aigle et le Faucon, et rivalise avec le premier pour la force. Il niche de préférence sur les côtes hérissées de rochers. C'est un oiseau essentiellement arctique ou septentrional. Le capitaine sir Edward Perry a rencontré plusieurs fois, dans son dernier voyage, quelques-uns de ces oiseaux arrivant par volées du Groënland et des régions arctiques, où ils se reproduisent et où ils passent l'été. Le Gerfaut défend sa couvée avec beaucoup de courage et de persévérance. Ainsi ces oiseaux attaquèrent un jour le docteur Richardson au moment où il grimpait dans le voisinage de leur nid, qui était construit sur le bord d'un précipice. Ils volèrent en cercle autour de lui, poussant des cris sonores et perçants, et fonçant quelquefois avec tant de rapidité que leurs mouvements produisaient dans l'air un bruit indescriptible. Ils arrivaient jusqu'à un ou deux pouces de sa tête. Il les éloignait en élevant le canon de son fusil au moment où ils étaient sur le point de le frapper. Ce simple mouvement changeait instantanément la direction de leur vol, et ils s'élevaient au-dessus de l'obstacle avec la vitesse de la pensée, montrant une finesse de vision égale à la puissance de leurs ailes.

La chasse du Gerfaut à prendre vivant, comme celle des autres grands Faucons, est toujours assez dangereuse. Il existe cependant un moyen dont on se sert quelquefois pour s'emparer des jeunes quand on ne peut sans danger approcher du nid. Ce moyen est fort simple et réussit avec toutes les espèces courageuses de Faucons : le chasseur, après avoir gagné le haut du rocher, se place perpendiculairement au-dessus du nid ;

L'AUTOUR. *Astur palumbarius.* Cuvier.
Europe.

FAUCON A VENTRE BLANC. *Falco hypoleucus.* Gould.
Asie.

FAUCON LANIER. *Falco lanarius.* Linné.
Europe.

il fait avec des bruyères une boule grosse comme une tête d'homme ; il enveloppe cette boule d'une coiffe épaisse de laine brune, et, à l'aide d'une corde, il la descend jusque sur le nid. Les jeunes Faucons, loin de s'effrayer, se jettent sur ce piège et plantent leurs serres dans la laine assez solidement pour qu'on puisse les enlever au haut du rocher. On est même souvent obligé de couper la laine pour les dégager.

Il est moins facile de s'emparer des œufs : « Un jour, dit M. Saint-John, voulant, avant de quitter Inchnadamph, dans le Sutherland, me procurer des œufs de deux Faucons pèlerins qui avaient élu domicile dans le creux d'un rocher près de l'auberge dans laquelle je logeais, je louai deux ou trois montagnards dont l'un, fils de notre aubergiste, consentit à s'attacher une corde autour du corps et à se laisser descendre ainsi le long de la falaise. Cette expédition n'était guère de mon goût, à cause de la pluie et d'un vent très-fort. Mais mon jeune homme se montrait si sûr et de sa tête et de ses pieds que nous nous mîmes à l'œuvre. Il passa sous ses bras une corde solidement attachée, et nous le descendîmes peu à peu juste au-dessus du nid. Il s'était muni d'un bâton long et léger au bout duquel il avait fixé une espèce de cuiller en étain qui porte dans le pays le nom assez original de *coupe-choux*. Cet instrument devait lui servir à enlever les œufs, si, comme cela arrive souvent, ils se trouvaient dans une crevasse qui ne lui aurait pas permis de les atteindre autrement. Il descendit ainsi sans la moindre hésitation, malgré les difficultés et la violence du vent. Nous lui lâchions la corde pied à pied, tant et si bien qu'il finit par nous faire l'effet d'une araignée suspendue à son fil ; enfin il disparut derrière une anfractuosité. Après quelques minutes d'angoisses, nous reçûmes le signal de le hisser ; j'éprouvai une vive satisfaction quand je le vis apparaître au niveau du rocher, tenant dans ses dents son bonnet qui contenait les œufs. Pendant tout le temps de cette expédition, deux couples d'oiseaux de proie, l'un de Balbuzards, l'autre de Faucons pèlerins, s'étaient approchés de nous, quoique à une distance respectueuse. Je m'amusai à observer le vol différent de ces deux espèces. Les Balbuzards volaient çà et là, décrivant lentement de grands cercles au-dessus de nous, et faisant entendre une voix plaintive ; les Pèlerins, au contraire, tournaient rapidement, s'abattaient tout à coup ou s'élevaient en droite ligne pour aller se perdre dans les nuages, d'où ils ne révélaient leur présence que par des cris aigres et irrités. »

Le danger que courent les dénicheurs de Faucons

FAUCON SACRÉ. *Falco sacer*. Gmelin.
Nord de l'Europe.

nous a été confirmé, du reste, en 1846, par une lettre de M. Hardy, de Dieppe, et dont nous extrayons le passage suivant : « On vient de m'apporter la nichée de notre couple de Faucons pèlerins ; cette fois-ci elle ne se compose que de trois œufs qui ont failli me coûter cruellement cher. Un éboulement de marne, produit sans doute par le frottement des cordes, est venu compliquer l'opération. Heureusement il n'y a point d'incident grave à déplorer : les hommes qui travaillaient en sont quittes pour quelques blessures, et mon dénicheur pour une frayeur telle qu'il vient de me déclarer, malgré son dévouement pour moi, qu'il ne voudrait recommencer pour rien au monde. Je l'avais tenté par le prix de dix francs l'œuf, à la sollicitation de M. de la Motte, d'Abbeville, qui depuis des années me tourmentait pour cela. Après l'événement, il est vrai peu grave, d'aujourd'hui, vous pensez que je m'abstiendrai dorénavant de toute sollicitation. »

Le Faucon pèlerin se prend facilement dans les filets tendus aux Alouettes, sur lesquelles il fond à chaque instant comme une flèche. Cette rapidité est telle qu'elle donne à peine le temps aux oiseleurs d'apercevoir le Faucon, et qu'ils voient enlever leurs appeaux avant d'avoir pu saisir la corde de leurs filets pour les fermer sur lui. Aussi redoutent-ils généralement son approche. Ils ne sont d'ailleurs avertis le plus souvent que par le bruit qu'il fait en fendant l'air pour atteindre la victime qu'il convoite. Ce bruit, dit M. Bouteille, est comparable à celui que fait une volée nombreuse d'Étourneaux passant près de votre tête.

Les ennemis les plus acharnés des Faucons, surtout du Faucon pèlerin, sont les grands Corbeaux. Ces oiseaux nichent aussi dans les falaises de Normandie, et leur nombre s'était accru, vers 1840, au point que

FAUCON SACRÉ. *Falco sacer*. Gmelin.
Nord de l'Europe.

M. Hardy en comptait environ un nid par kilomètre en 1844. Comment se loger sans luttes acharnées et à chances inégales au milieu de voisins hargneux et jaloux auxquels la convoitise, plus souvent encore que l'amour paternel, donne du courage ?

A la vue du Faucon, tous les autres oiseaux expriment la plus vive inquiétude. Il tue ses victimes avec une habileté remarquable, et quelquefois d'un seul coup de bec.

Temminck assurait que le Faucon pèlerin était très-rare dans les pays de plaine, et qu'on ne le rencontrait jamais dans les contrées marécageuses. Toussenel a prouvé le contraire : « Ce sont, dit-il, les contrées marécageuses du nord de la France, les rives de la Somme et de l'Oise, riches en Bécassines et en Canards, qui sont chez nous ses demeures favorites, ou au moins ses réserves de chasse, car le Pèlerin est friand du Canard sauvage et de la Sarcelle, et il en fait une consommation effroyable ; il est donc bien forcé de fréquenter les lieux où se plaisent ces espèces. »

Mais Toussenel avait plus que les simples données du bon sens pour infirmer l'assertion de Temminck ; d'abord son expérience personnelle, puis l'opinion de M. Crespon, de Nîmes, qui a rencontré maintes fois le Pèlerin sur les rives basses et marécageuses de nos grands étangs du Midi ; et enfin le témoignage précis de vingt huttiers du Nord. Il n'est pas, dans l'Oise et dans la Somme, d'observateur un peu subtil qui n'ait assisté nombre de fois au spectacle de l'attaque du Canard et de la Sarcelle par le Pèlerin, voire même de l'Oie sauvage, car le Pèlerin a barre sur les palmipèdes ; il lie l'Oie sauvage sans grande peine, et, s'il a l'air de respecter le Cygne, ce n'est pas qu'il le craigne, mais seulement parce qu'il le trouve gênant à emporter. A quoi bon, en effet, tenter une épreuve périlleuse sans

FAUCON SACRÉ. *Falco sacer*. Gmelin.
Nord de l'Europe.

chances de profit personnel ? Toussenel fut lui-même un jour, en mars 1855, témoin oculaire d'un fait qui tranche la question. La scène s'est passée sur ces mêmes rives de l'Oise, au lieu dit de Ribémont. Nous revenions, dit-il, *bredouilles* de la hutte Bonjour. Une bande de Canards sillonnait la région des nues à une hauteur prodigieuse. « En voilà qui ne sont pas pour nous, » dit le vénérable du groupe ; mais il avait à peine formulé ses regrets que soudain la bande se divise, comme disloquée par la foudre, et que ses membres épars piquent, du haut du ciel sur le sol, une tête verticale. « Faucon en vue ! » crie l'ornithologiste Ernest Bonjour, et, braquant sa lunette vers les profondeurs de l'espace, il distingue au zénith un point noir immobile, invisible à l'œil nu. C'était un Pèlerin qui planait. Mais les chasseurs avisés se dispersent aussitôt et courent avec leurs Chiens à la recherche des Canards, qui viennent de s'abattre dans le voisinage. On les trouve, on les tire à l'arrêt, comme des Cailles ; car le Canard, qui se voit ou qui se croit bloqué par le Faucon, éprouve une frayeur si grande, que ses moyens sont totalement paralysés et qu'il tient parfaitement l'arrêt.

(La suite prochainement.)

Paris. — Imprimerie WIESENER et Comp., rue Delaborde, 12.

28 Octobre 1865.

N° 96. — 15 centimes.

Ce Recueil parait une fois par semaine. — On s'abonne à Paris, à la Librairie L. HACHETTE et Cⁱᵉ, boulevard Saint-Germain, n° 77.
Les abonnements se prennent du 1ᵉʳ de chaque mois. — Paris, six mois, 4 fr.: un an, 8 fr. — Départements, six mois, 5 fr.; un an, 10 fr.

6ᵉ *Suite des Falconidés*. — HOBEREAU. — ÉMÉRILLON. — CRÉCERELLE.

Les autres espèces de Faucons les plus communes, telles que le Hobereau, l'Émérillon et la Crécerelle, reproduisent en petit les traits principaux du genre. On distingue cependant entre elles les Faucons à ailes longues ou Faucons percheurs, ou de bois, tels que le Hobereau, le Concolore, etc., et les Faucons à ailes courtes ou Faucons de rochers, tel que l'Émérillon.

lassent bien vite en la forçant à faire des crochets multipliés, et ne tardent pas à la frapper et à la culbuter devant eux. Si les oiseaux leur manquent, ils recourent aux insectes, surtout aux coléoptères, aux reptiles et aux Mulots. Rentrés au bois, ils se cachent dans les branches, afin d'y guetter à loisir les Grives, les Merles, les Mésanges et les Gros-becs. Ils sont réduits à se dis-

FAUCON HOBEREAU. *Falco subbuteo*. Linné.
Europe. — Afrique

FAUCON ÉMÉRILLON. *Falco lithofalco*. Gmélin.
Europe.

En automne, dès les premières migrations des Grives, les Hobereaux abandonnent les forêts montagneuses et se répandent dans les bois en plaine. De temps en temps ils en sortent, surtout le matin, et prennent leur essor vers les champs, vers les prairies, pour chasser les Alouettes, les Bergeronnettes, les Hirondelles, les Cailles que les Chiens font lever, et qu'ils ne craignent pas de poursuivre et de saisir jusque devant le fusil du chasseur. Quand ils veulent atteindre une proie agile, ils la poursuivent avec acharnement à tire-d'aile; ils la

simuler autant que possible pour épier les oiseaux, car si ces derniers aperçoivent le guetteur, ils s'avertissent immédiatement par des cris précipités et caractéristiques, se communiquent leurs craintes, et arrivent en nombre pour assaillir l'ennemi, et, par leur vacarme, ils l'obligent à fuir.

Le Faucon a-t-il enlevé une proie, il va se cacher pour la dévorer, et après s'être rassasié, on le voit se diriger à la cime d'un arbre, où il reste au repos pendant près d'une heure.

Ce n'est pas sans raison que le Hobereau a été nommé un Faucon pèlerin en miniature. Le courage et l'adresse de cet oiseau sont, en effet, des plus remarquables. « Chassant vers la fin de septembre dans le comté de Sussex, avec un de mes amis, dit un naturaliste de la Grande-Bretagne, nous vîmes un Hobereau poursuivre une Perdrix qui, blessée mortellement, s'élevait en droite ligne au haut des airs. Le petit Faucon se montra digne de son nom par la promptitude avec laquelle il dépassa sa proie; un Pèlerin n'eût pas mieux fait. Malheureusement, à l'instant où il allait la joindre, la Perdrix, morte tout à coup, tomba perpendiculairement sur le sol; et le Hobereau, dédaignant apparemment une proie qu'il ne devait point à ses efforts, s'élança à la poursuite d'une compagnie de jeunes Perdreaux, qui, au même instant, se leva d'un champ de chaume et se

vienneñt habituellement au même nid tant qu'elles n'en sont pas dérangées. C'est ainsi que dans nos ruines du château de Saint-Jean, à Nogent-le-Rotrou, nous n'avons jamais cessé d'observer deux et parfois même trois couples de ces oiseaux, depuis plus de dix-huit ans que nous les habitons. Le choix du trou varie bien selon l'un ou l'autre des couples, mais ils ne quittent pas les lieux. Une seule de ces retraites, au haut d'une ancienne cheminée de plus de trente mètres d'élévation, reste constamment occupée. Pendant l'incubation, dont les soins sont exclusivement abandonnés à la femelle, et qui dure environ trois semaines, on voit seulement le mâle paraître de temps en temps auprès de sa compagne et lui apporter de petits reptiles, surtout des Lézards, des Mulots et des oiseaux. Lorsque les petits sont éclos, leurs parents, qui chassent sans relâche pour les

FAUCON HOBEREAU. *Falco subbuteo*. Linné.
Europe. — Afrique.

AIGLE BONELLI. *Aquila fasciata*. Vieillot.
Europe méridionale

réfugia dans un taillis. Tous disparurent un moment à notre vue; mais la poursuite du Hobereau dut être infructueuse, car nous le revîmes peu après, suivant et surveillant activement nos Chiens, occupés à quêter. L'imprudent, par malheur, passa à côté de mon ami, qui, d'un coup de feu, mit fin à ses manœuvres. »

La Crécerelle est le plus commun des Faucons de la France, et l'on peut dire de l'Europe. On l'y trouve répandue presque partout et pendant toute l'année. Dès les premiers jours d'avril, quand ce n'est pas dans le courant de mars, on la voit travailler à l'établissement de son aire. Elle recherche les crevasses des vieux châteaux, les tours, les clochers, ou les cavités naturelles et les pans creux des rochers; quelquefois, contrairement à l'opinion de Buffon, la cime des grands arbres, au milieu des champs ou des prairies marécageuses, et même les nids abandonnés de la Corneille noire et de la Pie. Les Crécerelles, quelle que soit l'espèce, re-

nourrir, leur donnent beaucoup de gros insectes, des Orthoptères, des Lézards, des Souris et des petits oiseaux, qu'ils vont enlever jusque dans les nids, et surtout un grand nombre de Grenouilles. Nous relevons chaque année, au pied des murailles, sous les rous des jeunes Crécerelles, une quantité incroyable de cadavres de Batraciens, simplement éventrés, les entrailles seules en ayant été données en pâture.

Pour chercher à découvrir leur proie, les Crécerelles décrivent, en planant, de nombreux cercles concentriques, et, dès qu'elles l'ont aperçue, elles restent, pour l'épier, comme suspendues en l'air; seulement elles agitent leurs ailes par un battement précipité quelquefois à peine sensible, et tombent subitement et d'aplomb sur elle; elles l'enlèvent dans leurs serres, en remontant presque perpendiculairement dans l'espace.

Les petits ne sortent guère du nid que dans la première quinzaine de juillet; ils suivent encore pendant plusieurs jours leurs parents, qui consacrent ce temps à les dresser à la chasse. Mais, habitués à manger des insectes, ils conservent ce goût encore quelque temps, soit par paresse, soit par inexpérience de la chasse; car nous trouvons journellement à cette époque, au-dessous de leur nid ou au-dessous de l'endroit où ils perchent pendant la nuit, une grande quantité de petites pelotes oblongues rejetées par eux et composées presque exclusivement de pattes et d'élytres de Scarabées, réunies par un léger feutrage de poils de Musaraignes.

Nos observations sont d'accord avec celles de M. Bouteille sur ce point que la Crécerelle aime à vivre en société. On la voit, en effet, très-souvent, en automne et en hiver, se réunir, au coucher du soleil, sur le haut d'une tour, d'une ruine élevée, par bandes de cinq ou six et même plus, suivant les localités, et y chercher un asile pour la nuit. Nous-même enfin, comme nous venons de le dire, nous les observons constamment au nombre de deux, trois et quelquefois quatre couvées dont les chefs vivent ensemble généralement en bonne harmonie. Chaque couple a un poste qu'il s'est assigné, dans lequel le plus près voisin ne peut cependant s'introduire sans se voir repousser même par la femelle, qui va jusqu'à laisser ses œufs pour poursuivre l'indiscret. Ces luttes dégénèrent parfois en combats acharnés, alors qu'il s'agit de l'expulsion d'un vieux ou d'un jeune couple. Les plumes ne sont pas épargnées, et parfois, fatigués du combat, mais non vaincus, les deux adversaires, enchevêtrés dans les serres l'un de l'autre,

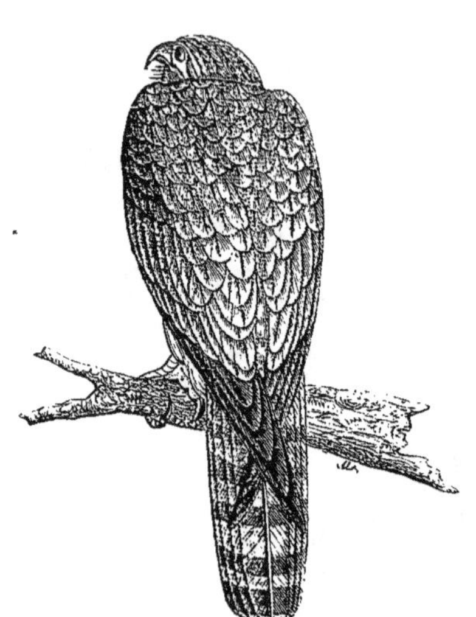

FAUCON ÉMÉRILLON. *Falco litho/alco.* *Gmelin.*
Europe.

FAUCON CRÉCERELLETTE. *Falco cenchris.* Naumann.
Europe. — Afrique.

FAUCON ÉMÉRILLON. TIERCELET HAGARD.
Falco lithofalco. Gmelin. — Europe.

roulent ensemble jusqu'à terre sans se lâcher, et ne se séparent que lorsqu'on s'approche pour essayer de les prendre.

La Crécerelle toutefois n'est pas aussi hardie ni aussi courageuse que les autres Faucons, quoiqu'on la voie quelquefois donner la chasse aux Buses, aux Milans et aux Corbeaux. Son vol est également moins rapide et ordinairement moins élevé, surtout quand elle est en quête. Elle fait alors, comme on le dit, la *Crécerelle* à quelques mètres au-dessus du sol. Elle est peu méfiante. Les oiseleurs l'attirent facilement dans leurs filets en agitant leurs appelants dès qu'ils la voient planer dans le voisinage. Elle fond souvent verticalement sur sa proie, quelquefois obliquement, ou bien en s'abaissant peu à peu et en rasant le sol. Quand elle est près de sa victime, elle emploie cette ruse particulièrement pour les oiseaux, afin de les surprendre plus aisément en cachant ainsi son arrivée, et pour être mieux à portée de les poursuivre au vol s'ils venaient à fuir.

Plus encore que la Crécerelle, le Faucon Kobez, ou à pieds rouges, aime à vivre en société; aussi le trouve-t-on, pendant une grande partie de l'année, en troupes plus ou moins considérables. Le soir, avant le coucher du soleil, tous les individus d'un canton se réunissent, s'amusent, pendant plusieurs heures, à exécuter des évolutions aériennes, puis se portent ensemble sur un arbre pour y passer la nuit. Là, ils se tiennent serrés autant que possible, et ils s'entassent, pour ainsi dire, sur les plus hautes branches. M. Nordmann en a vu jusqu'à quarante perchés sur un robinier de sept ans, et un seul coup de fusil tiré sur une pareille troupe lui a procuré plusieurs fois au delà d'une douzaine d'individus. Ce qui l'a toujours frappé dans ce cas, c'est la grande disproportion qu'il a trouvée entre le nombre des mâles et celui des femelles. Une fois, sur neuf individus, il compta deux femelles seulement. Dans l'air aussi, il a toujours compté plus de mâles que de femelles. On voit un petit Faucon immobile pendant des heures entières au même endroit et ne le quitter momentanément que pour se précipiter sur les insectes qu'il aperçoit, et dont il fait sa principale nourriture. Il est très-habile à saisir au vol les grandes espèces de

Sauterelles. Il fouille même, dit-on, dans la fiente des bestiaux pour en extraire les Scarabées qui s'y cachent.

Comme les Buses et les Milans, les Faucons ont donc aussi leurs espèces insectivores, parmi lesquelles nous citerons le Faucon Bérigore de la Nouvelle-Hollande. On le voit généralement par paire, et très-souvent sur

FAUCON ÉMÉRILLON. *Falco lithofalco*. Gmelin.
Europe.

FAUCON ROUX. *Falco alopex*. Isis.
Afrique.

FAUCON CRÉCERELLE. *Falco tinnunculus*. Linné.
Europe.

le sol, où il chasse surtout les Sauterelles avec une dextérité étonnante, quoiqu'il ne dédaigne pas les autres insectes, et qu'il mange parfois aussi des reptiles, des oiseaux et même de petits mammifères.

FAUCON CRÉCERELLETTE. *Falco cenchris*. Naumann.
Europe. — Afrique.

FAUCON HOBEREAU. *Falco subbuteo*. Linné.
Europe. — Afrique.

Quoique l'un des plus petits rapaces, l'Emérillon est aussi doué d'un courage et d'une hardiesse surprenants. Il attaque des oiseaux bien plus gros que lui, tels que les jeunes Tétras et les Perdrix. Il vient à bout de les assommer d'un seul coup de bec sur la tête ou de sternum sur le dos, et va s'en repaître sur le haut d'un roc ou d'un arbre. Mais il chasse plus particulièrement les Cailles, les Alouettes, les Grives, les Hirondelles et surtout celle de fenêtre, dont le vol est moins rapide, moins aisé que celui de l'Hirondelle commune ou de cheminée, qui lui échappe souvent, faisant de nombreux crochets ; enfin il attaque les Rats, les Musaraignes, les Lézards et aussi les insectes. Quand il plane, il s'élève à une hauteur prodigieuse, d'où sa vue lui permet encore de découvrir sur le sol les Campagnols et les petits oiseaux.

FAUCON UNIFORME. *Falco concolor.* Temminck.
Afrique.

FAUCON CRÉCERELLE. *Falco tinnunculus.* Linné.
Europe.

Dans les districts en partie clôturés, son vol est bas et rapide quand il fourrage.

« J'ai été plus d'une fois, dit à son sujet un naturaliste anglais, témoin de l'adresse extraordinaire qu'il déploie

FAUCON ÉMÉRILLON. *Falco lithofalco.* Gmelin.
Europe.

FAUCON KOBEZ. *Falco vespertinus.* Linné.
Europe.

pour masquer son approche en longeant une haie épaisse ou une rive élevée au niveau de laquelle il a remarqué une volée d'Alouettes ou d'Étourneaux. Il calcule si justement les distances, qu'arrivé en face du lieu où ces oiseaux picorent dans une fausse sécurité, franchir la haie et saisir une victime sont pour lui l'affaire d'un instant. »

Il cite encore un autre exemple de la sagacité et de la hardiesse de ce petit Faucon. « Je chassais, dit-il, aux Bécassines, dans les tourbières de l'ouest de l'Irlande, et je puis dire qu'un Émérillon fut, chaque jour, mon compagnon fidèle. C'était au commencement de novembre; je sortais généralement vers onze heures du matin, et rapportais le soir, en moyenne, de dix à vingt paires de Bécassines, quelques Lièvres, quelques Bé-

FAUCON ÉMÉRILLON (jeune, variété). *Falco lithofalco.*
melin. — Europe.

ÉPERVIER PECTORAL. *Accipiter pectoralis.* Isis.
Afrique.

FAUCON ÉMÉRILLON. *Falco lithofalco.*
Gmelin. — Europe.

casses et quelques Canards sauvages. Je me rappelle parfaitement la première fois que l'Émérillon s'approcha dans le but évident de prendre part à ma chasse. Je venais d'entrer dans une de ces tourbières fangeuses

ÉLANION BLANC. *Elanus melanopterus.* Latham.
Europe. — Afrique.

CIRCAÈTE DE BAUDOUIN. *Circætus Baudouini.* Gould.
Asie.

toujours riches en gibier, lorsque deux Bécassines se levèrent près du bord. Je tirai mes deux coups : l'une fut tuée roide; l'autre, blessée, s'éleva à une hauteur considérable, et, d'après la direction de son vol, elle devait nécessairement tomber au milieu d'un marais que je venais de quitter. Tandis que je la suivais des yeux, j'aperçus cet Émérillon s'approchant à tire-d'aile, comme s'il eût craint d'arriver trop tard. La Bécassine essaya de s'élever encore; mais, trouvant cette tâche au-dessus de ses forces, elle s'abandonna, pour ainsi dire, à la brise assez fraîche en ce moment, et, contrairement à ses habitudes, fuyant *sous le vent,* elle sembla compter, pour son salut, sur la rapidité de son vol;

cependant, quelque rapide qu'il fût, celui de son ennemi l'était plus encore : je pus constater que l'Émérillon gagnait peu à peu sur la Bécassine et qu'il s'en empara.

FAUCON SULTAN. *Falco peregrinator.* Gould.
Asie.

FAUCON BRUN. *Falco castanotus.* Isis.
Afrique.

AUTOUR CRUEL. *Astur cruentus.* Gould.
Asie.

Quelques jours après, je retournai à la même tourbière; j'y retrouvai mon Faucon, qui vola aussitôt vers moi,

comme pour me recevoir et dire : « Soyez le bienvenu; « je vous ai attendu longtemps; allons à la besogne. »

AUTOUR DE LA NOUVELLE-HOLLANDE (variété albine). *Astur Novæ-Hollandiæ.*
Cuvier. — Australie.

AUTOUR DE LA NOUVELLE-HOLLANDE. *Astur Novæ-Hollandiæ.*
Cuvier. — Australie.

Et, en effet, il se montrait plus confiant que jamais, me suivant d'un marais à l'autre, et paraissant se rendre parfaitement compte des fonctions du chasseur et du Chien. Il comprit bientôt qu'il aurait beaucoup moins de peine à s'emparer d'un oiseau blessé qu'à en pour

suivre d'autres en parfaite santé; car il ne s'amusait pas à courir après les Bécassines qui se levaient hors de ma portée, il se reposait sur mon adresse pour retarder le vol de celles qui partaient près de moi et rendre ainsi la tâche plus facile.

« Si une Bécassine était tuée sur le coup, il la dédaignait ; mais si elle voltigeait et tombait à quelque distance, fondant sur elle dès qu'elle touchait la terre, il se mettait à la plumer et à la dévorer. Je m'étais fait la loi de ne pas le troubler ; mais mon agile domestique irlandais était obligé de courir promptement s'emparer de l'oiseau blessé avant que le petit chasseur eût commencé son repas. Quand ce dernier devinait notre intention, il se hâtait d'emporter sa proie à une certaine distance, d'où il protestait à grands cris contre un acte qu'il regardait apparemment comme une violation de ses droits. Après trois ou quatre chasses de

FAUCON CHANTEUR. *Haliaetus sphenurus*. Gould.
Australie.

ce genre, l'Émérillon s'adjoignit une femelle qui, ainsi que lui, se montra fort exacte à m'accompagner dans toutes mes expéditions contre les Bécassines. Quand, parfois, mes petits amis n'étaient pas là pour me recevoir à mon arrivée à la tourbière, ils arrivaient à mon premier coup de feu, et malheur à toute Bécassine touchée le moins du monde, elle n'avait aucune chance d'échapper à leurs efforts réunis. Ils s'élevaient tous les deux au-dessus d'elle par des évolutions circulaires ; puis l'un s'élançait sur la victime, et, s'il manquait son coup, l'autre lui succédait aussitôt ; de sorte que la pauvre Bécassine, hors d'état de s'élever davantage ou d'éviter plus longtemps le coup fatal, était enfin saisie. Le repas durait à peu près une heure, au bout de la-

quelle les Faucons reparaissaient ; mais ils ne quittaient jamais la chasse avant d'avoir eu au moins trois Bécassines pour leur part.

« Ce ne fut pas sans regrets que je me séparai de ces compagnons qui, pendant deux mois, s'étaient constamment associés à ma fortune, et qui avaient partagé mes plaisirs en me rendant témoin de leurs gracieuses manœuvres ; je suis aujourd'hui convaincu qu'il est possible d'établir des relations, sinon familières, du moins amicales, entre l'Homme et beaucoup d'animaux portés par leur nature sauvage à éviter sa présence, et

FAUCON KOBEZ. *Falco respertinus*. Linné.
Europe.

cela, sans autre peine que la simple observation de ce précepte : « *Vivez et laissez vivre.* »

Après ces curieux détails, on ne sera pas étonné que l'Émérillon se montre ordinairement docile et même familier en captivité ; la souplesse de son caractère l'a fait rechercher par les fauconniers de tous les pays.

Nous n'avons abordé, dans cet article, aucune des questions si intéressantes qui se rattachent aux qualités spéciales des Faucons, autrefois employés pour la chasse, et nous avons réuni dans un petit volume supplémentaire tout ce que nous savons de fauconnerie et d'autourserie.

(*La suite prochainement*).

Paris. — Imprimerie WIESENER et Cⁱᵉ, rue Delaborde, 12.

4 Novembre 1865.   N° 97. — 15 centimes.

Ce Recueil paraît une fois par semaine. — On s'abonne à Paris, à la Librairie L. Hachette et Cie, boulevard Saint-Germain, n° 77. Les abonnements se prennent du 1er de chaque mois. — Paris, six mois, 4 fr.: un an, 8 fr. — Départements, six mois, 5 fr.; un an, 10 fr.

7e *Suite des Falconidés.* — AUTOURS. — ÉPERVIERS. — BUSARDS.

Les Autours, près desquels nous rangeons aussi les Éperviers, diffèrent seulement des Faucons par leur tête rétrécie en avant; par la pointe de la mandibule supérieure du bec, qui est dépourvue de dents; par leurs tarses plus longs et écussonnés; par le doigt médian, beaucoup plus long que les latéraux; enfin, par leurs ailes courtes, qui atteignent à peine les deux tiers de la queue. La courbure de la colonne vertébrale est très-forte et les fait paraître bossus. Leur vol est rapide, malgré la dimension de leurs ailes, et habituellement moins élevé que celui des Faucons. Ils sont aussi adroits, aussi méfiants et rusés qu'eux; mais ils arrivent obli-

FAUCON PÈLERIN. *Falco peregrinus.* Gmelin.
Cosmopolite.

AUTOUR. *Astur palumbarius.* Cuvier.   AUTOUR (tiercelet sors). *Astur palumbarius.* Cuvier.
Europe.   Europe.

quement sur leur proie, qu'ils poursuivent rarement au vol quand elle leur a échappé. Les petits oiseaux, les très-petits mammifères et les reptiles forment la base de leur nourriture. Ils nichent sur les arbres et sont généralement cosmopolites, quoique quelques espèces soient plus notoirement propres à l'Asie, à l'Océanie et à l'Amérique.

Le nom d'Autour vient du grec αστεϐουτ, qui veut dire *étoilé*, à cause du grand nombre d'étoiles brunes et roussâtres qui constellent le plumage de l'espèce européenne, dont nous nous occuperons plus particulièrement. Ces taches, en forme d'écusson, plus ou moins roussâtres dans le jeune âge, comme le reste de la robe, et distribuées sans ordre sur le devant du corps, changent de couleur et de disposition avec les années. Elles pâlissent et finissent par se rejoindre, pour composer à l'oiseau un magnifique plastron gris zébré de raies transversales d'une couleur un peu plus foncée et d'une élégance parfaite. La queue, rubannée de zones brunes sur fond gris, comme celle du Faucon, paraît beaucoup plus longue que chez celui-ci, à raison de la brièveté des ailes. La cuisse est garnie de longues plumes soyeuses qui retombent gracieusement sur le genou ; le tarse, sans être court, est robuste ; l'ongle tranchant et solide ; le manteau est brun ; l'iris et les pieds sont jaunâtres.

L'Autour est plus commun dans les contrées septentrionales que dans le midi de l'Europe, où les sujets vieux sont rares, et cependant l'espèce se retrouve dans le nord de l'Afrique. Il vit, en été, dans les pays de montagnes boisés ou dans les bois de haute futaie, souvent rapprochés des habitations, au-dessus desquelles on le voit, surtout le matin, planer pour guetter les Poules et les Pigeons qui s'éloignent. Il fond sur eux chaque fois qu'il en trouve l'occasion. Pour arriver à l'improviste sur la proie qu'il convoite, il approche en obliquant ou en volant près de terre. Mais c'est habituellement dans les grands bois ou sur leur lisière qu'il se tient pour chasser. Il s'embusque sur un tronc caché par les branches, et attend au passage les Grives, les Perdrix, les Tétraux, les Levrauts, qu'il enlève sans peine dans ses serres. Il fait aussi la guerre aux Écureuils, aux Campagnols, aux Souris et aux Taupes.

L'Autour niche principalement dans les bois de chênes et de hêtres des montagnes, et, en Savoie, de préférence dans les vastes forêts de sapins. D'après M. Bailly, il entre en amour au mois d'avril. Le mâle pousse alors des cris commençant par quelques notes rauques, un peu discordantes, et finissant par des sons plus forts, plus aigus. On l'entend surtout le matin et

ÉPERVIER. *Falco nisus*. Linné.   ÉPERVIER APLOCHROUS. *Accipiter aplochrous*. Isis.   ÉPERVIER A COLLIER. *Accipiter torquatus*. Vigors
Australie.   Afrique.   Australie.

à l'approche de la nuit, quand il réclame sa compagne; puis ils s'élèvent ensemble dans l'air en dessinant de nombreux cercles jusqu'à une grande hauteur, d'où on les voit, quelques instants après se précipiter, l'un à la suite de l'autre pour chercher l'arbre sur lequel ils perchent. Leur aire est placée sur des branches élevées et rapprochées; sa construction exige dix ou douze jours de travail, et elle est composée, en dehors, de petites branches de sapin ou de hêtre; l'intérieur est revêtu de branches plus minces, plus courtes et de quelques racines. Cette aire, dont les matériaux réunis sans art forment une espèce de plancher assez solide, reçoit, vers la fin de mai, trois ou quatre œufs à peu près ovalaires, d'un blanc bleuâtre, le plus souvent uni et sans taches, parfois ondé ou finement ponctué de brun; le grand diamètre varie de cinquante-cinq à cinquante-neuf millimètres, et le petit, de quarante et un à quarante-cinq millimètres.

La première nourriture que les petits, à peine éclos, reçoivent de leurs pairons, consiste en insectes coléoptères, en petits Lézards, en Souris et en jeunes oiseaux. Aussitôt qu'ils peuvent se passer des soins de leurs parents, ils s'en séparent, vivent isolés dans les bois et font une guerre cruelle aux petits oiseaux. On les voit déjà vers la fin d'août, raser, aussi aisément que les vieux, d'un vol bas et lent, les buissons, les terres cultivées, pour s'assurer s'ils n'abritent pas quelque proie, puis planer au-dessus des blés et des avoines, afin de découvrir les Perdreaux, les Cailles et les Alouettes, qu'ils enlèvent et vont dépecer dans un lieu retiré. C'est vers le milieu d'octobre, surtout à l'époque des premières gelées blanches, et en même temps que les Grives et les Bécasses, que l'Autour descend des montagnes et vient s'établir sur les bordures des bois et dans le voisinage des plaines cultivées, où il fait la chasse aux Alouettes. Il les attaque toujours en flanc, et les poursuit au vol avec une célérité remarquable. L'acharnement avec lequel il chasse, quand la faim le tourmente, l'entraîne parfois dans les piéges des oiseleurs; mais, pour le retirer vivant du filet et éviter ses coups de bec et de serres, il faut le couvrir immédiatement d'un linge qui paralyse ses mouvements.

C'est de l'Autour qu'a voulu parler le docteur Labouysse, chirurgien aide-major aux ambulances de l'Algérie. « Il est, dit-il, très-commun dans la province d'Alger, dont il fréquente les montagnes, vivant, selon les habitudes de l'espèce, par paires, mâle et femelle. Il chasse principalement les Perdrix. Il y avait beaucoup de ces rapaces aux environs de Coléah, et ils venaient souvent nous troubler dans nos chasses. En effet, quand nous avions fait lever une compagnie de Perdrix, ils apparaissaient bientôt en planant à deux

avec le bec. Jamais on ne s'est aperçu que ces oiseaux, quoique seuls dans la même volière, aient pris de l'affection l'un pour l'autre; ils y ont cependant passé la saison entière de l'été, depuis le commencement de mai jusqu'à la fin de novembre. A cette époque, la femelle, dans un accès de fureur, tua le mâle dans le silence de la nuit, à neuf ou dix heures du soir. Le naturel de ces oiseaux est si sanguinaire que, quand on laisse un Autour en liberté avec plusieurs Faucons, il les égorge tous les uns après les autres; cependant il semble manger de préférence les Souris, les Mulots et les petits oiseaux. Il se jette avidement sur la chair saignante, et refuse assez constamment de la viande cuite, qu'il ne consent à manger qu'à la suite d'un jeûne prolongé. Il plume les oiseaux fort proprement et les dépèce avant de les manger, mais il avale les Souris tout entières. »

ÉPERVIER ÉLÉGANT. *Accipiter collaris.* Isis.
Afrique.

ÉPERVIER POLYOCÉPHALE. *Accipiter polyocephalus.* Isis.
Afrique.

ou trois cents mètres dans les airs. Dès lors il devenait impossible de faire lever notre gibier; car dans ce pays couvert de broussailles, les Perdrix se cachaient dans les fourrés les plus impénétrables, afin d'échapper à l'ennemi qui les menaçait. Pour nous débarrasser de ces concurrents incommodes, nous tirions sur eux quelques coups à balles : le sifflement du projectile finissait par les éloigner; et, dès qu'ils avaient disparu, nous retrouvions nos Perdrix. »

Buffon a nourri chez lui un mâle et une femelle de l'espèce européenne, et il décrit ainsi leurs habitudes : « On a remarqué que, quoique le mâle fût plus petit que la femelle, il était plus féroce et plus méchant. Ils sont tous deux difficiles à priver; ils se battaient souvent, mais plus des griffes que du bec, dont ils ne se servent guère que pour dépecer les oiseaux ou autres petits animaux, ou pour blesser et mordre ceux qui les veulent saisir. Ils commencent par se servir de la griffe, se renversent sur le dos en ouvrant le bec, et cherchent beaucoup plus à déchirer avec les serres qu'à mordre

M. Bouteille, qui a observé de jeunes Autours en captivité, dit qu'ils lui ont tous paru d'un naturel dur et féroce, par conséquent très-difficiles à apprivoiser. On a vu, en octobre 1850, au jardin botanique de la Société d'histoire naturelle de Savoie, un Autour de quatre mois tuer à coups de serres et de bec un Milan noir du même âge, enfermé depuis près de quinze jours avec lui, puis le dépecer et se nourrir de ses entrailles. En remarquant que la nourriture ne manquait pas à ce rapace, on n'a pu expliquer cette férocité que par le besoin qu'il devait avoir de se repaître de chair palpitante.

Il y a une autre espèce voisine de l'Autour, également très-commune en Europe, l'Épervier, plus petit que l'Autour. Il a, comme lui, l'aile ronde et plus courte que la queue; la poitrine rubannée de bandes transversales régulières, composées d'écussons contigus qui sont confondus avec l'âge. Le dessus des ailes et le dos sont d'un cendré bleuâtre ou ardoisé, avec un espace blanc plus ou moins pur à la nuque. La queue est d'un gris cendré marqué de cinq bandes d'un cendré noirâtre. L'Épervier ne peut être confondu avec aucun genre ou sous-genre voisin; c'est le plus gros de ces petits oiseaux de proie que nous rencontrons tous les

BUSARD HARPAYE. *Circus rufus.* Briss n.
Europe.

jours, qui chassent concurremment avec nous la Perdrix, la Caille, l'Alouette, le Pinson et les menus oiseaux, et que nous désignons indistinctement sous les

BUSARD PALE. *Circus pallidus.* Sykes.
Afrique.

noms vulgaires d'Émouchet, de Tiercelet, de Chassereau, de Hobereau, de Fancher, de Rabaillot, etc., etc. Indépendamment de l'infériorité de sa taille, l'Épervier est marqué d'un signe qui le distingue complétement de l'Autour. Chez celui-ci, le tarse est robuste; chez l'Épervier, il est long et grêle : l'oiseau a presque l'air de s'être hissé sur des échasses, et l'ongle du doigt mé-

dian est beaucoup plus long que les autres, ce qui lui donne une grande facilité pour saisir et pour retenir sa proie. Cet ongle de l'Épervier est si aigu, et les blessures qu'il fait sont si dangereuses, qu'il est très-difficile de

BUSARD SAINT-MARTIN. *Circus cyanus.* Keyser.
Europe.

conserver les Cailles ou les autres petits oiseaux qu'il rapporte vivants et auxquels il s'imagine n'avoir fait aucun mal.

BUSARD MONTAGU. *Circus cineraceus.* Keyser.
Europe.

L'Épervier a les mêmes habitudes et niche de la même manière que l'Autour. Quelquefois cependant il occupe le nid abandonné d'un Corbeau. La ponte est presque toujours de cinq œufs, d'un ovalaire arrondi de trente-huit à quarante-deux millimètres sur trente-deux à trente-quatre millimètres. Ils sont blancs ou d'un blanc bleuâtre, ou d'un roussâtre très-clair avec de larges espaces, ou seulement avec des points et des taches d'un brun rougeâtre ou roussâtre, souvent plus répandus vers le gros bout, où ils forment quelquefois une espèce de couronne. Ils ne sauraient

BUSARD PALE. *Circus pallidus*. Sykes.
Afrique.

jamais être confondus, sous aucun rapport, avec les œufs de Faucons. Les espèces exotiques, telles que, par

presque sans relâche la guerre aux Perdreaux, aux Grives, aux Rouges-gorges, aux Mésanges et aux autres petits oiseaux. On rencontre fréquemment, en effet, lorsqu'on passe au pied des arbres sur lesquels ils sont

BUSARD DE MAILLARD. *Circus Maillardi*. Isis.
Afrique.

venus dépecer leur proie, des tas de plumes des différents oiseaux qui ont servi à les nourrir. S'ils sortent

BUSARD SAINT-MARTIN. *Circus cyaneus*. Keyser.
Europe.

exemple, l'Épervier sphénure ou brachydactyle de l'Afrique méridionale, offrent les mêmes caractères zoologiques.

Les Éperviers vivent solitaires dans les bois; ils font

BUSARD MONTAGU. *Circus cineraceus*. Keyser.
Europe.

des bois, c'est pour aller rôder aux alentours à la quête des Alouettes et des Bergeronnettes, sur lesquelles on les voit fondre à chaque instant. S'ils s'emparent d'une proie, ils l'emportent sur un arbre pour la dévorer. Cette habitude a été mise à profit pour détruire ces habiles chasseurs ; on place au milieu des plaines giboyeuses des poteaux au sommet desquels se trouve un piége qui se ferme au moment où l'Épervier vient s'y poser avec sa proie. Mais il arrive souvent que le piège, en se détendant, ne saisit que la proie et laisse échapper le ravisseur.

Les Éperviers se montrent très-hardis, car ils viennent enlever les oiseaux dans les champs jusque devant les oiseleurs et au milieu des troupeaux, sans s'inquiéter de la présence des bergers.

Il nous est arrivé, dans une de nos promenades aux environs de Nogent-le-Rotrou, d'observer de loin un Épervier volant en rasant le sol et poursuivant, en la dominant toujours, une malheureuse Perdrix grise. Son bec seul lui servait pour la harceler et lui déchiqueter la tête dans sa course désespérée; notre approche ne lui fit pas quitter sa poursuite, et il ne se retira que lorsque nous fûmes à portée de nous emparer de sa victime. Elle avait le crâne tout dénudé et ensanglanté, et les yeux crevés.

Levaillant cite ce fait de hardiesse au sujet de la plus petite espèce africaine du genre, l'Épervier minulé : « Le trait suivant, que je ne puis m'empêcher de rapporter, dit-il, prouvera ce qui a été déjà dit de ces petits oiseaux de proie, dont la dimension est à peu près celle de notre Merle commun. Un jour que j'étais occupé, comme de coutume, à écorcher devant ma tente les oiseaux que j'avais tués, il passa au-dessus de ma tête un de ces Éperviers qui, ayant remarqué sur ma table plusieurs oiseaux, s'y abattit tout à coup, malgré ma présence, et m'en enleva un qui était déjà préparé; il l'emporta dans ses serres, et fut bien étonné, après l'avoir plumé sur un arbre à trente pas de nous, de n'y trouver, au lieu de chair, que de la mousse et du coton; cela ne l'empêcha pas, après avoir déchiré la peau en pièces, de manger le crâne tout entier, seule partie que je laisse dans mes oiseaux préparés. Comme j'examinais avec plaisir cet oiseau arracher de dépit tout ce qui emplissait la peau bourrée qu'il m'avait dérobée, je le vis revenir planer au-dessus de moi à différentes reprises, mais il ne s'abattit plus, quoique j'eusse laissé exprès quelques oiseaux à sa portée. Je suis persuadé que si, à sa première tentative, il avait eu le bonheur de tomber sur un des oiseaux non préparés, il aurait infailliblement réitéré cette chasse, si facile et si commode pour lui; mais, ayant été attrapé, il ne daigna probablement pas recommencer. »

Des faits analogues sont rapportés par notre collaborateur et ami J. Verreaux, au sujet de l'Épervier fascié (*approximans*) de la Nouvelle-Hollande. On lui en apporta un jour un qui avait été pris chez un de ses amis, M. de Graves, au moment où il venait de saisir une Poule; puis un autre, pris dans la cour de M. Douglas, pendant qu'il dépeçait un Poulet.

Quelle que soit la rapacité de l'Épervier, disons, à son éloge, que son caractère peut être modifié par la domesticité. Le docteur John Franklin en cite un exemple qui mérite d'être rapporté :

« Il y a quelques années, un jeune Épervier fut acheté par un de mes amis. C'était une acquisition un peu dangereuse, car celui-ci possédait en même temps une paire de Pigeons remarquables par leur rareté et dont il faisait grand cas. La douceur et les bons soins parurent modifier le naturel de l'Épervier. Peut-être l'honneur de ce changement revient-il à une autre cause : c'est-à-dire à la régularité avec laquelle il était nourri. La férocité est, chez les oiseaux de proie comme chez les mammifères carnassiers, une loi de la nature basée sur leur genre d'alimentation. En rendant la destruction inutile par le soin qu'on a de pourvoir à leur nourriture, on réprime ce penchant, qui n'est point du tout nécessaire à leur bonheur. A mesure que l'Épervier croissait en âge, en taille et en force, sa familiarité augmentait aussi. Ces bonnes dispositions l'amenèrent à faire connaissance avec les Pigeons, qu'on avait rarement vus en pareille société. Partout où allaient les Pigeons pour chercher leur nourriture, et ils venaient quelquefois la prendre jusque dans les mains de leur maître, l'Épervier les accompagnait.

« D'abord les Pigeons se montrèrent effrayés d'un pareil voisinage; mais peu à peu ils surmontèrent leur crainte, et ils mangèrent auprès de l'Épervier avec autant de confiance que si les anciens ennemis de leur race n'avaient point envoyé près d'eux un représentant pour l'associer à leur banquet. Il était curieux d'observer, pendant le repas, l'enjouement et la parfaite bienveillance de ce convive; car l'Épervier recevait son morceau de viande sans aucun des signes de férocité avec lesquels les oiseaux de proie prennent ordinairement leur curée. Il suivait les Pigeons dans leur vol, çà et là, autour de la maison et des jardins, et se perchait avec eux sur le faîte de la cheminée ou sur le toit. Le soir, il se retirait avec eux dans le colombier, et quoique, durant les premiers jours, il fût le seul et unique occupant de ces lieux, les Pigeons n'ayant pas d'abord aimé la présence de cet intrus, il devint bientôt un des hôtes de la maison; il ne troubla jamais le repos de ses amis, n'abusa pas davantage des droits de l'hospitalité, même lorsque les Pigeonneaux, sans plumes et désarmés qu'ils étaient, devaient offrir une forte tentation à son appétit. Il semblait malheureux toutes les fois qu'on le séparait de ses camarades de chambre. Après quelques jours de séquestration dans un autre local, il retournait invariablement au colombier. Durant cet emprisonnement, il faisait entendre des cris très-mélancoliques et appelait de toutes ses forces la délivrance; mais ces lamentations se changeaient en cris de joie à l'arrivée de quelque personne qu'il connaissait. Tous les gens de la maison étaient avec lui dans des termes d'intimité. Je n'ai jamais vu un oiseau qui ait gagné autant que celui-là le cœur et les bonnes grâces de tous ceux qui l'approchaient; et, en vérité, il le méritait bien. Il était folâtre comme un jeune Chat, et littéralement amoureux comme une Colombe. Cependant son naturel n'était pas aussi modifié qu'on eût pu le croire. Malgré l'éducation, notre oiseau était resté un Épervier; on s'aperçut de cela dans une occasion qui ne manque point d'intérêt. Un voisin nous avait envoyé un Hibou brachyote, auquel il avait cassé l'aile accidentellement. Après avoir pansé la fracture et avoir guéri le blessé, nous songeâmes à adoucir sa captivité en lui accordant un peu plus de liberté que celle dont il jouissait dans une cage à poulets. À peine l'Épervier eut-il aperçu notre nouvelle connaissance, qu'il fondit sur le pauvre Hibou sans aucune miséricorde; et, chaque fois qu'ils se trouvèrent en présence, il s'engagea une série de combats remarquables par l'adresse et le courage des combattants. La défense du petit Hibou était admirablement conduite; il se jetait sur le dos et attendait les attaques de son ennemi avec une patience rare, préparé qu'il était à les recevoir, et, frappant, mordant ou égratignant, il déconcertait souvent son adversaire. Ces luttes incessantes ne produisirent point l'amitié; et lorsque le Hibou se sentit assez fort, il profita d'une occasion favorable pour gagner les bois, laissant l'Épervier maître du terrain. »

BUSARD, *Circus*. Lacépède.

Les Busards forment le dernier genre des Falconidés. Ce sont des rapaces que caractérisent les formes grêles et élancées, une collerette de plumes serrées partant du menton et s'étendant jusqu'aux oreilles, entourant par conséquent le cou, et qui leur donne un certain rapport de physionomie avec les Chouettes. Leur bec est médiocre, mince, comprimé sur les côtés, le rebord de la mandibule supérieure légèrement renflé, mais sans dents. L'espace compris entre l'œil et les narines est recouvert de poils rigides, implantés sur la cire. Les narines sont oblongues, arrondies, percées dans le sens longitudinal. Les tarses, fort allongés, sont garnis de scutelles en avant, vêtus jusqu'à l'articulation, et leurs doigts sont armés d'ongles médiocres. La queue, assez longue, est élargie et arrondie.

Plus agiles et plus rusés que les Buses, moins hardis que les Faucons, ils volent le plus souvent très-bas, surtout quand ils chassent. Les marais, les plaines, le bord des bois et de l'eau sont leur séjour de prédilection. Ils nichent à terre, ou près de terre, sur quelque élévation, au milieu des herbes, des roseaux, des broussailles et des moissons. Ils cherchent leur proie à terre, en volant, ou bien ils l'épient en se tenant cachés sur une branche. Ils se nourrissent d'oiseaux aquatiques, de poissons, d'Anguilles, de reptiles, de petits mammifères, d'insectes terrestres et aquatiques. En général, ils chassent tantôt en volant horizontalement, tantôt en formant des ronds à quelques décimètres au-dessus du sol. Ils ne poursuivent jamais leur proie au vol ou à tire-d'aile; ils tombent sur elle d'aplomb ou en traçant une ligne horizontale. Ils sont d'une voracité surprenante; mais assez rusés pour ne pas donner facilement dans les piéges qu'on leur tend.

Les Busards sont répandus dans toutes les parties du monde; on en compte environ douze espèces, dont quatre ou cinq se trouvent en Europe et en France. Il y a peu de temps encore, le plumage très-varié des oiseaux de ce genre, dit le sportsman auteur des *Oiseaux du comté de Sussex*, avait fait croire à un beaucoup plus grand nombre d'espèces européennes, dont les principales sont le Busard de marais, le Busard Saint-Martin ou Soubuse, et le Busard Montagu, dont les nuances diffèrent suivant l'âge et le sexe. Chez les deux dernières, les mâles, après la première mue d'automne, commencent à prendre le plumage d'adulte, qui n'est complet qu'au bout de trois années révolues au moins. Sa couleur est bleu gris pour les parties supérieures, et blanc pour les parties inférieures. Le Busard Montagu se distingue non-seulement par une forme plus svelte et plus légère, mais encore par une bande obscure sur les secondes plumes alaires, et plusieurs barres noirâtres sur les couvertures inférieures des ailes. Les femelles sont plus grosses que les mâles, d'une couleur brune plus ou moins variée de brun rouge. A mesure que l'oiseau avance en âge, les bandes longitudinales des parties inférieures deviennent plus étroites et plus distinctes, tandis que le fond prend une teinte plus claire. Les jeunes de l'année ressemblent aux femelles, mais sont moins bigarrés.

Le mâle du Busard des marais, quoique sujet, comme ses congénères, à un changement qu'on peut signaler dès la première mue d'automne, ne prend pourtant pas cette teinte bleuâtre, caractère distinctif des deux autres espèces, et qui, même chez les très-vieux oiseaux, ne se remarque que sur les ailes et la queue. La tête et la gorge deviennent blanchâtres; le reste du corps offre diverses nuances d'un brun foncé et ferrugineux.

Des détails fort précis et intéressants ont été fournis, il y a déjà plus de vingt ans, par M. Barbier-Montault, avocat à Londres, sur le Busard Montagu; et nous nous étonnons qu'ils n'aient été reproduits dans aucune des ornithologies d'Europe ou de France publiées depuis cette époque.

« Le Montagu, dit cet observateur qui possédait alors une des plus belles collections des oiseaux de proie européens, arrive dans le département de la Vienne vers la mi-avril, à l'époque où le Busard Saint-Martin nous quitte; il s'établit de suite dans des landes d'une grande étendue. Contrairement à beaucoup d'autres oiseaux de proie, le Montagu aime à vivre en société, et ils se réunissent souvent en grand nombre. C'est au milieu des coupes de bois, sur les tas de fagots qu'ils aiment à se poser pour épier leur proie; rarement ils perchent sur les grosses branches des arbres. Ils chassent de préférence en tout temps les insectes, mais surtout dans les mois d'août et de septembre. Ils se nourrissent de Sauterelles ; du moins tous ceux que j'ai ouverts à ces époques (peut-être une cinquantaine) n'avaient dans l'estomac que des Sauterelles, et toujours en grande quantité. On peut juger par là de ce qu'ils détruisent. Bientôt après leur arrivée, ils s'apparient et placent à terre leur nid, très-grossièrement construit en bûchettes ; plusieurs nichées s'établissent dans le même bois ; le mâle et la femelle ne se quittent guère alors, et reviennent souvent dans la journée au lieu qu'ils ont choisi. Munis de moyens puissants de vol, l'air semble être leur élément ; ils planent presque continuellement, et à peine aperçoit-on un léger mouvement dans leurs longues ailes ; comme les oiseaux nocturnes, ils ne font aucun bruit en volant. Par une belle matinée de printemps, le mâle et la femelle aiment à faire mille évolutions ; on les voit s'élever en tournoyant à des hauteurs prodigieuses, en faisant entendre un léger cri, puis redescendre bientôt après au même lieu en faisant de nombreuses culbutes. A certaines heures du jour, ils quittent l'intérieur du bois pour faire des excursions dans la campagne ; leur vol est bas et longtemps soutenu. Si cet oiseau aperçoit quelque objet qui le frappe, il revient plusieurs fois pour l'examiner et même le toucher. Caché un jour dans un endroit fréquenté par ces oiseaux, je plaçai près de moi une Effraye empaillée (*Strix flammea*) ; aussitôt qu'un Montagu

Spizaète du Sénégal. *Spizaëtus occipitalis.* Kaup.

Afrique.

l'apercevait, il venait voltiger autour, et, de la sorte, en très-peu de temps j'en tuai une vingtaine. A la mi-août, les couvées sont terminées ; alors toutes les nichées se réunissent pour passer la nuit ensemble, et ce sont les marais que ces oiseaux choisissent pour retraite. Lorsque le soleil commence à descendre vers l'horizon, on voit arriver de tous les côtés un grand nombre de Montagus ; ils se posent sur une motte, sur le haut d'un sillon, et attendent le crépuscule ; ils se lèvent alors et se dirigent droit au marais, choisissant toujours, pour passer la nuit, les endroits où l'herbe est plus basse. Je me suis quelquefois placé à l'endroit même où ils se couchent ; je les voyais voltiger autour de moi par centaines, je pourrais dire par milliers, tant le nombre en était grand ; ils sont peu défiants dans ce moment, les coups de fusil les épouvantent à peine, et toujours j'en tuais un bon nombre. Ils quittent leur retraite au grand jour, et cherchent près de là les endroits abrités où ils puissent jouir des premiers rayons du soleil pour sécher leur plumage. Près du marais existe un superbe *tumulus* entouré de dolmens qui, tous les matins, en août et en septembre, sont couverts, du côté du levant, d'une troupe de Montagus. Cette espèce présente une variété noire qui n'est pas rare et se reproduit tous les ans dans notre localité. »

Voilà encore un nouvel exemple de rapace insectivore ; mais les Busards ne se nourrissent pas exclusivement d'insectes. Ils saisissent habilement les Taupes au moment où elles soulèvent la terre, et l'on trouve souvent dans leur jabot des débris de Grenouilles et des Lézards entiers, plus fréquemment encore des petits de Rousserolle et de Fauvette phragmite. Les Busards sont néanmoins d'une voracité extrême, et souvent, en captivité, ils se dévorent entre eux. Un correspondant de Degland conservait plusieurs jeunes Montagus dans la même volière ; ils finirent par s'entre-tuer et se dévorer. Il ne resta qu'une femelle, qui, après avoir mangé les autres, mourut au bout de quelques jours des suites de plusieurs blessures reçues pendant la lutte.

Les œufs de Busard sont tous d'un blanc bleuâtre uni et généralement sans taches ; à peine, sur quelques-uns ; entrevoit-on trace de rares grivelures brunes : leur forme est ovalaire, et ils mesurent de quarante et un à cinquante millimètres de grand diamètre, sur trente-sept à quarante-quatre millimètres de petit.

Ce groupe de la famille des Falconidés nous conduit, par une gradation facile, à celle des Strigidés ou Chouettes. En effet, le plumage fin et peu garni, le disque facial ou cercle de plumes courtes et frisées qui décrit en partie le contour de la face, la légèreté et l'énergie des formes, annoncent clairement l'affaiblissement du caractère extérieur du Faucon et l'apparition de celui des oiseaux de nuit, qu'on n'a pas, sans quelque raison, nommés Phalènes de la race emplumée.

O. Des Murs

Paris. — Imprimerie Wissener et Cⁱᵉ, rue Delaborde, 12.

LES TROIS RÈGNES DE LA NATURE

LECTURES D'HISTOIRE NATURELLE.

11 Novembre 1865. N° 98. — 15 centimes.

Ce Recueil paraît une fois par semaine. — On s'abonne à Paris, à la Librairie L. Hachette et Cie, boulevard Saint-Germain, n° 77. Les abonnements se prennent du 1er de chaque mois. — Paris, six mois, 4 fr.; un an, 8 fr. — Départements, six mois, 5 fr.; un an, 10 fr.

De l'Hérédité en Zoologie.

Qu'est-ce que l'hérédité naturelle ? — Des preuves de l'hérédité physique et de l'hérédité morale. — De l'Innéité, ou loi d'invention. — Du rôle de l'hérédité et de l'innéité dans la création des races domestiques. — Deux mots à propos de la consanguinité. — Des divers modes d'action de l'hérédité. — Résistance de l'hérédité à l'influence modificatrice des climats. — Universalité et égalité d'action du père et de la mère sur les caractères des descendants. — Des manifestations diverses de l'hérédité. — Exemples de transmission des modifications acquises, soit dans l'ordre physique, soit dans l'ordre moral.

Les divers types d'animaux désignés sous le nom d'*espèces* sont loin de présenter, soit la fixité absolue que certains naturalistes leur ont parfois attribuée, soit la mutabilité indéfinie que d'autres auteurs ont

Antilope onctueuse. *Antilope unctuosa.* Laurillard. — Sénégal. — Abyssinie.

également cru pouvoir leur accorder. Les caractères ne restent fixes pour chaque espèce qu'autant que celle-ci se maintient dans un même milieu; ils s'altèrent, ils subissent des modifications plus ou moins profondes, dès que les circonstances ambiantes viennent à changer; et l'on peut dire que ces caractères se trouvent alors sollicités par deux forces agissant en sens contraire : l'une, force centrifuge, qui n'est autre que l'influence modificatrice du nouveau milieu où l'espèce se trouve placée; l'autre, force centripète, ou conservatrice du type, qui est le résultat de la loi de ressemblance des enfants à leurs parents. C'est principalement au point de vue de cet antagonisme que nous nous proposons d'étudier les phénomènes d'hérédité chez les animaux.

Et d'abord, qu'est-ce que l'hérédité ?

L'hérédité est cette loi en vertu de laquelle chaque être reçoit de ses ascendants, outre le type de l'espèce à laquelle il appartient, certaines particularités d'organisation et d'aptitude, qu'il transmet ensuite lui-même à ses descendants. Admise par les anciens, qui étaient d'un commun accord à son sujet, l'hérédité avait attiré l'attention d'Hippocrate, qui lui consacrait plusieurs aphorismes; plus tard, Fernel, Van Swieten, l'étudiaient assez longuement dans leurs écrits. Ce n'est qu'en arrivant à des temps plus modernes qu'on voit la transmission héréditaire niée par les uns, admise par les autres, et donnant lieu à une foule d'opinions différentes. Ainsi, de Maillet, Baumann, Lamark ouvrent un champ immense à l'hérédité, en renversant les bornes qui séparent le type de l'espèce du type individuel. D'autre part, Helvétius en philosophie, Charles Bonnet en physiologie, Louis en médecine, circonscrivent son action à l'espèce et la nient complétement quant à l'individu. Enfin, une troisième école admet en principe la transmission des caractères spécifiques et des caractères individuels, mais sans homogénéité de doctrine, et ses adhérents professent autant d'opinions différentes qu'il existe d'éléments, de systèmes, de formes, d'états de la vie, pouvant être ou non soumis à l'action de l'hérédité.

Isoler toutes ces opinions diverses pour les discuter ensuite serait une trop longue tâche. Nous nous bornerons à rechercher ici : 1° Sur quoi l'on s'appuie pour démontrer la transmission héréditaire ; 2° jusqu'à quel point, dans quel degré la transmission a lieu ; 3° enfin, ce qui peut être transmis par l'ascendant à ses descendants.

La ressemblance du produit à ses auteurs est une observation qui date de tous les temps, et des exemples fournis par toutes les espèces du règne animal prouvent que cette ressemblance n'existe pas seulement quant à l'extérieur, mais aussi quant à l'intérieur de la conformation.

Il serait oiseux de rappeler que chez l'Homme l'hérédité de la conformation externe marque sur le visage sa plus vive empreinte, qui s'y étend aux formes des traits et les grave à l'image du type original. La régularité, l'irrégularité, les signes distinctifs, la laideur, la beauté, l'agrément des figures sont héréditaires, et la ressemblance peut aller jusqu'à faire illusion sur l'identité ou jusqu'à déceler, au premier coup d'œil, l'origine des personnes. Dix ans avant sa mort, un célèbre chanteur de l'Opéra, Nourrit, parut sur la scène avec un de ses fils qui avait hérité de sa complexion physique comme de sa belle voix, et dans les *Deux Salem*, dont l'intrigue est du genre de celle des *Ménechmes*, la ressemblance vraiment extraordinaire du père et du fils centupla l'intérêt des méprises sans nombre dont la pièce est remplie, en leur prêtant, aux yeux des spectateurs surpris, l'apparence et le charme de la réalité.

Les couleurs des espèces se reproduisent avec la même fidélité que se répètent leurs formes, conséquence naturelle de la fixité de leur type ; et si, de l'hérédité de la couleur des espèces et des races, nous descendons à l'hérédité des teintes tégumentaires propres aux individus, nous retrouvons les mêmes phénomènes. En effet, personne n'ignore que chez l'Homme chaque famille a son type de coloration et que les nuances de la peau, celles des cheveux, des yeux, des sourcils et des cils se transmettent du père et de la mère aux enfants.

A l'hérédité des caractères de conformation et de structure externes répond l'hérédité des caractères de conformation et de structure internes. Rien de plus positif que la transmission des anomalies du système osseux. La même loi régit les liquides organiques qui forment le torrent où circule la vie. Telle famille se distingue par la prépondérance du sang, telle autre par la quantité de bile, de lymphe, etc. La propagation des caractères spéciaux de constitution propres aux races, aux nations, etc., est également très-manifeste. L'hérédité de ceux de ces mêmes caractères propres aux individus ne demande pas plus de preuves. Qui ne sait que les ouvriers contraints à une vie sédentaire dans les quartiers populeux des villes, où ils respirent un air vicié, propagent en général une race appauvrie. Chez les faméliques habitants de Spitalfields, à Londres, le tempérament s'affaiblit de plus en plus ; à chaque génération leur taille s'abaisse : la plupart de ces malheureux ont aujourd'hui moins de cinq pieds. « La constitution de ces hommes dégénère, dit M. le docteur Mitchell ; la race entière descend rapidement à la taille des Lilliputiens. Les vieillards sont d'une plus forte complexion que les jeunes gens, dont le sang s'appauvrit à force de privations, et de rouge devient jaune. »

Après les ressemblances physiques, les ressemblances morales et morbides viennent encore démontrer l'existence de l'hérédité qui peut s'étendre, chez les animaux, jusqu'aux dispositions toutes particulières de leur naturel. « Les caractères de douceur et de docilité, dit Huzard, ne doivent pas être moins recherchés, dans les pères et dans les mères, que les qualités physiques extérieures; leurs petits sont plus doux, plus faciles à élever. » Après l'origine, ce que les Anglais demandent sur toute chose, dans un cheval étalon, c'est le *good-action*, c'est-à-dire le courage, dont ils reconnaissent parfaitement la transmissibilité. Deux proverbes, passés depuis longtemps dans le langage vulgaire, semblent indiquer combien est admise l'hérédité de caractère, de naturel : « *Tel père, tel fils* » et « *Bon chien chasse de race* », dit le peuple, qui, bien qu'étranger à la science, n'en a pas moins observé cette loi d'imitation.

A l'hérédité des facultés intellectuelles ou instinctives vient s'ajouter la transmission des facultés senso-rielles et sensitives. Que de familles où la cécité et la surdi-mutité frappent un ou plusieurs membres de cha-que génération ! De 148 élèves que renfermait l'insti-tution des sourds-muets de Londres, au moment de sa fondation, on en comptait un dans la famille duquel il y avait cinq sourds-muets ; un autre, d'une famille où il y en avait quatre ; onze dans la famille de chacun desquels il en existait trois ; dix-neuf dont la famille en renfermait deux. En présence de pareils faits, il semble difficile de révoquer en doute l'action de l'hé-rédité sur cette déplorable infirmité des sens. D'un autre côté, on pourrait citer maintes familles chez lesquelles, de génération en génération, la vue, l'ouïe, le goût, l'odorat, se montrent excessivement développés.

A côté de tous ces faits sur lesquels s'étaie le prin-cipe de l'hérédité, il en est un d'un autre ordre, qu'on ne saurait méconnaître, et dont il est bon de nous oc-cuper dès maintenant. Si la loi de la transmission hé-réditaire est d'une application générale, ce que nul ne saurait contester aujourd'hui, il faut avouer, toutefois, qu'elle n'a rien de positivement fixe et qu'elle est, au contraire, sujette à une foule d'exceptions. Il est certain que les descendants ne sont pas toujours la reproduc-tion identique de leurs ascendants. La ressemblance peut être plus ou moins complète quant à l'extérieur et nulle à l'intérieur, et réciproquement. De là une se-conde loi, à laquelle M. Prosper Lucas, auteur d'un ouvrage important sur l'hérédité, a donné le nom d'*innéité*.

La nature n'a et ne peut avoir que deux façons d'agir ; elle procède, soit par imitation (c'est le cas de l'héré-dité), soit par création nouvelle. De ce que, dans la gé-néralité des cas, elle subit la loi de la transmission héréditaire, il ne s'ensuit pas qu'elle ait perdu le droit de créer, et l'innéité représente ce qu'il y a d'invention, d'originalité ou de liberté dans la génération de l'être. Cette loi, tout empirique, explique les faits si nom-breux en opposition avec le principe de l'hérédité ; par exemple, la dissemblance entre deux jumeaux, entre des êtres même plus que jumeaux, comme les frères Siamois, qui, unis par l'ombilic, différaient par la taille et par la physionomie générale. Mais c'est surtout chez les animaux que l'on constate de ces dissemblances ; la diversité de force, de grandeur, de forme, de couleur, est presque aussi commune que la diversité de sexe entre les oiseaux, non-seulement du même père et de la même mère, mais de la même couvée ; la différence des Chiens d'une même portée est souvent prodigieuse.

« Ces dissemblances, dit M. Lucas, sont celles qui, sous les noms de *variétés apparentes*, de *singularités*, que leur donne Buffon, de *particularités d'organisation*, sous lequel les désigne Frédéric Cuvier, ou sous celui plus juste de *variétés congéniales*, de *variétés naturelles*, qu'elles por-tent dans Pritchard, ont, de tout temps, éveillé la curio-sité des naturalistes ; mais le plus souvent, incomprises dans leur cause et attribuées tantôt, comme par Buffon, à un *hasard* assez *ordinaire* à la nature ; tantôt, comme par Maupertuis, à *une disette des traits de famille*, on les a détournées de leur véritable loi. »

Des variétés de ce genre surgissent fréquemment dans la plupart de nos espèces domestiques, et, prenant quelquefois un caractère héréditaire, elles finissent alors par former des races nouvelles qui diffèrent con-sidérablement du type primordial, soit par des apti-tudes particulières, soit par la proportion et la struc-ture de la tête, du corps, des membres, etc., etc. F. Cu-vier a signalé ces dissemblances chez les diverses races du Chien, où l'on voit varier jusqu'au nombre des dents et des os, celui des vertèbres de l'extrémité caudale, par exemple, qui change, selon les races, de seize à vingt-deux. Des diversités de structure non moins im-portantes s'observent chez le Bœuf, la Chèvre, le Mou-ton, le Cochon, et principalement chez le Cheval, dont les races si nombreuses offrent peut-être plus de va-riétés dans la conformation du crâne que les races hu-maines. Or, dans toutes ces espèces, ce n'est pas exclu-sivement à des croisements, mais à des mutations naturelles, que beaucoup de races doivent leur origine. Il importe même de bien faire une distinction entre ces modifications obtenues de prime-saut, et les varia-tions progressives qui sont le résultat d'un changement d'habitudes, de régime, de climat, etc. Nous trouvons des exemples de ces dernières dans les différences qu'a-mène, chez beaucoup d'animaux domestiques, le seul retour à l'état sauvage. Pennant, Pallas, Azara nous apprennent que ce retour détermine chez l'espèce che-valine des modifications profondes dans le pelage, dans la forme de la tête, etc. Des différences non moins grandes s'observent entre les Cochons domestiques et les Cochons devenus sauvages, ainsi qu'il s'en trouve encore fréquemment en Amérique : en retournant à la vie libre du Sanglier, le Cochon retourne également à ses anciens caractères physiques.

Comme exemples de races domestiques dues à l'appa-rition brusque de caractères anormaux, entretenues par la fantaisie de l'Homme, nous pouvons citer celles des Poules à cinq doigts, des Poules naines, pattues, etc., etc. Des faits du même ordre sont d'ailleurs aussi fréquents chez les mammifères que chez les oiseaux ; un des plus curieux est celui qui s'offrit dans la ferme de Seth-Wright en 1791. Dans le troupeau de cette ferme, il naquit un agneau qui, sans cause connue, avait le corps plus long que tous les divers types de l'espèce ovine ; de plus ses jambes étaient très-courtes et celles de de-vant crochues. Sa singularité le fit entourer de soins particuliers, et ce seul individu anormal devint la souche de la race loutre, ou *ancon* des Anglais, formant le plus étrange contraste avec la race africaine dite à longues jambes (*ovis longipes*).

Des modifications opposées ont, chez d'autres animaux, et particulièrement chez le Chien, le Cheval et le Droma-daire, donné naissance à des *races de course*, races dont l'espèce du Chien offre, comme celle du Mouton, les deux types extrêmes : le Lévrier d'une part, et de l'autre le Basset.

La loi d'innéité régit donc, comme on le voit, dans certaines limites, les types des espèces d'où sortent les races, et nous pouvons la définir ainsi : une tendance perpétuelle de la nature à faire naître dans les espèces

Perruche gentille. *Platycercus eximius*. Gould

Perruche jaune *Platycercus icterotis*. Gould.

des variétés transmissibles, mais purement temporaires. Ce serait une erreur profonde de croire que l'hérédité se manifeste constamment en ligne directe et sans solution de continuité. Que des caractères nouveaux s'en-

Antilope a cornes aplaties. *Antilope depressicornis*. Quoy et Gaimard.
Célèbes.

gendrent parfois dans une famille; que des êtres naissent souvent dépourvus de toute ressemblance avec leurs parents, après ce que nous avons dit ci-dessus, ce fait n'a plus lieu de nous surprendre : il a son application dans l'innéité, cette loi antagoniste de l'hérédité. Ce qui est infiniment plus remarquable, c'est que, dans

PERRUCHE ONDULÉE. *Melopsittacus undulatus*. Gould

EUPHÈME ORANGE. *Euphema aurantia*. Gould.

CERF D'ANTIN. *Cervus antiniensis*. D'Orbigny. — Bolivie. Pérou.

maintes circonstances où la ressemblance avec le père et la mère manque, la ressemblance avec d'autres parents vient en prendre la place.

On observe, en effet, entre parents souvent fort éloignés, et tout à fait en dehors de la ligne directe, entre les oncles et les neveux, les nièces et les tantes, les cousins, les cousines, même les arrière-neveux et les arrière-cousins, des rapports saisissants de conformation, de figure, d'inclinations, de passions, de caractère, de facultés, et même de monstruosités et de maladies. Deux sourds-muets, qui étaient, en 1828, à l'école d'Hartford, avaient chacun quatre cousins ou cousines tous sourds-muets, et tous descendants, par lignes séparées, d'une seule bisaïeule qui entendait et parlait, et il n'y avait pas un seul sourd-muet dans les deux générations intermédiaires.

Plusieurs écrivains nient formellement la participation de l'hérédité à cet ordre de faits. « Un enfant, dit le traducteur de Wollaston, ressemble quelquefois plus à l'oncle ou à la tante, au cousin ou à la cousine, qu'au père ou à la mère; or ni l'oncle, ni la tante, ni le cousin, ni la cousine n'ont aucune part à la génération de l'enfant; donc la ressemblance ne procède pas de la génération. »

Ce raisonnement spécieux tombe devant un fait complétement démontré aujourd'hui, savoir : que, même dans la ligne directe, on voit très-souvent l'hérédité transmettre seulement la prédisposition à une qualité qui n'apparaît elle-même que dans une des générations suivantes; cette qualité manque donc pendant une ou plusieurs générations durant lesquelles sa prédisposition demeure latente, de sorte que les enfants ressemblent, non à leurs parents, mais à leurs aïeux. Il n'est dès lors plus étonnant que des oncles et des neveux ou même des cousins, présentent entre eux une ressemblance plus ou moins grande; car il est évident qu'ils ne font alors que reproduire les traits d'un ascendant commun.

En un mot, les ressemblances persistent, mais ne se suivent pas.

Cette loi d'alternance ou plutôt de rappel des caractères a reçu le nom d'*atavisme* ou d'*hérédité atavique* (d'*atavus*, aïeul). Elle n'est nullement étrangère aux végétaux; les faits recueillis par Duchesne et Sageret ne sauraient laisser le moindre doute à cet égard. Plus récemment, MM. Vilmorin père et fils ont démontré, dans leurs travaux sur l'amélioration des plantes usuelles, combien l'on a à lutter contre cette persistance de la transmission, quand il s'agit de fixer définitivement le type d'une race nouvelle : à chaque génération, surgissent des individus reproduisant tout ou partie des anciens caractères que l'on veut annihiler, et ce n'est qu'à la longue, en éliminant soigneusement ces individus du nombre des porte-graines, que l'on parvient enfin à n'obtenir par semis, que des plantes représentant toutes le type dévié pur.

C'est à cette tendance de retour aux caractères primordiaux que l'on doit la plupart des végétaux à fleurs panachées. Voici, en effet, la marche que suit la nature dans la production de ces variétés recherchées pour l'ornementation de nos jardins. Les plantes à type coloré uniformément fournissent d'abord des variétés à fleurs entièrement blanches, puis, les panachures se manifestent dans ces variétés blanches en retour vers le type coloré.

Ainsi, sous l'influence de circonstances qu'il est impossible de bien apprécier, naît, sans transition, c'est-à-dire par l'intermédiaire d'une dégradation de la nuance, la variété complétement blanche (fait d'innéité). Cette variété donne ordinairement, dans les premiers ressemis, une plus ou moins forte proportion de plantes rentrant complétement dans le type coloré. Dans les semis subséquents, moyennant le choix que l'on a soin de faire, chaque fois, d'individus reproducteurs appartenant à la nuance blanche pure, cette race acquiert un certain degré de fixité; et, enfin, dans la plupart des cas, on arrive, après quelques générations, à la fixer complétement. Les panachures apparaissent rarement dès cette période, où cependant un grand nombre de plantes, chaque fois, présente (mais alors d'une manière complète) la couleur de la plante type. Ce n'est que dans les variétés blanches déjà à peu près fixées que les panachures se montrent. Elles apparaissent d'abord sous la forme de lignes, très-peu étendues en largeur ; mais déjà à la génération suivante les portions colorées commencent à prédominer ; bientôt elles deviennent abondantes et acquièrent une fixité plus ou moins grande. M. Louis Vilmorin, à qui nous empruntons ces curieux détails, dit n'avoir jamais observé aucun exemple de panachures sorties directement du type coloré.

Mais c'est surtout le règne animal qui nous offre les plus frappants exemples d'atavisme. « On est surpris, « écrivait Girou de Buzareingues, de voir des agneaux « noirs ou tachés naître de brebis et de béliers à laine « blanche ; mais si l'on prend la peine de remonter à « l'origine du phénomène, on la trouve dans les aïeux. » Des faits semblables se reproduisent chaque jour chez tous les animaux.

La succession des formes et de tous les caractères est sujette aux mêmes intermittences, aux mêmes réapparitions. Des Chiennes, issues de pères et de mères appartenant à des races différentes, accouplées à des Chiens semblables à elles-mêmes, mettent souvent bas, dans une même portée, des petits offrant tous leurs caractères de forme et de couleur, et des petits reproduisant les types des grands parents.

Il n'y a pas jusqu'à la classe des insectes qui ne fournisse des exemples d'hérédité atavique. On sait que les vers à soie (*bombyx mori*) filent normalement des cocons jaunes, mais que l'industrie est parvenue à en obtenir plusieurs variétés à cocons blancs.

Il y a déjà quelques années, M. Camille Beauvais, sériciculteur distingué, introduisit en France une de ces variétés de bombyx à soie blanche. Bien que la généralité des cocons fussent de cette dernière couleur, il s'en trouvait quelquefois de jaunes (dans la proportion de 1 sur 100 environ) qu'on avait toujours bien soin de rejeter, afin de n'obtenir à la longue que des produits blancs. Cependant, au bout de soixante-cinq générations, ces insectes, tous issus de parents à soie blanche, produisaient encore parfois des cocons jaunes, beaucoup moins nombreux, il est vrai, que précédemment (1 sur 1,000 à peu près); mais, eussent-ils été plus rares encore, qu'il n'en serait pas moins très-remarquable de voir l'hérédité se manifester durant un pareil laps de temps.

L'influence atavique ne se fait sans doute pas sentir chez toutes les espèces animales après un nombre si considérable de générations. Toutefois, nous pourrions citer d'autres exemples d'hérédité presque aussi surprenants. Les métis des béliers mérinos d'Espagne et des brebis de la race du Roussillon offraient encore, au bout de vingt-cinq années de croisements successifs, la laine rare, longue et tirebouchonnée, les jambes rousses et le museau roux du type primitif de leurs mères.

En présence d'une telle persistance des caractères spécifiques, on comprend quelles difficultés doivent rencontrer les agronomes dans la création de races nouvelles, alors même qu'ils sont déjà en possession d'un type dévié, produit naturellement, spontanément, par l'innéité, et qu'ils n'ont plus qu'à le fixer, à le rendre permanent. Ces difficultés augmentent nécessairement quand c'est d'une véritable création qu'il s'agit et que, par les moyens dont nous disposons, c'est-à-dire les croisements, les changements de régime, etc., on veut obtenir un type nouveau, présentant telles ou telles aptitudes.

M. Vilmorin, dont l'opinion fait autorité en pareille matière, est d'avis, qu'au moins pour les végétaux (et pourquoi n'en serait-il pas de même pour les animaux?) M. Vilmorin, disons-nous, est d'avis que le meilleur moyen d'obtenir d'un type non encore modifié des variétés d'un ordre déterminé à l'avance, c'est de s'attacher d'abord à le faire varier dans une direction quelconque, en choisissant pour reproducteurs, non pas celle des variétés accidentelles qui se rapprocherait le plus de la forme qu'on se propose d'obtenir, mais simplement celle qui différerait le plus du type qu'on veut modifier. Pour la seconde génération, le même soin doit faire choisir une déviation, la plus grande possible d'abord, la plus différente ensuite de celle choisie en premier lieu. En suivant cette marche pendant quelques générations, il doit en résulter nécessairement, dans les produits obtenus, une tendance extrême à varier; il en résulte encore, et c'est là le point principal, que la force de l'atavisme, s'exerçant au travers d'influences très-divergentes, perd une grande partie de sa puissance, ou, pour employer une comparaison, qu'au lieu d'agir sur une ligne droite et continue, elle le fait sur une ligne brisée.

C'est après avoir obtenu ce résultat, après avoir, en quelque sorte, *affolé* le type primitif, que l'on peut commencer à rechercher les déviations qui se rapprochent de la forme qu'on s'est proposé d'obtenir, recherche qui se trouve nécessairement facilitée par l'amplitude de variation que la marche précédente a produite. On évite alors, avec le même soin qu'on les recherchait d'abord, les écarts qui peuvent se présenter, afin de donner à la race qu'on veut s'appliquer à former une *constance d'habitude*, d'autant plus facile à obtenir que l'atavisme, cette cause incessante de destruction des races de création humaine, se trouve affaibli par les chaînons intermédiaires au travers desquels on l'aura forcé d'exercer son influence.

Quand l'innéité nous met subitement en possession d'une variété nouvelle, nettement caractérisée, et qu'il peut être utile de perpétuer, en raison de tels ou tels avantages qu'elle présente, on a généralement recours au procédé que les Anglais nomment *breeding in and in*, c'est-à-dire à des accouplements consanguins; on allie, soit entre eux, soit avec leurs propres enfants, les rares individus présentant les caractères à conserver.

« Les auteurs qui n'ont envisagé que les dangers de la consanguinité condamnent en principe l'emploi de cette méthode chez les animaux. D'autres, au contraire, n'y voyant qu'avantages, ont conclu à son innocuité, et l'ont proclamée la méthode d'amélioration par excellence. »

Il est incontestable que cette méthode a souvent donné les plus heureux résultats : les Chevaux pur sang anglais, les Chevaux arabes, les Bœufs Durham, les Chèvres du Thibet, les Mérinos d'Espagne et de Saxe, quelques races canines très-renommées, ne conservent leur pureté que par des accouplements consanguins. C'est en choisissant toujours pour reproducteurs les types les plus parfaits que l'on maintient l'intégrité des caractères de la race. D'ailleurs, au bout d'un très-grand nombre de générations, l'atavisme, loin de tendre à faire disparaître le type dévié, par des retours plus ou moins complets vers le type primitif, doit au contraire venir au secours des éleveurs, en se manifestant pour les caractères nouveaux.

Par l'application du principe de l'hérédité à tous les animaux propres à l'alimentation, les éleveurs anglais sont arrivés à des résultats prodigieux. Ils ont réussi d'une manière admirable à créer, non-seulement dans l'espèce bovine, mais encore dans les espèces ovine et porcine, des races qui n'ont pour ainsi dire plus d'os, et dont l'augmentation de la chair et de la graisse est vraiment inconcevable : telle est, chez le Mouton, la race désignée sous le nom de *Leicester spire improved bread;* telle est, chez le Cochon, celle obtenue par le croisement du Cochon de Siam et du Cochon ordinaire; comme dans l'espèce bovine, les races ou sous-races de Durham, de Devon, de Hereford, etc., dont les célèbres peintres d'animaux Kirth et Bretland ont fidèlement reproduit les types tout artificiels et si différents des types primordiaux. L'industrie est parvenue à retrancher en grande partie ce qui ne peut entrer dans l'alimentation, mais l'harmonie des lignes, l'élégance des formes ont disparu, et il ne reste plus que des animaux disgracieux, pouvant à peine se soutenir sur leurs jambes courtes, à os presque cartilagineux. De 1732 à 1826, le poids moyen (viande nette) des Bœufs anglais a été porté de 410 livres à 700 livres, et les éleveurs ont su créer les caractères des races jusqu'à diriger la graisse vers les parties préférées des gourmets. Ils ont, en outre, accéléré tellement la croissance de tous les bestiaux, que leurs moutons à longue laine prennent la graisse dès la seconde année; une vache de Durham est déjà vieille et doit être engraissée à un âge où les races communes terminent à peine leur accroissement.

C'est également par un choix judicieux des reproducteurs que, dans l'espèce ovine, Daubenton est parvenu à obtenir des races dignes de rivaliser, pour la beauté de la laine, avec les races d'Espagne: de six pouces de longueur que la laine présentait dans les béliers souches, il l'a progressivement portée à 22 pouces, ou de 0ᵐ 16 à 0ᵐ 60, en poursuivant, de génération en génération, le premier résultat obtenu.

Ces exemples, qui pourraient être multipliés à l'infini, prouvent que la consanguinité par voie de sélection est le plus sûr moyen de perpétuer les qualités individuelles. Ces qualités, propres au type, changent par les croisements, et, dès la première génération, on trouve déjà une infériorité dans les produits.

C'est ainsi qu'abandonnées à la nature, les variations individuelles périssent bientôt noyées dans le type normal toujours prédominant. De là, la fixité des espèces. « Supposons, en effet, disait M. Isidore Geoffroy-Saint-Hilaire, dans son cours de zoologie, en 1854, supposons l'apparition fortuite d'un être anormal au milieu d'une espèce quelconque, à l'état sauvage. Cet être, n'en rencontrant pas d'autres présentant la même anomalie, s'unira nécessairement avec un animal ayant le type normal de son espèce. Il résultera de cette union un produit mixte, qui, terme moyen, présentera par moitié les différents caractères de ses parents. On aura donc, à la première génération, un individu qu'on peut représenter en chiffres par 1/2. Cet être mixte, s'unissant, lui aussi, à un membre normal de son espèce, donnera un produit s'éloignant plus encore du type dévié; ce sera 1/4. Ce nouvel individu, toujours par une union avec un être normal, donnera un produit de 1/8. A la quatrième génération, le produit ne sera plus que de 1/16, à la cinquième, de 1/32, etc. D'ailleurs, à quelque degré que l'on poursuive ce calcul, le résultat obtenu, malgré sa faiblesse, sera toujours au-dessus de la vérité, à cause de l'influence de l'atavisme, qui doit nécessairement déterminer chez des métis de ce genre une ressemblance plus grande avec leurs ancêtres normaux qu'avec ceux du type anormal, puisqu'ils ont dans les veines plus de sang des premiers que des seconds.

(La suite prochainement.)

Pie-Grièche de la Caroline. *Lanius Carolinensis.* D'après Audubon.

LES TROIS RÈGNES DE LA NATURE

LECTURES D'HISTOIRE NATURELLE.

18 Novembre 1865.

N° 99. — 15 centimes.

Ce Recueil paraît une fois par semaine. — On s'abonne à Paris, à la Librairie L. HACHETTE et Cⁱᵉ, boulevard Saint-Germain, n° 77.
Les abonnements se prennent du 1ᵉʳ de chaque mois. — Paris, six mois, 4 fr.; un an, 8 fr. — Départements, six mois, 5 fr.; un an, 10 fr.

DE L'HÉRÉDITÉ EN ZOOLOGIE (Suite).

Un résultat tout opposé arrive en domesticité. Quand un être phénoménal se présente et que sa multiplica- tion offre des avantages, c'est toujours avec des ani- maux semblables à lui, ou à défaut de ceux-ci, avec de

GUENON A FAVORIS NOIRS. *Cercopithecus melanogenys.* Gray.

ses propres descendants qu'on l'unit. De là, des résul- tats tout autres qu'à l'état sauvage. A la première génération, on obtient, il est vrai, le même produit: 1/2; mais, à la seconde, les chiffres changent déjà sin- gulièrement. L'être anormal, uni à son produit 1/2, en donnera un second lui ressemblant plus que le premier : 3/4. A la troisième génération, le produit sera 7/8 ; à la quatrième, 15/16 ; à la cinquième, 31/32, résultat bien différent de celui de la génération sauvage correspondante, qui est 1/32. Dans ce cas, en outre, l'atavisme agit en sens inverse de son action sur les animaux libres ; car le sang anormal prédominant, l'hérédité des caractères normaux prend la place de l'hérédité des caractères anormaux.

Ceci explique comment, avec un seul individu dévié du type régulier, on est parvenu à créer des races parfaitement caractérisées : par exemple, celle des Moutons anglais à jambes courtes, citée plus haut, et celle des Mérinos *Mauchamp*, dont le mérite n'est pas dans la singularité des formes, mais dans la beauté de la laine. On sait que peu après l'introduction des Mérinos en France, la laine de ces animaux perdit de sa finesse, conséquence inévitable d'un changement de climat. Néanmoins, cette laine était encore d'une grande beauté et méritait les soins intelligents d'agronomes éclairés. M. Graux, homme d'un mérite distingué, possédait à Mauchamp un troupeau considérable de ces Mérinos. Un jour, il remarqua qu'un agneau tout nouvellement né, malingre et mal conformé, était revêtu d'une laine beaucoup plus fine que celle des autres individus du troupeau ; son aspect était véritablement soyeux. M. Graux comprit immédiatement que cet agneau pouvait devenir la souche d'une race précieuse ; et, grâce à la méthode indiquée ci-dessus, il parvint à doter son pays d'un produit aussi beau que ceux tirés d'Orient. C'est avec la laine des Mérinos Mauchamp que sont fabriqués presque tous les châles dits *cachemires français*.

Autant il faut de soins assidus et persévérants pour modifier les caractères d'une espèce dont on ne change point les conditions d'existence, autant les variations s'obtiennent aisément quand on transporte cette espèce sous un autre climat. On voit presque toujours alors le type se modifier de lui-même et sans autre cause que celle du déplacement. Tous les représentants de l'espèce subissant à la fois l'influence modificatrice des circonstances ambiantes, les changements qui se produisent sous cette influence n'ont plus la possibilité de s'effacer par des unions avec le type normal, lequel se transforme progressivement jusqu'à ce qu'il soit en complète harmonie avec le nouveau milieu dans lequel il se trouve placé. Par exemple, la fourrure devient plus longue, plus fournie, et par conséquent plus chaude, chez les mammifères que l'on transporte dans le Nord ; elle perd au contraire de son épaisseur chez ceux que l'on emmène dans le Midi. Toutefois, la raison d'être des modifications produites dans les caractères spécifiques par les changements d'habitation n'est pas toujours aussi facilement saisissable. Ainsi, par exemple, il existe au Cap de Bonne-Espérance, une variété du Bœuf hollandais qui, depuis son importation, a subi les modifications les plus singulières : tandis que sur le littoral de la Manche et de la mer du Nord, où se trouve répandue la race hollandaise, ce Bœuf est lourd,

paresseux, impropre au labour, dans la colonie du Cap, au contraire, il est devenu allongé, haut sur jambes et infatigable ; sa course égale presque en vitesse celle du Dromadaire, et les colons se font une gloire de montrer aux étrangers la rapidité de leurs attelages de bœufs. Ces animaux, traînant un lourd chariot à quatre roues, font aisément au grand galop, dans des chemins affreux, de 15 à 18 kilomètres à l'heure, et cela plusieurs heures de suite, sans paraître fatigués. Le grand trot est, pour ainsi dire, leur allure ordinaire. Cette race, qui se montre très-réfractaire à l'engraissement, remonte déjà à une époque fort ancienne, quelques générations ayant suffi pour modifier complétement la structure et le tempérament du Bœuf hollandais sous le climat du Cap.

Ce fait, pris entre mille, corrobore ce que nous disions plus haut : que le rôle de l'atavisme se réduit à fort peu de chose quand, chez une espèce quelconque, un grand nombre d'individus à la fois sont soumis à une même influence modificatrice.

Considérons maintenant l'hérédité directe au point de vue de l'influence qu'exerce chacun des auteurs immédiats sur la nature physique et morale du produit. Et d'abord, l'hérédité procède-t-elle des deux sexes, ou procède-t-elle exclusivement d'un seul. Nous nous garderons bien d'aborder le côté spéculatif de cette question, l'une des plus controversées de la génération, les plus anciennement agitées dans la science. Les faits suffisent amplement pour démontrer l'intervention du père et celle de la mère dans l'organisation de la progéniture, pour établir la représentation de chacun d'eux dans l'hérédité.

La vie physique, d'abord, révèle l'influence positive des deux parents dans ce que cette vie présente de plus caractéristique et de plus extérieur.

La couleur en accuse une profonde empreinte. Tout le monde a pu voir des métis de Serine et de Linot, de Serine et de Pinson, et surtout de Chardonneret, revêtir une grande partie des nuances du père.

La participation du père au caractère de la conformation n'est pas moins évidente ; plus d'une monstruosité héréditaire tire son origine du côté paternel ; telle est, en particulier, la race *ancon* des Moutons anglais, dont la souche fut un Bélier.

Les mêmes principes régissent l'existence morale.

Le père transmet ses sentiments, ses inclinations, ses qualités. On peut surtout le constater chez les métis de l'Ane et de la Jument, le Mulet, qui, règle générale, tient plus du père que de la mère, sous le rapport des instincts, du naturel. Nous n'avons pas besoin de rappeler que des faits analogues se rencontrent chez l'Homme ; mais nous citerons, à ce propos, la bizarre opinion de certaines tribus indiennes de l'Amérique, qui croient que l'action du père sur le caractère moral de l'enfant s'étend même au delà de la naissance. La femme, aussitôt accouchée, se lève et vaque à ses travaux habituels, tandis que le père immédiatement prend sa place au lit, et s'abstient pendant six mois de poisson et d'oiseaux, de peur que le nouveau-né ne participe des défauts naturels de ces animaux.

De nombreux exemples prouvent que la nature de la mère, aussi bien que celle du père, transpire dans le produit. Toutefois, naguère encore, l'influence maternelle était généralement méconnue, et beaucoup d'éleveurs ne se préoccupaient, pour la reproduction, que de la race de leurs taureaux ou de leurs étalons. L'hérédité des qualités morales du côté maternel n'est pas moins évidente que celles des qualités physiques, et chez l'Homme la transmission de l'intelligence de la mère est si évidente que, dans certaines langues, dit Burdach, elle est conservée jusque par les mots : en allemand, le bon sens s'exprime par le mot *mutter-witz*, l'*esprit maternel*.

La participation de chacun des deux sexes à la nature de l'être qui naît de leur union une fois démontrée, il reste une autre question tout aussi discutée, mais beaucoup plus obscure : celle de savoir quelle est la part qui doit être faite à l'action respective des deux auteurs du produit. Chaque sexe exerce-t-il une action élective, ou bien l'action des deux auteurs est-elle, au contraire, libre et réciproque sur les divers caractères du produit? Et, en supposant une mutualité d'influence du père et de la mère sur l'organisation de la progéniture, y a-t-il *égalité* ou *inégalité* d'action dans cette influence double? Problème ardu, auquel on a donné les solutions les plus contradictoires. En présence de cette divergence d'opinions, voyons ce que les faits nous révèlent.

Nous savons que l'expérience fait complétement défaut à toute théorie qui prétend rejeter, d'une manière absolue, la part de l'un des sexes à l'organisation de l'être né des deux.

Quant à l'intensité relative de l'influence de chaque sexe, de nombreux exemples prouvent qu'il n'existe aucune règle fixe à cet égard. Buffon croyait à la prépondérance constante du père pour les caractères physiques, et il établissait, en principe, que la mère exerçait une action plus spéciale que le père sur tous les éléments de la vie intellectuelle et morale du produit. Des observations plus soignées ont fait justice de ces opinions émises un peu à la légère, et nous trouvons même dans des faits anciennement connus la preuve de leur peu de fondement. Du croisement de la Louve et du Chien, Pallas a vu sortir des métis chez lesquels dominaient les instincts indomptables de la Louve, et d'autres, au contraire, qui étaient empreints des instincts doux et sociables du Chien; ils n'avaient de sauvage que la voracité de leur goût pour la viande. Chez des hybrides du croisement opposé, c'est-à-dire de celui de la Chienne et du Loup, Marsch a vu dominer, quant à la ressemblance et quant au naturel, l'influence de la mère; dans un cas semblable, Geoffroy-Saint-Hilaire a constaté au contraire la supériorité d'influence du père.

De ces faits et d'une multitude d'autres du même ordre, M. P. Lucas conclut à l'*universalité* et à l'*égalité*

d'action du père et de la mère, tout en reconnaissant que l'enfant est loin d'être, en tout et toujours, la moyenne exacte de ses deux auteurs, ou, en d'autres termes, qu'il n'y a pas équilibre absolu des ressemblances intégrales du père et de la mère dans la nature physique et morale de la progéniture. Vue dans son ensemble, l'organisation n'est donc, en réalité, l'expression absolue d'aucune loi, d'aucune règle, mais l'assemblage harmonique de toutes; chez chaque être, elle n'est qu'un composé variable d'élections, de mélanges et de combinaisons des divers caractères des deux générateurs.

Il nous reste à voir maintenant quels sont les caractères physiques ou moraux susceptibles d'être transmis.

Les divers faits que nous avons déjà cités dans le cours de cet article suffiraient presque à eux seuls pour démontrer qu'il n'est pas un des éléments de l'organisation animale qui ne soit transmissible; cependant, nous allons avoir à mentionner des exemples d'hérédité beaucoup plus remarquables encore.

Ce qui se transmet d'abord, dit Burdach (ou plutôt ce qui apparaît d'abord comme transmis), c'est le caractère physique, c'est la conformation extérieure.

Il n'est pas une partie du corps, une partie des membres, qui ne rappelle les caractères paternels. Certaines familles portent en naissant une particularité qui souvent a fait reconnaître un de leurs membres. Les Romains désignaient sous les noms génériques de *Buccones*, *Nasones*, *Labeones*, différentes familles qui offraient héréditairement un développement de telle ou telle partie du corps. Les *Lansada*, en Italie, portaient sur la cuisse une tache en forme de fer de lance. Nous savons, d'ailleurs, que les couleurs se transmettent avec la même facilité que les formes du corps. Sur deux cent seize couples de Chevaux du même poil, deux cent cinq donnèrent, d'après Hofacker, des poulains de même couleur, et onze seulement des poulains d'une teinte différente de la leur. Ce n'est pas seulement le fond de la couleur, ce sont encore les taches et la distribution des taches qui sont transmissibles; on peut, à volonté, tacheter les produits en choisissant des mâles ou des femelles tachetés. M. Vallée, gardien des reptiles au Muséum d'histoire naturelle, qui élève des Rats pour la nourriture des Pythons et des autres grands ophidiens, a créé, par le croisement du Rat commun et du Rat blanc, une race à pelage tacheté, et dont les taches sont disposées de même chez tous les individus.

La maigreur et la gracilité générales des parents, comme aussi la grosseur, l'embonpoint, se répètent dans les produits.

Des modifications permanentes dues à des circonstances diverses, à des modes d'activité journalière des organes, par exemple, peuvent être transmises également. La pratique de traire les Vaches et les Chèvres depuis le moment où elles deviennent fécondes jusqu'à celui où elles cessent de l'être, répétée en Europe chez les individus pendant une longue suite de générations, a eu pour résultat de rendre, chez ces animaux, la sécrétion du lait une fonction permanente : les mamelles ont acquis un énorme volume et le lait y afflue longtemps après que le nourrisson est élevé. Mais, en Colombie, l'abondance du bétail ayant déterminé une interruption de cette habitude, il a suffi d'un petit nombre de générations pour que la nature revînt à son type normal : on ne peut, aujourd'hui, dans cette contrée, avoir du lait d'une vache qu'en lui laissant son veau : on l'en sépare, le soir, pour avoir, le matin, le lait amassé pendant la nuit.

PERRUCHE A DEMI-COLLIER.
Platycercus semitorquatus. Gould.

PERRUCHE SPLENDIDE
Platycercus splendidus. Gould.

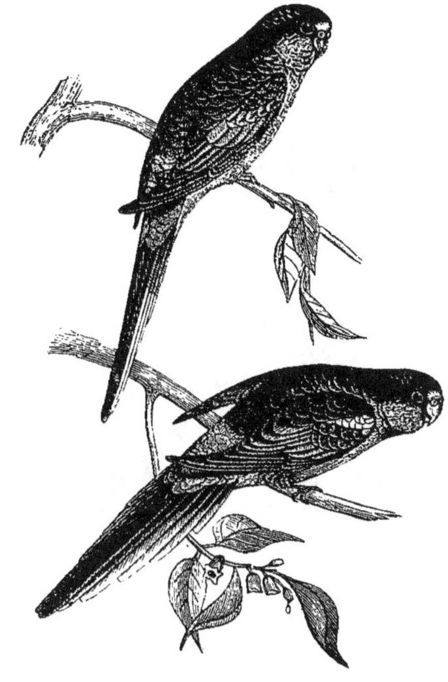

PERRUCHE MULTICOLORE.
Psephotus multicolor. Gould.

Depuis longtemps l'expérience a démontré que les produits héritent des caractères de l'âge de leurs auteurs. Les mâles ou les femelles encore dans leur croissance engendrent des individus chétifs, de petite taille et qui s'arrêtent dans leur développement; les Agneaux, les Chevreaux, les Veaux et les poulains nés de parents trop jeunes restent la plupart débiles, au-dessous des proportions de l'espèce et souvent même incapables d'allaitement. La vieillesse se reproduit aussi à l'image d'elle-même : les Agneaux issus d'une vieille Brebis et d'un vieux Bélier n'ont que très-peu de laine, et cette laine est grossière; les poulains engendrés de vieux

CHINQUE. *Mephitis chilensis*. Cuvier.

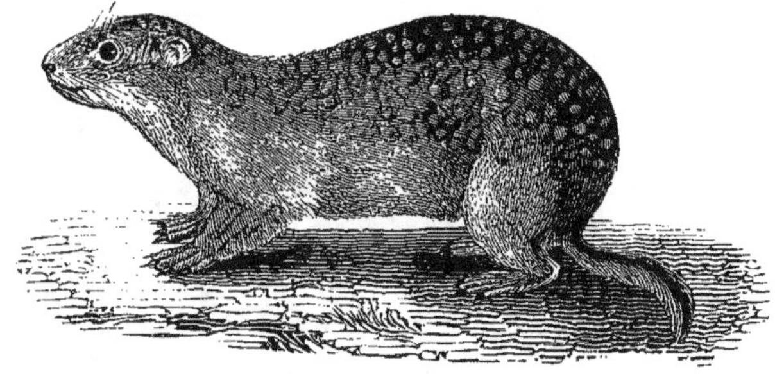

SPERMOPHILE. *Spermophilus citillus*. Laurillard.

étalons et de vieilles juments ont les salières creuses, comme les vieux Chevaux, et ils ont, ainsi qu'eux, des poils blancs aux sourcils dès leur neuvième année.

L'hérédité, disions-nous plus haut, agit sur les caractères des éléments internes et sur ceux des éléments externes de la conformation ; des expériences prouvent qu'elle s'exerce jusqu'à la proportion et à la composition des fluides de l'organisme, et cela non-seulement chez les animaux, mais aussi chez les végétaux. M. L. Vilmorin est arrivé à créer une race de betteraves plus sucrées que celles que l'on cultive ordinairement, en choisissant pour porte-graines les racines les plus sucrées. C'est par un moyen analogue qu'il a réussi à développer considérablement les principes colorants de la garance. On comprend dès lors comment certaines maladies peuvent être héréditaires. «On hérite des maux de ses parents, disait Baillou, et cet héritage se transmet d'une manière plus sûre que l'autre. » Parole profondément vraie, car toutes les anomalies du type et de l'état spécifiques de l'organisation sont transmissibles. On doit à M. Samson une thèse sur l'hérédité des maladies chirurgicales et autres, dans laquelle il cite différents exemples remarquables relatifs à la transmission des vices de conformation, entre autres le

PERRUCHE TRÈS-BELLE.
Psephotus pulcherrimus. Gould.

EUPHÈME BELLE.
Euphema pulchella. Gould.

PERRUCHE VERSICOLORE.
Trichoglossus versicolor. Gould.

suivant : Une femme, nommée Victoire Barré, était affligée d'*ectrodactylie* (doigts mal conformés ou avortés) et n'avait que deux doigts à chaque extrémité; elle donna successivement le jour à deux filles plus maltraitée qu'elle encore par la nature: elles n'avaient chacune qu'un seul doigt à chaque main, le doigt auriculaire, et un seul orteil à chaque pied. Notons que le père et une tante de la femme Barré étaient également affligés d'ectrodactylie.

On trouve dans divers ouvrages de médecine une foule d'exemples analogues. On en a sur la *polydactylie*, infirmité tout à fait opposée, comme l'indique son

PARADOXURE TYPE. *Paradoxurus typus.* Cuvier.

ZORILLE DU CAP. *Zorilla Capensis.* Waterhouse.

nom, à celle de Victoire Barré ; il s'agit ici de l'existence de doigts surnuméraires. La polydactylie, plus fréquente que l'ectrodactylie, paraît être le résultat d'une scission des cinq doigts normaux. Voici un exemple assez remarquable de cette anomalie; il fut communiqué par un médecin de Marseille au célèbre Réaumur, qui le fit connaître au monde savant, et le nom du docteur marseillais est resté dans l'oubli. Un Maltais, du nom de Gratio Kalleja, était sex-digitaire (on ignore s'il était le premier membre de sa famille présentant cette monstruosité). Cet individu eut quatre enfants, tant garçons que filles ; l'aîné fut complétement sex-digitaire, comme son père ; le second enfant, qui ne fut que pentadactyle, avait la main très-bien conformée ; mais les deux autres enfants, bien que n'ayant aussi que cinq doigts, comme le cadet, avaient une légère difformité dans les mains. Ces deux derniers et l'aîné eurent chacun plusieurs enfants tous complétement sex-digitaires. Mais les enfants du cadet ne se ressentirent nullement de l'infirmité de leur aïeul. M. J. Trémaux, qui a visité plusieurs contrées de l'Afrique, notamment l'Éthiopie, rapporte avoir vu, dans ce dernier pays, une famille dont tous les membres depuis deux siècles étaient octo-dactyles. Le chirurgien Vanderbach a recueilli l'exemple d'une famille espagnole, de la commune de San-Martine de Valdeclesia, où la même nature de monstruosité se compliquait d'une autre particularité : chez la plupart des membres de cette famille, les troisième et quatrième doigts de la main étaient réunis par les téguments ; les troisième et quatrième orteils se trouvaient dans le même cas. Stahl cite l'exemple de l'hérédité d'une difformité analogue dans une autre famille : tous les doigts du pied, chez elle, étaient unis entre eux par une membrane, comme les doigts des Canards.

Les deux anomalies du système cutané désignées sous les noms d'*albinisme* et de *mélanisme*, sont également transmissibles, aussi bien chez l'Homme que chez les animaux, qui en fournissent de nombreux exemples, même à l'état sauvage. Dans le nord de l'Europe, le Merle blanc n'est point un mythe ; on y trouve fréquemment aussi des albinos parmi les mammifères, entre autres dans le genre Daim. Les cas de mélanisme ou de passage spontané de la couleur naturelle à la couleur noire, ne sont pas rares, dans les contrées intertropicales, chez plusieurs espèces animales : les Panthères noires que l'on voit souvent dans les ménageries ne constituent pas une espèce à part, puisque l'on a vu plus d'une fois des individus fauves et des individus noirs allaités par la même mère ; le caractère de leur couleur, bien qu'anormal, n'en est pas moins transmissible.

Mais il est une monstruosité du système cutané beaucoup plus étrange, et dont l'hérédité n'est pas moins authentique. Il y a quelques années, on voyait à Paris deux individus qui se montraient au public sous le nom d'*hommes porcs-épics ;* ils avaient presque tout le corps revêtu d'excroissances cornées, d'un rouge brun, élastiques, de six lignes de longueur, de deux ou trois de grosseur, et qui bruissaient l'une contre l'autre au frottement de la main. Ces individus appartenaient à une famille anglaise, du nom de Lambert, dont tous les membres, depuis cinq générations, offraient cette curieuse anomalie.

Citons encore le fait suivant, observé au Jardin des Plantes. La Ménagerie posséda pendant quelque temps un couple de la race des Porcs anglais introduits en France, par M. de Belleyme, sous le nom de Cochons d'Essex. Au moment de leur naissance, ces animaux ont la queue conformée comme celle de tous leurs congénères ; mais au bout de quelques semaines, il se déclare, à la partie antérieure de cet appendice, une altération dont la nature n'est pas encore bien déterminée, mais qui est assimilable à la gangrène. Bientôt ce mal ronge toute la partie attaquée, les vertèbres caudales se séparent, et la majeure partie de la queue tombe. Ce fait, observé chez tous les individus de la race d'Essex, est très-probablement le résultat d'une maladie héréditaire qui affecta un de ses premiers membres.

C'est en constatant l'hérédité de particularités si singulières, que certains auteurs en sont venus à se demander si des modifications purement accidentelles ne seraient pas également susceptibles de transmission. «Ce serait assurément quelque chose qui mériterait bien l'attention des philosophes, dit Maupertuis, que d'éprouver si certaines singularités *artificielles* des animaux ne passeraient pas, après plusieurs générations, aux animaux qui naîtraient de ceux-là, etc. ; si des queues ou des oreilles coupées, de génération en génération, ne diminueraient pas, ou même ne s'anéantiraient pas à la fin. » Bourgelat et Buffon se sont prononcés positivement pour l'affirmative, et, depuis eux, plusieurs écrivains, parmi lesquels il faut citer Blumenbach, Meckel, Burdach, Grognier, ont partagé cette manière de voir. M. I. Geoffroy-Saint-Hilaire était d'avis qu'il ne faut l'accepter qu'avec la plus grande réserve, tout en reconnaissant que bon nombre de faits semblent lui donner quelque valeur. Ainsi, Blumenbach rapporte qu'un homme qui avait eu le petit doigt de la main droite presque abattu et remis de travers, eut plusieurs fils qui avaient le petit doigt de la main droite tors. Au Kamtchatka, où l'on est dans l'usage de couper la queue aux Chiens qui tirent les traîneaux, il est très-fréquent, suivant Langsdorf, de voir ces animaux donner le jour à des petits ayant la queue écourtée. Enfin, Frédéric Cuvier dit qu'à la Ménagerie du Jardin des Plantes, une Louve, accouplée avec un Chien braque, dont on avait coupé la queue, mit bas des métis à très-courte queue.

Parlons maintenant de l'hérédité de la nature morale.

Nous savons déjà que la transmission des traits du naturel et du caractère individuels ne saurait être révoquée en doute.

Nous allons voir que l'hérédité régit chez les animaux jusqu'aux déviations du type des instincts.

« La preuve, tout à la fois la plus élémentaire et la plus évidente qu'on en puisse donner, dit M. Lucas, est la différence sensible qui s'observe chez une espèce dans le naturel des petits d'animaux domestiques et d'animaux sauvages. Cette différence transmise éclate spontanément dans l'instinct des petits, non-seulement sans l'action de la domesticité ou de l'éducation, mais en dépit d'elle-même. Tente-t-on de faire couver par des Canes domestiques des œufs de Cane sauvage, à peine sortis de l'œuf, les Canetons obéissent à l'instinct de leur race et prennent leur volée ; et si l'on réussit à en retenir quelques-uns pour la reproduction, il faut attendre plusieurs générations, avant d'en obtenir des

Canards domestiques. Le naturel d'un petit Sanglier enlevé, en naissant, à sa mère ne ressemble nullement à celui d'un petit Cochon du même âge. Les haras libres ou sauvages donnent lieu à des observations du même genre dans l'espèce chevaline : on ne dresse qu'à grand'peine les produits de ces haras; et même après avoir été assouplis, ils sont encore bien plus indociles que les Chevaux qui sont nés domestiques.

Des remarques très-curieuses ont été faites sur les transformations héréditaires des mœurs d'espèces restées sauvages. Georges Leroy rapporte que dans les contrées où l'on fait une guerre à outrance aux Renards, les Renardeaux, avant d'avoir pu acquérir aucune expérience, se montrent, dès leur première sortie du terrier, plus rusés et plus défiants que les vieux Renards dans les pays où on ne les chasse qu'à l'occasion. Th. B. Knight a vu en Angleterre les mœurs de la Bécasse subir des modifications très-sensibles dans une période de soixante ans ; durant cet intervalle, la crainte de l'Homme est devenue chez elle beaucoup plus grande, par sa transmission à travers une série de générations.

Mais c'est surtout dans la transmission des habitudes acquises chez les espèces domestiques que l'hérédité morale est évidente : les Poulains provenant de pères et de mères bien dressés, naissent souvent avec une aptitude marquée au service du manége, et à ce point que des écuyers ont proposé de n'admettre à la reproduction que des sujets déjà exercés dans les cirques.

Les Bœufs suisses ont, pour traîner la charrue sur les crêtes des rochers, au bord des précipices, une adresse vraiment remarquable qui fait évidemment partie des aptitudes héréditaires. Il semble même que la plupart des penchants, des traits caractéristiques des races domestiques n'ont d'autre origine que l'hérédité d'habitudes acquises par les premiers parents. Des faits très-positifs semblent du moins attester que les nouvelles directions données à l'instinct des animaux, les qualités qu'on leur inculque, sont parfaitement transmissibles. Le docteur Roullin rapporte que les premiers Européens qui allèrent se fixer en Amérique, voulant chasser les Pécaris, avaient élevé des Chiens de chasse semblables à ceux employés en Europe; mais ils en perdirent d'abord beaucoup parce que les Pécaris, bien que moins forts que nos Sangliers, mais vivant par bandes nombreuses, se défendaient courageusement et accablaient les Chiens en les entourant. Instruits par l'expérience, les chasseurs dressèrent leurs Chiens à se tenir toujours sur les flancs du troupeau, pour éviter d'être cernés, et, au bout de quelques générations, ces animaux chassèrent de la sorte d'eux-mêmes, sans qu'on fût nullement obligé de le leur enseigner. Knight s'est assuré, par des expériences répétées, qu'un Chien terrier dont les parents avaient été dressés à la chasse du Putois, montrait immédiatement, à l'odeur de cet animal et sans même l'avoir vu, la plus violente colère.

Les poneys norwégiens, dont les ancêtres avaient l'habitude d'obéir à la voix, ne peuvent être amenés que très-difficilement à se laisser diriger par la bride, et restent très-dociles au commandement. En présence de pareils faits, il serait difficile de ne point admettre que les facultés, les aptitudes acquises par l'éducation et par l'instruction sont héréditaires, tout aussi bien que les aptitudes et les qualités originelles.

Il nous reste un dernier point à étudier en terminant : la ressemblance physique et la ressemblance morale, reconnues transmissibles, sont-elles mutuellement libres, ou existe-t-il entre elles une certaine connexité?

Les avis des auteurs sont fort divisés à cet égard, et tandis que les uns ne veulent voir aucune correspondance entre l'hérédité des caractères de forme, de couleur, etc., et celle des caractères moraux; d'autres, parmi lesquels nous citerons Cullen, J. Adams, Gall, Burdach, soutiennent que quand la constitution physique se transmet des pères aux enfants, ceux-ci participent, dans la même proportion, à leurs qualités morales et à leurs facultés intellectuelles ; Da Gama Machado, cité par M. Lucas, pose en principe que si la taille, la forme générale du corps et la couleur sont semblables, les caractères et les goûts sont identiques dans tous les détails.

On ne saurait contester l'existence de certaines concomitances dans la transmission du physique et du moral des êtres ; elles sont très-possibles et surviennent même fréquemment; mais aucune d'elles ne présente la généralité ni la constance d'une loi. Les deux ressemblances peuvent être réunies, mais elles peuvent aussi être séparées, ou bien encore renversées et interverties d'une façon plus ou moins complète : l'enfant qui ressemble le plus au père ou à la mère par la conformation, par la physionomie, en diffère souvent le plus par le naturel, par les facultés, etc.; et, réciproquement, c'est souvent dans l'enfant le plus éloigné du type physique des parents que se trouve reproduit avec le plus de fidélité le type moral qui les distingue.

Quelques exemples feront ressortir l'exactitude de ce principe.

Dans une portée de six métis de Sanglier et de Truie, dont parle Burdach, il y en avait cinq de la même couleur que le père, qui fuyaient l'Homme, rejetaient l'orge, vivaient d'herbe et de feuilles et se tenaient à l'écart des Porcs apprivoisés; le sixième, au contraire, blanc comme la Truie, n'avait point peur de l'Homme, aimait l'orge et se mêlait aux Cochons domestiques. Bouvyer-Desmortiers a recueilli l'exemple d'une Chatte blanche et sourde qui ne communiquait sa surdité native qu'aux petits de sa couleur.

A côté de ces exemples de simultanéité dans la transmission des caractères physiques et des caractères moraux ou des facultés, nous trouvons le fait suivant, rapporté par Buffon. Une Louve qui vivait avec un Chien braque dans une basse-cour appartenant au marquis de Spontin-Beaufort, mit bas deux petits, l'un mâle et l'autre femelle. Le premier tenait du Chien par tout son extérieur, seulement il avait les oreilles droites, et de plus, comme le Loup, la queue longue et touffue. L'extérieur de l'autre métis se rapprochait au contraire de celui de la Louve, à l'exception de la queue, grosse et tronquée chez elle ainsi que chez le Chien; mais ce qu'il y avait de plus singulier chez ces animaux, c'est qu'ils avaient précisément le naturel du parent dont ils ne représentaient ni le physique ni le sexe : le naturel du mâle, qui ressemblait au Chien, était tout à la fois féroce et sauvage; celui de la femelle, qui ressemblait à la Louve, était doux, familier et caressant jusqu'à l'importunité.

Oiseau-mouche rubis, d'après Audubon.

En résumé, de tout ce qui précède, nous pouvons conclure que ni la forme plastique ni la forme dynamique de l'existence des êtres ne renferme d'éléments qui ne soient soumis à la loi d'hérédité. Nous avons vu cette loi agir non-seulement sur les proportions de forme, de volume, de texture des organes, transmettre tous leurs rapports d'étendue, de configuration, de coloration, mais encore se continuer jusque dans leurs principes, se représenter jusque dans les rapports de composition et de proportion particuliers aux divers fluides de ces mêmes organes. Nous l'avons également vue régir tous les caractères propres aux modes d'activité sentimentale de l'être: facultés sensorielles, facultés affectives, facultés mentales, facultés motrices, elle influence tout, elle intervient en tout, elle est en tout principe et force de l'être. On peut donc considérer comme une expression exacte et rigoureuse des faits cette phrase

Certes, aucun exemple ne pourrait mieux prouver qu'il n'existe rien d'absolu quant à la correspondance entre la transmission des formes, de l'aspect général, et celle des qualités, des inclinations, des facultés mentales.

de Girou de Buzareingues que nous avons choisie pour épigraphe : « Il n'y a rien dans l'animal qui ne puisse se transmettre par génération. »

RAVERET-WATTEL.

Paris. — Imprimerie WIESENER et Cie, rue Delaborde, 12.

LES TROIS RÈGNES DE LA NATURE

LECTURES D'HISTOIRE NATURELLE.

25 Novembre 1865.

N° 100. — 15 centimes.

Ce Recueil paraît une fois par semaine. — On s'abonne à Paris, à la Librairie L. HACHETTE et Cie, boulevard Saint-Germain, n° 77.
Les abonnements se prennent du 1er de chaque mois. — Paris, six mois, 4 fr.; un an, 8 fr. — Départements, six mois, 5 fr.; un an, 10 fr.

DU THÉ.

Description botanique du Thé. — Culture et récolte du Thé. — Préparation des feuilles de Thé. — Des diverses sortes de Thé.

De toutes les productions végétales que nous fournit le globe, il en est peu dont l'emploi soit aussi généralement répandu que celui du Thé.

Nous le voyons en usage dans toute l'Asie méridionale, d'où il s'est introduit en Amérique, et presque dans toute l'Europe, partout où la civilisation s'est établie. Il est maintenant en Angleterre une nécessité de la vie, et en France l'accessoire habituel de toutes les soirées particulières.

Le Thé, *Tsjaa* au Japon, *Tchah* en chinois, *Theh*,

Récolte du Thé.

dans le dialecte de Canton, est, comme on sait, originaire du Céleste Empire, où l'usage qu'on en fait remonte à une très-haute antiquité. Il paraîtrait que les premiers hommes qui en firent usage conçurent l'idée de corriger l'eau qu'ils buvaient, souvent saumâtre et malsaine. Voici, d'après Kœmpfer, comment les Japonais, peuple superstitieux par excellence, racontent l'origine du Thé.

Darma, prince et pontife indien d'une grande piété, troisième fils du roi Kosjuwo, et vingt-huitième successeur du grand prêtre Sjaka, qui vivait plus de mille ans avant J.-C., arriva en Chine vers l'an 519 de l'ère chrétienne, et travailla de tout son pouvoir à enseigner aux peuples qui l'entouraient la religion qu'il pratiquait. Il prêchait de parole et d'exemples, s'imposant toute sorte de privations, et ne mangeant que des feuilles pour toute nourriture ; il avait même résolu de passer les nuits dans de pieuses méditations, regardant comme le terme de la perfection humaine de pouvoir se consacrer sans relâche au service de Dieu. Un jour, pris par le besoin et fatigué par la chaleur d'une longue marche, il se laissa aller au sommeil. À son réveil, touché d'une immense douleur d'avoir violé son vœu, et voulant empêcher que le même accident ne lui arrive de nouveau, il s'arrache les paupières des deux yeux, instruments de son crime, et les jette avec colère sur la terre. Revenu au bout de trois jours dans le même lieu, il vit, avec la plus grande surprise, que de chacune de ses paupières était né un arbuste jusqu'alors inconnu, et dont les propriétés au moins étaient ignorées. Le pontife en cueillit les feuilles pour s'en nourrir (crues ou préparées avec de l'eau?), et en ressentit une grande joie intérieure, ainsi que la force de se livrer à ses contemplations. Cette vertu cachée dans les feuilles de l'arbuste, la manière de les préparer, furent transmises par lui à ses disciples, et passèrent ainsi dans l'usage vulgaire avec le terme de Thé, employé pour désigner l'arbuste, et qui, paraît-il, signifiait paupière dans la langue de cette époque.

Ce fut la Compagnie hollandaise des Indes orientales qui introduisit le Thé en Europe, au commencement du XVIIᵉ siècle ; cependant il avait pu déjà en être parlé en Europe. Dans les *Anciennes relations* de Renaudot, parues à Paris en 1718, il est fait mention de deux voyageurs qui, partis d'Arabie, avaient visité la Chine vers l'an 350 ; ils avaient rapporté que les habitants de cet immense empire faisaient l'emploi d'un breuvage préparé avec des feuilles sèches, et qui était d'une grande utilité contre un grand nombre de maladies. Vers l'an 1600, un Espagnol, nommé Texeira, vit des feuilles de Thé sèches à Malacca, et apprit l'usage que l'on en faisait. En 1633, Olearius trouva l'usage du Thé très-répandu chez les Perses, qui recevaient la plante de Chine, par l'intermédiaire des Tartares Usbeck, et la nommaient *Cha orchia*. En 1639, Starkaw, ambassadeur de Russie à la cour du Grand Mogol, reçut à son départ une grande quantité de Thé, dont ce prince voulait faire hommage au czar Michel Romanow, mais l'ambassadeur refusa de s'en charger, disant que cette denrée n'était pas encore d'usage. Mais la véritable introduction du Thé en Europe est due à la Compagnie hollandaise ; plus tard, en 1666, les lords Arlington et Ossary en importèrent de Hollande en Angleterre une quantité déjà assez considérable. On cite une anecdote fort curieuse de cette époque. En 1685, l'usage du Thé était encore nouveau dans certaines parties de la Grande-Bretagne. La veuve du duc de Monmouth en envoya une livre à l'un de ses parents qui demeurait en Écosse. Cette production de la Chine y était tout à fait inconnue ; on l'examina avec attention ; on fit venir le cuisinier, qui décida, avec quelque raison, que c'était une herbe sèche. On lui abandonna la précieuse denrée pour en faire l'usage qu'il jugerait convenable. Que fit l'artiste ? Il fit bouillir les feuilles, en jeta l'eau, et les ser-

vit comme des épinards. On peut juger de la grimace que firent les malheureux convives. Cette ignorance des propriétés du Thé ne dut guère durer, car l'usage s'en était répandu rapidement en Angleterre, si bien qu'un édit du roi Charles II ordonne la suppression des cafés où l'on prenait le Thé, attendu que dans les discours tenus ou dans les écrits lus publiquement dans ces établissements on attaquait le gouvernement de Sa Majesté, et qu'on y troublait la paix du royaume. Plus tard, après des réclamations et des pétitions des détaillants dont le commerce était ainsi frappé, la réouverture de ces établissements fut permise, sous condition expresse qu'ils exerceraient un contrôle sévère sur les livres et les écrits qui y seraient introduits, et empêcheraient d'y faire aucun discours ou aucune manifestation contre le gouvernement ou contre les ministres. Noorthouek, qui raconte ces faits dans son *Histoire de Londres*, s'indigne qu'un marchand de Thé fût chargé d'exercer une censure sur la presse. De semblables mesures devaient rendre l'usage du Thé encore plus populaire.

En France, le Thé n'a été longtemps connu que comme médicament ; c'est au commencement du XVIIIᵉ siècle qu'il y devint à la mode ; et bientôt il fut de bon ton d'en prendre matin et soir. L'importation s'en établit peu d'années après dans la plupart des États de l'Europe. Lettsom, dont l'ouvrage a été publié en 1799, donne un tableau de l'exportation du Thé, de 1776 à 1795, et l'on voit que les navires de toutes les nations européennes y contribuaient, mais principalement les vaisseaux anglais.

DESCRIPTION BOTANIQUE DU THÉ.

Le Thé appartient à la famille des Ternstrœmiacées ; il est très-voisin des Camélias, si généralement cultivés dans nos serres. C'est un arbrisseau rameux, toujours vert, haut de 5 à 6 pieds, dont les tiges, à peu près de la grosseur du pouce, se divisent vers la cime en plusieurs petits rameaux, formant un bouquet comme dans notre Myrte d'Europe ; ces tiges, quoique sèches en apparence, portent néanmoins des branches dont le bois offre un goût de réglisse assez agréable, et des feuilles bien vertes ; les feuilles sont ovales, allongées par la pointe, longues à peu près d'un pouce et demi, entières à la base et dentelées dans le reste de leur contour ; à la fin de l'été les plus vieilles feuilles sont dures, luisantes en dessus, blanchâtres en dessous, dures, cassantes et amères ; les nouvelles, au contraire, sont molles, flexibles, rougeâtres, lisses, transparentes, et assez douces au goût, surtout quand on les a mâchées pendant quelque temps. Les bourgeons sont aigus et accompagnés d'une écaille qui se détache et tombe à l'époque de leur développement. Les boutons sont recourbés avant leur épanouissement. Les fleurs ressemblent, pour l'apparence, à celles de nos rosiers sauvages. Elles naissent solitaires ou plus rarement par deux dans les aisselles des feuilles, sur des pédoncules courts et peu épais. Le calice en est petit, persistant et à cinq divisions. La corolle a le plus communément six pétales distincts, insérés sous l'ovaire, blanchâtres, arrondis et ouverts ; les deux extérieurs sont plus petits et inégaux. Les étamines forment des faisceaux plus courts que la corolle, dont chacun est attaché par sa base à un des pétales ; ces faisceaux se divisent supérieurement en un grand nombre de filaments qui portent chacun une anthère à deux loges, et forment dans le centre de la fleur une sorte de corbeille du milieu de laquelle émergent les pointes des trois styles. L'ovaire qui porte ces styles est triangulaire, arrondi, et devient plus tard un fruit à trois coques divergentes, dont chacune s'ouvre sur le milieu par une ligne horizontale, et dont une ou deux avortent assez fréquemment. On y trouve une amande ronde qui a peu d'amertume quand elle est récente, et qui se dessèche et devient amère quelques jours après avoir été cueillie.

Le P. Lecomte, dans ses *Mémoires* sur la Chine, nous fournit sur le Thé des détails circonstanciés. Le Thé, dit-il, croît dans les vallées et au pied des montagnes. Le meilleur vient dans les terrains pierreux. Celui qu'on plante dans les terres légères tient le second rang. Le Thé le plus médiocre se trouve dans les terres jaunes. Mais, en quelque endroit qu'on le cultive, il faut avoir soin de l'exposer au midi : il en a plus de force, et il rapporte trois ans après avoir été planté.

Les botanistes distinguent deux espèces de Thé, le *Thea viridis*, ou Thé vert, dont le calice offre des lobes arrondis et dont les styles sont divergents en étoile et recourbés après la floraison, et le *Thea Bohea*, ou Thé Bou, dont le calice offre des lobes ovales et dont les styles sont et demeurent dressés.

On a fait un grand nombre de tentatives pour introduire l'arbrisseau du Thé en Europe ; mais la plupart sont restées sans succès, soit à raison du mauvais état des semences, quand on les a obtenues, soit faute de précaution pour les conserver assez longtemps dans leur état de végétation. Il est absolument nécessaire de se procurer des semences fraîches, bien conditionnées, mûres, blanches, bien nourries, et entretenues par une humidité intérieure. On a essayé deux méthodes pour conserver ces semences : la première fut de les envelopper de cire, après qu'elles avaient été bien séchées au soleil ; la seconde, de les laisser dans leurs capsules, et de les enfermer dans une boîte bien close d'étain. Mais aucune de ces méthodes n'a généralement réussi, quelque soin scrupuleux qu'on ait pris, soit pour obtenir des semences fraîches, soit pour les conserver.

L'huile dont la graine de Thé est pénétrée rancit et se corrompt en très-peu de jours ; de sorte que cette graine perd très-promptement la faculté de germer. On a reconnu que la meilleure méthode de transporter des plants de Thé en Europe était de semer les graines dans une bonne terre légère, au moment où l'on fait voile en quittant Canton, et de les couvrir de fils d'archal pour les garantir des rats et autres animaux qui peuvent les attaquer. C'est par un envoi ainsi combiné que le célèbre Linné a reçu en Suède, en 1763, des graines de Thé qui commençaient à germer, et la plupart des arbrisseaux à Thé qu'on a introduits en Angleterre, dans les jardins botaniques de l'Europe, au Bengale et au Brésil, l'ont été de cette façon. La culture de ce précieux arbrisseau a réussi dans les Indes, non-seulement au Bengale, mais encore sur toute la ligne des vallées qui descendent de l'Himalaya et jusqu'aux frontières du Pendjab, ainsi qu'à Singapour et à Ceylan. C'est en 1826 que commencèrent les premiers essais de cette culture dans les Indes, à Assam. En mai 1863, il y avait à Assam 246 jardins à Thé, dont 76 appartenaient à des compagnies, et 170 à l'industrie privée. Le tout couvrait un espace de 3,057 hectares en plein rapport, qui avaient produit, en 1862, 974,518 kilogrammes de Thé, représentant une valeur de 4,750,000 francs. La proportion est la même dans la vallée de Katchar, à Darjeeling, et dans les provinces du nord-ouest de l'Inde, en partant de la rivière Kali jusqu'à l'Indus. Le Thé indien occupe aujourd'hui, par sa qualité, la première place sur le marché anglais ; il se vend 8 pence 3/4 de plus par livre que le Thé de Chine et du Japon.

CULTURE ET RÉCOLTE DU THÉ.

Les détails qu'on va lire sont en partie extraits des notes fournies par Kæmpfer, qui a résidé plusieurs années au Japon, et du voyage de M. de Guignes, qui a habité pendant près de quinze ans la ville de Canton, où il faisait partie de l'ambassade hollandaise.

Le Thé est semé vers la fin de février ou le commencement de mars ; on sème depuis six jusqu'à douze graines dans le même trou ; il n'en lève guère qu'un cinquième, pour les raisons que nous avons données plus haut. On récolte ordinairement les feuilles du Thé trois ans après l'avoir semé, mais il faut avoir soin de renouveler les plants tous les cinq ou six ans, sans quoi la feuille devient âpre et dure ; pour éviter cet inconvénient, on peut aussi couper les tiges près du sol, alors la souche pousse de nouveaux rejetons, qui procurent d'abondantes récoltes ; quelquefois on diffère cette opération jusqu'à la dixième année. Lors de la saison propre à cueillir les feuilles du Thé, c'est-à-dire au commencement du printemps, on loue des ouvriers dont l'habileté à faire ce genre de récolte est surprenante. Ils ramassent jusqu'à dix ou quinze livres de feuilles par jour, quoiqu'ils ne les arrachent pas par poignées, mais une à une.

Le meilleur Thé est celui qui provient des premières feuilles, tendres, couvertes d'un léger duvet, et à peine développées. Cette première sorte est appelée, au Japon, *Ficki-tsjaa* ou Thé moulu, parce qu'il est réduit en une poudre que l'on jette dans l'eau chaude. Ce Thé, par sa rareté et son prix, est réservé pour les princes et les gens riches, et porte aussi la dénomination de Thé impérial. Ce nom est donné encore, et à plus juste titre, à un Thé recueilli à Udvi, petite ville du Japon, située sur les bords de la mer, et peu distante de Miaco. Une montagne agréablement disposée, enfermée de haies, et entourée d'un fossé fort large, y passe pour jouir d'un terrain et d'un climat plus favorables que tout autre à la culture du Thé. Les plants de Thé forment sur cette montagne des allées symétriquement espacées; il y a des personnes préposées pour préserver les feuilles, autant qu'il est possible, contre la poussière et contre les insectes. Les ouvriers choisis pour la récolte cueillent les feuilles avec l'attention la plus minutieuse, et les mains couvertes de gants. Ce Thé est escorté par le surintendant des travaux de cette montagne, avec une forte garde et un nombreux cortége, jusqu'à la cour de l'empereur; il est destiné à l'usage de la famille impériale.

La deuxième récolte du Thé se fait un mois après la première, c'est-à-dire au commencement d'avril. Quelques-unes des feuilles ont alors acquis leur entier développement; d'autres, en très-grand nombre, n'y sont point encore parvenues; quoi qu'il en soit, on les cueille toutes indifféremment, et ensuite on les sépare en différents tas, suivant leur âge et leurs proportions. On sépare avec un soin particulier les plus tendres, et on les vend souvent pour des feuilles de la première récolte. Le Thé de cette deuxième récolte s'appelle *too tsjaa* ou Thé chinois, parce qu'on le prend à la manière des Chinois. Les négociants et les marchands de Thé le partagent en quatre sortes, qu'ils distinguent par autant de dénominations.

La troisième et dernière récolte a lieu vers le mois de juin, lorsque les feuilles très-touffues sont parvenues à une entière croissance; cette espèce de Thé, appelée *ban tsjaa*, est la plus grossière, et réservée pour le peuple.

Quelques cultivateurs de Thé ne font que deux cueillettes par an : la première et la seconde correspondent à la deuxième et à la troisième dont il vient d'être parlé. D'autres enfin négligent les deux premières récoltes, et s'en tiennent uniquement à cette troisième.

Outre ces procédés ordinaires, nous devons en mentionner un particulier, assurément fort bizarre. Pour recueillir les feuilles des arbrisseaux à Thé qui croissent naturellement dans les anfractuosités des montagnes où ne pourraient parvenir les hommes les plus lestes et les plus adroits, on a mis à contribution l'instinct des animaux les plus indociles. Des singes sont dressés par les Chinois à escalader ces endroits difficiles et à dépouiller indistinctement de leurs feuilles tous les arbrisseaux à Thé qui leur sont désignés. Les ouvriers ramassent ces feuilles et ont soin de récompenser par des fruits les singes travailleurs. Quelques auteurs ont avancé que cette récolte était faite en agaçant et en irritant une grande quantité de singes, habitants sauvages de rochers inaccessibles, et qui, pour se venger, briseraient les branches des arbres à Thé, et les feraient pleuvoir sur ceux qui les insultent. Il suffira de jeter les yeux sur la gravure qui termine ce numéro, reproduite d'après une peinture chinoise, pour se convaincre qu'il n'en est pas ainsi. L'industrie chinoise a profité de la voracité du Cormoran pour l'envoyer saisir les poissons au fond des lacs et des rivières, et les apporter en tribut à son maître; elle a utilisé même l'adresse et l'intelligence du singe; mais combien de patience il a dû falloir pour instruire un animal aussi peu docile!

Port d'un Arbrisseau à thé.

PRÉPARATION DES FEUILLES DE THÉ.

Les feuilles, après la récolte, sont traitées de deux façons différentes, pour produire soit les Thés noirs, soit les Thés verts. Il est, en effet, généralement reconnu que le Thé noir et le vert sont fournis par le même arbrisseau, le mode de dessiccation seulement apportant les différences que l'on remarque entre ces deux espèces. Pour obtenir le Thé noir, on expose pendant quelque temps à l'humidité les feuilles qu'on a cueillies; bientôt elles entrent en fermentation et perdent leur belle couleur verte pour en revêtir une d'un brun noirâtre; puis on les fait sécher sur une grande plaque de fer légèrement chauffée. Au contraire, pour obtenir le Thé vert, on ne fait subir aux feuilles aucune préparation préliminaire, et on les traite immédiatement comme les précédentes, quand elles ont été séchées, de la manière suivante.

Les bâtiments où sont manipulées les feuilles de Thé

contiennent depuis cinq jusqu'à vingt petits fourneaux, hauts d'environ un mètre, et portant une sorte de poêle en fer (non en cuivre, comme l'ont insinué quelques auteurs, laissant ainsi supposer au Thé des propriétés toxiques). Des ouvriers, assis autour d'une table longue et basse couverte de nattes, se préparent à rouler les feuilles. Sur la poêle, modérément chauffée, on met quelques livres de feuilles récemment cueillies. Ces feuilles, fraîches et pleines de séve, pétillent quand elles touchent la poêle, et c'est à l'ouvrier alors à les remuer avec toute la vivacité possible, jusqu'à ce que ses mains nues n'en puissent plus supporter la chaleur. C'est alors l'instant de les enlever avec une pelle qui ressemble à un éventail, et de les verser sur les nattes. Les ouvriers assis les frottent alors dans leurs mains, toujours dans la même direction, tandis que d'autres les éventent continuellement, afin d'en hâter le refroidissement, dont la promptitude assure aûx feuilles un enroulement plus durable.

Les procédés de torréfaction et d'enroulement sont répétés deux ou trois fois, ou même plus souvent, avant que l'on mette le Thé dans les magasins, et jusqu'à ce que toute humidité ait quitté les feuilles; à chaque opération on chauffe moins la poêle; enfin le Thé est trié et déposé dans les magasins.

Thé. La Fleur, le Fruit.

Les gens de campagne se bornent à préparer leurs feuilles dans des vases en terre, préparation qui leur occasionne moins d'embarras, et leur permet de vendre leur Thé à plus bas prix. Ils le renferment ensuite dans des corbeilles de paille, faites en forme de barils. Le Thé ordinaire est contenu dans des boîtes en fer ou en plomb, à ouverture étroite, bien connues en Europe; mais la meilleure espèce, celle dont l'empereur et les grands font habituellement usage, est renfermée dans des vases de porcelaine, et, autant que cela est possible, dans des vases précieux que l'on nomme au Japon *maats ubo*, que l'on croit capables non-seulement de conserver le Thé, mais encore d'en augmenter l'arome. *Maats ubo* signifie en japonais *vase excellent*. Les vases ainsi nommés remontent à une très-haute antiquité, et à leur origine se rattache une légende qui ne peut manquer d'intéresser nos lecteurs. L'île de Mauri-ga-sima, où ces vases étaient jadis fabriqués, à l'aide d'une terre argileuse particulière, était située près de Tégornan (Formose). Les belles porcelaines que produisait cette île, branche de commerce importante, en avaient enrichi les habitants, et, disent les traditions japonaises, y avaient amené, avec les richesses, le luxe et toutes sortes de vices. Aussi les dieux offensés résolurent-ils de détruire l'île et de la submerger dans les flots. Le roi de l'île était alors un homme pieux et honnête nommé Peiruun. Il reçut en songe un avertissement céleste qui lui enjoignait de quitter l'île à la hâte dès qu'il verrait le visage des deux idoles placées devant l'entrée du temple se colorer en rouge. Le roi annonça aussitôt ces dangers et le présage de ruine, mais ne réussit qu'à faire rire de sa crédulité; même un mauvais plaisant, à la faveur d'une nuit obscure, teignit de rouge la face des dieux. Dès que le roi apprit l'accomplissement du prodige, il réunit ses partisans, et fit voile à la hâte pour la côte chinoise la plus rapprochée. Peu de temps après son départ, dit la légende, l'île s'abîma avec le peuple irréligieux qu'elle portait, entraînant dans les flots une foule de vases précieux que de hardis plongeurs vont encore aujourd'hui chercher au fond de la mer; ce sont là les *maats ubo*.

Quoi qu'il en soit de la cause géologique qui a fait disparaître l'île Mauri-ga-sima, il faut reconnaître que le choix et la recherche des ustensiles de porcelaine, pour le dépôt et la conservation du Thé, sont très-justifiables. En effet, cette denrée, dans les vases métalliques, est exposée à prendre un goût désagréable; et, d'un autre côté, dans les vases en verre, à cause de l'attraction de l'humidité pour cette substance, et sa perméabilité aux rayons solaires, le Thé s'altère en très-peu de temps. La bonne conservation du Thé est d'autant plus importante qu'il paraît acquérir des qualités nouvelles en vieillissant, comme le vin de Bordeaux, dans une certaine mesure cependant. Au rapport du P. Benoît, missionnaire français de la fin du dernier siècle, le Thé était beaucoup plus estimé à Canton quand il y revenait de France. Pour être transportés, les Thés exigent certaines précautions. Les Thés noirs sont enfermés dans des paniers de bambous, garnis de plomb, et nommés barses. Ces barses pèsent de trente à quarante catis (1); ils arrivent ainsi aux rivières et enfin dans les ports. Les Thés verts sont mis dans des boîtes également garnies en plomb et qui pèsent depuis quarante-cinq catis jusqu'à soixante et plus.

La préparation du breuvage que l'on se procure si facilement avec les feuilles de Thé est trop connue pour que nous la décrivions ici; nous préférons donner quelques détails sur les différentes sortes de Thé qu'on trouve dans le commerce; ils sont extraits de l'ouvrage publié sur le Thé par M. Marquis. Nous examinerons successivement les Thés noirs et les Thés verts.

DES DIVERSES SORTES DE THÉ.

1° *Des Thés noirs.*

1° *Du Thé boui.* — On applique fort souvent en Chine la dénomination de Boui ou Bou à tous les Thés noirs indistinctement; elle a été mal à propos employée par les botanistes pour désigner une espèce botanique distincte du *Thea viridis*, le *Thea Bohea*, à une époque où l'on croyait les Thés verts et les Thés noirs fournis par des arbres de nature différente. Dans le commerce, on appelle *Thé boui*, proprement dit, un mélange grossier de toute espèce de feuilles prises sans distinction. Il suffit qu'elles soient susceptibles de se tortiller et de prendre une couleur approchant de celle du vrai Thé pour que les Chinois, dont la mauvaise foi est proverbiale, les fassent passer dans le commerce, en y mêlant une certaine quantité de bon Thé récent, ou même de celui qui reste annuellement après le départ des vaisseaux. On foule ce mélange dans des paniers de bambou, qui contiennent chacun environ un pic de Thé (2).

2° *Du Thé camphou.* — Camphou (*Cong-fou-tcha*) signifie en chinois Thé de feuilles choisies; ce Thé, que les étrangers nomment *congo*, est en effet composé des meilleures feuilles du Thé boui; l'odeur doit en être forte, suave, l'eau claire et légèrement verdâtre; la feuille déroulée et entière est de médiocre grandeur. Le camphou compose la majeure partie que prennent les vaisseaux à destination de l'Allemagne, de la Suède, du Danemark et de la Hollande. On confond souvent avec ce Thé, sous la dénomination commune de *congo*,

le Thé *campoui* (*camp' houi-tcha*), plus fin que le camphou.

3° *Thé souchong* (*stoa-tchong-tcha*). — Ce Thé prend son nom d'un mot chinois qui signifie ouvrage fait avec soin. En effet, ce Thé est formé de feuilles cueillies sur les pousses de l'année, et de plus on apporte une attention particulière à le bien rouler et à le dessécher à point. D'ailleurs les Chinois admettent entre les différentes sortes de souchong des degrés de perfection dont nous n'avons pas l'idée. Chacun a sa provision dans une petite bourse qu'il porte sur lui les jours de festin, et demande la prééminence pour son Thé. Le souchong doit être d'une belle couleur brunâtre un peu mêlée de violet, en grandes feuilles bien roulées et élastiques; l'odeur doit en être suave et présenter beaucoup de rapport avec celle du melon bien' mûr; l'infusion en sera bien dorée, sans devoir sa teinte à la rouille. Le bon Thé souchong doit encore être lourd à la main et peu chargé de poussière.

4° *Thé souchay* (*song-tze-tcha*). — Le souchay est un souchong dont les feuilles sont roulées en petites boulettes, et dans lequel on fait entrer des fleurs odoriférantes.

5° *Thé padre* ou *pachong* (*pao-tchong-tcha*). — Il est ordinairement choisi feuille à feuille parmi le souchong, et sur deux cents caisses de ce dernier, à peine en retire-t-on une seule. Les Chinois estiment ce Thé au-dessus de tous les autres; il vient à Canton en papiers formant des paquets qui pèsent environ trois onces, arrimés très-soigneusement dans des caisses; on dit que chaque paquet est d'un arbre différent. Il faut qu'il soit grand, peu roulé, sans la moindre poussière, d'un brun tirant un peu sur le vert, d'une odeur suave, sans être forte; qu'il donne une eau claire et verte. Nombre de Chinois ou de charlatans vendent aux Européens de ce Thé qui n'est que du souchong parfumé avec des fleurs.

6° *Thé pékao* (*peh-rao-tcha*). — Ce nom vient du mot chinois *peh-rao*, qui signifie pointes blanches. Les uns croient que l'arbre qui produit cette espèce de Thé est d'une nature différente de celle de l'arbre qui fournit le souchong ou le boui en général; d'autres, au contraire, prétendent que ce sont les premières feuilles qui poussent au printemps, et auxquelles on ne donne pas le temps de se développer. Le duvet dont les feuilles de pékao sont couvertes, et le bout tendre des branches dont ce Thé est mêlé, semblent appuyer cette dernière assertion. Quelques personnes appellent ces feuilles fleur du Thé. Le Thé pékao que l'on prend en cargaison est rarement sans mélange. Celui de bonne qualité est très-délicat, d'une odeur suave, donnant une eau d'un jaune-paille tirant un peu sur le vert; la feuille en est très-petite, roulée et blanche; il conserve mal son parfum, ce qui fait que l'exportation n'en est pas considérable. Ce Thé est particulièrement estimé et recherché par les Russes. Un grand nombre de feuilles blanches en constituent la belle qualité; l'infusion en est des plus agréables; elle a quelque rapport avec celle de notre fleur de tilleul.

---

(1) Le catis équivaut environ à 2/3 de kilogramme.
(2) Le pic équivaut à cent catis.

2° *Des Thés verts.*

7° *Thé hayswen-skine (phi-tcha).* — Le nom de ce Thé signifie en chinois Thé de rebut. Le premier Européen qui en a importé a dû être trompé, car ce Thé n'est qu'un résidu de diverses sortes de Thés verts. Les feuilles en sont d'une couleur inégale, mal roulées, et l'odeur en est forte sans être suave, sentant beaucoup le feu.

8° *Thé haysswen* ou *hyson (Ly-tcheune-tcha).* — Ce Thé est le plus fin des Thés verts de cargaison, et peut-être le plus facile à connaître. Il faut faire attention à la couleur, à la grandeur et à l'odeur des feuilles. La couleur en est d'un vert grisâtre, obscurcie par une teinte qui se dissipe à l'air, et rappelle la matière qui recouvre les prunes. L'eau en est limpide, d'un vert clair, et le goût agréable, quoique un peu âpre. Exposé souvent à l'air, ce Thé perd beaucoup de sa qualité. C'est le plus employé de tous les Thés verts.

9° *Thé perlé.* — Le Thé perlé n'est qu'une feuille plus jeune que celle du Thé hyson, mieux tortillée et roulée sur elle-même. Il doit sans doute son nom à sa forme presque ronde et à sa couleur d'un vert argentin lorsqu'il est de belle qualité. Il est préféré par les personnes dont le palais trop délicat s'offense de l'âpreté particulière au Thé hyson.

10° *Thé poudre à canon (tchu-tcha).* — Ce nom a été donné à ce Thé parce qu'il ressemble assez à de la grosse poudre à canon : il est très-bien roulé en grain. Ce Thé est plus stimulant que le Thé hyson, parmi lequel il est choisi feuille à feuille. Le goût en est agréable, doux, l'odeur également, la feuille petite et tendre, l'eau d'un vert très-clair.

11° *Thé chulan.* — Ce Thé est choisi avec beaucoup de soin ; il est parfumé et préparé avec une fleur très-suave qui se nomme *lan-hoa*, de laquelle il tire son nom : il est encore plus rare et plus cher que le précédent. L'infusion en est très-aromatique.

Parmi les fleurs employées pour aromatiser le Thé, plusieurs sont certainement inconnues en Europe ; mais nous devons citer celles de l'*Olea fragrans* et du *Camellia sesangua*. Celles de l'*Olea fragrans* (Olivier

1. Rameau du *Thea viridis.*
2. Ovaire et styles du *Thea bohea.*

odorant) sont portées sur des pédoncules filiformes disposés en grappe courte et naissant entre quatre feuilles opposées et formant la croix. Il est à remarquer que les feuilles de l'*Olea chrysophylla* (Olivier à feuilles dorées) sont également employées en Abyssinie pour aromatiser l'infusion de Cousso, usitée si généralement dans ce pays contre le ver solitaire. Quant au *Camellia sesangua*, c'est un arbuste analogue pour le port aux Camélias que nous connaissons, à fleurs roses, terminales, d'une grandeur moyenne. A ces fleurs succède un fruit d'où l'on tire une huile essentielle fort estimée.

Les propriétés sudorifiques et excitantes que le Thé partage jusqu'à un certain point avec le Café sont trop connues de chacun pour que nous insistions sur leur valeur. Ce que l'on sait moins généralement, c'est que cette analogie dans les effets est due à une certaine analogie dans la composition. Le café possède, il est vrai, des substances amères et une huile essentielle fort active que ne renferme pas le Thé ; mais chacun d'eux contient une substance azotée, la caféine d'une part, la théine de l'autre, dont la composition chimique est presque identique, et dont la richesse en azote explique l'action nutritive et corroborante. Les meilleurs Thés sont ceux qui renferment le plus de théine : ainsi le Thé hyson en contient 5,40 pour 100 ; le Thé pékao n'en renferme que 2,10, d'après les analyses de M. Peligot.

Nous devons mentionner ici un fait curieux, qui a pu frapper malencontreusement quelques-uns de nos lecteurs. Quand on sucre une tasse de Thé avec un sucre qui renferme une quantité notable de chaux, ce qui n'est pas très-rare, cet alcali agit sur les principes azotés que renferme l'infusion, et il en résulte le développement d'une petite quantité d'ammoniaque, qui communique au breuvage une saveur urineuse des plus prononcées. Dans ce cas, on le voit, ce n'est point la qualité du Thé, mais bien celle du sucre qu'il faut accuser.

On a pensé que le Thé pouvait être cultivé en France. Il a supporté les froids de l'hiver à l'air libre chez M. Leroy, à Angers, et cet habile horticulteur assurait qu'il craint la gelée moins que le Camélia. Le Jardin botanique de Marseille a possédé pendant cinquante ans le Thé en pleine terre sans qu'il éprouvât de dommage. Cela devait être, puisque l'abbé Voisin, qui avait résidé neuf ans en Chine, et qui avait parcouru l'Empire du Milieu sur une étendue de cinq cents lieues, a raconté qu'il avait vu cet arbrisseau, dans quelques endroits, enseveli sous la neige jusqu'en mai. Ces faits sont assurément exceptionnels. Cependant c'est sur eux que se fonda Mérat, il y a vingt-cinq ans environ, pour préconiser la culture du Thé en France ; plusieurs Sociétés s'en occupèrent, et les membres les plus influents de la Société royale et centrale d'Agriculture obtinrent, en 1838, du gouvernement, qu'on envoyât un naturaliste au Brésil pour y recueillir des pieds de cet arbuste. M. Guillemin, délégué par le ministre, trouva dans ce pays des cultures de Thé très-étendues, facilitées par l'emploi d'ouvriers chinois. On en obtenait, écrit-il, un Thé qui a toute l'apparence de celui de la Chine, mais qui est encore éloigné d'en avoir la bonne odeur et l'agrément, ce qui pourrait tenir aux vases malpropres de terre vernissée ou de fer dans lesquels on l'y prépare. M. Guillemin emporta du Brésil quinze cents pieds de Thé environ ; mais, comme il arrive ordinairement dans les essais de ce genre, le plus grand nombre périt pendant la traversée, malgré l'emploi des soins que nous avons décrits plus haut. Des cinq ou six cents pieds que le voyageur apporta, beaucoup périrent au Jardin des Plantes dès la première année ; on en envoya dans quelques établissements publics des départements, où la majorité succomba encore, de sorte qu'on n'obtint que très-peu de résultats de cette mission, malgré le zèle de celui qui en avait été chargé.

Plusieurs végétaux ont été indiqués, à tort ou à raison, comme jouissant de propriétés analogues à celles du Thé. Nous décrirons dans un prochain article le Thé du Paraguay, qui forme la boisson habituelle de plusieurs millions d'hommes dans l'Amérique du Sud ; aujourd'hui nous nous contenterons de signaler, pour terminer celui-ci, quelques végétaux de moindre importance.

Il existe même en Chine des succédanés du Thé, les uns employés ainsi par nécessité, comme le *Rhamnus theezans*, dont se servent les pauvres, faute de pouvoir atteindre au prix du vrai Thé, et les autres, ce qui est plus singulier, par préférence. Il est vrai que ceux-ci sont d'origine européenne. Tandis que nous dédaignons les feuilles de la Sauge officinale, reléguées chez nous dans les pharmacies, et dont les Orientaux font un Thé estimé sous le nom de *Thé de Grèce*, les Chinois, au dire de Valmont de Bomare, en reçoivent beaucoup de la Hollande, et la préfèrent au Thé, à tel point qu'ils donneraient deux caisses de celui-ci pour une caisse de Sauge. On aime partout ce qui vient de loin et ce qu'il est difficile et coûteux de se procurer. D'ailleurs la Sauge était chez nos ancêtres en grand honneur ; on en trouve encore, auprès des ruines de nos vieux châteaux, des pieds épars, vestiges de cultures importantes ; les médecins lui attribuaient de bien grandes vertus :

Cur moriatur homo cui Salvia crescit in horto,

a dit l'École de Salerne. Mais de nos jours, l'esprit novateur, hélas ! a couvert de son dédain bien d'autres usages que celui de la Sauge.

(La suite prochainement.)

Récolte du Thé

2 Décembre 1865.　　　　　　　　　　　　　　　　　N° 101. — 15 centimes.

Ce Recueil paraît une fois par semaine. — On s'abonne à Paris, à la Librairie L. HACHETTE et Cᵢᵉ, boulevard Saint-Germain, n° 77. Les abonnements se prennent du 1ᵉʳ de chaque mois. — Paris, six mois, 4 fr.; un an, 8 fr. — Départements, six mois, 5 fr.; un an, 10 fr.

Encore les Poissons rouges. — Le Barbeau ou Barbillon. — Le Porc des Rivières. — Est-il anthropophage ? — Le Goujon. — D'où vient-il ? — Station à cinq points. — La Tanche. — Ses vertus médicales. — Cyprins. — Ables. — Brême.

Dans un article précédent, qui commence cette étude des poissons inoffensifs de nos eaux, nous avons cité l'exemple de quelques Cyprins rouges de la Chine, dont la croissance avait pu être entravée pendant de longues années, par l'exiguïté du vase dans lequel on les retenait captifs. Au premier moment, rien ne semble plus simple, plus naturel que ce fait; et cependant, en y réfléchissant, quel sujet est plus digne des plus sérieuses méditations? Tous les êtres organisés semblent susceptibles de semblables arrêts de croissance, du moins le

BARBEAU.

règne végétal en offre de nombreux exemples parmi lesquels nous nous contenterons d'en citer un. Sous les futaies de sapins, âgées de cent cinquante ans et dont les arbres présentent la hauteur admirable de 30 à 40 mètres, on voit de petits sapins en miniature, au feuillage pâle et rare, aux branches minces et peu résistantes, n'ayant que 1 mètre 50 c. à 2 mètres de haut et la grosseur d'une forte canne. Eh bien! ces sapins sont les contemporains, les frères de ceux qui forment la voûte aérienne de la forêt; coupez-les et comptez les couches transversales de leur bois, il y en aura 150 comme dans la poutre d'à côté!

Qu'est-il donc arrivé, sinon que ces sapins, plus faibles que les autres, ont été dominés par ceux dont le feuillage touffu est impénétrable et forme le *bocal* dans lequel les petits ont végété. Mais ce n'est pas tout: qu'un coup de vent ou que la hache fasse une trouée dans la futaie, que l'air, le soleil, l'espace arrivent à ces pauvres arbres arrêtés, et vous les verrez, comme les poissons rouges de M. Bory de Saint-Vincent, prendre leur essor, et, par leur crue extrêmement rapide, chercher à rattraper le temps perdu.

Les mêmes phénomènes agissent-ils de la même manière sur l'Homme? On est tenté de le croire en lisant le récit pénible de certaines séquestrations volontaires sur des enfants. Mais nous nous arrêtons, car ce sujet est immense et nous ne pouvons ici le traiter avec les développements qu'il comporte non-seulement comme physiologie, mais comme hygiène. Retournons à nos poissons rouges.

Ces animaux, dans leur jeunesse, sont de la couleur ordinaire des Carpes, peut-être même d'une nuance un peu plus foncée; ce n'est que vers leur troisième année qu'ils commencent à revêtir leur parure rouge ou argentée, car quelques-uns restent blancs et ne sont pas les moins recherchés. D'autres deviennent jaunes, d'autres panachés de blanc et de rouge; les uns ont une nageoire sur le dos, quelques autres n'en ont pas. Dans un étang qui leur plaît, ils arrivent à une grandeur de 40 centimètres, et à un poids de 2 à 3 kilos.

Les Cyprins dorés présentent, comme nous venons de le remarquer, une particularité très-rare parmi les poissons, et d'autant plus extraordinaire que les individus qui sont absolument privés de nageoire dorsale ne semblent pas plus embarrassés de leurs mouvements que ceux qui ont leur nageoire ordinaire. On devrait croire cependant qu'ils sont dans un équilibre plus instable. Cette réflexion et l'étonnement de voir un poisson sans dorsale conserver aussi facilement la station perpendiculaire que ceux qui en étaient munis, avaient frappé également Yarrell, et nous allons lui laisser raconter l'expérience qu'il fit à ce sujet :

« Tout cela me poussa à faire un essai pour m'as« surer si la privation soudaine de la nageoire dor« sale produirait un désordre facilement appréciable « chez des poissons quelconques soumis à cette expé« rience. Je me rendis dans cette intention au jardin « de la Société Zoologique, quelques moments avant « l'heure à laquelle la Loutre reçoit sa provision quo« tidienne de poisson vif. Neuf ou dix Gardons et Dards « furent mis dans un large baquet de trois pieds de dia« mètre, rempli d'eau. Je sortis du baquet cinq ou six « de ces poissons les uns après les autres, et avec une « paire de ciseaux je leur coupai toute la nageoire dor« sale au ras du dos, les remettant de suite dans l'eau. « Ils furent très-peu ou point affectés de cette opération, « et chacun d'eux sembla conserver sa position perpen« diculaire, monter et descendre dans l'eau avec la même « aisance et la même certitude qu'avant l'opération : « les mutilés et les intacts nageaient ensemble et pa« raissaient posséder la même vigueur. Je ne pus con« tinuer plus longtemps l'expérience pour m'assurer de « ce point, car quelques minutes après la Loutre avait « reçu ses poissons accoutumés et leur faisait fête. »

On cite des Dorades de la Chine un trait qui va encore vous faire crier au miracle : un trait d'amitié que je trouve dans une correspondance du *London's Magazine* :

« Les poissons semblent ressentir une certaine amitié « les uns pour les autres. Une personne qui avait deux « Dorades de la Chine dans un vase, en ôta une. L'autre « refusa de manger et montra des symptômes évidents « de tristesse et de découragement jusqu'à ce que son « compagnon lui fût rendu. »

Enfin, je dois terminer en disant que ce charmant animal a eu les honneurs d'une monographie, et qu'en 1780, M. de Sauvigny, dans son *Histoire naturelle des Dorades de la Chine* (Paris), donne les figures coloriées de *quatre-vingt neuf variétés*, toutes plus belles les unes que les autres.

Après les Carpes, que nous avons comparées aux Moutons des plaines de l'eau, viennent les Barbeaux, que nous nommerons les *Porcs des fleuves*, et à juste titre, car rien n'est plus facile que de s'apercevoir combien cette assimilation se justifie sur un grand nombre de points. Le Barbeau, vulgairement appelé Barbillon, est d'une forme plus allongée que la Carpe; il a, comme elle, deux barbillons aux coins de la bouche, mais il en a, de plus, deux à l'extrémité du museau. Ce mot de museau, qui vient sous notre plume, est la plus naturelle expression de la terminaison de la bouche du Barbeau. Ce poisson porte en effet des lèvres charnues, bordées d'un repli cartilagineux qui compose une espèce de groin protractile au moyen duquel il passe sa vie à fouiller les sables, les vases et à retourner les pierres au fond des eaux.

C'est un spectacle très-curieux de voir, pendant que le Barbeau exécute ce travail pour lui-même, les petits poissons attentifs autour et derrière lui à picorer les menus animalcules et les parties nutritives qu'il fait sortir de la terre en la labourant. Telle l'Alouette suit le Sanglier qui ravage la plaine, et recueille pour ses petits les vers mis à nu sur la terre et les gazons retournés.

Le Barbeau est un des poissons les plus ombrageux qui existent : c'est le plus craintif que nous ayons; et cependant, singulier mélange de hardiesse et de timidité, il se glisse partout; il rampe, il avance, et le pêcheur le rencontre aussi bien dans les grands fonds d'eau que sur les bancs de sable où sa dorsale est hors du liquide. C'est un des poissons les plus difficiles à observer, et cependant ses mœurs sont intéressantes; car au milieu de ses sauts et quand il est bien sûr que personne ne l'examine, il se roule et se tourne sur luimême contre le fond, paraissant prendre à cet exercice le plus grand plaisir. Au reste, c'est un animal rustique et dont la longévité est depuis longtemps connue, puisque Ausonius en parle dans son poëme :

« Tumelior pejore ævo; tibi contigit omni
« Spirantum ex numero non inlaudata senectus. »

Les grands naturalistes disent que le Barbeau paraît être originaire des parties chaudes ou au moins tempérées de l'Europe; il est abondant dans le Rhin, l'Elbe, le Weser; il l'est également en Crimée et dans tous les cours d'eau qui se jettent dans la mer Noire. Moi, qui ne suis qu'un petit naturaliste, je le crois originaire de partout, puisqu'il se trouve partout et qu'*on ne l'a mis* nulle part.

En France, la Loire, la Seine, la Garonne, le Rhône en produisent de très-beaux et en grande abondance. Mais aucun fleuve n'en contient de plus grands et en plus grande quantité que la Tamise, à Londres et au-dessous. Cette abondance est justifiée par l'énorme quantité de détritus que charrie ce fleuve dans une ville où rien ne règlemente la voirie à ce sujet. Le Barbeau y pullule, mais il y est de si mauvaise qualité, que les pêcheurs de profession eux-mêmes ne le mangent pas et l'abandonnent aux plus malheureux d'entre le peuple, et à Londres cette classe est nombreuse !

Le pêcheur amateur choisit un bateau qu'il loue pour la journée, et en même temps, moyennant un salaire convenu, un batelier, qui s'engage à lui faire pêcher des Barbeaux. Pour réussir, celui-ci le mène au-dessus d'un endroit connu de lui seul, dans le cours même de la Tamise : cet endroit est amorcé soigneusement, par lui, tous les jours, au moyen de pain de creton bouilli dans l'eau. Quand le bateau est amarré au-dessus de ce coup, on amorce les lignes avec des morceaux de ce pain *composé de rognures de viande*, de débris d'animaux, de suif, et l'on commence une pêche phénoménale, *inouïe*, de Barbeaux énormes, que le batelier décroche avec un flegme tout britannique, qu'il étend au fond du bateau et dépose en tas symétriques sans donner de relâche au pêcheur et sans se préoccuper d'autre chose que d'en faire tenir le plus possible dans l'étroit espace dont il peut disposer.

Alors que l'amateur a le bras fatigué de se débattre avec ces Barbeaux qui se prennent à chaque minute, il revient à terre, paye le prix convenu, laisse le poisson qui n'a aucune valeur, et se dit qu'il a fait une pêche *fashionable*. On a pris près de Shepperton ou de Walton 150 livres de Barbeaux en cinq heures, et une autre fois, 280 livres du même poisson dans un jour entier ! Le plus gros de ces animaux pesait 15 livres et demie !

On raconte du Barbillon des choses singulières : suivant quelques auteurs, il entrerait pendant l'hiver dans un état léthargique; le fait n'étonnera point les pêcheurs qui savent qu'à cette époque on ne prend pas le Barbillon pendant les grands froids, mais qu'on le voit reparaître dès les premiers rayons du soleil. Au lieu de croire qu'il s'endort, il est plus naturel de penser que lors des froids intenses, le Barbeau se retire seulement dans les grands fonds, où la température est plus élevée puisque l'eau n'y est pas condensée en glace, et que tout le monde sait que la température à laquelle elle est la plus lourde et par conséquent celle où elle tombe au fond, est supérieure au point de congélation et située environ à 4° au-dessus de zéro.

Il est certain, en outre, qu'il recherche les endroits où des sources vives sortent de terre, soit dans les berges, soit souvent dans le lit même des rivières. Ces endroits, que l'on appelle des eaux chaudes, sont très-connus et fort appréciés par les poissons qui s'y réfugient en grand nombre, — comme les frileux à la petite Provence qui leur offre un mur au midi l'hiver, — et le pêcheur à l'épervier ne manque pas de chercher à connaître ces endroits, parce qu'il est sûr d'y faire une abondante capture.

La multiplication du Barbillon n'est pas, à beaucoup près, aussi rapide que celle des autres Cyprins, ce qui tient au faible nombre d'œufs que pond chaque femelle. Ce nombre, — petit comparativement, bien entendu, — n'excède pas sept à huit mille par individu. C'est bien peu auprès des six cent mille œufs d'une Carpe ordinaire !

Mais, en revanche, le Barbeau est un poisson plus agressif et de meilleure défense que la Carpe. Semblable au Porc, auquel nous l'avons comparé, il est méchant, glouton et rageur. Il est omnivore comme lui, mais comme lui aussi s'habitue aisément à se nourrir de chair; c'est une question de force, de vigueur et d'âge. Quoique ses mâchoires soient dépourvues de dents, son gosier en présente trois rangées un peu plus déchiquetées et déjà plus canines que celles de la *gent moutonnière* des Carpes. Aussi, quand il le peut, le Barbeau saisit-il les petits poissons imprudents qui passent à portée de son boutoir ! On l'accuse même de dévorer les cadavres ! et Marsili rapporte que lors du siége de Vienne par les Turcs, en 1689, on prit un grand nombre de Barbeaux autour et même dans l'intérieur des cadavres humains jetés dans le Danube, tandis qu'ils ne touchaient pas à la dépouille des Chevaux et des Mulets qui se trouvaient mêlés aux premiers. Donc, voici le Barbeau atteint et *convaincu* d'être anthropophage au premier chef ! Mais s'il nous aime par prédilection, nous ne le détestons pas non plus, et nous le lui faisons voir plus souvent que lui, qui n'a pas toujours une ville saccagée par les Turcs pour garnir son garde-manger.

On a beaucoup d'exemples de très-gros Barbeaux pris avec des Vérons, des Goujons ou des Ablettes, pendant que l'on pêchait, avec ces amorces, la Truite ou le Brochet au passer.

S'il a d'aussi graves défauts, le Barbillon, en revanche, est assez bon père; il se donne la peine de recouvrir les œufs que la femelle a pondus sur le sable. L'éclosion est d'ailleurs rapide, car les petits naissent du neuvième au quinzième jour. Tout ceci se passe au mois de mai ou de juin, suivant l'avancement de la saison. A cette époque, on voit souvent ces poissons se poursuivre en grandes troupes dans les endroits isolés, et y demeurer fort longtemps immobiles au soleil.

Conformé comme il l'est, le Barbeau suce sa proie, et quand il a rencontré un ver, il le prend par un bout et ne le lâche pas avant d'être arrivé à l'autre.

Aussi, quand on veut le pêcher, ne faut-il pas se presser de ferrer; il se prendra bien tout seul. Le pêcheur n'a besoin pour cela que de patience et du sang-froid nécessaire pour le laisser jouer avec l'esche et faire danser la flotte jusqu'à ce qu'il l'entraîne, alors qu'il a avalé l'amorce, y compris l'hameçon. Dans ce cas, quand le Barbeau est pris, il est bien pris, et quoiqu'il se défende courageusement, la nature grasse et cartilagineuse de sa bouche donne une telle assiette à l'hameçon qu'il est bien rare qu'il se décroche; mais, en revanche, il est beaucoup moins rare que messire Barbillon casse tout. — Avis aux imprudents !

Habitué à chercher sa proie au fond de l'eau, en grande partie à l'aide du tact dont son boutoir est l'organe, le Barbillon est à peu près omnivore.

Cependant, on a remarqué qu'il avait une préférence pour les aliments à odeur forte et désagréable. Nous n'entrerons pas dans des détails plus circonstanciés sur les observations de son palais; mais nous rappellerons aux pêcheurs que le fromage de Gruyère *le plus fort* est une des friandises qu'il préfère. Il faut toutefois qu'elle lui soit présentée dans les lieux où il se tient, c'est-à-dire *au fond*, ce qui a donné naissance à une espèce de pêche spéciale qui a reçu le nom de pêche à soutenir.

Quand l'eau est claire et transparente, le Barbeau voit de très-loin et gagne le milieu de la rivière, où il est impossible de le suivre, et alors la pêche devient nulle; mais quand l'eau est jaunie et troublée par une légère crue, après une bonne pluie d'orage, alors le succès est à peu près certain. Le Barbillon, dans ce cas, approche des rives, vient fouiller les gazons que l'eau recouvre nouvellement et y chercher les vers dont il est très-friand.

En résumé, nous y revenons pour le répéter encore, le Barbeau est un animal défiant, ami du demi-jour, faisant ses promenades et ses expéditions la nuit. Il craint le grand jour, le bruit, la foule. Pêchez-le donc la nuit, le soir ou de grand matin, si tant est que vous ne contreveniez pas aux règlements sur la pêche.

Tout est bizarrerie et contradiction dans l'histoire du Barbeau ; nous l'avons montré peureux et cependant se glissant partout, sauvage et se rassemblant en troupes; maintenant, il nous faut parler de ses talents comme chanteur. Valenciennes, dans son *Histoire des Poissons* (XVI-14), place en effet le Barbeau au premier rang des Cyprins qui, d'après ses observations, ont la singulière propriété d'émettre des sons gutturaux sous l'eau. On n'est pas encore parvenu à découvrir par quel mécanisme ces sons peuvent être produits. On les a d'abord attribués à l'exhalation de l'air; mais il est constaté aujourd'hui que pendant leur durée le poisson ne rend aucune bulle d'air par la bouche. Voilà donc encore un mystère naturel à inscrire dans l'histoire des Cyprins en général et du Barbillon en particulier.

Terminons en disant que ce poisson parvient à une taille considérable : on en a vu de neuf à dix kilog. ; ceux de quatre à cinq ne sont pas très-rares. Leurs œufs sont malsains, au moins autant que ceux du Brochet. Quelques auteurs, Bloch entre autres, affirment qu'il n'en est rien. Dans le doute, il est prudent de s'abstenir, et comme les œufs d'un poisson ne sont pas un mets bien délicat, il vaut mieux les faire enlever que de risquer un empoisonnement.

Ce fait, quoique mis en doute, disons-nous, par Bloch qui le nie et par quelques autres auteurs, résulte de trop d'accidents authentiques pour qu'on puisse nier la qualité malfaisante des œufs du Barbeau. Le docteur Vogt, de l'Université d'Iéna, rapporte à ce sujet une observation concluante en faveur du danger que l'on court en les absorbant. En ayant mangé avec un de ses amis, ils furent saisis d'une oppression considérable avec dilatation de la pupille et perte momentanée de la parole. S'il fallait citer tous les auteurs qui sont de cet avis, il faudrait faire une liste de presque tous les ichthyologistes. Contentons-nous de rappeler le docteur Antenrieth, Vallot, Lieutaud, Yarrell, etc. Dès le moyen âge, cette opinion était admise par Platina, A. Bazius, Fehr, Gessner, Aldrovand, Rondelet, Horst, Moebius, etc., jusqu'à Eller, Stark, Lacépède, etc.

A la suite du Barbeau et au nombre des poissons de fond, nous ne pouvons passer sous silence la providence du pêcheur, le fameux Goujon, espoir des fritures les plus recherchées. Comme la plupart des poissons de fond, le Goujon est muni de barbillons aux

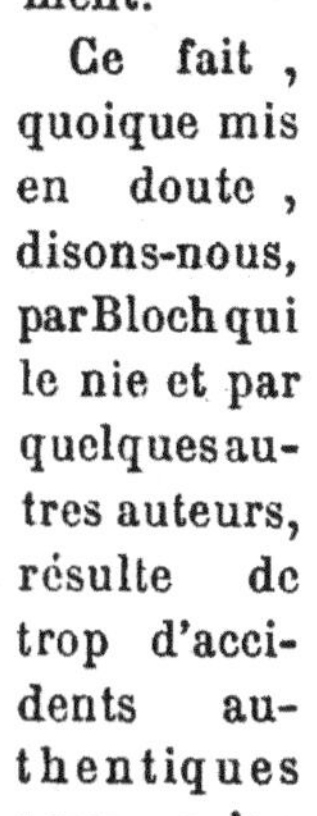

GOUJON

commissures des lèvres. Il est probable que chez tous les poissons qui vivent ainsi dans un milieu souvent peu éclairé et parmi des flots d'eau trouble, ces appendices, doués d'une grande sensibilité et d'un certain état érectile, servent d'organes du toucher et les aident à se guider au milieu des obstacles et à chercher dans le sable les animalcules, vers et débris d'animaux dont ils font leur nourriture.

Le Goujon est, comme son chef de file, assez peu gracieux de forme ; il a cependant le corps allongé, mais la tête grosse et empâtée, et, comme le Barbeau, la bouche en dessous ; son corps est presque transparent ; sur les flancs, il présente quelques écailles à lueurs changeantes, et une série de taches noires vers la queue. Somme toute, c'est un poisson sombre, couleur de sable et dont la robe, comme celle des poissons de fond, est plutôt triste que brillante. Quelques-uns ont tellement la livrée du sable que, quand ils s'y promènent, il faut un œil très-exercé pour les en distinguer, même dans l'eau claire.

Cette différence de coloration dans les poissons qui habitent les mêmes eaux, mais à des hauteurs différentes, est très-remarquable. Les poissons qui hantent la surface revêtent une robe brillante, argentée, et semblent emprunter au soleil une partie de sa lumière, au jour un reflet de son éclat. Leurs flancs sont d'argent poli, de cuivre vif ou d'acier bleui au feu, le tout chatoyant à la lumière. Tandis que le Goujon et son confrère le Barbeau ne se décèlent point par tout ce luxe de costume. Ils sont revêtus de bronze ou d'ocre ; ils vivent au demi-jour, ils voyagent la nuit, ils portent la livrée des fouisseurs et des animaux crépusculaires. Les premiers ont celle des papillons et des libellules, qui, comme eux, habitent le royaume du soleil.

Le Goujon pond au printemps une assez grande quantité de petits œufs bleus qu'il dépose sur les pierres. On remarque que dans cette espèce de Cyprins les femelles sont cinq ou six fois plus nombreuses que les mâles.

D'où vient le Goujon ? Pourquoi, pendant une partie de l'année, est-il invisible et introuvable ? Pourquoi apparaît-il tout à coup vers le mois de juillet et se pêche-t-il jusqu'à la fin du mois de novembre ? Où va-t-il ? D'où vient-il ? Sonnini, après Lacépède, l'envoie passer l'hiver dans les lacs et le fait revenir au printemps dans les rivières. Quant à nous, il nous semble qu'il serait bon d'en finir avec cette histoire des *lacs* où tous les ichthyologistes envoient se réfugier les poissons dont ils ne connaissent pas les mœurs ! Où peuvent être les lacs, en France, qui nous inondent des Goujons que nous avons partout ? De quel lac viennent ceux de la Seine, ceux de la Loire et de mille autres cours d'eau ? On ne peut pas prétendre qu'ils viennent des étangs ; la majeure partie de ces amas d'eau ne communiquent avec les rivières que par des déversoirs d'usines, qui, certes, ne permettraient pas aux Goujons d'arriver dans notre poêle à frire, s'ils devaient passer sur ou sous les roues hydrauliques que ces déversoirs font mouvoir.

N'est-il pas plus probable que le Goujon s'enfonce dans les grands fonds d'eau des rivières, y demeure dans une espèce de somnolence ou de tranquillité végétative pendant une partie de l'année, alors que la nature ne lui offrirait rien pour sa subsistance ? Ceci est une simple hypothèse. Aucun fait, sinon l'analogie, ne la corrobore. Aussi ne la livrons-nous à nos lecteurs que sous forme interrogative, en attendant que la lumière se fasse sur ce point comme sur bien d'autres, encore si obscurs de la vie des poissons.

Ce qui nous a amené à cette conclusion, c'est la remarque que la pesanteur spécifique des poissons de fond est plus considérable que celle des poissons de surface. Tous ont la chair plus dense, le corps plus compacte, plus fusiforme. Les autres ont, en quelque sorte, les larges poumons des oiseaux ; la partie thoracique est plus ouverte proportionnellement au reste du corps. Ils ont une large provision d'air qui, s'infiltrant dans dans tous leurs muscles plus lâches, en fait comme des ballons qui tendent toujours à surnager. Or le Goujon est, comme nous l'avons dit, un poisson de fond dont la densité est si voisine de celle de l'eau, quoique un peu supérieure, qu'il se tient immobile au

TANCHE.

fond, sans effort apparent. C'est sur lui que nous avons observé la curieuse manière dont les poissons s'établissent pour dormir et se reposer. Nous avons donné à cette position le nom de *station à cinq points*. Et en effet, aux approches du soir, alors que la nuit va se faire complète, le Goujon se choisit un endroit sableux entre les pierres et là établit ses nageoires pectorales et ventrales dans une position tout à fait semblable aux étais d'un navire en chantier; il porte en même temps sur le lobe inférieur de sa queue, et, ainsi fixé sur ses cinq points d'appui, il attend, immobile et la tête au courant, que l'aurore lui ramène le jour. Les ventrales étant beaucoup plus rapprochées que les pectorales, forment les étais intérieurs de ce système, les pectorales les appuis externes, et la caudale l'appui central. Si le Goujon ne trouve pas de sable, il s'établit également sur les petits cailloux, et dans ce cas reprend la même position, mais en combinant l'écartement de ses nageoires suivant la hauteur des petites pierres qui le portent.

Qui empêche de penser que ce poisson se place en hiver dans sa position favorite et y demeure ancré, sans effort, et à demi engourdi, jusqu'à ce que le printemps le ranime?

Quoi qu'il en soit, alors que le Goujon est réveillé, il aime les eaux vives, ni trop froides ni trop rapides, et se plaît exclusivement sur les fonds de sable et de petits cailloux. Mais tout habitant qu'il est des eaux vives, il recherche les eaux troubles, car il y trouve sa nourriture, et bien loin d'être sauvage et farouche comme le Barbeau, il est familier au point de venir entre les jambes du pêcheur qui s'avance dans le lit de la rivière et en trouble le fond avec ses pieds. Le Goujon d'ailleurs est curieux. Faites un peu de bruit au fond de l'eau, il accourt voir ce que c'est, quitte à se sauver ensuite; aussi les pêcheurs exploitent-ils à leur avantage ces deux remarques qu'ils ont faites : ils se placent dans une barque ou sur le rivage, et au moyen d'une perche garnie d'une palette de cuir et qu'ils nomment un *bouilloir*, ils remuent le sable au même endroit, donnant ainsi naissance à un petit nuage d'eau trouble que le courant emporte avec lui. Les Goujons, du plus loin qu'ils sentent ou voient cette eau trouble, y accourent, la suivent en remontant, et, comme ils marchent toujours en troupe, viennent se réunir autour de l'hameçon que leur tend le pêcheur près de l'endroit où le bouilloir fonctionne, et là se laissent prendre les uns après les autres.

Le meilleur appât pour ce poisson est le petit ver rouge que l'on rencontre dans le terreau ou dans le fumier; à son défaut, on prend l'asticot ou ver de viande, que l'on peut appeler à bon droit *l'ancre de salut* et la *providence pendant l'été* du pêcheur à la ligne, surtout dans les grands fleuves où le poisson en est toujours friand. Dans les petites rivières herbeuses, au contraire, l'asticot n'est pas recherché par le poisson. Il faut alors avoir recours au *chènefer* ou larve des Phryganes, aux Lombrics, aux Sangsues, etc., et surtout à la mouche pour la pêche de surface, et aux graines pour la pêche de fond.

Remarquons en passant que le Goujon est le plus petit poisson qui puisse sauver le pêcheur de la *bredouille*, car on revient bredouille de la pêche comme de la chasse. L'Ablette, le Véron ne comptent pas; la majeure partie des pêcheurs même les rejettent. De même que le chasseur ne remplit pas son carnier de Moineaux et de Pinsons qui, le soir, ne lui seraient pas comptés sur la table d'office, de même le pêcheur malheureux garde son unique Goujon qui lui sauvera l'humiliation du *chou-blanc*; il rapporte un menu gibier, c'est vrai, mais enfin un gibier d'eau reconnu et apprécié; cela lui compte comme l'unique Cailleteau qui garde le collégien débutant des plaisanteries qu'il redoute.

Hélas! nous avons tous passé par là : que n'y sommes-nous encore, quitte à revenir bredouille! Premiers enivrements de la chasse, qu'êtes-vous devenus? Nous n'avons plus l'âme assez neuve, l'esprit assez impressionnable, le cœur assez ouvert aux impressions extérieures pour sentir un bonheur pareil à celui que procure la première chasse avec *son* fusil : son fusil, gagné par un prix au concours, un examen brillamment passé, que sais-je, une de ces quelques fêtes de famille dont le fils est le héros et dans laquelle le père, avec un orgueil bien légitime et qu'il ne veut pas laisser voir, savoure, lui aussi, l'espoir que son nom ne déchoira point. Et la première pièce de gibier! Qui peindra le mouvement de rapidité naïve du chasseur? Aussi, en pensant à ces jouissances, mon esprit me reporte malgré moi à mon premier Lapin. J'avais douze ans et un petit fusil à un coup gagné sur le champ de bataille du lycée par un double prix d'excellence; malheureusement, je possédais plus d'ardeur que de science, et mes débuts ne répondirent pas à mes désirs. J'avais, hélas! les défauts de mes qualités, trop de vivacité que l'âge s'est chargé d'anéantir!

Bref, un beau matin que nous chassions dans un parc du beau pays du Maine, Ravaude et Ratonneau s'empressèrent de mettre debout trente ou quarante Lapins les uns après les autres, et un pauvre malheureux eut la malencontreuse idée de sortir du fossé et de suivre le bord des broussailles épaisses qui, dans ce pays, remplissent la cavité de ces fossés. Comment se fit-il que mon coup de fusil, que je lui envoyai en plein travers, le jeta dans les épines? je ne le sais plus, mais ce que je me rappelle comme d'aujourd'hui, c'est qu'il n'était pas encore au fond du fossé qu'en trois bonds j'y étais avec lui, et que j'en sortais, non sans égratignures, mais avec mon Lapin tenu par les pattes de devant et gigottant encore sa dernière convulsion! — S'en va l'heure présente rejoindre ses sœurs aînées, s'écoulent les jours qui forment des années, mais le chasseur est père et se fait fête de surprendre dans son fils les mêmes joies qui ont embelli sa jeunesse. Cercle sublime des affections du cœur, c'est toi qui anoblis tout!

En continuant à passer la revue des Cyprins munis de barbillons à la mâchoire inférieure, nous arrivons, toujours sans quitter la famille si nombreuse des *mangés*, à l'étude des mœurs de la Tanche. Elle n'a, non plus que le Goujon que nous venons de voir, que deux barbillons. Son dos est bombé comme celui de la Carpe, ses couleurs sont encore plus foncées et plus ternes, quoiqu'elle ait sur les flancs quelques beaux reflets bronzés; elle a les nageoires presque noires ou violet foncé, épaisses, charnues et peu propres à une natation rapide. Aussi la Tanche est-elle encore plus sédentaire que la Carpe, avec laquelle elle vit et fait bon ménage. Quoique le plus souvent d'une taille beaucoup inférieure à sa compagne, nous tenons du Dr Chenu que l'on pêche des Tanches de près de 5 kilogrammes. Ces monstres sont rares, car nous n'avons jamais vu de Tanches d'un poids supérieur à 1 kilo et demi. Il faut pour produire des animaux d'une taille aussi énorme que celle que nous venons de citer des circonstances particulières de nourriture et d'habitation, sans compter un nombre d'années considérable.

La Tanche a été, dit-on, retrouvée dans les étangs de tout le globe. Selon qu'elle habite des eaux vaseuses et sur des fonds tourbeux, ou des eaux pures et sur des fonds de sable, sa chair est mauvaise ou véritablement exquise. Elle a la vie extrêmement dure et peut rester longtemps hors de l'eau sans périr. Elle ne craint pas le froid; on la voit souvent, pendant la plus grande intensité de l'hiver, se jouer aux limites de la glace quand celle-ci s'épaissit sur les lacs et les ruisseaux; aussi l'y rencontre-t-on parfois emprisonnée.

Peu de poissons, excepté le Goujon, sont aussi sujets que la Tanche à varier de couleur suivant la nature de l'eau et du fond, suivant l'âge, le climat et la nourriture. J'en ai pris qui étaient couleur de chair, et d'autres presque noires; mais les premières étaient nées dans un étang d'eau jaune et sur un fond d'argile claire, les secondes dans des tourbières. Comment la couleur de l'eau, celle du fond, modifient-elles la couleur du poisson? Encore une *inconnue* dans le problème de *tout savoir*. On dit aussi que les mâles sont d'une nuance plus claire que les femelles.

Il est probable que pendant la saison froide, les Tanches s'enfoncent et s'engourdissent dans la vase, car à cette époque de l'année elles font comme les Carpes, elles disparaissent; on ne les voit déjà que difficilement dans la saison chaude, en hiver on ne les voit plus du tout, et l'on n'en prend même ni à la ligne ni au filet.

Parmi les poissons, la Tanche passait, au moyen âge, pour avoir une foule de vertus particulières : elle guérissait la fièvre, la peste, que sais-je encore? Les progrès de l'observation ont fait heureusement justice de ces croyances singulières, mais qui peut-être ne reposaient pas entièrement sur l'erreur. Nous sommes convaincu que la science reviendra sur beaucoup de choses qu'elle a décriées et abandonnées un peu trop sans examen et de parti pris, car un fait vrai peut être interprété de mille manières différentes suivant le degré d'instruction de celui qui l'observe, et sans être persuadé que les croyances que nous signalons reposaient toujours sur des faits avérés, nous ne pouvons nous empêcher de croire qu'au fond de ces bizarres rapprochements il pourrait se trouver un grain de vérité utile enfoui sous une forte couche d'erreur. Il semble si simple de croire que la nature offre, disséminés dans toutes ses parties, des remèdes appropriés aux maladies que son essence comporte, que l'on se rend très-bien compte de la tendance qu'ont eue les hommes peu éclairés d'appliquer au hasard toutes les choses qui leur tombaient sous la main. De là, sans aucun doute, des conclusions erronées, tirées d'effets de hasard, mais de là, aussi, une certaine somme de découvertes utiles dont l'histoire n'a jamais été faite et ne serait pas un des moins curieux chapitres de l'éducation humaine.

La Tanche clôt, pour cette étude, la première grande division des *mangés* ou des Cyprins-Carpes. Nous allons maintenant étudier la seconde, qui porte le nom de Cyprins-Ables, et, parmi les pêcheurs, la dénomination de *Poissons blancs*. Ce sont ces nombreuses tribus d'individus qui forment la manne des rivières, le menu peuple des eaux, la provende de tous les carnassiers quels qu'ils soient, oiseaux, poissons, quadrupèdes ou bipèdes. Il n'est pas possible de jeter les yeux du haut d'un pont sur un ruisseau quelconque qu'il traverse, sans voir à la surface quelque représentant, petit ou grand, de ce peuple innombrable. Individu petit ou grand est bien dit, car au nombre de ces animaux nous trouvons une ou deux espèces des plus petites que nous possédions en France, et aussi, parmi eux, des poissons d'une taille très-respectable, de 3 à 4 kilogrammes.

C'est surtout parmi ces familles que la nomenclature scientifique est embrouillée par suite d'une synonymie mal établie. Mais, il faut bien le dire, cette synonymie est telle par l'immense difficulté de séparer suffisamment des espèces dont les caractères sont excessivement inconstants, peu marqués, et par conséquent permettent aux individus de passer d'une espèce à la voisine avec la plus grande facilité. Ce fait est surtout remarquable dans les Ables des plus grosses espèces.

Nous commencerons l'étude des poissons blancs par la Brème, celui de tous qui se rapproche le plus de la Carpe par sa forme large et aplatie, mais qui en diffère beaucoup, par sa couleur d'abord, qui est argentée comme celle de toutes les Ables, et par son corps aplati latéralement et très-large par rapport à sa longueur. Si l'on veut se rendre compte de l'habitation simultanée de ce poisson et des Carpes, avec lesquelles il fait bon ménage, il faut dire que la Carpe habite le rez-de-chaussée des étangs, et la Brème le premier étage; maintenant, pour compléter l'analogie, nous mettrons la Tanche à la cave, et nous verrons plus loin quels sont les poissons qui habitent au deuxième étage, au grenier, et sur le toit.

La Brème se trouve dans la plupart des lacs et des cours d'eau du continent européen, dans le Nord, jusqu'en Suède et en Norwége, où elle est très-commune et atteint des proportions gigantesques. Elle paraît aimer les grandes étendues d'eau, et profite beaucoup dans les canaux et dans les cours d'eau dont la marche est lente et paresseuse. En Angleterre certains lacs, certaines rivières contiennent des quantités de Brèmes incroyables dont le poids moyen est de deux kilogrammes. A ce sujet nous remarquerons que la Brême semble plus estimée en France qu'en Angleterre, car nous avons été étonné de trouver dans Isaac Walton, un dicton français que nous ne connaissions pas et dont voici le sens :

« Qui a Brême en son vivier peut fêter un ami. »

Mais Isaac Walton, le père des pêcheurs à la ligne, n'est pas un auteur moderne; il écrivait en 1653, du temps de Cromwell; faut-il en inférer que du temps du fameux Protecteur les gens étaient moins difficiles qu'aujourd'hui en fait de cuisine, et que la Brême semblait à nos grands-pères un mets plus succulent qu'il ne paraît aujourd'hui à leurs petits-fils? Sous Édouard III d'Angleterre, la Brême était le manger à la mode. Il ne faut pas s'en étonner ; sous Guillaume le Conquérant on mangeait bien à la cour du Marsouin et de la Baleine, et certes ces deux viandes ne forment pas un régal bien séduisant, à moins que, comme on dit, la sauce qu'on y ajoutait ne fît passer le poisson ! Les populations du nord de l'Europe, qui pêchent une grande quantité de Brêmes, les font sécher pendant l'été, et en hiver s'en nourrissent avec des pommes de terre.

La Brême est un poisson qui marche par compagnie. En été, dans les eaux limpides et calmes, on voit ces troupes qui se promènent lentement et gravement autour des herbiers et semblent inspecter leur domaine. Très-peureuse, la Brême fuit au moindre bruit, à ce point que pendant le temps du frai, si elle n'ose approcher du rivage pour y déposer ses œufs, elle meurt par leur décomposition dans son corps. A cette époque, qui concorde ordinairement avec le mois de mai, chaque femelle est suivie de quatre, cinq ou six mâles qui ont revêtu la livrée des amours; car, à ce moment, le corps de ceux-ci se marquette de taches tuberculeuses, noirâtres, analogues à des verrues sur les uns, blanches chez les autres, mais qui, chez tous, rendent les écailles rudes au toucher. Ces appendices disparaissent d'eux-mêmes quand la saison du frai est passée.

On comprendra facilement l'immense production de ces animaux et leur diffusion dans tous les cours d'eau, quand nous aurons dit, d'après Bloch, que la Brême pond en moyenne 130,000 œufs! Elle les dépose sur les roseaux, parmi les herbes, et ils éclosent promptement. La Brême se prend non-seulement où se prend la Carpe, mais encore où se prend le Gardon blanc et le Gardon rouge, dont nous allons décrire les mœurs un peu plus loin.

La Brême aime, comme la Carpe, les appâts de graines cuites, et le pêcheur à la ligne la prend souvent avec du blé; mais il est averti, dès qu'elle mord, qu'il a affaire à une Brême, car elle attaque l'esche d'une manière tout à fait caractéristique. Au lieu de faire enfoncer la flotte, elle la fait sautiller sur l'eau et la soulève, sans doute parce qu'elle joue avec l'amorce et passe dessous avant de se décider à la manger. Mais quand la Brême est piquée, elle fuit rapidement et se défend avec courage.

Sans être une aussi belle et surtout une aussi difficile capture que la Carpe, la Brême compte parmi les poissons d'eau douce que le pêcheur à la ligne aime à rapporter dans son carnier; d'autant plus qu'elle est d'un caractère singulièrement inconstant et ne mord que dans ses moments de bonne humeur. Quand le soleil est vif, l'eau claire, le temps calme, elle dort à l'ombre ou se chauffe au soleil en se promenant gravement; elle ne mord pas, elle jouit du *far-niente*. Dans ce moment, elle fuit à la moindre alerte, et d'autant plus facilement que vingt-cinq ou trente Brêmes à la fois y voient beaucoup plus clair qu'une seule, et qu'elles découvrent le pêcheur à une très-grande distance. Celui-ci n'a, dans ces moments, qu'une ressource : celle de se coucher à l'ombre, d'y admirer l'eau, les arbres et les nuages, en attendant que le soir arrive et ramène à la Brême un appétit suffisant pour qu'elle daigne mordre à l'appât qu'il lui offre.

(La suite prochainement.)

Paris. — Imprimerie WIESENER et Cⁱᵉ, rue Delaborde, 12.

Ce Recueil paraît une fois par semaine. — On s'abonne à Paris, à la Librairie L. HACHETTE et Cⁱᵉ, boulevard Saint-Germain, nº 77. Les abonnements se prennent du 1ᵉʳ de chaque mois. — Paris, six mois, 4 fr.; un an, 8 fr. — Départements, six mois, 5 fr. ; un an, 10 fr.

Gardon blanc. — Gardon rouge. — Parallèle de leurs caractères. — Dictons populaires. — Les Crêpes. — Le Gardon bleu. — Les Pigeons des Rivières. — Ide. — Jesse. — Dobule. — Naze. — Chevesnes. — Appâts divers. — Dard ou Vandoise. — L'Ablette. — Essence d'Orient. — Le Véron. — La Véronnière.

On trouve dans nos eaux une plus petite espèce de Brème à laquelle on donne le nom de Brème Bordelière, et dont la taille ne dépasse pas un décimètre. Elle se distingue de la Brème commune par sa ligne latérale qui est très-visible et d'un beau bleu foncé. C'est un des plus jolis poissons que l'on puisse mettre dans un

Brème.

aquarium d'appartement; elle y vit bien et contraste par sa couleur brillante et sa forme aplatie avec le Véron et autres Cyprins que l'on y entretient.

A la suite de la Brème et tout à côté d'elle, se rangent les Gardons blancs et les Gardons rouges, qui s'en rapprochent quelquefois tellement, surtout le premier, par la forme du corps, qu'on est tenté de croire que des croisements peuvent exister entre ces espèces si voisines. Cependant la forme de la nageoire de l'anus, beaucoup plus large chez la Brème pure, les distingue;

mais ce caractère n'est pas beaucoup plus constant que les autres, et nous avons pris des Brêmes qui portaient une anale très-peu plus grande que celle de certains Gardons blancs.

Les Gardons forment avec les Brêmes la grande masse du peuple des eaux douces; on les trouve partout, au fond quand ils sont gros, entre deux eaux et à la surface, suivant le temps, quand ils sont petits.

Ces poissons offrent au pêcheur un plaisir de plus que la Brême, ils mordent très-bien à la Mouche naturelle : ce qui fait que quand on ne réussit pas à la pêche de fond, on réussit à coup sûr à la pêche de surface, car ces deux manières s'excluent comme saison et comme heure du jour.

Il existe donc deux espèces distinctes de Gardons, mais qui sont quelquefois extrêmement difficiles à reconnaître, parce que, suivant la saison, l'âge et les eaux, la robe de ces poissons varie. Or, comme ils ne se distinguent que par deux rayons de plus ou de moins à la nageoire du dos, il s'ensuit que la modification qu'ils éprouvent de ce côté est excessivement faible. Cependant, en les comparant très-attentivement sur nature, nous sommes arrivé à les séparer ainsi :

Gardon rouge.

Yeux rouges.
Nageoire dorsale, 8 à 10 rayons.
Nageoire pectorale, 15.
Corps plus long et plus plat.
Écailles à reflets rougeâtres.
Toutes les nageoires rouge plus ou moins foncé.
Ligne latérale, 40 écailles.

———

Gardon blanc.

Yeux jaune clair.
Nageoire dorsale, 10 à 12 rayons.
Nageoire pectorale, 17.
Corps allongé.
Écailles blanches.
Nageoires pectorales blanches.
Dorsale presque blanche.
Ligne latérale, 43 écailles.

Ce Gardon, qui rappelle beaucoup la Brême par sa forme plate, s'en distingue cependant au premier coup d'œil par ses nageoires non bordées de brun noir, tandis que la dorsale, l'anale et la caudale de la Brême offrent cette terminaison constante.

Rien n'est joli comme le Gardon se jouant dans les eaux vives et limpides qu'il recherche de préférence. Ses nageoires rouges tranchent sur la teinte argentée de ses flancs, tandis que son dos présente les couleurs variables des mousses dont les touffes mobiles tapissent le fond des rivières. Aussi, quand mollement bercé par ces tiges onduleuses qui cachent ses flancs on ne l'aperçoit que par le dos, serait-il très-difficile à distinguer, si ses grands yeux couleur *de sang* ou d'or bruni, cerclés de jaune, ne le décelaient à l'observateur.

Je ne sais d'où viennent les dictons que le nom du Gardon rappelle ; on dit : Vif comme un Gardon. On dit aussi : Frais comme un Gardon. Quant au premier proverbe, malgré l'autorité que présentent *tous* les aphorismes échappés à la *sagesse* des nations, le Gardon, pour l'observateur, n'est ni plus vif ni plus pétulant que les autres habitants des eaux douces qui l'entourent. Au contraire, à moins qu'il ne s'effraye subitement d'un objet plus ou moins insignifiant, auquel cas il disparaît comme l'éclair, le Gardon est nonchalant et promeneur, flâneur même. Il se montre presque toujours entouré de ses pareils, il marche en troupe, les petits formant cortége aux gros. Aussi, quand le pêcheur veut les prendre, il faut qu'il change de place jusqu'à ce qu'il ait rencontré ce que, dans son argot expressif, il appelle une *moulée*, et comme il sait en outre que messire Gardon est casanier et maniaque, il va le chercher toujours aux mêmes endroits, près de la même touffe d'herbe, et c'est là qu'il le rencontre, invariablement occupé à se promener doucement en long et en large, ou à dormir paresseusement au soleil en hiver et à l'ombre en été.

Tel est le Poisson que le dicton populaire représente comme le modèle de la vivacité. Ce serait bien le cas de s'écrier : Et c'est ainsi qu'on écrit l'histoire..... naturelle !

Si maintenant nous passons au second proverbe cité tout à l'heure, c'est bien pis encore, et nous tombons en pleine étymologie, c'est-à-dire en pleine cacophonie. Vous allez, cher lecteur, en juger par les quelques citations que je me suis fait un plaisir de rassembler pour vous les offrir. Les Anglais disent : « As sound as a Roach, » aussi sain qu'un *Roach*. Or, qu'est-ce que Roach? Le langage usuel d'aujourd'hui dit : *Roach* est *Gardon*. « Mais, dit Yarrell, il ne faut pas oublier que dans le vieux langage ichthyologique, le nom de ce poisson était : *Roche*, mot probablement dérivé du français. » (Oh! oh! Yarrell, mon ami !) La pensée dès lors se manifeste, si nous admettons un calembour sur le mot, et nous devons alors lire : « As sound as a *Rock*, » aussi sain qu'un Roc! — Ouf!!! j'espère que ma bonne volonté de tout expliquer est singulièrement aidée par un rapprochement aussi ingénieux ! Et que le hasard m'a mis à même de vous offrir, cher lecteur, un modèle de déduction étymologique? Certes, le brave naturaliste anglais a besoin de toute notre admiration de ses œuvres, pour que notre fou rire ne détruise pas la gravité magistrale avec laquelle il échafaude de pareilles sornettes.

Il y a cependant au fond de tout ceci une idée comparative qui se retrouve dans toutes les langues à peu près. Les Anglais disent : Sain comme une Truite. Les Italiens eux se servent de l'idée générale : *È sano come il pesce!* Imitant en cela Juvénal qui, dès longtemps, a dit : *Sanior in pisce.*

Quoi qu'il en soit, le Gardon n'a pas plus de droits que ses autres compagnons au titre de *frais* ou de *sain* représentant du peuple aquatique. Je ne serais pas éloigné de penser que par une élision de mots qui se remarque dans beaucoup de dictons, le mot *frais comme un Gardon* ne rappelât l'idée : *frais comme l'eau qu'habite le Gardon.* Voilà une origine de plus. Hésite, si tu veux, ou choisis si tu l'oses ! Quant à la forme générale de son corps, le Gardon rappelle tellement celle de la Carpe que les plus gros d'entre eux prennent, dans le monde des pêcheurs, la dénomination de *Gardon carpé*; mais nous n'avons pas besoin de faire remarquer que la coloration rose ou rouge des nageoires est *toujours* suffisante pour distinguer le Gardon de sa compagne de promenade. Le Gardon rouge pond un mois à peu près avant le Gardon blanc, le premier en avril et le second en mai, tous les deux vers la fin de ces mois. A cette époque, leurs écailles présentent le même phénomène de rugosités que celles de la Brème, leur cousine germaine. Le nombre de leurs œufs est prodigieux et garnit la plupart des plantes aquatiques qui poussent dans les étangs où ces poissons dominent.

Vif comme un Gardon doit se dire de la manière dont ce poisson attaque l'amorce ou l'esche que lui offre le pêcheur au bout de sa ligne. Le Gardon aime tout ce qui remue, tout ce qui a une couleur tranchante. Présentons-lui un petit ver à tête noire, bien frétillant, un asticot blanc, un ver de vase à la couleur de sang vermeil, une boulette de mie de pain, un morceau de crêpe; — mais oui, de crêpe; — on en fait exprès pour lui; — nous allons voir cela tout à l'heure; — le Gardon accourra; il tâte, il lâche, il revient, il est déjà parti. Pendant tout ce manège, c'est à peine si, dans l'eau la plus calme, la plume a tressailli. Rien n'égale l'habileté de ce petit larron. Il a enlevé l'amorce et se rit du pêcheur à quelques pas de lui, attendant une nouvelle tentative dont presque toujours il sortira vainqueur et triomphant au profit de son estomac.

Mais le pêcheur, désappointé et averti, se tient sur ses gardes; au premier mouvement de la plume, il ferre légèrement, vivement, et le pauvre Gardon vient sur l'herbe attendre son tour d'aller dans la poêle.

Aussi, la pêche du Gardon est-elle un assaut de finesse et de ruse entre le pêcheur et le pêché, et fort souvent, quand le vent se met de la partie, c'est le pêché qui a le dessus et le pêcheur qui revient bredouille.

Ceci nous amène à l'histoire des crêpes, spécimen de cuisine approprié aux goûts somptueux de messieurs les Gardons. C'est à Essonne que j'appris cette préparation merveilleuse, et mon précepteur, hélas! fut un gamin de la fabrique. Je voyais ce petit scélérat enlever à côté de moi Gardon sur Gardon et les mettre dans son sac d'un petit air narquois qui me donnait fort à penser que le coquin regardait en pitié mes amorces diverses et mes vers de vase qui n'avaient ce jour-là aucun succès près des Gardons. Au contraire, ils semblaient se disputer son amorce, et à chaque minute je voyais ces pauvres poissons voltiger en l'air et décrire une courbe gracieuse qui les amenait sur le gazon. J'aurais bien voulu savoir de quel appât merveilleux se servait le *môme* et je l'observai. Il avait dans sa poche une espèce de plaque mince et blanche dont il prenait un petit morceau, remettant sans façon le reste dans l'endroit d'où il l'avait tiré.

J'étais, je l'avoue, fort intrigué; mais je tenais bon contre ma curiosité et je n'aurais pas demandé un renseignement pour tout au monde, tant j'étais humilié et vexé de voir cet enfant me damer le pion d'une si furieuse manière.

Heureusement le hasard vint à mon secours : la vérité sort de la bouche des enfants; celui-ci appelle un ami qui passait à portée : « Hé, Zidore ! Hé ! dis donc « à m'man qué' m' fasse un' crêpe ? la mienne est « f'nic !... » Je compris — que je ne comprenais pas encore — mais que du moment qu'il s'agissait d'une crêpe et que la mère était mêlée là dedans, je pourrais savoir le mot de l'énigme. Je me levai; car, dans mon découragement, je m'étais laissé aller sur l'herbe; je gagnai la maison voisine et je trouvai la bonne femme en train de confectionner la pâtisserie *gardonnière*. On prend une cuillerée de farine que l'on délaye avec un peu d'eau, on ajoute une pincée de sel et on met cette colle dans une poêle un peu graissée; on chauffe, on retourne, et l'on sert chaud : la crêpe est faite. Elle doit être blanche et non rissolée.

Je m'en fis faire une, et je revins modestement faire concurrence à mon gamin auquel je fis voir que j'en savais, la crêpe aidant, tout autant et même plus que lui. Aussi, pour lui montrer la supériorité du limerick sur les hameçons ordinaires, je lui en donnai deux des premiers dont il fut aussi content que moi de la recette qu'il m'avait par hasard fournie, et que je vous donne, cher lecteur, non par hasard, mais avec préméditation.

Essonne est le pays de prédilection du Gardon, et grâce à l'hospitalité charmante que le directeur de la papeterie me donnait dans son jardin si magnifique, j'y ai fait des pêches miraculeuses — avec la crêpe et surtout avec la mouche naturelle et le ver de vase. Tous les jours ne se ressemblent pas !

En Angleterre on trouve une troisième espèce de Gardon que nous n'avons pas et qu'on nomme l'Azurine dans le pays en général, et Gardon bleu dans le Lancashire; d'après Agassiz, cette même espèce se rencontre aussi dans quelques lacs de la Suisse. Je ne sache pas qu'elle ait jamais été rencontrée en France jusqu'à présent; ce qui ne prouve point qu'elle n'y existe pas, car dans nos montagnes, beaucoup d'observations restent à faire, et il y a encore pas mal de petits lacs dont la population est très-imparfaitement connue.

Dans tous les cas, comme ce poisson présente une chair ferme et de très-bon goût, se rapprochant de celle de la Perche, son acclimatation en France serait un véritable bienfait. Aussi reprendrons-nous l'étude du Gardon bleu quand nous nous entretiendrons de la pisciculture et du repeuplement des eaux. Disons seulement ici que ce poisson atteint le poids d'un demi kilogr., qu'il est vif, hardi, qu'il a la vie dure, qu'il se nourrit comme les Carpes et pond en mai.

Quoiqu'il soit probablement difficile sur le choix des eaux qu'il préfère, puisqu'on ne le rencontre pas partout, et qu'il est généralement cantonné, rien ne semble s'opposer dans ses mœurs à ce que son acclimatation soit sérieusement essayée.

Le nom de ce poisson vient de ce qu'il a le dessus de la tête, le dos, et les côtes bleu ardoise passant insensiblement à un beau blanc d'argent sous le ventre; tout son corps est revêtu d'un éclat métallique. Il a les yeux blancs teints d'un jaune léger et les nageoires incolores.

Après le groupe des Gardons vient celui des poissons de surface proprement dits, tous à peu près semblables aussi, tous de même taille, sauf quelques *géants* hors ligne. Race omnivore, toujours en mouvement, semblant voler à la surface des eaux comme le Ramier dans les airs, sans effort, avec une sûreté de direction qui confond l'esprit. Aussi avons-nous donné aux membres de cette grande famille le nom de *Pigeons des rivières*. Les dangers pullulent autour de ces pauvres animaux; non-seulement, comme leurs frères terrestres, ils sont toujours en butte aux poursuites des Aigles, Buzards, Balbuzards et autres tyrans des airs, mais encore ils sont, dans leur élément, la proie désignée pour assouvir le formidable appétit des Tigres d'eau douce que nous connaissons.

En nommant l'Ide, le Jesse, le Dobule et le Naze, nous aurons passé en revue quatre espèces très-voisines l'une de l'autre et si peu distinctes qu'elles portent le même nom dans différents pays, ce qui établit une synonymie extrêmement confuse. D'autant que n'existant pas en général simultanément dans les mêmes eaux, il en résulte que le même nom s'applique à des espèces différentes. Les pêcheurs les nomment Chevesnes, Juernes, Meunier, Chaboiseau, Têtard, Vilain, Garbotteau, etc. etc., et toutes les modifications de ces différents noms. Ce qu'il y a de remarquable, c'est qu'en anglais, la même confusion de dénomination existe au sujet des mêmes poissons : Ide, Chub, Dobule ; les pêcheurs les nomment : Schelly, Skelly, Esk, Caldew, Irthing, Petterill, Line, Liddel, Lowther, Eamont, Chevin, etc. Certes voilà une nomenclature aussi riche que la nôtre. — En passant, je ferai remarquer l'analogie du mot anglais *chevin* avec notre mot *chevesnes* pour désigner le même poisson.

Tout ceci ne serait rien encore si la confusion n'existait qu'au camp des pêcheurs; mais, hélas ! elle existe au camp des savants, et, chose rare, eux qui abondent en dénominations techniques, en nomenclature *sur-utile*, ils n'ont pu trouver ici un nom pour chaque poisson. Exemple : Heckel et Kner n'ont qu'un nom : *Idus melanotus*, pour désigner l'*Ide* et le *Jesse ;* Linné appelle le *Jesse* : *Cyprinus idus*, mais c'est le *Dobule* que Bloch appelle *Cyprinus idus*, tandis que Cuvier donne le nom de *Leuciscus idus* à l'*Ide*. Lequel écouter ? Qui a raison ? Linné nomme le Dobule : *Cyprinus cephalus ;* soit, mais alors comment faire ? Flemming donne le nom de *Leuciscus cephalus* aux Jesses ! — et ainsi de suite, et tutti quanti !

Il semble plus simple d'admettre avec Heckel et Kner que l'Ide et le Jesse de Linné sont la même espèce, identique avec l'espèce Ide d'Ekstrêm, ce qui simplifierait la nomenclature en supprimant une espèce.

Quoi qu'il en soit, le Chevesne ou Meunier est le poisson le plus commun des eaux douces : il n'y a pour ainsi dire pas de petite rivière où il ne se trouve. Souvent même il parvient à de très-belles dimensions dans des ruisseaux où l'on ne soupçonnerait point la présence d'un poisson semblable. J'ai pris, à la Mouche, dans un petit bras de rivière rempli de nénuphars et d'herbes, où l'eau, quoique vive, n'avait pas soixante centimètres de profondeur sur deux mètres de largeur, des Chevesnes en grand nombre, du poids d'un kilogramme. C'est peu pour un poisson dont le poids atteint souvent trois à quatre kilogrammes, mais c'est beaucoup pour le volume d'eau du ruisseau où je pêchais.

On voit ces poissons se tenir autour des moulins d'où leur vient leur nom de *Meunier*. Combien de fois, assis à l'ombre près de la roue, n'avons-nous pas laissé couler les heures en observant les mœurs de ces patriarches de l'espèce. Généralement, ils choisissent pour habitation les trous que forment les eaux des déversoirs quand elles emportent le fond, par les grandes crues de l'hiver. Ces trous sont le plus souvent tapissés de grosses pierres ou de roches qui rendent toute pêche au filet impossible; aussi le gros Chevesne y élit-il domicile et s'y promène-t-il gravement avec l'assurance d'être chez lui. Et, en effet, rien n'est plus difficile que de se rendre maître d'un de ces doyens du pays, parce qu'étant fort âgés, ils ont échappé à beaucoup d'attaques, sont devenus rusés, défiants, et aussi savants en tours

GARDON BLANC.

divers, que le pêcheur qui les attaque et a grande envie d'en parer son carnier.

Dans les rivières et les fleuves ce poisson se prend au contraire très-facilement ; c'est la pêche la plus intéressante à faire du haut des ponts, autour des arches desquels il se tient toujours en troupe nombreuse renfermant de fort beaux individus. Toutes les espèces de Meuniers ou Chevesnes ont le corps massif et plus arrondi que la Carpe et la Brême, la tête plus ou moins obtuse, la gueule grande comme il convient à des animaux qui passent leur vie à gober, à happer tous les objets qui passent au courant de l'eau. Ce sont les grands nettoyeurs des rivières : tout leur est bon. J'en ai vu d'énormes remonter du fond de l'eau pour engloutir de petits chats naissants, dont, comme disent les enfants, on avait fait des matelots.

Ce poisson passe tout le printemps à faire la chasse aux Hannetons et à ramasser à son profit tous ceux que le vent de la nuit ou l'épuisement de leurs forces précipite dans la rivière, et Dieu sait si le nombre en est immense ! Mais le Chevesne a un appétit de circonstance ; il vient de frayer, il a besoin de se refaire, et il gobe sans relâche jusqu'à ce que le pêcheur, usant des mêmes moyens, attache un Hanneton à sa ligne et prenne le gourmand à son profit. Après le Hanneton, le Chevesne recherche la cerise, qu'il aime beaucoup. Quand la saison des cerises est passée, il chasse aux Sauterelles et aux Papillons de nuit, ce qui le conduit à la fin de l'été ; alors il entre en vendange car il aime beaucoup le raisin. N'oublions pas qu'il ne dédaigne pas non plus les groseilles à l'occasion, que les entrailles de poulet lui tiennent lieu d'andouillettes et qu'il fait un très-bon repas de sang, quoique non préparé comme pour l'homme, en boudin appétissant ! Aussi tous ces appâts sont-ils employés avec succès ; mais celui que nous leur préférons, c'est la Mouche simple, et quelque jour nous décrirons ici cette pêche intéressante, productive, et surtout non sédentaire.

La chair du Chevesne est en général de qualité inférieure, et sur nos tables actuelles on n'en fait pas un

Chevesne ou Meunier

grand cas, tandis qu'il n'en était pas de même il y a quelques centaines d'années, car, en parlant du Chevesne, I. Walton écrit ceci : « *I will make it, however, say's Piscator, a good fisch by dressing !* » *To wich Venator responds,* « *'Tis a good meat as I over tasted.* » Ce qui peut encore provenir de la valeur si différente que les eaux donnent à la chair des poissons qui les habitent.

A la suite des Chevesnes il faut placer le Dard ou la Vandoise, qui n'en est que le diminutif, et en présente la forme et les mœurs. Un peu plus sauvage encore que le Juerne, le Dard nage avec une extrême rapidité ; il remonte le courant comme une flèche et disparaît au loin ; sa rapidité de natation ne peut guère être comparée qu'à celle de la Truite et du Saumon.

Quoique très-voisin du Chevesne, le Dard cependant n'habite pas toujours les mêmes eaux ; tandis que le premier se trouve un peu partout, en Suède, en Allemagne, en Angleterre, en Russie, en Sibérie même, dans le Rhin, le Weser, le Danube, la Loire, la Garonne ; le second est à peu près confiné en France, en Italie et en Allemagne. En Angleterre on en trouve une espèce que les auteurs nomment *Graining*, et qui est si voisine du Dard ordinaire, que ce n'est vraiment pas la peine de l'en séparer. Car quoique les nageoires de l'un offrent un rayon de plus que la même nageoire de l'autre, la différence du climat peut produire une variation même plus considérable. D'autant plus que ce n'est pas chose si facile que cela paraît, de compter les rayons de la nageoire d'un poisson. En effet, avec un peu de bonne volonté, on peut très-facilement faire varier ce nombre, parce que les rayons externes, surtout les postérieurs, sont très-souvent dédoublés ou à demi formés. Dans d'autres cas, il existe à cette place des appendices de formes diverses, et la détermination exacte devient extrêmement difficile et beaucoup trop élastique. Aussi, pour nous, le *Graining* est le Dard français, ou une variété insignifiante de l'espèce.

Le Dard ou Vandoise est un poisson dont la grosseur n'est jamais bien considérable et ne dépasse guère le poids d'un demi-kilogramme. Il se prend absolument comme le Chevesne, surtout à la Mouche. Il peuple la surface de l'eau en abondance et passe sa vie à faire la chasse aux Mouches, Insectes et Vers que le vent pousse dans la rivière ou que le courant entraîne. On le distingue à première vue du Chevesne encore jeune parce que le Dard a la tête plus petite, plus pointue, et la queue plus fortement fourchue, rappelant celle de l'Ablette dont nous nous rapprochons peu à peu, et dont nous parlerons tout à l'heure plus en détail. Nous étudierons dans un autre article l'appât de prédilection de la Vandoise, nous voulons parler de la larve de la Phrygane, connue sous le nom de *Chènefer* ou *Portebois*, et dont l'histoire est des plus intéressantes.

Le Dard fraye après le Chevesne, c'est-à-dire vers la fin de mai ou les premiers jours de juin. C'est un joli poisson dont le dos est bleu-noir, les yeux jaunes et le corps argenté avec des écailles assez grandes. Il marche ordinairement en troupes qui se suivent le long des bords. Car tandis que le Chevesne habite le milieu de la rivière, le Dard recherche les rives, sans doute parce que les petites Mouches, les petits insectes, tombent plus près du bord que les Hannetons et autres grosses Mouches que leurs ailes portent plus loin. Mais que ce soit cette cause ou une autre, le fait est facile à vérifier sans pour cela être exclusif, car les poissons de surface se disséminent dans toutes les parties d'un cours d'eau.

A l'époque du frai, ces mêmes poissons de surface se rassemblent en troupes innombrables sur les bancs de sable qui interrompent le lit de certains fleuves, comme la Loire, et là, au soleil du premier printemps, ils restent immobiles, le dos presque hors de l'eau. Car ils remontent le long du banc de sable jusqu'au point où l'eau leur couvre à peine les ouïes. En cet état, je trouvais encore moyen d'aller les chercher. Je laissais du haut d'un pont descendre à l'eau une ligne de soie que le courant emportait à la distance voulue. Ma ligne se terminait par 5 ou 6 mètres de crin filé et ne portant point de plomb ; au bout était un hameçon avec un Hanneton, une grosse Mouche ou une Sauterelle. Au moyen de manœuvres savantes, j'arrivais à faire descendre ma ligne vis-à-vis du banc de sable, puis en me retirant de côté et faisant agir le courant obliquement sur elle, j'arrivais à la faire passer auprès du banc de sable, puis dessus. Là elle dérangeait les premiers rangs de poissons, qui s'enfuyaient ; mais en agissant doucement et avec précaution, il se trouvait toujours un Chevesne qui interrompait sa sieste pour happer mon amorce et venir dans mon carnier, non sans mettre en désordre toute la bande qui souvent le suivait pendant la durée du trajet que je lui faisais exécuter en remontant le courant, alors que je le tenais fixé au bout de ma ligne.

A la suite des différentes espèces de Meuniers, il faut placer l'Ablette dont nous avons en France au moins trois variétés. L'Ablette est l'un de nos plus petits poissons d'eau douce et en même temps l'un des plus connus. Partout on la voit sur les rivières qu'elle parcourt en troupe considérable par le nombre d'individus qui la composent. Elle quitte souvent la surface de l'eau pour sauter à une hauteur énorme vu sa taille ; elle renouvelle ce manége à chaque instant et parcourt ainsi les rivières qu'elle anime par son mouvement perpétuel. L'Ablette passe sa vie, en effet, à chasser sans relâche, courant, avec une rapidité toujours égale, après chaque petite Mouche qui paraît à sa portée. Aussi ardente à l'attaque que si elle avait la force pour elle, l'Ablette mord sur toutes les amorces que le pêcheur met à l'eau : c'est pourquoi, si cette gloutonnerie fait la joie du jeune pêcheur novice, elle est un des fléaux que redoute le pêcheur émérite, fléau devant lequel il est quelquefois obligé de plier bagage, malgré toutes ses ruses et toutes ses précautions. Munie de petites dents aiguës, l'Ablette attaque une esche aussi grosse qu'elle ; elle n'en enlève qu'une parcelle, mais cette parcelle lui suffit ; elle recommence, elle s'acharne ; dix, vingt, cent Ablettes se joignent à elle et tiraillent le malheureux appât jusqu'à ce que, réduit en miettes ou en charpie, il disparaisse peu à peu sous des coups de dents sans cesse multipliés.

Par un beau soir d'été, quand les rayons du soleil glissent obliquement sur la surface du fleuve, l'Ablette semble une étincelle d'argent qui s'allume à chaque instant au dehors des eaux pour mourir en y retombant. Parmi les insectes qui se posent sur l'eau, un semble à l'abri des attaques de ce petit poisson si vorace : c'est l'Araignée d'eau (Nèpe glauque) que l'Ablette ne cherche point à saisir. Soit que les mouvements de l'insecte soient plus rapides encore que les siens et qu'une longue expérience infructueuse lui ait appris qu'il n'y a rien à faire de ce côté, soit que les grandes pattes sèches et poilues de l'insecte ne lui semblent qu'un médiocre régal ; le fait n'en a pas moins attiré souvent notre attention et provoqué nos réflexions sans que nous ayons pu leur trouver une solution bien satisfaisante.

Quand tout à l'heure nous parlions du plaisir que l'Ablette offre aux jeunes pêcheurs faisant leurs premières armes, il paraît que ce n'est pas d'aujourd'hui que ce fait est connu, et que la race des humains n'a pas plus changé que celle des Ablettes, puisque nous voyons le poëte Ausonius nous dire dans ses vers :

> » Quis non et virides solatia tincas
> « Norit, et *alburnos* prædam puerilibus hamis ? »

Certaines espèces d'Ablettes arrivent à une taille assez considérable, et l'une d'elles entre autres (l'Ablette alburnoïde) représente assez exactement le Hareng commun, comme forme et comme grosseur. Quelque taille qu'elle ait, au reste , l'Ablette ne fournit jamais à nos tables qu'une chair sèche et maigre sans grande saveur.

Aussi n'est-ce pas pour leur chair que l'on pêche les Ablettes en aussi grand nombre , mais bien pour leurs écailles. Sur la surface inférieure, en effet, des écailles du *Gardon blanc*, du *Dard*, de l'*Ablette*, des *Blaquets* et de plusieurs autres poissons de mer et d'eau douce , se trouve un pigment argentin qui donne aux écailles l'éclat qui les caractérise. Or cette matière est employée, sous le nom d'essence d'Orient, à la fabrication des perles fausses; fabrication qui, au moment où nous écrivons, est poussée à un degré de perfection incroyable et même dangereux pour les personnes qui ne savent pas que la Perle, la vraie Perle possède une dureté que la fausse n'a jamais pu avoir par suite de son mode même de fabrication. Nous allons en dire quelques mots.

C'est un nommé Jamin, marchand de chapelets à Paris, qui inventa l'art de faire des Perles fausses, et sa méthode n'a subi de modifications et de perfectionnements que dans le soufflage des Perles qu'au lieu de faire rondes et régulières, on modèle avec toutes les irrégularités de forme que présente la nature des Perles véritables. On enlève les écailles qui couvrent les côtes des poissons dont nous avons donné la lis te plus haut, et on les lave à grande eau sur un tamis clair qui laisse passer, avec l'eau, la substance nacrée. On frotte ainsi deux ou trois fois les écailles jusqu'à ce qu'elles deviennent incolores, et la première opération est finie. On laisse déposer la matière; on décante l'eau, et on met cette nacre en suspension dans une dissolution clarifiée de colle de poisson ; puis au moyen d'une pipette, on en introduit une goutte dans une bulle de verre soufflé qui doit servir de moule.

Véron commun.

On répand la nacre uniformément sur les parois internes de la bulle et l'on fait sécher rapidement au-dessus d'un poêle. Alors on remplit la bulle avec de la cire fondue qui fixe la nacre contre les parois et donne de la solidité à la perle. Le verre de ces bulles est tellement mince que, quand elles sont faites avec talent, il joue le vernis naturel des perles vraies et peut tromper les meilleurs connaisseurs.

Pour les perles communes, on néglige souvent de mettre de la cire et on les vend vides.

Parmi tous les pigments nacrés, celui que l'on tire du *Gardon* et du *Dard* est le plus commun; après lui, vient celui de l'*Ablette*, qui est meilleur et plus fin, et enfin celui des *Blaquets*, qui est d'une beauté et d'une délicatesse de nacre remarquables et se vend à un prix fort élevé.

Il est inutile de dire avec quoi on prend l'Ablette à la ligne, elle mord sur tout; mais si elle est souvent prise, elle sert souvent aussi à prendre. On l'emploie, seulement à défaut de poisson meilleur, dans ce but. Car pour servir d'amorce elle présente le grand défaut d'avoir la vie fugitive et de ne pas résister au supplice que le pêcheur est obligé de lui faire subir.

Après l'Ablette, en descendant toujours par rang de taille, nous trouvons le minime Véron, l'un des plus petits habitants de nos eaux. Si l'Ablette est habillée d'argent, le Véron est bariolé de couleurs plus voyantes; son habit est un peu comme celui d'Arlequin, de couleurs différentes, dont il change encore dans certains moments de la vie. Sa robe est olive sur le dos, quelquefois jaune; elle est nacrée sur les côtés, avec un glacis rose à certaines époques de l'année. Des raies bleuâtres descendent du dos à la ligne latérale; il a sur la tête une tache noire cordiforme, et, de plus, une tache brune à la base la queue.

Le ventre quelquefois jaune d'or et les yeux argentés. Bref, c'est un charmant petit poisson de sept à huit centimètres de long, c'est-à-dire moitié de la taille de l'Ablette, et qui, au lieu d'avoir le corps aplati comme elle, l'a en fuseau.

Le Véron pond un nombre d'œufs prodigieux, et c'est cependant un vrai miracle que cette espèce existe encore; car, non seulement l'Homme lui fait la guerre quand elle a pris toute sa croissance, mais le Brochet, la Truite, la Perche, le Meunier gros, le Barbillon, en un mot tous les poissons le recherchent comme une friandise. Et, en outre, pendant son premier âge, les insectes même en font leur proie, tant sa taille est exiguë.

Il naît en juin le sixième jour de la ponte; je vous laisse à penser quel minime petit être il est, puisque son plus grand ennemi est la larve de la *Phrygane*, dont nous avons parlé sous le nom de *Portebois* ou *Chênefer* et qui sert elle-même à prendre un grand nombre de poissons. A ce moment de leur existence, les petits Vérons sont absolument transparents et n'ont de visible que deux petits points noirs qui sont les yeux, et qui par cela même paraissent très-gros. Ils sont bien petits encore, bien frêles, paraissent une faible machine peu organisée, et—prodige!—cependant dès cette époque de leur vie, ces poissons minuscules savent, *savent*, que leur sûreté dépend de la manière dont ils pourront se cacher. Qui le leur a appris? et quel est l'organe qui raisonne dans ce petit corps transparent? Toujours est-il qu'aussitôt que ces poissons lilliputiens sont exposés à rencontrer leur ennemi, ils s'enterrent immédiatement eux-mêmes dans le sable ou parmi les graviers.

Le Véron fournit une bonne friture, mais dans quelques rivières sa chair est un peu amère. On ne le prend guère à la ligne, quoiqu'il morde très-bien et très-avidement sur de petits fragments de ver rouge; mais on en prend une grande quantité au moyen de la véronnière. On appelle ainsi une petite nasse en verre blanc, c'est-à-dire une espèce de cylindre avec une ouverture conique rentrée à chaque extrémité, et un goulot sur le

ABLETTES.

côté. On met dans la véronnière une pincée de son ou de pain émietté; on la descend dans l'eau, au courant, et à fond avec précaution, car cet engin est très-fragile. Quand les Vérons sentent les parcelles de pain entraînées par l'eau, ils remontent et arrivent à l'ouverture de la bouteille. Là, se manifeste dans la bande un moment d'hésitation, puis l'un des plus hardis prend son parti, entre d'un bond, et toute la bande le suit. On en prend ainsi, bien souvent, 40 à 50 d'un coup, et en moins de cinq minutes.

Rien n'est plus curieux et plus récréatif que le mouvement que se donnent alors les petits captifs pour trouver la porte de leur prison; malheureusement pour eux, ils n'y peuvent parvenir, et tous viennent

> .... dans la poêle à frire!

ou, ce qui est pire, dans la boîte au vif, où ils sont conservés pour tenter la sensualité des gourmands de haute maison, messieurs les Brochets, mesdames les Truites et les Perches à la robe bariolée; tous, gens de dures accointances et de conversation peu attrayante s'il en fut jamais pour le *povero!*

H. DE LA BLANCHÈRE.

Paris. — Imp. WIESENER ET Cⁱᵉ, rue Delaborde. 12.

LES TROIS RÈGNES DE LA NATURE

LECTURES D'HISTOIRE NATURELLE.

16 Décembre 1865.   N° 103. — 15 centimes.

Ce Recueil paraît une fois par semaine. — On s'abonne à Paris, à la Librairie L. Hachette et Cⁱᵉ, boulevard Saint-Germain, n° 77. Les abonnements se prennent du 1ᵉʳ de chaque mois. — Paris, six mois, 4 fr.; un an, 8 fr. — Départements, six mois, 5 fr.; un an, 10 fr.

Les Mangeurs de Terre et d'Insectes.

L'appétit. — Caprices de l'estomac. — Son rôle dans l'ensemble de la pathologie. — Les péripéties de la gastrite. L'intestin, successeur possible de la royauté stomacale déchue. — Boulimie, malacia, pica, pituite. — Géophages de l'Amérique. — Dyspepsie. — Terres édules, chairs et farines fossiles. — Les anciens Infusoires. — Effets de l'imitation. Cochléophages ou Mangeurs d'escargots. Les Coléoptères des tables princières de Madagascar.

D'où vient l'appétit à l'état normal? Du besoin de réparation et de l'exercice évidemment; c'est une vérité banale que les besoins de la réparation alimentaire grandissent selon que l'exercice est plus longtemps prolongé. De tous les appareils organiques, le plus avide des éléments réparateurs auxquels le sang sert de véhicule, celui qui en accapare le plus pour son entretien, c'est l'appareil musculaire. D'où, à la suite d'actions locomotrices multipliées, une modification chimique et un déficit inévitable dans la masse sanguine, l'une et l'autre corrélatifs à la durée du temps pendant lequel la contraction musculaire s'est produite et à son intensité. Le déficit est annoncé par l'appétit même, ce sentiment intime constituant l'expression du besoin que l'organisme éprouve de réparer la substance, sentiment d'excitation qu'on peut regarder comme distinct de la faim, parcequ'il n'a rien de pénible, qu'il ne provoque pas le malaise, la faiblesse, mais susceptible de faire place à la faim tandis que la faim disparaît seulement par l'usage des aliments.

Sans suivre les physiologistes dans leurs discussions encore inachevées sur le siége de l'appétit, nous supposerons, avec la plupart d'entre eux, que ce siége est l'estomac. Or l'estomac est vraiment un des plus singuliers organes de l'économie pour ses caprices soit physiologiques, soit pathologiques. Docile au possible, en apparence au moins, chez les sujets qui, mésusant sottement de leur santé comme de leur fortune, le gorgent à plaisir des associations comestibles les plus hétérogènes, l'estomac a ses goûts, ses préférences alimentaires des plus variables avec les individus, même à l'état de santé. Son rôle dans l'ensemble de la pathologie est d'ailleurs des plus curieux. Il a été alternativement exagéré ou méconnu.

Voyons plutôt. Van Helmont, le chef des spiritualistes de son époque, nous a laissé un livre vraiment curieux, son *Ortus medicinæ.* Ayant peu égard à la structure des parties pour en expliquer les fonctions, n'attachant guère de prix qu'aux raisonnements psychologiques, il discute sur *l'archée,* ce que l'école spiritualiste moderne nous sert encore sous les titres de *vie, force vitale, principe vital.* L'archée, partie la plus subtile du sang, pour Van Helmont du moins, dont je me garderai bien d'adopter les théories nerveuses, est le fondement de la vie et de toutes les fonctions de l'économie animale; elle agit même sur les attributs de *l'âme sentante.* Or cette dernière et l'archée également ont élu siége et résidence *dans l'estomac.* C'est là que l'archée reçoit la visite de ses nombreux ministres, esprits inférieurs chargés de parcourir toutes les parties du corps, afin de renouveler la matière ou de la purifier. Outre l'archée principale, il y a en effet des *archées subalternes* dans chaque organe, devant se soumettre au grand chef. La maladie est causée par la désobéissance d'une archée qui, détruisant l'harmonie, jette le trouble dans l'économie. Toute thérapeutique consistera donc à calmer l'archée, à la stimuler et à en régulariser les mouvements, soit par le vin, l'opium, les antimoniaux. Dans cette singulière médecine, les odeurs font également partie constituante du traitement; car « Les esprits se plaisent aux odeurs et à la lumière..... S'il y a des odeurs capables de susciter des douleurs de tête, des nausées, des vomissements, de la toux, du vertige, de l'épilepsie, il en est qui, de la même manière, guérissent ces accidents ou du moins les mitigent quand la racine du mal est plus profonde. »

C'est presque déjà la matière médicale d'Hahnemann, qui, lui aussi, admet aux médicaments des propriétés toutes virtuelles.

Il est probable que Van Helmont, comme Servet, Paracelse, et tous ceux qui ont admis, de Galien à Buffon, des esprits intra-corporels, ne croyait pas à la lettre à ces génies qui ont servi à défrayer la verve des critiques de nos jours. Il devait personnifier ainsi les activités fonctionnelles jouissant d'une autonomie relative dans les organes, mais reliées entre elles, dans une harmonie suprême, par cet être supérieur et si impressionnable, l'*archée*.

Pour Broussais, successeur en ceci de Van Helmont, l'estomac était aussi comme le centre, le point de départ du plus grand nombre des troubles fonctionnels de l'économie. Pendant vingt ans, la science médicale a vécu, en France, sur cette proposition de Broussais : La gastrite (inflammation de l'estomac) est la clef de la pathologie; et, pendant vingt ans, les faits, les observations de cette maladie étaient produits avec une abondance extrême. La pathologie tout entière roulait sur ce pivot, la gastrite était la source de toutes les maladies.

Plus tard on réagit énergiquement contre cette exagération. La doctrine du maître s'écroula, et il arriva, comme dans toute réaction, que le but fut dépassé, au point que cette affection, naguère vue partout et toujours, ne se rencontra plus nulle part. Son existence, comme maladie primitive et spontanée, en dehors de tout agent direct et toxique, fut mise en doute par les uns, niée résolûment par d'autres, considérée du moins par la majorité pour une rareté et pour établir sur des faits authentiques insuffisamment nombreux. Cette dernière opinion est la plus classique aujourd'hui, où domine au contraire, dans la pensée du moins de beaucoup de médecins, une maladie stomacale que l'école de Broussais avait presque entièrement rayée du cadre nosologique, la dyspepsie ou embarras gastrique.

Ainsi, la dyspepsie exceptée, — pour le moment, car nous en reparlerons plus loin, — les pathologistes modernes ne reconnaissent plus cette autocratie de l'estomac malade sur l'organisme tout entier. Beaucoup même font table rase des faits qui paraissaient, il y a quarante ans, solidement démontrés : peu s'en faut, pour eux, que l'estomac ne soit un récipient inerte, susceptible de recevoir impunément, abstraction faite des agents toxiques (comme les acides), les impressions multiples auxquelles il est soumis de la part des innombrables *ingesta* qu'on lui administre. En fait, la question est délicate et demande encore des élucidations. Il nous paraît possible cependant que, surtout pour des estomacs doués d'une susceptibilité organique spéciale, l'adoption continuée de certains régimes alimentaires (épices, viande de porc, excès d'alimentation habituels), ou l'usage immodéré de boissons alcooliques, produise des désordres fonctionnels réputés caractéristiques de la gastrite : douleurs d'estomac, soif vive, malaise, vomissement, etc.

Convenons néanmoins en présence du grand nombre d'excès de table ou de boissons journellement commis, dans le peuple surtout, que la gastrite est une rareté, et que l'estomac présente une tolérance dont on n'est que trop disposé à mésuser. La gastrite a été une reine d'un jour, dont le temps semble complétement

passé, puisque les praticiens osent à peine en prononcer le nom alors même qu'ils ne la considèrent pas encore comme un être chimérique. Laissons donc en paix l'ombre de cette royauté déchue, et ne disons plus pour l'estomac, avec les anciens qui le saluaient comme roi du corps entier : « Il est peu d'organes dont les perturbations fonctionnelles aient un retentissement plus immédiat et plus général sur l'économie; par la nature même de ses fonctions, comme par les liens physiologiques nombreux qui le rattachent à tout le système, l'estomac est à la fois *pars recipiens* et *pars mandans* d'un grand nombre d'états morbides. »

Nous devons cette profession de foi de la science actuelle à nos lecteurs, que nous allons entretenir aujourd'hui de bizarreries gastronomiques imputées souvent encore à l'estomac, voire par des médecins.

L'estomac, dit M. Bachelet, a le privilége abusif d'occuper le premier rôle dans l'histoire des troubles digestifs. Il a été considéré si longtemps comme siége unique de presque toutes les affections intestinales que, chaque jour, nous retrouvons dans le monde le souvenir vivace de cette erreur première : celui qui souffre de ses digestions accuse invariablement un très-mauvais estomac. Or, quand une masse alimentaire trop abondante ou mal choisie surcharge l'estomac, il la rejette par le vomissement, et, si l'intestin n'a encore rien reçu du produit du travail digestif, le reste de l'économie assiste impassible à cette rapide expulsion, d'où l'habitude du syrmaïsme romain fondée sur cette mansuétude du débonnaire organe. Au contraire, s'il y a trouble intestinal, la scène change et, comme l'estomac, presque à vide deux heures après le repas, repose alors sur le gros intestin, le malade accuse nécessairement son estomac des douleurs qu'il ressent dans l'intestin sous-jacent et contigu. Arguant sur ce principe, le Dr Bachelet rapporte à l'*iléon* ou portion inférieure du petit intestin partie voisine du *cœcum* ou origine du gros intestin, les troubles généralement imputés à l'estomac. Dans cette hypothèse, qui n'est d'ailleurs appuyée par aucune observation cadavérique, la dyspepsie gastrique devient, le plus souvent au moins, une *dyspepsie iléo-cœcale*.

Ces préliminaires posés, j'aborde, avant d'arriver à mes mangeurs de terre, certaines exagérations bizarres que peut présenter, même en Europe, notre appétit, — je n'ose plus dire notre estomac.

Voyons d'abord la *dyspepsie boulimique* (du grec εὖς, difficilement; πέψις, digestion), ou *boulimie* (βοῦ, particule augmentative; λιμος, faim). C'est une anomalie de la digestion consistant en une faim incessamment excessive par rapport à l'âge, au sexe, à la profession de l'individu. Le propre de la digestion étant de réparer le déficit de l'économie, d'imprimer à celle-ci un sentiment de bien-être; la boulimie est un trouble, — je dirais nerveux, si je ne savais que cette expression sonore est à peu près vide de sens, — dans lequel ce déficit semble irréparable. La digestion s'opère régulièrement, mais n'apporte pas ce bien-être qu'entraîne la satisfaction du besoin. Tantale voyait les mets de son ardente convoitise le fuir continuellement; le boulimique a beau manger, sa faim renaît sans cesse et sans cesse la même.

Cette exagération prolongée de la faim, distincte du besoin plus grand d'aliments chez l'enfant ou l'adolescent que chez l'adulte ou le vieillard, s'observe chez les malades dont les urines sont sucrées, contiennent du glucose (*glucosurie* ou *diabète*). Mais elle se rencontre aussi chez des sujets non diabétiques.

La boulimie chronique est la plus commune. Depuis des mois, des années, le malade *meurt de faim*; la satiété lui est inconnue, il éprouve encore et toujours le besoin de prendre de la nourriture. En vain il multiplie ses repas. Il mange 6, 8, 15 fois par jour, comme le jeune homme cité par Chomel, sans parler des mets accessoires, et sans cesse il se dit en fringale, en inanition, en cynorexie (faim canine). Le sommeil même n'interrompt pas cette faim morbide : pour le recouvrer, il faut couper la nuit de plusieurs festins supplémentaires. Ce travail stomacal et intestinal qui fait converger tous les efforts de la nutrition sur une seule fonction, a lieu, sinon en pure perte, au moins sans profit pour l'ensemble de l'économie. La dépense excessive de suc gastrique, exigée par une digestion aussi active, entraîne d'ailleurs une grande déperdition de forces. Le malade a de la faiblesse des jambes : il est toujours en langueur, il accuse un accablement profond ; ses conceptions intellectuelles sont fort réduites, en sorte que, contrairement aux autres malades, le boulimique est d'autant mieux portant qu'il mange moins. Cependant, dans la forme simple, on a vu l'embonpoint se maintenir des années ou même augmenter.

La *malacie* (μαλακια, mollesse) est une aberration du goût qui s'observe quelquefois chez des sujets atteints de perversion dans les fonctions digestives; c'est souvent un symptôme de l'hystérie, de la grossesse, de l'aliénation. Les capricieux gastronomes atteints de malacie cherchent avec frénésie des nourritures inusitées, généralement des condiments, faisant abus, par exemple, de sel, de vinaigre, de poivre, de cornichons, etc.

Le *pica*, qui se développe dans les mêmes conditions, est un autre trouble des sensations gustatives et peut-être aussi stomacales. Ici le malade absorbe les choses les plus grossières : du plâtre, de la poussière, du charbon, des insectes, de l'urine, des excréments, de la terre. Vous le verrez croquer avec délice de la cendre, ou grignoter toute la journée de la bougie. Les géophages du Nouveau-Monde ne sont bien souvent qu'atteints de pica.

Le *Petit Journal* du 8 février dernier me tombe par hasard sous la main, et j'y lis :

« Le *Journal de Saint-Quentin* raconte qu'il existe au hameau de la Voirie (Aisne) un enfant de seize ans, nommé Robache, qui fait de petits cailloux sa principale nourriture quotidienne ; il en absorbe par jour environ un demi-kilogramme, que, bien entendu, il ne

digère pas. Une petite quantité de pain lui suffit, et, mis en présence de cailloux ou de morceaux de sucre ou autres friandises, ce sont toujours les premiers qui obtiennent sa préférence. Sur les routes qu'il parcourt pour aller mendier, on le voit s'arrêter instinctivement sur les tas de cailloux, où il fait choix des plus petits, mais toujours ronds et parfaitement polis. Malgré ce singulier genre de nourriture, cet enfant, atteint d'un demi-crétinisme, jouit d'une excellente santé. »

Il ne faut d'ailleurs pas confondre le *pica* avec l'impulsion impérieuse d'après laquelle des malheureux privés depuis longtemps d'aliments dévorent des substances réfractaires à l'action des sucs gastriques. M. Roulin, disent Robin et Béraud dans leur *Physiologie*, raconte que, durant un voyage en Colombie dont la durée avait été de quatorze jours au lieu de deux, lui et trois de ses compagnons mangèrent cinq paires de sandales en cuir non tanné et un tablier de peau de cerf. Les naufragés de la Méduse essayèrent de manger des baudriers de sabre et de giberne ou le cuir de leurs chapeaux. L'instinct était tellement perverti chez eux par la faim qu'ils se nourrirent de chair humaine.

Généralement la malacia et le pica s'observent plus spécialement chez la femme. La femme est plus disposée que l'homme à la dyspepsie. La vie sédentaire qu'elle a peine à changer par obligation ou par habitude ne surexcite pas assez le mouvement vital; son appétit est très-souvent languissant; elle cherche alors à compenser ce défaut d'activité digestive par le choix de mets plus agréables, mais indigestes ou nullement nutritifs, mets qui fatiguent le tube intestinal et rendent l'appétit encore plus capricieux. — Il faut citer aussi ces enfants gâtés ou mal élevés, que des parents faibles ou ignorants laissent, sous prétexte de leur complaire, dévorer, à chaque instant du jour, des fruits, des pâtisseries, des sucreries, etc.

Nous pourrions mentionner bien d'autres bizarreries de l'appareil digestif. Ainsi cette curieuse disposition de l'estomac à sécréter en excès un liquide dit *pituite* (*dyspepsie hypercrinique* ou *pituiteuse*), dont il se débarrasse pendant le travail de la digestion, ou le matin, à l'état de vacuité. Liquide clair, albumineux comme du blanc d'œuf, glaireux alors ou simplement aqueux, rendu avec malaise et nausée, sans aliments en général. C'est encore là une névrose (?), quelquefois périodique, souvent héréditaire, pouvant exister à tous les âges. On la remarque notamment soit chez ceux qui usent à jeun des alcooliques, soit chez ceux qui excitent trop souvent les facultés sécrétoires de l'estomac au moyen d'épices ou autres stimulants, surtout pris en dehors des repas.

Mais arrivons au géophagisme.

On définit l'aliment : « Toute substance solide ou liquide qui, après avoir subi, dans l'appareil digestif, l'influence *modificatrice* de différents sucs avec lesquels elle se trouve en contact, devient apte à réparer les pertes de l'organisme et concourt ainsi à son entretien comme à son développement. » Rappelons-nous bien cette définition ; elle nous permettra plus loin de comprendre pourquoi l'alcool, le café, ne sont pas des aliments ; elle va nous permettre de juger de la valeur digestive des mets de nos géophages.

Il est vraisemblablement fort peu de nos lecteurs qui, perdus depuis plusieurs jours, je suppose, dans les forêts vierges de l'Amérique, ne songeraient à se nourrir d'herbes ou de fruits. Poussés à la dernière ressource , ils se laisseraient certainement mourir d'inanition sans penser à croquer de la terre, sachant par expérience que les éléments minéraux du sol ne contiennent aucun principe nutritif. Il n'en est pas de même pour certains habitants incultes de ce continent, qui préfèrent la terre à toutes les richesses nutritives de leur pays si luxuriant et si fertile en général.

Cette singulière dépravation du goût a été observée dans la plupart des îles de l'archipel des Antilles, principalement à la Martinique et à la Guadeloupe ; on la rencontre surtout chez le nègre libre ou esclave, et aussi chez les gens de différentes couleurs ; mais il faut remarquer qu'elle y est purement individuelle et nullement commune à certaines races ou à certaines tribus.

Les *géophages* (*mangeurs de terre*) du nouveau continent sont, remarquons-le dès l'abord, assez difficiles dans leur appétit. Ils ne prennent pas indifféremment toute espèce de terre. Celle qui est spécialement l'objet de leur goût se compose d'argile, avec un peu de silice et de magnésie.

Néanmoins, si le géophage ne peut tromper la surveillance, malheureusement trop peu exercée sur lui, il consentirait, paraît-il, à manger n'importe quelle terre.

« Dis-moi qui tu manges et je te dirai qui tu es. »

C'est un axiome de Brillat-Savarin applicable aux sujets présentant le singulier goût gastronomique dont je parle. Leur attitude, leur physionomie permet aisément de les reconnaître.

Ceux qui ont nouvellement contracté cette bizarre manie inalimentaire et qui ne s'y livrent pas encore d'une manière continue présentent à peine quelque trouble digestif remarquable. Plus tard les forces s'affaiblissent, l'amaigrissement se prononce, le visage pâlit ; la peau devient sèche, aride, d'un aspect terreux, jaunâtre ; le regard perd son éclat, la respiration est oppressée, l'haleine repoussante et fétide, le pouls intermittent, le ventre enflé et souvent douloureux. Le corps se trouve dans une habitude continuelle de souffrance sourde et générale difficile à décrire. Quant aux effets moraux, la gaîté se perd, le courage et l'aptitude au travail disparaissent en même temps que la perte des forces. Malgré cet allanguissement général, la passion persiste trop souvent, le désir croît même de plus en plus, ils s'acharnent chaque jour après leur funeste et insolite pâture, sans pouvoir s'en rassasier jamais, jusqu'à ce qu'enfin ils meurent victimes de cet étrange appétit.

Vraisemblablement la mort a lieu en partie par inanition. Cet aliment terrestre, si tant est que l'on puisse l'appeler ainsi, est aussi *lourd* que possible, terme indiquant la durée du séjour qu'il doit faire dans l'estomac et l'intestin avant que la digestion soit parvenue à en isoler quelques parcelles utilisables. Il est donc fort mal choisi parce que, sous un volume donné , il ne renferme pas une somme suffisante de matériaux alibiles et que, par suite, il exige, de l'intestin, un pénible travail d'élaboration. Le produit de ce travail intestinal est, dans ce cas, peu fructueux pour le corps, quoique très-pénible pour les organes en action : d'où une dépense exagérée de forces vives, une réparation incomplète, sans rapport avec les pertes du sujet ; peu à peu un déficit incontestable dans l'économie générale. Commencé un jour, ce déficit augmente avec la prolongation du même régime et entraîne la ruine du plus riche organisme.

L'habitude, dit M. Bachelet, de manger à toute heure et toute espèce d'aliment est la cause la plus fréquente des fatigues du tube digestif. Cette irrégularité des repas devient dangereuse quand elle est aggravée par le défaut de qualité dans la nourriture quotidienne. En essayant de compenser la qualité par la quantité, on crée un danger de plus ; les organes souffrent plus du travail imposé par ce surcroît d'aliments très-lourds que l'économie ne bénéficie de l'ingestion d'une telle masse. Le poids seul fatigue les intestins et les épuise d'autant plus rapidement qu'ils seront moins soutenus par la puissance et l'activité du premier âge. Arrivés à ce point, les intestins, comme s'ils avaient le sentiment de leur impuissance, fonctionnent chaque jour de plus en plus mal, ou même se révoltent clairement contre tout nouvel effort demandé. Cependant, comme pour nos géophages, la nutrition languit, les forces diminuent ; le corps, envahi par un malaise indéfinissable, se refuse au mouvement aussi bien qu'au travail d'esprit. La période aiguë manque ou échappe à l'attention du malade peu soigneux de sa santé. La fatigue de la veille a été légère, celle du jour semble en être la conséquence et celle du lendemain ne produira pas encore de douleur assez violente pour faire songer à l'avenir. Cet état se prolonge plusieurs mois, plusieurs années, jusqu'à l'épuisement complet de la faculté digestive.

La douleur, dans cette dyspepsie iléo-cœcale, apparaît 3, 5, 6 heures après le repas, c'est-à-dire, au moment où l'aliment vient demander au gros intestin le travail pénible de la seconde digestion. Elle commence plus tôt, si le mal est plus ancien , parce que la susceptibilité intestinale a été surexcitée par des troubles répétés. L'appétit peut persister ; d'où cette lutte indéfinie entre le retour de la faim et le refus de digestion par le tube digestif. Mais cet appétit est irrégulier, peu durable et souvent répété. D'autre part, plus le malade mange, plus la satisfaction de ce besoin maladif augmente le mal : il y a là un cercle vicieux dont il est difficile de s'affranchir.

Chez le dyspeptique, comme chez nos géophages, la faiblesse générale, conséquence inévitable de toute lésion intestinale, est constante, et, avec l'ancienneté de la maladie, s'accompagne d'un dépérissement de toute l'économie. « Le gros intestin, étant surtout chargé de la digestion et de l'absorption des aliments non azotés, c'est-à-dire fournissant les matériaux graisseux nécessaires à l'économie, le trouble de la fonction dont il est le siége, et où il est acteur principal, devait fatalement entraîner une diminution notable dans l'embonpoint primitif des dyspeptiques. Le malade se voit maigrir avec effroi, et il s'empresse de demander à des repas plus copieux les ressources dont il comprend l'immense besoin. Hélas! ces repas copieux augmentent la somme de ses souffrances sans ramener son embonpoint perdu.

« Découragé alors par le retour des mêmes accidents, effrayé par l'aspect de ses traits flétris, et stimulé quelquefois par un violent appétit, le malade passe d'une alimentation à une autre, avec l'espoir de trouver, à l'aide de ces changements, de plus faciles digestions. Il faut qu'il ait combiné à sa manière tous les mets les plus dissemblables, avant de convenir que les caprices de son goût ou de son imagination ne pourront jamais lui procurer les heureux résultats qu'il attend. »

Nous avons tenu à esquisser le tableau de la dyspepsie, parce qu'il a de nombreux points de ressemblance avec la description des péripéties du géophage telles que nous les avons esquissées plus haut.

Pour revenir au géophagisme, ne croyons pas qu'il soit propre aux Antilles. L'usage de certaines terres dans l'alimentation est également répandu dans beaucoup de localités de l'Amérique centrale, ainsi qu'en Australie. Mais les terres employées ne sont pas toujours aussi inertes que nous avons trouvé celles des Antilles : elles présentent souvent quelques propriétés nutritives, qui n'en font pas moins un singulier aliment, fort lourd et malsain. Elles contiennent en effet des corpuscules microscopiques, appartenant à ce groupe dit des Infusoires, encore à peine élucidé, et où tant d'êtres microscopiques se trouvent rejetés, animaux et végétaux, faute de notions incomplètes à leur égard. La plupart sont des Diatomées, Algues invisibles à l'œil nu, microphytes formés chacun d'une seule cellule, êtres rudimentaires autant qu'il est possible. Chaque cellule, c'est-à-dire chaque Diatomée, de forme carrée ou triangulaire ou ovalaire, a son enveloppe imprégnée de silice et colorée en brun jaunâtre par du fer. Le mot Diatomée vient de ce que les masses qui forment ces végétaux se divisent facilement (διατέμνω, couper à travers) en fragments réguliers, bacillaires, dits *frustules*.

On lira avec intérêt, ce que rapporte le Dr Cotting sur une espèce d'argile recherchée comme alimentaire à Richemond. Le résumé ci-dessous est emprunté au journal l'*Institut* de 1837. Ici ce sont de préférence les enfants qui sont géophages :

« Cette terre, dont la couleur varie du jaune foncé au jaune rouge, se rencontre par masses et par couches qui présentent des ondulations; elle a un grain très-fin, est molle, peut être polie avec l'ongle et s'attache à la langue. Humide, elle donne une odeur argileuse, se précipite en poudre dans l'eau et ne forme pas une pâte ductile.

« Cette terre, renfermant de la silice, de l'alumine, de l'oxyde de fer, ne contient aucun débris de substances animales; mais on y rencontre des matières végétales à l'état de putréfaction et de lignite. La plus pure se trouve dans le comté de Richemond, près de la grande route qui conduit d'Augusta à Javannah, où l'on voit de grandes excavations qui ont été faites pour son extraction par les *dirt-eaters* (mangeurs de terre).

« Le goût de cette terre est douceâtre, assez semblable à celui de la magnésie calcinée : c'est sans doute à cette circonstance qu'il faut attribuer la valeur qu'y attachent les malheureux auxquels elle sert d'aliment. Des personnes dignes de foi, qui habitent les environs de ce canton, ont assuré à M. Cotting que ceux qui s'abandonnent à ce goût dépravé ont l'air maladif, la figure pâle, cadavéreuse comme les ouvriers qui sont constamment occupés à polir les métaux, et qu'on les voit fréquemment mourir sans qu'on puisse attribuer leur mort à aucune autre cause que cette habitude. L'auteur a vu lui-même sur les lieux un enfant de quatorze ans qui y prenait son repas favori. Interrogé sur la quantité de cette terre qu'il mangeait chaque jour, cet enfant répondit qu'il en mangeait autant qu'il pouvait en tenir dans sa main; il ajouta que sa mère en faisait autant lorsqu'elle se portait bien, mais qu'elle était souvent malade. »

Les blancs d'Amérique peuvent être atteints de géophagisme aussi bien que les noirs.

Ne croyons pas, d'ailleurs, que le géophagisme soit propre au Nouveau-Monde. Je pourrais en citer bien des exemples en Europe, mais ici ces substances terreuses, dites *chair fossile*, *farine fossile*, *terre édule*, ne sont employées comme nourriture qu'aux moments de disette. Du temps des croisades, les armées catholiques perdirent d'immenses quantités de soldats, parce qu'on leur fit, à plusieurs reprises, manger cette farine fossile, — à laquelle il ne faut pas assimiler la *manne* du désert, reconnue aujourd'hui pour le produit naturel d'un Tamarin piqué par les insectes, et peut-être aussi comme certains Lichens comestibles du pays. Nicolas Lang écrit d'autre part : « On ne peut nier qu'il se forme de la chair au sein de la terre : j'en ai souvent été témoin au jardin de Lauffenbourg, sur le Rhin. Elle se trouve à une profondeur de un à deux pieds. Elle est très-froide au tact; elle répand une odeur terreuse quelque peu désagréable. Extraite de la terre, elle devient déliquescente et ne peut être conservée sous sa première forme. » Il s'agit vraisemblablement là d'argile mêlée de ces corpuscules animaux ou végétaux dits *infusoires* dans l'acception la plus large de ce mot.

« Des paysans de Strasbourg, vers 1785 , ramassaient de la farine fossile pour la mêler à de la bonne farine et faire du pain, à leur grand détriment. Ce qui ne les empêchait pas de conclure que cette terre était nourrissante : cette propriété était attribuée à la glaise. On se fondait sur ce bruit populaire que les loups pressés par la faim mangent de la terre. »

Citons un dernier exemple emprunté à la vie de peuplades vivant sous un climat rude, improductif et suscitées ainsi à utiliser les moindres présents de la nature. « En 1833, dit M. d'Archiac, un paysan de Degersford, dans la Bothnie occidentale, sur les confins de la Laponie suédoise, découvrit, en abattant un arbre, une matière terreuse qui fut mélangée avec de la farine de seigle, puis pétrie et cuite au four comme du pain. Elle est particulièrement composée de silice, et, sous le microscope, paraît ne renfermer que de petits corps allongés, ovoïdes, bacillaires, cylindriques, aciculaires, etc., provenant d'infusoires suivant Ehrenberg, tandis que M. Greville n'y voit que des Algues.

Cette *Farine de montagne* (Bergmehl), contenant 22 0 0 de matières organiques mêlées à de la silice et à de l'alumine, était considérée à Degernæ, en Suède, sur la frontière de la Laponie, comme un don du grand esprit des forêts; on la mélangeait avec des écorces d'arbres triturées ou avec d'autres farines. La matière organique qu'elle renferme a fourni au microscope plus de vingt organismes inférieurs, végétaux, du groupe des Bacillariées, de la section des Diatomées.

Quelques-unes de ces espèces se retrouvent, par exemple *la Bacillaire vulgaire*, dans l'argile et les eaux marécageuses de Berlin, où Ehrenberg a signalé tant de ces proto-organismes; d'autres sont fossiles dans certaines couches pétries d'infusoires, ainsi la *Navicule folle* existe dans le Tripoli (*Polischiefer*) de Cassel (Basse-Hesse).

On connaît aujourd'hui beaucoup d'autres localités de farine fossile dont les échantillons sont dans toutes les collections minéralogiques. Ainsi, la farine de Santa-Fiora, qui contient aussi le *Gomphonème acuminé* et *la Bacillaire vulgaire*; celle de l'Ile-de-France où se retrouve la *Navicule phœnicinteron*; celle de Kieselguhr (ou dépôt siliceux de Franzensbad à carapaces d'infusoires), présentant encore la *Bacillaire vulgaire*, etc. Je pourrais enfin citer la farine de Monte-Amiato (Toscane), silice pulvérulente, celle de la Marenne siannoise, employée, de mémoire d'homme, à confectionner des briques si légères qu'elles surnagent dans l'eau.

Nous demandera-t-on actuellement la cause de la géophagie telle que nous l'avons signalée en Amérique, en dehors des cas de disette ou d'improduction du sol? Faute de renseignements médicaux sur cet appétit exotique, nous nous avouons bien embarrassé de répondre. Toutefois, comme l'on peut trouver explication aux faits qu'on connaît le moins, nous proposons d'incriminer le régime alimentaire et surtout l'imitation.

On a remarqué que ce goût bizarre de manger de la terre se rencontre de préférence, du moins aux Antilles, chez les individus soumis à une nourriture d'où sont exclues presque absolument les viandes de boucherie et les liqueurs spiritueuses, chez les nègres africains n'ayant pour aliments que du poisson et des végétaux. Le blanc, généralement placé dans de meilleures conditions pécuniaires et faisant usage de mets plus succulents, de liqueurs alcooliques, est le plus souvent à l'abri des caprices digestifs d'où résulte cette funeste coutume géophage de l'archipel précité. Ce n'est que dans certains états névropathiques avec délabrement général que le caucasique européen ou américain s'adonne au pica.

Que préfère, d'ailleurs, l'Indien lui-même? Pour éviter les fièvres, liées dans ce pays aux excès de la digestion, il use très-modérément des matériaux les plus réparateurs, ceux que fournissent les Ruminants, les Rongeurs, les Gallinacées. La nature, en prodiguant à ces contrées des végétaux d'espèces si variées, semble en avoir conseillé l'emploi; et c'est la nourriture végétale qui sied en effet le mieux dans ces pays, parce qu'elle excite le moins de réaction. Il est possible aussi que la misère et le peu de besoin d'aliments substantiels prédisposent à la géophagie.

Mais il est probable que la manie géophagique a surtout sa cause dans l'*imitation*, cette fâcheuse disposition de l'esprit humain dont je reparlerai dans un article sur les *Illusions d'optique*. J'expliquerai ainsi ce fait, peu connu d'ailleurs, mais intéressant, que souvent des familles entières, même en Europe, s'adonnent, comme héréditairement, au géophagisme, ou, si vous le préférez, au pica. Ainsi, je connais une des familles les plus riches de Moscou dont la mère, Mme W., mangeait jadis, de temps à autre, par agrément, de la terre glaise, et dont l'un des fils, depuis l'âge de 15 ans (il en a 20), ne peut guère aller au tableau pour faire des mathématiques sans gruger *toute* la craie qu'il y trouve.

« L'imitation est la source d'un grand nombre de maladies. »

L'histoire si curieuse des convulsionnaires ne s'explique guère que par l'imitation, dans certaines limites, du développement intellectuel au moins. Tout fait extérieur anormal impressionne assez d'ailleurs les assistants pour qu'une attaque d'épilepsie, par exemple, devienne la cause déterminante d'attaques analogues.

Nous avons parlé des géophages. Occupons-nous des insectophages ou mangeurs d'insectes. Nous trouverons encore là de curieux faits à glaner.

Nous disions plus haut qu'une des passions de certains blancs, atteints de pica, était d'ingérer des insectes. Mais cette appétence n'a pas les conséquences fâcheuses de celle dont nous venons de nous occuper, car, après tout, les insectes sont nutritifs, et, si nous n'en usons pas sur nos tables, c'est une pure affaire de convention, de dégoût par prévention et parti pris. A mon avis, — et sans parler de la viande de Cheval, de peur d'attirer sur ma tête les foudres des anti-hippo-phagistes, qui n'ont certainement pas eu la bonne idée d'assister à l'excellent banquet du 5 février dernier, — ils ne sont pas plus repoussants que les Grenouilles et les Escargots. Or, que de personnes mangent volontiers un plat bien beurré de Colimaçons ou de cuisses dodues de Batraciens! Certains vignerons de Bourgogne vont même jusqu'à dévorer vivantes ces petites Limaces sans têt qu'on rencontre en grand nombre dans les vignes.

Nous avons vu que la terre ingérée dans l'estomac finissait inévitablement par être funeste à ceux qui en faisaient usage; beaucoup d'insectes, au contraire, présentent une nourriture réelle et salubre, très-recherchée par les paysans de certaines contrées, et par quelques peuplades, non civilisées bien entendu, mais nullement assimilables aux malades atteints de pica. Pour les insectes, le goût perverti et maladif qui pousse quelques Européens à manger de la terre n'a pas besoin d'exister. On a souvent vu des blancs en parfaite santé en manger avec plaisir.

A ce sujet, et comme la science n'a pas de fausse pudeur, puisqu'il faut signaler les mauvaises habitudes avec toute la brutalité d'expression qu'exige le sujet, ne craignons pas, sans recourir à aucune locution déguisée, à aucune périphrase, de signaler ce détail, tout étonnant qu'il puisse être pour les gens du monde, qu'il n'est pas rare de voir les enfants pauvres, trop souvent couverts de poux, manger ces parasites de la tête, dont la conservation est réputée, d'ailleurs, utile à la santé par l'ignorance entêtée de certains parents.

Le *Bragadyi*, colporteur des rues en Valachie, représentant notre *marchand de coco*, mange ses poux.

L'astronome Lalande, mort en 1807, trouvait bien un goût de noisette aux Araignées de cave et aux Chenilles! Il est vrai qu'il prenait, dit on, cette nourriture insolite pour faire parler de lui.

Sans parler des enfants du peuple qui mangent parfois leur vermine, nous pouvons rappeler que certains paysans avalent vivants les cloportes, comme une recette dans beaucoup de maladies. La présence de chlorure de calcium et d'azotate de chaux expliquerait même la vieille réputation de ces crustacés en médecine. De Haen rapporte sérieusement que, dans certains affaiblissements de la vue, les malades ont croqué avec succès les cloportes sur du pain. Adanson a vu des étudiants en médecine en avaler « quelques douzaines » dans ses herborisations et « s'en trouver très-bien. »

Chez nous même, la consommation des Escargots a pris tant d'importance qu'il est question de leur affecter un marché spécial. La classe des amateurs, qu'on pourrait appeler *cochléophages* et mettre en face des insectophages, est innombrable. La cochléophagie est surtout une des gourmandises de la cuisine méridionale et parisienne. Le goût des Colimaçons est d'ailleurs classique. Les anciens, si raffinés dans leurs repas, les plaçaient à côté des Huîtres du lac Lucrin et des Murènes de Sicile. Varon nous a laissé la liste de *noblesse*

des divers Escargots comestibles. Pline a immortalisé le nom de celui qui trouva l'art de faire acquérir une grosseur prodigieuse à ces mollusques. Pétrone, dans son *Festin de Primalcion;* Macrobe, dans son *Banquet exquis du flamine Lentulus ;* Horace et Martial; Apicius, dans son *Cuisinier bourgeois*, ont exalté chez les Romains les vertus culinaires de l'Escargot.

Mais arrêtons-nous spécialement sur les insectes ou leurs œufs utilisés comme nourriture par des peuplades non européennes.

A Mexico, sous le nom d'*Hautle*, il se vend sur le marché de grandes quantités de pains ou gâteaux faits avec les œufs de deux insectes très-abondants aux environs des deux lacs Chalco et Texocco, le premier d'eau douce, l'autre salé. La manière habituelle d'accommoder cette graine animale est des plus simples. On la prépare avec de l'eau comme la farine, et on en fait une sorte de pâte qu'on assaisonne avec du *Chili*, épice composée de piments verts écrasés, servant de sel dans le pays et mangée avec tous les aliments. Puis on la met au four sous forme de galettes. Cette nourriture est assez estimée par le peuple; d'ailleurs elle est à la portée de toutes les bourses par l'exiguïté même de son prix. Les gâteaux faits avec ces œufs présentent, paraît-il, un goût de Poisson assez prononcé. Quand on sert cette *marée* fraîche, elle n'a pas la saveur acidulée qu'ont d'ordinaire les gâteaux par suite d'un commencement de fermentation.

Ces sortes de pains, tablettes ou pastilles d'œufs de Mouches, composaient, avant la conquête espagnole, le plat national par excellence, sous le nom de *ahuauhtli*. Les anciens Mexicains mangeaient même les insectes fournissant ce *caviar* (marée), réduits en masse et cuits avec du salpêtre. On exportait au loin les œufs ou les Mouches ainsi préparés.

Aujourd'hui, les Mouches se vendent encore dans les rues de Mexico, mais seulement pour la nourriture des petits Oiseaux domestiques; le cri, souvent répété : *Moschitos! moschitos!* (petites Mouches) correspond à notre *V'là du mouron pour vos p'tits Oisiaux!*

Les insectes qui entrent dans l'*Hautle* sont nommés *axayacatl*. Ce sont deux espèces du genre *Corise*, Hémiptères, Notonectides, ou Punaises d'eau. Ces insectes amphibies, qui voltigent dans l'air en quantité innombrable, plongent à certains moments au fond de l'eau pour déposer leurs œufs sur une certaine espèce de Jonc qu'ils affectionnent particulièrement; ils ressortent ensuite de l'eau pour mourir.

On sera certainement curieux d'apprendre comment les naturels font la récolte de ces œufs. D'après M. Virlet d'Aoust (*Comptes rendus de l'Institut*, 1857, 2ᵉ part.), à qui nous empruntons tous ces détails, ils cueillent dans le lac Chalco l'espèce de Jonc dont je viens de parler, plante à tige triangulaire, nommée *toulé*, et qui croîtrait uniquement dans cette lagune de Chalco (1). Ils

(1) Ce prétendu Jonc n'en est certainement pas un, au point de vue botanique. C'est peut-être un *Carex*.

en réunissent de petites bottes qu'ils déposent de place en place au fond des eaux de Texocco, à une certaine distance du bord, et ils ont soin de laisser passer hors de la surface liquide un Jonc qui doit leur indiquer ensuite où chaque faisceau a été déposé. Quelques jours suffisent pour que les rameaux soient blanchis de millions d'œufs ; les Mexicains les retirent de l'eau, les font sécher au soleil, et les battent sur de grands draps, afin d'en détacher les grains. Les fagots sont remis à l'eau pour servir de nouveau, et les œufs placés dans de grands sacs, comme le serait la farine, pour être expédiés sur le marché de Mexico.

Le fond des lagunes de Texocco est constitué par un calcaire lacustre d'une couleur grise, qui continue à se former actuellement. Dans les parties aujourd'hui émergées, on trouve ce calcaire rempli d'oolithes plus ou moins abondantes, identiques de forme, d'aspect et de grosseur avec celles du terrain jurassique et avec celles que j'ai signalées à Villejuif (près Paris) à la base du miocène. Or ces oolithes modernes ne sont que des œufs de Corises incrustés de concrétions calcaires déposées par les eaux du lac. Ce fait porte M. Virlet à croire que les oolithes calcaires ou ferrugineuses du système jurassique pourraient bien avoir une semblable origine animale, au lieu d'être des concrétions formées au milieu d'un courant et arrondies par le frottement ou le ballottage, concrétions dont nous voyons les analogues se former de nos jours, par exemple les *pisa lapidea*, les *pisa Bethleemitica* de Rauwolf, les calculs des bains de Saint-Philippe en Toscane, les *bellaria lapidea*, qui prennent naissance au milieu des cascades ou des sources minérales, les *pralines* ou *dragées* ou *confetti* de Tivoli ou Carlsbad. Cette hypothèse animale remonte d'ailleurs à Blumenbach, Scheuchzer, Fischer, Rappold, qui considéraient ces concrétions géologiques comme des œufs de Poisson, de Raie, de crustacés, d'où les noms d'*oolithes* ou *pierres d'œuf*.

A Madagascar, on recherche aussi certains insectes comme aliment. Nulle part l'entomologie ne reçoit autant d'honneurs culinaires. D'ailleurs ce ne sont plus des œufs qu'on mange, mais bien les insectes eux-mêmes, comme autrefois les Mexicains. Sur les marchés vous y voyez réunies par millions trois espèces de Sauterelles. Avant de les mettre en vente, on les dessèche au soleil. C'est un plat très-goûté du peuple. Le Dr Vinson, membre de l'ambassade française envoyée pour le couronnement de Radama II, nous apprend que les indigènes de Madagascar ont un goût également prononcé pour les Vers et les Chenilles. Il en est une, entre autres, bien replète, qui fait leurs délices. Quand elle a filé son cocon, on ouvre celui-ci, et

on l'y trouve blanche, renflée, appétissante. Réunies en grand nombre, elles ont l'aspect de lait caillé. On les fait frire avec un peu de fromage râpé et quelques jaunes d'œufs : c'est, paraît-il un met délicieux. Il en est une autre dont le cocon, gros comme la moitié d'un œuf de poule, donne une soie remarquable ; on en frit les Chrysalides.

Dans le même pays, il y a aussi plusieurs genres de Chrysalides recherchées comme comestibles ; mais elles ne sont servies que sur les tables des riches. Pour les recueillir on attend que l'insecte se soit renfermé dans son cocon pour y subir ces modifications organiques, ces métamorphoses, selon l'expression de Swammerdam, que les anciens comparaient au changement d'Actéon en Cerf, de Daphné en Laurier. On ouvre alors les cocons dans lesquels « la Chenille blanche, renflée et « grasse, se montre dans son état informe comme une « amande dans son enveloppe ; on recueille un grand « nombre de ces larves blanches et ayant l'apparence de « lait caillé et roulé ; on les fait frire à l'huile avec un « peu de fromage râpé et quelques jaunes d'œufs, et « on les roule dans une poêle. C'est un mets délicieux, « ayant l'aspect d'un plat de cervelle de Veau au gratin ; « seulement c'est bien plus délicat que les Sauterelles, « c'est un mets de nobles et de princes. » (*Revue de Guérin-Menneville*, 1863, page 45.)

Les Coléoptères se renferment pendant l'hiver dans la terre, à Madagascar comme partout ailleurs. Le peuple, si insectivore, de cette partie de l'Afrique, va les y chercher quand ils ne sont encore qu'à l'état de larve. Les Malgaches les recueillent à 8 pouces de profondeur, comme nos jardiniers déterrent les Loches pour les tuer. Les Coléoptères préférés, assez semblables aux Hannetons, sont accommodés de la même manière que les Chrysalides : on en fait d'excellents pot-au-feu, avec de l'huile et de la graisse. Dans nos pays, où les larves de Hannetons font tant de ravages, il serait bien à désirer pour l'agriculture qu'elles fussent de même du goût de quelques friands.

Ce n'est pas seulement à Madagascar que certaines espèces du genre *Locusta* (Sauterelles) sont employées comme nourriture. Nous avons vu des paysans, dans le Soissonnais, rechercher la Sauterelle verte de nos champs dans les années où elle abonde, et les assaisonner en sauce blanche, avec de la farine. Certaines peuplades de l'Orient recueillent même régulièrement les Sauterelles pour les manger. D'autres en salent des quantités innombrables pour s'en servir en cas de disette.

ÉMILE GOUBERT.

Paris. — Imprimerie WIESENER ET Cⁱᵉ, rue Delaborde, 12.

23 Décembre 1865.   N° 104. — 15 centimes.

Ce Recueil paraît une fois par semaine. — On s'abonne à Paris, à la Librairie L. Hachette et Cⁱᵉ, boulevard Saint-Germain, nᵒ 77.
Les abonnements se prennent du 1ᵉʳ de chaque mois. — Paris, six mois, 4 fr.; un an, 8 fr. — Départements, six mois, 5 fr.; un an, 10 fr.

PAVOT ET OPIUM.

Encore les effets de l'habitude et de l'imitation. — Le Coquelicot. — Le Pavot somnifère. — Opium du Levant et Opium indigène. — L'Huile d'œillette. — Molière et la vertu dormitive de l'opium. — Opiophages et fumeurs d'opium. — Dégradation physique et morale de la Chine. — L'opium réhabilité. — Nous fumons tous de l'opium à notre insu.

Nous avons consacré notre dernier article au géophagisme. Or, nous demandera-t-on, quel plaisir, quelle jouissance les géophages peuvent-ils trouver dans la satisfaction de leur singulière appétence? Évidemment nous ne pouvons le comprendre, nous autres Européens. C'est un plaisir de convention, comme nous nous en créons nous-mêmes avec le tabac, l'absinthe, l'alcool; comme le Chinois s'en procure avec l'opium. Il est vrai que le tabac est un passe-temps, une distraction; que l'opium est censé donner des rêves agréables : l'ingestion de l'argile ne partage pas, à nos yeux, ces avantages si chers payés par ces bizarres amateurs de plaisirs hors

Malais, fumeurs d'opium.

nature. Mais ici encore, pour expliquer cet appétit terrestre, intervient l'imitation, et, avec elle, l'habitude, qui rend si pénible l'abstinence à un fumeur de tabac, d'opium ou de haschich. Il est même possible que les derniers venus soient excités à imiter les mangeurs de terre par pure gloriole, comme ces tout jeunes enfants qu'on voit fumer malgré la défense des parents. Ils n'en retirent aucune jouissance réelle; loin de là, ils payent cher les premiers essais; mais ils font comme les grandes personnes, ils fument par genre : d'ailleurs, fruit défendu est toujours si bon à goûter! Cependant, l'habitude se contracte à votre insu, et vous êtes tout étonnés, une fois arrivés à un certain âge, de ne pouvoir plus vous empêcher de fumer.

Quand on vint présenter au grand Roi les échantillons de tabac récemment importés en France, s'il lui avait été dit : « Cette plante sera plus tard le premier revenu de l'État, on en vendra un jour jusqu'à quarante millions de kilogrammes ; » évidemment il eût répondu : « L'usage de ce merveilleux produit engendre donc des jouissances inconnues à l'odorat, au goût, des effets merveilleux sur la santé? » Et s'il lui avait été répliqué par anticipation scientifique : « Non, cette plante à odeur vireuse est bien souvent un poison lent, déterminant des affections du cœur ou l'amaurose (goutte sereine), détruisant l'appétence normale ; elle communique à la bouche une saveur brûlante, amère ; telle est la cause ordinaire du cancer des lèvres ; elle imprègne les habits d'une odeur repoussante ; » évidemment on aurait traité de fou ce prophète cependant véridique.

Y a-t-il autre mobile qu'imitation et habitude dans l'usage immodéré que nous faisons du tabac, en dépit des prédications des médecins ou des physiologistes? Je ne saurais autrement, pour ma part, tout fumeur que je suis, expliquer comment l'*herbe à la Reine*, c'est-à-dire la plante mise à la mode par Catherine de Médicis, est si bien entrée dans nos mœurs qu'elle semble maintenant un besoin des peuples et qu'elle a triomphé successivement de la juridiction ecclésiastique il y a deux siècles, du parlement ensuite, de nos jours du barreau scientifique, s'opposant avec autant d'impuissance à ces incessants empiètements du végétal de Jean Nicot. Je pourrais citer tels auteurs acharnés à faire le procès au tabac, qui fument en rédigeant leur diatribe, et seraient prêts, à votre gré, à célébrer la vaste pipe de l'Allemand, la cigarette de l'Espagnol, le chibouc du Maure, la pipe de l'oncle Toby, chantée par Sterne, ou celle de Ben-Bunting illustrée par Byron. Si j'étais priseur, j'expliquerais de même comment, avant l'invasion du cigare, nos pères ne craignaient pas de souiller de la façon la plus cynique les malines et la mousseline plissée de leurs chemises à jabot, tout fiers qu'ils étaient de leur tabatière en or, en écaille, en émail, en nacre, en peintures de Brunswick, — *grenier tabachique*, comme on disait sous l'Empire, que Thomas Corneille ne dédaigna pas de célébrer dans les vers suivants :

Ne saurait-on que dire, on prend la tabatière.
Soudain, de tous côtés, par devant, par derrière,
Gens de toute façon, connus ou non connus,
Pour y prendre leur part sont les très-bien venus.

Les Arabes du Sahara fument bien des crottes de Gazelle, si toutefois je dois m'en rapporter à M. C. Trumelet (*les Français dans le Désert*), quand ils ne façonnent pas ces matières excrétées en colliers d'apparat pour leurs femmes.

C'est encore par l'imitation et l'habitude que j'excuserai les fumeurs d'opium, à moins que nous supposions à l'homme, sinon à la femme, deux *besoins* engendrés par la civilisation : besoin de narcotiques tabac, opium, haschisch, etc., et besoin de ruminer de temps à autre pour occuper la mâchoire. Un de mes clients, persuadé de l'existence de ce dernier besoin, est parvenu à le tromper en remplaçant la chique vulgaire par du bois de réglisse.

— Je pourrais citer chez chaque peuple bien d'autres abus résultant de l'imitation et de l'habitude. Au Pérou, c'est le *pisco*; en Turquie, le *haschisch*, qui rivalise avec l'opium ; chez nous, l'*alcool*, le *café* et l'*absinthe* accompagnent trop fréquemment l'usage du tabac.

Pour aujourd'hui parlons de l'opium.

L'opium est le suc, desséché et épaissi à l'air, qu'on obtient du Pavot somnifère. Chaque papavéracée du genre *Papaver* (Pavot), — dicotylédone à calice caduc (tombant de bonne heure) et composé de deux folioles, à corolle régulière de quatre pétales, à étamines en nombre indéfini, à stigmates formant un corps discoïde et rayonné, à capsule (fruit) globuleuse (tête de Pavot) ou oblongue, uniloculaire (d'une seule loge), ouverte à la maturité par plusieurs trous situés sous la couronne des stigmates et destinés à la dispersion de ses nombreuses graines insérées sur des placentas lamelliformes, — exhale une odeur narcotique et jouit de propriétés calmantes, soporifiques. Prenons pour exemple le Coquelicot (*Papaver rhœas*) de nos moissons, dont chacun a vu les grandes fleurs et la brillante couleur. Ses larges pétales crénelées, piquées de brun à leur base, exhalent une odeur vireuse et possèdent, en infusion ou en sirop, des propriétés calmantes bien connues. Elles contiennent des traces de morphine seulement : cependant on a des cas d'intoxication narcotique chez des animaux ayant mangé, même avant la floraison, une certaine quantité de ces Pavots rouges des champs. « Si elles ne sont pas prises en quantité suffisante pour déterminer la mort, dit M. Magne, professeur à l'École d'Alfort, elles engourdissent les organes, ralentissent ou arrêtent la digestion. »

Mais la seule espèce fournissant l'opium est le Pavot somnifère.

C'est une belle plante, à haute tige droite, cylindrique, lisse, glauque, plus ou moins rameuse. Ses feuilles sont larges, sans poils, embrassantes, ondulées, incisées et inégalement dentées, d'un vert bleuâtre. Les fleurs, solitaires, grandes, s'inclinent, avant leur épanouissement, sur la tige qu'elles terminent. Leur calice est glabre, très-caduc ; la corolle présente quatre pétales pourpres marquées à la base d'une tache violet foncé. Le fruit (*tête de Pavot*) est une capsule ovoïde, grosse, très-lisse, munie à sa base d'un étranglement et d'un bourrelet, et couronné supérieurement par un petit disque dont les dix ou douze rayons à bords saillants, pourvus chacun d'une petite côte médiane, ne sont autre chose que les stigmates.

On distingue d'ailleurs deux variétés, le Pavot noir et le blanc. Le premier, ou *Pavot œillette*, cultivé pour la fabrication de l'huile, est plus petit (1 mètre), à feuilles plus vertes, à fleurs d'un rouge violacé-pâle, avec tache noire à la base. Sa capsule, au moment de la maturité, offre un curieux phénomène : le disque stigmatique s'élève un peu par suite de l'allongement des lamettes qui l'unissent aux placentas, et il se forme ainsi, par rupture, une série de petites fenêtres par lesquelles s'échapperont les graines. Celles-ci sont noires. L'opium du Pavot noir contient jusqu'à 18 0 0 de morphine, mais il est peu abondant.

Le Pavot à pétales blancs, cultivé pour son opium, a ses capsules d'abord vert glauque, puis sèches, grises, très-légères, offrant sur leurs placentas (ou lames longitudinales de leur paroi interne) 20 à 30,000 graines blanc-jaunâtre. Une de ses variétés offre des fruits *déprimés*, dont le diamètre transversal est le plus grand et dont la base comme le sommet semblent creux. On la cultive dans les environs de Paris et en Angleterre. Une autre variété a la *tête ronde*; on la cultive en Syrie, à Clermont-Ferrand, dans les Landes, à Provins, pour la fabrication de l'opium indigène. Les capsules du Pavot blanc à *tête déprimée* sont recueillies pendant qu'elles sont encore vertes, au moment où elles commencent à jaunir. Elles s'administrent en sirop, en extrait, en décoction pour lavements, à cause de leurs propriétés calmantes ; elles forment la base du sirop diacode.

Originaire de l'Orient et de la Perse, le Pavot somnifère, que l'on cultive aussi en Asie-Mineure, dans les Indes, la Chine, pour la fabrication de l'opium, a été importé depuis longtemps en Europe comme plante médicinale et d'ornement. Le *Pavot indigène*, c'est-à-dire cultivé dans nos climats, fournit, par compression des graines de la variété noire, l'huile dite d'*œillette* ou d'*olivette* (petite olive); les capsules de notre Pavot blanc sont vendues pour les droguistes: enfin cette dernière plante donne par incision, depuis que les persévérants efforts de M. Aubergier ont rendu nationale la préparation de l'opium, un suc opiacé, répandu maintenant dans le commerce sous le nom d'opium *français* ou *indigène*, d'*affium*. Cet opium, qu'on trouve dans nos officines en petits pains ronds, lisses, d'un brun-noir un peu rougeâtre, non recouverts de feuilles de Pavot comme celui de Constantinople, ni de fruits de Rumex, comme l'opium de Smyrne (le meilleur de tous), contient moins de narcotine que ces derniers, mais la morphine y est à plus forte dose (7 à 18 0 0), surtout quand il provient de la variété à *tête longue* ou *oroïde*, et toujours le prix en est bien inférieur.

Aux environs de Naples, le Pavot blanc est aussi cultivé avec succès, comme source d'opium ou comme ornement. Les Romains avaient eux-mêmes remarqué la forme pittoresque, les teintes brillantes et variées de cette plante. Le fait est attesté par ce trait si connu de Tarquin, qui s'amusait à abattre la tête des Pavots les plus élevés, voulant montrer à son fils que, pour s'emparer plus facilement de Gabies, il fallait mettre à mort les premiers personnages de cette ville. Mais c'est dans les plaines de Lille et de Valenciennes qu'il faut voir, à la mi-juin, les champs transformés par le

Pavot noir en parterres aux plus riches couleurs. Là, il est surtout cultivé pour ses graines, dont l'huile douce, agréable, ne partage pas, fait remarquable, les propriétés narcotiques des capsules mères. Cette huile d'*œillet*, ou d'*œillette*, ou d'*olliète* en italien, *oglietto*, petite huile; en latin, *oleum*, huile), prohibée comme comestible par le Parlement malgré l'avis contraire de la Faculté de médecine, a un goût assez agréable de noisette et ne se fige pas comme l'huile d'olive, sous l'influence des froids ordinaires, n'étant solidifiable qu'à — 18 degrés. Elle reste plus longtemps sans rancir. On ne saurait la comparer, pour la finesse et l'onctuosité, à l'huile de Provence; mais, ajoute Roques, dans ses plantes usuelles, elle vaut mieux que l'huile d'olive vulgaire et mal faite. Aussi l'emploie-t-on généralement en Allemagne, en Belgique, dans le nord de la France. A Paris même, nos épiciers ne se font pas scrupule de la mêler à l'huile d'olive ordinaire. Elle est d'ailleurs siccative, d'où son usage dans les arts.

Les Romains employaient les graines du Pavot blanc (*Papaver rœum* de Virgile) à la confection de certains aliments ou de friandises. A Gênes, on en fait encore de petites dragées. Enfin, le marc résultant de l'expression des semences du Pavot noir sert, dans le nord, à nourrir les bestiaux.

On obtient l'opium par divers procédés.

L'un consiste à faire aux capsules encore vertes, quand les pétales viennent de tomber, le matin, après l'évaporation de la rosée, des incisions, transversales ou obliques ou spirales, avec un instrument tranchant quelconque ou un scarificateur à lames parallèles. Ces incisions ne doivent pas pénétrer dans l'intérieur du fruit. Le suc qui s'écoule, d'abord blanc, jaunit en s'épaississant, puis brunit et forme des larmes presque solides. Celles-ci sont recueillies, le lendemain, avec le doigt ou avec un petit racloir, dans une coquille ou dans un vase. On retourne peu après à la plante pour relever le suc épanché à nouveau. Toutes ces larmes sont rassemblées, pilées dans un mortier et disposées en pains. Telle est l'origine de l'*opium en larmes*, le moins amer, le moins vireux, le moins âcre et le plus estimé, tel qu'on le prépare en France et dans le Levant.

Chaque tête de Pavot ne donne de l'opium qu'une fois, et seulement quelques centigrammes. En général, une capsule plus jeune est plus riche en morphine.

L'*opium thébaïque* s'obtient en pilant les capsules et la partie supérieure de la tige. Le suc obtenu est évaporé lentement, jusqu'à consistance solide ou de rob, et réuni en pains déprimés de 125 à 500 grammes.

Enfin, l'*opium poust* ou *meconium* s'extrait, par le traitement à l'eau bouillante, des capsules déjà incisées, des sommités de tiges et des feuilles. Il est le moins estimé.

L'opium du commerce est surtout un mélange du premier et du dernier.

Autrefois, l'opium de la haute Égypte avait une grande célébrité. Aujourd'hui, il ne vaut pas celui de

Smyrne et même celui de Constantinople, parce que des arrosements trop fréquents rendent ses sucs trop aqueux, et que les incisions se pratiquent à une époque trop peu avancée de la maturité des capsules, dans le but d'obtenir un produit plus abondant. Alors même qu'il n'est pas falsifié, il contient à peine 3 ou 4 0/0 de morphine, ce qui le laisse bien inférieur à notre opium indigène.

Qu'il nous vienne de la Natolie ou d'Égypte, qu'il s'agisse de celui moins estimé des Indes ou qu'il soit d'origine française, l'opium est un corps solide, un peu cassant, à cassure brillante et résineuse, d'un brun clair. Il se ramollit entre les doigts, s'enflamme sur les charbons ardents, est soluble dans l'eau et l'alcool ; son odeur est forte et vireuse, sa saveur âcre, amère, nauséeuse.

Peu de corps ont exercé autant la patience du chimiste. On y a par suite découvert une série indéfinie de corps. Les uns, azotés, susceptibles de cristalliser, sont alcalins : morphine, codéine, thébaïne, narcotine, narcéine. Les autres, non azotés, mais cristallisables, sont ou des alcalis (la méconine) ou des acides (acide méconique). Ajoutons une huile volatile, une résine, de la gomme, du sulfate de chaux, etc., etc.

Le principe le plus recherché est la morphine. La proportion de cet alcaloïde dans l'opium varie de 2 à 15 0/0, et dépend de la variété du Pavot, des conditions de récolte, du mode d'extraction, de la pureté du produit. Un bon opium doit donner 10 0/0 de morphine. Cependant l'action des préparations opiacées n'est pas toujours en raison directe de la proportion de morphine, la codéine possédant une action sédative plutôt que stupéfiante, ce qui la fait souvent employer seule.

Je m'abstiens également de rappeler les nombreux travaux des physiologistes au sujet des propriétés de l'opium ou de ses dérivés. Rappelons notamment les intéressantes recherches communiquées à l'Académie des sciences, le 29 août 1864, par notre premier physiologiste français, M. Claude Bernard, et le 5 septembre par M. Ozanam. Toutes sérieuses qu'elles ont été, ces études n'ont pu aboutir à nous dire pourquoi l'opium calme l'éréthisme nerveux, provoque le repos et le sommeil. Il s'agit là de ces questions de *causes premières*, telles que la métaphysique s'évertue à les affronter, sans savoir jamais nous donner une solution, comme le disait, à son cours du collége de France, le plus grand de nos physiologistes actuels, M. Claude Bernard.

Le véritable *pourquoi* nous sera probablement à jamais inconnu. Nos connaissances ont des limites. Et ceux qui soutiennent le contraire s'attirent avec justice les plaisanteries que Molière adressait aux médecins de son temps. Tel était un philosophe contemporain qui voulait se renseigner sur la connaissance première des phénomènes physiologiques auprès de M. Claude Bernard. Le savant professeur répondait presque à chaque question qu'il ne savait pas. « Mais vous ne savez donc rien, s'écria le philosophe étonné ; il n'y a donc pas le plus petit point sur lequel vous ayez une notion complète ? — Non, répartit M. Claude Bernard, car notre science n'est pas parfaite, elle n'est que relative ; il y a toujours des lacunes à combler. Si, sur un seul sujet, nous possédions la vérité absolue, nous devrions l'avoir aussi sur tous les autres, car dans l'organisme tout se tient et une connaissance en entraîne une autre. » L'histoire de l'opium, celle du curare fournissent la preuve de cette vérité. Molière se moquait des médecins de son temps qui croyaient expliquer l'action de l'opium en disant : « *Opium facit dormire quia est in eo virtus dormitiva, cujus est natura sensus assoupire.* » Aujourd'hui encore, ce qu'on répond est fort analogue. En effet, on répète qu'il fait dormir, parce qu'il renferme de la narcéine, de la morphine, etc. C'est simplement reculer la difficulté et non pas la résoudre. « La recherche du pourquoi des choses, écrit Bacon, nous conduit toujours à une cause sourde qui ne répond plus à nos questions. » Et cela est vrai pour toutes les sciences. En chimie, pour expliquer la formation d'un sel, — lorsqu'un acide et une base sont mis en contact, on invoque l'affinité. Cette expression facilite le langage scientifique, mais elle n'indique pas la cause première. Rechercher celle-ci serait folie.

Nous ne sommes donc pas plus avancés encore qu'au temps de Molière au sujet des vertus dormitives des opiacés.

Je n'ai pas ici à esquisser, même à grands traits, l'apologie médicale de l'opium. Il suffit de rappeler qu'il constitue un des médicaments les plus précieux. On l'administre en extrait (extrait gommeux ou thébaïque), en sirop, en vin, en collyre, en cérat, en liniment, ou bien à l'état d'acétate, de sulfate, de chlorhydrate de morphine. Il fait partie de la thériaque, du diascordium employé pour les diarrhées, des gouttes noires *black drops*, etc. Il forme la base des laudanums de Sydenham et de Rousseau. Le premier, moins fort, est un extrait dans 500 grammes de vin de Malaga, de 64 grammes d'opium, macéré avec du safran (32 grammes), de la cannelle, du girofle (4 grammes de chaque). Vingt gouttes de ce liquide représentent 5 centigrammes d'opium purifié. Enfin, la poudre sudorifique de Dover est un mélange de salpêtre, de sulfate de potasse, d'ipécacuanha et d'opium.

L'opium agit avant tout sur le système nerveux. A dose faible, médicamenteuse, il apaise la douleur, calme l'excitation nerveuse et provoque le sommeil. A dose plus élevée, c'est un poison narcotique bien connu et expliquant la difficulté avec laquelle les pharmaciens délivrent du laudanum.

Dans certains cas, au lieu de jeter dans la stupeur, il exalte les fonctions et produit une sorte de délire ou un sommeil agité. Quelques personnes ne peuvent même prendre la moindre dose d'opium sans éprouver une agitation plus ou moins violente.

L'empire de l'habitude, le tempérament, le climat

peuvent néanmoins modifier son action ; c'est ce que nous allons précisément voir chez les Orientaux, devenus susceptibles d'ingérer des quantités effrayantes d'opium, et possédant, dans toutes les villes de Perse par exemple, des estaminets, des cafés où se débitent des boissons opiacées comme on vend du vin en Europe.

Je laisse ici l'histoire médicale de l'opium, si bien tracée dès le dix-septième siècle par Sydenham; le rôle de ce narcotique dans les évacuations diarrhéiques, dans le choléra même, son action spécifique contre les névralgies, les maladies spasmodiques, toutes les affections où domine le symptôme douleur, son heureux

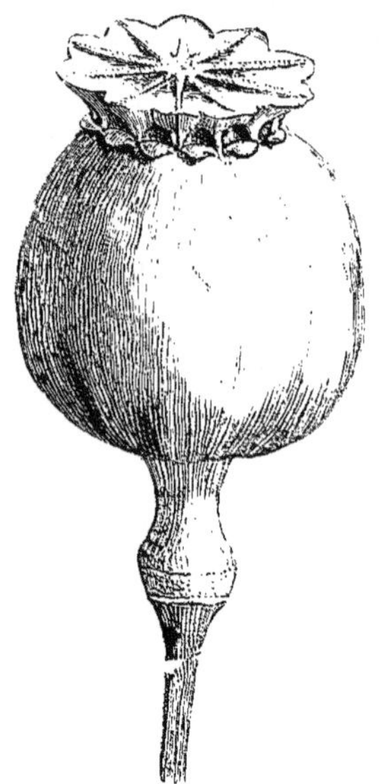

Capsule de Pavot.

emploi dans les rhumes, les catarrhes, ses effets comme antidote de la belladone, etc. Il existe de nombreux traités *ex-professo* sur ce remède héroïque, auxquels nous renvoyons nos lecteurs pour plus amples informations.

C'est cependant sans délaisser entièrement le côté pathologique que nous allons nous occuper un peu des *opiophages*, au sujet desquels nous renvoyons à la thèse de M. Réveil. — et beaucoup des fumeurs d'opium.

Les mangeurs et les fumeurs d'opium! Mots qui effrayent de suite tout Européen, au point que chez nous plus d'un malade n'accepterait pas l'opium s'il ne lui était administré travesti sous quelque nom technique : extrait thébaïque ou autre. Quant aux médecins même, il en est peu, je crois, en France, voire parmi ceux dont les procédés thérapeutiques admettent le plus les opiacés, qui ne soient persuadés que l'habitude de fumer ou de manger l'opium est pernicieuse au plus haut degré pour le moral comme pour le physique, que le malheureux l'ayant contractée est fatalement destiné à mourir bientôt dans le dernier degré du marasme et de l'abrutissement. Aucun d'eux ne laisserait

ses clients chercher des rêves enchantés dans le *minyang* (parfum des affligés), ou extrait d'opium préparé avec l'opium brut des Indes, ni dans ces boules odorantes, formées de musc, d'ambre, de fleurs de chanvre mêlées à l'opium, et que le Chinois roule dans la main quand il ne fume ou ne mange pas quelque préparation opiacée.

On accuse généralement les Anglais d'entretenir à dessein l'abus de l'opium en Chine. Ils sont trop politiques pour ne pas se défendre de cette incrimination, et je lis dans je ne sais plus quel numéro du *Morning-Post* de 1864, sur les effets de l'opium à Java :

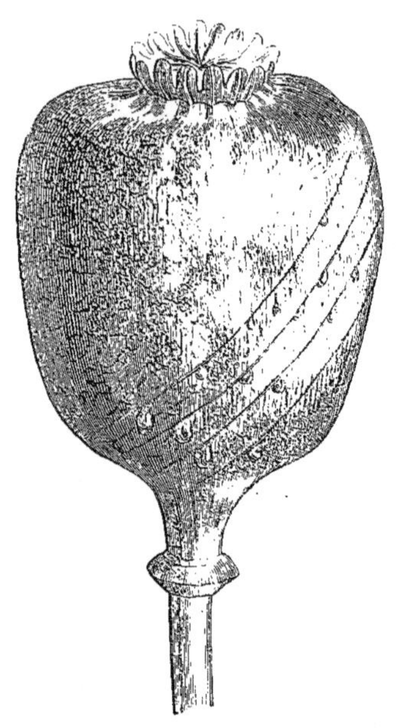

Capsule de Pavot somnifère incisée pour la récolte de l'Opium.

« Pour les mahométans et les Chinois de Java, l'opium est ce que sont les liqueurs fortes pour les Européens. L'Européen de la basse classe noie son chagrin dans l'eau-de-vie, et quand la liqueur a produit son effet, un bonheur factice remplit l'âme du buveur ; il en est de même pour les fumeurs d'opium. Toutefois rien n'est moins séduisant à l'œil qu'un *enfer à opium* de Java. Il y règne une atmosphère de caveau funéraire : une lampe, qui rend les ténèbres plus profondes, projette sa pâle lueur à travers l'obscurité d'une salle peu élevée où l'air est à peine respirable. Des sortes de boxs à cloisons de bambou, garnis de nattes pour les fumeurs, se succèdent le long des parois de la chambre où fumeurs et fumeuses sont reçus sans distinction de sexe. C'est là que les passionnés d'opium viennent débiliter leur raison. Ils se couchent languissamment sur les nattes, appuient leur tête sur un coussin maculé de graisse et s'abandonnent à leur vice irrésistible. Sur la table du box est une petite lampe pour allumer l'opium.

« Voici comment procèdent, pour s'endormir, les hôtes de ces enfers opiacés. Ils placent une boulette d'opium, grosse comme un pois et du prix de douze sous, le prix d'une journée de travail, dans un récipient auquel viennent aboutir deux tuyaux de bambou, car l'opium se fume à deux généralement, ce qui permet de s'enivrer de compagnie. La fumée est aspirée, gardée dans la bouche aussi longtemps que possible, et enfin expulsée par les narines.

« Il suffit de deux ou trois aspirations pour que la boulette d'opium soit brûlée et que le tuyau tombe des mains du fumeur. Celui-ci s'endort en murmurant quelques mots adressés à son compagnon, qui lui donne inintelligemment la réplique ; mais bientôt le sommeil prend le dessus, les paroles deviennent à peine distinctes, le fumeur est transporté dans ce monde d'hallucinations dont les splendeurs lui font oublier sa misère.

« Quand le fumeur est endormi, quand un silence de mort règne au-dessus de lui, sa paupière se rouvre, son regard s'allume, ses joues, creusées par le poison trompeur, se gonflent et se colorent, l'extase commence. Il paraît ressentir toutes les jouissances du paradis de Mahomet. Il est sous l'influence d'une ineffable contemplation.

« Mais le charme passe, le rêve s'évanouit, le masque reprend son air d'hébétement, et, quand l'heure du réveil arrive et que le fumeur quitte l'enfer à opium, on le voit trébucher dans les rues et traîner son corps décharné, préparé pour la tombe. »

Comme supplément à cet aveu britannique, analysons l'*Étude médicale sur les fumeurs d'opium*, du docteur Libermann (1862), témoin oculaire, pendant notre expédition de Chine, de toutes les dégradations causées par la passion de l'opium.

En 1851, les maladies et la mortalité par l'opium représentaient le dixième de la mortalité et des maladies de Shang-Haï. Il est des provinces, comme celle de Pitchili, où les deux dixièmes de la population s'abandonnent à la passion de l'opium. La cour de Pékin en donne « le plus scandaleux exemple, » et les provinces les plus voisines de la cour en sont les plus infestées.

Chez les peuples, comme chez les individus, la dégradation organique et morale engendre nécessairement, et la servitude extérieure vis-à-vis l'étranger, et la servitude intérieure vis-à-vis les passions. La Chine n'a su s'affranchir ni de l'une ni de l'autre, mais elle met sa prévoyance et son activité à s'alléger d'une partie de l'impôt qui pèse sur elle ; déjà, nous dit M. Libermann, le *Papaver somniferum* est cultivé en grand dans les provinces méridionales.

Quand un vice s'établit en maître dans une société, il y crée ses institutions à lui, comme les besoins légitimes le font dans une société normale. Il existe en Chine des établissements publics et patentés consacrés à l'ivresse opiacée ; comme dans nos pays civilisés, il y a des liquoristes ou des restaurants. Dans une ville de 3,000 âmes, à Tien-tsin, on en compte jusqu'à 164 ; à Pékin, il y en a quatre ou cinq dans chaque rue.

Ce qui entraîne ce peuple à cette funeste habitude, évidemment (tel est aussi l'avis de M. Libermann),

c'est le caractère généralement excitant des premiers effets de l'opium. La preuve en est dans le nombre des fumeurs beaucoup plus grand au nord qu'au midi de la Chine.

Le mal a déjà pénétré dans toutes les castes comme dans tous les centres de population, dans toutes les provinces.

Les classes instruites, qui ont perdu le noble stimulant des sciences, des arts, des lettres, par leurs fautes personnelles combinées avec celles des institutions ; les riches oisifs qui n'ont jamais connu ces nobles jouissances, — cherchent à tromper l'ennui qui les dévore, et à satisfaire les secrets appels de la vie par les excitations factices et passagères de l'opium.

Les malheureux, accablés de travail et de misère, y viennent, de leur côté, réclamer l'oubli et l'illusion.

Telles sont aussi, en Occident, les sources de l'ivrognerie.

Mais le vin est utile à l'organisme sain. L'opium ne l'est à aucun degré. De là sans doute les différentes conséquences de ces deux ivresses.

L'ivrognerie de l'opium a aussi un *vin bleu* dans l'opium commun, le seul accessible aux classes pauvres ; son *Bordeaux* et son *Champagne* dans le Bénarès et le Patna, beaucoup plus riches en morphine et d'un prix très-élevé. C'est la distinction dans le vice. Les grandes familles se font un honneur du luxe qu'elles y déploient.

La consommation de chaque jour est, en moyenne, de 10 à 20 grammes ; elle va à 32 grammes chez les fumeurs émérites ; elle s'élève même parfois jusqu'à 100 grammes chez les mandarins. L'opium se fume dans de petits godets ou pipes emmanchés d'un long tube. On peut estimer à 6 ou 8 millions le nombre des fumeurs.

M. Libermann croit reconnaître dans cet asservissement des Chinois à la passion de l'opium « cet esprit de vertige dont Dieu, à toutes les époques de l'histoire, frappe les peuples et les races qui ont fait leur temps, et les pousse à se détruire elles-mêmes. » Il y a dans ces paroles un fatalisme inacceptable. A quoi bon mettre toujours la divinité en scène ici-bas ? Non, Dieu ne frappe aucun de ses enfants de l'esprit de vertige, et les pousse encore moins à se détruire : l'instinct si puissant de conservation qui existe en nous le prouve suffisamment. C'est l'homme seul qui se place hors la loi de la vie, et par cela même se précipite dans la maladie et la mort. Il est plus juste d'attribuer le succès et l'abus de l'opium en Chine à l'absence de vins et d'alcooliques. Il paraît que l'ivresse est une inclination naturelle à l'Homme : les Européens se grisent avec de l'eau-devie, les Américains avec du rhum ou du whiski, et les Chinois avec de l'opium.

Quel genre d'agrément procure donc aux Chinois la fumée de l'opium ?

D'après M. Libermann, l'opium ne change pas la nature habituelle des idées, mais fait naître, sous la vue intérieure, le mirage, c'est-à-dire la réalisation imaginaire de ces idées. Cette distinction entre l'idéal et sa réalisation fictive, c'est-à-dire entre l'idée pure et l'idée qui commence à prendre corps, peut être importante en psychologie et faire notamment comprendre le curieux phénomène de l'hallucination ; mais elle nous paraît trop subtile et trop peu digne de la science positive pour nous arrêter.

Le fumeur qui se voue à l'opium s'avance, à chaque nouvelle ivresse opiacée, de plus en plus dans l'intoxication. Celle-ci reconnaîtrait trois périodes très-distinctes, que M. Libermann décrit dans tous leurs détails, et dont je dois me borner à résumer les caractères.

La première ou *période d'initiation* est une oppression de la vie par le poison ; son caractère anatomique est une congestion sanguine du cerveau et de l'estomac. De là, douleur de tête, vertiges, nausées, vomissements, souffrances à l'estomac, défaillances, sommeil lourd et pénible.

La seconde période ou d'*excitation* simple est une réaction vitale manifeste des systèmes nerveux et sanguin. C'est la période cherchée, attendue, mais non toujours obtenue, des excitations passionnelles et des satisfactions imaginaires. C'est alors que le sérail offre ses beautés aux voluptueux ; que la fortune sourit au joueur devant des tables couvertes d'or ; que l'ambitieux est comblé des faveurs de la cour, etc.

Mais le système nerveux, bientôt épuisé par une telle surexcitation, tombe comme anéanti dans un sommeil de quatre à douze heures ; la nature cherche le repos et la réparation. Aussi les symptômes médicaux de cette seconde période sont : contraction de la pupille (prunelle), fréquence du pouls, sueurs abondantes, soif vive, excitation mentale ; puis accablement et somnolence profonde, réveil pénible, tête lourde, confusion des idées, langue pâteuse, dilatation des pupilles, perte d'appétit, endolorissement des membres.

Dans une troisième période, ou de *narcotisme aigu*, troubles intellectuels, mouvements incertains ; yeux injectés, brillants, hagards ; contraction énergique de la pupille, rougeur de la face, fréquence et plénitude du pouls, délire furieux ; puis assoupissement, collapsus, résolution des membres, pertes de connaissance, insensibilité de la peau, pâleur de la face, dilatation des pupilles, petitesse du pouls, oppression respiratoire, mouvements convulsifs ; quelquefois, mort. Cette troisième période, qui souvent commence au réveil, a donc pour caractères : la tristesse, l'épuisement des forces, le désordre mental et digestif, conséquences naturelles de la lutte engagée entre le poison et l'organisme, entre le principe de vie et le principe de mort.

L'un des traits qui ressortent le plus évidemment des tableaux symptomatiques déroulés par M. Libermann, et qui intéressent le plus le médecin et le penseur, c'est que les forces vives de l'organisme s'affaiblissent à chacune de ces luttes, terminées toujours par leur défaite. La réaction vitale de la seconde période devient de plus en plus lente et difficile à provoquer. Il faut alors, pour l'obtenir, accroître sans cesse la dose de l'excitant, et le malheureux se trouve dès ce moment engagé dans un cercle vicieux de progression morbide où les effets et les causes s'engendrent et se multiplient l'un par l'autre, où l'habitude et la passion, liguées ensemble, le forcent d'avancer jusqu'à la mort.

« Prenons, Messieurs, dit le rapport lu sur l'œuvre de M. Libermann à la Société médicale d'émulation de Paris (7 mai 1864), rapport que nous suivons ici pas à pas, — prenons une passion quelconque, de l'ordre organique ou de l'ordre moral, suivons-la dans les évolutions progressives, depuis ses causes jusqu'à ses derniers effets, et nous lui reconnaîtrons, au fond, les mêmes périodes et les mêmes caractères : 1º les anxiétés oppressives de la lutte qui s'engage entre le principe de bien et le principe de mal ; 2º les illusions d'un accroissement subit et illégitime de la vie, toujours obtenu aux dépens de la vie même, les jouissances toujours troublées et plus apparentes que réelles d'une injuste possession ; 3º et pour conclusion, la honte, le remords, les peines infligées par la loi, les flétrissures de la conscience publique, enfin la déchéance et la mort civile ou morale.

« Le fond du tableau n'est-il pas le même çà et là ? Vous le reconnaissez à ses trois traits fondamentaux : oppression, jouissances morbides, dégradation vitale. La logique des passions et leur terme final sont donc partout les mêmes : c'est une soif de vie ardente, effrénée, aveugle, qui éteint la vie dans ses sources mêmes, en voulant la faire contre ses lois. »

Le narcotisme a, comme l'alcoolisme, son *ébriété* produite par des doses modérées et successives, et son *ivresse* furieuse engendrée par des doses rapidement accrues. Dans cet état de folie violente, le fumeur est capable de tout, à ce point que les autorités de Java se sont vues dans la nécessité de placer à la porte de certaines boutiques à opium des agents de police armés, avec ordre de tuer, comme des chiens enragés, tout fumeur qui, au sortir de ces repaires de débauche, tenterait de se livrer à des actes de brutalité. « Pendant notre séjour à Tien-tsin, dit M. Libermann, un fumeur, après une débauche d'opium, se saisit de couteaux, et, dans un accès de rage insensée contre ses parents, les assassina tous. » C'est le narcotisme convulsif que l'auteur compare à l'ivresse convulsive décrite par Percy, et, plus récemment, par MM. Lallemand et Perrin.

Le fumeur d'opium passe bientôt à l'état de malade, et le malade tombe plus ou moins rapidement, selon le degré de sa résistance vitale et de ses excès, du narcotisme aigu dans le narcotisme chronique, c'est-à-dire que les Chinois qui survivent aux épreuves de leur pénible noviciat arrivent à l'abrutissement le plus repoussant.

Les fonctions de nutrition sont les premières atteintes par l'empoisonnement opiacé devenu habituel : la dyspepsie, l'émaciation progressive, l'épuisement des forces, marquent les tristes étapes de cette destruction graduelle de la vie nutritive ou végétale.

Les fonctions de relation, ou animales, entrent à leur tour, et bientôt, dans cette voie de dégradation, par le fait d'une nutrition de plus en plus incomplète des organes qui en sont chargés, et de l'imprégnation croissante des centres nerveux par l'opium. L'affaiblissement progressif de toutes les facultés en est le caractère général : c'est d'abord la puissance modératrice et ensuite la puissance coordonatrice des activités cérébrales, qui sont atteintes ; puis enfin, les facultés affectives elles-mêmes. Le malade, complétement asservi, abruti par sa passion, s'achemine plus ou moins rapidement vers l'idiotie ou la démence, par le ramollissement cérébral, l'insensibilité cutanée, l'affaiblissement de la contractilité, le *delirium tremens* (ou délire alcoolique) et la paralysie générale ; mais, au lieu des rêveries ou des jouissances imaginaires qu'il y avait cherchées et trouvées d'abord, ce sont désormais des images dégoûtantes, des scènes atroces, des cauchemars affreux qui le poursuivent, comme de nouvelles Euménides, et ne lui laissent plus même le refuge du sommeil.

Chez un grand nombre de fumeurs, cette progression de souffrances aboutit au suicide. Ici se fait une distinction remarquable entre les fumeurs lettrés et ceux des classes inférieures. Les premiers, conservant plus que les autres la notion de leur triste état, passent du désespoir au suicide ; les seconds finissent plus ordinairement par l'inconscience et la *brutalité narcotique*. Les animaux ne se suicident pas ! Les caractères différents de la vie se révèlent donc jusque dans sa manière de s'éteindre : ici, le principe de vie, purement animal, s'éteint comme dans la brute ; là, un reste de principe moral révèle l'homme, en succombant sous sa volonté.

M. Libermann note, comme signe différentiel entre le *delirium tremens* des ivrognes et celui des narcotisés, le caractère aigu passager du premier, et le caractère chronique permanent du second. Cette différence ne tiendrait-elle pas à la nature volatile des alcooliques et à la nature fixe de l'opium ?

Toutes les maladies, surprises dans leur cours par le narcotisme, sont hâtées dans leur marche, comme chez nos buveurs de profession, chez les Européens atteints d'intoxication alcoolique.

Tels sont, d'après M. Libermann, les effets du narcotisme chronique sur la vie de l'individu. Nous nous abstenons de montrer son influence sur la vie de l'espèce, c'est-à-dire sur la génération.

« Là où la reproduction se fait encore, le fumeur donne naissance à des enfants dégénérés dont la vie est éphémère. La scrofule, le rachitisme, l'idiotie, la prédisposition à l'aliénation mentale, sont les caractères ordinaires des descendants des fumeurs. »

La population n'est cependant pas encore atteinte, par la raison toute simple que les mariages ont lieu dès dix-sept ou dix-huit ans, tandis que l'usage de l'opium ne commence guère que de vingt à vingt-cinq ans. Ajoutons, comme circonstance atténuante du vice des hommes, que les femmes, à quelques exceptions près, en sont encore complétement exemptes. Cependant, on peut facilement prévoir l'extension du vice opiacé aux âges antérieurs et aux femmes, dans un avenir peu éloigné ; et, dès lors, la dépopulation de l'empire en sera l'effet aussi rapide que nécessaire.

Nous chercherons un autre jour si les tableaux de M. Libermann ne sont pas exagérés.

(La suite prochainement).

Papaver somniferum.

LES TROIS RÈGNES DE LA NATURE

LECTURES D'HISTOIRE NATURELLE.

30 Décembre 1865.

N° 105. — 15 centimes.

Ce Recueil parait une fois par semaine. — On s'abonne à Paris, à la Librairie L. Hachette et Cⁱᵉ, boulevard Saint-Germain, n° 77.
Les abonnements se prennent du 1ᵉʳ de chaque mois. — Paris, six mois, 4 fr.; un an, 8 fr. — Départements, six mois, 5 fr.; un an, 10 fr.

PAVOT ET OPIUM (suite).

Y a-t-il un remède à ces terribles effets du narcotisme et chez l'individu et sur l'espèce? Il n'y en a qu'un seul, dont l'application, l'efficacité deviennent d'autant plus difficiles que l'habitude du narcotisme est plus ancienne : c'est de renoncer au poison. Et, en supposant cette renonciation possible, l'organisme peut-il remonter toute la pente vitale descendue? Non, dans les cas d'altérations organiques profondes; oui, dans quelques cas exceptionnels, où la vie a été plus troublée dans son jeu qu'offensée dans ses organes. Mais cette suppression de la cause, il est bien peu de fumeurs ou mangeurs d'opium en état d'y satisfaire. L'opium est devenu, dans toute la réalité du mot, l'*aliment* d'une certaine partie profonde et intime de l'être, et le sentiment de vide qu'y fait son absence est tellement impérieux que la résistance à ce besoin est une

Amock (effet de l'opium sur les Malais). — Dessin de MM. de Molins et Doërr

véritable torture, toute semblable aux tortures de la faim et de la soif. M. Libermann cite un Anglais, M. de Quincey, qui est parvenu à surmonter ces tortures et les a racontées dans un livre devenu célèbre en Angleterre (1) et traduit en français par Alfred de Musset.

« J'ai pu moi-même, et en France, être spectateur de cette lutte entre la faim et la soif de l'opium et la volonté, et le témoin attristé de la défaite de là volonté: consulté par un de mes confrères de Paris sur le moyen d'échapper aux conséquences déjà menaçantes de l'abus excessif et habituel de l'opium, j'essayai de lui rendre la lutte moins difficile en lui disant de descendre chaque jour de 1/2 gramme la dose de 120 grammes de laudanum de Sydenham ou de son équivalent d'extrait gommeux d'opium, à laquelle il était arrivé en dix ans, à laquelle il se tenait depuis deux ans.

« Il suivit ce conseil, le seul qui laissât quelque chance de salut; descendit ainsi, avec grand'peine, jusqu'à 60 grammes environ; fut obligé alors de réunir toute son énergie pour descendre encore de quelques

(1) *Confessions of an english opium eater*, par Thomas de Quincey.

degrés, enfin fut forcé de s'avouer vaincu ; depuis cette
défaite, il est retombé sous l'empire de sa passion. La
lutte s'engageait ici, cependant, dans des conditions
très-favorables ; mon confrère est un homme fortement
constitué, fort bien doué, qui a fait ses preuves d'énergie dans la vie, et qui avait pour stimulant au combat
l'effrayante perspective qu'un médecin instruit ne peut
ignorer, ce que, d'ailleurs, je lui rappelai pour l'encourager à la lutte, pour le forcer en quelque sorte à la
victoire. Mais c'est un des terribles effets du narcotisme
d'énerver, de paralyser les plus fermes volontés. »

C'est une faim fort coûteuse que cette faim toujours
grandissante de l'opium, quand elle arrive à un tel degré. L'alimentation saine et régulière de l'organisme
est de moindre prix, tant il est vrai que toute passion,
une fois déchaînée, nous dévore et par le mal qu'elle
nous fait et par le prix qu'elle nous coûte. Mais rien
n'arrête sur cette pente funeste : ni la honte, ni la misère, ni même les sentiments les plus intimes au cœur
humain : « Peu importe au fumeur, nous dit M. Libermann, que ses affaires languissent, que son champ soit
en friche, que sa famille meure de faim ; pourvu qu'il
puisse acheter de l'opium, tout le reste lui est indifférent. Il n'est pas rare même que le fumeur, après avoir
vendu ses meubles et sa maison, à bout de ressources,
voue ses enfants à la prostitution publique ou privée
pour en tirer l'argent de ses débauches, ou bien les
expose ou même les tue pour réserver à sa passion la
dépense de leur vie. »

L'empereur Qua-Tehesi a donné aux Chinois l'exemple de toutes les débauches du narcotisme ; la cour,
bien entendu, l'a suivi, et c'est surtout après ce règne
que la passion opiacée, avec tous ses désordres, est devenue populaire en Chine : en descendant des hauteurs
sociales, le vice fait avalanche, et rien ne lui résiste.
D'autres empereurs de la Chine, animés d'un meilleur
esprit, ont cherché à arrêter, à extirper le vice. Mais
la fureur du narcotisme et l'impuissance de la loi sont
devenues telles, que des marchands ambulants étalent
et vendent effrontément l'opium et ses ustensiles sous
les affiches mêmes de l'édit qui condamne à mort tout
participant à ce trafic.

C'est par cette pente funeste, rendue encore plus glissante par la polygamie et l'insuffisance de principes
moraux, que les Chinois en sont arrivés à ce degré de
dépravation individuelle, d'avilissement national qui
en font une des hontes de l'humanité.

— Tels sont, d'après l'analyse précitée du travail de
M. Libermann, le déplorable sort des fumeurs d'opium
et les conséquences sociales de cet abus du narcotisme.
En résumé, cette passion aurait singulièrement contribué à exagérer, chez le Chinois, les vices et les mauvais
instincts de la race mongole et tartare, l'astuce, la
fourberie, la cruauté, la débauche. Mais elle fait pis

encore : elle affaiblit, chez ce malheureux peuple, le
sens moral et la conscience publique ; elle détruit la
famille en introduisant l'indifférence, la paresse, le li-
bertinage ; elle engendre l'égoïsme et la dureté du cœur,
ces crimes antisociaux. L'égoïsme conduit à l'aliénation
mentale, à la dégradation de toutes les infirmités morales et de toutes les dégénérescences physiques ; il a
donné et il donne tous les jours encore à la Chine des
générations de scrofuleux, de rachitiques, d'imbéciles
et d'idiots.

Il y a loin de là aux conclusions hypocritement op-
timistes de certains économistes anglais, et aux sensations agréables, aux jouissances voluptueuses, aux
indicibles félicités que des écrivains mal informés et
trop crédules ont fait sortir d'une pipe d'opium.

Toutefois, ces peintures ne sont-elles pas trop exclusivement appliquées à la généralité des fumeurs d'o-
pium ? Je suis aise, à cet effet, d'analyser la thèse
de M. J. Mattei, chirurgien de marine (Montpellier, 28
août 1862), qui, sans chercher à prôner l'opium et le
bonheur factice, de convention, qu'il procure au détriment de la santé, a voulu montrer qu'on peut parfaitement vivre en en usant modérément, comme avec le
tabac ou les alcooliques. C'est un plaidoyer moins en
faveur de l'opium que de la vérité.

Les voyageurs qui ont visité l'Inde ou la Chine, l'archipel indien ou la Perse, n'ont pas mentionné les
Thériakis sans renchérir sur les terribles tableaux qu'en
avaient déjà donnés les médecins, en sorte que les fumeurs ou les mangeurs d'opium passent absolument tous
pour des êtres abrutis, d'une pâleur extrême, condamnés
à une vie misérable qui ne dépasse guère trente ans, le
corps déformé par de nombreuses périostoses, — cadavres vivants dont l'opium même, tout calmant et séda-
tif qu'il est dans notre thérapeutique, est impuissant à
endormir les souffrances. « Aussi n'avons-nous pas
été peu surpris de voir des mangeurs d'opium, munis
d'un embonpoint raisonnable, jouir de leurs facultés et
vivre, en un mot, comme tout le monde. »

Ce qui fait que l'opinion publique a été si complètement trompée sur le compte des mangeurs d'opium,
c'est que les voyageurs ont pris pour type de leurs descriptions ce qui n'était, en réalité, que des exceptions,
des mangeurs effrénés, gens à mauvais instincts, comme
on en trouve partout, qui ne s'arrêtent que quand ils
ont perdu la notion du monde extérieur. Quand ces
gens, dit Oppenheim, sont arrivés à prendre 4 grammes
d'opium, 5, même plus, sans obtenir l'effet qu'ils dési-
rent, ils y ajoutent du *sublimé corrosif* (bichlorure de
mercure), dont ils portent graduellement la dose jusqu'à dix grains par jour. Il est facile de s'expliquer
alors les délabrements extraordinaires qui en résultent
et dont les voyageurs ont si souvent fait la triste peinture. Les diarrhées opiniâtres, la maigreur squeletti-

que, les périostoses si douloureuses dont ils sont victimes, sont des effets de l'intoxication mercurielle. Si quelque chose doit étonner, c'est que cette saturation se fasse si longtemps attendre, et, bien loin d'en attribuer les funestes effets à l'opium, n'est-il pas juste de lui faire l'honneur d'une tolérance vraiment exceptionnelle ?

L'habitude de manger ou de fumer l'opium est répandue dans le Levant. Les Orientaux l'emploient comme excitant; les riches, comme restaurant et excitant à la soif; le peuple en use pour augmenter ses forces; les gens qui ont à supporter de longues fatigues, et souvent aussi la faim, les courriers tartares, par exemple, qui parcourent des distances extraordinaires avec une célérité remarquable, s'en servent comme les coureurs tyroliens prennent de l'arsenic, poison si utile aux chevaux de course, à dose raisonnable. — Les soldats turcs en reçoivent une provision en campagne, de même que les nôtres reçoivent leur ration d'eau-de-vie; les hauts personnages, qui, à cause de leur position et de leur caractère, n'osent pas enfreindre la loi de Mahomet en buvant du vin, le remplacent par l'opium. Mais tous les fumeurs ou mangeurs d'opium ne sont pas dans le Levant; l'Angleterre doit en contenir un très-grand nombre, car il est prouvé que la consommation de cette drogue y dépasse de beaucoup les besoins médicaux; et il est probable que si on recherchait bien, on en retrouverait aussi en France, où ils sont naturellement peu friands de se montrer au grand jour.

Dans les pays où l'opium est employé comme excitant, il est devenu un objet de première nécessité, comme le vin l'est chez nous; les docteurs Eatwell et Oppenheim, qui ont vécu longtemps en Chine, affirment que cet usage très-répandu n'entraîne que de médiocres inconvénients s'il est modéré : ceux qui en font abus sont des gens qui, en tout pays, seraient des ivrognes de profession, ou bien des malades ayant eu à lutter contre des affections douloureuses et chroniques. Ce dernier cas s'est présenté bien des fois dans la thérapeutique européenne.

M. Mattei passe successivement en revue tous les appareils organiques, pour montrer quels sont, sur chacun, les effets d'une dose peu élevée, et par quelle transition l'économie arrive à l'accoutumance. Le résultat de celle-ci est qu'en définitive, à part une perte d'appétit que l'on peut surmonter facilement, et que donne également le tabac, au moins chez certains fumeurs, l'exercice de toutes les fonctions est parfaitement compatible avec l'ingestion journalière d'une certaine quantité d'opium. L'abus de cette drogue, dans les pays orientaux, est bien moins fréquent et moins funeste que ne l'est chez nous celui des boissons alcooliques. Enfin, au point de vue social, l'avantage est encore du côté de l'opium : l'ivrogne passionné, violent, est dangereux pour tout le monde; le sensualiste qui demande des

rêves au suc du pavot ne fait de tort qu'à lui-même, à moins, ajouterons-nous, qu'il ne présente cette exaltation des fonctions, cette ivresse furieuse dont nous parlions dans notre dernier numéro.

Mais ce qui rend l'habitude opiacée pernicieuse au plus haut point, c'est la manière tyrannique dont elle s'impose. Elle devient tellement indispensable à l'exercice de tous les organes, comme nous le constatons à la fin de notre premier article, que ceux-ci finissent par être tout à fait incapables de remplir leurs fonctions sans son concours, phénomène rappelant les observations d'anciens fumeurs devenus malades par la cessation brusque du tabac et guéris par un retour à leur habitude invétérée. Dix ou douze heures après l'ingestion de la dernière dose, l'action stimulante a cessé, et si la privation dure trop longtemps, il survient des accidents d'une gravité proportionnée à cette durée, susceptibles de se terminer par la syncope. Il se présente ici quelque chose d'assez singulier. On sait que, le plus souvent, dans les cas de lente accoutumance à un poison, quand celui-ci est subitement supprimé, apparaissent des phénomènes de saturation propres à ce poison, et qui s'étaient en quelque sorte tus jusqu'alors. Quand l'opium vient à manquer à un individu qui en mange habituellement, les accidents qui en résultent sont, au contraire, tout à fait opposés à ceux de l'intoxication opiacée. Ils peuvent être promptement mortels si aucun remède ne leur est opposé.

Il résulte de ces faits, comme le remarquent aussi M. Libermann et son rapporteur, qu'il est extrêmement difficile de rompre avec l'habitude de l'opium (1) : il faut agir en diminuant progressivement les doses ingérées, sans l'aide d'aucune compensation, d'aucune substitution. L'excitation donnée par l'opium est tellement spéciale qu'aucune autre, pas même la stimulation alcoolique, ne peut la suppléer. Je n'admets guère, en effet, la médication antiopiacée de la thérapeutique chinoise : boire tiède, soit une solution d'alun ou de sulfate de fer, soit du sang de Canard, soit des matières fécales torréfiées et délayées dans de l'eau.

Telle est, en substance, la thèse de M. Mattei. Il ne faut pas s'étonner si, sur les lieux mêmes qu'a visités le Dr Libermann, il a recueilli des idées si contradictoires et nous paraissant d'autant plus justes qu'elles sont moins exclusives. N'est-ce pas d'ailleurs une loi sociale, morale et politique, que l'excès des assertions entraîne l'excès des contradictions? C'est l'éternel principe de l'action et de la réaction.

Il ne faut cependant pas décréter la complète innocuité

<hr>

(1) Le même phénomène s'observe en Europe chez les personnes qui ont essayé quelque temps des pilules d'opium contre des névralgies ou des insomnies. Elles se cramponnent à l'opium comme à un sauveur; l'opium leur devient bientôt comme un aliment indispensable.

de l'opium; il serait déplacé de lui concéder un brevet d'inactivité physiologique. M. Claude Bernard a démontré (1) que tous les dérivés de ce suc (morphine, narcéine, codéine, narcotine, papavérine, thébaïne) sont toxiques, bien qu'à des degrés différents; et nos feuilles politiques ont imprimé à la même époque une correspondance de Shang-Haï nous donnant la traduction d'un décret impérial où l'opium est considéré par les habitants mêmes du Céleste Empire comme un des plus grands malheurs de la Chine. Le président du censorat chinois, appelé par ses fonctions à veiller sur la moralité de tout le monde, fut puni pour s'être

Pavot somnifère.

livré aux jouissances opiacées. — Mais enfin l'opium, pris à dose raisonnable, me paraît presque aussi innocent que le tabac, qu'il rappelle assez par sa saveur âcre, amère, nauséeuse. Et la preuve, c'est que nous en fumons chaque jour à notre insu. Bien des gens, même des fumeurs, ignorent en effet que le meilleur tabac de la Havane est trempé en feuilles dans une solution d'opium. La feuille du tabac, à son état naturel, ne possède pas le même parfum si elle est fumée dans une pipe. C'est l'opium, et non le tabac, qui, dans les cigares de première qualité et du plus haut prix, procure aux amateurs la fumée légère et le fumet odorant qui les plongent dans la béatitude de la *fumaison*. Il y a, à la Havane, des établissements qui emploient pour 20,000 dollars d'opium par an.

(1) *Académie des sciences*, août 1864.

Emile GOUBERT.

TABLE DES SOMMAIRES

FIN DE LA TABLE DES SOMMAIRES

TABLE ALPHABÉTIQUE DES FIGURES

FIN DE LA TABLE ALPHABÉTIQUE DES FIGURES.

ERRATA

Paris — Imp. WIESSNER et Cⁱᵉ, rue Delaborde, 12.